Utilize este código QR para se cadastrar de forma mais rápida:

Ou, se preferir, entre em:

www.moderna.com.br/ac/livroportal

e siga as instruções para ter acesso aos conteúdos exclusivos do

Portal e Livro Digital

CÓDIGO DE ACESSO:

A 00033 VERDGEO2E 1 18281

Faça apenas um cadastro. Ele será válido para:

Da semente ao livro, sustentabilidade por todo o caminho

Plantar florestas
A madeira que serve de matéria-prima para nosso papel vem de plantio renovável, ou seja, não é fruto de desmatamento. Essa prática gera milhares de empregos para agricultores e ajuda a recuperar áreas ambientais degradadas.

Fabricar papel e imprimir livros
Toda a cadeia produtiva do papel, desde a produção de celulose até a encadernação do livro, é certificada, cumprindo padrões internacionais de processamento sustentável e boas práticas ambientais.

Criar conteúdos
Os profissionais envolvidos na elaboração de nossas soluções educacionais buscam uma educação para a vida pautada por curadoria editorial, diversidade de olhares e responsabilidade socioambiental.

Construir projetos de vida
Oferecer uma solução educacional Moderna é um ato de comprometimento com o futuro das novas gerações, possibilitando uma relação de parceria entre escolas e famílias na missão de educar!

Apoio: TWO SIDES
www.twosides.org.br

Fotografe o Código QR e conheça melhor esse caminho.
Saiba mais em moderna.com.br/sustentavel

Angela Corrêa da Silva
Mestre em Educação (área de concentração: Ensino Superior) pela Pontifícia Universidade Católica de Campinas. Professora de Geografia e Geopolítica no Ensino Médio e em cursos pré-vestibulares. Professora de Temas Contemporâneos, no Ensino Superior.

Nelson Bacic Olic
Bacharel e licenciado em Geografia pela Universidade de São Paulo. Professor nos Ensinos Fundamental e Médio e em cursos pré-universitários. Autor de livros paradidáticos. Editor do boletim *Mundo – Geografia e Política Internacional*. Professor convidado da Universidade Aberta à Maturidade – PUC-SP.

Ruy Lozano
Bacharel e licenciado em Ciências Sociais pela Universidade de São Paulo. Professor no Ensino Médio.

GEOGRAFIA
CONTEXTOS E REDES

VOLUME ÚNICO

2ª edição

© Angela Corrêa da Silva, Nelson Bacic Olic, Ruy Lozano, 2017

Coordenação editorial: Fernando Carlo Vedovate, Juliana de Araújo Cava Tanaka
Edição de texto: Alice Kobayashi, Juliana de Araújo Cava Tanaka
Assistência editorial: André dos Santos Araújo
Gerência de *design* e produção gráfica: Sandra Botelho de Carvalho Homma
Coordenação de produção: Everson de Paula
Suporte administrativo editorial: Maria de Lourdes Rodrigues (coord.)
Coordenação de *design* e projetos visuais: Marta Cerqueira Leite
Projeto gráfico: Daniel Messias, Otávio dos Santos
Capa: Otávio dos Santos
    Ícone 3D da capa: Diego Loza
Coordenação de arte: Wilson Gazzoni Agostinho
Edição de arte: Flavia Maria Susi
Editoração eletrônica: Flavia Maria Susi
Edição de infografia: Luiz Iria, Priscilla Boffo, Otávio Cohen
Coordenação de revisão: Elaine C. del Nero
Revisão: Ana Cortazzo, Bárbara Arruda, Dirce Y. Yamamoto, Gloria Cunha, Marina Oliveira, Maristela S. Carrasco, Nancy H. Dias, Renato Bacci, Rita de Cássia Pereira, Rita de Cássia Gorgati, Salete Brentan, Tatiana Malheiro
Coordenação de pesquisa iconográfica: Luciano Baneza Gabarron
Pesquisa iconográfica: Camila Soufer, Junior Rozzo
Coordenação de *bureau*: Rubens M. Rodrigues
Tratamento de imagens: Joel Ap. Bezerra, Luiz C. Costa, Marina M. Buzzinaro
Pré-impressão: Alexandre Petreca, Denise Feitoza, Everton L. Oliveira, Marcio M. Kamoto, Vitória Souza
Coordenação de produção industrial: Wendell Monteiro
Impressão e acabamento: EGB Editora Gráfica Bernardi Ltda
Lote: 293395/293396

Dados Internacionais de Catalogação na Publicação (CIP)
(Câmara Brasileira do Livro, SP, Brasil)

Silva, Angela Corrêa da
    Geografia : contextos e redes, volume único / Angela Corrêa da Silva, Nelson Bacic Olic, Ruy Lozano. — 2. ed. — São Paulo : Moderna, 2017.
    (Vereda Digital)

    Bibliografia.

    1. Geografia (Ensino médio) I. Olic, Nelson Bacic. II. Lozano, Ruy. III. Título. IV. Série.

17-02526   CDD-910.712

Índice para catálogo sistemático:
1. Geografia : Ensino médio   910.712

ISBN 978-85-16-10714-7 (LA)
ISBN 978-85-16-10715-4 (LP)

Reprodução proibida. Art. 184 do Código Penal e Lei nº 9.610 de 19 de fevereiro de 1998.
Todos os direitos reservados
EDITORA MODERNA LTDA.
Rua Padre Adelino, 758 – Belenzinho
São Paulo – SP – Brasil – CEP 03303-904
Vendas e Atendimento: Tel. (0_ _11) 2602-5510
Fax (0_ _11) 2790-1501
www.moderna.com.br
2021
Impresso no Brasil

1 3 5 7 9 10 8 6 4 2

APRESENTAÇÃO

Caro aluno,

Durante os anos da educação básica, você aprendeu a conviver com a sociedade e o espaço. Percebeu injustiças, constatou diferenças, desenvolveu ideias e imaginou um mundo novo.

Muito mais do que somente propor pensar o espaço, o estudo da Geografia oferece instrumentos e práticas sociais que nos auxiliam a decifrar a sociedade tomando por base sua dimensão espacial. Nosso olhar torna-se mais rico, capaz de enxergar elementos dessa realidade que antes podiam passar despercebidos. Injustiças têm causas, diferenças se explicam, ideias se fundamentam, um mundo novo se concebe.

Além de estimular a compreensão do mundo ao nosso redor, a Geografia nos incentiva à participação. A construção do conhecimento nessa disciplina ajuda-nos a analisar o impacto produzido pelo ser humano no meio ambiente, a compreender a elaboração do espaço geográfico pela sociedade e a distinguir as interações de sistemas econômicos e políticos. Essas habilidades nos capacitam a atuar na sociedade, para que exerçamos de forma plena a cidadania. Injustiças precisam ser combatidas, diferenças precisam ser respeitadas, ideias precisam ser geradas, para que um mundo novo possa surgir.

Apresentamos este livro como uma ferramenta para a construção do seu olhar, um instrumento para a elaboração de seu conhecimento e um impulso para atitudes de participação social.

Os autores

ORGANIZAÇÃO DO LIVRO

O conteúdo desta obra é dividido em 27 capítulos.
Veja, a seguir, a organização interna do livro.

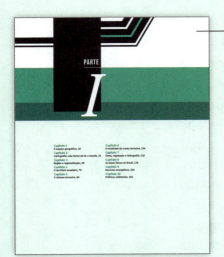

Abertura de parte
Cada parte está organizada em capítulos.
A parte I possui dez; a parte II, nove e a parte III, oito capítulos.

Abertura de capítulo
Possibilita o levantamento de conhecimentos prévios e a geração de situação favorável ao estudo. Explicita as expectativas de aprendizagem que devem ser alcançadas ao final do capítulo.

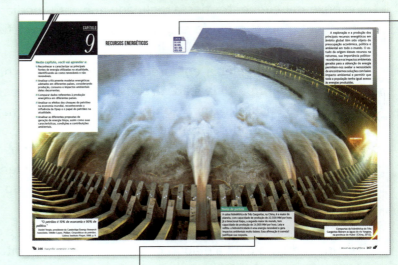

Você no mundo
Essa seção aproxima o aluno da realidade, estimulando a ação e a reflexão, problematizando os temas estudados e propondo atividades de pesquisas individuais e em grupos, debates e outras experiências.

Ponto de partida
Propõe uma questão motivadora como ponto de partida para os temas e conceitos que serão abordados no capítulo.

Competências e habilidades do Enem
São indicadas diferentes competências e habilidades do Enem que serão desenvolvidas ao longo de cada capítulo.

Você no Enem!
Essa seção relaciona, por meio de atividades propostas, conteúdos do capítulo a competências e habilidades contempladas no Enem.

Para assistir
Para ler
Para navegar
Indicação de filmes, livros e *sites* que dialogam com os temas do capítulo.

Glossário
Pequenas inserções que têm como objetivo esclarecer alguns termos e conceitos que aparecem ao longo do capítulo.

Infográficos
Alguns assuntos são desenvolvidos com o subsídio de infográficos que integram imagens, dados e informações, enriquecendo a análise e despertando a curiosidade dos alunos.

Questões
Atividades de releitura e fixação das principais ideias apresentadas ao longo do capítulo.

Trocando ideias
Promove o debate por meio de pesquisas de diferentes pontos de vista.

Geografia e outras linguagens
A seção apresenta textos de gêneros variados com o objetivo de desenvolver a leitura e a interpretação textual e a identificação e análise dos conteúdos da Geografia em um texto não conceitual.

Atividades
Ao final de cada capítulo, essa seção apresenta propostas de fixação de conteúdos em *Organize seus conhecimentos*; atividades específicas de cartografia e interpretação de gráficos em *Representações gráficas e cartográficas* e de compreensão leitora em *Interpretação e problematização*. Além disso, em *Enem e Vestibulares*, o aluno se prepara para os exames de seleção das universidades brasileiras.

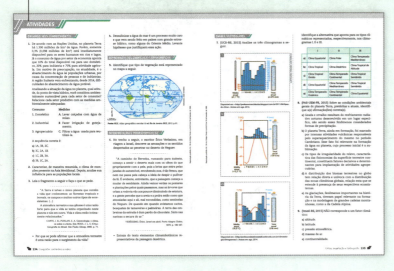

Veja como estão indicados os materiais digitais no seu livro:

• **O ícone conteúdo digital**

Planejamento energético — Nome do material digital

Remissão para animações, audiovisuais e multimídias interativas que complementam o estudo de alguns temas dos capítulos.

 Mais questões: no livro digital, em **Vereda Digital Aprova Enem** e **Vereda Digital Suplemento de revisão e vestibulares**; no *site*, em **AprovaMax**.

ORGANIZAÇÃO DOS MATERIAIS DIGITAIS

A coleção *Vereda Digital* apresenta um *site* exclusivo com ferramentas diferenciadas e motivadoras para seu estudo. Tudo integrado com o livro-texto para tornar a experiência de aprendizagem mais intensa e significativa.

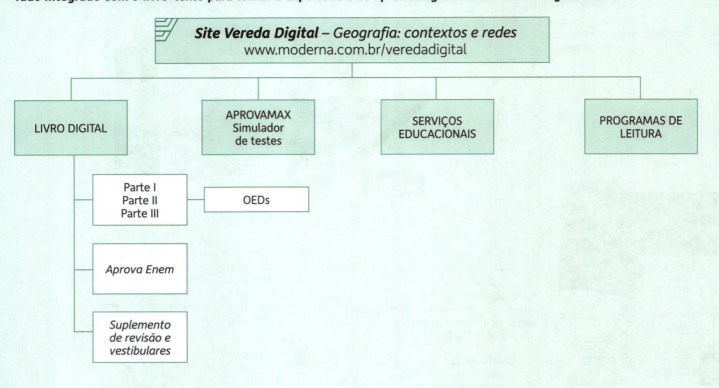

Livro digital com a nova tecnologia HTML5 para garantir melhor usabilidade, enriquecido com objetos educacionais digitais que consolidam ou ampliam o aprendizado; ferramentas que possibilitam buscar termos, destacar trechos e fazer anotações para posterior consulta. No livro digital, você encontra o livro com OEDs, o *Aprova Enem* e o *Suplemento de revisão e vestibulares*. Você pode acessá-lo de diversas maneiras: no seu *tablet* (Android ou iOS), no desktop (Windows, MAC ou Linux) e *online* no *site* www.moderna.com.br/veredadigital

Objeto educacional digital (OED) – objetos educacionais digitais que consolidam ou ampliam o aprendizado.

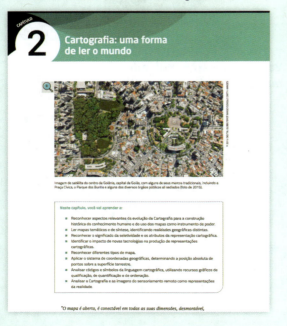

AprovaMax – simulador de testes com dois módulos de prática de estudo – Atividade e Simulado –, o aluno se torna o protagonista de sua vida escolar. Ele pode gerar testes customizados para acompanhar seu desempenho e autoavaliar seu entendimento.

Aprova Enem – caderno digital com questões comentadas do Enem e outras questões elaboradas de acordo com as especificações desse exame de avaliação. Nosso foco é que você se sinta preparado para os maiores desafios acadêmicos e para a continuidade dos estudos.

Suplemento de revisão e vestibulares – síntese dos principais temas do curso, com questões de vestibulares de todo o país.

VEREDA APP

Aplicativo que permite a busca de termos e conceitos da disciplina e **simulações** com questões de vestibulares associadas. Você relembra o conceito e realiza uma **autoavaliação**. É uma ferramenta que auxilia você a desenvolver sua **autonomia**.

CONTEÚDO DOS MATERIAIS DIGITAIS

Lista de objetos educacionais digitais (OEDs)

Parte	Capítulo	Título do OED	Tipo
I	2	Fusos horários e viagens aéreas	Simulador
	5	O Sistema Solar	Multimídia interativa
	6	Intemperismo e erosão	Animação
	8	Impactos da mineração	Multimídia interativa
	8	Aquífero Guarani	Animação
	9	Planejamento energético	Multimídia interativa
II	12	Petróleo	Animação
	14	Agropecuária e sustentabilidade	Multimídia interativa
	14	Dimensões do agronegócio	Multimídia interativa
	16	Transição demográfica	Audiovisual
	16	Crescimento populacional	Animação
	18	Seis desafios para a gestão da água	Multimídia interativa
	19	Mobilidade urbana	Jogo
III	20	Globalização	Audiovisual
	21	*Fab Labs*	Animação
	23	A vida de um refugiado	Multimídia interativa
	25	Acidente nuclear de Fukushima	Multimídia interativa
	26	Castas indianas	Multimídia interativa
	27	O conceito de geopolítica	Audiovisual
	27	Crime organizado	Vídeo

Aprova Enem

- Apresentação
- Matriz de referência de Ciências da Natureza e suas Tecnologias
- **Tema 1** O mundo em rede
- **Tema 2** Dinâmicas da natureza
- **Tema 3** Recursos naturais e políticas ambientais
- **Tema 4** População e território
- **Tema 5** Mundo urbano
- **Tema 6** O espaço rural
- **Tema 7** Indústria e transporte
- **Tema 8** Globalização e exclusão
- **Tema 9** Geopolítica
- **Tema 10** Espaços regionais
- Respostas

Suplemento de revisão e vestibulares

- Apresentação
- **Tema 1** Representações cartográficas
- **Tema 2** Regionalização
- **Tema 3** Estrutura geológica e tectônica
- **Tema 4** Clima e tempo
- **Tema 5** Hidrografia
- **Tema 6** Domínios morfoclimáticos
- **Tema 7** A questão energética
- **Tema 8** A questão ambiental global
- **Tema 9** A indústria global
- **Tema 10** A indústria brasileira
- **Tema 11** A agropecuária no mundo
- **Tema 12** Agropecuária no Brasil
- **Tema 13** População mundial
- **Tema 14** População brasileira
- **Tema 15** Urbanização no mundo
- **Tema 16** Urbanização brasileira
- **Tema 17** Globalização
- **Tema 18** União Europeia
- **Tema 19** América
- **Tema 20** Japão e Tigres Asiáticos
- **Tema 21** China, Índia, Rússia e África do Sul
- Respostas

Agora é com você
Questões adicionais do Enem e dos principais vestibulares nacionais, organizadas por temas.

Item comentado
Resolução comentada de questão do Enem sobre o tema abordado.

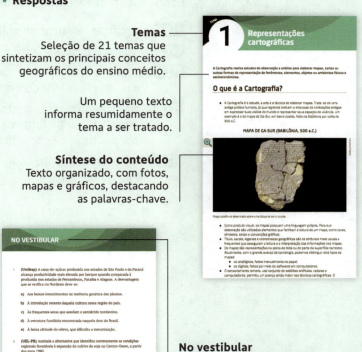

Temas
Seleção de 21 temas que sintetizam os principais conceitos geográficos do ensino médio.

Um pequeno texto informa resumidamente o tema a ser tratado.

Síntese do conteúdo
Texto organizado, com fotos, mapas e gráficos, destacando as palavras-chave.

No vestibular
Para cada tema foram selecionadas questões de vestibulares de todo o país, com o objetivo de auxiliar na compreensão e fixação dos conteúdos revisados.

MATRIZ DE REFERÊNCIA DE CIÊNCIAS HUMANAS E SUAS TECNOLOGIAS

C1 — Competência de área 1

Compreender os elementos culturais que constituem as identidades.

H1 Interpretar historicamente e/ou geograficamente fontes documentais acerca de aspectos da cultura.

H2 Analisar a produção da memória pelas sociedades humanas.

H3 Associar as manifestações culturais do presente aos seus processos históricos.

H4 Comparar pontos de vista expressos em diferentes fontes sobre determinado aspecto da cultura.

H5 Identificar as manifestações ou representações da diversidade do patrimônio cultural e artístico em diferentes sociedades.

C2 — Competência de área 2

Compreender as transformações dos espaços geográficos como produto das relações socioeconômicas e culturais de poder.

H6 Interpretar diferentes representações gráficas e cartográficas dos espaços geográficos.

H7 Identificar os significados histórico-geográficos das relações de poder entre as nações.

H8 Analisar a ação dos estados nacionais no que se refere à dinâmica dos fluxos populacionais e no enfrentamento de problemas de ordem econômico-social.

H9 Comparar o significado histórico-geográfico das organizações políticas e socioeconômicas em escala local, regional ou mundial.

H10 Reconhecer a dinâmica da organização dos movimentos sociais e a importância da participação da coletividade na transformação da realidade histórico-geográfica.

C3 — Competência de área 3

Compreender a produção e o papel histórico das instituições sociais, políticas e econômicas, associando-as aos diferentes grupos, conflitos e movimentos sociais.

H11 Identificar registros de práticas de grupos sociais no tempo e no espaço.

H12 Analisar o papel da justiça como instituição na organização das sociedades.

H13 Analisar a atuação dos movimentos sociais que contribuíram para mudanças ou rupturas em processos de disputa pelo poder.

H14 Comparar diferentes pontos de vista, presentes em textos analíticos e interpretativos, sobre situação ou fatos de natureza histórico-geográfica acerca das instituições sociais, políticas e econômicas.

H15 Avaliar criticamente conflitos culturais, sociais, políticos, econômicos ou ambientais ao longo da história.

C4
Competência de área 4

Entender as transformações técnicas e tecnológicas e seu impacto nos processos de produção, no desenvolvimento do conhecimento e na vida social.

H16 Identificar registros sobre o papel das técnicas e tecnologias na organização do trabalho e/ou da vida social.

H17 Analisar fatores que explicam o impacto das novas tecnologias no processo de territorialização da produção.

H18 Analisar diferentes processos de produção ou circulação de riquezas e suas implicações socioespaciais.

H19 Reconhecer as transformações técnicas e tecnológicas que determinam as várias formas de uso e apropriação dos espaços rural e urbano.

H20 Selecionar argumentos favoráveis ou contrários às modificações impostas pelas novas tecnologias à vida social e ao mundo do trabalho.

C5
Competência de área 5

Utilizar os conhecimentos históricos para compreender e valorizar os fundamentos da cidadania e da democracia, favorecendo uma atuação consciente do indivíduo na sociedade.

H21 Identificar o papel dos meios de comunicação na construção da vida social.

H22 Analisar as lutas sociais e conquistas obtidas no que se refere às mudanças nas legislações ou nas políticas públicas.

H23 Analisar a importância dos valores éticos na estruturação política das sociedades.

H24 Relacionar cidadania e democracia na organização das sociedades.

H25 Identificar estratégias que promovam formas de inclusão social.

C6
Competência de área 6

Compreender a sociedade e a natureza, reconhecendo suas interações no espaço em diferentes contextos históricos e geográficos.

H26 Identificar em fontes diversas o processo de ocupação dos meios físicos e as relações da vida humana com a paisagem.

H27 Analisar de maneira crítica as interações da sociedade com o meio físico, levando em consideração aspectos históricos e/ou geográficos.

H28 Relacionar o uso das tecnologias com os impactos socioambientais em diferentes contextos histórico-geográficos.

H29 Reconhecer a função dos recursos naturais na produção do espaço geográfico, relacionando-os com as mudanças provocadas pelas ações humanas.

H30 Avaliar as relações entre preservação e degradação da vida no planeta nas diferentes escalas.

SUMÁRIO DO LIVRO

PARTE I

CAPÍTULO 1 O espaço geográfico 18
1. Paisagem: percepção do espaço pelos sentidos 20
2. Lugar e relações cotidianas 24
   Você no mundo – Mudanças na cidade 24
3. O espaço geográfico 25
   Geografia e outras linguagens – O operário em construção 28
Atividades 29

CAPÍTULO 2 Cartografia: uma forma de ler o mundo 34
1. A importância da cartografia 36
   Infográfico – O sensoriamento remoto e o desastre em Mariana (MG) 40
2. Atributos do mapa 42
3. Formas de representação cartográfica 46
   Você no mundo – Que escala usar? 48
4. As projeções cartográficas 49
   Você no Enem! – Fluxos migratórios 51
   Geografia e outras linguagens – Do rigor na ciência 52
Atividades 53

CAPÍTULO 3 Região e regionalização 58
1. Regionalizar: uma forma de pensar o espaço 60
2. Regionalizações do espaço mundial 62
3. Regionalização do espaço brasileiro 64
   Você no mundo – Conhecendo a economia de sua região 65
   Geografia e outras linguagens – O sul também existe 66
Atividades 67

CAPÍTULO 4 O território brasileiro 70
1. Conceito de território 72
2. Caracterização geral do território brasileiro 73
3. Organização político-administrativa do Brasil 74
4. Formação territorial do Brasil 75
   Você no mundo – Indígenas brasileiros: ontem e hoje 78
   Geografia e outras linguagens – O muro 79
Atividades 80

CAPÍTULO 5 O sistema terrestre 86
1. A história do tempo da Terra 88
2. Formação da Terra 90
3. A estrutura da Terra 92
4. O sistema das placas tectônicas 93
   Você no mundo – Método científico 96
   Você no Enem! – Teoria Gaia 98
   Geografia e outras linguagens – Muito além do cenozoico 99
Atividades 100

CAPÍTULO 6 O modelado da crosta terrestre 104
1. O relevo e os tipos de rocha 106
2. As estruturas geológicas 106
3. Os agentes do relevo 107
4. Os solos 112
   Geografia e outras linguagens – A educação pela pedra 114
Atividades 115

CAPÍTULO 7 Clima, vegetação e hidrografia 118
1. A especificidade da Terra 120
2. Clima terrestre 120
3. Tipos de clima 125
4. Vegetação terrestre 126
   Você no mundo – O desmatamento na Amazônia 130
5. Hidrografia 130
   Geografia e outras linguagens – O bosque alto educa as suas árvores 133
Atividades 134

CAPÍTULO 8 As bases físicas do Brasil 138
1. Os ambientes naturais brasileiros 140
2. A estrutura geológica do Brasil 140
3. O relevo brasileiro 145
4. Os climas brasileiros 146
5. Os domínios morfoclimáticos no Brasil 149
6. A hidrografia do Brasil 152
   Infográfico – Bacia hidrográfica do Paraíba do Sul 156
   Você no Enem! – O uso da água 158
7. Apropriação dos recursos naturais 159
   Você no mundo – Investigação sobre a água 159
   Geografia e outras linguagens – Confidência do itabirano 160
Atividades 161

CAPÍTULO 9 Recursos energéticos ... 166
1. Principais fontes de energia ... 168
2. Energia hidrelétrica ... 172
3. Energia nuclear ... 173
4. Fontes energéticas renováveis ... 174
   Você no mundo – As novas fontes de energia ... 175
   Geografia e outras linguagens – No interior de uma mina de carvão ... 176
Atividades ... 177

CAPÍTULO 10 Políticas ambientais ... 182
1. O mundo contemporâneo e a questão ambiental ... 184
2. O desenvolvimento sustentável ... 186
3. Aquecimento global ... 187
4. O comprometimento da camada de ozônio ... 191
5. O desmatamento ... 191
   Você no mundo – Pensar globalmente, agir localmente ... 193
   Geografia e outras linguagens – A arte de Frans Krajcberg ... 194
Atividades ... 195

PARTE II

CAPÍTULO 11 O espaço geoeconômico industrial ... 202
1. Indústria e sociedade de consumo ... 204
2. O desenvolvimento da indústria ... 204
3. Modelos de organização industrial ... 205
   Você no mundo – O artesanato e a indústria do consumo ... 207
4. A geografia da indústria ... 208
5. A geografia industrial da Revolução Técnico-Científico-Informacional ... 213
   Geografia e outras linguagens – A arte de Čestmír Suška ... 215
Atividades ... 216

CAPÍTULO 12 Infraestrutura e logística no Brasil ... 220
1. A necessidade social da infraestrutura ... 222
2. Infraestrutura energética do Brasil ... 222
3. Infraestrutura de transportes no Brasil ... 230
   Você no mundo – Transporte Rodoviário Internacional de Cargas (Tric) ... 232
4. Redes de informação ... 236
   Geografia e outras linguagens – Caminhoneiro ... 237
Atividades ... 238

CAPÍTULO 13 Economia e indústria no Brasil ... 242
1. O espaço econômico-industrial brasileiro ... 244
2. A industrialização brasileira ... 244
3. Região concentrada ... 247
   Infográfico – Concentração e desconcentração industrial ... 248
4. Regiões industriais e sua articulação no espaço ... 250
   Você no mundo – A atividade industrial ... 252
5. Investimentos Estrangeiros Diretos (IED) ... 253
6. O Brasil no mercado mundial ... 253
   Você no Enem! – Brasil: exportações ... 254
   Geografia e outras linguagens – Três apitos ... 255
Atividades ... 256

CAPÍTULO 14 O espaço agrário ... 260
1. A agropecuária ... 262
   Você no mundo – Desenvolvimento sustentável e a agricultura de base ecológica ... 263
2. Modelos agropecuários ... 264
3. A agropecuária nos Estados Unidos e na União Europeia ... 267
4. Os contrastes entre os modelos agrícolas ... 269
5. O agronegócio ... 270
6. As desigualdades no comércio mundial de alimentos ... 270
   Geografia e outras linguagens – O camponês cuida de seu campo ... 271
Atividades ... 272

CAPÍTULO 15 Agropecuária no Brasil ... 276
1. O espaço agrário brasileiro ... 278
2. Concentração de terras e conflitos fundiários ... 281
3. Relações de trabalho no campo ... 284
   Você no mundo – Mais de mil trabalhadores em condições de escravidão são resgatados ... 286
4. Transformações no setor agrícola ... 286
5. A importância da agricultura familiar ... 287
6. O agronegócio ... 288
   Você no Enem! – A agroindústria e o agronegócio ... 289
   Geografia e outras linguagens – Canção do boiadeiro ... 291
Atividades ... 292

CAPÍTULO 16 A dinâmica das populações ... 296

1. A população mundial ... 298
2. O crescimento populacional ... 299
3. O envelhecimento da população ... 303
4. Índice de Desenvolvimento Humano (IDH) ... 305
   Você no mundo – A estrutura etária do seu bairro ... 306
5. Transição demográfica ... 307
6. As teorias demográficas ... 308
7. Os fluxos migratórios ... 308
8. O papel das mulheres nas diferentes sociedades ... 312
   Geografia e outras linguagens – A ilusão do migrante ... 313

Atividades ... 314

CAPÍTULO 17 População brasileira ... 318

1. O povo brasileiro ... 320
2. A formação da população brasileira ... 323
3. Estrutura etária da população brasileira ... 327
4. Fluxos migratórios inter-regionais e intrarregionais ... 331
5. Os imigrantes ... 333
   Você no mundo – Comparação de dados estatísticos ... 337
   Geografia e outras linguagens – Dor negra ... 338

Atividades ... 339

CAPÍTULO 18 O mundo urbano ... 344

1. As cidades e o processo de urbanização ... 346
2. A urbanização ... 349
3. A formação das megacidades e das megalópoles ... 351
   Você no mundo – Planejamento urbano ... 355
4. A classificação hierárquica das cidades ... 356
5. Os aspectos da localização nas cidades ... 356
6. Os grandes problemas socioambientais urbanos ... 357
7. Cidades sustentáveis ... 360
   Geografia e outras linguagens – As cidades invisíveis ... 361

Atividades ... 362

CAPÍTULO 19 Brasil urbano ... 366

1. Urbanização brasileira ... 368
2. A passagem do rural para o urbano ... 368
3. Redes e hierarquia urbana no Brasil ... 369
4. Os problemas urbanos brasileiros ... 371
   Infográfico – Ilhas urbanas de calor ... 374
   Você no mundo – Pensar a cidade ... 376
5. Urbanização por regiões ... 376
   Geografia e outras linguagens – Homem na estrada ... 381

Atividades ... 382

PARTE III

CAPÍTULO 20 Globalização e redes geográficas ... 386

1. Mundo globalizado ... 388
2. A globalização contemporânea ... 389
3. A globalização e a constituição das redes geográficas ... 391
   Você no mundo – Estudo mostra que geração digital não sabe pesquisar ... 392
4. A globalização e a hegemonia dos Estados Unidos ... 393
5. Cultura e globalização ... 394
   Geografia e outras linguagens – A arte de rua de Banksy ... 395

Atividades ... 396

CAPÍTULO 21 A dinâmica do comércio e dos serviços ... 400

1. A era do comércio e dos serviços ... 402
2. Diversificação econômica e expansão dos serviços ... 404
3. Expansão do setor de serviços no Brasil ... 407
4. O turismo no Brasil ... 408
   Você no mundo – A economia local e o setor de serviços ... 408
   Você no Enem! – Trabalhadores domésticos no Brasil ... 410
   Geografia e outras linguagens – Babylon ... 411

Atividades ... 412

CAPÍTULO 22 Globalização e exclusão ... 416

1. Globalização e exclusão ... 418
2. Diversos tipos de pobreza ... 419
3. Educação e exclusão ... 421
4. Trabalho e exclusão ... 422
   Você no mundo – ONG ... 422
5. Os países menos desenvolvidos (PMD) ... 422
   Geografia e outras linguagens – Residentes de Nova York ... 427

Atividades ... 428

CAPÍTULO 23 Europa ... 434

1. Os limites territoriais ... 436
2. Contextos culturais do continente europeu ... 436
3. Dinâmicas de união e fragmentação ... 437
4. Desafios da integração ... 441
   Você no mundo – Brasil e fluxos migratórios ... 444
   Você no Enem! – A população da União Europeia ... 446
   Geografia e outras linguagens – *Mare Nostrum* ... 448

Atividades ... 449

CAPÍTULO 24 América 454

1. O continente americano 456
   - Você no mundo – Consumo 460
   - Você no Enem! – Desigualdade social nos Estados Unidos ... 461
   - Infográfico – A cultura *hip-hop* 462
2. América Central 466
3. América do Sul 471
   - Você no mundo – Comércio exterior brasileiro 477
   - Geografia e outras linguagens – Eu gosto dos estudantes ... 478
- Atividades 479

CAPÍTULO 25 Japão e Tigres Asiáticos 484

1. Japão: o Extremo Oriente 486
2. Os Tigres Asiáticos 490
   - Você no mundo – Simulação de reunião do Conselho de Segurança da ONU 493
   - Geografia e outras linguagens – Arte tailandesa ... 495
- Atividades 496

CAPÍTULO 26 China, Índia, Rússia e África do Sul ... 500

1. A importância da China, Índia, Rússia e África do Sul ... 502
2. A China 502
3. A Índia 506
   - Você no mundo – Patrimônio cultural 510
4. A Rússia 511
5. A África do Sul 518
   - Você no Enem! – Relações internacionais 522
   - Geografia e outras linguagens – Arte crítica 523
- Atividades 524

CAPÍTULO 27 Tensões e conflitos 530

1. Principais conflitos no mundo 532
2. Conflitos na África 533
3. Conflitos no Oriente Médio 536
4. Terrorismo 545
5. Redes ilegais 545
   - Infográfico – Crime organizado sem fronteiras 546
6. Crime organizado na América Latina 548
   - Você no mundo – Interiorização da violência 550
   - Geografia e outras linguagens – A terra nos é estreita ... 551
- Atividades 552

REFERÊNCIAS BIBLIOGRÁFICAS 556

PARTE I

Capítulo 1
O espaço geográfico, 18

Capítulo 2
Cartografia: uma forma de ler o mundo, 34

Capítulo 3
Região e regionalização, 58

Capítulo 4
O território brasileiro, 70

Capítulo 5
O sistema terrestre, 86

Capítulo 6
O modelado da crosta terrestre, 104

Capítulo 7
Clima, vegetação e hidrografia, 118

Capítulo 8
As bases físicas do Brasil, 138

Capítulo 9
Recursos energéticos, 166

Capítulo 10
Políticas ambientais, 182

CAPÍTULO 1

O ESPAÇO GEOGRÁFICO

ENEM
C1: H1
C3: H11
C4: H16
C6: H26, H27, H28

Neste capítulo, você vai aprender a:

- Identificar, em textos, mapas ou gráficos, elementos representativos das diversas formas de produção e organização do espaço geográfico em diferentes escalas.
- Identificar em textos e imagens o conceito de espaço geográfico, a fim de estabelecer a relação entre natureza e sociedade, reconhecendo como os fatores sociais, por meio do uso de técnicas e tecnologia, transformaram a natureza ao longo do tempo.
- Reconhecer, em determinada paisagem, elementos materiais representativos da acumulação de distintos tempos.
- Diferenciar os conceitos de paisagem natural e paisagem humanizada, considerando o factível desaparecimento da primeira como resultado da profunda intervenção do ser humano nos processos naturais.
- Identificar, em textos e/ou imagens, situações representativas do conceito de lugar, notadamente as que apresentam relações e/ou conflitos resultantes da vida em comum.
- Reconhecer em textos e/ou iconografias as singularidades, as discrepâncias e as pertinências nas relações entre o local e o global como forma de compreender o conceito de escala geográfica.

"Ao ler as imagens destes fotógrafos dou-me conta de que, para além da visão, outros sentidos são convocados. Eu não apenas vejo. Eu 'ouço' a fotografia. O contacto visual acorda em mim sons que deveriam ter rodeado o momento fixado na imagem. Apto apenas a inscrever a imagem, o papel não foi capaz de expulsar as vozes. [...] A imagem é tanto mais bela quanto ela for auditiva, evocando sonoridades do momento."

COUTO, Mia. As vozes das fotos. Em: *Pensatempos*. Lisboa: Editorial Caminho, 2005. p. 75.

Principal objeto de estudo da Geografia, o espaço geográfico é resultado da relação local, regional e, hoje em dia, também global entre sociedade e natureza. Duas categorias importantes para a Geografia analisar o espaço geográfico são paisagem e lugar.

Ponto de partida

O assentamento dinamarquês de Kargerlussuaq localiza-se na Groenlândia e abriga cerca de 870 habitantes. Ao analisar a paisagem retratada na fotografia, é possível pensar e elaborar hipóteses sobre as relações que essa população estabelece com o ambiente local. Como vive essa população de Kargerlussuaq? Quais são as possíveis atividades econômicas que podem ser ali desenvolvidas?

Assentamento dinamarquês de Kargerlussuaq, Groenlândia, 2015.

Capítulo 1 • O espaço geográfico

1. Paisagem: percepção do espaço pelos sentidos

Paisagem, espaço, lugar: essas palavras são comumente usadas na vida cotidiana e seus significados variam de acordo com a situação vivenciada. Na Geografia, porém, esses termos são conceitos dotados de um significado específico.

Para estudar Geografia, ou qualquer outra área do conhecimento, é necessário dominar sua linguagem. Termos como *paisagem*, *espaço* e *lugar* estarão presentes ao longo deste livro; por isso, é fundamental saber com precisão a que fenômenos eles se referem.

A palavra **paisagem** é frequentemente utilizada em diversas situações do dia a dia e em várias áreas do conhecimento. Quando viajamos, falamos em "observar a paisagem" durante o percurso. Nas artes plásticas, há pinturas denominadas paisagens. No estudo da Geografia, paisagem é o conjunto de elementos naturais e humanos abarcados pelos sentidos, e no qual se manifesta a complexa interação entre natureza e sociedade. Portanto, as paisagens são fruto dos valores e da cultura dos povos ao longo da história.

A superfície do planeta apresenta grande variedade de paisagens, cada qual com suas características e com diversos conjuntos de formas e objetos construídos pelas relações entre a sociedade e a natureza.

Paisagens naturais e humanizadas

As **paisagens naturais** derivam de uma composição particular de elementos, como a formação geológica, o clima, o relevo, a hidrografia, os tipos de solo e a vegetação. Esses elementos naturais provocam alterações nas paisagens, ainda que muitas dessas transformações demorem centenas ou milhares de anos para serem percebidas.

Os **elementos naturais** são produto de uma complexa combinação de fatores e forças, que atuam interna e externamente na Terra, responsáveis pela configuração do planeta.

As **paisagens humanizadas** ou antrópicas são resultado das diversas intervenções das sociedades sobre a superfície terrestre ao longo do tempo. Elas são produto do trabalho social, assim como da organização da produção da vida coletiva realizada por várias gerações, que, por meio das técnicas disponíveis em cada época, constroem objetos de acordo com suas necessidades e aspirações. Toda paisagem humanizada é, portanto, um testemunho da ação e do desenvolvimento das técnicas, das **tecnologias** e da cultura dos grupos sociais.

> **Antrópico.** Do grego *antropos* (ser humano) + *ico*: que teve a intervenção humana em sua constituição.
>
> **Paleontologia.** Ciência que estuda, por meio de fósseis, formas de vida de períodos geológicos passados.

A paleontologia tem demonstrado o quanto algumas formações naturais mudaram em milhões de anos. Na cordilheira dos Andes, por exemplo, foram encontrados fósseis marinhos, evidenciando que essa área já esteve submersa (Chile, 2011).

20 Geografia: contextos e redes

Em Brasília, o plano urbanístico conhecido como Plano Piloto estabeleceu o traçado das ruas e a localização das áreas residenciais e comerciais da cidade, bem como da sede do governo federal e de diversos órgãos públicos. Assim, grande parte do Cerrado deu lugar às construções da capital brasileira (DF, 2014).

Unidades de Conservação

A distinção entre as paisagens humanizadas e as paisagens naturais torna-se cada vez mais difícil em virtude da ampla atuação humana sobre o planeta. Muitos estudiosos afirmam até mesmo que não existem mais paisagens naturais, pois, de acordo com eles, toda a superfície terrestre já sofreu de alguma maneira a interferência da ação humana.

De fato, as paisagens estão cada vez mais humanizadas, uma vez que as sociedades têm deixado suas marcas mesmo onde aparentemente só há elementos naturais. Nesse contexto, inserem-se as **Unidades de Conservação** ambiental — criadas para impedir que alguns processos e elementos naturais sejam modificados pela ação humana.

A paisagem e os elementos da Unidade de Conservação do Parque Nacional da Chapada dos Veadeiros são protegidos por lei. No parque são permitidas pesquisas científicas e a visitação com fins educacionais (GO, 2014).

A leitura das paisagens

A leitura das paisagens deve considerar as inúmeras percepções realizadas pelos nossos sentidos em dado ambiente. Essas percepções manifestam-se por meio da observação, da análise e da interpretação de seus elementos, auxiliando-nos a levantar hipóteses ou mesmo desenvolver estudos sobre as diferentes formas de organização social e cultural ali existentes, em diferentes tempos. Assim, a paisagem é o testemunho, o registro das várias transformações da natureza e da sociedade por meio das intervenções humanas. Ela é um acúmulo de "tempos" distintos.

Para ler

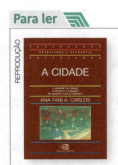

A cidade
Ana Fani A. Carlos. 8. ed. São Paulo: Contexto, 2009 (Coleção Repensando a Geografia).
O livro traz reflexões sobre a natureza da cidade e sua origem, a apropriação do espaço por seus habitantes e a relação sociedade-espaço ao longo da história.

Unidade de Conservação. Parcela de território sob regime especial de administração, à qual se aplicam garantias de proteção dos seus recursos ambientais. Suas principais funções são conservar a biodiversidade; proteger espécies raras ou em perigo de extinção, paisagens naturais, bacias e recursos hídricos; e zelar pelo manejo de recursos de flora e fauna, pelo monitoramento ambiental e pelo uso sustentável dos recursos naturais.

Observe as imagens da cidade de Newcastle, na Inglaterra, em três momentos históricos distintos. Em meados do século XVIII, com cerca de 30 mil habitantes, Newcastle estava cercada por campos cultivados e ainda guardava ares de localidade rural, mesmo que já fosse um porto fluvial importante do rio Tyne. A edificação da igreja de St. Anne destacava-se na paisagem, onde poucas construções se sobressaíam.

Newcastle era um centro comercial, mas mantinha um estreito vínculo com a agricultura. Os campos cultivados ao redor da cidade empregavam parte de sua população nas colheitas durante o verão, assim como em outras atividades durante o inverno — uma delas, por exemplo, era a mineração de carvão (que seria determinante para o destino da cidade em um momento posterior).

Já na pintura da página seguinte, que retrata Newcastle na primeira metade do século XIX, é possível observar a diferença da paisagem em relação à pintura do século anterior: a torre da igreja dividia o espaço com chaminés, por onde saía uma fumaça escura. A cidade já contava então com mais de 200 mil habitantes. Nesse período, o escritor português Eça de Queirós esteve na cidade e assim relatou sua impressão:

"[...] uma cidade de tijolo negro, meio afogada em lama, com uma espessa atmosfera de fumo, penetrada de um frio úmido, habitada por 150.000 operários descontentes, mal pagos e azedados e por 50.000 patrões lúgubres e horrivelmente ricos".

QUEIRÓS, Eça de apud MAGALHÃES, José Calvet de. Eça de Queirós, cônsul e escritor. *Camões*, Lisboa, n. 9/10, p. 10-22, abr./set. 2000.

Newcastle apresentava dois fatores importantes para o desenvolvimento industrial naquele período: a existência de minas de carvão nos arredores e a possibilidade de escoamento da produção fabril pelo rio. Nela, desenvolveram-se principalmente a mineração e a indústria naval. A industrialização foi um dos fatores responsáveis por atrair a população do campo de diversas regiões do país.

No final do século XX, Newcastle contava com cerca de 260 mil habitantes. Sua paisagem era bastante distinta da cidade industrial do século XIX. A torre da igreja permanece lá, mas não se observam mais as chaminés das fábricas lançando fumaça. Nas margens do rio, vemos altos edifícios corporativos, nos quais se desenvolvem atividades ligadas ao comércio e à gestão. A navegação ainda é uma atividade relevante, voltada agora para o transporte urbano de passageiros.

De autoria desconhecida, essa pintura retrata a Newcastle de meados do século XVIII (Inglaterra, c. 1770).

Nesta pintura de R. Francis, que retrata Newcastle no início do século XIX, já não se pode ver toda a fachada da igreja de St. Anne, que está cercada por edificações (Inglaterra, c. 1830).

Na Newcastle mais recente, a torre da igreja de St. Anne agora é mais um dos destaques na paisagem da cidade (Inglaterra, 1996).

Essa paisagem é resultante de um conjunto de transformações econômicas e sociais. Enquanto algumas indústrias permaneceram nos mesmos locais, outras deslocaram-se para o interior do país ou até mesmo para outros países. Uma das razões, provavelmente, foi a necessidade de terrenos maiores e mais baratos para instalar suas linhas de produção e seus centros de logística (transporte, estoque e depósito). Desse modo, essa área central passou a concentrar o comércio e os serviços, como hospitais, postos de saúde, universidades e sedes de órgãos oficiais.

As três imagens de Newcastle demonstram que as paisagens humanizadas são testemunho dos "tempos" e das culturas. As transformações técnicas, o desenvolvimento de novas tecnologias e as mudanças culturais ficam registradas nas paisagens na forma de objetos, como portos, fábricas, prédios comerciais etc. Alguns desaparecem ou são substituídos, conforme ocorre com as antigas moradias ou com os campos de cultivo; outros objetos, no entanto, permanecem: a torre da igreja é um significativo exemplo de que as paisagens resultam de um complexo acúmulo de diferentes "tempos".

QUESTÕES

1. O que são paisagens naturais e paisagens humanizadas?
2. Qual das duas paisagens predomina hoje no mundo? Justifique.
3. As unidades de conservação da natureza são exemplos de paisagem natural? Explique.
4. "A paisagem é o acúmulo de diferentes tempos". Explique essa afirmação.

2. Lugar e relações cotidianas

Quando mencionamos a palavra **lugar**, entendemos o espaço no qual as relações cotidianas de fato acontecem. Trata-se do espaço próximo aos indivíduos, com o qual eles efetivamente mantêm relações de familiaridade e pertencimento. Nossos vínculos sociais, familiares e profissionais se processam nos lugares. Por isso, para compreender a importância do que ocorre na escala local, é indispensável que se considerem as dimensões objetivas e subjetivas dos lugares.

Em um mundo interconectado em redes físicas e virtuais, fenômenos globais, como a expansão das redes de transporte e de telecomunicações e os fluxos do capital financeiro, interferem e afetam as relações sociais com intensidades diferentes e nos mais diversos lugares do mundo. A modernização das relações econômicas e sociais faz com que a maior parte dos lugares esteja inserida na globalização, sendo, portanto, direta ou indiretamente afetada pela expansão do capital e das técnicas. Mesmo em lugares onde a produção econômica e a vida social parecem estar condicionadas apenas por fatores locais, aspectos da globalização estão presentes.

Para melhor compreender os fenômenos geográficos em curso no mundo globalizado, é preciso distinguir sua influência nas escalas nacional e global.

As escalas nacional e global

A **escala nacional** refere-se à atuação dos Estados nacionais ou países. O Estado nacional é um mediador entre a sociedade nacional e a mundial. Sua atuação se manifesta na regulação interna das relações sociais e da produção econômica, assim como nos tratados e acordos com outros países. Quando cobra impostos de certas atividades e isenta outras, o Estado nacional interfere decisivamente na atividade econômica. O mesmo ocorre quando as autoridades nacionais decidem construir um porto ou uma ferrovia: eles terão impacto substancial na produção de bens e serviços, afetando a vida econômica, social e cultural na localidade.

Quando um país assina um tratado de livre-comércio com outras nações ou taxa certos produtos importados, o Estado interfere nas relações entre a sociedade nacional e o resto do mundo, em uma **escala global**. Essas relações, por sua vez, terão impacto em nossos hábitos de consumo e em nosso cotidiano.

O Porto de São Francisco do Sul (SC, 2012) é importante para o escoamento da produção industrial dos estados de Santa Catarina e do Rio Grande do Sul. Desde 2015, o porto atende também à exportação de soja, que vem do Paraná e do Paraguai, e de celulose, proveniente de Mato Grosso do Sul.

Os campeonatos mundiais de futebol atraem populações de diferentes lugares e envolvem o sentimento de identidade nacional. Na foto, torcedores da seleção brasileira em partida realizada em Fortaleza (CE) na Copa do Mundo de 2014.

Você no mundo — Trabalho em grupo – Apresentação oral

Mudanças na cidade

As cidades são construções humanas produzidas pela sociedade no decorrer do tempo. Por meio da análise de paisagens em diferentes tempos, é possível perceber diversas transformações pelas quais cada cidade passou.

- Reúnam-se em grupos de 4 ou 5 alunos e pesquisem na internet, em livros ou revistas fotografias ou representações de um bairro da cidade onde vocês moram ou outra cidade do estado. Organizem as imagens do mesmo local em diferentes anos ou décadas.
- Em seguida, analisem, em conjunto, as transformações ocorridas na paisagem estudada e elaborem hipóteses para explicá-las: que mudanças econômicas, sociais e culturais podem explicar essas transformações?
- Por fim, apresentem suas conclusões para o restante da classe.

3. O espaço geográfico

Espaço geográfico é o produto das relações entre a sociedade e a natureza e compreende as interações sociais, econômicas, políticas e culturais. O espaço geográfico não é apenas o espaço que pode ser percebido pelos sentidos — não é, portanto, sinônimo de paisagem.

O geógrafo Milton Santos, ao explicar a diferença entre os dois conceitos, lembrou-se de uma arma que chegou a ser imaginada por cientistas e militares, mas que jamais foi desenvolvida: a bomba de nêutrons, que destruiria toda a vida na área em que fosse lançada, porém preservaria os objetos inorgânicos.

"[...] o que na véspera seria ainda o *espaço*, após a temida explosão seria apenas *paisagem*."

SANTOS, Milton. *A natureza do espaço*: técnica e tempo, razão e emoção. São Paulo: Edusp, 2006. p. 106.

A leitura e a interpretação da paisagem fornecem elementos para a compreensão do espaço geográfico. Ao lermos e interpretarmos, por exemplo, as fotografias da cidade de Nova York e da aldeia do povo ianomâmi, podemos reconhecer que seus espaços geográficos são produto de relações sociais, culturais, econômicas e ambientais diferentes. A diversidade de espaços geográficos decorre de diferenças no modo de vida das populações e nas paisagens sobre as quais elas intervêm.

Para assistir

Em algum lugar da Terra
http://mod.lk/vhlmT
Série que leva o espectador a descobrir territórios na natureza em que as pessoas fizeram um pacto de preservação, como as Ilhas Shetlands, Cabo Verde, Jamaica, o Sultanato de Omã, Laos e o oeste canadense.

As metrópoles são espaços geográficos com intensos fluxos de capital e de informação. Elas concentram comércio, serviços, redes de transporte e comunicação e se constituem em espaços altamente verticalizados. Na foto, distrito de Manhattan, Nova York (Estados Unidos, 2015).

Vista da aldeia Demini (Amazonas, 2012). Os ianomâmis constroem suas aldeias em clareiras abertas na Floresta Amazônica, onde desenvolvem atividades de caça e pesca cotidianamente. Nas aldeias circulares, eles realizam atividades culturais e de sociabilidade.

Técnica e espaço geográfico

A interação entre as diferentes sociedades e a natureza se dá por meio das **técnicas**, ou seja, o conjunto de habilidades desenvolvidas pelos seres humanos, no decorrer de sua história, com a finalidade de produzir objetos, ferramentas e/ou utensílios necessários à vida social, cultural e material de cada povo, em determinado momento histórico.

O espaço geográfico construído por cada sociedade reflete, portanto, o estágio de desenvolvimento dos meios técnicos alcançados.

Tecnologia é um termo que engloba a relação entre a técnica e os saberes acumulados por meio do desenvolvimento científico. As técnicas acompanham o percurso da humanidade: a agricultura e a domesticação de animais, por exemplo, surgiram há cerca de dez mil anos, com o plantio de cereais e as primeiras criações pecuárias.

No continente sul-americano, a agricultura começou a ser praticada pelos povos nativos cerca de dois mil anos atrás. As plantas cultivadas eram o tabaco, o milho e a pimenta.

Há cinco mil anos, sociedades humanas já construíam vilas e cidades, navegavam pelos rios e erguiam barreiras para controlar a vazão dos cursos de água.

No continente sul-americano, achados arqueológicos recentes comprovaram, por exemplo, a existência de vias de ligação das sociedades indígenas da região onde hoje se encontram os estados de Mato Grosso do Sul, Paraná e São Paulo, no Brasil, com os povos andinos que habitavam os atuais Peru e Bolívia, e também com outras tribos indígenas ao sul.

Na Antiguidade, a civilização romana desenvolveu diversas técnicas para a sociedade, entre elas os aquedutos, responsáveis pelos primeiros sistemas de abastecimento de água para núcleos urbanos. Duas técnicas milenares igualmente importantes e ainda utilizadas são os moinhos movidos pela força do vento ou da água.

Na Europa, entre os séculos XI e XIV, a introdução de novas técnicas de cultivo e de aração modificou intensamente a paisagem e promoveu o aumento da produção agrícola naquele continente.

Detalhe da tumba de Sennedjem, em Tebas (Egito, c. 1297-1185 a.C.), no qual aparece um arado de tração animal — técnica fundamental para o desenvolvimento da agricultura.

Ponte do Gard, aqueduto romano de cerca de dois mil anos, localizado na região de Languedoc Roussillon (França, 2014).

A vila Zaanse Schans é um museu a céu aberto que reúne moinhos históricos (Holanda, 2015).

As Revoluções Industriais

Durante a Primeira Revolução Industrial, iniciada em meados do século XVIII na Inglaterra, houve um grande desenvolvimento técnico, e a organização social da produção passou a modificar intensamente a superfície terrestre. Nesse período, introduziu-se o carvão como fonte de energia, o que propiciou o desenvolvimento da indústria têxtil e o uso de ferrovias e barcos a vapor.

A partir de 1870, teve início a Segunda Revolução Industrial, período marcado pelo desenvolvimento de um conjunto de técnicas que inovariam e ampliariam a interferência da sociedade sobre a natureza, intensificando a produção e o comércio mundiais. Entre essas técnicas estão: o uso da eletricidade para a geração de energia e iluminação; o emprego de petróleo como fonte de energia; a utilização do aço e do alumínio; e o desenvolvimento das indústrias química e eletroeletrônica. A expansão da produção industrial nos fluxos comerciais internacionais representou o início da formação da chamada **economia global**.

Na segunda metade do século XX (sobretudo a partir da década de 1970), na produção econômica ocorreu uma nova era de transformações: a Revolução Técnico-Científico-Informacional ou a Terceira Revolução Industrial. As bases desse novo ciclo são a informática, a biotecnologia, a automação dos processos industriais e os novos meios de geração de energia. A combinação desses elementos constitui o **espaço globalizado**.

As inovações tecnológicas da área de telecomunicações e o desenvolvimento da indústria de computadores e de programas de processamento de dados são os elementos centrais da Revolução Técnico-Científico-Informacional, uma vez que o aumento da capacidade tecnológica de armazenar dados e o processamento instantâneo de informações via telecomunicações são decisivos para a construção de novos fluxos, desta vez centrados em dados e capitais, e não apenas em artefatos físicos (como matérias-primas e mercadorias).

Os sistemas produtivos da era técnico-científico-informacional caracterizam-se pelo uso intensivo do conhecimento, que confere valor aos bens dessa nova organização de produção. O computador é o principal exemplo de produto industrial próprio dessa nova etapa do capitalismo: seus componentes não envolvem a utilização de recursos naturais abundantes ou escassos, sendo seu elevado valor de troca o resultado de uma complexa combinação de pesquisas de inovação tecnológica.

As empresas que mais cresceram entre o final do século XX e o início do século XXI foram as que mais investiram em pesquisa e tecnologia; a mão de obra dessas organizações é constituída por trabalhadores com densa formação educacional e técnica.

QUESTÕES

1. Explique o conceito de lugar na Geografia e sua relação com o mundo global contemporâneo.
2. Explique o que é espaço geográfico e qual a sua relação com as técnicas desenvolvidas pelas sociedades humanas.
3. Relacione a Revolução Técnico-Científico-Informacional e o espaço globalizado.

Geografia e outras linguagens

O poeta e músico carioca Vinicius de Moraes (1913-1980) publicou em 1956 o poema *O operário em construção*. Leia-o com atenção.

O operário em construção

Era ele que erguia casas
Onde antes só havia chão.
Como um pássaro sem asas
Ele subia com as casas
Que lhe brotavam da mão.
Mas tudo desconhecia
De sua grande missão:
Não sabia, por exemplo
Que a casa de um homem é um templo
Um templo sem religião
Como tampouco sabia
Que a casa que ele fazia
Sendo a sua liberdade
Era a sua escravidão.

De fato, como podia
Um operário em construção
Compreender por que um tijolo
Valia mais do que um pão?
Tijolos ele empilhava
Com pá, cimento e esquadria
Quanto ao pão, ele o comia...
Mas fosse comer tijolo!
E assim o operário ia
Com suor e com cimento
Erguendo uma casa aqui
Adiante um apartamento
Além uma igreja, à frente
Um quartel e uma prisão:
Prisão de que sofreria
Não fosse, eventualmente
Um operário em construção. [...]

Mas ele desconhecia
Esse fato extraordinário:
Que o operário faz a coisa
E a coisa faz o operário.
De forma que, certo dia
À mesa, ao cortar o pão
O operário foi tomado
De uma súbita emoção
Ao constatar assombrado
Que tudo naquela mesa
— Garrafa, prato, facão —
Era ele quem os fazia
Ele, um humilde operário,
Um operário em construção.
[...]

Notou que sua marmita
Era o prato do patrão [...]
Que seu macacão de zuarte
Era o terno do patrão
Que o casebre onde morava
Era a mansão do patrão
Que seus dois pés andarilhos
Eram as rodas do patrão
Que a dureza do seu dia
Era a noite do patrão
Que sua imensa fadiga
Era amiga do patrão.

E o operário disse: Não!
E o operário fez-se forte
Na sua resolução. [...]

MORAES, Vinicius de. *O operário em construção*. Disponível em: <http://mod.lk/2x5Wm>. Acesso em: set. 2016.

QUESTÕES

1. Que relação entre a sociedade e a natureza é abordada na primeira estrofe do poema? Comente o verso que explicita essa relação.
2. Nesse poema, Vinicius de Moraes aborda um aspecto importante da produção do espaço geográfico pela sociedade capitalista. Que aspecto é esse?
3. Que características tem o espaço geográfico da cidade construída pelos operários?

ATIVIDADES

ORGANIZE SEUS CONHECIMENTOS

1. Leia os textos a seguir.

   "Localizado na região Nordeste do Brasil, o Parque Nacional Serra da Capivara é um parque arqueológico, inscrito pela Unesco na lista do Patrimônio Mundial. Um conjunto de chapadas e vales abrigam sítios arqueológicos com pinturas e gravuras rupestres, além de outros vestígios do cotidiano pré-histórico. [...]

   Os registros rupestres, pintados ou gravados sobre as paredes rochosas, são formas gráficas de comunicação utilizadas pelos grupos pré-históricos que habitaram a região do Parque. As representações gráficas abordam uma grande variedade de formas, cores e temas. Foram pintadas cenas de caça, sexo, guerra e diversos aspectos da vida cotidiana e do universo simbólico dos seus autores.

   FUNDAÇÃO MUSEU DO HOMEM AMERICANO (FUMDHAM). Parque Nacional Serra da Capivara. Disponível em: <www.fumdham.org.br>. Acesso em: set. 2016.

   "O Parque Nacional Serra da Capivara está preparado para receber o visitante. Conta com guaritas para a recepção dos turistas, estradas, Centro de Visitantes, trilhas, escadarias e passarelas que permitem, com segurança e conforto, o passeio do visitante. [...]

   O Parque é formado por um conjunto de quatro Serras — Serra da Capivara, Serra Branca, Serra Talhada e Serra Vermelha — que apresentam diferentes ambientes e paisagens onde se pode contemplar os monumentos geológicos, a fauna e a flora da caatinga."

   FUNDAÇÃO MUSEU DO HOMEM AMERICANO (FUMDHAM). Visite o Parque. Disponível em: <http://mod.lk/mxdxw>. Acesso em: set. 2016.

   De acordo com as informações dos trechos acima, pode-se afirmar que o Parque Nacional Serra da Capivara é um exemplo de:

   a) unidade de conservação, o que o caracteriza como paisagem natural.
   b) paisagem natural, submetida à exploração comercial pelos fluxos da globalização.
   c) lugar de vivências cotidianas do homem contemporâneo.
   d) paisagem humanizada, resultado do acúmulo de intervenções do homem ao longo do tempo.
   e) paisagem humanizada, que descaracteriza o passado e a natureza do local.

2. Leia o texto a seguir.

   "Você acreditaria no título de notícia abaixo?

   Pesquisadores afirmam que comer em pé emagrece mais rápido

   Nos dias atuais, somos expostos a uma grande carga de informações. Rádio, jornais, televisão, revistas e redes sociais contribuem com esse cardápio farto de fatos e conteúdos que consumimos todos os dias. Se por um lado essa multiplicidade de canais e informações tem um lado positivo, por outro ficamos mais expostos à desinformação, boatos, tentativas de golpe e opiniões tendenciosas.

   A internet se constitui um dos principais meios para o acesso às informações do cotidiano. Cada vez mais usamos dispositivos móveis para isso. Segundo pesquisa do Google, 63% das pessoas utilizam celulares e *smartphones* para se manter informadas.

   [...]

   Lenda urbana, boato, desinformação, *hoax* ("embuste", numa tradução literal do inglês) ou teoria conspiratória. Há diversas formas que buscam confundir e manipular os leitores desavisados. [...]

   Conhecer a autoria da informação ajuda a reconhecer a veracidade do seu conteúdo. [...]

   A grande dica é: não se deixe enganar por títulos sensacionalistas. Antes de comprar a história e passá-la à frente, ligue o desconfiômetro e faça uma verificação das fontes da notícia."

   BIBLIOTECA VIRTUAL DO GOVERNO DO ESTADO DE SÃO PAULO. Como checar informações na internet. Disponível em: <http://mod.lk/EcLKb>. Acesso em: set. 2016.

   O texto aborda o aumento da disponibilidade dos fluxos de informação, característicos do processo de globalização contemporâneo. Essa intensificação determina:

   a) o impacto uniforme de fenômenos globais nos lugares mais variados.
   b) o surgimento de sistemas produtivos cada vez mais baseados no conhecimento.
   c) a redução do nível de escolarização demandado dos trabalhadores industriais.
   d) a desconexão das localidades periféricas, isentas dos fluxos globais.
   e) a expansão de oportunidades igualitárias ao conhecimento e do controle das informações.

3. Para a Geografia, as permanências e as mudanças nas paisagens são resultado da atuação de forças

Capítulo 1 • O espaço geográfico 29

ATIVIDADES

naturais e sociais. Analise geograficamente a paisagem retratada na fotografia abaixo.

Vista da região do Cerrado com plantação de soja e mata nativa ao fundo (TO, 2013).

4. Observe as imagens da avenida Paulista em distintos tempos e estabeleça comparações entre elas.

Avenida Paulista, em foto do início do século XX (SP, 1905-1906).

Avenida Paulista (SP, 1997).

5. Explique que desigualdades do espaço geográfico estão sendo apontadas na charge a seguir e comente qual parece ser o ponto de vista do cartunista a esse respeito.

6. Leia o texto e observe a imagem. Em seguida, responda à questão.

"Desastres ambientais — como o ocorrido na região serrana do Rio de Janeiro no início do ano e no Morro do Bumba, no mesmo estado, em abril de 2010 — alertam para os perigos do descumprimento da legislação ambiental. [...] Os desastres ambientais ocorrem devido a vários fatores e, sobretudo, à interação entre muitos desses fatores."

FABRÍCIO, Tárcio; ZEVIANI, Lívia. Desastres, clima e o novo Código Florestal. *ClickCiência*, ed. 25, set. 2011. Disponível em: <http://mod.lk/hXwLa>. Acesso em: set. 2016.

Em 2011, fortes chuvas provocaram deslizamento de encosta em Teresópolis (RJ).

Sabemos que a paisagem é produzida pela dinâmica da natureza e pela intervenção da sociedade. Com base no texto, analise o desastre ambiental retratado na fotografia.

REPRESENTAÇÕES GRÁFICAS E CARTOGRÁFICAS

7. De 2000 a 2015, o crescimento de usuários de internet passou de 361 milhões para cerca de 3,3 bilhões, um aumento extraordinário. Comente esse fato com base na leitura do gráfico e nos conhecimentos adquiridos neste capítulo.

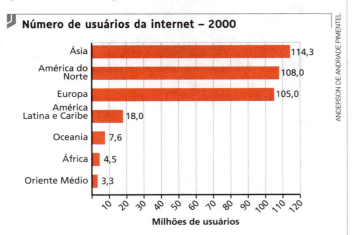

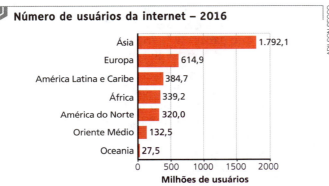

Fonte: *Internet World Stats*. Disponível em: <http://mod.lk/vqbly>. Acesso em: set. 2016.

INTERPRETAÇÃO E PROBLEMATIZAÇÃO

8. Na reportagem a seguir, o geógrafo Aziz Nacib Ab'Sáber dá um depoimento sobre sua infância na cidade de São Luis do Paraitinga (SP). Em 2010, uma grande enchente inundou e destruiu quase todo o centro histórico da cidade. Leia o texto e responda às questões.

Como morrem as casas

"Para Aziz Nacib Ab'Sáber, ilustre filho de Paraitinga, a ignorância arrasta a história para o fundo dos rios

São Luiz do Paraitinga perdeu ¼ dos imóveis tombados. Foi um dos maiores desastres culturais do País. Como o senhor reagiu a isso?

É compreensível que, tendo nascido lá, eu sinta uma tristeza imensa com essa destruição. Houve, no passado, uma tragédia semelhante. Quando eu era menino, com 4, 5 anos, meus parentes comentavam: 'A cidade foi inundada até a beira do mercadão'. A casa dos meus pais ficava numa esquina em frente do mercado e o fundo dela era o rio, que volteava tudo. Mas, na época, São Luiz tinha um crescimento populacional mais razoável. Lembro que a margem de ataque do rio, à beira d'água, era uma estradinha tangenciando o morro para poder chegar ao caminho de Ubatuba. Andei muito do outro lado do rio, onde ia coletar pitangas gostosas na borda da mata. [...]

Que características tem a cidade para já ter sofrido inundação no passado?

Toda aquela região da Praça da Matriz, que é a região da Rua das Tropas e a região do mercado, tudo aquilo é envolvido por um meandro. Meandro é uma volta do rio às vezes muito alongada, às vezes mais estreita. Todo meandro tem um lóbulo interno, a várzea. Do outro lado, sobretudo em áreas de morros, ficam os declives. Bom, tudo isso se modificou muito. [...]

E como surgiram os casarões?

Os fazendeiros de café ficaram tão encantados com a exportação do produto pela estrada que tiveram, a partir de 1850, a ideia de construir casarões para morar na cidade. [...] Enquanto na roça permaneceram os capatazes, na cidade os fazendeiros receberam imigrantes de várias partes, especialmente de Portugal, que tinham tradição e capacidade de construir casarões de pau a pique e taipa. Não é uma coisa que resista a todos os tempos, sobretudo quando há enchentes dramáticas. Bom, filha, essas pessoas receberam uma tragédia socioeconômica em torno de 1900, quando se estabeleceu a Estrada de Ferro Central do Brasil. Todo o café, do vale inteiro, passou a sair pela estrada por Taubaté, São José dos Campos e Lorena em direção ao Brás e, de lá, pela Estrada Santos-Jundiaí. Mudou-se o eixo da exportação. O problema era sério e grave. Algumas famílias de fazendeiros foram fenecendo. Pessoas de Minas Gerais, que sabiam guardar seu dinheirinho, vieram para São Luiz e compraram terras para fazer o que sabiam fazer: criar gado leiteiro. Disso viveram por muitos anos. Quanto aos casarões, muitos foram transformados em hotéis."

MANIR, Mônica. Como morrem as casas. *Estadão*, São Paulo, 9 jan. 2010. Disponível em: <http://mod.lk/hhiqu>. Acesso em: set. 2016.

Nas palavras do geógrafo Aziz Ab'Sáber, é possível reconhecer a paisagem humanizada da cidade onde ele nasceu. Sintetize, com suas palavras, os elementos naturais e humanos que compõem essa paisagem. Em seguida, elabore hipóteses para explicar a relação entre o crescimento da cidade e a destruição do centro histórico por uma grande enchente.

ENEM E VESTIBULARES

9. (Enem, 2015)

"No fim do século XX e graças aos avanços da ciência, produziu-se um sistema [...] presidido pelas técnicas da informação, que passaram a exercer um papel de elo entre as demais, unindo-as e assegurando ao novo sistema [...] uma presença planetária. [...]

ATIVIDADES

[...] Um mercado global utilizando esse sistema de técnicas avançadas resulta nessa globalização perversa."

SANTOS, M. *Por uma outra globalização*: do pensamento único à consciência universal. 4. ed. Rio de Janeiro: Record, 2000. p. 23-24 (adaptado).

Uma consequência para o setor produtivo e outra para o mundo do trabalho advindas das transformações citadas no texto estão presentes, respectivamente, em

a) Eliminação das vantagens locacionais e ampliação da legislação laboral.

b) Limitação dos fluxos logísticos e fortalecimento de associações sindicais.

c) Diminuição dos investimentos industriais e desvalorização dos postos qualificados.

d) Concentração das áreas manufatureiras e redução da jornada semanal.

e) Automatização dos processos fabris e aumento dos níveis de desemprego.

10. (Enem, 2013)

"No dia 1º de julho de 2012, a cidade do Rio de Janeiro tornou-se a primeira do mundo a receber o título da Unesco de Patrimônio Mundial como Paisagem Cultural. A candidatura, apresentada pelo Instituto do Patrimônio Histórico e Artístico Nacional (Iphan), foi aprovada durante a 36ª Sessão do Comitê do Patrimônio Mundial. [...]

O presidente do Iphan explicou que 'a paisagem carioca é a imagem mais explícita do que podemos chamar de civilização brasileira, com sua originalidade, desafios, contradições e possibilidades'.

A partir de agora, os locais da cidade valorizados com o título da Unesco serão alvo de ações integradas visando à preservação de sua paisagem cultural."

Disponível em: <http://mod.lk/ixjek>. Acesso em: mar. 2013 (adaptado).

O reconhecimento da paisagem em questão como patrimônio mundial deriva da

a) presença do corpo artístico local.

b) imagem internacional da metrópole.

c) herança de prédios da ex-capital do país.

d) diversidade de culturas presente na cidade.

e) relação sociedade-natureza de caráter singular.

11. (Unicamp-SP, 2015)

Paisagem de uma metrópole brasileira

Vista aérea da favela Paraisópolis, muito próxima dos edifícios de luxo da avenida Giovanni Gronchi (SP, 2013).

Considerando a imagem, identifique a alternativa correta.

a) A organização do espaço geográfico nas metrópoles brasileiras caracteriza-se, na atualidade, pela tendência à homogeneização das formas de habitar, em função da existência de políticas urbanas e sociais exitosas.

b) Os moradores do condomínio fechado e os moradores da favela compartilham áreas comuns de lazer, fato que expressa o enfraquecimento dos conflitos entre as diferentes classes sociais na metrópole.

c) A concentração da riqueza permite a uma pequena parcela da sociedade viver em condomínios fechados de alto padrão, que, fortificados por aparatos de segurança, aprofundam a fragmentação do espaço urbano.

d) A favela é um espaço monofuncional, exclusivamente residencial, desprovido de serviços urbanos básicos como energia elétrica, água, saneamento, limpeza e, portanto, equilibradamente coeso à malha urbana.

12. (UFG-GO, 2014) Leia os textos a seguir.

Texto 1

"Contrariando a opinião de certas pessoas que não quiseram se entusiasmar, e garantiram que em poucos dias a novidade passaria e a ferrugem tomaria conta do metal, o interesse do povo ainda não diminuiu."

VEIGA, J. J. A máquina extraviada. Em: *Melhores contos de J. J. Veiga*. Seleção de J. A. Castello. São Paulo: Global, 2000. p. 133.

Texto 2

"Fatores biológicos e geográficos facilitaram a implementação de determinadas atividades econômicas nos moldes ditos modernos, predominantemente em relevo plano, com formas de topo aplanado, solos bem desenvolvidos, espessos e livres de pedregosidades."

OLIVEIRA, I. J. Sustentabilidade de sistemas produtivos agrários em paisagens do Cerrado: uma análise no município de Jataí-GO. *Terra Livre*, ano 20, v. 2, n. 23, jul.-dez., 2004 (adaptado).

O Texto 1 trata de uma situação vivenciada pela população de uma pequena cidade, enquanto o Texto 2 aborda a modernização da agropecuária e as características de uma unidade de paisagem em Jataí, mesorregião do Sudoeste de Goiás. Com base no fragmento do conto "A máquina extraviada" e na leitura do Texto 2, conclui-se que a tecnologia:

a) desperta curiosidade na população, no Texto 1, e limita o seu próprio uso em atividades agropastoris realizadas neste tipo de terreno, no Texto 2.

b) implanta-se satisfatoriamente no local, conforme o Texto 1, e é desfavorável para a mecanização agrícola nesse tipo de terreno, no Texto 2.

c) causa indiferença na população capacitada para sua utilização, no Texto 1, e tem potencial para uso em atividades agrícolas nesse tipo de terreno, no Texto 2.

d) chega à população que possui mão de obra despreparada, no Texto 1, e favorece as atividades de aração neste tipo de terreno, no Texto 2.

e) propicia a anulação da sua função, no Texto 1, e inviabiliza a mecanização agrícola neste tipo de terreno, no Texto 2.

13. (Uepa-PA, 2014)

> "A história do homem sobre a Terra é a história de uma rotura progressiva entre o homem e o entorno. Esse processo se acelera quando, praticamente ao mesmo tempo, o homem se descobre como indivíduo e inicia a mecanização do planeta, armando-se de novos instrumentos para tentar dominá-lo. A natureza artificializada marca uma grande mudança na história humana da natureza. Hoje, com a tecnociência, alcançamos o estágio supremo dessa evolução."
>
> SANTOS, Milton. *Técnica, espaço, tempo:* globalização e meio técnico-científico informacional. São Paulo: Hucitec, 1998. p. 17.

O texto tem como temática aspectos da relação homem-natureza em diferentes épocas. A partir do mesmo e utilizando seus conhecimentos geográficos, assinale a alternativa correta sobre esta relação.

a) O avanço do meio técnico-científico-informacional possibilitou uma maior preservação da natureza, haja vista que as indústrias modernas utilizam tecnologia que restringe a poluição ambiental, além do fato de que, nas sociedades contemporâneas, há maior preocupação com a preservação do meio ambiente.

b) As sociedades contemporâneas têm um grande consumo de energia devido ao emprego de tecnologias que facilitam a comunicação, levando muitos países à maior exploração das fontes energéticas com redução dos impactos ambientais, principalmente nos rios e florestas, graças à utilização de tecnologias modernas na apropriação dos recursos naturais renováveis.

c) A tecnociência tem entre seus princípios básicos a utilização intensa da mão de obra humana, o estímulo à preservação da natureza e redução da ação do homem sobre esta, que ainda se apresenta impotente frente às grandes tragédias da natureza, a exemplo dos furacões e tsunamis.

d) Nas sociedades primitivas, cada grupo humano construía seu espaço de vida com as técnicas que inventava para tirar da natureza os elementos indispensáveis à sua sobrevivência; organizava a produção, sua vida social e o espaço geográfico na medida de suas próprias forças e necessidades.

e) Nos dias atuais, os objetos tecnológicos que nos servem são cada vez mais técnicos, criados para atender finalidades específicas, facilitando as comunicações, mudando as relações sociais, interpessoais e com a natureza, graças às políticas estatais de diversos países estimulados pelas Conferências Mundiais sobre o Meio Ambiente, a exemplo da Rio+20.

14. (UFU-MG, 2010) A Geografia se expressou e se expressa por meio de um conjunto de conceitos que, por vezes, são considerados erroneamente como equivalentes, a exemplo do uso do conceito de espaço geográfico como equivalente ao de paisagem, entre outros.

Considerando os conceitos de espaço geográfico, paisagem, território e lugar, identifique a alternativa **incorreta**.

a) A paisagem geográfica é a parte visível do espaço e pode ser descrita a partir dos elementos ou dos objetos que a compõem. A paisagem é formada apenas por elementos naturais; quando os elementos humanos e sociais passam a integrar a paisagem, ela se torna sinônimo de espaço geográfico.

b) O espaço geográfico é (re)construído pelas sociedades humanas ao longo do tempo, através do trabalho. Para tanto, as sociedades utilizam técnicas de que dispõem segundo o momento histórico que vivem, suas crenças e valores, normas e interesses econômicos. Assim, pode-se afirmar que o espaço geográfico é um produto social e histórico.

c) O lugar é concebido como uma forma de tratamento geográfico do mundo vivido, pois é a parte do espaço onde vivemos, ou seja, é o espaço onde moramos, trabalhamos e estudamos, onde estabelecemos vínculos afetivos.

d) Historicamente, a concepção de território associa-se à ideia de natureza e sociedade configuradas por um limite de extensão do poder. A categoria território apresenta uma relação estreita com a de paisagem e pode ser considerada um conjunto de paisagens contido pelos limites políticos e administrativos de uma cidade, estado ou país.

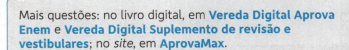

Mais questões: no livro digital, em **Vereda Digital Aprova Enem** e **Vereda Digital Suplemento de revisão e vestibulares**; no *site*, em **AprovaMax**.

CAPÍTULO 2
CARTOGRAFIA: UMA FORMA DE LER O MUNDO

ENEM
C1: H1
C2: H6
C3: H11

Neste capítulo, você vai aprender a:
- Reconhecer aspectos relevantes da evolução da Cartografia para a construção histórica do conhecimento humano e do uso dos mapas como instrumento de poder.
- Ler mapas temáticos e de síntese, identificando realidades geográficas distintas.
- Reconhecer o significado da seletividade e os atributos da representação cartográfica.
- Identificar o impacto de novas tecnologias na produção de representações cartográficas.
- Reconhecer diferentes tipos de mapa.
- Aplicar o sistema de coordenadas geográficas, determinando a posição absoluta de pontos sobre a superfície terrestre.
- Analisar códigos e símbolos da linguagem cartográfica, utilizando recursos gráficos de qualificação, de quantificação e de ordenação.
- Analisar a Cartografia e as imagens do sensoriamento remoto como representações da realidade.

"*O mapa é aberto, é conectável em todas as suas dimensões, desmontável, reversível, suscetível de receber modificações constantemente. Ele pode ser rasgado, revertido, adaptar-se a montagens de qualquer natureza, ser preparado por um indivíduo, um grupo, uma formação social. Pode-se desenhá-lo numa parede, concebê-lo como obra de arte, construí-lo como uma ação política ou como uma meditação.*"

DELEUZE, G.; GUATTARI, F. *Mil platôs*: capitalismo e esquizofrenia. v. 1. São Paulo: Editora 34, 1995. p. 21.

34 Geografia: contextos e redes

Os mapas são elementos de comunicação de diversos fenômenos geográficos, mas não são neutros: ao longo da história e de acordo com os interesses de cada sociedade, houve muitas formas e critérios diferentes para sua elaboração. É importante interpretar essa linguagem sabendo que as representações cartográficas expressam um ponto de vista.

Imagem de satélite do centro de Goiânia, capital de Goiás, com alguns de seus marcos tradicionais, incluindo a Praça Cívica, o Parque dos Buritis e alguns dos diversos órgãos públicos ali sediados (foto de 2015).

Ponto de partida

1. Como a possibilidade de captar imagens aéreas por meio de satélite pode beneficiar a organização de um município?
2. De que forma as imagens de satélite são utilizadas pela Cartografia?

1. A importância da Cartografia

Os **mapas** (ou **cartas**) — elementos centrais de comunicação dos fenômenos geográficos — são elaborados atualmente com recursos bastante avançados, incluindo fotografias aéreas e imagens fornecidas por satélites. No entanto, desde tempos remotos a necessidade humana de localizar-se e deslocar-se no espaço contribuiu para que as mais diversas sociedades desenvolvessem técnicas de representação espacial utilizando diferentes tipos de material.

Antigas civilizações, por exemplo, já produziam mapas de suas aldeias, registrando em pinturas caminhos e pontos importantes do território; frequentemente, esses mapas eram desenhados nas paredes das casas e dos templos religiosos. Povos antigos utilizavam materiais como peles de animais e cascas de árvores para elaborar seus registros.

Nos dias atuais, o mapeamento da superfície terrestre é utilizado ainda como ferramenta de poder. Uma das principais funções dos mapas é fornecer elementos que permitam o conhecimento, o domínio e o controle do planeta ou de determinada porção dele, constituindo, portanto, uma base de informações fundamental para os que detêm o poder político e econômico.

Organismos militares realizam o controle de fronteiras, administram as movimentações e o abastecimento de tropas, bem como planejam suas estratégias de combate com o auxílio de mapas de alta precisão. Os Estados Unidos, por exemplo, potência econômica e militar, posicionam sua frota marítima em pontos estratégicos que atendem a seus interesses econômicos e geopolíticos.

Com base em mapas, os estados nacionais estabelecem a divisão das unidades administrativas de seus territórios e desenvolvem planejamentos e políticas em todos os níveis de governo; as Forças Armadas organizam estratégias e táticas de guerra; e, em alguns países (sobretudo naqueles que se encontram sob regimes autoritários), muitos mapas são considerados segredos de Estado e têm sua divulgação proibida.

Governos também usam o mapeamento por satélite para acompanhar dados a respeito de transportes e do meio ambiente; nas cidades, monitoram a expansão urbana e podem planejar o fornecimento de serviços públicos importantes, como saneamento básico e energia elétrica.

As grandes empresas também utilizam mapas para diversas finalidades — por exemplo, definir locais de implantação de suas unidades produtivas ou de alocação de recursos. A localização pode determinar o sucesso ou o fracasso de fábricas, lojas, cadeias de supermercados etc.

Conhecer a história da Cartografia e aprender a ler e interpretar mapas é, portanto, fundamental para a compreensão e a análise histórico-geográfica do mundo contemporâneo. É preciso ainda destacar a importância da Cartografia como instrumento de representação da realidade.

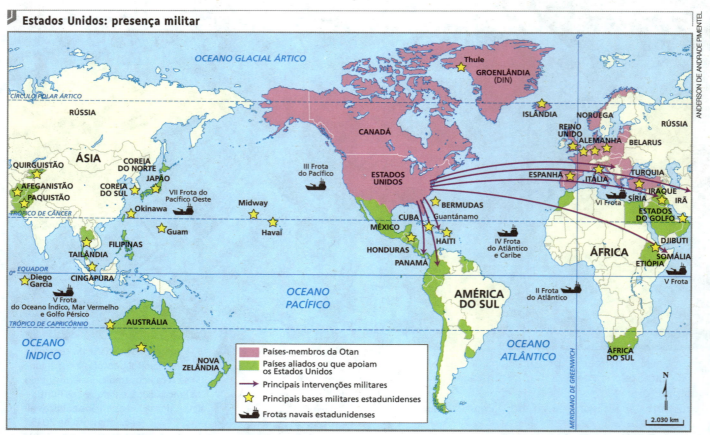

Estados Unidos: presença militar

Fonte: LE MONDE Diplomatique. *L'atlas*. Paris: Armand Colin, 2011. p. 62.

Os mapas na Antiguidade clássica

Os mapas são úteis não só por indicarem a localização dos lugares, mas também por expressarem a visão de mundo das sociedades que os elaboraram. Eles permitem que possamos estudar e conhecer aspectos das sociedades em diferentes tempos e modos de viver.

A Cartografia na **Grécia antiga**, por exemplo, teve em Eratóstenes (c. 276 a.C.-c. 194 a.C.) um de seus maiores estudiosos. No mapa a seguir, pode-se identificar como ele via e representava o mundo: a Europa, parte da Ásia e parte do Norte da África.

> **Para ler**
>
>
>
> **Dicionário de lugares imaginários**
> Alberto Manguel, Gianni Guadalupi.
> Tradução: Pedro Maria Soares. São Paulo: Companhia das Letras, 2003.
>
> Os autores narram a história e descrevem a paisagem de lugares imaginários criados pela literatura estrangeira e apresentam alguns exemplos nacionais, como o Sítio do Picapau Amarelo, de Monteiro Lobato, e Antares, de Érico Veríssimo. Há verbetes com mapas e gravuras.

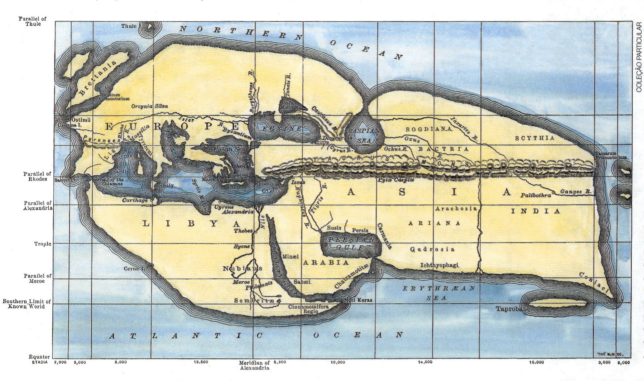

Essa gravura é uma reprodução elaborada no século XIX do mapa-múndi do geógrafo e astrônomo grego Eratóstenes, por meio do qual podemos perceber o que se conhecia do mundo na Antiguidade.

Ptolomeu e a cartografia chinesa

O grego Cláudio Ptolomeu (c. 100-c. 170) foi talvez o mais influente geógrafo da Antiguidade. Ele produziu uma obra em oito volumes intitulada *Geografia*, que foi traduzida para o latim em 1405. Essa obra influenciou a então nascente Cartografia moderna por sua técnica em representar a superfície curva da Terra no plano, pelo uso de redes de coordenadas e pelo sistema de orientação encontrados em seu mapa-múndi. O último desses volumes traz uma coletânea de mapas da Grécia e de seus arredores, assim como uma descrição de procedimentos técnicos para a construção e a projeção de mapas.

Os mapas de Ptolomeu contêm a identificação de mais de 8 mil locais conhecidos pela sociedade da época, com as distâncias entre eles medidas em graus.

Mapa-múndi de Ptolomeu reconstituído por Johannes Schnitzer (século XV). A América não aparece nem há contornos acurados do Extremo Oriente e do sul da África, mas há semelhança com os contornos atuais da Europa e do norte da África.

Capítulo 2 • Cartografia: uma forma de ler o mundo **37**

Ao mesmo tempo que a <mark>Antiguidade clássica</mark> europeia se desenvolvia, os chineses criavam sistemas cartográficos sofisticados. Durante séculos, a China foi o maior império do Leste Asiático, situação política e social que fez sua cartografia voltar-se para o controle das fronteiras. A cartografia chinesa não se preocupava, então, em representar os espaços fora de suas fronteiras.

Reprodução do século XVIII de um mapa-múndi chinês feito há mais de 2 mil anos. Nele, a China foi representada como o centro do mundo ou o "Reino do Meio".

Antiguidade clássica. Período da história europeia que se estende do século VIII a.C. ao ano 476 da Era Cristã, marcado pela queda do Império Romano do Ocidente.

Os mapas na Idade Média

Mapa esquemático do mundo, elaborado por Santo Isidoro, c. 1175, que mostra a influência da Igreja Católica sobre o conhecimento da época.

Na Idade Média, o predomínio da religião cristã influenciou a Cartografia. Os **mapas medievais** são, portanto, sínteses dos dogmas da cristandade com os conhecimentos geográficos. Observe o mapa acima. Ele é cortado por cursos de água que separam três continentes (Europa, Ásia e África) e, ao centro, está a cidade de Jerusalém. Para alguns especialistas, o formato em O representa a esfericidade da Terra, sendo a letra T a convergência entre o mar Mediterrâneo e o rio Nilo. Para outros, esse mapa contém a simbologia do cristianismo medieval: o formato em O significa a onipotência divina, além de conotar um mundo fechado; o traçado em T, na separação dos continentes, representa a cruz de Cristo e a Santíssima Trindade; o centro representa o lugar de surgimento da religião e da própria Igreja: Jerusalém. O verbo *orientar* — com o sentido de "adquirir rumo, seguir pelo caminho certo" — provém desse tipo de representação, bem como o sentido primeiro do termo: "rumar em direção ao leste, ao oriente, a fim de salvar a alma".

A cartografia árabe

A cartografia árabe começou no século VIII com a tradução da obra do grego Ptolomeu. Então, os árabes aperfeiçoaram os estudos de astronomia, desenvolvendo alguns instrumentos, como o astrolábio. Assim, a astronomia de posição proporcionou o cálculo das coordenadas geográficas, essencial para o desenvolvimento da cartografia nos séculos posteriores.

No século XII, Al-Idrisi (cartógrafo de ascendência árabe) elaborou um mapa-múndi que se tornou relevante para a história da Cartografia. O intercâmbio entre as culturas e o interesse pela navegação marítima tornaram as representações do espaço cada vez mais precisas.

Cópia de 1456 do planisfério idealizado por Al-Idrisi. O Norte aparece embaixo, o Sul em cima e no centro do mundo está a península Arábica. Outra característica desse mapa é o detalhamento: montanhas, rios, navios e algumas rotas de comércio.

Uma visão de mundo europeia na Idade Moderna

A partir do século XV, o referencial cartográfico das primeiras viagens do ciclo das Grandes Navegações foram as **cartas portulanas** — mapas elaborados para a navegação, cujo uso ocorreu por volta do século XIII por cartógrafos genoveses.

Eles serviam de roteiro nas navegações marítimas por apresentar linhas de rumo que se irradiavam de vários pontos distribuídos pelo mapa. Essas linhas representavam as ligações entre os principais pontos da Europa.

No final do século XV, a Europa iniciou sua supremacia no mundo com a expansão marítima que a levou à conquista da América e à descoberta de um novo caminho para as Índias Orientais, contornando a África. Com isso, os mapas passaram a representar o espaço a partir do ponto de vista dos europeus, e o hemisfério Norte ocupou a parte superior dos mapas.

Mercator e as Grandes Navegações

Gerhard Kremer (1512-1594), conhecido como **Mercator**, destacou-se em 1569 pela invenção da **projeção cilíndrica conforme** – com essa projeção, o planisfério conserva a forma dos continentes. Para elaborar um mapa-múndi, essa técnica envolve o globo com uma tela, formando um cilindro iluminado pelo lado interno, de modo que a imagem dos elementos (projetada na tela) resulta no planisfério.

Mapa criado pelo cartógrafo português Pascoal Roiz, em 1633, com base em descrições realistas de portos e costas continentais.

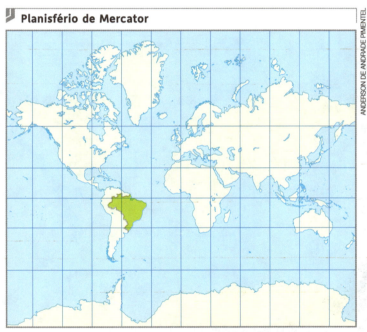

Planisfério de Mercator

Fonte: IBGE. *Atlas geográfico escolar*. 6. ed. Rio de Janeiro: IBGE, 2012. p. 23.

Essa projeção distorce a proporção das áreas em favor de suas formas: as massas continentais e os países situados em médias e altas latitudes parecem bem maiores do que são. Repare que a Groenlândia, por exemplo, tem uma área muito maior que a do Brasil (cerca de quatro vezes maior que ela) e a Europa (9,7 milhões de quilômetros quadrados) um tamanho similar ao da América do Sul (17,8 milhões de quilômetros quadrados).

Em 1569, o momento histórico era marcado pelas Grandes Navegações e pela supremacia europeia no mundo. Como a cartografia de Mercator servia à navegação, era importante não deformar os ângulos de representação da superfície no plano (questão priorizada na projeção cilíndrica), e a posição central da Europa atendia às exigências dos clientes (em sua maioria, agentes das navegações europeias).

QUESTÕES

1. É correto afirmar que mapas são instrumentos necessários ao exercício do poder estatal? Explique.
2. "Mapas são representações ideológicas, resultado das visões de mundo das sociedades que os produziram." Cite dois exemplos de produção cartográfica que justifiquem a afirmação e fundamente suas escolhas.

A cartografia contemporânea

Com o desenvolvimento do meio técnico-científico, os mapas aumentaram seu grau de precisão, melhorando a pesquisa de recursos naturais e do controle do espaço. Nas duas grandes guerras mundiais, fotografias aéreas eram obtidas por máquinas fotográficas acopladas a aviões, gerando imagens tridimensionais da superfície terrestre — o planejamento tático de batalhas e o avanço de tropas dependiam do reconhecimento minucioso dos terrenos.

O **sensoriamento remoto** é o conjunto de satélites artificiais, radares e computadores. A partir da segunda metade do século XX, essa tecnologia permitiu mais avanços técnicos na cartografia e foi o principal responsável pela difusão de produtos cartográficos no mundo.

Os satélites que fotografam a superfície da Terra pertencem não somente aos Estados, mas também às empresas privadas, muitas das quais comercializam imagens de satélite sob encomenda.

Os sistemas globais de navegação por satélite, como o *Global Positioning System* (GPS), localizam pontos com base nas informações dos satélites, estabelecendo as coordenadas de localização de um ponto. O uso de instrumentos com tecnologia do GPS está se popularizando e é encontrado em celulares e veículos.

Infográfico: O sensoriamento remoto e o desastre em Mariana (MG)

O sensoriamento remoto é uma tecnologia de coleta e produção de imagens da superfície terrestre feita com o auxílio de sensores posicionados distante das áreas observadas. Os sensores geralmente são instalados em satélites ou aviões. Por meio da análise das imagens obtidas, é possível avaliar o comportamento dos oceanos e do clima, os avanços da poluição e aprimorar o planejamento urbano e rural. Além disso, a tecnologia facilita a observação do desenvolvimento de incidentes ambientais, como o desastre ecológico de Mariana em 2015, o mais grave da história do país. Por meio de imagens de satélite, foi possível medir as consequências ecológicas irreversíveis da tragédia.

ANTES

As imagens mostram como a lama (parte marrom/acinzentada) tomou conta da área, inundando estradas, várzeas de rios e devastando o distrito de Bento Rodrigues. Poucas horas após o rompimento da barragem, a lama alcançaria o rio Doce.

O rompimento da barragem

Em novembro de 2015, a barragem do Fundão, pertencente a uma mineradora, rompeu-se próximo ao distrito de Bento Rodrigues, no município de Mariana (MG). O incidente gerou uma avalanche de lama composta de óxido de ferro e areia, rejeitos da mineradora, que devastou Bento Rodrigues e atingiu vários outros vilarejos e municípios da região.

Em virtude da lama, inúmeras cidades próximas ao rio Doce tiveram o abastecimento de água interrompido ou prejudicado. Esse foi o caso da cidade de Governador Valadares.

MINAS GERAIS — Belo Horizonte, Bento Rodrigues, Mariana, Ouro Preto, Barra Longa. RIO PIRACICABA, RIO DOCE, RIO GUALAXO DO NORTE.

A barragem feita de terra e pedras armazenava resíduos de mineração. Lago de rejeitos — Solo — 929 m.

FUNDÃO

SANTARÉM — Os resíduos inundaram outra barragem, a de Santarém, antes de seguir rumo a Bento Rodrigues.

BENTO RODRIGUES

O relatório final do Ministério Público do Estado de Minas Gerais apontou que o desastre foi motivado por obras na barragem, além do excesso de resíduos e o não cumprimento de recomendações técnicas.

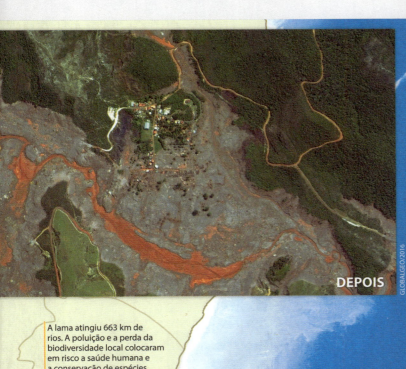

DEPOIS

A lama atingiu 663 km de rios. A poluição e a perda da biodiversidade local colocaram em risco a saúde humana e a conservação de espécies endêmicas. Algumas espécies de peixes exclusivas do rio Doce podem ter sido extintas.

ESPÍRITO SANTO
Colatina   Linhares
RIO DOCE

ANTES

DEPOIS

Nas imagens registradas por satélites, é possível observar a coloração do rio Doce ao chegar à foz, no litoral do Espírito Santo, antes e depois da tragédia. A mancha de lama chegou aproximadamente a 15 quilômetros mar adentro.

Monitoramento via satélite

Desde a década de 1970, a maior parte das imagens captadas pelo sistema de sensoriamento remoto é produzida por satélites que orbitam a Terra. Aeronaves tripuladas e não tripuladas também podem cumprir essa função.

Atmosfera
Os sensores dos satélites captam a luz solar refletida pela superfície terrestre e a transformam em imagens.

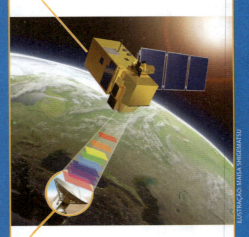

Superfície terrestre
Na Terra, estações de recepção processam e armazenam as imagens captadas pelos satélites. Em seguida, disponibilizam para o público as imagens tratadas.

QUESTÕES

1. Indique possíveis usos do sensoriamento remoto pelos governos.
2. No caso do desastre ambiental ocorrido em Mariana, qual é a importância do registro de imagens por sensoriamento remoto?

Fontes: Laudo Técnico Preliminar, Ibama. Disponível em: <http://mod.lk/SJxsZ>. Instituto Nacional de Pesquisas Espaciais. Disponível em: <http://mod.lk/zO9ZW>. MundoGeo. Disponível em: <http://mod.lk/EGHmJ>. Acessos em: set. 2016.

2. Atributos do mapa

Atributos para leitura e interpretação dos dados dos mapas: título, escala, legenda e coordenadas geográficas.

Título

O **título** passa a **informação principal** do mapa. Veja o exemplo do mapa a seguir. Nele, há as principais rodovias, ferrovias e hidrovias do país e pode ter como título "Brasil: rede de transportes — 2013". Essa titulação informa que o mapa representa a malha de transportes do território brasileiro em 2013. Já um mapa que tenha o título "Brasil: político" deve trazer o traçado dos estados brasileiros e o nome de suas capitais.

Escala

A **escala** indica sempre a **proporção** em que um mapa foi traçado em relação ao objeto real (o mundo ou parte dele), ou seja, quantas vezes o tamanho verdadeiro teve de ser reduzido para poder ser representado no papel. Por exemplo: quando se lê em um mapa a escala 1:50.000, isso significa que o espaço representado (terreno, bairro, cidade etc.) foi reduzido de forma que 1 centímetro no mapa corresponda a 50 mil centímetros ou 500 metros do tamanho real daquele espaço.

A escala varia de acordo com as finalidades do mapa e é definida antes de sua elaboração. Quando o objetivo é proporcionar uma visão geral de um grande espaço (como um país ou um continente), utiliza-se uma **escala pequena**; em todos os **planisférios**, bem como nos mapas do conjunto do território

Planisfério. Representação do globo terrestre em uma superfície plana.

Fonte: FERREIRA, Graça M. L. *Moderno atlas geográfico*. 6. ed. São Paulo: Moderna, 2011. p. 34.

brasileiro, são utilizadas escalas pequenas. Já para fornecer detalhes de um espaço geográfico de dimensões locais — como é o caso de um guia de cidade — usa-se uma **escala grande**.

Observe as figuras a seguir.

Escalas cartográficas

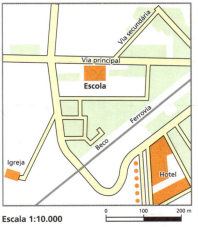

Escala 1:10.000

1 cm na planta corresponde a **10.000 cm** ou **100 m** na realidade.

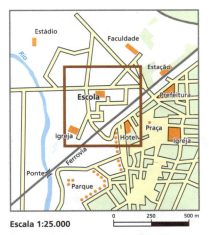

Escala 1:25.000

1 cm na planta corresponde a **25.000 cm** ou **250 m** na realidade.

Escala 1:100.000

1 cm na planta corresponde a **100.000 cm** ou **1.000 m** na realidade.

Fonte: *Atlante elementare De Agostini*. Novara: Istituto Geografico De Agostini, 1998. p. 24.

Existem duas formas de representar escala:
- a **escala numérica**, que informa em números quantas vezes o espaço real foi reduzido;
- a **escala gráfica**, que tem a forma de uma reta dividida em segmentos, cada qual com uma graduação de distâncias que informa diretamente a correspondência entre as distâncias representadas e as reais da superfície cartografada.

Escala numérica e escala gráfica (exemplo)

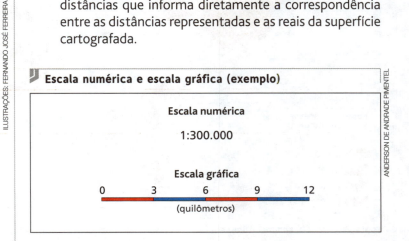

Legenda

As informações contidas em um mapa são interpretadas por meio da **legenda**. Cores, hachuras, símbolos ou ícones dos mais variados tipos, ou mesmo combinações desses recursos gráficos, são utilizados nos mapas com o intuito de representar a localização ou a ocorrência de elementos e processos no espaço. Veja a seguir os principais recursos gráficos (chamados de **variáveis visuais**) dos mapas.

Legendas: variáveis visuais (exemplos)

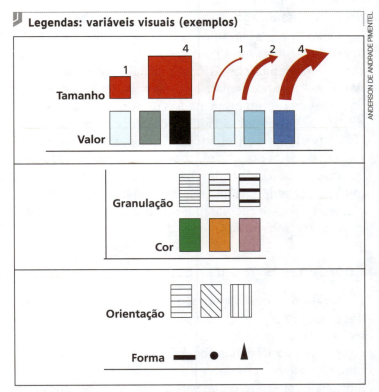

Fonte: DURAND, Marie-Françoise et al. *Atlas de la mondialisation*. Paris: Presses de Sciences Po, 2009. p. 14.

Capítulo 2 • Cartografia: uma forma de ler o mundo

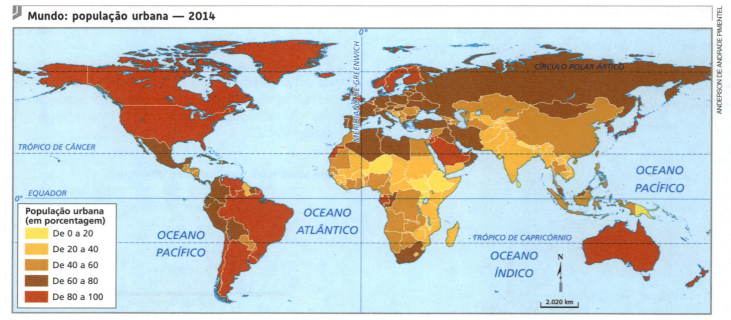

Fonte: ONU. *World urbanization prospects*: the 2014 revision. Disponível em: <http://mod.lk/qhiqy>. Acesso em: set. 2016.

Existem **regras** e **convenções** para o uso dessas variáveis visuais, especialmente as cores. A cor azul, por exemplo, é utilizada para representar espaços que contêm água, como oceanos, mares, lagos, rios etc.

Quando se deseja representar em um mapa determinado fenômeno em seus vários graus de intensidade, a regra é graduar a cor relativa a cada classe a ser representada, conforme demonstra o mapa acima. Nele, os dados foram classificados em cinco intervalos de valor: as cores mais fortes representam maior intensidade do fenômeno, e as mais suaves, os valores de menor intensidade.

Quando representamos fenômenos físico-naturais, é importante observar alguns critérios para a escolha das cores. Em **mapas climáticos**, normalmente são utilizadas cores "quentes" (amarelo ou vermelho) para representar os climas que apresentam médias térmicas bastante elevadas; já os climas frios são indicados por cores consideradas "frias" (violeta e azul-escuro). Nos mapas de **hipsometria** (curvas de nível do relevo), convém reservar o verde para as áreas de baixa altitude, como as planícies; as altitudes médias recebem tons de amarelo e laranja; já as altitudes elevadas, como as cadeias montanhosas, são representadas pela cor marrom ou roxa.

Coordenadas geográficas

Paralelos e **meridianos** são linhas imaginárias traçadas nos mapas para permitir a localização de qualquer ponto sobre a superfície terrestre. Essa rede de paralelos e meridianos compõe as **coordenadas geográficas**. Nesse sistema de localização, a linha do Equador e o meridiano base (Greenwich) funcionam como referências para se conhecer a posição exata dos elementos na superfície do planeta.

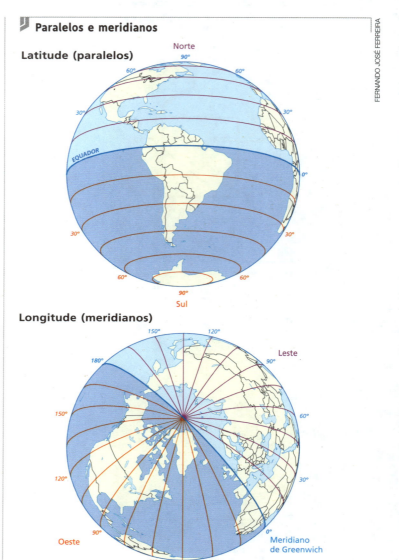

Fonte: *Tempo & Espaço*. 4. ed. Rio de Janeiro: Sociedade Brasileira para o Progresso da Ciência, 2003. p. 61. (Ciência Hoje na Escola, v. 7).

O Equador é a linha que percorre a Terra em um plano diametral, dividindo-a em dois hemisférios: Norte e Sul. A **latitude** é a distância medida em graus de um ponto qualquer da Terra ao Equador; sua contagem vai de 0° (Equador) a 90° (polos Norte e Sul). Ao indicarmos a latitude precisa de um ponto na superfície terrestre, podemos saber em que hemisfério ele se localiza. No entanto, não teremos sua posição exata, já que todos os pontos desse paralelo têm a mesma latitude. Portanto, é preciso conhecer também o meridiano do ponto, isto é, sua longitude.

A **longitude** é a distância medida em graus de qualquer ponto da Terra ao meridiano de Greenwich. Essa medida varia de 0° (Greenwich) a 180°, para leste ou oeste.

A interseção entre um paralelo e um meridiano é única, por isso, os pontos sobre a superfície terrestre apresentam latitudes e longitudes distintas.

Fusos horários

O sistema de **fusos horários** prevê a adoção de um horário único para uma área determinada localizada entre dois meridianos, distantes entre si em 15°. Nessa área, denominada **fuso**, todos os pontos seguem o mesmo horário, correspondente à hora em seu meridiano central. Observe os fusos horários no mapa-múndi abaixo.

A fim de uniformizar a contagem das horas nos países, estabeleceu-se um sistema de fusos horários mundial, cujo ponto de partida é o **meridiano de Greenwich**.

Desde outubro de 2013, há no Brasil quatro fusos horários.

A hora oficial do país é a do fuso -3 (menos três), onde se localiza Brasília, a capital federal. O primeiro fuso, caracterizado pela hora de Greenwich menos duas horas, compreende o arquipélago de Fernando de Noronha e a ilha da Trindade. O segundo fuso, caracterizado pela hora de Greenwich menos três horas, compreende o Distrito Federal e os seguintes estados: Rio Grande do Sul, Santa Catarina, Paraná, São Paulo, Rio de Janeiro, Minas Gerais, Espírito Santo, Goiás, Tocantins, Bahia, Sergipe, Alagoas, Pernambuco, Paraíba, Rio Grande do Norte, Ceará, Piauí, Maranhão, Pará e Amapá. O terceiro fuso, caracterizado pela hora de Greenwich menos quatro horas, compreende os estados de Mato Grosso, Mato Grosso do Sul, Rondônia e Roraima e a parte do estado do Amazonas que fica a leste da linha que, partindo do município de Tabatinga, no estado do Amazonas, segue até o município de Porto Acre, no estado do Acre. O quarto fuso, caracterizado pela hora de Greenwich menos cinco horas, compreende o estado do Acre e a porção ocidental do estado do Amazonas.

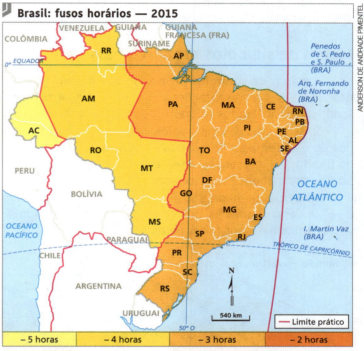

Fonte: FERREIRA, Graça M. L. *Moderno atlas geográfico*. 6. ed. São Paulo: Moderna, 2016. p. 55.

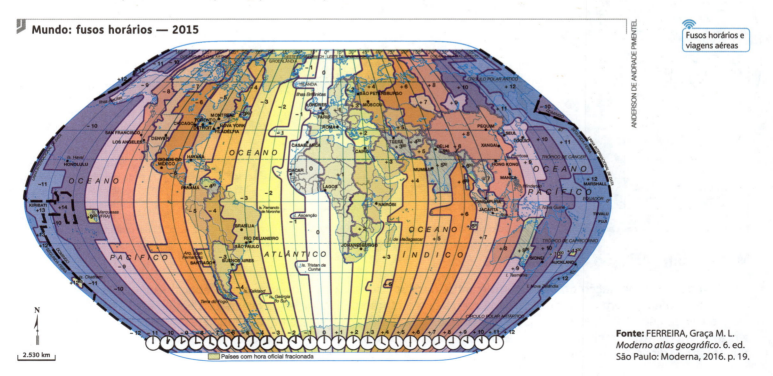

Fonte: FERREIRA, Graça M. L. *Moderno atlas geográfico*. 6. ed. São Paulo: Moderna, 2016. p. 19.

3. Formas de representação cartográfica

Os mapas servem de orientação e base para o planejamento e o conhecimento do território. Por isso, as sociedades são consumidoras de **representações cartográficas**, que são meios de comunicação e, portanto, estão presentes de diversas maneiras no cotidiano, notadamente na imprensa.

A confecção de mapas abrange etapas como coleta de dados, análise, interpretação e posterior representação das informações por meio de técnicas que visam à melhor percepção visual e a uma comunicação eficiente.

Cada representação cartográfica contém uma intencionalidade comunicativa (um objetivo) decorrente das finalidades de sua elaboração. Assim, há diferentes tipos de mapa, com símbolos adequados para cada objetivo pretendido.

Os mapas informam o que, onde e/ou como ocorrem determinados fenômenos geográficos. Para tanto, foram criados **símbolos gráficos** específicos para facilitar a compreensão de semelhanças e diferenças, além de possibilitar ao usuário dos mapas que identifique tais relações.

Mapas de símbolos proporcionais

Os **mapas de símbolos proporcionais** são, em geral, eficientes para apresentar fenômenos quantitativos. Essas representações visam indicar **quantidades** ou **contagem** de determinado fenômeno, sendo a elas atribuídos valores proporcionais entre os dados registrados.

Por isso é uma das metodologias de representação atuais mais utilizadas na construção de mapas que apresentem, em determinado território, **dados absolutos**. Por exemplo: população em número de habitantes; presença de serviços públicos; produção de determinado bem ou nível de renda, em pontos previamente selecionados.

Nesse tipo de mapa, são inseridos círculos em tamanho proporcional ao volume ou à quantidade de uma dessas variáveis, conforme se observa no mapa a seguir, que representa a quantidade de investimentos externos feitos pelos países.

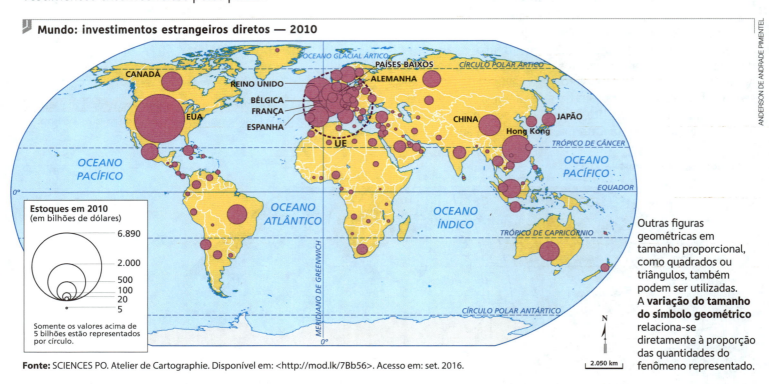

Mundo: investimentos estrangeiros diretos — 2010

Fonte: SCIENCES PO. Atelier de Cartographie. Disponível em: <http://mod.lk/7Bb56>. Acesso em: set. 2016.

Outras figuras geométricas em tamanho proporcional, como quadrados ou triângulos, também podem ser utilizadas. A **variação do tamanho do símbolo geométrico** relaciona-se diretamente à proporção das quantidades do fenômeno representado.

Mapas com variação de tonalidade

Os **mapas com variação de tonalidade** (conhecidos tecnicamente como **mapas coropléticos**) são construídos com base em dados quantitativos, com a apresentação dos **fenômenos ordenados** em uma hierarquia numérica. Essa hierarquia, que está associada à variável visual, representa a intensidade da presença do fenômeno por meio de tonalidades de cores. Em outras palavras, em uma sequência as tonalidades aumentam ou diminuem de intensidade conforme se aumenta o valor quantitativo do fenômeno.

Um exemplo é o mapa das reservas mundiais de petróleo, que representa a distribuição espacial das reservas de petróleo de acordo com cada área do continente (veja o mapa ao lado).

Mapas desse tipo são eficientes para indicar a distribuição das densidades (determinado número por quilômetro quadrado, por exemplo), rendimentos (como toneladas de grãos por hectare) ou porcentagens que reflitam a **variação de um fenômeno** (como o número de professores por habitante ou a taxa de natalidade).

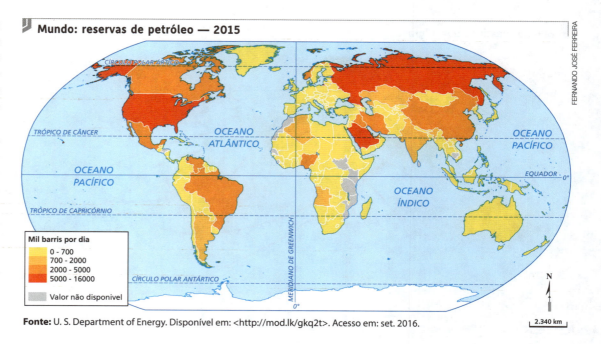

Fonte: U. S. Department of Energy. Disponível em: <http://mod.lk/gkq2t>. Acesso em: set. 2016.

Mapas de símbolos pontuais

Na elaboração de **mapas de símbolos pontuais**, determinados fenômenos são representados com pontos em seus territórios correspondentes. Geralmente, são utilizadas as variáveis visuais forma e cor.

No mapa abaixo, sobre a representação da distribuição de indústrias metalúrgicas no Brasil, utilizou-se apenas o ponto. A análise da distribuição dos pontos revela a concentração regional desses estabelecimentos em alguns estados, o que pode ser um indicativo relevante, por exemplo, do grau de desenvolvimento de cada região do país.

Fonte: FERREIRA, Graça M. L. *Atlas geográfico:* espaço mundial. 4. ed. São Paulo: Moderna, 2013. p. 145.

Para ler

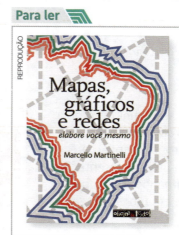

Mapas, gráficos e redes: elabore você mesmo

Marcello Martinelli. São Paulo: Oficina de Textos, 2014.

O livro aborda os principais fundamentos da elaboração, análise e interpretação de mapas, gráficos e redes, desde os conceitos básicos de representação gráfica e sistemas de coordenadas até a estrutura metodológica das representações.

Mapas de símbolos lineares

Os **mapas de símbolos lineares** são formados por linhas ou setas. Esse tipo de mapa é eficaz para a representação de fenômenos (físicos ou humanos) que se constituem em **fluxos lineares no espaço**. Por exemplo, as redes ferroviária, rodoviária ou hidrográfica.

Por causa da sua natureza, tais feições podem ser delimitadas na forma de linha.

Esses mapas são igualmente eficientes para demonstrar mudanças de posição no espaço, indicando direção ou rota. Por isso, podem exibir com mais precisão redes de transporte, correntes oceânicas e de ar, fluxos de migrações ou direções dos ventos.

Em casos de fenômenos que apresentem variações de quantidade, a espessura das setas indica a intensidade. Observe o mapa "Mundo: destinos das migrações", na página a seguir.

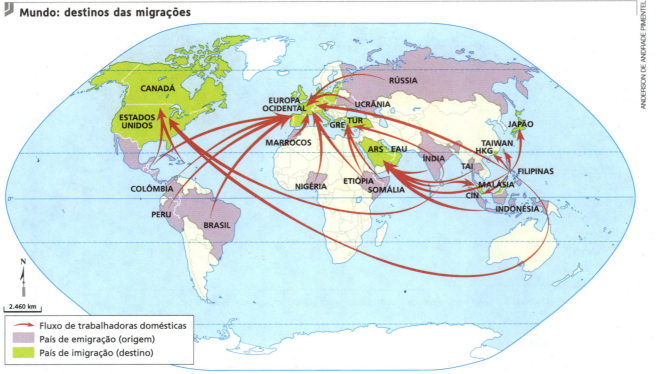

Fonte: FERREIRA, Graça M. L. Atlas geográfico: espaço mundial. 4. ed. São Paulo: Moderna, 2013. p. 42.

Anamorfoses

O termo **anamorfose** pode ser definido como a representação de uma figura (ou objeto, cena etc.) de tal forma que esta, observada frontalmente, parece distorcida. Na Cartografia, ela é uma representação em que os contornos e/ou os tamanhos das superfícies cartografadas são alterados em função do dado representado.

Veja no mapa ao lado a porcentagem de emissão de dióxido de carbono de cada país em relação ao total mundial. Na anamorfose, o dado não é mostrado por uma figura geométrica cujo tamanho varia em função dos valores (como nos mapas de símbolos proporcionais), pois o que informa a variação do dado é a extensão da representação territorial.

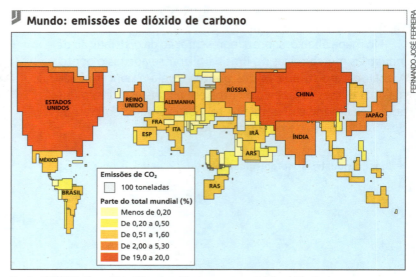

Fonte: FERREIRA, Graça M. L. Atlas geográfico: espaço mundial. 4. ed. São Paulo: Moderna, 2013. p. 14.

Você no mundo — Atividade em dupla – Cartografia aplicada

Que escala usar?

Escala cartográfica é a relação de proporção entre a realidade e sua representação. **Escala geográfica** é a abrangência espacial dos fenômenos geográficos em diferentes situações. Em dupla, pesquisem mapas utilizados nas diferentes situações a seguir:

a) fazer trajeto a pé até um local (casa, apartamento, clube, biblioteca etc.);

b) analisar o deslocamento de uma frente fria vinda do Sul em direção ao Sudeste do Brasil;

c) verificar os fluxos financeiros no mercado mundial.

Procurem em atlas, internet ou jornais, revistas, panfletos de imóveis etc. Pensem em quem precisa de mapas para ir de um lugar a outro, trabalhar, pesquisar etc.

Com as informações principais e os mapas escolhidos, organizem com a turma a apresentação das duplas.

4. As projeções cartográficas

Hoje em dia, em grande parte dos livros, atlas e *sites* predominam mapas elaborados a partir de algumas projeções cartográficas específicas. O permanente contato com esses mapas faz com que a maior parte das pessoas tenha uma única visão do espaço terrestre. Entretanto, cada mapa representa o espaço com alguma distorção.

Projeção cartográfica é uma forma de representação da superfície terrestre em um plano. Existem centenas de tipos de projeção cartográfica; nenhuma delas produz um mapa que represente a realidade com inteira precisão, uma vez que a transposição da esfera para o plano inevitavelmente provoca distorções.

Tipos de projeção

Considerando a superfície em que serão projetados os pontos da Terra, podem-se classificar as projeções em cônica, cilíndrica e plana.

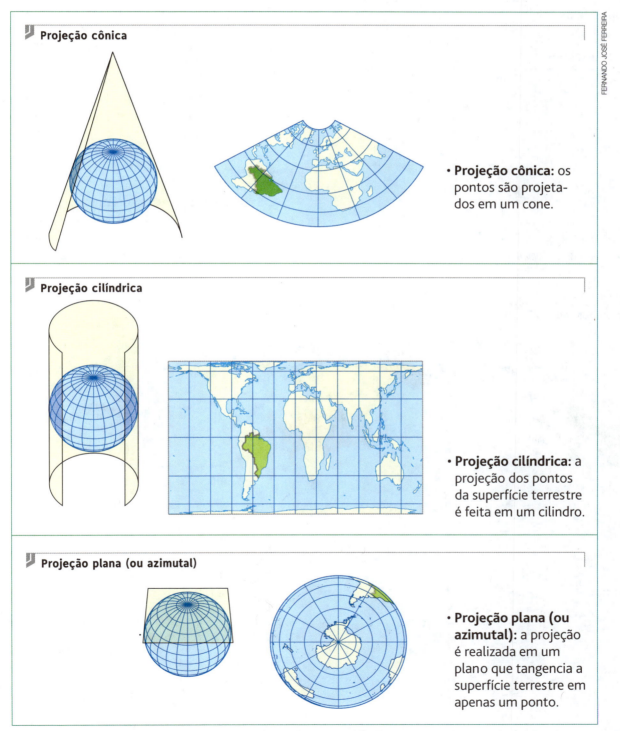

- **Projeção cônica:** os pontos são projetados em um cone.

- **Projeção cilíndrica:** a projeção dos pontos da superfície terrestre é feita em um cilindro.

- **Projeção plana (ou azimutal):** a projeção é realizada em um plano que tangencia a superfície terrestre em apenas um ponto.

Fonte das figuras e dos mapas: IBGE. *Atlas geográfico escolar*. 6. ed. Rio de Janeiro: IBGE, 2012. p. 21.

Mercator e Peters

Duas projeções cilíndricas destacam-se na Cartografia escolar: a de Mercator e a de Gall-Peters (conhecida como projeção de Peters) a **projeção de Mercator** não deforma os ângulos; já a **projeção de Peters** mantém as áreas proporcionais à realidade, mas altera a forma dos países.

A projeção de Mercator (ver página 39) difundiu-se pelo mundo porque era muito útil à navegação marítima, uma vez que seus ângulos correspondem aos valores reais. O uso de mapas feitos com essa projeção extrapolou o domínio da navegação e passou a ser a base para a elaboração de inúmeros mapas de uso civil.

Planisfério de Peters

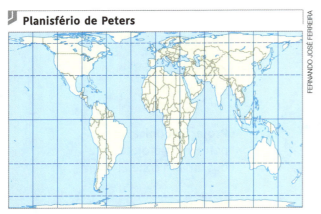

Fonte: IBGE. *Atlas geográfico escolar*. 6. ed. Rio de Janeiro: IBGE, 2012. p. 21.

Um dos críticos dessa projeção foi Arno Peters. Em seu planisfério, publicado em 1973, estão em destaque as áreas situadas nas latitudes intertropicais, que ocupam a parte central do mapa (ver mapa ao lado). Essa projeção contraria a de Mercator, na qual as áreas de altas latitudes sofrem grande deformação. A projeção usada por Peters em seu planisfério foi chamada de **cilíndrica de área igual ou equivalente**, uma vez que as áreas dos continentes e países aparecem com a mesma escala, sem alterações em suas dimensões relativas.

Projeção plana (ou azimutal)

Em mapas feitos com a **projeção plana**, o cartógrafo seleciona um local (um país, por exemplo) e representa as outras áreas de acordo com a distância entre elas e o ponto central. Com isso, as áreas periféricas ficam distorcidas. Esse tipo de projeção foi bastante utilizado pelos governos de Estado durante a Guerra Fria. No mapa abaixo, por exemplo, os Estados Unidos aparecem em destaque na geopolítica mundial.

QUESTÕES

1. Explique o que é sensoriamento remoto e por que ele popularizou as ferramentas da cartografia.
2. De que maneira a projeção azimutal pode ser utilizada para fins políticos e estratégicos?

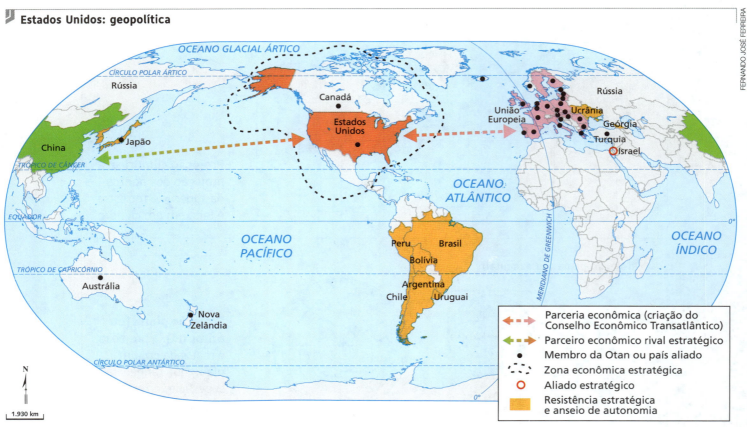

Fonte: BONIFACE, Pascal; VÉDRINE, Hubert. *Atlas do mundo global*. São Paulo: Estação Liberdade, 2009. p. 68.

Você no Enem!

H6 INTERPRETAR DIFERENTES REPRESENTAÇÕES GRÁFICAS E CARTOGRÁFICAS DOS ESPAÇOS GEOGRÁFICOS.

Fluxos migratórios

Entre o fim do século XIX e o início do século XX ocorreu um intenso processo migratório caracterizado, principalmente, pelos fluxos populacionais de europeus em busca de terras, trabalho e melhores condições de vida em países fora do continente.

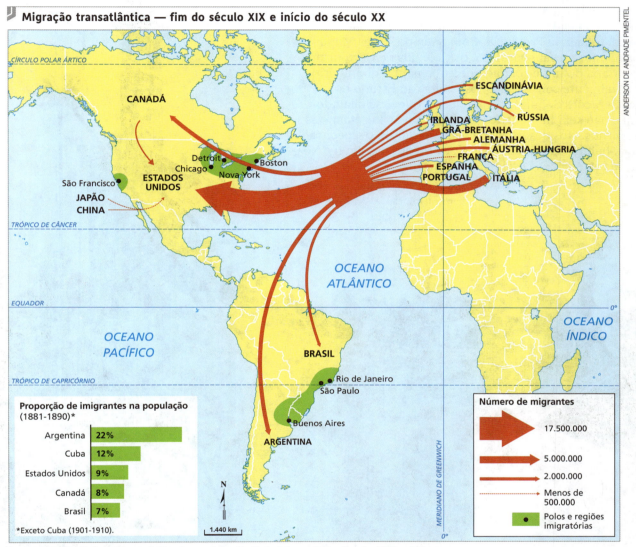

Migração transatlântica — fim do século XIX e início do século XX

Fonte: DURAND, M. Françoise et al. *Atlas da mundialização*. Paris: Sciences Po Les Presses, 2009. p. 27.

1. Considerando essas informações e o mapa,

   a) explique o título do mapa.

   b) que outro título poderia ser dado ao mapa?

2. Ainda em relação ao mapa:

   a) explique o que significam as linhas e as setas na legenda e no mapa.

   b) cite alguns países que foram destino dos migrantes europeus.

   c) explore as demais informações da legenda para explicar o que significou, em termos populacionais, a entrada desses migrantes nos países a que se destinaram.

Capítulo 2 • Cartografia: uma forma de ler o mundo **51**

Geografia e outras linguagens

O trecho da fábula a seguir foi escrito por Jorge Luís Borges (1899-1986), importante escritor argentino do século XX, que, por brincadeira literária, afirmou ter encontrado o texto em um livro publicado no século XVII em Lérida, na Catalunha, e atribuiu a sua autoria a um autor fictício, Suárez Miranda.

Do rigor na ciência

"[...] Naquele Império, a Arte da Cartografia alcançou tal Perfeição que o mapa de uma única Província ocupava toda uma Cidade, e o mapa do Império, toda uma Província. Com o tempo, esses Mapas Desmesurados não foram satisfatórios e os Colégios de Cartógrafos levantaram um Mapa do Império, que tinha o tamanho do Império e coincidia pontualmente com ele. Menos Afeitas ao Estudo da Cartografia, as Gerações Seguintes entenderam que esse dilatado Mapa era Inútil e não sem Impiedade o entregaram às Inclemências do Sol e dos Invernos. Nos desertos do Oeste perduram despedaçadas Ruínas do Mapa, habitadas por Animais e por Mendigos; em todo o País não há outra relíquia das Disciplinas Geográficas.

MIRANDA, Suárez. *Viajes de varones prudentes*, libro cuarto, cap. XIV, Lérida, 1658.[1]"

ROGÉRIO COELHO

QUESTÕES

1. Essa narrativa propõe questionamentos sobre a relação de uma civilização com os mapas e, por que não dizer, com o conhecimento. Que reflexões a narrativa permite que façamos sobre a Cartografia e a Geografia?

2. Pense e responda: o que o texto apresenta quanto às ambições do pensamento científico? Justifique sua resposta.

[1] BORGES, Jorge Luís. Do rigor na ciência. Em: *O fazedor*. São Paulo: Globo, 2000. p. 75.

ATIVIDADES

ORGANIZE SEUS CONHECIMENTOS

1. "O Sindicato de Jornalistas da Palestina emitiu um comunicado no qual condenou energicamente a medida tomada pela gigante estadunidense Google de simplesmente excluir a Palestina do mapa que disponibiliza no seu aplicativo 'Maps'. Ao acessar a região, o mapa que aparece é apenas o de Israel, sem qualquer alusão à Palestina. Segundo o sindicato essa atitude certamente foi tomada em comum acordo com o Estado de Israel, que insiste na tentativa de distorcer a história e a geografia."

TAVARES, Elaine. Google tira a Palestina do seu mapa.
Disponível em: <http://mod.lk/uvbog>. Acesso em: set. 2016.

Esse trecho confirma duas questões relacionadas ao estudo da Cartografia:

a) privatização de tecnologias de produção cartográfica e seu uso em disputas territoriais.

b) difusão democrática das tecnologias cartográficas e sua politização.

c) apropriação da Cartografia pelo mercado e a consequente isenção de sua produção.

d) sujeição da Cartografia ao poder estatal e seu comprometimento político.

2. "Membro do Instituto Histórico e Geográfico de São Paulo, o engenheiro Jorge Cintra fez uma descoberta que pode mudar os livros escolares. Em um artigo recente, ele contesta o mapa das Capitanias Hereditárias [...] e propõe mudanças significativas no seu desenho. A partir de documentos da época, Cintra [...] conseguiu reconstruir com maior exatidão os limites das porções de terra doadas, entre 1534 e 1536, pela Coroa Portuguesa a comerciantes e nobres lusitanos. 'A técnica evoluiu muito, os instrumentos de medição também. Para a cartografia, isso proporciona maior rigor na obtenção de resultados. [...]' — elogia o geógrafo Jurandyr Ross, responsável por romper um paradigma [...] ao propor uma nova classificação para o relevo brasileiro.

Professor da Escola Politécnica da USP, Cintra contesta a historiografia tradicional, segundo a qual as capitanias eram todas distribuídas horizontalmente. A partir da análise de uma vasta documentação, ele viu inconsistências [...]. A principal: no Norte, a divisão das terras teria se dado em sentido longitudinal, e não latitudinal."

CAMPOS, Mateus. Estudioso reconstrói Capitanias Hereditárias e afirma que livros escolares estão errados.
Disponível em: <http://mod.lk/q2ssb>. Acesso em: set. 2016.

De acordo com o texto e seus conhecimentos, a Cartografia:

a) é produto das técnicas e isenta de intencionalidades políticas.

b) era equivocada no passado e rigorosa no presente.

c) pode ser discutida e alterada a depender das técnicas e interpretações históricas.

d) deve ser produzida com o máximo de precisão tecnológica para evitar leituras políticas.

3. A prefeitura de um município brasileiro pretende organizar melhor a distribuição de seus investimentos nos bairros. Para isso, os gestores municipais precisam de um mapa atualizado da cidade. Qual seria a escala mais adequada a esse mapa: 1:100 ou 1:1.000.000? Justifique sua resposta.

4. Em 2011, o Instituto Geográfico Nacional, órgão oficial do governo argentino, propôs um novo mapa oficial daquele país. Essa representação cartográfica é objeto de intenso debate público.

Nele, vemos a inclusão das ilhas Malvinas, Geórgia do Sul e Sandwich como parte do território argentino, apesar de essas ilhas estarem sob domínio britânico. Também foi incluída uma porção do continente antártico reivindicada pela Argentina, o que dá ao país um caráter "bicontinental". A área da Antártida foi representada na mesma proporção que o seu território sul-americano, o que amplia seu tamanho em relação ao que seria representado se a projeção fosse mantida.

Fonte: INSTITUTO Geográfico Nacional.
Mapa bicontinental de la República Argentina. Disponível em: <http://mod.lk/oct9w>. Acesso em: set. 2016.

- Com base nessas informações, reflita e responda: de que maneira o novo mapa da República Argentina é representativo das intencionalidades históricas e culturais da produção cartográfica?

ATIVIDADES

5. Considere estes mapas e responda às questões a seguir.

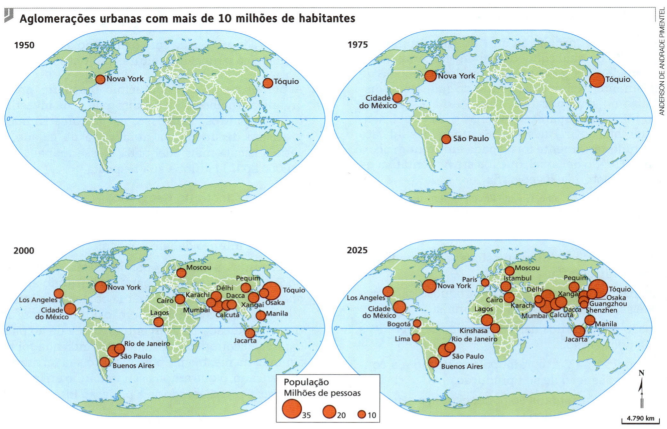

Fonte: FERREIRA, Graça M. L. *Atlas geográfico*: espaço mundial. 4. ed. São Paulo: Moderna, 2013. p. 45.

a) A proporção dos símbolos geométricos representa que tipo de informação?

b) Além da proporção dos símbolos geométricos, que outra informação relevante é apresentada na sequência de mapas?

REPRESENTAÇÕES GRÁFICAS E CARTOGRÁFICAS

6. Observe o mapa da cidade do Rio de Janeiro. Nele estão traçadas as principais vias de transporte coletivo da cidade (avenidas). Em seguida, responda à questão.

Fonte: MORENO DELGADO, J. P. *Eficiência energética e relações rede-território*. p. 35. Disponível em: <http://mod.lk/kbojt>. Acesso em: set. 2016.

- De que maneira esse mapa pode ter sido utilizado para o planejamento urbano do Rio de Janeiro?

INTERPRETAÇÃO E PROBLEMATIZAÇÃO

7. Em 1979, o estudante australiano Stuart McArthur apresentou na Universidade de Melbourne, onde estudava, um mapa-múndi pouco convencional.

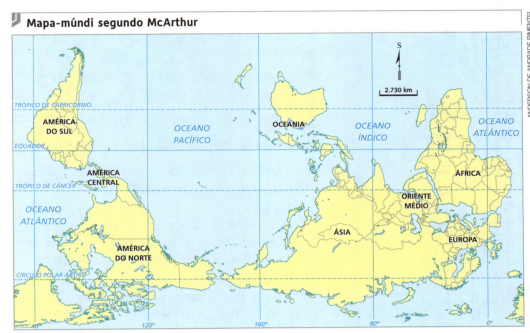

Mapa-múndi segundo McArthur

Fonte: ODT Maps. *McArthur's universal corrective map of the world*. Disponível em: <http://mod.lk/2iSFI>. Acesso em: set. 2016.

- Com base nesse mapa, explique por que a Cartografia é considerada um instrumento político.

ENEM E VESTIBULARES

8. (PUC-MG, 2015) As representações cartográficas não são neutras. Ao longo da história, a cartografia foi utilizada como instrumento estratégico de dominação e de disseminação de uma visão ideológica acerca do mundo. No ano de 1945 foi criada a Organização das Nações Unidas (ONU), uma organização internacional com sede em Nova York. Com o objetivo de propagar a paz mundial, promovendo o direito internacional, o desenvolvimento social e econômico e os direitos humanos, a organização serviu também para legitimar a nova ordem internacional que se esboçava a partir de então. O símbolo da ONU, representado abaixo, foi elaborado a partir de uma projeção cartográfica cuidadosamente selecionada, a fim de destacar o novo contexto geopolítico que se consolidava.

A análise desse símbolo permite concluir:

a) A projeção escolhida procurou reforçar uma visão eurocêntrica do mundo, aspecto essencial num contexto em que a reconstrução do continente europeu tornava-se prioritária na agenda mundial.

b) A projeção deu grande destaque ao continente africano, a partir de então escolhido como área prioritária de ação da Organização das Nações Unidas, em virtude do grande número de conflitos políticos e problemas sociais e econômicos.

c) A utilização de uma projeção polar, elaborada a partir do polo Norte, destacou a centralidade de uma região que assumiu, a partir de então, uma importância geopolítica estratégica, em razão da hegemonia de duas novas superpotências.

d) A projeção foi produzida a partir de uma visão terceiro-mundista, visto que os continentes mais pobres ganharam destaque no centro da projeção cartográfica.

9. (Uerj-RJ, 2016) Compare as imagens a seguir. Na imagem 1, apresenta-se o desenho original do perfil de uma cabeça humana sobre uma representação possível do globo terrestre. Na imagem 2, esse mesmo desenho é apresentado em um planisfério elaborado com a projeção cartográfica de Mercator, que é utilizada desde o período das Grandes Navegações.

Capítulo 2 • Cartografia: uma forma de ler o mundo 55

ATIVIDADES

Imagem 1: desenho original

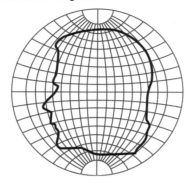

Fonte: MENEZES, P.; FERNANDES, M. *Roteiro de cartografia*. São Paulo: Oficina de Textos, 2013.

Imagem 2: projeção de Mercator

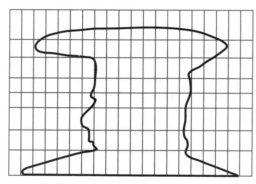

Fonte: MENEZES, P.; FERNANDES, M. *Roteiro de cartografia*. São Paulo: Oficina de Textos, 2013.

Com base na comparação entre essas imagens, conclui-se que o território das Américas que tem a área mais ampliada com o uso da projeção de Mercator é:

a) Brasil.
b) México.
c) Argentina.
d) Groenlândia.

10. (UEL-PR, 2015) Com o objetivo de representar o mais próximo possível do real o espaço geográfico, os cientistas usaram as projeções cartográficas. As mais utilizadas são as de Mercator e Peters, representadas pelas figuras a seguir.

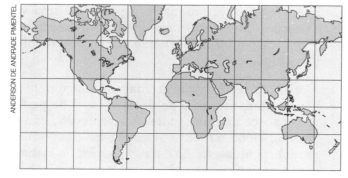

Fonte: *Atlas geográfico escolar*. 6. ed. Rio de Janeiro: IBGE, 2012. p. 21.

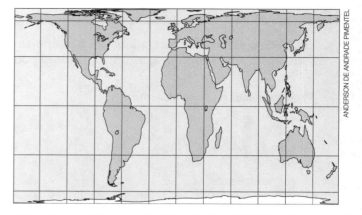

Fonte: *Atlas geográfico escolar*. 6. ed. Rio de Janeiro: IBGE, 2012. p. 21.

Com base nos conhecimentos sobre projeções cartográficas, identifique a alternativa correta.

a) Na projeção de Peters, o espaçamento entre os paralelos aumenta da linha do Equador para os polos, enquanto o espaçamento entre os meridianos diminui a partir do meridiano central.

b) Na projeção de Mercator, o espaçamento entre os paralelos diminui da linha do Equador para os polos, enquanto o espaçamento entre os meridianos aumenta a partir do meridiano central.

c) Na projeção de Peters, o plano da superfície de projeção é tangente à esfera terrestre (projeção azimutal); já na projeção de Mercator, o plano da superfície de projeção é um cone (projeção cônica) envolvendo a esfera terrestre.

d) Na elaboração de uma projeção cartográfica, o planisfério de Peters mantém as distâncias proporcionais entre os elementos do mapa, aumentando o comprimento do meridiano central.

e) A projeção de Mercator é desenvolvida em um cilindro, sendo mantida a propriedade forma; essa projeção mostra uma visão de mundo eurocêntrica.

11. (Enem, 2009)

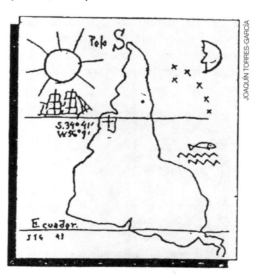

O desenho do artista uruguaio Joaquín Torres-García trabalha com uma representação diferente da usual da América Latina. Em artigo publicado em 1941, em que apresenta a imagem e trata do assunto, Joaquín afirma

> "Quem e com que interesse dita o que é o norte e o sul? Defendo a chamada Escola do Sul porque, na realidade, nosso norte é o Sul. Não deve haver norte, senão em oposição ao nosso sul. Por isso colocamos o mapa ao revés, desde já, e então teremos a justa ideia de nossa posição, e não como querem no resto do mundo. A ponta da América assinala insistentemente o sul, nosso norte."
>
> TORRES-GARCÍA, J. *Universalismo constructivo*.
> Buenos Aires: Poseidón, 1941 (com adaptações).

O referido autor, no texto e na imagem, acima,

a) privilegiou a visão dos colonizadores da América.

b) questionou as noções eurocêntricas sobre o mundo.

c) resgatou a imagem da América como centro do mundo.

d) defendeu a Doutrina Monroe, expressa no lema "América para os americanos".

e) propôs que o sul fosse chamado de norte e vice-versa.

12. (Unicamp-SP, 2015)

Projeções

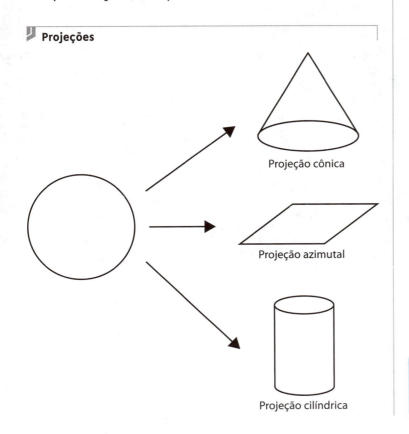

Mapa A

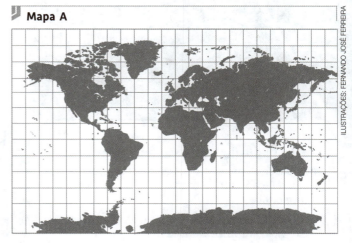

Mapa B

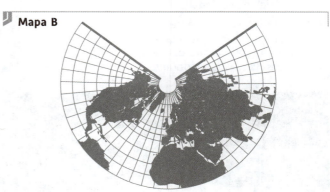

Mapa C

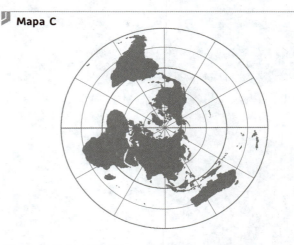

A representação de uma esfera num plano estabelece um desafio técnico resolvido a partir de distintas formas de projeção, cada uma delas adequada a um objetivo. Faça a correspondência entre cada um dos mapas e sua correta projeção.

a) A, cônica; B, azimutal; C, cilíndrica.

b) A, cilíndrica; B, cônica; C, azimutal.

c) A, azimutal; B, cilíndrica; C, cônica.

d) A, cilíndrica; B, azimutal; C, cônica.

CAPÍTULO 3
REGIÃO E REGIONALIZAÇÃO

Neste capítulo, você vai aprender a:
- Analisar o conceito de região considerando sua relação entre o todo (global) e as partes (regional).
- Identificar, em textos, mapas e iconografias, exemplos representativos dos diferentes critérios de regionalização do espaço.
- Analisar historicamente formas de regionalização e planejamento estatal, considerando aspectos que envolvem a diversidade socioeconômica.

"Nenhuma fronteira existe a priori. Sem dúvida há no mundo gradientes e descontinuidades, mas o recorte restrito de um conjunto supõe a seleção de um ou mais critérios para separar o interior do exterior. A escolha desses critérios é, necessariamente, convencional, histórica e circunstancial."

LÉVY, Pierre. *As tecnologias da inteligência*: o futuro do pensamento na era da informática. Rio de Janeiro: 34, 1993. p. 143.

A superfície terrestre pode ser regionalizada de acordo com diferentes critérios: tipos de clima, formas de relevo, desenvolvimento econômico, divisão político-administrativa etc. A regionalização do espaço depende do critério adotado. Neste capítulo, conheceremos diferentes regionalizações do mundo e do território brasileiro.

Ponto de partida

A festa junina e a feira de Caruaru, em Pernambuco, são acontecimentos de caráter popular do Nordeste. O impacto desses eventos regionais transcende o município e o estado: para lá dirigem-se pessoas de todo o Nordeste e de outras regiões brasileiras, e recursos materiais e humanos são destinados às festividades.

Pense e responda: o Nordeste brasileiro tem particularidades naturais e econômicas. Que outra(s) peculiaridade(s) poderia(m) defini-lo como região?

Apresentação de dança de quadrilha em festa junina de Caruaru (PE, 2015).

Capítulo 3 • Região e regionalização   59

1. Regionalizar: uma forma de pensar o espaço

A partir da segunda metade do século XX, as mudanças ocorridas no mundo — principalmente as relacionadas às novas tecnologias — foram responsáveis por reduzir o tempo necessário para as distâncias serem percorridas e para os fluxos de produção e circulação de mercadorias e informações acontecerem. Esse processo interferiu, por sua vez, no significado e no sentido do termo **região**, que será abordado no decorrer deste capítulo.

O vocábulo *região* origina-se da palavra latina *regio*, que significa "linha", "divisória" ou "demarcação", sendo esta derivada de *regere* ("dirigir", "reger" ou "governar"). O termo remonta à Antiguidade e foi inicialmente empregado para designar a divisão da cidade de Roma em 14 regiões administrativas; cada uma era comandada por um curador, porém prevalecia sobre elas um poder centralizador (ver mapa a seguir). Dessa forma, de sua origem até a Idade Média, o termo *região* teve como significado o domínio político sobre uma porção do espaço.

A Geografia regional

Na segunda metade do século XIX, os trabalhos de Cartografia sistemática produziram mapas detalhados com **cotas altimétricas**, demarcação das feições da superfície terrestre e divisão cultural no interior dos territórios. Nesse mesmo período, desenvolveram-se métodos de coleta de dados estatísticos, como a prática dos recenseamentos. A adoção desse modelo de organização espacial contribuiu para que os governantes pudessem controlar e administrar com maior eficácia os territórios de seus Estados nacionais.

Nesse período de consolidação do Estado moderno, correntes do pensamento geográfico incorporaram o termo *região* à Geografia, distinguindo-o de *território*. As regiões foram então definidas com base em **características naturais** comuns: a hidrografia, o relevo e os conjuntos climatobotânicos.

O conceito de região como unidade da Geografia ganhou impulso no final do século XIX com os estudos do francês Paul Vidal de la Blache. No contexto do discurso nacionalista próprio daquele período e influenciado pela Biologia, La Blache analisava a nação como um "organismo vivo", e as diferentes regiões seriam os seus órgãos vitais, cada um com uma função. Essa forma de compreensão do território defendia e legitimava politicamente a unidade nacional e mesmo eventuais pretensões por outros territórios, entendidos como complementares às necessidades do país. La Blache propôs duas regionalizações principais da França: uma de acordo com suas paisagens naturais e outra pautada nas relações sociais (como as das populações dedicadas à agropecuária). Mais tarde, enfatizou o papel das grandes cidades e das zonas de influência que elas construíam no território francês.

> **Cota altimétrica.** Marcação da altitude do relevo de determinada região em relação ao nível do mar.

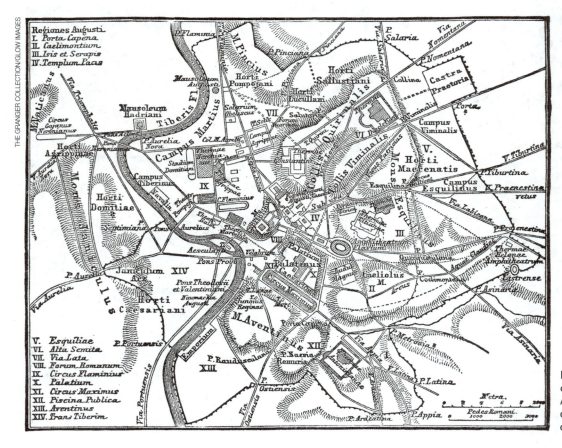

Mapa da antiga cidade de Roma durante o governo do imperador Augustus (27 a.C.-14 d.C.). Por causa de sua grande complexidade, ela foi dividida em 14 regiões administrativas.

> **Para assistir**
>
> **Bray, uma região de contornos bem traçados**
> França, 2001. Difusão no Brasil: TV Escola. Duração: 12 min.
> Documentário sobre uma distinta região francesa cuja constituição está ligada a aspectos físicos e culturais.

A partir do século XX, a aceleração dos fluxos de transportes e comunicações e o acesso à informação *on-line* permitiram novas formas de atuação do capitalismo, que passou a ocorrer em escala planetária, interligando e construindo novas relações entre as localidades. Como consequência, a organização em rede contribuiu para que os espaços passassem a se conectar com maior fluidez, de forma mais rápida e eficiente.

Nesta paisagem de Cingapura, o adensamento urbano, marcado por construções sofisticadas e de arquitetura contemporânea, reflete o dinamismo econômico da região. O edifício em forma de flor de lótus abriga o Museu de Arte e Ciência. (Foto de 2015.)

QUESTÕES

1. O conceito de região adquiriu maior abrangência a partir do século XX. Com base nessa afirmação, responda:
    a) Quais fatores foram responsáveis por modificar e ampliar o conceito de região?
    b) Quais foram os novos contornos adquiridos por esse conceito a partir do século XX?
    c) Dê exemplos de novas possibilidades de regionalização.

Com essas transformações, o termo *região* passou a identificar a **construção social** de conjuntos espaciais em cuja extensão se manifestam fenômenos similares. Nessa perspectiva, consideram-se principalmente as relações entre esses conjuntos, estabelecidas em diferentes escalas espaciais. É possível, portanto, produzir regionalização no interior de um país ou ainda classificar e agrupar países que apresentem características comuns de diferentes ordens. Desse modo, há tantos conjuntos regionais quantos critérios estabelecidos para a regionalização, ou seja, as regiões não são um dado da natureza; seu estabelecimento é uma operação do conhecimento humano e diz respeito à ação dos diferentes sujeitos sociais no espaço geográfico.

Os critérios de regionalização

Entre as formas tradicionalmente mais conhecidas de regionalização do espaço mundial, podem-se citar a divisão do mundo em continentes, bem como a divisão em tipos de vegetação nativa.

A **regionalização do mundo por continentes** é uma das mais reconhecidas pelo senso comum. O significado etimológico do termo *continente* origina-se das palavras latinas *cum tenere*, que, juntas, querem dizer "contínuo" ou "ininterrupto"; assim, os continentes seriam terras emersas contínuas. Mesmo essa regionalização, aparentemente realizada com base em um critério natural, apresenta características de processo social, pois reproduz uma visão de mundo específica das relações de poder instituídas por diferentes processos históricos.

Mundo: continentes

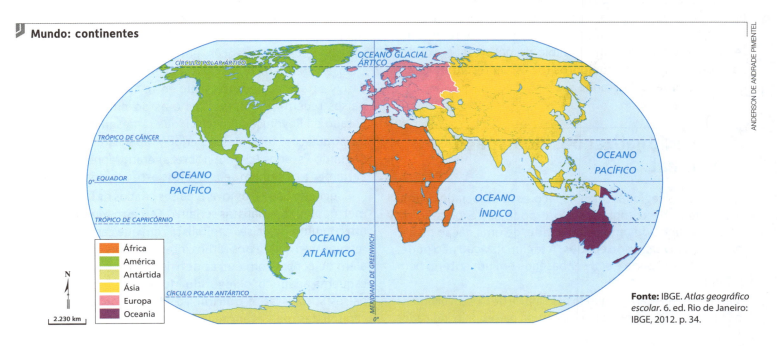

Fonte: IBGE. *Atlas geográfico escolar.* 6. ed. Rio de Janeiro: IBGE, 2012. p. 34.

Capítulo 3 • Região e regionalização **61**

Mundo: principais biomas

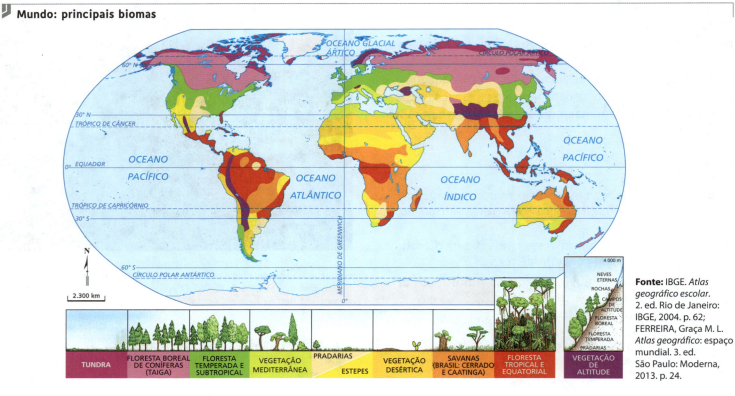

Fonte: IBGE. *Atlas geográfico escolar*. 2. ed. Rio de Janeiro: IBGE, 2004. p. 62; FERREIRA, Graça M. L. *Atlas geográfico*: espaço mundial. 3. ed. São Paulo: Moderna, 2013. p. 24.

A Europa, por exemplo, apesar de apresentar-se contígua à Ásia, é considerada continente. Nas escolas estadunidenses (e mesmo na maioria de suas publicações), a América do Norte é considerada continente à parte no conjunto das terras contínuas da América. Esses exemplos são resultado da influência da política e da economia na regionalização: no caso europeu, perpetua-se a histórica visão de mundo eurocêntrica; no caso estadunidense, expressa-se a preocupação em destacar a preponderância dos Estados Unidos nos cenários político e econômico.

A **regionalização** do mundo em **biomas** é resultado de estudos sobre a origem da distribuição das espécies vegetais no mundo (observe o mapa acima). Esses conjuntos não são homogêneos; neles, há uma grande variedade de ecossistemas. No interior de um domínio de natureza, portanto, há ocorrências de subconjuntos locais, representativos de diferentes ordens de grandeza.

2. Regionalizações do espaço mundial

O ato de regionalizar o espaço está associado a uma necessidade de compreendê-lo e pode ser expressão da visão de mundo de uma coletividade, de uma nação ou até mesmo de diversas sociedades. A regionalização não pode, porém, ser arbitrária e sim ser baseada em um critério bem definido.

A regionalização do mundo pelo Índice de Desenvolvimento Humano (IDH), por exemplo, agrupa países pelo indicador que tem como referência a mensuração da expectativa de vida, da alfabetização, da taxa de matrícula de indivíduos em idade escolar e do PIB *per capita*. Esse indicador foi estabelecido pelo Programa das Nações Unidas para o Desenvolvimento (Pnud), órgão ligado à Organização das Nações Unidas (ONU). Observe o mapa do IDH 2014 na página ao lado.

Primeiro, Segundo e Terceiro Mundos

Depois da Segunda Guerra Mundial, a maioria das colônias europeias localizadas na África e na Ásia conquistou sua independência.

Refletindo sobre essa mudança no mapa político do planeta, Alfred Sauvy (1898-1990), demógrafo, economista e sociólogo francês, em artigo publicado no jornal *L'Observateur* em 1952, criou a expressão Terceiro Mundo. Sauvy estabeleceu um paralelo entre as reivindicações dos países recém-independentes e as do chamado Terceiro Estado da Revolução Francesa, que representava a maioria da população, mas, nesse período, apenas o Primeiro e o Segundo Estados (clero e nobreza) eram representados no Parlamento e tinham seus direitos assegurados.

Segundo Sauvy, os jovens países criados na luta contra as metrópoles imperialistas seriam o **Terceiro Mundo**, ou seja, um conjunto de países capitalistas em que capital, crédito e representatividade nos fóruns internacionais eram escassos, além de contar com outras deficiências estruturais. Nesse esquema analítico, o **Segundo Mundo** seria formado pelos países socialistas, e o **Primeiro Mundo**, pelas economias capitalistas mais avançadas (ver mapa da página ao lado).

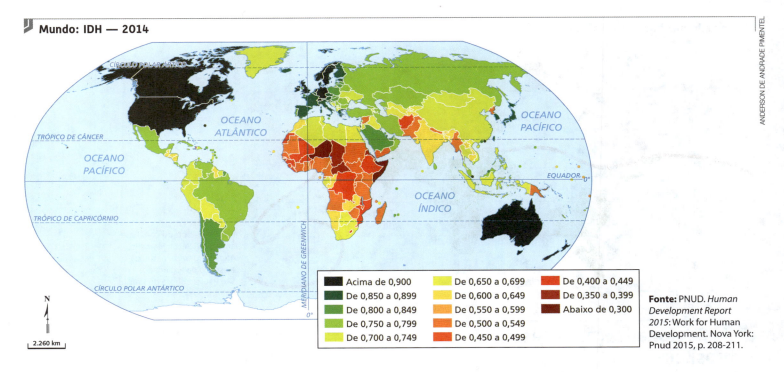

Fonte: PNUD. *Human Development Report 2015*: Work for Human Development. Nova York: Pnud 2015, p. 208-211.

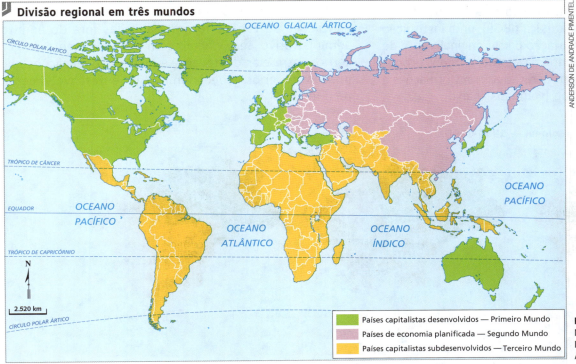

Fonte de pesquisa: One World – Nations Online (adaptado). Disponível em: <http://mod.lk/uDCQg>. Acesso em: nov. 2016.

Mesmo que essa regionalização ainda seja utilizada, ela está evidentemente defasada: já não existe mais o conjunto de países socialistas representantes do antigo Segundo Mundo, e a disputa por interesses econômicos e comerciais entre os países na economia mundial tornou-se mais complexa e diversificada. Logo, o **modelo de três mundos** foi superado.

Países do Norte e países do Sul

O mapa da página seguinte apresenta esquematicamente uma divisão do mundo em Norte e Sul. Entretanto, essa divisão não leva em consideração a linha do Equador para a demarcação desses dois conjuntos. A ideia da divisão do mundo entre países da **porção Norte** — marcada pela industrialização pioneira — e da **porção Sul** — geralmente de economia primária preponderante — teve impulso a partir da década de 1990, em virtude da dissolução da União Soviética, considerada a principal liderança do antigo Segundo Mundo. Após décadas de **enfrentamento ideológico** entre socialismo e capitalismo ("Leste *versus* Oeste"), essa disputa ideológica perdeu espaço para o embate econômico entre as nações de economia capitalista desenvolvidas e as pouco industrializadas.

Capítulo 3 • Região e regionalização **63**

O mundo dividido entre Norte e Sul — 1990

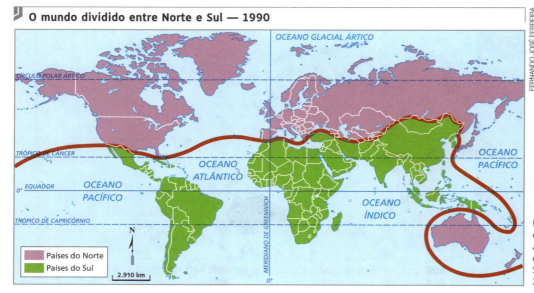

Fonte: elaborado com base em MARTINELLI, Marcello. *Atlas geográfico*: natureza e espaço da sociedade. São Paulo: Editora do Brasil, 2003. p. 77.

3. Regionalização do espaço brasileiro

A divisão regional mais difundida no Brasil é a do Instituto Brasileiro de Geografia e Estatística (IBGE), uma instituição pública federal. Essa regionalização partiu originalmente de critérios naturais, incorporando, mais tarde, critérios econômico-sociais, levando em consideração as transformações e as desigualdades de nosso país (ver mapa abaixo).

Regionalizações geográficas do território brasileiro

Na Geografia Regional brasileira, algumas regionalizações do espaço foram realizadas fora do âmbito administrativo, sem vínculo com o planejamento do governo. Entre elas destacam-se duas regionalizações que utilizam critérios geoeconômicos e de desenvolvimento tecnológico.

Brasil: evolução da divisão regional — 1940-1990

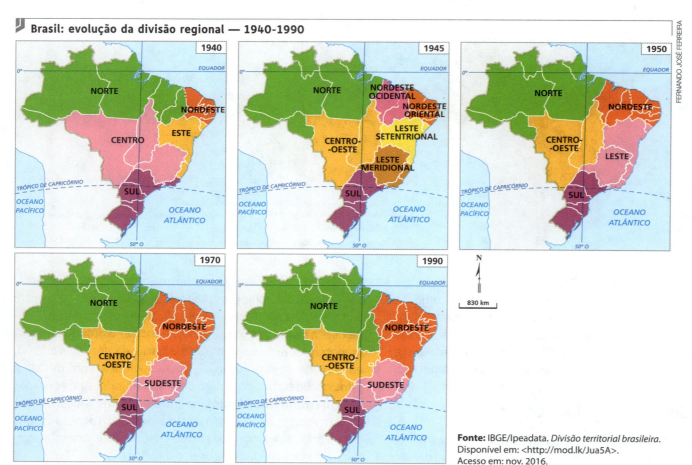

Fonte: IBGE/Ipeadata. *Divisão territorial brasileira*. Disponível em: <http://mod.lk/Jua5A>. Acesso em: nov. 2016.

64 Geografia: contextos e redes

As regiões geoeconômicas

O mapa das regiões geoeconômicas apresenta uma regionalização proposta pelo geógrafo brasileiro Pedro Pinchas Geiger, que considera as relações de convergência econômica e histórica entre áreas do território nacional, ou seja, tem por base os aspectos da economia e da formação histórica e regional. Observe, abaixo, o mapa de 1990.

Nessa regionalização, o Brasil apresenta-se dividido em três grandes conjuntos geoeconômicos: **Amazônia**, **Nordeste** e **Centro-Sul**. A Região Nordeste foi a mais dinâmica no início da colonização portuguesa na América, mas desde então perdeu continuamente sua participação na produção de riquezas. O Centro-Sul é a região de maior dinamismo econômico do Brasil atual, para onde convergem fluxos de capital, mercadoria e população. A Amazônia é a fronteira do capital — uma região que demanda novas formas de organização da produção em razão do extenso domínio amazônico.

Regionalização pelo desenvolvimento tecnológico

Os geógrafos Milton Santos e María Laura Silveira apresentaram em 2001 outra proposta de regionalização do território brasileiro (ver mapa abaixo). Essa regionalização leva em conta a constituição do espaço brasileiro no decorrer de sua história e também considera o processo desigual de desenvolvimento científico e tecnológico entre as regiões. Em sua proposta, é na **Região Concentrada** que ocorre a maior difusão do meio técnico-científico-informacional.

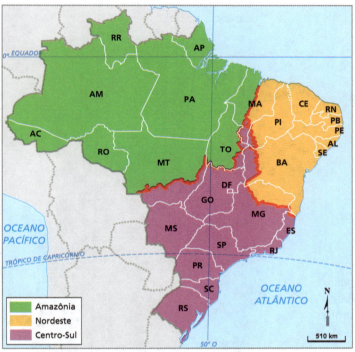

Brasil: regiões geoeconômicas — 1990

Fonte: IBGE. *Atlas geográfico escolar*. Rio de Janeiro: IBGE, 2002. p. 160.

Brasil: regionalização do meio técnico-científico-informacional — século XX

Fonte: SANTOS, Milton; SILVEIRA, María Laura. *O Brasil*: território e sociedade no início do século XXI. Rio de Janeiro: Record, 2001. p. 308.

Você no mundo — Atividade individual – Pesquisa e redação

Conhecendo a economia de sua região

Com o auxílio do professor, pesquise as características do setor produtivo da região em que você reside. Para tanto, procure responder às questões a seguir.

- Que setor econômico é predominante?
- Como as atividades produtivas relacionadas a esse setor se desenvolveram na região?
- O setor emprega muita mão de obra? Quais são as características de seus trabalhadores?
- Quais são as perspectivas econômicas?
- Como a região se relaciona, do ponto de vista econômico, com outras regiões brasileiras e com o mercado externo (se for o caso)?

Redija suas conclusões e entregue o texto ao professor para que ele possa avaliá-lo.

Geografia e outras linguagens

Leia o poema a seguir, escrito pelo uruguaio Mario Benedetti para uma música do catalão Joan Manuel Serrat.

O sul também existe

"Com seu cerimonial de aço
suas grandes chaminés
seus sábios clandestinos
seus discursos grandiloquentes
seus céus de néon
suas vendas natalinas
seu culto ao deus pai
e aos galardões
com suas chaves do reino
o norte é quem manda

Mas aqui embaixo, embaixo
a fome disponível
colhe o fruto amargo
do que outros decidem
enquanto o tempo passa
e passam os desfiles
e se fazem outras coisas
que o norte não proíbe
com a sua firme esperança
o sul também existe

Com seus predicadores
seus gases venenosos
sua escola de Chicago
seus donos da terra
seus trapos de luxo
e sua pobre ossada
seus gastos com defesa
sua gesta invasora
o norte é quem manda

Mas aqui embaixo, embaixo
cada um em seu esconderijo
existem homens e mulheres
que sabem a que se agarrar
aproveitando o sol
e também o eclipse
afastando o inútil
e usando o que serve
com sua fé veterana
o sul também existe

Com seu chifre francês
e sua academia sueca
seu molho americano
e suas chaves inglesas
sua guerra de galáxias
e a sua sanha opulenta
com todos os seus louros
o norte é quem manda

Mas aqui embaixo, embaixo
perto das raízes
é onde a memória
nenhuma lembrança omite
e há quem se recuse a morrer
e há quem se esqueça de viver
e assim entre todos se consegue
o que era um impossível
que todo o mundo saiba
que o sul também existe"

SOUZA, Hugo R. C. Benedetti: escritor uruguaio, resistente latino-americano. *A Nova Democracia*, Rio de Janeiro, ano VIII, n. 54, jun. 2009. Disponível em: <http://mod.lk/49opN>. Acesso em: nov. 2016.

QUESTÕES

1. O poema constrói uma polarização entre Norte e Sul, que aparecem como sujeitos de verbos diferentes no final de cada estrofe. Identifique esses verbos e comente que diferença eles estabelecem entre as duas regiões.

2. O autor compõe no texto imagens de riqueza e pobreza. Cite dois versos que indiquem a concentração de riqueza no Norte e outros dois versos que indiquem a carência no Sul.

ATIVIDADES

ORGANIZE SEUS CONHECIMENTOS

1. Leia o trecho a seguir:

   "[...] A cada novo relatório do IPCC há melhorias nas simulações em escala regional que geram melhores previsões, particularmente da temperatura. Mas previsões de precipitação em nível regional são mais incertas devido à variabilidade interna da precipitação observada [...]".

   KRUG, Thelma. IPCC quer entender impacto no clima local. In: GIRARDI, Giovana. *O Estado de S. Paulo*, 14 set. 2015. Disponível em: <http://mod.lk/XzxWU>. Acesso em: set. 2016.

   Com base no texto e em seus conhecimentos geográficos, pode-se afirmar que os dados regionalizados para esse fim devem ser baseados, principalmente, na coleta de dados por:

   a) países, isoladamente.
   b) continentes localizados em hemisférios opostos.
   c) zonas climáticas da Terra.
   d) continentes localizados no mesmo hemisfério.
   e) países escolhidos aleatoriamente.

2. Reveja os mapas "O mundo dividido entre Norte e Sul — 1990", na página 64, e "Brasil: regiões geoeconômicas — 1990", na página 65. Diferencie-os quanto aos critérios considerados em suas elaborações.

REPRESENTAÇÕES GRÁFICAS E CARTOGRÁFICAS

3. Com base no conceito de Região Concentrada, faça uma análise dos dados do gráfico a seguir.

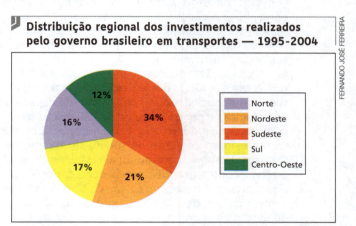

Distribuição regional dos investimentos realizados pelo governo brasileiro em transportes — 1995-2004

- Norte: 16%
- Nordeste: 21%
- Sudeste: 34%
- Sul: 17%
- Centro-Oeste: 12%

Fonte: VENCOVSKY, Vitor Pires. *Sistema ferroviário e o uso do território brasileiro: uma análise de movimento de produtos agrícolas.* Dissertação (Mestrado em Geografia) — Unicamp, Campinas, 2006. p. 54.

4. Analise o mapa a seguir e o da página 62 ("Mundo: principais biomas"). Quais são as limitações em propor uma divisão regional do mundo com base no critério vegetação?

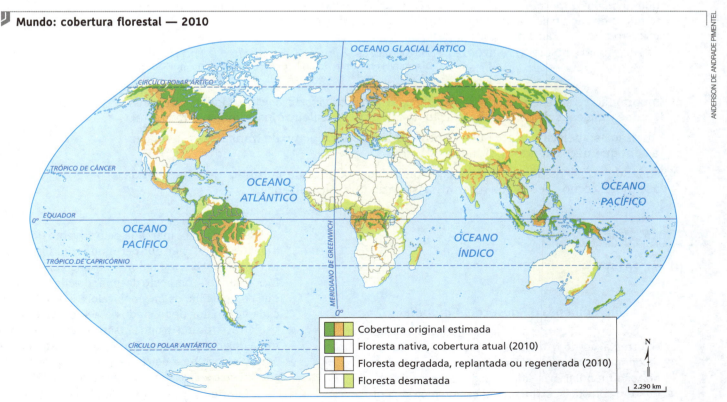

Mundo: cobertura florestal — 2010

- Cobertura original estimada
- Floresta nativa, cobertura atual (2010)
- Floresta degradada, replantada ou regenerada (2010)
- Floresta desmatada

Fonte: FERREIRA, Graça M. L. *Atlas geográfico*: espaço mundial. 4. ed. São Paulo: Moderna, 2013. p. 25.

ATIVIDADES

INTERPRETAÇÃO E PROBLEMATIZAÇÃO

5. O texto e o mapa abaixo foram extraídos do Plano Nacional de Logística e Transportes (PNLT), documento do governo federal que apresenta o planejamento na área de transportes no Brasil.

"[...]
Cabe ao setor público captar [...] as lógicas socioeconômicas vigentes e potenciais no espaço brasileiro, definindo *vetores logísticos* que se constituam em indicativo das intervenções para as quais devem convergir os esforços do governo e da sociedade para perseguir e alcançar um desenvolvimento em ciclos crescentes e sustentáveis. Os *vetores logísticos* são espaços territoriais brasileiros onde há uma dinâmica socioeconômica mais homogênea sob o ponto de vista de produções, de deslocamentos preponderantes nos acessos a mercados e exportações, de interesses comuns da sociedade, de patamares de capacidades tecnológicas e gerenciais e de problemas e restrições comuns, que podem convergir para a construção de um esforço conjunto de superação de entraves e desafios. Embora, contraditoriamente, esses espaços possam conter grandes heterogeneidades internas, eles representam uma repartição do território nacional sobre a qual podem ser construídas agendas em prol do desenvolvimento de suas potencialidades [...].

Os *vetores logísticos* representam a partição interna do território brasileiro para efeito do planejamento de transportes, mas inserem-se no continente sul-americano, com o qual o Brasil estabelece relações diversas com vários países.

Com o desenvolvimento dos blocos comerciais regionais, as ligações terrestres com os países vizinhos continentais, notadamente os membros do Mercosul, agora ampliado, adquirem maior importância. Além disso, as longas distâncias entre os principais centros econômicos de cada país e a proximidade do oceano restringem a competitividade dos modos terrestres em relação à navegação marítima. [...]"

Fonte: MINISTÉRIO DOS TRANSPORTES. *Plano Nacional de Logística e Transportes (PNLT) 2012*. p. 32-34.
Disponível em: <http://mod.lk/OtAJN>. Acesso em: nov. 2016.

a) Embora não se apresentem dessa forma, os chamados *vetores logísticos* podem ser considerados uma espécie de regionalização do território brasileiro? Justifique sua resposta.

b) A divisão estabelecida entre Sul e Centro-Sudeste para o plano de transportes se relaciona com que necessidade apontada no texto?

c) Pensando sobre os aspectos sociais, econômicos, políticos e culturais do estado onde você mora, como você avalia o vetor logístico ao qual ele pertence?

ENEM E VESTIBULARES

6. (Uepa, 2014)

Um momento de desordem mundial

"Neste começo de século, assistimos a uma reformulação de fronteiras e influências político-econômicas no mundo. Essa nova forma de organização mundial, baseada na existência de redes, fluxos e conexões, exige mudanças no método [...] de agrupar e separar territórios. [...]

Essa nova era é marcada pelo advento da globalização e da internet, que permitiu maior integração internacional e criou um novo espaço [...], o 'território-mundo', composto de uma sociedade mundial que compartilha os mesmos valores. A integração cada vez maior dos Estados e a soberania de um país através de um grupo [...] são demonstradas pela força dos blocos econômicos [...], que estabelecem uma concorrência acirrada entre si para manter a influência sobre seus parceiros comerciais. [...]

[Identifica-se] um novo movimento de regionalização do espaço contemporâneo a partir de redes integradas ilegais de poder, como o tráfico de drogas e o terrorismo globalizado [...] e a reconfiguração dos territórios devido a mudanças nas relações de poder e ao hibridismo cultural."

BEZERRA, Fabíola. Um momento de desordem mundial. *Ciência Hoje On-Line*, 13 nov. 2007. Disponível em: <http://mod.lk/Rox6F>. Acesso em: nov. 2016.

Conforme o texto, o capitalismo globalmente integrado é demonstrado "pela força dos blocos econômicos, que estabelecem uma concorrência acirrada entre si para manter a influência sobre seus parceiros comerciais". Nesse processo, interesses econômicos e políticos mesclam-se o tempo todo, estabelecendo uma nova ordem geopolítica que, na etapa contemporânea, caracteriza-se pelo(a):

a) eliminação das fronteiras nacionais com a fusão de países em blocos econômicos regionais e o surgimento do domínio das tecnologias de ponta pelos novos países industrializados e subdesenvolvidos.

b) surgimento de áreas de livre-comércio como reservas de mercado para multinacionais, disputadas entre os países centrais, representados pelos EUA, e pelos países periféricos, representados pela União Europeia.

c) divisão do mundo em blocos internacionais de poder que formavam os três mundos: Primeiro Mundo (capitalistas desenvolvidos), Segundo Mundo (emergentes) e Terceiro Mundo (transição do socialismo para o capitalismo) em função da disputa por mercado entre os países.

d) regionalização dos países em blocos econômicos que evidenciou novos centros de poder, como o Japão e a União Europeia, e tensões entre interesses políticos e econômicos dos países desenvolvidos e subdesenvolvidos.

e) reorganização dos países do mundo em região Central, onde se agrupam os países desenvolvidos que constituem a área de influência dos Estados Unidos, e a região Periférica, que reúne países sob a influência da União Europeia, devido à intensa disputa por territórios.

7. **(Uern, 2015)** Sobre a dinâmica dos complexos regionais no Brasil, é possível dizer que obedece a critérios ligados aos aspectos naturais e ao processo de formação socioespacial de nosso território. Sobre os espaços brasileiros nesse tipo de regionalização, analise as afirmativas.

   I. Dentro dessa proposta, parte do Tocantins e de Mato Grosso integra-se à chamada região Centro-Sul, o norte de Minas Gerais faz parte do complexo regional nordestino e a porção oeste do Maranhão integra-se à Amazônia.

   II. Na década de 1960, quando Geiger elaborou sua proposta, o Centro-Sul já tinha se consolidado como o coração econômico, industrial e agropecuário do país, funcionando como fonte de capitais que dinamizavam toda a economia nacional.

   III. O avanço das fronteiras agrícolas e a criação da Zona Franca de Manaus não promoveram grandes modificações estruturais no povoamento da Amazônia. A mobilidade espacial na região ainda é pouco expressiva, a urbanização apresenta baixa taxa de crescimento e a população rural ainda se sobressai sobre a urbana.

Identifique as afirmativas corretas:

a) I, II e III.
b) I e II, apenas.
c) I e III, apenas.
d) II e III, apenas.

8. **(UFF-RJ, 2012)**

Visando a uma melhor compreensão da organização do espaço brasileiro, vem ganhando destaque em publicações acadêmicas e didáticas uma proposta de regionalização baseada na existência de três complexos regionais ou regiões geoeconômicas: Centro-Sul, Nordeste e Amazônia. Segundo o geógrafo Roberto Lobato Corrêa, o Centro-Sul seria o coração econômico e político do país, o Nordeste a "região das perdas" (econômica e demográfica) e a Amazônia, ainda em nossos dias, uma vasta fronteira de ocupação.

a) Aponte e comente dois fatores que justifiquem a primazia do Centro-Sul em relação às demais regiões no conjunto da vida nacional.

b) Considerando que o desenvolvimento nunca é espacialmente uniforme, áreas dinâmicas ou estagnadas podem ser encontradas no interior de cada um dos três complexos regionais. Com base nessa evidência, identifique uma área produtiva moderna, localizada na Amazônia, que apresente forte dinamismo econômico, justificando sua identificação.

Mais questões: no livro digital, em **Vereda Digital Aprova Enem** e **Vereda Digital Suplemento de revisão e vestibulares**; no *site*, em **AprovaMax**.

CAPÍTULO 4

O TERRITÓRIO BRASILEIRO

Neste capítulo, você vai aprender a:
- Reconhecer o conceito de território em textos e/ou imagens.
- Distinguir os conceitos de limite e fronteira.
- Identificar, em textos e mapas, os limites territoriais e as fronteiras do Brasil.
- Explicar, com base em fatos históricos e geográficos, as características político-administrativas do Brasil.
- Identificar elementos representativos da formação e da consolidação do território brasileiro.

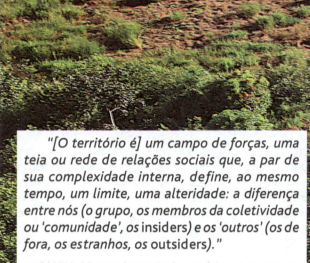

"[O território é] um campo de forças, uma teia ou rede de relações sociais que, a par de sua complexidade interna, define, ao mesmo tempo, um limite, uma alteridade: a diferença entre nós (o grupo, os membros da coletividade ou 'comunidade', os insiders) e os 'outros' (os de fora, os estranhos, os outsiders)."

SOUZA, Marcelo Lopes de. O território: sobre espaço e poder, autonomia e desenvolvimento. Em: CASTRO, Iná Elias et al. (Org.). *Geografia*: conceitos e temas. Rio de Janeiro: Bertrand Brasil, 1995. p. 86.

O território brasileiro foi constituído no decorrer de um processo histórico marcado por embates de ordem econômica, política e social. Nesse processo, parte importante dos ambientes naturais brasileiros foi transformada e, em muitos casos, destruída. A análise desse processo é fundamental para a compreensão de diversos contrastes e desigualdades do Brasil atual.

Vista de aldeia no Parque Indígena do Xingu (PIX), no sul da Amazônia brasileira (foto de 2009). De acordo com os dados da Funai, em 2015 havia 462 terras indígenas regularizadas (aproximadamente 12% do território nacional), localizadas em todos os biomas, com concentração na Amazônia Legal.

Ponto de partida

A aldeia localizada na reserva indígena do Xingu pode ser considerada um território indígena? Justifique sua resposta.

1. Conceito de território

A palavra *território* é utilizada não apenas pela Geografia, mas também por outras áreas do conhecimento. A origem desse termo remonta ao século XVIII, quando foi formulado pela Biologia para designar a área delimitada por uma espécie, na qual são desempenhadas suas funções vitais. Posteriormente, foi incorporado pela Geografia com o significado de espaço físico no qual o Estado exerce seu poder.

Na Geografia, o termo *território* adquiriu contornos primordialmente políticos: um território é resultante do exercício de dominação de determinado agente, o Estado nacional. Nesse sentido, o conceito de fronteira está atrelado ao de território, pois ela se constitui entre dois ou mais territórios.

Atualmente, não se considera o Estado nacional o único agente político; por isso, o termo *território* é utilizado em sentido mais amplo: ele indica uma área delimitada pelo exercício de poder de uma coletividade e/ou de uma instituição. Isso significa que o território do Estado contém muitas territorialidades: o território dos estados, o dos municípios, o dos moradores de um bairro etc. Instituições e grupos de pessoas apropriam-se de um espaço construindo regras para seu uso, que devem ser seguidas por todos que queiram também utilizar aquele espaço.

O espaço também pode ser analisado em diferentes escalas de abordagem: nacional, estadual, regional, local. Em um bairro, é possível encontrar lugares apropriados por diferentes grupos de pessoas; no entanto, todos eles estão submetidos ao poder do município, do estado e da União, mesmo que exista a elaboração de diferentes regras de uso dos lugares.

As comunidades indígenas são um bom exemplo desse tipo de territorialidade, pois seus territórios são espaços onde predominam seus valores e formas de viver.

Trocando ideias

Os conceitos de território e territorialidade têm sido objetos de estudo da Geografia com o intuito de dar corpo às principais categorias do pensamento geográfico contemporâneo. A diáspora, de acordo com a geógrafa Maria Geralda de Almeida, implica a territorialidade, a desterritorialização e a reterritorialização, que podem envolver uma ou um número variado de pessoas alterando as relações entre espaço e tempo. Com base nisso, pesquise situações representativas da territorialidade, da desterritorialização e da reterritorialização de alguma comunidade de imigrantes de seu município ou de outra cidade brasileira.

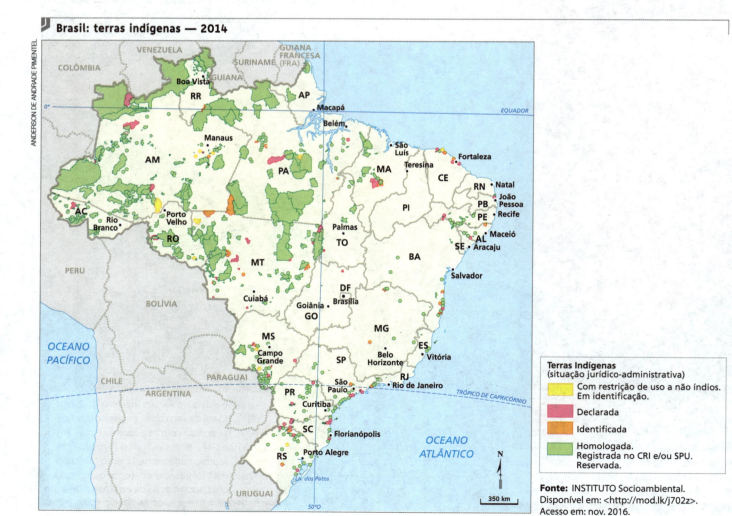

Brasil: terras indígenas — 2014

Terras Indígenas (situação jurídico-administrativa)
- Com restrição de uso a não índios. Em identificação.
- Declarada
- Identificada
- Homologada. Registrada no CRI e/ou SPU. Reservada.

Fonte: INSTITUTO Socioambiental. Disponível em: <http://mod.lk/j702z>. Acesso em: nov. 2016.

As fronteiras

O termo *fronteira* tem a mesma raiz da palavra *frente*; portanto, o sentido etimológico seria "o que se põe à frente de algo". Atualmente, a palavra **fronteira** designa o encontro dos territórios — já que os continentes estão divididos em territórios de Estados nacionais. Dessa forma, como afirma o geógrafo André Roberto Martin, o conceito de fronteira pode ser associado ao Estado-nação. Nas fronteiras, há inúmeras situações representativas de trocas entre populações de diferentes territórios e, portanto, elas apresentam grande dinamismo.

Para o estabelecimento dos **limites**, em áreas de fronteira, são elaboradas regras que podem gerar conflito, sobretudo quando há uma população que compartilha uma mesma origem e os mesmos costumes. Isso porque a principal função dos limites é estabelecer de forma exata onde termina cada território. Os Estados nacionais, por exemplo, negociam o estabelecimento de linhas divisórias que marquem exatamente a extensão de seus domínios territoriais, onde eles exercem seu poder ou sua soberania. Nas fronteiras pode ou não residir uma população e desenvolver-se a vida em sociedade.

Soberania. Propriedade ou qualidade que caracteriza o poder político supremo do Estado dentro do território nacional e em suas relações com outros Estados.

Esse obelisco demarca a divisa entre o Brasil e o Uruguai: de um lado está a cidade gaúcha de Santana do Livramento; de outro, Rivera, cidade uruguaia (foto de 2013).

QUESTÕES

1. De acordo com o atual conceito de território, exemplifique áreas que podem ser consideradas territórios.
2. Diferencie os conceitos de fronteira e limite.
3. Cite exemplos representativos das vulnerabilidades das fronteiras brasileiras.

Fronteiras extensas

O Brasil, com sua extensão continental, tem uma área de fronteira com quase todos os países sul-americanos.

Nas regiões Norte e Centro-Oeste, a presença da Floresta Amazônica dificulta a vigilância e o controle das áreas de fronteira.

Diante da vulnerabilidade das áreas fronteiriças, em diversos pontos ocorre a entrada de produtos como armas de fogo e drogas. Nessas regiões, a exploração ilegal da madeira e ações de poluição ambiental são comumente praticadas.

Os problemas com a vigilância são também recorrentes na fronteira entre o Brasil e a Guiana Francesa, por causa da área pouco habitada e de difícil acesso, como na região do rio Uaçá, no Amapá, próximo à fronteira (foto de 2010).

2. Caracterização geral do território brasileiro

Diversas questões podem nos guiar para uma boa compreensão do território do Brasil quando o observamos em um mapa-múndi.

Inicialmente, é importante identificar sua posição em relação às coordenadas geográficas para compreendermos não apenas sua localização com relação a outros países, mas também as influências climáticas resultantes de sua posição no planeta.

Localizado totalmente no hemisfério Oeste (ou Ocidental), o Brasil possui a quinta maior extensão territorial do mundo, com uma área de 8.515.767 km². O país é atravessado ao norte pela linha do Equador e ao sul pelo trópico de Capricórnio: 93% de seu território localiza-se no hemisfério Sul e apenas 7% no hemisfério Norte.

Posicionado na porção centro-oriental da América do Sul, o território brasileiro apresenta 23.086 km de fronteiras; destas, 7.367 km são marítimas e 15.719 km terrestres (abarcando a maioria dos países da América do Sul, exceto o Chile e o Equador). Outros aspectos que ilustram muito bem a dimensão de nosso país são seus pontos extremos ao norte, ao sul, a leste e a oeste do território.

3. Organização político-administrativa do Brasil

A República Federativa do Brasil é formada pelos estados, pelo Distrito Federal e pelos municípios. A organização político-administrativa da República compreende a União, 26 estados, o Distrito Federal e 5.570 municípios (dados de 2015), dotados de certa autonomia política e financeira.

Entende-se por **Federação** a aliança dos estados sob uma única Constituição — lei maior que baliza todas as demais leis. **União** é o nome que se dá ao governo central da Federação. O conceito oposto ao de Federação é o de **Estado unitário**, em que o poder político é concentrado em um governo central.

No contexto brasileiro, é possível questionar se há, de fato, uma Federação de estados agrupados por uma União — apesar de a Constituição assim definir o sistema administrativo brasileiro. Desde os anos 1930, razões políticas e econômicas levaram a uma grande concentração de poder e de atribuições nas mãos do governo da União, em detrimento da autonomia de estados e municípios.

Fonte: IBGE. *Atlas geográfico escolar*. 6. ed. Rio de Janeiro: IBGE, 2012. p. 91.

O ponto extremo norte é o **Monte Caburaí** (RR) e o extremo sul é o **Arroio Chuí** (RS). A distância entre esses pontos é de aproximadamente 4.394 km, comparável à distância entre Oslo (capital da Noruega) e Tamanrasset (na Argélia). Os pontos extremos leste e oeste são, respectivamente, a **Ponta do Seixas**, localizada em Cabo Branco (PB), e a **serra da Contamana** (AC). A distância entre esses dois pontos é de cerca de 4.319 km, comparável à distância entre Lisboa (em Portugal) e Moscou (na Rússia). Tanto no sentido norte-sul como no leste-oeste, as distâncias entre os pontos extremos ultrapassam 4.000 km.

QUESTÕES

1. Indique a localização geográfica do território brasileiro.
2. Com base nos dados expressos no mapa *Brasil: pontos extremos e limites*, explique o significado da afirmação: o Brasil é um país equidistante.

Fonte: IBGE. *Atlas geográfico escolar*. 6. ed. Rio de Janeiro: IBGE, 2012. p. 90.

União, estados e municípios

Promulgar leis que vigorem em todo o território nacional é atribuição da **União**. No Brasil, é grande a centralização de poder da União na regulação dos sistemas tributário e previdenciário; a legislação penal também é basicamente definida pela União.

No plano internacional, o governo central representa a Federação ao estabelecer relações com Estados estrangeiros ou ao participar de convenções internacionais, além de assinar tratados e acordos com outros governos ou organismos mundiais de poder, como a Organização das Nações Unidas (ONU).

O chefe do Poder Executivo é o presidente da República, responsável pela administração da União juntamente com os ministros de Estado. O Poder Legislativo federal adota o sistema bicameral: a Câmara dos Deputados conta com 513 membros e representa a população; já o Senado Federal, com 81 membros, tem como função representar os estados membros da Federação.

O **Distrito Federal** é a sede do governo federal. Não se caracteriza como estado nem como município. Do mesmo modo que os estados e municípios, Brasília tem governo próprio e autonomia administrativa.

Palácio do Planalto, sede do Poder Executivo federal, em Brasília (DF, 2014).

Os **estados** são unidades administrativas legalmente dotadas de autonomia organizacional, governamental e política. A divisão político-administrativa interna da Federação brasileira não é permanente: novos Estados podem ser criados, extintos ou incorporados. No contexto brasileiro, os estados em geral assumem importantes funções administrativas, notadamente a administração dos sistemas públicos de segurança, educação básica e saúde.

Os **municípios** são as menores unidades político-administrativas integrantes da Federação. Eles detêm o poder de organizar e regulamentar o uso do solo: o poder municipal determina o que poderá ser edificado em uma cidade e que atividades poderão ser exercidas nessas edificações (há ruas, por exemplo, em que a ocupação pode ser apenas residencial). Em geral, os governos municipais também são responsáveis pelos serviços de saneamento básico e de transporte público.

Para navegar

Portal Brasil — O Brasil
www.brasil.gov.br
Site com textos e notícias sobre as principais políticas e os projetos desenvolvidos pelo governo federal brasileiro.

4. Formação territorial do Brasil

No início da colonização, o território da América portuguesa era delimitado pelo **Tratado de Tordesilhas**, firmado em 1494.

Os portugueses, a partir de 1532, decidiram ocupar a colônia do Brasil e investiram na atividade canavieira. Engenhos de açúcar foram construídos no litoral — especialmente no Nordeste e nas áreas dos atuais estados do Rio de Janeiro, Espírito Santo e São Paulo. Nas grandes fazendas, africanos escravizados trabalhavam em canaviais e produziam açúcar, que era exportado para a Europa.

No Nordeste, o sucesso da empresa canavieira propiciou a ocupação do Sertão com a pecuária, notadamente às margens do rio São Francisco. As terras férteis da Zona da Mata iam ganhando imensos canaviais, enquanto a criação de gado avançava para o interior.

A mineração nas Minas Gerais foi importante para a conquista, no século XVIII, pelos portugueses, de parte das "terras espanholas", segundo o Tratado de Tordesilhas. Já o avanço para o sul do Brasil ocorreu quando a pecuária dos campos gaúchos passou a abastecer a zona mineradora com charque e tropas para o transporte.

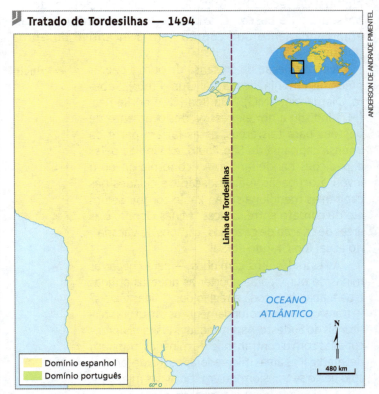

Tratado de Tordesilhas — 1494

Fonte: *Atlas histórico escolar*. 8. ed. Rio de Janeiro: FAE, 1979. p. 12 (adaptado).

Tratado de Tordesilhas. Assinado em 1494 por Portugal e Espanha, dividiu as terras colonizadas entre essas duas nações. As terras a serem colonizadas pelos portugueses situavam-se 370 léguas a oeste de Açores e Cabo Verde. As terras espanholas correspondiam àquelas localizadas além dessa linha imaginária.

A região amazônica teve sua ocupação ligada a interesses da Coroa portuguesa, preocupada com a possível expansão da Espanha em terras sul-americanas e com a presença de ordens religiosas que utilizavam mão de obra indígena na coleta de especiarias.

A última alteração das nossas fronteiras deu-se com a compra pelo Brasil, em 1903, da área que veio a compor o estado do Acre.

Vamos aprofundar nas páginas seguintes como se deu o processo da formação territorial do Brasil.

Cana-de-açúcar, bandeirantes e mineração

No século XVI, o litoral do Nordeste concentrava os investimentos portugueses na ocupação do território em função da economia canavieira e da exportação do açúcar para a Europa. O Centro-Sul não tinha notável importância econômica nesse período. Nas áreas coloniais do Sudeste, que eram muito mais pobres, o principal meio de sobrevivência — e, em alguns casos, de enriquecimento — era o **apresamento** e a **escravização de indígenas**.

Em torno dessas atividades, organizaram-se as **bandeiras** paulistas. Para desbravar o sertão, as expedições de "caça ao índio" aproveitavam os principais cursos fluviais — que, em São Paulo, correm geralmente no sentido leste-oeste. No final do século XVI, a principal finalidade das bandeiras passou a ser a busca de jazidas de ouro e pedras preciosas, empreendimento que contou com o incentivo da Coroa portuguesa.

A confirmação da presença de ouro e pedras preciosas em Vila Rica (atual Ouro Preto), Sabará, Diamantina (MG), Vila Boa (GO) e Vila Real (MT) induziu a um expressivo deslocamento de pessoas para tais áreas; estas faziam parte da imensa capitania de São Paulo, expandida pelas expedições bandeirantes. A economia do ouro levou à ocupação e à fundação de cidades nas capitanias meridionais. São Paulo tornou-se um elo de contato entre as ricas "Minas Gerais" e as áreas de criação de gado dos "campos de Vacaria", no atual Rio Grande do Sul.

As estradas e os caminhos — para chegar às minas de ouro, para exportar as riquezas obtidas e para abastecer toda a região das "Minas Gerais" — transformaram profundamente as estruturas territoriais do Sudeste. As autoridades lusitanas, preocupadas com o contrabando de minérios, trataram de interligar as áreas mineradoras ao Rio de Janeiro, cujo porto se transformou em "boca das minas".

A atividade mineradora teve seu centro na capitania de Minas Gerais. Em toda a área em que o ouro foi explorado, multiplicaram-se as vilas e os povoados.

A região aurífera tomou o lugar do Nordeste açucareiro como área mais rica da América portuguesa. Apesar da importância do trabalho escravo, organizou-se um novo tipo de sociedade, baseada na vida urbana, assim como se constituiu uma classe média que se ocupava da administração e do comércio.

Na retaguarda da economia mineira, a agricultura e a pecuária se expandiram e contribuíram para uma certa integração entre os diferentes espaços da América portuguesa. Novas terras passaram a ser cultivadas em São Paulo. A criação de gado, voltada para abastecer o Sudeste, se espalhou para os campos do Rio Grande do Sul. Os caminhos do gado, pelos quais os tropeiros levavam as tropas de muares, fizeram surgir povoados e cidades, como Sorocaba (SP), onde se realizavam as grandes feiras de vendas dos animais procedentes do sul. A pecuária do vale do Rio São Francisco também foi beneficiada pelo crescimento populacional das regiões mineradoras.

Casario colonial no centro histórico da cidade de Tiradentes, que foi fundada no período da mineração no século XVIII (MG, 2014).

Principais bandeiras — séculos XVI-XVIII

Fonte: MONTEIRO, John Manuel. *Negros da terra*: índios e bandeirantes nas origens de São Paulo. São Paulo: Companhia das Letras, 1994. p. 13.

Amazônia e drogas do sertão

A Coroa portuguesa, nos séculos XVII e XVIII, preocupada em manter sob seu domínio a entrada para a Amazônia, pela foz do rio Amazonas, construiu fortes militares que garantissem a posse do seu território e impedissem a expansão espanhola na América. Foram instaladas fortificações ao longo do vale do Amazonas e do rio Guaporé.

Nesse período também, ordens religiosas, com o intuito de catequizar os indígenas, estabeleceram-se ao longo do rio Amazonas, onde foram organizadas as missões. Os indígenas que viviam nesses aldeamentos promoviam a coleta de frutos, raízes e plantas nativas da floresta, conhecidos como **drogas do sertão** (guaraná, baunilha, urucum, castanha-do-pará e canela), que tinham grande valor comercial e eram exportados para a Europa.

Ao longo do vale amazônico deu-se a ocupação dessa porção do território nacional, embora essa economia nunca tenha se articulado com outros núcleos econômicos coloniais.

A fixação das fronteiras

Por volta de 1750, Portugal e Espanha assinaram o Tratado de Madri, que estabelecia os limites da colônia do Brasil. Para tal, foi considerado o princípio do *uti possidetis*, pelo qual as terras pertencem a quem as ocupa efetivamente.

Dessa forma, passaram a ser terras portuguesas a região amazônica, o sul e o centro-oeste do atual Brasil, visto que estavam ocupadas pelos portugueses.

Para ler

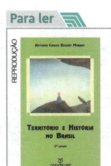

Território e História no Brasil (3. ed.)
Antonio Carlos Robert Moraes. São Paulo: Annablume, 2015.

O livro explica que o Brasil se firmou graças ao projeto de criação de um Estado territorial (e não de um Estado nacional) e discute o fato de que nosso país — desde a Independência — é visto pelas elites apenas como um espaço, não como uma sociedade.

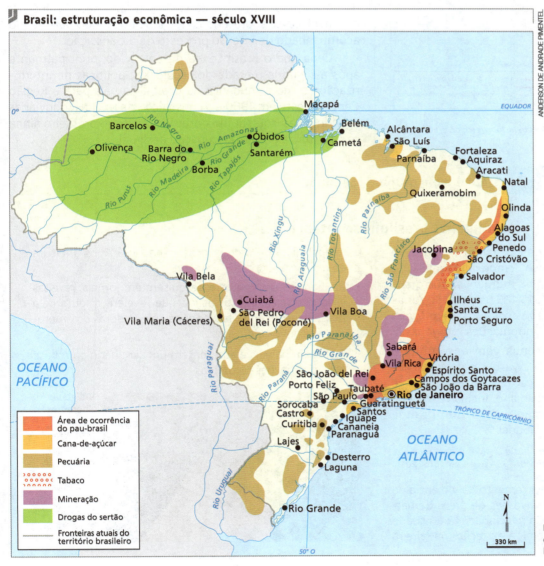

Fonte: ALBUQUERQUE, Manoel Maurício de et al. *Atlas histórico escolar*. 8. ed. Rio de Janeiro: FAE, 1991. p. 32.

Capítulo 4 • O território brasileiro

Em relação ao sul, continuaram as disputas entre Portugal e Espanha e em 1777 foi assinado o Tratado de Santo Ildefonso, que restituiu aos espanhóis parte do atual Rio Grande do Sul. Em 1801, esse território disputado voltou a ser português. Observe o mapa abaixo.

Os Tratados de Madri e de Santo Ildefonso — final do século XVIII

Fonte: ALBUQUERQUE, Manoel Maurício de et al. *Atlas histórico escolar*. 8. ed. Rio de Janeiro: FAE, 1991. p. 30.

A compra do Acre

Entre 1870 e 1920, com a exploração da borracha na Floresta Amazônica, milhares de pessoas dirigiram-se a essa região para trabalhar na extração do látex obtido das seringueiras, plantas nativas dessa formação vegetal.

As terras que correspondem ao atual estado do Acre pertenciam à Bolívia, mas muitos brasileiros dirigiram-se a esse território por causa da extração da borracha. Depois de uma série de conflitos, o Brasil, em 1903, comprou as terras dessa região da Bolívia pelo Tratado de Petrópolis, criando o estado do Acre.

Atualmente, a extração de látex não possui a mesma relevância econômica que tinha no passado por causa do desenvolvimento da borracha sintética, mas sua extração ainda é uma atividade econômica importante no Acre.

A organização do espaço brasileiro na atualidade

Como afirmam os geógrafos Hervé Thérry e Neli Aparecida de Mello em seus estudos sobre a gênese e as malhas do território brasileiro, as sucessões de períodos marcados por uma atividade econômica preponderante provocaram a formação de "arquipélagos" econômicos desarticulados no espaço.

Com a acumulação de capitais e a expansão do mercado consumidor advindas da cafeicultura, o setor industrial desenvolveu-se sobretudo na Região Sudeste do país, sendo acompanhado de intenso processo de urbanização.

Ainda que o Brasil tenha desenvolvido, principalmente após a segunda metade do século XX, políticas de interiorização (como a mudança da capital do país para a Região Centro-Oeste em 1960 e a construção de malhas rodoviárias ligando áreas isoladas até então), o território brasileiro ainda se caracteriza por uma ocupação desigual.

Você no mundo — Trabalho em grupo – Seminário

Indígenas brasileiros: ontem e hoje

"A atual população indígena brasileira, segundo resultados preliminares do Censo demográfico realizado pelo IBGE em 2010, é de 817.963 indígenas, dos quais 502.783 vivem na zona rural e 315.180 habitam as zonas urbanas brasileiras. Este censo revelou que em todos os estados da federação [...] há populações indígenas.

[...] As comunidades indígenas vêm enfrentando problemas concretos, tais como invasões e degradações territoriais e ambientais, exploração sexual, aliciamento e uso de drogas, exploração de trabalho, inclusive infantil, mendicância, êxodo desordenado, causando grande concentração de indígenas nas cidades."

BRASIL. Fundação Nacional do Índio (Funai). Disponível em: <http://mod.lk/9M0IG>. Acesso em: nov. 2016.

Observa-se atualmente um acirramento da violência na disputa por terras indígenas. As invasões de áreas demarcadas, homologadas ou não, estão relacionadas à atividade agropecuária, à exploração mineral, à extração madeireira e à construção de hidrelétricas e rodovias. Após a leitura do texto:

- Reúnam-se em grupos e pesquisem em jornais, revistas e na internet conflitos atuais que revelem disputa pela posse de terra entre fazendeiros, mineradoras ou empresas e os povos indígenas.

- Elaborem painéis e apresentem um seminário com base nas informações recolhidas.

Indígenas de diferentes povos protestam contra a invasão de suas terras por fazendeiros no Congresso Nacional (DF), em abril de 2013.

Geografia e outras linguagens

O muro

"Não possuía mais a pintura de outros tempos.
Era um muro ancião e tinha alma de gente.
Muito alto e firme, de uma mudez sombria.

Certas flores do chão subiam de suas bases
Procurando deitar raízes no seu corpo entregue ao tempo.
Nunca pude saber o que se escondia por detrás dele.
Dos meus amigos de infância, um dizia ter violado tal segredo,
E nos contava de um enorme pomar misterioso.

Mas eu, eu sempre acreditei que o terreno que ficava atrás
do muro era um terreno abandonado!"

BARROS, Manoel de. *Poesia completa*.
São Paulo: Leya, 2010. p. 40-41.

QUESTÕES

O eu lírico do poema de Manoel de Barros relembra a existência de um muro em sua infância. Como em muitos contextos geopolíticos, muros constituem barreiras fronteiriças difíceis de transpor, proibidas aos que estão "do outro lado", do lado de fora.

- Como o muro é caracterizado pelo poema? O que ele desperta nas pessoas que o veem?

ATIVIDADES

ORGANIZE SEUS CONHECIMENTOS

1. Leia esta notícia:

   ### "Luta pelo poder"

   O PCC está presente em cidades de fronteira no Mato Grosso do Sul e no Paraná há anos, mas não controlava o narcotráfico em Pedro Juan Caballero, segundo a pesquisadora Camila Nunes Dias, do Núcleo de Estudos da Violência da Universidade de São Paulo e da Universidade Federal do ABC."

   KAWAGUTI, Luis. BBC Brasil. Disponível em: <http://mod.lk/kimtb>. Acesso em: set. 2016.

   Considerando essa notícia, pode-se afirmar que um dos aspectos responsáveis pela ampliação das ações criminosas do Primeiro Comando da Capital (PCC) na região deve-se à:

   a) possibilidade de transporte hídrico de mercadorias contrabandeadas do Brasil para o Paraguai.

   b) atuação cada vez mais intensa de grupos nacionais no controle das atividades lícitas nos dois países.

   c) ampliação do plantio de drogas vegetais no território brasileiro e facilidade de escoamento e aumento da demanda no país vizinho.

   d) facilidade de circulação entre os territórios do Paraguai e do Brasil, em decorrência da vulnerabilidade de nossas fronteiras terrestres.

   e) Diminuição da presença do Estado nas áreas fronteiriças delimitando a fiscalização de mercadorias, apenas em território brasileiro.

2. Do ponto de vista da organização política, a República Federativa do Brasil é formada pela União, Estados, Distrito Federal e Municípios. Relacione os membros da Federação expresso na Coluna I ao seu papel político destacado na coluna II:

Coluna I	Coluna II
(1) Estado	[A] Unidades administrativas legalmente dotadas de autonomia organizacional, governamental e política.
(2) Município	[B] Promulga leis que vigoram em todo o território nacional.
(3) Distrito Federal	[C] Sede do governo federal.
(4) União	[D] Organiza e regulamenta o uso do solo.

   Com base em seus conhecimentos, indique a sequência correta:

   a) 4A, 3B, 2C e 1D.
   b) 1A, 4B, 3C e 2D.
   c) 3A, 1B, 4C e 2D.
   d) 2A, 4B, 3C e 1D.
   e) 2A, 3B, 4C e 1D.

3. Leia o texto.

   "[...] falar de território é fazer uma referência implícita à noção de limite. [...] Delimitar é, pois, isolar ou subtrair momentaneamente ou, ainda, manifestar um poder numa área precisa."

   RAFFESTIN, Claude. Por uma geografia do poder. São Paulo: Ática, 1993. p. 153.

   • O trecho relaciona território à noção de limite. Esclareça essa relação.

4. Leia o texto a seguir.

   "[...] os jovens cercam-se de atitudes, sentimentos e palavras ambivalentes em relação ao seu principal lugar de ancoragem, as cidades da periferia onde moram. Colocam em foco os problemas de infraestrutura, da violência, das graves limitações de atividades de lazer. No entanto, é com a periferia que se identificam, pois nela estão enraizados e é onde estabelecem suas principais redes de relações sociais. O local de moradia é o espaço privilegiado, ou até mesmo exclusivo de sua vida, quase não havendo redes de trocas mais extensas do que a vivência em nível local. A maioria praticamente não sai desse território [...]."

   ANDRADE, Carla Coelho de. Entre gangues e galeras: juventude, violência e sociabilidade no Distrito Federal. Brasília: UNB. Tese de doutorado, 2007. p. 48. Disponível em: <http://mod.lk/Ukpmj>. Acesso em: nov. 2016.

   • O texto acima relaciona a noção de território a outra dimensão da vida social. Que forma de territorialização é essa? Explique.

5. Leia a notícia a seguir.

   ### Brasil mobiliza 4,2 mil militares nas fronteiras com Bolívia e Paraguai

   "O Brasil iniciou nesta quarta-feira [22 jul. 2015] uma vasta operação de combate ao crime em seus 4.045 quilômetros de fronteiras com Bolívia e Paraguai, que prevê a mobilização de 4,2 mil militares, informaram fontes oficiais.

   Trata-se da nona edição da chamada Operação Ágata, uma mobilização anual de combate ao crime além da fronteira e que no ano passado, como medida de segurança prévia à Copa do Mundo do Brasil, se estendeu aos 16.886 quilômetros de extensão de todas as fronteiras terrestres do país.

   Na edição deste ano, as operações de vigilância e fiscalização se limitarão aos 166 municípios dos estados de Mato Grosso do Sul, Mato Grosso, Rondônia e Paraná, que estão próximos às fronteiras com a Bolívia e Paraguai, segundo um comunicado do Ministério da Defesa.

A operação será dirigida desde a sede do Comando Militar do Oeste (CMO) do Exército na cidade de Campo Grande e terá como um de seus focos a cidade de Foz do Iguaçu, na tripla fronteira com a Argentina e Paraguai e uma das principais portas de entrada do contrabando ao Brasil.

'Os países vizinhos foram informados da ação militar e enviaram observadores à capital de Mato Grosso (Campo Grande)', segundo nota do Exército.

[...]

Este ano será o primeiro em que a Operação Ágata contará com o apoio de radares, câmaras, sensores e demais equipamentos de vigilância que o Brasil instalou nas suas fronteiras como parte do chamado Sistema Integrado de Vigilância Fronteiriça (Sisfron).

O objetivo da operação, segundo o Ministério da Defesa, 'é intensificar a presença do Estado brasileiro nas fronteiras e contribuir para o combate e a redução dos delitos além das fronteiras como contrabando, narcotráfico, tráfico de pessoas, armas e munição, tráfico para prostituição, evasão de divisas, crimes ambientais, roubo de veículos e mineração ilegal, entre outros'.

[...]

A mobilização deste ano também prevê ações sociais, como a oferta de serviços médicos e odontológicos para os moradores da fronteira, e de atividades recreativas e esportivas, assim como a recuperação de estradas e de edificações públicas."

UOL Notícias. Brasil mobiliza 4,2 mil militares nas fronteiras com Bolívia e Paraguai, 22 jul. 2015. Disponível em: <http://mod.lk/vqtph>. Acesso em: nov. 2016.

a) De acordo com o texto, quais são os problemas a serem enfrentados pelos militares responsáveis pelo patrulhamento das novas fronteiras?

b) Em sua opinião, por que a fronteira do Brasil, nas proximidades de Foz do Iguaçu, é vulnerável?

6. Elabore um pequeno texto sobre a formação territorial do Brasil e suas consequências na ocupação do nosso território.

REPRESENTAÇÕES GRÁFICAS E CARTOGRÁFICAS

7. Muitos consideram os termos *nação* e *Estado nacional* sinônimos, porque o primeiro significa "um conjunto de pessoas com língua, usos, costumes e, em muitos casos, religião comuns". Nesse sentido, ganha força o caráter histórico-cultural dos laços que unem os membros de uma nação.

Estado nacional corresponde, por sua vez, a um território delimitado por fronteiras, resultante da soberania política ou de movimentos de independência, com um governo e leis próprias.

O Curdistão é uma região habitada por curdos, um grupo étnico que possui língua e cultura diferentes das populações árabe, turca e persa, predominantes na região.

- Com base nessas informações e no mapa abaixo, responda: o Curdistão pode ser considerado uma nação ou um estado nacional? Justifique sua resposta.

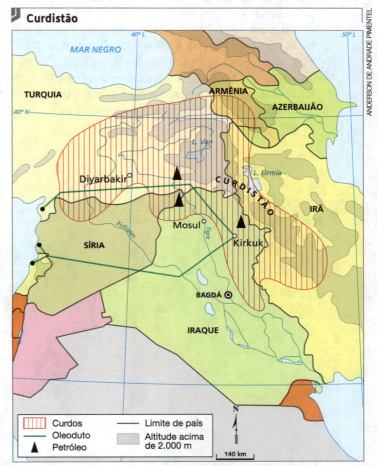

Fonte: FERREIRA, Graça M. L. *Atlas geográfico*: espaço mundial. 4. ed. São Paulo: Moderna, 2013. p. 100.

INTERPRETAÇÃO E PROBLEMATIZAÇÃO

8. Leia a notícia e observe o mapa seguir.

Um novo mapa: Brasil poderá ter mais 11 Estados e territórios

"[...] Atualmente, tramitam na Casa mais nove propostas [...] que poderão mudar muito mais que somente a geografia do País. Se todas forem aprovadas e receberem o "sim" da população envolvida, o Brasil terá mais sete Estados e quatro

Capítulo 4 • O território brasileiro

ATIVIDADES

territórios federais. Atualmente, o País é dividido em 27 áreas, sendo 26 unidades da federação e o Distrito Federal.

A distância de até 1 mil km das capitais e os consequentes problemas de desenvolvimento de regiões longínquas são as principais justificativas para a divisão de grandes Estados brasileiros. Mas há propostas também baseadas nas diferenças culturais históricas dentro de uma mesma unidade da federação.

[...] Ao defender a criação do Maranhão do Sul na Câmara, o deputado Ribamar Alves (PSB-MA) citou o exemplo do Tocantins, desmembrado do norte de Goiás em 1988. Segundo ele, a região era responsável por 3% do Produto Interno Bruto (PIB) de Goiás e hoje, se fosse reintegrada, representaria 40% do PIB do Estado. Há, evidentemente, um gasto de centenas de milhões de reais envolvido para criar um Estado do zero, com repartições públicas do Executivo, Legislativo e Judiciário, novos deputados, senadores e serviços públicos.

Segundo o professor de Ciência Política da Universidade Estadual de Campinas (Unicamp) Valeriano Costa [...] o movimento separatista é natural e parte da própria população, não apenas dos políticos locais interessados. 'É inevitável que um Estado com o tamanho de um país europeu seja subdividido. Há uma demanda de serviços que a capital não tem condições de oferecer. Mas é preciso ser feito de forma planejada, disciplinada, porque se for 'solto', pode gerar corrupção, mau uso do dinheiro público'.

A legislação em vigor permite ainda a criação de um outro tipo de unidade, os territórios federais, que teriam um custo menor que os Estados. A principal diferença em relação aos Estados é que os municípios destas áreas integram a União e "respondem" diretamente ao governo federal. Neste caso, o movimento é inverso ao da criação de Estados, aponta o professor. [...]."

GASPARIN, Isadora. Um novo mapa: Brasil poderá ter mais 11 Estados e territórios. *Terra*. Disponível em: <http://mod.lk/kr2uf>. Acesso em: nov. 2016.

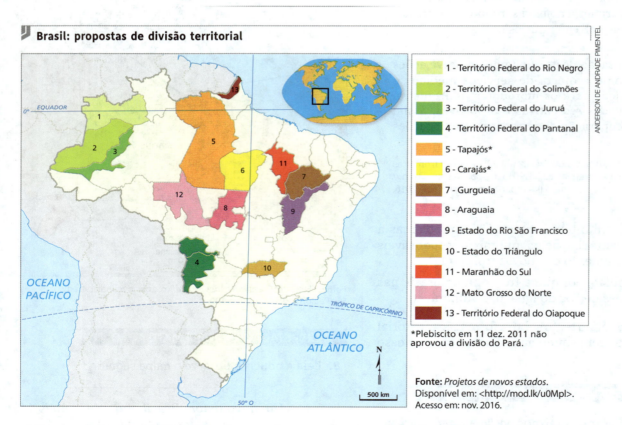

Brasil: propostas de divisão territorial

1 - Território Federal do Rio Negro
2 - Território Federal do Solimões
3 - Território Federal do Juruá
4 - Território Federal do Pantanal
5 - Tapajós*
6 - Carajás*
7 - Gurgueia
8 - Araguaia
9 - Estado do Rio São Francisco
10 - Estado do Triângulo
11 - Maranhão do Sul
12 - Mato Grosso do Norte
13 - Território Federal do Oiapoque

*Plebiscito em 11 dez. 2011 não aprovou a divisão do Pará.

Fonte: *Projetos de novos estados*. Disponível em: <http://mod.lk/u0Mpl>. Acesso em: nov. 2016.

a) De acordo com o texto, quais são os prós e os contras na criação de novos estados e territórios em um país como o Brasil?

b) Pesquise informações sobre três regiões que mudariam de *status* caso a nova proposta de divisão territorial fosse efetivada. De acordo com o que você pesquisou, justifica-se a criação desses estados e territórios? Dê sua opinião sobre o assunto.

9. (Acafe-SC, 2015) Leia atentamente as afirmações a seguir, considerando o mapa da América do Sul.

Fonte: ALMEIDA, Lúcia M. A. de; RIGOLIN, Tércio. *Fronteiras da globalização. O espaço brasileiro: natureza e trabalho.* 2. ed. São Paulo: Ática, 2013 (adaptado).

I. As fronteiras terrestres limitam-se territorialmente com os países da América do Sul, exceção ao Chile e ao Equador e, dentro da política de soberania e segurança nacionais, destaca-se o conceito de Faixa de Fronteira que compreende uma extensão interna de cerca de 150 km de largura ao longo dessas fronteiras terrestres, de vital importância à Soberania Nacional.

II. O estado de Santa Catarina, em destaque no mapa, está localizado na região subtropical, cujas latitudes são menores que a do trópico de Capricórnio, nº 2, e faz limite a leste com a Argentina, nº 3, país recém-saído do Mercosul.

III. A tropicalidade, característica da maior parte do Brasil, abarca terras no hemisfério sul, entre o trópico de Capricórnio, nº 2, e o Equador, nº 1, e um percentual pequeno de terras no hemisfério norte.

IV. A letra A indica a região de clima subtropical do sul do Brasil com atuação dominante de duas massas de ar: a Tropical continental, quente e úmida, e a Polar atlântica, cuja influência no inverno provoca ondas de frio e formação de geada, podendo ocorrer neve nas áreas de maior altitude.

V. Santa Catarina e o Rio Grande do Sul, este com o nº 4, são estados que já produzem energia eólica por meio de aerogeradores, como é o caso de Água Doce e Bom Jardim da Serra, no primeiro estado, e Osório, no segundo.

Todas as afirmações corretas estão em:

a) I — II — III
b) I — III — V
c) II — IV — V
d) IV — V

10. (UFSM-RS, 2014) Leia o texto:

Área territorial do Brasil aumenta após IBGE atualizar dados

"Dimensões oficiais do país tiveram o acréscimo de 890,45 quilômetros quadrados.

[...] Segundo o IBGE, trata-se de um aprimoramento tecnológico na medição e a simples incorporação de novas áreas, especialmente de pequenos arquipélagos e de águas internas. Na atualização do instituto divulgada em 2001, as lagoas dos Patos e Mirim entraram na conta do território gaúcho.

De acordo com o geógrafo Gervásio Rodrigo Neves, ex-professor da Universidade Federal do Rio Grande do Sul (UFRGS) e ex-delegado do IBGE no estado, a mudança não é significativa. Justo porque ela acontece o tempo todo, e assim sempre será. Culpa de pequenos detalhes, imperceptíveis para os leigos, mas sensíveis aos equipamentos de medição. — Qualquer alteração no nível do mar muda a medida. Se a maré estava baixa, é uma coisa. Alta, é outra — diz. [...]

Segundo Gervásio, 'Nós não estamos mudando os limites territoriais do país ou divisas internacionais, mas aprimorando a tecnologia do trabalho, o que leva à revisão de valores de área publicados'.

Neste caso, grande responsabilidade recai sobre o GPS, velho conhecido dos carros brasileiros e fundamental para o funcionamento do Sistema de Referência Geocêntrico para as Américas (Sirgas, 2000), adotado pelo IBGE. O instrumento permitiu maior precisão no mapeamento territorial — superior às tecnologias da década de 1990, por exemplo, e sem comparação com a fotografia aérea, dos anos 1940."

Jornal *Zero Hora*, 24 jan. 2013.

De acordo com o texto e com seus conhecimentos, identifique se cada afirmação abaixo é verdadeira ou falsa.

• Dentre os principais motivos para o aumento do território brasileiro, há os avanços tecnológicos ligados aos instrumentos de observação e medição, como imagens de satélite e uso do GPS.

ATIVIDADES

- A disputa por territórios com o Peru e Colômbia, nos últimos anos, fez o Brasil aumentar de tamanho.
- As lagoas Mirim e dos Patos não eram contabilizadas na extensão territorial do Brasil, por isso o país era menor até essa atualização de 2013.
- As fotografias aéreas ainda são materiais cartográficos importantes na definição de demarcação de territórios.

A sequência correta é:

a) F — F — V — V.
b) V — F — F — V.
c) F — V — F — V.
d) V — V — V — F.
e) V — F — V — F.

11. **(Fuvest-SP, 2014)** Após o Tratado de Tordesilhas (1494), por meio do qual Portugal e Espanha dividiram as terras emersas com uma linha imaginária, verifica-se um "descobrimento gradual" do atual território brasileiro.

Tendo em vista o processo da formação territorial do país, considere as ocorrências e as representações abaixo.

Ocorrências:

I. Tratado de Madri (1750);

II. Tratado de Petrópolis (1903);

III. Constituição da República Federativa do Brasil (1988)/consolidação da atual divisão dos Estados.

Representações:

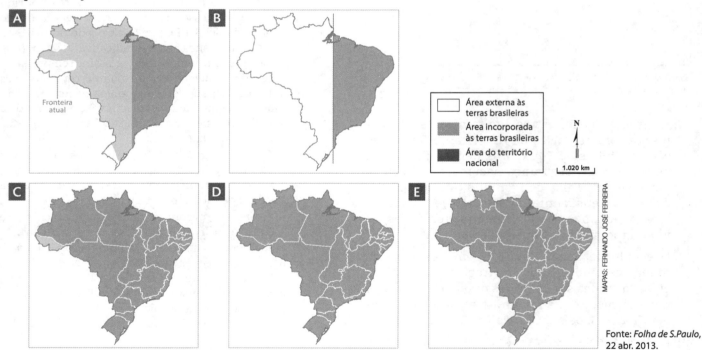

Fonte: *Folha de S.Paulo*, 22 abr. 2013.

Associe a ocorrência com sua correta representação:

	I	II	III
a)	A	C	E
b)	B	C	E
c)	C	B	E
d)	A	B	D
e)	C	A	D

12. (Unicamp-SP, 2011) A figura abaixo, a despeito de apresentar a delimitação territorial atual do Brasil, representa a formação espacial colonial-escravista brasileira na passagem do século XVIII para o século XIX, momento fundamental para a compreensão da formação territorial do Brasil. A figura delimita as diversas atividades econômico-demográficas, do que resulta um dado arranjo espacial.

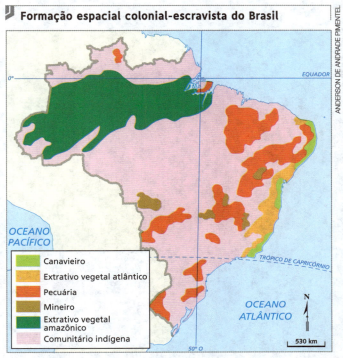

Fonte: MOREIRA, R. *Formação do espaço agrário brasileiro*. São Paulo: Brasiliense, 1990. p. 13 (adaptado).

a) Relacione as áreas de pecuária, no final do século XVIII, aos biomas existentes no Brasil.

b) A expansão da atividade pecuária pelo território esteve vinculada também ao tropeirismo. Descreva o papel da atividade pecuária e do tropeirismo na constituição do território brasileiro.

13. (UFPR-PR, 2015)

> "Neste fim do século XX, as fronteiras econômicas se ampliam, mais áreas são ocupadas e pode-se mesmo dizer [...] que o território brasileiro está inteiramente apropriado. Por outro lado, a natureza recuou consideravelmente, enquanto todas as formas de densidade humana ficam cada vez mais presentes. Ainda que sua distribuição seja desigual, há, em uma porção considerável do território, maior densidade técnica, acompanhada de maior densidade informacional."
>
> SANTOS, M.; SILVEIRA, M. L. *O Brasil*: território e sociedade no início do século XXI. Rio de Janeiro: Record, 2001. p. 279.

Com base na reflexão oferecida pelo texto e no conhecimento sobre geografia do Brasil, identifique a alternativa **incorreta**.

a) Durante o século XX, o Estado nacional foi responsável por grandes projetos para ampliação das fronteiras internas de ocupação, como é o caso da marcha para o oeste.

b) A densidade humana e técnica presente no território mostra um país regionalmente diferenciado, mas com uma economia integrada, do ponto de vista do mercado nacional.

c) Processos de ocupação do território, a exemplo do avanço da soja no centro-oeste brasileiro e de atividades agropecuárias na Amazônia, demonstram um avanço contínuo sobre os espaços naturais.

d) Do ponto de vista econômico, há um desequilíbrio na produção de bens e serviços entre as regiões brasileiras, fato que tem levado à criação de políticas de desenvolvimento regional, como foi o caso da Zona Franca de Manaus.

e) Considerando a extensão e a direção da ocupação do território brasileiro — do litoral rumo ao interior —, há uma vasta porção por ser apropriada pelo Estado Nacional: a Amazônia.

14. (UFV-MG, 2005) Observe as figuras adiante, que representam o uso do espaço de uma cidade em dois momentos distintos. O uso e a apropriação de determinados espaços pelos agentes sociais definem fronteiras que são determinadas por relações de poder. Tal processo estabelece uma ordem espacial, em que um grupo exerce poder sobre o espaço. Identifique o conceito geográfico que está relacionado às práticas espaciais expressas nas figuras abaixo:

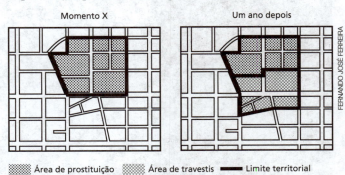

Fonte: SOUZA, Marcelo José Lopes. O território: sobre espaço e poder, autonomia e desenvolvimento. In: CASTRO, I. E. de; CORRÊA, R. L.; GOMES, P. C. da C. (Org.). *Geografia*: conceitos e temas. Rio de Janeiro: Bertrand Brasil, 2001.

a) Região.
b) Paisagem.
c) Lugar.
d) Território.
e) Ambiente.

CAPÍTULO 5

O SISTEMA TERRESTRE

ENEM
C6: H26, H27, H28, H29, H30

Neste capítulo, você vai aprender a:

- Apresentar diferentes métodos de datação do tempo geológico.
- Diferenciar tempo geológico de tempo social por meio da análise de elementos expressos na escala geológica do tempo.
- Apresentar teorias científicas sobre o surgimento do Sistema Solar e da Terra.
- Identificar os elementos representativos da composição da Terra.
- Analisar as teorias da deriva continental e da tectônica de placas para compreender a formação dos continentes e a distribuição dos oceanos.
- Reconhecer a Terra como um sistema em constante movimento, resultante da atuação de diferentes formas de energia responsáveis pela interação entre as esferas que a compõem e influenciada pelas atividades humanas.

"O que, então, é o tempo? Se ninguém me pergunta, eu sei o que é, mas, se eu quiser explicar a quem me perguntar, eu não sei."

SANTO AGOSTINHO. *Confissões*. Em: CERVATO, Cinzia; FRODEMAN, Robert. A importância do tempo geológico: desdobramentos culturais, educacionais e econômicos, *Terrae Didatica*, 10 (1): 68, 2013.

A formação da Terra e a constituição de sua superfície são processos lentos, cuja duração excede bilhões de anos. Conhecer a estrutura do planeta em que vivemos permite, por sua vez, que compreendamos os fenômenos naturais e suas consequências.

Ponto de partida

1. A imagem registra o momento em que um mergulhador explora a fenda Silfra no oceano Atlântico, entre as placas tectônicas da América do Norte e da Eurásia, no Parque Nacional Thingvellir, na Islândia. Considerando a foto e seus conhecimentos, responda: o solo no fundo dos oceanos é plano?
2. Os continentes e oceanos são um bloco contínuo e fixo, sem movimentos ou fraturas?

Mergulhador explora a fenda de Silfra, uma falha profunda no vale do Rift, no Parque Nacional de Thingvellir (Islândia, 2011).

Capítulo 5 • O sistema terrestre

1. A história do tempo da Terra

A busca por explicações sobre a origem do Universo, da Terra e da vida em nosso planeta sempre fascinou os seres humanos. Para alguns povos ancestrais, a criação do mundo era atribuída a divindades mitológicas.

Durante muitos séculos, diversos povos acreditaram que habitavam um planeta com superfície achatada, ou seja, plana. Não se sabe quando nem quem percebeu que a Terra era esférica, mas os primeiros registros conhecidos da esfericidade do planeta são da Grécia Antiga (V ou VI a.C.). Nesse período, astrônomos e matemáticos desenvolveram observações e cálculos nesse sentido. A curvatura da superfície também foi percebida no cotidiano: quando um navio saía do porto e se afastava na direção do horizonte, a cerca de 10 km de distância da costa, parte de seu casco não era mais visível; a partir dos 20 km era possível ver apenas os mastros; e, quilômetros depois, o navio desaparecia.

Imagens como essa só começaram a ser produzidas há menos de 100 anos (foto de 2012).

A noção de que a Terra é esférica foi fundamental para o desenvolvimento da Cartografia, com a elaboração de mapas-múndi e cartas de navegação (já abordados no capítulo 2). Com a evolução do pensamento científico, algumas questões foram desvendadas e outras refutadas; mesmo assim, ainda há muito a esclarecer.

Atualmente, sabe-se que a Terra — planeta que abriga os seres humanos e uma infinidade de outras espécies — resulta de um conjunto de processos em **constante interação** que, alimentados pela radiação solar, perpetuam a vida. Conhecer sua dinâmica contribui para a compreensão de como essas interações ocorrem e de que forma as sociedades devem agir para manter padrões adequados de preservação da vida no planeta.

Entender como a Terra se formou reforça a compreensão das paisagens como dinâmicas resultantes de mudanças ao longo do tempo. Tais mudanças foram propiciadas pela interação entre elementos naturais e, em período relativamente recente, entre estes e a ação humana.

Para navegar

A paleontologia na sala de aula
www.paleontologianasaladeaula.com
Nesse *site* da Sociedade Brasileira de Paleontologia, é possível conhecer os principais conteúdos dessa disciplina.

Tempo geológico e tempo social

"O tempo, que é a medida de todas as coisas em nossa ideia e costuma ser deficiente para nossos projetos, é infindo na natureza e como que nulo", afirmou o cientista escocês James Hutton (1726-1797), que estabeleceu as bases da Geologia como ciência. Hutton coloca em discussão a dificuldade de compreensão da noção de **tempo geológico** por se tratar de uma datação muito diferente da que as pessoas geralmente conhecem. Enquanto as datações geológicas (o tempo profundo) correspondem a milhões de anos, a humanidade vivencia uma concepção de tempo imensuravelmente mais curto: o **tempo social**.

Métodos de datação do tempo geológico

A possibilidade de se reconhecerem evidências acerca da história da Terra só é conquistada com o desenvolvimento dos estudos geológicos. É por intermédio da análise de rochas, dos registros fósseis e das estruturas terrestres que se desvendam as marcas do passado deste planeta.

No início do século XX, a descoberta da radioatividade torna possível o cálculo científico da idade das rochas, ampliando os conhecimentos acerca da **história geológica** da Terra.

O método de desintegração do isótopo de urânio-238 permite a **datação** das rochas mais antigas. As rochas mais recentes — que incorporam material de origem orgânica — são datadas por meio do processo de desintegração do isótopo de carbono-14. A aplicação de tais métodos possibilita reconstruir a história do planeta e compreender o funcionamento deste. Com isso, podem ser feitas previsões sobre os fenômenos que afetam, direta e indiretamente, a vida dos seres humanos e a dos demais seres vivos.

Datação. Técnica por meio da qual se calculam a idade de objetos e a de formações geológicas.

(A) Crânio fossilizado de um grande mamífero encontrado no Parque Nacional da Serra da Capivara (PI, 2015).
(B) *Mesosaurus* fossilizado incrustado em rocha em museu na cidade de Mata (RS, 2010).

Escala geológica do tempo

Na **escala geológica do tempo** — construída com base na combinação de vários métodos de datação — a idade da Terra é de cerca de 4,6 bilhões de anos.

De acordo com essa escala, a vida humana é um fenômeno bastante recente e os animais em terra firme só teriam surgido no último quarto da existência da Terra.

Para assistir

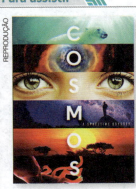

Cosmos: uma odisseia do espaço-tempo
Estados Unidos, 2014. Produção: Fox e Nat Geo.
A bordo de uma espaçonave fictícia, o físico Neil De Grasse Tyson recupera as origens do Universo e a formação do planeta Terra e comenta sobre as dimensões e as características das áreas mais remotas do espaço sideral.

QUESTÕES

1. Diferencie tempo geológico de tempo social.
2. Como é definido o tempo geológico e quais são os métodos utilizados na datação?

Trocando ideias

1. Leia a frase do cientista britânico James Hutton:
"O tempo, que é a medida de todas as coisas em nossa ideia e costuma ser deficiente para nossos projetos, é infindo na natureza e como que nulo".

Essa frase dá a dimensão da complexidade que envolve o conceito de tempo. Pesquise com seus professores de Língua Portuguesa, Literatura, Filosofia, Sociologia, História, Física e Geografia acerca do conceito de tempo. Elabore um roteiro com perguntas sobre esse tema e entreviste os professores de sua escola sobre a dimensão do tempo nessas disciplinas. Após o levantamento das informações, elabore um pôster e apresente o resultado para a classe.

Escala geológica

Éon	Fanerozoico																					
Era	Cenozoico							Mesozoico							Paleozoico							
Período	Quaternário		Neógeno (N)		Paleógeno (Pε)			Cretáceo		Jurássico			Triássico			Permiano		Carbonífero				Devoniano
																		Pennsylvaniano (P)		Mississippiano (M)		
Época	Holoceno	Pleistoceno	Plioceno	Mioceno	Oligoceno	Eoceno	Paleoceno	Superior	Inferior	Superior	Média	Inferior	Superior	Média	Inferior	Lopingiana	Guadalupiana	Cisuraliana	Superior	Média	Inferior	Superior	Média	Inferior	Superior	Média	Inferior
Idade estimada (milhões de anos atrás)	11.477 ± 85 anos	1.806 ± 0.005	5.332 ± 0.005	23.03 ± 0.05	33.9 ± 0.1	55.8 ± 0.2	65.5 ± 0.3	99.6 ± 0.9	145.5 ± 4.0	161.2 ± 4.0	175.6 ± 2.0	199.6 ± 0.6	228.0 ± 2.0	245.0 ± 1.5	251.0 ± 0.4	260.4 ± 0.7	270.6 ± 0.7	299.0 ± 0.8	306.5 ± 1.0	311.7 ± 1.1	318.1 ± 1.3	326.4 ± 1.6	345.3 ± 2.1	359.2 ± 2.5	385.3 ± 2.6	397.5 ± 2.7

2. Formação da Terra

Quando observamos o céu à noite de um local que não tenha interferência de iluminação artificial, podemos identificar uma profusão de estrelas: algumas isoladas; outras em grupos. Para a Astronomia (ciência que estuda o espaço celeste), esse aglomerado estelar circundado por gases, poeira, raios cósmicos e campo magnético denomina-se **galáxia**. O Sol — estrela responsável por alimentar a Terra com energia — encontra-se na galáxia chamada Via Láctea, e a Terra é um dos planetas que formam o Sistema Solar.

Formação dos planetas

A Uma nebulosa difusa, grosseiramente esférica e em rotação, começa a se contrair.

B Como resultado da contração e rotação, um disco achatado girando rapidamente forma-se com matéria concentrada em seu centro, que se transformará em protossol.

C O disco envolvido por gás e poeira forma grãos que colidem e se agregam em pequenos blocos ou planetesimais.

D Os planetas terrestres estruturaram-se a partir de múltiplas colisões e acrescimento de planetesimais ocasionados pela atração gravitacional. Os planetas gasosos aumentaram por acrescimento de gás.

Representação artística para fins didáticos.

 O Sistema Solar

Fonte: PRESS, Frank et al. *Para entender a Terra*. 4. ed. Porto Alegre: Bookman, 2006. p. 28.

		Proterozoico			Arqueano			Hadeano
		Neoproterozoico	Mesoproterozoico	Paleoproterozoico	Neoarqueano	Mesoarqueano	Paleoarqueano	Eoarqueano

De acordo com estudos recentes, houve alteração na tabela com a inclusão do Éon Hadeano para o período inicial da história do planeta. Além disso, a designação Pré--Cambriano é utilizada para o tempo anterior ao Fanerozoico, englobando os éons Proterozoico, Arqueano e Hadeano.

Fonte: International Commission on Stratigraphy. Disponível em: <http://mod.lk/ao2hY>. Acesso em: nov. 2016.

De acordo com as teorias mais recentes, o Sistema Solar formou-se pela agregação de poeira cósmica; em seguida, houve um aquecimento por causa da liberação de **energia cinética** proveniente dos impactos e das colisões entre os materiais em processo de fusão.

O primeiro envoltório atmosférico do planeta Terra foi formado por gases gerados por esses impactos, retidos pela força da gravidade — esse envoltório não deve ser confundido com a atmosfera atual da Terra, pois foi perdido durante o processo de formação e consolidação do Sistema Solar. A atmosfera atual (secundária), constituída principalmente por nitrogênio, oxigênio e argônio, formou-se de emanações que se desprenderam do próprio planeta no decorrer de sua história geológica, além de matéria proveniente de corpos celestes que se chocaram contra ele. Observe, nas figuras da página anterior, a representação da constituição do Sistema Solar e da formação dos planetas.

Durante o processo de fusão dos materiais que formaram a Terra, os elementos mais densos e pesados (sobretudo o ferro e o níquel) deslocaram-se para as camadas mais profundas, enquanto os mais leves e menos densos ficaram próximos à superfície. Foi assim que se constituiu a estrutura interna do planeta, com a distinção entre o **núcleo** (externo e interno), o **manto** (superior e inferior) e a **crosta** (superior e inferior).

Apenas quatro elementos constituem aproximadamente 90% do planeta: oxigênio, ferro, silício e magnésio; sua distribuição, no entanto, varia da crosta para o centro da Terra. A crosta contém menos ferro e mais oxigênio, além de outros materiais mais leves, como potássio e sódio. Compare, nos gráficos ao lado, a composição dos elementos da crosta com a dos elementos de todo o planeta.

Energia cinética. Uma das formas da energia mecânica, definida como energia de movimento, porque está associada ao estado de movimento de um corpo.

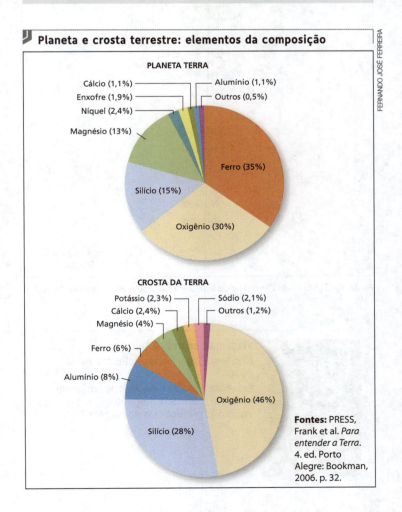

Planeta e crosta terrestre: elementos da composição

PLANETA TERRA: Ferro (35%), Oxigênio (30%), Silício (15%), Magnésio (13%), Níquel (2,4%), Enxofre (1,9%), Cálcio (1,1%), Alumínio (1,1%), Outros (0,5%)

CROSTA DA TERRA: Oxigênio (46%), Silício (28%), Alumínio (8%), Ferro (6%), Magnésio (4%), Cálcio (2,4%), Potássio (2,3%), Sódio (2,1%), Outros (1,2%)

Fontes: PRESS, Frank et al. *Para entender a Terra*. 4. ed. Porto Alegre: Bookman, 2006. p. 32.

3. A estrutura da Terra

Conseguir evidências de que a Terra apresenta uma **estrutura interna heterogênea** só foi possível após décadas de pesquisas da atividade sísmica do planeta. Para a análise de terremotos, os pesquisadores estabeleceram curvas indicativas da relação entre o tempo e a distância das ondas sísmicas — o que lhes permitiu deduzir que a estrutura interna da Terra apresenta camadas de densidades e temperaturas distintas formando a crosta, o manto e os núcleos interno e externo. Observe a estrutura interna terrestre na figura abaixo.

Vale ressaltar que perfurações já realizadas na crosta da Terra não ultrapassaram mais de uma dezena de quilômetros de profundidade; além disso, mesmo o material expelido pelas erupções vulcânicas, originado em bolsões magmáticos, raramente ultrapassa os 30 km de profundidade. Por isso, o manto e o núcleo permanecem pouco conhecidos pelos seres humanos.

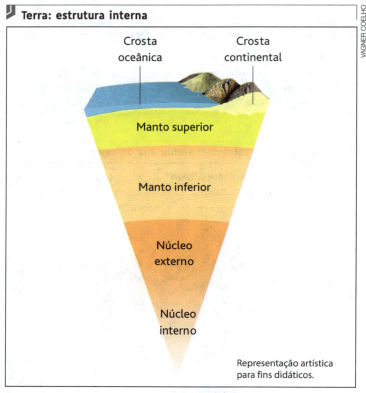

Terra: estrutura interna

Representação artística para fins didáticos.

Fonte: TIME LIFE. *Planeta Terra*. Ciência e natureza. São Paulo, Abril Coleções. 1996. p. 9.

Para ler

Viagem ao centro da Terra
Júlio Verne. São Paulo: Melhoramentos, 2010.
Essa obra narra as aventuras de um jovem alemão que, com seu tio geólogo, realiza uma viagem às profundezas do planeta Terra.

Núcleo

Acredita-se que o **núcleo interno** da Terra seja constituído, sobretudo, por ferro mesclado com outros elementos (como níquel, silício e carbono) e que apresente temperaturas próximas às da superfície solar, encontrando-se em estado sólido devido às pressões intensas às quais está submetido — cerca de 3 milhões de vezes superior à registrada ao nível do mar. Acredita-se também que o **núcleo externo** seja líquido em razão de sua elevada temperatura ser suficiente para manter os materiais nesse estado.

Manto

O **manto** é constituído principalmente por silício e magnésio e apresenta uma espessura que se inicia entre 5 km e 70 km, chegando a cerca de 2.900 km de profundidade. A faixa do manto que se encontra até 300 km de profundidade denomina-se **astenosfera**, que é uma camada importante por se constituir de materiais plásticos e rocha fundida. Nessa camada originam-se os movimentos das placas tectônicas, tema que será visto mais adiante.

A faixa do manto que se localiza entre 300 km e 2.900 km de profundidade e apresenta materiais sólidos em decorrência da elevadíssima pressão que recebe é denominada **mesosfera**. Em seu conjunto, pode-se afirmar que o manto é menos denso que o núcleo, porém mais denso que a crosta.

Crosta terrestre

A crosta terrestre é a camada mais superficial e menos densa do planeta. Sua espessura é variada, podendo chegar a 70 km nos pontos mais profundos. Ela pode ser dividida em crosta oceânica ou camada inferior da crosta e crosta continental ou camada superior da crosta, ambas com espessuras e composições diferentes.

O conjunto formado pela crosta superior, crosta inferior e parte da astenosfera forma a **litosfera** — conforme se verifica na figura abaixo.

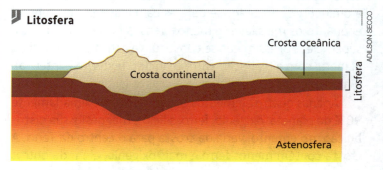

Litosfera

Representação artística para fins didáticos.

Fonte: TEIXEIRA, Wilson et al. *Decifrando a Terra*. São Paulo: Companhia Editora Nacional, 2009. p. 66.

A litosfera é uma camada descontínua, formada por imensos fragmentos que flutuam sobre o manto, gerando a atividade geológica incessante da superfície terrestre; esses fragmentos são chamados **placas tectônicas**.

A crosta oceânica (**camada inferior da crosta**) apresenta constituição basáltica, com predomínio dos elementos silício e magnésio. Embaixo dos oceanos não existe a crosta superior, e a crosta inferior possui profundidade de apenas 6 km; por isso, as ilhas oceânicas são, na maioria, basálticas.

A crosta continental (**camada superior da crosta**) é constituída por granitos, basaltos, rochas metamórficas e sedimentares diversas, com predominância do silício e do alumínio, e apresenta espessura que varia de 30 a 50 km.

> **Basáltico.** Do basalto, rocha ígnea ou magmática de cor escura, muito explorada para a construção civil, originária de erupções vulcânicas.

4. O sistema das placas tectônicas

Os continentes e os oceanos são formados por grandes placas tectônicas — Norte-Americana, Sul-Americana, Africana, Eurasiana, Indo-Australiana, do Pacífico, da Antártida — e por outras menores — entre as quais se destacam a Placa de Nazca, a Filipina, a Arábica e a Indiana. Sabe-se que as placas tectônicas não são estáticas — elas estão em movimento, afastando-se ou aproximando-se umas das outras. Os limites entre as placas formam faixas de instabilidade geológica, caracterizadas pela ocorrência de terremotos e de vulcanismo.

Deriva continental

Em 1620, o filósofo e cientista inglês Francis Bacon (1561-1626) analisou mapas dos contornos da costa da América do Sul e da África e apresentou a hipótese do encaixe entre essas duas porções de terras, sugerindo ligações entre os dois continentes.

Em 1782, Benjamin Franklin (1706-1790), editor, cientista e um dos líderes da independência dos Estados Unidos, endereçou uma carta ao geólogo francês Abbé Giraud-Soulavie (1751-1813), na qual afirmava:

> "Tais mudanças nas partes superficiais do globo pareciam, para mim, improváveis de acontecer se a Terra fosse sólida até o centro. Desse modo, imaginei que as partes internas poderiam ser um fluido mais denso e de densidade específica maior que qualquer outro sólido que conhecemos, que assim poderia nadar no ou sobre aquele fluido. Desse modo, a superfície da Terra seria uma casca capaz de ser quebrada e desordenada pelos movimentos violentos do fluido sobre o qual repousa."
>
> GROTZINGER, John; JORDAN, Tom. *Para entender a Terra*. 6. ed. Porto Alegre: Bookman, 2013. p. 26.

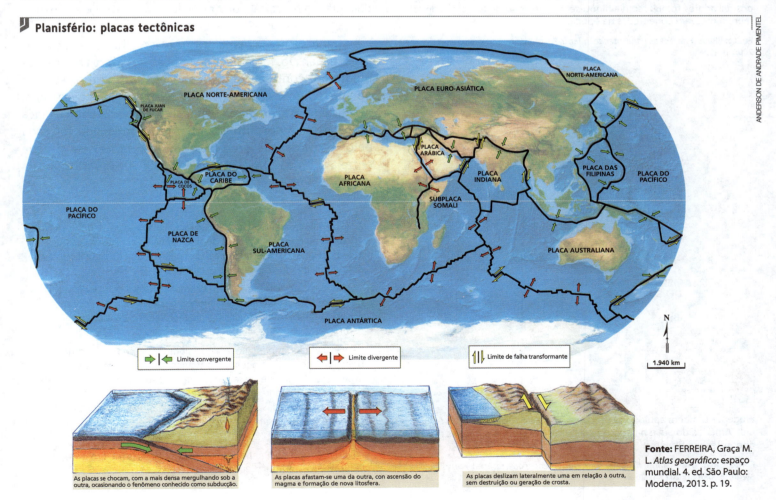

Planisfério: placas tectônicas

Fonte: FERREIRA, Graça M. L. *Atlas geográfico*: espaço mundial. 4. ed. São Paulo: Moderna, 2013. p. 19.

Apesar de suscitar a curiosidade investigativa de muitos ao longo dos séculos, foi somente em 1915 que o alemão Alfred Wegener (1880-1930) formulou a primeira teoria acerca da **deriva continental**. Baseando-se em evidências fósseis e na observação detalhada do mapa-múndi (no qual se destacava a similaridade entre o litoral da África Ocidental e o do leste da América do Sul, e o seu possível encaixe), ele postulou que há cerca de 220 milhões de anos — quando os dinossauros habitavam a Terra — as terras emersas teriam formado um único continente (observe as figuras a seguir).

Segundo Wegener, após milhões de anos, esse supercontinente — denominado por ele **Pangeia** (que significa "toda a Terra") — teria iniciado sua fragmentação e a deriva, fenômeno que perdura até os dias atuais.

Como resultado desse longo processo, originaram-se os continentes e os oceanos atuais, tema que será estudado adiante.

A tectônica de placas

A postulação apresentada por Alfred Wegener não foi bem-aceita pela comunidade científica da primeira década do século XX. Entretanto, ela serviu de inspiração para a teoria que viria a ser conhecida como **tectônica de placas**, que foi aprimorada depois da Segunda Guerra Mundial com as informações obtidas pelo mapeamento do fundo oceânico graças ao desenvolvimento dos sonares, utilizados pelos navios de combate.

De acordo com essa teoria, a litosfera é formada por placas rígidas que estão em constante movimento sobre a astenosfera.

Nas cordilheiras submarinas — denominadas dorsais meso-oceânicas, que separam as placas tectônicas —, existem *rifts* (riftes), que são estruturas tectônicas em forma de grandes vales margeados por falhas, por meio das quais o material vulcânico do manto atinge a litosfera e se agrega à crosta.

Supõe-se, dessa maneira, que o assoalho oceânico esteja em expansão, forçando a separação das placas e o afastamento dos continentes. O **oceano Atlântico** teria surgido do afastamento entre as placas Sul-Americana e Africana, e a Placa Norte-Americana, por sua vez, pressionou a Placa do Pacífico. A **cordilheira dos Andes** teria sido formada pelos movimentos orogenéticos resultantes do choque entre as bordas convergentes da Placa Sul-Americana e da Placa de Nazca.

As evidências apontadas por Wegener

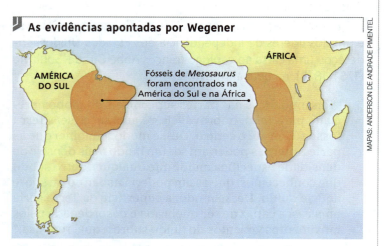

Fósseis do réptil *Mesosaurus*, com 300 milhões de anos, foram encontrados apenas na América do Sul e na África, permitindo que os pesquisadores formulassem a hipótese de que essas duas regiões do mundo estavam conectadas na época.

Fonte: PRESS, Frank et al. *Para entender a Terra*. Porto Alegre: Bookman, 2008. p. 49.

Wegener também apoiou sua teoria no "encaixe" dos litorais da África e da América do Sul e na ocorrência de rochas antigas similares nos diferentes continentes.

Fonte: GROTZINGER, John; JORDAN, Tom. *Para entender a Terra*. 6. ed. Porto Alegre: Bookman, 2013. p. 26-27.

Sonar. Equipamento eletrônico que localiza objetos e mede distâncias no fundo do mar pela emissão de sinais sônicos e ultrassônicos e recepção de ecos. A etimologia dessa palavra vem da sigla inglesa de *Sound Navigation and Ranging* — sonar.

Dorsal meso-oceânica. Também chamada crista média oceânica. Refere-se a toda grande cadeia montanhosa submersa no oceano, originada do afastamento das placas tectônicas e do vulcanismo fissural.

Rift. Palavra de origem inglesa que significa "fenda" ou "fissura". Desde o século XIX, a geologia britânica utiliza o termo para designar todo tipo de fossa tectônica, mas sobretudo para nomear o Rift Valley Africano. Na atualidade, o termo designa fendas tectônicas alongadas, formando vales ou depressões extensas, em continentes ou oceanos.

Orogenético. Refere-se à formação de relevos montanhosos, resultantes dos movimentos das placas tectônicas (objeto de estudo do próximo capítulo).

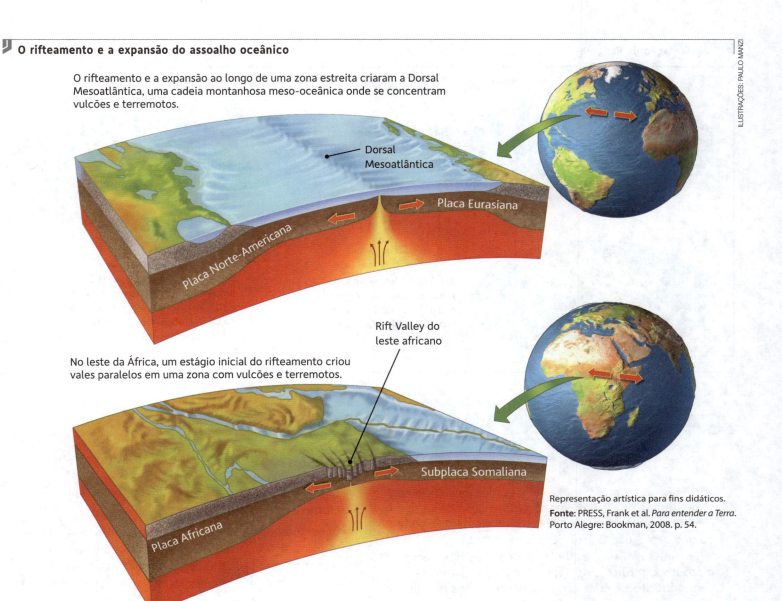

O rifteamento e a expansão do assoalho oceânico

O rifteamento e a expansão ao longo de uma zona estreita criaram a Dorsal Mesoatlântica, uma cadeia montanhosa meso-oceânica onde se concentram vulcões e terremotos.

No leste da África, um estágio inicial do rifteamento criou vales paralelos em uma zona com vulcões e terremotos.

Representação artística para fins didáticos.
Fonte: PRESS, Frank et al. *Para entender a Terra*. Porto Alegre: Bookman, 2008. p. 54.

A Pangeia e a formação dos continentes

Em seu livro *A origem dos continentes e oceanos*, Alfred Wegener explicou a teoria da deriva continental e contou com quatro atualizações realizadas entre os anos de 1915 e 1929. Ele não conseguiu explicar quais forças seriam responsáveis pela deriva dos imensos blocos continentais; todavia, a retomada de sua teoria, nos anos 1950 — atribuindo os deslocamentos às pressões existentes no fundo oceânico —, confirmou suas hipóteses e revolucionou as ciências da Terra.

De acordo com estudos posteriores à teoria de Wegener, o continente ancestral Pangeia teria sido formado ao longo da Era Paleozoica, que durou cerca de 340 milhões de anos. Esse continente único era rodeado por um oceano primitivo: o **Pantalassa**, que viria a dar origem ao **oceano Pacífico**.

Há 240 milhões de anos, aproximadamente, começou a fragmentação da Pangeia. A massa de terras setentrionais descolou-se da massa de terras meridionais, abrindo uma fenda um pouco ao norte da linha do Equador, que iria ser preenchida por águas oceânicas. No hemisfério Norte, definiu-se o continente **Laurásia** — englobando a Eurásia e a América do Norte, além da China e da Indochina, que se deslocaram para o norte; no hemisfério Sul, definiu-se o continente **Gondwana** — englobando a América do Sul, a África, a Antártida, a Austrália e a Índia.

Mais tarde, Laurásia e Gondwana também se fragmentaram. A América do Norte separou-se da Eurásia e originou o **Atlântico Norte**; no Cretáceo, a América do Sul separou-se da África, originando o **Atlântico Sul**. O bloco constituído pela Antártida e pela Austrália desligou-se da África, originando o **oceano Índico**; pouco antes do início da Era Cenozoica, a Austrália e a Antártida fragmentaram-se.

No Paleoceno, a Índia deslizou para o norte e colidiu com a Eurásia, originando a **cordilheira do Himalaia**. Os **continentes** assumiram sua atual forma ao longo do Eoceno e do Oligoceno, quando a Europa se separou da América do Norte. Esses deslocamentos perduram até os dias atuais, movidos pela energia interior da Terra.

Fragmentação da Pangeia

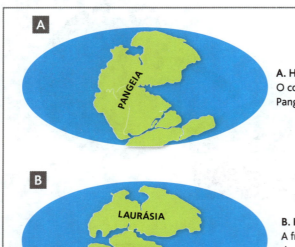

A. Há 240 milhões de anos
O continente único, chamado Pangeia, começou a se dividir.

B. Há 200 milhões de anos
A fragmentação da Pangeia deu origem a dois blocos de terras: Laurásia e Gondwana.

C. Há 135 milhões de anos
Laurásia e Gondwana também se desintegraram. Note que já é possível identificar, por exemplo, as atuais América do Norte (1), Eurásia ou bloco Europa-Ásia (2), América do Sul (3) e África (4).

Você no mundo — Atividade individual — Pesquisa

Método científico

Como vimos, um dos grandes desafios da ciência consiste em desvendar o processo de formação da Terra e o modo como as interações entre seus elementos podem ou não perpetuar as espécies nela existentes.

Em busca dessas explicações, os cientistas adotam métodos científicos, ou seja, planos gerais de pesquisa com o intuito de criar novos conhecimentos ou mesmo de ampliar ou corrigir conhecimentos até então aceitos, mas que, por força de novas pesquisas e tecnologias, tornam-se obsoletos ou muitas vezes apresentam-se equivocados. Algumas etapas compõem o método científico, conforme se verifica no esboço a seguir.

- Considerando o esboço do método científico apresentado na figura pesquise em um dicionário ou na internet o significado dos seguintes termos: *observação*, *hipótese*, *teoria* e *modelo científico*. A seguir, extraia do capítulo exemplos representativos das evidências e hipóteses elaboradas por Alfred Wegener ao propor, em 1915, a teoria da deriva continental.

Principais etapas do método científico

96 Geografia: contextos e redes

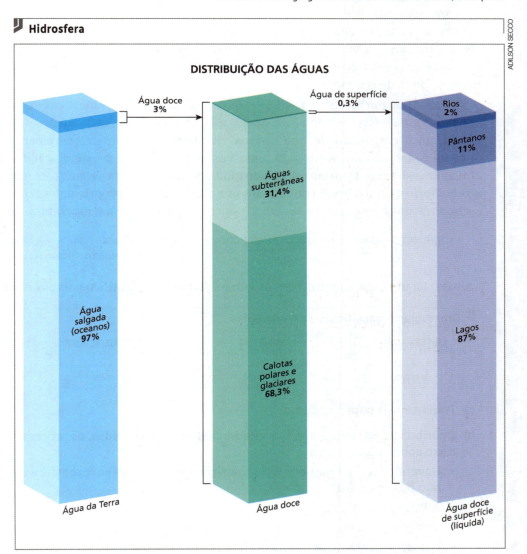

D. Há 65 milhões de anos
A movimentação continuou e os continentes foram chegando à sua formação atual: a Austrália (5) separou-se da Antártida (6) e a Índia (7) continuou seu deslocamento para o norte.

E. Formação atual
Nos últimos milhões de anos, a Índia (7) colidiu com a Eurásia (2) e completou-se a separação entre a Europa e a América do Norte (1).

Fonte: IBGE. *Atlas geográfico escolar*. Rio de Janeiro: IBGE, 2012. p. 12.

O sistema terrestre

O sistema terrestre apresenta-se em constante movimento. Sua força motriz é gerada por meio da liberação de energia térmica que atua em seu interior e pela energia proveniente do Sol.

Essas formas de energia agem influenciando a interação entre três esferas que compõem a superfície da Terra: a **atmosfera** (camada gasosa que envolve o planeta); a **litosfera** (a crosta terrestre e parte do manto superior); e a **hidrosfera** (água distribuída pelo planeta em seus diversos estados — ver gráfico ao lado).

A litosfera está parcialmente recoberta pela hidrosfera, que é formada pelos oceanos, mares, lagos, rios, pelas águas subterrâneas e também pelas geleiras e calotas polares localizadas em diferentes regiões do globo terrestre e nos arredores do Ártico e da Antártida. As duas camadas — litosfera e hidrosfera — são envolvidas pela esfera gasosa que interage com elas: a atmosfera.

O contato entre atmosfera, litosfera e hidrosfera constitui a **biosfera**, onde a vida se manifesta.

Hidrosfera

DISTRIBUIÇÃO DAS ÁGUAS

Água da Terra: Água salgada (oceanos) 97%; Água doce 3%

Água doce: Águas subterrâneas 31,4%; Calotas polares e glaciares 68,3%; Água de superfície 0,3%

Água doce de superfície (líquida): Rios 2%; Pântanos 11%; Lagos 87%

Fonte: Agence de l'Eau Artois-Picardie, Le U.S. Geological Survey. Disponível em: <http://mod.lk/fJJ67>. Acesso em: nov. 2016.

Capítulo 5 • O sistema terrestre

Você no Enem!

H11 IDENTIFICAR REGISTROS DE PRÁTICAS DE GRUPOS SOCIAIS NO TEMPO E NO ESPAÇO.
H14 COMPARAR DIFERENTES PONTOS DE VISTA, PRESENTES EM TEXTOS ANALÍTICOS E INTERPRETATIVOS, SOBRE SITUAÇÃO OU FATOS DE NATUREZA HISTÓRICO-GEOGRÁFICA ACERCA DAS INSTITUIÇÕES SOCIAIS, POLÍTICAS E ECONÔMICAS.

Teoria Gaia

"A teoria Gaia foi proposta na década de 1970 pelo cientista inglês James Lovelock, a partir de estudos [...] para a Nasa, com o objetivo de detectar vida em outros planetas, especialmente Marte. Em parceria com a filósofa Dian Hitchcock, Lovelock buscou elaborar experimentos para a detecção de vida que fossem suficientemente gerais, ou seja, independentes do tipo de vida particular que surgiu na Terra. [...] Um dos testes elaborados por Lovelock e Hitchcock consistia em comparar a composição química da atmosfera de outros planetas, como Marte e Vênus, com a da atmosfera terrestre. A base teórica do teste era simples: se um planeta não apresentasse vida, a composição química da sua atmosfera seria determinada apenas por processos físicos e químicos e [...] a atmosfera de um planeta com vida apresentaria uma espécie de 'assinatura' química característica, [...] resultado da presença de organismos vivos, que usariam a atmosfera (assim como os oceanos, os solos etc.) como fontes de matéria-prima e depósitos para resíduos de seu metabolismo. [...]

Ao analisarem as composições químicas das atmosferas de Marte e Vênus, Lovelock e Hitchcock chegaram à conclusão de que nossos vizinhos no Sistema Solar não possuem vida, uma vez que suas atmosferas se encontram em um estado muito próximo ao equilíbrio químico, sendo dominadas por dióxido de carbono (acima de 95%) e apresentando pouco oxigênio e nitrogênio e nenhum metano. Comparando-se as atmosferas de Marte e Vênus com a da Terra, diferenças significativas são encontradas em suas composições químicas. Nitrogênio (78%) e oxigênio (21%) são os gases dominantes na atmosfera terrestre, enquanto o dióxido de carbono contribui com apenas 0,03% (embora a ação antrópica esteja atualmente acarretando um aumento desses níveis). Além disso, a atmosfera terrestre possui vários outros gases, todos altamente reativos. [...] De fato, essa composição atmosférica reflete a dinâmica de trocas gasosas entre a atmosfera terrestre e os organismos vivos. [...] Se toda a vida fosse eliminada do planeta repentinamente, as moléculas dos gases atmosféricos reagiriam entre si, o que resultaria numa atmosfera com a composição química muito próxima à de Marte ou Vênus. A atmosfera da Terra é, portanto, um produto biológico, sendo constantemente construída e consumida pelos seres vivos.

A partir desses resultados e, também, de evidências de que a temperatura do planeta Terra não sofreu alterações significativas nos últimos 3.3 bilhões de anos, Lovelock propôs a teoria Gaia. Esta teoria propõe a existência de um sistema cibernético de controle, que compreenderia a biosfera, a hidrosfera, a atmosfera, os solos e parte da crosta terrestre, e teria a capacidade de manter propriedades do ambiente, como a composição química e a temperatura, em estados adequados para a vida."

NUNES NETO, Nei de Freitas; LIMA-TAVARES, Maria de; EL-HANI, Charbel Niño. Teoria Gaia: de ideia pseudocientífica a teoria respeitável. *Terra Viva*. 2005. Disponível em: <http://mod.lk/7yXkI>. Acesso em: nov. 2016.

Abaixo há um organograma com as etapas do método científico (simplificadas da página 96).

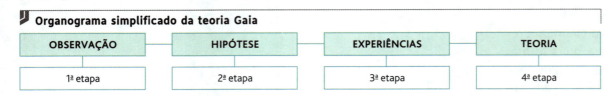

Organograma simplificado da teoria Gaia

OBSERVAÇÃO	HIPÓTESE	EXPERIÊNCIAS	TEORIA
1ª etapa	2ª etapa	3ª etapa	4ª etapa

a) Transcreva-o para o caderno.

b) Distribua adequadamente, nos quadros referentes às etapas, os processos citados no texto sobre a teoria Gaia:
- Havendo vida no planeta, a composição química da sua atmosfera é de uma forma; não havendo, é de outra.
- A Terra é um sistema vivo.
- Comparar a composição química da atmosfera de diferentes planetas.
- Desenvolvimento de um modelo.

Geografia e outras linguagens

Leia a seguir a letra da canção "Muito além do cenozoico", composta pelos músicos pernambucanos Chaps, China, Homero Basílio e Jr. Black.

Muito além do cenozoico

Nos meus olhos
As pupilas dilatadas
Aonde antes nem meus pés chegavam ao chão.

O ambiente força a criatura
E o atavismo
Supre um não.

Neste perfeito e irretocável corpo
Que o tempo esculpe
Entre o vivo e o morto.

Somos todos já
Desde nascença
Apenas carbono e memórias.

Onde passar o resto dos dias,
Como salvar a humanidade,
Se só enxergamos entre o claro e a escuridão?

Por que existe tanta disputa,
Pra quem deixamos inventário,
Se nada disso constará na evolução?

No meu sangue
Teu sorriso me protege
De toda cópia ou falsificação.

Mas meus genes, minha andadura
E os meus costumes
Se perderão.

Neste perfeito e irretocável corpo
Que o tempo esculpe
Entre o vivo e o morto.

Somos todos já
Desde nascença
Apenas carbono e memórias.

CHAPS et al. Muito além do cenozoico. Em *RGB*. Joinha Records/ Estúdio Das Caverna. 2010. Disponível em: <http://mod.lk/truIJ>. Acesso em: nov. 2016.

QUESTÕES

1. Pesquise o significado da palavra **atavismo** e, em seguida, reúna-se em grupo para discutir em que contexto esse termo foi utilizado na letra dessa canção. Apresente aos demais grupos a conclusão a que chegaram.

2. Que tipo de visão os autores sugerem com relação ao futuro da humanidade? Explique.

ATIVIDADES

ORGANIZE SEUS CONHECIMENTOS

1. Explique o modelo teórico atualmente aceito para a origem da Terra.

2. Leia o trecho da notícia a seguir.

> **Buraco mais fundo da Terra começará a ser perfurado**
>
> "Desde meados do século XX, os geólogos têm realizado furos cada vez mais profundos na crosta terrestre, tanto na terra quanto nas profundezas do oceano. [...]
>
> Contudo, os pesquisadores ainda não conseguiram chegar nem perto do manto. Talvez eles consigam agora, conforme entra em ação um plano ousado cujo objetivo é alcançar o interior viscoso do nosso planeta. [...]
>
> Os geólogos estão agora embarcando em um dos esforços mais ambiciosos de exploração na história das ciências da Terra: uma missão para coletar um punhado de rochas do manto."
>
> INOVAÇÃO Tecnológica. Disponível em: <http://mod.lk/cYq1X>. Acesso em: nov. 2016.

a) Aponte algumas das dificuldades que os pesquisadores vão enfrentar para escavar até o manto terrestre.

b) Que compostos químicos devem ser encontrados pelos cientistas nas rochas que serão coletadas no manto terrestre?

3. Com relação à estrutura interna da Terra, responda:

a) Que evidências científicas indicam que a estrutura interna da Terra é heterogênea?

b) Quais camadas formam essa estrutura interna?

4. Leia a afirmação a seguir.

> "Aceita-se uma hipótese, ou uma teoria de um domínio de fenômenos, somente quando se julga que ela é bem confirmada pela evidência empírica disponível [...]."
>
> LACEY, H. *Valores e atividade científica*, v. 1. São Paulo: Associação Filosófica Scientiae Studia/Ed. 34, 2008.

- Que evidências levaram Alfred Wegener à teoria da deriva continental?

5. Descreva, resumidamente, o processo geológico que deu origem ao oceano Atlântico.

REPRESENTAÇÕES GRÁFICAS E CARTOGRÁFICAS

6. Observe a imagem a seguir.

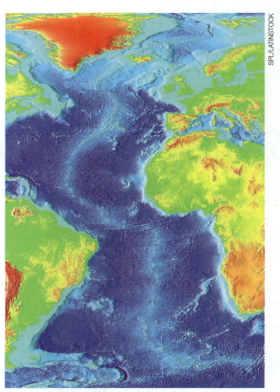

Representação topográfica do oceano Atlântico entre a América, a África e a Europa.

a) Que formação está representada pela linha mais clara entre a América e a África e a Europa?

b) Como essa formação surgiu?

INTERPRETAÇÃO E PROBLEMATIZAÇÃO

7. "PAREM DE DESTRUIR O PLANETA!"

- Encontramos frases como essa em diversas manifestações a favor do meio ambiente, condenando as ações humanas que comprometem o ecossistema. Considerando o que estudamos sobre a formação da Terra e as escalas de tempo geológico e social, o que a frase afirma é verdadeiro? Justifique sua resposta.

8. O texto a seguir apresenta a noção de **tempo geológico** comparando os eventos ocorridos na história da Terra condensados em um ano de tempo histórico do ser humano.

> **Comprimindo a escala geológica**
>
> "Imagine que os 4,5 bilhões de anos da Terra foram comprimidos em um só ano (entre parênte-

ses colocamos a idade real de cada evento). Nesta escala de tempo, as rochas mais antigas que se conhecem (~3,6 bilhões de anos) teriam surgido apenas em março. Os primeiros seres vivos (~3,4 bilhões de anos) apareceram nos mares em maio. As plantas e os animais terrestres surgiram no final de novembro (há menos de 400 milhões de anos). Os dinossauros dominaram os continentes e os mares nos meados de dezembro, mas desapareceram no dia 26 (de 190 a 65 milhões de anos), mais ou menos a mesma época em que as Montanhas Rochosas começaram a se elevar. Os humanoides apareceram em algum momento da noite de 31 de dezembro (há aproximadamente 11 milhões de anos). Roma governou o mundo durante 5 segundos, das 23h59m45s até 23h59m50s. Colombo descobriu a América (1492) 3 segundos antes da meia-noite, e a geologia nasceu com os escritos de James Hutton (1795), pai da geologia moderna [formulador da teoria do tempo geológico], pouco mais de 1 segundo antes do final desse movimentado ano dos anos."

EICHER, D. L. *Tempo geológico*.
São Paulo: Edgar Blücher, 1969.

A persistência da memória, Salvador Dalí, 1931. Essa obra do pintor espanhol Dalí pode ser interpretada como uma reflexão acerca da dissolução do tempo e da transitoriedade das coisas. O tempo dos seres humanos é muito sutil quando comparado ao tempo geológico.

a) Tomando por base o que foi proposto pelo autor do texto, bem como as eras geológicas apresentadas, elabore um calendário representativo comprimindo a idade da Terra na escala de um ano, destacando os eventos geológicos mais significativos.

b) Com base no quadro de Dalí e no texto, estabeleça uma distinção entre tempo cósmico, tempo geológico e tempo histórico.

9. Leia o texto e responda à questão.

O homem é um fator de transformação geológica?

"[...] a partir da Revolução Industrial, o planeta passou a assistir a um crescimento exponencial da população. A Terra atingiu seu primeiro bilhão de habitantes por volta da metade do século XIX; pouco mais de 150 anos depois, esse contingente já superava 6,5 bilhões, sem perspectivas de parar de crescer em termos absolutos. Previsões demográficas atuais apontam para um efetivo maior que 8,5 bilhões em 2050.

Nos últimos 50 anos, a rápida e contínua evolução dos meios tecnológicos postos à disposição do homem vem causando impacto inédito ao meio ambiente. Estimativas indicam que a humanidade estaria consumindo atualmente cerca de 45% além da capacidade de reposição da biosfera.

Cientistas renomados, como o holandês Paul Crutzen (Prêmio Nobel de Química em 1995), acreditam que o homem tenha se tornado uma 'força geofísica planetária'. Foi ele que, em 2000, cunhou o termo Antropoceno para designar a nova época geológica que viria após o Holoceno. Considera-se que uma era geológica seja definida por um conjunto de evidências climáticas, estratigráficas, biológicas, químicas e físicas. As principais dessas evidências seriam o aumento das temperaturas médias globais, as mudanças nos padrões de erosão e sedimentação, a acidificação dos oceanos e os crescentes índices de extinção das espécies de forma acidental ou deliberada, causando danos irreparáveis à biodiversidade [...].

É impossível acreditar que 6,5 bilhões de pessoas vivendo e explorando, quase sempre predatoriamente, cada recurso disponível não provoque enormes alterações no ecossistema global. Essas alterações ficarão contidas em nosso registro geológico e as gerações futuras poderão perceber mais claramente a herança deixada por seus antecessores."

OLIC, N. B. Antropoceno – um novo nome para o presente geológico?. *Revista Pangea*, 24 set. 2008. Disponível em: <http://mod.lk/dB1En>. Acesso em: nov. 2016.

- Em que se baseia a hipótese de uma época geológica marcada pela ação humana (o Antropoceno)?

Estratigrafia. Ramo da Geologia que estuda a sucessão de camadas ou estratos de rochas que aparecem em um recorte geológico.

ATIVIDADES

ENEM E VESTIBULARES

10. (Fuvest-SP, 2015) Observe a figura, na qual se vê a Dorsal Atlântica.

Avalie as seguintes afirmações:

I. Segundo a teoria da tectônica de placas, os continentes africano e americano continuam se afastando um do outro.

II. A presença de rochas mais jovens próximas à Dorsal Atlântica comparada à de rochas mais antigas, em locais mais distantes, é um indicativo da existência de limites entre placas tectônicas divergentes no assoalho oceânico.

III. Semelhanças entre rochas e fósseis encontrados nos continentes que, hoje, estão separados pelo oceano Atlântico são consideradas evidências de que um dia esses continentes estiveram unidos.

IV. A formação da cadeia montanhosa Dorsal Atlântica resultou de um choque entre as placas tectônicas norte-americana e africana.

Está correto o que se afirma em:

a) I, II e III, apenas.
b) I, II e IV, apenas.
c) II, III e IV, apenas.
d) I, III e IV, apenas.
e) I, II, III e IV.

11. (Mackenzie-SP, 2014)

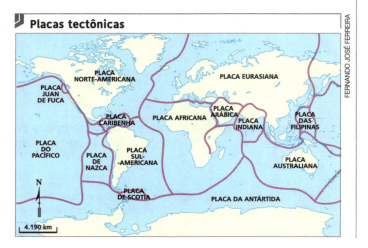

Placas tectônicas

Observando a figura, podemos afirmar que:

I. Alfred Wegener, meteorologista alemão, levantou a hipótese, no início do século XX, afirmando que, há 220 milhões de anos, os continentes formavam uma única massa denominada Pangeia, rodeada por um oceano chamado Pantalassa. Essa suposição foi rejeitada pela comunidade científica da época.

II. A litosfera encontra-se em movimento, uma vez que é composta por placas tectônicas seccionadas que flutuam deslocando-se lentamente sobre a astenosfera.

III. A cordilheira dos Andes é um dobramento recente. Datando do período Terciário da era Cenozoica, surge do intenso entrechoque das placas do Pacífico e Sul-Americana, promovendo o fenômeno de obducção.

IV. A Dorsal Atlântica estende-se desde as costas da Groenlândia até o sul da América do Sul. Os movimentos divergentes entre as placas Africana e Sul-Americana permitiram intensos derramamentos magmáticos originando rochas basálticas que foram incorporadas às bordas das referidas placas.

Estão corretas:

a) I e III, apenas.
b) II e III, apenas.
c) I, II e III, apenas.
d) I, II e IV, apenas.
e) I, II, III e IV.

12. (UFRGS-RS, 2015) Escavando a partir da superfície, um geólogo encontrou os seguintes depósitos nesta ordem: argila, areia, argila com fósseis de vegetais, cascalhos e argila com fósseis de peixes.

A respeito dessas descobertas, foram feitas as afirmações abaixo.

I. Os fósseis de peixes formaram-se sobre a camada de cascalho.

II. Os sedimentos cronologicamente mais recentes são a camada de argila seguida pela de areia.

III. Os fósseis de vegetais encontrados são mais antigos que os fósseis de peixes.

Quais estão corretas?

a) Apenas I.
b) Apenas II.
c) Apenas III.
d) Apenas II e III.
e) I, II e III.

13. (PUC-RJ, 2014)

Esquema da morfologia do assoalho marinho

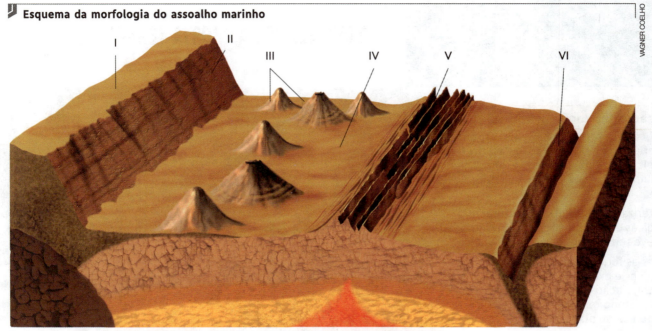

Fonte: BLOG de Ciências Sociais. Disponível em: <http://mod.lk/YtoKx>. Acesso em: nov. 2016 (adaptado).

A superfície da Terra tem morfologias muito distintas, de acordo com o posicionamento continental ou oceânico da litosfera.

A partir da morfologia do assoalho marinho, identifique a opção que apresenta a única sequência correta (I, II, III, IV, V, VI).

a) Talude/Plataforma continental/Dorsal oceânica/Fossa oceânica/Ilhas vulcânicas/Dorsal oceânica.

b) Plataforma continental/Talude/Ilhas vulcânicas/Bacia oceânica/Dorsal oceânica/Fossa marinha.

c) Talude/Plataforma continental/Ilhas vulcânicas/Bacia oceânica/Dorsal oceânica/Fossa marinha.

d) Plataforma continental/Dorsal oceânica/Ilhas vulcânicas/Talude/Fossa Marinha/Bacia oceânica.

e) Talude/Plataforma continental/Dorsal oceânica/Ilhas vulcânicas/Fossa marinha/Bacia oceânica.

14. (UEM-PR, 2014) Em várias localidades da Terra, foram encontrados fósseis de diversas espécies. Eles auxiliam nas pesquisas que buscam entender a dinâmica natural atual com a comparação da dinâmica natural de épocas passadas.

Identifique a(s) alternativa(s) **correta(s)** sobre fósseis e a dinâmica natural do planeta Terra.

01) Os registros fósseis, encontrados em rochas de diversas partes do mundo, auxiliaram na elaboração do tempo geológico. Ele costuma ser dividido em éons, eras, períodos e épocas geológicas que caracterizam as ocorrências de evidências evolutivas das espécies e da dinâmica física da Terra.

02) No supercontinente Pangeia, ocorreu a formação dos depósitos de carvão que são utilizados até os dias atuais nas indústrias siderúrgicas. Isso ocorreu devido à existência abundante de pântanos e de florestas de samambaias e de coníferas.

04) Os primeiros fósseis registrados na literatura científica foram os de dinossauros. Eles viveram espalhados ao redor do mundo.

08) Os fósseis de animais vertebrados são encontrados, na forma direta ou na indireta, registrados em rochas ígneas ou magmáticas.

16) A teoria da Deriva Continental, que destaca a similaridade do contorno cartográfico entre o litoral da África ocidental e o do leste da América do Sul, indica também a ocorrência de fósseis da mesma espécie em ambos os lugares.

Mais questões: no livro digital, em **Vereda Digital Aprova Enem** e **Vereda Digital Suplemento de revisão e vestibulares**; no *site*, em **AprovaMax**.

CAPÍTULO 6

O MODELADO DA CROSTA TERRESTRE

ENEM
C6: H27, H30

Neste capítulo, você vai aprender a:

- Identificar os processos naturais responsáveis pela influência e configuração da estrutura geológica e do relevo terrestre, bem como as ações antrópicas que podem interferir neste último.
- Caracterizar as diferentes estruturas geológicas e sua influência na configuração do relevo terrestre.
- Analisar as formas de atuação das forças endógenas e exógenas que atuam na configuração do relevo terrestre, estabelecendo relações entre estas e a teoria da tectônica de placas.
- Especificar processos erosivos causados pelo vento, pela água e pelo gelo.
- Explicar o conceito de solo, diferenciando seus horizontes e caracterizando os tipos encontrados nas áreas temperadas e nas áreas tropicais e a importância deles.

"As condições estruturais da terra lá se vincularam à violência máxima dos agentes exteriores para o desenho de relevos estupendos. [...] Porque o que estas denunciam [...] é de algum modo o martírio da terra, brutalmente golpeada pelos elementos variáveis, distribuídos por todas as modalidades climáticas. [...] As forças que trabalham a terra atacam-na na contextura íntima e na superfície, sem intervalos na ação demolidora [...]."

CUNHA, Euclides da. *Os sertões*. Disponível em: <http://mod.lk/8f5ge>. Acesso em: nov. 2016.

Montanhas e vales profundos, extensas planícies e abruptas depressões resultam da ação de forças internas e externas, que, associadas à ação humana, concedem ao planeta variadas e novas formas. O conhecimento dos processos naturais e humanos permite-nos compreender as possibilidades e os riscos a que nos submetemos.

Montanhas no Parque Geológico Nacional Zhangye Danxia, na província de Gansu (China, 2012), reconhecido como Patrimônio Mundial da Humanidade. Essa forma de relevo tornou-se mundialmente conhecida por apresentar cores e aspecto peculiares, decorrentes dos processos naturais predominantes na região.

Ponto de partida

Com base na observação da imagem e em seus conhecimentos, formule hipóteses para explicar como o relevo dessa paisagem foi formado.

1. O relevo e os tipos de rocha

A base física na qual o espaço geográfico se consolida resulta da relação entre natureza e sociedade. Como vimos no capítulo anterior, o tempo geológico atua sobre o planeta e contribui para que se manifestem, externamente, diferentes processos responsáveis, em grande parte, por dar forma ao relevo terrestre. Além dele, a atividade humana, em um tempo infinitamente menor, transforma o espaço para obter abrigo, extrair recursos e construir o espaço geográfico.

Grandes elevações, áreas planas, áreas escarpadas e depressões são algumas das inúmeras manifestações da **ação de processos naturais** entre a litosfera, a atmosfera, a hidrosfera e a biosfera nas diferentes estruturas geológicas e também das **diferenças litológicas** (tipos de rochas), por meio das quais as rochas de maior dureza se mantêm e as menos resistentes se desgastam, depositando-se em outras áreas após o transporte dos sedimentos.

Dependendo de sua formação, as rochas podem ser:

Rochas magmáticas ou ígneas — resultantes da consolidação do magma, essas rochas apresentam-se como plutônicas ou intrusivas, quando se solidificam de modo lento e gradual na litosfera, ou extrusivas ou vulcânicas, quando se consolidam em contato com a atmosfera.

Rochas metamórficas — resultam de alterações moleculares provocadas em rochas preexistentes pelas altas temperaturas e pressão.

Rochas sedimentares — podem ser classificadas em detríticas (são as constituídas pelos detritos de outras rochas), quimiogênicas (formadas pelo processo de precipitação de minerais em solução) e biogênicas (rochas resultantes de sedimentos de origem biológica). Essas rochas resultam do acúmulo de sedimentos que se formaram em diferentes eras geológicas.

Processos naturais e humanos transformam, portanto, constantemente a estrutura e a composição das rochas. Com isso, rochas magmáticas podem se transformar em sedimentares, rochas metamórficas podem dar origem a magmáticas e assim por diante. Os processos de transformação pelas quais as rochas podem passar estão resumidos no esquema a seguir.

Ciclo das rochas

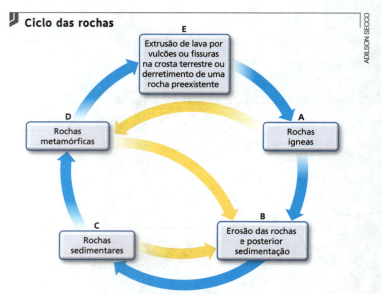

Fonte: MACHADO, Fábio Braz. O ciclo das rochas. *Rochas*. Disponível em: <http://mod.lk/kkyop>. Acesso em: nov. 2016.

2. As estruturas geológicas

De modo geral, as grandes estruturas geológicas que compõem os continentes são os **escudos cristalinos**, as **bacias sedimentares** e os **dobramentos modernos**. No fundo oceânico, existem **cordilheiras** e **fossas abissais**, as últimas podendo atingir grandes profundidades.

Mundo: estrutura geológica

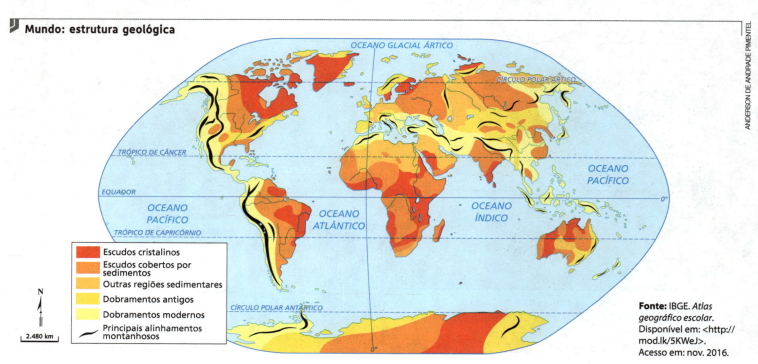

Fonte: IBGE. *Atlas geográfico escolar*. Disponível em: <http://mod.lk/5KWeJ>. Acesso em: nov. 2016.

Escudos cristalinos

Os **escudos cristalinos** são estruturas geológicas resultantes de dobramentos, ou seja, formas de relevo que sofreram a ação de forças tectônicas, desde o Pré-Cambriano, quando a Pangeia estava em processo de formação. Por serem muito antigos, os escudos passaram por prolongada e intensa ação de processos erosivos. Eles são constituídos por rochas magmáticas (também chamadas de ígneas) e por rochas metamórficas.

No Brasil, os escudos cristalinos representam cerca de 36% da estrutura geológica do nosso território.

Bacias sedimentares

As **bacias sedimentares** são áreas de acumulação de sedimentos durante grandes intervalos de tempo. Ao longo do tempo geológico, os processos de sedimentação podem ocorrer em ambientes marinho, glacial, desértico, em áreas de derrame de lava vulcânica, contando, portanto, com materiais diversificados.

As bacias sedimentares mais antigas se formaram ao longo do Paleozoico e do Mesozoico, pela deposição de sedimentos resultantes da erosão sofrida pelos maciços pré-cambrianos. Outras, mais recentes, apresentam formações geológicas datadas do Cenozoico, nos períodos Paleógeno, Neógeno e Quaternário.

As rochas que compõem essas bacias, chamadas rochas sedimentares, podem conter recursos naturais de grande utilidade econômica, como carvão mineral, petróleo, entre outros.

Dobramentos modernos

As áreas de dobramentos modernos estão associadas às margens convergentes das placas tectônicas. Elas foram geradas no período Neógeno e deram origem às grandes cadeias montanhosas: a Cordilheira dos Andes, na América do Sul; os Alpes, na Europa; e o Himalaia, na Ásia.

As grandes unidades do relevo terrestre resultam dessas estruturas geológicas e da ação das forças internas e externas que modelam a crosta terrestre em diferentes tempos.

Vista da cidade de Santiago com a Cordilheira dos Andes ao fundo. A elevação da cordilheira ocorreu de forma lenta e gradual durante milhões de anos com o choque das placas de Nazca e Sul-Americana (Chile, 2015).

QUESTÕES

1. Elabore um quadro que sintetize as diferenças entre as rochas magmáticas ou ígneas, as rochas sedimentares e metamórficas, associando-as à sua formação geológica.
2. Do ponto de vista geológico, diferencie os escudos cristalinos, as bacias sedimentares e os dobramentos modernos.
3. Quais as relações entre agentes do relevo e estruturas geológicas?

3. Os agentes do relevo

As grandes estruturas geológicas sofrem influência dos agentes do relevo, que podem atuar tanto internamente (agentes endógenos) como externamente (agentes exógenos).

Agentes endógenos ou **internos** são as forças que atuam comandadas pela dinâmica interna da Terra — como o tectonismo e o vulcanismo.

Agentes exógenos ou **externos** são as forças que agem devido à dinâmica externa, modificando e modelando o relevo terrestre — como o intemperismo e os processos de erosão e de sedimentação. Veja um exemplo na foto abaixo.

Forma de relevo modelada pela ação do vento sobre a rocha na província de Qom (Irã, 2013).

As forças internas da Terra

Tectonismo

Os movimentos da astenosfera repercutem sobre as placas da crosta. Essa dinâmica interior — denominada **tectonismo** — ocorre de duas maneiras: pela **orogênese** e pela **epirogênese**.

Capítulo 6 • O modelado da crosta terrestre

Movimentos orogenéticos

Os **movimentos orogenéticos** resultam da movimentação de placas tectônicas. Os terremotos e o vulcanismo, assim como a formação de cadeias montanhosas, são causados por eles. As cordilheiras surgiram do choque de placas tectônicas.

A cordilheira do Himalaia, onde se localiza o Everest, pico mais elevado do mundo, com cerca de 8.840 metros, é resultado de um movimento orogenético (Nepal, 2013).

Movimentos epirogenéticos

Os **movimentos epirogenéticos** provocam processos lentos e generalizados de soerguimento ou rebaixamento de grandes blocos rochosos. Geralmente, esses movimentos ocorrem em áreas estáveis da crosta que sofreram o efeito das glaciações. O norte da Europa é um dos mais representativos exemplos de área afetada pela epirogênese.

Nas áreas de rebaixamento podem surgir depressões e em algumas delas foram construídas obras de engenharia, como os **pôlderes**.

Em áreas de soerguimento aparecem os **fiordes**.

> **Pôlder.** Termo de origem holandesa para designar terreno agrícola construído em área plana ou lamacenta, muitas vezes abaixo do nível do mar. Esse terreno é protegido por dique, eclusa e canais de drenagem, para conter a invasão das águas durante a maré alta e as cheias. É muito comum nos Países Baixos (área de depressão) e sua finalidade é possibilitar o uso para a agricultura ou a pecuária.
>
> **Fiorde.** Recorte litorâneo profundo formado em antigos vales glaciais, resultantes de rochas submetidas a movimentos verticais. É muito comum em litorais do Mar do Norte, na Escandinávia, no Canadá e na Nova Zelândia. Caracteriza-se pela acentuada reentrância do mar com costões profundos e paredes abruptas de antigos vales em forma de U.

Vulcanismo

O **vulcanismo** consiste no escape, por meio de fendas ou orifícios, do magma gerado na astenosfera (ou no interior da litosfera) para a superfície terrestre. A maior parte dos vulcões do mundo encontra-se nas dorsais oceânicas e nas zonas de choque entre placas tectônicas. Nas terras emersas, a principal região vulcânica é o **Círculo de Fogo do Pacífico** — anel que inclui o ocidente das Américas, a Ásia Oriental (especialmente o Japão) e a Oceania, onde se encontram cerca de três quartos dos vulcões ativos do mundo.

Os vulcões podem ficar inativos por muito tempo ou dar sinais de atividades de tempos em tempos. Outros são considerados extintos, ou seja, não estão mais em atividade. Por mais que a ciência tenha avançado, ainda não somos capazes de prever com precisão quando um vulcão vai entrar em erupção. Por isso, áreas de vulcões ativos são consideradas de risco para a ocupação humana.

Um dos mais conhecidos casos é o do vulcão Vesúvio, na Itália, que explodiu no ano de 79 d.C., arrasou a cidade de Pompeia, matando toda a sua população.

Epirogêneses positiva e negativa

A. Pôlder na Holanda, em 2014. **B.** Fiorde na Noruega, em 2015.

Vulcanismo: principais elementos

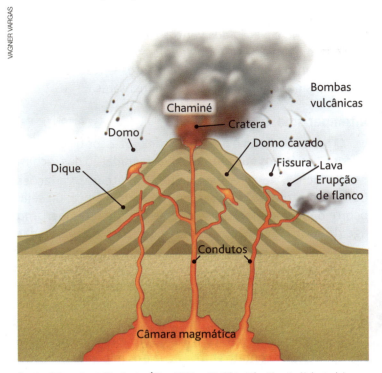

Fonte: *A Terra*. 2. ed. São Paulo: Ática, 1994. p. 19. Série Atlas Visuais. (Adaptado)

O vulcão Calbuco, localizado em Puerto Montt, no Chile, estava inativo havia mais de 40 anos. Sua erupção, em abril de 2015, forçou a retirada de mais de 5 mil moradores das áreas de risco (foto de 2015).

Terremotos

Os **terremotos** são tremores ou movimentações do solo produzidos pela passagem de ondas sísmicas. Originando-se do foco do terremoto, ondas sísmicas se propagam até a superfície. O ponto da superfície vertical ao foco é chamado **epicentro**, e o da origem interna da ruptura, **hipocentro**.

Quanto mais próximo o hipocentro estiver do epicentro, maior será o abalo provocado pelo terremoto.

Quando abalos sísmicos ocorrem no fundo dos oceanos, em alguns casos, podem provocar **tsunami** — onda gigantesca que, ao se aproximar da orla, atinge dezenas de metros de altura, inundando parte da costa.

Terremoto e *tsunami*

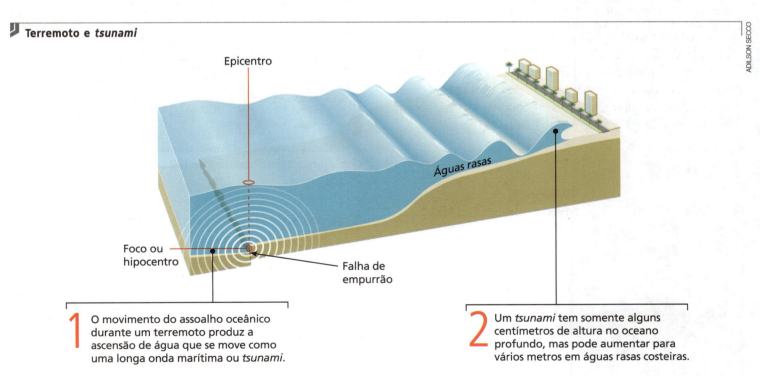

1 O movimento do assoalho oceânico durante um terremoto produz a ascensão de água que se move como uma longa onda marítima ou *tsunami*.

2 Um *tsunami* tem somente alguns centímetros de altura no oceano profundo, mas pode aumentar para vários metros em águas rasas costeiras.

Fonte: PRESS, Frank et al. *Para entender a Terra*. 4. ed. Porto Alegre: Bookman, 2006. p. 488.

Capítulo 6 • O modelado da crosta terrestre

> **Para assistir**
>
> **Terremoto: a falha de San Andreas**
> Estados Unidos, 2015. Direção de Brad Peyton.
> Duração: 114 minutos.
> O filme retrata um grande terremoto na Califórnia, na área de San Francisco, região muito instável geologicamente, situada entre duas placas tectônicas, na falha de San Andreas.

O Japão está localizado em uma das áreas geológicas mais instáveis da Terra, numa zona de contato entre placas tectônicas, marcada pela ocorrência frequente de terremotos e vulcões. Há 225 vulcões no arquipélago japonês, dos quais 65 são considerados ativos. Um deles é o monte Fuji, o mais alto do país.

Maior pico japonês, o monte Fuji tem 3.776 metros de altitude. A última erupção aconteceu em 1707, quando suas cinzas formaram uma cobertura de cinco centímetros sobre o solo do seu entorno. Na foto, vista do monte Fuji (Japão, 2015).

Em média, mais de mil **terremotos** ocorrem a cada ano no Japão. A maioria consiste em abalos sísmicos de baixa intensidade, só registrados por sismógrafos. Alguns, porém, deixaram marcas da grande instabilidade da região.

> **Para assistir**
>
>
>
> **O impossível**
> Estados Unidos/Espanha, 2012.
> Direção de Juan Antonio Bayona.
> Duração: 107 minutos.
> O filme narra a história verídica de uma família inglesa que, no Natal de 2004, sobreviveu à passagem de um *tsunami* na costa da Tailândia.

Os agentes externos

São agentes externos modeladores do relevo terrestre o intemperismo e a ação dos **ventos** e das **águas**, que produzem tanto a erosão — modelando e aplainando as superfícies — quanto a deposição de sedimentos — resultando nas estruturas denominadas rochas sedimentares.

Intemperismo

Intemperismo e erosão

O **intemperismo** é o conjunto de processos físicos, químicos e biológicos que promovem a degradação das rochas.

As rochas, ao serem submetidas a intensas variações de temperatura, sofrem desintegração mecânica, ou seja, ocorre o **intemperismo físico**. Esse tipo de intemperismo age de forma significativa em regiões frias e temperadas — áreas em que o congelamento da água entre as rochas atua fragmentando-as. Essa desagregação em fragmentos também é comum em regiões semiáridas e áridas, em decorrência das mudanças bruscas de temperatura entre o dia e a noite.

O contato das rochas com a água provoca o **intemperismo químico**: no contato entre a água e os minerais rochosos, reações químicas alteram a composição da rocha. Nas regiões tropicais (onde a umidade é acentuada), é significativa a alteração das rochas pelo intemperismo químico.

O gelo provoca forte intemperismo físico sobre as rochas (Alpes Suíços, 2015).

Ação dos ventos, das águas e do gelo

Os **ventos** são responsáveis pela erosão e pela deposição de sedimentos. Os desertos, por exemplo, são em grande parte formados pela **erosão eólica** ou **dos ventos**.

Nos desertos e também em áreas litorâneas (sobretudo nas proximidades das dunas), a ocupação irregular pode resultar em danos materiais e acarreta problemas sociais, como a perda de moradias.

A **água** atua no relevo através das erosões fluvial, pluvial, marinha e glacial.

Os ventos atuam na erosão e no transporte de materiais e sedimentos. A imagem registra uma tempestade de areia na província de Gansu, na China (2013), em que a ação do vento pode ser facilmente reconhecida.

No processo de **erosão fluvial**, os rios esculpem vales, cânions e formam planícies de inundação. Em seus altos cursos (próximo às nascentes), a velocidade das águas é maior e predomina a remoção de sedimentos; nos baixos cursos (próximo à foz), a velocidade das águas é reduzida e a atividade predominante é de deposição de sedimentos. Em áreas de ocorrência de **erosão pluvial**, isto é, de perda do material superficial do solo resultante do escoamento da água das chuvas, formam-se enxurradas que podem causar deslizamentos de terras em encostas, principalmente quando a vegetação foi retirada.

A **erosão marinha** atua nos litorais e nas ilhas: a ação da água do mar atinge as costas litorâneas e gera abrasão marinha ou deposição de sedimentos, contribuindo com o tempo para que as costas litorâneas se tornem lineares. Os litorais recortados são característicos de estruturas geológicas recentes.

A **erosão glacial** — promovida pela ação das geleiras — é responsável pela formação de grandes lagos e fiordes, assim como pela deposição de morainas, principalmente nas altas latitudes e nas montanhas.

> **Abrasão marinha.** Desmoronamento de blocos rochosos nos paredões do litoral pela ação contínua das ondas do mar.
> **Moraina.** Bloco de rochas e de argila carregado pelas geleiras.

Formação rochosa no Grand Canyon esculpida pela ação da água do rio (erosão fluvial) sobre o relevo. Na foto, vê-se a cavidade correspondente à passagem do rio Colorado com seus meandros. O Grand Canyon localiza-se no estado do Arizona (Estados Unidos, 2013).

Vista de moraina no Alasca (2014).

A ação humana

Com os altos padrões de produção, consumo e tecnologia oriundos do capitalismo, a sociedade tem interferido cada vez mais na natureza: barreiras naturais tidas como intransponíveis estão sendo modificadas, alterando o relevo e a paisagem; túneis de vários quilômetros sob grandes blocos rochosos têm sido construídos; rios são retificados e ilhas artificiais são erguidas.

Capítulo 6 • O modelado da crosta terrestre

Ilhas artificiais Palm Islands em Dubai (Emirados Árabes, 2014). A construção desse arquipélago em forma de palmeira é uma grande obra de engenharia.

A ação humana, no entanto, tem prejudicado o meio ambiente, acelerando, por exemplo, o processo de erosão dos solos e o assoreamento dos rios. Com a retirada da cobertura vegetal, o impacto da chuva no solo é maior, a infiltração é menor e as águas escorrem muito mais rápido, carregando maior quantidade de sedimentos.

Os deslizamentos ou movimentos de massa são fenômenos naturais que ocorrem em áreas de encostas com determinados tipos de solo, principalmente após sucessivas e intensas chuvas. Quando há ocupação humana nessas áreas, a retirada da vegetação e a construção de moradias impermeabilizam o solo e os deslizamentos são mais frequentes e intensos.

A ocupação irregular de áreas de encostas tem agravado os problemas de deslizamentos como o mostrado na foto (Nova Friburgo, RJ, 2011), nos períodos de fortes chuvas em estados como Rio de Janeiro, Minas Gerais e São Paulo.

Em muitas cidades brasileiras, no verão, acontecem deslizamentos que causam muitas mortes. Na maior parte das vezes essas áreas são ocupadas por população de baixa renda, que não tem condições de adquirir moradias em locais onde os terrenos são mais seguros e, consequentemente, mais caros. A ocupação irregular dos terrenos sem o devido estudo geológico, somada à precariedade dessas habitações, amplia o risco de deslizamento nessas áreas.

4. Os solos

O solo compreende a camada superficial da Terra, resultante da ação do intemperismo (físico e químico) e da ação da matéria orgânica sobre as rochas. É constituído de material sólido (minerais e matéria orgânica), água e ar, sendo responsável por sustentar a vegetação.

A formação dos solos ocorre de acordo com as seguintes etapas:

- desintegração e decomposição da rocha-mãe, ou seja, da rocha matriz intemperizada;
- incorporação e decomposição de organismos animais e vegetais, dando origem aos componentes orgânicos denominados **húmus**.

São vários os fatores que atuam na composição do solo: rocha, clima, relevo (topografia), organismos e tempo. A ação conjugada e a inter-relação desses fatores são responsáveis pela formação dos diversos tipos de solo.

Horizontes do solo

Os solos, em geral, apresentam camadas sobrepostas, denominadas **horizontes**. Os horizontes são formados pela atuação conjunta de processos físicos, químicos e biológicos, distinguindo-se por meio de propriedades como cor, textura e teor de argila. Os solos podem apresentar os seguintes horizontes:

- O — horizonte orgânico. Em geral, apresenta mais matéria orgânica (húmus) que o horizonte A;
- A — horizonte com maior quantidade de matéria orgânica decomposta, bactérias e fungos misturados a elementos minerais. Nele se fixam as raízes das plantas, e ocorrem infiltração hídrica e perdas de elementos químicos — às vezes, de partículas finas (argilas) — pela lixiviação;
- B — horizonte com alto grau de intemperismo e menos afetado pela erosão natural e pela ação antrópica. Apresenta menor quantidade de matéria orgânica, maior concentração mineral. Recebe materiais lixiviados do horizonte A;
- C — horizonte formado por material menos alterado. Nele ainda é possível identificar algumas características da rocha matriz (rocha-mãe);
- R — horizonte cuja rocha matriz não foi alterada.

Horizontes do solo

Fonte: TEIXEIRA, Wilson et al. *Decifrando a Terra*. 2. ed. São Paulo: Companhia Editora Nacional, 2009. p. 488 (Adaptado).

Nas altas latitudes (área de baixas temperaturas), predominam solos pouco desenvolvidos, que permanecem congelados durante grande parte do ano, com uma fina camada superficial de gelo denominada *permafrost*. Nas regiões temperadas, a maioria dos solos é do tipo *podzol*, abundante em matéria orgânica e de grande fertilidade. Já nas regiões áridas e semiáridas do planeta, a baixa pluviosidade faz os efeitos da evaporação serem mais acentuados, causando concentração de sais minerais nos solos e tornando estes mais ácidos. Nas regiões temperadas úmidas, também prevalecem solos que são ricos em nutrientes e matéria orgânica, têm grande fertilidade e, em geral, apresentam tonalidade escura — como o *tchernozion*, conhecido como solo negro.

Distribuídos nas baixas latitudes, os solos tropicais caracterizam-se pela carência de nutrientes e sais minerais decorrentes de sua formação. Comparativamente aos das áreas de clima temperado, esses solos apresentam baixa fertilidade; tal fragilidade natural acentua-se em decorrência do excesso de chuvas durante o verão (lixiviação), que, por retirar a fina camada de nutrientes do solo, gera a necessidade de correções por meio de fertilizantes e adubos químicos. Além disso, deve-se ressaltar que a interferência humana fragiliza ainda mais os solos das áreas tropicais: a utilização de técnicas inadequadas de limpeza, bem como as queimadas, acentuam a vulnerabilidade dos solos, provocando processos de desertificação.

Classificação dos solos

Os solos podem ser classificados em:
- Zonais — são solos bem formados, maduros e que apresentam os horizontes A, B e C bastante caracterizados: o clima é o principal elemento responsável por sua formação.
- Intrazonais — refletem a influência predominante do relevo local ou da rocha de origem.
- Azonais — geralmente, são solos recentes e desprovidos do horizonte B.

Observe, no mapa abaixo, a distribuição dos solos no mundo. Sua análise evidencia a relação entre o tipo de solo e a latitude, ou seja, entre solo e clima.

Solo *tchernozion*, rico em nutrientes e matéria orgânica na região de Kuban (Rússia, 2015).

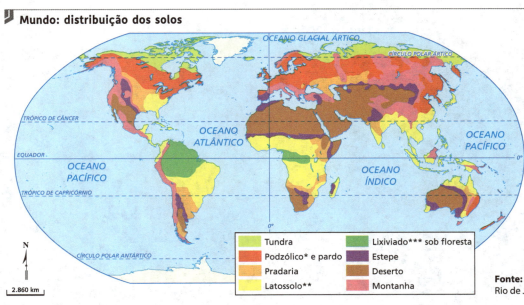

Mundo: distribuição dos solos

* **Podzólico:** também conhecido como *podzol*, são solos normalmente encontrados em áreas frias e úmidas, em geral, dominados pelas coníferas.

** **Latossolo:** solos, em geral, envelhecidos, de baixa fertilidade, intensamente intemperizados com presença acentuada de sedimentos minerais e predomínio do horizonte B.

*** **Lixiviado:** solos característicos de áreas que recebem grande volume de chuvas, com substancial remoção de seus componentes, levados pelas enxurradas.

Fonte: IBGE. *Atlas geográfico escolar*. 6. ed. Rio de Janeiro: IBGE, 2012. p. 62.

Capítulo 6 • O modelado da crosta terrestre

Geografia e outras linguagens

Leia este poema de João Cabral de Melo Neto, escritor pernambucano que viveu de 1920 a 1999.

A educação pela pedra

"Uma educação pela pedra: por lições;
para aprender da pedra, frequentá-la;
captar sua voz inenfática, impessoal
(pela de dicção ela começa as aulas).
A lição de moral, sua resistência fria
ao que flui e a fluir, a ser maleada;
a de poética, sua carnadura concreta;
a de economia, seu adensar-se compacta:
lições da pedra (de fora para dentro,
cartilha muda), para quem soletrá-la.

*

Outra educação pela pedra: no Sertão
(de dentro para fora, e pré-didática).
No Sertão a pedra não sabe lecionar,
e se lecionasse, não ensinaria nada;
lá não se aprende a pedra: lá a pedra,
uma pedra de nascença, entranha a alma."

MELO NETO, João Cabral de.
A educação pela pedra e depois.
Rio de Janeiro: Alfaguara, 2008. p. 207.

QUESTÕES

1. O poeta menciona a resistência das pedras a serem maleadas por aquilo que flui. A que processo de formação de relevo essa menção pode ser associada?
2. O poeta parte da imagem denotativa da pedra para construir uma metáfora em torno dela. Que metáfora é essa?

Inenfática. Sem ênfase, pouco acentuada.
Maleada. Transformada, modificada.

ATIVIDADES

ORGANIZE SEUS CONHECIMENTOS

1. Alguns processos naturais ocorrem durante longos períodos no tempo geológico, ou seja, são processos dinâmicos contínuos. Outros ocorrem de modo brusco e descontínuo e podem tornar-se eventos catastróficos. Indique a alternativa verdadeira que destaca dois processos dinâmicos descontínuos e que podem ocasionar catástrofes.

   a) Terremotos e impactos de meteoritos.
   b) Erosão de um rio meândrico e falhamentos.
   c) Epirogênese e compactação de sedimentos.
   d) Terremotos e vulcanismo.
   e) Crescimento de recifes e inundações torrenciais.

2. A crosta terrestre está em constante movimento. Isso ocorre porque as placas tectônicas que constituem a crosta continuam se deslocando. Pode-se afirmar que o fenômeno apresentado se refere ao movimento:

   a) da deriva continental.
   b) de coriolis.
   c) cratônico.
   d) hiperogenético.
   e) morfogenético.

3. Identifique quais são os agentes internos e externos que atuam na configuração do relevo.

4. Observe a ilustração esquemática.

   Relevo: bloco diagrama

   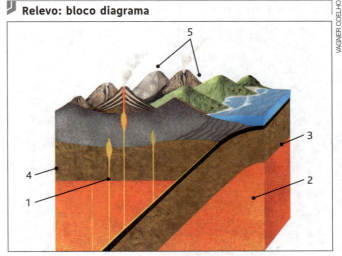

   Reprodução artística para fins didáticos.
   Fonte: GROTZINGER, John; JORDAN, Tom. *Para entender a Terra*. 6. ed. Porto Alegre: Bookman, 2013. p. 33. (Adaptado)

   Relacione cada número da figura ao termo que ele indica:
   - Litosfera continental
   - Litosfera oceânica
   - Magma
   - Astenosfera
   - Erupção vulcânica

5. Diferencie erosão eólica, erosão fluvial, erosão pluvial e erosão glacial. Dê exemplos de paisagens formadas predominantemente por cada um desses processos.

REPRESENTAÇÕES GRÁFICAS E CARTOGRÁFICAS

6. De acordo com os dados coletados pela United States Geological Survey (USGS), entre 1900 e 2013, ocorreram 278 terremotos no mundo. Observe no mapa a seguir a distribuição desses sismos e, com base em seus conhecimentos, responda às perguntas.

Mundo: terremotos — 1900-2013

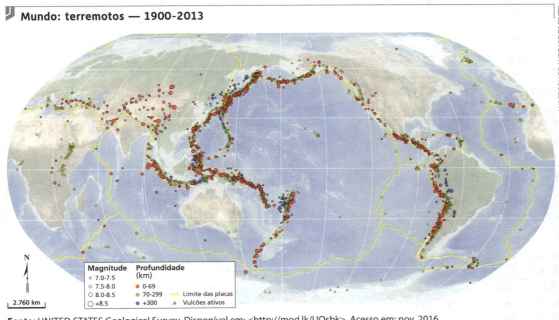

Fonte: UNITED STATES Geological Survey. Disponível em: <http://mod.lk/UOsbk>. Acesso em: nov. 2016.

a) Em que área do mundo ocorreu a maior parte dos abalos sísmicos no período indicado?

b) Há alguma explicação geográfica para que essa tenha sido a região mais afetada? Justifique sua resposta.

Capítulo 6 • O modelado da crosta terrestre

ATIVIDADES

INTERPRETAÇÃO E PROBLEMATIZAÇÃO

7. A tabela a seguir apresenta alguns dos principais terremotos ocorridos no mundo em 2011.

Terremotos mais significativos ocorridos no mundo (2011)		
Magnitude	Local	Data
9.0	Próximo à costa leste de Honshu (Japão)	11 de março
7.1	Próximo à costa leste de Honshu (Japão)	11 de abril
7.1	Próximo à costa leste de Honshu (Japão)	7 de abril
7.0	Costa leste de Honshu (Japão)	10 de julho
6.8	Ilhas Salomão	23 de abril
6.7	Sul de Java (Indonésia)	3 de abril
6.6	Veracruz (México)	7 de abril
6.1	Quirguistão	19 de julho
6.1	Sul da Nova Zelândia	21 de fevereiro
5.8	Oeste da Turquia	19 de maio
5.1	Espanha	11 de maio

Fonte: USGS. Disponível em: <http://mod.lk/smfre>. Acesso em: nov. 2016.

a) Com base nos dados apresentados na tabela, destaque em que país ocorreram os terremotos de maior magnitude.

b) A magnitude de um terremoto é medida conforme a escala Richter, escala logarítmica de base 10, em que as amplitudes das vibrações aumentam 10 vezes a cada ponto da escala. A partir dessa informação, quais as possíveis consequências de um terremoto de magnitude 9?

8. Leia o texto a seguir.

Decomposição química e decomposição mecânica das rochas

"A grande umidade do ar, geralmente vinculada a chuvas abundantes, favorece a decomposição química, mediante a água que se infiltra na superfície. Nos climas úmidos, os solos são geralmente profundos, e as arestas de rochas são raras, mesmo em regiões de rocha dura, de declividade acentuada. Os produtos da decomposição formam um manto mais ou menos contínuo que mascara as irregularidades do subsolo e suaviza todas as formas. Nos climas secos, a decomposição química é menos ativa, e a decomposição mecânica, devida, sobretudo, à variação de temperatura, se faz sentir muito mais. Os detritos são mais grosseiros e não permanecem sobre as vertentes; eles desabam, deixando à mostra as escarpas rochosas e formando **taludes** nos escombros do sopé.

Assim, chegamos à causa do contraste entre a topografia mais áspera das regiões secas e aquela mais suave das regiões úmidas [...].

A umidade não é o único fator a ser levado em consideração para compreender as condições de decomposição das rochas e os aspectos que dela decorrem. O valor médio e, sobretudo, as variações de calor são muito importantes. Os climas quentes das regiões equatoriais, com sua umidade constante, são os que mais favorecem a maior intensidade da decomposição química, a maior espessura dos solos e a raridade dos afloramentos rochosos [...]. Nos climas frios, assim como nas regiões desérticas, predomina a decomposição mecânica; a ação do gelo, que faz estalar a rocha em cujas fissuras a água penetrou, é responsável pelos amontoados de detritos grosseiros tão característicos das regiões polares e do cume das altas montanhas. As formas agudas das cristas alpinas são devidas, sobretudo, ao trabalho das intempéries que afetam a rocha nua."

MARTONNE, E. de. *O clima fator do relevo.* Paris: Scientia, 1913. p. 339-355.

> **Talude.** Superfície inclinada do terreno na base de um morro ou de uma encosta do vale onde se encontra um depósito de detritos.

a) O texto trata dos agentes internos ou externos de ação sobre o relevo? Explique quais são esses agentes.

b) Explique o contraste entre a topografia suave que caracteriza as regiões úmidas e as formas abruptas que, em geral, estão presentes em áreas mais secas.

c) Explique a relação entre a temperatura e a umidade de um ambiente e a profundidade de seus solos.

ENEM E VESTIBULARES

9. (Uerj, 2015) Os agentes erosivos estão entre os grandes responsáveis pela variedade de formas do modelado terrestre. Nas imagens, exibem-se dois exemplos dessa ação.

Aponte o principal agente erosivo responsável pelo desgaste verificado nos espaços retratados em cada uma das imagens. Apresente, ainda, para cada agente, um exemplo de forma de relevo produzida na fase de deposição do ciclo erosivo.

10. (Fuvest-SP, 2009) O vulcanismo é um dos processos da dinâmica terrestre que sempre encantou e amedrontou a humanidade, existindo diversos registros históricos referentes a esse processo. Sabe-se que as atividades vulcânicas trazem novos materiais para locais próximos à superfície terrestre. A esse respeito, pode-se afirmar corretamente que o vulcanismo:

a) é um dos poucos processos de liberação de energia interna que continuará ocorrendo indefinidamente na história evolutiva da Terra.

b) é um fenômeno tipicamente terrestre, sem paralelo em outros planetas, pelo que se conhece atualmente.

c) traz para a atmosfera materiais nos estados líquido e gasoso, tendo em vista originarem-se de todas as camadas internas da Terra.

d) ocorre, quando aberturas na crosta aliviam a pressão interna, permitindo a ascensão de novos materiais e mudanças em seus estados físicos.

e) é o processo responsável pelo movimento das placas tectônicas, causando seu rompimento e o lançamento de materiais fluidos.

11. (Mackenzie-SP, 2015) Observe a imagem para responder à questão.

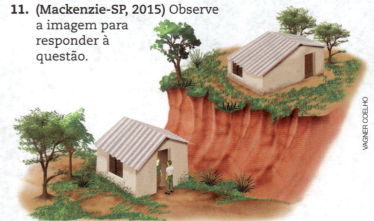

Fonte: PREFEITURA de São Paulo, Secretaria Municipal de Coordenação das Subprefeituras.

A imagem retrata um tipo de ocupação muito comum no Brasil, relacionada muitas vezes a um grave problema socioambiental. A esse respeito, considere as afirmativas a seguir:

I. A ocupação irregular das encostas tende a elevar a exposição dos solos às enxurradas, contribuindo para deslizamentos que trazem perdas humanas e materiais.

II. Os escorregamentos de solos ocorrem por ocasiões das chuvas mais fortes, evidenciando o caráter acidental desse fenômeno. O processo erosivo provocado pelas chuvas de menor intensidade não é um fator de maior importância neste caso.

III. A ocupação das encostas é uma decorrência da exclusão social que dificulta o acesso de muitas pessoas à moradia. Portanto, esse fenômeno nunca atinge pessoas com melhores condições socioeconômicas, pois suas moradias estão sempre localizadas em áreas fora de risco.

IV. A irregular ocupação das encostas envolve problemas diferentes que, combinados, resultam nos deslizamentos de solos. Entre esses problemas estão: ineficiência da fiscalização dos agentes públicos na ocupação de áreas de risco; dificuldade de acesso a habitação entre os mais pobres; monitoramento inexistente ou insuficiente para minimizar o problema.

Estão corretas apenas as afirmativas:

a) I e II.
b) I e III.
c) II e IV.
d) II e III.
e) I e IV.

Mais questões: no livro digital, em **Vereda Digital Aprova Enem** e **Vereda Digital Suplemento de revisão e vestibulares**; no *site*, em **AprovaMax**.

CAPÍTULO 7

CLIMA, VEGETAÇÃO E HIDROGRAFIA

ENEM
C6: H27, H28, H29, H30

Neste capítulo, você vai aprender a:

- Caracterizar os elementos constituintes do clima.
- Identificar e analisar os dados apresentados em um climograma.
- Caracterizar os diferentes tipos de clima existentes no planeta.
- Analisar as diferentes formações vegetais da Terra e a ação humana sobre elas.
- Analisar aspectos da hidrografia mundial e identificar o funcionamento do ciclo hidrológico.

> *"Cai chuva do céu cinzento*
> *Que não tem razão de ser.*
> *Até o meu pensamento*
> *Tem chuva nele a escorrer."*
>
> Fernando Pessoa. *Poesias inéditas (1930-1935)*. Lisboa: Ática, 1955. p. 25.

A compreensão dos climas e sua relação com as formações vegetais deve envolver a contribuição de diferentes ramos do conhecimento, como climatologia, geografia, biologia, física, química, estatística e ecologia. Compreender a dinâmica e a inter-relação desses elementos permite que as sociedades ocupem o espaço e desenvolvam suas atividades econômicas, sociais e culturais de maneira mais consciente.

Ponto de partida

Observe a imagem e responda: que características do clima e da vegetação desse lugar podem ser identificadas a partir da observação da paisagem?

Floresta equatorial em Bornéu (Malásia, 2010).

Capítulo 7 • Clima, vegetação e hidrografia

1. A especificidade da Terra

Os conhecimentos científicos disponíveis até o momento reconhecem a Terra como o único planeta do Sistema Solar que oferece condições para o desenvolvimento da vida tal como a conhecemos.

Um envoltório gasoso composto sobretudo de oxigênio e nitrogênio, a órbita realizada em torno do Sol e a presença de água são apontados pelos cientistas como os fatores responsáveis pela existência de vida no planeta.

2. Clima terrestre

Os movimentos de rotação e translação executados pela Terra provocam alternância da radiação solar tanto durante o período de um dia quanto durante as estações do ano, gerando alterações na temperatura atmosférica.

Além deles, fatores como a latitude, a influência da umidade advinda dos oceanos e o relevo também são fundamentais para se definir o clima de uma localidade.

Para definir o clima de um lugar, é necessário saber diferenciar os conceitos de clima e os de tempo atmosférico, frequentemente confundidos entre a população.

As condições momentâneas da atmosfera — ou seja, a sensação térmica, a umidade, a variação de temperatura no decorrer de um dia ou mesmo as alterações provocadas pela passagem de uma frente fria — referem-se ao **tempo atmosférico**.

Portanto, **tempo** é o estado momentâneo da atmosfera e pode ser acompanhado por previsões diárias ou semanais, disponibilizadas em diversos meios de comunicação.

Para ler

Tempo e clima no Brasil

Iracema Cavalcanti, Nelson Ferreira, Maria Gertrudes da Silva e Maria Assunção Dias (Organizadores). São Paulo: Oficina de Textos, 2015.

O livro se propõe a apresentar de maneira didática as principais manifestações do tempo e do clima no Brasil. Partindo do pressuposto de que o tempo é o que vemos acontecer na atmosfera e que o clima é o que esperamos que aconteça com base no histórico das últimas décadas, o livro se propõe a explicar as relações entre tempo e clima no Brasil.

Como se pode observar, o mapa meteorológico a seguir indica as condições do tempo atmosférico previstas para cada unidade da federação brasileira em um dado dia.

A definição de **clima** abrange uma perspectiva temporal mais longa e, portanto, seu conceito reflete a análise sucessiva dos tipos de tempo atmosférico no decorrer de um período, em geral, superior a 30 anos.

Para navegar

Centro de Previsão de Tempo e Estudos Climáticos (CPTEC)
http://mod.lk/8KxAE
O site traz vídeos educacionais sobre questões climáticas, relação entre relevo e clima e muitos outros.

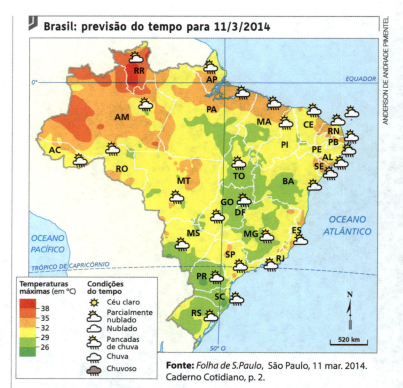

Brasil: previsão do tempo para 11/3/2014

Fonte: *Folha de S.Paulo*, São Paulo, 11 mar. 2014. Caderno Cotidiano, p. 2.

A previsão do tempo é importante para o planejamento dos agricultores, dos pescadores e da população.

Elementos do clima

A **temperatura** corresponde à quantidade de calor presente na atmosfera, responsável pela sensação de frio ou de calor. Pode ser medida por termômetros no padrão Celsius, mais utilizado no Brasil e no mundo, ou Fahrenheit, utilizado nos Estados Unidos. Na conversão dessas escalas, tem-se que 0 °C (Celsius) corresponde a 32 °F (Fahrenheit). Veja abaixo a mensuração de temperatura.

Formas de mensuração da temperatura

Média térmica: medida de um lugar em determinado período de tempo (dia, mês ou ano), podendo ser máxima ou mínima.

Amplitude térmica: diferença entre as temperaturas máxima e mínima de um lugar em determinado período de tempo (dia, mês ou ano).

Temperatura máxima absoluta: maior temperatura atingida em um lugar ou uma região.

Temperatura mínima absoluta: menor temperatura atingida em um lugar ou uma região.

Os mapas a seguir dão um exemplo sobre como visualizar áreas que apresentam a mesma temperatura. Neles, estão demarcadas as **isotermas** — linhas que unem locais com as mesmas temperaturas em um período de tempo. Em janeiro, é inverno no hemisfério Norte e verão no hemisfério Sul. Em julho, é inverno no hemisfério Sul e verão no hemisfério Norte. Note que no primeiro mapa as isotermas mais quentes estão no hemisfério Sul, enquanto no segundo mapa elas aparecem no hemisfério Norte.

Mundo: isotermas

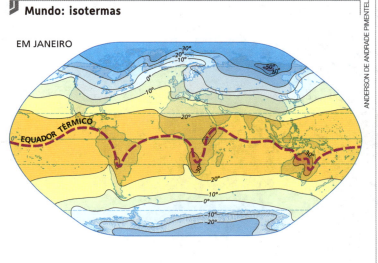

EM JANEIRO

EM JULHO

Fonte: FERREIRA, Graça M. L. *Atlas geográfico*: espaço mundial. 4. ed. São Paulo: Moderna, 2013. p. 23.

A **umidade** é a quantidade de vapor de água presente na troposfera, responsável pela definição dos padrões pluviométricos de determinada localidade. Sua influência climática é significativa, uma vez que a umidade também funciona como regulador da temperatura atmosférica, afetando as condições térmicas locais.

A **pressão atmosférica** corresponde à pressão exercida pela atmosfera na superfície terrestre; assim, quanto maior for sua densidade, maior será a pressão exercida. Ela varia conforme a altitude, a temperatura e a latitude. A pressão atmosférica é maior em localidades de altitudes mais baixas, em razão de a força da gravidade manter um nível maior de concentração de gases nessas áreas. Portanto, quanto menor for a altitude, maior será a pressão atmosférica.

A temperatura exerce influência na pressão atmosférica: o ar aquecido faz os gases se dilatarem, tornando a atmosfera menos densa. Portanto, quanto mais alta for a temperatura, menor será a pressão atmosférica.

Em áreas de baixas latitudes, a temperatura é maior e os gases se dilatam transformando-as em áreas receptoras de vento (ciclonais). Já nas latitudes médias e altas, a temperatura menor aumenta a densidade dos gases — o que faz essas áreas se transformarem em dispersoras de vento (anticiclonais). Esse mecanismo influencia diretamente a circulação atmosférica (ver esquema abaixo).

Circulação atmosférica

A movimentação geral do ar na atmosfera resulta do movimento de rotação, bem como da distribuição desigual da energia solar sobre a Terra. A esse conjunto de movimentos atmosféricos denomina-se **circulação atmosférica**. Nas proximidades da linha do Equador, o aquecimento torna o ar mais leve e, por isso, ele realiza um movimento ascensional, formando uma zona de baixa pressão que atrai o ar proveniente dos trópicos. Os **ventos alísios** (que sopram dos trópicos para o Equador) dirigem-se sempre para o oeste por causa do movimento de rotação da Terra (ver mapa da página seguinte).

Áreas ciclonais e anticiclonais

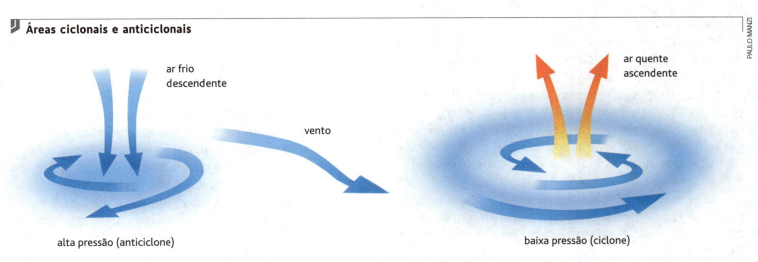

O movimento do ar das áreas de alta pressão para as de baixa pressão dá origem ao vento.

Fonte: ALBERGHINA, Lilia; TONINI, Franca. *La Terra come sistema*: moduli di scienze della Terra. Milano: Arnoldo Mondadori Scuola, 1997. p. 72.

Capítulo 7 • Clima, vegetação e hidrografia

Circulação da atmosfera

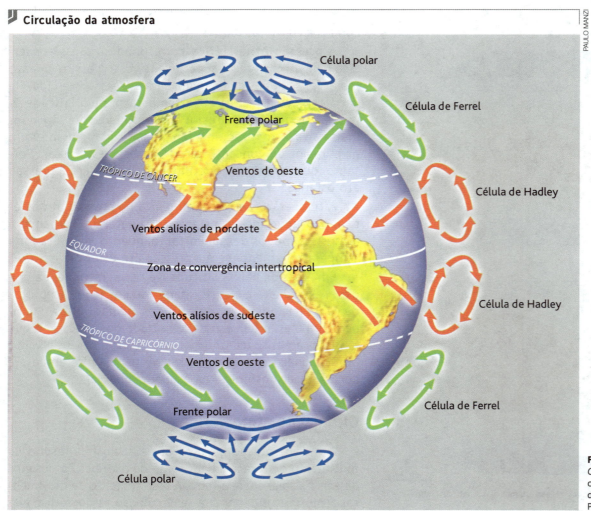

Fonte: DOWNING, Thomas E. *O atlas da mudança climática*: o mapeamento completo do maior desafio do planeta. São Paulo: Publifolha, 2007. p. 32.

Na latitude da linha do Equador, o ar espalha-se para o norte e para o sul e torna-se mais denso na latitude dos trópicos, quando realiza um movimento descensional. Os ventos que sopram do Equador para os trópicos são os **ventos contra-alísios**, que, junto com os ventos alísios, formam uma grande célula de circulação atmosférica: a **célula de Hadley**.

Nas regiões de baixa pressão (próximas à linha do Equador), a ascensão e o esfriamento do ar úmido provocam condensação e chuvas o ano inteiro.

Nas latitudes subtropicais, quando o ar já desceu, é porque está relativamente seco — o que explica o fato de a maior parte dos **desertos** do planeta estar situada ao longo das latitudes de 30°. No hemisfério Sul, predominam na formação dos desertos a combinação do efeito orográfico e a existência de correntes marítimas frias.

Na latitude de 60°, em ambos os hemisférios também se formam zonas de baixa pressão; estas atraem os ventos oriundos das latitudes subtropicais, produzindo os **ventos de oeste**.

Nas regiões polares, o ar frio e denso forma um centro de alta pressão, que é atraído para as zonas de menor pressão das regiões temperadas.

O encontro entre os ventos ocidentais e o ar frio originário dos polos produz a chamada **frente polar** — uma linha de instabilidade climática que se desloca de acordo com as estações do ano: no inverno, ela é empurrada na direção da linha do Equador, enquanto, no verão, retrai-se na direção dos polos.

A frente polar é responsável pela grande amplitude térmica anual que caracteriza as regiões temperadas.

Monções

Monções são ventos que ocorrem na Ásia Meridional e mudam de direção de acordo com as estações do ano: no inverno, o centro de alta pressão forma-se sobre o continente e os ventos sopram deste para o oceano Índico; no verão, centros de alta pressão formam-se no Índico e as rajadas de vento sopram do oceano para o continente, gerando muita umidade e nuvens que provocam chuvas torrenciais.

Essa dinâmica atmosférica influencia o modo de vida local, porque provoca fortes inundações, afetando, sobretudo, a população mais pobre, que habita as áreas mais desfavoráveis, e também porque contribui para a manutenção da jardinagem — prática agrícola milenar que aproveita a irrigação natural e a adubação orgânica em terraços, muito comum no Sudeste Asiático.

Mecanismo das monções

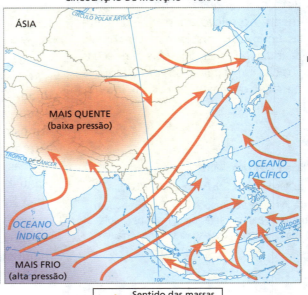

Fonte: CASSARDO, Claudio. Il clima monsonico dell'Asia. Em Montagna TV. Disponível em: <http://mod.lk/qILV3>. Acesso em: nov. 2016.

Bangladesh está quase inteiramente localizado na zona intertropical do planeta e recebe intensamente os efeitos das monções, que no verão provocam as chuvas, fundamentais para a sobrevivência de milhões de camponeses que vivem das plantações de arroz. Em certas ocasiões, entretanto, as precipitações são tão fortes que, somadas à topografia e à hidrografia, causam **inundações**.

Rua de Dhaka (Bangladesh, 2014) inundada por uma típica chuva de monção, comum na região.

Influência do relevo

A latitude não é o único fator de influência na distribuição de energia solar e na circulação atmosférica na Terra. As médias de temperatura também variam de acordo com o relevo (em decorrência da variação de altitude), da morfologia e da orientação das vertentes.

Em relação à altitude, em geral, a cada 100 m de altitude, a temperatura diminui em média 0,6 °C; por isso, áreas próximas localizadas em altitudes diferentes podem apresentar diferença de temperatura. Esse é o caso das cidades de Paranaguá e Curitiba (no Paraná), com respectivas altitudes de 6 e 900 m e respectivas temperaturas médias anuais de 19,6 °C e 16,5 °C. Outro exemplo seria o de Campos do Jordão e Taubaté (no estado de São Paulo), com altitudes de 1.628 e 580 m e temperaturas médias anuais de 18 °C e 22 °C, respectivamente. Além disso, nos cumes montanhosos e nas regiões mais elevadas o ar é mais rarefeito, e, em consequência, a quantidade de calor transferida da superfície terrestre é menor.

Algumas cidades aproveitam a sua localização em regiões montanhosas, com altitudes elevadas, para explorar o chamado "turismo do frio". As temperaturas baixas, principalmente no inverno, e amenas durante o ano todo atraem milhares de turistas. Gramado, na serra gaúcha, é uma cidade que vive desse tipo de turismo.

Gramado (RS, 2012) está sob influência do clima subtropical úmido, apresentando verões amenos e invernos frios, com possibilidades de geadas e até presença de neve em curto período.

Capítulo 7 • Clima, vegetação e hidrografia 123

A posição e a orientação das vertentes também constituem condicionantes da influência do relevo na circulação atmosférica. Um conjunto montanhoso como o Himalaia — disposto latitudinalmente no relevo asiático — dificulta a penetração de massas úmidas e a ocorrência de chuvas no interior da China e da Índia, provocando áreas mais secas nessas porções. Já a disposição longitudinal da cordilheira dos Andes não impede a penetração de massas úmidas no interior da América do Sul.

Para ler

Clima e meio ambiente
José Bueno Conti. São Paulo: Atual, 2011.
Esse livro mostra como ações humanas podem contribuir para acelerar ou agravar os problemas que colocam em risco a vida na Terra.

Maritimidade e continentalidade

O aquecimento do ar sobre os continentes e os oceanos ocorre de maneira distinta, em razão da diferença entre a absorção dos raios solares pela água e pela superfície terrestre.

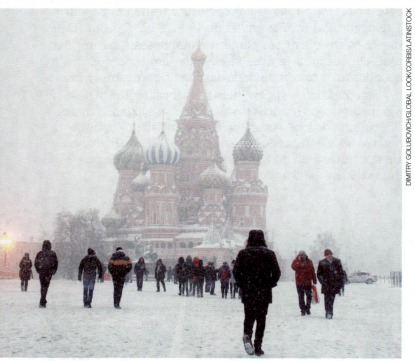

Em Moscou, na Rússia, as temperaturas podem chegar a −40 °C durante o inverno (na foto, em 2015) e a 30 °C no verão.

As regiões litorâneas são afetadas pela influência da **maritimidade**. Por intermédio desse fenômeno, verifica-se que as temperaturas se conservam altas por mais tempo, tanto em consequência de as águas conservarem calor por um período maior que as áreas continentais quanto de a retenção de calor atingir grandes profundidades. À noite, as temperaturas não diminuem de forma significativa se comparadas às temperaturas do período diurno, reduzindo as amplitudes térmicas diária e anual das áreas costeiras.

Nas regiões continentais mais afastadas do mar, ocorre o efeito inverso: o fenômeno conhecido como **continentalidade**. Durante a noite, todo o calor absorvido no decorrer do dia pelas terras emersas é difundido rapidamente para a atmosfera. Nas superfícies continentais distantes da costa, as temperaturas noturnas são mais baixas em relação às diurnas, aumentando, assim, as amplitudes térmicas diária e anual.

A continentalidade, entre outros fatores, responde pelos invernos mais rigorosos no hemisfério Norte se comparados aos do hemisfério Sul, já que o primeiro apresenta quantidade muito maior de terras emersas, recebendo menos influência dos efeitos da maritimidade.

Correntes marinhas

As **correntes marinhas** são como massas de água que circulam nos oceanos e que possuem características próprias de temperatura, velocidade e direção, podendo ser quentes ou frias. Elas também têm importância significativa nas variações térmicas da superfície do globo, pois são influenciadas pelas temperaturas de suas regiões de origem, afetando as médias térmicas e pluviométricas das regiões por onde passam.

As **correntes marinhas frias** estão, geralmente, associadas a litorais áridos ou semiáridos, mas também a áreas oceânicas de elevada piscosidade. Na costa do Peru ocorre a **Corrente de Humboldt**, que é fria e possui alta piscosidade. Em virtude disso, esse país é hoje o segundo maior produtor de pescados do mundo. Além disso, a Corrente Fria de Humboldt causa a formação de zonas áridas e semiáridas na vertente ocidental do continente americano. Esse fenômeno também ocorre em outros continentes, como na formação do deserto da Namíbia, na África, e do Grande Deserto Arenoso, na Austrália.

As **correntes marinhas quentes** tendem a elevar a pluviosidade e as temperaturas das áreas continentais sob sua influência — isso acontece com o noroeste europeu, cujo litoral é atravessado pela **Corrente do Golfo** (corrente quente originária do Golfo do México). Essa corrente influencia e ameniza o clima nas ilhas britânicas e na Noruega, tornando os verões e invernos mais amenos, com chuvas durante o ano todo. Observe no mapa da página seguinte as principais correntes marinhas que atuam no mundo.

Piscosidade. Qualidade de piscoso, isto é, em que há grande quantidade de peixes.

Mundo: principais correntes marinhas

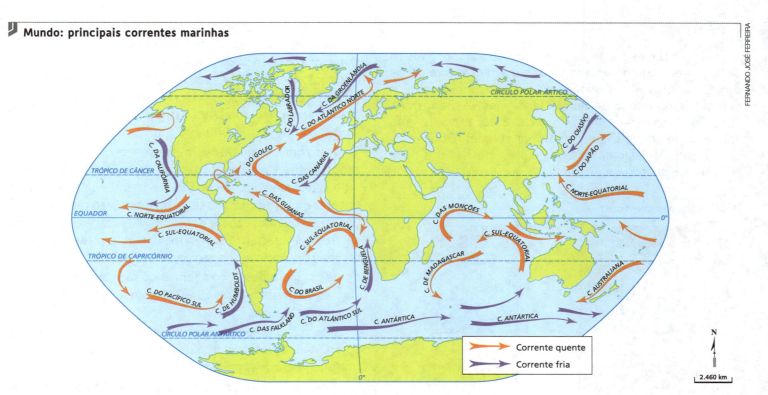

Fonte: FERREIRA, Graça M. L. *Atlas geográfico*: espaço mundial. 4. ed. São Paulo: Moderna, 2013. p. 26.

3. Tipos de clima

Para compreender a distribuição dos padrões climáticos, devem ser considerados todos os elementos expostos anteriormente, pois esses padrões resultam da integração das condições de radiação, dos fenômenos da continentalidade e da maritimidade, da circulação atmosférica e das massas de ar, da atuação das correntes marinhas predominantes que agem durante o ano e do relevo. Dessa forma, no interior de uma mesma zona climática, podem ocorrer tipos de clima com características peculiares em razão da influência de algum fator específico. Observe no mapa a seguir os principais tipos climáticos da Terra.

Mundo: clima

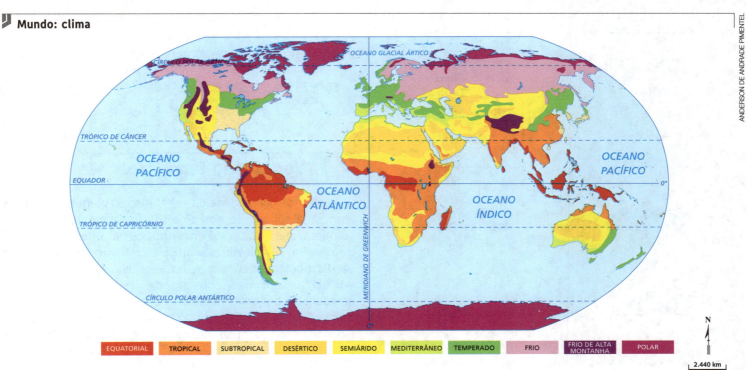

Fonte: FERREIRA, Graça M. L. *Atlas geográfico*: espaço mundial. 4. ed. São Paulo: Moderna, 2013. p. 22.

Capítulo 7 • Clima, vegetação e hidrografia

Climogramas

Os tipos climáticos podem ser representados por gráficos denominados **climogramas**, que são diagramas com dados de temperatura e pluviosidade de um lugar específico, em determinado período de tempo (dias, meses ou anos). As variações de temperatura são indicadas por meio de uma linha e os índices pluviométricos, por colunas. Observe os climogramas de algumas cidades representativas dos tipos climáticos que ocorrem no mundo.

Climogramas mundiais

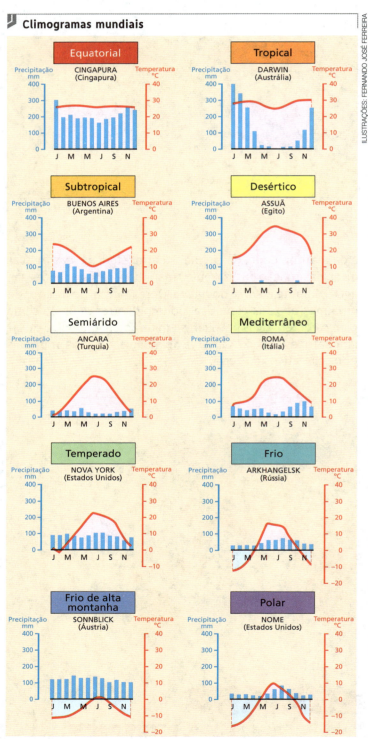

Fonte: FERREIRA, Graça M. L. *Atlas geográfico*: espaço mundial. 4. ed. São Paulo: Moderna, 2013. p. 22.

Na **zona intertropical**, em razão dos fatores já estudados, predominam os climas **tropical** e **equatorial**, mas verifica-se também a ocorrência dos tipos **desértico** e **semiárido**. O clima tropical apresenta a alternância de uma estação chuvosa (verão) e de uma estação seca (inverno). O clima equatorial praticamente não apresenta estação seca: as precipitações variam em torno de 2.000 mm anuais.

Nas **zonas temperadas**, destacam-se os climas **temperado**, **mediterrâneo** e **subtropical**. As áreas de clima temperado apresentam grande amplitude térmica anual — verões quentes e invernos frios. O clima mediterrâneo caracteriza-se por verões quentes e secos e precipitações irregulares. O clima subtropical caracteriza-se pela maior regularidade de precipitações e por invernos de temperaturas baixas.

Já os climas desértico e semiárido são caracterizados por chuvas que variam entre 10 e 500 mm anuais e por grande amplitude térmica.

Nas **zonas polares**, ocorrem os **climas polar** e **frio**, que apresentam as maiores amplitudes térmicas anuais e as menores temperaturas médias do planeta.

Nas **regiões montanhosas** de todas as latitudes, destaca-se o **clima frio de alta montanha**, que se caracteriza pela influência direta da altitude e por apresentar predomínio de temperaturas baixas durante o ano todo e pequena amplitude térmica anual.

QUESTÕES

1. Por que existem correntes frias e correntes quentes nos oceanos?
2. Explique a associação existente entre as correntes marítimas frias e o aparecimento de desertos em algumas costas continentais, como nos casos dos desertos do Atacama e do Kalahari.
3. O fenômeno da ressurgência está associado à existência das correntes marítimas. Explique por que as áreas de ressurgência são as mais piscosas dos oceanos.

4. Vegetação terrestre

A grande diversidade de vegetação do planeta Terra está associada sobretudo aos diversos tipos de clima e zonas térmicas, além dos solos encontrados nas diferentes partes do mundo. A latitude e a altitude influem decisivamente na distribuição das formações vegetais. Áreas localizadas em baixas latitudes, com grande presença de umidade, apresentam extensas florestas equatoriais e tropicais. Essa formação vegetal fica escassa com a diminuição da umidade. Do mesmo modo, quanto maior a altitude, mais escassa será a vegetação.

Veja a distribuição da vegetação no mapa a seguir.

Mundo: vegetação

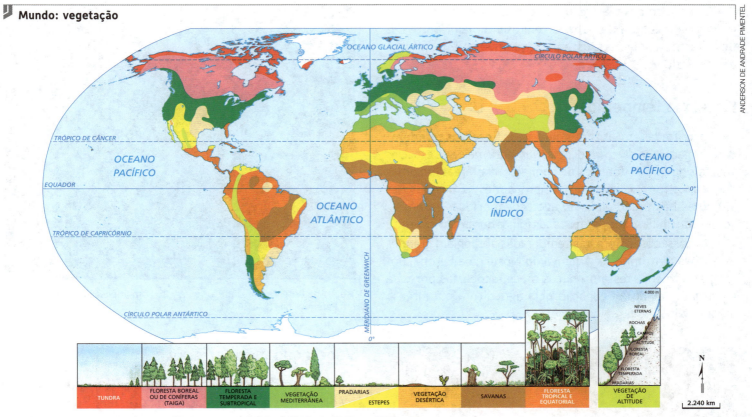

Fonte: FERREIRA, Graça M. L. *Atlas geográfico*: espaço mundial. 4. ed. São Paulo: Moderna, 2013. p. 24.

Tundra

A **tundra** estende-se ao longo de uma faixa circumpolar ao norte da Europa, da Ásia e da América, extensão bordejada pelo oceano Glacial Ártico. É constituída de musgos, liquens e gramíneas e germina durante um curto período do ano, quando ocorre o derretimento do gelo que recobre quase permanentemente a superfície do solo e impede o aproveitamento agrícola do domínio da tundra em qualquer estação.

Florestas boreais ou de coníferas (taiga)

As **florestas boreais** ou **de coníferas** — também conhecidas como **taiga** — estendem-se por uma vasta região de terras baixas e pelas encostas montanhosas da Europa, da Ásia e da América do Norte. Essas áreas são marcadas pela elevada amplitude térmica anual e por invernos longos e muito frios; devido a tais características climáticas, a taiga abriga um número relativamente pequeno de espécies vegetais, entre as quais predominam as coníferas (pinheiros, araucárias, sequoias, cedros).

Tundra usada como pasto em Nordland (Noruega, 2014).

Floresta de coníferas coberta de neve (Noruega, 2011).

Como algumas plantas dessa espécie são bastante utilizadas na indústria de papel e celulose, a maior parte das florestas de coníferas existentes atualmente é resultante de replantio.

Florestas temperadas

Encontradas em latitudes médias, as **florestas temperadas** abrigam uma diversidade relativamente maior de espécies vegetais do que as florestas de coníferas. Nas áreas próximas à costa, as formações estão sempre verdes; já nas porções interiores, há o predomínio de vegetações decíduas — com árvores caducifólias (que perdem suas folhas durante o inverno).

No passado, as florestas temperadas abrangiam grandes extensões territoriais da América do Norte e da Europa; porém, atualmente restam poucas áreas recobertas por essa formação, devido à ocupação pela agricultura e à intensa urbanização dessas regiões.

Trecho da floresta Amazônica, vegetação com imensa biodiversidade, em Paragominas (PA, 2014).

A Floresta Nacional Hiawatha, em Michigan (Estados Unidos, outono de 2011), é uma típica floresta temperada com vegetação decídua.

Florestas tropicais e equatoriais

As **florestas tropicais** e **equatoriais** estendem-se pelas regiões de baixas latitudes, onde o clima é quente e úmido. Tendo como principal característica a grande **biodiversidade**, são formações densas, compostas de diferentes estratos e com características diversificadas.

Um dos maiores desafios ambientais deste século consiste em buscar formas de conservar e preservar a diversidade biológica dessas florestas — alvo incessante de exploração predatória em razão do elevado valor econômico que esse patrimônio ambiental mundial representa.

Outro problema refere-se à exploração ilegal dos recursos vegetais, bem como ao aprisionamento e à comercialização da fauna das florestas tropicais. Essa prática — nomeada **biopirataria** — afeta a biodiversidade de países como o Brasil, a Índia e a Indonésia, além de muitos países africanos.

Vegetação mediterrânea

A **vegetação mediterrânea**, que ocorre no litoral do mar Mediterrâneo, é uma formação que se estende por uma área caracterizada por verões quentes e secos. Aparece também, de forma mais reduzida, na Califórnia (Estados Unidos), no Chile, na África do Sul e na Austrália.

Essa vegetação caracteriza-se, originalmente, por bosques compostos de determinadas espécies de árvores que se distribuem de forma espaçada — por exemplo, a oliveira e o sobreiro (árvore da qual se extrai a cortiça).

A vegetação mediterrânea sofreu muita interferência das ações antrópicas, como a pecuária, a agricultura e a extração de madeira. Apesar disso, ainda abriga um grande número de espécies de fauna e flora. Na foto, vista de vegetação mediterrânea no litoral da Sardenha (Itália, 2014).

O cultivo da oliveira em escala comercial, para produção de azeitonas e azeite, substituiu, em várias áreas, as demais espécies que existiam originalmente. No sul da Europa, a vegetação mediterrânea primária foi removida e em seu lugar formou-se uma segunda cobertura de formações arbustivas — os **maquis** e os **garrigues** —, cujas plantas são adaptadas à longa estação seca da região.

Nessas áreas de vegetação mediterrânea, a insolação e o clima seco provocam incêndios que se alastram rapidamente durante o verão.

> **Maqui.** Formação arbustiva densa e fechada, composta de diversas espécies.
> **Garrigue.** Formação arbustiva de pequeno porte, composta de diversas espécies que se distribuem de forma relativamente esparsa.

Estepe

Estepe é um tipo de vegetação com predomínio de tufos de arbustos baixos e plantas herbáceas (estepes frias) ou com vegetação herbácea, como as gramíneas nos lugares mais quentes. Essa formação vegetal recebe denominações diferentes: na Europa e na Ásia é chamada de **estepe**; na América do Norte, de **pradaria**; na América do Sul, de **pampas**; na África do Sul, de **veld**. Na África do Sul é utilizada sobretudo para o pastoreio extensivo. Nas latitudes temperadas e subtropicais, essas áreas são naturalmente férteis: as gramíneas morrem na estação fria e se transformam em adubo orgânico, fertilizando a terra para o plantio na estação quente.

As áreas de pradarias estadunidenses, canadenses, russas e ucranianas são utilizadas intensivamente para a produção de cereais — sobretudo trigo, cevada e centeio.

Savana

A **savana** — vegetação encontrada em regiões tropicais — adapta-se bem a um clima com alternância entre estações secas e chuvosas. A variação das condições climáticas favorece o desenvolvimento de uma enorme variedade de espécies, com predomínio de gramíneas, espécies herbáceas e arbóreas.

A savana distribui-se por grande parte do continente africano, sobretudo em zonas de transição entre o semiárido e a floresta tropical úmida.

No Brasil, há vegetações que se assemelham às das savanas, principalmente os estratos mais herbáceos do cerrado. Da mesma forma, é possível encontrar padrões próximos na Austrália e no norte da América do Sul.

Durante o período de seca, ocorrem muitos incêndios na savana, cujas folhas e galhos tortuosos se tornam ressecados. De acordo com estudos recentes, as cinzas resultantes transformam-se em nutrientes que contribuem para a recomposição das plantas e das raízes superficiais da savana. Contudo, a ocorrência sistemática de queimadas — causadas pela ação antrópica e sem controle adequado — atinge grandes áreas e provoca a liberação de enormes colunas de fumaça, responsáveis por dispersar na atmosfera partículas dos nutrientes queimados e grande quantidade de CO_2.

Paisagem de savana africana, no Tsavo Park (Quênia, 2013).

Vegetação de estepe na Sibéria (Rússia, 2015).

Queimada em área de cerrado (SP, 2014).

Vegetação dos desertos

Os desertos englobam cerca de 20% da superfície terrestre. Neles, a vegetação é escassa em virtude da baixa umidade e grande amplitude térmica. Em geral, apresentam tufos de relva ressecados, associados, em muitos casos, a vegetações cactáceas, com grande capacidade de reter líquidos.

Cactos no deserto do Arizona (Estados Unidos, 2014).

O solo arenoso e a vegetação rarefeita dos desertos possuem, em várias localidades, recursos minerais de grande interesse econômico — nos desertos africanos, no norte do Chile e dos Estados Unidos, o solo apresenta sais, nitratos de sódio, gesso e cobre, entre outros; nos desertos do Oriente Médio, são encontradas jazidas petrolíferas.

5. Hidrografia

Sem água não haveria vida na Terra. Com base nessa afirmação, podemos compreender a importância que a água tem para o planeta e, em especial, para os seres humanos.

Desde a Antiguidade, cidades têm surgido à beira de rios e suas águas vêm sendo usadas para consumo, transporte e irrigação.

A porção líquida do planeta — chamada **hidrosfera** — compreende os oceanos, os rios, os lagos, as geleiras, as águas subterrâneas e a umidade presente na atmosfera. Dessa porção, 97,5% estão nos oceanos e são, portanto, água salgada. Assim, apenas 2,5% dos recursos hídricos do planeta são compostos de água doce (ver gráfico na página seguinte). Grande parte dessa água doce não é acessível aos seres humanos, pois encontra-se congelada ou em lençóis freáticos profundos. Dessa forma, apenas 0,4% da água do planeta pode ser aproveitada para o consumo humano, estando em rios, lagos ou lençóis freáticos superficiais.

Você no mundo — Atividade individual — Pesquisa

O desmatamento na Amazônia

Desenvolvimento sustentável designa o desenvolvimento econômico capaz de suprir as necessidades da geração atual, preservando os recursos para atender às necessidades das gerações futuras. A maior parte das atividades econômicas praticadas na lógica capitalista não atende aos princípios da sustentabilidade. Em áreas de florestas tropicais, como na Amazônia, sabemos que o desmatamento, em especial o ilegal, cresce de forma acelerada, podendo colocar em risco uma das principais áreas florestais do mundo, como mostra o mapa ao lado.

Para saber mais sobre o assunto, observe o mapa e, depois, faça uma pesquisa de acordo com o roteiro a seguir.

- Pesquise o que é o arco do desmatamento e sua extensão no país.
- Identifique quais são as principais atividades econômicas que estão relacionadas à retirada da vegetação no arco do desmatamento.
- Levante quais são os principais problemas para monitorar a questão do desmatamento nessa região.
- Relacione o uso da tecnologia na fiscalização do desmatamento, apontando de que maneira ela pode ajudar no combate a essa prática.
- Elabore um texto com os dados levantados e suas conclusões e apresente-o à turma. O professor orientará a melhor dinâmica para se fazer isso em sala de aula.

Fonte: Sociedade de Investigadores Florestais. Disponível em: <http://mod.lk/sbOec>. Acesso em: nov. 2016.

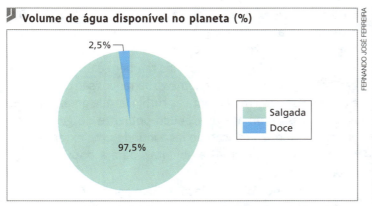

Fonte: Companhia de Saneamento Básico do Estado de São Paulo – Sabesp. Água no planeta. Disponível em: <http://mod.lk/BZ6Dp>. Acesso em: out. 2016.

A poluição da água dos rios, lagos, oceanos e depósitos subterrâneos têm comprometido as poucas reservas de água doce às quais os seres humanos têm acesso. Na foto, rio repleto de detritos e objetos descartados em Manila (Filipinas, 2015).

A distribuição da água no planeta

A distribuição dos recursos hídricos no planeta não é uniforme, tanto por razões naturais quanto em decorrência da ação antrópica. Do ponto de vista natural, a baixa pluviosidade em regiões áridas e semiáridas afeta a formação de rios e dificulta a retenção hídrica para consumo e abastecimento.

Da população mundial, 12% vive em penúria hídrica, principalmente em áreas desérticas, as mais impactadas pela escassez hídrica natural. Para cerca de 26% da população mundial, o estresse hídrico é causado pelo aumento da demanda em virtude do elevado número de habitantes, associado a políticas públicas ineficientes (relacionadas à captação e à distribuição desigual desses recursos), além do crescente aumento do uso da água para a agricultura.

As áreas mais atingidas pelo estresse hídrico na Ásia são os países do Oriente Médio, Índia, Paquistão e Bangladesh; na África, são os países do norte e sudeste do continente; na Europa, alguns países do Leste, como Polônia, Ucrânia e Belarus.

Apenas 36% da população mundial encontra-se na faixa de suficiência e abundância hídricas — note-se que grande parte da população brasileira integra esses 36%.

Segundo a ONU, a demanda hídrica global é fortemente influenciada pelo crescimento da população mundial, pelo acelerado aumento da urbanização, pelas políticas de segurança alimentar e energética, pelos processos econômicos desencadeados pela globalização do comércio, pelas alterações na dieta mundial e pelo aumento significativo do consumo. Por tudo isso, em 2050, a demanda hídrica deverá ser 55% maior do que a atual.

A poluição da água compromete fontes de água doce em diversas regiões do mundo e uma de suas principais causas é o não fornecimento de coleta de esgoto pelos governos às populações. Rio poluído em Mumbai (Índia, 2013).

Cerca de 2% da água doce da Terra está congelada nas calotas polares e nas geleiras, não podendo ser utilizada para o consumo humano. Na foto, *icebergs* na Antártida, em 2014.

Uma retirada excessiva dos recursos hídricos associa-se a modelos ineficientes de uso de recursos naturais e de governança, nos quais a utilização desse recurso apresenta regulação deficiente e controle inadequado. Os lençóis freáticos estão baixando, e estima-se que cerca de 20% dos aquíferos do mundo estejam sendo sobre-explorados.

A contaminação e poluição das águas com dejetos industriais e domésticos, além da falta de saneamento básico em muitas regiões do planeta, agravam a disponibilidade hídrica no mundo.

O ciclo hidrológico

A água se movimenta entre a superfície e a atmosfera num sistema fechado, transferindo-se permanentemente de um lugar para outro. A esse processo dá-se o nome de **ciclo hidrológico**.

O ciclo hidrológico

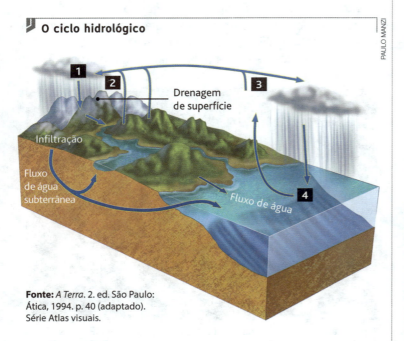

Fonte: *A Terra*. 2. ed. São Paulo: Ática, 1994. p. 40 (adaptado). Série Atlas visuais.

O vapor de água da atmosfera precipita-se, de forma constante, sobre os oceanos e os continentes. Em movimento inverso, essa água é transportada novamente à atmosfera pela **evaporação** ou pela **evapotranspiração** — processos que consistem na perda de água pela evaporação do solo e pela transpiração das plantas. A água oriunda das precipitações aflora em superfície, nas nascentes, alimentando os rios, ou infiltra-se formando lençóis freáticos — reservatórios de água, alojados no solo ou em rochas, que se constituem em acúmulos de água subterrânea denominados **aquíferos**. O ciclo recomeça no momento em que a água retorna ao oceano, seja pela precipitação, seja pela vazão dos rios.

De acordo com o tipo de solo, a vegetação e o clima, o tempo de ocorrência das etapas do ciclo hidrológico pode variar: por exemplo, em regiões desérticas, a evaporação é mais rápida; já em áreas de vegetação mais densa, a evapotranspiração é mais intensa; solos rasos e pedregosos, por sua vez, retêm água por menos tempo.

A água como recurso

Cerca de 70% da água doce que os seres humanos retiram da natureza é destinada à agricultura. Essa elevada porcentagem torna imprescindível que as sociedades desenvolvam métodos mais eficientes de uso da água nas plantações. O aumento da área agrícola em regiões na Ásia e na África se impõe como um desafio. Além disso, de acordo com as previsões, em 2050 será necessário ampliar em 60% a oferta de alimentos em todo o mundo e em 100% nos países em desenvolvimento.

Na atualidade, a água dos rios também é utilizada para a geração de energia nas hidrelétricas. Barragens são construídas e a queda da água movimenta as turbinas, que geram energia elétrica. Essa é uma forma pouco poluente de geração de energia, embora a criação do lago inunde uma extensa área, o que implica problemas ambientais para a população que habita a região.

Dos mares e rios, populações tiram parte de seu sustento com a pesca artesanal ou industrial. Porém, a pesca predatória vem ameaçando a existência de várias espécies e também provocando poluição. Um exemplo disso ocorreu com o Japão, que já ocupou o primeiro lugar na produção de pescados no mundo e, em 2014, ocupava a quinta posição nesse *ranking*.

Plantação desenvolvida no deserto de Neguev (Israel, 2015) graças ao uso de modernas técnicas de irrigação.

Para ler

As três ecologias

Félix Guattari. Campinas: Papirus, 2005.

O livro aborda a questão ecológica e os impactos antrópicos no meio ambiente.

Geografia e outras linguagens

Leia o poema do escritor alemão Reiner Kunze.

O bosque alto educa as suas árvores

"O bosque alto educa as suas árvores.
Ao abstê-las da luz, as obriga
a mandar todo o verde para a copa. [...]
Peneira a chuva, prevenindo
o martírio da sede.
Faz as árvores crescerem mais altas
topo com topo;
não pode nenhuma ver mais que a outra,
todas ao vento dizem o mesmo:
'madeira'."

KUNZE, Reiner. *O bosque alto educa as suas árvores.*
Disponível em: <http://mod.lk/redqi>. Acesso em: nov. 2016.

QUESTÕES

1. O poema faz uma analogia entre o ser humano e a natureza. Explique essa analogia.
2. O último verso do poema pode ser interpretado como uma referência ao destino dessas florestas? Justifique sua resposta.

ATIVIDADES

ORGANIZE SEUS CONHECIMENTOS

1. De acordo com as Nações Unidas, no planeta Terra há 1.300 milhões de km³ de água. Porém, somente 0,3% (0,098 milhões de km³) está imediatamente disponível para os seres humanos em rios e lagos. Já o consumo de água por setor da economia aponta que 10% do total disponível vai para uso doméstico, 20% para indústria e 70% para atividade agrícola. Um motivo de preocupação, na atualidade, é o abastecimento de água às populações urbanas, por causa da concentração de pessoas e de indústrias. A região Sudeste vem enfrentando, desde 2014, dificuldades de abastecimento de água potável.

   Analisando a situação da água no planeta, qual atitude, do ponto de vista hídrico, você considera ambientalmente sustentável para cada setor de consumo? Relacione cada setor produtivo com as medidas ambientalmente adequadas:

Consumo	Medidas
1. Doméstico	A. Lavar calçadas com água de reúso.
2. Industrial	B. Fazer irrigação de gotejamento.
3. Agropecuário	C. Filtrar a água usada para reutilizá-la.

   A sequência correta é:
   a) 1A, 3B, 2C.
   b) 3C, 2A, 1B.
   c) 1C, 2B, 3A.
   d) 3B, 1C, 2A.

2. Caracterize, de maneira resumida, o clima de monções presente na Ásia Meridional. Depois, analise sua influência para as populações locais.

3. Leia o fragmento a seguir e faça o que se pede.

   > "A Terra é talvez o único planeta que contém a vida que conhecemos: as florestas tropicais e boreais, os campos e muitos outros tipos de ecossistemas. [...]
   >
   > A atmosfera terrestre e sua gênese é uma razão forte para que a vida se tenha organizado neste planeta e não em outro. Vida e clima estão intimamente relacionados."
   >
   > CONTI, J. B.; FURLAN, S. A. Geoecologia: o clima, os solos e a biota. Em: ROSS, J. L. S. (Org.). *Geografia do Brasil*. São Paulo: Edusp, 2005. p. 71.

   - Por que se pode afirmar que a atmosfera terrestre é uma razão para o surgimento da vida?

4. Dessalinizar a água do mar é um processo muito caro e que vem sendo feito em países com grande estresse hídrico, como alguns do Oriente Médio. Levante hipóteses que justifiquem essa ação.

REPRESENTAÇÕES GRÁFICAS E CARTOGRÁFICAS

5. Identifique que tipo de vegetação está representado no mapa a seguir.

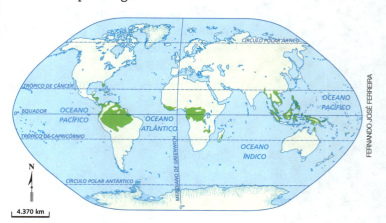

Fonte: IBGE. *Atlas geográfico escolar*. 6. ed. Rio de Janeiro: IBGE, 2012. p. 61.

INTERPRETAÇÃO E PROBLEMATIZAÇÃO

6. No trecho a seguir, o escritor Érico Veríssimo, em viagem a Israel, descreve as sensações e os sentidos despertados ao penetrar no deserto de Neguev.

   > "A caminho de Berseba, rumando para sudeste, começo a sentir o deserto mais com os olhos do que propriamente com a pele, pois a brisa que entra pelas janelas do automóvel, envolvendo-nos, é tão fresca, que nem me passa pela cabeça a ideia de despir o pulôver de lã. É evidente, entretanto, que a paisagem começa a mudar de semblante. Ainda vemos verdes os pomares e plantações pelos quais passamos, mas as árvores que orlam a rodovia vão aos poucos diminuindo de estatura, e a gente percebe que a areia e a pedra estão como que atocaiadas aqui e ali, mal escondidas, como sentinelas do Neguev. De quando em quando avistamos cactos, bosquetes de tamareiras e palmeiras. A terra das ombreiras da estrada é dum pardo de chocolate. Sinto nas narinas a secura do ar."
   >
   > VERÍSSIMO, Érico. *Israel em abril*. Porto Alegre: Globo, 1970. p. 166-167.

   - Extraia do texto elementos climatobotânicos representativos da paisagem desértica.

ENEM E VESTIBULARES

7. (UCS-RS, 2015) Analise os três climogramas a seguir.

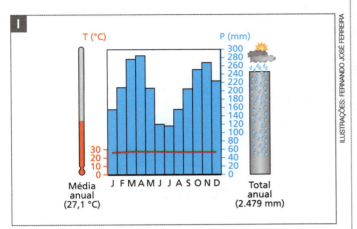

Disponível em: <http://professormarcidantas.blogspot.com.br/2011/06/tipos-de-clima>. Acesso em: ago. 2014.

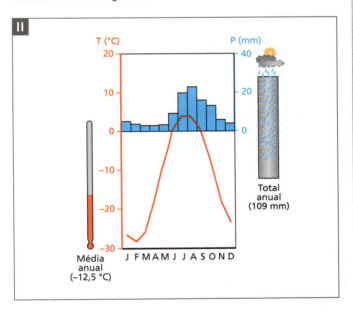

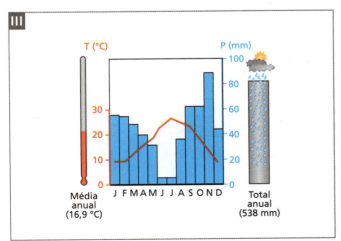

Disponível em: <http://professoralexelnowatzki.webnode.com.br/climatologia/climogramas/>. Acesso em: ago. 2014.

Identifique a alternativa que aponta para os tipos climáticos representados, respectivamente, nos climogramas I, II e III.

	I	II	III
a)	Clima Equatorial	Clima Polar	Clima Temperado Mediterrâneo
b)	Clima Tropical	Clima Desértico	Clima Tropical de Altitude
c)	Clima Tropical Úmido	Clima Temperado Continental	Clima Tropical Semiárido
d)	Clima Equatorial	Clima Temperado Mediterrâneo	Clima Tropical Semiárido
e)	Clima Temperado Oceânico	Clima Temperado Continental	Clima Equatorial

8. (PAS-UEM-PR, 2015) Sobre as condições ambientais gerais do planeta Terra, pretéritas e atuais, identifique a(s) afirmação(ões) correta(s).

a) Geada e orvalho resultam do resfriamento radiativo noturno desenvolvido em um lugar específico, não sendo esses fenômenos considerados formas de precipitação.

b) O planeta Terra, ainda em formação, foi marcado por intensas atividades vulcânicas responsáveis pelo superaquecimento do mesmo no período Cambriano. Esse fato foi relevante na formação da água no planeta, cujo processo inicial é a sublimação.

c) Os tipos de irregularidade do relevo, característica das fisionomias da superfície terrestre continental, constituem fatores decisivos e determinantes para implantação de atividades agropecuárias.

d) A distribuição dos biomas terrestres no globo tem relação direta e unívoca com a distribuição das zonas climáticas globais, relação esta que se estende à presença de seus respectivos ecossistemas.

e) As glaciações, fenômenos importantes na história da Terra, tiveram papel relevante na formação e na modelagem de grandes cadeias montanhosas, como a da Cadeia Alpina.

9. (Imed-RS, 2015) NÃO corresponde a um fator climático:

a) altitude.
b) latitude.
c) pressão atmosférica.
d) massas de ar.
e) continentalidade.

ATIVIDADES

10. (Uema-MA, 2015) Analise os climogramas. Esses são gráficos que registram o comportamento da temperatura e das precipitações ao longo dos meses do ano de qualquer tipo climático.

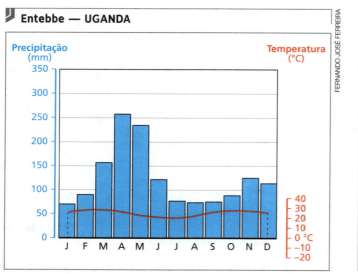
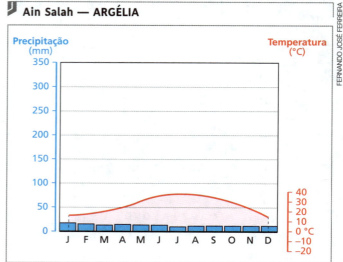

Fonte: MAGNOLI, D.; ARAUJO, R. *Projeto de ensino de Geografia*: natureza, tecnologias, sociedades. São Paulo: Moderna, 2000.

a) Descreva as características dos climas representados nos climogramas de cada localidade.

b) Identifique quais são esses climas.

11. (FGV-ECO-SP, 2014) Analise a figura que relaciona temperatura, pluviosidade e vegetação.

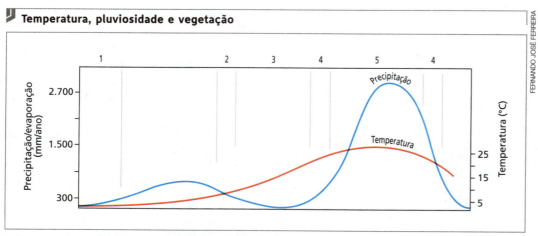

TEIXEIRA, Wilson et al. (Orgs.). *Decifrando a Terra*. São Paulo: Oficina de Textos, 2003. p. 154 (adaptado).

Considerando que a vegetação está diretamente relacionada às condições climáticas, sobretudo da temperatura e da pluviosidade, identifique dois tipos de vegetação na figura.

a) 1 – tundra e 4 – deserto e semideserto.

b) 1 – estepe e 3 – savana.

c) 2 – tundra e 5 – savana.

d) 3 – taiga e 4 – estepe.

e) 4 – savana e 5 – floresta tropical.

136 Geografia: contextos e redes

12. (UEMG-MG, 2015) RALI DACAR 2013

"O Rali Dacar partia de Paris, na França, passava por Argel, capital da Argélia, atravessava o deserto do Saara e terminava em Dacar, capital do Senegal, na costa oeste da África.

No entanto, motivos políticos e ameaças terroristas direcionadas aos participantes do Dacar e atendendo a pedido do Ministério de Relações Exteriores da França para que o percurso não passasse pela Mauritânia, a 30ª edição do rali foi cancelada. Em razão dos problemas de segurança no ano anterior, a prova de 2009 foi realizada na América do Sul [...]."

RIBAS, Tiago. *Folha de S.Paulo*.
Caderno Esportes, D2, 5 jan. 2013.

Conforme o texto e a ilustração acima, sobre o Rali Dacar, houve a necessidade de se fazer o deslocamento da prova. O rali perdeu um pouco em tradição, mas, por outro lado, ganhou muito em outras áreas. Considerando as características do rali, pode-se dizer que essa prova:

a) aumentou a segurança dos seus participantes, pois no período de sua realização, as áreas de conflito e guerras locais ficam isoladas.

b) apresenta novos desafios, pois o deserto do Atacama, à época da prova, está no seu período chuvoso e os Andes estão em pleno inverno.

c) no seu percurso apresentado, os pilotos enfrentam variações de temperatura entre calor excessivo, baixa umidade e temperaturas congelantes.

d) cartograficamente, ela segue o sentido longitudinal, pois os pilotos deslocam-se do norte — Lima, no Peru, para o sul — Santiago, no Chile.

13. (UPF-RS, 2013) Estabeleça a relação entre as duas colunas, considerando as principais formações vegetais do planeta.

1. Floresta Tropical
2. Mediterrânea
3. Pradaria
4. Taiga

- Própria de verões quentes e secos e invernos amenos. No sul da Europa foi intensamente desmatada para o cultivo de oliveiras e videiras.
- Ocorre em altas latitudes do hemisfério Norte, típica de clima temperado. Predominam as coníferas, bastante exploradas para a utilização de madeira e fabricação de papel.
- Composta basicamente de gramíneas, ocorre em áreas de clima temperado e solos ricos em matéria orgânica.
- Ocorre em áreas delimitadas pelos trópicos, com temperaturas e pluviosidade elevadas. Concentra a maior biodiversidade entre os demais biomas.
- Usada como pastagem, é encontrada nos Pampas argentinos, no Uruguai e no sul do Brasil. Originalmente, ocupou metade da área do Rio Grande do Sul.

A ordem **correta** da relação estabelecida está na opção:

a) 2, 4, 3, 1, 3.
b) 1, 4, 3, 2, 3.
c) 2, 1, 3, 2, 4.
d) 2, 1, 4, 3, 4.
e) 3, 1, 4, 1, 3.

CAPÍTULO 8

AS BASES FÍSICAS DO BRASIL

Neste capítulo, você vai aprender a:

- Reconhecer as características das principais estruturas geológicas do Brasil, estabelecendo relações entre elas e a ocorrência de recursos minerais.
- Identificar as características das unidades geomorfológicas do Brasil.
- Analisar a configuração do território brasileiro e sua influência na caracterização do clima do país.
- Reconhecer os tipos climáticos que ocorrem no Brasil.
- Caracterizar os domínios morfoclimáticos brasileiros e analisar a interferência das atividades humanas sobre eles.
- Caracterizar a hidrografia brasileira e suas principais bacias.
- Analisar os impactos ambientais decorrentes da exploração dos recursos naturais.

> *"O território brasileiro, devido a sua magnitude espacial, comporta um mostruário bastante completo das principais paisagens e ecologias do Mundo Tropical."*
>
> AB'SÁBER, Aziz. *Os domínios de natureza no Brasil*: potencialidades paisagísticas. 4. ed. São Paulo: Ateliê Editorial, 2007. p. 10.

Neste capítulo, analisaremos as características físicas do território brasileiro e suas consequências para a sociedade, a economia e o meio ambiente do país.

A carnaúba é uma árvore nativa da Região Nordeste adaptada ao clima semiárido. Na foto, carnaubal na cidade de Parnaíba (PI, 2014).

Ponto de partida

Com base na imagem e em seus conhecimentos prévios, responda:
1. Quais são as características do clima semiárido?
2. No Ceará, a carnaúba é conhecida como a árvore da vida, pois todas as suas partes podem ser aproveitadas. Reflita sobre a importância dessa árvore para as populações que habitam o semiárido nordestino.

Capítulo 8 • As bases físicas do Brasil

1. Os ambientes naturais brasileiros

O Brasil destaca-se por abrigar em seu extenso território variada estrutura geomorfológica, extensa hidrografia e grande diversidade de flora e de fauna parcialmente conservadas. O conjunto dessa diversidade natural desempenha papel importante na regulação climática e no balanço hídrico da Terra. Além disso, o país apresenta grande potencial hidroenergético, cuja exploração em larga escala provoca enormes alterações na biosfera.

No Brasil também há uma grande diversidade de tipos climáticos em razão de sua extensão latitudinal, seu vasto litoral e suas diversificadas formas de relevo.

Por meio da ação inter-relacional desses e de outros elementos, ocorrem a esculturação do relevo e a formação dos solos existentes, que influenciam na distribuição das espécies vegetais.

2. A estrutura geológica do Brasil

A América do Sul constitui a porção continental da Placa Sul-Americana, composta de uma parte instável — a Cadeia Andina e o Bloco da Patagônia — e de uma parte estável — a Plataforma Sul-Americana (observe o mapa abaixo).

Fonte: SCHOBBENHAUS, Carlos; NEVES, Benjamim B. B. *A geologia do Brasil no contexto da Plataforma Sul-Americana*. Em: BIZZI, Luiz A.; SCHOBBENHAUS, Carlos; VIDOTTI, Roberta M.; GONÇALVES, João H. (Eds.). *Geologia, tectônica e recursos minerais do Brasil*. Brasília: CPRM, 2003. p. 8.

O território brasileiro corresponde, aproximadamente, a 75% da Plataforma Sul-Americana e está distante da zona de choque de placas tectônicas, sujeito apenas aos movimentos **epirogenéticos**.

A Plataforma Sul-Americana é uma unidade tectônica fanerozoica, na qual se encontram algumas áreas de exposição do embasamento cristalino pré-cambriano, denominadas **escudos**. Circundando essas áreas, encontram-se as **coberturas fanerozoicas**. As **bacias sedimentares** são constituídas pela deposição de sedimentos dessa grande estrutura.

> **Epirogenia.** Processo de movimentos lentos de subida ou descida de grandes áreas da crosta terrestre, levando à formação do relevo.

Os escudos brasileiros

A quase totalidade da área dos escudos Brasil-Central e Atlântico localiza-se em território brasileiro; entretanto, apenas uma porção do escudo das Guianas integra o território do país (reveja o mapa anterior, que mostra as unidades tectônicas da América do Sul). Entre os escudos das Guianas e Brasil-Central, está a bacia sedimentar Amazônica. Encaixadas entre os núcleos dos escudos Brasil-Central e Atlântico, encontram-se outras grandes bacias sedimentares, como a do Paraná, a do São Francisco e a do Meio-Norte.

Fonte: FAE. *Atlas geográfico*. Rio de Janeiro: FAE, 1986. p. 19.

O embasamento cristalino do território brasileiro formou-se na Era Arqueozoica, a partir de dobramentos antigos que constituíram os núcleos originais dos escudos. Durante a Era Proterozoica, ocorreu intensa atividade tectônica sobre esses núcleos, da qual resultaram sistemas de dobramentos e vastas extensões de rochas metamórficas.

Cerca de 36% do território do Brasil é constituído por esses escudos, em que afloram rochas cristalinas (metamórficas e ígneas), de idades pré-cambrianas. Nessas áreas, encontram-se grandes jazidas de minerais metálicos — das quais se extraem ferro, manganês, cassiterita e bauxita, entre outros minérios utilizados na atividade industrial (sobretudo na siderurgia).

Para ler

Os domínios de natureza no Brasil: potencialidades paisagísticas
Aziz Ab'Sáber. São Paulo: Ateliê Editorial, 2012.
O livro aborda os domínios de natureza do território brasileiro. Sua classificação é uma das mais utilizadas no país.

Os minerais metálicos no Brasil

A extensa área territorial e a estrutura geológica variada do Brasil contribuem para a ocorrência de recursos minerais em grande quantidade e variedade, conforme se verifica no mapa abaixo. Entre esses minerais, alguns se destacam por seu valor econômico, especialmente no mercado internacional: ferro, manganês, bauxita e cassiterita.

Ferro e manganês

De acordo com dados do Ministério de Minas e Energia do Brasil, estima-se que as reservas mundiais de minério de ferro sejam de 170 bilhões de toneladas, das quais 13,6% estão em território brasileiro — um dos maiores produtores mundiais dessa riqueza (veja a tabela da página seguinte).

A relevância da produção brasileira no cenário mundial é reforçada pela qualidade do minério produzido, de elevado teor ferrífero: 70% nas hematitas encontradas, sobretudo no Pará, e até 60% nos itabiritos de Minas Gerais.

Os principais estados brasileiros detentores de reservas de minério de ferro são Minas Gerais (72,5%, concentradas no quadrilátero ferrífero), Mato Grosso do Sul (13,1%) e Pará (10,7%).

Brasil: recursos minerais

Fonte: FERREIRA, Graça M. L. *Atlas geográfico*: espaço mundial. 4. ed. São Paulo: Moderna, 2013. p. 121.

Minério de ferro: reserva e produção mundial — 2013

Países	Reservas (10⁶ t)
Brasil	23.126
China	23.000
Austrália	35.000
Índia	8.100
Rússia	25.000
Ucrânia	6.500
Outros países	49.274
Total	170.000

Fonte: DPM/DIPLAM. *Sumário mineral 2014*. p. 72.

Em 2013, a produção mundial de minério de ferro atingiu 2,95 bilhões de toneladas e, desse total, a produção brasileira representou 13,1%.

A produção dos diversos tipos de aço — liga de ferro com baixo teor de carbono — requer composição com outro metal. Um dos mais utilizados para esse fim é o manganês. No Brasil, as principais reservas desse recurso estão localizadas nos estados de Minas Gerais, do Pará, de Mato Grosso do Sul e da Bahia. A reserva da serra do Navio, no Amapá, esgotou suas atividades de lavra em 1997.

Fonte: Cartografia Sócio-Econômica do Geopark Quadrilátero Ferrífero. Disponível em: <http://mod.lk/T9RJR>. Acesso em: out. 2016.

Bauxita

A **bauxita** é a rocha da qual se extrai o alumínio. Em geral, a produção mundial de bauxita destina-se à extração da alumina — que, quando submetida à eletrólise, produz o alumínio metálico. Para obter uma tonelada de alumínio, são necessárias duas toneladas de alumina e cinco de bauxita. O processo de redução consome, em média, cerca de 13 mil quilowatts, o que explica a necessidade de eletricidade em áreas de produção de alumínio.

De acordo com o Ministério das Minas e Energia do Brasil, as reservas brasileiras chegam a 714 milhões de toneladas, o que corresponde a 2,8% das reservas mundiais. O Brasil detém a sexta maior reserva do mundo, ficando atrás de Guiné, Austrália, Vietnã, Jamaica e Indonésia. A extração brasileira concentra-se nos estados do Amazonas, do Pará — sobretudo em Paragominas, em Juruti e no vale do rio Trombetas, na região de Oriximiná — e ainda nas regiões Sudeste e Sul do país.

O Pará é o maior produtor nacional de bauxita, concentrando 85% da produção brasileira do minério. Boa parte da produção paraense é extraída das minas localizadas nos municípios de Oriximiná e Juruti, no oeste do estado. Na foto, máquina operando na extração de bauxita em Oriximiná (PA, 2012).

Cassiterita

Desde a antiga Mesopotâmia, a **cassiterita** (minério de estanho) foi um dos primeiros metais utilizados pelos seres humanos para a elaboração de armas, ferramentas de trabalho e outros utensílios.

Na atualidade, sua importância econômica é grande, principalmente na composição de diversas ligas metálicas e eletrônicas, uma vez que é resistente à oxidação. O Brasil detém cerca de 10% das reservas mundiais de estanho, a terceira maior reserva do mundo. É o quinto maior produtor mundial, com 16.830 toneladas produzidas em 2013 (7,1% do total). As principais atividades de mineração de estanho no Brasil localizam-se na região amazônica: mina do Pitinga, no Amazonas, e minas de Bom Futuro, Santa Bárbara, Massangana e Cachoeirinha, em Rondônia.

> **Para assistir**
>
> **Enquanto o trem não passa**
> Brasil, 2013. Direção e produção: Mídia Ninja. Duração: 17 min.
> O documentário trata dos impactos e da devastação produzidos pela mineração em território brasileiro e do cotidiano das pessoas que precisam conviver com essa atividade.

Impactos ambientais da mineração

A atividade mineradora é, em geral, responsável por impactos ambientais incomensuráveis, pois demanda frequentemente enormes escavações para a retirada do material mineral, gerando grandes volumes de rejeito, como terra e outros materiais estéreis. Cabe aos extratores separar o que tem interesse econômico e descartar o restante sem o lançar à natureza. A armazenagem inadequada de rejeitos da mineração pode oferecer grande risco ambiental, como vimos no caso da ruptura de barragens na cidade de Mariana, Minas Gerais.

A mineração, na maior parte das vezes, suprime a vegetação dos locais onde é realizada, impedindo também sua regeneração: o solo superficial mais fértil é removido, e o solo remanescente fica exposto à erosão. Igualmente a qualidade das águas de rios, lagos e reservatórios pode ser depreciada devido não apenas ao depósito de sedimentos, como também à poluição gerada por substâncias utilizadas na atividade de extração, como óleos e metais pesados. Essas substâncias podem também atingir lençóis freáticos. O recobrimento de áreas de várzea, além da alteração de cursos de água, é comum em localidades de produção mineral. Rotineiramente, a mineração gera poluição do ar pela emissão de partículas na atividade de lavra, beneficiamento e transporte.

Em 2015, uma barragem de rejeitos de mineração localizada em Minas Gerais rompeu-se, causando o alagamento e a consequente contaminação do solo e da água em extensas áreas desse estado e do Espírito Santo. Esse desastre ambiental provocou protestos no Brasil e no mundo. Foto de área devastada após o rompimento da barragem no município de Mariana, Minas Gerais.

O caso da mina de manganês da serra do Navio, no Amapá, também é emblemático. Essa foi a exploração de minerais pioneira na Amazônia e durou 40 anos, de 1957 a 1997. Os 4 mil habitantes desse pequeno município ainda convivem com grande quantidade de rejeitos. Um deles é o arsênio, que contaminou igarapés, rios e o lençol freático da região.

Cratera formada no local onde se situava o bloco de manganês explorado na serra do Navio (AP, 2014).

> **QUESTÕES**
>
> 1. Relacione a formação geológica e a presença de minerais metálicos no território brasileiro.
> 2. Cite dois minerais metálicos presentes em território nacional, apresentando os principais locais de sua ocorrência e sua importância econômica.
> 3. Sintetize, com suas palavras, os impactos ambientais da mineração.

Bacias sedimentares

Mais de 60% da estrutura do território brasileiro corresponde às bacias sedimentares: as mais antigas formaram-se durante as eras Paleozoica e Mesozoica e as mais recentes, na Cenozoica. Distribuem-se na porção interior do território e em sua plataforma submarina.

As áreas de bacias sedimentares apresentam materiais fósseis de grande valor econômico, por exemplo: o carvão (encontrado principalmente na bacia do Paraná), o gás natural e o petróleo em terra (no recôncavo baiano e na bacia Amazônica). No que se refere ao gás natural e ao petróleo no Brasil, o maior volume de extração ocorre em campos marítimos profundos, atualmente responsáveis pelo expressivo salto na exploração nacional (veja a imagem da página seguinte).

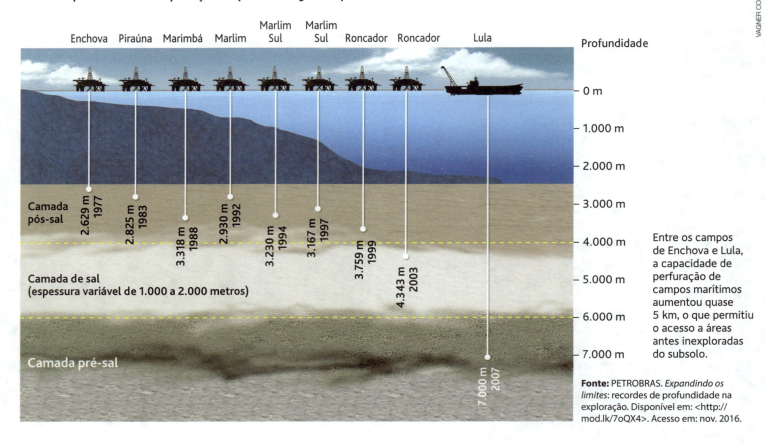

Entre os campos de Enchova e Lula, a capacidade de perfuração de campos marítimos aumentou quase 5 km, o que permitiu o acesso a áreas antes inexploradas do subsolo.

Fonte: PETROBRAS. *Expandindo os limites*: recordes de profundidade na exploração. Disponível em: <http://mod.lk/7oQX4>. Acesso em: nov. 2016.

Bacias sedimentares Amazônica e do Paraná

A **bacia sedimentar Amazônica** iniciou seu processo de sedimentação no Paleozoico e foi tomada posteriormente pela <u>transgressão marinha</u>. Durante o Mesozoico e o Cenozoico, sofreu epirogênese positiva (soerguimento), enquanto prosseguia o processo de acumulação de sedimentos. Atualmente, ela ocupa uma área de 1,2 milhão de quilômetros quadrados em território brasileiro. Os sedimentos mais recentes, datados do Quaternário, depositaram-se ao longo do vale do rio Amazonas, e os mais antigos, nas áreas mais distantes dos vales fluviais da bacia.

A área da **bacia sedimentar do Paraná** abrange terras do Brasil, da Argentina, do Uruguai, do Paraguai e da Bolívia. Um grande derramamento de lavas ocorreu na Era Mesozoica, dando origem aos solos vermelho-escuros, conhecidos como **terra roxa**, que caracterizam grandes extensões dessa área. A fertilidade desse tipo de solo garantiu o desenvolvimento da cafeicultura, a partir do século XIX, na região que compreende o norte do Paraná, de São Paulo e o sul de Minas Gerais.

Transgressão marinha. Processo geológico em que há avanço das águas do mar sobre parte do continente.

O solo conhecido como terra roxa também é encontrado em áreas do Mato Grosso do Sul. Foto de área após colheita de milho em Maracaju (MS, 2012).

3. O relevo brasileiro

Os três tipos principais de unidades geomorfológicas do Brasil são os **planaltos**, as **depressões** e as **planícies**.

Essa classificação leva em consideração a **estrutura geológica** e os processos de **erosão** e de **deposição das rochas e dos sedimentos**. A variação das estruturas que sustentam as formas da superfície e do território brasileiro permitiu ao geógrafo Jurandyr Ross identificar 28 compartimentos geomorfológicos entre planaltos, depressões e planícies (veja o mapa a seguir).

Os **planaltos** são áreas em que o processo de erosão predomina sobre o de deposição de sedimentos, gerando superfícies irregulares, como serras, chapadas e morros. São formas residuais, que resistiram mais à erosão do que as áreas que os circundam — as depressões.

As **depressões** têm em comum o fato de originarem-se da atuação de processos erosivos de grande intensidade nas bordas das bacias sedimentares. A exceção é a depressão da Amazônia Ocidental, cuja origem ocorreu na atuação da erosão fluvial; ela foi incluída na unidade das depressões pela impossibilidade genética de classificá-la como planície.

Nas áreas que se configuram como **planície**, o processo de sedimentação predomina sobre o de erosão, esculpindo o relevo por deposição de sedimentos de origem marinha, lacustre e fluvial associados ao Período Quaternário.

Os planaltos brasileiros

Os planaltos foram, de início, classificados em categorias (em razão das estruturas geológicas que os sustentam) e, posteriormente, foram compartimentados. Na Amazônia, por exemplo, o planalto da Amazônia Oriental integra a categoria dos planaltos em bacias sedimentares.

A linha de serras dos **planaltos residuais norte-amazônicos** situa-se junto às fronteiras com as Guianas, o Suriname e a Venezuela e abriga os pontos mais elevados do Brasil: o pico da Neblina (com 3.014 m) e o pico 31 de Março (com 2.992 m). Nessas áreas, situam-se as nascentes de muitos afluentes da margem esquerda do rio Amazonas.

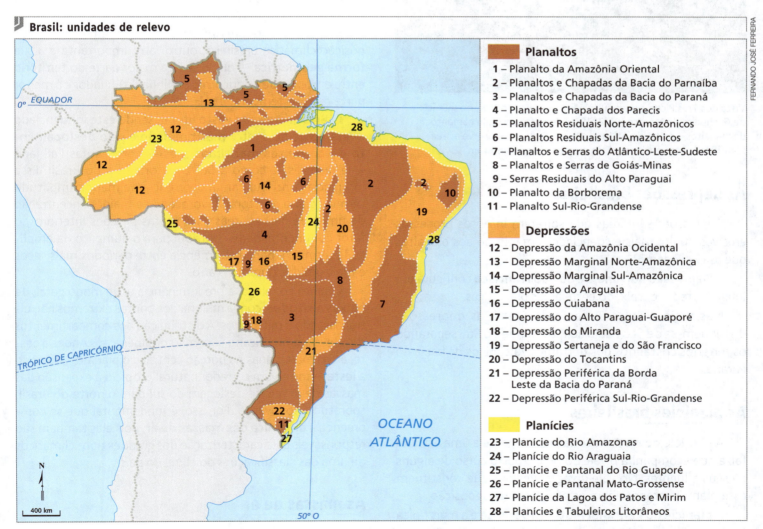

As categorias identificadas pelo geógrafo Jurandyr Ross para classificar os planaltos são: bacias sedimentares (1, 2, 3); intrusões e coberturas residuais de plataforma (4, 5, 6); cinturões orogênicos (7, 8, 9); e núcleos cristalinos arqueados (10, 11).

Fonte: ROSS, Jurandyr L. S. (Org.). *Geografia do Brasil*. São Paulo: Edusp, 1996. p. 53 (adaptado).

O Sudeste brasileiro apresenta morros e serras, como a serra do Espinhaço, a da Mantiqueira, a do Mar e a da Taquara. Os rios Jequitinhonha, Doce e Paraíba do Sul correm nos vales entre essas linhas de serras.

Os **planaltos da bacia sedimentar do Paraná** — com modelado de colinas e chapadas — exibem grande parte dos terrenos sedimentares recobertos por rochas oriundas de derrames vulcânicos.

Vista dos Três Picos, ponto culminante da serra do Mar, no município de Cachoeira do Macacu (RJ, 2015). A serra faz parte do conjunto de planaltos e serras do Atlântico-Leste-Sudeste. Observe a área identificada com o número 7 no mapa da página anterior.

As depressões brasileiras

Depressões são áreas que sofreram intensos processos erosivos, muito mais evidenciados em relação aos planaltos que as circundam.

A **Depressão Sertaneja e do São Francisco** configura um longo corredor encaixado entre áreas planálticas.

Nas regiões Sul e Sudeste do Brasil, as depressões distribuem-se de São Paulo ao Rio Grande do Sul, separando os terrenos cristalinos dos derrames vulcânicos da bacia do Paraná.

As planícies brasileiras

A **planície do rio Amazonas** restringe-se a uma estreita faixa que acompanha o vale do rio e o baixo curso de alguns de seus afluentes. No vale dos grandes rios que constituem essa planície, predominam os processos de deposição.

A **planície do Pantanal Mato-Grossense** é a mais típica do Brasil. Ela faz parte da porção conhecida como Chaco e se estende também por terras do Paraguai, da Argentina e da Bolívia.

As **Planícies e Tabuleiros Litorâneos** estendem-se do Maranhão ao Rio Grande do Sul. No trecho nordestino, essas planícies exibem grande variedade de paisagens; no Sudeste, aparecem restingas e lagunas (no Rio de Janeiro), bem como praias e baixadas (em São Paulo); no Sul, destacam-se a lagoa de Ibiraquera (em Santa Catarina) e a lagoa dos Patos (no Rio Grande do Sul).

> **Restinga.** Ecossistema costeiro de origem sedimentar, em forma de um cordão arenoso, que se estende paralelamente à costa, acima dos níveis de alagamento.
>
> **Laguna.** Lagoa encontrada na borda litorânea, formada por água salobra ou salgada, que se comunica com o mar por meio de um canal.

4. Os climas brasileiros

Em geral, as características mais marcantes que explicam a diversidade dos tipos de clima no Brasil referem-se à sua **extensão** e **tropicalidade**. Situado entre as latitudes 5º 16' 20" norte e 33º 44' 32" sul, grande parte do extenso território brasileiro ocupa a porção tropical do hemisfério Sul.

Embora esses fatores influenciem decisivamente na composição climática brasileira, outro fator importante é a sua **forma geométrica** — que dispõe a maior parte do território entre o trópico de Capricórnio e a linha do Equador e a menor parte na zona temperada sul.

O Brasil apresenta vasto litoral, sendo este influenciado diretamente pelo fator **maritimidade** e pelo **deslocamento de correntes marítimas** frias — como a das Falkland — e quentes — como a Sul-Equatorial e a do Brasil. Essa influência contribui para a ocorrência de menor amplitude térmica diária no litoral, favorecendo a maior concentração de umidade nessas áreas. Nas vastas porções interiores, o fator continentalidade contribui para o aumento da amplitude térmica e para a alternância entre períodos mais secos e mais úmidos durante o ano.

Quanto ao relevo, a predominância é, de modo geral, de **baixas altitudes**, com a maioria dos pontos extremos não ultrapassando 3 mil metros. A distribuição dos compartimentos de relevo sul-americano — com a cordilheira dos Andes a oeste, áreas mais planas na porção central e o planalto Atlântico a leste — forma um corredor natural propício à expansão das massas de ar que se deslocam do sul para o norte do Brasil, sobretudo no inverno. Por isso, é fundamental que se compreenda a **dinâmica das massas de ar**, pois elas também são responsáveis pela caracterização dos grandes tipos climáticos de uma das classificações do clima do país.

As massas de ar

Entre as massas de ar continentais que atuam na América do Sul, a principal é a **massa Equatorial continental (mEc)** — quente e úmida, que se forma sobre a Amazônia

Ocidental. Além dela, um dos mais importantes sistemas atmosféricos tropicais atuantes no Brasil (especialmente no Norte e no Nordeste do país) é denominado **Zona de Convergência Intertropical (ZCIT)**. Esse sistema causa aumento das temperaturas e das chuvas — dependendo de seu deslocamento sazonal ao norte ou ao sul da linha do Equador, além de ser responsável pela formação de nuvens espessas que provocam fortes tempestades e acentuam o calor nas regiões tropicais.

Entre as massas de ar oceânicas, destacam-se, no que se refere aos climas brasileiros: a **massa Equatorial atlântica (mEa)** e a **massa Tropical atlântica (mTa)** — ambas quentes e úmidas — e a **massa Polar atlântica (mPa)** — fria e úmida —, que se origina na latitude da Patagônia argentina. Essas massas de ar são responsáveis pelos cinco principais tipos climáticos que ocorrem no Brasil, apresentados no mapa a seguir.

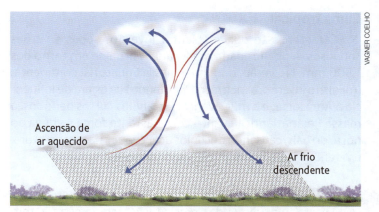

Fonte: FORSDYKE, A. *Previsão do tempo e clima*. 2. ed. São Paulo: Melhoramentos/Edusp, 1975. p. 62.

Clima litorâneo úmido

Dominado principalmente pela atuação da massa Tropical atlântica (mTa), esse clima também é quente e chuvoso. A pluviosidade média anual varia entre 1.500 mm e 2.000 mm.

Neblina na serra do Mar em Iguape (SP, 2014). Essa neblina resulta da condensação que ocorre em áreas elevadas, devido ao resfriamento do ar quente e úmido, que perde calor em contato com o ar mais frio.

No inverno, a massa Polar atlântica (mPa) alcança o litoral nordestino e encontra a mTa. O contato entre as duas massas de ar provoca as chuvas de inverno do litoral nordestino, denominadas **chuvas frontais**. Essas chuvas se originam do encontro de massas de ar com diferentes características de temperatura (fria e quente) e umidade (seca e úmida), ocasionando a condensação e, posteriormente, a precipitação.

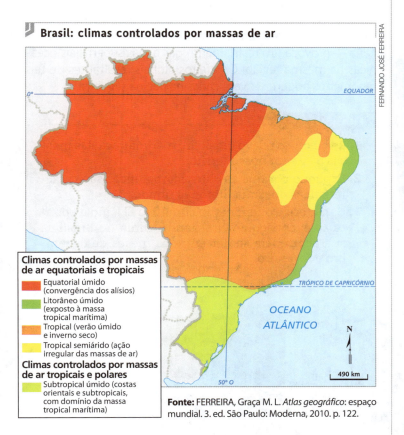

Fonte: FERREIRA, Graça M. L. *Atlas geográfico*: espaço mundial. 3. ed. São Paulo: Moderna, 2010. p. 122.

Clima equatorial úmido

Esse clima — dominado pela atuação da massa Equatorial continental (mEc) durante todo o ano — é quente e chuvoso e apresenta pequena amplitude térmica anual. As médias de precipitação são superiores aos 2.000 mm anuais, devido à ascensão e condensação do ar úmido, que provocam **chuvas de convecção**. Essas chuvas também são chamadas de **chuvas convectivas** e decorrem do movimento vertical ascendente de massas de ar mais quentes que o ambiente.

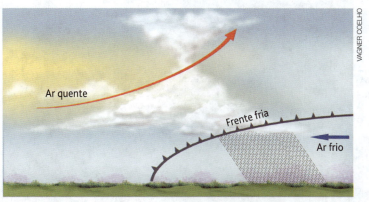

Fonte: FORSDYKE, A. *Previsão do tempo e clima*. 2. ed. São Paulo: Melhoramentos/Edusp, 1975. p. 63 (adaptado).

Capítulo 8 • As bases físicas do Brasil **147**

Clima tropical

Caracteriza-se por apresentar invernos secos e verões chuvosos. A pluviosidade média anual situa-se em torno dos 1.500 mm. No verão, domina a massa Equatorial continental (mEc); no inverno, a mEc recua, limitando sua esfera de influência à Amazônia, e a mPa avança. Em alguns curtos períodos, a massa Polar atlântica avança com bastante força e chega ao norte do país, causando declínios acentuados na temperatura, um fenômeno climático chamado **friagem**.

Clima tropical semiárido

A vasta área submetida a precipitações inferiores a 750 mm anuais configura o Nordeste seco. Nessa área, aparecem também zonas menos extensas com precipitações inferiores a 500 mm anuais. O ponto mais seco do Brasil está em uma dessas zonas: Cabaceiras (no estado da Paraíba), onde as chuvas apresentam média de 250 mm por ano. Além da baixa pluviosidade, outra característica do clima tropical semiárido é a irregularidade na ocorrência das chuvas.

As temperaturas no Sertão semiárido são sempre elevadas, com pequena variação ao longo do ano. O período de chuvas em geral tem início em novembro ou dezembro e prolonga-se até março. Essas chuvas de verão tornam-se escassas no outono. Praticamente não há chuvas no inverno e na primavera.

Desde os primeiros povoadores luso-brasileiros criadores de gado no Sertão, desenvolveu-se o hábito de associar as chuvas ao inverno, denominando, portanto, de **inverno** a **estação das chuvas**. Para o sertanejo, um "inverno ruim" é aquele no qual as chuvas ficam abaixo do normal — nesse caso, perdem-se as plantações e instala-se a seca.

Nas últimas décadas, culturas irrigadas vêm ocupando áreas extensas do Sertão nordestino. Empresas nacionais e internacionais, com tecnologias modernas, estão desenvolvendo o cultivo de frutas em vales fluviais. Assim, a produção de uva, manga, melão e abacaxi — destinada, sobretudo, à exportação — tornou-se parte da paisagem sertaneja.

Clima subtropical úmido

O clima subtropical úmido é dominado pela mTa, mas está sujeito à interferência da mPa, principalmente no inverno. A média pluviométrica anual é elevada (cerca de 1.500 mm), e as chuvas são bem distribuídas ao longo do ano. No verão, elas são provocadas pela mTa e, no inverno, ocorrem chuvas frontais, quando a mPa encontra a mTa.

El Niño e La Niña no mundo

Dois dos principais causadores de variações climáticas interanuais com reflexos no mundo todo são os fenômenos El Niño e La Niña, que afetam a direção dos ventos e o regime de chuvas em escalas regional e global.

Pesquisas confirmam que a atuação do El Niño causa um aquecimento anormal das águas superficiais oceânicas nas porções centro e leste do oceano Pacífico em períodos não sequenciais. Inversamente, outro fenômeno — denominado La Niña — provoca um resfriamento das águas superficiais oceânicas na mesma região. Os efeitos globais resultantes de tais fenômenos podem ser verificados na página seguinte.

> **QUESTÕES**
>
> 1. Relacione o relevo brasileiro e a dinâmica das massas de ar em nosso território.
> 2. Explique por que as chuvas orográficas são características do clima litorâneo úmido.
> 3. Caracterize o fenômeno climático El Niño e aponte suas consequências para o clima no Brasil se sua ocorrência se der entre os meses de dezembro e fevereiro.

Pequeno açude em propriedade rural no período de seca no Sertão nordestino, em Bom Conselho (PE, 2013).

El Niño e La Niña: atuação global

El Niño (dezembro, janeiro e fevereiro)

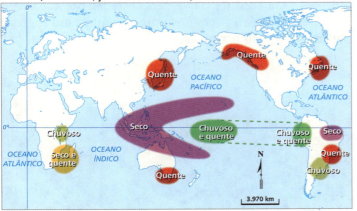

El Niño (junho, julho e agosto)

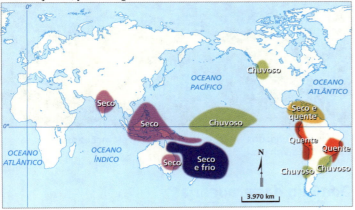

La Niña (dezembro, janeiro e fevereiro)

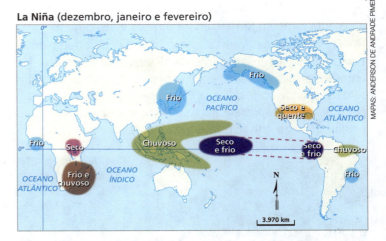

La Niña (junho, julho e agosto)

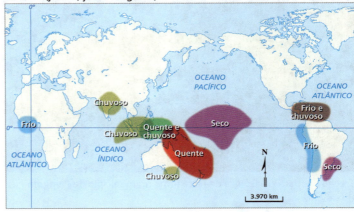

Fonte: CPTEC/INPE. Disponível em: <http://mod.lk/2FSNh>. Acesso em: nov. 2016.

5. Os domínios morfoclimáticos no Brasil

Domínio morfoclimático designa um conjunto espacial em que há integração entre os processos ecológicos e as paisagens. Nele, observa-se uma coerência entre os diversos elementos da paisagem, como feições de relevo, tipos de solo, formas de vegetação e condições climático-hidrológicas. Esse conceito auxilia na compreensão mais precisa dos domínios de natureza que existem no território brasileiro, como mostra o mapa ao lado.

Domínio amazônico

O **domínio amazônico** é constituído por um mosaico de **formações florestais** que se estende também pelos territórios da Guiana Francesa, do Suriname, da Venezuela, do Peru, da Bolívia, da Colômbia e do Equador.

As matas de terra firme correspondem a cerca de 80% do domínio e abrigam árvores de mais de 60 m de altura. Nas várzeas dos rios e nos solos alagados em períodos de cheias, estendem-se as **matas de igapó** e de **várzea** — formadas por plantas aquáticas e árvores de até 20 m

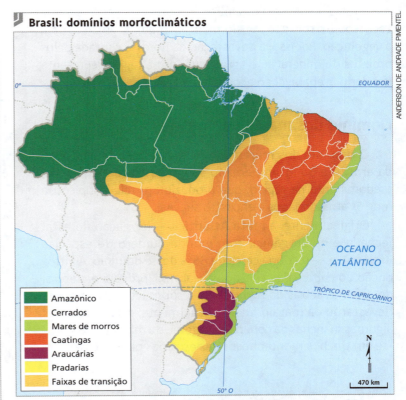

Fonte: AB'SÁBER, Aziz Nacib. *Os domínios da natureza no Brasil*: potencialidades paisagísticas. 7. ed. São Paulo: Ateliê Editorial, 2012. p. 16-17 (adaptado).

de altura (por exemplo, a seringueira), assim como arbustos, cipós e trepadeiras. Além dessas espécies, o domínio amazônico apresenta também formações de campos e de cerrados.

O ecossistema florestal que caracteriza o domínio amazônico é constituído de imensa diversidade biológica. No entanto, essa diversidade contrasta com a característica dos solos de grande parte da região, pois apenas as áreas inundadas periodicamente apresentam solos ricos em nutrientes e mais equilibrados no que se refere à acidez.

Trecho de mata amazônica de terra firme no município de Paragominas (PA, 2014).

A floresta recicla os nutrientes necessários à sua própria manutenção por meio das folhas, dos frutos e das flores que caem sobre o solo e se transformam em material orgânico para a vegetação. Por isso, a devastação da floresta causada pelos projetos de mineração e agropecuários na região representa um dano irreparável ao ecossistema.

Domínio dos mares de morros

O **domínio dos mares de morros** destaca-se pela ação da **erosão** e do **intemperismo** sobre a estrutura cristalina, predominante na região, que produziu um relevo típico de morros arredondados e encostas suaves.

Originalmente, a **Mata Atlântica** — formação florestal fechada e heterogênea, com grande número de espécies endêmicas — recobria cerca de 85% desse domínio. A introdução do cultivo da cana-de-açúcar no Nordeste e, depois, do café nas serras do Sudeste foi responsável pelo início da devastação da mata primária. Atualmente, existem apenas algumas manchas da cobertura vegetal, e a maior parte situa-se em trechos montanhosos das escarpas planálticas.

Endêmico. Que apenas é encontrado, originalmente, em determinada região geográfica.

A devastação da Mata Atlântica tem agravado os processos erosivos que atingem suas áreas de ocorrência. Sujeitas a chuvas intensas e concentradas nos meses do verão, essas áreas sofrem desmoronamentos, em especial nas escarpas mais íngremes.

Morros arredondados em Ipoema (MG, 2011): elevações residuais da cadeia do Espinhaço.

Domínio das araucárias

O **domínio das araucárias** ocupa os planaltos da porção oriental da bacia do rio Paraná. Primariamente, a região era recoberta por uma floresta semi-homogênea na qual as araucárias se destacavam como espécie dominante. Entretanto, desde o início do século XX a madeira das araucárias é intensamente utilizada pelas indústrias madeireira e de construção. A partir dos anos 1950, com a expansão das práticas agrícolas, a vegetação original cedeu lugar a grandes extensões de campos de cultivo e praticamente desapareceu.

Mata de araucárias em São José dos Ausentes (RS, 2013).

Domínio dos cerrados

O **domínio dos cerrados** ocupa vastas extensões do Brasil-Central marcadas pela alternância de verões chuvosos e invernos secos. Os solos dessa região caracterizam-se pela baixa fertilidade natural, principalmente devido à grande acidez. As chuvas de verão "lavam" o solo, carregando seus nutrientes. Durante a estação seca, as elevadas taxas de evaporação provocam o acúmulo de ferro e de alumínio, responsáveis pela acidez.

O arbusto do cerrado — adaptado à carência de nutrientes do solo da região — apresenta troncos e galhos retorcidos, cascas grossas e raízes profundas.

No cerrado, nem sempre as queimadas são causadas pelos seres humanos — elas podem ocorrer naturalmente e auxiliam na reciclagem dos nutrientes. As cinzas resultantes das queimadas são fontes dos nutrientes minerais necessários ao solo e à vegetação. No entanto, quando submetidos a queimadas muito frequentes, os solos tornam-se ainda mais carentes de equilíbrio.

Xique-xique, planta nativa da caatinga, em Casanova (BA, 2014).

Espécies nativas do Cerrado na Chapada dos Guimarães (MT, 2013).

Domínio das caatingas

O **domínio das caatingas** estende-se sobre a porção semiárida nordestina e é caracterizada pela **escassez** e pela **irregularidade de chuvas**, pela predominância de intemperismo físico e de solos pouco profundos intercalados por terrenos pedregosos e afloramentos rochosos.

As espécies vegetais da caatinga são adaptadas às elevadas médias térmicas e à aridez, apresentando folhas pequenas e hastes espinhentas. Nas áreas de maior pluviosidade, aparecem alguns trechos de matas úmidas, conhecidas regionalmente como "brejos".

Domínio das pradarias

O **domínio das pradarias** destaca-se pela predominância de vegetação rasteira, composta de gramíneas, e no Rio Grande do Sul é conhecido como **pampas**. A pecuária extensiva é a principal atividade econômica da região desde os primeiros tempos da colonização. A pecuária e a monocultura — nos dias atuais, em expansão nas áreas originalmente recobertas pelos campos — têm provocado a diminuição da fertilidade dos solos e o aumento dos processos erosivos na região.

Paisagem de vegetação rasteira característica da região dos pampas em São Pedro do Sul (RS, 2012).

Faixas de transição

Reveja o mapa *Brasil: domínios morfoclimáticos*, na página 149, e observe a existência de vastas extensões territoriais não incluídas em nenhum dos domínios. São as chamadas **faixas de transição** — que se destacam por feições paisagísticas próprias, mas apresentam algumas características dos domínios vizinhos.

O **Pantanal Mato-Grossense** é um bom exemplo de faixa de transição. Grande planície de inundação periódica, é recoberto por uma vegetação extremamente heterogênea, na qual se mesclam espécies típicas do cerrado, das florestas tropicais, de campos e até mesmo da caatinga. Já no Meio-Norte do Brasil, aparece uma formação vegetal de transição chamada **mata dos cocais**, cujas principais espécies são o babaçu e a carnaúba.

Pantanal na estação das chuvas em Poconé (MT, 2014).

Mata dos cocais em Nazária (PI, 2015).

6. A hidrografia do Brasil

A distribuição dos recursos hídricos não ocorre de forma equilibrada em todo o planeta. Há regiões áridas e semiáridas nas quais a quantidade de chuva é escassa, o que dificulta a absorção de umidade e a formação de rios. Em algumas, o elevado número de habitantes aumenta a demanda de água, provocando racionamento, e ainda, em outras, a utilização inadequada desse recurso coloca em risco o abastecimento tanto local quanto mundial.

De acordo com a Organização das Nações Unidas (ONU), o Brasil tem cerca de 10% das reservas totais de água doce do mundo. Elas estão distribuídas na imensa rede hidrográfica e, em grande quantidade, nas águas subterrâneas.

Os casos mais exemplares da disparidade entre disponibilidade e demanda de água no Brasil estão nas regiões Norte e Nordeste. A maior concentração hídrica brasileira está na Região Norte — corresponde a 78% do estoque e abastece uma população de apenas 7,6% do Brasil. Já na Região Nordeste, a disponibilidade de água é muito menor, e a população atendida é maior: 3,3% do total nacional para atender a 29% da população nacional.

A rede hidrográfica brasileira apresenta como característica fundamental a existência de numerosos rios e de poucos lagos. Nos rios brasileiros cuja **foz** desemboca no mar, há o predomínio de **estuários**, em que as águas se dirigem em um único canal para o oceano. No Brasil, poucos rios — como o Parnaíba (entre o Piauí e o Maranhão) e o Amazonas — apresentam foz em **delta**.

Foz. Ponto onde um rio desemboca no mar ou em outro rio; embocadura.

Estuário. Foz de rio relativamente profunda, formada por um único desaguadouro. No estuário, a atuação de correntes marítimas e de marés dificulta a deposição de sedimentos. Os estuários formam um ambiente de transição entre os ecossistemas terrestres e marinhos.

Estuário do rio Jacuípe, no município de Camaçari (BA, 2015).

Delta. Depósito de sedimentos localizado, em geral, na foz de rios de planície, estendendo-se em direção ao mar; o acúmulo de sedimentos decorre de condições naturais como fundo raso, inexistência da atuação de correntes marítimas e grande presença de sedimentos.

Trecho do delta do rio Parnaíba (MA, 2015).

A maior parte dos rios brasileiros tem **regime pluvial**, isto é, cheias causadas por chuva. Contudo, o rio Amazonas também recebe águas oriundas do derretimento de neve dos Andes; portanto, tem a contribuição de um **regime nival**.

A maioria dos rios do país corre em região de **planalto** — o que implica um vasto potencial hidrelétrico. Também predominam no país os **rios perenes**, ou seja, aqueles que não secam nunca. Os rios **temporários** ou **intermitentes** — que secam durante o período da estiagem — são encontrados apenas no Polígono das Secas.

A rede hidrográfica brasileira apresenta três grandes **centros dispersores de águas**, que são regiões mais elevadas, responsáveis pela direção do curso dos rios: o Planalto das Guianas, no extremo norte; o Planalto Brasileiro, na porção central; e a cordilheira dos Andes, a oeste.

As bacias e as regiões hidrográficas brasileiras

Bacias hidrográficas são áreas da superfície terrestre que funcionam como receptores naturais das águas da chuva: o volume de água que não se infiltra no solo é escoado por meio de uma rede fluvial até se aglutinarem, formando um rio principal.

O Brasil apresenta diversas bacias, distribuídas em 12 **regiões hidrográficas** definidas pelo governo federal, como se observa no mapa a seguir. A regionalização hidrográfica divide o território brasileiro em áreas que detêm grupos de bacias ou sub-bacias hidrográficas contíguas com características naturais, sociais e econômicas homogêneas ou similares, a fim de orientar o planejamento e o gerenciamento dos recursos hídricos. A seguir, analisaremos quatro das principais bacias hidrográficas brasileiras.

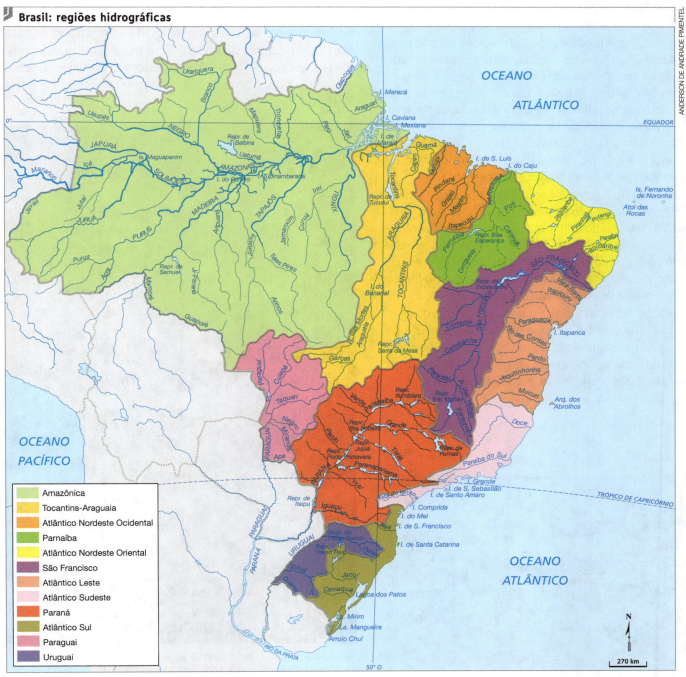

Fonte: IBGE. *Atlas geográfico escolar.* 6. ed. Rio de Janeiro: IBGE, 2012. p. 105.

Para assistir

A lei da água
Brasil, 2014. Direção: André D'Elia.
Produção: Cinedelia e O2 Filmes. Duração: 78 min.
Documentário produzido em parceria com os institutos e ONGs WWF, SOS Mata Atlântica, ISA, IDS e Bem-Te-Vi Diversidade mostra a importância das florestas para a preservação das águas e relaciona a crise hídrica à expansão da agropecuária.

Bacia Amazônica

Com 7 milhões de quilômetros quadrados, abrange a Região Norte do Brasil (onde ocupa 3,8 milhões de quilômetros quadrados) e também terras dos seguintes países: Peru, Colômbia, Equador, Venezuela, Guiana e Bolívia. Como as nascentes de seus afluentes distribuem-se pelos hemisférios Norte e Sul, seu regime hídrico apresenta duas cheias por ano. Quando é verão no hemisfério Norte, as nascentes dos rios ali situados aumentam sua carga hídrica. Esse aumento também ocorre durante o verão no hemisfério Sul. Além disso, há a contribuição do regime nival, citado anteriormente.

É a maior bacia fluvial do mundo, apresenta o maior potencial energético não instalado do Brasil e banha 42% do território brasileiro. Seu principal rio é o **Amazonas**, cuja nascente localiza-se nos Andes peruanos. Recebe vários nomes em seu trajeto rumo ao Brasil: ao entrar em território brasileiro, é chamado de Solimões e somente na confluência com o rio Negro é que recebe o nome de Amazonas.

O rio Amazonas é o maior rio do mundo em volume de água e em extensão. Sua vazão durante o período das cheias é de 120 m³ de água por segundo e, desde a nascente até a foz, percorre quase 7 mil quilômetros. Outros rios importantes dessa bacia são: Juruá, Tefé, Purus, Madeira, Negro e Branco.

A imensa quantidade de rios dessa bacia fez com que o transporte fluvial se tornasse o principal meio de locomoção nessa região. Hidrelétricas estão sendo construídas aproveitando o potencial da bacia, embora esteja comprovado que essas construções provocam importantes impactos ambientais e sociais na região.

Bacia Platina

A bacia Platina ou do Prata — área drenada pelos rios Paraná, Paraguai e Uruguai — é um dos principais conjuntos fluviais do mundo e o segundo maior da América do Sul, superado apenas pela bacia Amazônica.

Com mais de 2,5 milhões de quilômetros quadrados, ocupa cerca de 20% do território sul-americano e abrange, além do Brasil, áreas de outros quatro países da América do Sul: Argentina, Paraguai, Uruguai e, em proporção bem mais reduzida, Bolívia (este último país, dadas suas condições histórico-geográficas, é considerado tradicionalmente um país andino, porém, sua porção leste integra a bacia Platina).

Carga e descarga de embarcações às margens do rio Negro (AM, 2015).

Nas eclusas, o controle do nível da água permite que as embarcações atravessem trechos fluviais com desníveis. Na foto, barco na eclusa da barragem de Barra Bonita (SP, 2014).

Os três principais cursos fluviais formadores da bacia nascem em território brasileiro. As águas de todo o conjunto convergem para o Atlântico, desaguando no estuário do Prata, próximo às cidades de Buenos Aires e Montevidéu, em um eixo que tem, praticamente, sentido norte-sul. Os territórios do Brasil e da Argentina — os dois mais extensos países do conjunto — abrigam cerca de 70% da superfície total da bacia.

Nessa bacia encontra-se a maior hidrelétrica do país, Itaipu, na fronteira com o Paraguai. Também se deve destacar a importância da navegação em parte dos rios platinos, sobretudo nos complexos hidroviários Tietê-Paraná e Paraguai-Paraná.

A hidrovia Tietê-Paraná tem 2.400 km de extensão e é um importante eixo de transporte de mercadorias e de pessoas entre as regiões Centro-Oeste, Sudeste e Sul do Brasil. Esse complexo hidroviário é viabilizado por inúmeras eclusas.

A hidrovia Paraguai-Paraná apresenta extensão aproximada de 3.400 km ligando Cáceres (em Mato Grosso) a Buenos Aires. O complexo rodo-hidroferroviário de Corumbá (em Mato Grosso do Sul) é um importante polo distribuidor da Região Centro-Oeste, transportando grãos e minérios para os países parceiros do Brasil no Mercosul.

Para ler

Bacias hidrográficas e recursos hídricos
Cristiano Poleto (Org.). São Paulo: Interciência, 2014.
O livro apresenta informações relevantes sobre o gerenciamento e a preservação dos recursos hídricos.

Bacia do São Francisco

Abrange — em uma área de 640 mil quilômetros quadrados — os estados de Sergipe, Alagoas, Pernambuco, Bahia, Goiás e Minas Gerais, além do Distrito Federal.

O São Francisco é o principal rio dessa bacia. Como atravessa cinco estados da Federação, é considerado o **rio da unidade nacional**. Nasce em Minas Gerais, na serra da Canastra, e deságua no limite entre Alagoas e Sergipe, após percorrer 2.700 km. Recebe também a denominação de rio dos Currais por ter servido de trilha hídrica para a expansão de gado no período colonial.

Entre os rios brasileiros, o São Francisco é o que apresenta características mais singulares, porque suas águas são utilizadas para diversas finalidades: entre Pirapora (em Minas Gerais) e Juazeiro (na Bahia), é utilizado como hidrovia; em seu médio curso, é gerador de grande quantidade de eletricidade; ao atravessar o **Polígono das Secas**, suas águas são imprescindíveis para o abastecimento da população dessa área.

Polígono das Secas. Região do Nordeste brasileiro composta de áreas com distintos índices de aridez e sujeita a repetidas crises de estiagens. Abrange os estados nordestinos, menos o Maranhão, e o norte de Minas Gerais, situado na Região Sudeste.

Observe o infográfico na página seguinte e veja o desafio que é planejar e gerenciar bacias hidrográficas.

Embarcações no rio São Francisco, no trecho de travessia entre Petrolina e Juazeiro (BA, 2015).

Infográfico: Bacia hidrográfica do Paraíba do Sul

Avaliar as condições naturais e humanas nos limites de uma bacia hidrográfica é essencial para o uso sustentável de suas águas.

A Mata Atlântica recobria a bacia hidrográfica do Paraíba do Sul e preservou seus rios até ser quase totalmente destruída pela agropecuária.

Hoje, quase 15 milhões de pessoas dependem das águas dessa bacia, uma das mais urbanizadas do país, degradada por erosão, desmatamento, poluição e outros problemas. O entendimento entre os milhões de habitantes dessa região, produtores rurais, indústrias, diversas empresas, companhias de abastecimento e saneamento, hidrelétricas, 184 prefeituras, três estados (São Paulo, Rio de Janeiro e Minas Gerais) e o governo federal é fundamental para garantir que esse recurso coletivo não se esgote.

A bacia do rio Paraíba do Sul drena cerca de 62.000 km² dos estados do Rio de Janeiro, São Paulo e Minas Gerais, entre as serras do Mar e da Mantiqueira.

Desde meados do século passado, o fluxo das águas da bacia é artificialmente controlado por uma série de represas de energia e regulação do abastecimento e enchentes.

Guaratinguetá (SP)

Rio Paraíba do Sul na cidade de Guaratinguetá (SP, 2012).

Cunha (SP)

O rio Paraíba do Sul nasce na confluência dos rios Paraitinga, com origem em uma fazenda de café em Areias (SP), e Paraibuna, que tem sua nascente no Parque da Serra do Mar, Cunha (SP, 2014).

Estimativa da demanda hídrica por setor na bacia do rio Paraíba do Sul

Essa demanda, no interior da bacia, é de 85 m³/s. O dobro disso é transposto para a bacia do rio Guandu para gerar eletricidade e abastecer a região metropolitana do Rio de Janeiro.

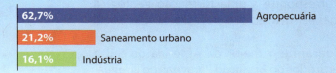

- 62,7% Agropecuária
- 21,2% Saneamento urbano
- 16,1% Indústria

Uso e ocupação do solo

Restam cerca de 8,5% da Mata Atlântica, vegetação nativa que recobria a bacia, a maior parte situada em áreas de conservação, com relevo muito acidentado, como o Parque Nacional do Itatiaia.

Volta Redonda (RJ)

Existem 8,5 mil indústrias situadas ao longo da bacia, especialmente dos setores metalúrgico, têxtil, químico, alimentar e de papel, fontes de riqueza e de poluentes, como alumínio e chumbo. Na foto, rio Paraíba do Sul próximo a Volta Redonda (RJ, 2013).

O seu maior uso agrícola é na irrigação de arrozais e canaviais, e o grande uso do solo é de pastagens que recobrem dois terços da bacia.

População residente por município

Os 6,4 milhões de pessoas que viviam nas cidades ao longo da bacia em 2010 eram a maior fonte de poluição das águas: 85% de seu esgoto doméstico e industrial era despejado no rio sem tratamento.

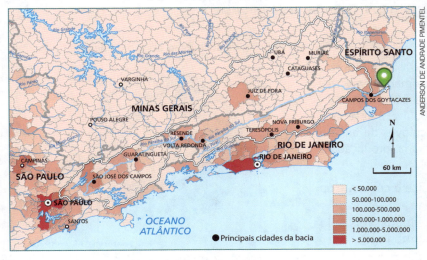

Atafona (RJ)

As atividades ao longo da bacia contribuem para o assoreamento na foz. Desde os anos 1970, as águas do mar destroem as praias do distrito de Atafona (RJ, 2009) enquanto sedimentos fluviais se acumulam na embocadura do rio.

Nove milhões de pessoas, 85% dos habitantes da região metropolitana do Rio de Janeiro, dependem da transposição das águas da bacia do Paraíba do Sul para a do rio Guandu.

Fontes: INEA/RJ. Disponível em: <http://mod.lk/50eOq>. AGEVAP. *Relatório técnico*: bacia do rio Paraíba do Sul. Subsídios às ações de melhoria da gestão. Resende, dez. 2011. Disponível em: <http://mod.lk/57nxd>. Acessos em: mar. 2016.

Aquífero Guarani

Um aquífero corresponde a uma formação geológica constituída por rochas permeáveis que, por essa característica, armazenam água.

O **Aquífero Guarani** é o maior da América do Sul e estende-se pelos territórios do Brasil, do Paraguai, do Uruguai e da Argentina, ocupando uma área de cerca de 1,2 milhão de km². O nome foi dado pelo geólogo uruguaio Danilo Anton — um dos responsáveis pelos estudos desse aquífero — para homenagear a nação indígena originária da região.

Pouco mais de 70% do Aquífero Guarani localiza-se em território brasileiro. No entanto, nosso país é responsável por mais de 93% do volume atualmente extraído, sobretudo o estado de São Paulo, onde está localizada a maior parte dos poços. Observe a tabela abaixo e o mapa ao lado.

Considerado uma reserva estratégica em virtude da escassez hídrica mundial, o ciclo hidrológico do Aquífero Guarani contribui para recompor cerca de 160 km³ de água por ano, dos quais 40 km³, aproximadamente, podem ser usados sem que haja risco de esgotamento.

Fonte: BRASIL. Ministério do Meio Ambiente. *Década brasileira da água 2005-2015*. Brasília: MMA, 2007. p. 35.

Aquífero Guarani: área de ocorrência e exploração

País	Área de ocorrência (em %)	Participação no volume anual de extração (em %)
Argentina	19,1	1,3
Brasil	71,0	93,6
Paraguai	6,1	2,3
Uruguai	3,8	2,8

Fonte: OEA. *Aquífero Guarani:* programa estratégico de ação. Brasil: OEA, 2009. p. 115 e 141 (adaptado).

Uma das grandes preocupações dos ambientalistas em relação ao Aquífero Guarani reside no controle da retirada da água, pois é fundamental que não se exceda o nível de extração estimado e que não haja contaminação.

De acordo com estudos recentes realizados pela Universidade de São Paulo, parte do aquífero encontra-se em terras agricultáveis; no entanto, nessas áreas já ocorre contaminação por infiltração de agrotóxicos.

Você no Enem!

C6 — COMPREENDER A SOCIEDADE E A NATUREZA, RECONHECENDO SUAS INTERAÇÕES NO ESPAÇO EM DIFERENTES CONTEXTOS HISTÓRICOS E GEOGRÁFICOS.

H29 — RECONHECER A FUNÇÃO DOS RECURSOS NATURAIS NA PRODUÇÃO DO ESPAÇO GEOGRÁFICO, RELACIONANDO-OS COM AS MUDANÇAS PROVOCADAS PELAS AÇÕES HUMANAS.

O uso da água

A obtenção e a apropriação que se faz da água no Brasil e no mundo merecem uma reflexão importante: no mundo, aproximadamente três quartos desse recurso natural são utilizados na agropecuária. Essa realidade é semelhante no país, em que 84% da água disponível é destinada a atividades intrinsecamente ligadas à agricultura (cultivos de arroz e soja e, em especial, na irrigação dos cultivos) e à pecuária (produção de carne bovina e de aves). Observe o gráfico ao lado.

- Com base na leitura do texto e do gráfico, analise e comente as frases a seguir.

    a) As hidrovias, as hidrelétricas e a pesca são responsáveis pelo consumo de uma parcela irrelevante de água no país.

    b) A irrigação agrícola e a criação de animais são responsáveis por uma parcela insignificante do consumo de água no país.

    c) A água para beber, tomar banho, cozinhar, lavar objetos etc. faz parte do consumo doméstico urbano, cujo desperdício é o maior problema a ser enfrentado para resolver a questão de falta de água no país.

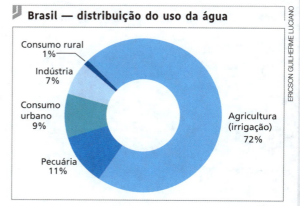

Brasil — distribuição do uso da água

- Consumo rural 1%
- Indústria 7%
- Consumo urbano 9%
- Pecuária 11%
- Agricultura (irrigação) 72%

Fonte: VIEGAS, Anderson. Produtores de MS adotam boas práticas para uso racional da água. *G1. Globo.com*. 15 fev. 2015. Disponível em: <http://mod.lk/zS9Sy>. Acesso em: nov. 2016.

7. Apropriação dos recursos naturais

Para as sociedades urbano-industriais, os elementos naturais representam recursos que servem à lógica da produção e do consumo em larga escala que as caracterizam. Isso tem acarretado o comprometimento desses recursos para gerações futuras — a principal preocupação dos movimentos ambientalistas.

Desde o início da ocupação portuguesa, as terras que viriam a constituir o espaço brasileiro têm sido sucessivamente alteradas, tomando formas que expressam as marcas que lhe são peculiares. A extração do pau-brasil, o surgimento das primeiras aglomerações humanas próximas ao litoral, a expansão de atividades econômicas (como a agroindústria canavieira e, posteriormente, a cafeicultura) exemplificam essas alterações.

Mais recentemente, a ocupação das Regiões Centro-Oeste e Norte provocou profundas alterações na paisagem, sobretudo a partir da década de 1970, com a expansão da fronteira agrícola.

Nessas mesmas porções do território brasileiro, as **atividades madeireira** e **mineradora** alteraram o espaço interferindo na cobertura vegetal, no relevo e na rede hídrica ao desmatar, escavar e remover o solo, assorear os rios.

Nas últimas décadas, a monocultura de exportação ocupou vastas áreas do cerrado brasileiro, fazendo avançar as fronteiras agrícolas em direção ao domínio amazônico. Até a década de 1950, eram as margens e as várzeas dos rios que cediam lugar para as plantações, e os campos do cerrado eram ocupados principalmente pela pecuária extensiva. Com a expansão das monoculturas (em especial, a da soja), o cerrado encontra-se ameaçado.

O meio natural e o espaço geográfico brasileiro

A construção de hidrelétricas, o traçado de rodovias e ferrovias, a transposição das águas de um rio para outras áreas e a construção nas vertentes, entre outras intervenções, modificam substancialmente o espaço e interferem em diversos aspectos da vida social, alterando tanto as características ambientais quanto as relações existentes entre os objetos que as compunham anteriormente. Dessa forma, essas alterações passam a compor o **espaço geográfico**, considerado todo o conjunto delas decorrente.

Assim, em um processo contínuo, porções significativas do território brasileiro sofrem interferência das escolhas realizadas pela sociedade. Portanto, pensar o espaço e definir coletivamente formas adequadas de interferência deve ser uma prioridade política e uma preocupação de toda a sociedade brasileira.

Porto de Açu, em São João da Barra (RJ, 2014). Esse porto faz parte de um grande complexo com terminal portuário privativo de uso misto, indústrias siderúrgicas, usina termoelétrica, unidade de tratamento de petróleo, além de retroárea para armazenamento e movimentação de produtos como minério de ferro, petróleo, carvão, entre outros. A construção e a operação do complexo representam uma ação antrópica de grande proporção por causa da extensão da obra. A proximidade do terminal portuário com a foz do rio Paraíba do Sul deverá agravar consideravelmente o seu assoreamento.

Você no mundo — Atividade em grupo — Pesquisa

Investigação sobre a água

Você sabe de onde vem a água que abastece o seu município? E como são feitos a captação, o tratamento e a distribuição dessa água? Responda a essas questões por meio da investigação a seguir.

- Formem grupos e, com o auxílio de seu professor, agendem uma visita às autoridades responsáveis pelo abastecimento de água de seu município ou região (prefeitura, secretaria de recursos naturais, entre outros), a fim de conhecer qual é a origem dela, como se dá seu tratamento, ou seja, como essa água se torna apropriada para o consumo e de que forma ela é distribuída pela cidade.

- Caso não seja possível realizar essa visita, recorram a informações disponíveis em jornais, revistas, livros especializados e em *sites*.

- Elaborem um relatório com informações de como as entidades públicas e privadas e a população local usam os recursos hídricos disponíveis em sua região para, por exemplo, auxiliar as práticas agrícolas, manter matas ciliares, melhorar os processos de captação, o tratamento e a distribuição da água de abastecimento do município etc.

Geografia e outras linguagens

Leia o poema a seguir, do escritor itabirano Carlos Drummond de Andrade (1902-1987), um dos mais importantes poetas modernistas brasileiros.

Confidência do itabirano

"Alguns anos vivi em Itabira.
Principalmente nasci em Itabira.
Por isso sou triste, orgulhoso: de ferro.
Noventa por cento de ferro nas calçadas.
Oitenta por cento de ferro nas almas.
E esse alheamento do que na vida é porosidade
                            [e comunicação.

A vontade de amar, que me paralisa o trabalho,
vem de Itabira, de suas noites brancas, sem
                    [mulheres e sem horizontes.

E o hábito de sofrer, que tanto me diverte,
é doce herança itabirana.

De Itabira trouxe prendas diversas que
                       [ora te ofereço:
esta pedra de ferro, futuro aço do Brasil,
este São Benedito do velho santeiro
                       [Alfredo Duval;
este couro de anta, estendido no sofá da sala
                            [de visitas;
este orgulho, esta cabeça baixa...

Tive ouro, tive gado, tive fazendas.
Hoje sou funcionário público.
Itabira é apenas uma fotografia na parede.
Mas como dói!"

ANDRADE, Carlos Drummond de. *Poesia completa*. Rio de Janeiro: Nova Aguilar, 2002. p. 68.

QUESTÕES

1. Explique o uso da palavra "ferro" no poema, nos dois sentidos que o termo assume no texto.
2. A voz que expressa a subjetividade do poeta associa à sua cidade natal heranças materiais e imateriais. Dê dois exemplos de cada uma delas.

ATIVIDADES

ORGANIZE SEUS CONHECIMENTOS

1. De acordo com a Agência Nacional de Águas (ANA), entre 2013 e 2014 houve redução nos índices pluviométricos de algumas regiões do país.

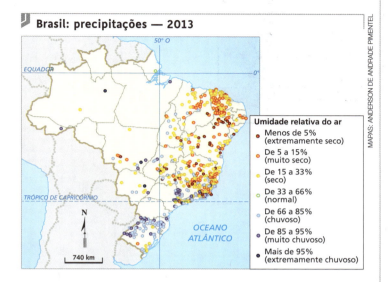

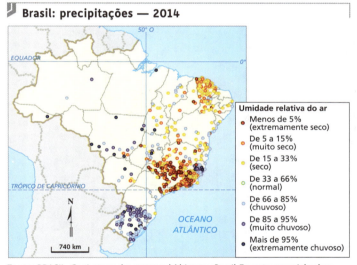

Fonte: BRASIL. *Conjuntura dos recursos hídricos no Brasil.* Encarte especial sobre a crise hídrica. Agência Nacional de Águas (ANA), 2014. p. 10. Disponível em: <http://mod.lk/Y0sHA>. Acesso em: nov. 2016.

Observe o mapa de precipitação de 2014 e assinale a alternativa que apresente duas bacias hidrográficas afetadas pela falta de chuvas.

a) Amazônica e São Francisco.

b) São Francisco e Platina.

c) Platina e Paraíba do Sul.

d) Araguaia e Amazônica.

e) Paraíba do Sul e São Francisco.

2. De acordo com o historiador e brasilianista estadunidense Warren Dean (1932-1994):

"O desaparecimento de uma floresta tropical, portanto, é uma tragédia cujas proporções ultrapassam a compreensão ou concepção humanas".

DEAN, Warren. *A ferro e fogo*: a história e a devastação da Mata Atlântica brasileira. São Paulo: Companhia das Letras, 1996. p. 22-23.

Um dos argumentos para a sustentação dessa afirmação é que as florestas tropicais:

a) possuem maior biodiversidade que outras formações florestais.

b) afetam tão somente o mundo subdesenvolvido.

c) são reservas de alimentos para a população mundial.

d) podem se reconstituir com facilidade.

e) são reserva de matéria-prima para a indústria.

3. Segundo alguns especialistas, Ilha Grande e Angra dos Reis, no litoral do Rio de Janeiro, são consideradas áreas de risco para a ocupação humana. A foto mostra um movimento de massa ocorrido no início de 2010, em Angra dos Reis. Estabeleça relações entre o ocorrido e as características morfoclimáticas.

Movimento de massa em vertente, em Angra dos Reis (RJ, 2010).

4. Retorne ao texto do capítulo e observe o mapa América do Sul: unidades tectônicas, na página 140, e responda.

a) Quais são as três grandes unidades geológicas que compõem a América do Sul?

b) Explique por que o relevo brasileiro se caracteriza por não apresentar cadeias montanhosas de elevada altitude.

5. Qual é a relação entre a formação geológica do Brasil e a ocorrência de minerais metálicos de grande aproveitamento econômico no país?

Capítulo 8 • As bases físicas do Brasil **161**

ATIVIDADES

6. Leia a tira a seguir.

- Caracterize a formação de relevo mencionada pela personagem do Bugio.

REPRESENTAÇÕES GRÁFICAS E CARTOGRÁFICAS

7. O mapa a seguir apresenta as Unidades de Conservação no Brasil. Analise as informações nele contidas e, em seguida, faça o que se pede.

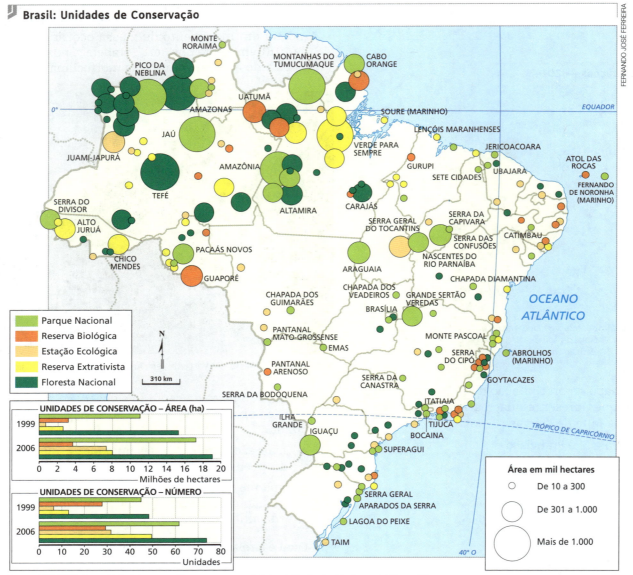

Fonte: FERREIRA, Graça M. L. *Atlas geográfico:* espaço mundial. 4. ed. São Paulo: Moderna, 2013. p. 124.

a) Qual região brasileira (Norte, Nordeste, Centro-Oeste, Sudeste ou Sul) apresenta as maiores áreas em Unidades de Conservação? Qual domínio morfoclimático, portanto, apresenta as maiores áreas em Unidades de Conservação?

b) Volte ao mapa Brasil: domínios morfoclimáticos, na página 149, e identifique uma Unidade de Conservação de cada domínio brasileiro.

c) Localize, no mapa, o Parque Nacional do Iguaçu. Nele, estão localizadas as Cataratas do Iguaçu, Patrimônio Natural da Humanidade. Relacionando o mapa da questão com o mapa da página 153, pode-se afirmar que o rio Iguaçu e a área das cataratas integram qual bacia hidrográfica?

d) O que ocorreu em relação à área e ao número de Unidades de Conservação, no Brasil, entre 1999 e 2006?

INTERPRETAÇÃO E PROBLEMATIZAÇÃO

8. Leia os dois excertos a seguir e responda às questões no caderno.

Texto I

"A maior ameaça à integridade desses sistemas naturais [...] reside na atividade agropecuária, que tem hoje no [...] seu principal polo de expansão. As atividades agropecuárias já resultaram na eliminação de uma expressiva porção da cobertura vegetal nativa [...] e na fragmentação da maioria de seus hábitats naturais, acarretando perda da biodiversidade e aumento da erosão dos solos, com o consequente assoreamento de mananciais."

BOTELHO, R. G. M. Recursos naturais e questões ambientais. Em: IBGE. *Atlas nacional Milton Santos.* Rio de Janeiro: 2010. p. 69-70.

Texto II

"Como resultado da intensa ocupação e do dinamismo econômico ao longo do tempo, [...] se encontra largamente devastada, alterada e fragmentada, restando algumas áreas preservadas em unidades de conservação e outras em porções mais elevadas e íngremes do terreno."

BOTELHO, R. G. M. Recursos naturais e questões ambientais. Em: IBGE. *Atlas nacional Milton Santos.* Rio de Janeiro: 2010. p. 72.

a) Indique os dois domínios morfoclimáticos citados em cada texto.

b) Caracterize as formações vegetais de cada um desses domínios.

ENEM E VESTIBULARES

9. **(UFU-MG, 2015)** "O território brasileiro [...] comporta um mostruário bastante completo das principais paisagens e ecologias do Mundo Tropical [...]. Até o momento foram reconhecidos seis grandes domínios paisagísticos e macroecológicos em nosso país. [...]"

AB'SÁBER, Aziz Nacib. *Os domínios da natureza no Brasil:* potencialidades paisagísticas. 4. ed. São Paulo: Ateliê Editorial, 2007. p. 10 e 13.

Com relação aos domínios paisagísticos e macroecológicos do Brasil, referenciados no texto, é correto afirmar que, na região:

a) dos mares de morro, o relevo é formado por planaltos e maior altitude, o clima é do tipo subtropical e a vegetação é do tipo mista, com predomínio da floresta subtropical.

b) da Amazônia, o relevo é formado por planícies e planaltos, o clima é do tipo quente e úmido, com chuvas abundantes e concentradas em alguns meses do ano, e a vegetação é densa.

c) das Araucárias, o relevo é formado por planaltos e chapadas, o clima é bem definido, com chuvas bem distribuídas o ano todo, e a vegetação típica e remanescente é composta por árvores de médio porte.

d) da caatinga, o relevo é formado por depressões e planaltos, o clima é do tipo semiárido, com chuvas concentradas em alguns meses do ano, e predomínio da vegetação espinhosa.

10. **(Udesc-SC, 2015)** Identifique a alternativa correta em relação às características e à atuação das massas de ar sobre o território brasileiro.

a) Massa tropical atlântica: quente e úmida, provoca chuvas no litoral das regiões Nordeste, Sudeste e Sul do Brasil.

b) Massa equatorial atlântica: quente e seca, responsável pelas secas periódicas na região Nordeste.

c) Massa equatorial continental: quente e úmida, é o maior mecanismo formador de chuvas nas regiões Sudeste e Sul do Brasil.

d) Massa tropical continental: fria e seca, provoca chuvas convectivas no Brasil-Central.

e) Massa polar atlântica: fria e úmida, é a principal responsável pelas fortes chuvas em Santa Catarina, nos meses de verão.

11. **(PUC-RJ, 2015)** No território brasileiro, os climas são diversos e causados por variados fatores. Assinale a seguir um fator determinante dos climas.
a) Latitude.
b) Umidade.
c) Temperatura.
d) Pluviosidade.
e) Nebulosidade.

12. **(Udesc-SC, 2008)** A rede hidrográfica brasileira é composta por rios, em sua maioria perenes, e com grande potencial para a geração de energia elétrica, pois se encontram predominantemente em regiões de planalto. Analisando a rede hidrográfica brasileira, conclui-se que:

I. A navegação de maior porte é realizada em rios como os da bacia do Amazonas, os da bacia do Paraguai e em trechos do São Francisco.

ATIVIDADES

II. Os rios das regiões Sul e Sudeste apresentam limitado potencial de navegação, sendo necessária, em alguns casos, a construção de eclusas como as do rio Tietê, no Estado de São Paulo.

III. A bacia do rio Paraguai é a maior do Brasil, e onde se situa a maior usina hidrelétrica do país - a Itaipu.

IV. O rio Uruguai nasce da junção dos rios Canoas e Pelotas.

V. A bacia Platina é composta pelas bacias do Paraná, Uruguai e Tocantins que, juntas, formam a maior rede navegável do Brasil.

Identifique a alternativa correta.

a) Somente as afirmativas I e V são verdadeiras.
b) Somente as afirmativas II, III e V são verdadeiras.
c) Somente as afirmativas I, II e IV são verdadeiras.
d) Somente as afirmativas III, IV e V são verdadeiras.
e) Todas as afirmativas são verdadeiras.

13. **(Udesc-SC, 2015)** Identifique a alternativa correta sobre o bioma do Cerrado brasileiro.
    a) A área nuclear fica no Brasil-Central, mas também pode ser encontrado em enclaves na floresta amazônica.
    b) Encontra-se hoje fortemente devastado, devido ao cultivo de cana-de-açúcar em toda a sua extensão.
    c) É uma formação vegetal aberta, devido à presença de grandes manadas de mamíferos.
    d) O clima neste bioma é chuvoso o ano todo, o que explica o fato de ser zona de nascentes de importantes rios brasileiros.
    e) A aparência tortuosa de seus arbustos é devida à carência de nutrientes no solo, como o ferro e o alumínio.

14. **(Uece-CE, 2015)** Os cinco macrotipos climáticos presentes no Brasil correspondem aos climas equatorial, tropical equatorial, tropical litorâneo do Nordeste oriental, tropical do Brasil-Central e subtropical úmido. Considerando a paisagem e a tipologia climática brasileira e suas relações de gênese e dinâmica, analise as afirmações e identifique as afirmações verdadeiras (V) e as afirmações falsas (F).

    - Dentre os fatores determinantes para a diversidade climática e paisagística no Brasil estão a extensão do território e do litoral, as formas de relevo e a dinâmica das massas de ar.
    - Dentre as principais características que distinguem os climas da Região Sul do Brasil estão a grande irregularidade pluviométrica e as baixas temperaturas no inverno.
    - A vegetação presente na área de atuação do clima tropical litorâneo do Nordeste oriental não condiz com esse tipo de clima.
    - O domínio do clima equatorial é controlado principalmente pelas massas equatorial continental e atlântica, além da zona de convergência intertropical.

    A sequência correta, de cima para baixo, é:
    a) V, V, F, V.
    b) V, F, F, V.
    c) F, V, V, F.
    d) F, F, V, V.

15. **(UPE-PE, 2015)** Leia o texto a seguir.

    > "No Brasil, a Mata dos Pinhais cobria originalmente uma área superior a 100.000 km² ou 100.000.000 de hectares. Atualmente calcula-se que sobraram apenas cerca de 300 km² ou 300.000 hectares desse domínio vegetal, ou seja, apenas 0,3% da cobertura original."
    >
    > Melhem Adas

    Esse domínio vegetal brasileiro reflete, na Região Sul, um domínio climático mencionado na alternativa.
    a) Temperado oceânico
    b) Tropical
    c) Frio
    d) Subtropical
    e) Temperado continental

16. **(Espcex-Aman-RJ, 2015)** Observe o climograma de uma cidade brasileira e considere as afirmativas relacionadas a ele.

    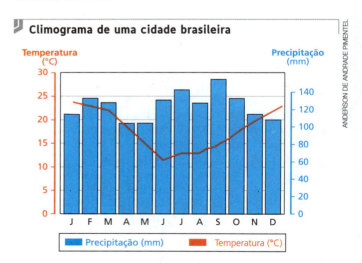

    Climograma de uma cidade brasileira

    I. O clima representado é denominado equatorial, em cuja área está presente uma vegetação do tipo hidrófila e latifoliada, característica da Floresta Equatorial.

    II. Refere-se a um clima sob forte influência da massa Polar atlântica (mPa) e que apresenta uma significativa amplitude térmica anual.

III. Trata-se de um clima subtropical úmido, com precipitações ao longo de todo o ano, sem ocorrência de estação seca.

IV. Nas áreas em que esse clima predomina, observam-se precipitações que ultrapassam os 2.200 mm, o que, aliado às altas temperaturas, favorece o processo de lixiviação e a consequente laterização do solo.

Identifique a alternativa em que todas as afirmativas estão corretas:

a) I e II.
b) III e IV.
c) I e IV.
d) II e III.
e) II e IV.

17. (FGV-RJ, 2015) Há um domínio natural (morfoclimático) brasileiro que está situado em zona climática temperada, mas ainda sob efeito dos trópicos, por isso influenciado por um clima subtropical úmido de planaltos, com inverno bem delimitado e frio. Identifique a afirmação que define outras características desse domínio corretamente.

a) É um domínio bem montanhoso, com predomínio de matas tropicais de encosta, mas com intrusões de cerrado, com muita umidade no inverno, quando os índices pluviométricos se tornam muito elevados.

b) É um domínio no qual predominam planaltos e altitudes que variam de 800 m a 1.300 m com algumas intrusões de mares de morros. Em pontos mais elevados chegam a ocorrer nevascas e geadas no inverno.

c) É um domínio no qual predominam os mares de morros, com floresta ombrófila biodiversa, removida em grande medida em razão da qualidade da madeira para a indústria moveleira.

d) É um domínio de campos e pradarias, logo com predomínio de vegetação herbácea, de clima chuvoso durante todo ano e temperaturas amenas, por se encontrar em zona temperada.

e) É um domínio cuja vegetação florestal mais marcante ainda se mantém em quase toda sua extensão original, devido às antigas e eficientes políticas de conservação implantadas na região.

18. (UCS-RS, 2015) Leia o excerto a seguir.

A ocorrência de ▇▇▇▇ abaixo da média no norte da Região Norte e acima da média na Região Sul do Brasil, no decorrer do último trimestre, como previsto em abril passado, foi, em parte, associada ao fenômeno El Niño, em curso no oceano Pacífico Equatorial, com intensidade moderada. [...] As ▇▇▇▇ continuaram abaixo da média histórica sobre o norte da Região Norte e também no sudoeste do Amazonas e no Acre, durante julho de 2014. Neste mês, a passagem de perturbações na média e alta troposfera, aliada à incursão de sistemas frontais, favoreceu o excesso de ▇▇▇▇ principalmente no sul das Regiões Sul e Centro-Oeste. Em contrapartida, houve *deficit* pluviométrico em Santa Catarina e no leste do Paraná e de São Paulo. Já a faixa leste da Região Nordeste continuou apresentando irregularidade na distribuição de anomalias de ▇▇▇▇, com destaque para as ▇▇▇▇ acima da média entre o litoral de Alagoas e o sul da Bahia.

Disponível em: <http://mod.lk/Lrknc>.
Acesso em: 1º set. 2014.

Com base no texto, é possível perceber que se trata de um fenômeno natural que está afetando diferentes regiões brasileiras. Indique a alternativa que completa correta e respectivamente as lacunas do texto.

a) temperaturas — temperaturas — chuvas — temperaturas — chuvas
b) chuvas — chuvas — chuvas — precipitação — chuvas
c) chuvas — temperaturas — temperaturas — ventos — temperaturas
d) ventos — chuvas — temperaturas — precipitação — temperaturas
e) ventos — chuvas — ventos — ventos — chuvas

19. (Enem, 2013) "Então, a travessia das veredas sertanejas é mais exaustiva que a de uma estepe nua. Nesta, ao menos, o viajante tem o desafogo de um horizonte largo e a perspectiva das planuras francas. Ao passo que a outra o afoga; abrevia-lhe o olhar; agride-o e estonteia-o; enlaça-o na trama espinescente e não o atrai; repulsa-o com as folhas urticantes, com o espinho, com os gravetos estalados em lanças; e desdobra-se-lhe na frente léguas e léguas, imutável no aspecto desolado: árvores sem folhas, de galhos estorcidos e secos, revoltos, entrecruzados, apontando rijamente no espaço ou estirando-se flexuosos pelo solo, lembrando um bracejar imenso, de tortura, da flora agonizante..."

CUNHA, Euclides da. *Os sertões*. 3. ed. São Paulo: Ateliê Editorial, 2004. p. 116.

Os elementos da paisagem descritos no texto correspondem a aspectos biogeográficos presentes na

a) composição de vegetação xerófila.
b) formação de florestas latifoliadas.
c) transição para mata de grande porte.
d) adaptação à elevada salinidade.
e) homogeneização da cobertura perenifólia.

CAPÍTULO 9

RECURSOS ENERGÉTICOS

ENEM
C4: H18
C6: H26, H27, H28, H29, H30

Neste capítulo, você vai aprender a:

- Reconhecer e caracterizar as principais fontes de energia utilizadas na atualidade, identificando-as como renováveis e não renováveis.
- Analisar criticamente modelos energéticos adotados em diferentes países, considerando produção, consumo e impactos ambientais deles decorrentes.
- Comparar dados referentes à produção energética em diferentes países.
- Analisar os efeitos dos choques do petróleo na economia mundial, reconhecendo a influência da Opep e o papel do petróleo na atualidade.
- Analisar as diferentes propostas de geração de energia limpa, assim como suas características, condições e contribuições ambientais.

"O petróleo é 10% de economia e 90% de política."

Daniel Yergin, presidente da Cambridge Energy Research Associates. Sébille-Lopez, Philipe. *Geopolíticas do petróleo*. Lisboa: Instituto Piaget, 2006. p. 9.

A exploração e a produção dos principais recursos energéticos em âmbito global têm sido objeto de preocupação econômica, política e ambiental em todo o mundo. O estudo da origem desses recursos na natureza, sua importância político-econômica e os impactos ambientais gerados para a obtenção de energia permitem-nos avaliar a necessidade de encontrarmos soluções com baixo impacto ambiental e permitir que toda a população tenha igual acesso às energias produzidas.

Ponto de partida

A usina hidrelétrica de Três Gargantas, na China, é a maior do planeta, com capacidade de produção de 22.500 MW por hora. Já a binacional Itaipu, a segunda maior do mundo, tem capacidade de produção de 14.000 MW por hora. Leia e reflita: a hidreletricidade é uma energia renovável e gera impactos ambientais muito baixos. Essa afirmação é correta? Justifique sua resposta.

Comportas da hidrelétrica de Três Gargantas liberam as águas do rio Yangtze, na província de Hubei (China, 2012).

1. Principais fontes de energia

A presença de fontes energéticas na natureza está profundamente relacionada à formação da crosta terrestre, estudada no capítulo 5. A formação da superfície da Terra, assim como o delineamento das bacias sedimentares, permite-nos compreender como ocorreu a formação de importantes recursos energéticos, como o petróleo e o carvão mineral.

Além disso, também foi possível compreender como o relevo terrestre se originou e quais são seus agentes transformadores. Os cursos de rios em trechos de declive podem ser aproveitados para a geração de energia hidrelétrica, o que faz do relevo um dado importante no estudo dos recursos energéticos.

A aceleração da atividade industrial, no decorrer dos últimos dois séculos, exigiu das sociedades modernas intenso crescimento da oferta de energia. Em muitos países desenvolvidos, vêm sendo feitos investimentos em pesquisa de novas fontes primárias, visando à substituição das fontes tradicionais.

O aumento da demanda de energia e os efeitos desta para o meio ambiente entraram, recentemente, na pauta dos importantes debates ecológicos em âmbito político internacional, em vista do aprofundamento dos impactos no meio ambiente causados pela geração e pelo uso dessas fontes tradicionais.

As fontes de energia podem ser classificadas em primárias e secundárias, não renováveis e renováveis. As **fontes energéticas primárias** são providas pela natureza de forma direta: petróleo, gás natural, carvão mineral, minério de urânio, lenha, entre outros. Podem passar por um processo de transformação para serem destinados a diferentes usos; o petróleo, por exemplo, pode ser transformado em gasolina, querosene, gás liquefeito e outros — classificados em **fontes energéticas secundárias**. Uma fonte secundária pode sofrer outras transformações: gás liquefeito e nafta, por exemplo, são subdivididos para dar origem a uma ampla gama de produtos petroquímicos (entre eles, o plástico).

Os combustíveis fósseis são extraídos de recursos naturais que se formaram a partir das alterações na biomassa, em diferentes eras geológicas. Essas fontes são consideradas **não renováveis**, uma vez que o tempo geológico necessário para sua formação não permite renovação em relação ao tempo social. Já os recursos energéticos **renováveis** são obtidos de forma direta ou indireta, utilizando a energia do Sol, dos ventos, das águas ou das plantas, e são reabastecidos constantemente pela natureza. Observe, a seguir, o esquema das energias primárias e secundárias, tanto as renováveis quanto as não renováveis.

Na atualidade, o carvão, o petróleo, o gás natural, a água e a reação nuclear de elementos químicos variados são os recursos naturais mais utilizados no mundo para gerar energia. Juntos, somam, aproximadamente, 90% da oferta mundial. Cada um deles, à sua maneira e em proporções específicas, acarreta danos ambientais:

- o petróleo e o carvão são altamente poluentes e contribuem para o aquecimento global;
- o gás natural é menos poluente, mas sua utilização também gera os chamados gases de efeito estufa;
- as usinas hidrelétricas exigem a construção de represas, o que implica a inundação de vastas áreas, com consequências diretas para o meio ambiente e para as populações do entorno;
- a energia nuclear, além dos riscos de acidentes comprovados nas usinas que a produzem (como o ocorrido no Japão após o terremoto seguido de *tsunami*, em 2011), gera resíduos com grande poder de contaminação e de difícil controle.

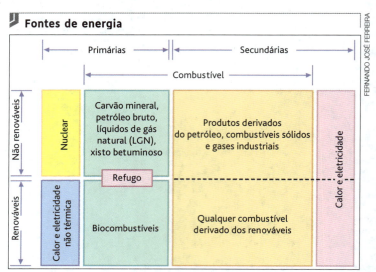

Fonte: AGÊNCIA Internacional de Energia (AIE). *Manual de estatísticas energéticas*. Disponível em: <http://mod.lk/bA7WU>. Acesso em: nov. 2016.

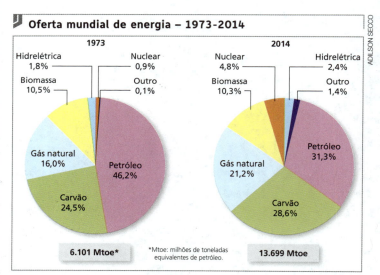

Fonte: International Energy Agency (IEA). *Key world energy statistics 2016*. Disponível em: <http://mod.lk/hppza>. Acesso em: nov. 2016.

Combustíveis fósseis

Combustíveis fósseis são as fontes de energia provenientes de material orgânico fossilizado, como o carvão mineral, o petróleo e o gás natural. O quadro na página a seguir mostra os maiores produtores de combustíveis fósseis no mundo em ordem decrescente.

Maiores produtores de combustíveis fósseis – 2015

	Petróleo	Gás natural	Carvão mineral
1º	Arábia Saudita	Estados Unidos	China
2º	Estados Unidos	Rússia	Estados Unidos
3º	Rússia	Irã	Índia
4º	Canadá	Catar	Austrália
5º	China	Canadá	Indonésia
6º	Iraque	China	Rússia
7º	Irã	Noruega	África do Sul
8º	Emirados Árabes Unidos	Arábia Saudita	Alemanha
9º	Kuwait	Turcomenistão	Polônia
10º	Venezuela	Argélia	Cazaquistão

Fonte: International Energy Agency (IEA). *Key world energy statistics 2016*. Disponível em: <http://mod.lk/hppza>. Acesso em: nov. 2016.

Carvão mineral

O **carvão mineral** é um hidrocarboneto sólido, formado por deposição e soterramento em bacias sedimentares de antigas florestas em condições especiais de baixa temperatura e umidade.

O carvão mineral foi o combustível essencial da Revolução Industrial no século XIX. Ainda hoje é usado para aquecer os altos-fornos na siderurgia, fazer a calefação durante o inverno em regiões temperadas e, principalmente, gerar eletricidade. É a principal fonte de energia em países como a China, a Austrália e a Índia.

Litografia colorida de autoria desconhecida que representa uma mina de carvão na Inglaterra do século XIX (Inglaterra, 1844).

Formação do carvão mineral

1. Gênese da depressão morfológica

2. Gênese de um pântano

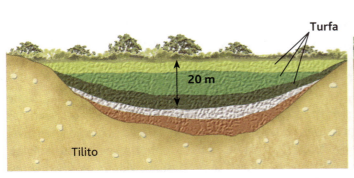

3. Preenchimento da depressão pela turfa

4. Estágio final

Fonte: LEINZ, Viktor; AMARAL, Sérgio E. *Geologia geral*. São Paulo: Nacional, 2003. p. 208.

Os maiores produtores mundiais de carvão mineral são a China, os Estados Unidos e a Índia. No hemisfério Sul, os maiores produtores são a Austrália e a África do Sul. Observe nos gráficos a seguir o aumento da participação da produção chinesa no total mundial em relação à **OCDE**.

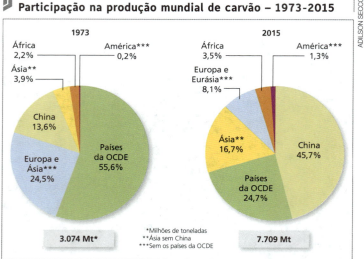

Fonte: International Energy Agency (IEA). *Key world energy statistics 2016.* Disponível em: <http://mod.lk/hppza>. Acesso em: nov. 2016.

A Europa Ocidental é, no conjunto, a maior importadora desse produto, e o Japão, o país que mais o importa, principalmente da Austrália, para utilizá-lo em seu parque siderúrgico. O carvão é a segunda fonte de energia mais usada no mundo, ficando atrás do petróleo.

> **OCDE.** A Organização para a Cooperação e Desenvolvimento Econômico (OCDE) foi criada em 1961 com o intuito de apoiar um crescimento econômico duradouro, desenvolver o emprego, aumentar o nível de vida, manter a estabilidade financeira, ajudar os outros países a desenvolverem suas economias, contribuir para o crescimento do comércio mundial. De 1961 a 1973, a OCDE contava com Alemanha, Austrália, Áustria, Bélgica, Canadá, Dinamarca, Espanha, Estados Unidos, Finlândia, França, Grécia, Irlanda, Islândia, Itália, Japão, Luxemburgo, Noruega, Nova Zelândia, Países Baixos, Portugal, Reino Unido, Suécia, Suíça, Turquia. De 1974 a 2015, contou também com Chile, Coreia do Sul, Eslováquia, Eslovênia, Estônia, Hungria, Israel, México, Polônia, República Tcheca. Em 2016, a Letônia passou a integrar a OCDE.

Petróleo

O **petróleo** é um hidrocarboneto encontrado na natureza nas formas líquida ou pastosa, e sua ocorrência se dá em terrenos sedimentares (arenitos e calcários). É possível encontrá-lo tanto a poucos metros do subsolo quanto em áreas muito profundas, como a camada pré-sal do litoral brasileiro (mais de 7 mil metros abaixo do nível do mar).

Embora seja de origem marinha, o petróleo flui pelas rochas e passa das áreas de geração para as de acumulação, podendo alojar-se em rochas formadas em ambiente terrestre (continental). Essa passagem do ambiente marinho para o continental ocorre em bacias sedimentares, ao longo do tempo geológico; por isso, esse hidrocarboneto pode ser encontrado em áreas continentais e marinhas.

A extração de petróleo do fundo do mar exige tecnologias modernas e implica custos elevados. Na foto, plataformas de perfuração de petróleo no campo petrolífero Ku-Maloob-Zaap, em Campeche Bay, Ciudad del Carmen (México, 2014).

O petróleo é a principal fonte de energia usada no mundo. Cerca de 48% das reservas mundiais ficam no Oriente Médio. Mas o país que tem as maiores reservas do mundo, segundo dados de 2014, é a Venezuela. Observe a evolução da distribuição das reservas no mundo, por região, no gráfico a seguir.

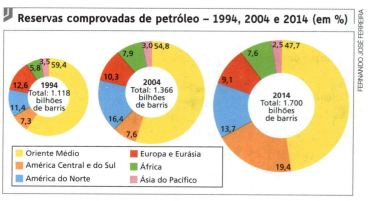

Fonte: BP Statistical Review of World Energy — June 2015. Disponível em: <http://mod.lk/ZuUVE>. Acesso em: nov. 2016.

Entretanto, as reservas conhecidas não são um dado fixo, pois o investimento em exploração e pesquisa de novos campos petrolíferos é intenso e conta com o avanço tecnológico para alcançar novas regiões de produção. Assim, o volume de reservas pode variar conforme forem surgindo novas descobertas.

A economia mundial depende muito do petróleo, já que esse recurso gera a maior parte da eletricidade utilizada nas indústrias, no aquecimento, na iluminação e como combustível nos veículos, tornando-se uma fonte de energia estratégica, principalmente para os países desenvolvidos e os emergentes, além, é claro, dos produtores de óleo.

> **Para ler**
>
> **O petróleo: uma história mundial de conquistas, poder e dinheiro**
> Daniel Yergin. São Paulo: Paz e Terra, 2010.
> O livro traça a história do petróleo, ressaltando sua importância na tomada de decisões político-econômicas durante o século XX.

Política e petróleo

Até a década de 1960, os países produtores estavam à mercê de um pequeno grupo de multinacionais petrolíferas, que obtinham gigantescos lucros com o petróleo e praticamente ignoravam a participação desses países. Diante dessa situação desfavorável, os principais países produtores criaram a **Organização dos Países Exportadores de Petróleo (Opep)**. Os objetivos dessa organização eram formular uma política de preços comum e definir cotas de produção para cada país, a fim de evitar crises de superprodução. Os países fundadores foram: Arábia Saudita, Irã, Iraque, Kuait e Venezuela. Mais tarde, foram admitidos: Catar (1961), Líbia (1962), Indonésia (de 1962 a 2009), Emirados Árabes Unidos (1967), Argélia (1969), Nigéria (1971), Equador (admitido em 1973, mas esteve fora da organização entre 1992 e 2007), Gabão (de 1975 a 1996) e Angola (2007).

Em 1973, por iniciativa do Irã e da maioria dos países árabes, a Opep aumentou os preços do petróleo em aproximadamente 300%, deflagrando **o primeiro choque do petróleo**. As nações ocidentais, acostumadas a obter essa fonte de energia a baixos preços, sofreram um forte impacto econômico e precisaram rever suas matrizes energéticas e sua dependência do óleo estrangeiro. Em 1979, a nova elevação dos preços do petróleo promovida pela Opep ficou conhecida como o **segundo choque do petróleo**.

Reagindo aos aumentos dos preços, os países importadores passaram a fazer maior uso de outras fontes — por exemplo, o carvão e a energia nuclear —, assim como estimularam a pesquisa e a prospecção de petróleo em outras regiões do mundo. Já a Noruega e o Reino Unido tornaram-se grandes produtores ainda na década de 1980; México e Rússia aumentaram significativamente suas exportações. Contudo, os países da Opep ainda são os principais fornecedores mundiais de petróleo.

A Arábia Saudita, no Oriente Médio, é a maior produtora mundial desse recurso, ficando a Rússia em segundo lugar. Observe nos gráficos a seguir como o Oriente Médio se destaca na produção de petróleo mundial.

No início do século XXI, com a expansão da economia mundial impulsionada pela China, o barril de petróleo atingiu valores muito altos, acima dos cem dólares. A demanda pelo óleo pressionava o aumento de preços e a busca por novas regiões produtoras. Com a crise econômica de 2008 e a consequente desaceleração da economia global, além do aumento expressivo da oferta em razão do aumento da produção em países como os Estados Unidos, os preços do barril diminuíram.

Alguns países são totalmente dependentes do petróleo externo, como o Japão, que importa todo o óleo que consome. Do mesmo modo, a China é uma grande importadora de petróleo cru e seu crescimento nas últimas décadas permitiu que se tornasse uma das principais investidoras na produção de petróleo em países produtores (como em países africanos) para ampliar sua capacidade de extração.

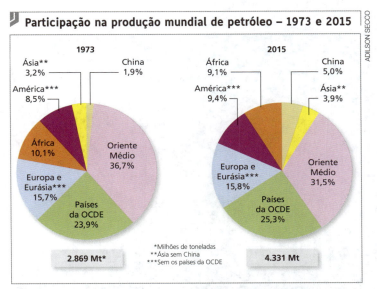

Fonte: International Energy Agency (IEA). *Key world energy statistics 2016*. Disponível em: <http://mod.lk/hppza>. Acesso em: nov. 2016.

Gás natural

O **gás natural** é encontrado na natureza frequentemente associado ao petróleo, mas também pode ser visto de maneira isolada. Seu consumo apresentou crescimento acelerado nas últimas décadas, com tendência a prosseguir aumentando.

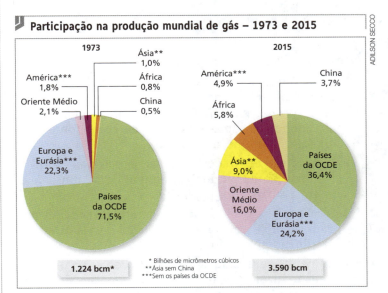

Fonte: International Energy Agency (IEA). *Key world energy statistics 2016*. Disponível em: <http://mod.lk/hppza>. Acesso em: nov. 2016.

Fontes energéticas não renováveis e altamente poluentes

A queima de combustíveis fósseis em diversas atividades humanas é altamente poluente e libera grande quantidade de gás carbônico (CO_2) na atmosfera, contribuindo para a deterioração das condições ambientais, sobretudo nos centros urbanos e nas regiões industriais. A acumulação de CO_2 na atmosfera está na origem da intensificação do **efeito estufa** e, consequentemente, na elevação das temperaturas globais.

Fumaça e vapor saem de chaminés múltiplas em fábrica na cidade de Jesup (Estados Unidos, 2012).

Efeito estufa. Processo natural de retenção de aproximadamente 35% da radiação solar recebida pela Terra na atmosfera que contribui para manter constante a temperatura acima da superfície terrestre. A crescente emissão de CO_2 na atmosfera pelas atividades humanas tem aumentado essa retenção em cerca de 0,4% anualmente, o que pode levar à elevação da temperatura global entre 2 °C e 6 °C nos próximos 100 anos.

QUESTÕES

1. Observe os gráficos da oferta mundial de energia da página 168 e analise se a seguinte afirmação está correta: existe uma tendência mundial de abandono dos combustíveis fósseis como fonte de energia. Justifique sua resposta.
2. Relacione o efeito dos choques do petróleo e a diversificação da produção mundial dessa fonte de energia a partir dos anos 1980.
3. Cite quais são os fatores a serem considerados para saber se um rio tem potencial para a produção de hidroeletricidade.
4. Os perigos associados à produção de energia nuclear reduzem sua utilização pelos países desenvolvidos? Explique.

Para navegar

Agência Nacional de Energia Elétrica
http://mod.lk/Tgxru
Site da agência responsável por regulamentar as atividades de geração, transmissão e distribuição de energia elétrica no Brasil.

2. Energia hidrelétrica

Uma das formas de obtenção de energia elétrica é pelo uso da força hidráulica, nas **usinas hidrelétricas**. Para estimar o potencial hidrelétrico de um rio ou de uma bacia hidrográfica, é preciso medir a vazão e a velocidade de suas águas; porém, sua expansão depende também da morfologia do relevo, do volume de água e das características do regime fluvial. Dessa forma, nas planícies, por exemplo, a possibilidade de utilização da fonte hídrica para a produção de energia é muito pequena.

No Brasil, a hidreletricidade representa parcela significativa do total da energia produzida. Na China, com a expansão da economia, o governo passou a investir nesse tipo de energia, aproveitando o potencial de seus rios. A Índia, que também vem obtendo bons resultados econômicos, tem expandido a geração de energia hidrelétrica com a construção de novas usinas, a fim de depender menos do carvão, fonte de energia abundante no país, mas altamente poluidora.

Usina hidrelétrica Srisailam, na barragem do rio Krishna, no distrito de Kurnool (Índia, 2011): para gerar 1.670 MW de energia, a usina precisou represar as águas do rio, formando um reservatório de 800 km².

Para assistir

Em busca da vida
China, 2006. Direção Zhang-ke Jia. Duração: 108 min.
O filme narra momentos da vida de moradores da cidade de Fengjie, na China, que está prestes a ser inundada pelo lago da barragem da hidrelétrica de Três Gargantas.

Atualmente, China, Canadá e Brasil são os maiores produtores de energia proveniente de fontes hídricas.

Principais países produtores de energia hidrelétrica – 2014

País	TW/h*	% do total mundial
China	1.064	26,7
Canadá	383	9,6
Brasil	373	9,4
Estados Unidos	282	7,1
Rússia	177	4,4
Noruega	137	3,4
Índia	132	3,3
Venezuela	87	2,2
Japão	87	2,2
França	69	1,7
Restante dos países	1.192	30,0
Mundo	**3.383**	**100,0**

*TW/h: terawatts por hora = 1.012 W/h (1 trilhão de watts por hora).

Fonte: International Energy Agency (IEA). *Key world energy statistics 2016*. Disponível em: <http://mod.lk/hppza>. Acesso em: nov. 2016.

3. Energia nuclear

A eletricidade produzida nas **usinas nucleares** é derivada da fissão nuclear de elementos químicos radioativos, entre os quais o principal é o urânio. O calor proveniente da fissão aquece a água que circula em torno das barras de urânio. Isso gera vapor para a turbina, que, por sua vez, move o gerador, produzindo energia elétrica. Uma das vantagens dessa produção é o fato de que esse tipo de energia requer a queima de um quilo de urânio natural, enquanto uma usina termelétrica convencional necessita de 150 toneladas de carvão para produzir igual quantidade de energia. Em países como a França e a Suécia, as centrais nucleares são responsáveis por mais da metade da eletricidade produzida.

Em relação às desvantagens, em caso de acidente, essa forma de produção de energia implica sério risco de escape de material radioativo para a atmosfera. Em 2011, após um forte terremoto atingir o Japão, seguido de um *tsunami*, ocorreu vazamento e contaminação radioativa na usina nuclear de Fukushima; até então, o mais conhecido acidente nuclear havia acontecido em abril de 1986, na usina de Chernobyl, na Ucrânia, resultando na morte de mais de 30 mil pessoas e na contaminação de vasta área atingida pela radiação.

Além da possibilidade de acidentes, outro problema decorrente do uso desse tipo de energia refere-se à produção de resíduos tóxicos. Isso ocorre porque, embora não emita gases poluentes na atmosfera, a fissão nuclear gera um resíduo altamente tóxico, conhecido como **lixo atômico**.

Vista da cidade de Pripyat (Ucrânia, 2015), a alguns quilômetros de Chernobyl, onde, em abril de 1986, houve a explosão de um reator atômico. Após o acidente, um dos maiores da história envolvendo energia atômica, foi preciso retirar cerca de 120 mil pessoas de Chernobyl, sendo 43 mil somente de Pripyat. Hoje em dia, a cidade permanece abandonada.

Durante mais de 20 anos, os rejeitos radioativos eram fechados em contêineres e lançados ao fundo do mar, permanecendo radioativos por muitos e muitos anos — prática proibida após a Convenção sobre Prevenção da Poluição Marinha por Alijamento de Resíduos e outras Matérias, realizada pela Organização das Nações Unidas (ONU), em Londres, em 1972.

Atualmente, em muitos países, os rejeitos radioativos são colocados em contêineres revestidos por cimento e chumbo e depositados em locais considerados seguros. Nos Estados Unidos, o maior depósito está no Deserto de Nevada. A Suécia construiu, em 1988, o primeiro depósito subterrâneo do mundo, formado por um conjunto de câmaras construídas em rochas de granito, com paredes revestidas de cimento e chumbo, instalado a 140 quilômetros da capital (Estocolmo).

> **Fissão nuclear.** Processo por meio do qual a quebra do átomo libera energia.

Trocando ideias

Os impasses que envolvem a produção de energia nuclear também estão presentes no Brasil. Nosso país tem atualmente duas usinas nucleares em funcionamento e uma terceira em estágio avançado de construção em Angra dos Reis (RJ).

- Com o auxílio de seu professor, reúna-se com um colega, pesquise e discuta a seguinte questão: o Brasil precisa de energia nuclear?
- Depois da discussão coletiva, elabore um cartaz em que sejam apresentados os prós e os contras da produção de energia de fonte nuclear no Brasil.

Revendo a política nuclear

Diante do possível perigo que a energia nuclear representa aos seres humanos e ao meio ambiente, alguns países decidiram diminuir ou desativar gradualmente suas usinas. Após o acidente em Fukushima, em 2011, países como a Alemanha, a Suíça e a Bélgica aceleraram a decisão sobre essa questão. A França, no entanto, depois de anunciar que reveria sua política nuclear em 2015, comunicou que a redução na sua matriz energética de 75% para 50% do uso da energia nuclear ficaria para 2050. Esse país é o mais dependente da energia nuclear do globo e o segundo maior produtor, atrás apenas dos Estados Unidos. O Japão, depois do desastre de Fukushima, ficou dois anos com seus reatores nucleares desativados. Voltou a ligá-los, apesar da desaprovação de grande parte da população, visto que 30% da energia elétrica do país provém de usinas nucleares. A previsão é a de que entre 20% e 22% da eletricidade no Japão será produzida em usinas nucleares em 2030.

4. Fontes energéticas renováveis

O uso de **fontes de energia renováveis** – como o Sol, os ventos, a energia geotérmica (oriunda do calor extraído do interior da Terra) e os biocombustíveis (em substituição a combustíveis obtidos de fontes não renováveis, como o carvão e o petróleo) — vem sendo estimulado por governos e organizações ambientais. O uso dessas novas fontes está em crescimento em diversos países do mundo.

O aumento dos investimentos na geração da chamada energia limpa decorre da necessidade de resolver dois problemas: o primeiro (de caráter econômico) é o **esgotamento das reservas de combustíveis fósseis**; o segundo (de caráter ambiental) decorre do **impacto sobre o meio ambiente** gerado pela produção de energia com recursos não renováveis.

Energia solar

A produção desse tipo de energia consiste na captação de energias luminosa e térmica oriundas do **Sol** e na posterior transformação delas em energias elétrica ou mecânica. A captação da energia é feita por meio de painéis com células fotovoltaicas que geram eletricidade.

Esse tipo de energia, além de renovável, não polui. Sua aplicação, no entanto, apresenta inconvenientes: trata-se ainda de uma energia de difícil armazenamento; além disso, países situados em latitudes médias e altas não dispõem de luz solar abundante em todos os meses do ano. Na época de inverno, essa fonte não estaria disponível para uso constante. Outro fator que impede a maior aplicação da energia solar é o custo dos painéis para gerar eletricidade. Feitos de silício cristalino, são necessários pelo menos oito painéis para gerar 250 kWh, o consumo médio de uma residência no Brasil. Em um país cujas condições climáticas propiciam abundância de luz solar em grande parte de seu território o ano inteiro, a energia solar é, apesar de seu custo, uma alternativa importante.

Energia geotérmica

A energia geotérmica pode ser obtida aproveitando-se o **calor do interior da Terra**, em áreas que contenham água subterrânea aquecida (áreas próximas a vulcões, por exemplo), como ocorre na Islândia e em algumas localidades da Rússia. Esse tipo de energia também pode ser gerado perfurando-se poços profundos para aproveitar o calor de rochas do interior da Terra. Nesse caso, injeta-se água nesses poços e, por meio de dutos, o vapor emitido é conduzido para centrais que irão aquecer residências, espaços industriais e comerciais.

No entanto, para gerar eletricidade é necessário que os campos geotérmicos liberem temperaturas acima de 180 °C; por isso, essa energia não é considerada renovável: o fluxo de calor liberado do interior da Terra é pequeno diante do que é extraído, o que faz esses campos não durarem mais do que algumas décadas.

Quanto à geração de energia elétrica, os melhores reservatórios estão localizados próximo a áreas de vulcanismo recente ou de gêiseres — essa restrição de localização limita o uso desse tipo de fonte. Além disso, do ponto de vista ambiental, o vapor de água pode conter materiais tóxicos, comprometendo as regiões próximas.

A Nova Zelândia tem a maior usina geotérmica do mundo, por meio de gêiseres. A energia geotérmica gera cerca de 10% da eletricidade anual desse país.

Energia eólica

A energia eólica provém do vento. Ela é aproveitada, desde a Antiguidade, para mover pás de moinhos ou para impulsionar velas de embarcações. Nos moinhos a energia eólica transforma-se em energia mecânica, cuja finalidade é moer grãos ou movimentar a água.

Atualmente, a força dos ventos é usada para mover aerogeradores, que são grandes turbinas construídas em localidades onde o vento é constante. O movimento das pás dessas turbinas produz energia elétrica por meio de geradores; grandes quantidades de aerogeradores agrupam-se em parques eólicos, que são necessários para a produção de energia tornar-se viável.

Embora renovável e não poluente, a energia proveniente dos ventos apresenta problemas relativos à distribuição e à transmissão da energia elétrica gerada nos parques eólicos. O caráter inconstante da movimentação do ar torna a geração e o armazenamento dessa fonte energética muito irregulares. Assim, sua utilização ainda precisa ser combinada com a de fontes convencionais.

Complexo Eólico União dos Ventos, em São Miguel do Gostoso (RN, 2015).

A China é o país que mais vem investindo na produção de energia eólica e também o maior produtor. Sozinha, produz mais que todos os países da União Europeia juntos. Os Estados Unidos ocupam o segundo lugar na produção desse tipo de energia. No Brasil, o Nordeste, por ser o lugar mais favorável para a produção de energia eólica, é a região onde se concentram as turbinas. O Rio Grande do Norte é o estado onde mais se produz energia eólica no país, seguido pelo Ceará, pelo Rio Grande do Sul e pela Bahia.

Biocombustíveis

Os **biocombustíveis** provêm de produtos agrícolas como plantas oleaginosas, cana-de-açúcar e outras matérias orgânicas. O álcool (etanol) — produzido, principalmente, a partir de cana-de-açúcar ou de milho — é utilizado como combustível automotivo desde os anos 1970, na forma hidratada ou misturado à gasolina.

O desenvolvimento da tecnologia de utilização do etanol como combustível foi uma das respostas do Brasil ao choque do petróleo. O país, atualmente, é um dos maiores produtores mundiais de álcool, e o etanol oriundo da cana destaca-se como uma das principais fontes energéticas brasileiras.

Apesar de ser uma fonte renovável e menos poluente que os combustíveis fósseis, a utilização maciça de álcool combustível vem sendo questionada do ponto de vista ambiental, uma vez que a expansão do plantio, por exemplo, de cana ou de milho para a sua produção, pode acarretar a destruição de áreas florestais ou ocupar terras férteis, antes destinadas à produção de alimentos.

Vista parcial da Usina da Mata, em Valparaíso (SP, 2014).

Você no mundo — Atividade em grupo – Relatório

As novas fontes de energia

O Brasil tem sido apontado como precursor no desenvolvimento de algumas fontes de energia. Considerando esse fato e com o auxílio de seu professor para a organização dos grupos, realizem um trabalho de pesquisa sobre o futuro da energia no Brasil, levando em conta as seguintes possibilidades:

- o uso do gás natural;
- as energias eólica e solar;
- a importância dos programas de conservação de energia.

Façam um plano inicial de trabalho, dividindo as tarefas, de modo que cada integrante do grupo realize uma coleta de dados e imagens acerca do tema. Após essa etapa preliminar, reúnam-se para, em conjunto, elaborarem o relatório da pesquisa.

Geografia e outras linguagens

No interior de uma mina de carvão

"Por um instante, Etienne permaneceu imóvel, ensurdecido e cego. Sentia-se gelado, havia correntes de ar por todos os lados. Em seguida, deu alguns passos, atraído pela máquina da qual via reverberar agora aços e cobres. Ela ficava por trás do poço, a vinte e cinco metros, numa peça mais alta e tão solidamente assente sobre seu maciço pedestal de tijolos que mesmo trabalhando a todo vapor, com toda a força de seus quatrocentos cavalos e com o movimento de sua biela, enorme, emergindo e mergulhando numa suavidade oleosa, não conseguia fazer com que as paredes estremecessem. O maquinista, em pé ao lado da alavanca de comando, escutava as campainhas dos sinais, não tirava os olhos do painel indicador, onde o poço, com seus diversos andares, estava figurado numa ranhura vertical que era percorrida por pedaços de chumbo amarrados em barbantes e que representavam os elevadores. [...]."

ZOLA, Émile. *Germinal*. São Paulo: Abril Cultural, 1981. p. 30-31.

QUESTÕES

1. Pesquise situações representativas das mesmas condições de trabalho apresentadas no texto em minas de carvão na atualidade.
2. O carvão mineral é usado há mais de 2.000 anos. Em que período histórico ele se tornou um combustível importante? Por quê?

ATIVIDADES

ORGANIZE SEUS CONHECIMENTOS

1. Em 2014, o Produto Interno Bruto (PIB) da economia chinesa cresceu 7,4%, mas o consumo de carvão, principal fonte de energia da China, caiu. Assinale a alternativa que explica essa desvinculação entre crescimento econômico e menor consumo de carvão na economia chinesa:

   a) Substituição crescente do setor industrial pelo setor de serviços.
   b) Exploração e obtenção de petróleo pela China em outros países.
   c) Avanço da produção agrícola, que polui menos.
   d) Renovação completa da matriz energética chinesa com a adoção de energias renováveis.
   e) Proibição da extração de carvão mineral, dadas as suas consequências ambientais.

2. Qual característica do território brasileiro torna-o propício à utilização de energia solar?

   a) Predomínio de planícies.
   b) Diversidade climática.
   c) Predomínio de baixas latitudes.
   d) Presença de planaltos próximos ao litoral.
   e) Inserção no Hemisfério Sul.

3. Faça a distinção conceitual entre energia renovável e energia não renovável.

4. Destaque uma vantagem e uma desvantagem da geração de energia eólica.

5. Construa em seu caderno uma tabela com duas colunas. De um lado, liste as seguintes fontes de energia: combustíveis fósseis, energia hidráulica e biocombustíveis. Do outro lado, aponte os impactos ambientais que cada uma delas causa.

6. A produção de etanol estadunidense consome 40% da safra de milho anual do país. Isso encarece em 21% o preço do milho. Há críticas ao aumento da produção de etanol, biocombustível usado em veículos, visto que ele diminui a disponibilidade do solo para produzir alimento e torna mais caro o produto utilizado como matéria-prima do combustível. Discuta com os colegas essa questão e elabore um pequeno texto com suas conclusões.

REPRESENTAÇÕES GRÁFICAS E CARTOGRÁFICAS

7. O mapa abaixo representa a produção de energia elétrica por país e o percentual da eletricidade gerada por fontes renováveis.

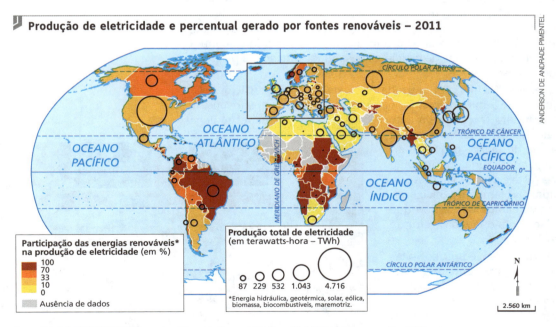

Produção de eletricidade e percentual gerado por fontes renováveis – 2011

Fonte: LA DOCUMENTATION française. Disponível em: <http://mod.lk/glBQL>. Acesso em: fev. 2016.

- Com base na leitura do mapa, responda: em que regiões do mundo predominam as fontes de energia renováveis para a geração de eletricidade? Que características naturais fazem com que esses países liderem a produção de eletricidade por fontes renováveis?

Capítulo 9 • Recursos energéticos 177

ATIVIDADES

8. O mapa-múndi a seguir representa a emissão de CO_2 na atmosfera por país.

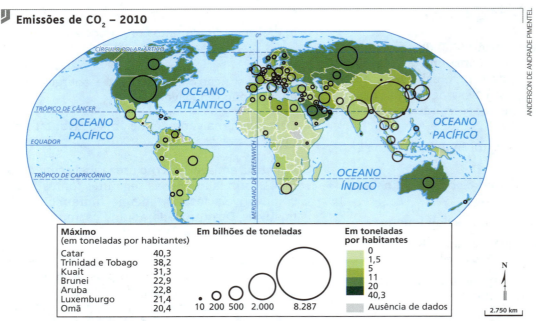

Emissões de CO_2 – 2010

Fonte: LA DOCUMENTATION française. Disponível em: <http://mod.lk/B7deX>. Acesso em: fev. 2016.

- Relacione os indicadores de emissão de CO_2 dos principais países emissores às fontes de energia mais utilizadas por esses países.

INTERPRETAÇÃO E PROBLEMATIZAÇÃO

9. Leia o texto a seguir e responda às questões.

A vida de bicicleta

"Um belo dia, de manhã, no início de 2011, um grupo de aproximadamente 30 jovens cerca a avenida Santa Margarita, em Zapopan, município do estado de Jalisco, no México. Eles instalam uma máquina de pintura de faixas num triciclo de transporte, e pronto! No final da manhã, uma linha branca delimitava a avenida, ao longo de cinco quilômetros, com pictogramas de bicicletas desenhados no solo e placas de sinalização presas aos postes.

Assim que nasceu, a nova ciclovia foi batizada: *Ciclovia Ciudadana* (Ciclovia Cidadã). Seu custo, equivalente a mil dólares, foi pago integralmente pelos jovens, de seus próprios bolsos. Embora traçada sem autorização, ela não permaneceu ilegal por muito tempo. Já no dia seguinte, a secretaria de transportes do estado de Jalisco pronunciou-se a favor da iniciativa, comprometendo-se não somente a aprimorar a pista e a fazer o necessário para que seja respeitada, mas também a oficializar, no futuro, toda iniciativa cidadã desse tipo que estiver em conformidade com o *Plano Diretor de Mobilidade não Motorizada*.

Que plano é esse? Para sabê-lo, é preciso voltar ao ano de 2007, em Guadalajara, segunda cidade do México e capital do estado de Jalisco. Na época, organizou-se um movimento de protesto cidadão contra a transformação da Avenida López Mateos em rodovia. Paulina, que vai à universidade de carro, poderia ter encontrado ali um interesse pessoal, mas ela achou que o projeto tinha sido feito sem qualquer acordo da população local e ia de encontro a suas necessidades. Nessa época, ela especializou-se em governança e transparência da ação pública.

178 Geografia: contextos e redes

Quanto a Jesús, estudante de filosofia adepto da bicicleta, ele tinha tudo para opor-se a um projeto de organização urbana que privilegiasse o uso do automóvel. Hoje, com 24 e 27 anos, respectivamente, eles tornaram-se autênticos especialistas em urbanismo e desenvolvimento sustentável. Expressam-se com profissionalismo, negociam com as autoridades, falam com a mídia. 'Foi preciso aprender a debater e expor nossos argumentos face aos responsáveis políticos', declara Jesús. Ainda mais quando seu primeiro protesto em relação à Avenida López Mateos não tinha alcançado os resultados desejados. No entanto, outro objetivo foi alcançado, inscrito de maneira duradoura na vida da cidade: o nascimento do movimento cidadão Ciudad *para todos* (Cidade para todos). [...]."

LÓPEZ, Ruth P. A vida de bicicleta. Em: *Correio da Unesco*, jul.-set. 2011, p. 46. Disponível em: <http://mod.lk/jYbz9>. Acesso em: out. 2016.

a) Por que a ciclovia foi batizada de "Ciclovia Cidadã"?

b) Quais são as vantagens socioambientais do uso da bicicleta como meio de transporte?

c) Considerando o texto e a realidade urbana da cidade onde você vive, que outras possíveis soluções poderiam ser implantadas para minimizar os efeitos poluentes causados pelo uso dos combustíveis fósseis?

ENEM E VESTIBULARES

10. (Ifsul-RS, 2015)

"Desde a Revolução Industrial, a geração de energia possibilita imenso desenvolvimento tecnológico, social e econômico, diferenciando e valorizando os lugares, na medida em que proporciona distintos usos aos territórios."

Fonte: ADÃO, Edilson e FURQUIM J.R., Laércio. *Geografia em Rede*. São Paulo: FTD, 2013.

É condição primeira a busca por fontes alternativas de energia, que passem a suprir as demandas dos países. Sobre esse fato argumenta-se que:

a) a energia eólica é um bom recurso energético, tendo em vista que todas as áreas são beneficiadas por correntes de ventos.

b) a energia das marés, além de elevado custo, traz sérios impactos ambientais para as áreas costeiras.

c) a energia nuclear, considerada limpa, tem a seu favor os baixos preços do kW gerado.

d) a energia solar funciona em operação contínua, não necessitando de procedimento do controle de uma grande central.

11. (UCS-RS, 2015) A energia solar, como fonte de geração de eletricidade, já é uma realidade em diversos países e, nos últimos anos, vem aumentando a capacidade instalada. Diante da crise que o Brasil enfrenta com a falta de chuva, entra em discussão, novamente, a utilização dessa fonte energética. A charge a seguir retrata o aproveitamento da energia solar.

ATIVIDADES

Sobre fontes de energia, é correto afirmar que:

I. a energia dos ventos, conhecida como eólica, é utilizada há muitos anos para realizar trabalhos como bombear água e moer grãos. Em uma usina eólica, a conversão da energia é realizada por meio de um aerogerador, ou seja, um gerador de eletricidade acoplado a um eixo que gira com a força do vento nas pás da turbina.

II. a energia solar pode ser aproveitada para a produção de eletricidade e de calor. Coletores solares para o aquecimento de água são um dos exemplos mais bem-sucedidos da aplicação de energia solar em todo o mundo. No caso do Brasil, que recebe uma incidência muito grande de raios solares, esse tipo de aproveitamento pode ter um papel muito importante, principalmente na substituição de chuveiros elétricos, que estão entre os aparelhos que mais consomem energia.

III. chamamos de biomassa materiais de origem orgânica que, geralmente, são desperdiçados em processos industriais. Ela pode ser aproveitada para produzir tanto calor como eletricidade. O biogás obtido na decomposição do lixo orgânico é um exemplo de biomassa que pode ser utilizado na produção de energia.

IV. a maior parte da energia elétrica produzida no Brasil vem de uma fonte renovável — a água. O território brasileiro é cortado por rios, e as usinas hidrelétricas são uma opção para garantir a energia de que o País precisa para crescer.

Das proposições:

a) apenas I e IV estão corretas.
b) apenas II e III estão corretas.
c) apenas I, II e IV estão corretas.
d) apenas I, II e III estão corretas.
e) I, II, III e IV estão corretas.

12. (FGV-SP, 2015)

"A matriz energética desse país é baseada em carvão mineral, transportado por ferrovias, que usam muito diesel; o minério segue em navios, que consomem muito combustível, e o país ainda tem demanda grande de petroquímicos, por conta da construção civil e bens de consumo e da sua crescente urbanização. Em 2010, tornou-se o maior consumidor mundial de petróleo, ultrapassando os Estados Unidos. Em 2003, o valor das exportações de petróleo do Brasil para esse país era 0,5% do total, e, em 2013, as exportações brasileiras saltaram para 8,7%, confirmando a liderança comercial desse país com o Brasil."

(*Valor Econômico*, 23.08.2014)

O texto refere-se à:

a) Alemanha.
b) Itália.
c) China.
d) Austrália.
e) Índia.

13. (FGV-SP, 2014) Analise a figura a seguir.

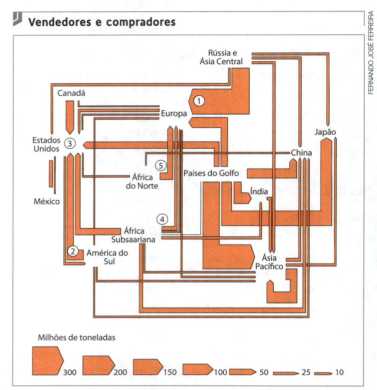

Fonte: LE MONDE Diplomatique. *L'atlas 2013*. p. 31 (adaptado).

Os fluxos na figura identificam a circulação de um produto entre as áreas vendedoras e as compradoras.

Indique a alternativa que identifica corretamente um dos fluxos numerados.

a) 1 – O carvão mineral da Rússia e dos países da CEI, principais produtores mundiais, é vendido para a Europa e a Ásia.

b) 2 – A água virtual, *commodity* valorizada no mercado mundial, é comercializada da América do Sul para os Estados Unidos.

c) 3 – O petróleo é vendido por um grande número de fornecedores de vários continentes para os Estados Unidos, grande consumidor mundial.

d) 4 – Os minérios radioativos são vendidos pelos países do Sul para as centrais nucleares de países desenvolvidos.

e) 5 – O xisto betuminoso e o gás natural são vendidos pelos países do norte da África para a Europa ocidental.

14. (Cefet-MG, 2014) Com o avanço do consumo como lógica de expansão capitalista, a demanda por energia tende a crescer em todo o mundo. Com base na análise do gráfico, é correto inferir que a(o):

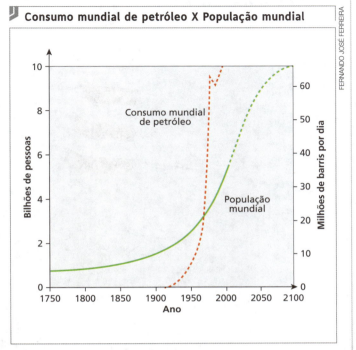

Fonte: Questão de vestibular Cefet-MG, 2014.

a) estabilização do crescimento da população assegurará o decréscimo da utilização de petróleo.

b) consumo gradativo do combustível fóssil possibilitará a equalização do acesso ao recurso no mundo.

c) relação direta entre natalidade e utilização energética permitirá o controle de crises nos formigueiros humanos.

d) ampliação gradual do uso do hidrocarboneto revelará a inserção crescente da população no circuito consumista.

e) limitação espacial das reservas de petróleo impedirá a expansão industrial nas áreas economicamente desenvolvidas.

15. (UFSJ-MG, 2013) Sobre as fontes de energia, é incorreto afirmar que:

a) a energia nuclear possui a vantagem de não liberar gases que potencializam o efeito estufa, uma vez que o vapor que movimenta as turbinas é vapor-d'água.

b) as termoelétricas produzem energia a partir da queima de combustíveis fósseis, como carvão e petróleo, e, consequentemente, são responsáveis pela liberação de gás carbônico na atmosfera.

c) a produção de energia solar é favorecida em baixas latitudes, como no Brasil; contudo, essa fonte de energia ainda é pouco aproveitada.

d) a hidroeletricidade é a fonte de energia mais utilizada no mundo em razão de ser a mais barata e por ser uma energia limpa.

16. (PUC-RJ, 2013) O incêndio na Usina Nuclear de Fukushima, no Japão, após o *tsunami* do dia 11 de março de 2011, reacendeu as discussões internacionais sobre a sustentabilidade desse tipo de energia. Os defensores da produção de energia nuclear afirmam que uma das suas vantagens é:

a) a necessidade nula de armazenamento de resíduos radioativos.

b) o menor custo quando comparado às demais fontes de energia.

c) a baixa produção de resíduos emissores de radioatividade.

d) o reduzido grau de interferência nos ecossistemas locais.

e) a contribuição zero para o efeito estufa global.

Mais questões: no livro digital, em **Vereda Digital Aprova Enem** e **Vereda Digital Suplemento de revisão e vestibulares**; no *site*, em **AprovaMax**.

Vista aérea da Central Nuclear de Fukushima, no Japão, em 25 de junho de 2013, dia do acidente que espalhou substâncias radioativas na atmosfera da região.

CAPÍTULO 10

POLÍTICAS AMBIENTAIS

ENEM
C3: H13, H15
C5: H22
C6: H30

Neste capítulo, você vai aprender a:

- Analisar propostas ambientais apresentadas em diferentes conferências mundiais.
- Compreender o conceito de desenvolvimento sustentável.
- Reconhecer os aspectos físicos e humanos responsáveis pela intensificação do efeito estufa e sua influência na atmosfera terrestre.
- Analisar criticamente protocolos que envolvem questões relativas ao aquecimento global.
- Compreender a importância do ozônio e as ações efetivas para conter o comprometimento de sua camada na atmosfera.
- Identificar as principais ameaças à biodiversidade, especialmente as relacionadas às florestas tropicais.

"Se considerando a escala geológica de tempo, o tempo profundo, a natureza do planeta não está sob risco; o que dizer, por outro lado, dos riscos a que está submetida a civilização humana?"

VIANNA, Sergio Besserman. Em: GIDDENS, Anthony. *A política da mudança climática.* Rio de Janeiro: Zahar, 2010. p. 11.

A exploração intensiva dos recursos naturais do planeta por atividades econômicas gera danos ambientais como poluição, redução da camada de ozônio e destruição de importantes formações florestais. Neste capítulo, analisaremos essas questões e o debate político em torno delas, bem como propostas para a superação dos problemas relacionados ao meio ambiente.

Ponto de partida

A imagem apresenta uma plataforma de exploração de petróleo da Rússia, instalada em plena região do Ártico.

- Relacione a exploração de recursos energéticos nessa região ao problema do aquecimento global.

Plataforma russa de exploração de petróleo denominada Prirazlomnay. Instalada no oceano Glacial Ártico, trata-se da primeira plataforma resistente ao gelo do mundo. (Foto de 2015.)

Capítulo 10 • Políticas ambientais

1. O mundo contemporâneo e a questão ambiental

A questão ambiental foi assunto pouco discutido até a primeira metade do século XX. Desde então, e sobretudo a partir dos anos 1960, o tema ganhou relevância e vem adquirindo cada vez mais importância nas discussões multilaterais de caráter global.

A mudança de mentalidade que orientou o **movimento ambientalista** deve-se, em grande medida, às evidências do iminente comprometimento dos recursos naturais em escala planetária e à deterioração provocada pelo uso indiscriminado desses recursos em processos produtivos. A perspectiva dessa eventual escassez coloca em risco a manutenção do modelo capitalista de produção e o consumo a ele associado. Para muitos ambientalistas, o desenvolvimento econômico com base no modelo atual precisa ser revisto para que não se comprometa a continuidade dos padrões de vida das gerações futuras.

A discussão em torno da necessidade de se apropriar dos recursos naturais de maneira racional põe em xeque a noção de progresso propagada pelas sociedades modernas, fundada na aplicação da ciência e da tecnologia para dominar e transformar a natureza. É cada vez mais urgente a regulamentação de uma apropriação menos agressiva dos recursos do planeta pelos seres humanos.

Atualmente, inúmeras práticas visam compatibilizar interesses de curto prazo — centrados em necessidades econômico-financeiras imediatas — com os de longo prazo — voltados para as gerações futuras.

A sociedade de consumo

A **Revolução Industrial** inaugurou o universo técnico e científico contemporâneo, que se caracteriza pelo domínio que as sociedades exercem sobre a natureza e pela apropriação dos recursos naturais.

No século XIX, a Revolução Industrial alastrou-se pela Europa e pelos Estados Unidos. Eram necessários cada vez mais matérias-primas e consumidores para os produtos feitos nas indústrias desses países.

Durante o século XX, a industrialização propagou-se por outros países, como o Japão e, posteriormente, como o Brasil, México, Coreia do Sul, China, Índia, entre outros.

Com o **aumento da industrialização** e da **urbanização** no mundo, o número de pessoas que passou a consumir produtos industrializados cresceu consideravelmente, provocando uma nova expansão da extração de recursos naturais para dar conta das demandas da indústria.

Vivemos em uma sociedade de consumo na qual os bens e as mercadorias são adquiridos em quantidades cada vez maiores e substituídos cada vez mais rapidamente. Podemos constatar esse fato, por exemplo, ao analisarmos o comportamento do mercado de produtos eletroeletrônicos, que em pouco tempo se tornam tecnologicamente obsoletos (na economia, são denominados obsolescência programada): celulares, televisores, computadores, entre outros. Somos incitados pela propaganda a trocá-los por produtos mais novos, já prevendo que logo ficarão ultrapassados. Observe a foto de uma loja de eletrodomésticos na página seguinte.

Refinaria de petróleo em Richmond (Estados Unidos, 1911).

Constantemente novos modelos de aparelhos eletrônicos são lançados, superando outros em tecnologia. Na foto, loja de eletrodomésticos na cidade de Salônica (Grécia, 2015).

Para assistir

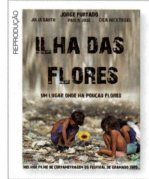

Ilha das Flores
Brasil, 1989. Direção: Jorge Furtado.
Duração: 13 min.
O vídeo mostra a trajetória de um tomate, desde seu cultivo até seu apodrecimento em um lixão, com o objetivo de abordar o lado negativo da sociedade de consumo. Vídeo disponível em: <http://portacurtas.org.br/filme/?name=ilha_das_flores>. Acesso em: fev. 2017.

A consciência ambiental

As questões relativas à proteção do meio ambiente começaram a ser objeto de debate político a partir dos anos 1970. Em 1972, ocorreu na capital da Suécia, Estocolmo, a Conferência das Nações Unidas sobre o Homem e o Meio Ambiente. Estudos já constatavam os impactos globais do desenvolvimento industrial e, com base neles, alguns países desenvolvidos propuseram a tese do desenvolvimento zero, ou seja, a estagnação do crescimento econômico nos patamares da época, como forma de impedir desastres ambientais de grandes proporções. Essa proposta não foi acatada pelos países em desenvolvimento.

Em 1987, o documento "Nosso Futuro Comum", elaborado pela Comissão Mundial sobre o Meio Ambiente e Desenvolvimento das Nações Unidas, apresentou novas perspectivas sobre o desenvolvimento, definindo-o como o processo que "satisfaz as necessidades presentes, sem comprometer a capacidade das gerações futuras de suprir suas próprias necessidades". Com esse relatório, definiu-se o conceito de **desenvolvimento sustentável**. Entre as medidas sugeridas pelo documento, constavam a diminuição do consumo de energia, o desenvolvimento de fontes energéticas renováveis e o aumento da produção industrial nos países não industrializados com base em tecnologias ecologicamente responsáveis.

Em 1992, 116 chefes de Estado reuniram-se no Rio de Janeiro para tratar da questão ambiental na **Conferência sobre o Meio Ambiente e o Desenvolvimento** (também conhecida como Eco-92 ou Rio-92). Nela, foram discutidos temas relacionados aos efeitos da ação humana sobre o meio ambiente. Também nessa conferência foram estabelecidas relações entre meio ambiente, desenvolvimento e pobreza, bem como a ecologia foi introduzida de fato nas discussões intergovernamentais, levando a novos tipos de alinhamento e de conflito entre os Estados no cenário político internacional.

Sessão plenária da Conferência Eco-92, no Rio de Janeiro (RJ, 1992).

Na Rio-92, as divergências entre países desenvolvidos e países em desenvolvimento ficaram evidentes pelas propostas e pelos interesses manifestados em seus discursos.

Defendendo o direito de buscar o desenvolvimento econômico, as nações em desenvolvimento questionaram a legitimidade das restrições ao uso dos recursos naturais de que dispunham e argumentaram que as nações desenvolvidas, já tendo atingido o poderio industrial apropriando-se desses recursos, agora desejavam impor exigências de controle ambiental que retardariam o processo de industrialização nos países em desenvolvimento.

Os países em desenvolvimento conquistaram uma nítida vitória política e diplomática com a adoção do princípio da responsabilidade comum, porém diferenciada em relação ao patrimônio ambiental da humanidade. Por esse princípio, os países desenvolvidos teriam de arcar com o ônus principal de limitações ao uso de recursos naturais, assim como transferir tecnologias e meios para que as nações menos desenvolvidas pudessem se desenvolver economicamente sem agravar os principais pilares da crise ecológica mundial: o aquecimento global, o comprometimento da camada de ozônio e o desmatamento de áreas verdes.

A Eco-92 foi decisiva para a politização da crise ecológica global. Ela estabeleceu relações entre meio ambiente, desenvolvimento e pobreza e incluiu a ecologia nas discussões intergovernamentais, levando a novos tipos de alinhamento e de conflito entre os Estados no cenário político internacional.

2. O desenvolvimento sustentável

Os principais resultados da Eco-92 foram a **Convenção sobre Mudanças Climáticas** e a **Convenção da Biodiversidade**. De modo geral, porém, o programa dessa conferência poderia ser sintetizado no surgimento da ideia de desenvolvimento sustentável: o crescimento econômico de cada país asseguraria a preservação de uma base de recursos naturais e de condições socioambientais que fossem suficientes para a continuidade do desenvolvimento em escala global. Observe a imagem ao lado.

Passou-se a divulgar a necessidade de preservar o meio ambiente não só para a geração presente, mas também para as futuras. Foi se ampliando, assim, a consciência ecológica, principalmente nos países desenvolvidos. Organizações não governamentais (Ongs) tiveram papel importante na divulgação das consequências da ação humana no meio ambiente.

Nessa sociedade de consumo atual, vivemos a era do descartável. Quanto mais rica uma sociedade, mais dejetos ela produz (veja a charge abaixo). Essa dinâmica é a força motriz da economia capitalista: quanto mais se consome, mais se produz e maiores são os lucros; para consumir mais é necessário aumentar o mercado consumidor ou renová-lo constantemente. Assim, a produção industrial retira de forma mais intensa os recursos naturais para atender à demanda crescente.

Para David Harvey, geógrafo britânico que trabalha com diversas questões ligadas à geografia urbana, a ideia de sustentabilidade perde sentido por implicar atitudes passivas (ou até mesmo estáticas) diante da forma como a sociedade se relaciona com os recursos naturais. Ações eficazes só ganharão força se houver uma organização de movimentos sociais que pressionem para que ocorram mudanças sociais e ambientais. Somente por intermédio dessa pressão, governos e corporações serão impelidos a repensar o modelo econômico vigente.

O coco de babaçu é totalmente aproveitado, da casca às sementes. Sua extração é considerada um modelo de atividade sustentável, já que concilia o interesse de conservação ao de desenvolvimento socioeconômico local. Na foto, mulheres quebradeiras de coco no município de Sítio Novo do Tocantins (TO, 2009).

Agenda 21

A **Agenda 21** constitui um programa de ação consensualmente elaborado por todos os países presentes na Eco-92. O documento estabelece diretrizes para conciliar a promoção do desenvolvimento e a erradicação da miséria à necessidade de proteção ambiental.

O documento do programa contém 40 propostas de ação divididas em quatro seções: dimensões sociais e econômicas; conservação e manejo dos recursos para o desenvolvimento; fortalecimento do papel dos grupos principais; e meios de implementação. Essas propostas constituem instrumentos de planejamento para a construção de sociedades sustentáveis, aliando objetivos globais às realidades nacionais, regionais e locais.

Em um círculo vicioso, o aumento da produção influencia o aumento do consumo, que, por sua vez, alimenta o lucro e a produtividade.

3. Aquecimento global

No verão de 1988, os agricultores das planícies centrais dos Estados Unidos viveram uma seca sem precedentes na região. A perda das colheitas e o rebaixamento das águas do rio Mississípi a níveis nunca vistos reacenderam as polêmicas em torno de possíveis mudanças climáticas globais. Em seguida, registros globais indicaram que diversos anos da década de 1990 estiveram entre os mais quentes desde que se iniciaram as medições de temperatura.

No final do século XIX, alguns cientistas elaboraram, em linhas gerais, a **teoria do efeito estufa**. De acordo com ela, o dióxido de carbono (CO_2) e outros gases, como o metano, retêm grande parte da radiação solar na atmosfera, impedindo que essa radiação seja reemitida e perdida no espaço.

Desse modo, o efeito estufa — que, em princípio, é um fenômeno natural essencial para a existência da vida no planeta — tem sido discutido na perspectiva do aumento da emissão e da concentração dos chamados **gases de efeito estufa**: derivados da combustão de carvão e petróleo e de outras atividades, que causam a retenção de calor em maior escala, com consequente aumento da temperatura no planeta. Observe no gráfico abaixo o aumento da concentração de dióxido de carbono na atmosfera nos últimos anos. Perceba que esse aumento coincide com a expansão da industrialização, da urbanização e do desenvolvimento de novos meios de transporte no mundo.

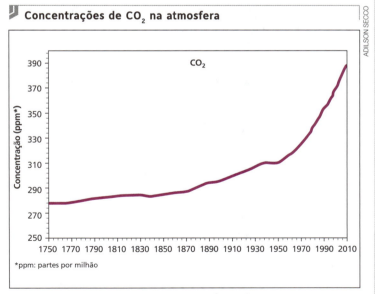

Fonte: International Energy Agency (IEA). *Key world energy statistics 2016*. Disponível em: <http://mod.lk/hppza>. Acesso em: nov. 2016.

A queima de combustíveis fósseis é a principal responsável pelas emissões de dióxido de carbono que vêm agravando o efeito estufa. Observe o gráfico a seguir.

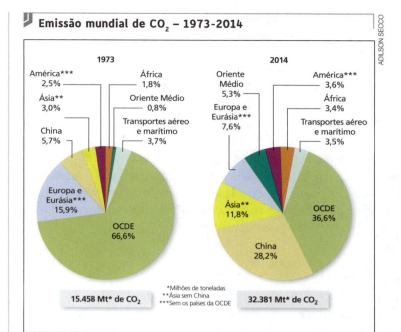

Fonte: International Energy Agency (IEA). *Key world energy statistics 2016*. Disponível em: <http://mod.lk/hppza>. Acesso em: nov. 2016.

De maneira geral, os países desenvolvidos são os que mais emitem dióxido de carbono (CO_2) em razão do elevado consumo energético para atender às demandas de aquecimento, da indústria e dos transportes. Alguns países em desenvolvimento apresentam altos níveis de emissão de CO_2 por possuir regiões altamente industrializadas.

Os dez maiores emissores de CO_2 no mundo são China, Estados Unidos, Índia, Rússia, Japão, Alemanha, Coreia do Sul, Canadá, Irã e Arábia Saudita. Em razão do contínuo e acelerado crescimento econômico das últimas décadas, a China ultrapassou os Estados Unidos, a maior economia do mundo, na emissão de gases de efeito estufa. Observe o gráfico a seguir.

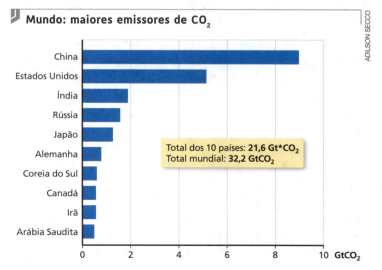

Fonte: International Energy Agency (IEA). *CO_2 emissions from fuel combustion*. IEA Statistics 2015. Disponível em: <http://mod.lk/euzs5>. Acesso em: nov. 2016.

Capítulo 10 • Políticas ambientais **187**

A Índia vem apresentando aumento na emissão de CO_2, especialmente a partir de 2011, pelo incremento econômico registrado no período. O mesmo ocorre em menor proporção com a Coreia do Sul, por causa do acelerado crescimento econômico desde os anos 1980.

A Rússia, entre a década de 1990 e os anos 2000, apresentou queda na emissão de CO_2, em decorrência da dissolução da União Soviética e da fragmentação desse território, e não por causa da redução de sua atividade econômica.

Os países industrializados vêm apresentando crescimento econômico moderado ou pequeno, além de terem enfrentado uma violenta crise a partir de 2008. Isso se reflete na redução da emissão de gases poluentes.

QUESTÕES

1. Conceitue desenvolvimento sustentável.
2. Pesquise e explique a principal mudança de perspectiva política para as discussões ambientais trazidas pela Eco-92.
3. Relacione a teoria do efeito estufa e o aquecimento global.

Da Convenção do Clima ao Protocolo de Kyoto

A Convenção sobre Mudança do Clima (CMC) — debatida e definida na Eco-92 — resultou dos trabalhos do **Painel Intergovernamental sobre Mudanças Climáticas (IPCC)**. O IPCC é um órgão formado por delegações de mais de cem países que visam fazer avaliações regulares sobre a mudança climática. Surgiu em 1988 e, desde então, tem publicado diversos documentos e pareceres técnicos.

Em 1997, realizou-se em Kyoto, no Japão, uma conferência internacional na qual se elaborou um protocolo, incorporado à CMC, fixando a meta de 5% de redução das emissões de gases de efeito estufa em relação aos níveis de 1990.

Os países desenvolvidos e algumas potências industriais, como a Rússia, estariam comprometidos, pelo **Protocolo de Kyoto**, a atingir essa meta entre 2008 e 2012. Já os países em desenvolvimento, protegidos pelo princípio de responsabilidades diferenciadas, somente em prazos posteriores a 2010 teriam de cumprir as metas compulsórias de redução de emissões. Apesar de ter sido assinado em 1997, foi apenas em 2005 que o Protocolo de Kyoto começou a mobilizar ações e políticas nos países que o ratificaram.

A partir de 2005, então, os países desenvolvidos passaram a ter a possibilidade de "comprar" **créditos de carbono** — certificados que autorizam o direito de emitir poluição — de países que lançam gases de efeito estufa em níveis inferiores às metas estabelecidas; dessa forma, o tratado admitia a "exportação" de direitos de emissão de gases. Com isso, o objetivo principal do tratado ficou comprometido.

A queima de combustíveis fósseis por automóveis é uma das responsáveis pelas emissões de gases de efeito estufa. Na foto, trânsito intenso em Los Angeles (Estados Unidos, 2013).

Em 2001, os Estados Unidos retiraram-se do protocolo alegando que a redução da emissão de gases de efeito estufa comprometeria o desenvolvimento econômico do país. De acordo com o Relatório de Proteção Ambiental dos Estados Unidos (EPA), em 2008, o país foi responsável por 19% das emissões mundiais de gases de efeito estufa. Em 2015, na Convenção sobre o Clima realizada em Paris, os Estados Unidos ratificaram o compromisso de reduzir a emissão de CO_2.

Em 2015, o secretariado da Convenção-Quadro das Nações Unidas sobre Mudanças Climáticas fez um balanço da situação do planeta e constatou que, mesmo com a redução de gases de efeito estufa por alguns países, a temperatura na Terra aumentará mais de 2 °C até 2100, o que inevitavelmente trará consequências negativas, tais como o derretimento de geleiras e a inundação de zonas costeiras.

Ainda assim, considera-se que o Protocolo de Kyoto tenha trazido alguns ganhos: 37 países (a maior parte pertencente à União Europeia) superaram suas metas de redução. Entre esses países, vale destacar a Alemanha, que, mesmo reduzindo as emissões além do esperado, manteve seu PIB.

Possíveis consequências do aquecimento global

A **tese do aquecimento global**, formulada em 1975, previa que até 2050 haveria aumento de cerca de 3 °C na temperatura média do planeta: resultado da duplicação da concentração de dióxido de carbono na atmosfera. Mais tarde, revisada pelos cientistas, essa projeção previa um aumento de 2 °C a 6 °C na temperatura média do planeta até o final do século XXI.

Embora as alterações nas temperaturas diárias e sazonais sejam muito maiores e significativas, um aquecimento médio de 3,5 °C alteraria de modo sensível todo o planeta — desde os trópicos até as áreas polares.

O derretimento de geleiras pode produzir efeitos catastróficos, como o aumento do nível dos oceanos. Deve-se considerar a adoção de procedimentos que não acelerem essas mudanças ambientais em âmbito global. Nas fotos vemos o Parque Nacional de Montana (Estados Unidos) em 1920 (A) e em 2008 (B); ambas as imagens foram produzidas na mesma estação do ano.

As alterações climáticas aumentarão as ameaças ao meio ambiente e poderão criar novos riscos para a natureza e o homem. Uma das consequências mais importantes do aquecimento é o degelo de massas de água no Ártico, na Antártida, na Groenlândia e em várias cordilheiras, que pode alterar a temperatura da água dos oceanos (prejudicando as espécies marinhas) e elevar o nível da água nos litorais. Os habitantes dessas áreas seriam obrigados, portanto, a migrar. As ameaças aos ecossistemas advindas do aquecimento global são distribuídas de forma desigual, sendo geralmente maiores para as pessoas desfavorecidas e para os países em desenvolvimento, que dispõem de menores recursos econômicos e sociais para enfrentar esses problemas.

Veja, na página seguinte, o esquema elaborado pelo Painel Intergovernamental sobre Mudanças Climáticas (IPCC), que apresenta uma projeção dos impactos do aquecimento global em diferentes regiões do planeta.

QUESTÕES

1. O desmatamento para a ampliação da agricultura é uma boa solução para a fome em países menos desenvolvidos? Justifique sua resposta.
2. Cite três consequências negativas do aquecimento global.
3. Os problemas decorrentes do aquecimento global ameaçam toda a humanidade, indistintamente. Você concorda com essa afirmação? Justifique sua resposta.

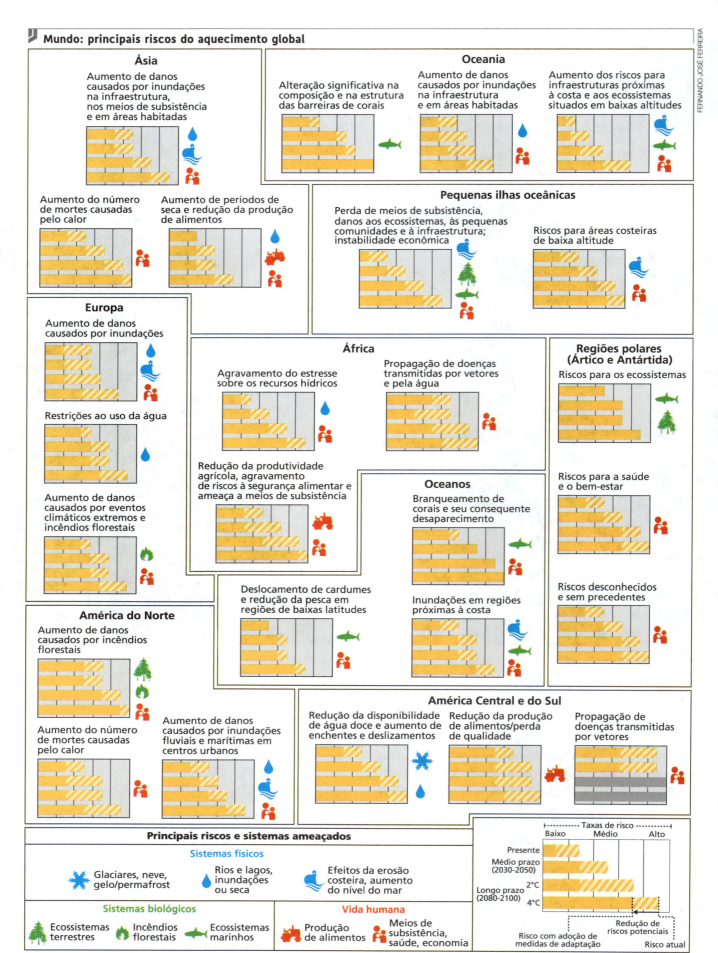

Mundo: principais riscos do aquecimento global

Fonte: IPCC. Climate change 2014. Disponível em: <http://mod.lk/BjqeM>. Acesso em: nov. 2016.

> **Trocando ideias**
>
> Não é raro nos depararmos com pessoas que defendem que a atividade econômica deve ser priorizada em prejuízo do meio ambiente, pois as necessidades humanas deveriam vir em primeiro lugar e o crescimento econômico deveria ser obtido a qualquer custo para eliminar a fome e a pobreza. Você concorda com esse discurso? Discuta com os colegas se realmente existe oposição entre crescimento econômico e preservação do meio ambiente.

4. O comprometimento da camada de ozônio

O ozônio (O_3) é um gás formado pela ação dos raios ultravioleta emitidos pelo Sol. Esses raios rompem as moléculas de oxigênio e liberam os átomos, que, por sua vez, se ligam a outras moléculas de oxigênio (O_2), constituindo o ozônio. Ele está presente na estratosfera, entre 15 e 55 quilômetros acima da superfície terrestre, em concentrações baixíssimas.

Há, na natureza, um equilíbrio dinâmico entre os processos de formação e de destruição desse gás: ao mesmo tempo que a radiação solar quebra suas moléculas, outras são formadas.

Em alguns **comprimentos de onda**, os raios ultravioleta são prejudiciais para quase todas as formas de vida. Ao absorver grande parte desses raios, a camada de ozônio que envolve a Terra cumpre um papel vital, pois a recepção de níveis elevados de raios ultravioleta:

- produz alterações químicas que reduzem o valor nutritivo em plantas cultivadas (como arroz e soja), aumentando sua toxicidade;
- reduz o ritmo de reprodução do fitoplâncton e do zooplâncton nos mares;
- pode provocar câncer de pele, inflamação da córnea e redução das defesas imunológicas nos seres humanos.

> **Comprimento de onda.** Distância entre duas cristas consecutivas ou entre dois valores consecutivos de uma onda periódica. A radiação ultravioleta tem comprimento de onda menor que o da luz visível e não pode ser vista pelo olho humano.

CFC e o Protocolo de Montreal

Certos compostos químicos de origem artificial aceleram a destruição das moléculas de ozônio, rompendo o equilíbrio natural que mantém a camada protetora formada pelo O_3. É o caso dos clorofluorcarbonos (CFC), que podem permanecer ativos na atmosfera por mais de um século. Sintetizados originalmente em 1928, os CFC tiveram inúmeras aplicações industriais: propelentes em sprays, elementos refrigerantes em geladeiras e em condicionadores de ar, entre outras.

O **Protocolo de Montreal**, elaborado por pequeno número de Estados e que entrou em vigor em 1989, com a adesão de mais de 150 países, ampliou o número de substâncias controladas, de modo que os países signatários se obrigaram a eliminar 15 tipos de CFC e outras substâncias de efeitos semelhantes.

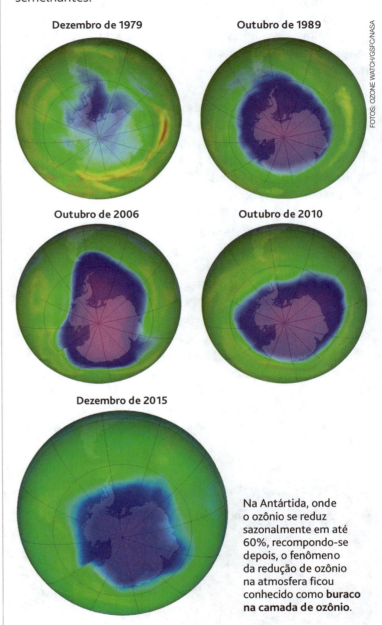

FOTOS: OZONE WATCH/GSFC/NASA

Dezembro de 1979 — Outubro de 1989
Outubro de 2006 — Outubro de 2010
Dezembro de 2015

Na Antártida, onde o ozônio se reduz sazonalmente em até 60%, recompondo-se depois, o fenômeno da redução de ozônio na atmosfera ficou conhecido como **buraco na camada de ozônio**.

5. O desmatamento

O desmatamento já destruiu extensas áreas de floresta no mundo. Ainda que a consciência ambiental tenha crescido nas últimas décadas, as coberturas florestais continuam ameaçadas neste início do século XXI.

Em muitos países, a devastação das florestas advém não apenas das atividades de agricultura e pecuária de subsistência, mas, principalmente, de práticas comerciais, como extração de madeira, mineração e agropecuária em larga escala.

Em algumas regiões do mundo, as atividades de grandes empresas produtoras de alimentos e conglomerados de mineração também impactaram fortemente as florestas. Isso explica a destruição florestal de parte das ilhas da Indonésia e da Oceania, assim como de florestas de Madagascar — na África, em geral, a devastação se deve à produção de lavouras comerciais e à extração de minérios. Cresce a retirada ilegal de madeira dessas florestas em decorrência da falta de fiscalização e da corrupção, entre outros motivos. Boa parte dessa madeira é usada na indústria moveleira localizada nos países desenvolvidos.

No Brasil, embora esteja em parte preservada, a Floresta Amazônica está ameaçada pela ocupação humana acelerada em suas bordas leste, sul e sudoeste, decorrente do avanço da agricultura comercial e da pecuária extensiva. Com relação às florestas tropicais atlânticas, restam apenas cerca de 8% de sua cobertura original, espalhada em diversos fragmentos ao longo da porção leste do Brasil.

Em alguns países (em especial Austrália, Costa Rica, Panamá e Malásia), foram criadas diversas áreas de preservação. No entanto, muitas delas são fragmentos de florestas cercadas por cidades ou plantações, o que impede a circulação de animais e cria impactos ambientais nas bordas dessas reservas, comprometendo a efetividade da manutenção de seu patrimônio biológico.

Muitas dessas áreas acabam inférteis, o que agrava ainda mais a condição de pobreza das populações locais. Os exemplos mais significativos são Gana e Costa do Marfim, na África ocidental, que perderam 80% de suas matas depois de 1960, e Filipinas, cujas áreas florestadas reduziram-se de 16 milhões de hectares para menos de um milhão.

Troncos caídos próximo à cidade de Abengourou (Costa do Marfim, 2013). Nessa região, áreas protegidas são ameaçadas pela produção de cacau e pelo corte ilegal de árvores.

Preservação da biodiversidade

Em 1988, a equipe do ecologista Norman Myers definiu o conceito de *hotspot*, que significa "ponto quente". Esse termo passou a ser utilizado em Geografia e Biologia para definir áreas de alta biodiversidade que se encontram ameaçadas de destruição, devendo ser conservadas.

A captura e a comercialização de animais silvestres é uma prática proibida por lei em muitos países, já que compromete a manutenção da fauna e da flora de diversos ambientes naturais. Na foto, gaiolas com pássaros silvestres apreendidos por policiais russos na fronteira entre a Rússia e a Ucrânia (2014). Os animais estavam em poder de traficantes antes de serem encontrados pela polícia.

Atualmente, no mundo foram identificados 34 *hotspots*, dos quais dois estão no Brasil — o Cerrado e a Mata Atlântica.

A partir do final do século XX e do início do século XXI, cresceu a pressão da sociedade civil, de governos e de organizações não governamentais para que os biomas terrestres sejam preservados.

Muitos desses ambientes naturais já foram convertidos em áreas de conservação, que passaram a ser protegidas por lei. Mesmo assim, grande parte dos *hotspots* do mundo ainda permanece ameaçada pelo desmatamento, pela caça ilegal e pela poluição. A introdução de espécies exóticas e os impactos das mudanças climáticas regionais também colocam em risco a manutenção desses ambientes.

Porém, convém reforçar o fato de que florestas tropicais abrigam mais de 70% das espécies vegetais e animais conhecidas de todo o planeta. A destruição acelerada dessas áreas pode eliminar do mapa genético da Terra espécies ainda desconhecidas pelos seres humanos, empobrecendo biologicamente o planeta para as novas gerações.

A destruição das florestas, além de comprometer a biodiversidade no planeta, prejudica a vida das comunidades tradicionais que habitam essas áreas, como alguns povos indígenas, caiçaras e ribeirinhos. Além disso, por meio das espécies vegetais e animais das florestas ameaçadas de extinção por práticas predatórias, é possível obter substâncias eficazes para a produção de medicamentos.

Para os governos dos países tropicais, a adoção de políticas de conservação do patrimônio genético de suas florestas está condicionada à remuneração pelos países desenvolvidos interessados nesse patrimônio, ou seja, à transferência de tecnologia e de recursos financeiros. Na Convenção sobre Diversidade Biológica, aprovada na Eco-92, abriu-se um terreno de entendimento inicial a respeito dessa questão. A discussão prossegue com as propostas de internacionalização dos recursos florestais (feitas pelos países desenvolvidos) em contraposição às propostas de defesa da soberania sobre os recursos situados no próprio território (por parte dos países tropicais).

Você no mundo — Trabalho em grupo — Seminário

Pensar globalmente, agir localmente

Observe a foto abaixo. Os movimentos ambientalistas têm sido consideravelmente bem-sucedidos nas últimas décadas, levando os temas ambientais a integrar as políticas públicas de diversos países.

Atualmente, no Brasil, as políticas ambientais interferem nas iniciativas dos poderes públicos estadual e municipal.

- Formem grupos e investiguem se no município ou região onde moram existem políticas ambientais de iniciativa do estado ou do município.
- Escolham uma dessas políticas (municipal ou estadual) e pesquisem sobre o problema que ela envolve (desmatamento, poluição atmosférica, degradação do solo, entre outros) e as medidas adotadas para a minimização dos impactos ambientais.
- Selecionem dados e elaborem tabelas, gráficos ou mapas que mostrem a dimensão do(s) problema(s) apontado(s), como o número de comunidades ou municípios atingidos, os tipos de riscos a que está submetida a população ou o número de incidentes registrados decorrentes dos impactos ambientais, quais são as políticas implementadas e se elas têm sido eficientes em todos os casos, se há movimentos contrários às medidas e as justificativas que utilizam para combatê-las, entre outras informações.
- Se possível, registrem por meio de fotos as melhorias que as políticas ambientais promoveram no entorno. As imagens poderão ser feitas no próprio local onde ocorre a implementação das medidas ou pesquisadas em arquivos públicos, jornais, revistas ou na internet e depois impressas para compor um painel.
- Depois de anotadas as informações e selecionados os materiais, montem um painel, que servirá de apoio para a elaboração de um seminário em sala de aula sobre o tema.
- Em data agendada pelo professor, realizem o seminário e, após a exposição de todos os grupos, anotem as opiniões dos colegas sobre a apresentação: se os temas abordados são relevantes ou não, a pertinência dos temas; a postura do grupo (segurança ao expor o tema, conhecimento do assunto, facilidade ao expressar as ideias, ao argumentar, transigência ao receber críticas). Se necessário, corrijam no próximo seminário os itens que receberam críticas mais desfavoráveis.

Protesto de ambientalistas em frente ao prédio onde se realizava a COP 21 em Paris (França, 2015). Na faixa, lê-se: "Emergência climática: chamada para a resistência".

Geografia e outras linguagens

A arte de Frans Krajcberg

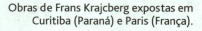
Obras de Frans Krajcberg expostas em Curitiba (Paraná) e Paris (França).

QUESTÕES

O artista polonês naturalizado brasileiro Frans Krajcberg (1921) é conhecido por seu trabalho com elementos obtidos na natureza e transformados em arte. Ele costuma aproveitar troncos e raízes, fazendo com eles desenhos no espaço.

- Com base nas imagens desta página, reflita sobre a obra do artista e responda: suas esculturas podem ser classificadas como arte de denúncia? Justifique sua resposta.

ATIVIDADES

ORGANIZE SEUS CONHECIMENTOS

1. "Trata-se do maior drama ambiental da atualidade, a perda da [?] devida à rápida destruição extensa e definitiva de ecossistemas naturais, das espécies que os integrem e de sua própria diversificação gênica."

   CÂMARA, Ibsen Gusmão. Apresentação. In: SECRETARIA DE ESTADO DO MEIO AMBIENTE. Convenção sobre biodiversidade. São Paulo: SMA-SP, 1997. p. 7-9.

   O conceito que preenche de forma mais específica e correta a lacuna do texto é

   a) diversidade biológica

   b) escassez hídrica

   c) regularidade climática

   d) cobertura florestal

   e) biodiversidade marinha

2. Leia o texto a seguir.

   "Também preocupa que o texto abra uma porta para que a preservação florestal seja usada como um mecanismo de compensação de emissões. Isso seria uma autorização para que a limpeza da atmosfera, promovida pelas florestas, permita àqueles que não cumpriram seu papel, de cortar emissões, continuem a poluir."

   ASTRINI, Márcio; TELLES, Pedro. O acordo de Paris e as lições de casa para o Brasil. Greenpeace, 14 dez. 2015. Disponível em: <http://mod.lk/HW1SQ>. Acesso em: out. 2016.

   O trecho comenta um item presente no mais recente acordo sobre o meio ambiente celebrado no mundo, o Acordo de Paris. Tal proposta permite que países

   a) ricos preservem suas florestas, para os países pobres poderem ampliar o desmatamento e se desenvolver.

   b) pobres desmatem, desde que os países ricos reduzam suas emissões industriais de gases de efeito estufa.

   c) ricos parem de poluir, abrindo a possibilidade de maior emissão de gases de efeito estufa dos países em desenvolvimento.

   d) pobres preservem suas florestas, sendo compensados financeiramente por países mais ricos.

   e) pobres sejam subsidiados para desenvolver atividades industriais menos poluentes que as dos países ricos.

3. Leia o texto.

   "[...] As economias de consumo em massa, que geraram um mundo de abundância para muitos no século XX, veem-se frente a um desafio diferente no século XXI: enfocar não o acúmulo indefinido de bens, e sim uma melhor qualidade de vida para todos, com o mínimo de dano ambiental.

   [...] Hoje, cerca de 63 milhões de adultos americanos, ou aproximadamente 30% das famílias, realizam alguma forma de compras ambientais ou socialmente conscienciosas."

   HALWEY, Brian; MASTNY, Lisa (Dir.). Estado do mundo 2004: estado do consumo e o consumo sustentável. Salvador: Uma Ed./Worldwatch Institute, 2004. p. 5 e 161.

   - O excerto menciona uma mudança de percepção das sociedades quanto à sua relação com os recursos naturais. Contextualize essa mudança de percepção e indique algumas ações por meio das quais o sistema produtivo busca maior eficiência na utilização dos recursos naturais.

4. Leia o texto.

   "Cabe ressaltar que a compreensão das relações sociedade/natureza e da questão ambiental passa também pelo conhecimento do processo de produção do espaço, já que a devastação do planeta pela técnica leva o homem a pensar na produção do espaço pela técnica."

   BERNARDES, Júlia Adão; FERREIRA, Francisco Pontes de Miranda. Sociedade e natureza. Em: CUNHA, Sandra B.; GUERRA, Antonio José T. (Org.). A questão ambiental. Rio de Janeiro: Bertrand Brasil, 2005.

   - Explique de que maneira a produção do espaço pela técnica relaciona-se com a questão ambiental.

5. Leia a seguinte manchete de jornal e um trecho da notícia a ela vinculada.

   ### Transporte público é a aposta de Belo Horizonte para frear efeito estufa

   "A prefeitura da cidade destacou [...] os investimentos feitos [...] mostrando que a estratégia é estimular o uso do transporte público como forma de reduzir as emissões de gases do efeito estufa."

   LIRA, Sara. Hoje em dia. Disponível em: <http://mod.lk/Z2h77>. Acesso em: out. 2016.

   - Por que a intensificação do uso do transporte público em grandes cidades pode contribuir para a redução do efeito estufa?

6. Nos últimos anos, tem sido uma tendência em bares e restaurantes a compra de produtos e ingredientes locais, ou seja, cultivados ou produzidos perto da região em que funciona o estabelecimento comercial. Geralmente, seus proprietários justificam essa esco-

ATIVIDADES

lha relacionando-a ao desenvolvimento sustentável. Explique essa afirmação.

7. Leia a seguir um trecho de um estudo de pesquisadores da Universidade da Califórnia sobre os impactos das atividades econômicas no meio ambiente.

> "Em uma base *per capita*, estimamos que os cidadãos com maior renda foram responsáveis por 5,7 vezes mais emissões do que os de menor renda, mas esses últimos acabaram com um impacto econômico por danos climáticos mais de duas vezes maior do que o valor de suas emissões [...]."
>
> ECO DEBATE. *Países mais ricos são os que mais causam danos ambientais, mas os pobres ficam com a maior parte da conta*. Disponível em: <http://mod.lk/OvfCT>. Acesso em: out. 2016.

- Com base no trecho, explique as diferenças políticas presentes nos fóruns de discussão internacional entre países desenvolvidos e em desenvolvimento no que se refere às propostas de solução da crise ambiental.

REPRESENTAÇÕES GRÁFICAS E CARTOGRÁFICAS

8. Com base no mapa, no gráfico a seguir e nos conhecimentos adquiridos no capítulo, faça o que se pede.

a) O mapa apresenta problemas relacionados às mudanças climáticas. Qual é o principal fenômeno responsável por esses problemas?

b) Além da biodiversidade planetária, a sociodiversidade também corre perigo. Relacione os problemas ambientais retratados no mapa com o perigo a que eles expõem diversas comunidades.

c) Faça uma análise comparativa entre os números referentes a refugiados climáticos e a outros refugiados. Reflita, ainda, sobre os possíveis problemas oriundos do deslocamento dessas pessoas.

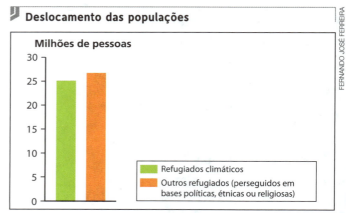

Deslocamento das populações

Fonte: INSTITUTO PÓLIS. *Atlas do meio ambiente Le Monde Diplomatique Brasil*. Curitiba: 2007. p. 45.

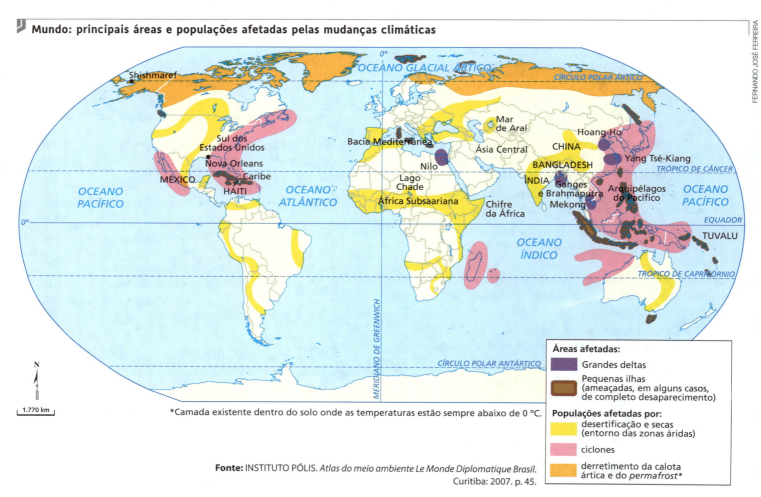

Fonte: INSTITUTO PÓLIS. *Atlas do meio ambiente Le Monde Diplomatique Brasil*. Curitiba: 2007. p. 45.

INTERPRETAÇÃO E PROBLEMATIZAÇÃO

9. Leia o texto e responda às questões a seguir.

"A proposição conciliadora dos ecodesenvolvimentistas se baseia num conceito normativo sobre como pode e deve ser o desenvolvimento: é possível manter o crescimento econômico eficiente (sustentado) no longo prazo, acompanhado da melhoria das condições sociais (distribuindo renda) e respeitando o meio ambiente. No entanto, o crescimento econômico eficiente é visto como condição necessária, porém não suficiente, para a elevação do bem-estar humano: a desejada distribuição de renda (principal indicador de inclusão social) não resulta automaticamente do crescimento econômico, o qual pode ser socialmente excludente; são necessárias políticas públicas específicas desenhadas para evitar que o crescimento beneficie apenas uma minoria; do mesmo modo, o equilíbrio ecológico pode ser afetado negativamente pelo crescimento econômico, podendo limitá-lo no longo prazo, sem o concurso de políticas ecologicamente prudentes que estimulem o aumento da eficiência ecológica e reduzam o risco de perdas ambientais potencialmente importantes".

ROMEIRO, Ademar R. Desenvolvimento sustentável: uma perspectiva econômico-ecológica. Disponível em: <http://mod.lk/DBt7Z>. Acesso em: fev. 2016.

a) Por que o crescimento econômico não implica, necessariamente, a melhoria do bem-estar social?

b) O que é preciso para que haja o devido equilíbrio ecológico no crescimento econômico?

ENEM E VESTIBULARES

10. **(UEM-PR, 2015)** Com base nos fatores relacionados à biodiversidade e nos dados da tabela, identifique a(s) alternativa(s) correta(s).

Diversidade e endemismo de espécies de plantas superiores (Angiospermas) em alguns países

País	Total de diversidade (número de espécies)	Endemismo (número de espécies)
Brasil	50.000 a 56.000	16.000 a 18.500
Indonésia	37.000	14.800 a 18.500
Colômbia	45.000 a 51.000	15.000 a 17.000
México	18.000 a 30.000	10.000 a 15.000
Austrália	15.638	14.458
Madagascar	11.000 a 12.000	8.800 a 9.600
China	27.100 a 30.000	10.000
Filipinas	8.000 a 12.000	3.800 a 6.000
Índia	17.000	7.025 a 7.875
Malásia	15.000	6.500 a 8.000

Fonte: MITTERMEIER et al., 1997 (adaptado).

01) De acordo com a tabela, o continente Americano apresenta o maior número de países com alta diversidade de Angiospermas.

02) O número de espécies restritas ao território brasileiro é semelhante ao número de espécies restritas ao território da Malásia.

04) A Convenção sobre Diversidade Biológica, aprovada na ECO-92, traçou uma série de medidas para preservação das florestas tropicais e equatoriais, as mais ricas em biodiversidade.

08) No Brasil há dois hotspots, a Mata Atlântica e o Cerrado, que são áreas prioritárias para a conservação biológica, pois apresentam elevada biodiversidade com alto grau de ameaça.

16) As Unidades de Conservação enquadradas na categoria de Uso Sustentável são as que mais contribuem para a manutenção da diversidade biológica.

11. **(Uerj-RJ, 2016)**

"A química permite ao homem realizar transformações íntimas na estrutura da matéria.

Com seu desenvolvimento e aplicação nos processos de industrialização, a partir de finais do século XVIII, essas transformações passaram a se realizar em uma escala massiva, tendo efeitos ainda mais abrangentes. A cada vez que inovações mudavam a base tecnológica, produtos e serviços inéditos chegavam à sociedade, surgindo também problemas ambientais novos e complexos."

Fonte: *Polipet*. Disponível em: <http://mod.lk/naxtt>. Acesso em: jul. 2011 (adaptado).

No desenvolvimento das indústrias ocorrido em diversas sociedades, acompanhado pela aplicação de conhecimentos científicos, destaca-se o caso da petroquímica, ilustrado na imagem.

O principal problema ambiental causado pela indústria petroquímica está identificado em:

a) erosão de solos agricultáveis.

b) derrubada de reservas florestais.

c) produção de resíduos poluentes.

d) superexploração de recursos hídricos.

ATIVIDADES

12. (Acafe-SC, 2015) Pesquisas recentes apontam que a Floresta Amazônica já possui espécies com garantia de extinção até 2050. Em artigo publicado na revista *Science*, professor da UFG afirma que ações antrópicas na Floresta Amazônica são responsáveis pelo aumento na taxa de extinção de espécies.

O gráfico a seguir mostra a relação entre área degradada e extinção de espécies.

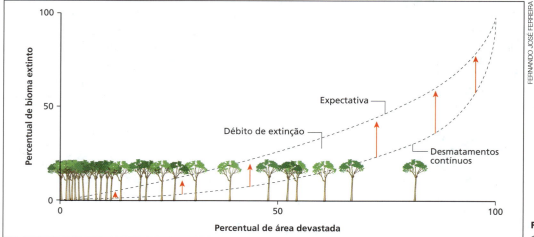

Fonte: *Jornal UFG*. Disponível em: <http://mod.lk/kBBrC>.

Acerca do tema, é **correto** afirmar:

a) A construção de hidrelétricas em busca de desenvolvimento econômico afeta organismos terrestres proporcionalmente à medida da área desmatada/alagada. Porém, contribui para a proliferação de organismos aquáticos à medida que gera barreiras para a dispersão de espécies ao longo do rio.

b) Extinções acontecem "naturalmente", sem intervenção antrópica, fenômeno denominado de "taxa de extinção de fundo". A ação antrópica tende a aumentar essa taxa, contribuindo positivamente na renovação das espécies e do ambiente.

c) O impacto ambiental causado na Floresta Amazônica pelas ações humanas (chamadas de antrópicas) é motivo de preocupação, levando à perda de *habitat* e mudanças climáticas, dentre outras.

d) A diminuição do desmatamento seria a única medida para preservar a biodiversidade.

13. (Uema-MA, 2015)

> "Os cientistas avaliaram as mudanças climáticas em todo o mundo. No Brasil, o Painel Brasileiro de Mudanças Climáticas produziu o primeiro grande relatório dedicado exclusivamente a nossa realidade. Muitos impactos já são observados e poderão ficar mais intensos nos próximos 50 anos, a exemplo da redução da capacidade hídrica da Amazônia em até 40%, aumento de temperatura em até 6 °C, terras agricultáveis reduzidas e grandes enchentes."
>
> SPITZCOVSKY, Débora. *O que diz o primeiro relatório sobre mudanças climáticas no Brasil*. Disponível em: <http://mod.lk/CXQLN>. Acesso em: 20 nov. 2014.

Conhecendo que o solo interage com a atmosfera, com o clima, com as águas superficiais e subterrâneas

a) indique um impacto humano sobre o solo.

b) explique como minimizar as consequências do referido impacto.

14. (Uepa-PA, 2015) Leia o texto para responder à questão.

> "O grande incêndio de Roraima, final de 1997 e início de 1998, chamou a atenção do mundo, por impressionar os cientistas que analisavam as imagens de satélite ao perceberem o avanço do fogo sobre áreas de floresta primária. Esse incêndio provocou intenso debate, na comunidade científica e ambientalista, sobre a necessidade de avaliar seus reais impactos nas formações florestais, gerando forte 'pressão' sobre órgãos ambientalistas do governo federal e estadual para a implementação de políticas públicas voltadas a prevenção de queimadas."
>
> *Ciência Hoje*, jan./fev. 2000, v. 27, n. 157 (adaptado).

Sobre os impactos causados pelo fenômeno apresentado no texto, analise as afirmativas abaixo.

I. Diminui a evapotranspiração.
II. Diminui a lixiviação e a erosão.
III. Reduz o estoque genético do planeta.
IV. Aumenta a temperatura e diminui as chuvas na região.
V. Melhora o solo contra o impacto das águas das chuvas e os raios solares.

A alternativa que contém todas as afirmativas corretas é:

a) I e II
b) I e IV
c) I, III e IV
d) II, III e IV
e) II, III, IV e V

15. (Uece-CE, 2015) O uso irresponsável dos recursos naturais do planeta pode afetar de forma drástica as gerações presentes e futuras dos seres humanos. Em função da ecoeficiência, há a alternativa da sustentabilidade para que tenhamos disponíveis, no presente e no futuro, os recursos naturais não renováveis. O uso de recursos renováveis como energias alternativas é umas das ações que podem melhorar nossa qualidade de vida.

Ao se falar em sustentabilidade, o seguinte tripé sustenta seu conceito:

a) economia, energia e sociedade.

b) meio ambiente, saúde e economia.

c) saúde, sociedade e energia.

d) meio ambiente, sociedade e economia.

16. (Uece-CE, 2015) O panorama global vem sofrendo constantes mudanças relacionadas a três das grandes preocupações da sociedade humana atual: meio ambiente, energia e economia mundial. Nesse sentido, preservar e usar de forma sustentável os recursos não renováveis é uma forma de minimizar impactos no meio ambiente para que haja a promoção de uma melhor qualidade de vida na presente e nas futuras gerações.

A partir dessa informação, assinale a afirmação verdadeira.

a) A matéria-prima renovável vem de combustíveis fósseis ou da mineração.

b) O uso de reagentes menos tóxicos e o projeto do uso de produtos químicos totalmente efetivos, embora com baixa ou nenhuma toxicidade, é alvo da química verde.

c) A introdução de novos catalisadores, de preferência catalisadores sintéticos, minimiza impactos ambientais.

d) O chamado petróleo do pré-sal é um petróleo de baixa qualidade, mesmo que sua fração de compostos leves seja o maior fator que facilita o refino.

17. (EFSP-SP, 2014) O Brasil sofre com vários problemas socioeconômicos. Além disso, vem sofrendo com alguns problemas ambientais graves, devido à grande utilização dos recursos naturais e à degradação ambiental. Para tentar modificar esse cenário, um novo conceito tem ganhado força e espaço, que é o DESENVOLVIMENTO SUSTENTÁVEL. O uso dessa estratégia tem como finalidade

a) erradicar a fome e a pobreza extrema.

b) sustentar o ambiente, independentemente do desenvolvimento.

c) garantir o desenvolvimento socioeconômico.

d) propor a conciliação do desenvolvimento com o meio ambiente.

e) garantir que o desenvolvimento socioeconômico não se sustente.

18. (Uema-MA, 2014)

"O impacto da atividade humana sobre o ambiente vem sendo amplamente discutido e, hoje, já é consenso a dependência dos recursos naturais para nossa sobrevivência. Neste contexto, a problemática do lixo é urgente pela demanda crescente de volume de resíduo destinado de forma inadequada em lixões e aterros sanitários e as consequências geradas à saúde. Soluções mais efetivas para esse problema devem proporcionar uma mudança de hábitos que implica diminuir a produção de resíduos, utilizar o máximo possível um mesmo objeto, assim como reaproveitar os materiais."

SANTOS, F. S.; AGUILAR, J. B. V.; OLIVEIRA, M. M. A. *Biologia* – Ser protagonista. v. 3. São Paulo: Edições SM, 2010 (adaptado).

O modelo de desenvolvimento sustentável preconiza o manejo dos recursos naturais, de modo a promover o desenvolvimento econômico e, ao mesmo tempo, a conservação do meio ambiente. Acerca do lixo, a recomendação é a aplicação do conceito dos três Rs, que determina, respectivamente,

a) Reduzir, Restaurar e Refazer.

b) Reduzir, Reutilizar e Reciclar.

c) Reutilizar, Reduzir e Reciclar.

d) Refazer, Reduzir e Refazer.

e) Reciclar, Reduzir e Refazer.

19. (Enem, 2015)

"A questão ambiental, uma das principais pautas contemporâneas, possibilitou o surgimento de concepções políticas diversas, dentre as quais se destaca a preservação ambiental, que sugere uma ideia de intocabilidade da natureza e impede o seu aproveitamento econômico sob qualquer justificativa."

PORTO-GONÇALVES, C. W. *A globalização da natureza e a natureza da globalização*. Rio de Janeiro: Civilização Brasileira, 2006 (adaptado).

Considerando as atuais concepções políticas sobre a questão ambiental, a dinâmica caracterizada no texto quanto à proteção do meio ambiente está baseada na

a) prática econômica sustentável.

b) contenção de impactos ambientais.

c) utilização progressiva dos recursos naturais.

d) proibição permanente da exploração da natureza.

e) definição de áreas prioritárias para a exploração econômica.

Mais questões: no livro digital, em **Vereda Digital Aprova Enem** e **Vereda Digital Suplemento de revisão e vestibulares**; no *site*, em **AprovaMax**.

PARTE II

Capítulo 11
O espaço geoeconômico industrial, 202

Capítulo 12
Infraestrutura e logística no Brasil, 220

Capítulo 13
Economia e indústria no Brasil, 242

Capítulo 14
O espaço agrário, 260

Capítulo 15
Agropecuária no Brasil, 276

Capítulo 16
A dinâmica das populações, 296

Capítulo 17
População brasileira, 318

Capítulo 18
O mundo urbano, 344

Capítulo 19
Brasil urbano, 366

CAPÍTULO 11

O ESPAÇO GEOECONÔMICO INDUSTRIAL

ENEM
C4: H16, H17, H18, H19, H20

Neste capítulo, você vai aprender a:

- Analisar a evolução do modo de produção industrial no tempo e no espaço.
- Reconhecer as diferentes formas de organização do trabalho industrial, a fim de identificar suas características, associando-as aos diversos modelos econômicos vigentes em diferentes tempos.
- Identificar fatores locacionais e sua importância na implantação dos complexos fabris.
- Conhecer os diferentes tipos de indústria e compreender seu papel na dinâmica da economia global.
- Identificar o papel dos fluxos de produção industrial, relacionando as diferentes formas de atuação dos atores hegemônicos à sua lógica de distribuição espacial.
- Reconhecer o impacto da Revolução Técnico-Científico-Informacional nos processos industriais.
- Estabelecer relação entre o domínio do conhecimento tecnológico e a especialização da mão de obra.

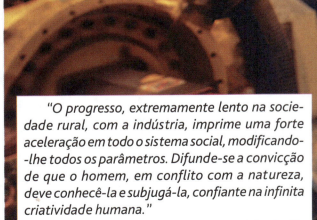

"O progresso, extremamente lento na sociedade rural, com a indústria, imprime uma forte aceleração em todo o sistema social, modificando-lhe todos os parâmetros. Difunde-se a convicção de que o homem, em conflito com a natureza, deve conhecê-la e subjugá-la, confiante na infinita criatividade humana."

DE MASI, Domenico. *O futuro chegou:* modelos de vida para uma sociedade desorientada. Rio de Janeiro: Casa da Palavra, 2014. p. 373.

O intenso desenvolvimento da atividade industrial tem proporcionado a produção de grande diversidade de bens materiais. O sistema capitalista sempre esteve pautado na produção em larga escala e na consolidação de novos hábitos e padrões de consumo com o objetivo de incrementar a venda e o lucro.

As indústrias passaram a produzir cada vez mais e a empregar menos mão de obra (em razão do desenvolvimento tecnológico). Além disso, durante muito tempo, desconsideraram os impactos ambientais e sociais de sua atividade.

Conhecer e analisar essas questões é essencial para sabermos o futuro que queremos.

Ponto de partida

Observe a imagem. Essa indústria poderia ser implantada em qualquer país do mundo? Por quê?

Carro sendo soldado em uma indústria automobilística localizada em Cheshire (Inglaterra, 2015).

1. Indústria e sociedade de consumo

Atualmente, a **atividade industrial** pode ser definida como o conjunto de atividades econômicas que transformam matérias-primas em produtos por meio do trabalho, do capital e do investimento em tecnologia. Com a automação da atividade industrial, as sociedades ampliaram exponencialmente a capacidade de transformar os recursos em produtos, alterando de maneira significativa a relação do ser humano com o ato de consumir. Se, antes, a ampliação da produção visava atender às necessidades básicas de consumo, hoje, por meio da produção de bens imateriais e com grande apoio das estratégias de *marketing* e propaganda, criam-se processos cíclicos de necessidades e dependência de novos produtos. Ou seja, os meios de produção estão cada vez mais a serviço da criação de necessidades de bens de consumo e do acúmulo de capital. Para alguns autores, como o sociólogo italiano Domenico de Masi, o paradigma da sociedade pós-industrial, surgida na segunda metade do século XX, ampliou as potencialidades do capitalismo ao incorporar um fluxo incessante de bens materiais e imateriais ao rol dos desejos da sociedade de consumo.

Hoje, a utilização de produtos industrializados é cada vez mais acentuada. Até mesmo pessoas que residem em regiões distantes das áreas de produção e das cidades consomem bens industriais. Assim, a indústria constrói uma rede de relações de dependência crescente em âmbito local, regional e mundial.

Para ler

Processo de industrialização: do capitalismo originário ao atrasado
Carlos Alonso Barbosa de Oliveira. São Paulo: Unesp; Campinas: Unicamp, 2003.
O livro exibe as dificuldades na construção de modelos de desenvolvimento capazes de dar conta dos complexos fatores econômicos, históricos e sociais de diferentes países. Distintos momentos da história do capitalismo são considerados para se delinear uma teoria da formação econômica industrial capitalista.

2. O desenvolvimento da indústria

A atividade industrial da produção de bens materiais pode ser compreendida por meio da análise de alguns estágios históricos, responsáveis por sua organização e desenvolvimento. Observe a seguir alguns deles.

- **1º estágio: atividade artesanal** — prevaleceu desde a Antiguidade até meados do século XVII, mas ainda se desenvolve nos dias atuais. Sua principal característica é a produção individual, isto é, realizada por uma única pessoa — o **artesão** — que desenvolve todas as etapas de produção (geralmente com ferramentas simples) e de comercialização do produto, sem divisão de tarefas;

- **2º estágio: indústria manufatureira** — surgiu nos séculos XVII e XVIII, representando os primórdios do sistema capitalista. Suas características principais são a divisão de tarefas e o uso de ferramentas e máquinas simples. Instituiu a figura do dono dos meios de produção (**patrão**) e a do trabalhador assalariado (**empregado**);

- **3º estágio: indústria maquinofatureira** — no século XVIII, na Inglaterra, com o uso disseminado da máquina a vapor, da máquina de fiar, do tear hidráulico e do tear mecânico, que mecanizou o setor têxtil, inaugurou-se o ciclo de inovações técnicas, chamado mais tarde de **Revolução Industrial**. A principal fonte energética era o carvão, utilizado tanto para mover as máquinas quanto para alimentar as ferrovias e os barcos a vapor — meios de transporte de matérias-primas para as indústrias e dos bens produzidos para os **mercados consumidores**.

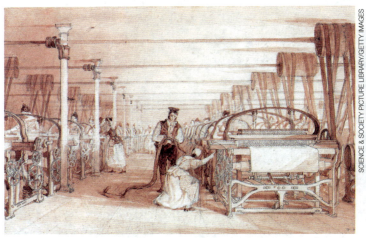

Interior de uma tecelagem inglesa, desenhada por Thomas Allom, em Lancashire, Reino Unido, 1834. A rápida mecanização do setor têxtil reduziu os custos de produção e impulsionou grande parte da mão de obra para as fábricas.

Pioneira da maquinofatura, a Inglaterra permaneceu como a principal potência industrial do planeta até quase o final do século XIX. A frota mercantil britânica, então a maior do mundo, dominava os mares, e a supremacia comercial do país dava-lhe a necessária disponibilidade de capitais para investir na indústria, além de assegurar o controle dos mercados fornecedores de matérias-primas.

Em meados do século XIX, a Revolução Industrial havia se alastrado por outros países da Europa e para os Estados Unidos.

No final do século XIX e em todo o século XX, a energia elétrica e o uso intenso do petróleo passaram a ter papel decisivo na diversificação da produção e na forma da organização industrial.

A partir da década de 1970, iniciou-se, então, a **Revolução Técnico-Científico-Informacional**, que se caracterizou, entre outras coisas, pela forte presença de descobertas científicas e novas tecnologias na indústria. Os grandes parques industriais alocados anteriormente nos países desenvolvidos deslocaram-se, a partir da década de 1980, do Ocidente para o Oriente e dos países desenvolvidos para os países em desenvolvimento. A mão de obra abundante e os baixos salários, aliados às novas tecnologias, contribuíram decisivamente para que as multinacionais, antes fixadas em alguns países em desenvolvimento, como Brasil e México, participando de modelos de industrialização de substituição de importações, passassem a se instalar na Ásia e na própria América Latina, constituindo, com o Japão, um novo modelo de gerenciamento de produção denominado **plataformas de exportação**. Podemos afirmar, então, que a produção descentralizada inicia sua trajetória e ganha contornos globais.

Segundo a Organização Mundial do Comércio (OMC), na primeira década do século XXI, a produção mundial cresceu 65%, a produção dos países desenvolvidos decresceu e, nos chamados países emergentes, a produção saltou de 11% para 27%. Veja, no mapa a seguir, a distribuição e o deslocamento dos grandes polos industriais no mundo.

3. Modelos de organização industrial

As atuais **formas de gerenciamento** promovem a divisão de tarefas, a automação industrial e a especialização da produção e do trabalho. Outra característica é a alteração do processo de produção e da organização de trabalho, buscando produzir mais em menos tempo. As diversas formas de organização do trabalho elaboradas no século XX, além de coexistirem na atualidade, têm o mesmo objetivo comum: aumentar a produtividade para ampliar os lucros.

Taylorismo

No início do século XX, o engenheiro estadunidense Frederick Taylor (1856-1915) estudava os tempos e os movimentos dos trabalhadores e das máquinas nas fábricas. Suas observações levaram a uma série de normas que deveriam ser seguidas pelos operários para que se conseguisse melhorar a eficiência na linha de produção, gerando, assim, maior produtividade e, consequentemente, lucros crescentes. Esse método ficou conhecido como **taylorismo** e foi rapidamente adotado pelo setor industrial, uma vez que **racionalizava, controlava e aumentava** a produtividade do trabalho.

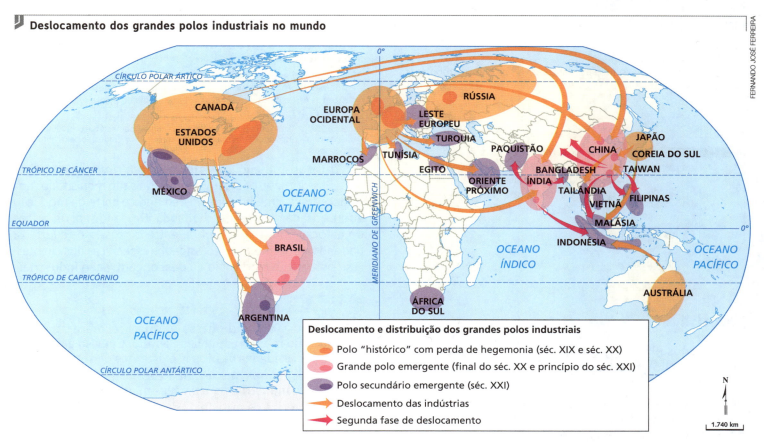

Deslocamento dos grandes polos industriais no mundo

Fonte: BRÉVILLE, Benoit; VIDAL, Dominique. *Atlas de historia crítica y comparada*. Fundación Mondiplo/Uned: Valência, 2015. p. 166.

Fordismo

O empresário estadunidense do setor automobilístico Henry Ford (1863-1947) produziu o carro Ford T com a intenção de elevar a produção e o consumo desse veículo a níveis jamais alcançados. Dessa forma, implantou a produção em série, o que levou ao consumo em massa, dentro dos princípios do **fordismo**.

O fordismo incorporou as **linhas de montagem**, nas quais cada operário realiza uma **função específica e especializada** que se repete durante toda a jornada de trabalho.

A racionalização e a organização, introduzidas pelo fordismo na produção fabril, aumentaram a produtividade, criando as bases da economia industrial em escala e da sociedade de consumo.

Operários produzindo assentos para automóveis na linha de montagem da Ford (Estados Unidos, 1915).

Para assistir

Tempos modernos
Estados Unidos, 1936. Direção de Charles Chaplin. Duração: 87 min.
Esse filme é uma vigorosa crítica à organização alienada do trabalho industrial no modelo fordista.

Toyotismo

Nos anos 1950, surgiu no Japão uma nova forma de organizar o trabalho industrial, baseado na **produção flexível**, na qual as equipes de trabalho participavam de todas as etapas da produção. Essa organização da produção industrial foi chamada de **toyotismo**, por ter sido criada dentro da Toyota, uma corporação japonesa. Observe no quadro a seguir uma comparação entre o fordismo e o toyotismo.

Quadro comparativo: Fordismo e Toyotismo

Fordismo (paradigma anglo-saxão)	Toyotismo (paradigma japonês)
Produção em larga escala.	Produção enxuta.
Produção em massa, baseada em cadeias de produção com grandes estoques, separados por grandes almoxarifados que desembocam na linha de montagem.	Produção enxuta, requer a metade do esforço humano e do espaço para a produção, além da metade dos gastos para investimento em ferramentas, com estoques mínimos de insumos.
O trabalho requer grande intensidade de esforços e a operação das máquinas é sequencial.	A operação das máquinas não é sequencial e os trabalhadores deslocam-se desenvolvendo diferentes tarefas.
Equipes de trabalho integradas por hierarquias bem definidas.	Trabalhadores cooperativos e autodisciplinados.
Salários baseados no valor da atividade a ser desenvolvida.	Sistema de pagamentos leva em conta avaliação pessoal.
Trabalhadores executam tarefas simples, com baixa motivação.	Aproximação entre trabalhadores e engenheiros no processo de produção, trabalhadores motivados por incentivos individualizados.
Preocupação com a rapidez e o volume da produção.	A rotina da produção é compensada por atividade de superação, exercícios e terapias ocupacionais desenvolvidas no interior da fábrica.
Cultura corporativa baseada em relações industriais.	Cultura empresarial baseada no consenso.
Alto índice de rotatividade de mão de obra.	Permanência dos trabalhadores na empresa.
Departamento de controle de qualidade pouco efetivo, com grande distanciamento entre o defeito na peça e sua substituição.	Busca melhorar a qualidade por intermédio de circuitos de qualidade que agem durante o processo.
Relação entre quem produz e quem compra baseia-se em contratos específicos.	Relação entre quem produz e quem compra baseia-se na ideia de "família corporativa".

Fonte: BALLINA, Francisco. Globalización y teoría de la administración. Em: CORREA, Eugenia; GIRÓN, Alicia (Org.). Economía financiera contemporánea. México, 2004. p. 305. Disponível em: <http://mod.lk/gkzua>. Acesso em: out. 2016. Traduzido pelos autores.

O toyotismo criou o sistema *just in time*, pelo qual as matérias-primas e os insumos industriais são requisitados aos fornecedores à medida que há demanda e parte da produção é terceirizada conforme a demanda. Dessa forma, os custos de estocagem e mão de obra, entre outros, são reduzidos, podendo-se atender às necessidades específicas dos clientes. Esse sistema foi o princípio da **desconcentração industrial**.

QUESTÕES

1. Discuta a validade dessa afirmação para a atualidade do mundo capitalista: a indústria visa atender às necessidades básicas já existentes da vida social.
2. Cite os fatores que levam ao deslocamento da atividade industrial para países em desenvolvimento.
3. Caracterize os princípios da organização do trabalho industrial conhecida como **toyotismo** ou modelo japonês.

Você no mundo
Atividade em grupo — Pesquisa e debate

O artesanato e a indústria do consumo

"Hoje, o Brasil possui um rico legado artístico e artesanal, onde boa parte dessa herança cultural está [...] no Ceará, por exemplo [...]. Apesar de um contexto aparentemente favorável, a produção do artesanato vem sendo ameaçada pela desvalorização econômica, que acaba fazendo com que as novas gerações busquem outras atividades que proporcionem maior garantia de subsistência.

Paralelamente, a busca pela identificação pessoal e pelo *status* na sociedade vem difundindo a utilização do artesanato das mais variadas formas, e este passa a ser associado a um sentimento de identificação e de valorização cultural.

A valorização do artesanato como objeto de consumo passa a ser ao mesmo tempo uma fórmula contra o risco de extinção da atividade e uma forma de satisfação ao desejo gerado na sociedade pós-industrial. Entre os elementos que contribuem para o lançamento dos referenciais simbólicos do artesanato está a moda. Sendo assim, a moda identifica uma necessidade social (a da distinção) e a supre tornando-a um desejo generalizado. [...] O desenvolvimento do artesanato é uma forma de suprir a demanda gerada pela moda e de garantir aos artesãos um meio de subsistência. A implementação do trabalho artesanal por meio de iniciativas estatais e privadas que vêm ocorrendo no interior do Ceará, prioriza a valorização econômica [...]. Por outro lado, o artesanato possui valores simbólicos e de identidade cultural que a moda vem resgatando e inserindo na sociedade como elementos de diferenciação, gerando assim uma crescente demanda por produtos artesanais. [...]"

SILVA, E. K. Ribeiro da. *Design* e artesanato: um diferencial cultural na indústria do consumo. Em: *Actas de Diseño*. IV Encuentro Latinoamericano de Diseño 2009. Buenos Aires: Universidad de Palermo, ano 4. n. 7, p. 167, jul. 2009.

A atividade artesanal, apesar de anterior ao predomínio da manufatura, não desapareceu e encontrou ao longo do tempo uma articulação com os espaços de consumo na sociedade industrial. O artesanato, inserido no contexto da moda, por exemplo, traz a possibilidade de cada um ser diferente do outro, em um mundo onde a uniformidade é gerada pelas formas de produção em série voltada para a massa.

Em grupos, façam um levantamento das produções artesanais encontradas em sua cidade, região ou estado. Para isso, levem em consideração o roteiro a seguir.

- Que produção artesanal é mais relevante em sua cidade, região ou estado? Que herança cultural ela representa?
- De que forma o trabalho artesanal é organizado, desde sua produção até chegar ao consumidor? Existem cooperativas ou associações de artesãos?
- Como o artesanato gera renda para a população local? Quem são os principais consumidores desse artesanato?
- A moda tem influenciado o trabalho artesanal dessas comunidades ou as produções artesanais têm influenciado a moda? De que forma isso ocorre?

Organizem as informações e, com o auxílio do professor, promovam um debate em sala de aula, expondo a opinião do grupo sobre a importância da produção artesanal na cultura e na economia local.

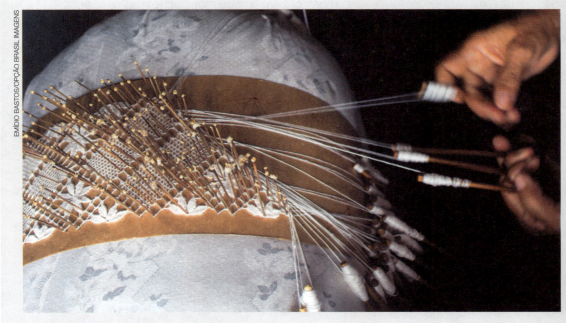

A renda de bilro (ou renda da terra, renda do Norte ou renda do Ceará) é o tipo de renda mais encontrado no Brasil, e o Ceará é considerado grande centro produtor desse artesanato artístico. Na foto, rendeira utilizando bilros na confecção de renda, em Itapipoca (CE, 2013).

4. A geografia da indústria

A atividade industrial é a base do desenvolvimento econômico desde o século XVIII, quando ocorreu a Revolução Industrial na Inglaterra. As indústrias foram os primeiros estabelecimentos a empregar trabalhadores assalariados em grande número e, na atualidade, observamos mais **automação** e **robotização** nas unidades de produção.

O sistema fabril do início do século XX — com a divisão do trabalho e a organização para produzir em larga escala — representou um aumento significativo no volume de produção, assim como o crescimento e a diversificação da atividade industrial. A indústria passou a comandar as atividades agrícolas e o setor de serviços.

As indústrias eram instaladas em locais que pudessem simplificar e otimizar as **condições de produção**. Nas unidades industriais mais antigas, buscava-se minimizar os custos do transporte de matérias-primas (como o ferro), das fontes de energia (por exemplo, o carvão) e das mercadorias até os grandes mercados consumidores. Por isso, as primeiras indústrias concentravam-se às margens de rios, nas áreas periféricas das cidades, nas proximidades de terminais ferroviários e marítimos, e também nas áreas produtoras de energia.

No início da Revolução Industrial, entre o final do século XVIII até o século XIX, a presença de reservas de carvão mineral era um dos fatores mais relevantes para a localização das fábricas, uma vez que o carvão era a principal fonte de energia utilizada nas máquinas. Por essa razão, unidades fabris foram instaladas no entorno das principais bacias carboníferas da Europa. São exemplos marcantes desse processo o vale do Ruhr, na Alemanha, e a região de Yorkshire, na Inglaterra.

Após a Segunda Guerra Mundial, países da América Latina e, mais recentemente, países asiáticos (até então primordialmente agrícolas) vincularam-se aos interesses da expansão capitalista e atraíram indústrias, oferecendo vantagens fiscais, como a isenção de impostos e de tarifas para a importação de máquinas e de equipamentos necessários à implantação das fábricas.

Mina de carvão em Essen, no vale do Ruhr (Alemanha, 1920).

Regiões do Brasil, do México e da Argentina dispunham de mão de obra barata, legislação ambiental pouco rigorosa e expressivo mercado consumidor, representando a possibilidade do ganho de produtividade e expansão comercial para empresas estrangeiras. Esses fatores favoreceram o **crescimento da atividade industrial** nesses países.

Os países pioneiros da Revolução Industrial do século XIX são, atualmente, os que polarizam os grandes blocos econômicos regionais e a própria economia global. Porém, ao analisarmos as condições atuais do capitalismo, a característica que os distingue das demais nações não é mais o grau de industrialização e sim o fato de controlarem as tecnologias essenciais e as de ponta, além de abrigarem a sede das corporações **transnacionais** mais importantes. Observe os países que concentram as principais corporações em âmbito mundial no mapa a seguir.

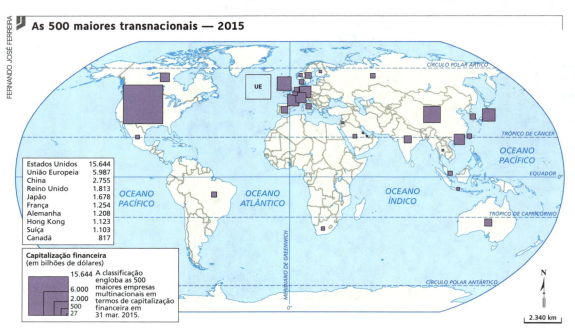

Transnacional. Empresa que possui sede em um país, geralmente desenvolvido, e atua em diversos outros por meio de suas filiais. Grande parte dos lucros vindos de suas operações no exterior é remetida para suas matrizes.

As 500 maiores transnacionais — 2015

País	Capitalização
Estados Unidos	15.644
União Europeia	5.987
China	2.755
Reino Unido	1.813
Japão	1.678
França	1.254
Alemanha	1.208
Hong Kong	1.123
Suíça	1.103
Canadá	817

Capitalização financeira (em bilhões de dólares). A classificação engloba as 500 maiores empresas multinacionais em termos de capitalização financeira em 31 mar. 2015.

Fonte: SCIENCES PO. *Les 500 premières firmes multinationales 2015*. Disponível em: <http://mod.lk/bhqqj>. Acesso em: out. 2016.

Em 2015, o faturamento das oito maiores empresas transnacionais do mundo referia-se a companhias dos setores de varejo, petrolífero e automotivo. Se compararmos o faturamento dessas empresas e o PIB de alguns países, veremos que essas corporações têm faturamento equivalente ao PIB de países desenvolvidos, como a Noruega, e de países em desenvolvimento, como a África do Sul. Isso demonstra o poder dessas empresas na economia mundial, como mostra o gráfico abaixo.

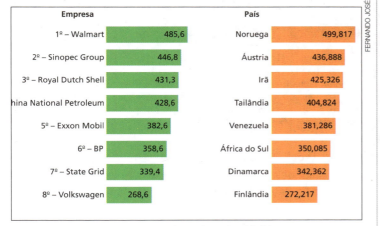

Faturamento das oito maiores empresas do mundo *versus* PIB de países selecionados — 2015 (em bilhões de dólares)

Empresa		País	
1º – Walmart	485,6	Noruega	499,817
2º – Sinopec Group	446,8	Áustria	436,888
3º – Royal Dutch Shell	431,3	Irã	425,326
4º – China National Petroleum	428,6	Tailândia	404,824
5º – Exxon Mobil	382,6	Venezuela	381,286
6º – BP	358,6	África do Sul	350,085
7º – State Grid	339,4	Dinamarca	342,362
8º – Volkswagen	268,6	Finlândia	272,217

Fonte: FORTUNE. *Global 500*. Disponível em: <http://mod.lk/lhlas>. Acesso em: out. 2016.

Fatores locacionais

Os fatores que levam à escolha de determinado lugar para a instalação de uma empresa industrial são denominados **fatores locacionais**. Em outras palavras, as **vantagens competitivas** que as companhias industriais veem em certo local o tornam atrativo para que realizem seus investimentos. Os fatores mais importantes costumam ser a presença de mercado consumidor, matérias-primas, mão de obra, disponibilidade de energia, incentivos fiscais e redes de transportes.

Com a revolução nos transportes e nas telecomunicações, empresas de alta tecnologia, por exemplo, consideram outros fatores locacionais, como a proximidade a grandes universidades que desenvolvam pesquisas.

> **Incentivos fiscais.** Benefícios que o governo oferece com o intuito de atrair empresas para que se instalem em seu município, estado ou país. Podem ser redução ou suspensão de impostos por tempo determinado ou outras vantagens fiscais.

Tipos de indústria

As indústrias podem ser classificadas de várias maneiras, levando-se em conta diferentes critérios, como a tecnologia empregada ou o tipo de produto. Se considerarmos seu foco de produção, poderemos classificá-las em: indústrias de bens de produção, indústrias de bens intermediários e indústrias de bens de consumo.

As **indústrias de bens de produção** ou **de base** são as que transformam e processam matéria-prima para outras indústrias, como siderúrgicas, metalúrgicas e indústria de maquinário pesado. A indústria extrativa de minérios e petróleo também se encaixa nessa categoria.

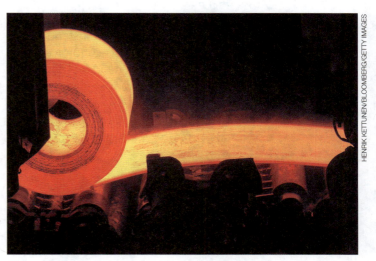

Cintas de aço são forjadas nas siderúrgicas e utilizadas como matéria-prima na fabricação de automóveis, navios, aviões, máquinas agrícolas, entre outros. Na foto, cinta de aço produzida em siderúrgica na cidade de Oulu (Finlândia, 2014).

As **indústrias de bens intermediários** são as que fornecem máquinas e equipamentos para as indústrias de bens de consumo, como as indústrias mecânica, naval e de autopeças.

As **indústrias de bens de consumo** transformam matéria-prima em bens e mercadorias para o consumidor final. Os produtos podem ser duráveis ou não duráveis.

- **Bens duráveis** — automóveis, eletrodomésticos, móveis, entre outros.
- **Bens não duráveis** — roupas, alimentos, calçados, entre outros.

Estratégias de controle da produção

Várias estratégias de natureza geográfica para o controle espacial da produção são utilizadas pelas empresas transnacionais. Entre elas, destacam-se a desconcentração, a descentralização e a localização flexível.

Atualmente, a indústria mundial vem sofrendo evidente desconcentração geográfica, fazendo-se presente em inúmeras áreas do mundo capitalista e modificando o panorama da economia global, como vimos no mapa da página 193, sobre o deslocamento dos grandes polos industriais no mundo.

A **desconcentração** consiste na remoção de unidades produtivas de antigas regiões industriais e na instalação de novas unidades em outras regiões pouco industrializadas, alterando a divisão do trabalho. Essa estratégia levou à maior internacionalização de todo o processo produtivo e foi responsável por provocar modificações substanciais nas relações de trabalho. Essas unidades, intensivas em tecnologia, têm alterado significativamente a quantidade e o tipo de mão de obra necessários para operar suas instalações, além de oportunizar resultados, deslocando-se de maneira rápida entre diferentes países. Como operam com alta tecnologia, prescindem de grandes contingentes de mão de obra, contratando apenas um reduzido número de trabalhadores altamente especializados. As unidades também podem ser fechadas e transferidas para outros países que apresentem condições econômicas mais atraentes. No entanto, diversos setores da indústria de alta tecnologia, como a aeroespacial, encontram-se ainda bastante concentrados nos países desenvolvidos.

A partir de decreto publicado em 1967, o governo federal brasileiro criou a Zona Franca de Manaus com o objetivo de atrair indústrias para a região. Hoje, no polo há cerca de 700 indústrias que contam com isenção de impostos sobre importação, exportação e outros. A região, porém, apresenta uma infraestrutura de transporte deficitária. Vista de indústrias em Manaus (AM, 2013).

A indústria aeroespacial requer mão de obra altamente qualificada e especializada, além de grandes investimentos em pesquisa. As maiores empresas do setor estão nos Estados Unidos e em países da Europa. Na foto, linha de produção do Boeing 737, na fábrica da empresa em Renton, Washington (Estados Unidos, 2015).

Dessa forma, Brasil, Argentina, México, África do Sul e Turquia, entre outros, receberam investimentos diretos de transnacionais por apresentarem condições que atendiam aos interesses dessas empresas.

Também a Índia, desde a década de 1980, vem recebendo investimentos de grandes empresas transnacionais de alta tecnologia, como as de informática, tecnologia nuclear e aeroespacial. Nesse país existem mais de mil empresas produtoras de *softwares*, componentes de computadores e equipamentos eletrônicos, empregando uma parcela significativa da mão de obra local. Essas empresas movimentam bilhões de dólares por ano e concentram-se na cidade de Bangalore, no sul do país.

A estratégia de desconcentração não deve ser confundida com a de **descentralização**, na qual a política de desenvolvimento industrial de um país favorece a implantação de empresas em regiões periféricas por meio de incentivos fiscais e financeiros, além de investimentos em melhoria da infraestrutura.

A organização do polo tecnológico Glen Valley, em Glasgow (Escócia), é um exemplo de descentralização industrial. A ação do Estado, em parceria com indústrias de ponta da área de informática, atraiu investidores externos e ampliou o espaço geográfico sob o comando da alta tecnologia.

Já a **localização flexível** prevê a dispersão da produção em várias unidades produtivas, o que repercute em uma acentuada mobilidade geográfica das empresas (veja o mapa a seguir). Essa mobilidade supõe que, sempre que se propuser um novo negócio mais lucrativo, a área industrial original será abandonada e se buscará um lugar mais adaptado às exigências do mercado, com o emprego de plataformas de produção ágeis e flexíveis.

Fabricar onde as condições são menos onerosas resulta em vantagem comparativa do custo da mão de obra, em maior produtividade da força de trabalho, em potencial de crescimento do mercado, entre outros fatores.

A localização flexível da produção industrial ocorre em escalas local, regional e mundial.

- **Escala local** — empresas próximas ao centro das metrópoles que comandam a produção de outras empresas na periferia urbana; realizam o serviço ou atendem à encomenda da empresa que oferecer o menor preço ou que aceitar as exigências de prazo e padrão de qualidade impostas.
- **Escala regional** — empresas como as *maquilladoras* (complexos industriais estadunidenses instalados no México), que recebem peças dos Estados Unidos para montar, aproveitando o baixo custo da mão de obra mexicana.
- **Escala mundial** — empresas de países desenvolvidos que operam em países em desenvolvimento em busca de vantagens comparativas, destacando-se sua mobilidade espacial.

Para navegar

Inova Unicamp
www.inova.unicamp.br
O *site* proporciona o conhecimento das principais atuações nas propriedades intelectuais da agência de inovação tecnológica da Universidade Estadual de Campinas (Unicamp), no estado de São Paulo.

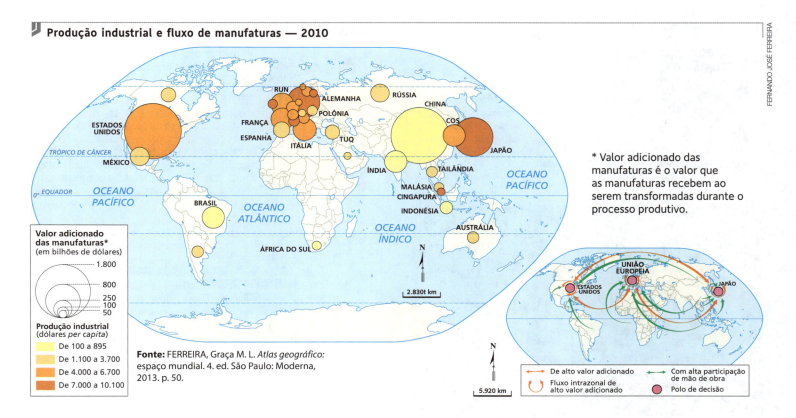

Fonte: FERREIRA, Graça M. L. *Atlas geográfico*: espaço mundial. 4. ed. São Paulo: Moderna, 2013. p. 50.

Mercado global e industrialização diferencial

Estratégias de controle do mercado

As transnacionais usam mecanismos de fusão de empresas para controle dos mercados e centralização do capital, formando, assim, as **holdings** — associações de diversas empresas sob o controle daquela que possui a maior parte das ações.

Embora sejam proibidas, outras formas de associação entre grandes companhias também são praticadas: o truste e o cartel. O **truste** é a união de diversas empresas cujo objetivo é controlar as fontes de matérias-primas, bem como todas as fases de produção e de distribuição do produto para o mercado consumidor. O **cartel** é um acordo comercial entre empresas que conservam cada uma sua autonomia, porém dividem o mercado consumidor entre si, determinando um preço único para seus produtos.

As empresas que não pertencem aos cartéis têm dificuldade para conquistar e manter participação no mercado, principalmente quando estes lançam mão da estratégia denominada *dumping*: os cartéis vendem seus produtos a preços inferiores aos custos para eliminar os concorrentes e conquistar maiores fatias do mercado, estabelecendo verdadeira "guerra comercial" com as empresas não cartelizadas.

Nessas estratégias econômicas, o **monopólio da tecnologia** sempre constituiu o segredo do sucesso das corporações transnacionais. Elas formam estoques de patentes com a finalidade de explorar as invenções que lhes parecem úteis. Assim, arrematam e monopolizam patentes e inovações tecnológicas de processos industriais atuais e futuros.

Nos últimos anos, são particularmente marcantes as associações e os acordos entre as empresas de diversos ramos da indústria, do comércio e dos serviços. Vários deles ocorreram entre as principais corporações transnacionais nas áreas de tecnologia, *marketing*, distribuição ou produção. As filiais de empresas transnacionais produtoras de automóveis, por exemplo, são responsáveis pela produção de determinados componentes, e a montagem do carro é feita em um terceiro país.

Esse arranjo depende dos imperativos de competitividade e das vantagens comparativas do custo da mão de obra, do mercado potencial e das flutuações monetárias de cada país. As empresas procuram sempre se instalar onde encontram os menores custos de produção.

QUESTÕES

1. Conceitue "vantagens competitivas" e cite alguns de seus principais elementos.
2. O que vem a ser a descentralização industrial?
3. Cite e explique duas estratégias de controle de mercado praticadas em escala global.

> **Para assistir**
>
>
>
> **Koyaanisqatsi — uma vida fora de equilíbrio**
> Estados Unidos, 1976. Direção de Godfrey Reggio. Duração: 87 min.
>
> Com apenas imagens e trilha sonora, o documentário mostra o desequilíbrio ecológico que caracteriza as sociedades urbanas e industriais. Rico em detalhes, leva o espectador a refletir sobre as inter-relações contrastantes que permeiam a vida na Terra.

Montadora de carros na cidade de Ban Pho, na Tailândia, onde a mão de obra é muitas vezes mais barata do que em países da Europa Ocidental, no Japão ou nos Estados Unidos. (Foto de 2015.)

Industrialização diferencial

Vivemos hoje um processo de **industrialização diferencial** acelerado pela redução das <mark>barreiras alfandegárias</mark> e pela integração dos mercados. As corporações transnacionais têm cada vez mais facilidade para transferir fábricas aos países que ofereçam mão de obra mais barata. Os países desenvolvidos são mais capazes que os países em desenvolvimento de atrair investimentos para as indústrias de alta tecnologia, em vista do potencial de seu mercado consumidor, da qualificação de seus profissionais e da oferta de infraestrutura.

As indústrias transnacionais atuam em diferentes países procurando otimizar sua produção em busca de maiores lucros para alcançar o melhor custo-benefício, atendendo a um mercado mundial e não mais ao local. O escoamento da produção ocorre de forma rápida e eficiente graças ao barateamento dos transportes ocorrido nas últimas décadas e ao aumento da capacidade de armazenagem e distribuição de bens e mercadorias, feitos por meio de um conjunto de técnicas altamente planejadas conhecido como logística.

Observe no gráfico a seguir a predominância da fabricação de automóveis em países desenvolvidos e a tendência de crescimento da produção de veículos em determinados países em desenvolvimento, como China, Brasil e Índia.

> **Para ler**
>
>
>
> **O futuro chegou: modelos de vida para uma sociedade desorientada**
>
> Domenico de Masi. São Paulo: Casa da Palavra, 2014.
>
> A obra analisa a estrutura de países como Brasil, Índia, China e Japão, perpassando os sistemas que mais marcaram a história social do mundo, como os modelos católico, hebraico, muçulmano, protestante, clássico, iluminista, liberal, capitalista, socialista, comunista, até nosso atual modelo pós-industrial.

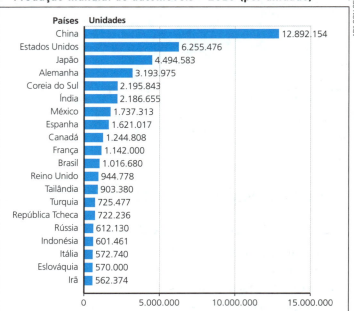

Fonte: OICA. *2016 Q2 Production Statistics*. Disponível em: <http://mod.lk/PJeV3>. Acesso em: dez. 2016.

> **Barreira alfandegária.** Tarifas, cotas e licenças de importação estabelecidas pelos governos com o objetivo de controlar o intercâmbio internacional de mercadorias e proteger o mercado interno.

A modernização das economias emergentes

O conjunto dos **países em desenvolvimento industrializados** (chamados também de **emergentes**) ocupa uma posição peculiar no panorama da globalização, uma vez que apresenta uma história de industrialização tardia e incompleta, baseada em investimentos estrangeiros e estatais. Poderemos compreender essa particularidade se analisarmos a denominação dada a esses países pela ONU e outros organismos internacionais: são os "países em desenvolvimento" ou "economias emergentes"; portanto, nem "desenvolvidos" nem "de baixa industrialização".

O que os torna um conjunto é o caráter de suas trajetórias de modernização econômica, apoiadas em capitais, tecnologias ou mercados externos, e as profundas desigualdades de renda e de nível de vida entre as camadas sociais de suas populações. Porém, esse conjunto apresenta também significativa diferenciação interna.

Bairro industrial na cidade de Hangzhou (China, 2014).

Entre os países emergentes destacam-se os Brics (Brasil, Rússia, Índia, China e África do Sul). São países com grande extensão territorial, numerosa população (China e Índia somavam em 2016 cerca de 2,5 bilhões de habitantes), ricos em recursos minerais, que têm forte base industrial e que vêm apresentando acelerado crescimento econômico nos últimos anos. Por essas características, têm recebido grandes investimentos estrangeiros, aumentando significativamente seu setor industrial. A China é hoje uma das mais importantes exportadoras de produtos manufaturados do mundo. Além dos países que formam o acrônimo Brics, destacam-se como emergentes: Coreia do Sul, Taiwan, Cingapura, México, Argentina e Chile.

Em 2001, o economista inglês Jim O'Neill criou o acrônimo Brics. Apesar de esse novo cenário contribuir para modificar a distribuição espacial da indústria, os descaminhos da economia mundial nos últimos anos têm forçado para baixo o ritmo de crescimento industrial desses países emergentes. A crise econômica que abalou diversos países desenvolvidos, a partir de 2008, forçou a redução do crescimento chinês e, com isso, houve retração das importações de *commodities* por esse país, o que acabou afetando economias latino-americanas, especialmente as de Brasil e Argentina. Aos olhos do banco de investimento estadunidense, a era dos Brics está chegando ao fim, em virtude dos sucessivos prejuízos de suas economias. Mesmo assim, a concentração de polos de alta tecnologia mantém-se em nações desenvolvidas e as de produção tradicional continuam a produzir em ritmo mais lento nos países menos desenvolvidos.

5. A geografia industrial da Revolução Técnico-Científico-Informacional

Quatro eixos fundamentais embasam o desenvolvimento da Revolução Técnico-Científico-Informacional:

- **informática** — compreende o armazenamento e a transmissão de informações, configurando-se no setor de produção em massa de computadores pessoais, supercomputadores, serviços de videotexto, bancos de dados informatizados e novos equipamentos de telecomunicação por redes de cabos de fibra ótica e por satélites;

- **biotecnologia e engenharia genética** — abrangem aplicações biológicas, médicas e agropecuárias de alta tecnologia, configurando-se no setor que desenvolve sínteses de DNA e fusão de células, novos produtos farmacêuticos e organismos geneticamente modificados (OGM);

- **novas técnicas e materiais de produção** — compreendem a fabricação de circuitos integrados e semicondutores, a utilização de materiais revolucionários, a mecatrônica (automação por meio de robôs industriais) e a nanotecnologia (tecnologias microscópicas);

- **fontes energéticas alternativas** — envolvem reatores nucleares de nêutrons, pilhas e células de combustíveis e eletricidade fotovoltaica.

Em tempo de Revolução Técnico-Científico-Informacional, agregar valor aos produtos — isto é, tornar um produto mais valorizado por meio do incremento de inovações tecnológicas e outros atributos de qualidade e facilidades oferecidos — depende, sobretudo, da aplicação do conhecimento em sua produção e em sua transformação. A informação científica tem, portanto, papel fundamental na produção, e o acesso a ela depende de vultosos investimentos em pesquisas científicas e tecnológicas.

Somente as grandes corporações transnacionais ou o poder público de um pequeno grupo de nações podem fazer tais investimentos, uma vez que dispõem do capital necessário para essa finalidade. Assim, em apenas alguns países há disponibilidade de pessoal com a qualificação e a remuneração exigidas.

Polos tecnológicos

Nas últimas décadas do século XX, os **polos tecnológicos** (ou tecnopolos) resultaram da união entre empresas e instituições de pesquisa de alta tecnologia, como as universidades. Neles, instalaram-se laboratórios e foi desenvolvida tecnologia aplicada aos interesses de empresas e instituições públicas — novos materiais, programas de computador e os recentes produtos vinculados à biotecnologia.

O objetivo de concentrar empresas e instituições de pesquisa em áreas contíguas é incentivar as pesquisas científicas que possam agregar valor aos produtos industriais complexos, resultantes da pesquisa de ponta. O sucesso desse modelo pode ser verificado em muitos países do mundo. O Vale do Silício, na Califórnia (Estados Unidos), é mundialmente reconhecido pelo surgimento de empresas de alta tecnologia. A importância das universidades para a formação de polos tecnológicos do Vale do Silício pode ser evidenciada no nome de uma das principais empresas de desenvolvimento de *softwares* da região: Sun Microsystems vem da Universidade de Stanford: Stanford University Network (Rede da Universidade de Stanford).

Na França, também foram constituídos tecnopolos, dos quais o mais destacado é o de Sophia Antipolis, criado para desenvolver empresas de alta tecnologia. Outros polos franceses de destaque localizam-se em Paris e em Montpellier. O Japão possui vários polos de alta tecnologia, sendo o mais conhecido o de Tsukuba, que abriga inúmeras empresas, em especial as dedicadas à microeletrônica.

Os primeiros polos tecnológicos brasileiros se formaram na década de 1980. Como também acontece em outras partes do mundo, resultam da presença de **mão de obra altamente qualificada**. Os mais expressivos encontram-se no estado de São Paulo, nas cidades de São Paulo e de Campinas.

Para navegar

Ministério do Desenvolvimento, Indústria e Comércio Exterior
www.desenvolvimento.gov.br
Além de notícias, legislação e informações acerca da indústria e do comércio brasileiro, o *site* do MDIC aborda as principais inovações e o desenvolvimento na produção industrial e comercial brasileira.

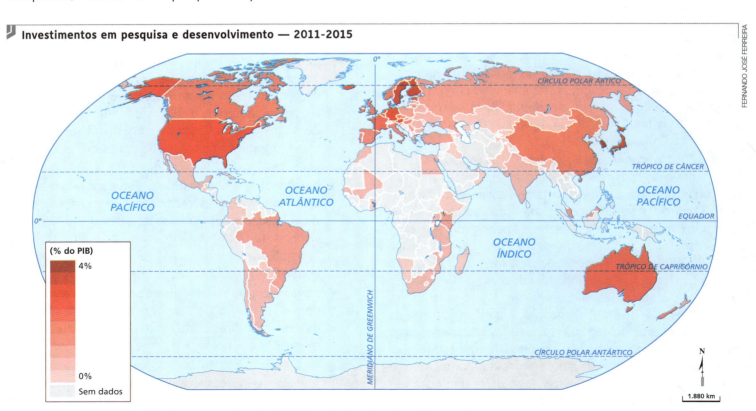

Investimentos em pesquisa e desenvolvimento — 2011-2015

Fonte: WORLD BANK. *Research and development expenditure (% of GDP)*. Disponível em: <http://mod.lk/1ouac>. Acesso em: out. 2016.

Geografia e outras linguagens

A arte de Čestmír Suška

O artista plástico tcheco Čestmír Suška utiliza lixo industrial, como antigos tanques, torres de observação e outros materiais, e os transforma em esculturas.

Observe, a seguir, obras de arte criadas por Suška.

Pneus, escultura exposta na cidade de Plzeň (República Tcheca, 2015).

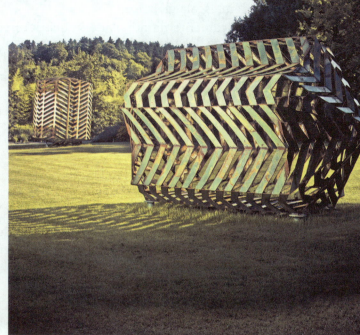

Criatura, escultura exposta no Jardim Botânico de Praga (República Tcheca, 2015).

Espinha de peixe, escultura exposta no Jardim Botânico de Praga (República Tcheca, 2014).

Guardas, escultura exposta na cidade de Plzeň (República Tcheca, 2015).

QUESTÕES

- O escultor afirma que seu trabalho apresenta dimensão filosófica, ou seja, propõe uma reflexão sobre o nosso mundo ou sociedade atual. Qual seria essa reflexão? Pense a respeito e discuta com os colegas.

ATIVIDADES

ORGANIZE SEUS CONHECIMENTOS

1. Uma das preocupações da Organização Internacional do Trabalho (OIT) é o crescimento de formas contemporâneas de trabalho escravo na atividade industrial. Uma das razões que explicam esse eventual crescimento, em escala global, é:

   a) o deslocamento da atividade industrial para países menos desenvolvidos, com menor regulação e fiscalização sobre o mercado de trabalho.

   b) a resistência cultural do preceito escravista em inúmeras localidades menos desenvolvidas.

   c) a expansão de centros migratórios nos países mais desenvolvidos, onde o trabalho escravo é considerado normal.

   d) a expansão do capitalismo global, cujo princípio básico de organização da mão de obra é a escravidão.

2. "O Brasil pode ser dono de uma das maiores reservas de terras raras do planeta, mas, hoje, praticamente não explora esses recursos minerais. As terras raras são usadas em superímãs, telas de *tablets*, computadores e celulares, no processo de produção da gasolina e em painéis solares."

   SIMÕES, Janaína. *Brasil tem uma das maiores reservas de terras raras do planeta*. Disponível em: <http://mod.lk/cuzhc>. Acesso em: dez. 2016.

   O uso de materiais conhecidos como terras raras evidencia

   a) a necessidade de mais matérias-primas tradicionalmente associadas à indústria.

   b) o uso de novos materiais e matérias-primas em consequência da revolução técnico-científica.

   c) a expansão dos mercados globais e sua necessidade de combustíveis e energia.

   d) o esgotamento das fontes de recursos naturais e sua substituição por novas.

3. Leia o texto e responda.

   "[...] Uma decisão do Supremo Tribunal Federal (STF) de 1º de junho deste ano derrubou diversas leis e decretos estaduais que concediam benefícios para empresas se instalarem nos estados. Entre as leis e decretos considerados ilegais, estão o Pró-DF e a isenção de ICMS no Espírito Santo, Rio de Janeiro, São Paulo e Paraná."

   AGÊNCIA SENADO. *Modelo pós-guerra fiscal é outro desafio para o Senado*. Disponível em: <http://mod.lk/k6xzg>. Acesso em: out. 2016.

   - Por que são oferecidos benefícios fiscais diferenciados para indústrias transnacionais por alguns estados brasileiros?

4. Observe a foto a seguir, que representa o polo petroquímico de Cubatão, na Baixada Santista.

   Polo petroquímico, Cubatão (SP, 2013).

   - Explique a importância da indústria de base para o país e aponte razões locacionais para a implantação de um polo petroquímico na Baixada Santista.

5. Observe a charge e responda.

   a) A charge faz alusão a um modelo de organização do trabalho e da produção. Explique-o.

   b) Considerando a explicação do modelo de organização do trabalho, analise quais críticas são feitas pelo autor da charge a essa forma de gerenciamento do trabalho.

REPRESENTAÇÕES GRÁFICAS E CARTOGRÁFICAS

6. Observe o mapa a seguir.

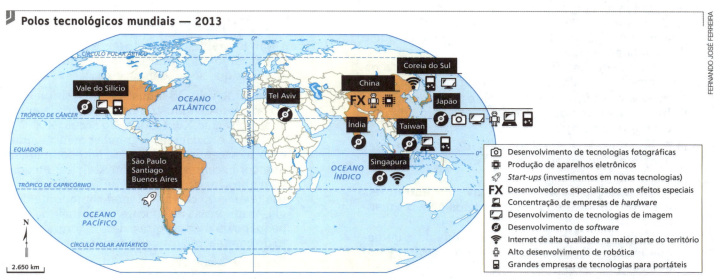

Fonte: TECMUNDO. Os 9 maiores polos tecnológicos do mundo. Disponível em: <http://mod.lk/q2mey>. Acesso em: out. 2016.

Esse mapa apresenta alguns dos mais importantes polos de desenvolvimento e pesquisa em tecnologia do mundo. Com base nele e em seus conhecimentos, responda às questões.

a) Indique os setores de alta tecnologia destacados no mapa.

b) Cite as vantagens competitivas que os países que abrigam esses polos têm em relação aos demais países.

INTERPRETAÇÃO E PROBLEMATIZAÇÃO

7. Observe a charge a seguir.

- Qual é a relação entre a charge e a Revolução Técnico-Científico-Informacional?

8. Leia o seguinte trecho, extraído de uma resenha do filme *Tempos modernos*, de Charles Chaplin.

"O ambiente fabril nos traz muitas informações sobre os elementos constitutivos do modo de produção capitalista e da sociedade norte-americana da época. A linha de montagem fordista com sua extrema especialização produz partes de mercadorias não identificadas – Chaplin não nos deixa saber o que está sendo produzido. Somente sabemos que é uma fábrica de componentes elétricos (*Electro Steel Corp.*). O trabalhador perde a noção total de produto dada à divisão de tarefas. Desse modo, o trabalho ganha caráter abstrato.

Em uma cena mais adiante, Carlitos volta à fábrica, só que agora na condição de assistente de manutenção das máquinas. Uma leitura possível é que o velho que acompanha Chaplin represente os antigos artesãos metalúrgicos. A cena em que o funcionário mais antigo fica preso nas engrenagens pode demonstrar que o novo capitalismo [...] suplantara o sistema de produção artesanal."

INÁCIO, Cesar Dutra. *Sessão das Dez:* "Tempos Modernos", de Charles Chaplin. Disponível em: <http://mod.lk/w06se>. Acesso em: out. 2016.

a) A que modo de organização do trabalho se refere o texto?

b) Que características desse modo de organização do trabalho, citadas no texto, fazem com que se possa deduzir isso?

ATIVIDADES

ENEM E VESTIBULARES

9. (UEL-PR, 2014) No início do século XX, o desenvolvimento industrial das cidades criou as condições necessárias para aquilo que Thomas Gounet denominou "civilização do automóvel". Nesse contexto, um nome se destacou, o de Henri Ford, cujas indústrias aglutinavam contingentes de trabalhadores maiores que o de pequenas cidades com menos de 10 mil habitantes. O nome de Ford ficou marcado pela forma de organização de trabalho que propôs para a indústria.

Com base nos conhecimentos sobre a organização do trabalho nos princípios propostos por Ford, identifique a alternativa correta.

a) A organização dos sindicatos de trabalhadores dentro da fábrica transformou-os em colaboradores da empresa.
b) A implantação da produção flexível de automóveis garantiu uma variedade de modelos para o consumidor.
c) A produção em massa foi substituída pela de pequenos lotes de mercadorias, a fim de evitar estoques de produtos.
d) O método de Ford potencializou o parcelamento de tarefas, largamente utilizado por Taylor.
e) Para obter ganhos elevados, a organização fordista implicava uma drástica redução dos salários dos trabalhadores.

10. (PAS-UEM-PR, 2015) Nas últimas décadas, tem ocorrido uma reorganização da distribuição das indústrias no espaço geográfico, nas escalas regional, nacional e mundial. Sobre esse processo, é incorreto afirmar que:

a) A indústria vem sofrendo uma desconcentração geográfica fazendo-se presente em inúmeras áreas da periferia do mundo capitalista. A desconcentração consiste na remoção de unidades produtivas de antigas regiões industriais e na instalação de novas unidades em regiões pouco industrializadas.
b) As indústrias de trabalho intensivo como muitas *maquilladoras*, situadas em países como México, têm sido fechadas e suas produções transferidas para países como a China, onde o custo da mão de obra é mais barato. Neste caso, o custo da mão de obra é fundamental e mais importante que o custo dos transportes.
c) O aprofundamento da integração econômica entre os países da União Europeia abriu caminho para profunda reorganização espacial da indústria. Os processos de fusão entre empresas, a eliminação de unidades redundantes e a relocalização de fábricas foram fundamentais para enfrentar a concorrência com o Japão e os EUA.
d) Com a mobilidade do capital e das mercadorias pelo mundo, a logística de transportes e de telecomunicações ganha importância determinante na alocação dos investimentos produtivos, pois permite maior integração dos mercados e gera a interdependência entre diversos espaços.
e) Os incentivos fiscais, concedidos por governos de países desenvolvidos que pretendem atrair indústrias, constituem-se, atualmente, no fator locacional mais importante para o surgimento de grandes concentrações e de complexos industriais.

11. (Unisc-RS, 2015) O processo de industrialização pode ser considerado um dos principais propulsores da modernização das sociedades. Sobre isso, é importante ressaltar que as dinâmicas industriais passaram por diferentes etapas até se configurarem da maneira como as conhecemos atualmente. Leia as afirmativas que se seguem acerca dessas etapas.

I. Primeira Revolução Industrial: foi a primeira etapa do processo de industrialização, ocorrida entre meados do século XVIII e final do século XIX. O Reino Unido era considerado a grande potência industrial e as técnicas industriais, quando comparadas ao que conhecemos hoje, eram simples. Predominavam questões acerca da máquina a vapor, da indústria têxtil e do carvão mineral como fonte de energia. As empresas da época, em sua maioria, eram de pequeno ou médio porte e davam forma ao contexto do capitalismo concorrencial ou liberal.

II. Segunda Revolução Industrial: teve início a partir das últimas décadas do século XIX. Aos poucos, o Reino Unido foi cedendo seu lugar de liderança a países como Estados Unidos, que apresentavam economias mais dinâmicas. Foi uma fase marcada pelas mudanças técnicas e tecnológicas relacionadas ao surgimento da eletricidade e à utilização do petróleo como fontes de energia. Muitas empresas passaram por processos de expansão enquanto o capitalismo monopolista passou a se fortalecer. Neste contexto, emergiu o Fordismo.

III. Terceira Revolução Industrial: também conhecida como Revolução Técnico-Científica-Informacional, iniciou-se em meados do século XX. É uma fase marcada pelo avanço dos conhecimentos e das tecnologias que envolvem as dinâmicas industriais. Destacam-se, nesta fase, a informática, a robótica, a biotecnologia, entre outros.

Identifique a alternativa correta.

a) Somente a afirmativa II está correta.
b) Somente as afirmativas I e II estão corretas.
c) Somente as afirmativas II e III estão corretas.
d) Somente as afirmativas I e III estão corretas.
e) Todas as afirmativas estão corretas.

12. (Enem, 2015)

"No final do século XX e em razão dos avanços da ciência, produziu-se um sistema presidido pelas técnicas da informação, que passaram a exercer um papel de elo entre as demais, unindo-as e assegurando ao novo sistema uma presença planetária. Um mercado que utiliza esse sistema de técnicas avançadas resulta nessa globalização perversa."

SANTOS, M. *Por uma outra globalização*: do pensamento único à consciência universal. Rio de Janeiro: Record, 2008 (adaptado).

Uma consequência para o setor produtivo e outra para o mundo do trabalho advindas das transformações citadas no texto estão presentes, respectivamente, em:

a) Eliminação das vantagens locacionais e ampliação da legislação laboral.
b) Limitação dos fluxos logísticos e fortalecimento de associações sindicais.
c) Diminuição dos investimentos industriais e desvalorização dos postos qualificados.
d) Concentração das áreas manufatureiras e redução da jornada semanal.
e) Automatização dos processos fabris e aumento dos níveis de desemprego.

13. (Enem, 2015)

> "Um carro esportivo é financiado pelo Japão, projetado na Itália e montado em Indiana, México e França, usando os mais avançados componentes eletrônicos, que foram inventados em Nova Jérsei e fabricados na Coreia. A campanha publicitária é desenvolvida na Inglaterra, filmada no Canadá, a edição e as cópias, feitas em Nova Iorque para serem veiculadas no mundo todo. Teias globais disfarçam-se com o uniforme nacional que lhes for mais conveniente."
>
> REICH, R. *O trabalho das nações*: preparando-nos para o capitalismo no século XXI. São Paulo: Educador, 1994 (adaptado).

A viabilidade do processo de produção ilustrado pelo texto pressupõe o uso de:

a) linhas de montagem e formação de estoques.
b) empresas burocráticas e mão de obra barata.
c) controle estatal e infraestrutura consolidada.
d) organização em rede e tecnologia da informação.
e) gestão centralizada e protecionismo econômico.

14. (UFPR-PR, 2014)

> "A Levi Strauss costumava ter 60 fábricas de *jeans* nos EUA; hoje essa empresa tem contrato com 16 fornecedoras e não possui nenhuma. É difícil imaginar que as grandes manufaturas de roupas voltem para os EUA — seu trabalho é muito básico. A indústria de eletrodomésticos também transferiu a produção para fora do país, mas há uma certa tendência recente de retorno dessas atividades. A busca dos consumidores por componentes de alta tecnologia em itens de uso diário, como geladeiras e aquecedores de água, deixa a produção mais complicada; isso tornou a produção nos EUA mais atraente, não apenas porque os fabricantes agora têm de proteger a propriedade tecnológica, mas também porque os trabalhadores americanos são mais qualificados, na média, do que sua contraparte chinesa."
>
> FISHMAN, C. Manufacturing in the US is making a historic comeback. *The Atlantic*, 15 dez. 2012. Disponível em: <www.businessinsider.com/manufacturing-in-the-us-is-making-a-historiccomeback-2012-12>. Acesso em: set. 2013 (adaptado).

Com base no enunciado e nos conhecimentos de geografia econômica, indique o modelo de produção industrial sob o qual se deu o processo de migração industrial dos EUA para países em desenvolvimento e apresente três fatores responsáveis por esse processo.

15. (PUC-RJ, 2014)

> ### Os 10 países mais robotizados do mundo
>
> "Japão desponta como a nação com maior mão de obra robótica; o desafio do Brasil é investir nos próximos anos em modernização para elevar a competitividade no mercado global."
>
> Exame.com, 24 jan. 2012.

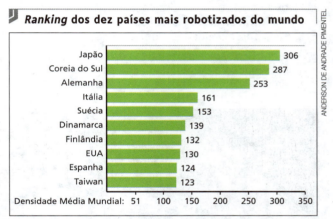

Fonte: Disponível em: <http://mod.lk/ERDwL>. Acesso em: jul. 2013.

O título da reportagem indica que o desafio do Brasil (que ocupava, no período, o 37º lugar no *ranking* de países mais robotizados) é investir em "modernização" para aumentar sua competitividade no mercado global. Baseando-se nessa premissa e na composição da lista dos dez primeiros países robotizados do mundo, responda ao que se pede.

a) Explique como o aumento da produtividade dos países mais robotizados possibilita o seu crescimento econômico.
b) Comparativamente com os países mais bem colocados no *ranking*, explique como essa "modernização" no Brasil encontra gargalos sociais e infraestruturais.

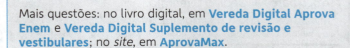

CAPÍTULO 12

INFRAESTRUTURA E LOGÍSTICA NO BRASIL

ENEM
C4: H16, H17, H18, H19

Neste capítulo, você vai aprender a:
- Analisar a infraestrutura energética brasileira.
- Explicar as formas de geração, distribuição e transmissão de energia no Brasil, assim como os impactos ambientais decorrentes dessas atividades.
- Analisar criticamente a produção de álcool e de biocombustíveis para compreender as características singulares da política energética brasileira.
- Identificar a circulação de mercadorias e a infraestrutura de transportes do Brasil.
- Analisar as escolhas políticas e econômicas que constituíram a circulação de mercadorias e a infraestrutura de transportes, bem como suas potencialidades e deficiências.
- Identificar as características das redes de informação e de comunicação no Brasil, analisando criticamente suas assimetrias.

"As mais remotas partes do mundo estavam agora começando a ser interligadas por meios de comunicação que não tinham precedentes pela regularidade, pela capacidade de transportar vastas quantidades de mercadorias e número de pessoas e, acima de tudo, pela velocidade: a estrada de ferro, o barco a vapor, o telégrafo."

HOBSBAWM, Eric. *A era do capital*: 1848-1875. Tradução de Luciano Costa Neto. São Paulo: Paz e Terra, 2010. p. 93.

As atividades econômicas desenvolvidas no território brasileiro dependem de uma complexa infraestrutura. Estudaremos, neste capítulo, a geração de energia e as redes de transporte e telecomunicações, abordando as potencialidades e os problemas de cada um desses setores.

Ponto de partida

O porto de São Francisco do Sul, no litoral de Santa Catarina, é um importante centro de escoamento da produção agropecuária da Região Sul do Brasil, destacando-se na exportação de carne bovina e soja.

1. Observando a imagem, indique os modais de transporte presentes na estrutura do porto.
2. Por que a presença desses modais representa um diferencial para o porto?

Vista aérea do porto de São Francisco do Sul, localizado na baía de Babitonga (SC, 2012).

Capítulo 12 • Infraestrutura e logística no Brasil

1. A necessidade social da infraestrutura

Para que a vida social e a produção econômica sejam viáveis, é necessário que existam meios de transporte para a circulação de pessoas e de mercadorias e oferta de energia suficiente para garantir o funcionamento das atividades agrícolas, industriais e comerciais. Com o avanço dos meios técnico-científico-informacionais, as sociedades passaram a depender também, e cada vez mais, do desenvolvimento das telecomunicações.

Transporte e energia são os elementos básicos daquilo que se denomina **infraestrutura econômica**: a estrutura primordial construída em certo território, em função das **necessidades da sociedade** que nele reside.

O Brasil enfrenta sérios desafios no que se refere à logística, ou seja, o planejamento e o controle do fluxo e do armazenamento de matérias-primas e produtos. Enormes congestionamentos de veículos de transporte de cargas no entorno de grandes centros urbanos ou de zonas portuárias são comuns — isso é um exemplo do que alguns especialistas denominam **gargalos**, ou seja, fatores que configuram um estrangulamento, um impedimento à expansão ou ao desenvolvimento de alguma atividade econômica. Uma rede de transportes cara e ineficiente pode, portanto, prejudicar a competitividade de produtos agrícolas e industriais.

Se o transporte de mercadorias é lento e não há garantia de pontualidade na entrega ao comprador, a comercialização de produtos brasileiros — tanto no mercado interno quanto no externo — fica prejudicada. Da mesma maneira, se o custo de transporte é elevado, ele é repassado aos produtos, que ficam mais caros, comprometendo novamente a possibilidade de competir com outros centros produtores.

No setor de transportes, outro exemplo vem ganhando cada vez mais relevância: a situação dos aeroportos e do transporte aeroviário. É possível diagnosticar o esgotamento da capacidade de certos aeroportos de atender com eficiência à demanda pelo transporte aéreo.

No setor energético, o fornecimento de energia elétrica vem igualmente preocupando analistas e a sociedade brasileira, em particular após a crise de fornecimento de energia que ficou conhecida como "apagão", no ano de 2001. Desde então, diversas interrupções no fornecimento de eletricidade vêm afetando algumas regiões do país — o que evidencia gargalos em algumas redes de transmissão de energia elétrica gerada majoritariamente por usinas hidrelétricas, muitas vezes distantes dos grandes centros consumidores. Isso acabou aumentando o uso de termelétricas movidas a carvão, que são bastante degradantes para o ambiente. Ao redor de termelétricas desse tipo, por exemplo, o ar é poluído por grandes quantidades de poeira fina e de óxidos de enxofre e de nitrogênio. Termelétricas movidas a óleo diesel, por sua vez, despejam anualmente na atmosfera milhões de toneladas de dióxido de carbono (CO_2), o principal gás que agrava o aquecimento global.

A defasagem nos investimentos em infraestrutura é parte do que os economistas denominam **custo Brasil**. O conceito de custo Brasil designa o conjunto de dificuldades de ordem econômica, burocrática, trabalhista, de infraestrutura e de logística que encarece os produtos brasileiros no mercado internacional em comparação com os de outras nações, dificultando a competitividade do país na escala mundial.

Dessa forma, a análise das atuais condições da infraestrutura brasileira torna-se fator-chave para o desenvolvimento de políticas públicas que atendam aos interesses socioeconômicos nacionais.

2. Infraestrutura energética do Brasil

É possível estabelecer uma relação direta entre o consumo de energia e o **nível de desenvolvimento econômico** de um país. No Brasil, a evolução da oferta de energia acompanhou particularmente o surgimento e o crescimento do parque industrial e da urbanização.

Desde os anos 1970, esse processo brasileiro de urbanização e industrialização ampliou consideravelmente a demanda de eletricidade e a de derivados de petróleo nas cidades e nas fábricas, em decorrência do aumento da frota de veículos. A partir desse período, houve grande aumento no consumo de energia.

Observe, no gráfico e na tabela a seguir, o **aumento do consumo de energia** no país (resultante da demanda por eletricidade para abastecer as cidades e as fábricas), bem como o crescimento do consumo de derivados de petróleo pelo setor de transportes e pelo setor petroquímico.

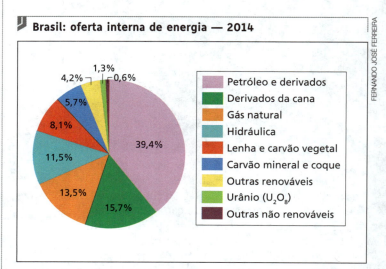

Brasil: oferta interna de energia — 2014

- Petróleo e derivados: 39,4%
- Derivados da cana: 15,7%
- Gás natural: 13,5%
- Hidráulica: 11,5%
- Lenha e carvão vegetal: 8,1%
- Carvão mineral e coque: 5,7%
- Outras renováveis: 4,2%
- Urânio (U_3O_8): 1,3%
- Outras não renováveis: 0,6%

Fonte: MINISTÉRIO DAS MINAS E ENERGIA. *Balanço energético nacional 2015*. p. 24. Disponível em: <http://mod.lk/zcmw6>. Acesso em: out. 2016.

Brasil: oferta interna de energia — 2005-2014

Identificação	2005	2006	2007	2008	2009	2010	2011	2012	2013	2014
Energia não renovável	121.819	124.951	129.644	136.981	129.377	148.644	153.855	164.928	176.468	185.100
Petróleo e derivados	84.553	85.545	89.239	92.410	92.263	101.714	105.172	111.413	116.500	120.327
Gás natural	20.526	21.716	22.199	25.934	21.329	27.536	27.721	32.598	37.792	41.373
Carvão mineral e coque	12.991	12.809	13.575	13.769	11.110	14.462	15.449	15.288	16.478	17.551
Urânio	2.549	3.667	3.309	3.709	3.433	3.857	4.187	4.286	4.107	4.036
Outras não renováveis	1.200	1.214	1.323	1.159	1.242	1.075	1.326	1.343	1.592	1.814
Energia renovável	96.117	100.669	108.367	114.878	113.841	120.152	118.341	118.328	119.833	120.489
Hidráulica	32.379	33.537	35.505	35.412	37.036	37.663	39.923	39.181	37.093	35.019
Lenha e carvão vegetal	28.468	28.589	28.628	29.227	24.610	25.998	25.997	25.683	24.580	24.728
Derivados da cana-de-açúcar	30.150	33.003	37.852	42.872	43.978	47.102	42.777	43.557	47.601	48.128
Outras renováveis	5.120	5.539	6.382	7.367	8.217	9.389	9.644	9.908	10.559	12.613
Total	217.936	225.621	238.011	251.860	243.218	268.796	272.196	283.257	296.301	305.589

Fonte: MINISTÉRIO DAS MINAS E ENERGIA. *Balanço energético nacional 2015*. p. 22. Disponível em: <http://mod.lk/zcmw6>. Acesso em: out. 2016.

Energia hidrelétrica

O volume de águas fluviais e o relevo conferem ao Brasil **elevado potencial hidrelétrico**. O predomínio de climas equatoriais e tropicais propicia médias pluviométricas elevadas, bem como a morfologia do relevo, com grandes declives acidentados, favorece o aproveitamento dos rios para a produção de energia em nosso país.

Para assistir

Jaci: sete pecados de uma obra amazônica
Brasil, 2015. Direção de Caio Cavechini e Carlos Juliano Barros. Duração: 102 minutos.

Documentário que relata a construção da Usina Hidrelétrica do Jirau, no rio Madeira, em Rondônia, e os impactos gerados pela obra na vida da população do estado.

Brasil: potencial hidrelétrico das bacias hidrográficas — 2008

Fonte: AGÊNCIA NACIONAL DE ENERGIA ELÉTRICA. *Atlas de energia elétrica do Brasil*. 3. ed. p. 58. Disponível em: <http://mod.lk/bl40a>. Acesso em: out. 2016.

*Indica o nível mínimo de estudo do qual foi objeto o potencial.

O Brasil está entre os maiores produtores e consumidores de energia hidrelétrica do mundo. Veja as tabelas a seguir.

Maiores consumidores mundiais de energia hidrelétrica — 2014-2015 (quantidade de energia equivalente a milhões de toneladas de petróleo)

País	2014	2015	Variação (em %)	Participação em 2015 (em %)
China	242,8	254,9	5,0	28,5
Canadá	86,6	86,7	0,1	9,7
Brasil	84,5	81,7	–3,3	9,1
Estados Unidos	59,3	57,4	–3,2	6,4
Rússia	39,7	38,5	–3,0	4,3
Noruega	30,6	31,1	1,5	3,5
Índia	29,6	28,1	–4,9	3,2
Venezuela	16,7	17,3	3,3	1,9

Fonte: BP GLOBAL. *Statistical review of world energy 2016*. p. 36. Disponível em: <http://mod.lk/h2wcv>. Acesso em: out. 2016.

Participação da hidreletricidade na produção total de energia elétrica em países selecionados (2014)

País	(%)	País	(%)
1. Noruega	96,0	7. França	12,2
2. Venezuela	68,3	8. Índia	10,2
3. Brasil	63,2	9. Japão	8,4
4. Canadá	58,3	10. Estados Unidos	6,5
5. China	18,7	Outros países	15,6
6. Rússia	16,7	Mundo	16,7

Fonte: INTERNATIONAL ENERGY AGENCY. *Key world energy statistics 2016*. p. 19. Disponível em: <http://mod.lk/0pe5l>. Acesso em: out. 2016.

Esse predomínio da geração hidráulica de eletricidade garante ao Brasil forte presença de fontes renováveis na composição de sua matriz energética, em comparação com outros países. A participação de fontes renováveis na matriz energética brasileira é de 40,4% (de acordo com dados de 2014), contra apenas 13,2% na média mundial.

Outra característica importante do predomínio da geração hídrica é a necessidade de uma extensa **rede de transmissão de eletricidade**, pois as usinas hidrelétricas normalmente encontram-se em regiões distantes dos maiores centros industriais. Outros tipos de geração de energia — como a termelétrica e a nuclear — não necessitam de redes tão extensas, pois as usinas térmicas e nucleares podem ser construídas em localidades relativamente mais próximas de polos industriais, por exemplo.

Em 2013, o Brasil já contava com uma malha de mais de 116 mil quilômetros de linhas de transmissão de eletricidade, garantindo ao país um dos sistemas mais interligados do mundo. Dessa forma, é possível, por exemplo, transmitir a eletricidade gerada na Usina de Itaipu (na fronteira entre o Brasil e o Paraguai) para grande parte das regiões Sudeste e Centro-Oeste. Encontram-se em construção hidrelétricas na Região Norte do país, como a de Belo Monte, no Pará. Para trazer energia de Belo Monte para o Sudeste, uma das linhas de transmissão terá 2,1 mil quilômetros de extensão, com capacidade para transmitir 4 mil megawatts (MW) de energia, ligando as subestações de Xingu (PA) e Estreito (MG), passando pelos estados do Pará, Tocantins, Goiás e Minas Gerais.

Linha de transmissão de energia da Usina Hidrelétrica Santo Antônio, em Porto Velho (RO, 2012).

Bacias hidrográficas e usinas hidrelétricas instaladas

As bacias hidrográficas dos rios Amazonas, Paraná e Tocantins são aquelas que apresentam o maior potencial hidrelétrico no país.

A Região Sudeste — onde se encontra a maior concentração industrial do Brasil — consome cerca de 63% do total da eletricidade produzida no país, seguida pelas regiões Sul e Nordeste, nessa ordem.

A bacia do Paraná, onde estão instaladas diversas usinas, concentra cerca de 70% do potencial hidrelétrico nacional, sendo a principal fornecedora de eletricidade para as regiões Sudeste e Sul. O Sudeste possui, ainda, na bacia do São Francisco, a Hidrelétrica de Três Marias, que abastece o complexo siderúrgico do **Vale do Aço** mineiro.

No Nordeste, houve o plano de desenvolvimento regional do governo federal na década de 1960, que visava industrializar a região. Esse plano levou à ampliação da Usina Hidrelétrica de Paulo Afonso (que havia sido inaugurada em 1954) e ao início da construção de outras hidrelétricas na bacia do São Francisco: Apolônio Sales (Moxotó), em Alagoas, bem como Sobradinho, na Bahia, na década de 1970.

O processo de ampliação da oferta energética prosseguiria com a construção das usinas de Itaparica — entre Pernambuco e Bahia, na década de 1980 — e Xingó, entre Alagoas e Sergipe, na década de 1990. Além dessas, merece destaque no Nordeste a Usina de Boa Esperança (Castelo Branco), construída no rio Parnaíba, entre o Piauí e o Maranhão.

Vale do Aço. Também conhecido como Região Siderúrgica, localiza-se no estado de Minas Gerais e destaca-se pela grande concentração de indústrias siderúrgicas.

Grandes usinas: o desafio da transmissão da energia e os impactos ambientais

A **Hidrelétrica Binacional de Itaipu**, no rio Paraná, próximo à foz do rio Iguaçu, totaliza cerca de 25% da potência total instalada no país. Seus custos de transmissão da energia são elevados, em vista da distância em relação a Curitiba (650 quilômetros) e São Paulo (cerca de 1.000 quilômetros). Entre os muitos impactos ambientais dessa construção, consta a submersão das Sete Quedas pelo enorme reservatório da usina.

A Usina Hidrelétrica Binacional de Itaipu (Brasil e Paraguai), no município de Foz do Iguaçu (PR), entrou em operação em 1984. A energia gerada é compartilhada pelos dois países, embora o Brasil fique com a maior parte. (Foto de 2015.)

O salto de Sete Quedas, no município de Guaíra (PR), era considerado a maior cachoeira do mundo em volume de água até desaparecer com a formação do lago para a geração de eletricidade pela Usina de Itaipu. (Foto de 1982.)

Em meados da década de 1970, iniciou-se no Pará a construção de uma usina voltada à criação, pelo governo, de um grande polo metalúrgico na região amazônica. Localizada no rio Tocantins, a 300 quilômetros ao sul de Belém, a **Usina Hidrelétrica de Tucuruí** é a segunda maior do Brasil e foi inaugurada em 1984. Sua construção destinou-se a atender a produção de minério de ferro do Projeto Grande Carajás e o beneficiamento de alumínio do sistema Albrás-Alunorte, que consomem grande quantidade de energia.

Usina Hidrelétrica de Tucuruí (PA, 2014). O lago formado para o reservatório dessa usina inundou 2.800 km² de área antes ocupada pela Floresta Amazônica.

Construída no final da década de 1980, a **Hidrelétrica de Balbina**, no rio Uatumã, a 200 quilômetros de Manaus, foi projetada para resolver o problema de abastecimento energético da capital amazonense. Mas o crescimento industrial e populacional da cidade, desde sua construção, já tornou insuficiente a capacidade de geração de energia elétrica pela usina. Construída em relevo de planície, a área inundada para a formação do reservatório de Balbina foi de 2.360 km², pouco menos que a de Tucuruí (2.800 km²) — isso evidencia que, para cada megawatt produzido, Balbina submergiu uma área de floresta 31 vezes maior que a de Tucuruí.

Embora a bacia do Amazonas tenha elevado potencial hidrelétrico, a viabilidade de construção de novas usinas hidrelétricas em seus rios — para o suprimento da demanda energética futura do país — é bastante discutível. Contra essa perspectiva, pesam inúmeros fatores: o enorme impacto ambiental, representado pelo desmatamento e pela inundação de grandes áreas florestadas; a necessidade de remoção de grupos indígenas; assim como os elevados custos de transmissão de energia, levando-se em conta a distância dessa região em relação aos principais centros consumidores do Brasil. Em compensação, é a área que tem maior potencial hidrelétrico do país.

Para navegar

Instituto Socioambiental
www.socioambiental.org
ONG defensora do meio ambiente, tem estudos relevantes sobre os impactos ambientais envolvidos na construção de usinas hidrelétricas, particularmente na Amazônia.

Para reduzir as áreas desmatadas, o governo tem optado pela construção de usinas **hidrelétricas a fio d'água**, com reservatórios pequenos e geração de energia pelo fluxo de água dos rios. As maiores usinas hidrelétricas construídas mais recentemente no Brasil ficam na área da Amazônia Legal e utilizam a técnica do fio d'água, como Belo Monte (rio Xingu, PA) e Jirau e Santo Antônio (rio Madeira, RO). A geração de energia em usinas desse tipo, no entanto, não é garantida em períodos de estiagem prolongada. Hidrelétricas com reservatórios grandes, como Itaipu e Tucuruí, armazenam maior quantidade de água e podem atravessar períodos de seca sem comprometer o fornecimento de eletricidade.

QUESTÕES

1. Explique o que é um gargalo de infraestrutura.
2. Exemplifique o prejuízo que gargalos no setor de transportes pode trazer ao desenvolvimento econômico brasileiro.
3. Relacione produção de energia hidrelétrica e necessidade de grandes redes de transmissão.
4. O que são usinas a fio d'água? Por que o governo tem optado por elas com maior frequência no Brasil?

Aumento do consumo

Entre 2013 e 2015, o governo federal deparou com uma séria questão: os reservatórios das hidrelétricas estavam abaixo do nível esperado e poderiam colocar em risco o abastecimento de energia elétrica no país. Além disso, constatou-se que apenas as hidrelétricas não atenderiam ao crescimento da demanda de 4,8% ao ano previsto para esta década. Para sanar esse problema, decidiu-se recorrer ao uso de termelétricas em tempo integral (e não de maneira intermitente, como tem sido até agora) para complementar a oferta de energia elétrica.

Energia termelétrica e termonuclear

A maior parte do **carvão mineral** consumido no Brasil é importada, já que sua produção na Região Sul — onde se concentram as reservas carboníferas do país — é insuficiente para a demanda nacional. Para atender às siderúrgicas, somente o carvão metalúrgico existente em Santa Catarina é aproveitável. No Rio Grande do Sul estão as maiores reservas de carvão-vapor, utilizado no aquecimento de caldeiras de alguns setores industriais e na produção de energia termelétrica.

Na Região Norte, apesar do já mencionado potencial hidrelétrico da bacia Amazônica, **usinas termelétricas** de pequeno porte respondem por cerca de 12% do total da eletricidade gerada e utilizam óleo *diesel* como combustível.

O uso das termelétricas no país aumentou após o apagão de 2001, somando hoje mais de 30.000 MW em capacidade instalada. Em 2013, as termelétricas funcionavam, em média, 39% do tempo. Diante da necessidade de aumentar a oferta de energia elétrica no país, decidiu-se que elas devem operar 100% do tempo, dando maior estabilidade ao sistema elétrico brasileiro.

Em 1969, o governo federal iniciou o programa de instalação de **usinas termonucleares** no Brasil, comprando de uma empresa estadunidense a **Usina Termonuclear de Angra I**, alimentada por urânio enriquecido.

Em 1975, o Brasil assinou com a Alemanha um acordo prevendo a construção de oito reatores nucleares até 1990 e outros 58 até o ano 2000. Esse acordo não foi completado, pois, dos oito reatores previstos para 1990, um (Angra II) foi inaugurado somente em 2001 e não há previsão exata de inauguração do segundo (Angra III) — estima-se que seja em 2018. As demais usinas projetadas foram deixadas de lado.

Usina nuclear de Angra I e Angra II, em Angra dos Reis (RJ, 2013).

Em 2013, o governo federal estudava retomar a construção de usinas nucleares em parceria com a iniciativa privada como forma de aumentar a disponibilidade de energia elétrica e diminuir a dependência das hidrelétricas. O problema é o alto custo do investimento e o tempo de implantação do projeto, cerca de dez anos. Depois do início das operações, o custo da energia elétrica é baixo.

A expansão do setor termelétrico no Brasil, entretanto, está sendo realizada, desde a década de 1990, principalmente pela ampliação do uso do **gás natural**. O esforço mais importante foi a construção do **gasoduto Bolívia-Brasil**, com 3.150 quilômetros de extensão e capacidade de transporte de até 30 milhões de m^3/dia.

Além disso, foram descobertas reservas de gás nas plataformas continentais do Rio de Janeiro e de Santos e nos estados do Amazonas e do Maranhão, as quais possibilitaram o aumento da produção nacional. Menos poluente que o carvão ou o petróleo, o gás natural aumentou sua participação na geração de eletricidade no país. Entre 2003 e 2013, de acordo com a Agência Nacional do Petróleo, a produção nacional de gás natural apresentou crescimento médio de 5,8% ao ano.

Brasil: produção e movimentação do gás natural — 2013

Fonte: ANP. *Anuário estatístico brasileiro do petróleo, gás natural e biocombustíveis 2014*. Disponível em: <http://mod.lk/omf0h>. Acesso em: out. 2016.

Petróleo e biocombustíveis

No início dos anos 1970, os membros da Organização dos Países Exportadores de Petróleo (Opep) elevaram substancialmente os preços internacionais do petróleo, provocando o chamado "choque do petróleo". Com isso, o Brasil e diversos outros países ampliaram a pesquisa e a extração do produto em território nacional. Esse esforço foi assumido pela **Petróleo Brasileiro S/A** (**Petrobras**), levando à descoberta de bacias petrolíferas de considerável potencial na plataforma continental, como a bacia de Campos, no Rio de Janeiro. Com essa descoberta, a produção interna de petróleo — que em 1980 representava 15% do consumo total — chegou a cerca de 85%, em 2007, ampliando substancialmente a oferta interna desse produto.

A continuidade dos esforços em prospecção e o desenvolvimento de tecnologias de perfuração em águas profundas e na camada pré-sal levaram o Brasil a ocupar o 14º lugar entre os países que detêm as maiores reservas de petróleo do mundo.

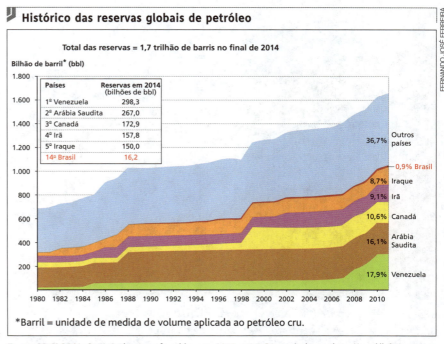

Histórico das reservas globais de petróleo

Fonte: BP GLOBAL. *Statistical review of world energy 2015*. p. 6-7. Disponível em: <http://mod.lk/h2wcv>. Acesso em: out. 2016.

Capítulo 12 • Infraestrutura e logística no Brasil **227**

A maior parte do petróleo brasileiro é explorada próximo ao litoral, na plataforma continental na bacia de Campos, no litoral do Rio de Janeiro, seguida pelas bacias do Espírito Santo e de Santos. A produção no continente é muito inferior à produção marítima. Observe o gráfico a seguir sobre a participação dos estados na produção petrolífera brasileira.

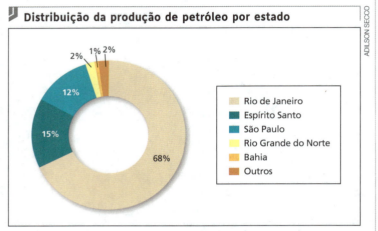

Distribuição da produção de petróleo por estado

- Rio de Janeiro: 68%
- Espírito Santo: 15%
- São Paulo: 12%
- Rio Grande do Norte: 2%
- Bahia: 1%
- Outros: 2%

Fonte: ANP. *Boletim mensal da produção de petróleo e gás natural*, outubro 2016, p. 9. Disponível em: <http://mod.lk/cSznW>. Acesso em: dez. 2016.

O pré-sal

O **pré-sal** é uma extensa área sedimentar que vai do litoral do Espírito Santo ao de Santa Catarina, com mais de 800 quilômetros, abrangendo as bacias do Espírito Santo, de Campos e de Santos, com reservas de petróleo entre 5 mil e 6 mil metros de profundidade. A camada recebe esse nome por estar recoberta por uma camada de sal, que, em seu interior, possui petróleo e gás nos poros das rochas.

Descobertas em 2007, as reservas de petróleo e gás da camada pré-sal, mesmo com as dificuldades técnicas, passaram a ser exploradas já no ano seguinte. De acordo com a Agência Nacional do Petróleo, Gás Natural e Biocombustíveis (ANP), em outubro de 2016 a produção do pré-sal, oriunda de 66 poços, foi de cerca de 1,145 milhão de barris de petróleo por dia e 44,4 milhões de metros cúbicos de gás natural por dia. A produção do pré-sal de petróleo e gás natural correspondeu a 43% do total produzido no Brasil.

Estudos internacionais preveem que a produção brasileira diária de petróleo deverá atingir 4 milhões de barris por dia em 2020 e continuar aumentando até atingir 5,7 milhões de barris diários em 2035. Se isso se confirmar, o Brasil estará entre um dos maiores produtores de petróleo do mundo.

Ainda de acordo com a ANP, no Brasil, só no mês de outubro de 2016, a produção total de petróleo foi de cerca de 2,624 milhões de barris por dia e a de gás natural foi de aproximadamente 108,5 milhões de metros cúbicos por dia.

Para navegar

Agência Nacional do Petróleo, Gás Natural e Biocombustíveis (ANP)
www.anp.gov.br/wwwanp/petroleo-e-derivados2
O *site* consolida o vasto repertório legal que regulamenta as atividades da indústria do petróleo, gás natural e biocombustíveis, sendo atualizado diariamente.

A camada pré-sal

Camada pós-sal
Nesta região se encontra a maior parte das reservas brasileiras de petróleo e gás.

Camada de sal

Camada pré-sal
Camada profunda onde se encontra o petróleo a ser extraído. O petróleo fica armazenado nos poros das rochas.

Para investigar a camada pré-sal e operá-la com eficiência em águas ultraprofundas, a Petrobras desenvolveu tecnologia própria e contou com a parceria de universidades e centros de pesquisa. Expressivos investimentos foram feitos na qualificação de mão de obra e no desenvolvimento de equipamentos, como sondas de perfuração, plataformas de produção, navios, submarinos, entre outros.

Fonte: APOLO 11. *A camada pré-sal e os desafios da extração do petróleo*. Disponível em: <http://mod.lk/ttq7f>. Acesso em: out. 2016.

Proálcool e etanol

O governo brasileiro respondeu ao primeiro choque do petróleo criando, em 1975, o **Programa Nacional do Álcool** (**Proálcool**), cujo objetivo era substituir aos poucos o uso de gasolina pelo de álcool em carros de passeio. Foi implantado em zonas que já possuíam usinas de açúcar, em geral por apresentarem solos de boa qualidade.

Com os **veículos bicombustíveis** ou **flexíveis** (movidos tanto a gasolina como a álcool), a demanda por etanol (álcool combustível) vem crescendo consideravelmente. O etanol, além de ser adicionado à gasolina, também passou a ser combustível para os carros *flex*. Atualmente, cerca de 90% dos automóveis no Brasil são *flex-fuel*.

O etanol é produzido nas regiões Nordeste e Centro-Sul, sendo esta responsável por 90% da produção nacional, do qual o estado de São Paulo responde por 60% do biocombustível. Os outros 10% são produzidos na região litorânea do Nordeste.

O Brasil é o segundo produtor mundial de etanol, ficando atrás apenas dos Estados Unidos. As exportações são cada vez mais expressivas, e nossos maiores compradores são os Estados Unidos e o Japão.

O **biodiesel** é um combustível biodegradável derivado de fontes renováveis, como óleos vegetais e gorduras animais, que substituiu o óleo *diesel* usado como combustível em caminhões, ônibus, caminhonetes e carros e também em motores de máquinas. Por lei, cerca de 6% de biodiesel é adicionado ao *diesel* de petróleo, o que economiza petróleo e polui menos a atmosfera.

O óleo de soja é a principal matéria-prima para a produção de biodiesel, equivalente a 76,4% do total, segundo dados de 2014. A segunda matéria-prima no *ranking* de produção das usinas é a gordura animal (19,8% do total), seguida pelo óleo de algodão (2,2% do total).

No Brasil, existe grande potencial para o crescimento do uso de biocombustíveis, já que o país dispõe de espaços agropecuários subutilizados: áreas desmatadas destinadas à pecuária extensiva que podem ser utilizadas para o cultivo de matérias-primas do biodiesel, como mamona, girassol, dendê, entre outras.

Energia eólica

A **energia do vento** vem sendo aproveitada desde a Antiguidade e, atualmente, é uma das mais promissoras fontes de energia, principalmente por ser renovável, podendo vir a complementar o uso dos combustíveis fósseis e auxiliar na redução dos gases de efeito estufa.

No Brasil, o uso da energia eólica vem crescendo de maneira expressiva, favorecido pelas boas condições dos nossos ventos, em particular na Região Nordeste, onde eles apresentam velocidade compatível à geração de energia e são unidirecionais e estáveis. O país detém a décima maior capacidade de geração eólica do mundo e, em 2014, foi a quarta nação do mundo que mais ampliou essa modalidade de geração, atrás de China, Alemanha e Estados Unidos. No ano de 2015, a participação da geração eólica na produção de eletricidade atingiu 3%, apresentando rápido e intenso crescimento anual (em 2014, a geração eólica correspondia a apenas 1,4% da geração de eletricidade no Brasil).

Santa Catarina e Rio Grande do Sul apresentam importantes parques eólicos, mas é no Nordeste que se concentra a maior parte da geração de energia produzida pelo vento. Em 2015, o Rio Grande do Norte liderou a produção de energia eólica (com 2.243 MW), seguido por Ceará (1.233 MW), Rio Grande do Sul (1.300 MW) e Bahia (959 MW).

Um parque ou uma central eólica conta com turbinas de vento ligadas a uma central de transmissão energética. O vento gira hélices gigantes, que, conectadas a geradores, produzem eletricidade. Na foto, complexo eólico São Bento, no município de São Bento do Norte (RN, 2015).

Energia solar

A radiação solar pode ser utilizada diretamente como fonte de energia térmica, para o aquecimento de fluidos e ambientes e para a geração de eletricidade. Essa fonte de energia tem grande potencialidade no Brasil.

A maior parte do território brasileiro localiza-se em área próxima da linha do Equador; assim, não há grandes variações na duração da iluminação solar, como é possível observar no mapa a seguir.

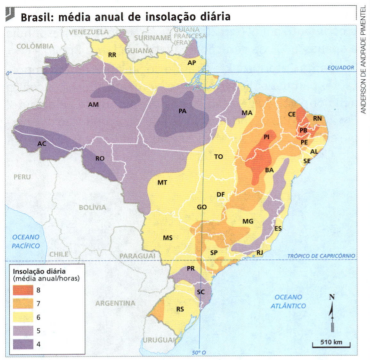

Fonte: ANEEL. *Atlas de energia elétrica do Brasil*. p. 32. Disponível em: <http://mod.lk/7hvxx>. Acesso em: out. 2016.

A maioria da população brasileira e da produção econômica do país, entretanto, concentra-se em regiões mais ao sul. Em Porto Alegre, por exemplo, a duração da luz do sol varia de 10 horas a 13 horas entre os meses de junho e de dezembro, respectivamente. Variações como essa são um obstáculo à maior difusão do uso da energia solar.

Já existem diversos projetos que visam ao aproveitamento da energia solar no Brasil por meio de sistemas fotovoltaicos de geração de eletricidade. Sistemas de aquecimento e de bombeamento de água, por exemplo, podem ser abastecidos com energia solar, que também é particularmente importante para o atendimento de comunidades isoladas da rede de transmissão de energia elétrica.

3. Infraestrutura de transportes no Brasil

A evolução dos meios de transporte nas últimas décadas provocou a modernização das malhas ferroviárias e rodoviárias em âmbito internacional. Os meios de transporte ficaram mais seguros e mais velozes e muitos aumentaram sua capacidade de transporte, acarretando diminuição nos custos, tanto com relação ao deslocamento de carga quanto de passageiros.

Bons exemplos são os navios com enorme capacidade (superpetroleiros e graneleiros), contêineres (caixas metálicas padronizadas que são transportadas por praticamente todos os meios de transporte) e aviões capazes de levar mais de 700 passageiros com velocidade superior a 900 km/h.

Desse modo, criaram-se terminais intermodais, onde ocorre a articulação entre vários meios de transporte, com o intuito de acelerar e tornar mais eficazes as operações de transbordo. Porém, no Brasil, prevalecem espaços intermodais precários, e, em muitos casos, eles são inexistentes. Por isso, o setor de transportes nacional requer altos eles são investimentos para sua modernização.

Em um país com as dimensões do Brasil, a integração do território é uma questão relevante. As redes de transporte desempenham função crucial em sua economia: delas depende a **circulação de pessoas e de mercadorias** em uma área de proporções continentais.

A principal peculiaridade do sistema de transportes brasileiro é o **predomínio rodoviário**: as estradas são responsáveis por mais de 60% do tráfego de carga, enquanto as ferrovias respondem por apenas 21% do transporte de carga no país.

Essa situação é consequência de uma série de decisões políticas tomadas entre os anos 1950 e 1960. A concentração de investimentos na modalidade rodoviária de transporte pelo Estado está intimamente ligada ao crescimento da **indústria automobilística de capital estrangeiro**; dessa forma, o ciclo de construção de grandes rodovias deu-se simultaneamente à instalação de empresas multinacionais montadoras de veículos, com a consequente geração de uma cadeia produtiva associada ao setor, como a indústria de autopeças e de pneus.

A opção pelo modal rodoviário não foi a mais adequada para as características do território brasileiro. Veja nos quadros a seguir uma comparação entre três modalidades de transporte: rodoviário, ferroviário e hidroviário.

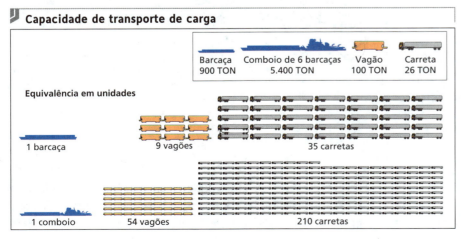

Fonte: ANTAQ. *Situação atual da hidrovia Tietê-Paraná*. Disponível em: <http://mod.lk/lst1a>. Acesso em: out. 2016.

O transporte rodoviário

A consolidação da malha rodoviária priorizou as regiões de **maior concentração industrial**, e os maiores investimentos na construção de rodovias ocorreram principalmente na porção Centro-Sul do país. O Sudeste, maior polo de atividades urbano-industriais do país, foi a região que mais recebeu investimentos em sua infraestrutura, com a ampliação de redes de energia, de transporte e de comunicações.

São notáveis as **assimetrias** na distribuição dessas redes. As regiões com maior infraestrutura de transportes são o Sudeste, o Sul e parte do Centro-Oeste. Esta tem recebido investimentos para a construção de novas rodovias e ferrovias devido à expansão de atividades agroexportadoras. No Nordeste, há expressiva capilaridade do sistema rodoviário; porém, as estradas não apresentam a mesma qualidade de outras regiões. Na Amazônia, em decorrência de suas condições naturais, o transporte hidroviário é muito expressivo; já o rodoviário apresenta as maiores lacunas do sistema de transportes.

Comparado aos transportes ferroviário e hidroviário, o rodoviário apresenta desvantagens. A quantidade de carga transportada é pequena em relação aos demais, o que aumenta os custos desse transporte. O roubo de cargas é um problema que vem tomando grandes proporções no país. Outro problema é a poluição produzida pela queima de combustível fóssil (*diesel*, gasolina) na atmosfera.

A construção de uma rodovia requer altos investimentos, além de a manutenção ser cara. No entanto, o transporte rodoviário é adequado para curtas e médias distâncias, sendo mais ágil que os demais, além de apresentar maior flexibilidade diante da extensa malha rodoviária nacional.

QUESTÕES

1. Qual é o principal combustível utilizado na geração de energia termelétrica no Brasil? Quais são suas principais fontes?
2. Caracterize o biodiesel, indique sua vantagem ambiental e explique sua relevância para um país como o Brasil.
3. Explique as assimetrias das redes de transporte rodoviário no Brasil.
4. Cite pelo menos três desvantagens do predomínio do transporte rodoviário.

Brasil: rodovias — 2015

Fonte: FERREIRA, Graça M. L. *Atlas geográfico*: espaço mundial. 5. ed. São Paulo: Moderna, 2016. p. 147.

Você no mundo
Trabalho em grupo — Produção de texto

Transporte Rodoviário Internacional de Cargas (Tric)

"O Brasil, em virtude de sua situação geográfica, mantém historicamente acordos de transporte internacional terrestre, principalmente rodoviário, com quase todos os países da América do Sul. Com a Colômbia, Equador, Suriname e Guiana Francesa o acordo está em negociação.

O Acordo sobre Transporte Internacional Terrestre entre os países do Cone Sul, que contempla os transportes ferroviário e rodoviário, inclui Argentina, Bolívia, Brasil, Chile, Peru, Paraguai e Uruguai. Entre Brasil e Venezuela refere-se apenas ao transporte rodoviário. O mesmo ocorrerá com a negociação que está em andamento com a Guiana.

O Mercado Comum do Sul — Mercosul —, que é um tratado de integração com maior amplitude entre Argentina, Brasil, Paraguai e Uruguai, absorveu o Acordo de Transportes do Cone Sul.

Tais acordos buscam facilitar o incremento do comércio, turismo e cultura entre os países, no transporte de bens e pessoas, permitindo que veículos e condutores de um país circulem com segurança [...].

Complementarmente aos acordos básicos citados, têm sido estabelecidos acordos específicos no Mercosul, como o de Transporte de Produtos Perigosos e o Acordo sobre Trânsito. [...]"

ANTT. Agência Nacional de Transportes Terrestres. Disponível em: <http://mod.lk/eQSye>. Acesso em: mar. 2016.

Sob a orientação do professor, organizem-se em grupos e façam o que se pede.

- Discutam que benefícios o Acordo sobre Transporte Internacional Terrestre entre os países do Cone Sul traz para o Brasil. Registrem as conclusões.
- Analisem as fotos e registrem alguns dos problemas percebidos na infraestrutura rodoviária do país.
- Escrevam um pequeno texto como complemento às legendas de cada uma das fotos, apontando possíveis soluções para os problemas em destaque.

Trecho da rodovia Régis Bittencourt em Miracatu (SP, 2014).

Trecho da rodovia Transamazônica em Vitória do Xingu (PA, 2012).

O transporte ferroviário

O **transporte ferroviário** é o mais utilizado no transporte de **cargas** em países de grande extensão continental, como Estados Unidos e Rússia, por apresentar vantagens em relação ao rodoviário. Esse meio de transporte oferece grande capacidade de carga e eficiência energética; os custos e a manutenção do sistema são baixos; ele é pouco poluente e mais seguro que o rodoviário, visto que ocorrem poucos acidentes e roubos. Por outro lado, os investimentos para a implantação de ferrovias são bastante altos e as operações de carga e descarga são lentas.

Atualmente, as ferrovias são responsáveis pela condução de 33% da carga total do país, sendo utilizadas sobretudo para o transporte de minério de ferro entre as regiões produtoras e as indústrias siderúrgicas (para consumo interno) e os portos (para exportação). A malha ferroviária também é utilizada para o transporte de grãos, especialmente da soja, entre os principais centros produtores (hoje localizados na Região Centro-Oeste) e os portos de Santos e de Paranaguá.

Nos anos 1990, a rede ferroviária — até então gerida pelo poder público — foi privatizada. Hoje, a maioria das ferrovias é administrada por **empresas concessionárias**, muitas delas ligadas aos setores de mineração e siderurgia. As linhas férreas receberam investimentos novos e sua utilização é relevante também para o transporte de matérias-primas para as indústrias na Região Sudeste; de grãos na Região Sul e em parte do Centro-Oeste; além de combustíveis na Região Nordeste.

Brasil: ferrovias — 2015

Fonte: ANTT. Agência Nacional de Transportes Terrestres. *Infraestrutura ferroviária*. Disponível em: <http://mod.lk/3qjHf>. Acesso em: out. 2016.

O transporte hidroviário

O Brasil dispõe de uma **extensa rede fluvial**, totalizando 28 mil quilômetros de rios naturalmente navegáveis, ou seja, nos quais não há necessidade de nenhuma obra de dragagem ou transposição para sua utilização como meio de transporte. No entanto, apenas 10 mil quilômetros são utilizados para o transporte de passageiros e de carga.

O rodoviarismo e a ausência de planejamento territorial levaram a navegação fluvial no Brasil a um papel inferior em relação aos outros sistemas de transporte, ainda que essa modalidade ofereça condições tão favoráveis e, consequentemente, apresente um custo muito inferior em relação às demais. Chama a atenção, portanto, o fato de a **navegação fluvial**, apesar de apresentar vantagens quanto às potencialidades naturais e à redução dos custos, ser o sistema de menor participação no transporte de cargas no Brasil.

Todavia, deve-se destacar também que, em algumas áreas, há fatores que dificultam o aproveitamento hidroviário. Alguns rios brasileiros correm em planaltos, o que impede sua navegabilidade em trechos de cachoeira, por exemplo. É o caso de certos trechos dos rios Tietê, Paraná, Grande e São Francisco. A utilização desses cursos de água para a produção de energia elétrica também é um fator que dificulta a navegação.

Já os **rios de planície**, navegáveis com maior facilidade — como o Amazonas e o Paraguai —, estão mais distantes dos maiores centros econômicos do país. O transporte de cargas na região amazônica, por exemplo, ainda não apresenta grande relevância econômica, dado o tamanho de seus mercados produtores e consumidores.

Os trechos hidroviários economicamente mais relevantes estão situados no Sudeste e no Sul do país; seu pleno aproveitamento precisa ser viabilizado por obras que superem as dificuldades de navegação. Algumas soluções de engenharia vêm tentando tornar navegáveis alguns rios brasileiros mais próximos dos grandes centros urbanos e industriais, por meio da construção de eclusas. A eclusa de Barra Bonita, no rio Tietê, e a eclusa de Jupiá, no rio Paraná, permitem que existam hidrovias nesses trechos.

A viabilidade do transporte hidroviário também depende da existência de portos fluviais. O porto de Manaus, situado na margem esquerda do rio Negro, é o de maior importância no Brasil, tanto para o transporte de cargas como de pessoas. O porto de Corumbá, no rio Paraguai, tem relevância econômica e territorial: através dele é escoado o manganês extraído de uma área próxima à cidade.

Brasil: hidrovias — 2012

Fonte: FERREIRA, Graça M. L. *Atlas geográfico*: espaço mundial. 4. ed. São Paulo: Moderna, 2013. p. 147.

Eclusa. Construção que visa superar diferenças de nível das águas, permitindo que embarcações subam ou desçam os desníveis.

Capítulo 12 • Infraestrutura e logística no Brasil **233**

Principais hidrovias

Observe, a seguir, as principais hidrovias brasileiras.

- **Hidrovia Araguaia-Tocantins:** é o corredor de transporte na Região Norte.
- **Hidrovia São Francisco:** o principal trecho navegável está entre Minas Gerais e Bahia, com 1.300 quilômetros de extensão.
- **Hidrovia do Madeira:** o rio Madeira é um dos principais afluentes da margem direita do Amazonas. A hidrovia é importante para o escoamento de grãos no Norte e no Centro-Oeste.
- **Hidrovia Tietê-Paraná:** o corredor formado pelos dois rios permite o transporte de grãos e de outras mercadorias através de três estados: Mato Grosso do Sul, Paraná e São Paulo.
- **Hidrovia Taguari-Guaíba:** está localizada no Rio Grande do Sul, com 686 quilômetros de extensão. É a principal hidrovia brasileira em volume de carga transportada. Os principais produtos que passam por ela são grãos e combustíveis.

Sistema portuário

O **transporte marítimo** sempre foi primordial para o intercâmbio de pessoas e mercadorias ao redor do mundo. Essa modalidade de transporte vem sendo impulsionada por diversos **avanços tecnológicos**, que têm contribuído para uma circulação mais eficiente de produtos entre as várias regiões do planeta. Além do aumento do tamanho e da velocidade dos navios, a invenção do contêiner permite o acondicionamento e a conservação mais racional e eficiente de cargas (algumas delas impossíveis de serem transportadas por trajetos muito longos antes do aparecimento do contêiner).

O sistema portuário brasileiro é formado por 40 portos públicos organizados, sob a administração de companhias estatais (federais ou estaduais) e de empresas privadas. Das exportações brasileiras, 95% são realizadas por transporte marítimo — o que evidencia a importância dos serviços portuários para nossa economia, diante do crescimento das exportações.

O volume de carga movimentado pelos portos marítimos aumentou de forma significativa nos últimos anos. Minério de ferro, soja, café e açúcar são os principais produtos brasileiros que dependem dos portos para sua comercialização no exterior.

No entanto, os portos brasileiros movimentam um volume de carga relativamente baixo quando comparado com o de outros portos importantes do mundo. Em 2012, o porto de Cingapura atingiu o recorde ao movimentar mais de 1 bilhão de toneladas de volume de carga, seguido por Roterdã (Holanda), que movimentou quase 500 milhões. No Brasil, nesse mesmo ano, o **porto de Santos** (o maior do país) alcançou a marca de 100 milhões de toneladas.

Carregamento de soja para exportação no porto de Paranaguá (PR, 2013).

O porto de Santos, administrado pela Companhia Docas do Estado de São Paulo, é responsável por 60% do embarque e desembarque de mercadorias internacionais no país, tendo parte de suas instalações arrendadas para grandes empresas que operam terminais de carga e descarga de inúmeros tipos de produtos. Em 2010, o porto de Santos movimentou um total de 96,2 bilhões de dólares do comércio internacional brasileiro. Sua localização próxima ao maior centro industrial do país e a ligação com os principais eixos rodoviários o tornam particularmente importante, tanto para a importação de máquinas e equipamentos quanto para a exportação de bens manufaturados e de produtos agropecuários (carne, soja e açúcar, por exemplo).

Outros portos — como o **porto de Itaguaí** (antes conhecido como Sepetiba), no Rio de Janeiro — adquiriram importância recente, viabilizando o transporte de combustíveis e de material siderúrgico. Destaca-se também o **porto de Itajaí**, em Santa Catarina, em razão do crescimento das exportações das carnes de frango e de porco produzidas no estado. O **porto de Paranaguá**, no Paraná, tem papel de destaque no escoamento da produção agrícola, notadamente de soja, tanto do Paraná quanto dos estados do Centro-Oeste e do país vizinho, o Paraguai.

A situação do sistema portuário brasileiro apresenta alguns problemas preocupantes. O depósito de sedimentos submarinos e o aumento do tamanho das embarcações têm exigido a ampliação da profundidade das áreas de navegação e de atracamento dos portos, o que exige obras de dragagem para manutenção do calado (profundidade). Em resumo, o setor portuário apresenta gargalos que contribuem para elevar os custos dos nossos produtos para exportação. Entre eles estão a falta de infraestrutura para agilizar a carga e a descarga dos navios, o congestionamento de caminhões e de trens por falta de espaço para movimentação de cargas, a grande burocracia para o despacho aduaneiro e a falta de integração intermodal para o rápido escoamento das mercadorias.

O porto de Santos (SP) é o maior da América do Sul em movimento de contêineres. (Foto de 2013.)

O transporte aeroviário

O crescimento econômico e a consequente melhoria das condições de renda dos brasileiros têm aumentado, de forma considerável, a demanda pelo transporte aeroviário. Sua relevância, no Brasil, se dá principalmente no que se refere ao transporte de pessoas. O comércio realizado por via aérea é relativamente pequeno em razão de seu alto custo, sendo mais utilizado para o transporte de cargas pequenas e bens perecíveis.

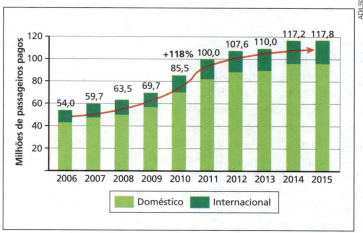

Transporte aeroviário: evolução da quantidade de passageiros pagos transportados — 2006-2015

Fonte: ANAC. *Anuário do transporte aéreo 2015.* p. 80. Disponível em: <http://mod.lk/hgmlo>. Acesso em: out. 2016.

O crescimento exponencial da demanda pelo transporte aéreo tem superlotado os principais aeroportos do país, principalmente os dois mais movimentados, ambos na Região Metropolitana de São Paulo: Congonhas, na capital paulista, e Governador André Franco Montoro (Cumbica), em Guarulhos, município vizinho à capital. O mapa a seguir evidencia a concentração das atividades aeroportuárias em São Paulo.

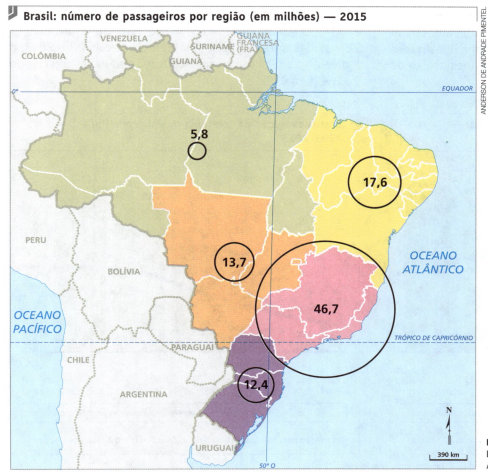

Brasil: número de passageiros por região (em milhões) — 2015

Para ler

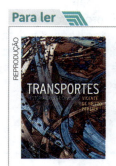

Transportes: história, crises e caminhos

Vicente de Britto Pereira. Rio de Janeiro: Civilização Brasileira, 2014.

O livro traça a história dos diversos modais de transporte no Brasil e aponta problemas e perspectivas de solução a longo prazo.

Fonte: ANAC. *Anuário do transporte aéreo 2015.* p. 88. Disponível em: <http://mod.lk/hgmlo>. Acesso em: out. 2016.

Capítulo 12 • Infraestrutura e logística no Brasil **235**

4. Redes de informação

Para a atividade industrial, as redes de transportes são fundamentais. Posteriormente, com o avanço dos meios técnicos, científicos e informacionais e a expansão mundial do capital financeiro, ganham importância as telecomunicações e a informática, tecnologias que se expandiram principalmente a partir da década de 1970.

O **setor de telecomunicações** foi uma das atividades mais diretamente afetadas pela Revolução Técnico-Científico-Informacional. Os avanços tecnológicos nesse setor, constituído pelo uso maciço de redes de micro-ondas, de fibras ópticas e da proliferação de satélites, foram responsáveis pelo crescimento exponencial da transmissão de informações de longa distância, influindo decisivamente na aceleração dos processos produtivos e das comunicações em geral.

Assim como as redes de transporte e de energia, as redes informacionais são vitais para a interligação do território, pois afetam cada vez mais o funcionamento da economia. Sendo o sistema financeiro hegemônico no capitalismo contemporâneo, a ampliação das redes de informática e telecomunicações no território torna-se elemento fundamental da infraestrutura, uma vez que permite aos principais centros financeiros e de gestão (sedes dos grandes bancos e bolsas de valores) ficarem centralizados em metrópoles como São Paulo, mas com ramificações em todo o espaço nacional e conexão rápida com os principais centros econômicos globais.

No Brasil, as redes informacionais mostram-se assimétricas em sua distribuição territorial. Os estados mais industrializados e que apresentam maior população urbana (localizados nas regiões Sudeste e Sul) persistem como principal eixo de difusão e comunicação do país.

O **setor de telefonia** experimentou forte crescimento com a privatização do sistema Telebras, na década de 1990. A expansão da oferta desse serviço tem sido notável desde então — em particular na telefonia móvel.

A ampliação da oferta dos serviços de telefonia não esconde, porém, a desigualdade em seu consumo: a utilização dos serviços de telefonia espelha a disparidade de renda existente no território nacional, uma vez que os estados apresentam distintos níveis nos números que dizem respeito à telefonia fixa e móvel. As regiões Norte e Nordeste são as que mostram os menores números de usuários de telefones móveis.

Internet

A internet está cada vez mais presente em nosso cotidiano. A integração econômica mundial e os rápidos e intensos fluxos financeiros globais são em grande medida viabilizados pela rede mundial de computadores. A partir de 1990, o computador pessoal e os *notebooks* permitiram que tivéssemos maior e mais rápido acesso às fontes de informação e às trocas eletrônicas, proporcionando novas formas de nos relacionarmos com o conhecimento e com as pessoas. Hoje, a internet pode ser acessada também em celulares e *tablets*, o que torna o mundo cada vez mais digital e as relações entre povos, países e regiões cada vez mais próximas.

Em 2013, cerca de 86 milhões de brasileiros tinham acesso à internet, de acordo com o IBGE. Entre os 32,2 milhões de domicílios do país com acesso a microcomputadores em 2013 — o que representa 49,5% do total de residências —, 28 milhões tinham acesso à internet. Entre 2008 e 2013, o índice de domicílios conectados à rede mundial cresceu de 23,8% para 43%.

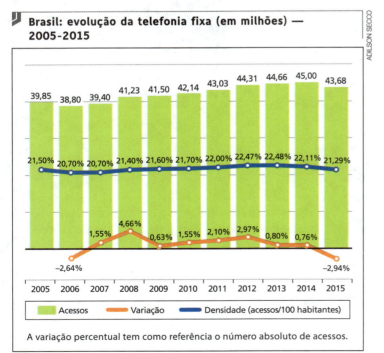

Brasil: evolução da telefonia fixa (em milhões) — 2005-2015

Brasil: evolução da telefonia móvel (em milhões) — 2005-2015

Fonte: ANATEL. *Relatório anual 2015*. Brasília: Agência Nacional de Telecomunicações, 2016. p. 75 e 86.

Geografia e outras linguagens

Caminhoneiro

"Sou caminhoneiro, vivo na estrada
Tenho um companheiro que é meu ajudante
Estou sempre longe da minha morada
Da minha família eu vivo distante

Pelos quatro cantos da nossa nação
De leste a oeste e de sul a norte
Com 30 mil quilos no meu caminhão
Eu venço a batalha árdua no transporte

Eu já percorri as grandes rodovias
A Transamazônica e a Rio-Bahia
Via Anhanguera, Raposo Tavares
Régis Bitencourt e Belém-Brasília

Eu sou cauteloso se me vem o sono
Procuro um pouso logo mais adiante
Abaixo as cortinas e durmo tranquilo
Na ampla cabine do hotel ambulante

Quantos mil colegas vivem no volante
Quantos companheiros na mesma jornada
Cada motorista que passa por mim
É mais um irmão que eu tenho na estrada [...]"

TRIO PARADA DURA. Caminhoneiro. Em: *Cruz pesada*. Rio de Janeiro: Copacabana, 1978. Faixa 11.

QUESTÕES

1. O que a canção revela sobre o cotidiano dos trabalhadores do transporte no Brasil?
2. A canção cita algumas importantes rodovias brasileiras. Pesquise e responda: em que região do Brasil concentram-se as rodovias mencionadas na letra da música? O que essa concentração revela sobre o desenvolvimento do país?

ATIVIDADES

ORGANIZE SEUS CONHECIMENTOS

1. "É sabido que os impactos em bacias hidrográficas, por tratar-se de sistemas complexos, podem ocasionar problemas relativos tanto à sua configuração físico-geográfica bem como também nos modos de vida e organização da população atingida."

   > FREIRE, L. M. Impactos ambientais no rio Xingu diante da implantação da Usina Hidrelétrica de Belo Monte no estado do Pará: subsídios para o planejamento ambiental. *Revista Geonorte*, n. 1, v. 10, p. 490-493, mar. 2016.

   Dos impactos negativos provocados pela construção de uma usina hidrelétrica, NÃO se considera relevante:

   a) o deslocamento compulsório de populações ribeirinhas.

   b) o desmatamento e a destruição de fauna e flora nativas.

   c) a emissão de gases do efeito estufa.

   d) a alteração do curso dos rios.

2. Para produzir energia hidrelétrica deve-se integrar a vazão do rio, a quantidade de água disponível em determinado período de tempo e os desníveis do relevo. Que característica do relevo contribui para a maior produtividade de uma usina hidrelétrica?

   a) Elevações de grande altitude.

   b) Predomínio de planícies.

   c) Vales extensos.

   d) Ausência de processos erosivos.

   e) Desníveis localizados e acentuados.

3. Compare os sistemas de transporte rodoviário, ferroviário e hidroviário em termos de eficiência e custos ambientais.

4. Com base na comparação feita no exercício anterior, explique:

   a) quais são os obstáculos que impedem a expansão das hidrovias no país.

   b) a relação entre a opção brasileira pelo transporte rodoviário e o contexto econômico do país nos anos 1950 e 1960.

5. Por que as usinas hidrelétricas construídas na Amazônia utilizam a técnica denominada de "fio d'água"? Comente as vantagens e as desvantagens desse procedimento.

6. Observe a imagem a seguir. Ela mostra um congestionamento em alça da rodovia Anchieta, que dá acesso ao porto de Santos (SP).

   - Com base na foto, explique o que são gargalos logísticos e seus efeitos para a economia brasileira.

7. Escreva uma análise das informações apresentadas no gráfico a seguir.

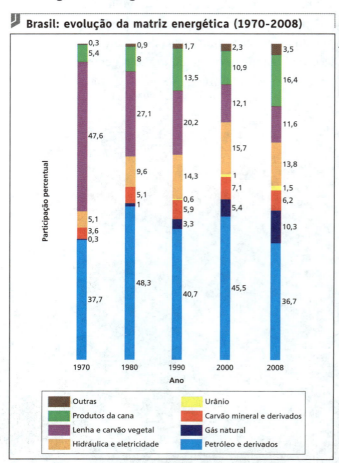

Brasil: evolução da matriz energética (1970-2008)

Fonte: MINISTÉRIO DE MINAS E ENERGIA. *Balanço energético nacional 2009* p. 36-41. Disponível em: <http://mod.lk/j4f5u>. Acesso em: mar. 2016.

REPRESENTAÇÕES GRÁFICAS E CARTOGRÁFICAS

8. Analise as informações apresentadas no gráfico a seguir e explique como se deu a evolução da telefonia móvel no Brasil entre 2013 e 2014.

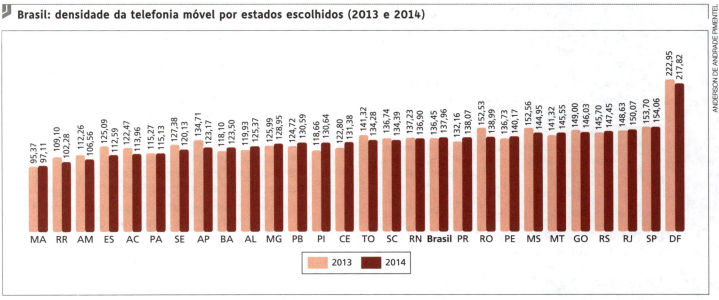

Brasil: densidade da telefonia móvel por estados escolhidos (2013 e 2014)

Fonte: ANATEL. *Relatório anual 2014*. p. 88. Disponível em: <http://mod.lk/htowi>. Acesso em: mar. 2017.

---

9. Observe o mapa a seguir.

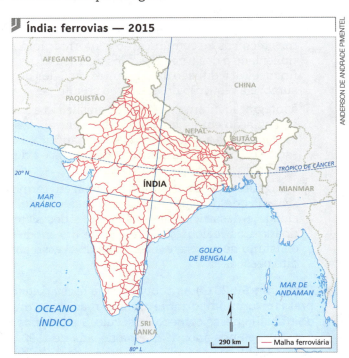

Índia: ferrovias — 2015

Fonte: THE FINANCIAL EXPRESS. *India's railway network*. Disponível em: <http://mod.lk/2kzpc>. Acesso em: out. 2016.

- Veja novamente o mapa Brasil: ferrovias – 2015, da página 233, e compare o Brasil e a Índia em termos de extensão territorial e utilização do modal ferroviário, comentando as opções de cada país.

10. Observe o gráfico a seguir.

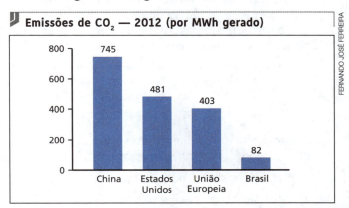

Emissões de CO_2 — 2012 (por MWh gerado)

- China: 745
- Estados Unidos: 481
- União Europeia: 403
- Brasil: 82

Fonte: MINISTÉRIO DAS MINAS E ENERGIA. *Balanço energético nacional 2015*. Disponível em: <http://mod.lk/zcmw6>. Acesso em: out. 2016.

a) Que informações são apresentadas no gráfico?

b) Relacione a baixa emissão de CO_2 do Brasil à matriz energética do país.

INTERPRETAÇÃO E PROBLEMATIZAÇÃO

11. Leia o texto e responda às questões.

Leilão de energia eólica e solar tem 1.379 projetos cadastrados

"O segundo leilão de energia de reserva feito pelo governo brasileiro, marcado para 13 de novembro [de 2015], terá 1.379 projetos, sendo 730 empreendi-

Capítulo 12 • Infraestrutura e logística no Brasil **239**

mentos de energia eólica e 649 de energia solar fotovoltaica. O total oferecido soma 38.917 megawatts (MW) em capacidade instalada. [...]

O estado campeão nesses segmentos energéticos é a Bahia, com 243 projetos de energia eólica e 192 de geração solar, totalizando 12.099 MW. Em segundo lugar, vem o Rio Grande do Norte, com 184 projetos eólicos e 97 de energia solar, com total de 7.648 MW. Em seguida, aparecem o Piauí, com 4.242 MW (89 projetos fotovoltaicos e 46 eólicos), o Ceará (3.324 MW, sendo 95 projetos de energia eólica e 34, solar) e o Rio Grande do Sul (2.365 MW, 107 projetos só de energia eólica). No segmento fotovoltaico, também têm destaque os estados de Minas Gerais (1.974 MW), São Paulo (1.937 MW), Pernambuco (1.625 MW) e Tocantins (1.148 MW)."

EBC. *Leilão de energia eólica e solar tem 1.379 projetos cadastrados*. Disponível em: <http://mod.lk/8dqci>. Acesso em: out. 2016.

a) Pesquise e responda: o que é um "leilão" de energia?

b) Que possível tendência a reportagem revela quanto à matriz energética brasileira?

ENEM E VESTIBULARES

12. (PUC-RJ, 2015) Em fevereiro de 2013, comemoraram-se os 205 anos da abertura dos portos brasileiros às "Nações Amigas", por Dom João VI, desde a chegada da família real ao Brasil. No entanto, ao se observar, atualmente, a situação dos portos brasileiros, verifica-se um cenário bastante problemático, em que são poucos os motivos de comemoração.

UOL EDUCAÇÃO. *Portos brasileiros*: faltam investimentos e modernização. Disponível em: <http://mod.lk/tspkt>. Acesso em: out. 2016.

Das opções a seguir, identifique a que expressa um problema de infraestrutura do setor portuário brasileiro.

a) Ampliação da burocracia estatal.

b) Elevação do preço dos combustíveis.

c) Encarecimento dos aluguéis dos terminais.

d) Baixa intermodalidade da rede de transporte.

e) Dinamização do comércio interportuário mundial.

13. (Uece-CE, 2015) Com relação à estruturação da rede de transportes no território brasileiro, identifique a opção incorreta.

a) Existe uma baixa densidade da malha ferroviária no país, sobretudo no que diz respeito ao transporte de passageiros.

b) O sistema rodoviário, considerado o principal sistema logístico modal do país, apresenta rodovias em boas condições, sobretudo aquelas que estão administradas pelo setor público.

c) O setor hidroviário, de grande importância para este tipo modal, consegue transportar grandes quantidades de mercadorias com baixo impacto ambiental. Seus trechos mais importantes estão situados no sudeste e no sul do país.

d) Os efeitos operacionais da reforma portuária no Brasil residem no aumento da produtividade dos portos, possibilitado pelos investimentos setoriais e alocação de recursos do governo federal para a construção de novas instalações portuárias.

14. (Unesp-SP, 2015) A incorporação de grande parcela da população ao sistema bancário, a difusão generalizada das operações de crédito individual, a dispersão de agências bancárias e pontos de autoatendimento em escala nacional e a difusão de formas de compra por meio de cartão de crédito são expressões de um fenômeno que pode ser denominado de "financeirização da sociedade e do território brasileiro". A forma como esse processo ocorreu no Brasil esteve associada:

a) à integração do território nacional através dos sistemas técnicos de comunicação e informação; à centralização de capitais e articulação dos agentes do sistema financeiro; à difusão de um modelo de consumo de massa; e à flexibilização do acesso ao crédito pessoal.

b) à desarticulação das regiões brasileiras em termos de sistemas de transportes e comunicação; à centralização de capitais pelos agentes do sistema financeiro; à difusão de diferentes modelos de produção e consumo; e à flexibilização do acesso ao crédito pessoal.

c) à integração do território nacional através dos sistemas técnicos de comunicação e informação; à multiplicidade e desarticulação dos agentes do sistema financeiro; à difusão de diferentes modelos de consumo; e à restrição do acesso ao crédito pessoal.

d) à integração interna das regiões brasileiras e sua desarticulação em escala nacional; à centralização de capitais pelos agentes do sistema financeiro; à difusão de um modelo de consumo de massa; e à flexibilização do acesso ao crédito pessoal.

e) à fragmentação do território nacional em termos de sistemas de transporte e comunicação; à multiplicidade e desarticulação dos agentes dos sistemas financeiros regionais; à difusão de um modelo de consumo de massa; e à restrição do acesso ao crédito pessoal.

15. (Unicamp-SP, 2014) As ocupações de *telemarketing* expressam uma importante transformação do mundo do trabalho nesse começo de século. Surgem nos EUA e na Europa nos anos 1980 e na década de 1990 atingem o Brasil, onde os *call centers* (locais de trabalho dos atendentes de *telemarketing*) mais concentram trabalhadores: 1.103 em cada empresa.

SOUZA, Jessé. *Os batalhadores brasileiros*: nova classe média ou a nova classe trabalhadora?. Belo Horizonte: Editora da UFMG, 2012 (adaptado).

Identifique a alternativa em que todas as características associadas a esse tipo de trabalho estejam corretas.

a) Privatização das empresas de telecomunicações; generalização da posse de linhas telefônicas; expansão de serviços de suporte técnico e televendas; insegurança no mercado de trabalho.

b) Estatização das empresas de telecomunicações; generalização das linhas de telefones fixos; maior concentração populacional no meio rural; estabilidade no mercado de trabalho.

c) Privatização das empresas de telecomunicações; generalização da posse de telefones celulares; retração dos serviços de atendimento ao cliente; segurança no mercado de trabalho.

d) Estatização das antigas empresas de televendas; generalização do uso de telefones fixos; retração dos serviços de atendimento ao cliente; retração do mercado de trabalho nos serviços.

16. (FGV-SP, 2014) Um turista inglês tem duas possibilidades de viagem: Punta Cana ou Lençóis Maranhenses. Analise essas possibilidades apresentadas no mapa.

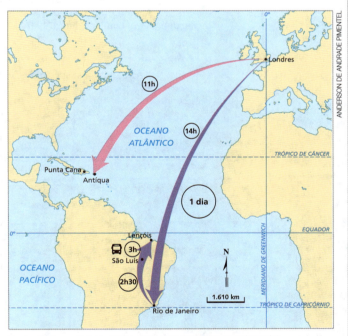

Fonte: *Carta capital*, ano XIX, n. 766, p. 64, 18 set. 2013 (adaptado).

Os dados representados no mapa tornam evidente que no Brasil há:

a) deficiência na infraestrutura de transporte.
b) fraca potencialidade turística.
c) pequeno número de destinos turísticos.
d) pequena importância econômica do setor de turismo.
e) falta de segurança para os turistas estrangeiros.

17. (UEG-GO, 2015) Diante das crises constantes na produção e comercialização do petróleo, a procura por novas fontes de energias renováveis surgiu como alternativa para superar a demanda por combustíveis fósseis, bem como para reduzir a poluição decorrente da emissão de poluentes. Neste sentido, observa-se que:

a) as principais economias desenvolvidas investiram maciçamente na produção e geração de energia eólica, a qual representa hoje mais de 50% da energia consumida nesses países.

b) a produção de energia hidroelétrica conseguiu superar a energia gerada por combustíveis fósseis em toda a Ásia e nos países situados nas regiões intertropicais no norte da África.

c) a criação de políticas governamentais no Brasil, voltadas para a produção e comercialização de biocombustíveis, tornou o etanol e o biodiesel a segunda maior fonte de energia automotiva.

d) a energia solar é a mais indicada para os países localizados nas zonas temperadas, considerando-se que nessas localidades a incidência dos raios solares é constante durante o ano inteiro.

18. (Enem, 2014)

> "A urbanização brasileira, no início da segunda metade do século XX, promoveu uma radical alteração nas cidades.
>
> Ruas foram alargadas, túneis e viadutos foram construídos. O bonde foi a primeira vítima fatal. O destino do sistema ferroviário não foi muito diferente.
>
> O transporte coletivo saiu definitivamente dos trilhos."
>
> JANOT, L. F. *A caminho de Guaratiba*. Disponível em: <www.iab.org.br>. Acesso em: 9 jan. 2014 (adaptado).

A relação entre transportes e urbanização é explicada, no texto, pela:

a) retirada dos investimentos estatais aplicados em transporte de massa.

b) demanda por transporte individual ocasionada pela expansão da mancha urbana.

c) presença hegemônica do transporte alternativo localizado nas periferias das cidades.

d) aglomeração do espaço urbano metropolitano impedindo a construção do transporte metroviário.

e) predominância do transporte rodoviário associado à penetração das multinacionais automobilísticas.

Mais questões: no livro digital, em **Vereda Digital Aprova Enem** e **Vereda Digital Suplemento de revisão e vestibulares**; no *site*, em **AprovaMax**.

CAPÍTULO 13

ECONOMIA E INDÚSTRIA NO BRASIL

ENEM
C4: H16, H17, H18
C6: H27

Neste capítulo, você vai aprender a:

- Analisar os fatores responsáveis pela inserção da economia brasileira no contexto mundial.
- Associar o primeiro impulso de industrialização ao acúmulo do capital proveniente da cafeicultura.
- Identificar a dinâmica de substituição de importações, relacionando-a ao surgimento da indústria de base.
- Identificar a participação do capital estrangeiro na industrialização brasileira do século XX.
- Explicar a ocorrência dos processos de concentração e de desconcentração industrial no Brasil, assim como suas causas e consequências.
- Reconhecer os principais polos industriais regionais e sua articulação em diferentes escalas.

*"Quando o apito
da fábrica de tecidos
Vem ferir meus ouvidos
Eu me lembro de você
Mas você anda
Sem dúvida bem zangada
Está interessada
Em fingir que não me vê
Você que atende ao apito
de uma chaminé de barro
Por que não atende ao grito tão aflito
da buzina do meu carro?"*

ROSA, Noel. Três apitos. Em CHEDIAK, Almir (Org.). *Songbook Noel Rosa*. Rio de Janeiro: Lumiar Editora, 1997. p. 127.

Neste capítulo, analisaremos o processo de industrialização na economia brasileira, considerando suas peculiaridades, seus impactos na constituição e reorganização dos territórios e sua inserção na economia globalizada. Procuraremos compreender também os fatores que produziram (e produzem) as transformações técnico-produtivas do espaço geográfico brasileiro e as desigualdades socioeconômicas resultantes desse processo.

Fachada de *shopping center*, na Zona Oeste do Rio de Janeiro (RJ, 2016).

Ponto de partida

A foto mostra as edificações da antiga Fábrica de Tecidos Bangu, inaugurada em 1893 na cidade do Rio de Janeiro, no atual estado do Rio de Janeiro. Após obras de adaptação, seu prédio principal foi transformado em *shopping center*, inaugurado em 2007. O que esse processo de transformação representa em relação à dinâmica do espaço geográfico?

1. O espaço econômico-industrial brasileiro

A economia brasileira apresenta uma estrutura relativamente diversificada. O país é grande produtor mundial de bens primários (produtos agrícolas e minerais), tem amplo mercado consumidor e sua indústria produz bens de consumo duráveis, máquinas e equipamentos, insumos básicos e energia.

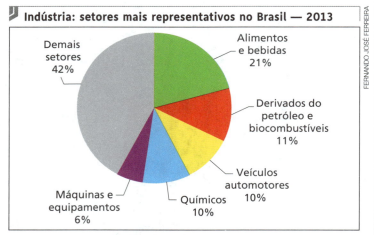

Indústria: setores mais representativos no Brasil — 2013
- Demais setores 42%
- Alimentos e bebidas 21%
- Derivados do petróleo e biocombustíveis 11%
- Veículos automotores 10%
- Químicos 10%
- Máquinas e equipamentos 6%

Fonte: CNI. Dinâmica setorial. *A indústria em números*, ano 2, n. 6, nov. 2015. p. 8. Disponível em: <http://mod.lk/thtl0>. Acesso em: out. 2016.

A atividade industrial no Brasil, no entanto, reduziu sua participação na economia dos últimos anos (veja a tabela a seguir), enquanto o setor de serviços aumentou sua participação na composição da renda do país. A agropecuária também teve um bom desempenho, inserindo-se de forma competitiva no mercado internacional. A indústria nacional enfrenta desafios importantes, como a incorporação e a criação de novas tecnologias e a concorrência externa, acentuados pelo processo de abertura da economia.

Participação da indústria no PIB: países selecionados — 2004 e 2014

Países	PIB (%) 2004	PIB (%) 2014
Argentina	34,7	28,8
Brasil	28,7	23,4
China	45,8	42,6
Coreia do Sul	38	38,2
Estados Unidos	21,7	20,5*
Índia	27,9	30,1
México	35,4	33,8
Rússia	36,3	36,3*

*Valores correspondentes a 2013.

Fonte: CNI. Dinâmica setorial. *A indústria em números*, ano 2, n. 6, nov. 2015. p. 8. Disponível em: <http://mod.lk/thtl0>. Acesso em: out. 2016.

2. A industrialização brasileira

A industrialização brasileira fincou suas bases no Sudeste, no final do século XIX, quando o Império deu lugar à República. A economia cafeeira, a abolição da escravatura e a imigração em massa transformaram todo o panorama social e econômico do país.

A **primeira fase do processo de industrialização** ocorreu entre 1890 e 1930 — quando a exportação de café era a principal atividade econômica no Brasil e fornecia as bases para o surgimento de fábricas, que se concentraram nas cidades de São Paulo (veja a foto a seguir) e Rio de Janeiro. Nessa primeira fase, predominaram as indústrias têxteis, de vestuário, calçados e alimentos.

Fotografia da nascente indústria automobilística paulistana, na década de 1920. Pessoas visitam a produção de uma grande montadora, na rua Sólon, em São Paulo (SP).

A partir da década de 1930, durante a **Era Vargas**, a industrialização brasileira apresentou enorme crescimento, embora a economia nacional ainda se sustentasse no setor agroexportador.

Após a Segunda Guerra Mundial, a industrialização passou por uma fase de aceleração que se prolongaria até meados da década de 1970, quando o principal setor econômico brasileiro deixou de ser a agricultura de exportação e os grandes proprietários de terra perderam o *status* de elite dirigente do país.

A Companhia Siderúrgica Nacional (CSN) foi fundada em 1941, no governo de Getúlio Vargas. Essa empresa estatal foi a primeira fabricante de aço no Brasil, constituindo um marco na industrialização do país. Na foto, vista da CSN em Volta Redonda (RJ, 2013).

As transformações do pós-guerra

Em compasso com o avanço do crescimento industrial e urbano, o Brasil conheceu a formação de um mercado consumidor interno (que se tornou rapidamente o motor de seu crescimento econômico), bem como a redução de sua dependência das exportações.

O nível de fluxo de capitais aumentou com a ampliação dos investimentos estrangeiros diretos no país. Se anteriormente esses investimentos se restringiam às ferrovias, à eletricidade e ao comércio de importação e de exportação, no pós-guerra eles passaram a ser aplicados predominantemente nos ramos industriais mais modernos.

A produção brasileira de manufaturados (estes antes importados) constituiu a lógica do **modelo de substituição de importações**, sendo viabilizada pelo Estado com:

- imposição de **elevadas tarifas de importação** para diversos bens de consumo, com o objetivo de atrair investimentos produtivos de corporações transnacionais para o interior do território;
- implantação de **empresas estatais** nos setores de infraestrutura, como o de geração de energia elétrica, o de telecomunicações e o de bens de produção (extração e refino de petróleo e siderurgia), com o intuito de criar as condições gerais necessárias ao desenvolvimento industrial.

A substituição de importações causou redução progressiva do peso das importações no Produto Interno Bruto (PIB).

O fim da Segunda Guerra Mundial provocou, de imediato, forte impacto nas exportações e nas importações brasileiras. Em seguida, porém, sua participação no PIB do país foi diminuindo, paulatinamente, até a década de 1970, pois o aumento do consumo interno e a ampliação da oferta de bens industriais produzidos no país reduziram o peso das exportações e das importações no PIB.

A internacionalização da economia

Na segunda metade do século XX, a industrialização brasileira conheceu uma fase de aceleração iniciada com o **Plano de Metas** do governo Juscelino Kubitschek (1956-1961), que atraiu grandes investimentos externos para a implantação no país de indústrias de bens de consumo duráveis.

Até meados dos anos 1970 (durante o regime militar), os capitais internacionais entravam no Brasil principalmente como **investimentos produtivos diretos**. Na forma de abertura de filiais, corporações transnacionais definiram ramos industriais sob seu comando e se associaram a capitais privados nacionais e a capitais estatais em outros ramos.

Presidente Juscelino Kubitschek inaugurando fábrica da Volkswagen em São Bernardo do Campo (SP, 1959). Essa imagem remete à política desenvolvimentista do governo JK, na qual a abertura da economia para o capital internacional foi um dos aspectos marcantes.

> **Plano de Metas.** Programa de modernização da economia nacional, implantado durante o governo do então presidente Juscelino Kubitschek de Oliveira, cujo lema era "50 anos em 5" e que consistia no investimento em áreas prioritárias para o desenvolvimento econômico, principalmente infraestrutura (rodovias, hidrelétricas, aeroportos) e indústria.

Durante a década de 1970, o governo militar desenvolveu uma política de crescimento econômico sustentada por um acentuado endividamento externo, com a construção de grandes obras e com a ampla participação do capital estrangeiro na economia.

Desde a década de 1980, as mudanças originadas pela **Revolução Técnico-Científica** e as transformações da economia mundial se contrapuseram ao velho modelo de substituição de importações. A integração crescente do mercado mundial chocou-se com o sistema de proteção do mercado nacional, que acabou sucumbindo. O modelo brasileiro de substituição de importações estagnou quando os investimentos externos escassearam em virtude de barreiras comerciais, as quais impediam sua integração às cadeias produtivas internacionalizadas. Dessa crise originou-se um novo modelo econômico, condicionado pela mundialização da economia.

A era industrial que se inaugurava trazia como características marcantes a **automação** e a **robotização** — responsáveis pela redução da necessidade de mão de obra, proporcionada pelo aumento da produtividade, e pela utilização menos intensiva de matérias-primas e de energia. A indústria baseada nas tecnologias de ponta foi o motor dessa nova era; a contínua incorporação destas ao processo produtivo implicava altos investimentos em produtos rapidamente obsolescentes (que, por sua vez, requeriam aumento da produção e ampliação de mercado).

Liberalização da economia

No início da década de 1990, as relações do Brasil com a economia mundial foram definitivamente modificadas por meio da liberalização da economia e da consequente abertura do mercado às importações de produtos estrangeiros.

A abertura da economia levou a uma onda de novos investimentos estrangeiros diretos, possibilitando a retomada do crescimento industrial brasileiro dentro da nova lógica produtiva e não mais baseado na substituição de importações. As indústrias instaladas no país desde meados dos anos 1990 estão inseridas em cadeias produtivas internacionalizadas. A produção econômica globalizada, caracterizada por cadeias produtivas distribuídas em diversas partes do mundo, dispõe de unidades produtivas com uso reduzido de mão de obra e utilização intensiva de tecnologia, podendo ser fechadas e transferidas mais facilmente. Essas unidades fabris importam parte considerável dos insumos e componentes utilizados e complementam suas linhas de produção localizadas em outros países. O projeto dessas indústrias é atingir não só o mercado nacional, mas também o global.

Liberalização da economia. Redução pelo Estado das medidas de proteção a seu mercado interno.

Cadeia produtiva internacionalizada. Consiste em várias etapas produtivas pelas quais diversos insumos passam e são transformados em diferentes regiões do mundo, resultando em crescente divisão internacional do trabalho e em maior interdependência entre as economias.

Linha de montagem de indústria automobilística em São José dos Pinhais (PR, 2012).

Exportação de minério de ferro no porto de São Luís (MA, 2013). Este porto destina-se principalmente à exportação de minério de ferro trazido do projeto Serra dos Carajás, no Pará.

A política de privatizações, no primeiro mandato do presidente Fernando Henrique Cardoso (1995-1998), ampliou a escala de vendas das estatais, incluindo empresas dos setores infraestruturais de energia, transporte e telecomunicações, que eram antes monopolizados pelo Estado; entre essas estatais, estava a Companhia Vale do Rio Doce.

Esse modelo de **industrialização internacionalizada** ainda vigora no país.

No século XXI, medidas econômicas provocaram o alargamento do mercado interno, estimulando a produção nacional e atraindo investimentos externos para o setor industrial, especialmente o de bens de consumo.

Em 2012, 3,8 milhões de carros foram emplacados no país, ao mesmo tempo que os automóveis são um importante item da nossa pauta de exportações.

Para ler

O futuro da indústria no Brasil: desindustrialização em debate.
Monica Baumgarten de Bolle e Edmar Bacha (Orgs.). Rio de Janeiro: Civilização Brasileira, 2013.
Este livro reúne artigos de diversos especialistas que analisam a trajetória da indústria no Brasil e suas perspectivas de futuro.

QUESTÕES

1. Elabore um quadro síntese indicando as principais características da industrialização brasileira no século XX.

3. Região Concentrada

A proximidade com fontes e matérias-primas, o desenvolvimento de novos centros consumidores e o processo de diversificação e desconcentração impulsionaram a constituição de **diversos polos industriais** no território brasileiro. Em alguns casos, eles resultaram de articulações políticas e opções estratégicas.

Os principais polos industriais brasileiros estão nas regiões Sudeste e Sul do país — essa área foi denominada por Milton Santos como **Região Concentrada**, em virtude de sua enorme concentração de redes materiais e imateriais indispensáveis ao desenvolvimento industrial.

Observe no infográfico a seguir que, ao longo do século XX, a produção industrial concentrou-se nas regiões Sudeste e Sul, principalmente no estado de São Paulo. Entretanto, nos últimos anos, a indústria vem ganhando importância em outros estados, o que diminui a concentração desses polos no Sudeste e no Sul do país.

Infográfico: Concentração e desconcentração industrial

O crescimento do setor industrial modificou e desenvolveu a economia brasileira, mas esses avanços aconteceram de maneira desigual pelo território brasileiro, ao longo do século XX.

Brasil: participação das Unidades Federativas no valor total da produção industrial — 1906-2012

De 1900 a 2010, a indústria triplicou sua participação no PIB nacional, suplantando a agropecuária. Até a década de 1970, as atividades industriais se concentraram em São Paulo. Desde então, muitas empresas se fixaram em outras regiões, em busca de vantagens. Acompanhe essas mudanças nos gráficos a seguir.

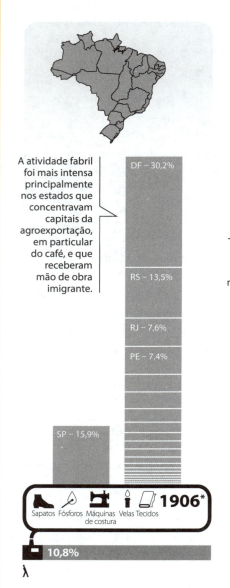

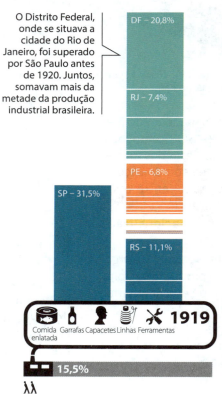

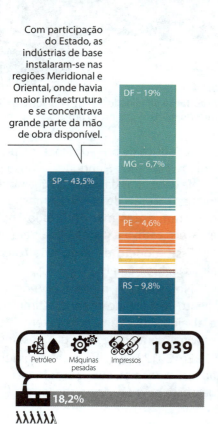

A atividade fabril foi mais intensa principalmente nos estados que concentravam capitais da agroexportação, em particular do café, e que receberam mão de obra imigrante.

1906* — 10,8%
- DF – 30,2%
- RS – 13,5%
- RJ – 7,6%
- PE – 7,4%
- SP – 15,9%

Sapatos, Fósforos, Máquinas de costura, Velas, Tecidos

O Distrito Federal, onde se situava a cidade do Rio de Janeiro, foi superado por São Paulo antes de 1920. Juntos, somavam mais da metade da produção industrial brasileira.

1919 — 15,5%
- DF – 20,8%
- RJ – 7,4%
- PE – 6,8%
- SP – 31,5%
- RS – 11,1%

Comida enlatada, Garrafas, Capacetes, Linhas, Ferramentas

Com participação do Estado, as indústrias de base instalaram-se nas regiões Meridional e Oriental, onde havia maior infraestrutura e se concentrava grande parte da mão de obra disponível.

1939 — 18,2%
- DF – 19%
- MG – 6,7%
- SP – 43,5%
- PE – 4,6%
- RS – 9,8%

Petróleo, Máquinas pesadas, Impressos

Primeira industrialização
O primeiro impulso das manufaturas data do fim do século XIX. Em 1906, já havia 3.258 fábricas produzindo artigos básicos, como roupas, móveis, alimentos, além de pequenas oficinas têxteis e de reparação de máquinas importadas.

Mercado interno
A dificuldade em importar durante a Primeira Guerra Mundial impulsionou a indústria nacional. O surgimento de indústrias de maquinário e químicas marcou a mudança para a produção de bens mais complexos, para suprir a demanda interna.

Indústria de base
Com a crise de 1929 e a Segunda Guerra Mundial, o Estado brasileiro interveio para evitar o desabastecimento de bens estratégicos. Nacionalizações e incentivos à produção de cimento, aço, petróleo e maquinário pesado marcaram a produção fabril do Estado Novo (1937-1945).

*Em 1906, não havia ainda nenhuma divisão regional, proposta pela primeira vez somente em 1913.

Como ler os gráficos
No gráfico principal, a distribuição da produção industrial pode ser lida por estado e por região, de acordo com a divisão regional em determinado ano mostrada nos mapas.

Exemplos de produtos — Ano dos dados
Sapatos, Fósforos, Máquinas de costura, Velas, Tecidos — XXXX

A largura da fábrica representa a participação da indústria no PIB (o Valor Adicionado Bruto em relação ao total).

Cada ícone equivale a 150.000 trabalhadores registrados em estabelecimentos industriais no Brasil, naquele ano.

ILUSTRAÇÕES: MARCELO PLIGER

Em 1970, a produção industrial paulista era maior que a de todos os outros estados reunidos. Os investimentos nesse estado criaram um parque industrial bastante diversificado.

SP – 55,3%
RS – 6,7%
Guanabara – 8,4%
MG – 7,6%

Geladeiras, Refrigerantes, Carros, Doces — **1970**
32,5%

Modelo desenvolvimentista
O vigoroso crescimento de 1950 a 1970 deveu-se à indústria. Nesse período, multinacionais instalaram-se no país para produzir bens duráveis, como automóveis e geladeiras, para o mercado nacional em expansão.

Houve aumento participativo do Nordeste, Sul, Amazonas e Minas Gerais, que atraíram indústrias com grandes demandas de mão de obra, como a automobilística e a têxtil.

SP – 48,9%
RS – 8,3%
PR – 4,8%
SC – 4,4%
BA – 3,4%
AM – 2,3%
RJ – 10,8%
MG – 8,2%

Roupas, Rádios, Televisores, Máquinas fotográficas — **1990**
30%

Rearranjo da produção
Em busca de menores custos, como mão de obra e terrenos, as empresas têm se deslocado para outros estados. As facilidades fiscais oferecidas por governos estaduais foram grandes incentivos para essa transferência.

A abertura econômica favoreceu setores nos quais o Brasil é competitivo, como o alimentício. Veja que a participação das regiões Sul e Centro-Oeste aumentou, impulsionada pela agroindústria.

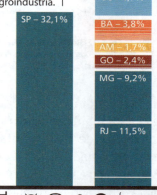

SP – 32,1%
RS – 6,3%
PR – 5,8%
SC – 4,7%
BA – 3,8%
AM – 1,7%
GO – 2,4%
MG – 9,2%
RJ – 11,5%

Celulares, Carnes, Ônibus, Papel, Suco de laranja, Café — **2012**
26,8%

Economia globalizada
Com a derrubada das barreiras alfandegárias nos anos 1990, a indústria brasileira enfrentou a concorrência dos produtos importados. Nesse novo cenário, o processo de redução de custos aprofundou a desconcentração industrial. De 2002 a 2012, apenas três Grandes Regiões aumentaram sua participação: Centro-Oeste avançou 1,0%; Norte, 0,6%; Nordeste, 0,6%.

Fontes: *Anuário estatístico do Brasil 2011*. Rio de Janeiro: IBGE, 2011, Tabela 4.1.1.3. p. 218; *Estatísticas do século XX*. Rio de Janeiro: IBGE, 2006. p. 347-356, 385-423; *Estatísticas históricas do Brasil*: séries econômicas, demográficas e sociais de 1550 a 1988. 2. ed. Rio de Janeiro: IBGE, 1990. v. 3. p. 381, 385, 388; *Contas regionais do Brasil 2005-2009 e 2012*. Rio de Janeiro: IBGE, 2011; 2014. p. 94; 13 e 15.

4. Regiões industriais e sua articulação no espaço

Apesar de a atividade industrial no Brasil haver expandido para outras regiões do país nos últimos anos, ela ainda se concentra nos estados das regiões Sudeste e Sul (observe no mapa a seguir).

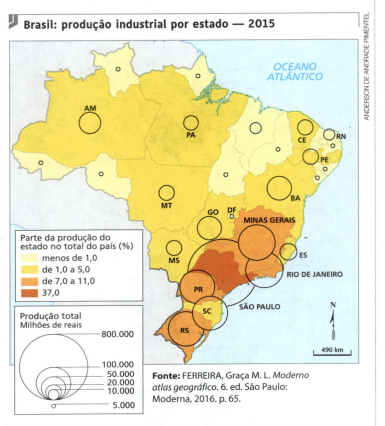

Fonte: FERREIRA, Graça M. L. *Moderno atlas geográfico*. 6. ed. São Paulo: Moderna, 2016. p. 65.

São Paulo apresenta a **maior concentração industrial** brasileira. A partir da década de 1950, montadoras de automóveis instalaram-se no chamado ABCD — os municípios de Santo André, São Bernardo do Campo, São Caetano do Sul e Diadema —, integrantes da Grande São Paulo, impulsionando fortemente a industrialização paulista.

O desencadeamento do processo de abertura da economia brasileira para a competição externa na década de 1990 trouxe profundas transformações para o ABCD paulista: fábricas antigas fecharam as portas ou transferiram-se para outras áreas em busca de mão de obra menos organizada (pressão dos sindicatos) e mais barata, menores impostos, benefícios fiscais, entre outros. Além disso, o número de trabalhadores no setor industrial diminuiu após a introdução da automação do parque industrial automobilístico, decorrente dos avanços proporcionados pela Revolução Técnico-Científica: dos mais de 200 mil metalúrgicos que trabalhavam no ABCD no fim da década de 1980, restam, atualmente, pouco menos de 100 mil.

O ABCD revela hoje um fenômeno que atinge a Grande São Paulo: a **desindustrialização**. A metrópole especializa-se no comércio, nos serviços e nas atividades financeiras. Como se vê, a desindustrialização não significa, necessariamente, perda de posição e comando ou decadência econômica. Atualmente, o setor de serviços é o que ocupa a maior parte da mão de obra na Região Sudeste e no país, pois, mesmo ainda contendo grande parte da produção industrial, a produção tende a utilizar menos mão de obra e mais tecnologia.

No entorno da metrópole paulista, houve a formação de outros núcleos industriais ligados à tecnologia de ponta, com destaque para a região do município de Campinas, que viveu um intenso crescimento urbano decorrente do dinamismo industrial recente. Cientistas e técnicos ligados à Universidade Estadual de Campinas (Unicamp) e a outros centros de pesquisas atraem investimentos para a produção de equipamentos de telecomunicações e de informática. A proximidade dos consumidores da Grande São Paulo e as rodovias — Bandeirantes e Anhanguera — também contribuem para o crescimento industrial.

Ainda em São Paulo temos outros tecnopolos de relevância, como São José dos Campos, que reúne, nas margens da via Dutra, as indústrias química, farmacêutica e aeronáutica. Essa última é ligada ao Departamento de Ciência e Tecnologia Aeroespacial, setor da Força Aérea do Brasil que coordena esforços nas áreas de tecnologia, ensino e atividades aeroespaciais. São Carlos também se destaca, com as indústrias de óptica, informática, instrumentação e mecânica de precisão.

O Departamento de Ciência e Tecnologia Aeroespacial foi o embrião da Empresa Brasileira de Aeronáutica (Embraer) — conglomerado brasileiro fabricante de aviões comerciais, executivos, agrícolas e militares e um dos maiores produtores mundiais de jatos civis. Inicialmente instalada em São José dos Campos, a empresa já tem filiais no interior de São Paulo e em outros países. Na foto, interior da fábrica da Embraer em Gavião Peixoto (SP, 2014).

A presença de grandes reservas de ferro e manganês no **Quadrilátero Central ou Ferrífero**, em Minas Gerais, e as instalações portuárias do porto de Tubarão, no Espírito Santo, foram fundamentais para atrair investimentos na siderurgia. Essa região se estende pelo sudeste de Belo Horizonte, no espaço delimitado pelas cidades de Sabará, Santa Bárbara, Mariana, Congonhas, Ouro Preto, João Monlevade, Itaúna, Itabira, entre outras. Completam esse cenário industrial as siderúrgicas instaladas no vale do Rio Doce, que corre para o norte de Minas Gerais e depois para o leste, em terras do Espírito Santo, dando origem a um corredor industrial conhecido como Vale do Aço. Além disso, no Espírito Santo, encontra-se a maior fábrica de celulose do mundo, pertencente à empresa Aracruz e integrada a vastas áreas de plantio de eucalipto e a um porto privativo, o Portocel. Essa região articula-se, fundamentalmente, com o mercado global, contribuindo para que o Brasil ocupe posição de destaque como grande exportador de minérios e celulose. Santa Rita do Sapucaí, em Minas Gerais, é considerada tecnopolo, onde se desenvolvem indústrias do ramo da eletrônica e das comunicações.

Funcionário inspeciona transmissor de TV digital de uma empresa, sistema que foi desenvolvido na cidade de Santa Rita do Sapucaí (MG, 2011).

Para navegar

Ministério da Indústria, Comércio Exterior e Serviços
www.mdic.gov.br
Neste *site*, é possível acompanhar as políticas públicas, estatísticas e notícias acerca do comércio exterior brasileiro.

No estado do Paraná, destacam-se o polo industrial tecnológico da região metropolitana de Curitiba, composto por indústrias de ponta (informática, eletroeletrônica, mecânica de precisão, microeletrônica, biotecnologia, química fina, tecnologia de alimentos), e o centro de montadoras de automóveis, em São José dos Pinhais. Em Santa Catarina, a produção industrial concentra-se no vale do Itajaí, principalmente em Joinville, com forte presença de atividades metalúrgicas, tecnologia de alimentos e agropecuária, e no entorno dos municípios de Brusque e Blumenau, expressivo centro têxtil e de confecção. Florianópolis configura-se como tecnopolo na produção de itens de informática, mecânica de precisão e eletrônica.

O principal parque industrial do Rio Grande do Sul "transbordou" de Porto Alegre para cidades vizinhas, criando um eixo urbano e industrial que envolve os municípios de Canoas, Esteio, Sapucaia do Sul, São Leopoldo e Novo Hamburgo, centro de uma das principais áreas de produção de couros e calçados do país (veja o mapa a seguir). Já no município de Caxias do Sul predominam indústrias químicas, de material de transportes, de tratores e de carrocerias para ônibus.

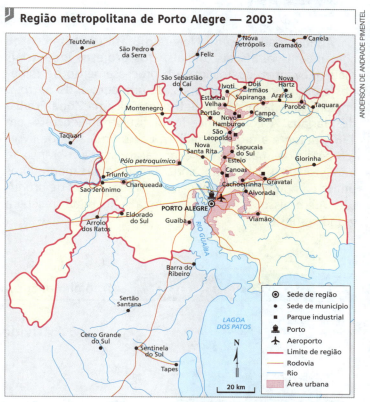

Fonte: IBGE. *Atlas nacional do Brasil*. 3. ed. Rio de Janeiro: IBGE. 2000. p. 155.

No Nordeste, tradicionalmente agrícola, os investimentos industriais cresceram na segunda metade do século XX, em função de incentivos governamentais. Como resultado, a forte urbanização e o desenvolvimento econômico atingido nas últimas décadas expandiram as atividades industriais na chamada **Zona da Mata**. Na **Grande Recife**, despontam áreas industriais significativas nos municípios de Jaboatão dos Guararapes, Cabo de Santo Agostinho e Paulista; porém, o maior distrito industrial dessa região é o **Recôncavo Baiano**, onde se localizam Salvador e as indústrias dos setores petroquímico, automotivo e de autopeças de Camaçari. Campina Grande (PB) é um importante tecnopolo, com destaque nas áreas de eletroeletrônica, informática e telecomunicações.

Zona da Mata. Área que se estende do Rio Grande do Norte à Bahia, acompanhando o litoral oriental do Nordeste. Essa sub-região destaca-se pelo povoamento desde o início da colonização e pelo fato de abrigar os dois mais importantes núcleos urbano-industriais nordestinos — as regiões metropolitanas de Salvador (BA) e Recife (PE) —, além das capitais e de algumas das principais cidades do Rio Grande do Norte, Paraíba, Sergipe e Alagoas.

Para assistir

Um sonho intenso
Brasil, 2014. Direção de José Mariani. Duração: 101 min.
O documentário relata as transformações da sociedade e da economia brasileira a partir dos anos 1930, em particular a industrialização e seus impasses, com o depoimento de especialistas de diversas áreas.

A industrialização no Norte do Brasil também contou com incentivos fiscais oficiais. Dos projetos industriais mais relevantes, destacam-se o processamento de minérios e outros recursos naturais, de um lado, e, de outro, a implantação da indústria eletroeletrônica na **Zona Franca de Manaus**. A Zona Franca foi instituída por decreto, em 1967, durante a ditadura militar, como uma área de livre-comércio de importação e exportação (sem a cobrança de impostos de importação), onde a maioria das montadoras utiliza componentes estrangeiros em suas linhas de produção. Além disso, as empresas que lá se instalam recebem grandes subsídios.

Motocicletas são montadas para exportação em Manaus (AM, 2014).

Você no mundo — Trabalho em grupo — Pesquisa e apresentação

A atividade industrial

Fonte: SISTEMA FIEB. *Indústria precisará de 7,2 milhões de técnicos até 2015*. Disponível em: <http://mod.lk/4nqwi>. Acesso em: out. 2016.

O mapa ao lado foi publicado em 2012 pela Confederação Nacional da Indústria. Ele apresenta a demanda por técnicas na indústria brasileira em 2012.

Reflita sobre os dados do mapa e pesquise acerca do trabalho industrial no Brasil nos últimos anos (em jornais, revistas e na internet). Depois, converse com amigos e familiares, coletando informações, para responder às questões:

- A cidade em que você mora desenvolve alguma atividade industrial? Caso não desenvolva, qual é o polo industrial mais próximo?
- Que ramos da indústria sua cidade ou o polo mais próximo desenvolvem?
- Qual é a formação profissional mais requisitada pelas atividades industriais de sua cidade ou região?

Com os resultados da sua pesquisa e das de seus colegas, organizem-se em grupos e promovam uma feira de profissões ligadas à indústria, expondo algumas atividades industriais e seus respectivos profissionais. Pesquisem e apresentem as habilidades mais exigidas de cada uma das atividades listadas.

252 Geografia: contextos e redes

5. Investimentos Estrangeiros Diretos (IED)

De acordo com a legislação brasileira, os **Investimentos Estrangeiros Diretos (IED)** correspondem às participações de pessoas físicas ou jurídicas – residentes, domiciliadas ou com sede no exterior – no capital social de empresas no país, bem como no capital de empresas estrangeiras autorizadas a operar no país. Segundo cálculos do Banco Central, a entrada de investimentos estrangeiros diretos no país, em 2013, totalizou 64 bilhões de dólares. Esse tipo de investimento é considerado o mais interessante para o país, já que, por ser uma aplicação de longo prazo, gera empregos e movimenta a economia. O Brasil foi o sétimo país do mundo com maior fluxo desse tipo de investimento em 2014.

O capital estrangeiro tem interesses no Brasil em virtude do aumento de poder de compra do mercado interno e também da possibilidade de participar das novas obras de infraestrutura no país. Visando entrar no amplo mercado consumidor brasileiro, empresas estrangeiras têm direcionado grandes aportes de capital ao comércio varejista (redes de lojas, supermercados e *shopping centers*). Nesse sentido, há uma preocupação econômica crescente com a ampliação da atuação das transnacionais no país, uma vez que poderão comprometer a saúde financeira de empresas menores, de capital nacional. Em muitos casos, essas empresas acabam sendo pressionadas a vender suas unidades para o capital internacional, por não terem condições financeiras de concorrer com os grandes conglomerados. Observe, na tabela a seguir, os principais investidores externos em 2002 e em 2013.

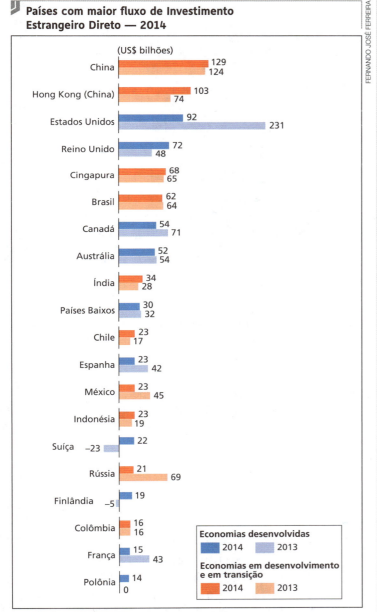

Países com maior fluxo de Investimento Estrangeiro Direto — 2014 (US$ bilhões)

País	2014	2013
China	129	124
Hong Kong (China)	103	74
Estados Unidos	92	231
Reino Unido	72	48
Cingapura	68	65
Brasil	62	64
Canadá	54	71
Austrália	52	54
Índia	34	28
Países Baixos	30	32
Chile	23	17
Espanha	23	42
México	23	45
Indonésia	23	19
Suíça	-23	22
Rússia	21	69
Finlândia	-5	19
Colômbia	16	16
França	15	43
Polônia	14	0

Fonte: UNCTAD. *World investment report 2015*: reforming international investment governance. Nova York: UNP, 2015. p. 5. Disponível em: <http://mod.lk/ax3gd>. Acesso em: out. 2016.

Investimentos Estrangeiros Diretos (IED) no Brasil — 2002 e 2013

Investidores em 2002	US$ bilhões	Investidores em 2013	US$ bilhões
1º Países Baixos	3,37	1º Países Baixos	10,51
2º Estados Unidos	2,61	2º Estados Unidos	9,02
3º França	1,81	3º Luxemburgo	5,06
4º Ilhas Cayman	1,55	4º Chile	2,96
5º Bermudas	1,46	5º Japão	2,51
6º Portugal	1,01	6º Suíça	2,33
7º Luxemburgo	1,01	7º Espanha	2,24
8º Canadá	0,989	8º França	1,48
9º Alemanha	0,628	9º Canadá	1,21
10º Espanha	0,587	10º Reino Unido	1,20
IED total em 2002	19	IED total em 2013	38,52

Fonte: BRASIL. Banco Central do Brasil. *Relatório anual 2013*. Brasília: BCB, v. 49, 2013. p. 113. Disponível em: <http://mod.lk/fh3q3>. Acesso em: out. 2016.

6. O Brasil no mercado mundial

As características urbano-industriais da economia brasileira refletem-se, de forma bastante nítida, em suas relações com o mercado mundial. Durante a última etapa do processo de substituição de importações, essas relações foram alteradas, com um relativo aumento de exportações de mercadorias industrializadas e semi-industrializadas em relação aos produtos primários agrícolas ou minerais. Os produtos básicos ou primários, no entanto, continuam a predominar na pauta de exportações brasileira (veja o gráfico na página a seguir).

Brasil: exportações — 2016
- Semimanufaturados 15,10%
- Operações especiais 2,26%
- Básicos 42,73%
- Manufaturados 39,91%

Fonte: BRASIL. MDIC — Ministério da Indústria, Comércio Exterior e Serviços. *Balança comercial: Janeiro-dezembro 2016.* Exportação por fator agregado: acumulado. Disponível em: <http://mod.lk/qvflp>. Acesso em: jan. 2017.

Principais produtos exportados — dezembro/2016

Produtos	Valor (US$ milhões)	Produtos	Valor (US$ milhões)
Açúcar	50,268	Metalúrgicos	50,754
Café	27,172	Minérios	96,473
Calçados e couro	15,159	Papel e celulose	32,425
Carnes	52,240	Petróleo e derivados	44,974
Elétricos e eletrônicos	13,832	Químicos	53,045
Equipamentos mecânicos	32,200	Soja	32,013
Madeiras	10,042	Suco de laranja	8,452
Transportes e materiais	114,791	Têxteis	9,414

Fonte: BRASIL. SECEX/MDIC. *Balança comercial brasileira:* dezembro/2016 — principais setores. Disponível em:<http://mod.lk/mOFLO>. Acesso em: jan. 2017.

No perfil das exportações primárias brasileiras destacam-se, entre os itens minerais, o ferro, o manganês, a bauxita e a cassiterita; entre os agrícolas, a soja, o café e o açúcar. Porém, existe uma tendência de **agregar valor** a vários desses itens. A importância da indústria alimentícia tem aumentado devido a um crescente processamento básico dos produtos agrícolas antes de serem exportados; isso também vem ocorrendo com produtos minerais, como o ferro-gusa e a alumina, que passam por um processo de semi-industrialização para ganharem competitividade no mercado mundial. Observe a tabela ao lado.

Algumas indústrias de base tecnológica tradicional — como as metalúrgicas, as mecânicas, as elétricas e as de transportes, entre outras — têm se destacado entre as exportações brasileiras de manufaturados.

As **importações**, por sua vez, apresentam uma notável concentração nos chamados **bens intermediários**, como as importações de insumos para as indústrias eletrônica e automobilística. O Brasil importa peças e componentes e produz o bem final — computadores e automóveis, no caso. Entre os **bens de capital**, estão as máquinas e os equipamentos, demonstrando a importância dos fatores de produção na pauta geral de importações.

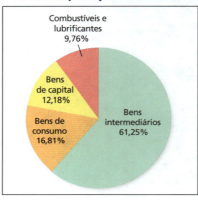

Brasil: importações — 2016
- Combustíveis e lubrificantes 9,76%
- Bens de capital 12,18%
- Bens de consumo 16,81%
- Bens intermediários 61,25%

Fonte: BRASIL. MDIC — Ministério da Indústria, Comércio Exterior e Serviços. *Balança comercial: Janeiro-dezembro 2016.* Exportação por fator agregado: acumulado. Disponível em: <http://mod.lk/qvflp>. Acesso em: jan. 2017.

Bem intermediário. Manufaturado ou matéria-prima empregados na produção de outros bens.

Você no Enem!

H6 INTERPRETAR DIFERENTES REPRESENTAÇÕES GRÁFICAS E CARTOGRÁFICAS DOS ESPAÇOS GEOGRÁFICOS.
H18 ANALISAR DIFERENTES PROCESSOS DE PRODUÇÃO OU CIRCULAÇÃO DE RIQUEZAS E SUAS IMPLICAÇÕES SOCIOESPACIAIS.

Observe o gráfico ao lado.

Brasil: exportações — Variação das exportações em relação ao ano anterior — 2014 a 2016

- Básicos: 2014 −3,1%; 2015 −20,4%; 2016 −9,6%
- Semimanufaturados: 2014 −4,8%; 2015 −9,0%; 2016 5,2%
- Manufaturados: 2014 −13,8%; 2015 −9,3%; 2016 1,2%
- Total: 2014 −7,5%; 2015 −14,7%; 2016 −3,1%

Fonte: Instituto de Estudos para o Desenvolvimento Industrial — IEDI. *Balança comercial:* a indústria e o superávit 2016. Disponível em: <http://mod.lk/lklwm>. Acesso em: jan. 2017.

- Que informações os dados do gráfico nos apresentam?
- O que você observa quanto às exportações dessas mercadorias?
- O que significam os valores negativos no período de 2014, 2015 e 2016?

Geografia e outras linguagens

Na epígrafe do capítulo, há um trecho da canção "Três apitos", do sambista carioca Noel Rosa (1910-1937), conhecido como o "Poeta da Vila". Leia, a seguir, a letra da canção na íntegra.

Três apitos

"Quando o apito da fábrica de tecidos
Vem ferir os meus ouvidos
Eu me lembro de você
Mas você anda
Sem dúvida bem zangada
Está interessada
Em fingir que não me vê
Você que atende ao apito de uma
              [chaminé de barro
Por que não atende ao grito
Tão aflito
Da buzina do meu carro?
Você no inverno
Sem meias vai pro trabalho
Não faz fé com agasalho
Nem no frio você crê
Mas você é mesmo artigo que
              [não se imita
Quando a fábrica apita
Faz reclame de você
Nos meus olhos você lê
Que eu sofro cruelmente
Com ciúmes do gerente
Impertinente
Que dá ordens a você

Sou do sereno poeta muito soturno
Vou virar guarda-noturno
E você sabe por quê
Mas você não sabe
Que enquanto você faz pano
Faço junto do piano
Estes versos pra você"

ROSA, Noel. Três apitos. Intérprete: Araci de Almeida. Em: *Araci de Almeida e Radamés Gnattali e sua Orquestra de Cordas*. Disco Continental, 1951. Letra disponível em: CHEDIAK, Almir (Org.). *Songbook Noel Rosa*. Rio de Janeiro: Lumiar Editora, 1997. p. 127.

QUESTÕES

1. Considerando que essa canção surgiu nos anos 1930, o que ela revela sobre as mudanças da sociedade brasileira na época?

2. No bairro de Vila Isabel, onde Noel Rosa nasceu e viveu, havia uma antiga tecelagem, a Fábrica de Tecidos Confiança. A letra da canção faz referência explícita a uma fábrica de tecidos. Pesquise em *sites* o que aconteceu com essa tecelagem que poderia ter inspirado a canção de Noel e relacione o destino dela com as mudanças do panorama industrial no Brasil.

ATIVIDADES

ORGANIZE SEUS CONHECIMENTOS

1. Observe alguns dados da economia do município de Santa Rita de Sapucaí, em Minas Gerais.

O Vale da Eletrônica em números

Fonte: ESTADO DE MINAS. *Entenda por que Santa Rita do Sapucaí é uma potência tecnológica em Minas.* Disponível em: <http://mod.lk/gOUGe>. Acesso em: jan. 2017.

Segundo esses dados, a implantação do polo tecnológico nesse município deve-se aos investimentos em:

a) educação e tecnologia agrícola.
b) segurança e equipamentos de construção civil.
c) radiodifusão e tecnologias voltadas para o setor primário.
d) educação, tecnologia industrial e tecnologia da informação.
e) centro de pesquisas agropecuárias e construção civil.

2. Observe os dados a seguir.

Índice de atividade econômica regional

Crescimento dos PIBs regionais (%)					
	2014	2013	2012	2011	2010
Norte	2,8	1,8	1	4,4	8,2
Nordeste	3,7	2,7	3	3,2	6,9
Sudeste	-0,8	1,6	1,4	2,7	7,1
Centro-Oeste	1,7	1,5	2,3	3,3	6
Sul	0,76	5,7	0,4	3,6	7,5

Crescimento dos setores em 2014			
	Brasil	Sudeste	Nordeste
Varejo	-1,7	-3,5	2,1
Indústria	-3,2	-4,6	-0,3
Serviços	6	5,6	6,3
Emprego formal	0,4	0,1	0,6

Fonte: O POVO. *Economia. Enquanto Brasil fica estagnado, Nordeste cresce 3,7%.* Disponível em: <http://mod.lk/4g8r0>. Acesso em: jan. 2017.

De acordo com os dados, é correto afirmar que os principais setores responsáveis pelo crescimento do PIB da Região Nordeste são:

a) indústria e agricultura.
b) comércio e serviços.
c) construção civil e pecuária.
d) comércio atacadista e construção civil.
e) agricultura e serviços.

3. Explique a política de substituição de importações implantada no Brasil do pós-guerra.

4. Observe as fotos e leia as legendas para responder à questão a seguir.

Vista do vale do Anhangabaú, no centro da cidade de São Paulo (SP, 1911).

Vista do vale do Anhangabaú em 1978.

- Relacione as mudanças na paisagem da metrópole paulista ao Plano de Metas do governo JK.

5. Nos últimos anos, as regiões industriais expandiram-se pelo país, apesar de ainda estarem concentradas nas regiões Sul e Sudeste. Explique o porquê dessa concentração e como ela se caracteriza.

6. Leia o texto e responda às questões a seguir.

"Não é mais apenas o disputado forró de São João que atrai um sem-número de 'estrangeiros' a Campina Grande, a segunda maior cidade da Paraíba que divisa o agreste do sertão. Ao menos 250 novas mentes aportam todos os anos aqui para preencher as cobiçadas vagas de Ciência da Computação e Engenharia Elétrica da Universidade Federal de Campina Grande (UFCG). Nos próximos cinco anos, um contingente de quase mil cérebros inundará o mercado local de tecnologia da informação (TI). É um batalhão de primeira atrás do sonho de qualquer iniciante: emprego garantido e bom salário. [...] Nos últimos anos, o setor alavancou para 43 países as exportações de *software* e *hardware*, que vão de bancos de dados de alta complexidade às mais simples recicladoras de cartuchos. Entre seus clientes estão nomes como HP, Nokia, Petrobras e Interpol, a polícia internacional para o crime organizado.

Não é à toa, portanto, que esta cidade quente do semiárido nordestino atraia tantos forasteiros — paulistas, gaúchos, catarinenses e nordestinos dos Estados vizinhos, numa curiosa colcha de sotaques diferentes que em comum terão a mesma trajetória profissional. [...]"

BARROS, Betina. *Polo tecnológico coloca a Paraíba no mapa da inovação.* Disponível em: <http://mod.lk/sdvdg>. Acesso em: out. 2016.

a) Por que Campina Grande vem atraindo tantas pessoas?

b) O que significa esse avanço tecnológico numa região com baixos índices socioeconômicos?

7. O perfil das exportações primárias brasileiras continua sendo o tradicional, com produtos minerais e agrícolas. Porém, já existe uma tendência de agregar valor a produtos como ferro, bauxita, soja, entre outros. Qual é a importância desse fato para a nossa economia?

REPRESENTAÇÕES GRÁFICAS E CARTOGRÁFICAS

8. Observe o mapa a seguir, que apresenta alguns dos principais projetos de investimento no Nordeste.

    - Indique os setores econômicos que são contemplados pelos investimentos representados no mapa e aponte qual desses setores predomina.

Fonte: BNDES. Atuação do BNDES na Região Nordeste. p. 6. Disponível em: <http://mod.lk/8rf9g>. Acesso em: out. 2016.

INTERPRETAÇÃO E PROBLEMATIZAÇÃO

9. Leia o texto abaixo sobre um morador da cidade de São Paulo (SP) chamado Alex.

Mobilidade urbana — o automóvel ainda é prioridade

"[...] Nosso personagem é mais um dos 19% de habitantes das dez maiores regiões metropolitanas do país que gastam mais de sessenta minutos no deslocamento entre a casa e o local de trabalho. [...] Como sessenta milhões de brasileiros, Alex também possui um carro e só não o utiliza diariamente porque o veículo ainda não tem seguro e os estacionamentos na região central custam, em média, R$ 150 por mês. 'Eu gastaria muito', lamenta-se, admitindo que seria a opção mais confortável. Segundo ele, não foi apenas a sua família que pôde comprar um automóvel no bairro: 'Antes, em Guaianazes, havia poucos carros. Hoje tem muito trânsito. Com a contribuição do governo e o aumento dos salários, as pessoas acabam comprando um carro porque é mais rápido e não tem estresse na condução'.

De acordo com o Denatran (Departamento Nacional de Trânsito), nos últimos dez anos [entre 2001 e 2011], a frota de veículos (ônibus, carros, caminhões etc.) cresceu 119%. Considerando o resultado do Censo IBGE 2010, o país tem uma média de um carro para cada 2,94 habitantes. [...] A imagem, de acordo com a pesquisa, 'mostra duas mudanças essenciais no perfil da mobilidade da população'. O comentário prossegue: 'No mundo do transporte público, nota-se o desaparecimento do bonde e o grande aumento do uso de ônibus e, na área do transporte individual, aparece a ampla utilização do automóvel. Assim, a cidade mudou de uma mobilidade essencialmente pública e movida a eletricidade (o bonde e o trem) para outra que mistura a mobilidade pública e privada e depende essencialmente de combustíveis fósseis. [...] Mesmo em São Paulo e no Rio de Janeiro, onde são mais expressivas, as viagens por metrô e trem respondem por uma parcela minoritária dos deslocamentos urbanos'. [...]

'Isso é resultado de uma política de Estado de valorização do automóvel', aponta Nazareno Affonso, coordenador-geral da Associação Nacional de Transportes Públicos (ANTP). 'O Estado brasileiro fez uma opção, com legitimidade social, de universalizar o acesso ao uso de automóvel. Com as medidas de incentivo — que não são pequenas —, temos mais carros na rua, a velocidade do transporte diminui e as pessoas andam mais devagar de ônibus e estes, por sua vez, gastam mais combustível'.

ATIVIDADES

Pessimista, Ermínia diz que o transporte individual está conduzindo algumas cidades para um abismo intransponível. 'A poluição do ar tem consequências dramáticas, assim como as perdas de horas no congestionamento, a impermeabilização do solo devido ao asfalto e à pavimentação, o tamponamento de córregos — que é uma tragédia e que incide nas enchentes urbanas. Quem teria o poder para mudar essa situação são os usuários, com manifestações. Mas atualmente os sem-carro estão querendo carro. Ninguém acredita mais no transporte coletivo'. [...]"

IPEA. *Desafios do desenvolvimento*, ano 8, ed. 67, 2011. Disponível em: <http://mod.lk/uznnm>. Acesso em: out. 2016.

a) Considerando a narrativa do morador do bairro de Guaianazes, responda: qual seria a melhor opção de transporte para a população numa grande metrópole?

b) Relacione o peso econômico da indústria automobilística aos problemas de mobilidade das grandes metrópoles.

ENEM E VESTIBULARES

10. (Espcex-Aman-RJ, 2016)

"Desde 2007, o saldo comercial brasileiro vem apresentando tendência de queda, puxada pelo mau comportamento do setor industrial, e em consequência da perda da competitividade da economia brasileira."

BARBOSA, Rubens. Comércio exterior: tendência do saldo comercial é de queda. Disponível em: <http://mod.lk/ndute>. Acesso em: out. 2016.

A perda sistêmica de competitividade da indústria nacional e a consequente queda de sua participação na formação da riqueza nacional estão associadas, dentre outros:

I. aos elevados custos de deslocamento dos produtos de exportação, em virtude do predomínio das rodovias e da precária integração entre os modais de transporte.

II. à grande dispersão espacial da indústria brasileira em regiões historicamente periféricas.

III. à baixa taxa de inovação da indústria brasileira, aliada ao fato de essa inovação estar mais relacionada à aquisição de máquinas e equipamentos do que ao desenvolvimento de novos produtos.

IV. aos inúmeros acordos bilaterais assinados pelo país, restringindo o número de seus parceiros comerciais no mercado externo.

V. à fraca mecanização das operações portuárias de embarque e desembarque e à intricada burocracia nos portos, provocando atrasos e congestionamentos nas exportações.

Identifique a alternativa que apresenta todas as afirmativas corretas.

a) I, II e IV
b) II, IV e V
c) I, III e V
d) I, II e III
e) III, IV e V

11. (PUC-RS, 2015) Identifique as características comuns aos processos de industrialização do México, do Brasil e da Argentina.

I. Associação do capital estatal com o de multinacionais.

II. Modelo de industrialização por substituição de importações.

III. Estabelecimento de zonas econômicas especiais, nas áreas centrais dos países.

IV. Estruturação de plataformas de exportação com restrição do consumo interno.

Estão corretas apenas as características apresentadas em:

a) I e II.
b) II e III.
c) III e IV.
d) I, II e III.
e) II, III e IV.

12. (Uece-CE, 2015) Atente às afirmações abaixo, sobre o processo de industrialização no Brasil.

I. A abolição da escravidão teve como consequência a expansão do trabalho assalariado que juntamente com a imigração europeia foram fatores indispensáveis para a industrialização brasileira.

II. O surgimento da indústria no Brasil ocorreu concomitante à industrialização europeia, complementando assim a relação colônia-metrópole.

III. O caráter substitutivo das importações marcou um período da industrialização brasileira, momento em que ocorreu uma produção interna de bens que antes eram importados.

IV. A concentração industrial brasileira ocorreu em várias partes do país, sobretudo em São Paulo e na região da zona da mata mineira, com seus polos tecnológicos.

É correto o que se afirma apenas em:

a) II e IV.
b) I e III.
c) I e IV.
d) II e III.

13. (UFPR-PR, 2015) Observe a tabela abaixo.

Taxa média anual de variação da produtividade por trabalhador ocupado na indústria de transformação (em porcentagem) Brasil 1970/2011	
1970/1980	2,4
1980/1990	–0,1
1990/2000	6,5
2000/2011	0,3

Com base na tabela e nos conhecimentos de Geografia Industrial, identifique a alternativa correta.

a) Na década de 70, a política de substituição de importações de petróleo levou à modernização tecnológica do setor petrolífero e ao consequente salto de produtividade expresso nos dados da tabela.

b) Na década de 80, o retrocesso da indústria foi resultado da opção do governo de privilegiar as exportações de produtos agrícolas com o fim de obter divisas para o pagamento da dívida externa.

c) Na década de 90, a produtividade cresceu mais rapidamente em função dos estímulos criados pelo controle da inflação, pela abertura da economia e também pela atração de investimento direto estrangeiro.

d) A desconcentração espacial da indústria tem como contrapartida a redução do ritmo de inovação tecnológica, razão pela qual a produtividade só cresceu com força nas décadas de 70 e 90, quando aumentou o nível de concentração industrial em São Paulo.

e) Na primeira década do séc. XXI, o fraco crescimento da produtividade resultou da privatização de empresas do setor produtivo estatal, medida que implicou a desativação dos centros de pesquisa científica dessas empresas.

14. (UFRGS-RS, 2015) A política para o desenvolvimento do governo Getúlio Vargas, no período do Estado Novo, priorizou:

a) a tecnificação da agricultura para exportação.

b) a promoção da indústria de base, a exemplo da siderurgia.

c) a estatização dos meios de comunicação, com o surgimento da Embratel.

d) a produção de bens de consumo, a exemplo da indústria automotiva.

e) a privatização dos setores industriais de base.

15. (Imed-SP, 2015) Atualmente, a atividade industrial brasileira apresenta um cenário de:

a) Desconcentração do parque industrial brasileiro.

b) Carência de matérias-primas nativas.

c) Concentração de investimentos públicos no setor de bens duráveis.

d) Dependência de mão de obra oriunda da Região Norte.

e) Estatização das indústrias de base.

16. (Unesp-SP, 2015) Analise o mapa para responder à questão.

O número de funcionários lotados em filiais situadas fora dos limites territoriais dos municípios onde estão instaladas as empresas matrizes possibilita uma compreensão geral da lógica de organização produtiva do território.

Considerando o mapa e conhecimentos geográficos sobre o tema, é correto afirmar que a moderna lógica de organização produtiva do território brasileiro é caracterizada pela:

Papel dirigente dos municípios, segundo o número de assalariados externos aos seus limites territoriais — 2011

Fonte: IBGE. Disponível em: <www.ibge.com.br> (adaptado). Acesso em: mar. 2016.

a) centralização da gestão, atrelada à desconcentração geográfica da produção.

b) descentralização da gestão, associada à desconcentração geográfica da produção.

c) centralização da gestão, associada à concentração geográfica da produção.

d) descentralização da gestão, associada à rarefação geográfica da produção.

e) descentralização da gestão, atrelada à concentração geográfica da produção.

CAPÍTULO 14

O ESPAÇO AGRÁRIO

ENEM
C6: H26, H27, H28, H29

Neste capítulo, você vai aprender a:
- Analisar as características dos diferentes sistemas agrícolas na atualidade.
- Identificar os interesses de países, conglomerados e instituições na regulação do comércio mundial de produtos agropecuários.
- Reconhecer a dinâmica global dos mercados agrícolas.
- Identificar processos de localização e mundialização da produção agropecuária.

> "*A criação de um mercado unificado, que interessa sobretudo às produções hegemônicas, leva à fragilização das atividades agrícolas periféricas ou marginais do ponto de vista do uso do capital e das tecnologias mais avançadas.*"
>
> SANTOS, Milton; SILVEIRA, María Laura. *O Brasil*: território e sociedade no início do século XXI. Rio de Janeiro: Record, 2001. p. 120-121.

As terras destinadas à agricultura correspondem a cerca de um terço das terras emersas do planeta. Os recursos, em sua maioria finitos, têm enfrentado cada vez mais situações de fragilidade devido, sobretudo, à ação humana. Compreender os diversos fatores relacionados à produção de alimentos e à manutenção da qualidade do solo para a agricultura e da cobertura vegetal para o meio ambiente é importante para a preservação da biosfera e a melhora da qualidade de vida na Terra.

Ponto de partida

Quais são as características da produção agrícola retratada na fotografia?

Máquinas agrícolas fazem a colheita de trigo em fazenda na região de Palouse, em Washington (Estados Unidos, 2012).

1. A agropecuária

Em "O incendiador de caminhos", Mia Couto, escritor e biólogo moçambicano, estabelece a seguinte relação entre os seres humanos, o desenvolvimento da agricultura e a sedentarização:

> "Durante milénios, apurámos uma cultura de exploração do ambiente, uma relação inquisitiva com o espaço. Durante milénios, a nossa casa foi um mundo sem moradia. [...]
>
> Quando nasceu a agricultura, ganhámos o sentido do lugar. A partir de então, fomos dando nomes aos sítios, adocicámos o chão. Entre a paisagem e a humanidade criaram-se laços de parentesco. A terra divinizou-se, tornou-se mãe. Pela primeira vez dispúnhamos de raiz, morávamos numa estação perene. O chão já não oferecia apenas um leito. Era um ventre. E pedia um casamento duradouro".

COUTO, Mia. O incendiador de caminhos.
Em: *E se Obama fosse africano?: e outras interinvenções*.
São Paulo: Companhia das Letras, 2011. p. 72-73.

Por meio desse texto, Mia Couto nos mostra a íntima relação entre a agricultura, a sedentarização humana e a forma como as sociedades passaram a se relacionar com a terra em dado momento da história da humanidade.

O desenvolvimento de técnicas agrícolas, aliado à sedentarização das populações e ao aumento da produção de alimentos, alterou significativamente a forma como os seres humanos se organizavam.

A evolução da atividade agropastoril modificou a paisagem das áreas rurais e influiu no crescimento demográfico. Assim, a atividade agropastoril acabou se tornando imprescindível para a produção de alimentos com vistas a abastecer a crescente população, contribuindo, mais tarde, para a produção de insumos industriais.

Na atualidade, é acentuadamente maior a dependência entre as atividades agrícolas e as industriais. Essa aproximação cada vez mais intensa tem o objetivo de ampliar a oferta de produtos e abastecer o mercado global. A busca pela eficiência e pelo aumento do lucro passa pela evolução tecnológica, que vem modernizando e modificando as atividades agropecuárias.

A evolução da agropecuária

Nos países de industrialização pioneira e crescente urbanização, a agricultura sofreu profundo impacto com a incorporação de novos maquinários e o aumento cada vez maior da dependência entre o que se produzia no campo e as demandas urbano-industriais.

Esse processo não ocorreu concomitantemente em todas as regiões do globo. No entanto, ao longo dos séculos XIX e XX, as nações europeias industrializadas intensificaram o processo colonial, subordinando vastas áreas agrícolas de suas colônias às necessidades de seu parque industrial.

Os tratores passaram a integrar o trabalho agrícola já no século XIX, com o advento dos motores a vapor durante a Revolução Industrial (segunda metade do século XVIII). Na imagem, *Debulhadora de milho*, aquarela de Peter de Wint (século XIX).

Integração entre campo e cidade

Com o tempo, a agropecuária deixou de se dedicar exclusivamente à produção de gêneros alimentícios *in natura* para consumo humano e passou também a produzir matérias-primas processadas e utilizadas pela indústria. Nesse sentido, a produção agrícola desenvolveu novas formas de **organização do plantio e da produção**, com o intuito de suprir as necessidades de diversos segmentos industriais e de atender à aceleração da demanda da economia mundial. Atualmente, essa dependência entre os diversos setores ocorre tanto em países desenvolvidos quanto em muitos países em desenvolvimento, como o Brasil. Segundo a Organização das Nações Unidas para a Alimentação e a Agricultura (FAO), nos últimos anos houve um aumento significativo dos índices de produtividade agrícola por hectare, em diversos países do mundo, em virtude da modernização do campo e do uso crescente de insumos industriais.

Essas transformações geraram uma dependência gradativa entre o campo e a cidade. Se as atividades agrícolas abastecem de alimentos e de matérias-primas o espaço urbano, as atividades fabris da cidade, por sua vez, oferecem para o campo insumos agrícolas, maquinários e produtos industrializados.

Nos países desenvolvidos — e mesmo em alguns em desenvolvimento —, a necessidade de aumentar a produção continua a realizar-se por meio do emprego de **tecnologias** e **biotecnologias**, que garantem elevada produtividade agropecuária.

O uso da ordenha mecânica permite o aumento da produtividade nas fazendas de gado leiteiro, como nesta propriedade em Lérida (Espanha, 2015).

Nesses países, o setor agropecuário e o setor industrial são fortemente integrados: o primeiro produz matérias-primas para serem processadas nas indústrias alimentícias e de ração animal e consome, do segundo, os produtos de diversos ramos industriais, como fertilizantes, maquinários e novos produtos derivados das pesquisas em biotecnologia.

Na maioria dos países em desenvolvimento, porém, os sistemas agrícolas predominantes continuam sendo as *plantations* e a agricultura de subsistência.

Você no mundo — Atividade em grupo — Pesquisa

Desenvolvimento sustentável e a agricultura de base ecológica

"A passagem da agricultura tradicional para a agricultura intensiva em insumos, mais conhecida como agricultura moderna ou convencional, foi chamada de Segunda Revolução Agrícola dos tempos modernos e significou a crescente dependência da agricultura em relação à indústria, bem como, a relativa homogeneização das agriculturas mundiais e fortes agressões ao meio ambiente. [...]

Esta Segunda Revolução Agrícola, apoiada por um conjunto de incentivos de políticas agrícolas nos Estados Unidos e Europa, e daí para os países em desenvolvimento, ficou conhecido internacionalmente por "Revolução Verde".

Com o final da Segunda Guerra Mundial e o advento da Era Nuclear os temas ambiental e social, se internacionalizam a partir de uma reflexão da sociedade sobre a depredação desmedida da natureza pelos avanços da agricultura, da indústria e do consumo crescente de alguns recursos naturais não renováveis. [...]

No Brasil e nos principais países da América Latina, no final dos anos 70 e início dos anos 80, os Programas de Desenvolvimento em áreas rurais, promovidos pelo Banco Mundial passam a tratar temas como a Inclusão Social e o Manejo dos Solos e da Água como respostas às consequências sociais e ambientais do processo de modernização da agricultura. As políticas públicas passam a incluir práticas como o manejo integrado dos solos e das águas e preocupações com a inclusão social dos pequenos agricultores. Novas leis sobre o uso dos agrotóxicos e sobre o manejo dos solos e das águas são aprovadas. Iniciam-se os movimentos em defesa da agricultura alternativa e ou das agriculturas ecológicas."

BIANCHINI, Valter; MEDAETS, Jean-Pierre Passos. Da revolução verde à agroecologia: plano brasil agroecológico. Disponível em: <http://mod.lk/p3QGv>. Acesso em: jan. 2017.

Em grupos organizados pelo professor, pesquisem em *sites*, revistas e livros notícias, artigos e estudos sobre a Revolução Verde. Depois, discutam qual deve ser o papel da sociedade, dos órgãos internacionais e dos governos federal, estaduais e municipais com relação à modernização no campo, ao uso de agrotóxicos, ao desenvolvimento sustentável e à agricultura de base ecológica.

2. Modelos agropecuários

Nas sociedades atuais, convivem modelos agropecuários que se distinguem pelo grau de capitalização, ou seja, pela acumulação de equipamentos e instalações vinculados à produção agropecuária e pelo índice de produtividade alcançado.

A **agropecuária extensiva** é praticada em grandes ou pequenas extensões de terra, com baixos investimentos, muita utilização de mão de obra, nenhuma especialização e baixa produtividade. Em geral, vincula-se a latifúndios ou a pequenas propriedades familiares de subsistência.

Para assistir

O veneno está na mesa II
Brasil, 2014. Direção de Silvio Tendler.
Duração: 70 min.
O documentário denuncia o uso indiscriminado de agrotóxicos nas monoculturas brasileiras e propõe alternativas que garantam a produção de alimentos.

Na pecuária extensiva, o gado é criado solto e se alimenta de forragem. Na foto, pastor entre bovinos da raça Ankole Longhorn, nativa da África, em Bujumbura, capital de Burundi (África, 2013).

A **agropecuária intensiva** pode ser praticada em grandes ou pequenas propriedades, com pouca utilização de mão de obra e fortes investimentos em mecanização e tecnologias. Em geral, apresenta elevado grau de produtividade e, muitas vezes, destina-se à exportação.

Os modelos de agropecuária existentes nas diferentes regiões do mundo estão vinculados a diversos fatores, como a incorporação histórica de práticas de cultivo e criação, o grau de desenvolvimento tecnológico de cada país e suas condições socioeconômicas e culturais.

Agricultura familiar

De acordo com a FAO, a **agricultura familiar** é realizada por pessoas que mantêm laços de parentesco, trabalham na terra e são donas dos meios de produção — mesmo que em algumas situações não sejam proprietárias das terras. Dividem-se em: familiar de subsistência e familiar consolidada (integrada ao mercado).

Na agricultura de subsistência, predomina o uso de técnicas tradicionais e instrumentos simples. Na foto, agricultor trabalhando em plantação de mandioca no município de Manoel Viana (RS, 2015).

Na pecuária intensiva, o gado é criado confinado para engorda. Na foto, gado se alimenta em fazenda no estado de Iowa (Estados Unidos, 2014).

Agricultura familiar de subsistência

A **agricultura de subsistência** visa a produção de alimentos para o consumo familiar dos agricultores e a venda apenas do excedente. Esse sistema é praticado principalmente nos países em desenvolvimento e se caracteriza também pelo emprego de técnicas tradicionais de plantio.

Nas pequenas propriedades agrícolas da África e em parte da América Latina, desenvolve-se o **sistema de roça** ou **itinerante**. Nesse sistema, o agricultor desmata um pedaço de terra, ateia fogo no local para limpar o terreno, semeia e faz a colheita. Depois, em geral, o agricultor acaba desmatando outra área por causa do esgotamento do solo trabalhado anteriormente, iniciando, assim, outro ciclo de plantio.

Na agricultura familiar de subsistência, a produtividade é baixa, e os agricultores não dispõem de máquinas agrícolas, adubos ou corretivos de solo. Apesar dessas dificuldades, o índice de subnutrição em áreas com esse tipo de sistema geralmente é menor do que entre as populações que trabalham como assalariadas ou **boias-frias** em grandes propriedades rurais.

> **Boia-fria.** Trabalhador temporário para o período de colheitas de diversas culturas.

Agricultura familiar consolidada

Alguns modelos de agricultura familiar fundamentados em práticas sustentáveis vêm aumentando de forma significativa em diversas partes do mundo.

Para muitos especialistas, a revolução tecnológica e o estabelecimento de centros de pesquisa agropecuária em diversos países foram responsáveis pela melhoria genética das sementes e pela produção de novos insumos agrícolas. Parte dessas pesquisas está voltada para a produção de alimentos mais saudáveis, realizada com base em estudos de solo e erradicação de defensivos agrícolas químicos.

Esse tipo de agricultura familiar expandiu-se, inicialmente, na Europa, sobretudo após a divulgação de pesquisas acerca da enorme contaminação de alimentos por defensivos químicos.

Nos últimos anos, esse modelo ampliou-se para outras partes do mundo, consolidando o papel da agricultura familiar e das cooperativas na comercialização desse tipo de alimento, também chamados de **orgânicos**.

A alimentação orgânica não deve ser confundida com aquela que apenas não incorpora agrotóxicos em sua produção: esse tipo de plantio é isento de insumos artificiais, drogas veterinárias, hormônios, produção transgênica, radiações ionizantes e substâncias cancerígenas.

De acordo com a legislação brasileira de 2007, por exemplo, a agricultura orgânica tem por objetivo a autossustentação da propriedade agrícola familiar, a ampliação dos benefícios sociais para o agricultor, a pouca utilização de energias não renováveis, a oferta de produtos saudáveis e com alto valor nutricional, isentos de contaminações que coloquem em risco a saúde dos consumidores, do agricultor e do meio ambiente, além de garantir a integridade cultural e a preservação da saúde ambiental e humana.

Além do plantio de alimentos orgânicos, em algumas partes do mundo, a pequena propriedade de base familiar tem se dedicado à atividade do **agroturismo**. Essa modalidade de turismo é organizada para que o visitante conheça o modo de vida no campo, participando muitas vezes das atividades culturais locais e das atividades produtivas.

Agricultura de jardinagem

Sistema milenar característico do Sudeste Asiático, na chamada Ásia de Monções, a **agricultura de jardinagem** agrega técnicas tradicionais de irrigação, adubação orgânica, terraceamento e utilização de mão de obra familiar.

Plantação de morangos orgânicos no município de Colombo (PR, 2015).

A plantação em terraços é uma técnica para controlar o volume de escoamento da água das chuvas e reduzir a erosão. Na foto, plantação de arroz em terraços na província de Guangxi (China, 2014).

O cultivo do arroz prevalece nas imensas planícies aluvionais e nos vales fluviais que inundam durante o verão em decorrência das chuvas monçônicas. Nas encostas do Himalaia, os terraços inundados recebem as culturas de arroz em associação com as de milhete, de sorgo, de trigo e de leguminosas, plantadas em sistema de **rotação de culturas** nas estações mais secas. Utilizando a rotação de culturas, essas comunidades conseguem melhores resultados, uma vez que as leguminosas aumentam a fixação de nitrogênio no solo (esse macronutriente funciona como adubo natural).

As *plantations*

O modelo agrícola de *plantations* originou-se da expansão colonial europeia e perdura até os dias atuais. Os portugueses foram pioneiros e o introduziram, de início, nas ilhas atlânticas e, mais tarde, nos litorais nordeste e sudeste do Brasil, para a monocultura da cana-de-açúcar, utilizando mão de obra predominantemente escrava, em grandes extensões de terra e com produto voltado para a exportação.

No século XIX, o modelo de *plantation* chegou à **Ásia** e à **África**. No continente asiático, a principal área de sua aplicação foi a Índia, que recebeu investimentos ingleses em ferrovias para facilitar o escoamento de sua produção agrícola. No Sudeste Asiático, nas possessões inglesas e holandesas eram produzidos borracha, café, chá, açúcar e algodão, todos voltados para a exportação.

Ainda durante o século XIX, a escravidão foi substituída por outras relações de trabalho nessas áreas. Depois da supressão do trabalho escravo, as *plantations* tornaram-se ainda mais importantes em alguns países, como Brasil e Cuba.

A implantação de ferrovias (financiadas por capital inglês) viabilizou, no Brasil, os grandes latifúndios de cultivo de café no Oeste paulista. Ainda hoje, o modelo de *plantation* cobre vastas extensões da África, das Américas Andina e Central e do Sudeste Asiático.

Na África, as maiores áreas de *plantation* localizam-se no golfo da Guiné, e cacau, café, banana e amendoim são importantes itens na pauta de exportação dos países africanos.

Nessa região concentra-se a maior produção de cacau do mundo. O cacau produzido no sistema de *plantation* é exportado em maior volume para a Europa e os Estados Unidos, onde é matéria-prima na indústria do chocolate.

A África Ocidental corresponde a 68,4% da produção mundial de cacau, que é praticamente inteira exportada para a Europa e os Estados Unidos, onde essa matéria-prima é processada para fazer o chocolate.

Plantação de cacau em Gagnoa, cidade da Costa do Marfim, maior exportador de cacau do mundo. (Foto de 2015.)

QUESTÕES

1. Explique as principais características diferenciadoras dos modelos agropecuários intensivo e extensivo.
2. O que diferencia a agricultura familiar de subsistência da agricultura familiar consolidada? Exemplifique.
3. Como ocorre a relação de dependência entre o sistema de jardinagem e as condições climáticas na Ásia.
4. Estabeleça relações entre os tipos de produtos que caracterizam o sistema de *plantation* e a colonização de exploração.

3. A agropecuária nos Estados Unidos e na União Europeia

Os Estados Unidos

Em meados do século XIX, a construção de ferrovias transcontinentais e a melhoria do transporte fluvial favoreceram enormemente os agricultores estadunidenses — que tiveram facilitado o acesso aos mercados das cidades do leste de seu país e aos mercados europeus. Desde então, nos Estados Unidos a agricultura encontra-se integrada ao mercado urbano-industrial, ou seja, o setor agrícola tornou-se importante consumidor para a já próspera indústria de máquinas e equipamentos.

Na atualidade, a maior parte da produção agrícola do país origina-se de propriedades altamente capitalizadas. Na maioria das regiões agrícolas estadunidenses, verifica-se uma **especialização** em termos de cultivo, denominada **cinturão agrícola** (*belt*) — que é determinada pelo tipo de clima, pela localização em relação aos mercados e pelo preço da terra. Os mais importantes cinturões existentes nos Estados Unidos são os de **milho**, de **trigo** e de **laticínios**. No mapa a seguir estão representados os diversos cinturões agrícolas estadunidenses.

Nos grandes centros urbanos do nordeste e da região dos Grandes Lagos, as atividades agrícolas predominantes são a pecuária intensiva e a hortifruticultura (frutas, legumes e verduras), voltadas para o abastecimento desses mercados internos. Como a terra é mais cara nessas regiões, as propriedades são, em média, menores que as do restante do país.

O país é o maior produtor e exportador de milho, principal matéria-prima na fabricação de ração animal e de óleos vegetais. Nos últimos anos, a produção de etanol extraído do milho também cresceu. O cultivo ocupa principalmente áreas situadas no alto e no médio vale do rio Mississípi — de onde a produção pode ser facilmente escoada tanto para as áreas de pecuária intensiva dos Grandes Lagos quanto para os portos de exportação. Nessa área planta-se também soja (por isso, ficou conhecida como *Corn soy belt* — Cinturão do milho e soja).

O trigo é cultivado nas regiões próximas à fronteira canadense e no meio-oeste do país, numa área conhecida como *Spring wheat belt* e *Winter wheat belt*. Ocorre próximo aos Grandes Lagos o *Dairy belt* (cinturão dos laticínios) e, na porção leste do país e nos Apalaches, a policultura (hortifrúti e flores).

Da região central do país até a costa oeste, predomina a pecuária extensiva. Do litoral da Geórgia e golfo do México até a costa da Califórnia temos o **Sun belt** (Cinturão do Sol), onde são plantadas frutas tropicais, cana-de-açúcar e algodão. Na Califórnia, a agricultura é possível em razão da utilização do *dry-farming* — técnica que consiste no revolvimento do solo para trazer à superfície as terras subterrâneas mais úmidas — e da irrigação.

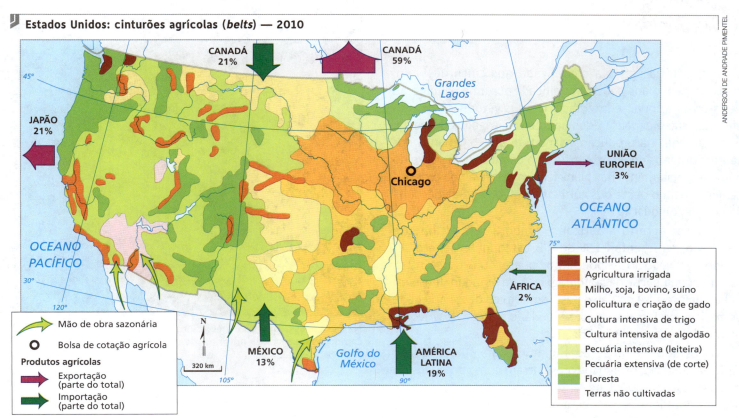

Estados Unidos: cinturões agrícolas (*belts*) — 2010

Fonte: FERREIRA, Graça M. L. *Moderno atlas geográfico.* 6. ed. São Paulo: Moderna, 2016. p. 39.

Na Califórnia (Estados Unidos), destaca-se a produção de uva para fabricação de vinho. (Foto de 2015.)

> **Para ler**
>
>
>
> **Uma história comestível da humanidade**
> Tom Standage. Rio de Janeiro: Zahar, 2010.
> De grupos pré-históricos à Guerra Fria, da era dos descobrimentos à polêmica sobre os transgênicos, o autor nos mostra como os alimentos têm relevância nas sociedades.

A geografia agrícola cristalizada nos cinturões vem, contudo, sendo aos poucos modificada por uma conjugação de fatores nacionais e internacionais. Os vetores dessa modificação são a expansão dos perímetros irrigados do oeste, o crescimento da produção visando ao abastecimento dos centros urbanos do leste, a expansão do cultivo da soja e do milho, especialmente nas planícies centrais, e ainda o deslocamento para o oeste dos cultivos de algodão e da pecuária ligada à agroindústria.

O setor agrário americano, embora seja altamente produtivo, representa 1,2% do PIB estadunidense, e o setor do agronegócio responde por quase 40% desse total. Essa pequena participação da agricultura estadunidense no PIB do país resulta do baixo peso econômico dessa atividade primária em relação ao setor secundário e ao de desenvolvimento de novas tecnologias.

Os Estados Unidos dão **subsídios** para sua produção agrícola. Por isso, os agricultores entram com vantagens no mercado internacional, podendo cobrar preços menores de seus compradores, o que gera protestos de muitas nações concorrentes.

A União Europeia

Diferentes níveis de modernização da agricultura são uma das características dos países-membros da União Europeia. Os custos de produção nesses países são mais altos do que nos Estados Unidos em razão do elevado preço da terra, resultante da intensidade histórica da ocupação e de sua fragmentação territorial, e sobretudo da diferença de produtividade média e dos subsídios que alguns países dão aos agricultores. Isso explica por que mais da metade do orçamento da União Europeia é destinada ao financiamento da Política Agrícola Comum (PAC), instituída em 1962.

Outro fator relevante referente à organização da agricultura na Europa é o de que a maioria dos agricultores organiza-se em unidades produtivas de tamanho reduzido e de caráter familiar. Tais empreendimentos são os principais empregadores em muitas zonas rurais — o que permite compreender a relevância política do apoio à agricultura na União Europeia.

A PAC tem como princípios básicos:
- unificação do mercado agrícola dos países do bloco;
- preço único para cada tipo de produto;
- compra preferencial de produtos dos países do bloco por eles próprios;
- taxas comuns para as importações extracomunitárias;
- auxílio direto aos produtores por meio de uma política ampla de concessão de subsídios agrícolas.

Na França, as pequenas e médias propriedades predominam no campo. Vista aérea de propriedade vinícola em Saint-Émilion (França, 2013).

> **Subsídio.** Concessão de ajuda financeira ou fiscal do governo, que visa reduzir o preço final de produtos.

Desde a ampliação da União Europeia, a PAC vem sofrendo modificações. Além de ratificar e ampliar os subsídios agrícolas, os países-membros se comprometeram também a aplicar mais recursos em ações de desenvolvimento rural. Por exemplo: investimentos em novas técnicas de produção ambientalmente responsáveis, modernização de máquinas e equipamentos agrícolas e incentivo à criação de instalações de processamento de gêneros alimentares para agregar valor à produção, mediante a redução gradual de subsídios diretos aos agricultores. Além disso, deve-se ressaltar o compromisso da União Europeia de investir no apoio a agricultores em regiões consideradas menos favorecidas em relação ao conjunto de seus membros.

A PAC protege os agricultores da União Europeia das flutuações do mercado mundial e da concorrência dos tradicionais exportadores de alimentos (principalmente Estados Unidos, Canadá e Austrália). Seus **incentivos** e **subsídios** permitiram que os países-membros se tornassem exportadores agropecuários; por exemplo, os incentivos concedidos pela PAC fizeram da França uma das maiores potências agrícolas do mundo. O apoio da União Europeia a seus agricultores permitiu que pequenas propriedades rurais sobrevivessem e se desenvolvessem, preservando elementos da vida social e da cultura de diversas zonas rurais.

Essa situação provoca protestos de nações que se sentem prejudicadas pelos subsídios aos agricultores, visto que os preços são mantidos artificialmente, tornando-se vantajosos no mercado internacional.

4. Os contrastes entre os modelos agrícolas

Na atualidade, em grande parte dos países menos desenvolvidos, é possível observar a convivência de formas contrastantes da agricultura. Em várias regiões continuam a existir formas tradicionais da produção agropecuária concomitantemente com um sistema produtivo semelhante ao do modelo industrial. Nas formas tradicionais, o aporte de capital é pequeno e, em geral, há um vínculo com as realidades locais. Os agricultores produzem, sobretudo, para a subsistência, com pequena participação no mercado. Na agropecuária tradicional, os recursos naturais continuam sendo o fator de produção mais relevante. Isso ocorre em um espaço de baixa densidade demográfica, onde existe pouca mobilidade social e o trabalho no campo se reproduz de geração em geração.

Tais formas tradicionais de organização da produção agropastoril contrastam com o desenvolvimento de um sistema produtivo cujo funcionamento é semelhante ao do **modelo industrial urbano**. Esse sistema conta com o suporte de grandes capitais, adota tecnologias avançadas como um de seus insumos mais significativos, produz em grande escala e ainda funciona em rede geográfica, pois está conectado e voltado ao mercado mundial.

Grande parte das pessoas mobilizadas pela produção agropecuária, nesse modelo, vive em cidades, e não mais no campo. Muitos administradores de unidades agropastoris têm formação superior, assim como estão aptos a se relacionar com o mercado e com as novas tecnologias.

A infraestrutura e a produtividade

A agricultura tradicional absorve grandes contingentes de mão de obra, enquanto na intensiva, em virtude da mecanização e da infraestrutura no campo, a porcentagem da população alocada é muito pequena.

Para que a agricultura se modernize e seja produtiva e rentável, é necessário que haja infraestrutura para lhe dar suporte. Dessa forma, precisam estar à disposição do agricultor a eletrificação rural, armazéns e silos, meios para a irrigação (se for necessário), rodovias, ferrovias ou outros meios de transporte para o escoamento da produção.

Desse modo, a diferença entre a produtividade da agricultura moderna (intensiva) e a agricultura tradicional é muito grande.

Nas propriedades agrícolas onde a produção é elevada, a capacidade de armazenamento é fundamental para garantir a manutenção da produção. Na foto, silos de armazenamento de grãos no município de Sorriso (MT, 2013).

5. O agronegócio

O agronegócio (ou *agrobusiness*) representa um enorme **complexo de atividades econômicas** — tanto da indústria quanto do setor de serviços — desenvolvidas a partir da produção no campo.

A agropecuária gera uma rede de estabelecimentos (cooperativas, indústrias e centros de distribuição) que utilizam matérias-primas animais ou vegetais e as transformam em produtos de maior **valor agregado**.

> **Valor agregado.** Valor incorporado aos bens, mercadorias e serviços no decorrer do processo produtivo.

Para navegar

> **Organização das Nações Unidas para a Agricultura e a Alimentação**
> www.fao.org.br
> O *site* apresenta os projetos e programas de combate à fome e à pobreza. Aborda propostas de organização para a promoção do desenvolvimento agrícola em todo o planeta.

Alimentado por grandes complexos agroindustriais, o setor do agronegócio gerencia a produção de suco de laranja, óleo de soja, lecitina de soja, açúcar, álcool, café solúvel, carnes em conserva etc., assim como sua distribuição para outros setores da atividade industrial.

O conceito de *agrobusiness* foi proposto na década de 1950 como a soma das operações de produção e distribuição de suprimentos agrícolas, processamento e distribuição dos produtos agrícolas e itens produzidos com eles.

Dessa forma, para o agronegócio, a agricultura está necessariamente integrada a todas as atividades ligadas à produção, à transformação, à distribuição e ao consumo de alimentos, formando uma extensa rede de agentes econômicos.

Dimensões do agronegócio

6. As desigualdades no comércio mundial de alimentos

Nos últimos anos, a agropecuária tem mantido expressiva participação no PIB brasileiro, principalmente em decorrência da desaceleração da economia do país, que tem afetado a indústria e os serviços. Porém, o crescimento econômico do agronegócio, que se encontra cada vez mais mecanizado, não colabora na redução dos níveis de desemprego e na valorização dos preços das *commodities* (regulados externamente).

Nesse conflito, a competitividade dos países em desenvolvimento é substancialmente reduzida pela elevada produtividade agrícola dos países desenvolvidos, que dispõem de mais recursos para aplicarem tecnologias sofisticadas e darem subsídios.

O mercado mundial de alimentos foi transformado, assim, em um mercado de **oligopólios** — o que dificulta o aproveitamento do imenso potencial natural da América Latina e da África para a produção de alimentos.

> **Oligopólio.** Do grego *oligos*, "poucos", e *polens*, "vender". Termo utilizado em economia para designar um grupo de empresas que domina o comércio de determinado produto ou serviço. É o caso típico de empresas de mineração, aço, cimento, aviação, comunicação, laboratórios farmacêuticos e bancos.

No agronegócio, a plantação, o beneficiamento da produção (agroindústria) e o transporte até os centros consumidores são planejados conjuntamente. Na foto, plantação de soja e trem de carga em Cambé (PR, 2016).

Geografia e outras linguagens

O poema a seguir foi escrito pelo poeta e dramaturgo alemão Bertolt Brecht (1898-1956). Ele se engajava na discussão crítica do poder político e das contradições da sociedade capitalista.

O camponês cuida de seu campo

1
O camponês cuida de seu campo
Trata bem de seu gado, paga impostos
Faz filhos para poupar trabalhadores
E depende do preço do leite.
Os da cidade falam do amor à terra
Da saudável linhagem camponesa
Que o camponês é o alicerce da nação.

2
Os da cidade falam do amor à terra
Da saudável linhagem camponesa
Que o camponês é o alicerce da nação.
O camponês cuida de seu campo
Trata bem de seu gado, paga impostos
Faz filhos para poupar trabalhadores
E depende do preço do leite.

BRECHT, Bertolt. Em: *Poemas 1913-1956*. Trad. Paulo Cesar Souza. São Paulo: Brasiliense, 1990. p. 110.

QUESTÕES

1. O poema faz uma abordagem do olhar urbano sobre o campo. Em que consiste esse olhar? Explique.
2. O olhar urbano sobre a vida rural é validado pelo poema? Justifique sua resposta.
3. O retrato que o poema apresenta do homem do campo guarda uma estreita relação com a organização da agricultura europeia. Justifique a afirmação.

ATIVIDADES

ORGANIZE SEUS CONHECIMENTOS

1. Leia o texto e, em seguida, observe os dados dos gráficos sobre a participação da agricultura familiar no Brasil.

   "Segundo o documento da ONU, a agricultura familiar produz cerca de 80% dos alimentos consumidos e preserva 75% dos recursos agrícolas do planeta. No Brasil, os agricultores familiares são responsáveis pela maioria dos alimentos que chegam à mesa da população, como o leite (58%), a mandioca (83%) e o feijão (70%)."

   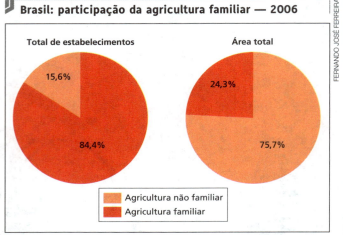

   Brasil: participação da agricultura familiar — 2006

   Total de estabelecimentos: 15,6% / 84,4%
   Área total: 24,3% / 75,7%
   (Agricultura não familiar / Agricultura familiar)

   Fonte: IBGE. Censo agropecuário 2006 — agricultura familiar. Disponível em: <http://mod.lk/3miqi>. Acesso em: jan. 2017.

   Com base nessas informações, é correto afirmar que a agricultura familiar no Brasil contribui para:

   a) o aumento da concentração de terras nas mãos de poucos e expansão das monoculturas de grãos.
   b) o aumento da produção de insumos agrícolas para a indústria, notadamente as que se dedicam à produção de massas e doces.
   c) a ampliação do plantio de cana-de-açúcar destinada à produção de biocombustíveis.
   d) a expansão da pecuária intensiva e produção de laticínios e insumos animais para os frigoríficos.
   e) a permanência do trabalhador rural no campo e abastecimento alimentar da população.

2. Leia o texto a seguir.

   "Com a evolução do agronegócio, as fazendas tornam-se mais especializadas separando as atividades de lavoura e criação do gado. Existe a intensificação do uso de agroquímicos, fertilizantes e água, sem os devidos cuidados com rochas, solos, água superficiais ou subterrâneas. Os agroquímicos contaminando as águas subterrâneas ou rios podem prejudicar a fauna silvestre e ameaçam a sua qualidade para o consumo humano."

   NAIME, Roberto. Sobre os impactos ambientais do agronegócio. Revista Ecodebate. Disponível em: <http://mod.lk/iWD7N>. Acesso em: jan. 2017.

   De acordo com o autor a expansão do agronegócio tem, contraditoriamente, provocado:

   a) aumento da produção agropecuária com o comprometimento ambiental da produção.
   b) diminuição das lavouras de subsistência e aumento dos lucros das pequenas propriedades agropecuárias.
   c) uso adequado dos insumos básicos e menor comprometimento ambiental da produção.
   d) ampliação das áreas de plantio com a expansão das monoculturas e diminuição da produtividade da terra.
   e) maior retorno econômico aos produtores, com ampliação da produtividade por hectare.

3. Releia o texto de Mia Couto, na página 262, sobre dois momentos distintos da história social, e responda:

   a) A que o autor se refere ao afirmar que "durante milênios, a nossa casa foi um mundo sem moradia"?
   b) Explique com suas palavras o que o surgimento da agricultura significou para as sociedades.

4. Retorne ao mapa dos Estados Unidos, na página 267, e faça o que se pede.

   a) Analise os aspectos naturais responsáveis pela distribuição dos belts pelo território estadunidense.
   b) Qual é a razão para a distribuição diferenciada dos belts pecuários pelo território estadunidense?

5. A agricultura europeia tem peculiaridades econômicas e sociais e mobiliza o setor político na defesa de seus interesses. Com base nessa afirmação, responda:

   a) Quais são os aspectos similares e díspares dos modelos agrícolas da União Europeia e dos Estados Unidos?
   b) O que impulsiona os governos europeus a apoiarem políticas de incentivos para a agricultura?

6. Diferencie os modelos agrícolas intensivos e extensivos, exemplificando-os.

7. Um dos argumentos que os europeus utilizam na defesa de sua política de subsídios agrícolas é o fato de que ela protege pequenos proprietários e o modo de vida tradicional de certas regiões contra as grandes empresas ligadas ao agronegócio. Discuta esse argumento.

8. Explique a atual participação dos países desenvolvidos e em desenvolvimento no mercado mundial de alimentos.

REPRESENTAÇÕES GRÁFICAS E CARTOGRÁFICAS

9. Leia o mapa e responda às questões a seguir.

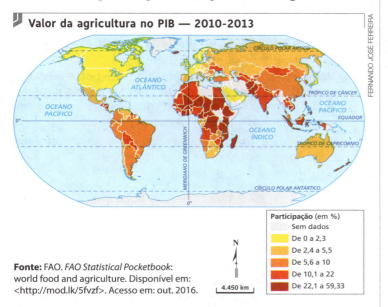

Valor da agricultura no PIB — 2010-2013

Participação (em %): Sem dados; De 0 a 2,3; De 2,4 a 5,5; De 5,6 a 10; De 10,1 a 22; De 22,1 a 59,33

Fonte: FAO. *FAO Statistical Pocketbook*: world food and agriculture. Disponível em: <http://mod.lk/5fvzf>. Acesso em: out. 2016.

a) Que continente se destaca por apresentar maior participação da agricultura no PIB dos países?

b) Analise os principais aspectos econômicos que envolvem essa participação.

c) Analise a situação do Brasil nesse contexto.

INTERPRETAÇÃO E PROBLEMATIZAÇÃO

10. Leia o texto a seguir.

Agricultura sustentável e a preservação da biodiversidade

"A demanda global de alimentos está aumentando rapidamente, assim como os impactos ambientais da expansão agrícola. Ao intensificar a agricultura, a humanidade tem feito dela uma dominante ameaça ao planeta, pois a agricultura já consome 38% da superfície do planeta. 'As poucas fronteiras restantes são principalmente em florestas e savanas tropicais, que são vitais para a estabilidade do mundo, especialmente como reserva de carbono e biodiversidade' (Foley, 2011, p. 62).

Os sistemas agrícolas do mundo serão cada vez mais desafiados pela escassez de água e alterações climáticas, aumentando o risco de falhas de produção. As exigências daí decorrentes para a água, alimentos e energia irão intensificar os conflitos do uso da terra e agravar os impactos ambientais. Por isso precisamos urgentemente conciliar nossas crescentes necessidades consumistas com a proteção ambiental. Devemos produzir mais alimentos com menos recursos e isso pode se suceder por meio da agricultura sustentável.

A agricultura sustentável procura assistir agricultores, recursos e comunidades através da promoção de práticas de cultivo e métodos que são rentáveis, ambientalmente saudáveis e bons para as comunidades (Brooks, 2014). Ainda segundo Brooks (2014), a agricultura sustentável se encaixa e complementa a agricultura moderna, recompensa os verdadeiros valores dos produtores e de seus produtos, independentemente do tamanho das propriedades, aproveitando novas tecnologias e renovando as melhores práticas do passado. Temos que proteger a biodiversidade e terras aráveis para o futuro da produção de alimentos. Precisamos proteger a diversidade genética para salvaguardar a resiliência dos ecossistemas.

Compreender os futuros impactos ambientais da produção agrícola global e como conseguir maiores rendimentos com menores impactos requer avaliações quantitativas de demanda futura, colheita e como as diferentes práticas de produção afetam o rendimento e as variáveis ambientais. A preservação da biodiversidade global e a minimização dos impactos da agricultura podem se dar através da transferência de tecnologias para as nações, melhoria na fertilidade do solo, emprego no uso de nutrientes mais eficientes em todo o mundo, minimizando o desmatamento, segundo Tilman (2011, p. 20264).

Estamos diante de um dos maiores desafios do século XXI. Suprir as crescentes necessidades alimentares da população, produzir mais, acabar com a insegurança alimentar global, reduzir os desperdícios do consumismo e consequentemente os danos ambientais decorrentes disso. A sustentabilidade do planeta não é mais uma opção e sim obrigação."

WEISS, Carla; SANTOS, Marco. *A agricultura contemporânea e os novos desafios*. p. 5. Disponível em: <http://mod.lk/hvn1y>. Acesso em: out. 2016.

Pessoas trabalhando em plantação de cacau produzido pelo sistema agroflorestal, que concilia a cultura agrícola e a florestal no município de Una (BA, 2009).

a) Considerando o exposto, é possível afirmar que a produção agrícola no mundo está relacionada diretamente ao consumo alimentar humano?

b) Explique o significado da frase: "Precisamos proteger a diversidade genética para salvaguardar a resiliência dos ecossistemas".

c) Que propostas são indicadas pelos autores para minimizar os efeitos do avanço agrícola comercial no mundo?

ATIVIDADES

ENEM E VESTIBULARES

11. (Uneb-BA, 2014)

"Bilhões de pessoas devem a vida a uma única descoberta, feita há um século. Em 1909, o químico alemão Franz Haber, da Universidade de Karlsruhe, mostrou como transformar o gás nitrogênio — abundante, e não reagente, na atmosfera, porém inacessível para a maioria dos organismos — em amônia, o ingrediente ativo em adubos sintéticos. Vinte anos depois, quando outro cientista alemão, Carl Bosch, desenvolveu um meio para aplicar a ideia de Haber em escala industrial, a capacidade mundial de produzir alimentos disparou.

Nas décadas seguintes, novas fábricas converteram tonelada após tonelada de amônia em fertilizante e hoje se considera a solução Haber-Bosch uma das maiores dádivas da história da saúde pública."

TOWNSEND; HOWARTH, 2010. p. 44.

Com base na análise do texto e nos conhecimentos sobre o uso de fertilizantes na agricultura e suas implicações, identifique as afirmações verdadeiras (V) e as afirmações falsas (F).

- Um dos pilares da "Revolução Verde" é a utilização dos adubos químicos.
- O aumento da produtividade agrícola eliminou a fome endêmica na África e no Sudeste Asiático.
- O uso excessivo do nitrogênio tem contribuído para o aparecimento de zonas mortas, antes confinadas à América do Norte e à Europa, em outras regiões do Planeta.
- A utilização do nitrogênio em larga escala é aconselhável porque, quando as águas pluviais, carregadas de fertilizantes, chegam aos oceanos, ocorre o florescimento de plantas microscópicas, consumidoras de pouco oxigênio.
- O aumento da biodiversidade é uma das consequências do uso do nitrogênio, principalmente nos ecossistemas costeiros.

A alternativa que indica a sequência correta, de cima para baixo, é a:

a) F – V – F – V – V
b) F – V – V – F – V
c) V – F – V – F – F
d) F – F – V – F – V
e) V – F – F – V – F

12. (Espcex-SP, 2015) Sobre o comércio agrícola mundial, podemos afirmar que:

I. atualmente, o Japão e o Egito estão entre os maiores importadores mundiais de cereais.

II. ao contrário da União Europeia, dos Estados Unidos e da China, o Brasil exibe elevado saldo positivo na sua balança comercial de produtos agrícolas.

III. na última década, o aumento dos investimentos no agronegócio e a difusão dos organismos geneticamente modificados (OGM) na agricultura fizeram com que o comércio mundial de produtos agrícolas superasse em valor o comércio mundial de manufaturados.

IV. graças à Organização Mundial do Comércio (OMC), que em 2002 pôs fim à política de subsídios agrícolas concedida pelos países desenvolvidos aos seus agricultores, países como o Brasil e a Argentina têm obtido maior destaque no comércio mundial de produtos agrícolas.

V. devido aos elevados custos do transporte de carga no Brasil, a soja brasileira vem perdendo paulatinamente posição de destaque dentre os grandes exportadores mundiais desse produto.

Identifique a alternativa em que todas as afirmativas estão corretas.

a) I e III
b) II e III
c) I e II
d) I, IV e V
e) II, IV e V

13. (Cefet-MG, 2015)

"A ciência, tecnologia e informação fazem parte dos afazeres cotidianos do campo modernizado. É aí que se instalam as atividades hegemônicas, aquelas que têm relações mais longínquas e participam do comércio internacional, fazendo com que determinados lugares se tornem mundiais."

SANTOS, M. *Técnica, espaço, tempo*: globalização e meio técnico-científico-informacional. São Paulo: Hucitec, 1994 (adaptado).

Nesse contexto, um dos elementos que contribui para a classificação de um espaço agrário como um meio técnico-científico-informacional é a(o):

a) emprego de adubos orgânicos.
b) utilização de sementes híbridas.
c) prática do destocamento do solo.
d) predomínio de sistemas extensivos.

14. (FGV-SP) O sistema agrícola denominado Agricultura Irrigada ou de Jardinagem, praticado principalmente no Sudeste da Ásia, apresenta:

a) rizicultura nos vales dos rios e encostas/mão de obra numerosa/grande subdivisão das pequenas propriedades/cuidados manuais com solo e plantas.

b) monocultura do chá nas planícies fluviais/mecanização/grande subdivisão das pequenas propriedades/seleção de sementes e mudas.

c) rizicultura nos vales dos rios e encostas/mecanização/seleção de sementes e mudas/produção para o mercado externo.

d) plantação de seringueiras nas planícies e encostas/mão de obra numerosa/grandes propriedades/produção para o mercado externo.

e) monocultura do chá nas planícies fluviais/pequena mecanização/grandes propriedades/produção para o mercado interno e externo.

15. (UPF-RS, 2015) A agricultura, uma das mais antigas atividades humanas, passou por profundas transformações e foi, ela própria, transformadora do espaço natural. Nesse processo de evolução, incorporou técnicas, superou ambientes inóspitos, alcançou altos índices de produtividade e continua sendo praticada de forma heterogênea pelos quatro cantos do mundo.

No quadro abaixo, a coluna 1 apresenta afirmações sobre a prática da agricultura. Relacione as afirmações da coluna 1 com os locais (coluna 2) onde essas práticas são verificadas.

Coluna 1	Coluna 2
1. Também conhecida como agricultura de jardinagem, é praticada em solos inundáveis, destacando-se a rizicultura, realizada com trabalho braçal e base familiar.	• Costa oeste dos Estados Unidos.
2. O crescente uso de técnicas de irrigação e mecanização transformaram áreas áridas em áreas de fruticultura com elevada produtividade.	• Estados Unidos e União Europeia.
3. Além da elevada produtividade, o protecionismo governamental efetivado pela concessão de subsídios aumenta o poder de competição no mercado internacional em detrimento dos países subdesenvolvidos.	• Regiões tropicais da América Latina, Ásia e África.
4. Monocultura destinada ao mercado externo é praticada em larga escala em latifúndios, com emprego de mão de obra numerosa e barata, destacando-se o cultivo de cacau, café, cana-de-açúcar e banana.	• Sul e Sudeste Asiático.

A sequência correta das frases da coluna 1 que correspondem aos locais da coluna 2, de cima para baixo, é:

a) 4 – 3 – 1 – 2.
b) 2 – 3 – 4 – 1.
c) 2 – 4 – 3 – 1.
d) 3 – 1 – 4 – 2.
e) 1 – 2 – 3 – 4.

16. (Uema-MA, 2014)

> "O processo de disputa territorial é uma das dimensões relevantes da questão agrária que tem se acentuado no país nas duas últimas décadas como reflexo do embate entre os dois principais modelos de desenvolvimento no campo, ou seja, do campesinato e do agronegócio."
>
> JUNIOR, João Cleps. Questão agrária, estado e territórios em disputa: os enfoques sobre o agronegócio e a natureza dos conflitos no campo brasileiro. Em: SAQUET, Aurélio Marques; SANTOS, Roseli Alves dos. Geografia agrária, território em desenvolvimento. São Paulo: Expressão Popular, 2010.

Indique dois efeitos das transformações capitalistas no campo.

17. (UFSM-RS, 2015) Observe os mapas.

Fonte: QUIST, Rachel. Geography of coffee. Disponível em: <http://mod.lk/qlyyk>. Acesso em: out. 2016.

O café, amplamente cultivado em todo o mundo, é nativo das regiões tropicais da África Subsaariana. O cultivo do café comercial é restrito principalmente ao cinturão tropical ao redor do Equador, especificamente à área entre o trópico de Câncer e o trópico de Capricórnio.

Com base nos mapas, na informação e em seus conhecimentos, identifique a resposta correta.

a) Sendo uma bebida quente, o café é consumido apenas em países de clima frio, devido ao seu alto valor energético e nutritivo.

b) O café tornou-se uma bebida universal, apreciada por várias nações ao redor do planeta, e está presente em países predominantemente de língua inglesa.

c) A cafeicultura está limitada aos países de climas tropicais e temperados, uma vez que se trata de uma cultura muito sensível às condições climáticas com presença de baixas temperaturas e geadas durante o inverno.

d) A maior parte dos países produtores de café não podem ser considerados consumidores, sendo o café, portanto, uma *commodity* voltada à exportação.

e) Países como Brasil, República do Congo, Etiópia e Indonésia possuem muitos problemas associados à expansão da cultura do café nas florestas equatoriais.

CAPÍTULO

15

AGROPECUÁRIA NO BRASIL

ENEM
C2: H10
C3: H13
C4: H18, H19

Neste capítulo, você vai aprender a:
- Analisar o papel da agropecuária na formação econômica do Brasil e sua influência na sociedade brasileira.
- Explicar a estrutura fundiária e os conflitos existentes no espaço agrário brasileiro.
- Analisar as características da produção agropecuária no Brasil atual.
- Identificar a importância do agronegócio na economia brasileira.

"Plantemos a roça.
Lavremos a gleba.
Cuidemos do ninho,
do gado e da tulha.
Fartura teremos
e donos de sítio
felizes seremos."

CORALINA, Cora. *O cântico da terra*.
Disponível em: <http://mod.lk/uhnim>.
Acesso em: jan. 2017.

Neste capítulo, abordaremos a produção agropecuária no Brasil, seu desenvolvimento histórico e os desafios da atualidade, além da inserção do agronegócio brasileiro no comércio global, com destaque para o seu papel relevante no mercado mundial. Estudaremos também a importância econômica e social da agricultura familiar, a estrutura fundiária do país e os conflitos ligados à propriedade da terra.

Ponto de partida

Identifique as características da atividade agrícola retratada na fotografia.

Colheita de maçãs no município de Veranópolis (RS, 2013).

Capítulo 15 • Agropecuária no Brasil 277

1. O espaço agrário brasileiro

Desde o início da colonização, as principais atividades econômicas brasileiras estiveram ligadas à agropecuária. A **cana-de-açúcar** ocupou, principalmente, o litoral nordestino para a produção do açúcar que era enviado para a Europa. O cultivo de **café** teve papel essencial na economia e na sociedade brasileiras dos séculos XIX e XX, influindo decisivamente na política e na economia nacionais ao ratificar o poder do latifúndio agroexportador e das oligarquias.

As grandes lavouras monocultoras foram os pilares da intensa concentração de terras nas mãos de poucas pessoas. Essa desigualdade no acesso à propriedade ainda perdura em nosso país. Em 1850, a implantação da Lei de Terras transformou a terra em mercadoria, tornando-a cara, o que restringiu o acesso a ela. Além disso, declarou públicas as terras não ocupadas, levando às apropriações sem documentação legal. Até hoje ocorrem violentas disputas por essas propriedades.

A concentração fundiária gera problemas sociais e econômicos, como a falta de terras para trabalhadores rurais, que, sem ter outra forma de subsistência, lutam por seus direitos organizando-se em movimentos pela reforma agrária. Ocorrem ainda, nos dias de hoje, situações de abuso trabalhista na contratação de mão de obra temporária, como a dos boias-frias, que só têm trabalho durante o período das colheitas.

O Brasil é um dos maiores exportadores de produtos agropecuários do mundo calcado no agronegócio. Cada vez mais esse setor ganha importância na economia nacional e no cenário internacional. Analisar a questão agropecuária brasileira torna-se fundamental para compreendermos as muitas contradições que envolvem esse setor no país.

Formação do espaço agrário brasileiro

O Brasil apresenta grande extensão territorial, suficiente disponibilidade de recursos hídricos e, em sua maior parte, localiza-se na região tropical. Esses atributos, aliados aos novos recursos tecnológicos, fazem de nosso país um dos maiores produtores e exportadores de produtos agrícolas do mundo na atualidade.

Em maio de 2015, a atividade agropecuária foi responsável por 23% do PIB brasileiro e por 51,5% do total das exportações brasileiras. Esses dados demonstram a expressiva participação desse setor na economia brasileira, principalmente quando se consideram os diferentes setores econômicos atrelados a ela. Maquinários agrícolas, indústrias químicas e as que processam alimentos e insumos agrícolas compõem as bases dessa imensa cadeia produtiva.

Analisaremos, a seguir, as características e a intensificação desse setor no decorrer da história, a fim de compreender sua influência na construção de um espaço geográfico com intensa presença da tecnologia, bem como sua participação decisiva na economia brasileira.

Agricultura colonial e ocupação territorial

A ocupação territorial do Brasil pelos portugueses foi marcada inicialmente pela extração, com fins comerciais, do **pau-brasil**. A partir de 1530, a Coroa portuguesa introduziu o plantio da cana-de-açúcar, iniciando o processo de consolidação de sua presença colonial no país.

Organizados pelo sistema de **sesmarias**, extensos canaviais e engenhos de açúcar predominavam na paisagem nordestina do século XVI.

> **Pau-brasil.** Espécie arbórea característica de floresta tropical, que se estendia por grande parte do litoral brasileiro no período da colonização.
>
> **Sesmaria.** Concessão de terras destinadas ao plantio que eram doadas pelo rei de Portugal com base no *status* social do pretendente.

O mapa *Brasil* (1557) foi elaborado por Giacomo Gastaldi para o livro *Delle Navigationi et Viaggi* (1565), de Giovanni Battista Ramusio. A imagem mostra a representação da extração de pau-brasil na costa brasileira. Sua exploração gerou lucros para Portugal, levando o rei a declarar que essa atividade era monopólio da Coroa portuguesa, ou seja, o corte da árvore só poderia ser feito mediante autorização da Coroa e pagamento de imposto.

Como a cana-de-açúcar era um produto destinado à exportação, havia a necessidade de plantio em grandes áreas próximas ao litoral. Para compensar as perdas resultantes da moagem, era preciso ampliar o seu cultivo e minimizar os custos com transporte. Para muitos estudiosos, esses fatos explicam não apenas a gênese do latifúndio no Brasil, como também a concentração da população nas áreas litorâneas.

Nos séculos iniciais, a empresa açucareira se desenvolveu e se estendeu na borda litorânea atlântica, beneficiando-se no Nordeste pela intensa utilização de mão de obra escrava e pela presença do solo **massapé**. Isso possibilitou o crescimento da atividade pecuária. Destinadas a abastecer com alimentos e transporte a população dos grandes engenhos, várias propriedades rurais pecuárias de pequeno porte se instalaram principalmente pelas barrancas do rio São Francisco, a mais importante via fluvial do Nordeste.

> **Massapé.** Solo de boa fertilidade, resultante da decomposição de gnaisse e de calcário, encontrado principalmente na porção oriental do Nordeste.

O rio São Francisco foi o primeiro eixo de interiorização do povoamento nos tempos coloniais. Partindo de Pernambuco e da Bahia, a criação de gado foi "empurrada" para o interior, passando a seguir o eixo do rio.

Os vaqueiros ocuparam as margens de seus afluentes e riachos. A chamada **civilização do couro** estendia-se pelo Nordeste seco — eram de couro a cama, a mesa, os assentos das cadeiras, a porta das casas dos vaqueiros, as cordas para amarrar os animais e as roupas de montaria. O São Francisco ganhava, assim, o apelido de "rio dos currais".

Navegado por barcos rudimentares e barcos a vapor (século XIX), o rio São Francisco funcionou por muito tempo como a principal via de transporte em um sertão que não dispunha de estradas. Em seu vale, surgiram os povoados e os centros urbanos mais antigos da região.

No século XVIII, a atividade mineradora foi responsável pelo deslocamento das atividades econômicas para Minas Gerais, com a ampliação da pecuária e o plantio de culturas de subsistência. Nesse mesmo século, a cultura do algodão passou a ocupar algumas regiões do Nordeste.

Apesar de ter sido introduzido no Brasil por volta de 1720, somente na segunda metade do século XIX o café tornou-se o principal produto da economia brasileira. Muito apreciado no mercado internacional, seu cultivo promoveu transformações econômicas, sociais e políticas profundas no país.

A cultura do café, o "ouro verde"

No início do século XIX, o café começou a ser plantado em terras do Rio de Janeiro, alcançando posteriormente São Paulo através do vale do Paraíba. Os cafezais espalharam-se rapidamente pelo Oeste paulista e acabaram "transbordando", no século XX, para os estados vizinhos: Minas Gerais, Paraná e terras onde atualmente se localiza o estado de Mato Grosso do Sul. Mais tarde, o café avançou também sobre áreas da Zona da Mata mineira e do oeste e sul do Espírito Santo.

Atualmente, as principais áreas produtoras de café no Brasil são: sul, cerrado e Zona da Mata de Minas Gerais (estado responsável por 53% da produção nacional), nordeste de São Paulo, sul da Bahia, Paraná, Espírito Santo e Rondônia. Observe no mapa abaixo os eixos de expansão da cafeicultura, iniciada em 1850, até a segunda metade do século XX.

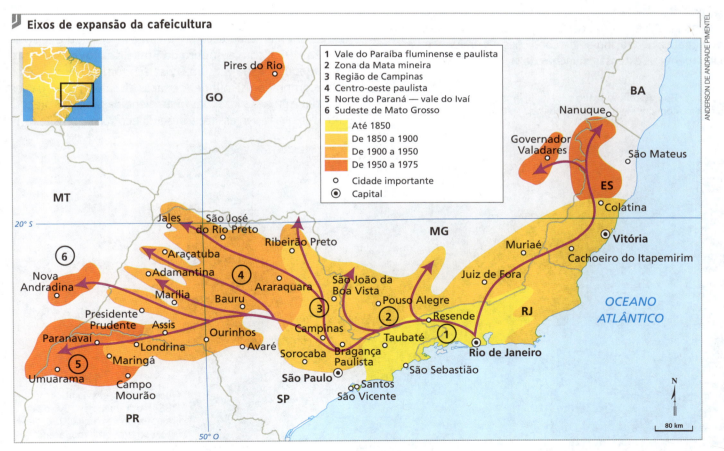

Eixos de expansão da cafeicultura

Fonte: RODRIGUES, João Antonio. *Atlas para Estudos Sociais*. Rio de Janeiro: Ao Livro Técnico, 1977. p. 26.

A marcha do café

A marcha do café desenvolveu-se em dois períodos distintos: o primeiro, entre 1790 e 1850, teve como núcleo principal a região do **vale do Paraíba** fluminense e paulista; o segundo durou aproximadamente os cem anos seguintes em áreas do centro-oeste do estado de São Paulo.

No vale do Paraíba, a expansão cafeeira ocorreu em áreas tropicais acidentadas e recobertas pela Mata Atlântica. Nos métodos de cultivo, não havia preocupação com a conservação dos solos, que em pouco tempo perdiam sua fertilidade natural. Desse modo, os cafezais transferiam-se para novas áreas, e as antigas fazendas eram abandonadas. A riqueza dos barões do café era também constituída de escravos, considerados "propriedade". As terras só passaram a ser validadas como mercadorias após 1850.

A passagem do café pelo vale do Paraíba foi rápida e trouxe, em poucas décadas, riqueza seguida de estagnação e abandono. A cidade paulista de Taubaté foi a capital do café nesse período.

A economia cafeeira desse período apoiou-se nas relações de trabalho escravistas. A Lei Eusébio de Queirós, de 1850, proibiu o tráfico negreiro para o Brasil e, em consequência, houve redução da oferta de escravos e extrema elevação de seus preços. Por algumas décadas, o Nordeste abasteceu as fazendas cafeeiras com trabalhadores cativos. No entanto, com a marcha do café avançando sobre novas áreas, toda a economia das plantações começou a mudar.

Por volta de 1850, o café já havia penetrado o Planalto Ocidental paulista — área que logo se tornaria a principal produtora do grão no país. A expansão das plantações, por meio da derrubada de matas, beneficiou-se de condições naturais favoráveis, principalmente as extensas manchas de solo de **terra roxa**.

> **Terra roxa.** Tipo de solo formado pela lenta erosão de rochas vulcânicas, com cor avermelhada e elevada fertilidade.

Os novos cafezais, mais distantes do litoral, foram acompanhados pela construção de ferrovias. O traçado da rede ferroviária paulista evidencia claramente a direção da expansão das plantações, assim como a ligação entre as áreas produtoras e a cidade de São Paulo. Apenas uma estrada de ferro fazia a descida da serra do Mar, transportando o café para o porto de Santos, que se tornou o mais importante do país.

No **Oeste paulista**, a economia cafeeira organizou-se de maneira diferente daquela do vale do Paraíba: no lugar dos escravos, as fazendas utilizavam cada vez mais o trabalho dos imigrantes, principalmente italianos.

O café foi responsável pelo surgimento de diversas cidades no Oeste paulista. O centro desses núcleos era delimitado pela estação ferroviária. Ao mesmo tempo, outros pequenos centros urbanos já existentes tornaram-se cidades populosas e prósperas, funcionando como polos de áreas cafeeiras: Ribeirão Preto, Araraquara, Jaú, Araçatuba, entre outras.

A imensa riqueza criada pelo café não se restringia à prosperidade dos fazendeiros; os comerciantes e os exportadores, assim como os banqueiros, também se beneficiavam dos negócios gerados pela atividade. A cidade de São Paulo era o centro desses negócios. Enquanto as plantações avançavam pelo interior, a capital se expandia com a criação de novos bairros: as chácaras dos Campos Elíseos e as da avenida Paulista foram loteadas e deram lugar às mansões de fazendeiros e exportadores de café.

As crises de superprodução

No fim do século XIX, o Brasil passou a enfrentar crises periódicas de superprodução de café, que resultaram na queda dos preços do produto no mercado internacional. Mas o grande problema da economia cafeeira ocorreu decisivamente em 1929, com a **quebra da Bolsa de Nova York**, que desencadeou, por sua vez, uma crise econômica mundial. Por falta de compradores, milhões de sacas de café tiveram de ser queimadas e grandes fazendas foram vendidas a baixos preços. O café deixou de ser, assim, a base da economia brasileira.

Quase às vésperas da abolição (1888), o trabalho escravo ainda era utilizado na cafeicultura. Na foto, escravos em uma fazenda de café na região do vale do Paraíba (c. 1882).

2. Concentração de terras e conflitos fundiários

Em 1822, o sistema de sesmarias foi suprimido e, durante 28 anos, o país ficou sem nenhum tipo de lei para organizar sua estrutura fundiária. Nesse período, a ocupação de terras intensificou-se por meio do sistema de posses, ampliando consideravelmente as pequenas unidades rurais de produção que apenas tinham registros nas paróquias, sem valor legal.

Sabe-se que a estrutura fundiária brasileira sofreu profunda alteração, durante a expansão cafeeira, com a criação da **Lei de Terras** em 1850. Ao ser instituída, tal lei transformou a terra em mercadoria no Brasil, e as porções não ocupadas foram declaradas bem público, podendo ser adquiridas apenas por intermédio de compra.

Como os preços eram elevados, uma vez que a renda obtida tinha o propósito de financiar a vinda de imigrantes em substituição à mão de obra escrava, essa medida ratificou a concentração fundiária ao impedir que os escravos libertos, os imigrantes e os pequenos agricultores tivessem acesso à terra. A ausência de títulos de propriedade em grande parte do território nacional deu lugar a posses irregulares e ao processo denominado **grilagem**.

> **Grilagem.** Termo que se origina de uma prática antiga de envelhecer documentos, forjados para conseguir a posse de determinada área de terra. Os papéis eram colocados em uma caixa com grilos e, após um tempo, ficavam com aparência de envelhecidos, como se tivessem realmente a data constante no documento. Essa prática foi muito comum no fim do século XIX, e só durante o governo do presidente Prudente de Morais (1894-1898) foi instituída uma legislação para legalizar a titulação de terras no Brasil.

Na década de 1950, as Ligas Camponesas, formadas a partir de 1945, ganharam força, inicialmente em Pernambuco e depois em vários outros estados brasileiros. O marco principal desse movimento pode ser encontrado na criação da Sociedade Agrícola de Plantadores e Pecuaristas de Pernambuco, em 1954, no Engenho Galileia, em Vitória de Santo Antão.

A Liga da Galileia, como ficou conhecida a sociedade, opôs-se ao aumento do foro, aluguel anual que os camponeses pagavam para cultivar terras abandonadas pelos senhores de engenho. O empenho do advogado Francisco Julião, então deputado federal pelo Partido Socialista Brasileiro, foi decisivo para a vitória do movimento, a partir da qual as Ligas Camponesas se expandiram pelo Nordeste. A repressão a esse movimento foi o estopim para uma série de levantes camponeses pela realização da reforma agrária no Brasil.

Paralelamente, o movimento sindical dos trabalhadores rurais ganhava adeptos, sem atingir, porém, a notoriedade das ligas. A modernização das relações de trabalho no campo brasileiro permitiu a criação de sindicatos de trabalhadores rurais e culminou com a criação da Confederação Nacional dos Trabalhadores na Agricultura (Contag), em 1963, que congregava vários sindicatos rurais.

Com o golpe militar de 1964, as iniciativas populares foram sufocadas e o governo militar foi forçado a buscar alguma solução para os conflitos fundiários. Por isso, contraditoriamente ao esperado, em 30 de novembro de 1964, após o golpe, foi criado o Estatuto da Terra, com o intuito de apaziguar os movimentos campesinos que então se multiplicavam.

> **Para ler**
>
> **O que é questão agrária**
> José Graziano da Silva. São Paulo: Brasiliense, 2000.
>
> O livro aborda os aspectos gerais do desenvolvimento da agricultura brasileira, ressaltando as principais características do campo e discutindo a retomada da reforma agrária como possível solução para a questão fundiária.

O **Estatuto do Trabalhador Rural** estendia aos camponeses os mesmos direitos concedidos aos trabalhadores urbanos. A mão de obra rural passou a ser regida pela Consolidação das Leis do Trabalho (CLT), com direito a férias, 13º salário, fundo de garantia e aposentadoria por tempo de serviço. Apesar do avanço, o estatuto reafirmou as tradições do capitalismo agrário brasileiro, pois, com sua efetivação, muitos empregados foram demitidos das grandes propriedades em virtude da obrigatoriedade da contribuição previdenciária, fato que ampliou o número de trabalhadores temporários, contratados apenas em períodos de safra.

Quanto ao Estatuto da Terra, pela primeira vez foi possível estabelecer o dimensionamento das propriedades rurais no Brasil, com a efetivação do **Módulo Rural**. Em 1979, a Lei nº 6.746/79 criou o **Módulo Fiscal**, que passou a servir de parâmetro para a classificação dos imóveis rurais no Brasil, segundo o tamanho. Assim temos:

- **Módulo Rural**: de acordo com o Instituto Nacional de Colonização e Reforma Agrária (Incra), é a unidade de medida, expressa em hectares, utilizada para exprimir a interdependência da dimensão, da situação geográfica dos imóveis rurais e da forma e das condições do seu aproveitamento econômico.
- **Módulo Fiscal**: unidade de medida expressa em hectares, fixada para cada município, em que se consideram o tipo de exploração predominante no município, a renda obtida com a exploração predominante e o conceito de propriedade familiar. O módulo fiscal define a pequena propriedade como todo imóvel rural entre 1 e 4 módulos fiscais. A média propriedade compreende de 4 a 15 módulos fiscais. A grande propriedade (latifúndio) extrapola os 15 módulos fiscais.

De acordo com dados do Incra, no fim da primeira década do século XXI, o Brasil abrigava 5.181.645 estabelecimentos rurais, distribuídos em uma área de 571.740.919 hectares. Desse total, 86% tinham menos de 100 hectares e ocupavam 17,1% da área agrícola total. As propriedades rurais maiores (com mais de 1.000 hectares) representavam 1,6% dos estabelecimentos e ocupavam 62,7% da área agrícola total; já as propriedades menores (com até 10 hectares), correspondentes a 33,7% dos estabelecimentos rurais, ocupavam apenas 1,4% da área total. Veja a tabela e o mapa a seguir.

Para navegar

Atlas da questão agrária brasileira
www.fct.unesp.br/nera/atlas
Repleto de mapas, gráficos e tabelas, o atlas oferece cuidadosas análises sobre os principais conteúdos do espaço agrário do país.

Estrutura fundiária no Brasil — 2009

Estratos de área total (ha)	Imóveis		Área total		Área média
	Nº de imóveis	Em %	Em ha	Em %	Em ha
Até 10	1.744.540	33,7	8.215.337	1,4	4,7
De 10 a 25	1.316.237	25,4	21.345.232	3,7	16,2
De 25 a 50	814.138	15,7	28.563.707	5,0	35,1
De 50 a 100	578.783	11,2	40.096.597	7,0	69,3
De 100 a 500	563.346	10,9	116.156.530	20,3	206,2
De 500 a 1.000	85.305	1,6	59.299.370	10,4	695,1
De 1.000 a 2.000	40.046	0,8	55.629.002	9,7	1.380,1
Mais de 2.000	39.250	0,8	242.795.145	42,5	6.185,9
Total	5.181.645	100,0	571.740.919	100,0	110,3

Obs.: o Incra exclui 213.849 imóveis rurais com dados inconsistentes.

Fonte: *Estatísticas do meio rural brasileiro 2010-2011.* 4. ed. São Paulo: Dieese/Nead/MDA, 2011. p. 30.

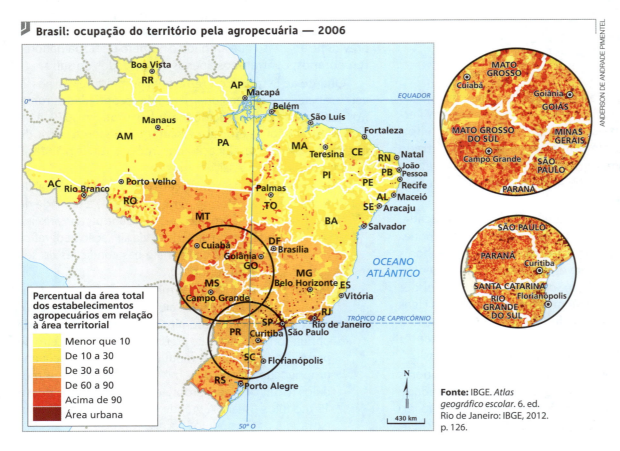

Brasil: ocupação do território pela agropecuária — 2006

Fonte: IBGE. *Atlas geográfico escolar.* 6. ed. Rio de Janeiro: IBGE, 2012. p. 126.

Uma das consequências da modernização da economia rural é a **valorização monetária da terra**, que implica maior concentração fundiária: terras agricultáveis cada vez mais caras ficam concentradas nas mãos de grandes proprietários, notadamente corporações agropecuárias.

Essa modernização ocorreu no Centro-Sul, paralelamente ao englobamento de sítios por fazendas: pequenos agricultores endividados acabaram perdendo suas terras para os bancos credores ou vendendo-as aos grandes agricultores, assim como fazendas mecanizadas expulsaram trabalhadores rurais, que buscaram meios de sobrevivência nas cidades ou se dirigiram para as fronteiras agrícolas (a exemplo dos pequenos produtores).

Além dos camponeses, as fronteiras agrícolas passaram a receber também os grandes proprietários. Antes destes, porém, chegaram os grileiros — que forjavam títulos de propriedade e, com seus capangas, expulsavam os ocupantes.

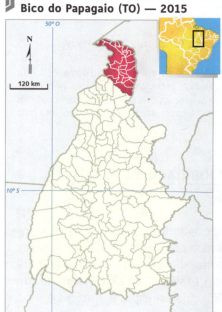

Fonte: EMBRAPA/GITE. *Caracterização, municípios e cadeias produtivas prioritárias da região do Bico do Papagaio em Tocantins*. Disponível em: <http://mod.lk/w62gH>. Acesso em: jan. 2017.

Fonte: IBGE. Cidades. Pará — Anapu. Disponível em: <http://mod.lk/obTQd>. Acesso em: jan. 2017.

Padre Josimo Tavares (foto acima), membro da Comissão Pastoral da Terra (CPT), assassinado, em 1986, a mando de grileiros que se sentiam prejudicados por seus trabalhos em favor dos posseiros do Bico do Papagaio (TO). Na foto ao lado, a freira Dorothy Stang, estadunidense naturalizada brasileira, também da CPT, que, em 2005, foi assassinada por motivo semelhante, em Anapu, Pará. Observe a localização dessas áreas de conflito nos mapas a seguir.

QUESTÕES

1. Quais são os principais efeitos negativos da concentração fundiária no Brasil?
2. Explique o impacto da cafeicultura no processo de urbanização brasileiro.
3. Qual é a origem histórica do processo de concentração fundiária no Brasil?
4. Relacione a modernização da economia rural e o processo de concentração da terra.

Na atualidade, violentos conflitos entre grileiros e **posseiros** ainda fazem parte do cotidiano das regiões de fronteira. A maioria dos assassinatos em conflitos pela terra é registrada na Amazônia Legal. As áreas onde se localizam as principais concentrações geográficas de terras de posse são focos de violência rural, como: o Bico do Papagaio (no norte do Tocantins), a Zona Bragantina (no Pará), os vales do Mearim e do Pindaré (no Maranhão), o norte de Mato Grosso, o sul e o oeste de Rondônia, entre outros locais.

Posseiro. Ocupante de uma propriedade que não tem sobre ela nenhum direito nominal.

Para assistir

Nas terras do Bem-Virá
Brasil, 2007. Direção de Alexandre Rampazzo e Tatiana Polastri.
Duração: 110 min.
O documentário trata do modelo de desenvolvimento dos anos 1970: os grandes projetos que incluem as estradas na Amazônia, bem como a aceleração do processo de migração, dos quais derivaram conflitos armados, devastação da floresta, casos de trabalho escravo, luta pela terra e assassinatos.

Movimento dos Trabalhadores Rurais Sem Terra (MST)

A expulsão dos pequenos agricultores e dos trabalhadores rurais das áreas de origem, a concentração da propriedade e a violência dos conflitos fundiários são fatores que podem explicar o surgimento do **Movimento dos Trabalhadores Rurais Sem Terra (MST)**, cuja principal estratégia é a ocupação de terras improdutivas. Essa organização começou no Rio Grande do Sul, que, desde a década de 1970 — como os demais estados do Sul —, vivencia o aprofundamento da concentração fundiária.

A partir de meados da década de 1980, o MST passou de movimento regional a nacional, assumindo a luta pela reforma agrária e pela democratização do acesso à terra em todo o Brasil. Desde então, tem conquistado assentamentos em diversas regiões do país, nos quais organiza a produção e a comercialização agrícola, estimula a formação de cooperativas e semi-industrializa alguns itens, além de promover a educação de crianças, jovens e adultos, oferecendo cursos e construindo escolas.

Assentamento. Área rural concedida pelo governo a agricultores sem terra.

3. Relações de trabalho no campo

No decorrer da história brasileira, as relações de trabalho no campo estiveram relacionadas às diferentes formas de exploração da força de trabalho e de acesso à terra: no início, por meio da escravidão e, posteriormente, pela dificuldade de garantir ao agricultor livre as condições para a aquisição da terra. Na atualidade, esse quadro pouco se alterou. Para compreender como se processam essas relações, devemos considerar prioritariamente como se apresentam as condições de propriedade da terra.

Nas grandes empresas rurais, há proprietários individuais ou grandes conglomerados de produção agrícola que não trabalham diretamente na terra, pois têm como funções administrar e gerenciar o agronegócio. Em outras propriedades, existem aqueles que desenvolvem o papel de gerenciamento da produção e também trabalham na terra com seus familiares, não recebendo remuneração direta. Para o IBGE, eles são considerados membros não remunerados da família.

O trabalho no campo também é realizado por pequenos proprietários, posseiros e membros de comunidades quilombolas. Nesses casos, o trabalho tem como propósito sustentar as famílias que se encontram envolvidas no processo de plantio e colheita em pequenas propriedades.

Podemos citar ainda outros trabalhadores rurais:

- **Assalariados permanentes** — trabalhadores assalariados que representam cerca de 18% da força de trabalho no campo e recebem salários, devendo ser contratados e registrados de acordo com as leis trabalhistas baseadas no Estatuto do Trabalhador Rural.
- **Assentados** — trabalhadores que participam de movimentos sociais de luta pela terra e que ocupam papel de destaque no cenário rural brasileiro. Diferem dos demais trabalhadores porque recebem lotes oriundos da reforma agrária, além de serem beneficiados por políticas públicas de reordenamento do uso da terra.

No Assentamento Engenho Ubu, localizado em Pernambuco, habitam mais de 160 famílias assentadas. Os agricultores conseguiram a desapropriação das terras da Destilaria Engenho Ubu em dezembro de 1994. Na foto, plantação de macaxeira no assentamento, em 2013.

- **Peões** — segundo o geógrafo Ariovaldo U. de Oliveira, são agricultores cooptados para trabalhar na derrubada da mata com o intuito de expandir a agropecuária no norte do país, principalmente nas grandes fazendas. O contratante — conhecido como "gato" — recruta mão de obra para as grandes propriedades rurais. Pelo contrato, o peão não pode deixar o local quando quiser, pois frequentemente contrai dívidas com o empregador. Muitos trabalhadores tentam fugir das condições inadequadas e, quando isso ocorre, são perseguidos. Esse trabalho compulsório é denominado escravidão por dívida.

- **Assalariados temporários** — trabalhadores denominados **boias-frias**, pelo fato de levarem consigo suas refeições (boias) e comê-las frias. Sem emprego fixo, são contratados sazonalmente, em especial nas épocas de colheita. Representam 13,6% da força de trabalho no campo. Vivem geralmente na periferia das cidades e são conduzidos, em caminhões ou ônibus em precárias condições de segurança, de casa até as plantações. Os boias-frias recebem pagamento diário por produção e sua jornada de trabalho, em geral, é de 10 a 12 horas por dia. Como a garantia de emprego é apenas em período de colheita (120 dias por ano), eles necessitam buscar trabalho temporário durante o período da entressafra. Em muitos casos, não têm garantias trabalhistas e ainda são alvo de condições inadequadas de trabalho e renda.

indispensável em diversas regiões do país, como o Nordeste. A situação dos trabalhadores dessa região, principalmente os que se deslocam do Agreste nordestino para a colheita da cana-de-açúcar na Zona da Mata, é bem mais degradante que a dos boias-frias no estado de São Paulo. Eles vivem em condições sub-humanas, em acampamentos provisórios que se estendem nas bordas das rodovias.

A produção de cana-de-açúcar destinada à fabricação de biocombustíveis tem sido alicerçada por programas governamentais implantados para ampliar a oferta desse produto no mercado internacional. Porém, esses programas não envolvem medidas eficazes de combate às relações de trabalho aviltantes a que são submetidos os trabalhadores, como o aumento das fiscalizações nas propriedades rurais.

Trabalhadores assalariados temporários em plantação de café no município de Santa Mariana (PR, 2013).

O corte manual da cana-de-açúcar é um trabalho perigoso, e são frequentes os acidentes decorrentes da atividade. Na foto, boia-fria na colheita de cana, em Teresina (PI, 2015).

Para assistir

Cabra marcado para morrer
Brasil, 1985. Direção de Eduardo Coutinho.
Duração: 119 min.
Documentário sobre o líder da Liga Camponesa de Sapé (na Paraíba), João Pedro Teixeira, assassinado em 1962. Após o golpe de 1964, as forças militares cercaram a locação e interromperam as filmagens. Dezessete anos depois, Eduardo Coutinho voltou à região e reencontrou a viúva de João Pedro, Elisabeth Teixeira, e muitos camponeses que apareciam no filme.

Apesar das condições inadequadas de trabalho em diversos estabelecimentos rurais da Região Sudeste, as organizações sindicais nos estados dessa região são atuantes e têm conseguido intervir a fim de melhorar as condições de trabalho da população rural.

Mesmo com o considerável aumento da colheita mecanizada, a mão de obra temporária, por ser muito barata, ainda é

A crise financeira mundial no fim da última década interrompeu o crescimento da indústria brasileira de etanol e diminuiu os investimentos no setor. Consequentemente, a expansão da produção de cana-de-açúcar parou.

A menor expansão do setor sucroalcooleiro foi também determinada pela política voltada aos combustíveis do governo brasileiro, que manteve o preço da gasolina estável, independentemente das flutuações do valor de petróleo no mercado internacional. Muitas usinas foram adquiridas por grandes grupos econômicos e passaram a ser produtoras de energia obtida do bagaço de cana, atividade que tem se mostrado mais rentável que a produção de álcool.

Você no mundo — Atividade em grupo — Pesquisa e apresentação

Mais de mil trabalhadores em condições de escravidão são resgatados

"Mais de mil trabalhadores foram flagrados em condições análogas à escravidão no Brasil em 2015, por meio de 140 operações realizadas pelo Grupo Especial de Fiscalização Móvel e por auditores fiscais do trabalho para combater o trabalho escravo no país.

De acordo com balanço do Ministério do Trabalho e Previdência Social (MTPS), [...] as ações identificaram 1.010 trabalhadores em condições análogas às de escravo, em 90 dos 257 estabelecimentos fiscalizados.

Mantendo a tendência registrada em 2014, a maioria das vítimas de trabalho escravo no Brasil foi localizada em áreas urbanas que concentraram 61% dos casos (607 trabalhadores em 85 ações). Nas 55 operações realizadas na área rural, 403 pessoas foram identificadas.

O estado de Minas Gerais liderou o número de trabalhadores resgatados, com 432 vítimas (43%). Em seguida estão o Maranhão com 107 resgates (11%), Rio de Janeiro com 87 (9%), Ceará com 70 resgates (7%) e São Paulo com 66 vítimas (6%).

Do total de trabalhadores alcançados, 65 deles eram imigrantes de diversas nacionalidades, entre bolivianos, chineses, peruanos e haitianos. Os dados revelam ainda que 12 dos resgatados de trabalho escravo em 2015 tinham idade inferior aos 16 anos e que outros 28 tinham idade entre 16 e 18 anos, atuando em atividades da Lista das Piores Formas de Trabalho Infantil."

R7 NOTÍCIAS. Brasil resgatou mais de mil trabalhadores em condições de escravidão em 2015. 27 jan. 2016. Disponível em: <http://mod.lk/4KvTz>. Acesso em: jan. 2017.

Formem grupos, analisem os dados fornecidos pela reportagem e depois façam uma pesquisa sobre trabalhadores em condição análoga à de escravidão na sociedade atual para responder às questões a seguir.

- De acordo com as informações da reportagem, de quais localidades vieram esses trabalhadores? Eram só brasileiros? Justifique.
- De acordo com suas pesquisas, em quais ramos de atividades, em geral, há esse tipo de ocorrência?

Em seguida, com a mediação do professor, promovam um debate sobre a existência dessas condições de trabalho no país.

4. Transformações no setor agrícola

Atualmente, o setor agrícola passa por transformações causadas pela urbanização, pelo avanço tecnológico da produção de sementes, pelo desenvolvimento de técnicas agrícolas sofisticadas, pela introdução de intensos processos de mecanização, assim como pela diversificação econômica do Brasil.

A modernização e a capitalização desse setor estão associadas ao desenvolvimento urbano e industrial, principalmente em São Paulo, sul de Minas Gerais, sul do Rio de Janeiro, Paraná, Santa Catarina, Rio Grande do Sul, Mato Grosso, Goiás e Mato Grosso do Sul, onde se situam complexos econômicos da moderna agropecuária brasileira. As regiões a oeste dos estados do Paraná e de Santa Catarina destacam-se na produção de carne de frango. O aumento da participação brasileira no mercado mundial dinamizou a economia dessas regiões.

Nos estados do Sul do país (englobando principalmente o centro-oeste do Paraná e o de Santa Catarina e o norte do Rio Grande do Sul), encontram-se algumas características comuns, bem como paisagens semelhantes: planaltos ondulados que, antigamente, estavam recobertos por matas de pinheiros intercaladas por manchas de campos.

Grande parte da área foi ocupada por imigrantes europeus e seus descendentes, especialmente a partir da segunda metade do século XIX e do início do século XX. Eles eram, em sua maioria, de origem italiana, alemã e, em menor proporção, eslava; ocuparam áreas até então inexploradas, imprimindo à paisagem marcas singulares.

O parcelamento da propriedade rural, a pequena produção familiar, a diversificação de cultivos, a criação de suínos e aves e a extração da madeira e da erva-mate conferiram uma identidade à região. Além disso, desenvolveram-se em alguns lugares as práticas de artesanato e a formação de pequenas e médias indústrias.

Plantação de soja em Rondonópolis (MT, 2013).

Nas últimas décadas, a **expansão do cultivo de soja** e a modernização geral da agropecuária mudaram a paisagem sulina. Um exemplo significativo pode ser encontrado no Paraná, cuja porção norte destaca-se por apresentar agricultura mecanizada e moderna. Além da soja voltada para a exportação, cultivam-se o milho, o algodão e a cana, cuja produção, em boa parte, é consumida pelas indústrias de óleo e pelas usinas de açúcar e álcool. Destaca-se também a produção de carnes (aves e suína).

A maioria da população já não vive no campo, mas em cidades que são centros comerciais e industriais importantes. Os principais centros urbanos que refletem o progresso econômico da área são Londrina, Maringá e Apucarana.

O **alto nível tecnológico** exigido pelo complexo exportador da soja subordinou os agricultores às indústrias e ao capital financeiro e promoveu intensa concentração da propriedade fundiária. A modernização difundiu-se para outros setores da agropecuária, como o da criação de porcos e de aves e o da produção de maçãs. Por meio de investimentos públicos, ocorreu melhoria da rede viária e da rede de reservatórios e armazéns de produtos agrícolas.

No Centro-Oeste e nas bordas meridionais e orientais da Amazônia, predomina a expansão da agropecuária moderna, que está cada vez mais integrada aos mercados do Centro-Sul. Seu desenvolvimento agrícola deve-se, em grande parte, ao "transbordamento" em sua direção das economias rurais dos estados do Sul e de São Paulo.

A faixa litorânea úmida do Nordeste é marcada pelo predomínio das *plantations* tradicionais, voltadas à prática de culturas tropicais. Esse sistema de produção combina-se, em Pernambuco e Alagoas, com a agroindústria canavieira (álcool e açúcar).

Nas zonas semiáridas do agreste, ainda se verifica a predominância da agricultura familiar, que convive com polos localizados de agricultura comercial altamente mecanizada, como a região de Juazeiro (na Bahia) e Petrolina (em Pernambuco), onde tem se expandido a fruticultura irrigada.

A **fruticultura** é, na atualidade, um dos segmentos mais dinâmicos e lucrativos da economia agrícola brasileira. Além da produção de uva, manga, melão e abacaxi, no Nordeste cresce a exportação de sucos processados e de castanha de caju — esses produtos já representam parte considerável das exportações nos estados do Ceará, do Rio Grande do Norte e da Paraíba.

A modernização agrícola do Nordeste também está ligada ao **avanço da soja** sobre os cerrados da Bahia, do Maranhão e do Piauí. Esse processo demonstra a dimensão da "conquista do Oeste" nordestino pela soja e, como ocorre no Centro-Oeste, relaciona-se frequentemente com o movimento migratório de agricultores da Região Sul.

Nas regiões afastadas dos mercados consumidores, a atividade mais praticada é a pecuária extensiva, baseada no uso de pastagens naturais de campos, cerrados ou caatingas, com baixa densidade de animais.

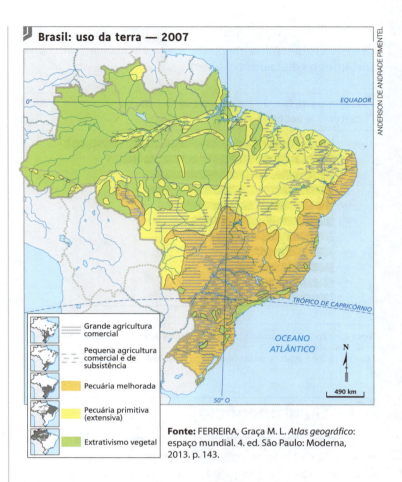

Fonte: FERREIRA, Graça M. L. *Atlas geográfico*: espaço mundial. 4. ed. São Paulo: Moderna, 2013. p. 143.

Impactos ambientais e sociais da modernização no campo

O modelo de produção agrícola baseado em grandes investimentos financeiros apresenta diversos problemas. É verdade que a produção agropecuária no Brasil tem crescido exponencialmente, havendo, porém, a preponderância de bens voltados à exportação (*commodities*), produzidos em grandes propriedades rurais, com o consequente aumento do uso de fertilizantes e agrotóxicos. O Brasil é líder mundial na importação e no consumo de produtos agroquímicos, e seu uso indiscriminado é uma questão relevante. Um terço dos alimentos consumidos pela população brasileira contém quantidade de agrotóxicos maior que a recomendável.

5. A importância da agricultura familiar

De acordo com o último *Censo agropecuário* (2006), 84% dos estabelecimentos agropecuários brasileiros pertencem a agricultores familiares, que empregam 74% de toda a mão de obra presente no campo. Ainda que em maior número, as propriedades familiares restringem-se a apenas 24% da área destinada à atividade agrícola no Brasil. Ocupando essa porção minoritária das terras agricultáveis, a agricultura familiar responde por 38% da renda agropecuária no Brasil e é responsável pela produção de 70% dos alimentos consumidos no país.

Observa-se, no gráfico a seguir, a participação expressiva da agricultura familiar na produção de alguns alimentos importantes na dieta dos brasileiros.

Brasil: participação da agropecuária familiar — culturas e pecuária (2006)

Fonte: FAO Brasil. *O estado da segurança alimentar e nutricional no Brasil*: um retrato multidimensional. Relatório de 2014. p. 55. Disponível em: <http://mod.lk/W128h>. Acesso em: jan. 2017.

6. O agronegócio

O agronegócio agrupa todo o conjunto de atividades vinculadas à produção agropecuária, compreendendo o setor de **equipamentos** agropecuários, os **serviços**, a **industrialização** e a **comercialização** dos produtos de origem animal ou vegetal. Ou seja, reúne todos os elementos que formam a cadeia produtiva de determinado setor agropecuário. Observe, no esquema a seguir, a representação do modelo de uma cadeia produtiva agroindustrial.

Modelo geral de cadeia produtiva agroindustrial

Fonte: CASTRO, Antônio M. G. de. *Cadeia produtiva e prospecção tecnológica como ferramentas para a gestão da competitividade*. Disponível em: <http://mod.lk/5OET5>. Acesso em: jan. 2017.

O Brasil se firma como um dos principais produtores agrícolas do mundo. As exportações obtidas pelo agronegócio representam importante item da balança comercial brasileira.

O país é o terceiro maior exportador de *commodities* do planeta, ocupando a segunda posição como exportador de óleo de soja e farelo de soja. Além disso, detém a liderança nas vendas ao exterior de suco de laranja, café e açúcar, entre outros produtos, como pode ser verificado no gráfico a seguir.

Ranking brasileiro de produção e exportação — 2010

Fonte: BRASIL. Ministério da Agricultura, Pecuária e Abastecimento (Mapa). *Agronegócio brasileiro em números*. Disponível em: <http://mod.lk/sBR5D>. Acesso em: jan. 2017.

Commodities. Produtos primários produzidos em larga escala, voltados para a exportação, cujos preços são determinados pelo mercado internacional.

QUESTÕES

1. Explique o que são boias-frias, caracterizando seu regime de trabalho.
2. Sintetize as transformações promovidas no campo pelos processos de modernização rural.
3. Que características singularizam a atividade agropecuária no Sul do Brasil?
4. Cite e explique dois importantes itens de produção rural do Nordeste brasileiro.
5. Estabeleça as principais diferenças entre agricultura familiar e agronegócio.

A abertura econômica, aliada ao acelerado crescimento da demanda por produtos agrícolas das economias emergentes, notadamente da China, fizeram as exportações agropecuárias crescerem com muita rapidez nas duas primeiras décadas do século XXI. No ano 2000, a China era apenas o 11º mercado importador mais importante, demandando menos de 3% do total das exportações agrícolas brasileiras.

Em 2013, esse país já havia se tornado o maior comprador de produtos agropecuários brasileiros, adquirindo 23% do total vendido ao exterior. O segundo maior mercado de mercadorias agrícolas brasileiras em 2013 foi a União Europeia, importando quase 20% do total exportado pelo Brasil, seguido dos Estados Unidos.

Complexo da soja

A produção de soja é liderada pelos estados de Mato Grosso, com 29,2%, Paraná, com 18,4%, Rio Grande do Sul, com 14,0%, e Goiás, com 10,8%.

Nos últimos anos, a cultura da soja está avançando para outras áreas no Maranhão, Tocantins, Piauí e Bahia, estados que em 2012 foram responsáveis por 10,4% da produção nacional desse grão. Os principais mercados que importam soja do Brasil são: Países Baixos, França, Alemanha, Tailândia e Irã.

A lavoura da soja é altamente mecanizada, com o uso intensivo de **fertilizantes químicos** e da **biotecnologia**. Cerca de 90% da área plantada com a oleaginosa é feita com **sementes transgênicas**, ou seja, com grãos geneticamente modificados.

No Brasil, a soja transgênica é tolerante a herbicidas, o que permite aos produtores controlar de forma mais eficaz as ervas daninhas e, consequentemente, obter maior produtividade. No entanto, essa situação provoca graves problemas ambientais e de saúde pública relacionados ao uso indiscriminado de defensivos agrícolas nessa região.

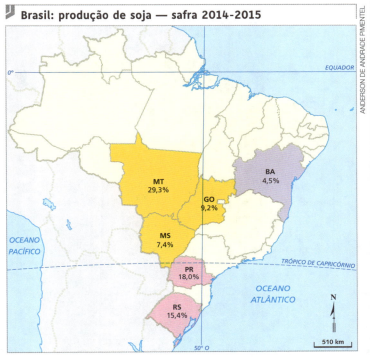

Fonte: BRASIL. Ministério da Agricultura, Pecuária e Abastecimento (Mapa). *Projeções do agronegócio*: Brasil 2014/15 a 2024/25. Projeções a longo prazo. p. 39. Disponível em: <http://mod.lk/leuzc>. Acesso em: jan. 2017.

A mecanização é uma das características das lavouras de soja que avançam a fronteira agrícola. Na foto, colheita mecanizada de soja no município de Chapadão do Sul (MS, 2014).

Você no Enem!

H19 — RECONHECER AS TRANSFORMAÇÕES TÉCNICAS E TECNOLÓGICAS QUE DETERMINAM AS VÁRIAS FORMAS DE USO E APROPRIAÇÃO DOS ESPAÇOS RURAL E URBANO.

A agroindústria e o agronegócio

"Desde tempos imemoriais, a produção de origem agropecuária, incluindo matérias-primas alimentares e não alimentares, como algodão e lã, é processada, embalada, transportada e comercializada para que seja acessível ao público. Os alimentos que comemos têm diferentes graus de elaboração até chegar à mesa do consumidor. [...]

Quando falamos de agroindústria, nos referimos precisamente a essas empresas que se ocupam do processamento da matéria-prima de origem agropecuária. [...]

[...] O conceito genérico de agroindústria se refere, portanto, a esses processos pós ou pré-agropecuários, mas que estão relacionados com o 'sistema agroalimentar ou agroindustrial' em seu conjunto.

Alguns autores [...] introduziram o conceito de 'agronegócios' (*agribusiness*) para assinalar esses mesmos processos. Existe, no entanto, uma diferença: agroindústria remete a processos técnicos de transformação de matéria-prima agropecuária em alimentos, que independem da capacidade dos agentes econômicos que integram as cadeias.

Agronegócio, porém, remete fundamentalmente às grandes empresas capitalistas, geralmente transnacionais, que realizam esses processos e que se transformaram em agentes essenciais do que poderíamos denominar 'sistema agroindustrial mundial' [...]."

GIARRACA, Norma; TEUBAL, Miguel. As grandes empresas e os produtores rurais. *Jornal Unesp*, ano XX, n. 211, suplemento. Disponível em: <http://mod.lk/DRBuu>. Acesso em: jan. 2017.

- Empresários exercem um poder significativo sobre os preços e condição das transações. Refletindo sobre esse fato, analise a situação dos pequenos e médios produtores agropecuários perante a agroindústria e o agronegócio. Registre suas conclusões no caderno e compartilhe-as com os colegas de classe.

Carne bovina

Em 2014, segundo dados do IBGE, havia no Brasil cerca de 212 milhões de cabeças de gado bovino, o que constituía o segundo maior rebanho de bovinos do mundo.

As maiores concentrações de criação de gado situavam-se no Centro-Oeste, Norte e Sudeste (ver mapa a seguir). A nossa produção de carne bovina fica atrás da dos Estados Unidos, o primeiro produtor mundial e com maior eficiência produtiva.

Isso pode ser explicado pelo fato de no Brasil predominar a **pecuária extensiva**, com animais criados soltos, alimentando-se de pastagens naturais, muitas vezes em solos de baixa fertilidade e sem cuidados adequados. A pecuária intensiva é pouco significativa no agronegócio da carne bovina brasileira.

Em 2014, foram abatidos 21,5 milhões de bovinos em todo o país. Mato Grosso, São Paulo, Mato Grosso do Sul, Goiás, Minas Gerais e Pará totalizaram 65% dos abates no país.

A principal importadora da carne bovina brasileira é a Rússia, seguida pela União Europeia e por Hong Kong; a carne de frango chega a 145 países, e o principal comprador é o Japão.

As perspectivas são favoráveis para o agronegócio da carne, visto que seu consumo mundial deve crescer por volta de 2% ao ano até 2020 e dobrar até meados do século XXI.

Esse alargamento da oferta está atrelado ao aumento do mercado dos países emergentes. Cerca de 30% da carne bovina produzida no Brasil é exportada.

Fonte: BRASIL. Ministério da Agricultura, Pecuária e Abastecimento (Mapa). *Projeções do agronegócio*: Brasil 2014/15 a 2024/25. Projeções a longo prazo. p. 62. Disponível em: <http://mod.lk/leuzc>. Acesso em: jan. 2017.

O estado de Mato Grosso é o maior produtor nacional de gado bovino. Na foto, pecuária extensiva em Alta Floresta (MT, 2015).

Geografia e outras linguagens

Na música sertaneja tradicional, que tematiza aspectos da vida no campo, a figura do boiadeiro é recorrente. Leia a letra da "Canção do boiadeiro", gravada pela dupla Pedro Bento e Zé da Estrada, e reflita sobre a vida dessa personagem.

Canção do boiadeiro

"Se ouve distante um berrante
Se avista na estrada a boiada
Ei! Boiadeiro
Saudade de sua amada!

Já vai o boiadeiro cortando serras e serras
De pago em pago rodando distante de sua terra
Boiadeiro da planície, da poeira das estradas
Na noite de lua clara canto esta linda toada.

Só quem foi é que conhece a vida de boiadeiro
No galpão faz a pousada reunindo os berranteiros
Lembrando de sua amada palpita seu coração
Pra disfarçar essa mágoa canto esta linda canção.

Seu destino é como o vento que percorre a colina
Quando a noite escura passa e o sol abre a cortina
Boiadeiro se levanta, põe o gado na rotina
Com saudade ele canta a canção da sua sina."

BENTO, Pedro; LEONEL, J. Canção do boiadeiro. Intérpretes: Pedro Bento e Zé da Estrada. Em: *Canção do boiadeiro*. Rio de Janeiro: Continental, 1971. 1 LP. Faixa 1.

Pago. Pequeno povoado, vilarejo.

QUESTÕES

- Pelos versos da canção, percebe-se o lamento de um boiadeiro em relação à mulher amada. Ele conduz um rebanho bovino por longos caminhos até chegar ao seu destino. Considerando que a canção foi lançada em 1971, responda: ela ainda retrata a realidade da pecuária brasileira? Justifique sua resposta.

ATIVIDADES

ORGANIZE SEUS CONHECIMENTOS

1. "As mudanças nos padrões de alimentação da população brasileira estão associadas e, de fato, são em parte determinadas, entre outros fatores, por mudanças observadas nas formas de produção e distribuição dos alimentos."

   MARTINS, Ana Paula B.; MONTEIRO, Carlos Augusto. A transição alimentar e nutricional no Brasil. Em: FAO Brasil. *O estado da segurança alimentar e nutricional no Brasil: um retrato multidimensional*. Brasília: FAO, 2014. p. 83.

   As mudanças indicadas pelo texto podem ser sintetizadas em qual das alternativas a seguir?

   a) Crescimento da pequena propriedade e barateamento dos produtos orgânicos.
   b) Aumento da concentração fundiária e a consequente diminuição do uso de agroquímicos.
   c) Crescimento da demanda por produtos geneticamente modificados e da agricultura familiar.
   d) Intensificação da agroindustrialização e aumento do consumo de alimentos industrializados.
   e) Crescimento do agronegócio voltado ao mercado interno e aumento do consumo de produtos orgânicos.

2. Observe a imagem a seguir.

   Trabalhador acompanha descarga de milho da colheitadeira para o caminhão, no município de Cornélio Procópio (PR, 2015).

   - Associe a fotografia ao fato de o Brasil ser considerado um dos "celeiros" do mundo.

3. Leia o texto.

   "De couro era a porta das cabanas, o rude leito aplicado ao chão duro, e mais tarde a cama para os partos; de couro todas as cordas, a borracha para carregar água; o mocó ou alforje para levar comida, a mala para guardar roupa, mochila para milhar cavalo, a peia para prendê-lo em viagem, as bainhas de faca, as bruacas e surrões, a roupa de entrar no mato, os banguês para curtume ou para apurar sal; para os açudes, o material de aterro era levado em couros puxados por juntas de bois que calcavam a terra com seu peso; em couro pisava-se tabaco para o nariz."

   ABREU, Capistrano de. Capítulos de história colonial & os caminhos antigos e o povoamento do Brasil. Brasília: Edit. da UnB, 1963. p. 149. Apud: DÓRIA, Carlos Alberto. O momento Piauí. *Trópico*. Disponível em: <www.revistatropico.com.br/tropico/html/textos/2901,1.shl>. Acesso em: mar. 2016.

   a) O texto do historiador Capistrano de Abreu destaca a forte presença de artefatos de couro no cotidiano do homem nordestino. Em que século instalou-se na região a chamada "civilização do couro"?
   b) Destaque a importância do rio São Francisco na expansão da atividade pecuária no Nordeste.

4. Analisando as informações da figura abaixo, responda à questão.

   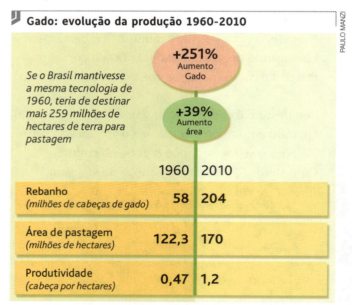

   Fonte: BRASIL. Ministério da Agricultura, Pecuária e Abastecimento (Mapa). *Agronegócio brasileiro em números*. Disponível em: <http://mod.lk/sBR5D>. Acesso em: jan. 2017.

   - A que fatores se relacionam as alterações representadas na figura?

5. Leia o trecho citado.

   ### Comunidades quilombolas do RS e SP têm territórios reconhecidos pelo Incra

   "O Instituto Nacional de Colonização e Reforma Agrária (Incra) reconheceu e declarou uma área de 410 hectares no município de Sertão (RS) como terras da comunidade remanescente do quilombo Mormaça. Essas decisões estão presentes em portarias publicadas no Diário Oficial da União e permitem que o processo de regularização do território quilombola avance.

O próximo passo é a desapropriação de terras e a titulação em nome da comunidade, com um título coletivo e que não permite ser dividido.

No Rio Grande do Sul, a ação beneficia 21 famílias da comunidade, cuja história remonta ao século XIX. O relatório sócio-histórico-antropológico, elaborado por equipe da Universidade Federal do Rio Grande do Sul (UFRGS), demonstra que a Comissão de Terras de Passo Fundo gerou um registro escrito que atesta a presença dessas famílias na região desde, pelo menos, a Proclamação da República (15 de novembro de 1889).

A ocupação histórica do território vem da relação dos antepassados da comunidade com seus ex-senhores. A figura de Francisca Mormaça, filha da escrava alforriada Firmina, é a referência para a memória coletiva de seus descendentes, que hoje avançam no reconhecimento do território."

PORTAL BRASIL. *Comunidades quilombolas do RS e SP têm territórios reconhecidos pelo Incra.* 8 out. 2015. Disponível em: <http://mod.lk/sytws>. Acesso em: jan. 2017.

Com base nas informações disponíveis no texto, explique:

a) o significado do termo "quilombola";

b) por que a titulação das terras quilombolas é realizada em nome da comunidade.

6. Leia o excerto abaixo.

"Deparamo-nos com uma continuidade estrutural, a coexistência da modernização com a permanência dos conflitos agrários no Brasil, marcados pelas 'mortes anunciadas', pelos assassinatos e pelas chacinas [...]. A expansão da inovação agropecuária e dos complexos agroindustriais coexiste com a manifestação de 'trabalho escravo' e o recurso ao suplício do corpo. [...] Um segundo elemento diz respeito à falsificação de títulos e 'grilagem', na qual tanto estão agindo os falsificadores quanto são responsáveis os 'oficiais de Registro de Imóveis, que coonestam esta prática' [...]."

TAVARES DOS SANTOS, José Vicente. *Conflitos agrários e violência no Brasil*: agentes sociais, lutas pela terra e reforma agrária. Disponível em: <http://mod.lk/c83xS>. Acesso em: jan. 2017.

- Relacione as afirmações do texto às características econômicas e sociais da Região Centro-Oeste, estudadas no capítulo.

REPRESENTAÇÕES GRÁFICAS E CARTOGRÁFICAS

7. Considerando os dados expressos no gráfico a seguir, analise as características da estrutura fundiária brasileira na atualidade.

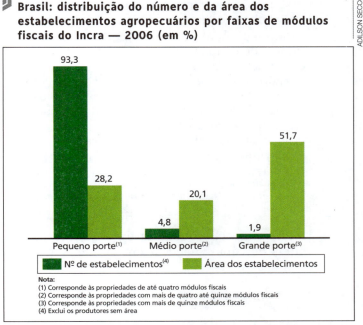

Brasil: distribuição do número e da área dos estabelecimentos agropecuários por faixas de módulos fiscais do Incra — 2006 (em %)

Fonte: BRASIL. Ministério do Desenvolvimento Agrário. *Estatísticas do meio rural 2010-2011*. 4. ed. São Paulo: Dieese/Nead/MDA, 2011. p. 33. Disponível em: <http://mod.lk/eT4hk>. Acesso em: jan. 2017.

INTERPRETAÇÃO E PROBLEMATIZAÇÃO

8. Leia o texto.

A expansão da cana-de-açúcar e suas consequências

"[...] Na região do Triângulo Mineiro, a expansão da cana-de-açúcar tem provocado uma série de mudanças nas relações estabelecidas entre o rural e o urbano. Os municípios que receberam as usinas também recebem um expressivo contingente de pessoas, advindas de outras regiões do Brasil. A presença dos cortadores de cana-de-açúcar acaba criando novas territorialidades dentro da cidade, pois eles trazem consigo costumes, hábitos que de certa forma vão se entrelaçando aos modos de vida das pessoas dos lugares. [...]

Com a instalação das usinas produtoras de álcool, açúcar e energia elétrica e derivados, no Triângulo Mineiro, as transformações socioespaciais nos municípios também ocorrem no espaço urbano. É visível na paisagem urbana o crescimento da economia devido à grande movimentação do comércio local. O mercado imobiliário fica aquecido e o preço dos aluguéis disparam.

[...]

Em menos de uma década, o município [de Conceição das Alagoas, localizado na Mesorregião do Triângulo Mineiro] que antes era produtor de alimentos, foi sendo tomado pela cana-de-açúcar. Hoje [2010], no município a maioria dos alimentos que as pessoas do lugar consomem vem de outras regiões, e por essa razão o preço dos produtos hortifrutigranjeiros se tornou mais alto. Neste contexto, além do custo de vida na cidade ter aumentado, todos passam a conviver com as queimadas, com a poeira e a circulação de enormes caminhões [...].

Isso tudo significa que a chegada da cana-de-açúcar gerou também fragmentação dos conteúdos sociais do espaço rural. O dilaceramento dos territórios rurais e das relações que compõem os quadros de vida, as práticas que se revelam, ao seu tempo, como fundamentais na vida dos camponeses, podem estar explicitadas nas diversas formas de espacialização das grandes lavouras [...]."

INÁCIO, J. B.; SANTOS, R. J.; KINN, M. G. As consequências do processo de expansão das lavouras de cana-de-açúcar no município de Conceição das Alagoas-MG. Em: Anais XVI Encontro Nacional de Geógrafos. Porto Alegre, 2010.

- Sintetize as consequências da expansão das lavouras de cana-de-açúcar em municípios do sul de Minas Gerais.

ENEM E VESTIBULARES

9. (Enem, 2010) O gráfico representa a relação entre o tamanho e a totalidade dos imóveis rurais no Brasil. Que característica da estrutura fundiária brasileira está evidenciada no gráfico apresentado?

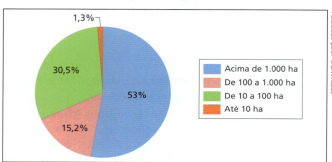

Fonte: INCRA. Estatísticas cadastrais, 1998.

a) A concentração de terras nas mãos de poucos.
b) A existência de poucas terras agricultáveis.
c) O domínio territorial dos minifúndios.
d) A primazia da agricultura familiar.
e) A debilidade da *plantation* moderna.

10. (Enem, 2010)

"Antes, eram apenas as grandes cidades que se apresentavam como no império da técnica, objeto de modificações, suspensões, acréscimos, cada vez mais sofisticadas e carregadas de artifício. Esse mundo artificial inclui, hoje, o mundo rural."

SANTOS, Milton. A natureza do espaço: técnica e tempo, razão e emoção. São Paulo: Edusp, 2006.

Considerando a transformação mencionada no texto, uma consequência socioespacial que caracteriza o atual mundo rural brasileiro é

a) a redução do processo de concentração de terras.
b) o aumento do aproveitamento de solos menos férteis.
c) a ampliação do isolamento do espaço rural.
d) a estagnação da fronteira agrícola do país.
e) a diminuição do nível de emprego formal.

11. (Enem, 2010)

"Coube aos xavantes e aos timbiras, povos indígenas do cerrado, um recente e marcante gesto simbólico: a realização de sua tradicional corrida de toras (de buriti) em plena avenida Paulista (SP), para denunciar o cerco de suas terras e a degradação de seus entornos pelo avanço do agronegócio."

RICARDO, B.; RICARDO, F. Povos indígenas do Brasil: 2001-2005. São Paulo: Instituto Socioambiental, 2006 (adaptado).

A questão indígena contemporânea no Brasil evidencia a relação dos usos socioculturais da terra com os atuais problemas socioambientais, caracterizados pelas tensões entre

a) a expansão territorial do agronegócio, em especial nas regiões Centro-Oeste e Norte, e as leis de proteção indígena e ambiental.
b) os grileiros articuladores do agronegócio e os povos indígenas pouco organizados no cerrado.
c) as leis mais brandas sobre o uso tradicional do meio ambiente e as severas leis sobre o uso capitalista do meio ambiente.
d) os povos indígenas do cerrado e os polos econômicos representados pelas elites industriais paulistas.
e) o campo e a cidade no cerrado, que faz com que as terras indígenas dali sejam alvo de invasões urbanas.

12. (Enem, 2010)

A interpretação do mapa indica que, entre 1990 e 2006, a expansão territorial da produção brasileira de soja ocorreu da região

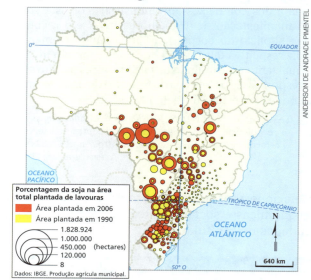

Fonte: GIRARDI, E. P. Proposição teórico-metodológica de uma cartografia geográfica crítica e sua aplicação no desenvolvimento do Atlas da questão agrária brasileira. Tese de doutorado. Presidente Prudente: Unesp, 2008. p. 83. Disponível em: <http://repositorio.unesp.br/bitstream/handle/11449/105064/girardi_ep_dr_prud.pdf?sequence=1>. Acesso em: 20 abr. 2010.

a) Sul em direção às regiões Centro-Oeste e Nordeste.
b) Sudeste em direção às regiões Sul e Centro-Oeste.
c) Centro-Oeste em direção às regiões Sudeste e Nordeste.
d) Norte em direção às regiões Sul e Nordeste.
e) Nordeste em direção às regiões Norte e Centro-Oeste.

13. (Enem, 2011)

"A Floresta Amazônica, com toda a sua imensidão, não vai estar aí para sempre. Foi preciso alcançar toda essa taxa de desmatamento de quase 20 mil quilômetros quadrados ao ano, na última década do século XX, para que uma pequena parcela de brasileiros se desse conta de que o maior patrimônio natural do país está sendo torrado."

AB'SÁBER, Aziz. *Amazônia*: do discurso à práxis. São Paulo: Edusp, 1996.

Um processo econômico que tem contribuído na atualidade para acelerar o problema ambiental descrito é

a) expansão do Projeto Grande Carajás, com incentivos à chegada de novas empresas mineradoras.
b) difusão do cultivo da soja, com a implantação de monoculturas mecanizadas.
c) construção da rodovia Transamazônica, com o objetivo de interligar a região Norte ao restante do país.
d) criação de áreas extrativistas do látex das seringueiras para os chamados povos da floresta.
e) ampliação do polo industrial da Zona Franca de Manaus, visando atrair empresas nacionais e estrangeiras.

14. (Enem, 2011)

"O Centro-Oeste apresentou-se como extremamente receptivo aos novos fenômenos da urbanização, já que era praticamente virgem, não possuindo infraestrutura de monta, nem outros investimentos fixos vindos do passado. Pôde, assim, receber uma infraestrutura nova, totalmente a serviço de uma economia moderna."

SANTOS, Milton. *A urbanização brasileira*. 5. ed. São Paulo: Edusp, 2005 (adaptado).

O texto trata da ocupação de uma parcela do território brasileiro. O processo econômico diretamente associado a essa ocupação foi o avanço da

a) industrialização voltada para o setor de base.
b) economia da borracha no sul da Amazônia.
c) fronteira agropecuária que degradou parte do cerrado.
d) exploração mineral na chapada dos Guimarães.
e) extrativismo na região pantaneira.

15. (Enem, 2015)

"A humanidade conhece, atualmente, um fenômeno espacial novo: pela primeira vez na história humana, a população urbana ultrapassa a rural no mundo. Todavia, a urbanização é diferenciada entre os continentes."

DURAND, M. F. et al. *Atlas da mundialização*: compreender o espaço mundial contemporâneo. São Paulo: Saraiva, 2009.

No texto, faz-se referência a um processo espacial de escala mundial. Um indicador das diferenças continentais desse processo espacial está presente em:

a) orientação política de governos locais.
b) composição religiosa de povos originais.
c) tamanho desigual dos espaços ocupados.
d) distribuição etária dos habitantes do território.
e) grau de modernização de atividades econômicas.

16. (Udesc-SC, 2015) O setor agropecuário é responsável por grande parte do PIB brasileiro, comportando a produção para o consumo interno e para a exportação. Relacione cada cultivo descrito à sua característica.

1. café   4. uva
2. cana-de-açúcar   5. trigo
3. soja

- produção marcante sobre extensas áreas do Oeste paulista, predominantemente em grandes propriedades e em latifúndios.
- importante cultivo de exportação brasileiro, as maiores regiões produtoras concentram-se nos estados do Mato Grosso e do Paraná.
- tradicional cultivo no Rio Grande do Sul, hoje também marcante no interior da região nordeste do Brasil.
- cultivo marcante no estado de Minas Gerais, sendo o Brasil o maior produtor mundial.
- importante cultivo nos estados do Rio Grande do Sul, Santa Catarina e Paraná, sendo o Brasil ainda importador.

A sequência correta das frases é, de cima para baixo:

a) 1-2-4-5-3
b) 4-3-1-5-2
c) 2-3-4-1-5
d) 3-4-2-1-5
e) 5-3-2-1-4

Mais questões: no livro digital, em **Vereda Digital Aprova Enem** e **Vereda Digital Suplemento de revisão e vestibulares**; no *site*, em **AprovaMax**.

CAPÍTULO 16

A DINÂMICA DAS POPULAÇÕES

ENEM
C4: H19
C5: H22, H24
C6: H26

Neste capítulo, você vai aprender a:

- Identificar e comparar os ritmos de crescimento da população mundial expressos em gráficos, tabelas e mapas, considerando sua distribuição e evolução no decorrer do tempo.
- Reconhecer o significado dos conceitos demográficos, para aplicá-los em diferentes contextos.
- Analisar os processos responsáveis por transição, crescimento, distribuição e concentração da população mundial.
- Estabelecer relações entre importantes deslocamentos populacionais e o cenário social e geopolítico dos países envolvidos.
- Ler e extrair informações de mapas e gráficos, especialmente pirâmides etárias, estabelecendo relações entre crescimento e distribuição etária de países.
- Analisar dados e situações representativas do papel da mulher na sociedade contemporânea.

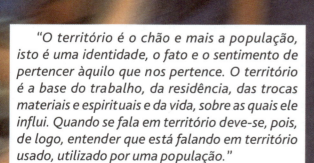

"O território é o chão e mais a população, isto é uma identidade, o fato e o sentimento de pertencer àquilo que nos pertence. O território é a base do trabalho, da residência, das trocas materiais e espirituais e da vida, sobre as quais ele influi. Quando se fala em território deve-se, pois, de logo, entender que está falando em território usado, utilizado por uma população."

SANTOS, Milton. *Por uma outra globalização: do pensamento único à consciência universal.* Rio de Janeiro: Record, 2000. p. 96.

Neste capítulo, analisaremos as tendências e as dinâmicas do crescimento da população mundial, suas características e sua distribuição global. Vamos conhecer os principais conceitos da demografia e os diferentes aportes teóricos e posições políticas em relação às questões demográficas.

Também serão estudados os fluxos migratórios e, particularmente, a participação feminina na sociedade contemporânea.

Ponto de partida

Em que contexto político e social global a imagem se insere?

Protesto de ativistas alemães na cidade de Dresden, em agosto de 2015. Na faixa, lê-se: "Bem-vindos, refugiados. Precisamos acabar com o racismo!".

Capítulo 16 • A dinâmica das populações

1. A população mundial

Segundo estimativas da ONU, a população mundial atingiu a marca dos 7,433 bilhões em 2016 e ultrapassará, provavelmente, os 9 bilhões no ano de 2050.

Esse número de habitantes parece gigantesco, considerando que em 1804 a população mundial chegou ao seu primeiro bilhão de habitantes. Cerca de 123 anos mais tarde (em pleno processo de industrialização e consequente aumento da urbanização), a população atingiu o segundo bilhão e, na segunda metade do século XX, chegou a 4 bilhões.

Essa população não se distribui de maneira igual pelo planeta, havendo lugares muito povoados e outros pouco. Da mesma forma, ela cresce em ritmos diferentes: de maneira muito lenta nos países desenvolvidos e de forma mais acelerada nos países em desenvolvimento.

A melhoria da qualidade de vida, principalmente nas nações desenvolvidas, aumentou a esperança de vida e, consequentemente, o número de idosos. Esse fato, aliado às baixas taxas de natalidade, tem provocado mudanças significativas na dinâmica da população, da sociedade e da economia. Desafios demográficos se impõem no século XXI: diferentes países estão lidando com altas **taxas de fecundidade**, enquanto outros têm de lidar com taxas tão baixas que o crescimento da população é até incentivado.

Distribuição da população mundial

Mais da metade da população mundial vive na Ásia (cerca de 60%). Já a Antártida tem a menor população (aproximadamente 0,00002%), seguida da Oceania, que reúne 0,5% da população. Dessa maneira, há regiões com altíssima **densidade demográfica** e outras com baixa densidade ou vazios demográficos (desertos, altas montanhas, florestas) que, por vezes, são praticamente inabitadas. Observe o mapa a seguir.

> **Taxa de fecundidade.**
> Refere-se ao número médio de filhos que uma mulher poderá ter durante sua idade reprodutiva.
>
> **Densidade demográfica.**
> Medida expressa pela relação entre o número de habitantes e a superfície do território, em quilômetros quadrados.

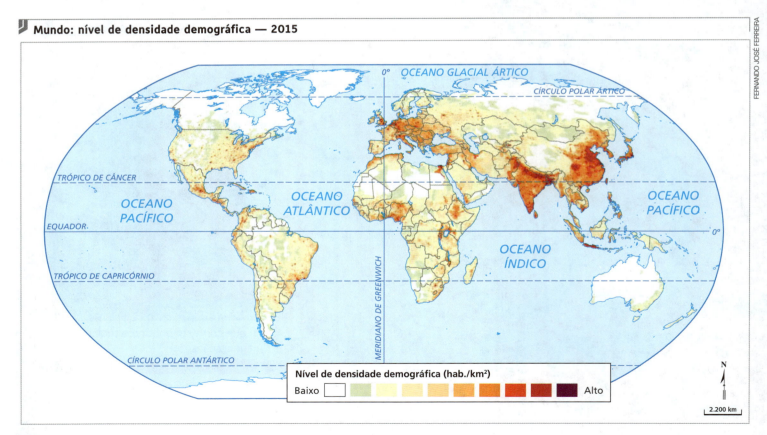

Mundo: nível de densidade demográfica — 2015

Fonte: IBGE. *Atlas geográfico escolar*. 7. ed. Rio de Janeiro: IBGE, 2016, p. 70.

Os cinco países mais populosos do mundo em 2016 eram China, Índia, Estados Unidos, Indonésia e Brasil. Observe a tabela a seguir.

20 países mais populosos — 2016

País	População
China	1.373.541.278
Índia	1.266.883.598
Estados Unidos	323.995.528
Indonésia	258.316.051
Brasil	205.823.665
Paquistão	201.995.540
Nigéria	186.053.386
Bangladesh	156.186.882
Rússia	142.355.415
Japão	126.702.133
México	123.166.749
Filipinas	102.624.209
Etiópia	102.374.044
Vietnã	95.261.021
Egito	94.666.993
Irã	82.801.633
Congo	81.331.050
Alemanha	80.722.792
Turquia	80.274.604
Tailândia	68.200.824

Fonte: CIA. *The world factbook*. Disponível em: <http://mod.lk/FLvXw>. Acesso em: fev. 2017.

Três dos cinco países mais populosos do mundo ficam na Ásia: trata-se do continente com a mais alta densidade demográfica do planeta, e o crescimento de sua população continua em expansão.

Nas próximas décadas, até o final deste século, calcula-se que, dentre os vinte países mais populosos do mundo, a maioria será de países africanos, entre eles, Nigéria, Tanzânia, República Democrática do Congo, Uganda, Quênia, Etiópia, Zâmbia, Níger, Malauí e Sudão.

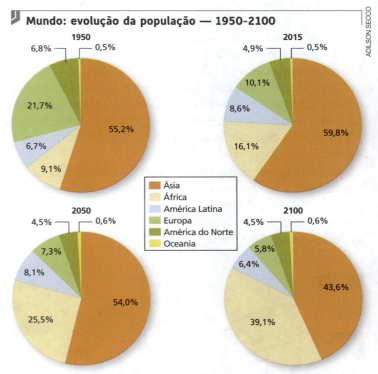

Fonte: UNITED NATIONS. Department of Economic and Social Affairs, Population Division (2015). *World Population Prospects*: The 2015 Revision. Disponível em: <http://mod.lk/V3KGl>. Acesso em: jan. 2017.

2. O crescimento populacional

Somente em 1804 a população mundial atingiu o número de 1 bilhão de habitantes. Em 1927, chegou-se aos 2 bilhões de habitantes; em 1959, aos 3 bilhões; em 1974, aos 4 bilhões; em 1987, aos 5 bilhões; em 1999, aos 6 bilhões; em 2011, aos 7 bilhões de habitantes. Observe a curva ascendente da população mundial no gráfico abaixo.

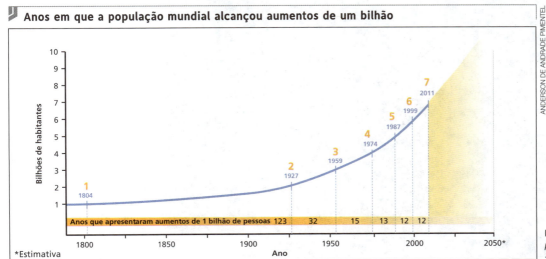

Anos em que a população mundial alcançou aumentos de um bilhão

Fonte: UNFPA. *Relatório sobre a situação da população mundial 2011*. Disponível em: <http://mod.lk/DpjWF>. Acesso em: jan. 2017.

Ao analisar os dados referentes ao crescimento da população mundial, é possível constatar que ele foi bem mais lento no século XIX que no século XX. Isso se explica pelo relativo equilíbrio entre as taxas de natalidade e as taxas de mortalidade, que, na época, eram muito elevadas, provocando menor crescimento vegetativo ou natural.

Em meados do século XX o crescimento populacional se intensificou, fundamentalmente nos países asiáticos, africanos e latino-americanos, ou seja, nos **países em desenvolvimento**. Entre as diversas causas, podemos citar os avanços da medicina, com a descoberta dos antibióticos, a universalização da assistência médico-hospitalar, as vacinações e a expansão do saneamento básico, avanços que provocaram a diminuição drástica das taxas de mortalidade e o aumento da esperança de vida.

O contínuo recuo das taxas de mortalidade e a manutenção dos elevados índices de natalidade, principalmente em países em desenvolvimento, conduziram a um crescimento demográfico muito acelerado, ficando por volta de 2,5% entre as décadas de 1950 e 1970.

> **Taxa de natalidade.** Número de nascimentos por mil, no período de um ano de determinado lugar (cidade, estado, região, país, entre outros).
>
> **Taxa de mortalidade.** Número de óbitos por mil, no período de um ano de determinado lugar (cidade, estado, região, país, entre outros).
>
> **Crescimento vegetativo ou natural.** É a diferença entre as taxas de natalidade e de mortalidade da população de determinado lugar (cidade, estado, região, país, entre outros).
>
> **Esperança de vida.** Número de anos que se espera que uma pessoa vá viver.

Após a Segunda Guerra Mundial, a forte urbanização (inicialmente ocorrida nos países desenvolvidos e posteriormente alastrada para praticamente todo o planeta) e a maior presença da mulher no mercado de trabalho refrearam o crescimento populacional. As mulheres passaram a se casar mais tarde, priorizando sua carreira. Os casais, com a disseminação e a popularização de métodos contraceptivos — como a pílula anticoncepcional —, puderam decidir quanto ao tamanho de sua prole, e a maioria deles optou por famílias pequenas. Tal opção reflete tanto uma mudança cultural quanto os altos custos dos serviços de educação e saúde no contexto urbano: educação de qualidade e melhores condições de vida representam elevados dispêndios em muitos países. O planejamento familiar contribuiu para que as **taxas de fecundidade** caíssem drasticamente, assim como as taxas de natalidade.

As diferenças no crescimento populacional

Hoje a população do mundo cresce a taxas muito desiguais, pois em vários países da África e da Ásia o crescimento anual é superior a 2,5%, enquanto na grande maioria dos países da Europa e da América do Norte não supera a taxa de 1%. Observe o mapa da página seguinte.

Em muitos países, a maior inserção das mulheres no mercado de trabalho contribuiu para a redução da taxa de natalidade. Na foto, mulheres trabalham em laboratório em Genebra (Suíça, 2012).

Crianças em escola em Bujumbura, capital de Burundi (África), em 2015. Nesse país, o crescimento da população é elevado: cerca de 3,5% ao ano.

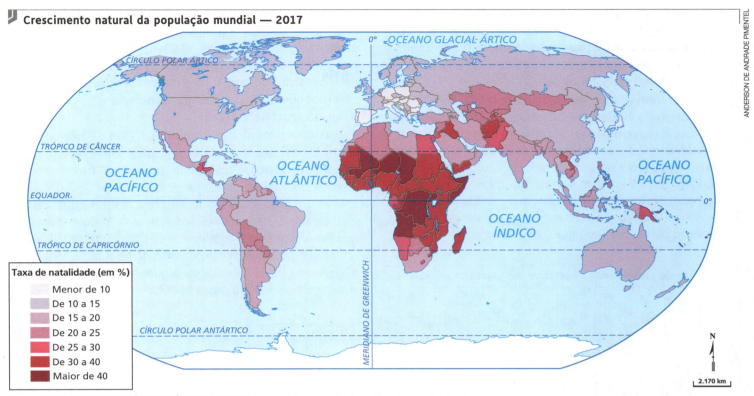

Crescimento natural da população mundial — 2017

Taxa de natalidade (em %)
- Menor de 10
- De 10 a 15
- De 15 a 20
- De 20 a 25
- De 25 a 30
- De 30 a 40
- Maior de 40

Fonte: INSTITUT NATIONAL D'ÉTUDES DÉMOGRAPHIQUES. *La population en cartes*: taux d'acroissement naturel. Disponível em: <http://mod.lk/dd0BJ>. Acesso em: jan. 2017.

Nas últimas décadas, a maioria das regiões em desenvolvimento vem apresentando taxas de natalidade descendentes e ritmo abrandado de crescimento demográfico. Esse fenômeno está diretamente ligado ao processo de urbanização e de industrialização. O Brasil, por exemplo, teve um processo de urbanização acelerado, rompendo os vínculos tradicionais entre o campo e as cidades pequenas; isso tem provocado, desde a década de 1970, uma queda rápida e constante das taxas de natalidade. Tal fenômeno, no Brasil e no mundo, é consequência do modo de vida urbano. Mudanças relevantes são decorrentes do processo de urbanização, como a maior participação da mulher no mercado de trabalho e os altos custos de vida, especialmente os ligados a serviços como educação e saúde. Esses são fatores que adiam tanto os casamentos como a intenção dos casais de terem filhos.

As taxas de natalidade são muito altas em alguns países em desenvolvimento. Neles, predomina a população rural, na qual os filhos contribuem com sua força de trabalho nas plantações e na criação animal, tendo, assim, papel relevante na subsistência dos núcleos familiares. Nas regiões rurais dos países em desenvolvimento, o acesso a métodos contraceptivos é mais reduzido e há pouca divulgação de informações sobre o planejamento familiar.

O acentuado crescimento populacional dos países em desenvolvimento envolve diretamente a necessidade de planejar políticas públicas relacionadas a saúde, educação, moradia, entre outras, como forma de controlar o crescimento e melhorar as condições de vida dessas populações. Segundo estudos da ONU, investimentos direcionados para melhorar os serviços sociais e o atendimento às crianças incidem diretamente na melhoria da qualidade de vida de toda a população. Um dos indicadores de qualidade de vida é a baixa **taxa de mortalidade infantil**.

Vejamos o caso de Níger, país de desenvolvimento incipiente e com elevada desigualdade social: sua população em 2012 era de 16,6 milhões de habitantes, a taxa de fecundidade, de 6,9 filhos por mulher e a taxa de natalidade, de 3,5% ao ano. Considerando o ritmo atual, em dez anos a população nigerense será de 23,4 milhões de habitantes e dobrará até 2032.

As taxas de natalidade de alguns países africanos têm apresentado importante redução devido a políticas de planejamento familiar e ao aumento da urbanização. Entre esses países, podemos citar a Tunísia, o Gabão e a África do Sul. Na foto, Túnis, capital da Tunísia, em 2010.

Taxa de mortalidade infantil. Quantidade de crianças que morrem antes de completar um ano em cada mil nascidas vivas.

Capítulo 16 • A dinâmica das populações

Segundo estudos da ONU, a modernização da economia e a concentração da população nos centros urbanos têm eliminado a **unidade de produção familiar**, o que diminui a importância de uma família numerosa e contribui para a redução das taxas de natalidade.

Para as populações urbanas de baixa renda, cada filho a mais representa gastos extras até atingir a idade produtiva; além disso, essas populações encontram com certa facilidade as informações e os meios de controlar a fecundidade. Também se observa uma tendência de recuo das taxas de natalidade mesmo entre as populações rurais, que têm tido mais acesso à informação e a serviços de saúde e educação. Portanto, a estabilidade demográfica dos países em desenvolvimento parece ser uma questão de tempo.

Em contraposição, nos países desenvolvidos as taxas de natalidade entraram em declínio há mais tempo, e hoje elas estão muito próximas a zero ou são negativas, ou seja, a população tende a diminuir em números absolutos. Assim, a taxa de incremento demográfico é quase nula. Nesses países, há governos que fazem campanhas incentivando os casais a terem o segundo e o terceiro filho.

Na China, com seus atuais 1,37 bilhão de habitantes, o controle da natalidade era uma prática empregada pelo governo, que instituiu a política do "filho único" nos anos 1970, oferecendo vantagens econômicas aos casais que tivessem apenas um filho (nas cidades) e punições aos que tivessem mais de um. Essa rígida política antinatalista contribuiu para que houvesse acentuada queda das taxas de natalidade e acelerou a taxa de envelhecimento da população. Em 2013, o governo chinês flexibilizou algumas normas e em 2015 anunciou o abandono dessa política.

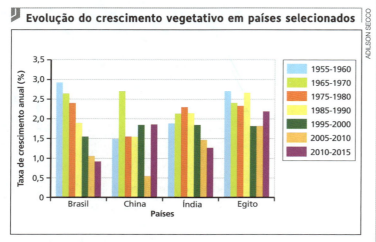

Fonte: UNITED NATIONS. Department of Economic and Social Affairs, Population Division (2015). *World Population Prospects*: The 2015 Revision, DVD Edition.

QUESTÕES

1. Conceitue os itens a seguir:
   a) taxa de fecundidade e de natalidade;
   b) crescimento vegetativo;
   c) densidade demográfica.
2. Explique as razões para o aumento global da esperança de vida.
3. Quais são os efeitos da urbanização e da emancipação feminina no crescimento populacional?
4. Por que as taxas de natalidade são maiores nos países menos desenvolvidos?

O governo chinês estimulou até 2015 o adiamento do casamento e da gravidez e ofereceu benefícios aos casais residentes nas zonas urbanas que tivessem apenas um filho. Os habitantes da zona rural e os casais formados por minorias étnicas eram estimulados a ter dois filhos. Na foto, cartaz de campanha do filho único na cidade de Chengdu (China, 1985).

3. O envelhecimento da população

Hoje, o número de idosos vem crescendo no mundo todo. Em 1950 os idosos representavam 8% da população global; em 2009, 11%; e em 2050 deverão ser 22% do total. No início da década de 2010, pela primeira vez na história da humanidade, o número de idosos ultrapassou a população de crianças (0-14 anos).

Nos países desenvolvidos, os habitantes com mais de 60 anos já formam um segmento expressivo da população.

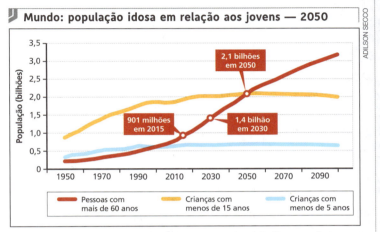

Fonte: UNITED NATIONS. Department of Economic and Social Affairs, Population Division (2015). *World Population Prospects*: The 2015 Revision. Disponível em: < http://mod.lk/pLsL5 >. Acesso em: jan. 2017.

O aumento da expectativa de vida é diretamente proporcional à **melhoria da qualidade de vida** das populações. A esperança de vida mais alta do mundo é no Japão, cerca de 84 anos, em seguida na Austrália, 82, na Itália, 81,8, na Alemanha, 81,5 e na Suécia, 81,3 anos.

Para navegar

United Nations Population Fund (UNFPA) – Brasil
http://www.unfpa.org.br/novo/index.php/situacao-da-populacao-mundial
No *site* estão disponíveis dados, notícias, vídeos e publicações relacionados à população mundial.

Com as pessoas vivendo mais, os benefícios sociais, como aposentadoria, são recebidos por mais tempo pelos idosos. Quem sustenta os fundos de pensão ou os institutos de previdência são os trabalhadores na ativa, porque os idosos já contribuíram durante muitos anos para poder gozar desse benefício na velhice. Esse dado gera uma enorme pressão financeira sobre o caixa das instituições pagadoras, uma vez que o número de aposentados cresce e não o de contribuintes, pois as taxas de natalidade são baixas ou negativas. O aumento da população da terceira idade requer, por sua vez, mais investimentos na área da saúde, assistência hospitalar, assistência social, entre outros. Conforme dados da ONU, na Alemanha, Suécia e Itália, três trabalhadores ativos sustentam um aposentado. Em países como o Catar e a Arábia Saudita, cerca de trinta trabalhadores sustentam um aposentado.

Os gastos com saúde e previdência em países desenvolvidos são maiores que em países menos desenvolvidos, onde os mecanismos de proteção social são menos presentes e os serviços de saúde são, em geral, mais precários.

Idosos se exercitam durante uma campanha para a melhoria da saúde promovida pelo governo japonês na cidade de Tóquio (Japão, 2015).

Trocando ideias

Promovam um debate em sala de aula sobre os motivos de os idosos não estarem totalmente integrados à sociedade, discutindo se, com o envelhecimento da população, isso tende a mudar. Registre as conclusões.

Pirâmide etária

A análise da pirâmide etária oferece diversas informações sobre a **estrutura populacional** de um país, como a quantidade de habitantes por faixa etária, a proporção por sexo e a porcentagem de pessoas em idade produtiva (ou seja, as que se encontram entre 15 e 60 anos) no total da população. Para interpretar uma pirâmide etária, devemos observar os seguintes critérios: no eixo das abscissas, registra-se a proporção de habitantes em cada faixa etária; no eixo das ordenadas, as faixas de idade.

Observe a seguir a evolução da pirâmide da Alemanha (país desenvolvido), do Brasil e da Tanzânia (países em desenvolvimento), e a projeção para 2050.

Pirâmides etárias: Alemanha, Brasil e Tanzânia

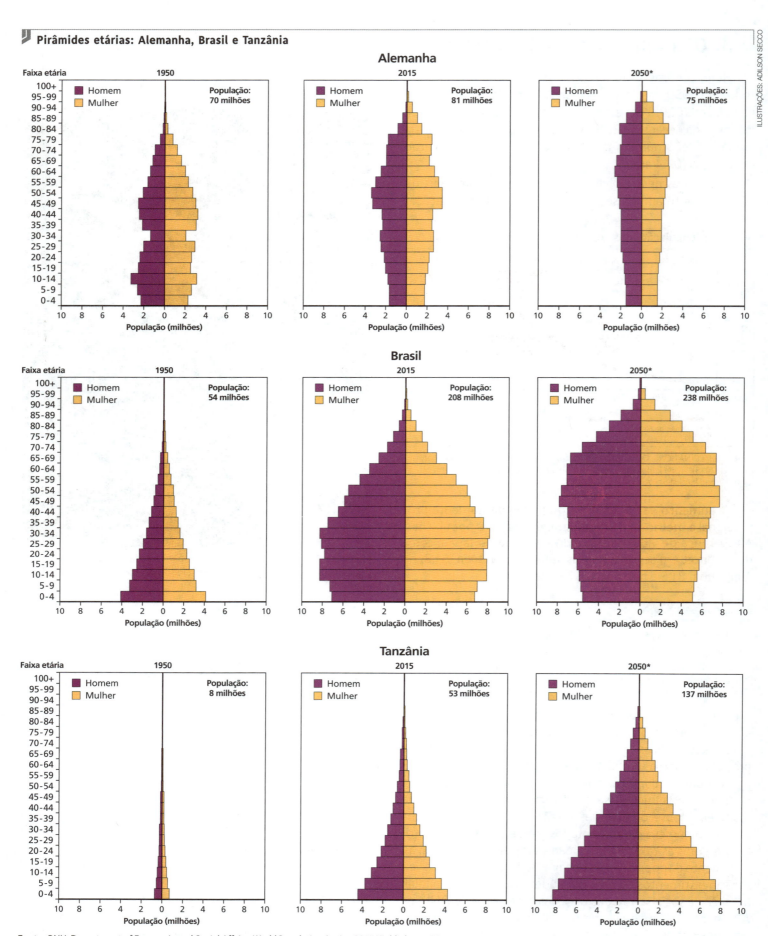

Fonte: ONU. Department of Economic and Social Affairs. *World Population Ageing 2015 Highlights*, p. 13. Disponível em: <http://mod.lk/7JTU3>. Acesso em: jan. 2017.

* Estimativa.

As pirâmides etárias do Brasil e da Tanzânia apresentam bases largas, ou seja, há um grande número de jovens, resultante das altas taxas de natalidade e do elevado crescimento vegetativo; parcelas intermediárias da população, entre 15 e 60 anos, mais reduzidas, principalmente em relação à base larga – a população em idade produtiva é menor que a de crianças a serem sustentadas; e vértices estreitos, indicando pequeno número de idosos, resultante da baixa expectativa de vida. Já na pirâmide do Brasil, em 2015 houve um aumento no corpo da representação gráfica, o que significa um maior número de adultos. Em 2050, a pirâmide brasileira poderá passar para uma forma mais retangular, com base e corpo similares e topo mais largo.

A pirâmide da Alemanha apresenta base mais estreita em 1950, e que diminuiu significativamente em 2015. A projeção para esse país é que a forma gráfica continue estreita em 2050. Os vértices vêm se alargando e deverão se tornar maiores em 2050, quando terão uma forma mais retangular do que piramidal.

As diferenças entre as pirâmides dos países desenvolvidos e em desenvolvimento estão diretamente associadas à qualidade de vida acarretada pela falta de acesso aos serviços de saúde, de assistência médico-hospitalar e de redes de saneamento básico, má nutrição, entre outros fatores que diminuem a expectativa de vida. O acesso à educação e ao trabalho são os grandes elementos transformadores dessa realidade.

4. Índice de Desenvolvimento Humano (IDH)

O **Índice de Desenvolvimento Humano (IDH)** foi criado pelo Programa das Nações Unidas para o Desenvolvimento (PNUD) para medir o grau de desenvolvimento de uma nação. Para evitar que o desenvolvimento seja avaliado apenas no aspecto econômico, são considerados três fatores: **saúde** — vida longa e saudável, medida pela expectativa de vida; **educação** — número médio de anos de educação recebidos pelos adultos e expectativa de anos de escolaridade para crianças; **renda (padrão de vida)** — medido pelo **PIB** *per capita* expresso em dólar **PPC (Paridade de Poder de Compra)**, que permite cálculos desconsiderando as diferenças entre os valores das diferentes moedas. O IDH resulta da média ponderada desses três fatores, variando de 0 a 1. Quanto mais próximo de 1, maior o desenvolvimento humano do país. Veja as categorias:

- IDH Muito Elevado — países com índices superiores ou iguais a 0,800;
- IDH Elevado — países com índices entre 0,700 e 0,799;
- IDH Médio — países com índices entre 0,550 e 0,699;
- IDH Baixo — países que apresentam índices abaixo de 0,550.

Todos os anos são divulgados relatórios que classificam os países em IDH Muito Elevado, Elevado, Médio e Baixo. No topo estão os países com melhor qualidade de vida e nos últimos lugares, os com pior. No relatório do Desenvolvimento Humano de 2015, o primeiro lugar ficou com a Noruega (0,944); o Brasil ocupou a 75ª posição, com IDH alto; e os últimos colocados, com IDH baixo, foram Níger (0,348) e República Centro-Africana (0,350), ocupando as posições 188 e 187, respectivamente.

Observe as tabelas a seguir, com a classificação do IDH de alguns países.

Desenvolvimento Humano Muito Elevado (2014)

País	Valor
1º Noruega	0,944
2º Austrália	0,935
3º Suíça	0,930
4º Dinamarca	0,923
5º Países Baixos	0,922

Desenvolvimento Humano Médio (2014)

País	Valor
106º Botswana	0,698
112º Paraguai	0,679
113º Estado da Palestina	0,677
126º Namíbia	0,628
130º Índia	0,609

Desenvolvimento Humano Elevado (2014)

País	Valor
50º Federação Russa	0,798
52º Uruguai	0,793
60º Panamá	0,780
67º Cuba	0,769
69º Irã	0,766
75º Brasil	0,755

Desenvolvimento Humano Baixo (2014)

País	Valor
184º Burundi	0,400
185º Chade	0,392
186º Eritreia	0,391
187º República Centro-Africana	0,350
188º Níger	0,348

Fonte: PNUD. *Relatório do desenvolvimento humano 2015*, p. 230. Disponível em: <http://mod.lk/zZUcR>. Acesso em: jan. 2017.

De acordo com dados da ONU, em 2014 a Noruega foi o país com o mais alto IDH do mundo: 0,944. Na foto, parque em Oslo, capital norueguesa (2015).

Um dos países com baixo IDH é o Paquistão. Em 2014, o país ficou na 146ª posição, com IDH de 0,537. Na foto, favela em Islamabad, capital do país (2015).

Você no mundo — Atividade em grupo — Pesquisa

A estrutura etária do seu bairro

O processo de envelhecimento da população apresenta-se de forma desigual em uma mesma cidade.

Em 2005, por exemplo, o economista Aldemir Freire verificou que em Natal (RN) a população idosa era proporcionalmente muito mais significativa nos bairros onde os moradores tinham renda mais elevada e/ou naqueles em áreas centrais. Nos bairros com população de mais baixa renda e/ou periféricos, a porcentagem de crianças era por sua vez mais elevada se comparada com a de outros bairros.

- Forme grupos de 3 ou 4 alunos. Juntos, elaborem uma hipótese para explicar as diferenças da estrutura etária dos bairros de Natal estudadas pelo economista.
- Sob a orientação do professor, escolham uma rua do bairro da escola para a realização de uma pesquisa sobre a estrutura etária de seus moradores. Como o número de ruas pesquisadas será representativo da população residente do seu bairro, selecionem ruas que contenham mais residências do que pontos de comércio, por exemplo.
- Elaborem um roteiro de entrevista simples para ser aplicado em cada casa que visitarem para a coleta de informações. O roteiro deve averiguar os nomes das pessoas, o tempo que residem no bairro e, fundamentalmente, as idades dos integrantes de cada família (foco da pesquisa).
- O professor marcará o prazo para a entrega da pesquisa e orientará a saída a campo dos grupos em suas respectivas ruas de pesquisa.
- No retorno, juntamente com o professor, analisem os questionários e montem uma pirâmide etária do bairro. Para isso, recorram aos exemplos do livro para determinar as faixas etárias (não é necessário dividir por sexo). Considerem que as faixas entre as idades podem ter espaços maiores, por exemplo: 0 a 12 anos, 13 a 19 anos, 20 a 39 anos, 40 a 65 anos, mais de 65 anos.
- Definam, a partir da pirâmide feita e das faixas etárias, a porcentagem de crianças, adolescentes, jovens, adultos, idosos, por exemplo.

Geografia: contextos e redes

5. Transição demográfica

O atual heterogeneidade nas taxas de crescimento populacional pode ser compreendida pelo estudo do conceito de **transição demográfica**, que descreve a dinâmica populacional resultante dos processos de urbanização e do desenvolvimento da medicina e das melhorias sanitárias.

Historicamente, as sociedades que vivenciam a urbanização e se beneficiam dos avanços técnicos e tecnológicos passam pela transição demográfica. Essa transição constitui-se na diminuição das taxas de natalidade e mortalidade ao longo do tempo. Antes da transição demográfica, porém, predominam nas sociedades altas taxas de mortalidade e de natalidade. Com o avanço da medicina e da urbanização, as taxas de mortalidade diminuem e a população cresce porque a natalidade continua alta. A partir do momento em que a taxa de fecundidade começa a cair, o crescimento demográfico fica próximo a zero: as taxas de natalidade e mortalidade são muito baixas, praticamente uma anulando a outra. Até que se complete a transição, registra-se um crescimento demográfico acelerado.

A transição demográfica é um processo que já ocorreu nos países desenvolvidos. Entretanto, nos países em desenvolvimento essa transição apresenta ritmos desiguais: a maior parte dos países da América Latina e da Ásia vivenciam o segundo momento da transição e os países da África Subsaariana estão no início desse processo. No caso da população brasileira, há uma tendência a estabilizar-se em poucos anos, indicando que essa trajetória está no caminho de se completar.

Nos países em que a transição demográfica está no início, a proporção de crianças e jovens (de 10 a 24 anos) em relação ao total da população é bastante elevada. Naqueles em que a transição demográfica já se completou, verifica-se a grande proporção de idosos, pessoas com mais de 65 anos.

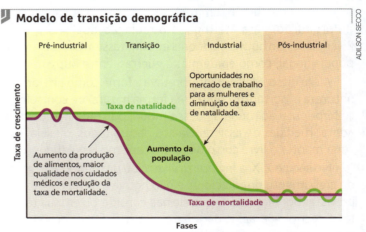

Fonte: BOW-BERTRAND, Ana. *Demographic and Epidemiological Transition in Western Europe*. The Economy in Health. Disponível em: <http://mod.lk/11NBm>. Acesso em: fev. 2017.

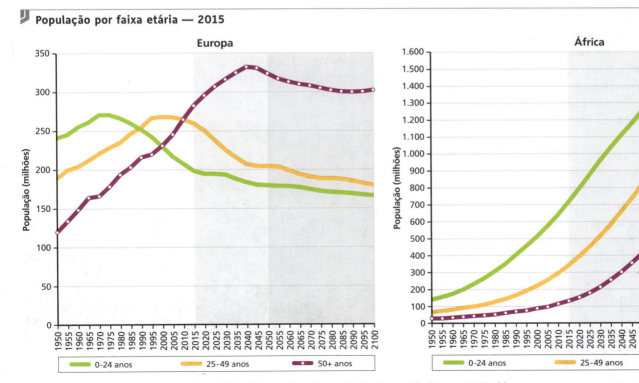

Fonte: BOW-BERTRAND, Ana. *Demographic and Epidemiological Transition in Western Europe*. The Economy in Health. Disponível em: <http://mod.lk/11NBm>. Acesso em: fev. 2017.

6. As teorias demográficas

Malthus

Crescimento populacional

O crescimento demográfico acelerado já surpreendia muitos estudiosos do assunto no final do século XVIII — e essa foi a base do **alarmismo malthusiano** (do economista e religioso inglês Thomas Robert Malthus). Seu *Ensaio sobre o princípio da população* teve publicadas seis edições entre 1796 e 1826. Na segunda dessas edições, encontra-se a teoria que o celebrizou: a capacidade de produção de alimentos no mundo iria crescer em progressão aritmética (1, 2, 3, 4, 5), ao passo que o crescimento populacional se daria em progressão geométrica (1, 2, 4, 8, 16), pois não haveria como aumentar os campos de cultivo, limitando-se, portanto, a capacidade de produção. Para Malthus, a população dobraria a cada 25 anos, se não houvesse fatores que limitassem o crescimento populacional, como epidemias e guerras, entre outros.

Além disso, Malthus interpretava a fome como um fato da natureza e, portanto, como uma forma natural de controle da superpopulação mundial; desse modo, o Estado não deveria adotar medidas de assistência aos necessitados, ou seja, deveria manter o livre curso desse mecanismo regulativo.

No século XIX, a Inglaterra vivenciou um período de grande crescimento populacional e não houve a fome e a miséria previstas por Malthus. O que ele não considerou em sua teoria foi a tecnologia aplicada à agropecuária, fator responsável por aumentar significativamente a produtividade no campo.

Os neomalthusianos

Na década de 1960, a taxa de crescimento da população mundial atingiu seu auge, reavivando as discussões sobre demografia. Segundo os **neomalthusianos** (os atuais defensores da teoria de Malthus), o crescimento econômico e social dos países em desenvolvimento é entravado pelo acelerado crescimento demográfico, já que os investimentos do Estado precisam ser desviados para fins não produtivos, como creches e escolas.

Para os seguidores dessa corrente, o crescimento demográfico acelerado condenava os países em desenvolvimento a uma estagnação econômica permanente, impossibilitando a melhoria da qualidade de vida de suas populações. Nesses países, a solução seria a implantação de rigorosos programas de controle de natalidade apoiados ou subsidiados por organismos internacionais e aplicados pelos governos locais.

Os ecomalthusianos

A visão sobre a dinâmica demográfica ganhou, no final do século XX, uma conotação "verde" com os **ecomalthusianos**, que alertam para os riscos ambientais da explosão demográfica. De acordo com esse grupo, o rápido crescimento da população representa uma demanda muito mais elevada de recursos naturais e o controle da natalidade seria uma forma de preservar o patrimônio ambiental para as gerações futuras.

O crescimento demográfico acelerado gera, de fato, sérias **pressões sobre o meio ambiente** em muitas áreas ecologicamente frágeis, como em algumas regiões dos trópicos semiáridos. Em contrapartida, os países desenvolvidos — que abrigam apenas cerca de 20% da população mundial — consomem a maior parte dos recursos naturais disponíveis e são responsáveis por 80% da poluição do planeta.

A crítica ao malthusianismo: a teoria reformista

Em oposição às teorias de cunho malthusiano, a chamada teoria reformista afirma que as altas taxas de natalidade presentes nos países menos desenvolvidos não são a causa, mas a consequência do baixo desenvolvimento. Essa corrente teórica denuncia o fato de que malthusianos ignoram as desigualdades sociais e adotam um discurso de teor moralizante, culpando as populações mais carentes por sua condição.

Para os **reformistas**, a pobreza e a precariedade da educação são fatores que mantêm o crescimento demográfico elevado, determinando, por exemplo, a exclusão feminina do mercado de trabalho. Diante desse diagnóstico, as propostas para a questão demográfica consistiriam basicamente em melhorias na educação formal e na diminuição das desigualdades sociais.

7. Os fluxos migratórios

Grandes deslocamentos populacionais são conhecidos desde a Antiguidade. Grupos humanos deixam seu lugar de origem em busca de melhorias em suas condições de vida, muitas vezes fugindo de calamidades naturais (como secas e invernos rigorosos e prolongados) e de perseguições políticas e religiosas.

O Sahel é uma região da África localizada entre o deserto do Saara e as terras férteis ao sul. Nela ocorrem frequentes períodos de seca e a população rural residente é obrigada a se deslocar para obter alimento. Na foto, senegalês conduz seu rebanho pelo Sahel. (Foto de 2012.)

Quando estudamos a dinâmica das populações, precisamos discutir as **migrações** como **fluxos populacionais** permanentes ou episódicos, compulsórios (como as migrações de refugiados de guerra) ou espontâneos. Esses movimentos podem ser internos (quando ocorrem dentro de um mesmo país) ou externos (de um país para outro).

Migração

Com frequência, a imprensa noticia a entrada ilegal de pessoas em países desenvolvidos, bem como a reação dos governos desses países no sentido de conter a imigração. No mapa a seguir, é possível observar os principais fluxos migratórios mundiais ocorridos no ano de 2013.

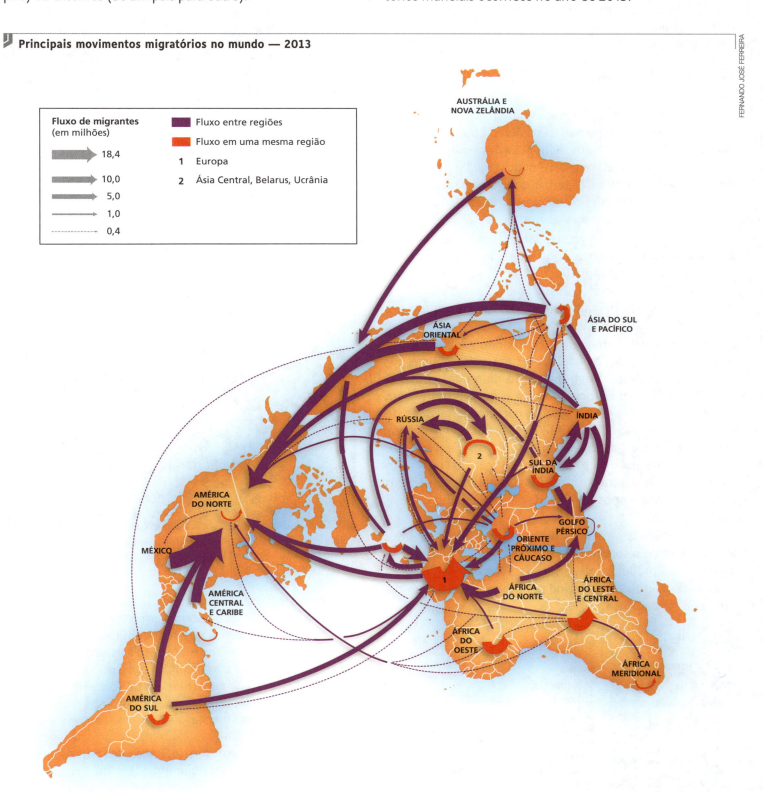

Principais movimentos migratórios no mundo — 2013

Fonte: ATELIER DE CARTOGRAFIA SCIENCE PO. *Principaux mouvements migratoires 2013*. Disponível em: <http://mod.lk/uOeGJ>. Acesso em: fev. 2017.

Representação sem escala

Segundo o Relatório das Migrações no Mundo de 2015, publicado pela Organização Internacional para Migrações (OIM), estima-se que existam 232 milhões de migrantes internacionais (pessoas que migraram para outros países) e 740 milhões de migrantes internos (pessoas que migraram dentro de seu próprio país) no mundo. Esses dados demonstram que a migração dentro de um mesmo país ou uma mesma região é maior do que a migração entre regiões menos desenvolvidas para outras mais desenvolvidas. Mesmo assim, os conflitos mais intensos ocorrem quando migrantes de países em desenvolvimento tentam cruzar as fronteiras de países desenvolvidos.

Políticas restritivas de imigração podem criminalizar os fluxos migratórios e dar origem ao crescimento de assentamentos informais — acampamentos de populações em trânsito que lá vivem em condições precárias. Políticas rígidas de controle de fronteiras geram situações em que migrantes muitas vezes se estabelecem em áreas com acesso limitado a recursos e condições mínimas de sobrevivência.

Cerca de 50% dos migrantes internacionais residem em apenas dez países desenvolvidos e altamente urbanizados: Austrália, Canadá, Estados Unidos, França, Alemanha, Espanha, Reino Unido, Federação Russa, Arábia Saudita e Emirados Árabes Unidos. Os migrantes tendem a se concentrar em grandes cidades desses países.

O fluxo anual de migrantes no mundo ganhou força a partir dos anos 1980. As catástrofes naturais, a busca por oportunidades de emprego e geração de renda, as perseguições por motivos etnorreligiosos e as guerras motivaram a emigração (saída) de um grande número de pessoas de diversos países. Entre 1950 e 1970, esses fluxos migratórios eram bem-vindos, principalmente na Europa, em virtude dos esforços necessários para a reconstrução do continente após a Segunda Guerra Mundial. Os europeus necessitavam de mão de obra menos qualificada para atividades como a construção civil.

Após a década de 1970, novas tecnologias reduziram a mão de obra no setor produtivo; por exemplo, a robotização de linhas de produção, decorrente da Revolução Técnico-Científica, causou elevados índices de desemprego em diversos países europeus.

Para ler

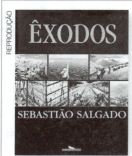

Êxodos
Sebastião Salgado. São Paulo: Companhia das Letras, 2000.
Resultado das viagens de Sebastião Salgado por mais de 40 países durante seis anos, o livro retrata "a humanidade em trânsito", os diversos dramas humanos dos processos migratórios globais.

Acampamento de migrantes no porto de Calais (França, 2015).

Imigração e integração

Tanto a Europa quanto os Estados Unidos têm grande número de imigrantes em sua população, e a maioria deles entrou de forma ilegal. Nos últimos anos, intensificou-se o fluxo de migrantes dos países do Leste Europeu para a Europa Ocidental. Entretanto, como as cotas de imigração são bem reduzidas, a entrada desses imigrantes geralmente ocorre de maneira ilícita, ou seja, muitas pessoas acabam se arriscando ao pagar intermediários para efetivar sua entrada de forma ilegal.

Imigrantes algemados são conduzidos pela polícia após serem capturados atravessando ilegalmente a fronteira entre o México e os Estados Unidos. (Foto de 2015.)

Apenas em 2013, os Estados Unidos prenderam mais de 660 mil imigrantes que tentaram entrar no país. Destes, 424 mil eram mexicanos que tentaram cruzar as fronteiras de 3,2 mil quilômetros entre o México e os estados do Texas, Arizona e Califórnia. Para dificultar a passagem de imigrantes, o governo americano construiu um muro de metal em um terço dessa extensão fronteiriça. Nos últimos quinze anos, mais de 5 mil imigrantes ilegais morreram ao tentar cruzar a fronteira, em virtude das altas temperaturas na região, em grande parte de clima desértico. Em alguns pontos, existem também cercas de arame que impedem qualquer contato entre os dois lados. Com altura de 5 metros, o muro dispõe de equipamentos como detectores infravermelhos, câmeras, radares, torres de controle e sensores de terra.

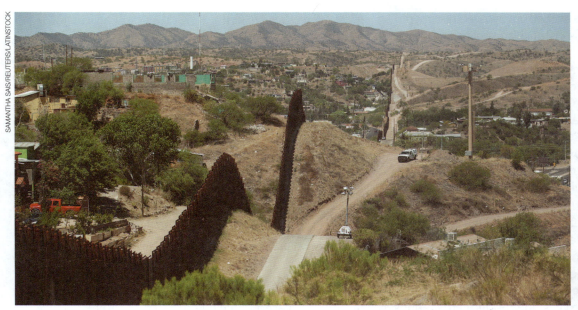

Vista da fronteira entre o município de Nogales (México) e o estado de Arizona (Estados Unidos), em 2014.

Panorama regional das migrações

Apesar das frequentes notícias de uma massiva entrada de imigrantes africanos na Europa, os dados indicam uma situação diferente. De acordo com o Banco Mundial, apenas 3% da população africana (ou seja, 30 milhões de pessoas) emigrou para outros países em 2010, sendo dois terços para países da própria **África**.

As emigrações subsaarianas têm como característica marcante serem intrarregionais e motivadas pela busca de empregos em países vizinhos. Já as emigrações setentrionais ocorrem também no interior do continente, mas apresentam deslocamentos mais regulares para a Europa.

Na **América**, em 2010 a maioria das migrações foi motivada por catástrofes naturais e pela busca de melhores condições de vida em outro país. O terremoto no Haiti, ocorrido em janeiro de 2010, provocou 300 mil mortes e o deslocamento de mais de 1,5 milhão de pessoas para albergues improvisados no próprio país. De acordo com dados da OIM, em maio de 2011, 640 mil pessoas ainda residiam em albergues improvisados, sem condições de retornar para sua moradia.

Os **Estados Unidos** são o país do continente que mais acolheu imigrantes em 2010. Nesse ano foi registrada a entrada de 1,1 milhão de imigrantes, sendo a maioria de origem **hispânica**. A expressiva presença da comunidade hispânica nos Estados Unidos foi ratificada pelo censo de 2010: 16,3% da população dos Estados Unidos (que corresponde a mais de 50 milhões de habitantes) pertence a esse grupo. Desse número, em torno de 12 milhões são mexicanos, ou seja, um em cada quatro imigrantes latino-americanos são mexicanos, também denominados *braceros*. O restante são, por exemplo, os *balseros* (vindos principalmente de Cuba e de outros lugares do Caribe) e os *brazucas* (brasileiros que emigram para diversos estados norte-americanos em busca de emprego e melhores condições de vida).

Em decorrência do atual estado da economia mundial, uma nova dinâmica nas migrações intrarregionais e intercontinentais vem ocorrendo na América Latina. Houve um aumento de correntes migratórias de subsaarianos que entram no Brasil por via marítima e depois buscam, por terra, outros países sul-americanos. Nigerianos, congoleses, etíopes, ganenses e outros dirigem-se principalmente para Argentina, Bolívia, Colômbia, Paraguai e Uruguai.

Também ocorrem migrações de populações da **Ásia meridional** para o Equador e o Peru, e a entrada de emigrantes do Nepal, Paquistão, Sri Lanka e Bangladesh aumentou cerca de 300% nos últimos anos.

Nos últimos anos, as **migrações asiáticas** foram influenciadas diretamente por catástrofes naturais. Terremotos na China, no Japão e na Índia e inundações no Sudeste Asiático e no Paquistão, além de secas prolongadas, afetaram cerca de 250 milhões de pessoas. Só em 2010, as inundações no Paquistão desalojaram 11 milhões de pessoas que buscaram refúgio em outros países do continente. Essa situação foi responsável pelo maior contingente de imigrantes do mundo. Segundo dados do Banco Mundial, em 2010 as dez maiores emigrações concentraram-se na Ásia.

Hispânico. Termo que designa tanto os imigrantes latino-americanos quanto seus descendentes nascidos nos Estados Unidos.

Para assistir

Sob a mesma Lua
México/EUA, 2007. Direção de Patricia Riggen. Duração: 109 min.
O filme ilustra as dificuldades dos emigrantes mexicanos que atravessam a fronteira e vivem ilegalmente nos Estados Unidos.

As migrações para a Europa tiveram um notável crescimento entre 2012 e 2015, em função da instabilidade política no Oriente Médio e no norte da África, gerada a partir das guerras civis em países como Líbia, Síria e Iraque. O continente vem sendo o destino de refugiados desses conflitos. Os dados sobre expulsões de imigrantes pelos países europeus são representativos: em 2009, 65 mil pessoas foram expulsas da União Europeia. Um ano depois, esse número cresceu para 74 mil. A partir de 2011, contudo, nota-se outro patamar: 231 mil estrangeiros deixaram o bloco europeu. Em 2012, foram mais de 269 mil. As expulsões atingiram 224 mil em 2013 e 252 mil em 2014.

Os imigrantes tentam entrar em solo europeu por via terrestre e marítima — muitas vezes em equipamentos precários de transporte, como balsas de plástico, acessando-o a partir dos países da Europa meridional (Itália, Grécia) e, mais recentemente, através da Europa Central. A travessia para a Europa é intermediada por traficantes de pessoas, que agenciam o transporte de milhares de famílias que residem em campos de refugiados, extorquindo delas os poucos recursos que lhes sobraram após anos de privações.

Centenas de refugiados provenientes do Oriente Médio caminham por estrada na Hungria em direção à fronteira com a Áustria (2015).

8. O papel das mulheres nas diferentes sociedades

Até o ano de 1910, as mulheres tinham direito ao voto em apenas três países do mundo: na Nova Zelândia, o voto foi instituído em 1893; na Austrália, em 1902; e, na Finlândia, em 1906. Desde a segunda metade do século XIX até a primeira metade do século XX, inúmeras manifestações populares pelo direito ao **sufrágio** universal feminino foram desencadeadas, como, por exemplo, a ocorrida em Nova York em maio de 1912, como demonstra o registro fotográfico a seguir.

Sufrágio. Processo de escolha por votação; eleição.

Passeata das sufragistas estadunidenses, em Nova York (Estados Unidos, 1912).

De lá para cá, ocorreram significativos avanços relacionados à participação feminina em diversos setores da vida em sociedade, inclusive na política.

Na Segunda Guerra Mundial, com milhões de homens lutando nas frentes de batalha, as mulheres passaram a trabalhar nas fábricas, substituindo-os na produção de aviões, armas, entre outros. Com o fim do conflito, foi crescente o número de mulheres que entraram no mercado de trabalho.

No século XXI, vemos as mulheres cada vez mais ocupando espaços antes destinados apenas aos homens. Essas conquistas são mais perceptíveis no mundo ocidental e ainda há sociedades onde esses direitos são restritos.

De acordo com dados da ONU, em 2011, 28 países possuíam cerca de 30% de representação feminina nos parlamentos, sendo 19 mulheres chefes de Estado. Evidentemente, a ampliação da atuação feminina na política contribui para o reconhecimento dos direitos das mulheres no mundo, principalmente os que envolvem a discriminação por gênero no trabalho, na família e nos acontecimentos socioculturais e a luta contra a violência de gênero, física e psicológica.

De maneira geral, porém, as mulheres que desempenham as mesmas funções que homens recebem ainda salários menores, havendo latente discriminação. Na maioria dos países, a entrada da mulher no mercado de trabalho fez com que ela tivesse duas jornadas: uma no trabalho e outra em casa, cuidando da família e dos afazeres domésticos.

Isso ocorre porque a divisão do trabalho doméstico entre homens e mulheres ainda não foi incorporada em muitas culturas. Devemos respeitar também o significativo número de mulheres que sustentam a si e a seus filhos sozinhas, sem contribuição financeira dos ex-maridos ou companheiros. A violência contra as mulheres, física e psicológica, é um fenômeno com proporções assustadoras, mas pouco denunciado.

Em algumas sociedades, muitas vezes, o acesso da mulher à educação é muito limitado em decorrência também da pequena valorização de seu papel social.

Apesar de todos os avanços conquistados, as mulheres do século XXI encontram ainda, em menor ou maior grau, muitas dificuldades a serem vencidas.

Geografia e outras linguagens

Carlos Drummond de Andrade (1902-1987) é considerado por muitos o maior poeta brasileiro do século XX. Em sua obra, é recorrente a referência à sua cidade natal, Itabira, de onde migrou para estudar em Belo Horizonte e, anos depois, no Rio de Janeiro. Leia o poema.

A ilusão do migrante

"Quando vim da minha terra,
se é que vim da minha terra
(não estou morto por lá?)
a correnteza do rio
me sussurrou vagamente
que eu havia de quedar
lá donde me despedia.

Os morros, empalidecidos
no entrecerrar-se da tarde,
pareciam me dizer
que não se pode voltar,
porque tudo é consequência
de um certo nascer ali.

Quando vim, se é que vim
de algum para outro lugar,
o mundo girava, alheio
à minha baça pessoa,
e no seu giro entrevi
que não se vai nem se volta
de sítio algum a nenhum.

Que carregamos as coisas,
moldura da nossa vida,
rígida cerca de arame,
na mais anônima célula,
e um chão, um riso, uma voz,
ressoam incessantemente
em nossas fundas paredes.

Novas coisas, sucedendo-se,
iludem a nossa fome
de primitivo alimento.
As descobertas são máscaras
do mais obscuro real,
essa ferida alastrada,
na pele de nossas almas.

Quando vim da minha terra,
não vim, perdi-me no espaço,
na ilusão de ter saído.
Ai de mim, nunca saí.
Lá estou eu, enterrado,
por baixo de falas mansas,
por baixo de negras sombras,
por baixo de lavras de ouro,
por baixo de gerações,
por baixo, eu sei, de mim mesmo,
este vivente enganado, enganoso."

ANDRADE, Carlos Drummond de. A ilusão do migrante. Disponível em: <http://mod.lk/LXf9n>. Acesso em: fev. 2017.

QUESTÕES

1. O poema faz referência a qual ilusão?
2. Por que existem tantos migrantes no mundo? Identifique as principais causas de migração nos dias de hoje.

ATIVIDADES

ORGANIZE SEUS CONHECIMENTOS

1. Leia um trecho do artigo sobre o fim da "política de filho único" na China.

   > "Além de derrubar uma política impopular e mal vista no exterior, a China pretende ampliar a força de trabalho e reduzir o impacto do envelhecimento da população. De acordo com Yuan Xin, 15,5% da população chinesa tinha 60 anos ou mais no final de 2014, proporção que pode atingir 35% em 2053."
   >
   > VALOR ECONÔMICO. *Mesmo sem política do filho único, chineses receiam ter mais filhos*. Disponível em: <http://mod.lk/rHkFc>. Acesso em: fev. 2017.

   Pelo que se pode inferir do texto, que possíveis efeitos negativos o fim da política de filho único pretende reverter sobre a economia?

   a) Insuficiência do consumo interno.
   b) Falta de mão de obra especializada.
   c) Aumento do gasto público com saúde.
   d) Redução excessiva dos salários.
   e) Aumento geral do preço dos alimentos.

2.
   > "De passagem pelos Emirados Árabes Unidos, conheci uma jovem da qual só pude ver os olhos, tendo o restante do corpo coberto pelo niqab. Eu a convidei para um café. Gostaria de ouvir sua versão sobre opressão feminina. Ela concordou, mas antes tinha uma pergunta a me fazer: 'É verdade que as mulheres brasileiras e americanas fazem muitas plásticas?'. Sim, era verdade.
   > O Brasil ocupa o segundo lugar no ranking de cirurgias plásticas, atrás apenas dos EUA. 'Que horror! Isso é que é opressão feminina, você não acha?'. Eu não entendi. 'Ter de mutilar seu corpo para ser aceita por um homem ou se exibir na praia? Eu jamais me submeteria a isso. Aqui não é preciso.' (...)"
   >
   > CARRANCA, Adriana. *Feminismo de guerra*. Geledés, 7 nov. 2015. Disponível em: <http://mod.lk/6FBEe>. Acesso em: fev. 2017.

   Em relação ao papel da mulher na sociedade, o texto evidencia:

   a) a universalização da valorização do feminino.
   b) a busca pela igualdade independente dos contextos nacionais.
   c) o crescimento da inferiorização da mulher nos países em desenvolvimento.
   d) o processo de maior contato cultural que leva à igualdade de direitos.
   e) a relatividade cultural da compreensão da dignidade feminina.

3. Apresente os fatores da demografia atual que se contrapõem à teoria malthusiana.

4. Até poucas décadas atrás, a explosão demográfica era tratada como um problema político e econômico em âmbito mundial e, ainda hoje, esse tipo de abordagem é frequente.

   a) O que argumentam aqueles que consideram a explosão demográfica como um problema para o desenvolvimento econômico?
   b) O que argumentam aqueles que consideram a explosão demográfica um problema para o meio ambiente?

5. Levando em conta que a estrutura etária da população tem repercussões sobre as políticas públicas, justifique:

   a) as propostas de reformas nos sistemas de previdência social nos países europeus, que se baseiam no argumento de que o pagamento de aposentadorias pode se tornar insustentável;
   b) a demanda crescente por vagas no ensino superior na Coreia do Sul.

6. Descreva como deve ser a qualidade de vida em um país com IDH 0,908 e em um com IDH 0,353.

7. Os dados a seguir apresentam os cinco maiores grupos de habitantes estrangeiros na cidade de Londres (de acordo com dados de 2011), por país de origem:

   Índia: 262.247
   Polônia: 158.300
   Irlanda: 129.807
   Nigéria: 114.718
   Paquistão: 112.457

   Fonte: IOM. *World Migration Report 2015*. Disponível em: <http://mod.lk/qdznc>. Acesso em: fev. 2017.

   - Analise esses números, considerando as características e a relação dos países de origem com a Grã-Bretanha.

8. Imigrantes africanos são presos por autoridades espanholas no Estreito de Gilbratar, e serão deportados. Por que os imigrantes correm esse tipo de risco? O que eles buscam?

REPRESENTAÇÕES GRÁFICAS E CARTOGRÁFICAS

9. O mapa abaixo indica o estágio de cada país do mundo em relação à transição demográfica.

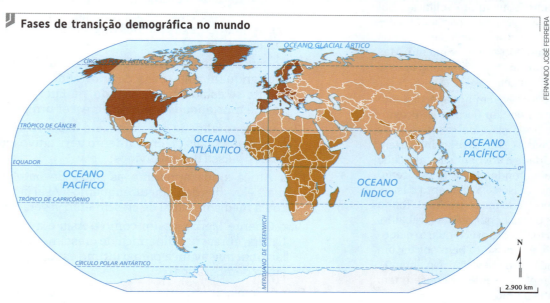

Fases de transição demográfica no mundo

Fonte: UNFPA. *Situação da População Mundial 2014*. O poder de 1,8 bilhão: adolescentes, jovens e a transformação do futuro, p. 18. Disponível em: <http://mod.lk/tcAUZ>. Acesso em: fev. 2017.

a) Crie uma legenda para o mapa.

b) Explique as razões que o levaram a relacionar cada uma das cores com um determinado estágio da transição demográfica.

---

10. Leia a tabela abaixo. Ela apresenta o percentual de adolescentes femininas que não frequentam o Ensino Médio, por região do mundo.

América do Norte e Europa Ocidental	3,02%
Europa Central e Oriental	4,75%
Ásia Central	6,47%
América Latina e Caribe	7,39%
Ásia Oriental e Pacífico	7,8%
Oriente Médio	16,03%
Sudeste Asiático	25,72%
África Subsaariana	35,89%

Fonte: UNFPA. *The state of world population 2014*. Disponível em: <http://mod.lk/lud2h>. Acesso em: fev. 2016.

- Quais desafios sociais a tabela indica em relação às regiões e à inserção da mulher na sociedade?

INTERPRETAÇÃO E PROBLEMATIZAÇÃO

11. Leia o texto.

Um conto de muitas cidades: vivendo e trabalhando em Ypejhú, Buenos Aires e Madrid

"Mercedes nasceu em Ypejhú, no Paraguai, em uma família grande, com doze irmãos e irmãs. Seu pai trabalhava no cultivo de trigo e seus irmãos ajudavam-no desde uma idade muito precoce, a fim de apoiar as finanças da família. Quando ela tinha 18 anos, Mercedes saiu de casa e foi morar com o namorado, Pedro. Alguns anos depois, Maicol, seu único filho, nasceu, mas o casal decidiu se separar. A partir do momento em que ela se viu incapaz de manter a sua família, Mercedes decidiu migrar para a Argentina, seguindo os passos de suas irmãs e amigos da escola. Seu filho permaneceu no Paraguai e a mãe de Mercedes cuidou dele como ela já estava cuidando de seus outros netos.

Mercedes viveu em Buenos Aires há 15 anos, trabalhando como doméstica e babá. No início, a sua habitação e as condições de trabalho eram difíceis: 'Eu estava trabalhando informalmente, muitas horas por dia, vivendo em um quarto alugado, compartilhado com outras três mulheres paraguaias que eu nem conhecia, e eu sentia muita falta de meu filho muito'. Quando a situação econômica tornou-se difícil na Argentina, Mercedes usou todas as suas economias para comprar uma passagem para Madrid, Espanha, e se mudou para lá em busca de novos horizontes: 'Era 2001, o meu chefe de repente me demitiu, e o proprietário do meu quarto alugado me pediu mais dinheiro para ficar. Eu não pensei duas vezes: tomei minhas economias, comprei o bilhete e sai com a única mala que eu tinha'.

Em Madrid, o primeiro emprego de Mercedes foi na limpeza de um bar e, em seguida, cozinhando em um restaurante. No entanto, o empregador não a tratava bem e ela sentia muita saudade de sua família e do filho: 'Quando eu estava morando em Buenos Aires, eu sempre tentei dar uma escapada ao Paraguai para visitar Maicol e passar algum tempo com a minha mãe. Eu ia de ônibus e não era tão caro. Já na Espanha, era impossível viajar para casa e eu comecei a me sentir muito solitária'. Foi quando Mercedes decidiu retornar à Argentina depois de dois anos em Madrid: 'Eu voltei para Buenos Aires e estava começando do zero novamente. Mas a situação do país ficou um pouco melhor após a recuperação da crise financeira'.

Atualmente, Mercedes vive em um apartamento que ela aluga no distrito de San Fernando, Província de Buenos Aires, onde ela e outros migrantes paraguaios também vivem (...) ela vive sozinha e tem água corrente, eletricidade e um banheiro, algo que ela não tinha em Ypejhú, onde quase 45 por cento da população não tem acesso a saneamento básico. 'Meu apartamento é pequeno mas agradável. Tenho que viajar duas horas para chegar ao meu trabalho, mas eu não me importo. Eu decorei o quarto e agora ele é aconchegante. Eu me sinto bem por ter um lugar para quando meu filho me visita'. No entanto, Mercedes admite que ela se sente insegura e tem medo de andar sozinha à noite.

Pensando no futuro, a Mercedes se imagina com um pé em Buenos Aires e outro em Assunção, onde seu filho reside no momento: 'Quando estou em Buenos Aires, eu sinto falta do ritmo do Paraguai, a calma, a tranquilidade e as temperaturas amenas durante todo o ano. Mas quando eu estou lá, sinto falta do movimento da cidade, os bares, as ruas, os prédios. Eu penso como uma canção popular diz: eu não sou daqui, não sou de lá'."

IOM. World Migration Report 2015. Disponível em: <http://mod.lk/4qzYw>. Acesso em: jan. 2017. Traduzido pelos autores.

a) No início do texto, descreve-se a família de Mercedes. O que ela nos revela sobre as características das famílias que vivem no campo?

b) O que motivou as diversas migrações de Mercedes?

c) Sobre a vida de Mercedes na Argentina, analise os seguintes aspectos: contraste com a vida no campo e a escolha da localização de sua residência.

d) Reflita e responda: o que a trajetória de Mercedes tem a nos dizer sobre a condição feminina na sociedade atual?

ENEM E VESTIBULARES

12. (Espcex-SP, 2014) No estudo sobre demografia, são utilizados vários instrumentos, teóricos e práticos, que possibilitam aos organismos internacionais a obtenção de subsídios para elaboração de políticas econômicas e sociais. A curva de crescimento demográfico é um exemplo. A partir desta, é possível obter informações acerca do estágio da transição demográfica em que se encontram determinadas sociedades, isto é, torna-se possível conhecer a dinâmica de suas taxas de natalidade e de mortalidade ao longo do tempo.

A partir da análise da curva de crescimento da população mundial, pode-se afirmar que:

I. a humanidade, como um todo, percorre o último estágio da transição demográfica, considerando-se apenas as taxas médias de crescimento da população mundial.

II. as taxas de natalidade apresentam nítido declínio, enquanto as taxas de mortalidade praticamente se estabilizam; contudo, na Europa, as taxas de mortalidade tendem a crescer um pouco.

III. a quase totalidade dos países em desenvolvimento já exibe taxas de crescimento vegetativo iguais às dos países desenvolvidos.

IV. a África ainda apresenta as taxas de natalidade mais elevadas do planeta, enquanto a Ásia já alcançou a média mundial de crescimento vegetativo.

V. o Oriente Médio, assim como a Ásia e a América Latina, apresenta dinâmica de crescimento populacional que avança para o último estágio da transição demográfica.

Identifique a alternativa que apresenta todas as afirmativas corretas.

a) I, III e IV
b) II, III e V
c) II, IV e V
d) I, II e IV
e) I, III e V

13. (Mackenzie-SP, 2015) Leia o texto a seguir para responder a questão.

População idosa da Europa é um desafio para o sistema previdenciário

"O equilíbrio no sistema previdenciário europeu é um dos grandes desafios do continente para as próximas décadas, acreditam os especialistas. Os que vivem de aposentadorias deverão atingir a maioria da população europeia, com cerca de 30% do total em 2050. Porém, a crise econômica que se alastra no Velho Mundo já desempregou cerca de 10% do continente, causando um desequilíbrio que deverá afetar os Estados no futuro."

Fonte: www.jb.com.br/economia/noticias/2012/02/03/

O trecho da reportagem acima retrata parte do problema do chamado "déficit previdenciário". Este problema envolve aspectos demográficos, econômicos e políticos. A esse respeito, identifique a alternativa correta.

a) O *déficit* previdenciário é um problema grave da Europa, pois sua população ainda se encontra na primeira fase do processo de transição demográfica, apresentando redução constante dos índices de mortalidade e aumento da expectativa de vida. Os índices elevados de natalidade, pouco superiores às médias mundiais, não têm sido suficientes para a reposição da mão de obra e, consequentemente, das contribuições previdenciárias.

b) A população europeia encontra-se na segunda fase do processo de transição demográfica, caracterizando-se por uma queda recente dos índices de natalidade, o que garante a mão de obra compatível com as contribuições previdenciárias. Desse modo, o problema do déficit se justifica apenas pela crise econômica deflagrada em 2008.

c) A contínua elevação da expectativa de vida fez aumentar a proporção de idosos no continente europeu, ao mesmo tempo em que a reduzida taxa de natalidade fez com que a proporção da população economicamente ativa não acompanhasse esse crescimento. Esses dois fenômenos, combinados, provocam o déficit previdenciário, agravado pela crise econômica.

d) A população europeia é chamada de "madura" ou "envelhecida", pois a proporção média de idosos (pessoas acima de 60 anos) nos países do continente ultrapassa os 60% da população total. Nesse contexto, os gastos com aposentadorias e pensões tornam-se muito superiores ao volume das contribuições previdenciárias.

e) A grande participação de imigrantes ilegais é a principal causa do déficit previdenciário nos países europeus, sobretudo na sua porção ocidental. Países como França e Alemanha apresentam grandes percentuais de estrangeiros irregulares, notadamente argelinos e turcos. Esses imigrantes, por serem ilegais, não trabalham, mas consomem os recursos previdenciários sob a forma de aposentadorias e pensões.

14. **(UFRGS-RS, 2015)** Considere a tabela a seguir sobre o Índice de Desenvolvimento Humano (IDH), que é uma medida comparativa usada para classificar a qualidade de vida oferecida por um país aos seus habitantes.

Classificação do IDH	País	IDH-valor	Expectativa de vida (anos)	Média de anos de escolaridade (anos)	Rendimento Nacional Bruto (RNB) per capita (em dólar)
1º	Noruega	0,943	81,1	12,6	47.557
4º	EUA	0,910	78,5	12,4	43.557
45º	Argentina	0,797	75,9	9,3	14.527
51º	Cuba	0,776	79,1	9,9	5.416
84º	Brasil	0,718	73,5	7,2	10.162
173º	Zimbábue	0,376	51,4	7,2	376
174º	Etiópia	0,363	59,3	1,5	971

Disponível em: <www.pnud.org.br/atlas/ranking/IDH_global_2011.aspx>. Acesso em: 8 set. 2014.

Com base na tabela, considere as seguintes afirmações.

I. Cuba apresenta expectativa de vida, média de anos de escolaridade e rendimento *per capita* superiores aos do Brasil.

II. Brasil e Zimbábue apresentam, em média, a mesma escolaridade.

III. Zimbábue apresenta maior IDH em relação à Etiópia, devido à média de anos de escolaridade.

Quais estão corretas?
a) Apenas I.
b) Apenas II.
c) Apenas III.
d) Apenas II e III.
e) I, II e III.

15. **(Unisc-RS, 2015)** Leia as afirmativas abaixo, acerca de aspectos relacionados à demografia, e identifique as frases que são verdadeiras (V) e as falsas (F).

- Transição Demográfica é o nome dado à inversão no número de habitantes entre diferentes países. Ela indica a migração de pessoas em busca de melhores condições de vida, seja por necessidades econômicas ou por contextos naturais que podem colocar em risco a vida de diferentes populações.

- Bônus Demográfico ocorre quando a população economicamente ativa supera a inativa em determinados lugares. Desse modo, é considerada uma situação que oportuniza o desenvolvimento da economia. Foi alcançado, no Brasil, nos últimos anos.

- O Crescimento Vegetativo é definido pela diferença entre as taxas de natalidade e mortalidade. Nas situações em que as taxas de natalidade são maiores que as de mortalidade, classifica-se como positivo, caso contrário, negativo. No Brasil, mesmo sendo positivo, o Crescimento Vegetativo está em declínio.

- A Mortalidade Infantil é definida por meio do número de crianças que morrem, com menos de 10 anos de vida, a cada 100 ou 1000 nascimentos.

A sequência que identifica corretamente as frases, de cima para baixo, é:
a) V – V – V – V
b) F – V – V – F
c) F – F – F – F
d) F – V – V – V
e) V – V – V – F

Mais questões: no livro digital, em **Vereda Digital Aprova Enem** e **Vereda Digital Suplemento de revisão e vestibulares**; no *site*, em **AprovaMax**.

CAPÍTULO 17

POPULAÇÃO BRASILEIRA

ENEM
C4: H18
C5: H22

Neste capítulo, você vai aprender a:

- Analisar a influência das migrações na população brasileira.
- Identificar as características demográficas do Brasil nos seus diferentes períodos históricos.
- Estabelecer relações entre o processo de industrialização e o de urbanização com a queda da fecundidade no Brasil.
- Analisar as características da estrutura etária da população brasileira.
- Reconhecer os principais fluxos migratórios inter-regionais e intrarregionais brasileiros.
- Identificar as principais áreas de atração e de repulsão populacional do Brasil.
- Analisar as desigualdades socioeconômicas do país.

"O meu pai era paulista
Meu avô, pernambucano
O meu bisavô, mineiro
Meu tataravô, baiano
Meu maestro soberano
Foi Antonio Brasileiro."

HOLLANDA, Francisco Buarque de. Paratodos.
Em: *Paratodos*. Rio de Janeiro: BMG/RCA, 1993.
© Marola Edições Musicais Ltda.

País de dimensões continentais, o Brasil abriga enorme e variado contingente populacional. O estudo da multiplicidade de influências étnicas e culturais, a classificação como quinta maior população do planeta, assim como sua dinâmica e distribuição, constituem elementos fundamentais para compreender os inúmeros fatores que fazem do Brasil um país demograficamente rico e economicamente desigual.

Ponto de partida

A imagem de abertura retrata uma festa ocorrida em um centro de cultura voltado à preservação e à divulgação das tradições nordestinas, na capital paulista.

1. O que essa festa nos revela? Qual é a importância desse centro?
2. Uma das características da população brasileira está ligada à mobilidade. Você sabe de que maneira isso marcou a formação do nosso povo e marca nossa sociedade?

Festa realizada no Centro de Tradições Nordestinas (CTN), localizado na Zona Norte de São Paulo (SP, 2016).

Capítulo 17 • População brasileira

1. O povo brasileiro

De acordo com as projeções realizadas pelo Instituto Brasileiro de Geografia e Estatística (IBGE), a população brasileira em 2018 será superior a 209 milhões de habitantes. Distribuída de forma desigual por um país de dimensões continentais, ela é formada pela miscigenação de várias etnias e povos que aqui viveram ao longo dos séculos e que deixaram marcas de suas crenças, tradições e cultura.

A maior parte dessa população vive hoje nas cidades, e apenas uma pequena parcela continua se deslocando pelo território em busca de melhores condições de vida. No passado, diversas correntes migratórias tiveram participação importante no desenvolvimento de determinadas regiões do país e, mais recentemente, na expansão das fronteiras agrícolas, deslocando-se para o Centro-Oeste e o Norte do Brasil.

Atualmente, a população brasileira passa por um processo de envelhecimento, com o aumento da expectativa de vida e a diminuição da taxa de natalidade, o que acarreta consequências econômicas, sociais, políticas e culturais.

O intenso processo de convivência e a miscigenação verificados entre **autóctones**, negros africanos — introduzidos na colônia como escravos — e brancos europeus de várias nacionalidades deram origem à **sociedade brasileira**. Para compreender os processos responsáveis pela configuração da identidade brasileira, é necessário analisar as características de nossa formação étnica e os problemas sociais que as envolvem na atualidade.

Autóctone. Que ou quem é natural do país ou da região em que habita e descende dos povos que ali sempre viveram; nativos; indígenas.

Os indígenas

"Pardos, nus, sem coisa alguma que lhes cobrisse suas vergonhas." Foi assim que o escrivão Pero Vaz de Caminha descreveu, na carta que enviou ao rei de Portugal, datada de 23 de abril de 1500, a primeira impressão que os integrantes da frota de Cabral tiveram dos habitantes das terras que viriam a formar o território brasileiro. Essas terras abrigavam, então, pelo menos 2 milhões de indígenas, pertencentes a grupos étnicos distintos, a que o colonizador chamava genericamente "negros da terra".

Um longo processo de extermínio dessa população nativa fez parte da colonização da América portuguesa e da história do Brasil, restando dela, atualmente, cerca de 900 mil indivíduos, que compõem apenas 0,47% da população total do país. Entre os povos indígenas remanescentes no litoral estão os potiguaras, cuja maioria vive na Paraíba.

Pataxós na Reserva da Jaqueira, no município de Coroa Vermelha (BA, 2014). Apesar de ter sofrido um intenso processo de aculturação, o povo pataxó encontrou meios para manter sua cultura viva. Anualmente, na semana que antecede o dia 19 de abril, são realizadas, na comunidade, atividades esportivas e culturais a fim de promover o fortalecimento da identidade do grupo.

Guerra do Gentio

A expansão da pecuária no sertão nordestino e no Vale do São Francisco provocou a chamada **Guerra do Gentio**, em que os indígenas, apesar de terem saído vitoriosos nos ataques às vilas de Cairu, Jeriquiçá, Ilhéus e Maragojipe, acabaram derrotados, e os que sobreviveram foram escravizados pelos colonizadores. Uma das táticas dos colonizadores nessa guerra foi presentear os indígenas com roupas de vítimas de varíola, provocando, com isso, uma epidemia que vitimou milhares deles. No Maranhão e no Pará houve diversos enfrentamentos. Ao mesmo tempo, iniciavam-se com os paulistas expedições de apresamento no sul e no sudeste da Colônia.

No século XVIII, os caiapós que habitavam a região das Minas Gerais foram em grande parte dizimados; os timbiras do Maranhão tiveram suas terras invadidas pelos pecuaristas. No século XIX, a pecuária expandiu-se para áreas do Brasil Central, onde desalojou os remanescentes dos caiapós e dos xavantes que ali viviam, e, no Paraná e em Santa Catarina, os xoclengues foram massacrados por **bugreiros** contratados pelas companhias de colonização.

Gentio. Aquele que não é civilizado; selvagem (em referência aos indígenas).
Bugreiro. Caçador de indígenas para a venda como escravos.

Para navegar

Povos Indígenas no Brasil
http://pib.socioambiental.org/pt
Este *site* é voltado para a difusão de conhecimentos referentes aos povos indígenas em território brasileiro.

A questão indígena no século XX

A relação entre brancos e indígenas permaneceu marcada pela violência no início do século XX. Na Amazônia, por exemplo, o extrativismo comercial expandiu-se em várias áreas das terras indígenas; no Espírito Santo, os botocudos, em resistência à invasão de seu território, guerrearam contra os colonos italianos de São Mateus; em São Paulo, os caingangues interromperam a construção da Ferrovia Noroeste, ficando com o controle de mais de 500 quilômetros quadrados entre os rios Tietê, Feio, do Peixe e Paranapanema.

O **Serviço de Proteção ao Índio (SPI)** foi criado em 1910 com a função de proteger os indígenas contra atos de violência, especialmente nas áreas de colonização pioneiras. A legislação brasileira aludia, assim, pela primeira vez, ao direito dos povos indígenas de viver em suas terras e de manter, com a proteção governamental, seus costumes e tradições. A má gestão, porém, levou à extinção do órgão em 1967, dando origem à Fundação Nacional do Índio (Funai). À Funai cabe reconhecer a organização social, os costumes, as línguas, crenças e tradições dos povos indígenas, contribuindo para a consolidação do Estado democrático e pluriétnico.

Marechal Rondon com indígenas pertencentes ao grupo dos parecis (MT, c. 1907-1915).

Demarcação das terras indígenas

Em 1973, foi criado o **Estatuto do Índio**, no qual se estabeleceu o direito dos povos indígenas a seu território e determinou-se um prazo de cinco anos para a demarcação definitiva de todas essas terras pela Funai.

Durante esse período, a Amazônia passara a fazer parte de uma ampla política de colonização e ocupação produtiva. Entre os projetos constava a construção das rodovias Transamazônica, Cuiabá-Santarém e Manaus-Boa Vista, que iriam atravessar milhares de quilômetros de terras indígenas. Além disso, programas de exploração mineral e de geração de hidreletricidade implicavam, para sua implantação, o deslocamento de centenas de aldeias locais. Foi o sinal para o início de uma nova onda de violência e de dizimação de indígenas.

Embora longe de sua solução, a **questão indígena**, principalmente na Amazônia Legal, que concentra três quartos dos indígenas do Brasil e mais de 90% de suas terras, avançou durante a década de 1990, quando se intensificou o processo de demarcação, **homologação** e regularização das **terras indígenas**. O início dessa nova etapa foi a demarcação das terras dos ianomâmis, em 1991. Cerca de 70% das terras indígenas encontram-se, atualmente, pelo menos homologadas, como se verifica no mapa a seguir.

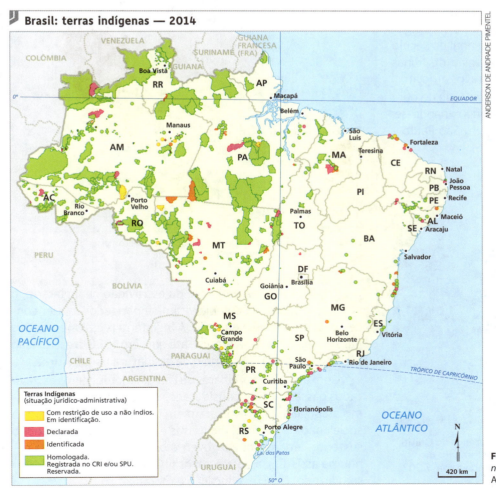

> **Homologação.** No caso, formalização legal da posse indígena sobre terras demarcadas.
>
> **Terra indígena.** De acordo com a legislação brasileira, é a terra tradicionalmente ocupada e habitada em caráter permanente por indígenas, utilizada para suas atividades produtivas e imprescindível à preservação dos recursos ambientais necessários a seu bem-estar e à sua reprodução física e cultural.

Fonte: INSTITUTO SOCIOAMBIENTAL. *Povos indígenas no Brasil*. Disponível em: <http://mod.lk/ozfof>. Acesso em: fev. 2017.

Capítulo 17 • População brasileira

Conflitos em terras indígenas

A exploração dos recursos naturais, como a extração de madeira e o garimpo, realizada, muitas vezes, no interior de reservas demarcadas da Floresta Amazônica e de maneira predatória, provoca conflitos que, não raro, acabam em violência, demonstrando que a demarcação e mesmo a homologação dessas terras não resultam na proteção completa dos povos que nelas habitam. Por outro lado, existem contestações políticas à demarcação de algumas reservas. Em 2005, houve grande polêmica com a homologação da reserva indígena Raposa Serra do Sol, que concentra cerca de 19 mil indígenas das etnias macuxi, ingaricó, taurepangue, patamona, uapixana, distribuídos nos cerca de 17 mil km² da área. Sua homologação foi contestada por produtores de arroz e pecuaristas, que alegaram que a agricultura e a pecuária já estavam presentes naquela região havia muito tempo. Após longa disputa judicial, a posse das terras foi garantida aos indígenas em 2009.

Os negros

Uma das atividades mais importantes e lucrativas da economia da América portuguesa era o **tráfico de escravos** africanos negros. Desde a primeira metade do século XVI, o Brasil Colônia começou a recebê-los para atender às necessidades de mão de obra dos engenhos da Zona da Mata, no Nordeste. O escravismo foi assimilado no século seguinte no Maranhão, onde se verificava a expansão da cultura algodoeira e a igual carência de braços. A partir do final do século XVII, a descoberta de metais preciosos na região de Minas Gerais resultou na expansão do tráfico de escravos africanos.

Outro grande espaço em que se introduziu a mão de obra escrava africana foi a cafeicultura, que começou a expandir-se, no início do século XIX, no Vale do Paraíba, em São Paulo e no Rio de Janeiro.

Secagem de café por escravos no terreiro de café da fazenda do Quititi, em Jacarepaguá, no Rio de Janeiro, em 1865. O recenseamento de 1872 revelou que a então freguesia de Jacarepaguá contava com 7.302 habitantes, dos quais 4.491 eram escravos.

Resistência e abolição da escravidão

No Brasil, a resistência à escravatura sempre esteve presente.

As lutas de resistência escravista no Brasil têm no **Quilombo dos Palmares** sua maior expressão. A fuga de escravos, iniciada em meados do século XVI, deu origem ao quilombo, também denominado "a pequena Angola". Localizado na Serra da Barriga, antiga Capitania de Pernambuco, atual município alagoano de União dos Palmares, o quilombo chegou a abrigar mais de 6 mil habitantes espalhados por nove aldeias. Palmares é considerado o maior foco de resistência antiescravista do Brasil Colônia e até hoje é um marco da luta dos afro-brasileiros no país.

Na atualidade, há muitos agrupamentos denominados núcleos **quilombolas** espalhados pelo Brasil que abrigam comunidades de descendentes de escravos. Observe, a seguir, o mapa das comunidades quilombolas.

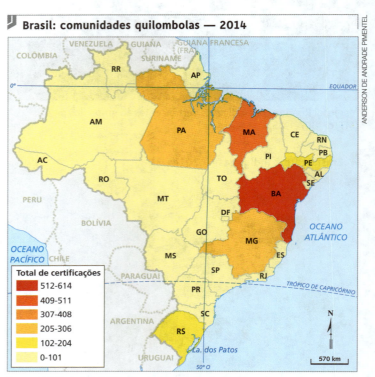

Fonte: BRASIL. Seppir/PR. *Programa Brasil Quilombola*. Eixo 1: acesso à terra. Disponível em: <http://mod.lk/6gpko>. Acesso em: fev. 2017.

Em 1807, com a proibição da escravidão na Inglaterra, o governo e a elite da colônia viram-se obrigados a fazer concessões diante dessa questão. A Inglaterra pressionou outros países a extinguir essa prática, até que, em 1888, a escravidão foi extinta no Brasil por meio da assinatura da **Lei Áurea**.

Com a abolição, milhares de trabalhadores negros escravizados passaram a ser considerados trabalhadores livres. Mesmo assim, eles permaneceram em uma situação de exclusão social, não tendo trabalho, terras e meios de obter o próprio sustento, uma vez que o governo brasileiro não forneceu nenhuma assistência aos escravos libertos, que permaneceram sem acesso a saúde, educação e moradia.

Após a abolição da escravatura, em 1888, a situação de exclusão dos negros pouco se alterou. Eles tiveram dificuldade para integrar-se à sociedade e continuaram a sofrer fortes preconceitos. Na foto, vendedor de doces na cidade do Rio de Janeiro, no atual estado do Rio de Janeiro, em 1899.

Exclusão e inclusão

Como afirma o antropólogo Darcy Ribeiro (1922-1997) em sua obra *O povo brasileiro*, o "brasilíndio" e o afro-brasileiro existiam numa terra que não tinha nenhuma identidade étnica. E, justamente por isso, ou seja, em virtude dessa carência essencial, criou-se a necessidade de se moldar uma identidade étnica própria: a brasileira.

No entanto, na atualidade, ao analisarmos os indicadores socioeconômicos brasileiros, percebemos que a exclusão das populações indígenas e dos afrodescendentes ainda persiste. As maiores taxas de analfabetismo, a menor escolaridade média, o menor rendimento médio da população brasileira e a maior proporção de índices de desemprego atingem majoritariamente a população afro-brasileira.

Embora assegurem a igualdade política, as leis não foram suficientes para garantir a inclusão social e econômica dos negros. Há, ainda, toda uma polêmica em torno da questão de que a **exclusão social** dos negros se confunde com a dos pobres. Recentemente, novas iniciativas de **ação afirmativa**, entre elas a de cotas para negros nas universidades públicas, abriram intenso debate na sociedade. De um lado, postam-se seus defensores, cujo argumento central é o de que a **discriminação positiva** constitui um primeiro passo no sentido de saldar uma dívida histórica com os afrodescendentes, contribuindo para um processo de inclusão dessa população no mercado de trabalho. De outro, estão seus críticos, para quem iniciativas desse tipo oficializam uma classificação racial, atentam contra o princípio da igualdade de direitos entre os cidadãos, além de não darem conta das causas estruturais da exclusão social.

Ação afirmativa. Conjunto de políticas destinadas a favorecer um grupo social que sofreu discriminação no passado.

Discriminação positiva. Expressão que define o reconhecimento da existência de discriminação com as minorias e a necessidade de políticas para sua inclusão, em igualdade de condições, na sociedade.

QUESTÕES

1. Explique as dificuldades da população indígena diante das políticas de ocupação da Amazônia desencadeadas nos anos 1970, caracterizando essas políticas.
2. A homologação das terras indígenas tem garantido efetivamente a proteção dos direitos dos índios?
3. O que os indicadores socioeconômicos brasileiros revelam a respeito da desigualdade racial em nosso país?

2. A formação da população brasileira

De acordo com os resultados do censo de 2010, realizado pelo IBGE, a população brasileira atingiu a marca de 190.755.799 habitantes. Ao comparar os resultados atuais com os do primeiro censo realizado no Brasil (em 1872), vê-se que a população brasileira cresceu quase 20 vezes.

Contudo, ao comparar a população brasileira em 2010 com a apurada pelo censo de 2000, verifica-se um crescimento de 12,3% — que equivale a um aumento médio anual de 1,17% nesse período. Observe a taxa média de crescimento populacional anual do Brasil, de 1940 até 2010, apresentada no gráfico a seguir.

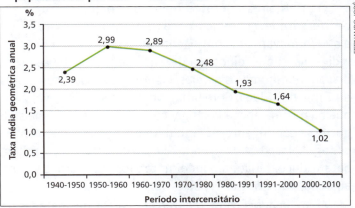

Brasil: taxa média geométrica de crescimento populacional por ano — 1940-2010

Período intercensitário	Taxa média geométrica anual (%)
1940-1950	2,39
1950-1960	2,99
1960-1970	2,89
1970-1980	2,48
1980-1991	1,93
1991-2000	1,64
2000-2010	1,02

Fonte: IBGE. *Censo demográfico 2010*: sinopse do censo e resultados preliminares do universo. Rio de Janeiro: IBGE, 2011. p. 7.

> **Para navegar**
>
> **IBGE Teen**
> http://teen.ibge.gov.br
> Este *site* apresenta linguagem acessível aos estudantes e traz assuntos relevantes referentes ao país e à população brasileira.

Esses dados provocam certo ânimo ao **perfil de crescimento da população brasileira**, pois apontam para um **bônus demográfico**, ou seja, um processo de estabilização demográfica. Esse fenômeno ocorre quando um país apresenta uma proporção maior de pessoas economicamente ativas em relação ao total da população — o que lhe confere menor **razão de dependência**.

Para compreender melhor as principais características demográficas brasileiras, vamos analisar adiante o processo de formação, os períodos de aceleração do crescimento populacional, a distribuição por atividades econômicas e os processos migratórios responsáveis pela ocupação do território. Esses dados e essas informações tornam-se fundamentais para o planejamento sustentável do território e para o desenvolvimento de projetos de gestão pública ou privada que atendam às necessidades dos cidadãos brasileiros.

Inicialmente, a periodização proposta (de 1500 a 1808, de 1808 a 1872 e de 1872 a 2000) leva em conta dois marcos: o estabelecimento da Corte portuguesa no Brasil (em 1808), com a intensificação dos **programas de imigração**, e a realização do primeiro censo demográfico no Brasil (em 1872).

> **Razão de dependência.** Relação entre o número de pessoas em idade ativa e o número de dependentes.

De 1500 a 1808: povoamento

De acordo com dados colhidos pelo antropólogo Darcy Ribeiro, antes mesmo da chegada dos portugueses, as terras que constituiriam o Brasil eram habitadas por uma população autóctone desconhecida dos colonizadores.

Os primeiros contatos realizados pelos portugueses ocorreram com povos do tronco tupi, encontrados no litoral e que formavam um contingente de cerca de um milhão de indígenas, subdivididos em dezenas de tribos que se espalhavam por inúmeras aldeias, algumas das quais com cerca de 2 mil indivíduos. Com uma população significativa, visto que na mesma época Portugal contava com pouco mais do que esse contingente, esses habitantes já conheciam técnicas agrícolas, desenvolvendo plantios de mandioca, milho, batata-doce, feijão, amendoim, tabaco, abóbora, urucum, algodão, entre outras espécies vegetais.

Além da agricultura, realizada em áreas desmatadas na floresta, essas populações completavam sua alimentação com a caça e a pesca. Esses aspectos são fundamentais para compreender a importância da manutenção dessas terras para as comunidades indígenas. No entanto, a colonização de exploração de base agrícola iniciada em meados do século XVI pelos colonizadores afetaria decisivamente a vida das populações indígenas, que passariam a sofrer com o desmatamento desenfreado, com o impacto do uso das terras e o contato com doenças até então inexistentes que iriam acometer de modo irreversível as populações locais.

> **Para navegar**
>
> **Museu da Pessoa**
> www.museudapessoa.net/pt
> É um museu virtual e colaborativo que registra as informações históricas de qualquer pessoa e conta com mais de 16 mil depoimentos em áudio, vídeo e texto e cerca de 72 mil fotos e documentos digitalizados.

Economia açucareira e mineração

Até meados do século XVII, o povoamento restringiu-se à faixa litorânea, porque os colonizadores portugueses se interessaram pela continuidade da **colonização de exploração**, voltada à **agroexportação**. O território era habitado, até aquele momento, por uma pequena parcela de portugueses (que haviam imigrado), um significativo contingente de africanos escravizados (que trabalhavam nas *plantations* de cana-de-açúcar do Nordeste), além da população indígena nativa (já bastante reduzida por fome, doenças e guerras de extermínio).

A descoberta de importantes jazidas de minerais preciosos em Minas Gerais, entre o final do século XVII e o início do século XVIII, alterou significativamente o número de habitantes e a distribuição da população no Brasil. O interesse pela mineração foi responsável pela entrada maciça de imigrantes portugueses e pela migração de grupos vindos do Nordeste e de São Paulo para a região das minas. A mineração também motivou um forte incremento do tráfico de escravos.

O desenvolvimento da **economia canavieira** no litoral e da **mineração** nas "Gerais", portanto, empurrou a pecuária para os sertões nordestino e mineiro, dando grande impulso ao povoamento do interior do território.

Na tabela a seguir, é possível verificar os dados da população nos três séculos de constituição das **colônias portuguesas na América**. Nesse período, o ritmo de crescimento da população brasileira se acelerou, influenciado diretamente pelo intenso tráfico de escravos, pela grande entrada de portugueses e pelo próprio crescimento vegetativo da população no território brasileiro.

Estimativas da população brasileira (entre 1550 e 1800)	
Ano	População
1550	15.000
1576	17.100
1583	57.000
1600	100.000
1660	184.000
1690	242.000
1700	300.000
1766	1.500.000
1770	2.502.000
1775	2.666.000
1780	2.523.000
1785	3.026.000
1790	3.225.000
1800	3.250.000

Fonte: IBGE. *Estimativas de população (1550-1870)*. Disponível em: <http://mod.lk/tL9Tw>. Acesso em: fev. 2017.

De 1808 a 1872: correntes migratórias

Entre 1808 e 1872, a população brasileira passou de 3,2 milhões de habitantes para mais de 9 milhões. São vários os motivos que explicam a triplicação. Um dos fatores foi a **vinda da família real portuguesa em 1808** e, com ela, muitos integrantes da Corte e da família real portuguesa. Outro fator foi o problema de descontrole das terras de fronteira na porção sul do país. Para resolvê-lo, criou-se o decreto de 25 de novembro de 1808, pelo qual o governo poderia conceder terras a estrangeiros, promovendo a partir dessa data a **imigração** para o Brasil.

Em 1808, vieram portugueses e açorianos, totalizando 1.500 famílias, que se fixaram no Rio Grande do Sul e em Santa Catarina. Em 1819, cem famílias de suíços fixaram-se na região de Nova Friburgo, no Rio de Janeiro. Em 1824, os primeiros imigrantes alemães no Brasil estabeleceram-se na localidade gaúcha de São Leopoldo. Em 1827, um novo grupo de alemães fundou a colônia de Rio Negro, no Paraná. Na primeira metade do século XIX, vieram alemães para São Pedro de Alcântara (Santa Catarina).

A **ocupação do Sul** por colonos de vários países europeus (ver mapa a seguir), nesse período, apresentou as seguintes características:

- organização da pequena propriedade de base familiar, contrastando com os latifúndios monocultores do Nordeste;
- policultura (plantio de diversos gêneros) de subsistência, em lugar da monocultura;
- combinação da agricultura com a pecuária;
- introdução de técnicas agrícolas europeias e de novos gêneros agrícolas;
- formação de numerosos núcleos urbanos.

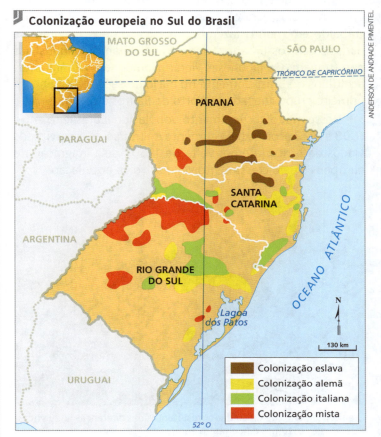

Fonte: ARBEX JR., J.; OLIC, N. B. *A hora do Sul:* o Brasil em regiões. São Paulo: Moderna, 1995. p. 21.

Expansão cafeeira

A expansão cafeeira no Sudeste e o incremento do **tráfico de escravos** foram alguns dos motivos responsáveis pelo grande crescimento da população brasileira no período. Entre 1801 e 1852, a população escravizada negra cresceu tanto que chegou a representar cerca de 30% da população total do Brasil.

O lento processo de abolição aconteceu simultaneamente à expansão cafeeira. Prevendo o inevitável fim da escravatura, o governo imperial resolveu incentivar a vinda de europeus para garantir mão de obra aos fazendeiros de café. A promulgação da **Lei de Terras**, em 1850, favoreceu o interesse dos cafeicultores, uma vez que a Coroa vendia as **terras devolutas** e, com isso, financiava a vinda de imigrantes. No mesmo ano, o governo assinou a **Lei Eusébio de Queirós**, que proibia o tráfico de escravos de fora para dentro do país. Assim, os imigrantes vindos da Europa tornaram-se a principal fonte de mão de obra nas fazendas de café.

> **Terras devolutas.** Terras públicas, que nunca pertenceram a particulares, ainda que sejam irregularmente ocupadas.

O estado de São Paulo foi a principal área de destino desses colonos. Para as fazendas paulistas vieram principalmente italianos, que, com portugueses e espanhóis, substituíram os escravos nas lavouras de café.

Em virtude das crises que afetaram a economia cafeeira, dos obstáculos para o acesso à terra e das dificuldades de trabalho em muitas fazendas, muitos colonos dirigiram-se para os centros urbanos, onde trabalhavam nas indústrias que surgiam. Os japoneses vieram somar-se aos imigrantes acolhidos no Brasil somente no início do século XX, tendo o primeiro grupo chegado ao Porto de Santos em 1908.

Desse modo, o crescimento populacional brasileiro entre 1808 e 1872 ocorreu pelo aumento do tráfico de escravizados vindos da África (até por volta de 1850), pela imigração de europeus e pelo crescimento vegetativo da população.

Os censos da população brasileira (entre 1872 e 2010)

Ano	População
1872	9.930.478
1890	14.333.915
1900	17.438.434
1920	30.635.605
1940	41.236.315
1950	51.944.397
1960	70.070.457
1970	93.139.037
1980	119.002.706
1991	146.825.475
2000	169.799.170
2010	190.755.799

Fonte: IBGE. *Dados históricos dos censos*. Disponível em: <http://mod.lk/dwMoF>. Acesso em: fev. 2017.

O enfrentamento de dificuldades resultantes das diferenças linguísticas e de usos e costumes dificultaram enormemente a vida dos primeiros imigrantes japoneses no Brasil. Na foto, imigrantes japoneses em plantação de algodão no interior do estado de São Paulo, em 1930.

De 1872 até a atualidade: censos e crescimento populacional

Em 1872, foi elaborado o **primeiro censo demográfico oficial** no Brasil e, desde então, foi possível contar com dados mais apurados da população brasileira a cada dez anos. Antes desse censo, os dados populacionais eram obtidos por meio de relatos de viajantes, que adentravam pelo interior do Brasil para vender seus produtos e traziam notícias sobre os povoados interioranos, além das certidões de batismo e de óbito, registradas pelas paróquias das igrejas. Nos anos de 1880, 1910 e 1930 o censo não foi realizado, e o de 1990 foi realizado no ano seguinte, por dificuldades orçamentárias.

De 1890 a 1940, as taxas de crescimento populacional do Brasil foram próximas de 1,8% ao ano. Durante esses 50 anos, o padrão predominante resultou da combinação de **altas taxas de natalidade** e igualmente **elevadas taxas de mortalidade**. Um exemplo dessa combinação: entre 1920 e 1940, a natalidade foi de cerca de 44%, e a mortalidade, de mais de 25%; como resultado, o percentual de crescimento vegetativo médio anual ficou em menos de 2%.

Até a década de 1960, a maioria da população brasileira vivia na zona rural. Desde muito cedo, as crianças começavam a trabalhar na lavoura para ajudar no sustento da família. De acordo com a mentalidade predominante nesse período, uma prole numerosa representava mais braços para o trabalho e, portanto, maior renda familiar. Isso era uma das razões das altas taxas de natalidade no país.

Por sua vez, as altas taxas de mortalidade podem ser explicadas pela carência dos serviços de saneamento básico e dos serviços de saúde para a maioria da população, permitindo a difusão sem controle das **doenças epidêmicas** e **endêmicas**.

> **Doença epidêmica.** Doença infecciosa e transmissível, de aparecimento súbito, que ocorre numa zona geográfica e pode espalhar-se rapidamente para outras regiões, originando um surto, ou seja, afetando um número considerável de pessoas.
>
> **Doença endêmica.** Doença que se manifesta apenas numa determinada zona geográfica, de forma persistente e permanente, afetando um número considerável de seus habitantes.

Erradicação de doenças e aumento do crescimento vegetativo

Na década de 1940, verificou-se a tendência (inicialmente lenta) de redução das taxas de mortalidade, acarretando mudança no padrão de crescimento vegetativo. Nessa época, iniciaram-se campanhas em âmbito nacional de erradicação de doenças epidêmicas, por meio de vacinação em massa e de combate aos agentes transmissores. Desde então, o número de casos de malária, tuberculose, tétano, paralisia infantil, doença de Chagas e muitas outras doenças apresentou sensível queda. Embora o sistema de saneamento básico fosse precário na maioria das cidades brasileiras, as poucas melhorias introduzidas contribuíram para que se registrasse um declínio das taxas de mortalidade entre as populações urbanas.

O declínio da mortalidade, no entanto, não se fez acompanhar pelo declínio da natalidade. O que ocorreu, de fato, foi o aumento das taxas de crescimento vegetativo: entre 1940 e 1950, a população brasileira teve um crescimento anual de 2,39%; entre 1950 e 1960, 2,99%; e, entre 1960 e 1970, 2,89%. Isso significa que, se a população total do país era de 41,2 milhões (em 1940), atingiu 93,1 milhões (em 1970), ou seja, cresceu cerca de 130% em apenas 30 anos.

O **significativo crescimento vegetativo** da população brasileira nas décadas de 1950 e 1960 foi a causa do alarmismo demográfico manifestado então no país. A alta taxa de natalidade era, para muitos especialistas, a causa da pobreza e um obstáculo ao desenvolvimento. Por isso, o controle do crescimento vegetativo da população se imporia como uma das tarefas mais urgentes do governo. Mas, para outros, tratava-se justamente do inverso: a causa da alta natalidade era a pobreza e, portanto, a solução seria elevar o nível de vida da população (por meio de melhor distribuição da renda nacional) a fim de reduzir a natalidade.

Industrialização, urbanização e queda da fecundidade

No final da década de 1960, contudo, observou-se o início de uma **queda da fecundidade** no Brasil — tendência que se manteve nas décadas seguintes (veja o gráfico a seguir). Em 2010, esse índice era de 1,86 filho por casal, e, de acordo com projeções do IBGE, a tendência de estabilização ocorrerá provavelmente em 2030, quando a taxa de fecundidade deverá ser de 1,5 filho por casal.

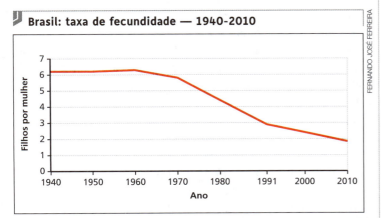

Brasil: taxa de fecundidade — 1940-2010

Fontes: IBGE. *Indicadores sociodemográficos e de saúde no Brasil 2009*. Rio de Janeiro: IBGE, 2009. p. 33; IBGE. *Síntese de indicadores sociais*: uma análise das condições de vida da população brasileira 2010. Disponível em: <http://mod.lk/Wudax>. Acesso em: fev. 2017.

Contenção da natalidade

Nas últimas décadas, houve diversas mudanças estruturais na economia brasileira, como a industrialização (que mudou o foco econômico da produção) e a urbanização (que trouxe a consequente concentração da população nas cidades), que alteraram rapidamente o comportamento reprodutivo da população.

Na vida urbana, uma prole numerosa significa mais despesas com alimentação, saúde e educação até que os filhos cheguem à idade produtiva. Isso tem funcionado como poderoso fator de **contenção da natalidade**. A fecundidade média da mulher brasileira na faixa entre 15 e 44 anos, na década de 1960, era de 6 filhos. Atualmente, esse número gira em torno de 1,77. Dados oficiais revelam que, nessa mesma faixa etária, cerca de 70% das mulheres brasileiras casadas utilizam métodos anticoncepcionais e aproximadamente 45% delas fizeram laqueadura de trompas.

De acordo com dados da *Síntese de indicadores sociais*, realizada em 2010 pelo IBGE, as mulheres com maior grau de instrução têm menos filhos, assim como se tornam mães um pouco mais tarde (com 27,8 anos, diante dos 25,2 anos das que têm até sete anos de estudo) e evitam mais a gravidez na adolescência: entre as mulheres com menos de sete anos de estudo, o grupo etário de 15 a 19 anos concentrava 20,3% das mães, enquanto entre as mulheres com oito anos ou mais de estudo a mesma faixa etária respondia por 13,3% da fecundidade.

Estima-se que o Brasil chegará à sua estabilidade demográfica em 2050, quando terá uma população próxima de 215 milhões de habitantes.

3. Estrutura etária da população brasileira

A maneira usual de representar a **estrutura etária** de uma população é por meio de um gráfico na forma de pirâmide. Em seus eixos estão representados os grupos de idade (ordenada) e o contingente populacional em números absolutos ou em percentuais (abscissa).

Conhecido como pirâmide etária, esse gráfico apresenta o estágio da transição demográfica em que se encontra a população representada.

Comparando as pirâmides etárias do Brasil de 2004 e 2013, é possível observar a redução relativa das faixas etárias inferiores na população total e também o aumento significativo de todas as faixas etárias superiores a 30 anos.

Laqueadura de trompas. Método de esterilização cirúrgica, ou seja, método anticoncepcional baseado em cirurgia que impede a ocorrência de gravidez.

Estrutura etária. Estrutura por faixas de idade.

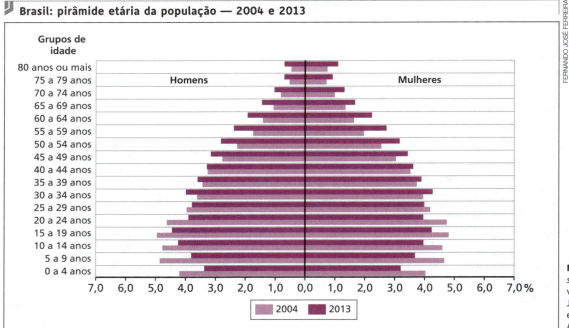

Brasil: pirâmide etária da população — 2004 e 2013

Fonte: IBGE. *Síntese de indicadores sociais*: uma análise das condições de vida da população brasileira. Rio de Janeiro: IBGE, 2014. p. 21. Disponível em: <http://mod.lk/cbNWS>. Acesso em: fev. 2017.

Uma tendência demográfica da população brasileira para as próximas décadas pode ser depreendida das mudanças verificadas na **estrutura etária do país**. A manutenção da tendência de envelhecimento da população do país torna-se cada vez mais notória.

Em 2013, a pirâmide etária brasileira apresentou estreitamento considerável de sua base. Como se pode observar na pirâmide acima, a população de 29 anos diminuiu de 54,4%, em 2004, para 46,6%, em 2013, enquanto a população de 45 anos aumentou, no mesmo período, de 24% para 30,7%.

De acordo com a *Síntese dos indicadores sociais* de 2014, a razão de dependência total da população brasileira, ou seja, a razão entre a população economicamente dependente (jovens com menos de 15 anos e idosos com mais de 60 anos) e aquela que é potencialmente ativa (população entre 15 e 59 anos) passou de 58,3%, em 2004, para 54,6%, em 2013. As mudanças nesses dados estão relacionadas diretamente com a diminuição da fecundidade e com a maior longevidade da população brasileira.

Para navegar

Censo Demográfico 2010
www.censo2010.ibge.gov.br/sinopseporsetores/

O IBGE disponibiliza os dados do Censo de 2010, como pirâmide etária, densidade demográfica, população residente etc., por municípios ou setores censitários.

Há poucas escolas rurais, o que contribui para que uma parcela significativa da população jovem residente no meio rural abandone a escola muito cedo ou nem mesmo consiga se alfabetizar.

A carência de serviços públicos de saúde no campo também limita o acesso a métodos contraceptivos, o que explica o fato de a queda da natalidade ocorrer mais lentamente no meio rural do que no meio urbano, ou seja, há menor redução da **natalidade no meio rural**, de acordo com os dados do IBGE. Por essa razão, a pirâmide etária da população rural brasileira ainda apresenta uma significativa preponderância de jovens, enquanto a da população urbana revela uma transição demográfica bem mais avançada.

Demanda por educação

A estrutura etária de uma população reflete-se fortemente na economia do país. Quando a parcela de crianças e jovens é grande, as demandas por investimentos estatais em educação são maiores. Uma proporção elevada de idosos na população total também exige do poder público um comprometimento financeiro significativo, principalmente para o pagamento de aposentadorias, a oferta de programas de assistência e o atendimento à saúde.

No Brasil, os jovens ainda são a parcela mais numerosa da população brasileira. Portanto, a prioridade dos investimentos públicos deverá concentrar-se na educação. Como demonstram os dados expressos no gráfico a seguir e divulgados pela *Pesquisa nacional por amostra de domicílios* (Pnad 2014), de 2004 a 2013, as taxas de escolarização das crianças de 0 a 3 anos e de 4 e 5 anos de idade subiram de 13,4% e 61,5% para 23,2% e 81,4%, respectivamente. A taxa de frequência escolar bruta das pessoas de 6 a 14 anos de idade permaneceu próxima da universalização. Por sua vez, a proporção de jovens de 15 a 17 anos de idade que frequentavam a escola cresceu somente 2,5 pontos percentuais, passando de 81,8% em 2004 para 84,3% em 2013. Considerando as metas do Plano Nacional da Educação de 2010, ainda o grande desafio será universalizar a educação atendendo todas as crianças de 4 a 5 anos até 2020.

> **QUESTÕES**
>
> 1. Conceitue bônus demográfico.
> 2. Indique as razões para as quedas das taxas de mortalidade e do aumento do crescimento vegetativo da população no Brasil a partir dos anos 1940 e 1950.
> 3. Quais fatores determinaram a diminuição das taxas de natalidade no Brasil nas últimas décadas?

Um aspecto fundamental acerca das condições atuais da educação brasileira refere-se à evolução dos índices de analfabetismo no país. Na atualidade, os analfabetos — pessoas com mais de 15 anos que não aprenderam a ler e a escrever — representam 8,5% da população brasileira. Apesar dos avanços, a taxa de analfabetismo ainda é expressiva e atinge, em geral, a população mais pobre e residente nas áreas rurais (20,8%). Isso resulta de um sistema de ensino público excludente, que somente nas últimas décadas começou a apresentar melhorias (veja o gráfico a seguir).

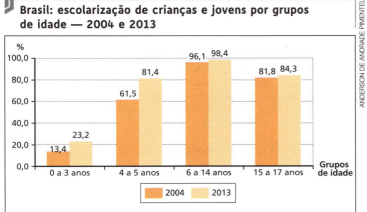

Brasil: escolarização de crianças e jovens por grupos de idade — 2004 e 2013

Fonte: IBGE. *Síntese de indicadores sociais*: uma análise das condições de vida da população brasileira. Rio de Janeiro: IBGE, 2014. p. 101. Disponível em: http://mod.lk/cbnws. Acesso em: fev. 2017.

Outro grande desafio a ser superado pela educação brasileira era o atendimento aos alunos com transtornos de aprendizagem e comprometimento motor. Entre os principais problemas de nossas escolas na primeira década do século XXI estava o atendimento a alunos com deficiências motoras graves, em razão da ausência de rampas e de acesso adequados às salas de aula. De acordo com os dados do gráfico a seguir, houve avanço significativo com relação ao acesso das crianças de 6 a 14 anos com deficiência motora grave, no período destacado.

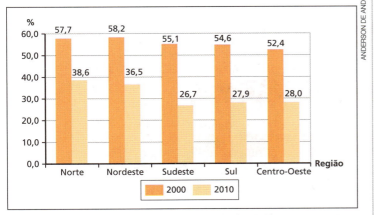

Brasil: proporção das crianças de 6 a 14 anos de idade com deficiência motora severa que não frequentam instituição de ensino, segundo as Grandes Regiões — 2000 e 2010

Fonte: IBGE. *Síntese de indicadores sociais*: uma análise das condições de vida da população brasileira. Rio de Janeiro: IBGE, 2014. p. 103. Disponível em: <http://mod.lk/cbnws>. Acesso em: fev. 2017.

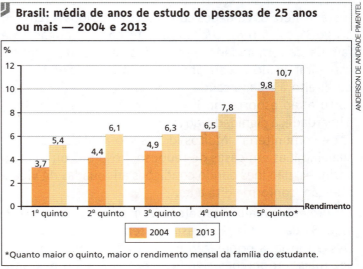

Brasil: média de anos de estudo de pessoas de 25 anos ou mais — 2004 e 2013

*Quanto maior o quinto, maior o rendimento mensal da família do estudante.

Fonte: IBGE. *Síntese de indicadores sociais*: uma análise das condições de vida da população brasileira. Rio de Janeiro: IBGE, 2014. p. 111. Disponível em: <http://mod.lk/cbnws>. Acesso em: fev. 2017.

A sociedade brasileira é enormemente prejudicada com o atual sistema educacional. Pessoas com baixo grau de instrução, sem falar nos analfabetos, são lançadas em grande número anualmente no mercado de trabalho, constituindo um enorme reservatório de mão de obra barata e desqualificada que alimenta o círculo vicioso do subemprego, dos baixos salários e da baixa produtividade.

Envelhecimento da população brasileira

O índice de fecundidade relativo ao número de filhos por mulheres pertencentes à faixa entre 15 e 49 anos tem diminuído sistematicamente, desde 1991, no Brasil. Segundo o IBGE, essa redução da fecundidade combinada com a redução da mortalidade mostra que a população brasileira está crescendo menos e que houve aumento da parcela mais idosa.

No conjunto do país, os dados disponíveis na *Síntese dos indicadores sociais* de 2014 revelam que, em 2013, a participação relativa dos idosos de 60 anos ou mais de idade foi de 13,0% da população total, e esse indicador foi mais elevado para a Região Sul (14,5%) e menos expressivo na Região Norte (8,8%).

Entre as características mais significativas dessa faixa considerável da população brasileira estão que a maioria é mulher (55,5%) e residente na Região Sudeste (56,7%); 83,9% residem em áreas urbanas, das quais 76,1% recebiam algum tipo de benefício previdenciário. Ainda de acordo com os dados analisados, da população brasileira com mais de 60 anos, 75,3% dos homens e 59,8% das mulheres eram aposentados, dos quais 30,6% residiam com os filhos, 26,5% eram casais sem filhos e 15,1% de homens e 17,8% de mulheres viviam sozinhos.

Essa é uma situação que agrava as condições de bem-estar e afeta os cuidados com a saúde dos idosos. Em seu artigo 3º, o *Estatuto do Idoso* garante, como "obrigação da família, da comunidade, da sociedade e do poder público, assegurar ao idoso, com absoluta prioridade, a efetivação do direito à vida, à saúde, à alimentação, à educação, à cultura, ao esporte, ao lazer, ao trabalho, à cidadania, à liberdade, à dignidade, ao respeito e à convivência familiar e comunitária". Muitos idosos são abandonados por suas famílias em casas de repouso, hospitais ou mesmo sozinhos, não lhes dando condições adequadas de vida e atenção, conforme dita a lei.

Projeções realizadas pelo IBGE indicam que, em 2018, 12,62% da população brasileira terá 65 anos ou mais. Dessa forma, a população idosa no Brasil tomará, cada vez mais, proporções significativas, alterando bastante o perfil etário até pouco tempo atrás considerado jovem (veja o gráfico *Brasil: razão de dependência* ao lado).

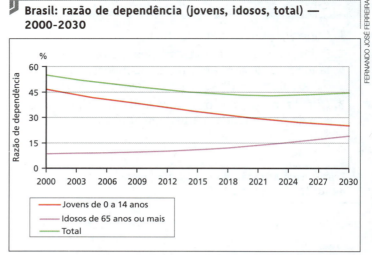

Fonte: IBGE. *População*. Projeção da população do Brasil e das Unidades da Federação. Disponível em: <http://mod.lk/jVqNq>. Acesso em: fev. 2017.

No gráfico abaixo é possível observar indicadores mais específicos desse grupo de idade.

Projeções recentes indicam que essa população deverá crescer percentualmente cerca de 8% até 2030. Esse **envelhecimento da população** implicará maiores demandas específicas também para o sistema de saúde, sobretudo para o atendimento de doenças crônicas e degenerativas e para pensões e aposentadorias, para as quais, atualmente, é destinada a maior parte do orçamento da Previdência Social.

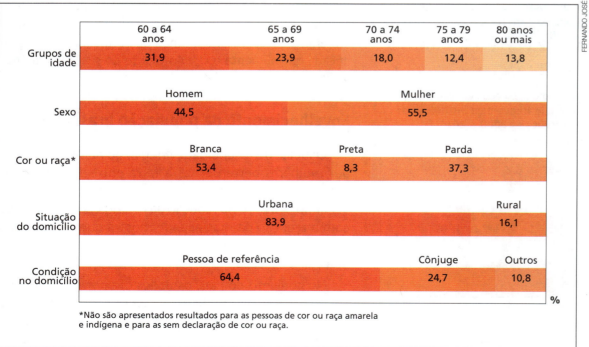

Fonte: IBGE. *Síntese de indicadores sociais*: uma análise das condições de vida da população brasileira. Rio de Janeiro: IBGE, 2014. p. 38. Disponível em: <http://mod.lk/cbnws>. Acesso em: fev. 2017.

4. Fluxos migratórios inter-regionais e intrarregionais

Uma constante na história brasileira, as **migrações inter-regionais** revelam como ocorreram a apropriação histórica do território nacional e os deslocamentos espaciais sucessivos do polo econômico do país.

No século XVIII, a relativa estagnação da economia açucareira e a descoberta de ouro e diamante na região das Minas Gerais impulsionaram milhares de nordestinos a migrar para as áreas mineradoras, no primeiro grande fluxo de migrações inter-regionais da América portuguesa, a partir do qual começou a tornar o Nordeste área de **repulsão populacional**. O declínio da mineração levou, mais tarde, nordestinos e outros migrantes (oriundos de Minas Gerais) a se deslocar para as regiões da então província de São Paulo, em plena fase de expansão da cafeicultura.

Na segunda metade do século XIX, o látex (matéria-prima da borracha) tornou-se um importante produto de exportação, atraindo um número considerável da população nordestina para a Amazônia ocidental.

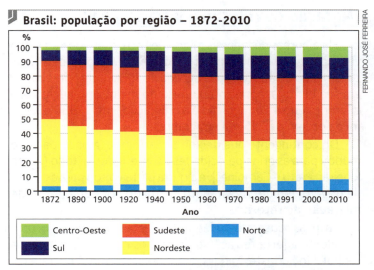

Fonte: IBGE. *Séries históricas e estatísticas*. CD 90. População presente e residente. Disponível em: <http://mod.lk/fQrRp>. Acesso em: fev. 2017.

A cidade de São Paulo deve seu incremento populacional à chegada de famílias migrantes de todo o país (SP, 1974).

No século XX, a economia brasileira sofreu profunda transformação por causa do **desenvolvimento da atividade industrial**. A indústria, com forte concentração no Sudeste, ganhou o comando da economia e passou a articular as diversas regiões produtivas às suas necessidades, tornando-se responsável pelos novos grandes fluxos migratórios inter-regionais no Brasil.

Em 1872, o primeiro censo demográfico brasileiro revelou que o Nordeste (então a região mais populosa) concentrava mais de 46% da população total do país. Os censos seguintes, porém, mostraram participação cada vez menor dessa região no total da população brasileira (veja o gráfico a seguir).

Os responsáveis por esse declínio foram os fluxos migratórios, decorrentes de um descompasso entre o crescimento vegetativo da população regional e a dinâmica de sua economia. A maioria desses fluxos dirigiu-se para a Região Sudeste e, em menor escala, para as regiões Centro-Oeste e Norte.

A partir da década de 1930, com a industrialização acelerada do Sudeste, a integração dos mercados regionais — pela abertura de estradas de rodagem — e o fim das barreiras alfandegárias internas, intensificou-se o processo de repulsão populacional do Nordeste, levando milhões de nordestinos a buscar oportunidades de trabalho nas principais capitais do Sudeste.

Além da longa estagnação econômica, havia ainda a extrema concentração fundiária para transformar o Nordeste em reserva de mão de obra destinada aos centros industriais mais importantes do país. O número de nordestinos que viviam fora de sua região era de cerca de 5%, em 1940; esse percentual saltou para 17%, em 1980. A participação do estado de São Paulo — que acolheu grande parte desse fluxo — era de 17,3% no total da população brasileira, em 1940, e passou para 21%, em 1980. Já a participação da capital paulista saltou de 3,2%, em 1940, para 7,1%, em 1980.

Nas décadas de 1940 e 1950, 60% do crescimento demográfico do município de São Paulo foi ocasionado pelos migrantes. As taxas de incremento populacional nesse município passaram a ser cada vez menores, desde então, em virtude da diminuição da migração e da queda do incremento vegetativo da população paulistana.

Para assistir

Central do Brasil
Brasil, 1998. Direção de Walter Salles. Duração: 111 min.
O filme revela como é a vida de pessoas que migram pelo país na tentativa de conseguir melhores condições vida.

Migração de retorno e intrarregional

Há algumas décadas as migrações no estado de São Paulo vêm apresentando mudanças importantes. A capital deixou de ser um polo de atração e, na década de 1980, pela primeira vez em sua história, apresentou um saldo migratório negativo: a diferença entre a emigração e a imigração, entre 1980 e 1991, foi da ordem de 755 mil emigrantes.

Do contingente que deixou a metrópole, grande parte se mudou para as principais cidades do interior do estado (como Ribeirão Preto e Campinas), e a outra parte voltou para a cidade de origem, em um movimento chamado por demógrafos de **migração de retorno**.

Entre as causas desse fenômeno está o desemprego, provocado pela forte retração de todos os ramos industriais na capital. No Sudeste, Minas Gerais e Espírito Santo tiveram redução na proporção de retornados, que permaneceram acima dos 30% em 2000 e em 2010. Em São Paulo, houve aumento de retornados, nos períodos de 1995 a 2000 e de 2005 a 2010, com registro de 9,6% e 18,9% do total de imigrantes, respectivamente. O Rio de Janeiro apresentou uma proporção de retornados de 15,6% e de 20,3%, respectivamente.

Para ler

Migrações: da perda da terra à exclusão social
Ana Valim. 11. ed. São Paulo: Atual, 2009.
O livro aborda os aspectos da migração brasileira, como a de nordestinos, gaúchos e paulistas, relacionando as transformações no espaço à atividade econômica e à exclusão social.

A partir do final da década de 1980, tanto o esgotamento da oferta de empregos nos centros industriais quanto a concentração fundiária nas antigas fronteiras agrícolas estão diminuindo sistematicamente os fluxos migratórios inter-regionais e ocasionando um assentamento demográfico inédito na história do país: as possibilidades de posse de terra e as oportunidades de trabalho são cada vez mais buscadas dentro dos limites da própria região de origem da população.

Esse fato explica as **migrações de caráter intrarregional** no Nordeste. Fortaleza e Salvador vêm apresentando forte incremento demográfico desde a década de 1980; isso também está ocorrendo em cidades médias do interior da região, como Mossoró (RN), Barreiras (BA) e Petrolina (PE). O Nordeste permanece como área de repulsão populacional, mas o ritmo das migrações retrocedeu bastante, verificando-se a intensificação do fluxo migratório em direção às cidades da própria região. Pelo censo de 2010, os migrantes que participaram desse fluxo são, em sua maioria, nordestinos regressados à região depois de muitos anos vividos no Sudeste.

O saldo migratório da região é negativo. O Pará foi o principal destino dos migrantes maranhenses, seguido por São Paulo, Tocantins, Piauí, Goiás e Distrito Federal. Do mesmo modo, os alagoanos (49%) e baianos (56%) tiveram como principal destino o estado de São Paulo. Em compensação, Pernambuco, Alagoas e Piauí tiveram poucos migrantes comparadamente a 2000. O Nordeste também continua apresentando altas taxas de retornados, passando de 40% do total de migrantes na maioria de seus estados, com exceção do Rio Grande do Norte e de Sergipe.

Fronteira agrícola. Faixa de apropriação recente de terras virgens para atividades agropecuárias.

Vista aérea das cidades de Petrolina (PE) (à esquerda) e Juazeiro (BA) (à direita), à beira do rio São Francisco. São polos de atração de população e estão ligadas à fruticultura irrigada (foto de 2015).

Rumo às fronteiras agrícolas

A Região Sul, até os anos 1970, caracterizava-se como área de atração populacional, com participação crescente no total da população brasileira. Desde a década de 1970, entretanto, passou a apresentar sinais de repulsão.

A curva demográfica da Região Sul é, em grande parte, determinada pela dinâmica populacional do Paraná — estado cuja ocupação foi intensificada na década de 1940, com a chegada das culturas de café e de algodão às áreas pioneiras polarizadas por Londrina, no norte. Entre 1950 e 1960, a população do estado registrou um recorde nacional, crescendo mais que o dobro devido à grande oferta de empregos no meio rural.

A introdução do **cultivo intensivo da soja**, a partir da década de 1970, mudou substancialmente a estrutura agrária em grandes áreas do estado, causando o crescimento do tamanho médio das propriedades. Essa mudança — somada à mecanização — resultou na expulsão de grande número de pequenos proprietários e trabalhadores rurais. Por essa razão, entre 1970 e 1980 a população paranaense voltou a quebrar um recorde, mas contrário ao anterior: apresentou o menor índice de crescimento populacional do Brasil (apenas 11%), além de um saldo migratório negativo de 820 mil pessoas. Os trabalhadores rurais do Paraná e do Rio Grande do Sul — assim como os do Nordeste, do Espírito Santo e de Minas Gerais — fizeram parte de um grande fluxo migratório em direção às **fronteiras agrícolas** do Brasil Central e da Amazônia.

A Região Centro-Oeste passou a receber, nas décadas de 1950 e 1960, fluxos migratórios que foram responsáveis por seu elevado crescimento populacional no período. Além dos projetos de colonização em Goiás e em Mato Grosso (em área do atual Mato Grosso do Sul), outros fatores atraíram um grande número de migrantes: a construção de Brasília e a abertura de novas rodovias federais, como a Belém-Brasília e a Brasília-Acre.

Atualmente, Mato Grosso e Goiás foram classificados como áreas de baixa e média absorção migratória, respectivamente. Cerca de 2/3 dos migrantes de Mato Grosso vieram do Paraná (17%), Mato Grosso do Sul (13%), Rondônia (12%), São Paulo (12%) e Goiás (11%). Goiás é importante receptor de migrantes vindos de estados mais distantes, como Tocantins, Maranhão, Pará, Piauí, além de Bahia, Minas Gerais, São Paulo e Distrito Federal. Ao mesmo tempo, o censo de 2010 mostrou retornados em todos os estados.

Na Região Norte, a expansão das fronteiras agrícolas levou, num primeiro momento, migrantes do Sul do país (RS, PR) para Rondônia e Pará e, mais recentemente, para Roraima, Amapá, Acre e Tocantins. Os estados do Norte tiveram aumento na proporção de retorno.

5. Os imigrantes

A grande proporção de negros e mestiços na população do então Reino Unido de Portugal e Algarves preocupava os governantes portugueses. Em 1818, o governo de D. João VI, com o objetivo de iniciar um processo de "branqueamento" da população do reino, **financiou a imigração** de algumas centenas de suíços e alemães para o Brasil, que se fixaram em terras situadas nas serras do Rio de Janeiro e deram origem à cidade de Nova Friburgo (veja a figura a seguir).

Vista de Nova Friburgo (1825), de Jean-Baptiste Debret. Em 1820, cerca de 2 mil suíços atravessaram o Atlântico, fugindo da fome que assolava o cantão suíço de Fribourg. Estava à sua espera, fornecido pelo governo imperial, um conjunto de cem casas, divididas em três quarteirões, uma praça e um posto de saúde.

Para ler

Migração e globalização: um olhar interdisciplinar
Glória Maria Santiago Pereira. São Paulo: CRV, 2012. Esta obra propõe discussões sobre modernidade e migração, o estrangeiro na globalização, movimentos migratórios e dilemas de segurança internacional e mobilidade humana e desenvolvimento; além disso, ela nos faz refletir sobre o preconceito étnico em crianças brancas, a religiosidade e a solidão em estudantes portugueses, moçambicanos, angolanos e brasileiros, entre outros temas.

A imigração após a independência

O **movimento imigratório** iniciou-se, de fato, após a Independência, ocorrida em 1822. Na Europa, com a concentração fundiária e a Revolução Industrial, muitos camponeses estavam perdendo suas terras e não havia nas cidades uma oferta de empregos suficiente para absorvê-los. Por outro lado, as guerras e os conflitos políticos no continente levaram muitas famílias à decisão de reconstruir suas vidas em outros países, entre eles o Brasil. Foi assim que, desde então, entraram no país mais de 5 milhões de europeus. Eram principalmente portugueses (32%), italianos (29%), espanhóis (13%) e alemães (5%). O mosaico étnico brasileiro recebeu ainda muitos imigrantes de outros países. Confira na tabela abaixo.

Brasil: imigração (1884-1933) por nacionalidade

Nacionalidade	Números				
	1884-1893	1894-1903	1904-1913	1914-1923	1924-1933
Alemães	22.778	6.698	33.859	29.339	61.723
Espanhóis	113.116	102.142	224.672	94.779	52.405
Italianos	510.533	537.784	196.521	86.320	70.177
Japoneses	—	—	11.868	20.398	110.191
Portugueses	170.621	155.542	384.672	201.252	233.650
Sírios e turcos	96	7.124	45.803	20.400	24.491
Outros	66.524	42.820	109.222	51.493	164.586
Total	883.668	852.110	1.006.617	503.981	717.223

Fonte: IBGE. *Brasil*: 500 anos de povoamento. Rio de Janeiro: IBGE, 2000. p. 226. Disponível em: <http://mod.lk/GQ3dO>. Acesso em: fev. 2017.

Havia, por outro lado, o interesse de compensar a baixa densidade demográfica do Brasil meridional, que expunha a região à cobiça dos vizinhos platinos. O governo imperial passou a distribuir pequenos lotes no Rio Grande do Sul — principalmente na região nordeste e no Vale do Jacuí — e em Santa Catarina — vales do Tubarão, Itajaí e região de Lajes. Nessas áreas, formaram-se colônias de imigrantes, muitas delas às margens dos velhos caminhos de tropas e boiadas que ligavam a Campanha Gaúcha — ocupada por descendentes de portugueses — a São Paulo e Minas Gerais.

Rua da Avenida, em Blumenau, município situado no Vale do Itajaí (SC, 1880), com traços típicos da colonização alemã.

Imigrantes italianos, alemães e, em menor número, eslavos passaram a integrar a paisagem do Brasil meridional, formando diversos novos núcleos urbanos, circundados por pequenas propriedades policultoras. Os imigrantes que se tornaram pequenos proprietários de terra eram denominados **colonos** e os núcleos urbanos que constituíram, **colônias**.

Os primeiros núcleos de imigrantes **alemães** entrados no Sul foram estabelecidos principalmente no Vale do Rio dos Sinos, no Rio Grande do Sul, dando origem às cidades de São Leopoldo e Novo Hamburgo. Pouco depois, outros núcleos surgiram no Vale do Itajaí, em Santa Catarina, dos quais se originaram cidades como Joinville e Blumenau, dois dos principais centros urbano-industriais do estado.

Entre os imigrantes **italianos** vindos para o Sul do país, parte ficou concentrada nas áreas planálticas do Rio Grande do Sul, sendo responsável pela fundação de Caxias do Sul, Garibaldi e Bento Gonçalves. Ali eles se dedicaram principalmente à cultura da vinha, e seus descendentes produzem vinhos de grande qualidade. A outra parte estabeleceu-se no sudeste de Santa Catarina, fundando as cidades de Criciúma e Uruçanga.

Os **eslavos** — poloneses e ucranianos em sua maioria — fixaram-se principalmente no Paraná, em Curitiba e em colônias nos vales dos rios Negro e Ivaí. No início do século XX, imigrantes italianos dirigiram-se para o norte do Paraná para trabalhar nas lavouras de café.

Família de imigrantes italianos estabelecida em Cambé (PR, 1920).

Incentivada pelo governo, a imigração passou a atender aos interesses dos fazendeiros, principalmente os cafeicultores do próspero **Oeste Paulista**, para substituir a mão de obra escrava nas lavouras. As fazendas de café dessa região receberam mais de 70% dos milhões de imigrantes que desembarcaram no Brasil entre a segunda metade do século XIX e as primeiras décadas do século XX. A maioria desses imigrantes era composta de italianos, mas havia também espanhóis, portugueses e japoneses entre eles.

Os **japoneses** começaram a chegar a partir de 1908, mas a maior parte deles chegou entre 1924 e 1942. Mais de 75% do total desses imigrantes estabeleceu-se no estado de São Paulo. Distribuíram-se nas proximidades da capital, onde se dedicaram à horticultura; na região de Tupã, Bastos e Marília (a chamada Alta Paulista), cultivando principalmente algodão; no Vale do Paraíba, desenvolvendo arrozais; e no Vale do Ribeira, introduzindo a cultura de chá.

Imigrantes e refugiados

De acordo com estatísticas divulgadas pela Polícia Federal, o Brasil abrigava, em 2015, pouco mais de 1 milhão e 850 mil imigrantes regulares, ou seja, cerca de 0,9% da população brasileira.

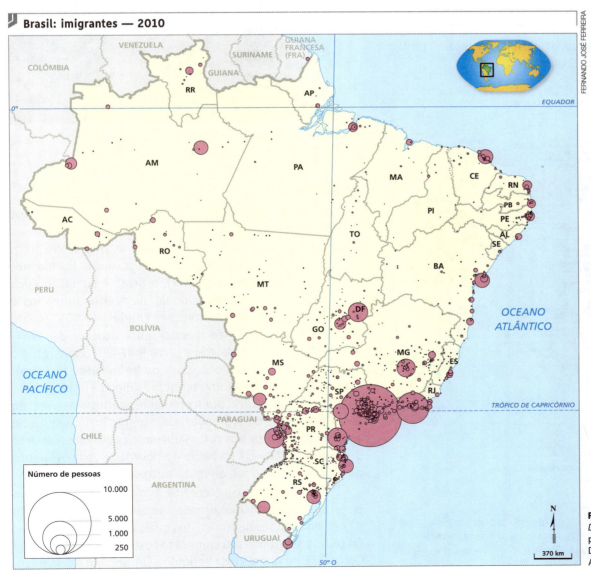

Brasil: imigrantes — 2010

Fonte: IBGE. *Atlas do Censo Demográfico 2010*. Fluxos da população no território, p. 59. Disponível em: <http://mod.lk/9igxh>. Acesso em: fev. 2017.

Capítulo 17 • População brasileira

Apesar de o número ser expressivo, representa muito pouco se comparado com os fluxos imigratórios na escala mundial. Segundo a Organização das Nações Unidas (ONU), em 2013, o número de imigrantes na escala global chegou próximo dos 260 milhões de habitantes, e os destinos mais procurados eram: Estados Unidos, Canadá e países da Europa Ocidental.

Mesmo assim, podemos afirmar que o número tem se mantido consistente, com a entrada cada vez maior de populações provenientes de áreas de conflitos étnicos e religiosos, como Síria e Líbano, no Oriente Médio; de países africanos, como Senegal, Gana, República Democrática do Congo, Angola e Nigéria; e de países americanos, como Bolívia, Paraguai e Haiti. Este último, considerado o menos desenvolvido da América, passa por sérios problemas sociais, além de ter sido alvo de um forte terremoto, em 2010, que arrasou seu território.

A experiência cultural dos imigrantes e a especialização da mão de obra têm sido aproveitadas, como no caso dos senegaleses, que são contratados por frigoríficos exportadores de carne do Rio Grande do Sul, pois conhecem os procedimentos religiosos do *halal*, contribuindo para as vendas, principalmente para países do Oriente Médio.

Observe, no mapa a seguir, a distribuição dos imigrantes no Rio Grande do Sul em 2014.

Rio Grande do Sul: origem e destino dos imigrantes — 2014

Fonte: *ZH Notícias*. Disponível em: <http://mod.lk/2saN2>. Acesso em: fev. 2017.

Halal. O alimento é considerado *halal* (permitido para consumo) quando é obtido de acordo com os preceitos e as normas ditadas pelo *Alcorão* e pela jurisprudência islâmica.

Muitos imigrantes, no entanto, entram ilegalmente no país, em busca de emprego e de melhores condições de vida. Parte deles acaba transformando-se em mão de obra mal remunerada e se submetendo a condições de trabalho análogas à escravidão, como aconteceu com grupos de bolivianos e peruanos em São Paulo que foram empregados em confecções, comprovadamente em situação precária, sem proteção trabalhista e cumprindo longas jornadas de trabalho.

Imigrantes haitianos retiram carteira de trabalho em São Paulo (SP, 2014).

Refugiados

Umas das características sociais marcantes dos últimos anos tem sido a entrada de populações refugiadas que se deslocam de áreas de conflitos para as que se mantêm em paz. De acordo com o Alto Comissariado das Nações Unidas para Refugiados (Acnur), o Brasil é signatário dos principais tratados internacionais de direitos humanos e é parte da Convenção das Nações Unidas, de 1951, sobre o Estatuto dos Refugiados e do seu Protocolo de 1967. Em 1997, o Brasil promulgou a Lei nº 9.474/97 sobre refúgio e criou o Comitê Nacional para os Refugiados (Conare). Este é um órgão interministerial presidido pelo Ministério da Justiça, responsável por formular as políticas de atenção aos refugiados e de promover sua integração no país. Cabe ao Conare garantir aos refugiados os documentos básicos de identificação e de trabalho e a liberdade de movimento no território nacional, além de outros direitos civis.

De acordo com esse comitê, em outubro de 2014, o Brasil contava com aproximadamente 7.300 refugiados de 81 nacionalidades distintas, dos quais 25% eram mulheres. Os principais grupos são compostos de nacionais da Síria, da Colômbia, de Angola e da República Democrática do Congo.

Entre 2010 e 2013, o número total de pedidos de refúgio aumentou mais de 930%. Observe o gráfico a seguir.

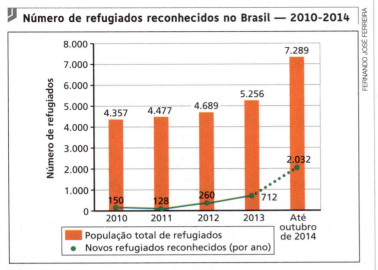

Número de refugiados reconhecidos no Brasil — 2010-2014

Fonte: ACNUR. *Refúgio no Brasil*: uma análise estatística (jan. 2010-out. 2014), p. 1. Disponível em: <http://mod.lk/H7F6M>. Acesso em: fev. 2017.

Dos refugiados recebidos pelo Brasil, os sírios representam o maior grupo, com 20% do total. Esse fluxo é explicado por dois fatores. Primeiro, pela intensificação dos conflitos armados na Síria, guerra civil iniciada em 2011, e responsável por um dos mais dramáticos e sanguinários ataques a civis. Além disso, a escolha pelo Brasil se dá em razão da presença histórica de descendentes sírios no país. Em seguida, estão os refugiados da Colômbia, de Angola e da República Democrática do Congo. Outras populações relevantes são os refugiados do Líbano, da Libéria, da Palestina, do Iraque, da Bolívia e de Serra Leoa.

Esses dados não incluem os haitianos que chegaram ao Brasil desde o terremoto de 2010. Apesar de solicitarem o reconhecimento da condição de refugiados ao entrarem no território nacional, seus pedidos foram encaminhados ao Conselho Nacional de Imigração, que emitiu vistos de residência permanente por razões humanitárias. De acordo com dados da Polícia Federal, mais de 39 mil haitianos entraram no Brasil de 2010 até setembro de 2014.

Você no mundo — Atividade individual — Pesquisa

Comparação de dados estatísticos

"Embora importantes, os dados estatísticos brutos, muitas vezes, 'camuflam' as desigualdades de classes, os conflitos e a dinâmica espacial da população na luta pela sobrevivência cotidiana. A interpretação e o debate sobre eles [...] devem ser buscados no estudo da população [...] para não se sobrevalorizar a estatística diante da reflexão crítica sobre as relações sociais que resultam na produção do espaço.

Destarte, vale reforçar que não se defende o desprezo dos dados estatísticos [...]. Ao contrário, entendemos que os dados, por si só, são representações aproximadas da realidade que em muito contribuem para a aprendizagem espacial dos alunos. Os dados disponíveis nos livros didáticos, por exemplo, podem servir de estímulo inicial para professores e alunos complementá-los com pesquisas na internet, atualizá-los e compará-los com as diversas realidades espaciais dos fenômenos em análise."

MOARES, A. J. B.; ASSIS, L. F. A geografia da população na sala de aula: oficina com recursos didáticos diversificados. *Geosaberes*, Fortaleza, v. 6, n. 11, p. 37-46, jan.-jun. 2015.

Com orientação do professor, você vai coletar dados sobre o seu município e elaborar relatórios comparativos. Há vários *sites* que disponibilizam informações estatísticas, como o do Banco de Dados Agregados do IBGE/Sidra. Acompanhe os procedimentos a seguir para obter as informações necessárias à sua pesquisa.

- Acesse o *site* do Sidra em: <www.sidra.ibge.gov.br>. No menu *Opções*, clique em *Território* e depois em *Território A-Z*. Em seguida, clique na opção *Município* para escolher o seu.

- No ícone *Veja os dados disponíveis no Banco de Dados Agregados*, selecione a opção *População — Características gerais da população*.

- Em seguida, escolha os temas que indiquem: a população total de seu município (urbana e rural, mulheres e homens); o número total de domicílios; o número de cômodos por situação de domicílio (urbana e rural); o número médio de pessoas por família; o número total de estudantes de 5 anos ou mais de idade, por grau e série que frequentam.

- Com as informações levantadas na pesquisa, inicie, com intermediação do professor, um debate sobre o que os dados revelam a respeito da população de seu município, levando em consideração as seguintes questões: "Seu município é populoso? É povoado?"; "A maior parte da população se concentra em área urbana ou rural?"; "As taxas de alfabetização indicam boa qualidade de vida?".

- Após responder às perguntas, elabore um relatório com base em sua pesquisa e nas conclusões expostas durante o debate em sala de aula.

Geografia e outras linguagens

O catarinense João da Cruz e Sousa (1861-1898) foi um dos maiores poetas brasileiros do século XIX, representante da escola simbolista. Negro, Cruz e Sousa não se furtou ao debate sobre questões raciais da sociedade brasileira, notadamente a abolição da escravatura. Em sua obra *Evocações*, que reúne fragmentos de prosa poética, Cruz e Sousa inseriu o texto "Dor negra". Leia, a seguir, um fragmento dele.

Dor negra

"E como os Areais eternos sentissem fome e sentissem sede de flagelar, devorando com as suas mil bocas tórridas todas as rosas da Maldição e do Esquecimento infinito, lembraram-se, então, simbolicamente da África!

Sanguinolento e negro, de lavas e de trevas, de torturas e de lágrimas, como o estandarte mítico do Inferno, de signo de brasão de fogo e de signo de abutre de ferro, que existir é esse, que as pedras rejeitam, e pelo qual até mesmo as próprias estrelas choram em vão milenariamente?!

Que as estrelas e as pedras, horrivelmente mudas, impassíveis, já sem dúvida que por milênios se sensibilizaram diante da tua Dor inconcebível, Dor que de tanto ser Dor perdeu já a visão, o entendimento de o ser, tomou decerto outra ignota sensação da Dor, como um cego ingênito que de tanto e tanto abismo ter de cego sente e vê na Dor uma outra compreensão da Dor e olha e palpa, tateia um outro mundo de outra mais original, mais nova Dor.

O que canta Réquiem eterno e soluça e ulula, grita e ri risadas bufas e mortais no teu sangue, cálix sinistro dos calvários do teu corpo, é a Miséria humana, acorrentando-te a grilhões e metendo-te ferros em brasa pelo ventre, esmagando-te com o duro coturno egoístico das Civilizações, em nome, no nome falso e mascarado de uma ridícula e rota liberdade, e metendo-te ferros em brasa pela boca e metendo-te ferros em brasa pelos olhos e dançando e saltando macabramente sobre o lodo argiloso dos cemitérios do teu Sonho. [...]"

CRUZ E SOUSA. *Obras completas*. Rio de Janeiro: Nova Aguilar, 1995. p. 175.

QUESTÕES

1. É característico do estilo simbolista o uso das chamadas *letras maiúsculas alegorizantes*. Quais são as palavras em que a maiúscula alegorizante ocorre no poema? Por que justamente essas palavras estão assim realçadas?

2. Uma passagem do quarto parágrafo denuncia as contradições da sociedade capitalista. A afirmação está correta? Justifique sua resposta.

ATIVIDADES

ORGANIZE SEUS CONHECIMENTOS

1. "O demógrafo e economista José Eustáquio Alves, do Instituto Brasileiro de Geografia e Estatística (IBGE) [...] contou que, em 1970, de cada três brasileiros, um estava trabalhando e dois não. Então uma pessoa tinha que sustentar três. Em 2010, já era uma pessoa sustentando uma só — 50% da população trabalhando."

GARDENAL, Isabel. O Brasil está em seu melhor momento demográfico, diz especialista do IBGE. *Unicamp*, 19 out. 2015. Disponível em: <http://mod.lk/gcj5q>. Acesso em: fev. 2017.

Assinale a alternativa que melhor define o fenômeno demográfico descrito no texto:

a) O iminente fim do bônus demográfico.
b) A aceleração do crescimento vegetativo.
c) A redução populacional.
d) O declínio da taxa de mortalidade.
e) O envelhecimento da população.

2. "O trabalho escravo [...] está ligado ao tráfico de pessoas. Para fugir da miséria, os bolivianos procuram os coiotes — responsáveis por levar pessoas de forma ilegal de um país para o outro — para migrar. Esses coiotes se apresentam como 'agências de emprego' e transportam os trabalhadores para a Argentina e o Brasil."

NEVES, Maria L. Escravas da moda. *Marie Claire*. Disponível em: <http://mod.lk/2jmwg>. Acesso em: fev. 2017.

A presença de imigrantes ilegais bolivianos em São Paulo está vinculada ao aproveitamento precário de mão de obra em

a) atividades agrícolas temporárias.
b) manufaturas pouco especializadas.
c) setores da construção civil.
d) indústrias localizadas em novos polos.
e) atividades comerciais regulares.

3. Ao analisar a questão indígena, o antropólogo Darcy Ribeiro afirma:

"Índios e civilizados se defrontam e se chocam hoje em condições muito próximas daquelas em que se deram os primeiros encontros da Europa com a América indígena".

RIBEIRO, Darcy. *Os índios e a civilização*: a integração das populações indígenas no Brasil moderno. São Paulo: Companhia das Letras, 1996. p. 19.

Analise a informação do autor, destacando alguns exemplos que permitam explicar a atual situação das comunidades indígenas presentes no território brasileiro.

4. Reporte-se à tabela "Brasil: imigração (1884-1933) por nacionalidade", da página 334, e, com base nos dados apresentados, indique, em ordem crescente, quais foram os principais fluxos de imigrantes para o Brasil no período abrangido e em que regiões do Brasil a maior parte deles se fixou.

5. Explique por que os grandes deslocamentos inter-regionais de população, que marcaram a história e a geografia do Brasil na década de 1990, parecem estar sendo substituídos por ondas migratórias esporádicas e quantitativamente menores.

REPRESENTAÇÕES GRÁFICAS E CARTOGRÁFICAS

6. Observe o gráfico e explique as causas que levaram ao comportamento da curva do crescimento demográfico.

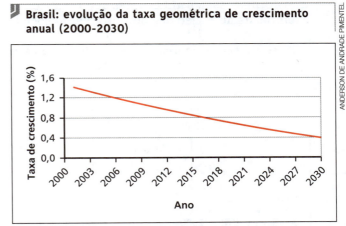

Fonte: IBGE. *Censo demográfico 2010*. Resultados gerais da amostra. Disponível em: <http://mod.lk/uvtkb>. Acesso em: fev. 2017.

INTERPRETAÇÃO E PROBLEMATIZAÇÃO

7. Leia o texto a seguir e depois responda às questões propostas.

Mobilidade populacional

"Em 2014, as estimativas de migração mostraram que as pessoas não naturais em relação à Unidade da Federação de residência somavam um contingente de 32,1 milhões, representando 15,8% da população do país. Em relação ao município de residência, o contingente de pessoas não naturais foi de 80,3 milhões, ou seja, 39,5% da população [...].

A Região Centro-Oeste apresentou, em 2014, o maior percentual de pessoas não naturais em relação à Unidade da Federação e em relação ao município de residência, respectivamente, 35,5%

ATIVIDADES

e 53,0%. A Região Nordeste, novamente, foi a que apresentou o menor percentual de pessoas não naturais, tanto em relação à Unidade da Federação (7,3%) como em relação ao município de residência (31,5%).

São Paulo foi a Unidade da Federação com o maior contingente de pessoas não naturais, tanto em relação ao município de residência (20,6 milhões de pessoas) como em relação à Unidade da Federação (10,5 milhões de pessoas). [...]

Em relação à Unidade da Federação de residência, Distrito Federal, Roraima e Rondônia permaneceram registrando, em 2014, os maiores percentuais de pessoas não naturais (49,3%, 45,3% e 43,8%, respectivamente). Rio Grande do Sul, Ceará e Pernambuco foram as Unidades da Federação com as menores participações de pessoas não naturais em 2014 (4,2%, 5,0% e 6,5%, respectivamente).

[...]

O nível da ocupação das pessoas não naturais, tanto em relação ao município como em relação à Unidade da Federação de residência — 59,0% e 59,7% respectivamente —, foi superior ao nível de ocupação das pessoas naturais — 55,0% em relação ao município e 56,1% em relação à Unidade da Federação."

IBGE. *Pesquisa nacional por amostra de domicílios*: síntese de indicadores 2014. Disponível em: <http://mod.lk/vvm13>. Acesso em: fev. 2017.

a) Por que a Região Centro-Oeste concentra o maior percentual de pessoas não naturais?

b) Por que o Distrito Federal é a Unidade da Federação que mais registra, proporcionalmente, pessoas não naturais? Levante hipóteses sobre o fato e compartilhe-as com a classe.

ENEM E VESTIBULARES

8. (Uerj-RJ, 2016) Existe uma relação direta entre o dinamismo das práticas sociais e as transformações nos indicadores demográficos das sociedades. Observe, nos gráficos, um exemplo de alteração de comportamento social no Brasil.

Brasil: proporção de nascidos por idade da mãe entre 2000 e 2012

Fonte: *O Globo*, 30 out. 2010.

As mudanças verificadas entre os anos de 2000 e 2012 ocasionam o seguinte comportamento demográfico:

a) elevação da expectativa de vida.
b) ampliação da população escolar.
c) redução da taxa de fecundidade.
d) diminuição da mortalidade infantil.

9. (Uema-MA, 2015) A imagem a seguir apresenta um dos estágios da transição demográfica no Brasil, ou seja, o processo de passagem de altas taxas para o de baixas taxas de natalidade e de mortalidade, iniciado no período pós-Segunda Guerra Mundial.

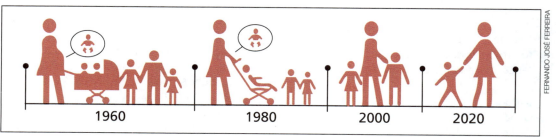

Fonte: COHEN, David. O Brasil em 2020. *Época*, ed. 575. Rio de Janeiro: Globo, 2009.

A transição demográfica é um fenômeno que pode ser explicado pelas seguintes características:

a) inserção de estrangeiros no mercado de trabalho, introdução de programas de vacinação em massa, difusão geral do saneamento básico.

b) aumento do fluxo de saída de homens para o exterior, elevada produtividade da economia e avanços na tecnologia médica.

c) urbanização, entrada da mulher no mercado de trabalho e uso de métodos contraceptivos.

d) redução da desigualdade social, melhores condições de saneamento no campo, urbanização com igualitária distribuição de renda.

e) urbanização, revolução médico-sanitária no campo, oferta abundante de emprego.

10. (Fuvest-SP, 2016) Observe os mapas.

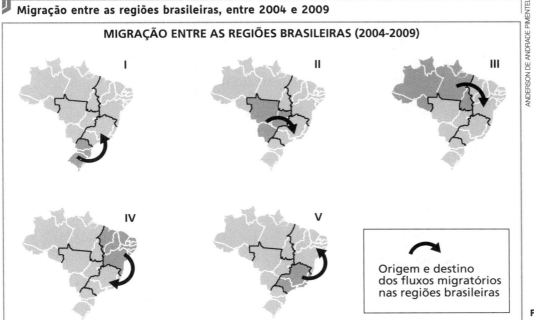

Migração entre as regiões brasileiras, entre 2004 e 2009

Fonte: IBGE/OESP, 16 jul. 2011.

Entre as seguintes alternativas, a única que apresenta a principal causa para o correspondente fluxo migratório é:

a) I: procura por postos de trabalho formais no setor primário.

b) II: necessidade de mão de obra rural, devido ao avanço do cultivo do arroz.

c) III: necessidade de mão de obra no cultivo da soja no Ceará e em Pernambuco.

d) IV: procura por postos de trabalho no setor aeroespacial.

e) V: migração de retorno.

11. (Enem, 2014)

"Existe uma cultura política que domina o sistema e é fundamental para entender o conservadorismo brasileiro. Há um argumento, partilhado pela direita e pela esquerda, de que a sociedade brasileira é conservadora. Isso legitimou o conservadorismo do sistema político: existiriam limites para transformar o país, porque a sociedade é conservadora, não aceita mudanças bruscas. Isso justifica o caráter vagaroso da redemocratização e da redistribuição da renda. Mas não é assim. A sociedade é muito mais avançada que o sistema político. Ele se mantém porque consegue convencer a sociedade de que é a expressão dela, de seu conservadorismo."

NOBRE, M. Dois ismos que não rimam. *Unicamp*. Disponível em: <www.unicamp.br/unicamp/clipping/2013/10/29/dois-ismos-que-nao-rimam>. Acesso em: mar. 2014 (adaptado).

ATIVIDADES

A característica do sistema político brasileiro, ressaltada no texto, obtém sua legitimidade da:

a) dispersão regional do poder econômico.

b) polarização acentuada da disputa partidária.

c) orientação radical dos movimentos populares.

d) condução eficiente das ações administrativas.

e) sustentação ideológica das desigualdades existentes.

12. (UFRGS-RS, 2015) Nos últimos tempos, o Brasil tem sido escolhido como destino de emigrantes africanos de diversos países. Segundo dados da Polícia Federal, viviam, em 2000, no Brasil, 1.054 africanos regularizados de 38 nacionalidades, mas o número saltou, em 12 anos, para 31.866 cidadãos legalizados, provenientes de 48 das 54 nações do continente.

Considere as afirmações abaixo, sobre esse fluxo migratório crescente.

I. A imagem de nação emergente no cenário internacional levou o Brasil a ser visto pelos africanos como um destino mais atraente, com maior oferta de empregos e possibilidade de melhoria de renda.

II. Uma parcela dos imigrantes que recentemente chegou ao país apresenta formação educacional e profissional qualificada e é economicamente ativa.

III. A recente epidemia do vírus ebola em países da África ocidental gerou a saída de um número expressivo de africanos.

Quais estão corretas?

a) Apenas I.

b) Apenas II.

c) Apenas III.

d) Apenas I e II.

e) I, II e III.

13. (Uerj-RJ, 2015) "O haitiano Guerrier Garausses, de 31 anos, era motorista em seu país de origem. Como muitos conterrâneos, ele veio para o Brasil em busca de emprego. Saiu da capital haitiana, Porto Príncipe, até a capital da República Dominicana. Lá, foi de avião até o Panamá e seguiu para o Equador. Dali foi para o Peru, até a cidade de Iñapari, que faz fronteira com Assis Brasil, no Acre."

RIBEIRO, Veriana. Após transferência, governo busca novo abrigo para imigrantes na capital. *G1.globo.com*, 17 abr. 2014 (adaptado).

"Debaixo de um sol inclemente, Juan Apaza formava fila no Parque Dom Pedro II, centro de São Paulo. Costureiro como quase todos os bolivianos na cidade, Juan está há menos de um ano no país, dividindo uma casa apertada com outras dez pessoas. Com as rezas do xamã, incensos e um pouco de cerveja, acredita que sua casa própria se transformará em realidade."

BREDA, Tadeu. Finalmente reconhecidos pela Prefeitura, bolivianos de São Paulo querem mais direitos. *Rede Brasil Atual*, 26 jan. 2014 (adaptado).

O Brasil, na última década, tem atraído migrantes originários de países americanos, em especial haitianos e bolivianos.

A vinda desses migrantes para o Brasil na atualidade pode ser justificada pelo seguinte motivo:

a) demanda de mão de obra qualificada.

b) oferta de empregos em áreas diversificadas.

c) facilitação para aquisição de dupla cidadania.

d) elevação da remuneração da força de trabalho.

14. (Enem, 2013)

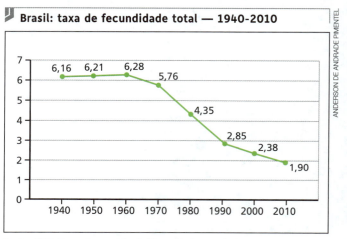

Fonte: IBGE. *Censo demográfico 2010*: resultados gerais de amostra. Disponível em: <ftp://ftp.ibge.gov.br>. Acesso em: mar. 2013.

O processo registrado no gráfico gerou a seguinte consequência demográfica:

a) decréscimo da população absoluta.

b) redução do crescimento vegetativo.

c) diminuição da proporção de adultos.

d) expansão de políticas de controle da natalidade.

e) aumento da renovação da população economicamente ativa.

15. (Enem, 2015) "O Projeto Nova Cartografia Social da Amazônia ensina indígenas, quilombolas e outros grupos tradicionais a empregar o GPS e técnicas modernas de georreferenciamento para produzir mapas artesanais, mas bastante precisos, de suas próprias terras."

LOPES, R. J. O novo mapa da floresta. *Folha de S.Paulo*, 7 maio 2011 (adaptado).

342 Geografia: contextos e redes

A existência de um projeto como o apresentado no texto indica a importância da cartografia como elemento promotor da:

a) expansão da fronteira agrícola.
b) remoção de populações nativas.
c) superação da condição de pobreza.
d) valorização de identidades coletivas.
e) implantação de modernos projetos agroindustriais.

16. (Cefet-MG, 2015)

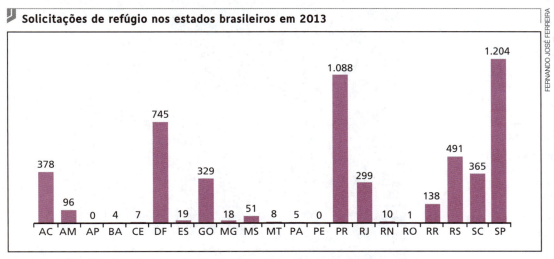

Solicitações de refúgio nos estados brasileiros em 2013

Fonte: COMITÊ NACIONAL PARA OS REFUGIADOS (CONARE). Disponível em: <www.justica.gov.br/seus-direitos/estrangeiros/refugio/refugiados>. Acesso em: ago. 2014.

No contexto da demanda por refúgio no Brasil, a análise desse gráfico revela a tendência de maior:

a) destaque percentual da Região Sul.
b) representatividade da Região Norte.
c) incentivo à migração para o Nordeste.
d) atratividade econômica da Região Sudeste.
e) busca de qualidade de vida no Centro-Oeste.

17. (UEL-PR, 2015) Leia o texto a seguir.

"As estimativas sobre o real tamanho da comunidade boliviana em São Paulo apresentam uma enorme variação: o Consulado da Bolívia calcula 50 mil indocumentados, a Pastoral dos Imigrantes acredita habitarem 70 mil bolivianos indocumentados em São Paulo, sendo 35 mil só no bairro do Brás; o Ministério do Trabalho e Emprego tem uma estimativa que varia entre 10 e 30 mil indocumentados; o Ministério Público fala em 200 mil bolivianos ao todo (regulares e irregulares). Consenso entre essas estimativas é o fato de São Paulo abrigar o maior número de imigrantes bolivianos no Brasil."

CYMBALISTA, R.; XAVIER, I. R. A comunidade boliviana em São Paulo: definindo padrões de territorialidade. *Cadernos Metrópole*, n. 17, p. 119-133, 1º sem. 2007. Disponível em: <http://revistas.pucsp.br/index.php/metropole/article/view/8767/6492>. Acesso em: jun. 2014.

Os bolivianos compõem a comunidade mais numerosa de imigrantes recentes na cidade de São Paulo.

Descreva esse fluxo imigratório destacando as características dessa população quanto ao tipo de atividade exercida, às condições de trabalho a que está submetida e ao perfil desses trabalhadores.

Mais questões: no livro digital, em **Vereda Digital Aprova Enem** e **Vereda Digital Suplemento de revisão e vestibulares**; no *site*, em **AprovaMax**.

CAPÍTULO 18

O MUNDO URBANO

ENEM
C2: H10
C3: H14, H15
C4: H16, H19

Neste capítulo, você vai aprender a:

- Reconhecer e distinguir os conceitos de cidade, urbano, conurbação e urbanização.
- Compreender processos e dinâmicas que caracterizam o urbano no mundo atual.
- Identificar e localizar as principais aglomerações urbanas mundiais, bem como apontar os problemas delas decorrentes.
- Analisar as principais características do processo de urbanização em países desenvolvidos e em países em desenvolvimento.
- Identificar o processo de formação das megacidades e reconhecer as principais megalópoles do mundo.
- Reconhecer o processo de hierarquização urbana e analisar os elementos que a constituem.
- Analisar situações representativas dos principais problemas socioambientais urbanos.
- Diagnosticar e propor soluções sustentáveis para as áreas urbanas.

"[...] jamais se deve confundir uma cidade com o discurso que a descreve. Contudo, existe uma ligação entre eles. Se descrevo Olívia, cidade rica de mercadorias e de lucros, o único modo de representar a sua prosperidade é falar dos palácios de filigranas com almofadas franjadas [...]. Mas, a partir desse discurso, é fácil compreender que Olívia é envolta por uma nuvem de fuligem e gordura que gruda na parede das casas; que, na aglomeração das ruas, os guinchos manobram comprimindo os pedestres contra os muros."

CALVINO, Italo. *As cidades invisíveis*. São Paulo: Companhia das Letras, 2013. p. 59.

344 Geografia: contextos e redes

Viver em centros urbanos é uma realidade para bilhões de pessoas em todo o mundo. Na atualidade, a maioria da população mundial vive em cidades. Neste capítulo, estudaremos os processos de constituição do espaço urbano e os fenômenos de expansão das cidades, buscando compreender seus problemas e suas perspectivas.

Ponto de partida

Observe a foto. Ela retrata uma rua comercial de Nova Délhi, capital da Índia e uma das cidades mais populosas do mundo. Que desafios uma cidade como essa tem de enfrentar em seu presente e em seu futuro?

Rua comercial na parte antiga de Nova Délhi, caracterizada pela ocupação urbana desordenada e serviços públicos deficitários (Índia, 2014).

Capítulo 18 • O mundo urbano

1. As cidades e o processo de urbanização

Cada vez mais as cidades apresentam-se como o centro da organização da sociedade e da economia no mundo contemporâneo. Alguns poucos centros urbanos concentram interesses corporativos e neles se efetivam as diretrizes do espaço econômico global. Grandes cidades também são geradoras de identidades sociais e nelas se constituem novas formas de vida comunitária, que se tornam referência em diversas escalas, do local ao global.

Da evolução da ideia de cidade, ao longo do tempo, derivaram diversos conceitos fundamentais à sociedade contemporânea. A noção grega de *polis* deu origem ao termo *política*; do termo em latim *civis*, que designa *cidade*, provêm as palavras *cidadão*, *cidadania* e *civilização*. Percebe-se que, desde a Antiguidade, a cidade se relaciona com o espaço do poder e também com a constituição de formas de participação política e de estruturação do convívio social.

Igualmente veio do latim a palavra *urbano*, cujo significado transformou-se ao longo do tempo: originalmente, *urbanum* designava o arado, que, por derivação de sentido, passou a designar *povoação*, ou seja, a ocupação do espaço demarcada pelo traçado do arado (puxado por bois que, para essa cultura, eram animais sagrados), delimitando o território do povo romano. Com o tempo, surgiu o termo *urbe*, que, notadamente, passou a ser utilizado para as pessoas se referirem a Roma, a cidade-mãe, o centro do mundo.

O mundo urbano atual

O mundo urbano da atualidade origina-se do processo de industrialização de meados do século XVIII. Antes do aparecimento e da difusão das fábricas, que se concentraram inicialmente em grandes cidades europeias, prevalecia ainda o modelo da cidade medieval, ou seja, poucos núcleos urbanos que sediavam o poder político ou eram importantes mercados. A cidade foi fundamental para o desenvolvimento da indústria, por concentrar trabalhadores e consumidores em um só lugar, além de fornecer serviços essenciais para a administração da produção industrial.

Com o processo de industrialização, o campo, geralmente independente e autossuficiente, subordinou sua produção às necessidades da economia industrial e urbana. Para o filósofo Henri Lefebvre, estudioso do fenômeno urbano, essa mudança gerou a dependência do campo em relação à cidade, constituindo o que o autor denominou "tecido urbano".

> "[...] O tecido urbano prolifera, estende-se, corrói os resíduos de vida agrária. Estas palavras, 'o tecido urbano', não designam, de maneira restrita, o domínio edificado nas cidades, mas o conjunto das manifestações do predomínio da cidade sobre o campo. Nessa acepção, uma segunda residência, uma rodovia, um supermercado em pleno campo, fazem parte do tecido urbano. [...]"
>
> LEFEBVRE, Henri. *A revolução urbana*. Belo Horizonte: UFMG, 2008. p. 15.

Hoje, as grandes cidades enfrentam sérios problemas. Enquanto o mundo se urbaniza, os desafios de formulação de políticas públicas sustentáveis serão cada vez maiores, particularmente nas cidades dos países em desenvolvimento, onde o ritmo da urbanização é mais rápido.

De acordo com projeções da ONU, em 2050, 66% da população mundial viverá em cidades. Essa proporção, em 1950, era de apenas 30%. Em 2014, 54% da população mundial já residia em áreas urbanas. Algumas gigantescas, como Tóquio (Japão), Nova Délhi (Índia), Cidade do México (México) e São Paulo (Brasil), e outras menores, espalhadas pelos continentes, influenciarão a vida das pessoas e o modo como as sociedades se organizam.

Maiores aglomerações urbanas (2014)

Aglomeração	População (em milhões)
Tóquio (Japão)	37,8
Nova Délhi (Índia)	24,9
Xangai (China)	22,9
Cidade do México (México)	20,8
São Paulo (Brasil)	20,8
Mumbai (Índia)	20,7
Osaka (Japão)	20,1
Pequim (China)	19,5
Nova York-Newark (EUA)	18,6
Cairo (Egito)	18,4
Dacca (Bangladesh)	16,9
Karachi (Paquistão)	16,1

Maiores aglomerações urbanas (2030*)

Aglomeração	População (em milhões)
Tóquio (Japão)	37,2
Nova Délhi (Índia)	36,0
Xangai (China)	30,7
Mumbai (Índia)	27,8
Pequim (China)	27,7
Dacca (Bangladesh)	27,3
Karachi (Paquistão)	24,8
Cairo (Egito)	24,5
Lagos (Nigéria)	24,2
Cidade do México (México)	23,8
São Paulo (Brasil)	23,4
Kinshasa (República Democrática do Congo)	19,9

Fonte: UNITED NATIONS. *World urbanization prospects*: the 2014 revision. Disponível em: <http://mod.lk/vaedl>. Acesso em: mar. 2017.

* Estimativa

Em 2025, entre as dez cidades mais populosas do mundo, somente Tóquio e Nova York se localizarão em países desenvolvidos. Isso significa que o crescimento das maiores cidades do mundo está acontecendo nos países em desenvolvimento, onde acompanhar esse crescimento requer grandes investimentos, nem sempre disponíveis.

Trocando ideias

Com base nas tabelas *Maiores Aglomerações Urbanas 2014* e *2030*, da página anterior, organizem-se em grupos de até quatro alunos e pesquisem na internet as atuais condições sociais de uma aglomeração urbana em 2014, considerando o crescimento populacional e urbano, as condições de saúde, a presença de áreas verdes e de aparatos sociais destinados ao bem-estar da população.

Após realizar essa pesquisa, levantem hipóteses sobre a situação dessas aglomerações em 2030 e quais deverão ser os maiores investimentos públicos para atender à nova demanda populacional.

Em seguida, elaborem uma apresentação utilizando recursos tecnológicos ou de qualquer outra maneira que a criatividade do grupo desejar.

O urbano e a cidade

Segundo a geógrafa Ana Fani Alessandri Carlos, para compreender a abrangência dos estudos sobre a urbanização e as diferentes formas de organização social nas cidades, é necessário estabelecer a distinção entre os conceitos de **urbano** e **cidade**.

Deve-se ter como ponto de partida a questão urbana, que envolve a análise das transformações ocorridas no espaço que repercutem na organização na vida em sociedade. Essas transformações ocorrem em diferentes escalas geográficas. O estudo das cidades, por sua vez, tem como foco a análise do lugar e das vivências cotidianas dos moradores urbanos, contemplando, portanto, elementos da realidade próxima que afetam diretamente a vida das pessoas que nelas vivem e convivem.

De fato, podemos conceituar cidade como o espaço mais intenso de convivência humana, obtido por meio da redução das distâncias entre as pessoas. Nas palavras do geógrafo francês Jacques Lévy, a cidade é tanto uma *forma de viver* quanto uma *organização espacial*. A constituição de núcleos urbanos procurou sempre aproximar pessoas de origens diferentes e que praticam atividades diversas, com a consequente intensificação das relações.

Assim, a principal característica do mundo urbano é a integração da diversidade. O desenvolvimento de meios de transportes e dos canais de transmissão de informação e de comunicação também procuram fazer essa integração, percorrendo as distâncias de forma cada vez mais ágil e eficaz.

A cidade teria como objetivo reduzir as distâncias, concentrando equipamentos de moradia e trabalho, a fim de maximizar as relações sociais.

Segundo o urbanista francês Robert Auzelle, a cidade nada mais é que um lugar de trocas:

> "Trocas materiais antes de tudo: o lugar mais favorável à distribuição dos produtos da terra, à produção e distribuição dos produtos manufaturados e industriais e, enfim, ao consumo de bens e serviços mais diversos.
>
> A essas trocas materiais ligam-se, de maneira inseparável, as trocas do espírito: a cidade é por excelência o lugar do poder administrativo, ele mesmo representativo do sistema econômico, social e político, e é, igualmente, o espaço privilegiado da função educadora e de um grande número de lazeres: espetáculos e representações que implicam a presença de um público bastante denso."

SCARLATTO, F. C. População e urbanização brasileira. In: ROSS, J. *Geografia do Brasil*. São Paulo: Edusp 2008, p. 398.

A urbanização pode ser definida de duas maneiras. De um lado, pode ser entendida como aumento da população urbana, dado o crescimento de núcleos urbanos ou mesmo o surgimento de novas cidades. De outro, pode ser entendida como a expansão de equipamentos e infraestruturas urbanos em áreas rurais, que passam a incorporar hábitos, comportamentos e valores característicos do modo de vida urbano.

Observando a imagem de satélite da página seguinte, é possível verificar a vastidão de uma área urbanizada, resultante de atividades humanas sobre parte da superfície da Terra. Áreas urbanas de várias cidades se integram, formando uma mancha urbana contínua. O processo de expansão territorial das cidades que muitas vezes formam grandes manchas urbanas, ultrapassando os limites entre elas e gerando intensa vinculação socioeconômica, é chamado de **conurbação**.

Para ler

Habitação e cidade
Ermínia Maricato. 7. ed. São Paulo: Atual, 2010.

Neste livro, a arquiteta Ermínia Maricato propõe uma reflexão sobre a segregação territorial e os embates que a população enfrenta pelo acesso à moradia. A obra explica que a moradia é o resultado de práticas sociais acumuladas e é onde se realizam aprendizados indispensáveis para a produção social.

A autora ainda reforça que a questão da moradia no Brasil possui raízes históricas, com privilégios imobiliários em detrimento do social.

Área urbana de Nova York (Estados Unidos)

Fonte: elaborado com base em CHARLIER, Jacques. *Atlas du 21ᵉ siècle*. Paris: Nathan, 2010. p. 144.

A área urbana de Nova York apresenta muitos trechos de conurbação com cidades vizinhas, compondo uma grande mancha metropolitana.

No mapa ao lado, observe a expansão da área urbana da região da Grande Paris, França. Repare que a expansão não ocorreu de forma contínua: diversos núcleos urbanos, então distantes da grande aglomeração, conurbaram-se a ela em períodos distintos. No caso de Paris, esse processo está na origem da formação da metrópole francesa, que já polarizava grandes porções do país no início do século XX.

População da Grande Paris — 1999

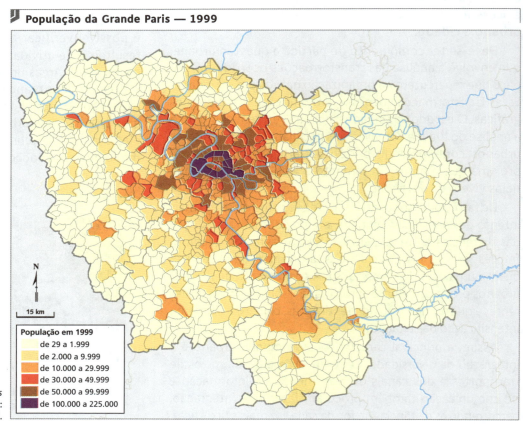

Fonte: CARTOGRAF.FR. *Population des communes franciliennes en 1999*. Disponível em: <http://mod.lk/koqji>. Acesso em: mar. 2017.

348 Geografia: contextos e redes

A metrópole

As metrópoles são os centros urbanos que desempenham o papel de controladores de fluxos de capitais, mercadorias e pessoas, bem como de irradiação de valores e tendências sociais, políticas e culturais. As metrópoles não são apenas cidades com um grande número de habitantes, mas, sim, centros urbanos que concentram recursos técnicos, econômicos e financeiros e, por isso, são polos difusores de influência sobre vastas áreas, em escala regional, nacional ou global.

No Brasil, Belém (PA), Manaus (AM) e Goiânia (GO) são consideradas metrópoles regionais. Porto Alegre (RS), Curitiba (PR), Belo Horizonte (MG), Salvador (BA), Recife (PE), Fortaleza (CE) e Brasília (DF) são metrópoles nacionais. São Paulo (SP) e Rio de Janeiro (RJ) são metrópoles globais.

> **Para assistir**
>
> **Cidades: da aldeia à megalópole**
> Estados Unidos, 1994. Direção: Nancy Lebrun. Duração: 14 minutos.
> O documentário apresenta características das cidades ao longo da história e discute por que tantas pessoas vivem no espaço urbano nos dias de hoje.

2. A urbanização

A urbanização reflete o aumento proporcional crescente da população que vive nas cidades em relação à que vive no campo. Seu nível é medido pelo percentual da população total que vive nas cidades.

Esse processo envolve a subordinação da produção agrícola a uma economia mais ampla, cujo comando se localiza nas cidades. As populações urbanas aumentam assim o mercado consumidor de gêneros agrícolas e os agricultores especializam suas práticas, produzindo em escala maior para atender esse mercado.

Ao mesmo tempo, as cidades tornam-se centros de produção de mercadorias industriais a serem consumidas pelas populações urbanas e rurais. Assim, podemos afirmar que há uma interdependência da cidade e do campo que se intensifica cada vez mais.

O processo de urbanização na Europa e nos Estados Unidos

Na segunda metade do século XIX, a Europa e os Estados Unidos viveram um processo de rápida urbanização. A ampliação do uso das máquinas na agricultura e as difíceis condições de vida no meio rural incentivaram o **êxodo rural**, e os camponeses transformaram-se em reserva de mão de obra das atividades urbanas.

Os setores de comércio, transportes e serviços cresceram ainda mais depressa, aumentando a oferta de empregos. A **mecanização do campo** atingiu níveis bastante elevados e, hoje, nos países desenvolvidos, quatro em cada cinco habitantes vivem nas cidades.

Na atualidade, a produção e a comercialização de equipamentos e máquinas agrícolas ocorrem, na maioria dos países, nas áreas urbanas. Na foto, exposição de tratores na cidade de London (Canadá, 2014).

O processo de urbanização nos países em desenvolvimento

Os países em desenvolvimento conheceram o aceleramento da urbanização somente na segunda metade do século XX (veja o gráfico a seguir). Nas últimas décadas, isso se deu na América Latina em geral, e em menor velocidade na Ásia e na África, incluindo os países pouco industrializados, que enfrentam problemas, como a falta de terras ou de empregos no campo, fazendo com que um número crescente de pessoas se transfiram para o meio urbano a cada ano.

O mundo da aldeia ou da comunidade rural está em constante redução. As estruturas da vida camponesa tradicional são dissolvidas pela valorização das terras. Estas são muito mais acessíveis às empresas capitalistas — que concentram a posse das terras e fazem do trabalhador rural um assalariado. Aos poucos, estão desaparecendo muitas das antigas culturas regionais, isto é, técnicas e processos de produção, hábitos sociais, linguagens, música e alimentação.

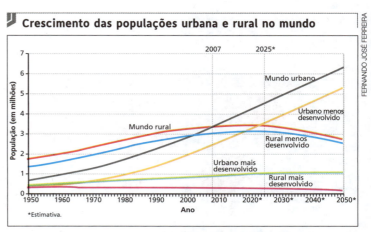

Crescimento das populações urbana e rural no mundo

Fonte: UNITED NATIONS. *An overview of urbanization, internal migration, population distribution and development in the world*, p. 11. Disponível em: <http://mod.lk/byc7t>. Acesso em: mar. 2017.

Capítulo 18 • O mundo urbano **349**

QUESTÕES

1. Qual é a diferença entre os processos de urbanização ocorridos nos países em desenvolvimento e os que ocorreram na Europa e nos Estados Unidos?

Um processo desigual

Embora a urbanização seja um fato mundial, ela não é um processo uniforme, conforme se pode observar no mapa a seguir.

Na maioria dos países desenvolvidos, o processo de urbanização está próximo do limite. Nos Estados Unidos, desde a década de 1920 (quando houve o aumento progressivo da mecanização da agricultura), a maior parte da população passou a viver nas cidades e, a partir da década de 1970, mais de 75% do total de habitantes ocupam os centros urbanos do país. A Grã-Bretanha, a Alemanha e os países do **Benelux** apresentam situação semelhante.

Nos países menos desenvolvidos, a região mais urbanizada é a América Latina, onde, desde 1970, a taxa de urbanização é superior a 50%. Nela se encontram países que estão entre os mais urbanizados do planeta: Uruguai, Chile, Argentina e Venezuela. Na África e na Ásia, os percentuais de urbanização ainda são baixos, e os países cujas populações são predominantemente urbanas representam exceções.

Na China, por exemplo, a proporção da população urbana já ultrapassou os 50%: em 2014, o número de chineses morando em áreas urbanas chegou aos 740 milhões, levando esse país a possuir a maior população urbana da Terra. A cidade de Xangai, por exemplo, é o centro de uma área metropolitana de aproximadamente 23 milhões de habitantes.

Segundo dados da ONU, em 2030 todas as regiões do mundo terão mais pessoas vivendo nas cidades do que nas áreas rurais. Além disso, as projeções realizadas por essa mesma organização indicam que em 2020 a população mundial residente em favelas atingirá a marca de 889 milhões de pessoas — o que faz crescer as preocupações quanto aos investimentos sociais necessários para atender essas populações.

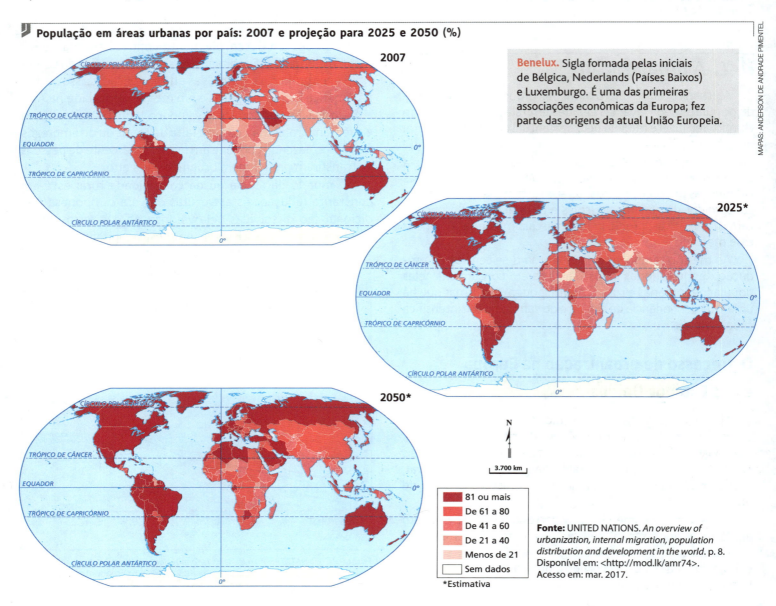

População em áreas urbanas por país: 2007 e projeção para 2025 e 2050 (%)

Benelux. Sigla formada pelas iniciais de Bélgica, Nederlands (Países Baixos) e Luxemburgo. É uma das primeiras associações econômicas da Europa; fez parte das origens da atual União Europeia.

Fonte: UNITED NATIONS. *An overview of urbanization, internal migration, population distribution and development in the world.* p. 8. Disponível em: <http://mod.lk/amr74>. Acesso em: mar. 2017.

*Estimativa

Geografia: contextos e redes

Vista de Xangai, a maior e uma das mais modernas cidades chinesas. A população de Xangai ultrapassou, em 2014, os 20 milhões de habitantes (China, 2015).

A favelização

A favelização é um fenômeno que acompanhou o processo de urbanização, principalmente nas grandes cidades. Nos países em desenvolvimento, a expansão dos centros urbanos ocorre em um contexto em que a apropriação e o uso econômico de áreas mais valorizadas pelas parcelas mais ricas da população, aliadas à falta de intervenção e planejamento por parte do poder público, deslocou as populações migrantes para áreas periféricas, menos dotadas de equipamentos e serviços públicos, cuja ocupação se dá muitas vezes de forma irregular, ou seja, sem o reconhecimento legal da posse dos imóveis destinados à habitação.

Normalmente, nas favelas os objetos de infraestrutura urbana estão ausentes e as condições de vida são muito precárias. Segundo o relatório da ONU *O Estado das Cidades do Mundo 2006-2007*, "as condições de moradia afetam quem vive nas favelas: eles passam mais fome, têm menos educação, menos chances de conseguir emprego no setor formal e sofrem mais com doenças que o resto da população das cidades".

Segundo dados da Organização Internacional do Trabalho (OIT), cerca de 476 milhões de trabalhadores com mais de 15 anos vivem com menos de 1,25 dólar por dia, em nível de extrema pobreza, sofrendo com a falta de água potável, saneamento básico e moradias seguras. Na foto, bairro de população carente em Lima (Peru, 2013).

3. A formação das megacidades e das megalópoles

O processo de urbanização iniciado com a Revolução Industrial deu origem às **megacidades** — aglomerações urbanas com mais de 10 milhões de habitantes, que estão submetidas a um rápido processo de urbanização. A formação das megacidades foi fruto da tendência à **concentração geográfica da produção**, característica da economia industrial.

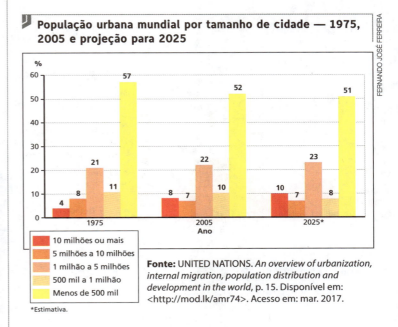

População urbana mundial por tamanho de cidade — 1975, 2005 e projeção para 2025

Ano	10 milhões ou mais	5 milhões a 10 milhões	1 milhão a 5 milhões	500 mil a 1 milhão	Menos de 500 mil
1975	4	8	21	11	57
2005	8	7	22	10	52
2025*	10	7	23	8	51

*Estimativa.

Fonte: UNITED NATIONS. *An overview of urbanization, internal migration, population distribution and development in the world*, p. 15. Disponível em: <http://mod.lk/amr74>. Acesso em: mar. 2017.

As cidades populosas possuem grandes mercados consumidores e reservas de mão de obra. Seu crescimento populacional é estimulado pela implantação de fábricas e pela ampliação do comércio, que impulsionam o desenvolvimento dos transportes, das comunicações e dos serviços. Desse modo, bancos são instalados, configurando um setor financeiro de crescente complexidade, bem como infraestruturas ferroviárias e rodoviárias, energéticas e telefônicas servem às novas atividades econômicas. Esse desenvolvimento atrai novas indústrias e atividades comerciais.

Deve-se, contudo, distinguir megacidades de metrópoles. Embora as megacidades apresentem elevados contingentes populacionais e uma expansão dos setores de comércio e serviços, nem sempre elas exercem o papel de centralizar e controlar, em escala nacional ou global, o poder decisório sobre fluxos econômicos e financeiros, tampouco exercem protagonismo social e cultural; esses atributos são característicos das metrópoles, como já vimos anteriormente. Nesse sentido, por exemplo, Dacca (Bangladesh) e Karachi (Paquistão) são megacidades, com respectivamente 16,9 e 16,1 milhões de habitantes em 2014. Londres (Grã-Bretanha), por sua vez, com uma população menor, estimada em 10 milhões de habitantes em 2014, é uma metrópole.

As megalópoles

As **megalópoles** são aglomerações urbanas constituídas da articulação física e econômica entre duas ou mais metrópoles. Apresentam forte integração de funções e intenso fluxo de pessoas e mercadorias, sustentada por meios de transportes rápidos e eficazes.

Entre as megalópoles que existem no mundo, podemos citar as dos Estados Unidos e do Japão.

Bos-Wash, Chi-Pitts e San-San: as megalópoles norte-americanas

O imenso eixo urbano polarizado por Boston, Nova York-Nova Jersey, Filadélfia, Baltimore e Washington forma **Bos-Wash** — a primeira megalópole a se constituir. Localizada na costa leste dos Estados Unidos, ocupa áreas de dez estados e inclui centenas de governos municipais.

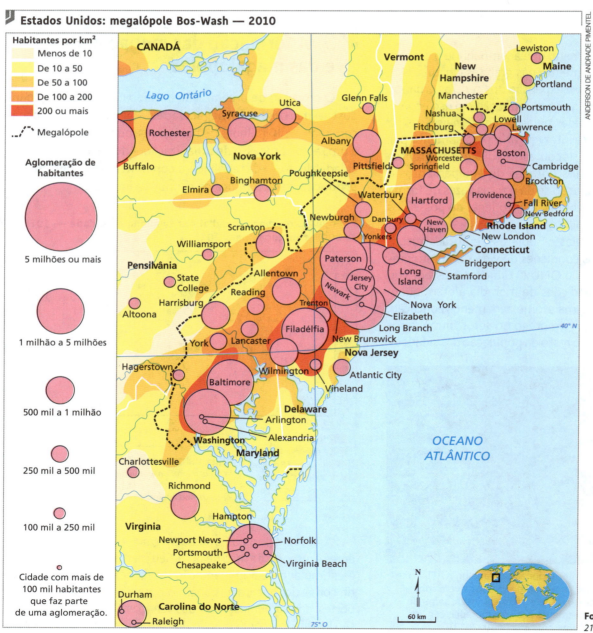

Fonte: CHARLIER, Jacques. *Atlas du 21e siècle*. Paris: Nathan, 2010. p. 144.

Ainda nos Estados Unidos, há outras duas megalópoles:
- **Chi-Pitts** — zona altamente urbanizada ao sul dos Grandes Lagos, que vai de Chicago a Pittsburgh, abrangendo grandes cidades (como Milwaukee, Detroit e Cleveland);
- **San-San** — cinturão industrial da Califórnia, formado após a Segunda Guerra Mundial, que se estende de San Francisco a San Diego, incluindo Los Angeles.

Tokaido: a megalópole japonesa

A população e a produção industrial, no Japão, encontram-se em grande parte concentradas no litoral sudeste, onde se formou o aglomerado de **Tokaido** — megalópole cujos extremos são as metrópoles de Tóquio, Yokohama e Osaka, abrangendo ainda os grandes centros urbanos de Nagoya, Kobe e Kyoto.

O sistema ferroviário de alta velocidade japonês, chamado de Shinkansen, foi criado em 1964 e ligava inicialmente o aglomerado de Tokaido. Expandido para grande parte das cidades das ilhas de Honshu e Kyushu, seus trens-bala atingem até 300 km/h.
Na foto, trem-bala em frente ao monte Fuji (Japão, 2015).

Essa enorme área metropolitana se estende por uma região plana da ilha Honshu, em trecho da costa japonesa banhado pelo oceano Pacífico. A unidade desses grandes centros pode ser sintetizada pela presença do trem-bala fazendo a ligação entre eles.

O crescimento das megacidades

Desde a Segunda Guerra Mundial, o crescimento exponencial das grandes cidades dos países em desenvolvimento contrasta com o crescimento reduzido das cidades dos países desenvolvidos. Até 2015, existiam no mundo 22 cidades com mais de 10 milhões de habitantes, 17 das quais se situavam em países em desenvolvimento (veja os mapas a seguir). O elevado crescimento demográfico dessas cidades pode ser determinado pelo **crescimento vegetativo acelerado** e pelo êxodo rural.

Hoje, a maioria das megacidades vive grave crise urbana refletida principalmente no crescente descompasso entre o número cada vez maior de habitantes e a oferta insuficiente de serviços públicos (abastecimento de água tratada, coleta de lixo, transporte coletivo) e de infraestrutura (moradias, vias de tráfego, saneamento básico). Na maior parte dessas megacidades, os investimentos concentram-se em alguns trechos da área urbana, como locais de moradia da população rica e centros empresariais e de negócios.

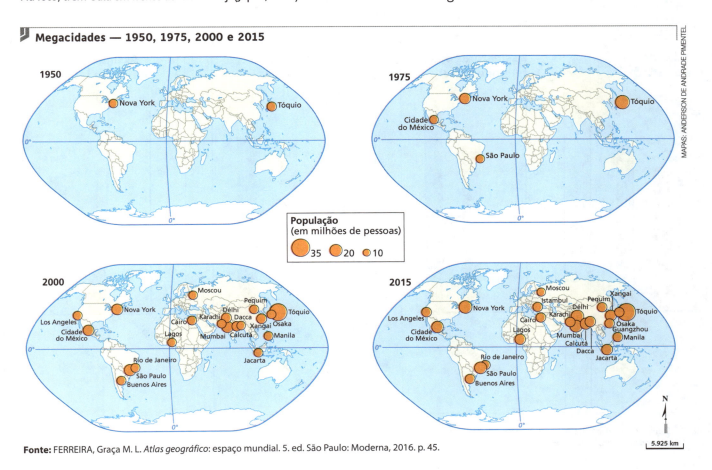

Fonte: FERREIRA, Graça M. L. *Atlas geográfico*: espaço mundial. 5. ed. São Paulo: Moderna, 2016. p. 45.

Capítulo 18 • O mundo urbano

Em um mundo globalizado, é cada vez mais importante que as cidades apresentem uma infraestrutura adequada para que tenham condições de se tornar competitivas para atrair investimentos e assim diminuir a pobreza. As regiões urbanas com maior carência de infraestrutura encontram-se na África Subsaariana. Observe os gráficos a seguir.

Infraestruturas por regiões do mundo — 2010

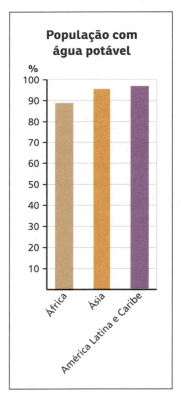
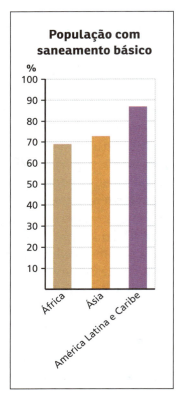
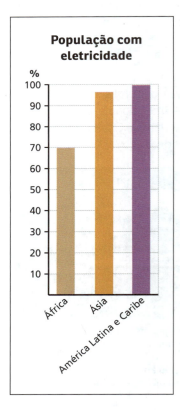
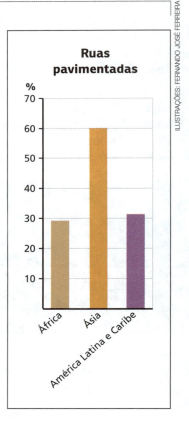
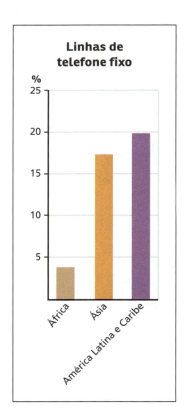
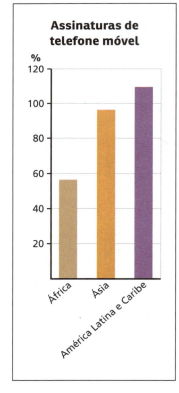
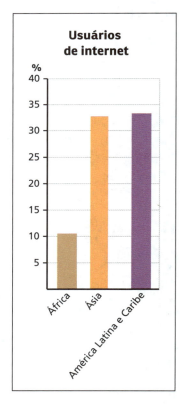
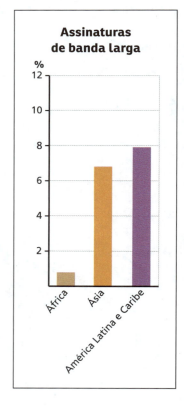

Fonte: UN HABITAT. *State of the world's cities 2012/2013*: prosperity of cities, p. 57. Disponível em: <http://mod.lk/q5aac>. Acesso em: mar. 2017.

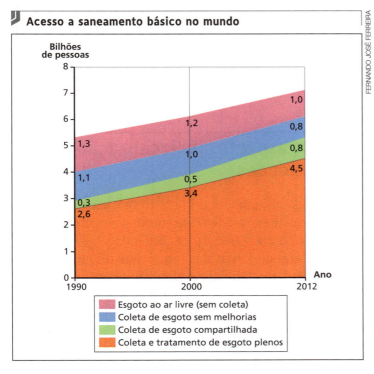

Acesso a saneamento básico no mundo

A situação da oferta de serviços de saneamento básico, por exemplo, é particularmente preocupante.

O impacto ambiental da ausência de redes de água e esgoto é muito elevado: o esgoto *in natura* (sem tratamento adequado) lançado diretamente no solo ou nos rios reduz a disponibilidade de água e interfere na fauna e na flora da região.

O esgoto sem tratamento também provoca diversas doenças: lugares sem coleta e tratamento de esgoto apresentam, na grande maioria de vezes, altas taxas de mortalidade infantil.

O gráfico ao lado mostra como a universalização dos serviços de coleta e tratamento de esgoto ainda está distante de ser alcançada em muitas áreas do mundo.

Fonte: ONU. *Objetivos de desarollo del milenio*: informe de 2014. Disponível em: <http://mod.lk/dwryx>. p. 45. Acesso em: mar. 2017.

Você no mundo — Atividade em grupo — Pesquisa

Planejamento urbano

Todo município brasileiro com mais de 20.000 habitantes deve apresentar periodicamente um plano diretor — essa é uma exigência constitucional. Ele define as diretrizes para a formação do espaço urbano, ou seja, as regras de ocupação do território da cidade (o que se conhece por zoneamento), as prioridades a serem alcançadas e os equipamentos públicos que devem ser construídos. Sobre o tema, leia um trecho do texto "O que é plano diretor?", do arquiteto e professor da Universidade Federal de Santa Catarina Renato Saboya.

"[...] Através do estabelecimento de princípios, diretrizes e normas, o plano [diretor] deve fornecer orientações para as ações que, de alguma maneira, influenciam no desenvolvimento urbano. Essas ações podem ser desde a abertura de uma nova avenida até a [autorização para] construção de uma nova residência, ou a implantação de uma estação de tratamento de esgoto, ou a reurbanização de uma favela. Essas ações, no seu conjunto, definem o desenvolvimento da cidade; portanto, é necessário que elas sejam orientadas segundo uma estratégia mais ampla, para que todas possam trabalhar (na medida do possível) em conjunto na direção dos objetivos consensuados.

O zoneamento é um instrumento importante nesse sentido, já que impõe limites às iniciativas privadas ou individuais, mas não deve ser o único. É importante também que estratégias de atuação sejam definidas para as ações do Poder Público, já que essas ações são fundamentais para qualquer cidade. A escolha do local de abertura de uma via, por exemplo, pode modificar toda a acessibilidade de uma área e, por consequência, seu valor imobiliário. [...]"

SABOYA, Renato. O que é plano diretor? Disponível em: <http://mod.lk/jyw6p>. Acesso em: mar. 2017.

Organizem-se em grupos e pesquisem aspectos do plano diretor de seu município. Cada equipe será responsável por obter informações sobre os pontos do plano a seguir:

- Zoneamento urbano;
- Transporte;
- Saneamento básico;
- Saúde;
- Educação;
- Habitação.

Caso sua cidade não possua plano diretor, procure na internet o plano diretor da capital de seu estado para fazer a pesquisa.

4. A classificação hierárquica das cidades

Sítio, situação, função e capacidade de polarização do espaço regional são as características que, juntas, definem a posição de uma cidade em uma escala hierárquica. Todo aglomerado urbano tem por suporte natural o quadro topográfico no qual se enraizou, o chamado **sítio**. A posição desse aglomerado em relação às vias de transporte e comunicação que o conectam com o entorno é chamada de **situação**. A função de uma cidade é determinada por sua **atividade principal**. Por último, está a **capacidade de polarização do espaço regional**, que depende da quantidade, diversidade e especialização dos bens e serviços que uma cidade oferece.

As redes urbanas

As cidades formam as **redes urbanas** — redes de circulação de maior ou menor complexidade, com tamanhos e funções diferentes, que estabelecem relações umas com as outras e com o espaço rural que as cerca. Em cada rede urbana, identifica-se uma hierarquia de importância das cidades que a formam.

No degrau inferior dessa hierarquia estão os **povoados** e as **pequenas cidades**, que influenciam apenas seu entorno rural. No segundo degrau de baixo para cima estão as **cidades médias**, que oferecem serviços especializados e produzem mercadorias para o atendimento dos habitantes de diversos núcleos urbanos menores.

No degrau superior encontram-se as **metrópoles**, que, oferecendo imensa gama de serviços e mercadorias inexistentes nas cidades médias, operam como vetores de organização de um espaço regional amplo e como centros de redes urbanas complexas. A importância vital conferida às metrópoles deve-se não apenas ao seu tamanho ou à sua população, mas à sua influência sobre o espaço geográfico. Observe a imagem a seguir.

Nessa imagem noturna da península Ibérica (2014) tem-se um bom indicativo da configuração da rede urbana; a intensidade da iluminação está associada não apenas ao tamanho das cidades, mas principalmente ao dinamismo da economia.

Em âmbito mundial, ocupam o topo da hierarquia urbana as **metrópoles globais**, ou **cidades globais**, onde se concentram as sedes das empresas transnacionais e os principais centros decisórios da economia mundial. São exemplos Nova York, Londres, Paris e Tóquio.

5. Os aspectos da localização nas cidades

Nas cidades, um lote de terreno tem seu valor determinado pelo que consta em seu entorno. Desse modo, uma pequena área na região de negócios de uma metrópole pode custar muito mais que um grande lote na periferia. Um pequeno apartamento no centro de uma das metrópoles mais importantes do mundo (como Londres ou Paris) tem um preço muito superior ao de uma casa térrea grande em uma cidade de um país emergente (como no interior do Brasil) — uma das justificativas é que, nessas metrópoles, oferecem-se serviços e bens de consumo mais diversificados e sofisticados que nas demais.

O crescimento de uma cidade não segue modelos regulares. Ele depende de condições históricas e geográficas e das intervenções do planejamento urbano dos governos.

O preço do solo urbano

Geralmente, as áreas centrais são consideradas de boa localização porque concentram infraestrutura e a maioria dos consumidores. No entanto, há outras áreas que podem ser muito disputadas, mesmo não sendo tão centrais. São os casos, por exemplo, de bairros habitados por pessoas de elevado poder aquisitivo (por constituir um mercado consumidor expressivo), bem como terrenos situados perto de vias expressas de transporte ou de linhas de metrô (em razão da facilidade de locomoção).

A intervenção da municipalidade

Além do valor conferido pela localização, influenciam também no preço de um terreno a legislação e as regulamentações municipais. Determinadas áreas das cidades são atingidas por restrições de uso estabelecidas pela administração pública, que as valoriza ou desvaloriza. É o caso, por exemplo, do **zoneamento** — que afeta os preços dos imóveis urbanos ao delimitar zonas exclusivamente residenciais, permitir usos comerciais, estabelecer limites de altura para os edifícios etc.

Zoneamento. Medida administrativa que define o uso de áreas da cidade (área estritamente residencial, comercial, industrial etc.).

Outra medida administrativa que também influencia o valor dos imóveis é a criação de **áreas de preservação ambiental**. Diversas outras intervenções político-administrativas alteram o valor das localizações, já que aumentam ou diminuem seu grau de atração: projetos urbanos viários valorizam ou desvalorizam imóveis; o asfaltamento e a iluminação das ruas fazem subir o preço dos imóveis nelas situados; obras para solucionar problemas de tráfego de veículos podem prejudicar moradores e assim por diante.

O barulho e a poluição causados por essa via de tráfego — Elevado Presidente João Goulart, na cidade de São Paulo —, assim como a perda de privacidade, provocaram a desvalorização dos imóveis existentes em seu entorno (SP, 2014).

Verticalização

A organização do espaço urbano depende de algumas variáveis. Decisões políticas de implementação de equipamentos urbanos e infraestrutura e a atuação de agentes econômicos impactam sobre o preço do solo urbano. Nas aglomerações em que o sistema de transporte e de circulação é precário, a região central das cidades é mais acessível aos consumidores que as demais áreas. Para compensar o elevado custo do metro quadrado nessa região, uma estratégia utilizada é a verticalização — ou seja, a construção de edifícios como forma de dividir o custo do terreno entre dezenas de usuários. Esse é um fator determinante para que as áreas centrais sejam zonas comerciais, que abrigam, nas metrópoles, expressiva concentração de estabelecimentos financeiros e, frequentemente, um distrito bancário.

A verticalização implica a necessidade de nova infraestrutura e a expansão de serviços públicos (rede elétrica e de comunicações, escolas, centros de atendimento médico-hospitalar) para compensar o adensamento das regiões centrais.

6. Os grandes problemas socioambientais urbanos

A enorme quantidade de poluentes expelidos pelas chaminés das fábricas e, principalmente, pela combustão dos automóveis causa problemas na atmosfera que envolve as cidades. Muitas vezes as consequências são em escala mundial, como o aquecimento global, causado pela intensificação do efeito estufa. Observe, no gráfico a seguir, as principais atividades responsáveis pela emissão de carbono em algumas grandes cidades do mundo.

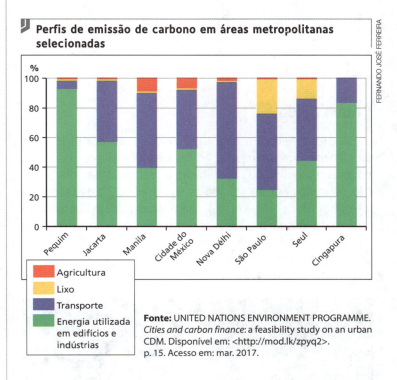

Fonte: UNITED NATIONS ENVIRONMENT PROGRAMME. *Cities and carbon finance*: a feasibility study on an urban CDM. Disponível em: <http://mod.lk/zpyq2>. p. 15. Acesso em: mar. 2017.

Como podemos inferir, o consumo crescente de energia em decorrência da pressão populacional urbana, aliado ao uso cada vez mais intenso de novas tecnologias, à intensificação do uso dos transportes individuais em detrimento dos públicos, ao tráfego excessivo, responsável pela maior queima de combustíveis, e à produção de resíduos em razão do alto consumo estão entre os principais problemas ambientais urbanos a serem resolvidos. No gráfico a seguir, podemos verificar quais são os principais perfis de emissão de gases do efeito estufa em algumas metrópoles mundiais.

O problema do aumento da emissão de carbono está diretamente relacionado ao **aquecimento global**, porque acaba intensificando o efeito estufa. Por isso, o aumento do deslocamento da população para as áreas urbanas, verificado nos últimos anos, pode ser um dos fatores responsáveis pela ampliação de um problema ambiental que atinge a escala global. A urbanização também pode contribuir para que ocorram distúrbios ambientais atmosféricos em escala regional, como a chuva ácida, a formação das ilhas de calor e a inversão térmica.

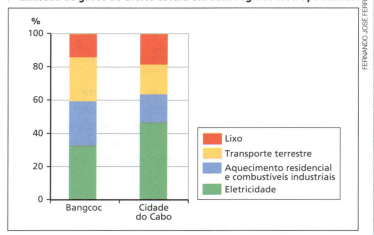

Fonte: UNITED NATIONS ENVIRONMENT PROGRAMME. *Cities and carbon finance*: a feasibility study on an urban CDM. Disponível em: <http://mod.lk/zpyq2>. p. 16. Acesso em: mar. 2017.

Chuva ácida

A chuva ácida, ou deposição ácida, é um dos problemas ambientais que ocorrem com frequência nas grandes áreas urbanas. Esse tipo de precipitação é resultado da concentração, na atmosfera, de dióxido de enxofre (SO_2) e de óxidos de nitrogênio (NO, NO_2 e N_2O_5), compostos gasosos liberados na queima de combustíveis fósseis como o petróleo, seus derivados e o carvão mineral, que reagem com a umidade atmosférica, precipitando-se em forma de chuva ou de neve, resultando na deposição superficial de ácidos sulfúrico ou nítrico.

A chuva ácida é capaz de dissolver cimento e calcário, acabar com nutrientes do solo e liberar minerais tóxicos da terra. Além disso, pode ocasionar a erosão química de monumentos e estátuas, como a deste chafariz em uma praça da cidade de São Paulo (SP, 2015).

Ilha de calor urbana

O fenômeno das **ilhas de calor** remonta ao século XIX, quando o cientista britânico Luke Howard constatou uma diferença de quase 2 °C entre a área urbana de Londres e a área rural no mesmo horário. Esse fenômeno recebeu a designação de "ilha de calor", pois ocorre em decorrência da **diferença de temperatura** entre uma área da cidade e seu entorno, frequente em grandes áreas metropolitanas como Londres, Nova York, Paris, Los Angeles, Tóquio e São Paulo.

O aumento da temperatura do ar urbano ocorre por diversos fatores, que podem ou não estar associados.

Primeiro, deve-se salientar que áreas densamente ocupadas, verticalizadas e impermeabilizadas retêm maior quantidade de calor. Ou seja, uma área com muitas edificações, por exemplo, tende a apresentar temperaturas mais elevadas que outra ocupada com casas. Os edifícios funcionam como barreira para os ventos frios, que acabam esquentando em contato com a superfície aquecida. Além disso, o concreto das edificações retém o calor e aquece ainda mais a atmosfera que o envolve.

O calor emitido pela combustão dos motores dos veículos em circulação contribui também para a elevação da temperatura e para a emissão de substâncias químicas no ar, o que compromete mais ainda as condições atmosféricas urbanas. Isso se agrava nos grandes congestionamentos em virtude da maior concentração de veículos em espaços reduzidos, principalmente quando ocorrem em regiões muito verticalizadas, acarretando pouca dispersão atmosférica.

A presença de parques industriais tradicionais próximos às áreas urbanas também contribui para a formação das ilhas de calor, sobretudo se não houver fiscalização adequada sobre a instalação de filtros antipoluição. Sem esses filtros, as caldeiras atingem aquecimento altíssimo, eliminando gases durante o processo industrial.

Do ponto de vista arquitetônico e ambiental, uma das formas de minimizar os efeitos das ilhas de calor causados pela intensa urbanização é aumentar a arborização urbana com a implantação de parques e bosques ou, ainda, preservando os bairros arborizados por meio de legislações que proíbam a derrubada desnecessária das árvores.

Observe no esquema da página a seguir alguns aspectos da ilha urbana de calor.

Ilha urbana de calor

Fonte: PIVETTA, Marcos. *Ilha de calor na Amazônia*. Disponível em: <http://mod.lk/drpwo>. Acesso em: mar. 2017.

Inversão térmica

Outro fenômeno bastante comum em algumas áreas urbanas é a **inversão térmica**. Essas áreas, em razão de sua impermeabilização, absorvem mais calor durante o dia, porém perdem esse calor à noite, fazendo com que as camadas de ar próximas ao solo mantenham-se frias durante a manhã. Durante o dia, com o passar das horas, a cidade recebe maior insolação, produzindo uma camada de ar mais quente que a que está abaixo. Essa camada quente, ao entrar em contato com a fria, perde calor e se resfria, deixando de realizar seu movimento ascendente. Além disso, o acúmulo de poluentes, como o monóxido de carbono e o material particulado em suspensão na atmosfera urbana, só piora a situação, concentrando-se mais e prejudicando a saúde da população, principalmente do aparelho respiratório.

A inversão térmica é mais frequente no inverno, mas pode ocorrer em outros períodos do ano. As baixas temperaturas do inverno associadas à intensa circulação de veículos, em geral, são responsáveis pelo aumento dos índices de poluição em muitas cidades. Por isso, algumas legislações municipais proíbem a circulação de veículos automotores para diminuir a emissão de monóxido de carbono, como ocorre em Santiago, no Chile, e na Cidade do México, no México.

A poluição da água

Seis desafios para a gestão da água

A **contaminação das águas** nas áreas urbanas decorre, em geral, de vazamentos de sobras industriais sem tratamento, da penetração de **chorume** (líquido denso e altamente poluidor que se forma a partir de dejetos orgânicos) no lençol freático, da chuva ácida e também do lixo sólido acumulado em vias públicas que é levado pelas enxurradas durante o período das chuvas.

Nas áreas urbanas, sobretudo nas metrópoles, é comum vermos uma camada de poluentes na atmosfera. Na foto, poluição em Pequim, capital da China, em 2015.

Quando chove, a água pode carregar o lixo jogado na rua até rios e mares. Rua em São Sebastião (SP, 2013).

Capítulo 18 • O mundo urbano

O lançamento de esgoto sem tratamento em rios também polui a água. Em algumas cidades, esses problemas são tão intensos que ocorre, por vezes, a morte de peixes em larga escala, indicando que os níveis de poluição chegaram ao extremo.

A gestão do lixo

De acordo com dados do Programa das Nações Unidas para o Meio Ambiente, a quantidade de lixo produzida no mundo, que atualmente é de 1,3 bilhão de toneladas anuais, passará dos 2 bilhões de resíduos sólidos em 2025. Essa situação é ainda mais alarmante em países em desenvolvimento, pois a metade do lixo produzido não é coletada, depositando-se em vias públicas, rios e mares.

Para que o material possa ser encaminhado a uma usina de reciclagem ou de compostagem, é preciso separá-lo. Por isso, a **coleta seletiva**, ou seja, a separação de materiais passíveis de reciclagem, é tão importante. Em alguns países, ela é obrigatória, como na Alemanha e no Japão.

Uma alternativa adequada para o descarte do lixo são os **aterros sanitários**. Esse sistema consiste na distribuição do material sobre uma camada protetora que evita que o chorume penetre no solo. Depois, ele é compactado e recebe nova camada de material. Além disso, são construídos dutos para escoar o gás que se forma a partir da degradação do lixo. Em alguns países, esse gás é aproveitado para gerar energia.

Porém, em muitas cidades, inclusive nas do Brasil, ocorre o descarte inadequado do lixo. **Lixões a céu aberto** ocupam terrenos vazios sem nenhum tipo de controle, causando problemas de saúde na população do entorno, além de poluírem as águas subterrâneas, em decorrência da penetração do chorume.

Os problemas relacionados à gestão do lixo são originários do modelo de consumo característico do capitalismo contemporâneo. Nenhuma das iniciativas dirigidas à melhoria do tratamento de resíduos sólidos será eficaz se não houver uma alteração significativa desse comportamento. Mudanças no formato e nos materiais destinados às embalagens, bem como a redução de seu uso em alguns produtos e a proibição da distribuição gratuita de sacolas plásticas em centros comerciais, são algumas das iniciativas que podem diminuir o volume de lixo. No entanto, continua sendo fundamental adequar o consumo ao necessário, reduzindo o desperdício.

7. Cidades sustentáveis

Nas próximas décadas, o crescimento das cidades se dará principalmente nos países em desenvolvimento. Esse fato requer grande atenção para evitar que os impactos causados sejam muito amplos e negativos.

Mais do que nunca precisamos nos preocupar com a **sustentabilidade das cidades**, visando medidas que busquem desenvolver projetos sustentáveis para o melhor aproveitamento do espaço urbano, aliando desenvolvimento econômico, preservação do meio ambiente e atividades urbanas.

Os programas para as cidades sustentáveis não contam apenas com políticas públicas, sendo fundamental a participação e a cooperação dos cidadãos nessa empreitada. Ações individuais e coletivas colaboram para a implementação de projetos sustentáveis. Entre as ações voltadas para a sustentabilidade, destacam-se:

- substituição de geração de energia tradicional por **cata-ventos eólicos** ou **placas solares**;
- substituição da coleta tradicional por **coleta seletiva** de lixo destinada à reciclagem, com usinas de reciclagem;
- coletores de águas pluviais em edifícios e casas para o **reúso da água** em moradias e edifícios comerciais;
- substituição de bairros que crescem de forma desorganizada por áreas de **planejamento urbano** por meio da construção de pequenos bairros com infraestrutura e próximos aos novos locais de trabalho;
- produção de alimentos **no entorno** das cidades como forma de minimizar a necessidade de transportes de longa distância;
- incentivo ao **transporte solidário** e ao uso de bicicletas com a construção de ciclovias urbanas e aumento da oferta de transporte público de boa qualidade;
- substituição do asfalto, que é impermeabilizante e facilita a ocorrência de enchentes e é responsável pelo aumento da temperatura ambiente, por ruas pavimentadas com **blocos permeáveis**, que permitem a infiltração da água das chuvas, minimizando os efeitos dos alagamentos.

A bicicleta permite que as pessoas se desloquem sem poluir o ar, pois esse meio de transporte não requer queima de combustível. Na foto, ciclistas em Copenhague (Dinamarca, 2016).

Geografia e outras linguagens

As cidades invisíveis

O escritor Italo Calvino (1923-1985) nasceu em Cuba e foi para a Itália ainda criança.

Seu livro As *cidades invisíveis* apresenta diálogos fictícios entre o imperador mongol Kublai Khan e o viajante veneziano Marco Polo, nos quais o italiano descreve ao grande conquistador as diversas cidades de seu vasto império. Uma delas é Zaíra. Leia com atenção um trecho do livro.

Balaustrada. Grades de varanda, geralmente de pequena altura.
Festões. Grinaldas, ramalhetes de flores.
Molhe. Parede do cais do porto, quebra-mar.

"Inutilmente, magnânimo Kublai, tentarei descrever a cidade de Zaíra dos altos bastiões. Poderia falar de quantos degraus são feitas as ruas em forma de escada, da circunferência dos arcos dos pórticos, de quais lâminas de zinco são recobertos os tetos; mas sei que seria o mesmo que não dizer nada. A cidade não é feita disso, mas das relações entre as medidas de seu espaço e os acontecimentos do passado: a distância do solo até um lampião e os pés pendentes de um usurpador enforcado; o fio esticado do lampião à balaustrada em frente e os festões que empavesavam o percurso do cortejo nupcial da rainha; a altura daquela balaustrada e o salto do adúltero que foge de madrugada; a inclinação de um canal que escoa a água das chuvas e o passo majestoso de um gato que se introduz numa janela; a linha de tiro da canhoneira que surge inesperadamente atrás do cabo e a bomba que destrói o canal; os rasgos nas redes de pesca e os três velhos remendando as redes que, sentados no molhe, contam pela milésima vez a história da canhoneira do usurpador, que dizem ser o filho ilegítimo da rainha, abandonado de cueiro ali sobre o molhe.

A cidade se embebe como uma esponja dessa onda que reflui das recordações e se dilata. Uma descrição de Zaíra como é atualmente deveria conter todo o passado de Zaíra. Mas a cidade não conta o seu passado, ela o contém como as linhas da mão, escrito nos ângulos das ruas, nas grades das janelas, nos corrimãos das escadas, nas antenas dos para-raios, nos mastros das bandeiras, cada segmento riscado por arranhões, serradelas, entalhes, esfoladuras."

CALVINO, Italo. *As cidades invisíveis*. São Paulo: Companhia das Letras, 2013.

QUESTÕES

1. O narrador reflete sobre o que constitui uma cidade. Localize essa passagem no texto e relacione as afirmações do narrador ao conceito de espaço geográfico.
2. Releia o último parágrafo do texto e relacione seu conteúdo ao conceito de paisagem.

Capítulo 18 • O mundo urbano 361

ATIVIDADES

ORGANIZE SEUS CONHECIMENTOS

1.

> "Os enormes aumentos da população urbana em países mais pobres são parte de uma 'segunda onda' de transições demográficas, econômicas e urbanas muito maior e mais rápida do que a primeira.
>
> A primeira onda de transições modernas começou na Europa e na América do Norte no século XVIII. No curso de dois séculos (1750-1950), essas regiões passaram pela primeira transição demográfica, a primeira industrialização e a primeira onda de urbanização."
>
> UNFPA. *Situação da população mundial 2007*: desencadeando o potencial do crescimento urbano. p. 7. Disponível em: <http://mod.lk/kntqa>. Acesso em: mar. 2017.

Considerando o texto acima, analise as afirmativas a seguir.

I. Na atualidade, os países que se urbanizaram na primeira onda dominam a economia mundial.

II. Os países que compõem a segunda onda de urbanização foram influenciados pela rápida queda da taxa de mortalidade e pelo aumento das taxas de natalidade, alcançando um aumento populacional muito mais acelerado do que os da primeira onda.

III. Em ambas as ondas, a combinação de crescimento populacional com mudanças econômicas alimentou a transição urbana.

IV. Os países da segunda onda de urbanização encontram-se, na atualidade, com altos índices de qualidade de vida e com economias bem estruturadas.

Estão corretas apenas as afirmativas:

a) I e II
b) II e III
c) III e IV
d) I, III e IV.
e) I, II e III.

2. Explique como se forma uma megalópole e cite dois exemplos desse fenômeno da urbanização.

3. Leia o texto a seguir e responda às questões.

> "A forma como a ocupação urbana tem se configurado em Campinas torna visível o aumento da distância entre ricos e pobres. De um lado, os especuladores imobiliários buscam cada vez mais áreas próximas aos fragmentos florestais para a incorporação de loteamentos e construção de condomínios de alto e médio padrões. De outro, os estratos sociais de baixa renda estão distribuídos em locais da cidade onde não há acesso à natureza — áreas verdes preservadas ou bosques municipais. [...]
>
> Em nome da qualidade de vida e ambiental e com a escassez de áreas verdes, o discurso da proximidade da natureza tem sido a tônica para justificar o aumento vertiginoso de áreas antes tidas como rurais para a construção de empreendimentos imobiliários de luxo. [...]"
>
> SANTOS, Raquel do Carmo. Especulação com patrimônio natural gera segregação em ocupações urbanas. *Jornal da Unicamp*, p. 5, 5-11, abr. 2010.

a) A presença de áreas gramadas, arborizadas e/ou com matas é um fator de grande valorização dos imóveis a seu redor. Em sua opinião, por que isso ocorre?

b) Segundo o texto, parte da população de alta renda tem buscado isolar-se em condomínios localizados em antigas glebas rurais, sob a justificativa de estar em contato com elementos da natureza raros nas cidades. O que ocorre nessas novas áreas ocupadas com a chegada de grande quantidade de população urbana?

4. Descreva dois grandes problemas ambientais nos centros urbanos.

5. Observe as fotos a seguir.

a) Identifique as fotos que sugerem ser mais representativas das situações no cotidiano em centros urbanos em países desenvolvidos e em desenvolvimento.

b) Em 2030, continuando essas mesmas tendências, como poderão se apresentar essas cidades?

REPRESENTAÇÕES GRÁFICAS E CARTOGRÁFICAS

6. Observe e analise os gráficos a seguir.

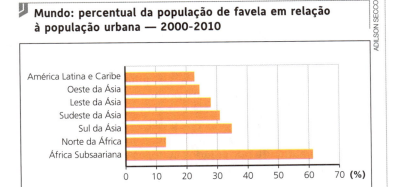

Fonte: UN-HABITAT — United Nations Human Settlements Programme. *Streets as tools for urban transformation in slums*: a street-led approach to citywide slum upgrading, 2012, p. 5. Disponível em: <http://mod.lk/a4gdc>. Acesso em: mar. 2017.

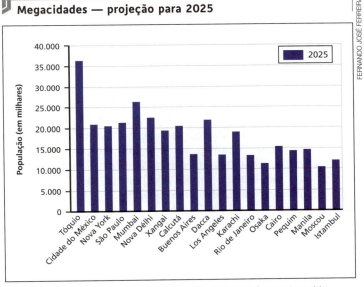

Fonte: UNITED NATIONS. *State of the world's cities 2008/2009*: harmonious cities. Londres/Nairobi: UN-Habitat, 2008. p. 6.

- Identifique os continentes que abrigarão as maiores cidades do mundo em 2025 e analise as condições socioeconômicas dessas regiões, considerando o percentual de populações residentes em favelas no mundo.

INTERPRETAÇÃO E PROBLEMATIZAÇÃO

7. Leia o texto.

"Adegoke Taylor, um camelô magro e solene de trinta e dois anos e olhar ansioso, divide um quarto de dois metros e meio por três com outros três rapazes, num beco em Isale Eko, a quase um quilômetro da Terceira Ponte Continental.

Em 1999, Taylor chegou a Lagos vindo de Ile-Oluji, uma cidade iorubá a cerca de duzentos quilômetros ao nordeste. Ele possuía um diploma de escola politécnica na área de mineração e queria fazer carreira. Ao chegar à cidade, Taylor foi a um clube onde tocavam juju — música pop misturada com ritmos iorubá — e lá ficou até duas horas da manhã. 'Essa experiência foi suficiente para mostrar que eu tinha encontrado uma vida nova', disse em inglês, jargão utilizado em Lagos. 'Você vê gente em todos os lugares a qualquer hora. Isso me estimulou. Na aldeia, você não se sente livre de maneira nenhuma, e fará amanhã as mesmas coisas que fez hoje.'

Taylor logo percebeu que nenhum dos poucos empregos em mineração anunciados nos jornais estava disponível para ele. 'Se você não tem contatos, não é fácil, porque há muito mais procura do que oferta', afirmou. 'Se você não tem uma pessoa conhecida dizendo 'este é o meu garoto, arrume um emprego para ele', fica muito difícil. Neste país, se você não fizer parte da elite, as coisas ficam muito, muito difíceis.'

Taylor conseguiu alguns trabalhos eventuais: cambista, vendedor ambulante de material de escritório e tranças de cabelo, e arrumador de cargas pesadas num armazém por um salário diário de quatrocentos naira — cerca de três dólares. Ele trabalhou algumas vezes para negociantes da África Ocidental que vinham aos mercados perto do porto e precisavam de intermediários para encontrar mercadorias.

No começo, ele ficou hospedado na casa da irmã de um amigo de infância em Mushin, depois encontrou uma forma barata de se alojar, dividindo um quarto por sete dólares mensais até que a casa foi consumida num incêndio durante os conflitos étnicos. Taylor perdeu tudo. Decidiu mudar-se para a ilha de Lagos, onde paga um aluguel mais alto, de vinte dólares mensais.

Taylor tentou sair da África, mas seu visto foi recusado pelas embaixadas norte-americana e britânica. Às vezes, ele sonhava com a calma de sua cidade natal, mas nunca pensou em voltar para Ile-Oluji, com suas noites que acabam cedo, seus dias monótonos e a perspectiva de uma vida inteira de trabalhos braçais. Seu futuro estava em Lagos...

'Não é possível escapar, apenas seguir em frente', disse Taylor."

UNFPA. *Situação da população mundial 2007*: desencadeando o potencial do crescimento urbano. p. 5. Disponível em: <http://mod.lk/kntqa>. Acesso em: mar. 2017.

- Discuta, com base no texto, as razões pelas quais as cidades crescem, atraindo cada vez mais pessoas.

ATIVIDADES

8. Interprete a charge.

- Explique as causas e as possíveis soluções para o problema abordado pelo artista.

ENEM E VESTIBULARES

9. (Uerj-RJ, 2016)

Em Nova York, habitação social vive o "boom" das rendas mistas

"'50-30-20' é um termo quente na cidade norte-americana de Nova York hoje em dia. É também o apelido dos imóveis financiados pela prefeitura que miram a integração das rendas mistas na habitação. Nesse modelo de empreendimento, 50% do total de unidades de cada prédio são ocupadas por famílias de classe média, 30% por moradores de classe média-baixa e 20% destinam-se à baixa renda. O presidente da Companhia de Desenvolvimento Habitacional de Nova York, Marc Jahr, afirma que a instituição já financiou e construiu quase 8 mil apartamentos nesse modelo: 'Acreditamos que prédios com rendas mistas e bairros com economias diversas são pilares de comunidades estáveis'."

Adaptado de <www.prefeitura.sp.gov.br>.

O Estado é um agente fundamental na produção do espaço, pois suas ações interferem de forma acentuada sobre a dinâmica e a organização das cidades.

A principal finalidade de uma política pública como a relatada no texto é:

a) reduzir a segregação espacial.
b) elevar a arrecadação municipal.
c) favorecer a atividade comercial.
d) desconcentrar a população urbana.

10. (Uece-CE, 2015) Leia os textos abaixo.

Texto 1

"Uma das principais características das regiões metropolitanas é o crescimento dos tecidos urbanos. Com o crescimento das cidades limítrofes, antigas áreas pertencentes às diversas municipalidades que não eram ocupadas anteriormente passam a compor uma unicidade no tecido metropolitano, produzindo assim uma unidade espacial de escala e complexidade distinta da inicial."

Texto 2

"Um sistema integrado de cidades que passa a estabelecer fluxos sociais, econômicos, políticos e culturais. Forma-se, portanto, um sistema de múltiplas espacialidades nas quais as cidades são conectadas por fluxos populacionais, serviços, informações e capitais, constituindo 'nós' que entrelaçam as ligações entre esses lugares. Aqueles fluxos seguem uma hierarquização que é sempre comandada por cidades maiores e que disponibilizam, sobretudo, serviços para as outras cidades."

Os textos 1 e 2 indicam, respectivamente, fenômenos relacionados à:

a) metropolização e à gentrificação.
b) desconcentração urbana e à periferização.
c) metropolização e à endourbanização.
d) conurbação e à rede urbana.

11. (Uerj-RJ, 2015)

O movimento e a avenida

"Em vista da importância do Exército para as classes dominantes, não é de admirar que o tráfego militar fosse o fator determinante do planejamento das cidades, exemplificado pelo traçado das avenidas de Paris, proposto pelo prefeito Haussmann entre 1853 e 1870."

MUNFORD, Lewis. *A cidade na história*: suas origens, transformações e perspectivas. São Paulo: Martins Fontes, 1991 (adaptado).

Topografia da Maré facilita ocupação pelo Exército

"Ao adotar no Complexo da Maré estratégia semelhante à utilizada para ocupar os Complexos do Alemão e da Penha, o Exército vai encontrar mais vantagens do que desvantagens, apesar de a nova região ser maior e mais populosa. A topografia da área a ser pacificada é plana, e as ruas são mais largas, fatores que acabam facilitando a distribuição do efetivo e as manobras dos veículos militares."

Adaptado de <www.extra.globo.com>. Acesso em: 2 abr. 2014.

Apesar das muitas diferenças existentes entre Paris no século XIX e Rio de Janeiro no século XXI, os textos apontam para manifestações do exercício do poder militar em ambas as cidades.

Nos dois contextos, é reconhecível a seguinte relação estratégica entre o espaço da cidade e a ação do Estado:

a) sítio urbano e polarização política.
b) morfologia urbana e controle social.
c) hierarquia urbana e segurança pública.
d) centro urbano e marginalização econômica.

12. **(UPF-RS, 2015)** Analise as afirmações que seguem e identifique as verdadeiras e as falsas.

- O processo de urbanização consiste na transformação de espaços industriais e comerciais em espaços urbanos, concomitantemente à transferência de população do campo para a cidade.
- Nos países desenvolvidos e em alguns emergentes tem havido um processo de transferência de indústrias das pequenas para as grandes cidades, o que promove uma desconcentração urbano-industrial.
- Uma megalópole se constitui quando, entre duas ou mais metrópoles, os fluxos de pessoas, capitais, informações, mercadorias e serviços estão plenamente integrados por modernas redes de transportes e telecomunicações.
- Quanto maiores as disparidades entre os diferentes grupos e classes sociais, maiores as desigualdades de moradias, de acesso aos serviços públicos e de qualidade de vida e maior a segregação espacial.
- A rede urbana é formada pelo sistema de cidades, de um mesmo país ou de países vizinhos, que se interligam por meios de transporte e de comunicações, ocorrendo fluxos de pessoas, mercadorias, informações e capitais.

A sequência que corresponde às frases, de cima para baixo, é:

a) V – F – F – V – V.
b) V – V – V – V – V.
c) F – V – V – F – F.
d) F – F – V – V – V.
e) F – F – F – F – F.

13. **(Unisc-SC, 2015)**

O conceito foi criado por especialistas da Organização das Nações Unidas, na década de 1990, com o objetivo de nomear aglomerados urbanos com mais de 10 milhões de habitantes. Não se trata de um conceito ligado à qualidade de vida das populações urbanas ou à influência econômica destas cidades sobre outras, mas à quantificação de seus habitantes. Identifique a alternativa que apresenta o conceito que preenche a lacuna.

a) Cidade Global.
b) Metrópole.
c) Megacidade.
d) Rede Urbana.
e) Área Metropolitana.

14. **(Uemg-MG, 2014)**

Urbanização planetária

"Estudos feitos até 30/7/13 informam que o número de habitantes nas cidades cresce a uma velocidade assustadora: 65,7 milhões a mais por ano, segundo o Banco Mundial. Nos próximos 30 anos, elas receberão mais dois bilhões de pessoas, segundo estimativas da Organização das Nações Unidas (ONU), passando de 3,9 bilhões atuais para mais de seis bilhões, concentrando em zonas urbanas mais de dois terços da população do Planeta. Gente que precisará de transporte, segurança, habitação, energia, água, saneamento, saúde e inúmeros outros serviços da administração pública. Para as prefeituras e governos centrais, é um desafio gigantesco. Para as empresas que desenvolvem soluções para o setor, uma oportunidade de tamanho idêntico — há previsões como as do Índice de Desenvolvimento das Cidades (IDC), por exemplo, segundo as quais esse já é um mercado de US$ 6,1 bilhões por ano para as empresas de tecnologia, e alcançará US$ 20,2 bilhões em 2020. Para a totalidade das empresas, o mercado é muito maior — só a China está gastando o equivalente a US$ 10,8 bilhões este ano em soluções para 'cidades inteligentes'. [...]"

ISTOÉ, 16 ago. 2013. Adaptado.

De acordo com as informações obtidas no texto, é CORRETO afirmar que:

a) o inchaço das cidades é provocado pelo crescimento ordenado de sua infraestrutura, que atende às necessidades da população urbana planetária.
b) as dimensões e a complexidade dos problemas urbanos, bem como a urgência para resolvê-los, passaram a exigir soluções que contenham inovação e tecnologia.
c) os investimentos governamentais nas chamadas cidades inteligentes eliminarão o processo acelerado de urbanização planetária.
d) a urbanização planetária desestimula as disparidades sociais, pois trata-se da redistribuição demográfica de populações rurais em assentamentos urbanos.

Mais questões: no livro digital, em **Vereda Digital Aprova Enem** e **Vereda Digital Suplemento de revisão e vestibulares**; no site, em **AprovaMax**.

CAPÍTULO

19

BRASIL URBANO

ENEM
C2: H10
C3: H14, H15
C4: H16, H19

Neste capítulo, você vai aprender a:

- Compreender e aplicar o conceito de urbanização, distinguindo-o de crescimento urbano.
- Identificar as principais causas da urbanização brasileira no século XX.
- Analisar os conceitos de rede urbana e região metropolitana, aplicando-os em situações reais, a fim de propor formas de intervenção para a melhoria das cidades.
- Classificar e identificar as características e a hierarquia da rede urbana brasileira segundo os critérios definidos pelo IBGE.
- Reconhecer os principais problemas urbanos brasileiros.
- Analisar o processo de urbanização brasileiro no século XXI a partir dos dados disponibilizados pelo censo 2010 para cada região do país.
- Compreender processos e dinâmicas que caracterizam o urbano no Brasil atual.

"Em suas andanças pelo centro da cidade, desde que começou a escrever o livro, Augusto olha com atenção tudo o que pode ser visto: fachadas, telhados, portas, janelas, cartazes pregados nas paredes, letreiros comerciais luminosos ou não, buracos nas calçadas, latas de lixo, bueiros, o chão que pisa, passarinhos bebendo água nas poças, veículos e principalmente pessoas."

FONSECA, Rubem. A arte de andar nas ruas do Rio de Janeiro. Em: FONSECA, R. *Romance negro e outras histórias*. São Paulo: Companhia das Letras, 1992. p. 12.

Neste capítulo, serão abordadas as características da urbanização no Brasil em escala nacional e regional. Serão analisadas suas origens e as transformações pelas quais a urbanização passou ao longo do tempo, bem como os processos atuais de metropolização e constituição de redes urbanas.

Ponto de partida

Ao observar esta vista parcial de Brasília, que impressão você tem sobre essa cidade? Que semelhanças e diferenças você identifica entre Brasília e outras grandes cidades brasileiras?

Vista do Eixo Monumental, avenida no centro do Plano Piloto de Brasília, a capital do Brasil (DF, 2013).

1. Urbanização brasileira

Os resultados do censo de 2010 comprovaram que o Brasil está cada vez mais **urbano**. Na primeira década do século XXI, a diminuição do número de habitantes na área rural foi de 0,65% ao ano, o que representa uma perda dessa área de aproximadamente 2 milhões de indivíduos. Os motivos principais disso foram a **industrialização** do país e a busca das pessoas por **melhores condições de vida** — causas da acentuada migração do campo para a cidade, que vem ocorrendo principalmente a partir das décadas de 1960 e 1970.

O estudo do processo de urbanização do país, do crescimento e das principais características da rede urbana permite compreender o Brasil contemporâneo, por meio das ações do passado, das tomadas de decisões do presente e de como elas podem afetar o futuro do país. Por isso, analisar os principais problemas da atualidade e projetar os desafios urbanos futuros tornam-se o caminho fundamental para a definição de políticas públicas eficazes e coerentes que vão permitir ao país superar os atuais entraves e planejar, de forma sustentável, o futuro das cidades brasileiras.

2. A passagem do rural para o urbano

Uma sociedade é considerada urbana quando a população das cidades supera a do campo. Isso ocorre devido, principalmente, à migração campo-cidade, como também à chegada de imigrantes que se instalam nas cidades, entre outras razões.

Algumas das primeiras cidades brasileiras localizavam-se no litoral, constituindo-se espontaneamente dos núcleos coloniais iniciais de povoamento. Outras originaram-se de pontos de apoio para tropeiros que se aventuravam para o interior, como cidades do Vale do Paraíba; a cidade paulista de Sorocaba; as cidades paranaenses de Castro e Ponta Grossa; e a sul-rio-grandense Passo Fundo. Existem também as **cidades planejadas**, ou seja, construídas com base em um plano diretor, como é o caso de algumas capitais: Teresina (PI), fundada em 1851; Aracaju (SE), fundada em 1858; Belo Horizonte (MG), em 1898; Goiânia (GO), em 1937; a capital do país, Brasília (DF), inaugurada em 1960; e Palmas (TO), inaugurada em 1990.

Durante o período colonial, a população residente em núcleos urbanos representava apenas pouco mais de 6% do total. Até meados do século XIX, o crescimento das cidades do Brasil ocorria essencialmente pelo aumento do crescimento vegetativo.

No final do século XIX, a chegada de imigrantes ao Brasil influiu no aumento da população urbana. Embora a maioria dos estrangeiros tivesse vindo para substituir os escravos na agricultura, muitos imigrantes fixaram-se nos centros urbanos, contribuindo como mão de obra nas fábricas que aqui se instalavam.

Todavia, o **período de urbanização mais intenso** da história brasileira deu-se no século XX. Após a crise de 1929, um grande avanço da atividade industrial (principalmente em São Paulo) acentuou a necessidade de mão de obra urbana para as indústrias. Além da migração do campo para as cidades do entorno, formou-se um importante fluxo de migração de habitantes da Região Nordeste para o Sudeste, atraídos por oportunidades de emprego e por uma expectativa de melhoria das condições de vida. A partir da década de 1940, a urbanização brasileira intensificou-se drasticamente por causa, sobretudo, do incremento da política industrial de substituição de importações, da modernização da agricultura e da expansão das fronteiras agrícolas, acompanhados pela redução da taxa de mortalidade.

Na década de 1940 o percentual de habitantes das cidades era de 31,2%, enquanto em 1960 chegava a 67,6%. Em 1970, pela primeira vez na história demográfica brasileira, os dados revelaram que a população urbana havia atingido aproximadamente 56% do total nacional, ultrapassando a rural. Observe, nos mapas a seguir, a distribuição da população urbana em 1940 e em 2000.

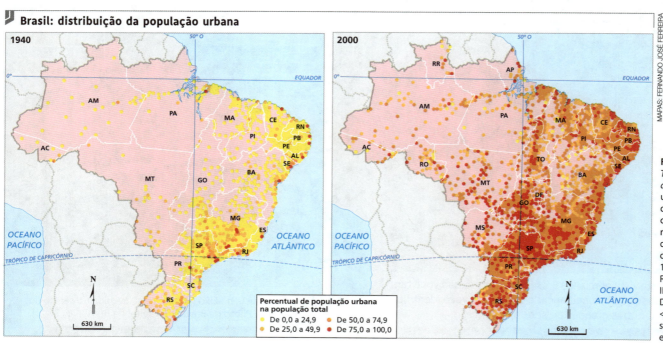

Brasil: distribuição da população urbana

Percentual de população urbana na população total: De 0,0 a 24,9; De 25,0 a 49,9; De 50,0 a 74,9; De 75,0 a 100,0.

Fonte: IBGE. *Tendências demográficas*: uma análise da população com base nos resultados dos censos demográficos 1940 e 2000. Rio de Janeiro: IBGE, 2007. p. 21. Disponível em: <http://mod.lk/sxniu>. Acesso em: mar. 2017.

3. Redes e hierarquia urbana no Brasil

O conhecimento da distribuição dos **artefatos fixos** (rodovias, hospitais, escolas, aeroportos, portos, comércio e serviços etc.) e dos **fluxos** de pessoas, mercadorias, informações e capitais é fundamental para compreender a dimensão da rede urbana brasileira. Por meio do conjunto desses elementos, as cidades se inter-relacionam, e os poderes público e privado podem planejar a distribuição dos diferentes investimentos sociais ou produtivos no território brasileiro.

O estudo intitulado *Regiões de influência das cidades 2007*, do IBGE, buscou classificar as cidades por meio de critérios como a gestão do território, avaliando o nível de centralidade dos poderes públicos (Executivo e Judiciário) no âmbito federal, a centralidade empresarial e a disponibilidade de equipamentos e serviços. Esses elementos permitiram a definição das **áreas de influência** de cidades no território brasileiro e sua **articulação em redes**.

O IBGE hierarquiza as cidades brasileiras segundo seis grandes níveis: grande metrópole nacional, metrópole nacional, metrópole, capital regional, centro sub-regional e centro de zona. Os três últimos são, ainda, subdivididos em outros níveis. Veja o mapa a seguir.

Áreas e regiões metropolitanas

As **áreas metropolitanas** constituem-se em grandes concentrações urbanas que ultrapassaram os limites de seus municípios, causando a junção deles. Esse fenômeno é caracterizado pela **conurbação** de aglomerados urbanos, ou seja, pela formação de um conjunto de cidades interligadas e contíguas. Pela conurbação, áreas antes isoladas passam a fazer parte da metrópole. O fenômeno metropolitano forma espaços com forte dinamismo econômico e social que se manifestam independentemente de decisões político-administrativas.

Brasil: rede urbana - 2007

Fonte: IBGE. *Regiões de influência das cidades 2007*. Rio de Janeiro: IBGE, 2008. p. 12. Disponível em: <http://mod.lk/7ir9a>. Acesso em: mar. 2017.

Capítulo 19 • Brasil urbano

Quando o governo dos estados reconhece legalmente a existência desses conglomerados urbanos, instituem-se as **regiões metropolitanas**. A definição de uma região metropolitana depende, portanto, de decisões políticas definidas por lei específica para tal fim e tem como objetivo organizar e promover a integração do planejamento e da execução de funções públicas de interesse comum a todos os municípios que a integram, como o saneamento básico, a rede de transportes e o uso do solo urbano.

Para que uma região metropolitana seja criada, é necessário que existam um ou mais polos de atividade econômica que centralizem o dinamismo econômico da região. A centralidade na prestação de serviços também é muito importante na definição de uma região metropolitana. Por isso, não é uma condição obrigatória que todos os municípios da região estejam conurbados, mas, sim, que estejam em processo de interação mútua e sob sua área de influência.

Em 1973, o Congresso Nacional aprovou a Lei Complementar nº 14, que permitiu a criação das oito primeiras **regiões metropolitanas**. Em 1974, após a fusão dos estados do Rio de Janeiro e da Guanabara, uma lei complementar instituiu a Região Metropolitana do Rio de Janeiro, totalizando, naquele momento, 9 áreas metropolitanas no Brasil: São Paulo, composta naquela época de 37 municípios; Belo Horizonte, Curitiba, Rio de Janeiro e Porto Alegre, com 14 municípios cada uma; Recife, com 9; Salvador, com 8; Fortaleza, com 5; e Belém, com 2. Em 1998, foi criada a Região Integrada de Desenvolvimento do Entorno (Ride), formada por Brasília, 19 municípios goianos e 2 mineiros, constituindo a décima área metropolitana.

A partir de 1988, com a promulgação da nova Constituição Brasileira, os governos estaduais passaram a ser responsáveis pela implantação das regiões metropolitanas em seus estados. Observe, no mapa ao lado, a distribuição das regiões metropolitanas em 2010.

Fonte: FERREIRA, Graça Maria Lemos. *Atlas geográfico*: espaço mundial. São Paulo: Moderna, 2013. p. 140.

A formação da megalópole brasileira

São Paulo e Rio de Janeiro são as mais importantes metrópoles do país, com influência nacional. A megalópole brasileira em formação, para muitos autores, resultado da conurbação de metrópoles, é composta de 232 municípios pertencentes aos estados do Rio de Janeiro, São Paulo e Minas Gerais, com destaque para o eixo da via Dutra, Baixada Santista e Campinas. Observe, a seguir, o mapa da megalópole brasileira em formação.

Fonte: FERREIRA, Graça M. L. *Atlas geográfico*: espaço mundial. 4. ed. São Paulo: Moderna, 2013. p. 131.

Crescimento das cidades

O censo de 2010 indicou uma tendência de crescimento menor da população brasileira. Dessa vez, as taxas de crescimento tanto rural quanto urbano diminuíram com relação aos resultados dos censos anteriores (veja o gráfico a seguir). Nos resultados desse censo, a população urbana brasileira correspondeu a 84,4%, enquanto a rural representou 15,6% de habitantes fixados no campo.

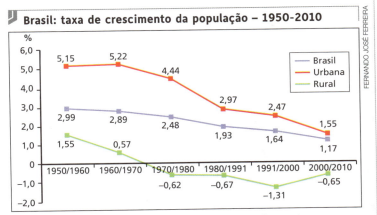

Fonte: IBGE. *Censo demográfico 2010*: características da população e dos domicílios — resultados do universo. Rio de Janeiro: IBGE, 2011. p. 46. Disponível em: <http://mod.lk/qjezy>. Acesso em: mar. 2017.

Todas as regiões brasileiras apresentaram resultados similares ao nacional, ou seja, em todas houve **diminuição dos índices de crescimento populacional** tanto no campo quanto nas cidades. O processo de urbanização, no entanto, não é uniforme em todas as regiões do país, registrando-se significativas diferenças quanto à intensidade das migrações campo-cidade, resultantes das disparidades socioeconômicas regionais.

A urbanização brasileira trouxe problemas estruturais provocados pelo descompasso entre o aumento da população urbana e os investimentos em infraestrutura necessários para oferecer boas condições de vida. A precariedade ou a ausência de moradia, transporte público, redes de esgoto, água encanada e distribuição de energia elétrica ainda afetam a maioria das cidades brasileiras. Esses problemas são consequência da atuação deficitária do poder público e da lógica especulativa do mercado imobiliário.

A segregação socioespacial ocorre frequentemente nas cidades. Certas áreas habitadas pelas pessoas com alto poder aquisitivo contam com excelentes serviços de infraestrutura urbana e são as regiões mais valorizadas da cidade e favorecidas pelo poder público. Prédios e casas de alto padrão, ruas pavimentadas, redes de esgoto, entre outras melhorias, servem essa população. Também são comuns os condomínios fechados nos quais essas casas ou edifícios, cercados por muros e com vigilância em suas entradas, tornam-se verdadeiras ilhas de segurança em locais onde há registros de violência urbana. Outras parcelas da população restam confinadas em periferias sem os mesmos investimentos públicos e, portanto, sem o devido acesso aos serviços prestados com regularidade em bairros mais ricos.

4. Os problemas urbanos brasileiros

Em muitas grandes cidades brasileiras encontramos problemas como moradias precárias, ruas sem pavimentação, rede elétrica ou saneamento básico e falta de transporte. Essa ausência de infraestrutura urbana é resultado do crescimento mal planejado das cidades, da falta de intervenção do poder público e da ausência de regulação e controle efetivos do uso do solo urbano.

Os contrastes sociais estão muito presentes na paisagem das grandes cidades brasileiras. Nesta vista da cidade de Salvador (BA, 2015), por exemplo, vê-se um bairro com moradias precárias, bastante adensado, próximo a uma área com residências de alto padrão, muito arborizada.

Com a chegada de novos habitantes e o consequente aumento do contingente populacional, ocorreram o déficit de moradias e a edificação de moradias precárias em terrenos públicos ocupados ou em áreas mais distantes do centro da cidade, onde os terrenos eram mais baratos. Sem opção de moradia, a população de baixa renda ocupou **cortiços** nos bairros centrais e operários de grandes centros urbanos. Ainda hoje, várias famílias vivem de maneira precária, sem acesso a condições mínimas e dignas de habitação.

Em 2010, os dados do IBGE revelaram que 88,6% do total das favelas e palafitas estava situado em 20 regiões metropolitanas brasileiras. A Região Sudeste concentra a maior quantidade dos **aglomerados subnormais** existentes no país. Segundo o censo, cerca de 11,4 milhões de brasileiros moravam em áreas de ocupação irregular e com carência de serviços públicos ou urbanização.

> **Cortiço.** Unidade de habitação utilizada como moradia coletiva multifamiliar, com ocupação excessiva e infraestrutura precária.
>
> **Aglomerado subnormal.** O termo *subnormal* é utilizado pelo IBGE desde 1991 com o intuito de caracterizar os diversos tipos de moradias irregulares e sem serviços de infraestrutura básica existentes no país, como favela, mocambo, grota, baixada ou palafita, entre outros.

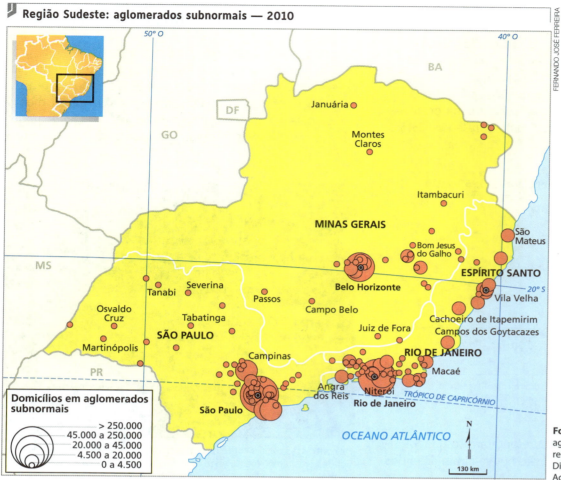

Região Sudeste: aglomerados subnormais — 2010

Fonte: IBGE. *Censo demográfico 2010:* aglomerados subnormais — primeiros resultados. Rio de Janeiro: IBGE, 2011. p. 66. Disponível em: <http://mod.lk/kwfmi>. Acesso em: mar. 2017.

Quase metade das habitações precárias está em São Paulo e no Rio de Janeiro, com aproximadamente 6 milhões de pessoas vivendo nelas.

Uma das características peculiares às moradias precárias diz respeito à sua diversidade. Em São Paulo, por exemplo, muitas delas encontram-se em bairros dotados de alguns serviços públicos; em outros bairros da mesma cidade, expandem-se grandes áreas nas quais os equipamentos urbanos são deficientes ou inexistentes.

As ocupações irregulares frequentemente ocorrem em áreas inadequadas à construção de moradias, como encostas íngremes, áreas de praia, vales profundos, baixadas permanentemente inundadas, manguezais ou margens de rios, riachos e canais.

A **falta de saneamento básico** é um problema muito grave nas áreas urbanas brasileiras. De acordo com dados do Ministério das Cidades, divulgados em 2016, 43% da população brasileira vive em cidades sem rede de esgoto. As piores condições são registradas nas regiões Norte e Nordeste, onde 90% e 70% das residências, respectivamente, não têm acesso a esse serviço. Isso significa que, em pleno século XXI, o esgoto desses municípios continua correndo a céu aberto ou, no máximo, em fossas caseiras.

Por outro lado, entre os municípios brasileiros que têm coleta de esgoto, os índices de tratamento ainda são muito baixos (veja o gráfico ao lado), atingindo, em alguns casos, menos de 5% do esgoto coletado, como ocorre na Região Norte do país. Ao serem simplesmente lançados em rios sem nenhum tratamento, transformam suas águas em foco de proliferação de doenças como diarreia crônica, cólera, dengue, chikungunya, zika, entre outras. Essas doenças atingem predominantemente crianças e idosos e são uma das principais causas das altas taxas de mortalidade infantil.

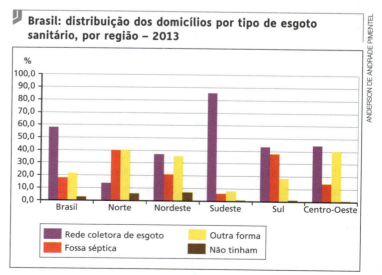

Brasil: distribuição dos domicílios por tipo de esgoto sanitário, por região – 2013

Fonte: IBGE. *Brasil em números.* Rio de Janeiro: IBGE, 2015. v. 23. p. 92. Disponível em: <http://mod.lk/mmxlf>. Acesso em: mar. 2017.

O trânsito e o transporte nas grandes metrópoles são problemas que atingem grandes proporções. O modelo econômico adotado incentiva a aquisição de carros e a substituição rápida dos veículos por modelos mais novos, uma vez que o automóvel é símbolo de *status*.

Os **congestionamentos** são frequentes e os moradores das grandes cidades podem demorar horas para percorrer pequenas distâncias. A opção do poder público pelo transporte individual em detrimento do coletivo, incapaz de atender a toda a população, faz crescer o número de carros.

Além disso, a imensa frota de veículos automotores é responsável por grande parte da **poluição atmosférica** nas cidades, visto que contribui para o aumento do efeito estufa pela grande emissão de dióxido de carbono (CO_2), que causa sérios problemas de saúde pública, como doenças no sistema respiratório.

Outro fenômeno comum em áreas muito urbanizadas são as chamadas **ilhas de calor**. A grande concentração de asfalto e concreto faz com que a temperatura média dessas áreas seja mais elevada do que nas regiões próximas. Veja como isso ocorre no infográfico da página seguinte.

A **impermeabilização do solo** e o **entupimento de bueiros** e **bocas de lobo** são as principais causas de **enchentes** nas zonas urbanas. A impermeabilização não permite que a água das chuvas se infiltre no solo; o lixo jogado indevidamente nas vias públicas e, em muitos casos, aquele acumulado por falta de coleta provocam o entupimento dos bueiros. Com os bueiros entupidos não ocorre o escoamento da água para as redes pluviais. A água das chuvas fica, então, depositada sobre o asfalto e ocorrem enchentes de grandes proporções.

Mais de três quartos do lixo sólido gerado nas cidades são jogados a céu aberto, sem nenhum tratamento, nos **lixões**. Desse material acumulado, cerca de metade é matéria orgânica, geralmente proveniente de restos de alimentos, que poderia ser transformada em adubo orgânico por meio da **compostagem**. Porém, ainda existem poucos centros de compostagem no Brasil.

O lixo sólido exposto atrai ratos e insetos tanto para as cidades quanto para os lixões. Esses animais são transmissores de doenças. Nos lixões, a decomposição sem controle da matéria orgânica e de diversos tipos de substâncias também gera o chorume, que polui os reservatórios de água doce e o próprio solo.

As formas mais responsáveis e sustentáveis de resolver o problema do lixo são a redução do consumo e a prática da reciclagem. A reciclagem de materiais ainda é bastante reduzida no Brasil, sendo desenvolvida apenas em 18% dos municípios do país. Apesar disso, o volume do lixo urbano reciclado aumentou nos últimos anos, passando de 5 milhões de toneladas em 2003 para 7,1 milhões de toneladas em 2008, o que corresponde a 13% dos resíduos sólidos gerados nas cidades. Em 2012, 994 municípios tinham coleta seletiva, a maior parte deles nas regiões Sul e Sudeste.

Rua afetada por enchente no município de Esteio, na Região Metropolitana de Porto Alegre (RS, 2015).

Compostagem. Processo biológico no qual os microrganismos transformam a matéria orgânica (estrume, folhas, papel e restos de comida) em um material semelhante ao solo, chamado composto, e que pode ser utilizado como adubo.

Com transporte público de má qualidade e o aumento da frota de automóveis, os moradores das grandes cidades perdem horas de seu dia no trânsito. Na foto, congestionamento na cidade de São Paulo (SP, 2015).

Infográfico
Ilhas urbanas de calor

*Em áreas densamente urbanizadas, pode ocorrer um fenômeno denominado **ilha de calor**, que se caracteriza pela elevação das temperaturas causada principalmente pela impermeabilização do solo.*

A concentração urbana
No mapa abaixo, do município de Belo Horizonte (MG), as manchas laranja representam áreas com elevada concentração de edificações, característica que contribui para a impermeabilização do solo na área urbana.

A cobertura do solo
Áreas pouco vegetadas reduzem a evaporação e minimizam a umidade do ar. A absorção da luz solar pelos materiais que constituem os edifícios eleva a temperatura do solo e a emissão de calor para a atmosfera.

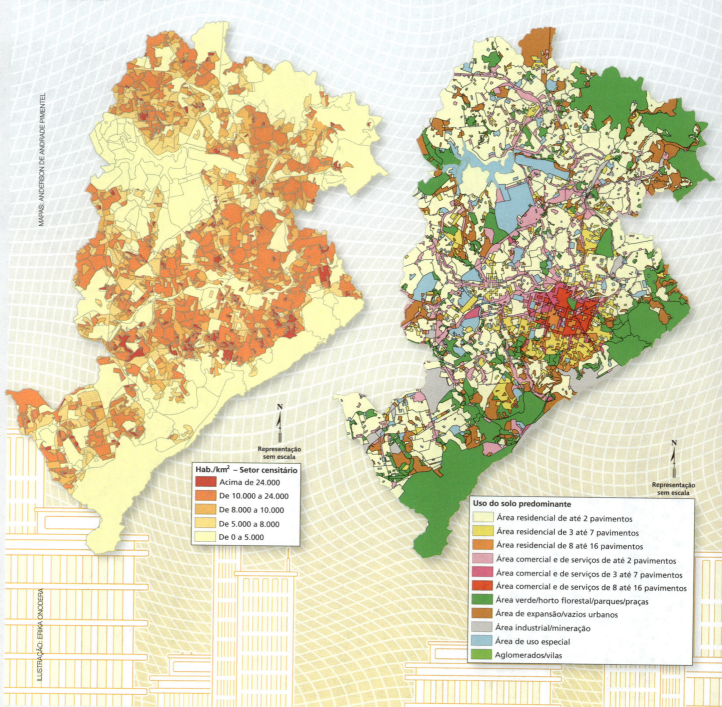

MAPAS: ANDERSON DE ANDRADE PIMENTEL
ILUSTRAÇÃO: ERIKA ONODERA

Hab./km² – Setor censitário
- Acima de 24.000
- De 10.000 a 24.000
- De 8.000 a 10.000
- De 5.000 a 8.000
- De 0 a 5.000

Representação sem escala

Uso do solo predominante
- Área residencial de até 2 pavimentos
- Área residencial de 3 até 7 pavimentos
- Área residencial de 8 até 16 pavimentos
- Área comercial e de serviços de até 2 pavimentos
- Área comercial e de serviços de 3 até 7 pavimentos
- Área comercial e de serviços de 8 até 16 pavimentos
- Área verde/horto florestal/parques/praças
- Área de expansão/vazios urbanos
- Área industrial/mineração
- Área de uso especial
- Aglomerados/vilas

Representação sem escala

A temperatura superficial

Regiões densamente urbanizadas são mais quentes do que áreas recobertas por vegetação e próximas a corpos de água. No mapa abaixo, as manchas em laranja e vermelho representam, portanto, as áreas onde as temperaturas são mais elevadas.

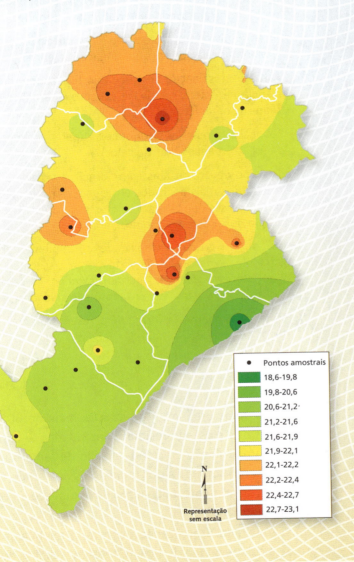

Pontos amostrais
- 18,6-19,8
- 19,8-20,6
- 20,6-21,2
- 21,2-21,6
- 21,6-21,9
- 21,9-22,1
- 22,1-22,2
- 22,2-22,4
- 22,4-22,7
- 22,7-23,1

Representação sem escala

Fonte dos mapas: ASSIS, Wellington Lopes. *O sistema clima urbano do município de Belo Horizonte na perspectiva têmporo-espacial*. Tese (doutorado) apresentada ao Programa de Pós-Graduação em Geografia do Instituto de Geociências da Universidade Federal de Minas Gerais. Belo Horizonte: Instituto de Geociências da UFMG, 2010. p. 50. Disponível em: <http://mod.lk/rqoul>. Acesso em: mar. 2017.

Diferenças pontuais

Em Belo Horizonte, podemos observar diferentes microclimas e variações de temperatura em diferentes pontos da cidade. A variação climática pode ser justificada por fatores como a alta urbanização (prédios e asfalto) em contraste com áreas de preservação ambiental, por exemplo.

Vista de parte do bairro de Mangabeiras, em Belo Horizonte (MG, 2013).

Mangabeiras

Com cobertura vegetal abundante e próximo aos reservatórios de água, esse bairro apresenta temperaturas mais baixas.

Vista parcial de Pampulha, em Belo Horizonte (MG, 2013).

Pampulha

Em área altamente urbanizada, a presença de um parque com extensa cobertura vegetal deixa as temperaturas mais amenas na região.

Vista do centro de Belo Horizonte (MG, 2014).

Centro

Em áreas muito adensadas, como na área central mostrada na foto, as temperaturas são mais altas.

Pensar a cidade

O texto que você vai ler faz parte da apresentação divulgada no portal da 6ª Conferência Nacional das Cidades, realizada em Brasília em junho de 2017.

"O Brasil, desde a metade do século passado, deixou de ser um país rural e passou a ser uma nação intensamente urbanizada. Cerca de 160 milhões de brasileiras(os) estão vivendo nas cidades. Essa concentração da população nas áreas urbanas, sem o planejamento adequado, trouxe alguns problemas para a qualidade de vida da geração atual e comprometendo a sustentabilidade no futuro.

Soluções para esses problemas serão discutidas na sexta edição da Conferência Nacional das Cidades, um dos espaços de diálogo entre o governo e a sociedade. Nesse sentido, o Conselho das Cidades, criado há mais de dez anos, faz parte desse empenho para avançar na agenda urbana, atuando segundo uma diretiva baseada na democracia e no pluralismo.

Para essa edição da Conferência Nacional das Cidades, foi escolhido o tema 'Função social da cidade e da propriedade', que expressa a importância do interesse coletivo. O lema 'Cidades inclusivas, participativas e socialmente justas' proclama o caráter igualitário e equânime qualificando o significado do tema. [...]."

BRASIL. Ministério das Cidades. *ConCidades*. Disponível em: <http://mod.lk/fqv2n>. Acesso em: mar. 2017.

Inspirando-se na proposta de uma conferência para refletir sobre soluções participativas para os problemas urbanos brasileiros, faça a atividade a seguir.

- Formem grupos e escolham um dos problemas urbanos mais relevantes em nosso país, relacionados nos itens abaixo:

  a) Déficit de moradia e habitações precárias;

  b) Infraestrutura urbana deficiente (ruas sem pavimentação; falta de redes de luz elétrica e de saneamento básico);

  c) Déficit no atendimento de transporte público e problemas relacionados à mobilidade urbana;

  d) Intensa pavimentação do solo, impermeabilização e problemas relacionados a inundações e enchentes;

  e) Falta de destinação adequada ao lixo sólido, deficiência na coleta seletiva e subaproveitamento de material orgânico;

  f) Poluição atmosférica e sonora e o superaquecimento de áreas urbanas (ilhas de calor).

- Cada grupo deverá pesquisar em jornais, revistas ou na internet casos reais ocorridos em cidades brasileiras ou de outros países que tenham se mostrado eficientes na resolução dos problemas citados.

- Discutam, em grupo, a viabilidade de implementar a mesma solução na localidade onde moram e se a medida visa ao interesse coletivo. Apontem também os principais obstáculos a serem enfrentados na localidade.

- O professor organizará a forma de apresentação dos resultados da pesquisa.

5. Urbanização por regiões

Região Sudeste

No censo de 1970 foi constatado que mais da metade da população brasileira tinha passado a viver nas cidades.

Naquela época e ainda nos dias de hoje, a Região Sudeste é onde ocorrem os maiores índices de urbanização. Nela encontram-se as duas metrópoles nacionais, o maior conjunto de cidades de grande e médio porte do Brasil, bem como um setor agrícola altamente mecanizado, o que favorece intensa migração campo-cidade. Contudo, a urbanização aconteceu em ritmo desigual no interior da região.

O **estado do Rio de Janeiro** sempre foi o mais urbanizado. Em 1940, apenas 40% dos habitantes do Sudeste viviam em áreas urbanas. No entanto, mais de 60% dos habitantes desse estado residiam nas cidades — considerando-se a população da cidade do Rio de Janeiro (então capital federal) somada à dos municípios do estado do Rio de Janeiro. Atualmente, apenas 5% da população do estado vive no meio rural.

Essa elevada urbanização do estado explica-se pelo fato de a cidade do Rio de Janeiro ter sido a capital do país. Desde a transferência da Corte portuguesa para o Brasil (em 1808), a capital tornou-se uma cidade populosa — atraindo habitantes do meio rural e de outras cidades — e continuou a ser a maior metrópole brasileira durante a primeira metade do século XX (veja imagem na página seguinte). O Rio de Janeiro deixou de abrigar a sede administrativa do país em 1960, com a transferência da capital para Brasília.

A cidade do Rio de Janeiro já apresentava uma vida urbana bastante ativa no início do século XX. O acesso a atividades artísticas e a um comércio variado, ainda que restrito às elites, era uma realidade local. Na foto, vista da Avenida Central (atual Rio Branco) em trecho bastante movimentado (RJ, 1906).

Para assistir

Rio de Janeiro
Brasil, 2003. Realização: TV Escola. Duração 30 min.
http://tvescola.mec.gov.br/tve/video/breve-historia-das-capitais-brasileiras-rio-de-janeiro
Nesse episódio da série *Breve história das capitais brasileiras*, duas historiadoras narram os aspectos históricos mais significativos na formação da cidade do Rio de Janeiro.

O **estado de São Paulo** apresentou rápida urbanização desde os tempos da expansão do café e da instalação das primeiras fábricas. O êxodo rural se acelerou após a Segunda Guerra Mundial, acompanhando os saltos industriais. Atualmente, a parcela da população paulista que vive no meio urbano é bem próxima daquela registrada no estado do Rio de Janeiro: 95,9% no estado de São Paulo e 96,7% no do Rio de Janeiro. No Sudeste, encontram-se seis cidades brasileiras com mais de 1 milhão de habitantes (São Paulo, Rio de Janeiro, Belo Horizonte, Guarulhos, Campinas e São Gonçalo) e mais de 50% das cidades com número de habitantes entre 500 mil e 1 milhão. São Paulo está entre as dez maiores cidades do mundo, com população de 11,2 milhões de habitantes, e sua área metropolitana conta com 19,2 milhões de pessoas.

Regiões Norte e Centro-Oeste

Das regiões brasileiras, Norte e Centro-Oeste foram as que mais se urbanizaram no período entre 2000 e 2010 — com um crescimento anual da população das cidades de, respectivamente, 2,61% e 2,15%. Já as regiões Sudeste, Sul e Nordeste apresentaram crescimento urbano anual abaixo dos 2%. Esses resultados se explicam pela descentralização produzida com a construção de **Brasília** (em 1960), assim como pela expansão econômica dos municípios localizados em regiões de ocupação tardia, iniciada com a expansão das fronteiras agrícolas para o plantio de grãos (desde a década de 1970).

Atualmente, os estados das regiões Norte e Centro-Oeste — impulsionados pela intensa modernização agropecuária com alta mecanização no campo e pelo incremento advindo de grandes projetos de infraestrutura — apresentam grande ampliação dos **setores de comércio e serviços** em suas áreas urbanas.

Fonte: SEPLAN/DEPLAN. *Censo demográfico 2010*. Disponível em: <http://mod.lk/tedhg>. Acesso em: mar. 2017.

A Região Norte

A Região Norte é a segunda menos urbanizada do país, porém foi a que apresentou maior crescimento nas taxas de urbanização nos últimos anos; hoje 73,5% da população regional encontra-se no meio urbano. Por exemplo, no **Amapá**, cerca de 90% da população vive nas cidades; no **Pará**, esse índice é de 68,5%. Os outros estados situam-se entre esses polos. No **Amazonas**, no **Tocantins** e em **Roraima**, a urbanização é mais expressiva; em **Rondônia** e no **Acre** (estados onde muitos migrantes estabeleceram-se como pequenos agricultores), é um pouco menos significativa.

Em geral, as cidades que mais crescem são as capitais — em todos os casos elas representam uma parcela elevada da população urbana.

A Região Centro-Oeste

Brasília está situada no **Distrito Federal**, que possui área de quase 6 mil quilômetros quadrados, na qual se situam vários núcleos urbanos. A Brasília que conhecemos, por fotos ou cartões-postais, é apenas um desses núcleos: o Plano Piloto, cujo formato lembra o de um avião. Nele estão os órgãos públicos, as moradias de funcionários da administração federal, as embaixadas e um setor de serviços que atende à população. Além do Plano Piloto, existem também as chamadas **cidades-satélites**, que, ao contrário dele, não foram planejadas, mas hoje concentram a maior parte da população do Distrito Federal.

O projeto do Plano Piloto foi adotado após a realização de um concurso nacional, oficialmente lançado em 1956, em que um júri internacional selecionou os melhores trabalhos. O vencedor foi o urbanista Lúcio Costa, e o encarregado de projetar os edifícios foi o arquiteto Oscar Niemeyer.

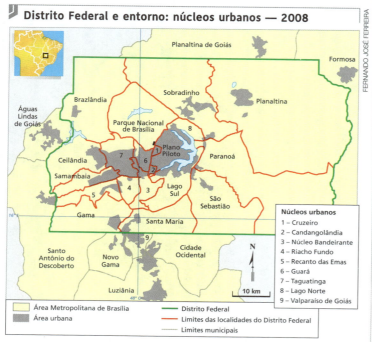

Fonte: FERREIRA, Ignez C. B.; PENNA, Nelba de A. *Violência urbana*: a vulnerabilidade dos jovens da periferia das cidades. Associação Brasileira de Estudos Populacionais. Disponível em: <http://mod.lk/qtosh>. Acesso em: mar. 2017.

O urbanista e o arquiteto desenvolveram um plano urbanístico no qual as diversas funções urbanas estavam planejadas para ocupar áreas distintas no espaço: áreas para moradia, áreas de comércio etc.

Em contraste com o Plano Piloto, as cidades-satélites apresentam, em grau muito acentuado, o que os planejadores "expulsaram" da área central da capital. A maior parte delas nasceu e cresceu para servir ao Plano Piloto e, nelas, há um claro descompasso entre os investimentos e as necessidades de infraestrutura urbana e de serviços públicos.

Inaugurada em 1960, Brasília foi um marco na ocupação do Centro-Oeste, e, a partir dela, importantes rodovias foram abertas interligando distantes pontos do país. O Distrito Federal foi projetado para abrigar 500 mil habitantes. Em 2012 tinha uma população superior a 2,6 milhões de habitantes.

Região Nordeste

Um dos fenômenos mais importantes ocorridos no Nordeste nas últimas décadas foi o **intenso processo de urbanização**. Apesar disso, a região continua apresentando a menor média nacional de urbanização: 73,1%, em 2010, sendo Pernambuco o estado mais urbanizado e o Maranhão, o menos, inclusive do Brasil.

O Nordeste abriga **importantes metrópoles**, como Recife, Salvador e Fortaleza. Essas aglomerações urbanas, que surgiram durante o período colonial, possuem uma grande importância na organização do espaço geográfico e da vida econômica nordestina.

A propagação do agronegócio na região contribuiu para a intensificação da urbanização e a criação de novos polos de desenvolvimento econômico baseados em **cidades médias** — a expansão da agricultura tecnificada promove o crescimento dessas áreas urbanas. A urbanização em áreas cuja atividade predominante é a agricultura expandiu-se com a produção de grãos (soja, milho, café e algodão) no oeste baiano e na divisa entre os estados do Ceará e Rio Grande do Norte, onde se dá a produção de frutas. A cidade de Mossoró (RN) cresceu com a expansão da produção de frutas tropicais. Os municípios de Juazeiro (BA) e Petrolina (PE) são conhecidos pela produção intensiva dessas frutas e já contam com produção industrial de vinhos.

Cidades como Barreiras (BA) e Balsas (MA) têm seu desenvolvimento ligado às atividades agroindustriais decorrentes da produção de soja em seu entorno. Na foto, vista da cidade de Barreiras (2013).

Região Sul

Nas últimas décadas do século XX, ocorreram intensas transformações econômicas, sociais e demográficas na Região Sul. As pequenas propriedades com predomínio de mão de obra familiar caracterizam historicamente a região, ocasionando a fixação da população no campo. A modernização da agropecuária e a configuração de destacados polos urbano-industriais reestruturaram, porém, o processo de produção do espaço na região, gerando movimentos migratórios, estimulando uma acelerada urbanização e acentuando desigualdades sociais e espaciais. Segundo o censo de 2010, a taxa de urbanização na Região Sul é de 83,2%.

O norte do **Paraná** foi ocupado por paulistas, mineiros, nordestinos, descendentes de europeus e imigrantes japoneses, como consequência da expansão da lavoura cafeeira do estado de São Paulo. Desde o final do século XIX, a expansão dessa cultura causou a derrubada das matas tropicais, que cederam lugar a cafezais nos planaltos férteis do norte paranaense. As companhias de terras compraram imensas áreas nessa região. Essas áreas foram divididas em sítios e revendidas para os colonos, que, mais tarde, fundariam diversas cidades. Londrina, Maringá e Apucarana surgiram nesse contexto e vivenciaram intenso processo de urbanização nas últimas décadas do século XX.

Curitiba é a capital do Paraná e o segundo maior centro urbano da Região Sul (atrás de Porto Alegre). Em 2012, a ONU apontou Curitiba como modelo de "economia verde" porque ela atende aos requisitos "desenvolvimento com baixa queima de carbono, eficiência no uso dos recursos e inclusão social".

Atualmente, a Região Metropolitana de Curitiba abriga 8,8% da população do país e 9,9% do nacional. Tais fatores são de grande importância para sua influência regional, atingindo até o norte e o leste de **Santa Catarina**.

O **Rio Grande do Sul** é o estado mais urbanizado da Região Sul. A área metropolitana de Porto Alegre corresponde ao eixo economicamente mais dinâmico de todo o sul do Brasil. A capital do estado do Rio Grande do Sul é o maior centro econômico, político e cultural do Brasil meridional, e sua área de influência atinge grande parte do estado de **Santa Catarina**.

A Região Metropolitana de Porto Alegre, com 31 municípios, atualmente engloba cerca de 40% da população do estado. No espaço geográfico do Rio Grande do Sul, Porto Alegre representou, durante muito tempo, um elo de integração entre o sul das grandes fazendas de gado e o norte das pequenas propriedades agrícolas. Observe as regiões de influência de Curitiba e Porto Alegre nos mapas da página seguinte.

Vista aérea de Londrina (PR, 2015).

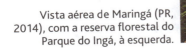

Vista aérea de Maringá (PR, 2014), com a reserva florestal do Parque do Ingá, à esquerda.

Regiões de influência - 2007

Curitiba

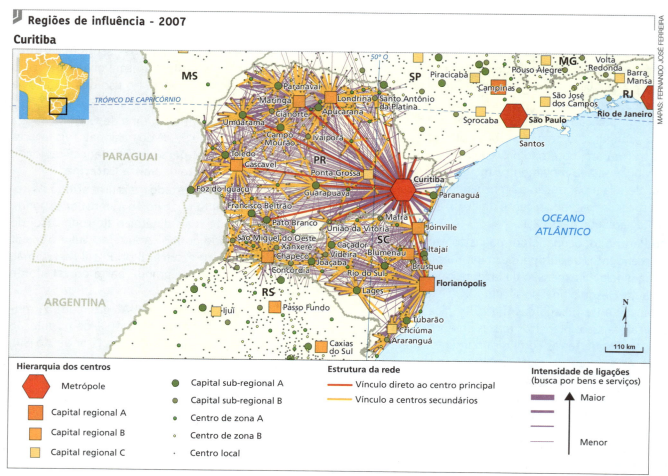

Porto Alegre

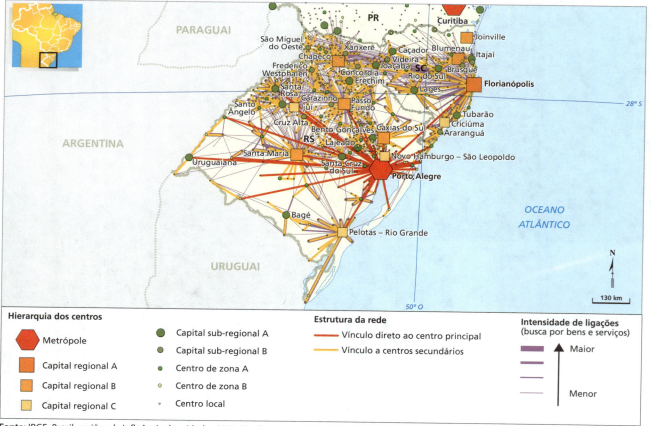

Fonte: IBGE. *Brasil: regiões de influência das cidades 2007*. Rio de Janeiro: IBGE, 2008. p. 96-97. Disponível em: <http://mod.lk/mf9ya>. Acesso em: mar. 2017.

Geografia e outras linguagens

O *rap* nasceu como manifestação artística da juventude negra urbana dos Estados Unidos. No Brasil, o estilo musical, marcado pela denúncia social direta em relação à vida nas grandes cidades e suas periferias, tem no grupo paulistano Racionais MC's uma de suas principais referências.

"Homem na estrada" é uma das canções mais conhecidas desse gênero no Brasil. Leia dois trechos dela.

Homem na estrada

"Equilibrado num barranco, um cômodo mal acabado e sujo,
porém, seu único lar, seu bem e seu refúgio.
Um cheiro horrível de esgoto no quintal,
por cima ou por baixo, se chover será fatal.
Um pedaço do inferno, aqui é onde eu estou.
Até o IBGE passou aqui e nunca mais voltou.
[...]
Amanhece mais um dia e tudo é exatamente igual.
Calor insuportável, 28 graus.
Faltou água, já é rotina, monotonia.
Não tem prazo pra voltar, hã!
Já fazem cinco dias."

RACIONAIS MC's. Homem na estrada. Em: *Raio X do Brasil*. Atelier Studio. 1993. LP. Zimbabwe Records.

QUESTÕES

1. A letra da canção descreve a precariedade de uma habitação. Nesse sentido, a referência ao "barranco", no primeiro verso, é significativa. Explique por quê.
2. Qual é o principal indício da falta de atenção do poder público em relação ao bairro a que se refere a canção "Homem na estrada"?

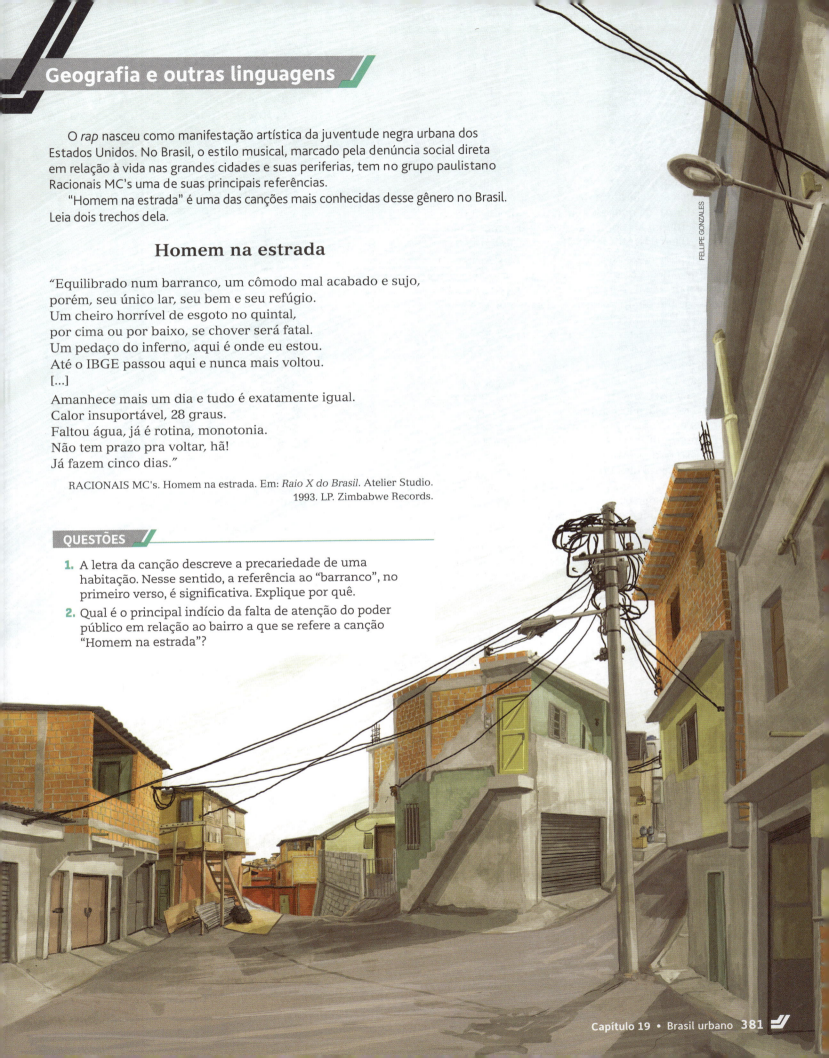

ATIVIDADES

ORGANIZE SEUS CONHECIMENTOS

1.

"[...] O crescimento da economia industrial e estilo de vida urbano cobiçado pela grande maioria da população criaram uma densa rede urbana no Brasil, dentro da qual existem nove regiões metropolitanas definidas por lei, além de outras ainda não definidas legalmente, como afirma Santos (1993):

Belém, Fortaleza, Recife, Salvador, Belo Horizonte, Rio de Janeiro, São Paulo, Curitiba e Porto Alegre, criadas por lei para atender a critérios certamente válidos de um ponto de vista oficial, à época de sua fundação. Hoje na verdade a eles se podem acrescentar outras 'regiões urbanas' que mereceriam idêntica nomenclatura. (SANTOS, 1993, p. 84)

Entretanto, segundo o mesmo autor a metropolização vai muito além da definição legal, o que pode ser observado quando Santos considera as regiões de Brasília, Campinas, Santos e também Manaus e Goiânia. Dessa forma pode-se observar que a metropolização é mais dinâmica que a legislação. Isso pode ser dito também sobre as práticas de planejamento urbano. De uma forma geral essas regiões metropolitanas se desenvolvem com maior velocidade do que o ato de planejar o espaço, o que gera um crescimento desordenado, implicando em impactos sociais e ambientais."

Fonte: UGEDA JR., José Carlos. Planejamento da paisagem e planejamento urbano: reflexões sobre a urbanização brasileira. *Revista Mato-Grossense de Geografia*, Cuiabá, v. 17, n. 1, p. 101-116, jan./jun. 2014. Disponível em: <http://mod.lk/3efea>. Acesso em: mar. 2017.

É correto afirmar que o desenvolvimento metropolitano veio acompanhado de problemas sociais e ambientais, tais como:

a) Excesso de automóveis nas ruas, grandes espaços com áreas verdes, desorganização na distribuição de terrenos destinados a grandes empreendimentos, ampliação das áreas destinadas ao setor terciário ampliando a oferta de empregos.

b) Falta de moradias e favelização, carência de infraestrutura urbana, crescimento da economia informal, poluição, intensificação do trânsito, periferização da população pobre, ocupação de áreas de mananciais, das planícies de inundação dos rios, e de vertentes de declive acentuado.

c) Incremento de setores econômicos ligados à economia formal, geração de novas possibilidades de moradias coletivas, coleta seletiva de lixo urbano gerando empregos no setor, investimentos e áreas verdes destinadas a praças e encontros das famílias.

d) Desorganização urbana, ampliação de áreas conturbadas, ampliação da oferta de industrias e serviços destinadas a criar subempregos, aumento do número de hospitais para atendimento da população urbana, formação de exército de reserva de mão de obra urbana.

e) Aumento do número de aterros sanitários para dar vazão à coleta de lixo urbano, centros de compostagem, reorganização do planejamento urbano como forma de minimizar os efeitos do aumento de tráfego nas ruas, ampliação da construção de condomínios horizontais e verticais.

2. Observe a foto e, com base nela, elabore um texto sobre a existência de lixões próximos às áreas urbanas e de pessoas que sobrevivem do trabalho com o lixo.

Catadores em lixão do município de Luiziânia (GO, 2014).

3. Analise os principais fatores responsáveis pelo aumento da urbanização brasileira no século XX.

4. Qual é a principal característica apresentada no censo de 2010 sobre o crescimento da população urbana brasileira?

5. As cidades brasileiras não crescem necessariamente de modo espontâneo ou desordenado. Elas se desenvolvem da maneira como vemos em virtude de determinados interesses. Essa afirmação é verdadeira? Justifique sua resposta.

REPRESENTAÇÕES GRÁFICAS E CARTOGRÁFICAS

6. Observe o mapa e relacione as diferenças de temperatura na cidade de São Paulo à ocupação do solo.

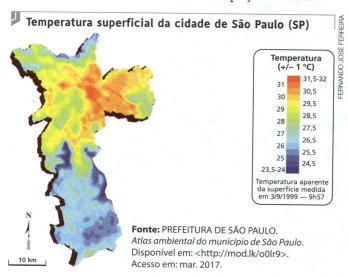

Fonte: PREFEITURA DE SÃO PAULO. *Atlas ambiental do município de São Paulo*. Disponível em: <http://mod.lk/o0lr9>. Acesso em: mar. 2017.

7. Analise o mapa abaixo e diga quais são as consequências de o Brasil ter essa configuração da rede de esgotos sanitários.

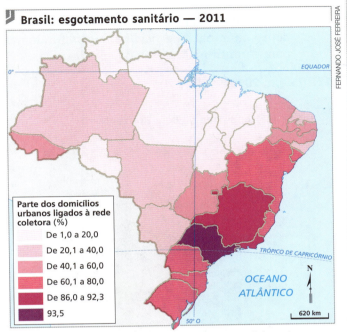

Fonte: FERREIRA, Graça M. L. *Atlas geográfico*: espaço mundial. 4. ed. São Paulo: Moderna, 2013. p. 135.

INTERPRETAÇÃO E PROBLEMATIZAÇÃO

8. Leia o texto e, em seguida, responda às questões.

"A frota das 12 principais capitais do Brasil praticamente dobrou em dez anos. O crescimento médio no número de veículos foi de 77%, sem que a infraestrutura viária e os órgãos de controle do trânsito acompanhassem o ritmo. Em São Paulo, a metrópole que mais ganhou carros em números absolutos, as ruas receberam 3,4 milhões entre 2001 e 2011. As 12 principais metrópoles somam 20 milhões de veículos, o que corresponde a 44% da frota nacional.

A conta é do Observatório das Metrópoles e usa dados do Denatran (Departamento Nacional de Trânsito). Segundo o elaborador do estudo, o pesquisador Juciano Martins Rodrigues, foram analisadas informações de 253 municípios.

— Usamos os critérios do IBGE (Instituto Brasileiro de Geografia e Estatística) para selecionar as capitais de Estado que formavam regiões metropolitanas.

São Paulo e Rio, capitais que já tinham as maiores frotas de carros do país, ficam nas últimas posições do *ranking* elaborado pelo estudo — que classifica o crescimento de frota de acordo com o crescimento relativo, ou seja, pelo porcentual de aumento do número de carros. O Rio é o lanterna: crescimento de 67%, embora isso signifique acréscimo de 1 milhão de carros no período.

Já São Paulo teve crescimento populacional de 7,9% na década, segundo dados da Fundação Seade — e o porcentual de aumento de carros foi de 68,2%. Com o critério porcentual, a região metropolitana de Manaus é a campeã. O aumento da frota foi de 141,9%. A cidade ganhou 209 mil veículos (saltou de 147 mil, em 2001, para 357 mil).

As capitais não estavam preparadas para receber tantos carros a mais. Em São Paulo, por exemplo, em 2001 havia 1,2 mil agentes da CET (Companhia de Engenharia de Tráfego) orientando o trânsito nas ruas. De lá para cá, mesmo com dois concursos públicos para marronzinhos, esse número não chega a 2 mil.

A principal obra viária no período foi a ampliação da Marginal do Tietê, que trouxe mais três pistas para a via expressa. Nesse período, a velocidade média dos carros no horário de pico, medida pela CET no Corredor Eusébio Matoso-Rebouças-Consolação, caiu de 17,9 km/h para 7,6 km/h.

O crescimento da frota de veículos é um fenômeno que vem sendo notado há alguns anos, mas ainda não havia sido analisado como o Observatório das Metrópoles fez. Para especialistas e autoridades, o avanço resulta de três fatores: aumento da renda da população (especialmente da classe C), reduções fiscais do governo federal e facilidades de crédito promovidas pelos bancos. [...]

O arquiteto e urbanista Benedito Lima de Toledo, professor da FAU (Faculdade de Arquitetura e Urbanismo) da USP, afirma que, em São Paulo, o núcleo viário central da cidade não acompanhou o crescimento da frota. [...] Para ele, a cidade não pode ser redesenhada para se adequar ao número de carros. [...]"

R7 NOTÍCIAS. *Frota de veículos nas capitais quase dobra em dez anos.* Disponível em: <http://r7.com/KA5E?s=t>. Acesso em: mar. 2017.

a) O que significa as 12 principais capitais terem praticamente dobrado sua frota de automóveis em 10 anos?

b) O que tem levado a essa expansão da frota?

c) De acordo com o urbanista Benedito Lima de Toledo, "a cidade não pode ser redesenhada para se adequar ao número de carros". Explique essa declaração e dê sua opinião sobre ela.

ENEM E VESTIBULARES

9. (Enem, 2014) "No século XIX, o preço mais alto dos terrenos situados no centro das cidades é causa da especialização dos bairros e de sua diferenciação social. Muitas pessoas, que não têm meios de pagar os altos aluguéis dos bairros elegantes, são progressivamente rejeitadas para a periferia, como os subúrbios e os bairros mais afastados."

RÉMOND, R. *O século XIX.*
São Paulo: Cultrix, 1989 (adaptado).

ATIVIDADES

Uma consequência geográfica do processo socioespacial descrito no texto é a:

a) criação de condomínios fechados de moradia.

b) decadência das áreas centrais de comércio popular.

c) aceleração do processo conhecido como cercamento.

d) ampliação do tempo de deslocamento diário da população.

e) contenção da ocupação de espaços sem infraestrutura satisfatória.

10. (Unesp-SP, 2016)

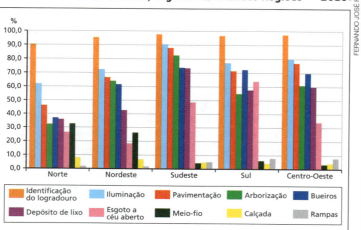

Fonte: IBGE. *Atlas do censo demográfico 2010* (adaptado).

A síntese dos dados apresentados pelo gráfico permite afirmar que:

a) o índice de esgoto a céu aberto na Região Sudeste, em contraste com os resultados superiores a 70% de atendimento em identificação do logradouro, iluminação, pavimentação, arborização, bueiros e depósitos de lixo, indica grandes disparidades socioeconômicas entre seus habitantes.

b) os menores índices nacionais em calçada e rampas na Região Sul, contrastantes com os maiores parâmetros em iluminação, pavimentação, arborização e esgoto a céu aberto, expressam as piores condições de vida para pedestres e deficientes físicos.

c) mesmo apresentando os menores índices nacionais para a identificação do logradouro, iluminação, pavimentação, arborização, bueiros e depósitos de lixo, a Região Norte não enfrenta deficiências em saneamento básico e na circulação de pedestres.

d) ainda que tenha apresentado os maiores índices nacionais em identificação do logradouro, iluminação, pavimentação, arborização, bueiros e depósitos de lixo, a Região Nordeste enfrenta problemas com infraestruturas básicas em tratamento de esgoto e vias adaptadas a deficientes físicos.

e) os resultados encontrados na Região Centro-Oeste para os índices de esgoto a céu aberto, meio-fio, calçada e rampas são acompanhados pelos menores percentuais nacionais na identificação do logradouro, iluminação e pavimentação, fundamentais para garantir melhores condições de vida.

11. (Enem, 2014)

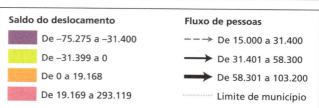

Nota: considere apenas as pessoas que se deslocavam para o trabalho e retornavam aos seus municípios diariamente.

Fonte: IBGE. *Atlas do censo demográfico 2010* (adaptado).

O fluxo migratório representado está associado ao processo de:

a) fuga de áreas degradadas.

b) inversão da hierarquia urbana.

c) busca por amenidades ambientais.

d) conurbação entre municípios contíguos.

e) desconcentração dos investimentos produtivos.

Mais questões: no livro digital, em **Vereda Digital Aprova Enem** e **Vereda Digital Suplemento de revisão e vestibulares**; no *site*, em **AprovaMax**.

PARTE III

Capítulo 20
Globalização e redes geográficas, 386

Capítulo 21
A dinâmica do comércio e dos serviços, 400

Capítulo 22
Globalização e exclusão, 416

Capítulo 23
Europa, 434

Capítulo 24
América, 454

Capítulo 25
Japão e Tigres Asiáticos, 484

Capítulo 26
China, Índia, Rússia e África do Sul, 500

Capítulo 27
Tensões e conflitos, 530

Referências bibliográficas, 556

CAPÍTULO 20

GLOBALIZAÇÃO E REDES GEOGRÁFICAS

ENEM
C2: H6, H7
C3: H14
C4: H16, H17, H18, H19, H20

Neste capítulo, você vai aprender a:
- Identificar o conceito de globalização e suas características.
- Estabelecer relações entre a globalização e a Revolução Técnico-Científico-Informacional.
- Avaliar a importância e as características das redes geográficas na constituição do espaço global.
- Reconhecer a influência dos Estados Unidos nos fluxos econômicos regionais e globais.
- Discutir os impactos culturais da globalização.

"Neste mundo globalizado, a competitividade, o consumo, a confusão dos espíritos constituem baluartes do presente estado de coisas. A competitividade comanda nossas formas de ação. O consumo comanda nossas formas de inação. E a confusão dos espíritos impede o nosso entendimento do mundo, do país, do lugar, da sociedade e de cada um de nós mesmos."

SANTOS, Milton. *Por uma outra globalização:* do pensamento único à consciência universal. Rio de Janeiro: Record, 1999. p. 23.

Em menos de meio século, as alterações provocadas pelo processo de globalização em todos os setores da vida social afetaram o modo como a sociedade se organiza, produz, consome, se relaciona, age social e politicamente em suas diferentes escalas. Por isso, estudar o desenvolvimento desse processo, o alcance da globalização na atualidade e as mudanças por ela provocadas torna-se vital para a compreensão do mundo atual.

Ponto de partida

A sociedade atual vivencia um infindável conjunto de mudanças promovidas pela globalização e pelo desenvolvimento científico e tecnológico. Um dos conceitos atuais que afetam a sociedade de forma ambivalente é o de obsolescência programada. O que é e de que maneira a obsolescência programada está relacionada à obra de arte retratada na foto?

Pessoas de lixo, obra de arte feita pelo alemão Ha Schult e composta de 500 figuras em ferro, vidro e latas de alumínio descartadas. Na foto, a obra aparece exposta em um antigo lixão, transformado em parque e localizado próximo a Tel Aviv (Israel, 2014).

Capítulo 20 • Globalização e redes geográficas — 387

1. Mundo globalizado

Aldeia global, mundialização, globalização ou mesmo planetarização. Esses são alguns termos que às vezes são tomados como sinônimos ou complementares para discutir ou analisar a ideia de um mundo globalizado. Todos eles têm como propósito buscar respostas para as profundas transformações ocorridas no mundo e que influem decisivamente na maneira como as sociedades se organizam, produzem, vivem e se relacionam. Para muitos especialistas, cada termo manifesta-se em tempos diversos, porém no mesmo espaço — a Terra.

Vivemos um tempo caracterizado por intensas trocas comerciais, com integração de mercados e uma acelerada circulação de mercadorias, pessoas, informações e ideias. Os meios de transporte, de informação e de comunicação conheceram uma verdadeira revolução nos últimos cem anos. Com maior capacidade de transporte de material de carga e de passageiros e intensos fluxos imateriais, como os financeiros e os informacionais, os países tornaram-se cada vez mais interdependentes. Essa realidade é conhecida por muitos como **globalização**. Apesar de sua ocorrência se dar em âmbito planetário, ela não é homogênea nem atinge todos os países e povos de maneira equitativa.

Para o geógrafo francês Jacques Lévy, a **mundialização** é um "processo de natureza espacial: a emergência de um espaço na escala mundial". Trata-se, portanto, do estreitamento de vínculos entre todos os pontos do planeta. A partir desse momento, a sociedade cria um espaço que responde às relações cotidianas e permanentes por meio dos transportes, do comércio, da internet, da cultura e do debate político.

Para assistir

Encontro com Milton Santos ou: O mundo global visto do lado de cá
Brasil, 2006. Direção de Silvio Tendler.
Duração: 90 min.
O documentário expressa parte do entendimento do geógrafo Milton Santos a respeito da globalização.

Origens da globalização

A origem da globalização é objeto de estudo e crítica de especialistas de diversas áreas. Desde tempos remotos, são conhecidos movimentos migratórios que colocaram em contato povos de origens e culturas diferentes. A expansão de povos indo-europeus (do continente asiático) em direção à Europa e à África, assim como a expansão de tribos malaio-polinésias por territórios da Ásia e da Oceania, são exemplos representativos da multiplicidade do intercâmbio político e cultural na Antiguidade. Nesse sentido, deve-se reconhecer que, para muitos especialistas, a origem da globalização está vinculada ao alcance da escala geográfica. Ou seja, em que medida as relações entre povos, culturas e lugares influem decisiva e simultaneamente nas diferentes escalas geográficas?

Para alguns estudiosos, a globalização iniciou-se com o ciclo das **Grandes Navegações** europeias, a partir do século XV. O **desenvolvimento das relações comerciais e do capitalismo mercantil** na Europa determinou a busca por matérias-primas por meio de rotas de navegação alternativas em vez das rotas então conhecidas, e também a expansão territorial das monarquias europeias por meio da colonização de novas terras na América.

O desenvolvimento da **industrialização**, durante o século XIX, teria determinado um novo ciclo desse processo, dessa vez centrado na busca de matérias-primas e mercados consumidores no continente asiático e, sobretudo, no africano. Paralelamente à abertura de novas rotas comerciais e aos novos fluxos de mercadorias e pessoas, o mundo conheceu, desde o final do século XIX, um espetacular desenvolvimento das tecnologias de transporte e comunicação.

América do Sul e Central: tráfego aéreo *on-line*.*

*O mapa mostra a movimentação de aeronaves em tempo real, em 24 de fevereiro de 2016, às 16 horas.

Fonte: FLIGHTRADAR 24. *Live Air Traffic*. Disponível em: <http://mod.lk/fakgi>. Acesso em: mar. 2017.

Com os barcos a vapor aumentou a capacidade de transporte de carga e passageiros e a velocidade com que isso era feito no mundo (Londres, 1920).

Características da globalização

O percurso dos intercâmbios e contatos realizados pela humanidade permite-nos delimitar algumas características do fenômeno conhecido como globalização.

A primeira característica é o fato de que ele está associado às influências originadas da **evolução tecnológica**. O incremento dos meios de transporte, como as rotas terrestres de antigos impérios e da navegação (a partir do século XV), e das tecnologias de comunicação (no século XIX), entre outras, criou condições propícias para o desenvolvimento de novas formas de aproximação dos espaços pelo ser humano.

A segunda característica é a ligação entre a globalização e a **constituição de redes geográficas**. A expansão e o encurtamento das distâncias decorrentes dos avanços no setor de transportes, a implantação e a expansão de redes de cabos submarinos — responsáveis pela transmissão dos sinais de telecomunicações — e das conexões virtuais permitiram o crescimento do fluxo de mercadorias, de pessoas, de informações e a profusão de novas formas de relacionamento entre os povos, propiciando a interligação dos pontos mais remotos do planeta.

Esse tem sido um dos maiores desafios do nosso tempo. Apesar dos progressos tecnológicos, da aceleração do tempo e do encurtamento das distâncias, os principais problemas sociais da humanidade ainda permanecem sem solução. Por um lado, viaja-se mais rapidamente e de forma mais cômoda, tem-se o domínio de tecnologias até há pouco tempo improváveis e acessa-se uma nova dimensão de espaço, a **virtual**. Por outro, essas mesmas alterações provocaram a **ampliação das desigualdades**, agora mais evidenciadas diante da impossibilidade de os países em desenvolvimento participarem do processo de produção e geração dessas novas potencialidades.

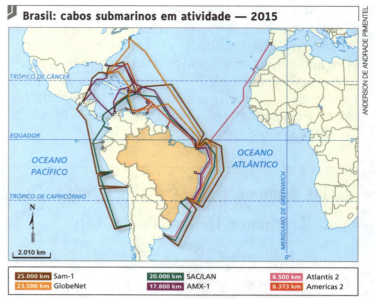

Fonte: ENTELCO TELECOM. *Conheça a Fibra Óptica Marítima brasileira*. Disponível em: <http://mod.lk/e8I5q>. Acesso em: mar. 2017.

2. A globalização contemporânea

A velocidade das transformações tecnológicas no mundo contemporâneo é muito intensa. Essas transformações modificaram — e continuam alterando — as relações econômicas, políticas e socioculturais entre os territórios e propiciam que **redes informacionais** como a internet viabilizem fluxos e conectem lugares e pessoas de forma instantânea. Além disso, o desenvolvimento de meios de transporte mais rápidos e eficientes permite a comercialização, em escala global, de praticamente todo tipo de bem, além da facilidade de deslocamento das pessoas.

Essas mudanças contribuem, portanto, para uma **flexibilização inédita dos espaços de produção**. Atualmente, as empresas podem se estabelecer ou desenvolver etapas de seu processo produtivo em qualquer parte do mundo e, em razão disso, negociar vantagens econômicas com governos locais. A produção industrial encontra-se bastante fragmentada em termos espaciais nos dias atuais, e as empresas buscam aumentar sua eficiência e produtividade, o que resulta em maiores lucros e em um mercado global mais competitivo.

As novas tecnologias e a expansão dos mercados

A reconstrução e a ampliação do modelo industrial estabelecido desde as primeiras décadas do século XX foram as bases de sustentação do ciclo de prosperidade da economia mundial de mercado. O crescimento da produção de bens de capital (máquinas e equipamentos industriais) e de consumo foi impulsionado pelas tradicionais tecnologias eletromecânicas. Ao mesmo tempo, os mercados consumidores em expansão demandaram maior oferta de mercadorias, levando ao uso intensivo de energia e matéria-prima. As linhas de produção absorveram quantidades cada vez maiores de mão de obra semiqualificada. A **sociedade de consumo**, originada nos Estados Unidos, aos poucos se difundiu pela Europa Ocidental e por regiões da Ásia e da América Latina.

Capítulo 20 • Globalização e redes geográficas

Após a Segunda Guerra Mundial (1939-1945), crescia a indústria de bens de consumo duráveis, que trazia para a classe média o conforto dos eletrodomésticos e popularizava os automóveis, ampliando ainda mais o mercado consumidor. Na década de 1970, não só os países desenvolvidos tinham acesso a esses bens; a industrialização chegava à Ásia e à América Latina. Nessa época tinha início a Revolução Técnico-Científico-Informacional.

A propaganda de 1950, publicada na revista *Life*, ressaltava as facilidades, as vantagens e os benefícios que a geladeira trazia para a família norte-americana de classe média, incentivando seu consumo.

A Revolução Técnico-Científico-Informacional

Na segunda metade do século XX, teve início a Revolução Técnico-Científico-Informacional, fundamentada na automatização e na robotização da produção — o que colaborou, por um lado, para reduzir o uso intensivo de mão de obra, matéria-prima e energia, mas, por outro, contribuiu para elevar a produtividade industrial, o que indiretamente obrigou as empresas a repensar suas estratégias de ação e produção.

Avanços na tecnologia em áreas do conhecimento — como a informática, as telecomunicações, a biotecnologia, a robótica e a química fina — possibilitaram o desenvolvimento de novas técnicas, produtos e matérias-primas, exigindo cada vez mais o uso de mão de obra altamente especializada.

Nesse contexto, a competitividade nos mercados mundiais passou a ser determinada cada vez mais pelo controle e pelo uso de novas tecnologias. É preciso considerar, porém, que a contínua incorporação das tecnologias de ponta no processo produtivo demanda alto investimento, exigindo, portanto, a ampliação em escala do mercado consumidor. Com isso, **corporações transnacionais** — as únicas capazes de assumir tais custos — passaram a liderar uma ampla integração do mercado mundial.

Ao mesmo tempo, as inovações tecnológicas se espalharam pelos mais diversos países e regiões, com rapidez nunca vista, alterando suas bases produtivas e suas estruturas sociais. Comparadas às tecnologias revolucionárias (como as propiciadas pela incorporação do uso do vapor nos primórdios da Revolução Industrial), os celulares, os *tablets* e os *notebooks*, conectados por *wireless* (redes sem fio) a redes de informação por satélites e cabos de fibra óptica, passaram, cada vez mais, a permitir a troca e a circulação de ideias e informações entre as sociedades.

A **fusão entre a microeletrônica e as telecomunicações** ajudou a propagar a Revolução Técnico-Científico-Informacional, contribuindo para a intensificação dos fluxos de mercadorias, capitais e informações entre os mercados nacionais. O crescimento do comércio internacional — estimulado pela redução das barreiras alfandegárias, imposta pelas políticas neoliberais — disseminou as tecnologias e os produtos da Revolução Técnico-Científico-Informacional por todo o planeta. As cadeias produtivas comandadas pelas corporações transnacionais foram mundializadas pelos investimentos de capital no exterior. A rápida circulação de informações — propiciada pelas redes informatizadas — definiu padrões mundiais de consumo, bem como difundiu as marcas das empresas globalizadas.

Biotecnologia. Conjunto de tecnologias baseadas na manipulação dos genes de plantas e animais.

Química fina. Ramo industrial voltado para a obtenção de substâncias químicas sofisticadas, como os produtos farmacêuticos.

Tecnologia de ponta. Toda nova tecnologia revolucionária criada em determinada época do desenvolvimento econômico.

QUESTÕES

1. Em linhas gerais, o que possibilita a criação de um espaço mundial e o processo de globalização?
2. Relacione industrialização, consumo e globalização.
3. Por que as grandes corporações transnacionais assumem um papel preponderante no processo de globalização?

3. A globalização e a constituição das redes geográficas

O conceito de "redes geográficas" é fundamental para a análise das transformações socioespaciais. A noção do que é uma rede surge a partir da análise das formas de apropriação do espaço promovidas pelas relações comerciais capitalistas. Uma **rede geográfica** pode ser definida como um conjunto de locais na superfície, articulado por vias e perpassado por fluxos de todo tipo, de mercadorias a informações. Esses fluxos dependem da existência das redes que os transportam e os articulam.

No século XIX, novas formas espaciais foram difundidas pelo sistema capitalista de produção. **Redes de transportes** cada vez mais articuladas uniram áreas urbanas e, posteriormente, regiões ou mesmo continentes. As redes ferroviárias, por exemplo, tiveram (e têm até hoje) papel indispensável na constituição e no reordenamento de territórios a partir do estabelecimento de fluxos de matérias-primas industriais e bens de consumo.

Para a economia pós-industrial, em que os fluxos informacionais e financeiros adquirem cada vez maior importância, as **redes digitais** são primordiais. Por meio delas, fluxos financeiros são processados de forma instantânea, o que viabiliza a constituição e o fortalecimento de mercados financeiros mundializados, operacionalizados nas principais bolsas de valores da Europa, da Ásia, dos Estados Unidos e do Brasil. Ao mesmo tempo, as redes digitais permitem que a comunicação entre indivíduos e instituições se dê em tempo real, conectando pessoas em diferentes e distantes pontos do planeta, otimizando decisões e diminuindo custos.

As redes, portanto, são instrumentos que permitem fazer circular e comunicar fluxos de todo tipo — das mercadorias às informações. Existem pontos de ligação entre as diversas redes que as conectam a lugares e regiões específicos; eles são chamados de **nós**: lugares de poder e de referência, onde as redes se encontram. As cidades, especialmente as de médio e grande portes, podem ser identificadas como **nós de redes**. São lugares de conexão entre as diferentes escalas (global, nacional, regional e local) por meio dos quais fluxos de toda natureza circulam.

No Brasil, uma megalópole como São Paulo é o principal **ponto de concentração** de fluxos de mercadorias e informações. Lá estão estabelecidas as instituições financeiras, desde os grandes bancos até as bolsas de valores; muitas das principais vias de transporte que ligam o território nacional conectam-se na capital paulista; o aeroporto paulistano e os de seu entorno concentram as conexões da maioria dos voos nacionais e internacionais brasileiros. Observe os mapas das rotas de uma empresa aérea brasileira na década de 1970 e o de outra empresa com suas rotas em 2015. Perceba como elas se intensificaram e como o número de "nós" também cresceu.

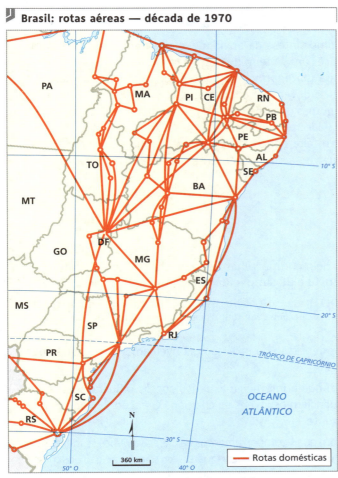

Brasil: rotas aéreas — década de 1970

Fonte: SKYSCRAPERCITY. *Rotas domésticas Varig*. Disponível em: <http://mod.lk/wxrcy>. Acesso em: mar. 2017.

Brasil: rotas aéreas — 2015

Fonte: AVIAÇÃO COMERCIAL. *Mapas de rotas 2015*. Disponível em: <http://mod.lk/my1ds>. Acesso em: mar. 2017.

Você no mundo — Atividade em grupo — Pesquisa e debate

Estudo mostra que geração digital não sabe pesquisar

"Há pouco tempo, quando os alunos eram solicitados a fazer um trabalho de pesquisa, era necessário ir até uma biblioteca e realizar a busca em diversos livros didáticos e enciclopédias.

Nos dias de hoje, a realidade é outra: debruçar-se sobre páginas impressas é raro quando existem milhões de *links* sobre o assunto desejado à disposição com apenas um clique.

Mas o que deveria ser um avanço acabou resultando em retrocesso, segundo um estudo americano que aponta que a geração digital não sabe pesquisar. Na investigação realizada na Universidade de Charleston, nos Estados Unidos, ficou claro que os estudantes de hoje não sabem realizar uma pesquisa de forma efetiva. Conforme os resultados, o grande inimigo está na comodidade que o meio digital oferece. [...]

O trabalho revelou uma realidade lamentável: os estudantes da era digital se contentam com informações rápidas, sem se importar com procedência e fidelidade. [...]

Outra pesquisa americana também comprova que jovens da geração digital não se preocupam com a procedência de suas fontes de estudo.

Realizada pela Universidade Northwestern (EUA), a pesquisa pedia que 102 adolescentes do Ensino Médio buscassem o significado de diversos termos na internet. Todos tiveram sucesso nas respostas, mas nenhum soube informar quais foram os *sites* utilizados. [...]"

PORTAL TERRA. *Educação*. Disponível em: <http://mod.lk/xcfho>. Acesso em: mar. 2017.

O professor formará grupos de alunos. Os integrantes deverão se organizar para discutir as questões a seguir e registrar as conclusões.

- Com base na ilustração, citem os recursos e meios tecnológicos que, de modo geral, vocês utilizam na comunicação do dia a dia.

- E, para as pesquisas escolares, quais são os recursos e meios tecnológicos que normalmente vocês utilizam?

- A internet tem sido um dos meios de maior utilização para pesquisas escolares.
  Quais são as principais preocupações em relação a *links*, fontes, *sites* etc. utilizados para a realização dessas pesquisas?

- O texto afirma que a era digital deveria ser um avanço em termos de obtenção de informações, mas resultou em retrocesso.
  Vocês concordam com a afirmação de que "os estudantes de hoje não sabem realizar uma pesquisa de forma efetiva"?

- Em seguida, o professor propiciará um debate entre os grupos para troca de ideias sobre as conclusões registradas.

- Como síntese da atividade, o professor organizará com vocês um "roteiro de pesquisas na internet".
  Para tanto, princípios básicos de "como" realizar a pesquisa devem ser combinados coletivamente, bem como algumas questões importantes relacionadas à procedência e à credibilidade das fontes de informação.
  O roteiro pode e deve ser utilizado para os demais usos que vocês fazem da internet no dia a dia.

Trocando ideias

"A maioria da Geração Y brasileira está mais velha. Mesmo que mantenha suas convicções, mora com os pais ou responsáveis e se vê completamente dependente deles financeiramente.

Estas são algumas das conclusões do Projeto 18/34 — análise do perfil do jovem brasileiro dos 18 aos 34 anos de idade, pertencente à Geração Y, elaborado pelo Núcleo de Tendências e Pesquisa do Espaço Experiência da Faculdade de Comunicação Social (Famecos) da PUCRS.

Com o objetivo de investigar os hábitos de lazer, consumo e os sonhos desta geração, o estudo identificou que, mesmo preocupados com o dinheiro, os jovens de todas as regiões não aspiram tanto por riqueza, se caracterizam pelo compartilhamento de experiências, gostam do conforto e da simplicidade."

COELHO, Luiza. *Estudo da Famecos revela comportamento do jovem brasileiro*. Disponível em: <http://mod.lk/fnr0d>. Acesso em: mar. 2017.

Sob orientação do professor, conversem sobre as questões a seguir.

1. Em que a internet e as redes sociais influenciaram e influenciam os jovens da chamada Geração Y? Por que isso aconteceu?

2. Com quais comportamentos da Geração Y você se identifica? Que perspectivas você aguarda em relação ao uso dos meios tecnológicos de comunicação e informação para o futuro?

4. A globalização e a hegemonia dos Estados Unidos

Nas décadas seguintes à Segunda Guerra Mundial, a economia de mercado global viveu um longo ciclo de crescimento acelerado. Os motores dessa vitalidade foram a reconstrução da Europa Ocidental e do Japão, cujas estruturas produtivas haviam sido devastadas pelo conflito, assim como a propagação da indústria.

Os Estados Unidos, no fim da Segunda Guerra, concentravam mais de 40% da riqueza mundial. Entre outras medidas, isso lhes permitiu financiar o Plano Marshall (1948-1952), o que contribuiu para a reconstrução da Europa Ocidental; apoiar a recuperação econômica japonesa, absorvendo boa parte de suas exportações; e investir de forma maciça na industrialização da América Latina, principalmente por meio da instalação de corporações transnacionais.

O dólar passou a funcionar como moeda mundial e manteve-se em paridade fixa com o ouro até o início da década de 1970. Instituições como o **Fundo Monetário Internacional (FMI)** e o **Banco Internacional de Reconstrução e Desenvolvimento (Bird)** — ambos com sede em Washington — passaram a supervisionar as economias de mercado, assegurando a manutenção dos interesses estadunidenses.

À **hegemonia econômica estadunidense** aliava-se ainda seu poderio geopolítico, responsável, por exemplo, pela constituição da Organização do Tratado do Atlântico Norte (Otan), em 1949, e pelo Tratado Nipo-Americano de Segurança, em 1957, que submetia o Japão à esfera de influência dos Estados Unidos.

O processo de globalização contemporânea é, assim, marcado pela imposição do modelo de economia de mercado estadunidense. As principais instituições de poder que regulam a economia e o comércio mundiais são sediadas nos Estados Unidos e o têm como principal membro. A política neoliberal que previa a **liberalização do comércio** e a **flexibilização de barreiras comerciais** atendeu, nos anos 1990, à lógica da expansão da indústria nos Estados Unidos, que encontrou grande ressonância na conservadora Inglaterra de Margareth Thatcher. Além disso, os estadunidenses continuam a ser os principais desenvolvedores das **tecnologias de ponta** — vitais para as relações econômicas da atualidade.

Europa e Japão seguem o mesmo modelo em termos econômicos e dividem com os Estados Unidos a liderança na pesquisa tecnológica.

O aumento dos fluxos e investimentos estrangeiros diretos (IED)

A aceleração desses fluxos tornou-se mais intensa após a segunda metade do século XX, principalmente após a disseminação em escala mundial das práticas neoliberais, princípio econômico defensor do livre mercado e da diminuição do poder do Estado na economia. Com a **intensificação das trocas** e a **fragmentação da produção industrial**, os Estados nacionais passaram a atuar em parceria com as grandes corporações, reorganizando o mercado mundial por intermédio do fortalecimento dos **blocos econômicos supranacionais**, como a União Europeia, o Mercosul e o Nafta (Tratado de Livre-Comércio da América do Norte). Apesar de contraditória, essa aliança tornou-se fundamental, pois os Estados nacionais têm um papel imprescindível ao atuar como mediadores da definição de regras comerciais na escala global, principalmente ao validarem regras e reconhecerem o papel de organismos como a **Organização Mundial do Comércio (OMC)**.

O aumento das trocas comerciais resultou no crescimento do comércio internacional com fluxos muito mais intensos e rápidos. O crescimento do comércio mundial, por ano, no período de 1986 a 2006, foi o dobro do aumento do PIB mundial registrado nesse mesmo período. Simultaneamente, houve uma internacionalização dos capitais que abrange tanto os **investimentos estrangeiros diretos (IED)** como o financeiro, o que é aplicado em bolsa de valores. A maior parte do IED vem dos países desenvolvidos e dirigem-se para eles mesmos.

A intensificação das trocas em âmbito mundial foi resultado da adoção dos princípios neoliberais da política econômica dos Estados Unidos. Na foto, porto de Hong Kong (China, 2014), um dos maiores do mundo na atualidade.

Fundo Monetário Internacional (FMI). Instituição financeira internacional que visa assegurar a estabilidade do sistema financeiro mundial por meio da cooperação entre os Estados. Fornece ajuda financeira a países capitalistas em dificuldades econômicas.

Banco Internacional de Reconstrução e Desenvolvimento (Bird). Também chamado de Banco Mundial, tinha como objetivo financiar a reconstrução dos países devastados pela Segunda Guerra. Atualmente, financia ações e medidas que visem ao desenvolvimento econômico e social.

Organização Mundial do Comércio (OMC). Organismo multilateral, criado em 1995 em substituição ao Acordo Geral de Tarifas e Comércio (GATT). Esse órgão é responsável por definir e fazer cumprir regras do comércio internacional, bem como gerenciar e supervisionar acordos comerciais entre países ou blocos. Em 2015, contava com 160 países-membros.

Uma visão geral dos fluxos comerciais indica que o comércio dentro de uma mesma região ou bloco é mais significativo do que o comércio entre países ou continentes. Porém, o comércio de longa distância está em constante crescimento. As porcentagens sinalizam um aumento da participação da Ásia Oriental, especialmente da China, no comércio mundial, tanto em exportações quanto em importações. Além disso, os fluxos de mercadorias também foram acompanhados por um crescimento substancial em IED em muitos países que até meados dos anos 1980 não eram atrativos para o capital internacional.

Constata-se uma redistribuição significativa da produção em busca por vantagens comparativas, ou seja, produzir com custos menores em áreas que oferecem, por exemplo, mão de obra mais barata e legislações com redução tarifária, possibilitando retorno mais rápido dos investimentos e maior lucratividade.

Para assistir

A batalha de Seattle
Canadá, Alemanha, Estados Unidos, 2007. Direção de Stuart Townsend. Duração: 100 min.
O filme aborda uma das maiores manifestações antiglobalização que ocorreu em Seattle, EUA, durante o encontro da OMC, em 1999.

QUESTÕES

1. Explique as causas do papel preponderante dos EUA no processo de globalização.
2. Cite três instituições internacionais que são parte fundamental do processo de globalização.
3. Aponte as razões para a atual intensificação dos fluxos de IED em diversos países.

5. Cultura e globalização

A cultura também é afetada pela globalização. Alguns afirmam que a globalização produz uma **homogeneização cultural**, isto é, a padronização das culturas pela imposição dos modelos dos países desenvolvidos, que estaria patente na difusão dos produtos do cinema e da televisão estadunidenses, além dos estilos de vida e do comportamento, por exemplo. A indústria cinematográfica estadunidense utiliza de 30% a 50% de seu orçamento para a promoção e o *marketing* de seus produtos.

O imaginário de diversas sociedades se vê influenciado pelas narrativas da chamada **indústria cultural**. Roupas e acessórios, por exemplo, apresentam tendências de consumo geradas por marcas e grifes com presença em todo o mundo. Em todas as cidades globais, constata-se a presença de pelo menos um restaurante *fast food* ("comida rápida") com bandeira dos Estados Unidos.

No entanto, não existe apenas a uniformização gerada pela globalização, uma vez que ao mesmo tempo se produz também maior diversidade de conteúdos culturais. Atualmente, em qualquer praça de alimentação de *shopping center*, o consumidor dispõe de restaurantes italianos, chineses, indianos, brasileiros ou japoneses.

As emissoras de televisão brasileiras ou mexicanas produzem hoje mais telenovelas e seriados do que há 30 anos, além de haver um mercado editorial e audiovisual de autores locais em processo de expansão em vários países em desenvolvimento.

O processo de globalização cultural mostra-se, assim, mais contraditório do que parece. Se há uma tendência de uniformização, também se manifestam forças que a desafiam. Mesmo a cultura estadunidense, considerada "colonizadora" ou "imperialista", não é uniforme. Ao contrário, é multicultural e alimenta-se de conteúdos de diferentes origens.

A força de **resistência das culturas nacionais** pode até ser reforçada em função do aumento dos fluxos da globalização. À medida que os Estados-nação competem economicamente, surgem pressões da sociedade para a afirmação de uma identidade cultural mais evidenciada.

Indústria cultural. O conceito indústria cultural foi criado por Theodor Adorno (1903-1969) e Max Horkheimer (1895-1973), filósofo e sociólogo alemães, para designar o papel da arte na sociedade capitalista contemporânea. Para Adorno, no sistema capitalista vigente, tudo transforma-se em negócio e, portanto, a arte torna-se refém do sistema. Para ele, o cinema é um exemplo marcante. A arte cede lugar para o mercado e para as ideologias dominantes.

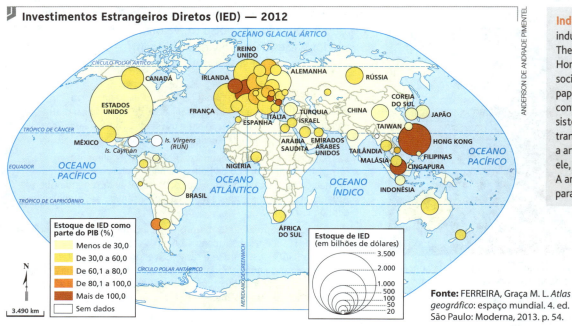

Investimentos Estrangeiros Diretos (IED) — 2012

Estoque de IED como parte do PIB (%): Menos de 30,0; De 30,0 a 60,0; De 60,1 a 80,0; De 80,1 a 100,0; Mais de 100,0; Sem dados.

Estoque de IED (em bilhões de dólares): 20, 50, 100, 500, 1.000, 2.000, 3.500.

Fonte: FERREIRA, Graça M. L. *Atlas geográfico*: espaço mundial. 4. ed. São Paulo: Moderna, 2013. p. 54.

Geografia e outras linguagens

A arte de rua de Banksy

O grafite é uma modalidade de arte urbana presente nas grandes metrópoles do Brasil e do mundo. Entre os artistas plásticos mais conhecidos do universo do grafite, destaca-se o britânico Banksy. Avesso a aparições públicas, quase nada se sabe dele; poucos já viram seu rosto ou presenciaram a produção de seu trabalho.

Nos grafites de Banksy, percebe-se uma forte intencionalidade crítica em relação ao mundo globalizado do capital e ao modo de vida urbano atual. Observe alguns de seus painéis.

QUESTÕES

1. Reúna-se com um colega e comentem o conteúdo crítico presente em cada imagem, registrando no caderno suas conclusões.
2. Em uma data agendada pelo professor, apresente o resultado de sua reflexão aos demais colegas de classe.

Grafite de Banksy em uma rua da cidade de Boston (Estados Unidos, 2010). Em inglês, Banksy escreveu: "Siga seus sonhos — Cancelado".

Grafite produzido por Banksy na Leake Street, rua na cidade de Londres (Inglaterra, 2008).

Grafite de Banksy intitulado *Soldado e menina*, que se encontra em uma rua da Cisjordânia (2009).

ATIVIDADES

ORGANIZE SEUS CONHECIMENTOS

1.

> "Um fator decisivo na globalização refere-se à aceleração na produção de inovações tecnológicas, principalmente as responsáveis por ampliar os fluxos imateriais voltados à comunicação e informação. Devemos compreender que a inovação tecnológica está intimamente ligada ao crescimento econômico e pode ser representada por ciclos ou ondas de inovação."
>
> RODRIGUE, Jean-Paul et al. *The geography of transport systems*. Tradução dos autores. Disponível em: <http://mod.lk/fefqs>. Acesso em: mar. 2017.

São elementos tecnológicos decisivos, respectivamente, do primeiro ciclo e do ciclo mais recente do processo de globalização:

a) ferrovias e química fina.
b) máquinas a vapor e redes digitais.
c) siderurgia e motor de combustão.
d) eletricidade e aviação.
e) máquinas a vapor e siderurgia.

2. A dinâmica da cultura, no processo de globalização, pode ser caracterizada pela(o):

a) massificação da indústria cultural e resistência das culturas locais.
b) supressão das culturas locais pela indústria cultural.
c) emergência de um sentimento nativista e supressão de padrões globais.
d) fruição de bens culturais que exaltem o sentimento de Estado-nação.
e) alinhamento político automático dos produtos culturais aos governos.

3. "O espaço tornou-se fluido, o tempo sofreu compressão." Explique a afirmação, considerando o conceito de meio técnico-científico-informacional.

REPRESENTAÇÕES GRÁFICAS E CARTOGRÁFICAS

4. Observe os mapas a seguir e estabeleça relações entre eles.

Fonte: FERREIRA, Graça M. L. *Atlas geográfico*: espaço mundial. 3. ed. São Paulo: Moderna, 2010. p. 57.

5. Observe o mapa a seguir.

Fluxo mundial das chamadas telefônicas - 2010

a) Identifique a função das redes de chamadas telefônicas no mundo e, com base no mapa, analise sua distribuição em escala mundial.

b) Há pontos de adensamento dessas redes nas proximidades de alguns centros urbanos. Identifique dois deles e explique por que as redes se cruzam nesses pontos.

Fonte: TELEGEOGRAPHY. *Global Traffic Map 2010*. Disponível em: <http://mod.lk/miqcd>. Acesso em: mar. 2017.

INTERPRETAÇÃO E PROBLEMATIZAÇÃO

6. Leia o texto.

Como a internet das coisas *já está mudando o universo do TI e de seus usuários*

"Se você ainda não ouviu falar da internet das coisas (*things* em inglês), abreviada para IoT, ou descartou o assunto por não se interessar por pulseiras ou relógios conectados à internet, é melhor prestar mais atenção a isto. [...]

As estimativas indicam que 2014 terminou com cerca de 4 bilhões de dispositivos conectados à internet e as previsões para 2020 apontam para números que variam entre 40 e 70 bilhões de dispositivos conectados. Se hoje a maior parte das conexões é de computadores, *tablets* e celulares, em cinco anos teremos um conjunto enorme de outras coisas conectadas. Alguns defendem [...] que esse novo cenário deveria ser chamado de internet de tudo (*internet of everything*), já que se considera conectar de animais a geladeiras, passando por veículos capazes de dirigir sozinhos em função da troca de informações entre seus próprios sensores e o ambiente ao seu redor.

Os principais componentes desta nova revolução são a digitalização crescente dos conteúdos, o aumento da capacidade de transmissão de dados por redes sem fio, a miniaturização dos sensores/processadores e o barateamento dos preços de todas essas tecnologias. Não faltam, contudo, desafios a serem superados para que as previsões acima se tornem realidade.

Pelo lado das comunicações, para que uma quantidade tão grande de coisas possa estar de fato conectada à internet e trocando dados de forma constante e confiável, é preciso melhorar muito a rede de telefonia móvel. [...]

Outro pilar fundamental para alcançar o cenário vislumbrado para a IoT é justamente o *software*. Sim, porque uma coisa qualquer só é capaz de se conectar à internet se tiver uma camada de *software* capaz de gerenciar não apenas a conexão, como também a troca de dados com outros dispositivos. [...]

Vejamos outro exemplo de uma 'coisa' inteligente: seu *smartphone* já pode ser usado hoje como um despertador e os mais cínicos poderão dizer que ele é inteligente por já tocar na hora exata para a qual foi programado. Mas imagine que você precisará estar muito cedo no aeroporto amanhã e se esqueceu de reprogramar o horário de despertar. Um despertador realmente inteligente não precisará ser reprogramado. Ele poderá consultar sua agenda e descobrir o horário previsto de embarque, somando a isto o tempo médio de ir da sua casa para o aeroporto, assumindo que você irá de carro, já que não há nenhuma reserva de serviço de táxi. Mais do que isto, se o aeroporto estiver fechado por conta de mau tempo, poderá ainda retardar um pouco o horário do seu despertar. No limite, seus objetos de uso pessoal poderão formar uma 'rede social' para troca de informações entre eles, você e suas relações pessoais (incluindo as 'coisas' destas suas relações).

Outro aspecto extremamente importante, mesmo considerando que a noção de privacidade tem mudado bastante em anos recentes, é justamente a questão de como garantir a proteção aos dados de um indivíduo qualquer. Como garantir que um amigo não consiga invadir seu despertador inteligente para que ele o acorde no meio da madrugada? Pior ainda, que um desconhecido consiga abrir a tranca inteligente da sua casa? E as informações que você concordou em compartilhar com uma empresa ou ente de governo? [...]"

FORMAN, John Lemos. *TI Maior*, ed. 4, 29 maio 2015. Disponível em: <http://mod.lk/h4uxc>. Acesso em: mar. 2017.

a) Qual é o significado do conceito "internet das coisas"?

b) Quais são os principais componentes tecnológicos dessa nova "revolução"?

ENEM E VESTIBULARES

7. **(UFPR-PR, 2015)**

"Com a globalização, ampliaram-se os horizontes geográficos e os incentivos das multinacionais para segmentar suas cadeias produtivas e redistribuir a localização de suas fábricas em diversos países. As etapas de produção que agregam menos valor a um produto podem ser transferidas para países onde os salários são mais baixos, enquanto as etapas que agregam mais valor permanecem em países com níveis salariais mais altos. O Brasil, porém, não tem se beneficiado dessa tendência. Enfrentamos, ao contrário, uma ameaça concreta de desindustrialização."

GUEDES, P. Olho nos banqueiros e nos políticos!. *Época*, 9 abr. 2012 (adaptado).

Caracterize o que é globalização, indique dois países que, nas últimas décadas, vêm se destacando como destino de investimentos industriais e, por fim, explique por que a ascensão desses países põe o Brasil sob o risco de uma desindustrialização.

8. **(Enem, 2015)**

"Tanto potencial poderia ter ficado pelo caminho, se não fosse o reforço em tecnologia que um gaúcho buscou. Há pouco mais de oito anos, ele usava o bico da botina para cavoucar a terra e descobrir o nível de umidade do solo, na tentativa de saber o momento ideal para acionar os pivôs de irrigação. Até que

ATIVIDADES

conheceu uma estação meteorológica que, instalada na propriedade, ajuda a determinar a quantidade de água de que a planta necessita. Assim, quando inicia um plantio, o agricultor já entra no *site* do sistema e cadastra a área, o pivô, a cultura, o sistema de plantio, o espaçamento entre linhas e o número de plantas, para então receber recomendações diretamente dos técnicos da universidade."

CAETANO, M. O valor de cada gota.
Globo Rural. n. 312. out. 2011.

A implementação das tecnologias mencionadas no texto garante o avanço do processo de:

a) monitoramento da produção.

b) valorização do preço da terra.

c) correção dos fatores climáticos.

d) divisão de tarefas na propriedade.

e) estabilização da fertilidade do solo.

9. (Unicamp-SP, 2015)

Número de zonas francas oficiais por país em 2008

Fonte: BOST, François (Org.). *Atlas mondial des Zones Franches*. France: La Documentation Française, 2012. p. 23.

a) Apresente dois fatores explicativos para a difusão das zonas francas no mundo contemporâneo.

b) Mencione a principal zona franca existente no Brasil e aponte uma intenção do Estado brasileiro ao implantá-la como instrumento de uma política territorial.

10. (Enem, 2015)

"No final do século XX e em razão dos avanços da ciência, produziu-se um sistema presidido pelas técnicas da informação, que passaram a exercer um papel de elo entre as demais, unindo-as e assegurando ao novo sistema uma presença planetária. Um mercado que utiliza esse sistema de técnicas avançadas resulta nessa globalização perversa."

SANTOS, M. Por uma outra globalização: do pensamento
único à consciência universal. Rio de Janeiro:
Record, 2008 (adaptado).

Uma consequência para o setor produtivo e outra para o mundo do trabalho advindas das transformações citadas no texto estão presentes, respectivamente, em:

a) eliminação das vantagens locacionais e ampliação da legislação laboral.

b) limitação dos fluxos logísticos e fortalecimento de associações sindicais.

c) diminuição dos investimentos industriais e desvalorização dos postos qualificados.

d) concentração das áreas manufatureiras e redução da jornada semanal.

e) automatização dos processos fabris e aumento dos níveis de desemprego.

11. (Uerj-RJ, 2015)

Rotas de aviões recriam mapa do mundo

Fonte: INFOAVIAÇÃO. *2.700 novas rotas aéreas em 2011*. Disponível em: <www.infoaviacao.com/2011/01/2700-novas-rotas-aereas-em-2011.html#.UaNa-qJJNAp>. Acesso em: fev. 2016.

"Um consultor canadense, Michael Markieta, desenvolveu um sistema de visualização das rotas de tráfego aéreo ao redor do globo que recria o mapa-múndi, como mostra a imagem. Atualmente, há 58 mil rotas aéreas cruzando os céus nos cinco continentes. Na imagem revelada por Markieta, não causa surpresa o fato de que os pontos mais densos aparecem em áreas onde muitas rotas seguem o mesmo trajeto e têm como destino as maiores cidades do mundo."

Disponível em: <vegakosmonaut.blogspot.
com.br>, 11 jun. 2013 (adaptado).

Nessa representação das rotas do transporte aéreo comercial, o mapa ilustra a seguinte mudança na geopolítica internacional contemporânea:

a) aculturação de áreas periféricas.
b) metropolização de regiões rurais.
c) globalização de países desenvolvidos.
d) conurbação de aglomerações populacionais.

12. (Enem, 2015)

> "Um carro esportivo é financiado pelo Japão, projetado na Itália e montado em Indiana, México e França, usando os mais avançados componentes eletrônicos, que foram inventados em Nova Jérsei e fabricados na Coreia. A campanha publicitária é desenvolvida na Inglaterra, filmada no Canadá e a edição e as cópias feitas em Nova Iorque para serem veiculadas no mundo todo. Teias globais disfarçam-se com o uniforme nacional que lhes for mais conveniente."
>
> REICH, R. O trabalho das nações: preparando-nos para o capitalismo no século XXI. São Paulo: Educador, 1994 (adaptado).

A viabilidade do processo de produção ilustrado pelo texto pressupõe o uso de:

a) linhas de montagem e formação de estoques.
b) empresas burocráticas e mão de obra barata.
c) controle estatal e infraestrutura consolidada.
d) organização em rede e tecnologia da informação.
e) gestão centralizada e protecionismo econômico.

13. (Enade, 2014)

> "Com a globalização da economia social por meio das organizações não governamentais, surgiu uma discussão do conceito de empresa, de sua forma de concepção junto às organizações brasileiras e de suas práticas. Cada vez mais, é necessário combinar as políticas públicas que priorizam modernidade e competividade com o esforço de incorporação dos setores atrasados, mais intensivos de mão de obra."
>
> Disponível em: <http://unpanl.un.org>. Acesso em: 4 ago. 2014 (adaptado).

A respeito dessa temática, avalie as afirmações a seguir.

I. O terceiro setor é uma mistura dos dois setores econômicos clássicos da sociedade: o público, representado pelo Estado, e o privado, representado pelo empresariado em geral.

II. É o terceiro setor que viabiliza o acesso da sociedade à educação e ao desenvolvimento de técnicas industriais, econômicas, financeiras, políticas e ambientais.

III. A responsabilidade social tem resultado na alteração do perfil corporativo e estratégico das empresas, que têm reformulado a cultura e a filosofia que orientam as ações institucionais.

Está correto o que se afirma em:

a) I, apenas.
b) II, apenas.
c) I e III, apenas.
d) II e III, apenas.
e) I, II e III.

14. (Enade, 2014)

> "Importante *website* de relacionamento caminha para 700 milhões de usuários. Outro conhecido servidor de *microblogging* acumula 140 milhões de mensagens ao dia. É como se 75% da população brasileira postasse um comentário a cada 24 horas. Com as redes sociais cada vez mais presentes no dia a dia das pessoas, é inevitável que muita gente encontre nelas uma maneira fácil, rápida e abrangente de se manifestar.
>
> Uma rede social de recrutamento revelou que 92% das empresas americanas já usaram ou planejam usar as redes sociais no processo de contratação. Destas, 60% assumem que bisbilhotam a vida dos candidatos em *websites* de rede social.
>
> Realizada por uma agência de recrutamento, uma pesquisa com 2.500 executivos brasileiros mostrou que 44% desclassificariam, no processo de seleção, um candidato por seu comportamento em uma rede social.
>
> Muitas pessoas já enfrentaram problemas por causa de informações *on-line*, tanto no campo pessoal quanto no profissional. Algumas empresas e instituições, inclusive, já adotaram cartilhas de conduta em redes sociais."
>
> POLONI, G. O lado perigoso das redes sociais. Revista INFO, p. 70-75, julho 2011 (adaptado).

De acordo com o texto:

a) mais da metade das empresas americanas evita acessar *websites* de redes sociais de candidatos a emprego.
b) empresas e instituições estão atentas ao comportamento de seus funcionários em *websites* de redes sociais.
c) a complexidade dos procedimentos de rastreio e monitoramento de uma rede social impede que as empresas tenham acesso ao perfil de seus funcionários.
d) as cartilhas de conduta adotadas nas empresas proíbem o uso de redes sociais pelos funcionários, em vez de recomendar mudanças de comportamento.
e) a maioria dos executivos brasileiros utilizaria informações obtidas em *websites* de redes sociais para desclassificar um candidato em processo de seleção.

Mais questões: no livro digital, em **Vereda Digital Aprova Enem** e **Vereda Digital Suplemento de revisão e vestibulares**; no *site*, em **AprovaMax**.

CAPÍTULO 21

A DINÂMICA DO COMÉRCIO E DOS SERVIÇOS

ENEM
C4: H16, H17, H18, H19, H20

Neste capítulo, você vai aprender a:

- Relacionar os fluxos do comércio mundial e a globalização, identificando a dinâmica das trocas internacionais.
- Reconhecer as características do setor de serviços e as razões de seu crescimento.
- Identificar o desenvolvimento dos meios técnico-científico-informacionais no setor de serviços.
- Compreender as desigualdades regionais no desenvolvimento do setor de serviços.
- Reconhecer a importância dos serviços para a geração de postos de trabalho, assim como as peculiaridades do emprego e da mão de obra desse setor no Brasil.
- Verificar a relevância do turismo no mundo global, identificando as causas do seu crescimento e expansão.
- Identificar as características do turismo no Brasil e sua dinâmica.

"[...] o setor terciário da economia não detém dinâmica própria na propulsão quantitativa e qualitativa de suas ocupações. O segmento produtivo (primário e secundário) exerce influência decisiva sobre a quantidade e a qualidade dos postos de trabalho no terciário. Isso porque o mundo dos serviços [...] resulta heterogêneo, comportando tanto postos de trabalho de grande qualidade, com remuneração associada a elevação da qualificação profissional, como de extrema precarização (baixo rendimento independente da qualidade da mão de obra existente)."

POCHMANN, Marcio. O desafio do emprego no novo mundo dos serviços. *Rede Brasil Atual,* 15 ago. 2014. Disponível em: <http://mod.lk/ax31q>. Acesso em: mar. 2017.

Em menos de meio século, as alterações provocadas pelo processo de globalização em todos os setores da vida social afetaram o modo como a sociedade se organiza, produz, consome, se relaciona, age social e politicamente em suas diferentes escalas. Por isso, estudar o desenvolvimento desse processo, o alcance da globalização na atualidade e as mudanças por ela provocadas torna-se vital para a compreensão do mundo atual.

Shopping Center Dubai Mall, o maior do mundo, localizado em Dubai (Emirados Árabes Unidos, 2012).

Ponto de partida

1. Observando a foto e considerando sua experiência pessoal, cite exemplos representativos da diversidade de atividades comerciais e de serviços à disposição dos consumidores em praças comerciais de *shopping centers*.
2. Em comparação aos setores primário e secundário, o setor terciário apresenta participação relevante na produção econômica de um país desenvolvido? Justifique sua resposta.

1. A era do comércio e dos serviços

No histórico das trocas internacionais, nunca houve fluxos tão intensos como na atualidade, consequência da globalização. Os países desenvolvidos dominam as trocas das mercadorias, que acontecem principalmente entre eles, o que demonstra a concentração da riqueza nesses países. A China é um elemento novo nesse cenário, uma vez que alterou profundamente a dinâmica das exportações e das importações mundiais.

Nos dias atuais, os serviços crescem e se tornam cada vez **mais especializados** nas economias desenvolvidas. Estatísticas sobre as tendências do emprego em escala global, divulgadas pela Organização Internacional do Trabalho (OIT), indicam uma crescente participação de ocupações no **setor terciário**, que é formado por comércio e serviços, e uma diminuição da participação dos setores agrícola e industrial.

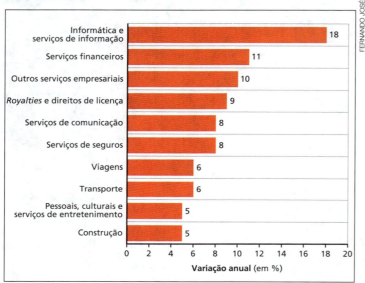

Fonte: WORLD TRADE ORGANIZATION. *Estadísticas del comercio internacional 2015*. p. 20. Disponível em: <http://mod.lk/r5jze>. Acesso em: mar. 2017.

Os setores agrícola e industrial substituíram parte significativa de sua mão de obra pelo uso de máquinas e implementos agrícolas sofisticados e pela automação do setor industrial, respectivamente. Além disso, houve aumento da população urbana, resultante de intensos processos migratórios do campo para as cidades ocorridos, sobretudo, nas últimas décadas. Segundo relatório da ONU, em 2014, 54% da população mundial vivia em áreas urbanas e o número tende a crescer. Isso não quer dizer que o comércio e os serviços não tenham acompanhado algum tipo de **recrudescimento** na geração de novos postos. Uma das características do setor terciário é justamente sua capacidade de incorporar atividades agregadas às novas tecnologias, assim como de ampliar a participação da população desempregada nos setores informais da economia, o que dificulta aos especialistas estabelecer os parâmetros para uma definição precisa de sua extensão.

São diversos os fatores que explicam o crescimento do setor de serviços em uma sociedade. Alterações demográficas e sociais — por exemplo, o crescimento da população jovem, o envelhecimento da população ou o aumento da participação da mulher no mercado de trabalho — geram uma demanda por serviços como escolas especializadas em educação infantil, creches e locais de atendimento especializado para idosos. Mesmo os serviços tradicionais na área de saúde (oferecidos por hospitais e clínicas) têm uma demanda que aumenta em razão do crescimento da população com idade mais avançada.

Comércio global

De 1950 até 2010, segundo dados da Organização Mundial do Comércio (OMC), o **comércio global** cresceu aproximadamente vinte vezes. A intensificação das trocas comerciais deu início à globalização e ao mesmo tempo é consequência dela. O grande incremento ocorreu na troca de mercadorias manufaturadas, conforme podemos observar no gráfico a seguir.

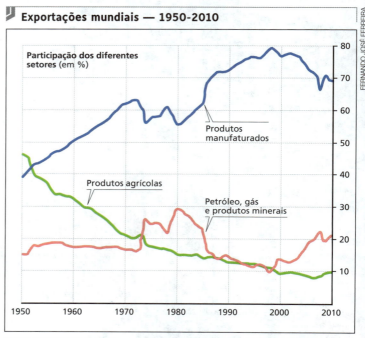

Fonte: SCIENCES PO. Atelier de cartographie. *Composition des exportations mondiales de marchandises*: 1950-2010. Disponível em: <http://mod.lk/o3xnn>. Acesso em: mar. 2017.

De acordo com os dados da OMC, em 2014, China, Estados Unidos, Alemanha, Japão, Holanda, França e Coreia do Sul foram os maiores exportadores de mercadorias, enquanto os maiores exportadores de serviços comerciais foram Estados Unidos, Reino Unido, França, Alemanha, China, Holanda e Japão. Ao analisar as duas listagens, podemos concluir que, entre os sete maiores exportadores de mercadorias, encontram-se os seis maiores exportadores de serviços comerciais no mundo.

Recrudescimento. Aumento, intensificação.

Participação média das exportações e das importações

Outro dado importante encontra-se disponível nas *Estatísticas do Comércio Internacional 2015* e diz respeito ao significativo aumento da participação média das exportações e das importações de mercadorias e serviços no mundo. Em 2014, considerando os valores exportados e importados, houve um crescimento de 30%, o que indica grande influência desse setor no Produto Interno Bruto (PIB) atual dos países.

Além disso, 49%, ou seja, quase a metade do comércio mundial de mercadorias e serviços ocorreu por meio de cadeias globais de valor, ou seja, as transnacionais distribuem suas operações pelo mundo, repartindo entre diferentes países as diversas etapas de produção e de comercialização dos produtos. Dessa forma, as cadeias globais de valor descentralizam, desde o projeto até a fabricação das peças, a montagem e a comercialização dos produtos. Desse modo, essas cadeias contribuem para aumentar as demandas por bens intermediários, fazendo com que as estatísticas que, antigamente, refletiam-se apenas nos produtores finais, passassem a ser aferidas com base nos valores agregados em cada etapa produtiva.

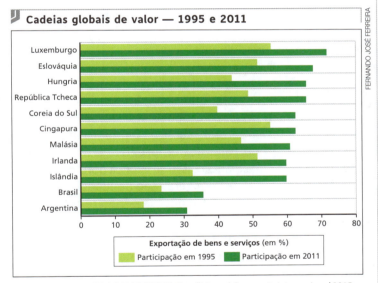

Fonte: WORLD TRADE ORGANIZATION. *Estadísticas del comercio internacional 2015.* p. 19. Disponível em: <http://mod.lk/r5jze>. Acesso em: mar. 2017.

Embora o domínio e o fluxo do comércio ocorram entre os países desenvolvidos, a **China** desempenhou papel preponderante no cenário das trocas mundiais nas últimas décadas, aproximando-se dos Estados Unidos, a grande potência comercial, e competindo em algumas esferas com a Alemanha. O Japão foi suplantado pela China nos setores de eletroeletrônicos, maquinário fotográfico e componentes de informática. A China hoje lidera as exportações de vestuário, têxteis, eletroeletrônicos, informática, maquinário, entre outros setores.

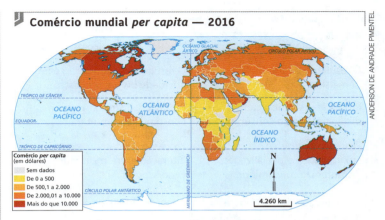

Fonte: ORGANIZAÇÃO MUNDIAL DO COMÉRCIO. Disponível em: <http://mod.lk/cat7i>. Acesso em: mar. 2017.

Crescimento dos serviços

Historicamente, o setor terciário tem sido definido pelo critério de exclusão: toda atividade que não se enquadra nas categorias de manufatura, construção civil, agricultura ou extrativismo costuma ser denominada **serviço**.

É possível avançar nessa classificação e afirmar que os serviços produzem algo que não pode ser estocado, em um processo de contato direto entre produtor e consumidor.

Funcionários de *call center* prestam atendimento aos clientes de empresa de comunicação em São Paulo (SP, 2014).

Essa relação de proximidade é importante para a atividade terciária, pois uma de suas tendências é a **crescente customização**, isto é, a personalização de seus produtos e de seu atendimento.

Observe a tabela a seguir sobre as principais diferenças entre bens físicos e serviços.

Principais diferenças entre bens físicos e serviços

Bens físicos	Serviços
O resultado da produção é um bem físico.	O resultado da produção é uma atividade ou um processo.
Produção e distribuição distanciam-se do consumo.	Produção, distribuição e consumo são simultâneos.
Processo produtivo ocorre em unidades especializadas, distantes do consumidor.	Processo produtivo se dá na interação entre comprador e vendedor.
Possibilidade de estocagem.	Impossibilidade de estocagem.
Ocorre transferência de propriedade.	Não ocorre transferência de propriedade.

Elaborada pelos autores deste livro especialmente para esta obra.

2. Diversificação econômica e expansão dos serviços

É possível associar o grau de importância do setor de serviços em uma sociedade com o desenvolvimento do meio técnico-científico-informacional.

O **terciário** é o setor mais representativo da Revolução Técnico-Científico-Informacional, por isso apresentou forte expansão no decorrer do século XX (particularmente a partir da década de 1960) em razão dos avanços da microeletrônica, promovendo o incremento de atividades como telecomunicações, transportes e serviços financeiros.

Pós-industrialização

Uma das formas de se identificar o grau de desenvolvimento e a diversificação econômica de uma sociedade é comparar a participação relativa dos três principais setores de atividade — agropecuária, indústria e serviços — na produção total do país e na geração de empregos.

A agropecuária é o setor que primeiro se desenvolveu, mas mudanças nos meios técnicos e a consequente sofisticação da produção fizeram com que perdesse a primazia, dando lugar ao aumento do setor industrial e, posteriormente, ao incremento do setor de serviços.

Em seu desenvolvimento histórico, as economias em crescimento passaram por essas etapas, conforme se pode verificar na tabela a seguir.

Para navegar

Organização Internacional do Trabalho (OIT)
www.oit.org.br
O *site* disponibiliza publicações da organização sobre cidadania, direitos humanos, questões trabalhistas, normas e convenções, proteção e diálogo social, assim como relatórios sobre o trabalho infantil e escravo.

Estágios de desenvolvimento econômico

Características	Estágios		
	Pré-industrial, agrário	Industrial	Pós-industrial, baseado no conhecimento
Principais setores econômicos	Agricultura	Indústria	Serviços
Natureza das tecnologias dominantes	Intensivo em recursos naturais	Intensivo em capital	Intensivo em conhecimento
Principais tipos de produtos de consumo	Alimentos e roupas feitos à mão	Bens industriais	Serviços de informação e conhecimento
Natureza da maioria dos processos de produção	Interação entre seres humanos e natureza	Interação entre ser humano e máquina	Interação entre seres humanos
Importante fator de riqueza econômica e de crescimento	Produtividade da natureza (fertilidade do solo, clima, recursos biológicos)	Produtividade do trabalho	Inovação e produtividade intelectual

Fonte: SOUBBOTINA, Tatyana P. *Beyond Economic Growth*: An Introduction to Sustainable Development. Second Edition. Washington, D.C.: The World Bank, 2004. Disponível em: <http://mod.lk/avmzr>. Acesso em: mar. 2017.

À medida que a renda da população aumenta, crescem as demandas por saúde, educação, informação, entretenimento, turismo e lazer. Os postos de trabalho gerados pelas atividades do setor de serviços tendem a intensificar sua participação no total dos **empregos** de um país cuja economia está em expansão. Isso se explica porque os avanços tecnológicos — que, em geral, são poupadores de mão de obra na agricultura e na indústria — não têm o mesmo efeito no setor de serviços.

Parte dos postos de trabalho gerados no setor terciário não pode ser ocupada por máquinas, o que indica o motivo pelo qual o emprego continua a crescer nesse setor, enquanto diminui na indústria e na agricultura em razão do progresso tecnológico que otimiza a produtividade e elimina postos de trabalho.

Em países desenvolvidos, o setor de serviços substituiu o industrial na liderança da economia. Nos Estados Unidos e no Canadá, por exemplo, o emprego terciário representa mais de 75% do total. A América do Norte, em especial os Estados Unidos, destaca-se como a principal fornecedora de serviços comerciais em escala mundial. Geralmente, países de renda alta ou média apresentam progressiva redução da participação da indústria em sua produção total. Cenário diferente ocorre em países em desenvolvimento, que ainda não completaram seu processo de industrialização e, por isso, mantêm relativamente alta a participação da indústria no PIB. Mesmo nesses países, o setor de serviços cresce em relação à produção econômica total.

Os dados do gráfico a seguir ilustram bem esse processo: após uma tendência de queda, a partir da primeira década do século XXI, observa-se uma participação praticamente constante do setor industrial no PIB mundial.

Participação do setor industrial no PIB mundial — 2000-2014

Fonte: THE WORLD BANK. *World Development Indicators*. Industry, Value Added (% of GDP). Disponível em: <http://mod.lk/g4pud>. Acesso em: mar. 2017.

Nos últimos anos, é notável uma tendência viabilizada pelo desenvolvimento das **Tecnologias de Informação e Comunicação (TIC)**: a transferência de setores inteiros de prestação de serviços, como aqueles de atendimento ao consumidor ou mesmo de Pesquisa e Desenvolvimento (P&D), para países emergentes, onde a mão de obra é mais barata e consequentemente os custos são menores.

A **Índia** tem se destacado como líder no setor de terceirização de serviços de informática, produção de *softwares* e atendimento via telefone e internet (os chamados *call centers*) para grandes empresas, sobretudo dos Estados Unidos e de países da Europa. A liderança indiana ocorre em decorrência, principalmente, de três fatores: o idioma oficial herdado dos colonizadores, que beneficia seu contato com países de língua inglesa; o salário médio, em geral muito inferior aos praticados nos países desenvolvidos; e o fuso horário, sobretudo em relação aos Estados Unidos (as empresas indianas podem prestar serviços enquanto é noite naquele país).

Relatórios de contadoria, produtos digitais, serviços de Tecnologia da Informação (TI), entre outros, estarão disponíveis para os funcionários estadunidenses das matrizes das empresas logo nas primeiras horas do dia. Já os *call centers* indianos, normalmente, iniciam suas operações a partir das 18 horas (horário local), e seus funcionários trabalham durante toda a noite para atender clientes nos Estados Unidos em período diurno.

Outro setor que tem apresentado grande crescimento nos últimos anos é o de comunicações, conforme se observa no gráfico abaixo.

Nos últimos vinte anos, o setor de comunicações apresentou um crescimento anual de cerca de 8%. A expansão de novas tecnologias e de serviços tem contribuído para o acentuado crescimento e a manutenção de grandes lucros. Segundo estimativas da União Internacional de Telecomunicações, 97 em cada 100 habitantes no mundo utilizam os serviços de telefonia celular, e 40% da população acessa a internet.

Exportações de serviços de comunicação e indicadores mundiais de tecnologia, informação e comunicação — 2000-2014

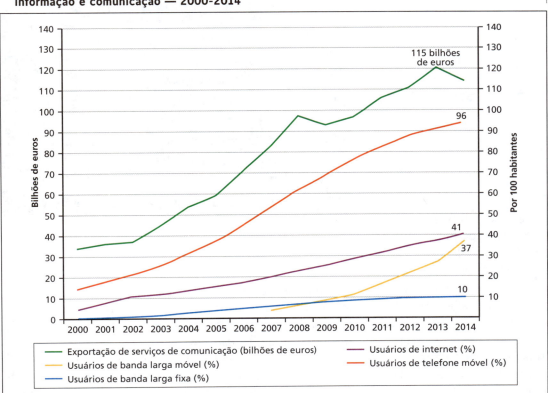

Fonte: WORLD TRADE ORGANIZATION. *Estadísticas del comercio internacional 2015*. p. 22. Disponível em: <http://mod.lk/r5jze>. Acesso em: mar. 2017.

A revolução do conhecimento

Com base nos dados disponibilizados pelos últimos relatórios da Organização Mundial do Comércio (OMC), os serviços que envolvem as áreas que se utilizam dos recursos das comunicações crescem em ritmo acelerado. Educação, inovação científica e tecnológica, pesquisa e desenvolvimento, comunicações (telefonia e internet), além de serviços de atendimento ao consumidor e aqueles destinados à administração de empresas (consultoria contábil, financeira e jurídica) têm se expandido e, segundo as projeções realizadas por organismos internacionais, ainda terão muito a crescer.

Essa preponderância dos serviços ligados ao conhecimento é resultante da revolução ocorrida na segunda metade do século XX, que foi favorecida pela acentuada aceleração dos avanços no meio técnico-científico-informacional e de suas aplicações econômicas sob a forma de novas tecnologias e de novos bens de consumo.

Desse modo, é provável que a produção de serviços exija relativamente menos recursos naturais e mais capital humano. Por isso, conforme esse setor ganha importância na economia, se amplia também a necessidade de trabalhadores mais escolarizados.

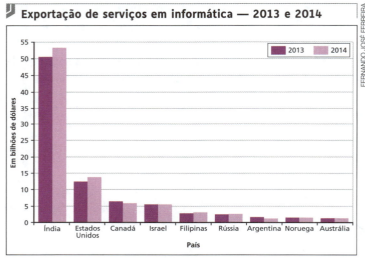

Fonte: WORLD TRADE ORGANIZATION. *International Trade Statistics 2015*. p. 142. Disponível em: <http://mod.lk/9pdop>. Acesso em: mar. 2017.

Turismo

Entre os setores de serviços, o **turismo** tem se destacado em virtude da ampliação da oferta de serviços culturais, dos incrementos do setor de viagens e da disponibilidade de novos serviços vinculados ao atendimento de turistas.

Nas últimas décadas, esse setor tem ampliado sua área de atuação, criando novos destinos, impulsionado pelo barateamento do transporte aéreo e pelo aumento da oferta de eventos e serviços voltados ao setor em diversos países. O envelhecimento da população mundial, principalmente em países desenvolvidos, tem contribuído muito para intensificar o fluxo de turistas aposentados, que aproveitam o tempo livre e suas economias para viajar em grupos formados especialmente para atender a essa nova demanda. Além disso, esse é um dos setores que mais contribuem para a **geração de empregos** e **renda** para as populações locais. Observe o destaque econômico do setor de turismo no esquema a seguir.

Fonte: OMT. *Panorama OMT del turismo internacional 2015*. p. 2. Disponível em: <http://mod.lk/1ds94>. Acesso em: mar. 2017.

Tipos de turismo

A França é o país que mais recebe turistas no mundo, seguida por Estados Unidos, Espanha, China e Itália. Em 2014, 83,7 milhões de turistas visitaram a França e 65 milhões, a Espanha, de acordo com a Organização Mundial de Turismo (OMT).

Esses países contam com excelente infraestrutura hoteleira e de transportes, belezas naturais e são muito fortes no turismo de patrimônio, aquele em que as pessoas buscam conhecer a história, a cultura, as tradições de sociedades por meio de edificações e vestígios dos povos que nos antecederam.

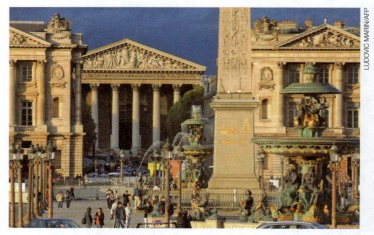

Paris é a cidade que mais recebe turistas no mundo. A Praça da Concórdia, onde fica a Igreja Madeleine, é um dos lugares mais visitados na capital francesa (França, 2015).

Para favorecer o crescimento do turismo, fonte de receitas internas, os países necessitam investir em **infraestrutura**, ampliar a oferta de hotéis, restaurantes e desenvolver projetos de **preservação ambiental**. Em muitos deles, a falta de planejamento para o recebimento dos turistas tem afetado a qualidade dos serviços oferecidos, colocando em risco áreas de preservação natural, principalmente aquelas voltadas ao turismo ecológico.

Localizado na cidade de Foz do Iguaçu, o Parque Nacional do Iguaçu foi instituído Patrimônio Mundial Natural da Humanidade pela Unesco e protege uma rica biodiversidade. Na foto, veem-se as cataratas do Iguaçu, um conjunto de 275 quedas de água no rio Iguaçu (PR, 2015).

Há inúmeros tipos de turismo, desde viagens de férias e para diversão até de negócios ou profissionais, religiosas ou para tratamento médico. Conforme dados da OMT, ainda predominam no mundo as viagens destinadas ao intercâmbio cultural e aprendizado ou ao aperfeiçoamento de idiomas, principalmente durante o período de férias, como se verifica no gráfico abaixo.

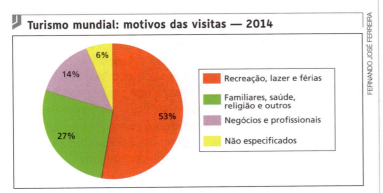

Fonte: OMT. *Panorama OMT del turismo internacional 2015*. p. 5. Disponível em: <http://mod.lk/1ds94>. Acesso em: mar. 2017.

3. Expansão do setor de serviços no Brasil

No Brasil, o setor de serviços surgiu de **modo complementar** ao processo de industrialização a partir da década de 1970. Atividades financeiras, de transporte e de comunicações lideraram a expansão do setor terciário em complementaridade à atividade industrial.

Pelo mesmo período, os serviços de comércio começaram a se expandir em ritmo equivalente ao dos serviços destinados à produção industrial. Essa expansão é justificada pelo intenso processo de urbanização, que gerou novas necessidades de consumo para os moradores de grandes cidades. Os dados do estado de São Paulo são exemplares dessa evolução. Em 2014, o estado de São Paulo foi responsável por mais da metade das exportações de serviços, como mostra o gráfico a seguir.

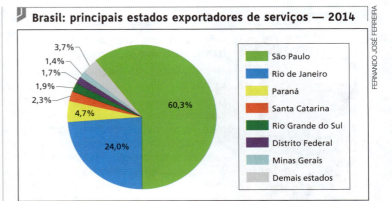

Fonte: BRASIL. Ministério do Desenvolvimento, Indústria e Comércio Exterior. *Panorama do comércio internacional 2014*. Disponível em: <http://mod.lk/mzgxs>. Acesso em: mar. 2017.

Para navegar

Ministério do Turismo
www.turismo.gov.br
O *site* apresenta informações do desenvolvimento do setor turístico no Brasil. Há notícias sobre o impacto do turismo na economia brasileira, sobre programas e ações do Ministério, assim como legislação, planejamento, infraestrutura e qualificação dos equipamentos e serviços turísticos.

Nos últimos anos, o crescimento do consumo tem levado grandes empresas transnacionais a investir pesadamente na aquisição ou na formação de redes de comércio varejista em território nacional. Grandes redes estrangeiras de hipermercados vêm se instalando no país, em um movimento que é parte do **fluxo de investimentos estrangeiros** nesse setor ligado ao consumo de bens duráveis e não duráveis. O setor terciário é responsável atualmente pelo maior volume de investimento estrangeiro direto no Brasil, como mostra o gráfico a seguir.

Fonte: ITAÚ BBA. *Análises econômicas*. Disponível em: <http://mod.lk/zceyy>. Acesso em: mar. 2017.

Para ler

O Brasil e o comércio internacional: transformações e perspectivas
Reinaldo Gonçalves. São Paulo: Contexto, 2000.

O livro apresenta uma análise das mudanças institucionais e dos problemas atuais, além de apontar perspectivas, formular propostas sobre o comércio internacional e comentar a evolução das negociações comerciais multilaterais, a integração regional, a cooperação internacional e o favorável cenário de inserção do Brasil no sistema mundial de comércio.

Houve notável aumento de empregos no setor de serviços, embora grande parte dele tenha ocorrido em **empreendimentos informais** (ou seja, em estabelecimentos que não pagam impostos e taxas). Por isso, uma parcela dos empregos gerados pelo setor terciário no Brasil, ainda hoje, não conta com a cobertura dos benefícios trabalhistas previstos em lei.

Essa característica difere da expansão de empregos em serviços nos países desenvolvidos, cujas contratações ocorrem em setores ligados à tecnologia e à informação, exigindo mão de obra qualificada. Ainda que esse processo também possa ser percebido no Brasil, uma parcela significativa dos empregos gerados no setor de serviços do país tem se dado em micro e em pequenas empresas, e elas nem sempre estão devidamente formalizadas.

Para assistir

Cachorro louco
Brasil, 2003. Direção de César Meneghetti. Duração: 6 min.
http://portacurtas.org.br/filme/?name=cachorro_louco
O ritmo intenso das metrópoles tem sua face mais visível no trabalho dos motoboys, que se arriscam pelas ruas das cidades, levando e trazendo encomendas e documentos.

Assim, o processo de crescimento do emprego no setor terciário brasileiro é marcado por **tendências contraditórias**: estão sendo gerados empregos em setores tradicionais, como o serviço público (saúde e educação), em setores de ponta (tecnologia da informação) e, ao mesmo tempo, em postos de trabalho marcados pela precariedade e pela baixa remuneração.

QUESTÕES

1. Relacione a mundialização da produção industrial ao crescimento dos fluxos comerciais.
2. Caracterize o setor terciário e relacione seu crescimento à Revolução Técnico-Científico-Informacional.
3. Explique por que o desenvolvimento de um país está ligado à predominância do setor de serviços em sua economia.
4. Explique o impacto do setor de serviços na geração de empregos no Brasil e avalie a qualidade dos postos de trabalho no setor terciário brasileiro.

4. O turismo no Brasil

O turismo vem crescendo nos últimos anos e já representa 3,6% do PIB brasileiro; mesmo assim, ainda há um enorme potencial a ser explorado. As belezas naturais do país, como as praias do Nordeste, ensolaradas durante praticamente o ano todo, o Rio de Janeiro, o Pantanal, entre outros locais, sem dúvida atraem turistas estrangeiros e nacionais.

O **turismo nacional** não é feito somente por aqueles que viajam por lazer, mas também pelos que praticam o turismo de negócios, ou seja, pelos que se deslocam a trabalho.

Dos estrangeiros que vêm ao Brasil, como estadunidenses, franceses e alemães, aproximadamente 50% visitam o país a negócio e o restante por lazer. O maior contingente de turistas estrangeiros são os argentinos, que visitam as praias do sul do país no verão. No Nordeste, Natal e Fortaleza são destinos muito procurados pelos europeus, dada a menor distância entre esses locais e a Europa.

Você no mundo — Atividade individual — Pesquisa

A economia local e o setor de serviços

O setor de serviços responde por mais de dois terços dos empregos no Brasil. Trata-se do conjunto de atividades econômicas que mais gera emprego e renda, ainda que nem sempre as ocupações do setor sejam bem remuneradas, pois não exigem alta qualificação.

A realidade do município ou do bairro em que você vive também é marcada pelo predomínio das ofertas de trabalho no setor de serviços?

- Faça um levantamento e reflita sobre as ocupações exercidas por familiares e amigos que estão no mercado de trabalho.
- Redija em seu caderno um pequeno texto apontando essas ocupações. Em momento previamente agendado, seu professor solicitará essas informações.
- Com base em tudo o que você e seus colegas apresentarem, conclua qual é o setor predominante no local onde sua escola está inserida.

Observe a seguir uma tabela sobre os principais países emissores de turistas para o Brasil.

Principais países emissores de turistas para o Brasil — 2014-2015

Principais países emissores	2014		2015	
	Número de turistas	Posição	Número de turistas	Posição
Argentina	1.743.930	1º	2.079.823	1º
Estados Unidos	656.801	2º	575.796	2º
Chile	336.950	3º	306.331	3º
Paraguai	293.841	4º	301.831	4º
França	282.375	5º	261.075	6º
Alemanha	265.498	6º	224.549	7º
Itália	228.734	7º	202.015	8º
Uruguai	223.508	8º	267.321	5º
Inglaterra	217.003	9º	189.269	9º
Portugal	170.066	10º	162.305	10º
Espanha	166.759	11º	151.029	11º
Colômbia	158.886	12º	118.866	12º
Peru	117.230	13º	113.078	13º
México	109.637	14º	90.361	15º
Venezuela	108.170	15º	80.488	16º
Bolívia	95.300	16º	108.149	14º
Japão	84.636	17º	70.102	18º
Holanda	81.655	18º	66.870	20º
Suíça	80.277	19º	70.319	17º
Canadá	78.531	20º	68.293	19º

Fonte: BRASIL. Ministério do Turismo. *Anuário Estatístico de Turismo*. Disponível em: <http://mod.lk/uttj8>. Acesso em: mar. 2017.

O turismo interno também tem crescido, segundo dados do Ministério do Turismo, sendo o **Nordeste** o local mais procurado para o lazer.

A falta de infraestrutura é apontada como um empecilho para a expansão do turismo. Entre os problemas relacionados está a necessidade de investimentos na qualificação da mão de obra para o setor, sobretudo com relação ao domínio de línguas estrangeiras.

Vista aérea de *resort* na praia de Muro Alto, no município de Ipojuca (PE, 2013).

Capítulo 21 • A dinâmica do comércio e dos serviços

Você no Enem!

H6 INTERPRETAR DIFERENTES REPRESENTAÇÕES GRÁFICAS E CARTOGRÁFICAS DOS ESPAÇOS GEOGRÁFICOS.
H9 COMPARAR O SIGNIFICADO HISTÓRICO-GEOGRÁFICO DAS ORGANIZAÇÕES POLÍTICAS E SOCIOECONÔMICAS EM ESCALA LOCAL, REGIONAL OU MUNDIAL.

Trabalhadores domésticos no Brasil

O Brasil é o país com o maior número de empregados domésticos do mundo, com cerca de 7 milhões de trabalhadores, entre cozinheiros, faxineiros, copeiros, jardineiros, babás, caseiros e cuidadores de idosos. No ano de 2013, o Senado aprovou a Proposta de Emenda Constitucional — a PEC nº 66/12, popularmente conhecida como "PEC das domésticas", que garantiu vários direitos trabalhistas aos empregados domésticos e foi regulamentada em 2015.

1. Observe os elementos que compõem a tabela abaixo.

Brasil: trabalhadores domésticos por região metropolitana — em 1.000*

Ano	Total	Recife	Salvador	Belo Horizonte	Rio de Janeiro	São Paulo	Porto Alegre
2003	1.402	92	124	189	355	533	110
2004	1.494	98	128	190	386	574	118
2005	1.605	100	147	199	404	636	118
2006	1.644	100	151	197	420	657	119
2007	1.685	111	158	203	422	672	118
2008	1.635	111	144	202	426	639	114
2009	1.652	114	147	198	431	648	114
2010	1.613	113	148	201	402	632	116
2011	1.554	107	130	186	381	640	110
2012	1.522	114	139	173	370	621	105
2013	1.404	105	131	163	348	563	93
2014	1.381	99	130	152	330	583	87

*Médias das estimativas mensais.

Fonte: IBGE. Diretoria de Pesquisas, Coordenação de Trabalho e Rendimento. *Pesquisa Mensal de Emprego*. Disponível em: <http://mod.lk/ell7q>. Acesso em: mar. 2017.

a) Analise a coluna 1 e responda: a que período se refere a tabela?

b) Ao avaliar a coluna referente ao "Total", é possível verificar a evolução do trabalho doméstico. Qual é a tendência geral desse fenômeno no período (aumentou ou diminuiu)?

c) Observe a primeira linha da tabela. Que regiões metropolitanas são destacadas?

2. Associando as linhas e as colunas da tabela:

a) indique as regiões metropolitanas que seguem a tendência geral.

b) aponte as regiões metropolitanas que contradizem a tendência geral.

3. Após a análise da tabela, justifique por que algumas regiões metropolitanas no país contradizem a tendência geral no Brasil.

Geografia e outras linguagens

O compositor maranhense Zeca Baleiro é um dos nomes da música popular brasileira que surgiram nos anos 1990 e que renovaram a tradição musical herdada do tropicalismo. Dele é a canção "Babylon", cuja letra está transcrita abaixo.

QUESTÕES

Em sua opinião, o autor da canção estava celebrando o consumo ao compor a letra de "Babylon"? Justifique sua resposta.

Babylon

"Baby! I'm so alone
Vamos pra Babylon!
Viver a pão de ló
E Moët & Chandon
Vamos pra Babylon!
Vamos pra Babylon!...

Gozar!
Sem se preocupar com amanhã
Vamos pra Babylon
Baby! Baby! Babylon!...
Comprar o que houver
Au revoir, ralé
Finesse, s'il vous plaît
Mon dieu, je t'aime glamour
Manhattan by night
Passear de iate
Nos mares do Pacífico Sul...

Baby!
I'm alive like
A Rolling Stone
Vamos pra Babylon
Vida é um souvenir
Made in Hong Kong
Vamos pra Babylon!
Vamos pra Babylon!...
Vem ser feliz
Ao lado deste bon-vivant
Vamos pra Babylon!
Baby! Baby! Babylon!...
De tudo provar
Champanhe, caviar
Scotch, escargot, Rayban
Bye, bye miserê
[...]"

BALEIRO, Zeca. Babylon. Em: *Líricas*. São Paulo: MZA/Universal Music, 2000.

ATIVIDADES

ORGANIZE SEUS CONHECIMENTOS

1. As alternativas abaixo mencionam causas determinantes do substancial aumento do turismo em escala global, exceto:

   a) Envelhecimento da população.
   b) Barateamento do transporte aéreo.
   c) Iniciativas de preservação ambiental.
   d) Políticas públicas de preservação do patrimônio histórico.
   e) Concentração da tecnologia nos países centrais.

2. Explique, com base na tabela, a tendência da terceirização da montagem de produtos manufaturados.

Pagamento por hora trabalhada em 2013 (em alguns países)	
País	Hora de trabalho em US$ (manufatura)
Noruega	65,86
Suíça	63,23
Bélgica	54,88
Alemanha	48,98
Estados Unidos	36,34
Portugal	12,90
Brasil	10,69
México	6,82
Filipinas	2,12

Fonte: THE CONFERENCE BOARD. *International Comparisons of Hourly Compensation Costs in Manufacturing, 2013*. p. 8. Disponível em: <http://mod.lk/uekha>. Acesso em: mar. 2017.

3. "Turismo da terceira idade já é mercado milionário."

   - A sentença acima foi manchete de um jornal de grande circulação nacional. Relacione seu conteúdo às razões de crescimento do setor de serviços no mundo.

4. Estabeleça a relação entre a Revolução Técnico-Científico-Informacional e o desenvolvimento do setor terciário.

5. Observe a foto a seguir e analise se a economia informal é benéfica ao país e aos trabalhadores nela inseridos.

Praia dos Cações, Marataízes (ES, 2016).

REPRESENTAÇÕES GRÁFICAS E CARTOGRÁFICAS

6. Proceda à leitura do esquema a seguir e faça o que se pede.

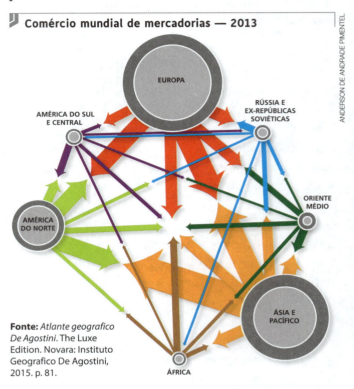

Comércio mundial de mercadorias — 2013

Fonte: *Atlante geografico De Agostini*. The Luxe Edition. Novara: Instituto Geografico De Agostini, 2015. p. 81.

Analise os seguintes fluxos comerciais:

a) Ásia, América do Norte, União Europeia e Oriente Médio.
b) América do Norte, União Europeia e Ásia.
c) América do Sul, Ásia, União Europeia e América do Norte.
d) África, Ásia, União Europeia e América do Norte.

INTERPRETAÇÃO E PROBLEMATIZAÇÃO

7. Leia a reportagem.

A terceirização do trabalho será liberada no Brasil?

"[...] O Projeto de Lei 4.330, de autoria do deputado Sandro Mabel (PMDB-GO), regulamenta a contratação de serviços terceirizados no País e permite que toda e qualquer atividade possa ser terceirizada. Um substitutivo foi apresentado pelo deputado Arthur Maia (SD-BA) em 2013, sem alterar os principais pontos, e irá para votação na Câmara.
[...]
Desde 1993, a Súmula 331 do Tribunal Superior do Trabalho rege a terceirização no Brasil e restringe essa prática aos serviços de vigilância e limpeza e a funções não relacionadas às atividades-fim das empresas. Quem contrata o serviço terceirizado não é responsabilizado diretamente por infrações trabalhistas da

contratada, ponto mantido no PL 4330. O Brasil tem hoje 12 milhões de trabalhadores formais terceirizados, o equivalente a 25% da mão de obra do País.

[...]

Os sindicatos relacionam a terceirização à precarização do trabalho. Segundo levantamento da Central Única dos Trabalhadores (CUT) e do Dieese, ao comparar trabalhadores que realizavam a mesma função em 2010, os terceirizados recebiam em média 27% a menos do que os contratados diretos, tinham uma jornada semanal 7% maior e permaneciam menos tempo no mesmo trabalho (em média 2,6 anos, ante 5,8 anos para os trabalhadores diretos). Estudo da Unicamp revelou que, dos 40 maiores resgates de trabalhadores em condições análogas à escravidão nos últimos quatro anos, 36 envolviam empresas terceirizadas.

[...] Os empresários afirmam que a terceirização é uma tendência mundial para ganho de competitividade e produtividade. A regulamentação, segundo as principais entidades empresariais, é necessária para dar segurança jurídica aos contratos e fomentar o emprego. As companhias reclamam que hoje falta clareza na definição dos conceitos de atividades-fim e meio, e a consequência são os cerca de 17 mil processos contra terceirizadas em andamento na Justiça do Trabalho. [...]"

MAIA, Samantha. A terceirização do trabalho será liberada no Brasil? *Carta Capital*, 7 abr. 2015. Disponível em: <http://mod.lk/i3bab>. Acesso em: mar. 2017.

Responda às questões a seguir.

a) Baseado na leitura que você fez do texto acima, quais são os argumentos a favor e os argumentos contra o projeto de terceirização?

b) Como você se posiciona em relação a esses argumentos? Qual é sua opinião sobre o assunto?

ENEM E VESTIBULARES

8. (Espcex-SP, 2016)

"Desde 2007, o saldo comercial brasileiro vem apresentando tendência de queda, puxada pelo mau comportamento do setor industrial, e em consequência da perda da competitividade da economia brasileira."

O Globo. Disponível em: <www.oglobo.globo.com/opniao/comercioexterior>. Acesso em: mar. 2015.

A perda sistêmica de competitividade da indústria nacional e a consequente queda de sua participação na formação da riqueza nacional estão associadas, dentre outros:

I. aos elevados custos de deslocamento dos produtos de exportação, em virtude do predomínio das rodovias e da precária integração entre os modais de transporte.

II. à grande dispersão espacial da indústria brasileira em regiões historicamente periféricas.

III. à baixa taxa de inovação da indústria brasileira, aliada ao fato de essa inovação estar mais relacionada à aquisição de máquinas e equipamentos do que ao desenvolvimento de novos produtos.

IV. aos inúmeros acordos bilaterais assinados pelo País, restringindo o número de seus parceiros comerciais no mercado externo.

V. à fraca mecanização das operações portuárias de embarque e desembarque e à intrincada burocracia nos portos, provocando atrasos e congestionamentos nas exportações.

Indique a alternativa que apresenta todas as afirmativas corretas.

a) I, II e IV
b) II, IV e V
c) I, III e V
d) I, II e III
e) III, IV e V

9. (Unesp-SP, 2015) Analise o gráfico.

Fonte: Samuel Frederico. Revista *Geografia*, v. 37, 2012 (adaptado).

Com base na análise do gráfico e de conhecimentos sobre as características qualitativas do comércio exterior brasileiro, o termo que exprime corretamente a orientação assumida pela pauta de exportações brasileiras a partir do século XXI é o de:

a) sofisticação.
b) industrialização.
c) estagnação.
d) reprimarização.
e) crescimento.

10. (CFTMG-MG, 2015)

"Dois terços de todo o circuito de trocas internacionais é de responsabilidade das transnacionais, sendo que metade desses se refere a trocas intrafirma e a outra metade a vendas para terceiros. Essas empresas costumam constituir gigantescos oligopólios que atuam em diversos setores e em vários países."

CARVALHO, Bernardo de A. *A globalização em xeque*: incertezas para o século XXI. São Paulo: Atual, 2000.

ATIVIDADES

Nesse contexto, as transnacionais que se utilizam da estratégia da oligopolização têm como objetivo primordial

a) determinar as decisões econômicas que o Estado deve executar.

b) definir os valores dos preços dos produtos que são empregados.

c) transferir as etapas da produção para os diversos países do globo.

d) formar um conjunto restrito de firmas que dominam o mercado.

11. (Uern-RN, 2015) O fluxo econômico e comercial entre as nações cresce de forma notória. Uma das questões fundamentais da atualidade dentro do processo de globalização diz respeito às práticas comerciais nas negociações internacionais.

Com base nos dados do gráfico da balança comercial brasileira, é correto afirmar que

Fonte: SECEX/MDIC.

a) nos anos 2007 e 2008, o volume importado pelo Brasil superou o das exportações e o saldo comercial manteve-se crescente.

b) o volume importado em 2010 superou os 202 bilhões de dólares, e o saldo apresentou superioridade em relação ao período anterior.

c) comparando-se ao ano anterior, em 2009, o total de exportações recuou, porém ainda manteve-se acima do volume importado, obtendo uma pequena elevação no saldo da balança comercial.

d) em 2001, o índice de exportação foi maior que a taxa de importação, situação que se manteve até 2010, apresentando saldo positivo e com crescente elevação em todo o período mencionado.

12. (Uem-PR, 2015) O mercado informal, realidade comum nas cidades dos países subdesenvolvidos, é reflexo das desigualdades socioeconômicas gestadas pelos sistemas econômicos. Tendo em vista essa afirmação, no contexto da análise do comércio e de suas implicações socioespaciais, identifique a(s) alternativa(s) correta(s):

01) No Brasil, nos últimos anos, o comércio informal tem diminuído sua participação no PIB, em função da estabilidade econômica que assegurou o crescimento da renda familiar dos trabalhadores e a sua inserção no mercado de trabalho e de consumo formais.

02) Como alternativa ao mercado informal aparece uma série de atividades ilegais (narcotráfico e tráfico de pessoas, por exemplo) que se estende, inclusive, aos países desenvolvidos com economia fortalecida.

04) A economia informal apresenta vulnerabilidades com relação à fiscalização e à autuação por parte dos vários órgãos regulatórios e enfrenta problemas de acesso à justiça e a empréstimos, além da precariedade nas relações de trabalho e na estrutura física dos negócios.

08) A América Latina, com sua diversidade étnica e cultural resultante da ocupação e da exploração econômica europeia, constitui o retrato da desigualdade social também evidenciada pelo quadro econômico atual da atividade informal e pelo desemprego nos países que a compõem.

16) O setor de serviços também tem exercido um papel relevante na geração de atividades econômicas informais, como o aumento do número de obras clandestinas de cabeamento para distribuição de TV por assinatura e a venda ambulante de alimentos de produção caseira.

13. (Enem, 2015)

"No final do século XX e em razão dos avanços da ciência, produziu-se um sistema presidido pelas técnicas da informação, que passaram a exercer um papel de elo entre as demais, unindo-as e assegurando ao novo sistema uma presença planetária. Um mercado que utiliza esse sistema de técnicas avançadas resulta nessa globalização perversa."

SANTOS, M. *Por uma outra globalização*: do pensamento único à consciência universal. Rio de Janeiro: Record, 2008 (adaptado).

Uma consequência para o setor produtivo e outra para o mundo do trabalho advindas das transformações citadas no texto estão presentes, respectivamente, em:

a) Eliminação das vantagens locacionais e ampliação da legislação laboral.

b) Limitação dos fluxos logísticos e fortalecimento de associações sindicais.

c) Diminuição dos investimentos industriais e desvalorização dos postos qualificados.

d) Concentração das áreas manufatureiras e redução da jornada semanal.

e) Automatização dos processos fabris e aumento dos níveis de desemprego.

14. (Enade, 2012)

> "No mercado turístico, as iniciativas com enfoque social vêm-se desenvolvendo acentuadamente, de modo especial no que se refere à experiência turística de pessoas com deficiência e com mobilidade reduzida. Segundo o documento de referência Turismo no Brasil 2011-2014, há que se considerar que o turismo para portadores de necessidades especiais constitui um mercado em expansão que, além de promover a inclusão e o respeito às diferenças, pode ser potencializado e deve ser valorizado como um modelo de desenvolvimento do Turismo que se proponha inclusivo. Os termos dos documentos refletem a realidade brasileira no que se refere à necessidade de atenção à acessibilidade em turismo, já que, segundo o Censo do IBGE (2010), no Brasil, há 45,6 milhões de pessoas com pelo menos uma das necessidades especiais investigadas (visual, auditiva, motora e mental), ou seja, 23,9% da população."
>
> BRASIL. Ministério do Turismo. *Turismo no Brasil 2011-2014*. Disponível em: <www.turismo.gov.br>. Acesso em: 12 jul. 2012 (adaptado).
> INSTITUTO BRASILEIRO DE GEOGRAFIA E ESTATÍSTICA. Disponível em: <www.ibge.gov.br>. Acesso em: 12 jul. 2012 (adaptado).

Com o auxílio das informações acima, redija um texto dissertativo propondo um modelo de turismo inclusivo para o Brasil.

15. (Enade, 2012)
Considerando o contexto atual de preparação para a Copa do Mundo de 2014 e as Olimpíadas de 2016, avalie as seguintes asserções e a relação proposta entre elas.

I. A preparação para a realização de megaeventos, como a Copa de 2014 e as Olimpíadas de 2016, constitui, ao mesmo tempo, um desafio e uma oportunidade, não só para a consolidação e o reconhecimento do turismo como importante fator de desenvolvimento socioeconômico para o país, mas também para a construção de um novo patamar de qualidade dos territórios e da rede de cidades no Brasil.

PORQUE

II. No âmbito da alocação de recursos governamentais para infraestrutura básica e de apoio ao turismo, faz-se necessário um trabalho mais sistemático de articulação intersetorial para a definição de investimentos, no qual sejam priorizadas as demandas do setor, particularmente com relação àqueles relacionados ao desenvolvimento urbano (saneamento, segurança, transporte, mobilidade urbana, entre outros).

A respeito dessas asserções, identifique a opção correta.

a) As asserções I e II são proposições verdadeiras, e a II é uma justificativa da I.
b) As asserções I e II são proposições verdadeiras, mas a II não é uma justificativa da I.
c) A asserção I é uma proposição verdadeira, e a II é uma proposição falsa.
d) A asserção I é uma proposição falsa, e a II é uma proposição verdadeira.
e) As asserções I e II são proposições falsas.

16. (Enade, 2012)

> "Os negócios turísticos estão enfrentando condições de mercado cada vez mais competitivas. Várias empresas turísticas estão competindo pelos mesmos grupos de clientes, gerando a necessidade de se formatar, promover e comercializar produtos e serviços turísticos adaptados a determinadas demandas, cada vez mais exigentes.
> É fundamental considerar as características e o potencial de consumo de cada segmento para se realizar uma adequada segmentação de mercado."
>
> MIDDLETON, V. *Marketing de turismo*: teoria e prática. Rio de Janeiro: Campus, 2002 (adaptado).

Considerando esse cenário e a eficiência da estratégia de segmentação de mercado, é fundamental:

I. mapear as atitudes mentais e os traços psicológicos dos indivíduos.
II. avaliar as necessidades dos clientes e os benefícios buscados junto a um determinado produto ou serviço.
III. compreender os desejos e as motivações de determinados grupos de clientes.
IV. analisar os objetivos pelos quais os clientes consomem produtos e serviços de determinada empresa e os da concorrência.
V. verificar os tipos de comportamento ou características do uso de produtos e serviços por parte dos clientes.

É correto o que se afirma em:

a) I, apenas.
b) II e III, apenas.
c) III, IV e V, apenas.
d) I, II, IV e V, apenas.
e) I, II, III, IV e V.

Mais questões: no livro digital, em **Vereda Digital Aprova Enem** e **Vereda Digital Suplemento de revisão e vestibulares**; no *site*, em **AprovaMax**.

CAPÍTULO 22

GLOBALIZAÇÃO E EXCLUSÃO

ENEM
C2: H6, H7, H8, H9
C3: H14
C4: H18

Neste capítulo, você vai aprender a:
- Analisar fatos e situações representativas das desigualdades socioeconômicas resultantes da globalização.
- Diferenciar os conceitos de pobreza humana e de desigualdade.
- Distinguir pobreza integrada de pobreza desqualificante.
- Analisar as condições socioeconômicas dos países menos desenvolvidos a fim de reconhecer as principais causas e consequências da pobreza extrema.

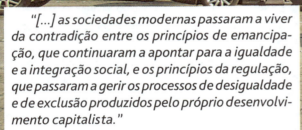

"[...] as sociedades modernas passaram a viver da contradição entre os princípios de emancipação, que continuaram a apontar para a igualdade e a integração social, e os princípios da regulação, que passaram a gerir os processos de desigualdade e de exclusão produzidos pelo próprio desenvolvimento capitalista."

SANTOS, Boaventura de Souza. *A construção multicultural da igualdade e da diferença*. Coimbra: Centro de Estudos Sociais, 1999. p. 3.

Neste capítulo, discutiremos como a pobreza e a exclusão se manifestam em decorrência da mundialização do capital caracterizada pela globalização. Abordaremos as formas de manifestação da pobreza e também os indicadores de desigualdade em nível global, analisando especialmente a situação dos países menos desenvolvidos.

Ponto de partida

Apesar de a União Europeia ser uma das regiões mais ricas do mundo, 17% da sua população não tem os meios necessários para satisfazer as suas necessidades básicas. Equivocadamente, a pobreza é, em geral, associada às populações de países em desenvolvimento. Contudo, muitos países europeus também são afetados pela pobreza e pela exclusão social, tanto que, em 2010, a União Europeia promoveu o Ano Europeu de Luta contra a Pobreza e a Exclusão Social. Considerando a imagem e seus conhecimentos sobre a realidade social dos diferentes países, quais seriam as atitudes necessárias para evitar a pobreza e a exclusão no mundo?

A exclusão social pode ser vista em vários locais do mundo. Na foto, estação Gare du Nord, Paris (França, 2013).

Capítulo 22 • Globalização e exclusão

1. Globalização e exclusão

A conquista progressiva de direitos sociais pela maioria da população do mundo desenvolvido foi o resultado histórico de lutas travadas por sindicatos e organizações de defesa dos trabalhadores que, desde o século XIX, defenderam melhores condições de trabalho, reduções de jornada, aumento do rendimento dos trabalhadores e acesso público à educação e à saúde.

Após a Segunda Guerra Mundial, grande parte dos países desenvolvidos difundiram os princípios do **Estado de bem-estar social**. Esses Estados capitalistas implantaram políticas de previdência social e pleno emprego e buscaram promover a **inclusão social**. Essas medidas não contemplavam a efetiva distribuição da riqueza, mas visavam garantir as condições mínimas de sobrevivência aos indivíduos. Com isso, também almejavam o crescimento econômico, uma vez que uma parcela maior da população seria consumidora.

Nas últimas décadas do século XX, os **princípios neoliberais** foram incorporados em vários países ao redor do mundo. O Estado passou a intervir cada vez menos na economia e a reduzir seus gastos com políticas sociais. Isso resultou em condições estruturais que ampliaram a **exclusão social** e fizeram com que esse conceito ganhasse destaque, refletindo uma preocupação não apenas dos países em desenvolvimento, mas também dos países desenvolvidos. Ainda nesse período, o conceito de exclusão social ultrapassou o âmbito da pobreza, incorporando com maior vigor o discurso das diversas minorias. O excluído é também aquele que sofre discriminação por gênero, cor, credo, preferência sexual, deficiência física e outras "diferenças".

> **QUESTÕES**
>
> 1. Diferencie os princípios do Estado de bem-estar social das políticas neoliberais.

A globalização beneficiou poucos países e aprofundou os contrastes entre as nações em desenvolvimento e as nações desenvolvidas. Os **Países Menos Desenvolvidos (PMD)** estão efetivamente excluídos da globalização: neles há fome, miséria, analfabetismo e vulnerabilidade econômica. Na era da tecnologia e da informação, a inclusão desses países parece muito distante.

> **Países Menos Desenvolvidos (PMD).** Segundo a Organização das Nações Unidas (ONU), são aqueles que apresentam os mais baixos índices de desenvolvimento socioeconômico e humano do mundo, caracterizados por baixa renda, vulnerabilidade econômica e *status* de capital humano deficiente (educação, nutrição, saúde etc.).

Para assistir

The Corporation
Canadá, 2003. Direção de Mark Achbar e Jennifer Abbott. Duração: 144 min.
Documentário com entrevistas de pessoas ligadas, direta ou indiretamente, ao mundo corporativo e com imagens de arquivo, traçando um retrato das corporações e apresentando o resultado de suas ações nas sociedades onde atuam.

Desigualdades na globalização

As mudanças na economia internacional têm acentuado as **desigualdades socioeconômicas**. Com o objetivo de expandir o capital, os grupos econômicos que controlam o mercado mundializado procuram produzir mais a menores custos, encurtar distâncias utilizando meios de transporte mais rápidos, investir em centros de pesquisa para produzir novas tecnologias e materiais, utilizar a informática e as redes de computadores para acelerar a integração dos mercados por meio da comunicação virtual. No entanto, essas mudanças têm beneficiado apenas uma pequena parcela da população.

Os processos de globalização econômica e financeira afetam, inequivocamente, muito mais os países em desenvolvimento. Estes continuam excluídos tanto da capacidade de produzir ciência e tecnologia quanto dos benefícios gerados por elas, o que intensifica as desigualdades socioeconômicas.

O **Programa das Nações Unidas para o Desenvolvimento (Pnud)** publica diversos relatórios, nos quais se constata que as prioridades do avanço científico e tecnológico estão, em sua maioria, voltadas para o interesse dos países desenvolvidos. No ramo da biotecnologia, por exemplo, as pesquisas relacionadas ao amadurecimento lento do tomate e aos cosméticos foram consideradas prioritárias em detrimento daquelas relativas à vacina contra a malária e aos cultivos resistentes à seca nos países em desenvolvimento.

Outra publicação da ONU — o *Informe sobre os Objetivos do Milênio 2015* — revelou em suas últimas pesquisas sobre a pobreza humana que, apesar de problemas resultantes da crise econômica e do déficit de alimentos e de energia, a taxa de pobreza global recuou a 12% — a meta esperada era de 19%. Esses resultados estão ligados à crescente urbanização e aos investimentos na educação, na saúde, na infraestrutura, entre outros. Mesmo com a melhora dos resultados gerais, 836 milhões de pessoas vivem, no mundo, com menos de US$ 1,25 por dia (veja o gráfico da página a seguir).

Em contrapartida, a sociedade da informação e da tecnologia ofertou novos produtos, ampliou mercados e, de acordo com pesquisas, elevou o padrão de vida de muitas famílias.

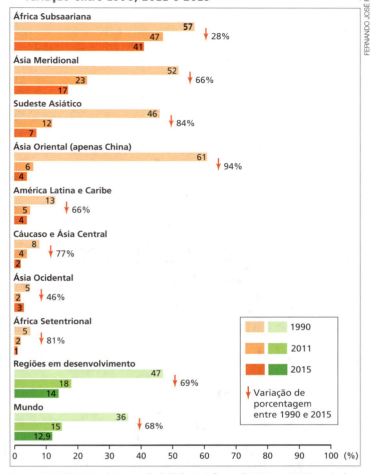

Pessoas que vivem com menos de US$ 1,25 por dia — variação entre 1990, 2011 e 2015

África Subsaariana: 57 / 47 / 41 ↓28%
Ásia Meridional: 52 / 23 / 17 ↓66%
Sudeste Asiático: 46 / 12 / 7 ↓84%
Ásia Oriental (apenas China): 61 / 6 / 4 ↓94%
América Latina e Caribe: 13 / 5 / 4 ↓66%
Cáucaso e Ásia Central: 8 / 4 / 2 ↓77%
Ásia Ocidental: 5 / 2 / 3 ↓46%
África Setentrional: 5 / 2 / 1 ↓81%
Regiões em desenvolvimento: 47 / 18 / 14 ↓69%
Mundo: 36 / 15 / 12,9 ↓68%

Legenda: 1990 / 2011 / 2015 — ↓ Variação de porcentagem entre 1990 e 2015

Fonte: ONU. *Objetivos de Desarrollo del Milenio*: informe de 2015. p. 14. Disponível em: <http://mod.lk/ToY5c>. Acesso em: mar. 2017.

Para navegar

Programa das Nações Unidas para o Desenvolvimento (Pnud)
www.br.undp.org/content/brazil/pt/home
Este *site* disponibiliza informações sobre o histórico e os objetivos, metodologias, variáveis e *rankings* do IDH. Também é possível consultar o *Relatório de desenvolvimento humano*, os *Objetivos de Desenvolvimento do Milênio (ODM)* e o *Atlas das regiões metropolitanas e municipais*.

2. Diversos tipos de pobreza

Ao avaliar a dinâmica social do século XXI resultante das mudanças operadas pelo capitalismo, é possível constatar que a pobreza consiste na relação entre distribuição e consumo das riquezas no mundo. Para organismos internacionais como o Banco Mundial, a **desigualdade** deve ser compreendida como a apropriação diferencial da riqueza (renda e bens) por indivíduos e grupos sociais. E o conceito de **pobreza humana** refere-se ao nível de recursos abaixo do qual uma pessoa não consegue atingir patamares mínimos de padrão de vida, desejáveis em uma sociedade em determinada época.

A pobreza é considerada extrema (também designada miséria) quando as condições de vida de uma população atingem o nível mais baixo de satisfação das necessidades básicas de sobrevivência.

Nos Estados Unidos, por exemplo, o conceito de pobreza extrema é aplicado quando a renda familiar não atinge 50% do que se considera a linha de pobreza naquele país. Observe a tabela a seguir, que indica alguns dados significativos sobre a situação social dos Estados Unidos.

Estados Unidos: dados socioeconômicos — 2016

População	323.995.528 hab.
PIB	US$ 18,56 trilhões
PIB *per capita*	US$ 57.300
População abaixo da linha de pobreza	15,1%
Crescimento populacional	0,81%
Taxa de natalidade	12,5 nascimentos/1.000 hab.
Taxa de mortalidade	8,2 mortes/1.000 hab.
Mortalidade infantil	5,8 mortes/1.000 nascidos vivos

Fonte: CENTRAL Intelligence Agency. *The world factbook*: United States. Disponível em: <http://mod.lk/9buhg>. Acesso em: mar. 2017.

Para o sociólogo francês Serge Paugam, a explicação desse quadro pode ser encontrada ao se analisar como as diversas tipologias de pobreza se manifestam em determinados países. Em alguns deles (como Haiti, Nicarágua, Ruanda ou mesmo em algumas regiões do Brasil), ela pode ser caracterizada como **pobreza integrada** — representativa de uma situação na qual os pobres são numerosos e compõem um vasto contingente (veja as imagens a seguir). Nesse caso, os pobres distinguem-se pouco de outras camadas sociais.

Rua de Freetown, capital de Serra Leoa, país do continente africano (foto de 2016).

Rua de Porto Príncipe, capital do Haiti, anos depois do terremoto que devastou a cidade (foto de 2015). De acordo com a tipologia estabelecida pelo sociólogo Serge Paugam, na pobreza integrada a miséria habita o cotidiano de milhares de pessoas há várias gerações.

Na tabela a seguir, os dados socioeconômicos do Haiti são representativos da pobreza extrema e integrada.

Haiti: dados socioeconômicos — 2016

População	10.485.800 hab.
PIB	US$ 8,259 bilhões
PIB *per capita*	US$ 1.800
População abaixo da linha da pobreza	58,5%
Crescimento populacional	1,17%
Taxa de natalidade	23,3 nascimentos/1.000 hab.
Taxa de mortalidade	7,7 mortes/1.000 hab.
Mortalidade infantil	48,2 mortes/1.000 nascidos vivos

Fonte: CENTRAL Intelligence Agency. *The world factbook*: Haiti. Disponível em: <http://mod.lk/Q5LHS>. Acesso em: mar. 2017.

Para assistir

O que são os direitos humanos?

United for human rights (A história dos direitos humanos). EUA, s.d. Direção da ONG Unidos pelos Direitos Humanos. Duração: 9 min. http://br.humanrights.com/home.html

O vídeo apresenta a história dos direitos humanos desde o século VI a.C. (com o Cilindro de Ciro) até 1948 (com a *Declaração Universal dos Direitos Humanos*). Também discute o que são os direitos humanos.

Existe ainda uma terceira tipologia: a **pobreza desqualificante** — encontrada nos Estados Unidos e em países europeus (veja as imagens a seguir). Nesse caso, a situação social diz respeito muito mais à exclusão do que às condições precárias de sobrevivência propriamente ditas. Os excluídos são repelidos pela esfera produtiva e tornam-se dependentes das instituições de ação social. Para a maioria, não se trata de um estado de miserabilidade estável, mas de uma situação instável. Cada vez mais, essas pessoas enfrentam dificuldades resultantes da renda insuficiente e da precariedade das condições de moradia e saúde — o que provoca fragilidade nas relações familiares. A decadência material e a dependência dos mecanismos de assistência social traduzem-se no **sentimento de inutilidade social**, produzindo uma situação de exclusão que se manifesta pelo sentimento de estar "fora da classe".

Na primeira foto, sem-teto em rua de Nova York (Estados Unidos, 2015). Na segunda, mulher pede esmola em rua de Roma (Itália, 2015).

New Deal

No caso dos Estados Unidos, essa percepção negativa é ainda mais acentuada se considerarmos questões culturais fortemente arraigadas relacionadas ao *american way of life* ("modo de vida estadunidense"), baseado no acesso farto a bens de consumo. Esses valores consistem em princípios de vida, de liberdade e de procura da felicidade — direitos não alienáveis, ou seja, direitos que todos os cidadãos deveriam desfrutar, de acordo com a Declaração de Independência dos Estados Unidos.

Esses valores se fortaleceram, sobretudo, depois dos "tempos duros" — período correspondente à depressão econômica decorrente da crise de 1929 —, a partir da implantação da política do **New Deal** de Roosevelt; consolidaram-se após a Segunda Guerra Mundial, com o fortalecimento da hegemonia política, econômica e militar dos Estados Unidos e ganharam contornos mais definidos nas décadas de 1950 e 1960.

Durante a maior parte dos anos 1960, a luta por direitos civis dos negros — liderada pelo pastor e ativista político Martin Luther King (1929-1968) — levou o governo de Lyndon Johnson a estabelecer atos legislativos contra a discriminação racial e a implementar o programa da "Guerra contra a pobreza", além de outras políticas includentes.

> **New Deal.** Em português, "Novo Acordo". Nome dado à série de programas implementados nos Estados Unidos, entre 1933 e 1937, durante a Grande Depressão, no governo do presidente Franklin Delano Roosevelt. O objetivo era recuperar e reformar a economia estadunidense, considerando os princípios do Estado de bem-estar social.

3. Educação e exclusão

Um dos aspectos responsáveis pela ampliação do fosso entre as nações é justamente o **baixo índice educacional dos países em desenvolvimento**.

A educação é um dos meios mais efetivos para eliminar a pobreza extrema. No entanto, em 2012, de acordo com os dados da Unesco, 121 milhões de crianças continuavam fora das escolas de ensino fundamental e ensino médio no mundo — e 250 milhões não tinham aprendido a ler ou a escrever, embora tivessem frequentado a escola.

Em um mundo globalizado, o acesso à educação vai além de seu significado sociocultural, pois se apresenta como condição imprescindível para o desenvolvimento do país. Em plena era da Revolução Técnico-Científico-Informacional, a especialização da mão de obra requer novas habilidades. Se, na linha de montagem das fábricas, eram suficientes ações repetitivas, a incorporação das novas tecnologias de produção e a expansão do setor de serviços passaram a exigir competências e habilidades ligadas ao trabalho em grupo e ao domínio das diversas linguagens, como a informática. O trabalhador, antes treinado para uma única função, deve agora desenvolver aptidões mais elaboradas e, para isso, a escolaridade é fundamental.

Escola primária em Hévié (Benin, 2013). Embora o número de crianças na escola tenha crescido em vários países em desenvolvimento, ele ainda é muito baixo.

Observe, nos gráficos a seguir, a distribuição do número de crianças e jovens fora da escola, nos ensinos fundamental e médio, nos países menos desenvolvidos, de acordo com os últimos dados disponíveis em 2015.

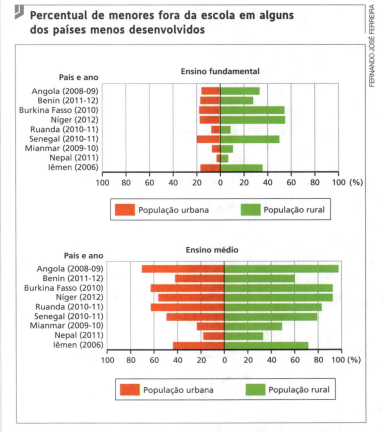

Fonte: UNCTAD. *The least developed countries*: report 2015. Genebra: ONU, 2015. p. 27. Disponível em: <http://mod.lk/pocYD>. Acesso em: mar. 2017.

4. Trabalho e exclusão

As **novas tecnologias** provocaram a substituição (ou mesmo a eliminação) de diversas profissões. Por exemplo, o datilógrafo é um profissional extinto. Com o advento do computador e das facilidades possibilitadas por ele, surgiram diversas profissões, entre elas a de digitador. Para usufruir dessas multifuncionalidades, é necessário aprender a lidar com o equipamento e com programas cada vez mais especializados, como um editor de textos. No campo, a mecanização das lavouras tem sido responsável pelo êxodo rural, mas há regiões aonde a tecnologia ainda não chegou e os cultivos dependem totalmente dos trabalhadores rurais, que, por sua vez, sobrevivem graças ao plantio.

Para navegar

Fundo das Nações Unidas para a Infância (Unicef)
www.unicef.org/brazil/pt
O *site* traz o histórico e a missão do Unicef no Brasil, informações sobre programas de imunização, aleitamento, combate ao trabalho infantil e ações que buscam melhorar a vida de crianças e adolescentes no semiárido brasileiro. Também há relatos das principais dificuldades enfrentadas pela comunidade nacional e internacional para solucionar inúmeros problemas que atingem crianças e jovens em todo o globo.

5. Os países menos desenvolvidos (PMD)

Atualmente, 48 países são designados pela ONU como países menos desenvolvidos, de acordo com os critérios a seguir:

1. Renda *per capita*, com base em uma estimativa média de três anos do produto interno bruto (PIB) *per capita*, até um limite de US$ 1.242.

2. Qualidade de indicadores sociais, tais como:
   - nutrição (percentagem da população desnutrida);
   - taxa de mortalidade infantil;
   - percentual de matrículas nos cursos de educação básica de crianças e jovens em idade escolar;
   - alfabetização (taxa de alfabetização de adultos).

3. Vulnerabilidade socioeconômica, com base em indicadores como a ocorrência e o número de vítimas de desastres naturais e o grau de concentração das exportações de mercadorias em poucos produtos.

Você no mundo — Trabalho em grupo — Relato

ONG

A pobreza e a exclusão social persistem, apesar de todo o progresso técnico alcançado pelas sociedades nas últimas décadas.

Existem, no entanto, iniciativas que procuram superar esse quadro social desagregador. Elas partem não apenas de políticas públicas, patrocinadas pelo Estado, mas também de organizações sociais do chamado Terceiro Setor — formado por entidades de caráter público, mas que não são controladas pelo governo.

Por meio de ações e programas inclusivos, essas entidades, muitas delas conhecidas pela sigla ONG (organização não governamental), constroem diversos projetos para atenuar problemas sociais e criar alternativas de emprego e renda por meio da criação de cooperativas ou da disponibilização de cursos de formação profissional para a população.

Em grupos, localizem uma dessas organizações (associações de moradores, cooperativas) em sua cidade ou região e pesquisem sobre sua atuação. Antes, porém, é fundamental constatar a idoneidade da ONG, ou seja, a clareza de suas normas de atuação, sua transparência na utilização dos recursos financeiros, a legitimidade de suas ações e/ou projetos, sua ética, entre outros aspectos. Para isso, verifiquem se a atuação da ONG pesquisada é reconhecida ou citada nos meios de comunicação; se ela mantém vínculo com órgãos governamentais; se já recebeu premiações (existem prêmios voltados para ONGs). Se necessário, solicitem orientações ao professor.

Depois de aprovada a escolha da entidade pelo grupo, agendem uma visita à sede dessa organização e registrem, por meio de relato, os itens a seguir:

- Os objetivos do projeto e por que eles são prioritários para o contexto social em que estão inseridos;
- As fontes de financiamento do trabalho;
- As parcerias, se houver, entre o projeto e o setor público e como elas se dão;
- Os resultados já obtidos pelo projeto.

Se algum aluno da classe fizer parte de um desses projetos, o relato será muito mais enriquecedor. Orientem-no a contar aos demais colegas como foi sua experiência, compartilhando o conhecimento que adquiriu.

Os 48 países menos desenvolvidos — 2012

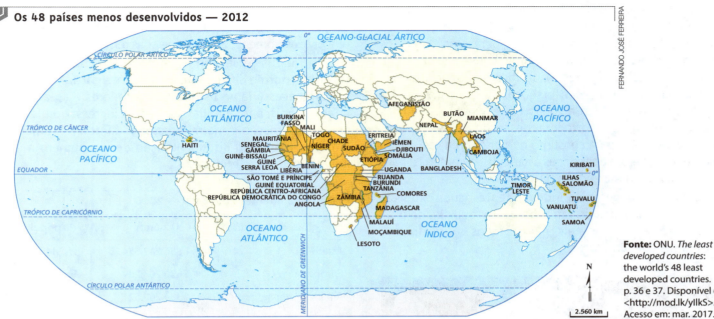

Fonte: ONU. *The least developed countries: the world's 48 least developed countries.* p. 36 e 37. Disponível em: <http://mod.lk/yIIkS>. Acesso em: mar. 2017.

Os fatores históricos

Fatores históricos são importantes para explicar a situação em que muitos países menos desenvolvidos se encontram hoje. A **colonização de exploração**, imposta à maioria deles, foi preponderante para a perpetuação de restrições políticas e econômicas ainda hoje vigentes em diversos países. No caso africano subsaariano, a maioria dos países tornou-se independente a partir da década de 1960, seguida da instalação de governos quase sempre autoritários, exercidos por elites (de um ou de outro grupo étnico ou tribal) que, muitas vezes, estavam associadas aos antigos colonizadores. O resultado foram **tensões internas** que desencadearam, em muitos casos, guerras civis e de caráter étnico.

Os países menos desenvolvidos, em sua maior parte, foram afetados pela depreciação do preço de seus principais produtos de exportação, por catástrofes naturais (enchentes, secas, pragas, terremotos) e conflitos políticos; além disso, apresentam crescimento vegetativo acelerado, situação que afeta, principalmente, as populações mais carentes. Nesse contexto, são comuns os surtos endêmicos e epidêmicos e as crises de fome. A **insegurança alimentar** atinge muitos desses países, que sobrevivem graças a donativos de organizações humanitárias. Além disso, não há investimentos sociais voltados à inclusão escolar, à saúde e ao atendimento materno-infantil.

O estado da insegurança alimentar no mundo — 2015

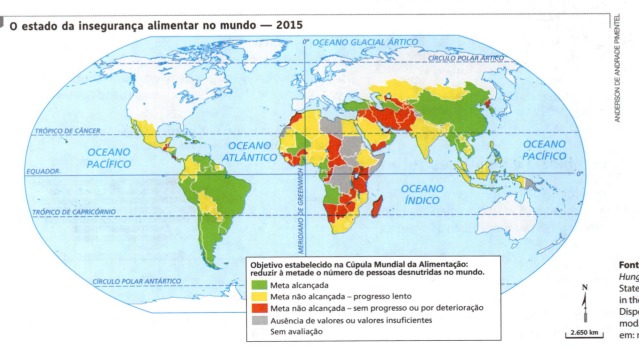

Fonte: FAO. *The FAO Hunger Map 2015. The State of Food Insecurity in the World 2015.* Disponível em: <http://mod.lk/Q2a36>. Acesso em: mar. 2017.

Capítulo 22 • Globalização e exclusão

Em geral, os países menos desenvolvidos integraram-se à economia mundial como fornecedores de matérias-primas agrícolas e de minerais necessários ao progresso material dos países desenvolvidos. Entre as muitas consequências para essas sociedades, está a desestruturação da agricultura de subsistência tradicional — que foi substituída pelas *plantations* (de café, cacau, amendoim, algodão, entre outras). As colônias tornaram-se grandes exportadoras desses produtos e precisaram importar grãos para consumo humano, uma vez que as melhores terras eram destinadas à agricultura comercial para abastecimento do mercado externo.

Atualmente, apesar de independentes, suas exportações ainda estão calcadas em uma pauta reduzida de produtos agrícolas ou minerais, cujos preços são definidos pelos países consumidores.

O Camboja é um dos países menos desenvolvidos do mundo: cerca de 30% dos seus 14 milhões de habitantes vivem com menos de 1 dólar por dia. Na foto, pessoas sem-teto dormem nas ruas da capital cambojana, Phnom Penh (2013).

O *apartheid* da tecnologia e da infraestrutura

Considerando o que foi discutido até agora, é possível concluir que países com os menores IDHs incluem, entre outros aspectos, o menor ingresso de estudantes no ensino básico.

Acesso à internet

Em plena era da informação, esses países também apresentam a **menor taxa de informatização do mundo**. Observe na tabela a seguir os dados referentes à disseminação da internet nas diversas regiões do mundo — o que indica um acesso bastante restrito das regiões mais pobres do mundo às novas tecnologias de informação. Segundo dados da ONU, nos países menos desenvolvidos, somente 2,1% das pessoas têm acesso à internet.

Em muitos países, principalmente no continente africano, há enorme dificuldade de implementação da infraestrutura necessária ao uso de computadores e ao acesso à internet, pois, para ampliar sua rede e ingressar de fato na era da informação, seriam necessários tanto investimentos em energia quanto disponibilização de um número muito maior de linhas telefônicas.

O uso da internet no mundo — 2016

Regiões do mundo	Usuários	% da população
Ásia	1.856.212.654	44,7
Europa	630.708.269	76,7
América Latina e Caribe	384.766.521	59,4
África	335.453.374	26,9
América do Norte	320.067.193	88,1
Oriente Médio	141.489.765	56,5
Oceania/Austrália	27.540.654	68,0
Total	3.696.238.430	49,2

Fonte: INTERNET WORLD STATS. *Internet usage statistics*: world internet users and population stats. Disponível em: <http://mod.lk/vqbly>. Acesso em: mar. 2017.

Acesso à energia elétrica

A carência de energia persiste principalmente em regiões como a África Subsaariana e o sul da Ásia. No total, a África Subsaariana, com aproximadamente 1 bilhão de habitantes, consome apenas 145 terawatts-hora de eletricidade ao ano, o equivalente a uma lâmpada incandescente por pessoa durante três horas por dia. Abastecer 1 bilhão de pessoas com energia de forma economicamente viável e sustentável, além de prover sistemas adequados para cozinhar (2,9 bilhões de pessoas usam lenha ou outra biomassa em seu cotidiano), é fundamental para erradicar a pobreza e fornecer melhores condições de vida. Veja no gráfico a seguir o percentual de pessoas sem acesso à eletricidade nos países menos desenvolvidos.

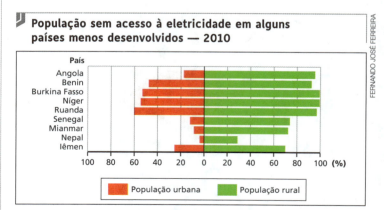

População sem acesso à eletricidade em alguns países menos desenvolvidos — 2010

Fonte: UNCTAD. *The least developed countries*: report 2015. Genebra: ONU, 2015. p. 27. Disponível em: <http://mod.lk/pocyd>. Acesso em: mar. 2017.

Acesso à telefonia

Outro setor que merece atenção na África é o da telefonia. De acordo com dados do *Informe sobre a economia da informação* — elaborado em 2007 pela Conferência das Nações Unidas sobre o Comércio e Desenvolvimento (Unctad) —, até a década de 1990 havia apenas uma linha telefônica para cada 100 habitantes na África, o que correspondia a 2% do total mundial. Na atualidade, investimentos de operadoras europeias iniciaram a implantação de sistemas de telefonia celular no continente — o que, de acordo com dados da ONU, ampliou o acesso à telefonia móvel para 25% da população africana.

Entre 2009 e 2011, houve grande ampliação na oferta de telefonia móvel na África, com cerca de 60 operadores atuando em 40 países do continente. A instalação de cabos submarinos de fibra óptica e a ampliação de sinais por micro-ondas de rádio e *links* de satélites têm contribuído para abrandar as dificuldades de acesso da população, principalmente a rural. Porém, a grande barreira para a plena inserção da África nas tecnologias de comunicação reside, em especial, no **alto custo** das ligações, na **baixa qualidade** dos serviços oferecidos, bem como na reduzida capacidade de alcance dos sinais. Para ter ideia do custo, uma ligação telefônica dos Estados Unidos para um país da África, com duração de três minutos, tem um custo inferior a US$ 0,50. Na África Subsaariana, uma ligação com esse mesmo número de minutos para os Estados Unidos pode chegar a US$ 9,00.

Acesso ao saneamento básico

O acesso ao saneamento básico é uma necessidade ainda a ser atendida para 2,4 bilhões de pessoas. Ao menos 663 milhões de pessoas não têm fornecimento estável de água potável, e estima-se que, até 2025, aproximadamente 1,8 bilhão de pessoas residirão em locais com severa escassez de água. No mundo menos desenvolvido, essa realidade é persistente.

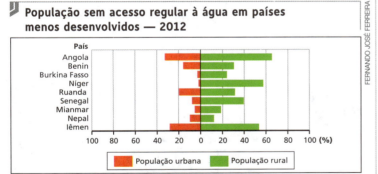

População sem acesso regular à água em países menos desenvolvidos — 2012

Fonte: UNCTAD. *The least developed countries*: report 2015. Genebra: ONU, 2015. p. 26. Disponível em: <http://mod.lk/pocyd>. Acesso em: mar. 2017.

Para assistir

Garapa
Brasil, 2009. Direção de José Padilha.
Duração: 110 min.
Esse documentário acompanha o cotidiano de três famílias que não têm condições de oferecer aos filhos refeições regulares.

População sem acesso ao saneamento básico em países menos desenvolvidos — 2012

Fonte: UNCTAD. *The least developed countries*: report 2015. Genebra: ONU, 2015. p. 26. Disponível em: <http://mod.lk/t95XT>. Acesso em: mar. 2017.

Acesso ao transporte

Outro desafio para viabilizar o desenvolvimento econômico dos países menos desenvolvidos é o acesso ao transporte. Atualmente, 1 bilhão de pessoas não contam com estradas pavimentadas nem vias que resistam à chuva e a outras intempéries. Os acidentes rodoviários matam 1,3 milhão e ferem cerca de 50 milhões de pessoas por ano, sendo 90% residentes em países de renda baixa e média.

A infraestrutura de transportes tem uma função essencial, especialmente para a erradicação da pobreza em zonas rurais. Conforme mostra o mapa a seguir, o tempo de viagem gasto por populações que moram no campo até a maior cidade mais próxima é muito grande, mesmo em países relativamente pequenos e com densidade populacional moderada, como o Senegal, e mais ainda nos países de maior extensão e menor densidade populacional, como Madagascar e Mali. Evidentemente, o escoamento da produção agrícola é bastante prejudicado ou mesmo proibitivo.

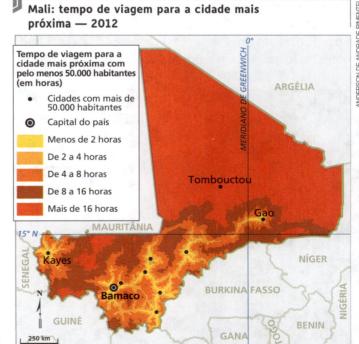

Mali: tempo de viagem para a cidade mais próxima — 2012

Fonte: UNCTAD. *The least developed countries*: report 2015. Genebra: ONU, 2015. p. 23. Disponível em: <http://mod.lk/pocyd>. Acesso em: mar. 2017.

Projetos de superação da pobreza e da exclusão

Nota-se que o desenvolvimento da infraestrutura em setores como energia, água, transportes e tecnologia da informação e comunicação é fundamental para viabilizar melhores condições de vida, o crescimento econômico e a redução da pobreza.

O incremento da atividade agrícola é bastante relevante para os países menos desenvolvidos, até porque suas populações, em geral, são majoritariamente rurais e, mesmo assim, encontram-se em situação de carência de alimentos básicos. Dois terços da população dos 48 países menos desenvolvidos habitam zonas rurais; e em apenas seis (Djibuti, Gâmbia, Haiti, Mauritânia, São Tomé e Príncipe, Tuvalu) a proporção é inferior a 50%.

Mas a agricultura também tem características peculiares no que se refere a ganhos econômicos em contextos de extrema pobreza. Ela desempenha, nos países menos desenvolvidos, extraordinário papel na geração de empregos e produz, na maioria dos casos, os principais itens de suas pautas de exportação. É na agricultura que estão, em média, 60% dos empregos nos países menos desenvolvidos, sendo 68% na África.

De acordo com John W. Mellor, especialista em Economia do Desenvolvimento na Universidade de Cornell, o crescimento agrícola tem se apresentado como o principal elemento da redução da pobreza nas economias menos desenvolvidas. Seu efeito na redução da pobreza tem sido 1,6 vez superior ao do crescimento industrial e três vezes maior que o crescimento no setor dos serviços, de acordo com os analistas do Banco Mundial Luc Christiaensen e Lionel Demery.

Em países do oeste da África Subsaariana, como a Costa do Marfim, projetos do Banco Mundial e de ONGs internacionais subsidiam equipamentos, tecnologia e centros de pesquisa que estimulam a produção de alimentos básicos, como o arroz. Assim, criam-se alternativas ao plantio de cacau e outras *commodities* exclusivamente voltadas ao mercado externo e aos interesses da indústria alimentícia global. Na Costa do Marfim, mais de 50.000 produtores de arroz, 25% dos quais mulheres, beneficiaram-se com a nova modalidade de produção.

O aumento da produtividade agrícola é fundamental para a solução da fome nos países menos desenvolvidos. Na foto, campo de cultivo experimental de arroz em Bouake (Costa do Marfim, 2015).

O incremento dos equipamentos urbanos é igualmente relevante. Um dos exemplos é o conjunto de projetos de melhoria urbana financiado por agências internacionais de fomento em países do Sudeste Asiático, como o Vietnã, onde 7,5 milhões de pessoas, incluindo 2 milhões que vivem em bairros de baixa renda de grandes cidades, puderam ter acesso pela primeira vez a redes de água e eletricidade. Bairros pobres da capital do país, Hanói, tiveram melhorias nas conexões de água, bem como pavimentação das ruas, canalização de esgoto, além da drenagem de canais e construção de pontes.

Rua em um bairro de Hanói, capital do Vietnã, antes (foto da esquerda, 2004) e depois (foto da direita, 2014) do projeto de melhoria urbana, que canalizou córregos, pavimentou ruas e conectou residências a redes de água e esgoto.

Geografia e outras linguagens

Residentes de Nova York

Em 2014, o fotógrafo e artista plástico Andrés Serrano organizou em Nova York a exposição intitulada *Residentes em Nova York*, que contou com fotos — produzidas por ele e por outros artistas — de pessoas desabrigadas e da população de rua daquela e de outras cidades do mundo. Veja, a seguir, algumas das fotos exibidas na exposição.

Nomads (Sir Leonard), 1990.

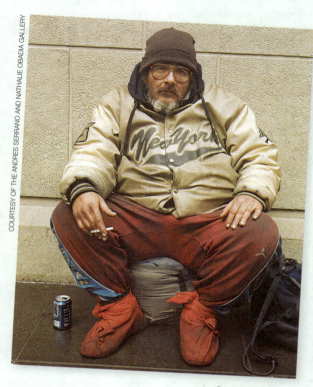

Residents of New York (Timothy Hucker), 2014.

Residents of New York (Meh'yow Wolf-Man), 2014.

QUESTÕES

- Reflita sobre a presença de moradores de rua no centro do capitalismo global, Nova York. Depois, escreva um texto dissertativo relacionando esse fato ao conceito de pobreza desqualificante, mencionado no capítulo.

ATIVIDADES

ORGANIZE SEUS CONHECIMENTOS

1. Do ponto de vista econômico:

   > "O processo de globalização é a forma como os mercados de diferentes países interagem e aproximam pessoas e mercadorias. A quebra de fronteiras gerou uma expansão capitalista que tornou possível realizar transações financeiras e expandir os negócios — até então restritos ao mercado interno — para mercados distantes e emergentes.
   >
   > O complexo fenômeno da globalização teve início na Era dos Descobrimentos e se desenvolveu a partir da Revolução Industrial. Foi resultado da consolidação do capitalismo, dos grandes avanços tecnológicos (Revolução Tecnológica) e da necessidade de expansão do fluxo comercial mundial.
   >
   > As inovações nas áreas das Telecomunicações e da Informática (especialmente com a Internet) foram determinantes para a construção de um mundo globalizado."
   >
   > SIGNIFICADOS. O que é globalização. Disponível em: <http://mod.lk/7ZKvV>. Acesso em: mar. 2017.

   Sobre globalização, avalie as afirmações a seguir.

   I. É um fenômeno gerado pelo capitalismo, que impede a formação de mercados dinâmicos nos países emergentes.

   II. É um conjunto de transformações na ordem política e econômica mundial que aprofunda a integração econômica, social, cultural e política.

   III. Atinge as relações e condições de trabalho decorrentes da mobilidade física das empresas.

   É correto o que se afirma em:

   a) I, apenas.
   b) II, apenas.
   c) I e III, apenas.
   d) II e III, apenas.
   e) I, II e III.

2. Relacione a aplicação de políticas públicas neoliberais e a ampliação da exclusão social.

3. Diferencie os conceitos de *desigualdade* e *pobreza*.

4. Como a educação se relaciona aos processos de exclusão e de inclusão social no mundo globalizado?

5. Por que a melhoria e o aumento da produtividade agrícola são estratégicos para os países menos desenvolvidos?

6. Observe as imagens a seguir. A primeira representa uma plantação de milho no Zimbábue, de subsistência, com técnicas tradicionais de cultivo. Na segunda imagem, vemos espigas de milho colhidas por um agricultor que participou de um projeto de distribuição de sementes selecionadas e outras técnicas de cultivo, o que aumentou o rendimento de sua plantação.

Mulher fertiliza plantação de milho em Wedza (Zimbábue, 2010).

Agricultor inspeciona milho colhido de lavoura que utilizou técnicas avançadas de agricultura de conservação em Murewa (Zimbábue, 2012).

a) Qual é a relevância do emprego da técnica na inclusão de países menos desenvolvidos? Justifique sua resposta com base nas imagens.

b) Você acha que há falta de "vontade política" em relação aos problemas dos países menos desenvolvidos? Por quê?

REPRESENTAÇÕES GRÁFICAS E CARTOGRÁFICAS

7. Observe o gráfico a seguir e elabore um texto relacionando os três elementos representados. Compartilhe suas conclusões com os demais colegas de classe.

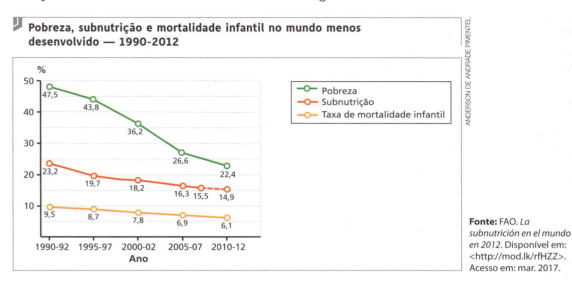

Pobreza, subnutrição e mortalidade infantil no mundo menos desenvolvido — 1990-2012

Fonte: FAO. *La subnutrición en el mundo en 2012*. Disponível em: <http://mod.lk/rfHZZ>. Acesso em: mar. 2017.

8. Observe o mapa a seguir. Interprete as informações fornecidas pela legenda e relacione-as com as condições socioeconômicas do continente representado. Depois, escreva um pequeno texto para registrar suas conclusões e compartilhe-o com a classe.

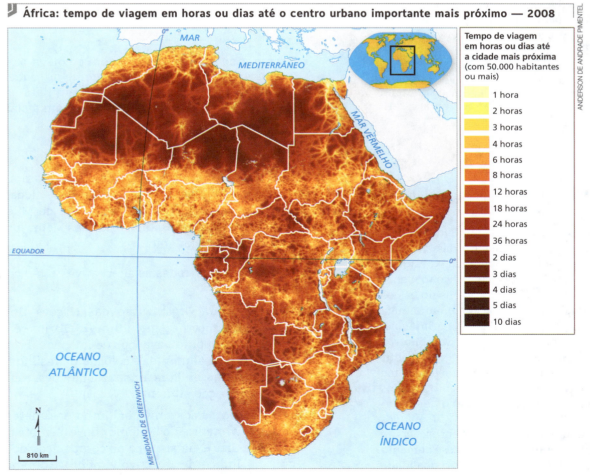

África: tempo de viagem em horas ou dias até o centro urbano importante mais próximo — 2008

Fonte: EUROPEAN COMMISSION. Disponível em: <http://mod.lk/F0RkK>. Acesso em: mar. 2017.

ATIVIDADES

INTERPRETAÇÃO E PROBLEMATIZAÇÃO

9. Leia os textos a seguir.

Texto 1

Objetivos do Milênio trouxeram avanços, mas são alvo de críticas

"Criados no ano 2000, os Objetivos de Desenvolvimento do Milênio já foram considerados pelo secretário-geral da ONU, Ban Ki-Moon, como o 'impulso global antipobreza mais bem-sucedido da história'.

Ao mesmo tempo, as metas enfrentam críticas quanto a sua concepção e há dificuldades para seu cumprimento até o prazo final, em 2015. [...]

Os Objetivos do Milênio ganharam grande apoio devido a sua simplicidade, objetividade e por conterem boas intenções das quais é difícil discordar. Desde sua elaboração, no entanto, foram alvo de diversas críticas.

O próprio conceito de desenvolvimento, que está no cerne dos ODM, já foi questionado por representar, para alguns teóricos, uma imposição da cultura ocidental como um modelo universal.

Outra crítica recorrente é a de que os objetivos foram impostos sem que houvesse uma consulta adequada à sociedade de países em desenvolvimento. Há ainda alegações de que as metas são conquistadas com ajuda externa e há pouco envolvimento da comunidade local."

BANDEIRA, Luiza. Objetivos do Milênio trouxeram avanços, mas são alvo de críticas. BBC Brasil, 27 jun. 2016. Disponível em: <http://mod.lk/dLhz6>. Acesso em: mar. 2017.

Texto 2

Objetivos do Milênio não melhoraram educação de países em desenvolvimento

"Os Objetivos de Desenvolvimento do Milênio foram divulgados pelas Nações Unidas em 2000, com o objetivo de eliminar a pobreza e desigualdades no mundo até 2015, por meio de oito metas: 1) Redução da pobreza; 2) Atingir o ensino básico universal; 3) Igualdade entre sexos e autonomia da mulher; 4) Reduzir mortalidade na infância; 5) Melhorar a saúde materna; 6) Combater o HIV/aids, a malária e outras doenças; 7) Garantir a sustentabilidade ambiental; 8) Estabelecer uma parceria mundial para o desenvolvimento. Um dos Objetivos de maior sucesso tem sido o de educação, uma vez que, entre 2000 e 2011, 57 milhões de novos alunos foram matriculados em escolas ao redor do mundo. Contudo, apesar desse aumento significativo, pesquisas mostram que a qualidade do ensino não melhorou.

Os professores do Massachusetts Institute of Technology (MIT) e autores do livro *Poor Economics*, Abjit Banerjee e Ester Duflo, afirmam que mesmo em países de economias emergentes como o Brasil – que direcionaram investimentos massivos para educação – o objetivo de melhorar qualidade do ensino público está longe de ser alcançado. Dessa forma, se houve aumento de novos alunos matriculados, por que não houve também melhorias qualitativas em escolas públicas?

Primeiramente, é preciso entender que os Objetivos do Milênio foram pensados e elaborados primordialmente por indivíduos de países desenvolvidos, sem conhecimento profundo sobre a realidade de países em desenvolvimento. O especialista no tema, Michael Edwards, argumenta que 'abordagens convencionais de pesquisa priorizam o conhecimento técnico do especialista estrangeiro em detrimento do conhecimento local do objeto de estudo ou beneficiário' e isso é prejudicial ao sucesso de programas sociais em países em desenvolvimento. Em segundo lugar, no âmbito interno, o texto dos Objetivos do Milênio beneficiou políticos de países em desenvolvimento, uma vez que implementar políticas de aumento de matrículas era mais fácil e barato do que promover qualidade do ensino."

ALT, Vivian. Objetivos do Milênio não melhoraram educação de países em desenvolvimento. Carta Capital. 20 abr. 2015. Disponível em: <http://mod.lk/3wlaU>. Acesso em: mar. 2017.

- Forme uma dupla e discuta com o colega os dois textos, relacionando-os. Elaborem, no caderno, um texto com suas conclusões e, em data agendada pelo professor, compartilhe-o com a classe.

ENEM E VESTIBULARES

10. (Acafe-SC, 2015) Em setembro de 2000, foram aprovadas pela Assembleia Geral das Nações Unidas, em Nova York, as resoluções da Declaração do Milênio. Nesse encontro, foram estabelecidas as Metas do Desenvolvimento do Milênio.

Sobre essas metas, todas as alternativas estão corretas, exceto a:

a) O relatório da Organização das Nações Unidas para Alimentação e Agricultura (FAO), em setembro de 2014, apontou avanços na luta global contra a insegurança alimentar e colocou o Brasil fora do mapa da fome, embora ainda existam pessoas que sofrem restrição alimentar.

b) A educação básica universal, uma das metas do Desenvolvimento do Milênio, deve ser buscada todos os dias e ela aparece na composição do cálculo do Índice de Desenvolvimento Humano — IDH, juntamente com a saúde e a renda *per capita*.

c) A fome é uma das principais consequências da extrema pobreza e envolve também questões relacionadas à insegurança alimentar e à saúde, colocando-a, por isso, como o primeiro objetivo da Declaração do Milênio.

d) Os avanços para atingir as Metas do Desenvolvimento do Milênio têm sido equilibrados e iguais nas diferentes regiões do planeta, o que demonstra o empenho de todas as nações em alcançar e garantir a sustentabilidade para todos.

11. (Uerj-RJ, 2014)

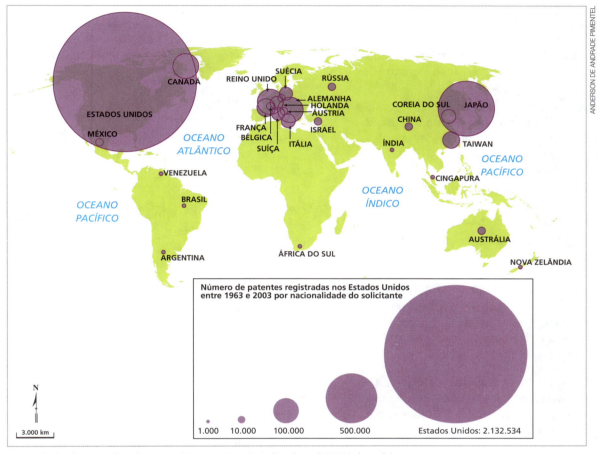

Fonte: *El atlas de Le Monde Diplomatique II*. Buenos Aires: Capital Intelectual, 2006 (adaptado).

A distribuição espacial da produção técnico-científica entre os países, parcialmente apresentada no mapa, é um dos fatores que explicam as desigualdades socioeconômicas entre as nações. Pela importância do mercado consumidor norte-americano, quase todos os produtos ou tecnologias relevantes desenvolvidos no mundo são registrados nesse país.

Um resultado dessa espacialidade diferenciada é a formação de um grande fluxo financeiro internacional para as empresas dos países desenvolvidos.

Esse fluxo está mais adequadamente associado a:

a) pagamentos de licenças.

b) capitais para especulação.

c) compensações de impostos.

d) investimentos em infraestrutura.

12. (Espcex-Aman, 2014) "No passado, a fumaça das chaminés servia para distinguir os países desenvolvidos dos países subdesenvolvidos."

MAGNOLI, D.; ARAUJO, R., 2004. p. 126.

Até a década de 1930, eram considerados países desenvolvidos aqueles cuja economia estivesse fundamentada na produção industrial e países subdesenvolvidos aqueles em que a economia estivesse assentada na agricultura ou exploração mineral. Atualmente, com algumas exceções, no panorama global, funciona como importante critério para separar os países desenvolvidos dos subdesenvolvidos o:

a) elevado nível de urbanização.

b) predomínio do setor terciário na absorção da população ativa.

c) predomínio das exportações sobre as importações no comércio mundial.

d) controle sobre o conhecimento e sobre as tecnologias de ponta.

e) controle de matérias-primas pesadas e o uso intensivo de energia.

13. (Unicamp-SP, 2014) Sobre a Revolução Informacional e suas implicações para a reorganização do mundo contemporâneo, podemos afirmar que:

a) Alguns Estados e um conjunto diminuto de grandes empresas controlam o essencial da revolução tecnológica em curso, atualizando o desenvolvimento geograficamente desigual.

b) Dado o alcance planetário do sistema técnico informacional, a população tem amplo acesso a uma informação verdadeira que unifica os lugares, tornando o mundo uma democrática aldeia global.

c) Há um acentuado enfraquecimento das funções de gestão das metrópoles, processo determinado pela descentralização da produção, apoiada no uso intensivo das tecnologias de informação e comunicação.

d) Os mais diversos fluxos de informações perpassam as fronteiras nacionais, anulando o papel do Estado-Nação como ente regulador e definidor de estratégias no jogo político mundial.

14. (IFG-GO, 2014) Os indicadores sociais de uma localidade refletem seu nível de desenvolvimento. Assim, observe os dados que se referem a dois países que, no passado, foram metrópole e colônia.

Indicadores sociais (2011)	País A	País B
IDH	0,863	0,336
Longevidade	80,2 anos	47,8 anos
População subnutrida	5%	47%
Calorias consumidas	3.424 kcal/dia	1.912 kcal/dia
População com acesso a água potável	100%	49%
População com acesso a rede sanitária	100%	13%
Taxa de alfabetização	100%	41,4%

País **A** e País **B** são, respectivamente:

a) Portugal e Brasil.

b) Reino Unido e Canadá.

c) Rússia e Polônia.

d) Espanha e Argentina.

e) Reino Unido e Serra Leoa.

15. (PUC-SP, 2015) Leia:

"No final da semana passada a epidemia de ebola na África do Oeste atingiu uma cifra sinistra. Segundo a Organização Mundial de Saúde (OMS), o número de mortos pela doença ultrapassou mil pessoas, num total de casos suspeitos ou confirmados. Um estudo feito pelos Centers for Disease Control (CDC), rede de órgão do governo americano, cuja sede se encontra perto de Atlanta, indica que a cada 30 dias o número de novos casos diários de ebola triplica. Na hipótese mais pessimista haveria 1,4 milhão de pessoas contaminadas na África do Oeste, no próximo mês de janeiro."

ALENCASTRO, Luiz Felipe de. O ebola é um desafio da saúde pública no século 21. UOL, 29 set. 2014. Disponível em: <http://noticias.uol.com.br/blogs-ecolunas/coluna/luiz-felipe-alencastro/2014/09/29/o-ebola-e-umdesafio-da-saude-publica-no-seculo-21.htm>. Acesso em: set. 2014.

Considerando essa epidemia e as condições geográficas das regiões onde ela se origina, pode ser afirmado que

a) ela está restrita apenas às zonas rurais e mais florestadas (que no caso da África são bastante habitadas), pois seus agentes transmissores não sobrevivem em ambientes urbanos.

b) a falta de meios e ações preventivas, assim como de assistência nas concentrações urbanas dos países do oeste africano, aumenta o risco de a epidemia ganhar outras localidades do planeta.

c) a baixa conexão entre a África e outros continentes, que implica uma movimentação mínima das pessoas desses países, diminui o risco de essa epidemia atingir outras partes do mundo.

d) essa doença é própria dos climas tropicais e sua área possível de expansão terá de ter as mesmas características, o que elimina os riscos dessa epidemia no hemisfério norte temperado.

e) ela está confinada a apenas alguns países africanos, pois a circulação intracontinental é ínfima por falta de ligações geográficas, logo não há risco de essa doença se espalhar no continente.

16. (Fuvest-SP, 2010)

"Pela primeira vez na história da humanidade, mais de um bilhão de pessoas, concretamente 1,02 bilhão, sofrerão de subnutrição em todo o mundo. O aumento da insegurança alimentar que aconteceu em 2009 mostra a urgência de encarar as causas profundas da fome com rapidez e eficácia."

Relatório da Organização das Nações Unidas para a Agricultura e Alimentação (FAO), 1º sem. 2009.

Tendo em vista as questões levantadas pelo texto, é correto afirmar que:

a) a principal causa da fome e da subnutrição é a falta de terra agricultável para a produção de alimentos necessários para toda a população mundial.

b) a proporção de subnutridos e famintos, de acordo com os dados do texto, é inferior a 10% da população mundial.

c) as principais causas da fome e da subnutrição são disparidades econômicas, pobreza extrema, guerras e conflitos.

d) as consequências da subnutrição severa em crianças são revertidas com alimentação adequada na vida adulta.

e) o uso de organismos geneticamente modificados na agricultura tem reduzido a subnutrição nas regiões mais pobres do planeta.

17. (UEL-PR, 2008)

"Segundo o Human Development Report (HDR — Boletim da ONU) de 2001, 2002, pobreza significa a negação das oportunidades de escolha mais elementares para o desenvolvimento humano, tais como: ter uma vida longa, saudável e criativa; ter um padrão adequado de liberdade, dignidade, autoestima, e gozar de respeito por parte das outras pessoas. Pode-se constatar que o conceito de pobreza envolve um forte componente de subjetividade ideológica.

Assim, numa perspectiva de interpretação neoclássica e conservadora, a pobreza é considerada uma condição ou um estágio na vida de um indivíduo ou de uma família. A linha de pobreza, nesse caso, é definida como um padrão de vida (normalmente medido em termos de renda ou de consumo) abaixo do qual as pessoas são consideradas como pobres. Já na perspectiva de que é historicamente determinada, a pobreza se constitui numa resultante da competição e dos conflitos que se dão pela posse daqueles ativos, sejam eles produtivos, ambientais ou culturais. As pessoas simplesmente não nascem pobres."

LEMOS, J. de J.; NUNES, E. L. L. Mapa da exclusão social num país assimétrico: Brasil. *Revista Econômica do Nordeste*. Fortaleza, v. 36, n. 2, abr./jun. 2005 (adaptado).

Com base no texto, considere as afirmativas:

I. A linha de pobreza situa-se numa posição passível de quantificação determinada pela posição relativa do indivíduo ou da família no que se refere à posse e ao acesso aos bens, serviços e à riqueza.

II. O texto defende um eixo básico na definição de pobreza de um ponto de vista da economia política: a pobreza resulta das capacidades do indivíduo de superar as adversidades determinadas pela sua posição social ao nascer.

III. Para a perspectiva neoclássica, pobreza não se trata simplesmente de um estado de existência; ela é determinada e definida pela forma como se dão as relações entre os grupos sociais, e no poder que determinado grupo tem de apoderar-se dos ativos gerados pelas diversas atividades socioculturais e ambientais.

IV. Para a perspectiva de que é determinada historicamente, a pobreza constitui-se nos resultados de conflitos que resultam, de forma competitiva, na privação do poder, da riqueza ou de diversos ativos, requisitos necessários ao bem-estar das pessoas.

Identifique a alternativa que contém todas as afirmativas corretas.

a) I e II.
b) I e IV.
c) III e IV.
d) I, II e III.
e) II, III e IV.

18. (UEL-PR, 2008)

Com base nos conhecimentos sobre a distribuição de renda na escala mundial, considere as afirmativas a seguir.

I. No início do século XXI, cerca de 2,8 bilhões de pessoas — duas entre cada cinco no planeta — sobreviviam com menos de US$ 2 por dia, o que as Nações Unidas e o Banco Mundial consideram como mínimo para atender às necessidades básicas.

II. Também no início do século XXI, aproximadamente 1,2 bilhão de pessoas viviam sob "extrema pobreza", medida por uma renda diária média de menos de US$ 1.

III. Na América Latina, em termos absolutos, as pessoas em condições de extrema pobreza residentes em zonas rurais superam numericamente aquelas que residem nas zonas urbanas.

IV. A África Subsaariana tem ficado essencialmente à margem da prosperidade vivida pela maior parte do mundo nas últimas décadas.

Identifique, no caderno, a alternativa correta.

a) Somente as afirmativas I e III são corretas.
b) Somente as afirmativas III e IV são corretas.
c) Somente as afirmativas I e II são corretas.
d) Somente as afirmativas I, II e IV são corretas.
e) Somente as afirmativas II, III e IV são corretas.

Mais questões: no livro digital, em **Vereda Digital Aprova Enem** e **Vereda Digital Suplemento de revisão e vestibulares**; no *site*, em **AprovaMax**.

CAPÍTULO 23

EUROPA

Neste capítulo, você vai aprender a:

- Identificar a diversidade cultural europeia notadamente no que se refere aos idiomas e às religiões.
- Reconhecer processos responsáveis pela formação histórica do continente europeu, assim como analisar o papel do continente no estabelecimento dos Estados Nacionais.
- Reconhecer situações sociais e políticas responsáveis por dificultar a integração europeia.
- Analisar a influência da Guerra Fria e do Tratado de Lisboa nos processos de cisão e aproximação ideológico-econômica das nações europeias.
- Avaliar dados, fatos e informações acerca das atuais condições socioeconômicas do continente europeu.

"[...] Durante milênios o continente recebeu sucessivas ondas migratórias de diversos povos — desde comunidades nômades primitivas até civilizações de sofisticado nível cultural — que, progressivamente, ocuparam toda a área entre os montes Urais e o oceano Atlântico. Nas enormes florestas, nas planícies férteis, nas montanhas que proporcionavam minerais e nos rios que permitiam os deslocamentos, os futuros europeus encontraram sua casa e seu modo de vida. [...]."

Atlas National Geographic. v. 3. São Paulo: Abril Coleções, 2008. p. 6.

A Europa reúne uma variedade expressiva de povos, culturas e influências. Neste capítulo, estudaremos o continente europeu dando especial ênfase a seus contextos socioculturais e a sua interação interna e externa. Examinaremos também a formação da União Europeia (UE) e das diversas instituições que reúnem países desse continente, bem como os desafios atuais da moeda única e da economia europeia.

Ponto de partida

Com base na foto e no texto da epígrafe, responda: o que a presença de um centro de culto como esse representa, em termos sociais e culturais, no atual contexto europeu?

Vista aérea da Mesquita Central da União Islâmica Turca (Ditib), em Colônia, Alemanha (2012).

Capítulo 23 • Europa **435**

1. Os limites territoriais

Ao observar um mapa-múndi, constata-se que a maior parte da superfície do planeta é coberta por água, principalmente de oceanos e mares, e que as terras emersas representam cerca de 25% dessa superfície.

Nota-se ainda que os limites continentais são, na maioria, constituídos exclusivamente por essas águas, sendo exceções notórias o leste da Europa e o noroeste da Ásia, separados tradicionalmente pelos montes Urais. Por esse critério, 46 países formam o **continente europeu**, e outros dois — Rússia e Turquia — dividem-se entre a Europa e a Ásia.

Observe os limites e a divisão política da Europa no mapa a seguir.

Europa: político — 2013

Fonte: FERREIRA, Graça M. L. *Atlas geográfico*: espaço mundial. 4. ed. São Paulo: Moderna, 2013. p. 89.

2. Contextos culturais do continente europeu

Independentemente da extensão de seus limites, na Europa habitam povos que tiveram grande importância para a consolidação da chamada civilização ocidental, cuja **influência cultural** pode ser notada em muitas regiões do planeta. Além disso, no continente há uma grande diversidade de idiomas, costumes e religiões, responsáveis por compor intensa variedade cultural, como veremos a seguir.

436 Geografia: contextos e redes

Um continente, muitos idiomas

Entre as várias manifestações culturais, o idioma confere maior singularidade aos grupos humanos. Em geral, os povos que se comunicam em línguas originais, pertencentes ao mesmo tronco linguístico, têm semelhanças étnicas. Entre os povos europeus, atualmente, existem 23 línguas oficiais reconhecidas dentro da União Europeia, além das regionais, minoritárias, e línguas faladas por imigrantes. Dentro desse conjunto, distinguem-se as línguas germânicas — comuns aos habitantes do norte da Europa, como o sueco, o norueguês, o alemão, o inglês, o holandês e o islandês — e as latinas — próprias de regiões próximas ao mar Mediterrâneo, como o espanhol, o português, o catalão, o galego, o italiano e o francês. Os únicos povos do grupo mediterrâneo que não usam uma língua latina são o grego, cuja civilização é anterior ao Império Romano, e o basco, povo também muito antigo no continente europeu.

Há ainda as línguas eslavas, como o ucraniano, o russo, o polaco, o sérvio, o croata, o eslovaco, o esloveno e o lituano, além de línguas celtas, como o irlandês, o galês (falado na região de Gales, sudoeste do Reino Unido) e o bretão (região da Bretanha, na França). Outro grupo linguístico presente na Europa é o ugro-fínes, que reúne o fínes ou finlandês, o húngaro e o estoniano. São desconhecidas as origens das línguas usadas pelos bascos e pelos albaneses, não havendo semelhança com as demais faladas na Europa.

Para assistir

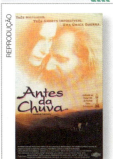

Antes da chuva
Inglaterra/França, 1994. Direção de Milcho Manchevski. Duração: 116 min.
O filme aborda, por meio de três histórias de amor interligadas, o que poderia acontecer se os macedônios (cristãos ortodoxos) entrassem em conflito com albaneses (muçulmanos).

As religiões europeias predominantes

Outro importante elo entre os povos é a religião. No continente europeu ocorreu a institucionalização de uma das religiões monoteístas de maior alcance no mundo — o **cristianismo**.

Entre os ramos cristãos são professados o **catolicismo romano**, praticado nos países do sul da Europa (Portugal, Espanha, Itália), na região central do continente (Alemanha, Polônia, Hungria) e na Irlanda; o **protestantismo**, predominante nos países do norte da Europa, na Inglaterra e na Escócia; e o **catolicismo ortodoxo**, adotado na Grécia, na Bulgária e na Rússia.

Também são expressivos a **comunidade judaica** e os **muçulmanos** presentes em diversos países europeus.

Catedral de Alexandre Nevsky, católica ortodoxa, na cidade de Sófia, capital da Bulgária (foto de 2013).

3. Dinâmicas de união e fragmentação

Na Antiguidade, entre 27 a.C. e 476 d.C., grande parte da Europa foi dominada pelo Império Romano, responsável pela difusão da religião cristã. Com o declínio e a desagregação do Império, o continente fragmentou-se em unidades territoriais menores, mas durante quase toda a Idade Média o território europeu viveu sob a tutela da Igreja católica.

A partir do século XVI, a fragmentação europeia começou a se consolidar com a emergência dos Estados-nação, dando início à chamada **Idade Moderna**, que se caracterizou pelo declínio do poder da Igreja, pela consolidação do comércio, pela expansão de poder da burguesia e pela centralização do poder nacional das monarquias absolutistas.

Durante os séculos XIX e XX, esteve sempre presente a ideia de unificação europeia sob um único império. O momento mais significativo desse processo ocorreu no início do século XIX, quando **Napoleão Bonaparte**, autoproclamado imperador da França, conquistou grande parte do território europeu.

No início do século XX, a Alemanha, aliada ao **Império Austro-Húngaro**, perseguiu o projeto de unificação europeia pela força, um dos fatores que levaram à eclosão da Primeira Guerra Mundial.

A Alemanha foi derrotada, mas anos depois o nazismo retomou a busca por essa hegemonia, dando origem à Segunda Guerra Mundial. A nova derrota alemã deu lugar à divisão da Europa em dois blocos — capitalista e socialista —, marcando o início de mais um período de fragmentação no continente, caracterizado pela Guerra Fria e simbolizado pela **Cortina de Ferro** — que chegaria ao fim apenas no início da década de 1990.

Cortina de Ferro. Expressão que simbolizava uma barreira imaginária que separava os países da Europa Ocidental, alinhados com os Estados Unidos (capitalista), dos países da Europa Oriental, sob influência soviética (socialista).

O primeiro-ministro britânico Lloyd George assinando o Tratado de Versalhes, que pôs fim à Primeira Guerra Mundial (1919). Gravura de autor desconhecido.

Formação da Europa comunitária

Como resultado da Segunda Guerra Mundial, durante o período conhecido como **Guerra Fria**, a Europa foi dividida em regiões com base na "partilha ideológica", marcada justamente pelo traçado da Cortina de Ferro. De um lado, estava a Europa Ocidental, formada pelos países capitalistas, com diferentes níveis de desenvolvimento econômico-social, quase todos membros da Organização do Tratado do Atlântico Norte (**Otan**). Do outro, a Europa Oriental, composta de países de economias estatizadas e planificadas, também com níveis diferenciados de desenvolvimento econômico e integrantes do **Pacto de Varsóvia**, aliança militar liderada pela União Soviética.

Em ambos os lados, porém, havia países que se mantinham, cada qual com seus motivos, à parte dessa bipartição geopolítica. Na Europa Ocidental, a Suécia, a Finlândia, a Áustria e a Suíça permaneceram estratégica e militarmente neutras. Na Europa Oriental, a Iugoslávia e a Albânia não fizeram parte do Pacto de Varsóvia.

Com a crise dos regimes socialistas da Europa Centro-Oriental no fim da década de 1980 e início da década de 1990, a ordem econômica e o mapa político do continente europeu sofreriam profundas mudanças, decorrentes, por exemplo, da reunificação da Alemanha e da desintegração da Iugoslávia.

No entanto, em meados dos anos 1950, já haviam sido lançadas na Europa Ocidental as sementes para o estabelecimento de um novo modelo de organização supranacional, baseado na complementaridade econômica — mais efetiva e plural que as antigas ideias hegemônicas que haviam sustentado as duas grandes guerras mundiais. Era o início do que se podia chamar **Europa comunitária**, gênese da União Europeia que, em 2016, contava com 28 países-membros.

Para navegar

Comissão Europeia
https://ec.europa.eu/commission/index_pt
O *site* permite o acesso a diversos artigos, políticas, legislações, contratos públicos e financeiros, guia de serviços, diretrizes, notícias recentes, além dos objetivos da União Europeia.

Para ler

Os últimos soldados da Guerra Fria
Fernando Morais. São Paulo: Companhia das Letras, 2011.
O autor aborda a ida de espiões cubanos para o território estadunidense e os tentáculos de uma rede terrorista que, segundo ele, conta com o apoio, nos Estados Unidos, de membros do Poder Legislativo e, com certa complacência, do Executivo e do Judiciário.

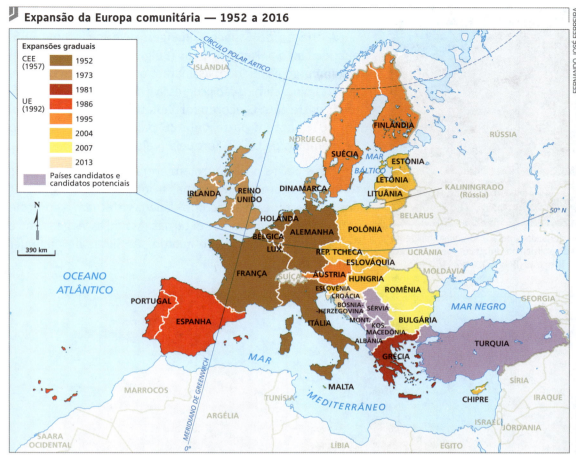

Expansão da Europa comunitária — 1952 a 2016

Expansões graduais
CEE (1957): 1952, 1973
UE (1992): 1981, 1986, 1995, 2004, 2007, 2013
Países candidatos e candidatos potenciais

Fonte: COMISSÃO EUROPEIA. *Compreender as políticas da União Europeia*: alargamento. Luxemburgo: Serviço das Publicações da União Europeia, 2015. p. 4.

A Ceca e o Tratado de Roma

O Plano Schuman — anunciado em maio de 1950 pelo ministro das Relações Exteriores da França — deu o sinal para a futura integração política e econômica da Europa Ocidental. Pelo projeto, após a divisão da Alemanha, as siderúrgicas da Alemanha Ocidental e da França ficariam sob o controle de uma autoridade comum e as duas nações compartilhariam carvão e minério de ferro, tanto do Ruhr e do Sarre (na Alemanha Ocidental) como da Alsácia e Lorena (na França). Com isso, poderia chegar ao fim um conflito que se estendia desde a Unificação Alemã de 1871. Itália, Holanda, Bélgica e Luxemburgo aderiram ao plano em seguida, e em 1951 o tratado de formação da **Comunidade Europeia do Carvão e do Aço (Ceca)** foi assinado. Essa união foi o embrião da União Europeia, que primeiro se formou como Mercado Comum Europeu, posteriormente denominado **Comunidade Econômica Europeia (CEE)**, instituída pelo Tratado de Roma, em 1957.

Os primeiros signatários do Tratado de Roma foram os países-membros da Ceca, mas outros países aderiram sucessivamente ao Mercado Comum Europeu. Em 1973, a CEE apresentou uma importante ampliação, com a entrada do Reino Unido, da Dinamarca e da Irlanda. Na década de 1960, a Grã-Bretanha perdeu a maior parte de suas colônias, por isso decidiu participar do crescimento econômico que a Comunidade Europeia protagonizava. A demora nessa decisão deveu-se, entre vários fatores, principalmente à resistência dos britânicos em ceder parte de sua soberania a um bloco cuja origem estava ligada à autoridade franco-alemã.

Com a reunificação da Alemanha, a dissolução do bloco soviético e a desagregação da Iugoslávia, a Europa Centro-Oriental (espaço geopolítico outrora poderoso no continente) passou a reorganizar-se buscando bases mais sólidas e abrindo caminho para a adesão de diversos países à União Europeia, em 2004. A maior parte desses países passou pelo difícil processo de transição do sistema de economia planificada (regida e controlada pelo Estado) para o de economia de mercado; ao mesmo tempo, conseguiu estabelecer regimes políticos democráticos e economias profundamente vinculadas à União Europeia.

Tratado de Lisboa

O **Tratado de Lisboa**, assinado pelos chefes de Estado e de Governo dos, até então, 27 países-membros na capital portuguesa em 13 de dezembro de 2007, e formalmente ratificado por todos os países entre 2007 e 2009, dotou a União Europeia de instrumentos de gestão política e administrativa novos: criou as funções de presidente do Conselho Europeu e de Alto Representante para os Negócios Estrangeiros e a Política de Segurança. Assim, o tratado permitiu à Europa assumir uma posição clara nas relações com os outros países e aproveitar suas vantagens econômicas, humanitárias, políticas e diplomáticas para promover os interesses e valores europeus. O fato de a UE passar a ter uma personalidade jurídica única tem o propósito de reforçar e tentar retomar a influência europeia no contexto mundial, principalmente após a grave crise econômica que se instalou no continente desde 2008.

Espaço Schengen

A criação do Espaço Schengen teve início em 1985, quando cinco países europeus (Bélgica, Alemanha, França, Luxemburgo e Holanda) assinaram o Acordo de Schengen, que definiu a eliminação progressiva dos controles nas fronteiras entre eles. O acordo foi paulatinamente ampliado e, em 2016, faziam parte dele 26 países europeus, sendo 22 membros da União Europeia (veja o mapa a seguir).

Esses países não controlam entradas e saídas em suas fronteiras internas (ou seja, nas fronteiras entre dois Estados que pertençam ao acordo), apenas efetuam o controle comum de suas fronteiras externas. Assim, as viagens entre os países pertencentes ao acordo são livres de qualquer verificação.

Em agosto de 2014, Donald Tusk, de nacionalidade polaca, foi eleito presidente do Conselho Europeu, o mais alto órgão político da União Europeia. Na foto, Tusk discursa em evento realizado em Bruxelas (Bélgica), em 2016.

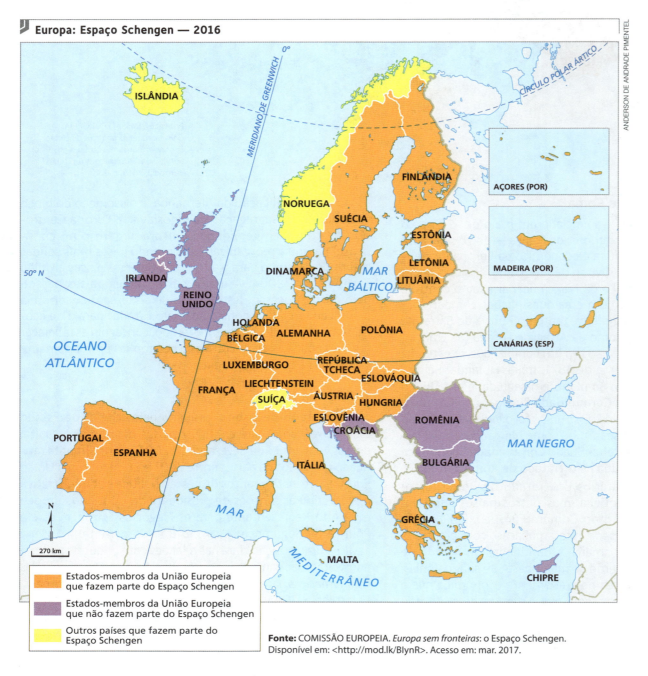

Fonte: COMISSÃO EUROPEIA. *Europa sem fronteiras*: o Espaço Schengen. Disponível em: <http://mod.lk/BlynR>. Acesso em: mar. 2017.

4. Desafios da integração

Os idealizadores da Europa comunitária tinham como objetivo reduzir as diferenças entre os países-membros, que até hoje esbarram na **desigualdade geoeconômica**, além de apresentar problemas socioculturais que se agravam com a crise econômica e aprofundam o aumento da **pobreza**, do **desemprego** e das **imigrações intra** e **extracomunitária**.

Desde o início da integração europeia, dois conjuntos geoeconômicos distintos já haviam se formado na comunidade, em virtude do peso histórico e da evolução econômica: países localizados em regiões prósperas e países com características periféricas.

De modo geral, a **parte mais desenvolvida** da União Europeia localiza-se em torno do **mar do Norte** e nas **planícies norte-europeias**, área que inclui Alemanha, França, Bélgica, Holanda, Luxemburgo, Suécia, Dinamarca e as regiões centro-sul da Grã-Bretanha e norte da Itália.

A Alemanha representa, sozinha, cerca de 23% da economia de todo o bloco e está, hoje, entre as maiores potências industriais do mundo. O **Reno-Ruhr** é a principal região industrial europeia e uma das maiores do planeta. Desde o século XIX, a área vem atraindo indústrias de todo tipo graças às ricas jazidas de carvão e às facilidades de transporte oferecidas pela navegação do rio Reno, com acesso ao porto holandês de Roterdã. No início, instalaram-se as indústrias pesadas; posteriormente, inúmeros outros setores, como montadoras de automóveis e de bens de consumo duráveis, ocuparam a região.

O porto de Roterdã (Holanda, 2015), na foz do rio Reno, é o mais movimentado terminal portuário da Europa.

Na outra ponta do bloco, a **porção mediterrânea**, formada por Grécia, Portugal, grande parte da Espanha e sul da Itália, permanece **menos desenvolvida** e ainda **dependente** de atividades agropecuárias. Portanto, distante das regiões mais ricas do continente no que se refere ao PIB e ao desenvolvimento industrial. Essa porção, juntamente com os países do Leste Europeu que ingressaram mais tarde na União Europeia, recebeu grandes investimentos e viu seu PIB crescer significativamente nos anos 2000, até a chegada da crise econômica de 2008, que analisaremos a seguir.

Para ler

A Europa e os desafios do século XXI
Luís Silva Morais e Paulo de Pitta e Cunha.
Lisboa: Almedina, 2008.
A obra apresenta textos sobre os temas tratados na Conferência Internacional sobre "A Europa e os desafios do século XXI" ocorrida em junho de 2007 na Fundação Calouste Gulbenkian, em Lisboa, Portugal.

Crise econômica

Alguns países europeus de economias menos desenvolvidas beneficiaram-se também da adoção do **euro**, a moeda única da UE, aumentando sua participação no comércio intrarregional. Além disso, expandiram internamente os benefícios sociais, como auxílio-desemprego, aposentadorias e pensões, a um patamar próximo do bem-estar social dos países mais desenvolvidos. Por outro lado, esses benefícios ampliaram o seu déficit público e endividamento, deixando-os vulneráveis a crises econômicas.

Espanha e Portugal, que ingressaram na União Europeia em 1986, e a Grécia, que entrou no bloco em 1981, receberam altos investimentos dos países mais desenvolvidos da UE e se modernizaram, embora permaneçam muito distantes, em termos econômicos e sociais, da Alemanha, da França, do Reino Unido e de parte da Itália. Até 2012, a Grécia, altamente endividada, já havia realizado ao menos um empréstimo de emergência do Fundo Monetário Internacional (FMI) e do fundo de auxílio da União Europeia para saldar seus compromissos. Em contrapartida, obrigou-se a restringir duramente seus gastos públicos.

Grécia, Espanha, Portugal e Chipre tiveram problemas de endividamento e para honrar seus compromissos em virtude de dificuldades de caixa e expansão de crédito. Portugal, ao longo do tempo, foi perdendo competitividade no mercado internacional e teve aumento dos gastos públicos. O resultado foi uma grave crise interna e a necessidade de socorro do FMI e da própria União Europeia, com programas muito rígidos de ajustes fiscais e orçamentários, o que gerou recessão e desemprego.

A Grã-Bretanha e o *Brexit*

Desde seu ingresso, a posição da Grã-Bretanha na Comunidade Europeia sempre foi instável. A sua necessidade de manter seu papel hegemônico, resquício de sua liderança colonial, motivou um primeiro referendo para confirmação de sua permanência na CEE, dois anos após negociar as condições de ingresso, aprovada por 67% dos eleitores.

Em 23 de junho de 2016, a população do Reino Unido foi novamente convocada para votar sua permanência ou saída da União Europeia, por meio de um plebiscito. Pouco mais da metade dos eleitores (51,9%) defenderam a não permanência no bloco, em um processo que ficou conhecido por *Brexit*, abreviação das palavras inglesas *Britain* (Grã-Bretanha) e *Exit* (saída).

Contudo, o processo de efetivação da saída tende a ser moroso e se arrastar por vários anos. Isso porque o artigo 50 do Tratado de Lisboa prevê um prazo de dois anos para que países que se disponham a sair de forma voluntária e unilateral do bloco possam negociar sua saída. Nessa negociação é que será definida a relação entre o país dissidente e o bloco. Na prática, esse processo pode demorar muito mais que os dois anos previstos, pois cada um dos Estados-membros da União Europeia precisa aprovar em seus parlamentos, além do próprio Parlamento Europeu, o novo quadro de relações entre cada uma das partes.

A crescente interdependência econômica entre os países da UE, vista pelos britânicos como um empecilho para o crescimento de sua economia, e a burocracia e imposição de normas do bloco, que acabam exercendo controle sobre o cotidiano da população, ajudam a explicar o resultado do plebiscito. Soma-se a isso a recente crise dos refugiados oriundos da África e do Oriente Médio, que buscam o continente europeu para fugir de guerras civis em seus países de origem: parte do governo britânico considera que os gastos com esse contingente são muito elevados, o que fez alguns políticos defenderem abertamente o *Brexit*.

Ao se confirmar a retirada do Reino Unido da União Europeia, as consequências ainda são incertas, mas projeções indicam que o bloco se tornaria um parceiro comercial menos atraente em escala global. Além disso, há o risco de que a saída britânica motive movimentos nacionalistas em outros países do bloco. Por outro lado, a coesão dos países-membros pode aumentar, já que o Reino Unido é um dos países que mais se opõem ao projeto de integração da Europa.

A Zona do Euro

O aprofundamento da integração e a expansão geográfica têm sido dois processos paralelos na história da unificação europeia. Atualmente, a consolidação da moeda única — o **euro** — desafia esse aprofundamento: dos 28 Estados-membros que formavam a União Europeia em 2016, 19 deles utilizavam o euro (veja o mapa a seguir).

Fonte: EUROPEAN COMMISSION. The 28 member countries of the EU. *Economic and financial affairs*. Disponível em: <http://mod.lk/20uAo>. Acesso em: mar. 2017.

442 Geografia: contextos e redes

O **Tratado de Maastricht**, assinado em 1992, definiu os contornos do projeto europeu no pós-Guerra Fria, transformando a Comunidade Econômica Europeia em União Europeia.

Entre as metas prioritárias decididas em Maastricht estava o aprofundamento da integração econômica pela adoção de uma moeda única. Para tanto, o tratado instituiu a **União Econômica e Monetária (UEM)** — que implicou a criação da moeda supranacional, o euro, posta em circulação em 1999 para transações interbancárias. Três anos depois ele substituiu, como moeda corrente, as moedas nacionais de 12 dos 15 países até então integrantes da União Europeia. A emissão e o controle do euro são da competência de um sistema integrado de bancos centrais dos Estados-membros que atua com independência em relação aos governos nacionais. Nessa ocasião, três países decidiram permanecer fora da Zona do Euro: Grã-Bretanha, Suécia e Dinamarca.

A contínua expansão do bloco e a progressiva adesão de mais países à moeda única europeia colocaram sob a autoridade monetária da UE nações com realidades econômicas bastante diferentes. Países com níveis de industrialização e condições sociais muito distintos passaram a conviver com uma mesma unidade monetária — o euro.

Crises econômicas na Zona do Euro

A adesão ao euro fez com que os países-membros perdessem o poder de manobrar, de forma autônoma, sua política monetária e cambial. Eles perderam, por exemplo, a possibilidade de executar desvalorizações cambiais para promover suas exportações ou mesmo ampliar a emissão de moeda para financiar seus gastos correntes.

Para aderir ao euro, cada país tem de se comprometer com uma série de metas financeiras, estabelecidas também no Tratado de Maastricht. As principais regras do tratado referem-se à responsabilidade fiscal, ou seja, ao compromisso em manter os gastos públicos dentro de certos limites. O déficit público anual — diferença entre o que o governo arrecada em impostos e seus gastos — não poderia ultrapassar 3% do PIB. Apesar de se comprometerem a obedecer às normas do tratado, muitos países jamais se adaptaram a seus limites. Assim, esses Estados passaram a recorrer aos grandes bancos internacionais — que financiaram empréstimos de forma pouco cuidadosa e contribuíram para a expansão do endividamento. O mercado financeiro mundial foi amplamente desregulamentado a partir da implantação das políticas neoliberais, o que reduziu a vigilância sobre o grau de exposição dos bancos a determinados tipos de operações de crédito.

A ausência de regulação financeira adequada, somada à expansão do endividamento público, resultou em uma crise econômica a partir de 2008 que, atualmente, ameaça a própria permanência de algumas nações na Zona do Euro. As medidas de austeridade tomadas por alguns governos em resposta à crise provocam intensa insatisfação popular.

O componente estrutural da crise é que a Europa dispõe de mecanismos de controle monetário — no caso, o Banco Central Europeu (BCE) — mas não tem mecanismos mais rígidos de controle do mercado financeiro nem uma instituição para regular os gastos públicos dos 19 países-membros da Zona do Euro. Assim, inexistem mecanismos eficientes de regulação desses gastos. Esse problema tem levado a União Europeia a implementar políticas de controle monetário e fiscal mais rígidas, assim como a criar legislações com regras mais claras para o setor bancário.

Portugal, Irlanda, Itália, Grécia e Espanha, que formam o PIIGS, grupo de países mais afetados pela crise, estão na posição mais crítica entre os participantes da Zona do Euro, pois não controlaram seus gastos públicos e se endividaram continuamente para financiá-los. As conquistas do chamado Estado de bem-estar social (como o sistema de aposentadorias e pensões e o seguro-desemprego) estão sendo postas em xeque pela crise, gerando inúmeras manifestações populares em defesa dos direitos dos trabalhadores e dos setores mais vulneráveis da sociedade, como os idosos e os jovens.

Portugueses protestam no centro de Lisboa contra medidas de austeridade anunciadas pelo governo, que reduzem benefícios sociais e diminuem os gastos públicos (Portugal, 2013).

QUESTÕES

1. Cite os dois conjuntos geoeconômicos distintos que já haviam se formado na comunidade europeia antes mesmo da constituição da União Europeia.

2. O que motivou os 51,9% da população a defender a não permanência da Grã-Bretanha na União Europeia?

3. Aponte as principais causas e consequências da crise econômica de 2008 para a Europa e cite os países da Zona do Euro que foram mais afetados.

Você no mundo — Atividade em grupo — Dramatização

Brasil e fluxos migratórios

"[...] a Comissão de Relações Exteriores e Defesa Nacional (CRE) do Senado aprovou, em primeiro turno, a Lei da Imigração, que deve substituir o Estatuto do Estrangeiro, em vigor nos últimos 35 anos. [...]

'A nossa legislação ainda é do tempo da ditadura militar [de 1980], com um caráter muito mais regulatório. A nova lei que se está discutindo tem um viés muito mais humanitário. Os nossos vizinhos no Mercosul (Argentina, Uruguai) já atualizaram as suas legislações e até dão direito ao voto, por exemplo', disse ao *Brasil Post* a coordenadora do curso de Relações Internacionais da Faculdade Santa Marcelina (Fasm), Rita de Cássia do Val Santos.

[...] [Ela] avaliou que o Brasil faz parte de um cenário global no que diz respeito aos fluxos migratórios. Entretanto, ao contrário dos países europeus, que estudam medidas militares para barrar os imigrantes — sobretudo os africanos —, as autoridades brasileiras sinalizam uma abordagem bastante diferente. E mais correta:

'O Brasil passou a pensar nessas questões mais recentemente, a partir de 2000. Sempre fomos um país que mandava pessoas para fora, e hoje isso mudou, por isso há a necessidade de repensar como lidamos com a imigração. A estratégia é receber pessoas e se tornar um lugar seguro para viver, com uma vida digna. [...]

'É uma questão premente ao Brasil, no qual as três esferas governamentais — municipal, estadual e federal — precisam conversar, a fim de criar políticas públicas de absorção e integração. Não podemos ser surpreendidos, temos de ter coragem e lisura para enfrentar o tema com propriedade. Isso tem a ver com projeção no cenário internacional também, mostrando um viés pacífico ao mundo. Temos de fazer disso uma vocação. É algo que vai muito além dos partidos políticos', complementou Rita. [...]

Até maio deste ano [2015], a Polícia Federal informou que o Brasil possuía mais de 1,87 milhão de estrangeiros registrados. É a consolidação de um crescimento que vem avançando desde 2010, e cuja presença pode ser ainda maior, levando-se em conta que a imigração ilegal ainda existe.

A acolhida humanitária costuma ser a regra no caso dos haitianos, porém o raciocínio para a construção de soluções vai além de uma nova legislação. É preciso, para começar, que os brasileiros não esqueçam suas raízes históricas.

'O povo brasileiro, por formação, possui uma grande mistura e a presença de imigrantes sempre foi uma realidade. Digo mais: o Brasil tem uma dívida histórica com os seus imigrantes. No passado a instabilidade econômica fez brasileiros buscarem melhores condições de vida em outros países. É um processo natural, é justo que se busque uma vida melhor. Qual é a razão para o Brasil não ser esse destino? Temos de assumir esse problema', afirmou a consultora da ONU.

Não se pode perder de vista que, para muitos brasileiros, ainda é difícil ver com naturalidade a chegada de estrangeiros que querem obter direitos comuns aos cidadãos nascidos aqui. Vencer tal raciocínio é o que poderá impedir o surgimento de movimentos xenófobos e dar mais clareza a uma imigração que não vai cessar, mas sim crescer nos próximos anos. [...]"

ARAÚJO, Thiago de. Nova lei para imigrantes coloca Brasil na vanguarda no debate sobre fluxos migratórios do mundo, 3 jun. 2015. *HuffPost Brasil*. Disponível em: <http://mod.lk/714Tp>. Acesso em: mar. 2017.

- Reúnam-se em dois grupos. Um grupo pesquisará sobre a imigração europeia ao Brasil, entre os séculos XIX e XX, retratando histórias vividas por comunidades de imigrantes (italianos, alemães etc.). Outro grupo pesquisará sobre a imigração atual, podendo concentrar-se em imigrantes haitianos (que entram principalmente pelo Acre); bolivianos ou outros povos da América do Sul (consolidados em São Paulo); imigrantes do Oriente Médio ou europeus que buscam trabalho nos grandes centros.

- Depois de levantar as informações em jornais, revistas e na internet, cada equipe criará uma história ficcional sobre o acolhimento a um grupo de imigrantes que veio para o Brasil. Para tanto, considerem as questões levantadas no texto.

- A história ficcional poderá ser dramatizada para os colegas, em uma data a ser agendada pelo professor.

A transição no Leste Europeu

A **queda do Muro de Berlim** em 1989 representou ao mesmo tempo a desagregação do bloco socialista da Europa Oriental e o fim do equilíbrio geopolítico estruturado pela Guerra Fria. Polônia, Hungria, República Tcheca, Eslováquia, Bulgária e Romênia passaram a enfrentar dois graves problemas: as dificuldades da **transição de uma economia estatizada para uma economia de mercado** e as **tensões étnico-nacionais internas** que se verificam nas três últimas décadas.

Nesses países foram realizadas, na década de 1990, reformas econômicas com base no modelo neoliberal dominante no mundo pós-Guerra Fria, que envolveram principalmente liberalização da maioria dos preços e do comércio externo, redução dos subsídios às indústrias e dos gastos sociais e privatizações em larga escala. Essas medidas levaram à queda do consumo e da renda familiar, bem como ao aumento do desemprego.

Contudo, nos anos que se seguiram, Polônia, Hungria e República Tcheca passaram a apresentar expressivos índices de crescimento econômico, graças a uma base econômica mais sólida e a uma relativa homogeneidade cultural, que praticamente os livrou de tensões étnico-nacionalistas. Nos últimos anos esses países tiveram o crescimento desacelerado com a crise econômica que atingiu a Europa em 2008.

Bulgária, Eslováquia e Romênia estão entre os vários países da Europa Centro-Oriental em que se verificaram tensões ligadas a minorias étnico-nacionais. Na Bulgária, a minoria envolvida é de origem turca (10%), enquanto na Eslováquia e na Romênia é de origem húngara (11% e 7%, respectivamente). Neste último país, os problemas relacionados à minoria húngara, que habita a região da Transilvânia romena, evidenciaram-se nos episódios de discriminação contra ela e suas manifestações de desejo de autonomia.

Todavia, o conflito étnico-nacionalista mais emblemático ocorrido na região foi, sem dúvida, o que resultou da desintegração da antiga Iugoslávia, onde o desaparecimento do regime socialista levou à separação das seis repúblicas que formavam o Estado Federal Iugoslavo e deram origem a cinco repúblicas independentes. Na Bósnia-Herzegovina, o conflito vitimou centenas de milhares de pessoas e gerou cerca de 2 milhões de refugiados entre 1992 e 1995. O país voltou a ter precária estabilidade somente no final de 1995, com a interferência de tropas da Otan e com os **Acordos de Dayton**. Estabilidade precária porque o ódio étnico gerado por antigos antagonismos foi exacerbado pelo conflito, o que leva a duvidar que a paz tenha sido definitivamente alcançada na região.

Alguns países do Leste Europeu receberam investimentos dos países ocidentais e cresceram a taxas significativas nos últimos anos, como a Eslovênia, Hungria, República Tcheca, Eslováquia. A crise de 2008 também afetou profundamente essas nações.

Acordos de Dayton. Acordo assinado em novembro de 1995 encerrando a guerra na Bósnia-Herzegovina.

Iugoslávia: político — 1991

Fonte: PHILIP'S. *Atlas of World History*. 2. ed. rev. Londres: Philip's, 2007. p. 264.

Novos Estados na área da antiga Iugoslávia — 2016

Fonte: SÉNAT. *Carte des Balkans*. Disponível em: <http://mod.lk/DeiZM>. Acesso em: mar. 2017.

Para assistir

Bem-vindo a Sarajevo
EUA, Inglaterra, 1997. Direção de Michael Winterbottom. Duração: 101 min. Baseado no livro *Natasha's Story*, do jornalista britânico Michael Nicholson, o filme trata do envolvimento de repórteres em campos de batalha. É ambientado em 1992, na Guerra da Bósnia.

Aumento da pobreza e do desemprego

Embora a pobreza sempre tenha existido na UE, os índices atuais revelam que ela aumentou significativamente, em especial nas últimas décadas, pois, se em 1975 o número de pessoas consideradas pobres nos países integrantes da União Europeia era estimado em 38 milhões, na atualidade elas já são mais de 115 milhões.

Em 2014, a taxa de desemprego chegou a 26% na Espanha — índice muito alto. Na foto, trabalhadores fazem fila à procura de emprego em Madri (Espanha, 2014).

Desde o início da crise financeira em 2008, o número de empregos perdidos na Europa totalizou 5 milhões, dos quais 4 milhões desapareceram na área do euro, sendo a Espanha o país com o maior número de desempregados. Em 2014, um em cada quatro espanhóis até 25 anos não tinha trabalho.

As flutuações no emprego, desde o início da crise, têm sido impulsionadas por trabalhos em tempo parcial e contratos temporários, mas os trabalhos de contrato permanente têm sido duramente afetados. Observe, no gráfico a seguir, a evolução do desemprego na União Europeia entre 2008 e 2013, afetando especialmente a população mais jovem.

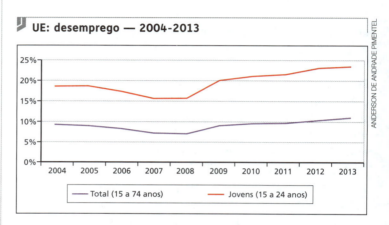

Fonte: EUROPEAN COMMISSION. *Draft joint employment report to the communication from the commission: annual growth survey 2015*. Disponível em: <http://mod.lk/bCVMz>. Acesso em: mar. 2017.

Parte das dificuldades econômicas da população estava associada ao desemprego, resultante das novas condições da economia internacional, que, na busca de maior produtividade e competitividade, estimulou a pesquisa e a introdução de novas técnicas de automação, informatização de serviços, além de promover cortes de setores deficitários. Ao mesmo tempo, os orçamentos dos sistemas estatais de proteção social foram bastante reduzidos, o que os tornou visivelmente inadequados às **novas realidades socioeconômicas** do continente em decorrência de medidas neoliberais implementadas nos países europeus.

Você no Enem!

H6 INTERPRETAR DIFERENTES REPRESENTAÇÕES GRÁFICAS E CARTOGRÁFICAS DOS ESPAÇOS GEOGRÁFICOS.
H11 IDENTIFICAR REGISTROS DE PRÁTICAS DE GRUPOS SOCIAIS NO TEMPO E NO ESPAÇO.

A população da União Europeia

Observe o gráfico ao lado.

1. De acordo com as informações apresentadas, responda às questões.

    a) Cada barra no gráfico corresponde a intervalo de quantos anos?

    b) Qual é o percentual dos homens habitantes dos países da União Europeia na faixa etária dos 0 aos 4 anos?

    c) Considere que a população adulta é dos 20 aos 64 anos de idade. Qual é a proporção aproximada desse grupo etário na União Europeia?

    d) Considerando que a população idosa é de 65 anos em diante, calcule a porcentagem de idosos que vivem na União Europeia. Que considerações podem ser feitas em relação à proporção dessa população na União Europeia?

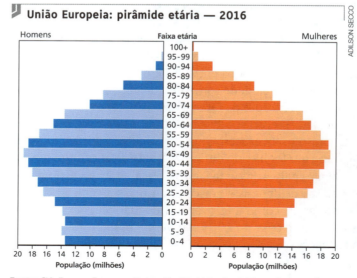

Fonte: CIA. Europe: European Union. *The World Factbook*. Disponível em: <http://mod.lk/yivrl>. Acesso em: mar. 2017.

Imigração

Além dos problemas estruturais da economia, as desigualdades sociais ainda contam, para agravá-los, com o fenômeno das **imigrações intra** e **extracomunitária**, representadas por imigrantes oriundos de países pertencentes e não pertencentes à União Europeia, respectivamente.

Estima-se que existam atualmente na União Europeia, provenientes de países de fora do bloco, cerca de 32,5 milhões de imigrantes (pouco mais que 6% da população total da Europa), dos quais entre 5 e 6 milhões em situação ilegal. Cerca de 75% do total está concentrado na Alemanha, na França, na Grã-Bretanha, na Itália e na Espanha.

Observe, no gráfico a seguir, a origem de imigrantes legais em 2010, de acordo com o último censo na Europa, realizado em 2011.

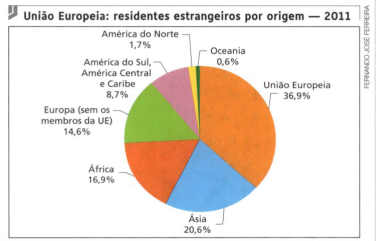

Fonte: EUROSTAT. *Foreign-born residents, by place of birth, EU-28, 2011 (% of foreign-born population)*. Disponível em: <http://mod.lk/yG7W8>. Acesso em: mar. 2017.

Os **imigrantes intracomunitários** são, em grande parte, originários da região mediterrânea e dos países mais pobres da União Europeia, como Romênia, Bulgária e Polônia. Exemplos mais comuns são os portugueses, que migram para a França, e os italianos do sul, que rumam para o norte de seu próprio país ou para a Alemanha. Depois da queda do Muro de Berlim, muitos habitantes do Leste Europeu estabeleceram-se em países da União Europeia, sobretudo no território alemão.

Milhares de pessoas da comunidade asiática no Reino Unido participam de festival hindu na cidade de Leicester (Inglaterra, 2014).

Os principais grupos de **imigrantes extracomunitários** são compostos de turcos, africanos, caribenhos, hindus e paquistaneses. Os turcos em geral escolhem a Alemanha como destino; os africanos, especialmente os do Magreb e ex-colônias francesas, migram para a França; assim como os caribenhos, hindus e paquistaneses procuram a Grã-Bretanha.

O número de imigrantes originários da África é crescente na Itália e na Espanha. A busca por melhores condições de vida e a proximidade geográfica entre o norte do continente africano e os dois países explicam esse fluxo.

A crise migratória recente

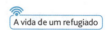
A vida de um refugiado

O aumento do desemprego, aliado à xenofobia e à intolerância étnica, tem exacerbado a discriminação e a violência contra imigrantes e seus descendentes na Europa. Para parte da população europeia, os estrangeiros são considerados pessoas que chegaram para concorrer no mercado de trabalho e "roubar" o emprego dos nacionais. A expectativa de uma Europa próspera, unida e democrática esbarra na necessidade de a União Europeia dar respostas satisfatórias a esses problemas.

Conflitos armados decorrentes da desagregação de regimes autoritários no norte da África a partir de 2011, a constante atuação de grupos armados e a fome em países da África central, bem como situações de guerra civil em países como Iraque e Síria, provocaram um grande movimento migratório para a Europa entre 2014 e 2015.

Em 2015, o número de refugiados que chegaram por terra e mar à União Europeia ultrapassou a marca de 1 milhão de pessoas, de acordo com a Organização Internacional para as Migrações (OIM). Esse número representou um crescimento de 365% em relação aos dados de 2014: a quantidade de pessoas que entraram na Europa como refugiados ou imigrantes multiplicou-se por quatro em um ano. Os países que mais receberam migrantes foram Grécia, Bulgária, Itália, Espanha, Malta e Chipre, em virtude de sua proximidade geográfica com o Oriente Médio e com o norte da África.

A situação dos imigrantes é, na maioria das vezes, degradante. Em 2015, segundo estimativas da Organização Internacional para as Migrações, mais de 3 mil pessoas morreram tentando chegar ao continente europeu por mar, em embarcações frágeis e com acesso extremamente limitado à água e à comida.

A maioria dos que buscam a Europa deseja alcançar os países mais desenvolvidos, como Reino Unido e Alemanha, onde acreditam ter mais chances de obter emprego e renda. No caso dessa imigração mais recente, porém, busca-se, acima de tudo, a sobrevivência diante da devastação e da crise humanitária provocadas pela guerra nos países de origem.

O grande fluxo de refugiados fez com que países da Europa Meridional e Central, como Macedônia, Sérvia e Hungria, adotassem medidas repressivas e fechassem periodicamente suas fronteiras. Após grande comoção internacional pelas mortes recorrentes na travessia à Europa, países como a Alemanha abrandaram seus controles e permitiram a entrada de um número maior de estrangeiros em condição de refugiados.

Geografia e outras linguagens

O poeta contemporâneo brasileiro Ricardo Domeneck, nascido na cidade paulista de Bebedouro, em 1977, vive hoje em Berlim, capital da Alemanha, onde atua junto a artistas plásticos e organiza performances multimídia, além de trabalhar como DJ. Sua produção poética já foi traduzida para vários idiomas.

O poema a seguir é de sua autoria.

MARE NOSTRUM

"Estive hoje no banco,
e com hinos,
sacrifícios e libações,
apaziguei os deuses
das finanças.
Estão pagos os impostos,
Angela. Preferiria tê-los
enviado aos gregos,
para lá do *Mare Nostrum*,
digo, *vostrum*.
Vossa antiga rua
de mão única
é agora vala
comum que sequer
requer pá, enxada.
[...]
Esse mundo,
eu sei, é todo
vala comum.
[...]
Seguem retas as réguas
que traçaram, europeias,
eficientes, tão simétricas
linhas por onde passaram
em África e Oriente?
De Bruxelas a Berlim,
tapam-se com mãozinhas
enrugadas os olhinhos
assustados,
já que desde
tataravô e tataravó,
ninguém
mais da família
pôs os pés
naquele continente.
Algum tio-avô, talvez,
engenheiro em Suez.
Nada sabemos do Congo,
mas como são belas
as estátuas de Leopoldo.
Mandatos e protetorados,
Síria, Palestina,
Iêmen, *et alia*.
Agora, que se virem
na Itália
– se lá chegarem –
como se reviram as coisas
e corpos nas correntes
submarinas,
[...]
Esse mar, que já carregou
cruzes,
hoje não suporta lápides,
e limpa-se, como um gato as patas,
sempre pronto para os turistas."

Disponível em: <http://mod.lk/MqhSc>.
Acesso em: mar. 2017.

> **QUESTÕES**
>
> 1. Pense, pesquise e responda: quem é "Angela", a quem o texto se refere? Que papel é atribuído a "Angela" no poema e o que isso reflete da situação atual na Europa?
> 2. O que é o *mare nostrum*? Pesquise.
> 3. Sintetize a crítica social presente no poema.

ATIVIDADES

ORGANIZE SEUS CONHECIMENTOS

1. A União Europeia é formada por 28 países e o Reino Unido aderiu à CEE apenas em 1973. Dois anos depois, após renegociar suas condições, realizou um referendo sobre a sua permanência, sendo sua integração ao bloco aprovada por 67% dos eleitores. No dia 23 de junho de 2016, 43 anos após o ingresso do Reino Unido, a população foi convocada para um novo referendo, dessa vez para votar a sua permanência ou saída da União Europeia. O resultado obtido nesse referendo ficou conhecido por *Brexit* e poderá trazer como consequência para o Reino Unido e os demais países europeus:

   a) o fortalecimento de laços econômicos no continente europeu, ampliando a possibilidade de negociações comerciais.

   b) a retomada de valores nacionalistas e separatistas, reabrindo antigas pendências políticas ainda presentes no continente europeu.

   c) o favorecimento de políticas imigratórias para o Reino Unido, facilitando a entrada de refugiados de guerra.

   d) a adesão compulsória de todos os países que integram o Reino Unido, fortalecendo os vínculos políticos.

   e) a abertura de novos postos de trabalho no Reino Unido, com a entrada de multinacionais em território britânico.

2. Levando em conta seus conhecimentos sobre o continente europeu, explique, dando exemplos, o sentido da frase: "Dependendo do ponto de vista, a Europa pode ser considerada um continente com diferentes dimensões territoriais".

3. Aponte dois elementos que caracterizam a diversidade cultural existente na Europa.

4. Reflita sobre o processo de integração europeu a partir da segunda metade do século XX e responda: trata-se de uma dinâmica somente econômica, ou esse processo reflete também intencionalidades políticas?

5. Na recente crise migratória que envolveu a Europa, imigrantes lutaram para chegar até países meridionais como Itália, Grécia e Hungria, para dali chegarem a outros países. Como esse fato se relaciona ao Espaço Schengen?

REPRESENTAÇÕES GRÁFICAS E CARTOGRÁFICAS

6. Observe o mapa abaixo.

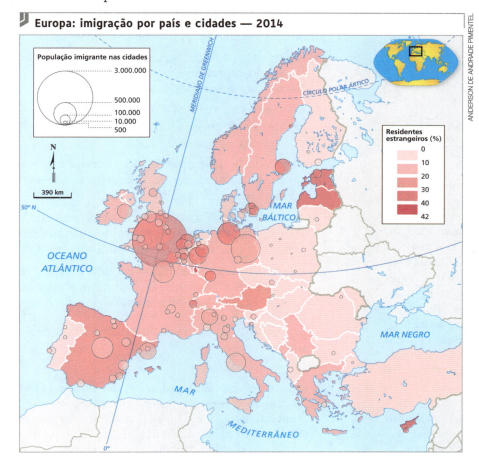

Europa: imigração por país e cidades — 2014

Fonte: CITYLAB. *4 maps crucial to understanding Europe's population shift*. Disponível em: <http://mod.lk/6bbKe>. Acesso em: mar. 2017.

- De que maneira a distribuição da população migrante nas cidades pode revelar as desigualdades econômicas no continente europeu?

ATIVIDADES

7. Observe a pirâmide etária europeia e responda:

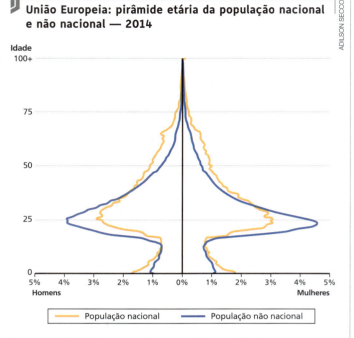

União Europeia: pirâmide etária da população nacional e não nacional — 2014

Fonte: EUROSTAT. *Age structure of immigrants by citizenship*, EU, 2014. Disponível em: <http://mod.lk/s6YZX>. Acesso em: mar. 2017.

a) Que motivos explicam o maior percentual de estrangeiros na faixa etária economicamente ativa?

b) Analise comparativamente as duas pirâmides, considerando a população acima dos 50 anos.

INTERPRETAÇÃO E PROBLEMATIZAÇÃO

8. Leia atentamente o texto a seguir.

Islã à europeia

"Sob a alegação de ameaça aos princípios laicos do Estado, a Corte Constitucional da Turquia vetou recentemente uma emenda, aprovada pelo Parlamento em fevereiro, que permitia o uso do véu islâmico por alunas muçulmanas nas universidades. A medida causou alvoroço popular e ameaça lançar o país em uma grave crise institucional: no início do mês, centenas de mulheres foram às ruas protestar contra a decisão. Com seu território dividido entre a Ásia e a Europa, a Turquia se apresenta ao mundo como um elo entre o Oriente e Ocidente e aspira a ser o primeiro membro islâmico da União Europeia. Vistos por esse prisma, os acontecimentos ganham significado emblemático e reforçam a pergunta que assola estudiosos da questão mediante o crescimento da religião no velho continente: seria a fé no Islã compatível com o secularismo europeu?

'Claro que sim. É nossa responsabilidade disseminar um melhor entendimento da religião e, ao mesmo tempo, desenvolver um senso de pertencer ao país em que nascemos. Precisamos construir essas pontes', opina Tariq Ramadan, 45 anos, professor de teologia, filosofia e literatura francesa em Genebra, na Suíça, e um dos maiores defensores de um Euro-Islã. [...] Para Ramadan, democracia, liberdade de expressão, direitos humanos e tolerância religiosa podem e devem ser assimilados pelos fiéis, sem que os princípios islâmicos sejam traídos.

[...]

Ramadan defende o fim dos matrimônios arranjados e o direito da mulher de ser independente. [...] Enquanto seus críticos ocidentais o classificam como um sujeito de discurso duplo, islâmicos tradicionalistas e radicais o acusam de ser um infiel e traidor da religião. 'Sempre digo que sou muito muçulmano para os ocidentais e muito ocidental para os muçulmanos', afirma. 'Mas se você quer construir pontes deve esperar críticas dos dois lados a serem ligados'."

FURTADO, Jonas. *Islã à europeia*. Disponível em: <http://mod.lk/ZTXPs>. Acesso em: abr. 2016.

- Analise o encontro cultural promovido pela imigração muçulmana na Europa.

ENEM E VESTIBULARES

9. (PUC-RJ, 2014)

Com a crise econômica aprofundada em 2008, uma classe de países da Zona do Euro passou a ser chamada de PIIGS. Nesses países:

a) a arrecadação caiu, apesar de o emprego ter aumentado, afetando a manutenção das políticas de bem-estar desenvolvidas há décadas.

b) a pobreza estrutural é muito grande, já que são periferias comunitárias localizadas no leste do continente.

c) as taxas de desemprego são as mais expressivas do continente, apesar da suscetibilidade das economias nacionais ter diminuído.

d) os gastos públicos são excessivos e o endividamento descontrolado, a ponto de suas dívidas serem iguais ou superiores a 50% dos seus PIB.

e) os investimentos do bloco econômico continuam sendo fortes, mas houve o aumento da desconfiança da população nacional devido à corrupção.

10. (Uerj-RJ, 2011) Europa Ocidental: a construção da unidade

"A criação da República Federal Alemã (1949) reativou o temor francês do ressurgimento do nacionalismo alemão. Foi nessa atmosfera confusa e carregada que, em maio de 1950, foi apresentado o plano do ministro do exterior, Robert

Schuman, de integrar as siderurgias francesa e alemã. O Plano Schuman previa a instituição de uma autoridade comum, supranacional, com poderes para coordenar o reerguimento da produção de carvão e aço nos dois países. Outros países poderiam aderir à iniciativa. O Tratado da Comunidade Europeia do Carvão e do Aço (Ceca) foi assinado em 1951."

MAGNOLI, D. *O mundo contemporâneo*.
São Paulo: Atual, 2004.

A criação da Ceca deu origem a um conjunto de iniciativas de integração no continente europeu, entre elas, as raízes da própria União Europeia.

O conceito fundamental nesse processo de integração entre Estados Nacionais é:

a) espaço vital.

b) fronteira flexível.

c) território multipolar.

d) soberania compartilhada.

11. (Uepa-PA, 2014) A multiplicação dos acordos bilaterais, tratados de livre comércio e de blocos econômicos regionais constitui um dos fenômenos mais marcantes do cenário mundial pós-Guerra Fria. Neste contexto, ocorre destaque para a União Europeia, considerado o bloco econômico com maior nível de integração e que enfrenta nos últimos anos uma grave crise econômica. Sobre a crise europeia e o bloco União Europeia é correto afirmar que:

a) o crescimento econômico deste bloco está em descompasso com o resto do mundo, uma vez que, enquanto seus países-membros têm lento crescimento econômico, os países que compõem outros blocos apresentam rápido crescimento, principalmente os que compõem o Nafta.

b) a crise na Europa foi causada pela dificuldade de alguns países europeus em pagar as suas dívidas. Alguns países da região, a exemplo da Grécia e Portugal, não vêm conseguindo gerar crescimento econômico suficiente para honrar os compromissos firmados junto aos seus credores ao longo dos últimos anos. Tal fato é grave e poderá ultrapassar as fronteiras da chamada Zona do Euro.

c) alguns países, a exemplo da Alemanha e França, que possuem maior desenvolvimento tecnológico, estão isentos desta recente crise econômica. O término da Guerra Fria e a reunificação alemã influenciaram na reformulação do equilíbrio geopolítico europeu.

d) a crise atinge todos os países integrantes do bloco com a mesma proporção, sendo o desemprego estrutural e conjuntural um dos mais sérios problemas dos países integrantes deste bloco econômico.

e) a economia mundial tem experimentado um crescimento lento desde a crise financeira dos Estados Unidos entre 2008 e 2009. A crise americana atravessou fronteiras e influenciou no resto do mundo, inclusive na Europa e no contexto da União Europeia, atingindo na mesma proporção todos os países integrantes deste bloco.

12. (FGV-SP, 2013) De acordo com a Eurostat, agência oficial de estatísticas da União Europeia (UE), em julho de 2012, a média de desemprego entre os países da Zona do Euro foi de 11,3% da população ativa, atingindo um total de 18 milhões de pessoas.

Sobre o desemprego nos países que compõem a Zona do Euro, é correto afirmar:

a) As taxas de desemprego tendem a ser maiores nos países que apresentam custos de produção mais elevados, tais como a Áustria e a Holanda.

b) As taxas de desemprego tendem a ser menores entre os jovens de 15 a 24 anos, já que eles recém-ingressaram no mercado de trabalho.

c) Na Espanha e na Grécia, países fortemente atingidos pela crise econômica, mais de 1/5 da população ativa está desempregada.

d) A elevação do desemprego na região resulta da adoção de tecnologias pouco intensivas em mão de obra, pois contrasta com os sucessivos aumentos da produção industrial registrados na região desde o início de 2012.

e) Ainda que continuem elevadas, as taxas de desemprego registradas em julho de 2012 são menores do que as registradas no mesmo período de 2011, quando os países da região estavam em plena crise econômica.

13. (UEPB-PB, 2013) A característica mais forte da globalização é a interdependência entre os diversos atores globais, daí a crise econômica que teve início com o colapso do mercado imobiliário norte-americano ter atingido fortemente a União Europeia, cuja insatisfação e mobilização popular têm como causas:

I. a imposição de medidas impopulares para equilibrar as contas dos Estados, tais como os cortes nos gastos públicos e o aumento de impostos.

II. a redução da renda e da qualidade de vida, direitos historicamente conquistados pelos cidadãos europeus, em especial dos países que implantaram a social-democracia.

III. o aumento do desemprego e dos cortes nos recursos à assistência social, enquanto os Estados se endividam e utilizam recursos públicos para salvar o mercado financeiro.

IV. o forte controle da União Europeia sobre a imigração clandestina, que compensa o baixo crescimento demográfico e ocupa funções não qualificadas, sendo portanto bem-aceita pela população.

Estão corretas apenas as proposições:

a) I, II e III

b) I e IV

c) II e IV

d) II, III e IV

e) I e III

14. **(Enem-PPL, 2012)** Na União Europeia, buscava-se coordenar políticas domésticas, primeiro no plano do carvão e do aço, e, em seguida, em várias áreas, inclusive infraestrutura e políticas sociais. E essa coordenação de ações estatais cresceu de tal maneira, que as políticas sociais e as macropolíticas passaram a ser coordenadas, para, finalmente, a própria política monetária vir a ser também objeto de coordenação com vistas à adoção de uma moeda única. No Mercosul, em vez de haver legislações e instituições comuns e coordenação de políticas domésticas, adotam-se regras claras e confiáveis para garantir o relacionamento econômico entre esses países.

ALBUQUERQUE. J A. G. *Relações Internacionais contemporâneas*: a ordem mundial depois da Guerra Fria. Petrópolis: Vozes, 2007 (adaptado).

Os aspectos destacados no texto que diferenciam os estágios dos processos de integração da União Europeia e do Mercosul são, respectivamente:

a) Consolidação da interdependência econômica — aproximação comercial entre os países.

b) Conjugação de políticas governamentais — enrijecimento do controle migratório.

c) Criação de inter-relações sociais — articulação de políticas nacionais.

d) Composição de estratégias de comércio exterior — homogeneização das políticas cambiais.

e) Reconfiguração de fronteiras internacionais — padronização das tarifas externas.

15. **(UFG-GO, 2012)** Nos últimos anos, países como França, Inglaterra, Espanha e Itália viram se agravar os seus conflitos internos, em alguns casos com manifestações violentas e confrontos entre manifestantes, a maioria envolvendo jovens e forças policiais. Esses acontecimentos ocorreram por causa:

a) da intensificação dos movimentos antiglobalização que se prolongam desde o final da década de 1990 e tiveram como fato marcante a grande manifestação durante o encontro da OMC em Seattle, nos Estados Unidos.

b) dos movimentos pontuais que acontecem na Europa em protestos contra a União Europeia e a imposição aos países do euro como moeda única, fator que teria ampliado o desemprego.

c) da luta da juventude pela paz mundial, principalmente contra a participação de seus países em missões militares no Afeganistão e Iraque, ao lado dos Estados Unidos.

d) do crescimento da migração de populações de outros países, envolvidos em guerras ou catástrofes ambientais, aliado à falta de emprego para a juventude, em virtude da extensão da crise econômica.

e) da determinação da juventude que luta por reforma educacional e por maior participação do Estado no ensino superior com a finalidade de ampliar a gratuidade desse ensino.

16. **(Fuvest-SP, 2012)** Logo após a entrada de milhares de imigrantes norte-africanos na Itália, em abril deste ano, o presidente da França, Nicolas Sarkozy, e o primeiro-ministro da Itália, Silvio Berlusconi, fizeram as seguintes declarações a respeito de um consenso entre países da União Europeia (UE) e associados.

"Queremos mantê-lo vivo, mas para isso é preciso reformá-lo."

Nicolas Sarkozy

"Não queremos colocá-lo em causa, mas em situações excepcionais acreditamos que é preciso fazer alterações, sobre as quais decidimos trabalhar em conjunto."

Silvio Berlusconi

Disponível em: <http://pt.euronews.net>. Acesso em: jul. 2011 (adaptado).

Sarkozy e Berlusconi encaminharam pedido à UE, solicitando a revisão do:

a) Tratado de Maastricht, o qual concede anistia aos imigrantes ilegais radicados em países europeus há mais de 5 anos.

b) Acordo de Schengen, segundo o qual Itália e França devem formular políticas sociais de natureza bilateral.

c) Tratado de Maastricht, que implementou a União Econômica Monetária e a moeda única em todos os países da UE.

d) Tratado de Roma, que criou a Comunidade Econômica Europeia (CEE) e suprimiu os controles alfandegários nas fronteiras internas.

e) Acordo de Schengen, pelo qual se assegura a livre circulação de pessoas pelos países signatários desse acordo.

17. (Enem-PPL, 2013)

Fonte: *Estadão.com*. Disponível em: <www.estadao.com.br>. Acesso em: 3 dez. 2012 (adaptado).

Nos mapas, está representada a região dos Bálcãs, em dois momentos do século XX. Uma causa para a mudança geopolítica representada foi a:

a) adoção do euro como moeda única.

b) suspensão do apoio econômico soviético.

c) intervenção internacional liderada pela Otan.

d) intensificação das tensões étnicas regionais.

e) formação de um Estado islâmico unificado.

18. (UFRN-RN, 2012) O mapa político da Europa passou por mudanças de fronteiras e surgimento de novos países, a partir da reunificação da Alemanha, da dissolução da União das Repúblicas Socialistas Soviéticas (URSS) e da fragmentação da Iugoslávia e Tchecoslováquia. Essas alterações nas fronteiras desses países ocorreram

a) no período de encerramento da II Guerra Mundial.

b) na fase entre a I e a II Guerras Mundiais.

c) na fase da bipolarização entre EUA e URSS.

d) no período de encerramento da Guerra Fria.

19. (PUC-RJ, 2011) A organização observada no cartograma representa:

Fonte: DIÁRIO DA REPÚBLICA ELETRÔNICO. Disponível em: <www.dre.pt/ue>. Acesso em: set. 2010.

a) as nações europeias que adotaram o Euro como moeda.

b) a atual composição regional da União Europeia (UE).

c) as forças militares dos EUA na Europa da Guerra Fria.

d) o espaço militar europeu do século XXI (OTAN).

e) as 25 nações mais ricas do continente europeu.

Mais questões: no livro digital, em **Vereda Digital Aprova Enem** e **Vereda Digital Suplemento de revisão e vestibulares**; no *site*, em **AprovaMax**.

CAPÍTULO 24

AMÉRICA

ENEM
C2: H7, H8, H9

Neste capítulo, você vai aprender a:
- Reconhecer as principais características expansionistas dos Estados Unidos em diferentes escalas.
- Analisar a economia dos Estados Unidos e sua relação com os parceiros econômicos do país.
- Identificar as principais atividades econômicas dos países da América Andina e da América Central.
- Analisar a distribuição geográfica das atividades industriais no Canadá e no México.
- Identificar os países do Cone Sul e suas principais características econômico-sociais.

*"Que barulho na noite, que solidão!
Esta solidão da América... Ermo e cidade grande se espreitando.
Vozes do tempo colonial irrompem nas modernas canções, e o barranqueiro do rio São Francisco — esse homem silencioso, na última luz da tarde, junto à cabeça majestosa do cavalo de proa imobilizado contempla num pedaço de jornal a iara vulcânica da Broadway."*

ANDRADE, Carlos Drummond de. América.
A rosa do povo. Em: *Poesia e prosa*. 8. ed.
Rio de Janeiro: Nova Aguilar, 1992. p. 158.

As questões econômicas e sociais, as potencialidades e os conflitos que caracterizam o continente americano são o tema central deste capítulo. Analisaremos a importância econômica da América do Nafta, as dinâmicas sociais e políticas da América Central e as transformações recentes ocorridas na América do Sul, porção do continente onde o Brasil está inserido.

Ponto de partida

A maior parte da carga embarcada nos portos marítimos chilenos é de minérios. Em que medida minérios e produtos agrícolas são representativos da economia latino-americana?

Os portos de Valparaíso e de San Antonio são responsáveis pelos maiores movimentos de cargas do Chile. Na foto, porto de Valparaíso, 2016.

1. O continente americano

O mapa (A) e a anamorfose (B) apresentada na página seguinte representam o continente americano de acordo com dois critérios diferentes. Observe-os.

América: físico

Fontes: IBGE. *Atlas geográfico escolar*. 6. ed. Rio de Janeiro: IBGE, 2012. p. 36-40; FERREIRA, Graça M. L. *Moderno atlas geográfico*. 5. ed. São Paulo: Moderna, 2011. p. 46.

O mapa (A) representa as altitudes do continente americano, que são resultado, em grande medida, da movimentação das placas tectônicas no decorrer do tempo geológico da Terra. Em consequência desses movimentos lentos e prolongados da crosta terrestre, o relevo do continente é marcado pela presença de grandes cordilheiras a oeste e pelo predomínio de planaltos a leste.

A anamorfose (**B**) abaixo representa uma divisão do continente americano em dois conjuntos — Norte e Sul —, decorrente de processos socioeconômicos. Em virtude desses processos, encontram-se na América a principal potência militar, política e econômica do mundo (Estados Unidos) e um dos países menos desenvolvidos (Haiti). Percebe-se com isso o desnível na geração de riqueza entre a **América Anglo-Saxônica** (Estados Unidos e Canadá) e a **América Latina** (que se estende do México à Argentina).

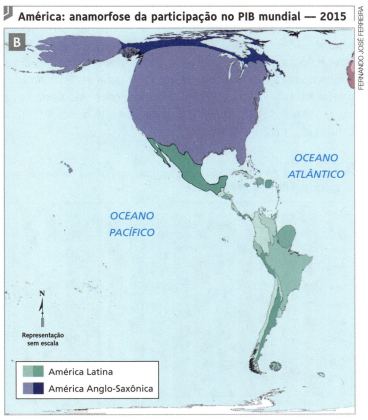

América: anamorfose da participação no PIB mundial — 2015

Fonte: WORLDMAPPER. Disponível em: <http://mod.lk/yDulM>. Acesso em: mar. 2017.

No continente americano, ora existem movimentos de aproximação, ora de conflito entre os Estados Unidos e os países da América Central e do Sul. Tais relações sempre estiveram, em grande parte, associadas à interferência da política e da economia estadunidenses em assuntos dos países da América Central e do Sul. Essa interferência foi marcante, sobretudo nos séculos XIX e XX.

Neste capítulo, vamos nos concentrar nas questões mais contemporâneas que envolvem o continente americano, abordando a inserção de alguns de seus países na economia globalizada.

Estados Unidos

A hegemonia dos Estados Unidos no mundo é histórica e se expressa tanto em relação ao seu potencial econômico quanto político e militar. Antes de iniciarem o processo de expansão mundial, os Estados Unidos ampliaram as suas fronteiras internas para o norte, o oeste e o sul, com a tomada de territórios por compra, guerras e anexações de diversas nações, incluindo a de seus vizinhos Canadá e México.

No século XX, o crescimento de sua economia, favorecida pela crescente produção industrial durante o período entreguerras, potencializou sua atuação na escala regional, para, em seguida, ampliar-se mundialmente após sua participação na Segunda Guerra Mundial.

A consolidação de seu predomínio econômico no contexto da América do Norte firmou-se com a criação do **Tratado Norte-Americano de Livre Comércio (Nafta)**, assinado entre Estados Unidos, México e Canadá em 1992. Em âmbito mundial, prevalece a ação de suas transnacionais e seus bancos, seu potente comércio, sua indústria de ponta, entre outros segmentos. Os Estados Unidos são a síntese do **capitalismo pós-industrial**.

O território estadunidense estruturou-se com base na **modernização industrial** ocorrida na segunda metade do século XIX. A vitória do Norte na Guerra de Secessão (1861-1865) destruiu o poder político da aristocracia escravista do Sul, cuja base era a grande propriedade rural, e promoveu a unidade social e econômica nacional sob o comando do capital comercial e financeiro. Nesse processo, o Nordeste e a região dos Grandes Lagos emergiram como polos de desenvolvimento do país.

Entre o final do século XIX e o início do século XX, no Nordeste dos Estados Unidos e na área dos Grandes Lagos, estruturou-se uma região denominada *Manufacturing Belt* (Cinturão Fabril). Dinâmica, urbana e industrial, essa região tinha ao centro um vasto polo industrial e era rodeada por uma extensa periferia apoiada na atividade pecuária. Já nas duas primeiras décadas do século XX, o centro de gravidade do *Manufacturing Belt* migrou da costa atlântica para a região dos Grandes Lagos, onde se desenvolviam indústrias de bens de produção, com base no carvão e no minério de ferro, e surgia a indústria automobilística. Não demorou para que ali se desse a concentração de cerca de três quartos da produção industrial nacional.

O pós-guerra

Após a Segunda Guerra Mundial (1939-1945), os investimentos industriais foram direcionados para o sul e o oeste do país, o que fez surgir **novos polos produtivos**. Novas áreas foram dinamizadas com a política governamental de construção de estradas de rodagem e com os programas de desenvolvimento hidráulico nas bacias dos rios Tennessee e Colúmbia. A exploração de campos petrolíferos no golfo do México e na Califórnia atraiu investimentos para ambas as regiões.

Ao mesmo tempo, o governo incentivou a descentralização geográfica da indústria bélica nessas duas regiões, cujo desenvolvimento foi estimulado também por outros fatores: a reconstrução do Japão criou um novo interesse pela bacia do Pacífico e pela costa oeste estadunidense. A maior longevidade da população gerou uma camada crescente de aposentados que deixava o Norte, transferindo-se para áreas de climas mais quentes, no Sul e no Oeste, onde também cresceu a atividade turística, especialmente na Flórida e na Califórnia.

Extração de petróleo em Lost Hills, Califórnia (Estados Unidos, 2014).

Na década de 1960, entrou em crise o velho modelo industrial do *Manufacturing Belt*, baseado em tecnologias intermediárias e no amplo uso de mão de obra. Inaugurou-se então um novo ciclo industrial, apoiado em **tecnologias de ponta** e intensa **automação**, que, comandado pela microeletrônica, pela informática e pela indústria aeroespacial, passou a organizar-se em localizações distantes das antigas metrópoles e das reservas de matérias-primas. Ao mesmo tempo, o centro do conjunto da economia foi deslocado do setor secundário para o terciário (comércio, serviços e finanças), gerando desemprego nas indústrias.

Nesse contexto, as tradicionais cidades industriais dos Grandes Lagos entraram em crise profunda. Para ter ideia da gravidade desse fato, quase metade da população dos Estados Unidos vivia no *Manufacturing Belt* em 1950; em 1980, essa proporção caiu para 40%. Somente na década de 1970, 3 milhões de pessoas deixaram a região. Nesse mesmo período, sua produção industrial, que era de 68% do total nacional, caiu para menos de 50%. O Oeste e o Sul, por sua vez, receberam as novas levas de imigrantes: os mexicanos instalaram-se no Sul, na ampla faixa entre o Texas e a Califórnia; os cubanos, na Flórida; e os asiáticos, na costa do Pacífico.

Foram essas as transformações que deram origem ao já citado *Sun Belt*, que abrange as novas e variadas áreas emergentes do Oeste e do Sul, cujo dinamismo econômico e crescimento demográfico contrastam com a regressão de certas áreas do *Manufacturing Belt*. Dessa forma, o desinvestimento nas áreas industriais do Norte vem, desde o final do século XX, provocando severas transformações espaciais locais e gerando graves problemas sociais.

A dinâmica pós-industrial

Abrindo o caminho trilhado também pelas mais importantes nações europeias e pelo Japão, a economia estadunidense passou, nas últimas décadas, para a **fase pós-industrial**. Essa fase caracteriza-se por domínio do capital financeiro, expansão dos serviços e do comércio e transferência crescente de força de trabalho do setor secundário para o terciário. Embora ainda represente o fundamento do poderio de um país, a indústria de modo geral tem passado por transformações estruturais, causadas sobretudo pela intensa aplicação da ciência à produção, que resulta em incorporação contínua de tecnologias de ponta, automação e consequente liberação de mão de obra.

Novos espaços industriais

Nesse cenário, os ramos industriais tradicionais mergulham em crise, novos ramos dinâmicos emergem, os capitais são atraídos para outros locais e as velhas aglomerações urbano-industriais são diretamente afetadas. A plena configuração de uma economia pós-industrial tem por indício a evolução recente da distribuição da População Economicamente Ativa (PEA) nos setores econômicos, como se observa no gráfico a seguir, que faz um comparativo dos Estados Unidos com alguns países.

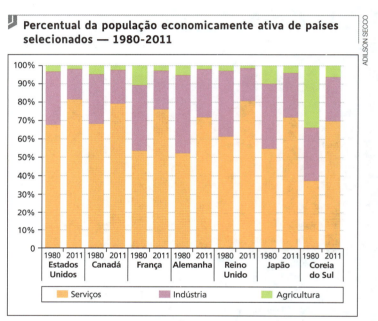

Fonte: UNITED STATES. *Sector employment shifts around the world*. U.S. Bureau of Labor Statistics. Disponível em: <http://mod.lk/pnzca>. Acesso em: mar. 2017.

Como parte desse processo, verifica-se a **desindustrialização** nas regiões fabris mais antigas, que então passaram a apresentar redução dos empregos no setor secundário — fruto tanto da eliminação de unidades produtivas obsoletas como da modernização e da automação de fábricas tradicionais. A tradicional região industrial do Nordeste dos Estados Unidos fora antes favorecida pela existência dos recursos hídricos dos Apalaches e dos mercados consumidores dos centros urbanos. No caso da região industrial dos Grandes Lagos, o que contribuiu para o seu surgimento foram a proximidade de reservas de matérias-primas (o ferro de Duluth, próximo do lago Superior, e o carvão de Pittsburgh, nos Apalaches), a rede de transportes fluviolacustre e a oferta de mão de obra, fatores que hoje pesam pouco na escolha da localização industrial.

O modelo seguido nessas duas regiões industriais era o **fordista**, com trabalhadores semiqualificados, linhas de produção rígidas, tecnologias intermediárias, grandes corporações industriais e poderosos sindicatos de operários fabris. A siderurgia de Chicago e Pittsburgh e a indústria automobilística de Detroit são os melhores exemplos de indústrias em que se aplicava esse modelo. Há décadas ele vem sendo destituído pela Revolução Técnico-Científica, sob cujo impacto cresceram as novas regiões industriais do Sul e do Oeste.

A proximidade de **centros de pesquisa científica** é nos dias atuais determinante para a escolha de localização das empresas. Por esse motivo, as empresas de microeletrônica e de informática, símbolos da nova era industrial, foram em grande parte implantadas no Vale do Silício, nos arredores de San Francisco (Califórnia), em Seattle (Washington), Houston, Dallas e Austin (Texas), além de Nova York e Boston.

O padrão industrial nesses novos centros rompeu com a linha de produção característica do fordismo dos Grandes Lagos, privilegiando a **flexibilidade** da organização do trabalho e valorizando a **qualificação** técnica e científica da força de trabalho. São decisivos os investimentos em tecnologias de ponta e automação. O processo produtivo, por sua vez, é **terceirizado**, com repasse de diversas tarefas para empresas de médio e pequeno portes, localizadas em torno das corporações.

QUESTÕES

1. Explique os fatores que determinaram o deslocamento territorial da atividade econômica nos Estados Unidos do pós-guerra.
2. A que se deve o declínio das regiões industriais tradicionais dos Estados Unidos? Explique as transformações tecnológicas que motivaram o processo.
3. Por que a economia dos Estados Unidos pode ser considerada "pós-industrial"?

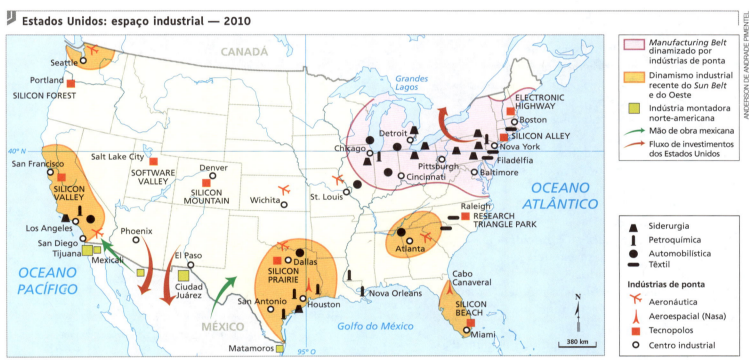

Fonte: FERREIRA, Graça M. L. *Atlas geográfico – espaço mundial*. 4. ed. São Paulo: Moderna, 2013. p. 75.

Muitas empresas se localizam nas proximidades de grandes universidades e centros de pesquisa científica. Na foto, Universidade de Stanford, na Califórnia (Estados Unidos), uma das mais prestigiadas em pesquisa e inovação tecnológica. (Foto de 2012.)

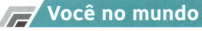

Você no mundo — Atividade em grupo — Análise e reflexão com criação de propaganda

Consumo

O modo de vida baseado no consumo, consagrado pelo *american way of life*, é tema do poema de Carlos Drummond de Andrade, a seguir.

Eu, etiqueta

"Em minha calça está grudado um nome
que não é meu de batismo ou de cartório,
um nome... estranho.
Meu blusão traz lembrete de bebida
que jamais pus na boca, nesta vida.
Em minha camiseta, a marca de cigarro
que não fumo, até hoje não fumei.
Minhas meias falam de produto
que nunca experimentei
mas são comunicados a meus pés.
Meu tênis é proclama colorido
de alguma coisa não provada
por este provador de longa idade.
Meu lenço, meu relógio, meu chaveiro,
minha gravata e cinto e escova e pente,
meu copo, minha xícara,
minha toalha de banho e sabonete,
meu isso, meu aquilo,
desde a cabeça ao bico dos sapatos,
são mensagens,
letras falantes,
gritos visuais,
ordens de uso, abuso, reincidência,
costume, hábito, premência,
indispensabilidade,
e fazem de mim homem-anúncio itinerante,
escravo da matéria anunciada.
Estou, estou na moda.
É doce estar na moda, ainda que a moda
seja negar minha identidade,
trocá-la por mil, açambarcando
todas as marcas registradas,
todos os logotipos do mercado.
Com que inocência demito-me de ser
eu que antes era e me sabia
tão diverso de outros, tão mim-mesmo,
ser pensante, sentinte e solidário
com outros seres diversos e conscientes
de sua humana, invencível condição.
Agora sou anúncio,
ora vulgar ora bizarro,
em língua nacional ou em qualquer língua
(qualquer, principalmente).
E nisto me comprazo, tiro glória
de minha anulação.
Não sou — vê lá — anúncio contratado.
Eu é que mimosamente pago
para anunciar, para vender
em bares festas praias pérgulas piscinas,
e bem à vista exibo esta etiqueta
global no corpo que desiste
de ser veste e sandália de uma essência
tão viva, independente,
que moda ou suborno algum a compromete.
Onde terei jogado fora
meu gosto e capacidade de escolher,
minhas idiossincrasias tão pessoais,
tão minhas que no rosto se espelhavam,
e cada gesto, cada olhar,
cada vinco da roupa
resumia uma estética?
Hoje sou costurado, sou tecido,
sou gravado de forma universal,
saio da estamparia, não de casa,
da vitrina me tiram, recolocam,
objeto pulsante mas objeto
que se oferece como signo de outros
objetos estáticos, tarifados.
Por me ostentar assim, tão orgulhoso
de ser não eu, mas artigo industrial,
peço que meu nome retifiquem.
Já não me convém o título de homem.
Meu nome novo é coisa.
Eu sou a coisa, coisamente."

ANDRADE, Carlos Drummond de. *Poesia completa*.
Rio de Janeiro: Nova Aguilar, 2003. p. 1242-1254.

- Formem grupos e analisem o poema de Drummond sob o viés do consumo exarcebado em que vivemos.

- Escolham um produto de consumo que vocês considerem símbolo de *status* social. Metade dos grupos fará uma propaganda desse produto, com texto e imagens, explorando seu lado positivo, que deve convencer o consumidor a adquiri-lo. A outra metade criará uma "antipropaganda", destacando, também com texto e imagens, os aspectos negativos do produto.

- Agendem com o professor uma data para compartilharem o resultado dos trabalhos. Ao final da apresentação, avaliem o produto coletivamente.

- Exponham as propagandas no mural da classe.

A imigração

Em 2016, os Estados Unidos tinham cerca de 330 milhões de habitantes — a **terceira maior população** do mundo, superados apenas pela China e pela Índia. O crescimento populacional do país, de cerca de 0,78% nesse mesmo ano, não era mais baixo em virtude do intenso fluxo migratório, principalmente do México, da América Central e da Ásia.

Para coibir a entrada de imigrantes ilegais, leis rígidas foram criadas e há também vigilância policial nas fronteiras. Entre os Estados Unidos e o México, houve até mesmo a construção de um muro (na tentativa de dificultar a imigração ilegal). Mesmo assim, há décadas o país recebe anualmente milhares de imigrantes ilegais.

Diante de uma população de 13 milhões de imigrantes legais e cerca de 11 milhões ilegais, mais de 800 mil deportações e leis estaduais draconianas em relação aos ilegais, o então presidente Barack Obama enviou ao Congresso dos Estados Unidos uma proposta de **reforma na lei de imigração**. Ela propunha legalização daqueles que vivem de forma irregular no país, maior vigilância nas fronteiras — visto que 86% dos ilegais são mexicanos e da América Central — e penas severas para os que os contratam.

Nos Estados Unidos, as minorias étnicas são discriminadas em termos econômicos e sociais, e os imigrantes tendem a viver espacialmente agrupados conforme sua origem. Há aqueles que são legalizados, estão há tempos no país e conseguiram se incorporar à sociedade, mas estes são minoria.

Em fevereiro de 2017, o recém-eleito presidente norte-americano Donald Trump divulgou nova política anti-imigratória mais severa. Em março de 2017 assinou um decreto anti-imigração que proibiu a emissão de vistos para algumas nacionalidades e suspendeu o programa de refugiados norte-americano.

> **Draconiana.** Lei extremamente rigorosa. Faz alusão a um código de leis elaborado por Drácon, na Grécia antiga (séc. VII a.C.), que punia pequenos crimes de forma excessivamente severa.

Você no Enem!

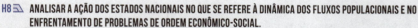
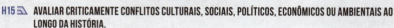

Desigualdade social nos Estados Unidos

"Um pobre nos Estados Unidos já paga muito por qualquer coisa: prestações, alimentação, seguros. O conceito de *poverty penalty* (punição da pobreza) não é novo: David Caplovitz elaborou essa teoria em 1967 num texto de Sociologia que se tornou clássico, *The poor pay more* (O pobre paga mais). Sua análise continua pertinente. 'Os pobres pagam mais por um litro de leite e por moradias de qualidade inferior', denunciava em 2009 Earl Blumenauer, deputado democrata pelo Oregon. Os 37 milhões de norte-americanos que vivem abaixo do limite de pobreza e os outros 100 milhões que se debatem para integrar a classe média 'pagam por aquilo que a burguesia considera um direito'. [...] 'É preciso ser rico para levar vida de pobre', ironizou o *Washington Post*, catalogando as pequenas coisas da vida que castigam os trabalhadores sem dinheiro: tempo perdido nos transportes, filas de espera de todos os tipos para serviços de qualidade inferior etc. Não há tempo para o lazer nem direito ao erro. [...]

Os estabelecimentos financeiros instalam menos agências nos bairros de baixa renda. A área definida pelo código postal de Rivera, Stuyvesant Heights, tem apenas duas para 85 mil habitantes: um deserto bancário, igual a outros 650 país afora. [...] 'Não é vantajoso, para os bancos, abrir agências em bairros desfavorecidos', explica Lisa Servon, professora de políticas urbanas na New School de Nova York. 'Ali, os moradores são mais um fardo que uma fonte de lucros. Não depositam dinheiro e passam tempo demais no guichê. Os bancos querem o inverso: clientes que eles não veem nunca e que fazem depósitos.'

[...] Em 2011, os bancos dos Estados Unidos tiveram um lucro de US$ 38 bilhões apenas com ágio. [...]"

ROBIN, Maxime. Nos Estados Unidos, a arte de esfolar os pobres. *Le Monde Diplomatique Brasil*. 1º out. 2015. Disponível em: <http://mod.lk/S2CXz>. Acesso em: mar. 2017.

- A desigualdade social pressupõe concentração de renda. Considerando isso e as informações do texto, responda às questões.

  a) Cite um trecho do texto que se refere aos desafios enfrentados pelas pessoas pobres nos Estados Unidos.

  b) Quem se beneficia da atual dinâmica econômica presente na sociedade estadunidense?

Infográfico // A cultura *hip-hop*

Misturadas na periferia de Nova York, as culturas de vários povos transformaram-se em novas danças, músicas e outras diversões que hoje influenciam jovens do mundo todo.

Nos anos 1970, a recessão e o desemprego nos Estados Unidos agravaram a decadência do mais pobre bairro de Nova York (NY), o Bronx. A prefeitura, quase falida, deixou de fornecer aos moradores serviços básicos como educação, assistência social e de proteção à vida, como o atendimento prestado pelos bombeiros — em uma época marcada pela ocorrência de incêndios diários. Metade da classe média, majoritariamente branca, mudou-se, enquanto chegavam imigrantes.

Nessa vizinhança, mais de dois terços das crianças e jovens eram negros e latinos. Com poucas opções de lazer, educação e trabalho, eles inventaram formas de diversão e expressão com seu próprio vocabulário e a cadência de suas falas e corpos, iniciando o *hip-hop*.

Disc Jockeys
Em 1973, o DJ Kool Herc, então um adolescente jamaicano, adaptava ao gosto local as *sound systems* (discotecas ao ar livre da Jamaica) e disseminava no distrito sua técnica de rimar ao microfone na batida da música e o uso de dois toca-discos para repetir e estender os *breaks* (trechos musicais percussivos).

Grafiteiros
Nos anos 1960, assinaturas grafitadas cobriram Nova York. Disputando atenção e espaço, novos estilos surgiram. Nos anos 1970, os trens e metrôs circulavam inteiramente grafitados.

Dançarinos
As danças do Bronx sofriam influências do *funk* de James Brown e da salsa, comuns no país, e outras exclusivas, como das gangues e festas dos DJs locais, onde surgiu o *break* e seus dançarinos, os *b-boys* e as *b-girls*.

Rap
Agitar o público com chamadas e bordões virou uma marca de DJs do Bronx, que, para melhorar seus *shows*, passavam o microfone para *rappers* ou MCs, especialistas em criar rimas.

A nova cultura
O DJ Afrika Bambaataa, ex-líder de uma gangue de rua, resolveu melhorar sua comunidade, inspirado nas lutas pelos direitos civis. Para isso, criou a ONG Zulu Nation e, em 1974, passou a pregar que DJs, MCs, *b-boys* e grafiteiros eram elementos de uma nova cultura, que batizou de *hip-hop*.

Reconhecimento inicial

Parte da elite começou a consumir e divulgar grafites. No fim dos anos 1970, havia uma geração de artistas plásticos inspirados por grafiteiros, que, por sua vez, expunham em galerias de Nova York e até da Itália.

Estouro comercial mundial

Em 1979, uma pequena gravadora reuniu três *rappers* amadores, batizou-os de Sugar Hill Gang e, sem DJ, gravou *Rapper's delight*. O *rap* vendeu milhões de discos e lançou mundialmente o gênero, que se tornou o elemento mais conhecido do *hip-hop*.

Ligando os elementos

Em 1981, grafiteiros chamaram DJs, MCs e *b-boys* para suas exposições. Seus *shows* coletivos viraram moda e, com filmes mostrando-os no Bronx, como *Wild style* (1982) e *Beat street* (1984), ajudaram a consolidar a ideia da cultura *hip-hop*.

O *hip-hop* no Brasil

Em toda parte, a ideia de cultura *hip-hop* chegou depois de seus elementos. No Brasil, o *rapper* Thaíde conta que só em 1984 "*Beat street* abriu a cabeça de muita gente para o *hip-hop*… [e] todo mundo se tocou que aquilo era um movimento".

Difusão e incorporação global

Em 1980, o grupo *punk* inglês The Clash fez um *rap* e o brasileiro Miéle fez uma versão de *Rapper's delight* chamada de *Melô do tagarela*. Em 1982, o grupo do *b-boy* pernambucano Nelson Triunfo foi ao Programa Silvio Santos, e o jazzista Herbie Hancock (EUA) gravou com um DJ.

Muito além dos quatro elementos

Três décadas depois de ser globalizado como cultura de massa dos Estados Unidos, o *hip-hop* evolui com novos elementos, situações e influências. Na educação, por exemplo, o *hip-hop* tem sido mundialmente usado no incentivo à escrita e outras formas de expressão, como nas oficinas da Casa do Hip-Hop, na periferia da cidade de Diadema (SP), e no Living Word, uma companhia teatral *hip-hop* de San Francisco (EUA) influenciada pela Pedagogia do Oprimido, do educador brasileiro Paulo Freire (1921-1997).

Esses projetos valorizam a comunidade com ideais de justiça social, mas o democrático *hip-hop* também pode expressar ideais opostos, como no individualista bordão "Fique rico ou morra tentando", do *rapper* 50 Cent, astro do violento *rap* comercial dos Estados Unidos da virada do século. Entre aspirações tão diferentes, o *hip-hop* influencia o surgimento de novos gêneros em Cuba, Coreia do Sul, Brasil e outras regiões nas quais seus elementos se tornaram parte das artes populares locais.

Fontes: CHANG, J. *Can't stop won't stop*: a history of the hip-hop culture. Nova York: Picador, 2005; ALVES, C. *Pergunte a quem conhece*: Thaíde. São Paulo: Labortexto, 2004; UNIVERSAL ZULU NATION. Disponível em: <http://mod.lk/nrEgk>. Acesso em: mar. 2017.

Nafta

Em 1994, começou a vigorar o *North America Free Trade Agreement* (Nafta), em português **Tratado Norte-Americano de Livre Comércio**, que instituiu um espaço de fluxos de mercadorias isento de tarifas alfandegárias de que participam Estados Unidos, Canadá e México.

Em 2015, o bloco movimentou, em conjunto, um PIB superior a 20 trilhões de dólares e abrigava um mercado potencial de cerca de 478 milhões de pessoas. Porém, há **enormes disparidades** dos pontos de vista econômico, político e demográfico entre os membros do Nafta.

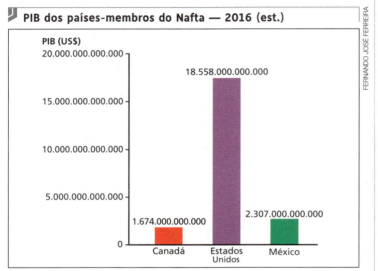

Fonte: CIA. *The World Factbook*. Disponível em: <http://mod.lk/pyxB2>. Acesso em: mar. 2017.

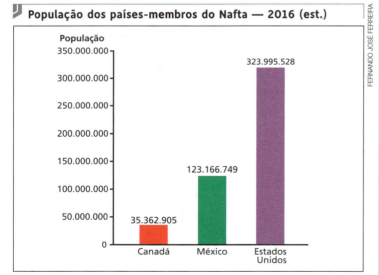

Fonte: CIA. *The World Factbook*. Disponível em: <http://mod.lk/pyxB2>. Acesso em: mar. 2017.

O **Canadá** faz parte do G-8, o grupo dos países mais desenvolvidos do mundo e a Rússia. Sua importância econômica tem por base as exportações de matérias-primas agrícolas e minerais e de produtos semimanufaturados para os Estados Unidos, de onde provêm grande parte dos investimentos recebidos.

Em 1989, por um acordo bilateral de comércio, os tradicionais vínculos econômicos entre os Estados Unidos e o Canadá se fortaleceram. Poucos anos mais tarde, a entrada do México nesse acordo resultou no Nafta. Com a gradativa liberalização das tarifas comerciais, a dependência econômica do Canadá em relação aos Estados Unidos tornou-se ainda maior. Por exemplo, na década de 1970 as exportações do Canadá para esse vizinho representavam mais ou menos 60% de seu comércio internacional; hoje chegam a 76,8%.

O **México**, com renda *per capita* muitas vezes inferior à de seus dois parceiros, dispõe de importantes recursos naturais e de abundante força de trabalho, cinco a sete vezes mais barata que a estadunidense ou a canadense. Para os Estados Unidos, a integração do México ao Nafta representou também a abertura de um campo de investimento promissor ao contribuir para a diminuição dos custos de produção de suas próprias empresas.

A entrada para o bloco aumentou a dependência mexicana em relação aos Estados Unidos, enquanto o intercâmbio com outros parceiros, como a União Europeia e os países da América Latina, ficou reduzido. Desse modo, a exemplo do que houve com o Canadá, o comércio externo do México tornou-se praticamente unidirecional durante duas décadas.

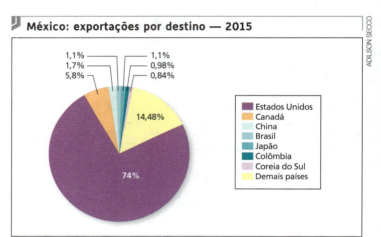

Fonte: OEC. México. Disponível em: <http://mod.lk/eugs3>. Acesso em: mar. 2017.

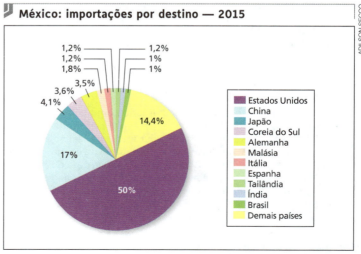

Fonte: OEC. México. Disponível em: <http://mod.lk/eugs3>. Acesso em: mar. 2017.

Canadá

O processo de desenvolvimento industrial do Canadá foi desencadeado pela **abundância de matérias-primas** e pelos **investimentos estadunidenses** no país — que, desde a década de 1940, passaram a ser aplicados no Sudeste canadense, atraídos não só pela significativa disponibilidade de recursos minerais e energéticos, como também pelos baixos impostos e pela legislação flexível de remessa de lucros. Pode-se dizer que o complexo industrial surgido ali resultou de um "transbordamento" da economia dos Estados Unidos.

Cerca de metade da produção industrial do país é realizada na província de Ontário, situada na região dos Grandes Lagos e do vale do São Lourenço. Toronto, a capital da província e a maior cidade do país, está ligada ao complexo industrial do *Manufacturing Belt* estadunidense.

Mesmo não possuindo reservas expressivas de bauxita, o Canadá é um dos maiores produtores e exportadores de alumínio do mundo. A bauxita é importada da Jamaica, do Suriname, da Guiana e do Brasil, e a eletricidade barata gerada pelas hidrelétricas canadenses assegura os baixos custos de produção.

Na província de Quebec, as reservas de minério de ferro abastecem seus mais importantes setores industriais, entre os quais se destacam o siderúrgico, o automobilístico, o aeronáutico e o de maquinaria pesada. A indústria florestal de Quebec merece destaque por seu papel importante na economia canadense, contribuindo com a matéria-prima para a produção da pasta de papel e do próprio papel.

Para assistir

The invisibles
Estados Unidos/México, 2010. Direção de Gael García Bernal e Marc Silver. Duração: 93 minutos. Quatro histórias que mostram as motivações e os riscos de mexicanos que tentam atravessar a fronteira entre seu país e os Estados Unidos.

México

O México participa do maior bloco de livre-comércio da América com seus parceiros desenvolvidos, da mesma forma que pertence à América Latina, em razão de suas características histórico-geográficas. O país apresenta crescimento vegetativo bem mais elevado que o de seus parceiros do Nafta e disparidades socioeconômicas.

A região norte do país, junto à fronteira com os Estados Unidos, foi a mais afetada com a entrada do México no Nafta: cerca de 3 mil *maquiladoras*, empresas de montagem e acabamento de produtos para exportação, de origem estadunidense, aproveitando-se especialmente da **baixa remuneração** da mão de obra mexicana, instalaram-se nessa região. Essas unidades fabris localizam-se em cidades mexicanas que têm do outro lado da fronteira uma cidade "gêmea" nos Estados Unidos, onde funcionam os setores administrativos das mesmas empresas. Exemplos dessa "geminação" são El Paso e Ciudad Juárez, Laredo e Nuevo Laredo.

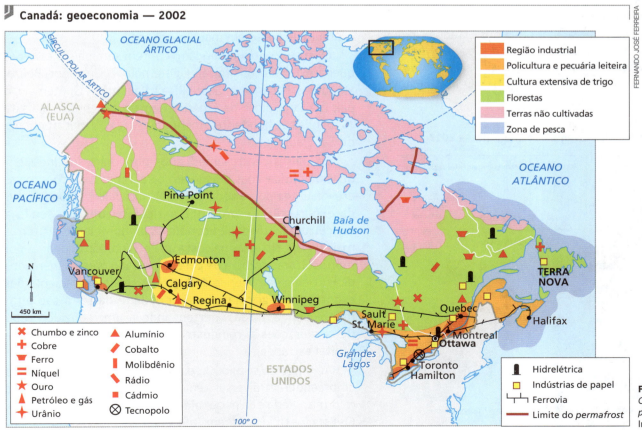

Canadá: geoeconomia — 2002

Fonte: SAYWELL, John. *Canadá, passado e presente.* Toronto: Clark Irwin, 2003. p. 127.

Interior de uma *maquiladora* em Ciudad Juárez (México, 2013).

O emprego nas *maquiladoras* e a busca por melhores condições de vida fazem com que muitos mexicanos se subordinem a longos períodos de trabalho e menor remuneração nas montadoras estadunidenses localizadas em território mexicano, ou atravessem a fronteira na tentativa de melhorar de vida. Na maioria dos casos, a **imigração ilegal** é ferrenhamente combatida na fronteira, incluindo a construção de uma muralha (conhecida como "muro da vergonha") para separar e dificultar a passagem entre os dois países. Assim, pode-se concluir que, para os Estados Unidos, o ingresso do México no Nafta também tem **funções sociais** específicas ao garantir emprego em solo mexicano e com isso desestimular a entrada de imigrantes nos Estados Unidos.

No início do século XXI, a economia mexicana cresceu acima da média mundial, despontando entre os países emergentes e atraindo investimentos estrangeiros diretos (IED). A dependência em relação à economia dos Estados Unidos diminuiu, e o México, segundo o *Relatório do Desenvolvimento Humano 2015* do Pnud, ocupava a 74ª posição no *ranking* do Índice de Desenvolvimento Humano (IDH). O Brasil estava em 75º lugar.

Fonte: BBC. *Trump orders wall to be built on Mexico border*. Disponível em: <http://mod.lk/uQCLw>. Acesso em: mar. 2017.

2. América Central

A **América Central continental** é formada por um **istmo** entre os oceanos Pacífico e Atlântico, que conecta a América do Norte à América do Sul. O conjunto de ilhas em forma de arco no oceano Atlântico compõe a **América Central insular**.

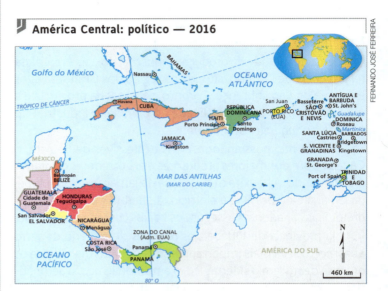

Fonte: IBGE. *Atlas geográfico escolar*. 7. ed. Rio de Janeiro: IBGE, 2016. p. 39.

Na costa voltada ao oceano Pacífico, há uma longa cadeia de montanhas, e, na costa atlântica, predominam planícies com grande cobertura de florestas tropicais. Já os territórios insulares são constituídos por material vulcânico ou pelo acúmulo de corais em meio ao oceano.

O istmo centro-americano contém sete países com pequena extensão territorial: Guatemala, El Salvador, Belize, Honduras, Nicarágua, Costa Rica e Panamá. A Guatemala, o país mais populoso da América Central, tem pouco mais de 15 milhões de habitantes, menos que a região metropolitana de São Paulo.

Os países centro-americanos obtiveram sua independência política, mas preservam características econômicas provenientes do período colonial: são países dependentes da exportação de produtos agrícolas tropicais, sendo a agricultura a atividade econômica predominante. As terras mais férteis, situadas na costa do Pacífico, são ocupadas por monoculturas como a de café, exportado para os mercados da Europa e da América do Norte. A renda proveniente das exportações agrícolas e a propriedade da terra são altamente concentradas, pertencendo a um reduzido grupo de corporações agroindustriais e comerciais, algumas de capital estrangeiro.

Ao longo do século XX, os governos dos países da região empreenderam diversas tentativas de desenvolvimento da reforma agrária e da nacionalização das companhias agrícolas. Os Estados Unidos, porém, intervieram direta ou indiretamente na região, por meio de pressão política ou força militar, para impedir esse processo e garantir, com isso, os interesses dos investidores estrangeiros nessa porção da América.

Em algumas regiões desses países, os cultivos tradicionais de alimentos pela população indígena resistem, porém não são poucos os registros de conflito entre as populações indígena e mestiça e os representantes do capital que investem nas monoculturas de exportação.

Panamá

O território panamenho, antes de se tornar independente, fazia parte da Colômbia. O governo dos Estados Unidos, no entanto, no início do século XX, passou a ter interesse em construir um canal que ligasse os oceanos Atlântico e Pacífico para facilitar e reduzir os custos de navegação entre as costas leste e oeste do continente. Para tanto, solicitaram às autoridades colombianas permissão para construir o canal. Como a Colômbia recusou-se a ceder a soberania dessa área, os Estados Unidos financiaram um movimento de independência da então província do Panamá, rebelião que culminou na autonomia do território e em sua consolidação como país. A existência do Panamá como país independente é, portanto, resultado direto da força política e militar estadunidense.

Em 1914, o canal foi aberto, sendo totalmente operado e controlado pelo governo estadunidense até 1999, quando a operação passou a ser exercida pelos panamenhos.

Por essa razão, o Panamá é um dos poucos países centro-americanos que não têm a agricultura como principal atividade econômica nos dias de hoje: a economia panamenha está fundada, em grande parte, no capital obtido com a circulação de mercadorias pelo canal — por ele passam em torno de 15 mil embarcações ao ano que transportam mais de 300 milhões de toneladas de produtos. Companhias concessionárias do Estado controlam o fluxo de navios e cobram pela passagem, além de empregar um grande número de trabalhadores envolvidos em sua operação.

Produtos agrícolas são os principais itens das exportações da América Central. Na foto, colheita de café em Quetzaltenango (Guatemala, 2014).

Vista do canal do Panamá, por onde passam diariamente mais de 1 bilhão de dólares em mercadorias (foto de 2013).

Região do Caribe

Mar do Caribe ou **das Antilhas** é o nome dado ao trecho do oceano Atlântico que margeia a América Central e uma grande quantidade de ilhas, dispostas em forma de arco. Além do turismo, a principal atividade na região, o Caribe também é conhecido por seus paraísos fiscais — pequenos países nos quais os bancos aceitam capital de origem não declarada, já que a entrada e a saída de dinheiro não são fiscalizadas. Os governos locais impõem taxas muito pequenas às empresas e não demandam informações precisas a respeito das atividades que desempenham. As instituições financeiras também não exigem comprovações da origem e do destino dos recursos movimentados através de suas contas. Por esse motivo, pessoas físicas e jurídicas do mundo inteiro conservam depósitos bancários na América Central para não pagarem impostos em seus países originários.

A exportação de produtos agrícolas e minerais é responsável pela maior parte da produção econômica da região do Caribe. A cana-de-açúcar é um item histórico das exportações, sendo produzida nas Antilhas desde pelo menos o século XVII. A banana continua a ser igualmente um produto importante. A exportação de bauxita, mineral utilizado como matéria-prima na produção do alumínio, destaca-se na Jamaica: o Canadá, um dos principais produtores globais de alumínio, importa a bauxita jamaicana para abastecer suas usinas.

Porém, as atividades ligadas ao turismo predominam na economia da região. Estadunidenses e europeus formam a maioria dos consumidores dos serviços de comércio e turismo do Caribe, que conta com sofisticada infraestrutura.

Serviços sofisticados, característicos de um turismo para as classes mais altas, marcam a economia de vários países caribenhos. Na foto, rede hoteleira em Punta Cana (República Dominicana, 2015).

Haiti

Na Ilha Hispaniola está o Haiti, um dos países com os maiores índices de pobreza do mundo. O Haiti foi colonizado por franceses que enriqueceram com o plantio de cana-de-açúcar até o final do século XVII, quando uma revolta de escravizados promoveu a independência. Marcado por catástrofes naturais e conflitos políticos, é hoje o país menos desenvolvido da América, e sua capital, Porto Príncipe, uma das cidades mais violentas do mundo.

Desde 2004, a Organização das Nações Unidas comanda uma força de ajuda humanitária no Haiti. A partir de então, mais de 30 mil militares brasileiros seguiram para o país com o objetivo de garantir condições mínimas de segurança nas cidades haitianas e de fornecer serviços básicos de assistência social nessas localidades. Milhares de haitianos também emigraram para o Brasil e os Estados Unidos na condição de refugiados, em busca de melhores oportunidades de vida.

Em janeiro de 2010, um intenso terremoto destruiu grande parte do Haiti e vitimou mais de 316 mil pessoas, agravando ainda mais a carência econômica e social da maior parte da população (Porto Príncipe, 2010).

Imigrantes haitianos fazem fila para se cadastrarem no albergue na Igreja da Paz, no bairro do Glicério (São Paulo, 2014).

Cuba

Cuba é um país que permaneceu sob domínio da Espanha até o começo do século XX, tornando-se uma espécie de protetorado dos Estados Unidos. Apesar de sua independência formal, o governo da ilha estava sediado em Washington.

A assinatura de um acordo diplomático pelo governo independente cubano em 1902, conhecido pelo nome de **Emenda Platt**, materializou um poder estratégico para os estadunidenses no Caribe, pois, por meio dele, Cuba autorizava os Estados Unidos a intervir no país e cedia parte de seu território — a Baía de Guantánamo — para a instalação de uma base militar. Até hoje essa base pertence aos Estados Unidos. Nela se encontram prisioneiros capturados pelos estadunidenses (especialmente iraquianos e afegãos) em guerras no Oriente Médio.

Prisioneiros de guerra dos Estados Unidos são mantidos na base militar estadunidense de Guantánamo, em Cuba. Submetidos a uma lei marcial (de guerra), permanecem detidos por tempo indeterminado, mesmo que não haja acusações formais contra eles. Diversas entidades de direitos humanos criticam o tratamento dado pelos Estados Unidos aos prisioneiros de Guantánamo. (Foto de 2012.)

Em Cuba, o cultivo de cana-de-açúcar para exportação permaneceu, durante muito tempo, como a principal atividade econômica do país. No passado, a atividade agrícola dependia das empresas estadunidenses, que adquiriam o produto de poucos latifundiários, mantendo assim a concentração da propriedade da terra. A maioria da população, formada por camponeses, vivia em situação de pobreza extrema. Ditadores alternavam-se no poder e eram respaldados pelo governo dos Estados Unidos.

Revolução Cubana

Na década de 1950, camponeses e trabalhadores organizaram um movimento de oposição em Cuba para destituir do poder o ditador Fulgêncio Batista e pôr fim à interferência dos Estados Unidos na economia e na política cubanas. Duramente reprimidos, os oposicionistas organizaram-se numa guerrilha liderada por Fidel Castro.

O movimento revolucionário conquistou o poder em 1959, determinando logo em seguida a estatização das empresas e a realização da reforma agrária. O governo e os empresários estadunidenses, cujos interesses foram contrariados, chegaram então a patrocinar uma invasão militar ao país, que fracassou. No campo diplomático, baniram Cuba da Organização dos Estados Americanos (OEA) e incentivaram a ruptura de vínculos entre seus aliados e a nação caribenha. Finalmente, decretaram um embargo econômico à ilha, ou seja, a proibição de um intercâmbio comercial e de transações financeiras entre Cuba e empresas ou cidadãos estadunidenses.

Fidel Castro (1926-2016), líder cubano, em foto de 1964.

Esse fechamento da economia consolidou a adoção do regime socialista e a aliança de Cuba com o maior rival geopolítico dos Estados Unidos à época: a União das Repúblicas Socialistas Soviéticas (URSS). A partir de então, a quase totalidade do comércio de Cuba passou a ser realizada com as nações socialistas: matérias-primas (como o petróleo) e bens de consumo e de capital provinham da URSS e dos países socialistas europeus. Esses países adquiriam de Cuba praticamente toda sua produção de açúcar e tabaco. As trocas comerciais eram amplamente subsidiadas pela URSS em favor do regime socialista cubano, que vendia seus produtos a preços vantajosos e comprava máquinas e equipamentos a preços mais baixos. O subsídio comercial soviético tinha por objetivo manter os cubanos na esfera de influência de Moscou — estratégia planejada em razão da proximidade territorial entre Cuba e os Estados Unidos.

Essas vantagens comerciais permitiram ao governo cubano estimular a produção industrial (notadamente de bens de consumo não duráveis) e investir em serviços públicos importantes, como educação e saúde. Nessa época, ocorreu em Cuba um intenso processo de urbanização.

Atual contexto cubano

Com o declínio da União Soviética, Cuba deixou de receber subsídios e o país passou a viver uma situação de crise. Os investimentos em infraestrutura foram interrompidos e o abastecimento de bens de consumo básicos à população ficou prejudicado.

As conquistas sociais, no entanto, permaneceram, notadamente nas áreas de educação e saúde. Em Cuba, a taxa de analfabetismo é próxima de zero e os investimentos constantes na área da saúde determinaram a erradicação de doenças e a redução da mortalidade, sobretudo a infantil. O programa de saúde cubano tornou-se modelo no mundo, alcançando excelentes resultados na medicina preventiva focada na vacinação e no controle de epidemias.

A distensão com os Estados Unidos

Atualmente, Cuba e Estados Unidos estão em fase de aproximação. Desde a transição de poder de Fidel Castro para seu irmão Raúl Castro, em 2008, o país vem desenvolvendo um discreto processo de abertura econômica. Alguns empreendimentos no setor de serviços foram liberados para a exploração empresarial; atividades de transporte urbano, alimentação e hotelaria receberam incentivos governamentais visando à melhoria da infraestrutura e ao aumento das receitas; e a posse de dólares passou a ser permitida, favorecendo o comércio em localidades turísticas e os pequenos empreendimentos.

Após intensas negociações políticas, em 2015 Estados Unidos e Cuba reataram relações diplomáticas. Com isso, viagens entre os dois países foram autorizadas e o controle sobre o envio de recursos entre Cuba e Estados Unidos foi flexibilizado. Essa aproximação foi resultado de diversos fatores: além da liberalização parcial da economia cubana, a visão dos empresários e de parte da classe dirigente estadunidense em relação a Cuba mudou. Para muitos deles, o acesso ao mercado cubano passou a ser interessante. Apesar da normalização das relações diplomáticas, o governo dos Estados Unidos ainda não encerrou o embargo econômico, apoiado pela maioria conservadora do Congresso desse país.

> **QUESTÕES**
>
> 1. Como se dá a relação dos países centro-americanos com os Estados Unidos quanto à autonomia política e econômica dessas nações?
> 2. O Caribe é conhecido por ser um paraíso natural e fiscal. Explique a afirmação.
> 3. Caracterize a condição econômica cubana desde o fim da União Soviética até a atualidade.

O ex-secretário de Relações Exteriores dos Estados Unidos, John Kerry, reinaugurou a embaixada estadunidense em Havana (capital de Cuba), em agosto de 2015, após décadas de fechamento.

3. América do Sul

A América do Sul é composta de Argentina, Bolívia, Brasil, Chile, Colômbia, Equador, Guiana, Paraguai, Peru, Suriname, Uruguai e Venezuela; além de dois territórios sob governo europeu: a Guiana Francesa, possessão francesa, e as Ilhas Falklands, ou Malvinas, britânica.

Nos últimos anos, alguns desses países vivenciaram grandes mudanças políticas e sociais com a ascensão do governo de Hugo Chávez (1954-2013) na Venezuela. Ao lado dos aliados Bolívia e Equador, Chávez começou a adotar medidas econômicas de caráter estatizante, com maior ênfase na distribuição de renda e na expansão dos serviços sociais. Na política externa, Venezuela e outros países afastaram-se dos Estados Unidos e estabeleceram mais relações comerciais com a China, importante compradora de matérias-primas, como o petróleo (abundante na Venezuela e produzido também pelo Equador) e o gás natural (presente na Bolívia).

Brasil, Uruguai e Chile, assim como outros países da América do Sul, adotaram uma postura intermediária, reforçando a presença do Estado na economia, mas mantendo os fundamentos da economia de mercado e os laços com o mercado financeiro internacional.

Mais recentemente, Chile e Peru aderiram à chamada **Parceria Transpacífico**, acordo de abertura comercial entre Canadá, México, Japão, Austrália, países do Sudeste Asiático e as duas nações sul-americanas. Em janeiro de 2017, por meio da assinatura de um decreto, o recém-eleito presidente norte-americano Donald Trump determinou a retirada dos Estados Unidos da Parceria Transpacífico.

Fonte: IBGE. *Atlas geográfico escolar*. 7. ed. Rio de Janeiro: IBGE, 2016. p. 41.

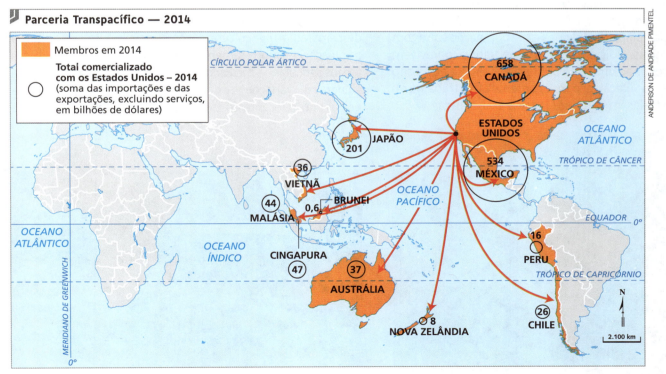

Fonte: ESTADÃO. *EUA fecham maior acordo comercial da história com onze países do Pacífico*. Disponível em: <http://mod.lk/g0cL6>. Acesso em: mar. 2017.

América Andina

Colômbia, Bolívia, Equador, Peru, Chile e Venezuela são os países da chamada **América Andina**. Todos têm sua economia centrada na exportação de produtos primários. Sua população conta com a maioria de indígenas e mestiços. Há elevada concentração fundiária pelas elites locais.

Devem-se destacar as lutas das comunidades indígenas da América Andina, que buscam a manutenção de seus territórios tradicionais e conservam tradições culturais de seus antepassados. Suas reivindicações têm encontrado espaço político e simbólico em alguns países sul-americanos, cujos governos são menos refratários às demandas desses grupos. Os métodos de produção agrícola tradicionais da população indígena são hoje novamente valorizados em razão de práticas sociais mais justas e ambientalmente mais sustentáveis que a produção agroexportadora.

Peru

O Peru é um dos cinco maiores produtores mundiais de estanho e chumbo e tem presença relevante nos mercados globais de pescado e café. Estrategicamente, os peruanos, cujo litoral é voltado para o oceano Pacífico, vêm aumentando suas relações econômicas com a Ásia, recebendo grandes investimentos da China, interessada em sua produção mineral para abastecer suas indústrias, e do Japão, grande comprador de produção pesqueira. A adesão à Parceria Transpacífico consolida esse movimento.

Mais recentemente, o Peru começou a explorar bacias petrolíferas localizadas na Floresta Amazônica. Porém, o produto ainda não tem maior relevância em sua pauta de exportações.

Apesar de registrar crescimento do produto interno bruto no ritmo de 5% ao ano em média entre 2012 e 2015, as desigualdades sociais ainda são grandes e sua população sofre com enormes carências. Dois em cada três peruanos sobrevivem com renda inferior ao limite de pobreza absoluta e em torno de 70% de sua população economicamente ativa trabalha no mercado informal, sem garantias legais e trabalhistas.

Colômbia

Na Colômbia, produtos de exportação como o café (em cujo mercado os colombianos ocupam a terceira posição mundial) e o petróleo convivem com o cultivo e a produção de algumas drogas, especialmente a cocaína. Parcela relevante da economia colombiana apoia-se em circuitos ilegais de produção, circulação e financiamento.

As populações andinas tradicionalmente utilizam a folha da coca em rituais religiosos ou na redução dos efeitos do *soroche* (mal-estar ocasionado pelo ar rarefeito em altas altitudes). Para essas populações, a planta é fundamental para a sobrevivência, sendo utilizada em sua forma natural. Para os narcotraficantes, por sua vez, trata-se de matéria-prima para a fabricação da cocaína.

Os recursos financeiros do mercado de drogas não passam por controles contábeis oficiais nem recolhem impostos, sendo controlados por grandes grupos criminosos com articulação global. Produtores e vendedores estabeleceram redes internacionais de distribuição de entorpecentes e sustentam milícias armadas que têm por objetivo defender, com o recurso da violência, os interesses do narcotráfico.

O Brasil está conectado às redes do narcotráfico: as rotas do tráfico de drogas atravessam o território nacional e se articulam com os interesses de redes criminosas locais. Em pontos fronteiriços da Floresta Amazônica brasileira, encontram-se pistas de pouso e decolagem de aviões que transportam cocaína para países desenvolvidos, onde estão os grandes centros consumidores da droga.

Equador

O Equador é grande exportador de produtos agrícolas: é o maior exportador mundial de banana e o quarto produtor de camarão. A agricultura absorve mais de um terço de sua população economicamente ativa. Dada a instabilidade dos preços agrícolas no mercado internacional, a economia do país é vulnerável a variações de demanda e tem sido bastante afetada pela redução recente do crescimento da economia chinesa.

Vista da Villa María del Triunfo, bairro da periferia de Lima (Peru, 2016).

Sistema de bombeamento de água em fazenda de cultivo de camarão, na ilha de Puná (Equador, 2013).

A alternativa incentivada pelo governo para diminuir a dependência dos produtos agrícolas é a exploração de petróleo na Bacia Amazônica, que tem recebido grandes volumes de investimento estrangeiro. Os efeitos dos investimentos na exploração, no transporte e no refino de petróleo, com o consequente surgimento de uma indústria petroquímica, são responsáveis pela modernização da economia equatoriana; hoje o setor petrolífero já responde por mais de 40% da arrecadação de impostos e taxas no país.

A expansão da atividade petrolífera equatoriana, entretanto, é controversa, pois envolve o desmatamento de parte da Floresta Amazônica e prejudica as populações indígenas que habitam a região.

Bolívia

A ascensão do líder sindicalista Evo Morales à presidência da Bolívia, em 2006, marcou uma significativa mudança no país, tanto na condução da política interna quanto nas relações internacionais, adotando uma postura mais próxima da dos países em desenvolvimento.

Morales destacou-se por coordenar os movimentos sociais ligados ao cultivo tradicional e legal da folha de coca pelo campesinato indígena, significativo para a economia boliviana (apenas uma pequena parcela é desviada para a produção de cocaína). Pertencente à etnia aymará, Morales resgatou aspectos simbólicos importantes da cultura indígena local.

O governo boliviano, a partir de 2006, modificou as regras de exploração do gás natural, do qual a Bolívia dispõe de importantes reservas, por meio da chamada Lei dos Hidrocarbonetos, nacionalizando algumas companhias e impondo uma taxa de 50% sobre o faturamento total obtido com o gás. A produção de gás natural boliviano é majoritariamente escoada para o Brasil, a Argentina e o Chile, por meio de gasodutos.

Morales também ampliou os investimentos estatais na Comibol (empresa pública de mineração), que detém os direitos de exploração das grandes reservas minerais bolivianas. A Bolívia é um dos principais produtores mundiais de estanho, além de zinco e prata. O país conta também com o Salar de Uyuni, parte do chamado triângulo do lítio, localizado na fronteira entre Chile, Peru e Bolívia, e estimado como a maior reserva mundial de lítio, principal matéria-prima da fabricação de baterias recarregáveis para aparelhos eletrônicos.

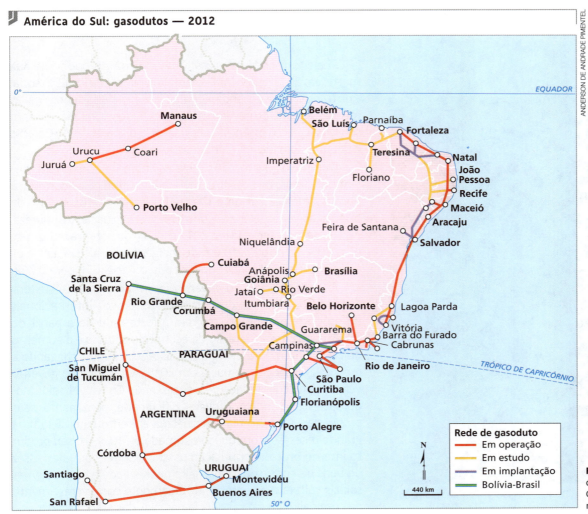

América do Sul: gasodutos — 2012

Fonte: ASSOCIAÇÃO BRASILEIRA das Empresas Distribuidoras de Gás Canalizado. Disponível em: <http://mod.lk/upbzt>. Acesso em: mar. 2017.

Capítulo 24 • América 473

Venezuela

Parte do território da Venezuela está nos Andes e outra parte, na Amazônia. Sua extensa faixa litorânea é voltada para o mar das Antilhas, área de grande potencialidade para a pesca e o turismo.

A atividade econômica predominante na Venezuela é a produção de petróleo. Suas reservas foram inicialmente exploradas por companhias petrolíferas internacionais até a nacionalização e a posterior criação, em 1976, da PDVSA, companhia venezuelana de petróleo. Trata-se de uma das maiores companhias petrolíferas do mundo, abrangendo também o parque de indústrias químicas dedicadas ao processamento dos derivados de petróleo, localizadas em torno das cidades de Mérida e Maracaibo, principais polos de desenvolvimento industrial do país. Petróleo e combustíveis derivados representam cerca de 95% da pauta de suas exportações, tendo como maiores compradores Estados Unidos, Colômbia, China e União Europeia.

A elevada dependência dos recursos da indústria petrolífera representa uma grande vulnerabilidade para a economia venezuelana, que importa grande parte dos bens de produção e consumo. Oscilações do preço do petróleo no mercado internacional determinam ciclos de crescimento e de recessão econômica. A disponibilidade de recursos para manter a importação de bens de consumo, incluindo aqueles de uso cotidiano, depende da entrada de receitas em moeda estrangeira provenientes das exportações de petróleo.

A chegada do tenente-coronel Hugo Chávez à presidência da República, em 1999, apoiado por uma ampla aliança de partidos de esquerda e movimentos sociais, implicou grandes mudanças na política venezuelana.

Líder da chamada **Revolução Bolivariana** (nome inspirado na figura do líder da independência política da Venezuela e de outros países sul-americanos Simón Bolívar), Chávez defendia o que ficou conhecido como "o socialismo do século XXI". Apresentou-se como um crítico do neoliberalismo econômico e da política externa estadunidense.

Milhares de venezuelanos foram às ruas em Caracas (Venezuela, 2002) para apoiar o presidente Hugo Chávez, na época pressionado pelo aprofundamento da crise política e econômica em seu país.

Reeleito sucessivas vezes, Chávez ficou no poder até sua morte, em 2013, tendo implementado políticas de inclusão social e de transferência de renda. Por meio das iniciativas denominadas missões, agentes do governo e organizações comunitárias levaram serviços públicos essenciais aos bairros mais carentes de Caracas e das grandes cidades, além das zonas rurais.

Durante o governo de Chávez, a pobreza entre os venezuelanos diminuiu. De acordo com dados da **Comissão Econômica para a América Latina e Caribe (Cepal)**, em 2002, 48% da população venezuelana encontrava-se em situação de pobreza, e 22%, de indigência. Já em 2011, o índice de pobreza reduziu-se para 29% da população e o de indigência para 12%. Entre os anos 2000 e 2014, o IDH do país passou de 0,656 para 0,762.

As ações sociais do governo foram amplamente sustentadas pelos recursos do petróleo. Os preços internacionais do produto, no entanto, sofreram forte redução a partir de 2012, com a desaceleração da economia chinesa e o aumento da oferta interna de energia nos Estados Unidos, chegando a recordes históricos de baixa em 2015. A partir daí, o governo venezuelano comandado pelo sucessor de Chávez, Nicolás Maduro, vem passando por severas dificuldades para manter seus programas. A economia venezuelana enfrentou em 2015 uma grande recessão, com queda estimada de 10% em seu produto interno bruto. A população passou a sofrer com a escassez de bens de consumo de primeira necessidade e os problemas sociais voltaram a aparecer, notadamente com o crescimento da criminalidade e da violência nas ruas das grandes cidades.

Plataformas de petróleo na Faixa de Orinoco, região rica para exploração dessa fonte de energia, no estado de Monagas (Venezuela, 2015).

Pessoas fazem fila do lado de fora de um supermercado de Caracas (Venezuela, 2016). A escassez de produtos básicos tem sido um dos problemas enfrentados pela população do país.

O Mercosul

O advento do **Mercado Comum do Sul (Mercosul)**, na década de 1990, é sobretudo fruto da aproximação diplomática entre Brasil e Argentina, ocorrida principalmente em consequência da redemocratização de ambos os países na década de 1980. Em 1985, os presidentes civis do Brasil e da Argentina assinaram a Declaração de Iguaçu, na qual manifestavam o interesse de implementar um processo de integração bilateral.

Com a adesão do Uruguai e do Paraguai, em março de 1991, pelo Tratado de Assunção, os contornos do Mercosul ficaram definidos. Em 2012, a Venezuela tornou-se membro definitivo do bloco. Contudo, por descumprir acordos e tratados do protocolo de adesão, acabou sendo suspensa por tempo indeterminado em dezembro de 2016. A Bolívia está em processo de adesão, também desde 2012. Chile, Colômbia, Equador e Peru são associados ao Mercosul.

Os integrantes do Mercosul são países cujos recursos econômicos são bastante volumosos, destacando-se jazidas minerais, empresas industriais e comerciais de grande porte, bancos e sólidas empresas agrárias.

É importante destacar o interesse de grandes grupos transnacionais que operam principalmente no eixo Brasil-Argentina e desfrutam os benefícios de uma área de livre-comércio, facilitando o trânsito de componentes industriais entre suas filiais instaladas nos dois países.

A primeira etapa da implantação do Mercosul estabeleceu uma zona de livre-comércio em que os produtos dos países-membros circulassem livremente, sem cobrança de tarifas de importação e sem nenhuma restrição.

A segunda etapa — chamada **união aduaneira** — estabeleceu uma taxa comum para importações de outros países de fora do bloco. Assim, os integrantes do Mercosul não podiam estabelecer relações comerciais de forma independente com países extrabloco. Esse é um dos pontos de divergência entre os integrantes.

A terceira etapa prevê a livre circulação de capitais, equipamentos, máquinas e mercadorias entre os países-membros, permitindo a plena integração econômica do bloco.

Navios aguardam no rio Paraná à espera de serem carregados no porto de Rosário (Argentina, 2012).

Dessas três etapas, nem sequer a primeira foi devidamente consolidada. Nos dias atuais, assiste-se a crescentes conflitos comerciais entre os países-membros, marcados pela imposição ou pelo aumento de tarifas de importação incidentes sobre produtos industrializados — principalmente por parte da Argentina, que tem adotado políticas cada vez mais fortes de proteção a sua indústria nacional.

Desde sua criação, o Mercosul caminha em duas direções: a que leva à ampliação numérica de membros e a que busca o aprofundamento das relações entre seus países-membros.

Nesse sentido, Chile, Colômbia, Peru, Bolívia e Equador já são membros associados ao Mercosul, o que lhes permite participar do bloco, porém sem direito a voto. Bolívia (em fase mais adiantada), Equador e, mais recentemente, Suriname manifestaram interesse em se tornar integrantes plenos, com a adoção da Tarifa Externa Comum (TEC) e outros regulamentos da união aduaneira.

O Mercosul como fórum de discussão regional diz respeito também à participação de seus membros na criação, em 2008, da União das Nações Sul-Americanas (Unasul), com o objetivo de construir um espaço de articulação mais amplo que atenda ao âmbito cultural, social, econômico e político entre os países-membros.

Atualmente, países do Mercosul, como o Brasil, têm feito acordos bilaterais de comércio de grande importância internacional, como os realizados com a China, nossa maior parceira comercial. Apesar da importância político-econômica, medidas protecionistas ainda são tomadas pelas duas maiores economias do bloco, Brasil e Argentina, o que dificulta a consolidação plena do Mercosul como união aduaneira.

Argentina

A Argentina ocupa a segunda maior extensão territorial da América do Sul, em uma distribuição demográfica bastante irregular: Buenos Aires, maior centro urbano e capital do país, concentra cerca de um terço da população total.

Ainda que seja o país mais industrializado do Cone Sul, a produção agropecuária argentina continua sendo fundamental para sua economia. Esse fato é determinado pela elevada produtividade da terra de sua principal região agrícola, o Pampa. As exportações de carne bovina constituem uma relevante fonte de divisas externas. No Pampa desenvolveram-se grandes e modernas unidades de produção agropecuária, que utilizam intensivamente tecnologias como maquinários de plantio e colheita e fertilizantes químicos. Boa parte da estrutura industrial do país está voltada para o beneficiamento de produtos agrícolas, como o trigo e, mais recentemente, a soja, cujo cultivo se expandiu nos últimos anos.

O parque industrial argentino é relativamente diversificado. A exploração petrolífera em Mendoza, na porção oeste do país, deu origem à indústria petroquímica, de refino e beneficiamento dos derivados de petróleo. A Argentina ainda conta com relevante presença da indústria automobilística e sua cadeia de produtores de autopeças.

Silos em campo de cultivo de trigo na província de San Agustin (Argentina, 2011). O trigo é um importante item de exportação na Argentina.

Crise cambial e volta do crescimento

Nos primeiros anos do século XXI, a Argentina teve de superar o processo de baixo crescimento econômico e elevado endividamento externo gerado pela adoção da paridade fixa entre o dólar americano e sua moeda nacional, o peso, a chamada **dolarização da economia**. Adotada nos anos 1990 como forma de combater a alta inflação, a dolarização trouxe estabilização dos preços a curto prazo, mas retirou a competitividade dos produtos argentinos no mercado externo, gerando estagnação econômica e desemprego elevado. A falta de moeda estrangeira e a redução da disponibilidade de empréstimos externos obrigou o governo a abandonar a paridade fixa, num processo que desorganizou a economia nacional. A Argentina bloqueou as poupanças em dólar de seus cidadãos e deixou de pagar seus compromissos externos, entrando em estado de insolvência junto aos credores internacionais.

Ao longo da primeira década do século XXI, o país experimentou a retomada do crescimento econômico graças à retomada de suas exportações de produtos primários. Esse processo foi beneficiado pela desvalorização do peso e pelo crescimento da demanda mundial por *commodities*, liderado pela China. A demanda chinesa aumentou o preço dos produtos agrícolas no mercado internacional e auxiliou no crescimento de países exportadores como a Argentina.

Medidas de caráter protecionista e intervencionista também foram adotadas pelo governo, que reestatizou companhias privatizadas nos anos 1990 e adotou tarifas de importação maiores para produtos vindos do exterior. Generosos subsídios para combustíveis e energia elétrica, além da concessão de pensões e auxílios a pessoas de baixa renda, reduziram a pobreza, mas aumentaram o déficit público e a inflação.

Brasil

O **Brasil** pode ser considerado um país relevante no panorama político-econômico global.

No âmbito econômico, o comércio internacional brasileiro abrange uma gama variada de parcerias tanto com blocos quanto com países, diferenciando-se, por exemplo, do mexicano e do canadense, restritos sobretudo aos Estados Unidos, e dos países da União Europeia, cujas relações comerciais se dão, predominantemente, no interior do bloco.

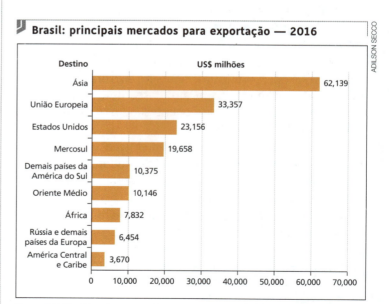

Fonte: BRASIL. *Séries históricas.* Blocos e Países. Ministério da Indústria, Comércio Exterior e Serviços (MDIC). Disponível em: <http://mod.lk/P8BgQ>. Acesso em: mar. 2017.

Até três décadas atrás, o comércio exterior brasileiro se concentrava em dois grandes eixos: a Europa Ocidental e os Estados Unidos. Com o advento do Mercosul e a rápida expansão das transações com a Argentina, na década de 1990, a América Latina tornou-se o terceiro grande eixo de intercâmbio comercial do Brasil. As parcerias comerciais brasileiras tendem a se diversificar ainda mais com a recente expansão das relações de intercâmbio com a China e as perspectivas de ampliação do comércio com a Rússia e a Índia. Observe no gráfico anterior a importância da Ásia para as relações comerciais do Brasil no mercado internacional.

Ao analisar o gráfico a seguir, referente à pauta de exportações brasileiras entre 2007 e 2016, nota-se que houve nesse período uma redução percentual da exportação de manufaturados e uma expansão relativa da venda de produtos básicos, como produtos agrícolas e minério de ferro. Esse aumento do peso dos bens primários na pauta de exportações brasileira é em grande medida decorrente da intensificação das exportações para a China, cuja demanda por alimentos e recursos minerais é significativa. Entretanto, repare que, em 2016, os produtos básicos e os manufaturados quase se igualaram, com uma pequena margem de diferença a favor dos produtos básicos.

Embora reflita sobretudo a desproporcionalidade do peso que os mercados consumidores dos países desenvolvidos têm em relação aos dos países em desenvolvimento, a importância da União Europeia e dos Estados Unidos na pauta de importações brasileira é também devida ao grande interesse do Brasil pelos bens de capital e de consumo produzidos nesses dois centros da indústria mundial. Com a abertura econômica, as necessidades de modernização tecnológica e o crescimento da demanda interna por bens de consumo importados tendem a aumentar essa importância.

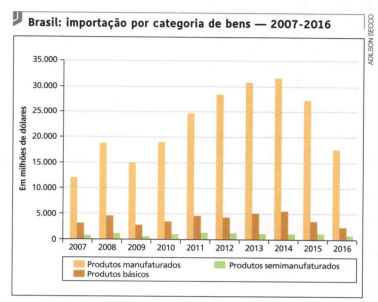

Brasil: importação por categoria de bens — 2007-2016

Fonte: BRASIL. *Séries históricas*. Fator agregado e produtos. Ministério da Indústria, Comércio Exterior e Serviços (MDIC). Disponível em: <http://mod.lk/p8bgq>. Acesso em: mar. 2017.

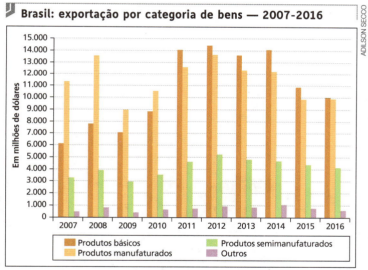

Brasil: exportação por categoria de bens — 2007-2016

Fonte: BRASIL. *Séries históricas*. Fator agregado e produtos. Ministério da Indústria, Comércio Exterior e Serviços (MDIC). Disponível em: <http://mod.lk/p8bgq>. Acesso em: mar. 2017.

QUESTÕES

1. O que Bolívia, Venezuela e Equador apresentam em comum em suas políticas econômicas no início do século XX?
2. Quais problemas o Mercosul enfrenta na atualidade?
3. O que caracterizou o desempenho da balança comercial brasileira entre os anos de 2005 e 2014?

Você no mundo — Atividade em grupo — Pesquisa

Comércio exterior brasileiro

O Brasil tem: opções comerciais e econômicas com os vizinhos sul-americanos; importância cada vez maior para a China na exportação de produtos primários; relação de parceria com a Europa; oportunidades de exportação de manufaturados para a África; e significativa relação comercial com os Estados Unidos.

Formem cinco grupos. Cada grupo deverá escolher um país ou grupo de países: Estados Unidos, China, Europa, Mercosul e África.

Cada grupo deverá pesquisar e levantar as seguintes informações: quais são os principais produtos exportados e importados pelo Brasil para esses países ou grupo de países; qual é a importância (percentual das exportações e importações) desses países no fluxo comercial brasileiro; quais são as perspectivas comerciais entre o Brasil e esses países; o fluxo comercial brasileiro deve crescer, estagnar ou diminuir?

Geografia e outras linguagens

A cantora e compositora chilena Violeta Parra (1917-1967) é uma das mais reverenciadas artistas latino-americanas. Estudiosa do folclore e das tradições culturais latinas, Parra marcou época com letras de conteúdo político e social, especialmente durante o período em que a América do Sul viveu sob regimes autoritários. Eis uma de suas mais conhecidas canções.

Eu gosto dos estudantes

"Que vivam os estudantes,
Jardim da nossa alegria!
São aves que não se assustam
Com animal nem polícia.
E não se assustam com as balas
Nem o ladrar dos cães!
Caramba e samba a coisa,
Que viva a astronomia!

Eu gosto dos estudantes,
Que rugem como os ventos
Quando lhes metem nos ouvidos
Batinas e regimentos.
Passarinhos libertários,
Igual aos elementos!
Caramba e samba a coisa,
Que viva o experimento!

Eu gosto dos estudantes,
Porque levantam o peito
Quando lhes dizem 'farinha',
Sabendo-se que é farelo!
E não se fazem de cegos
Quando se apresenta o que foi feito!
Caramba e samba a coisa,
O código do direito!

Eu gosto dos estudantes
Porque são a levedura
Do pão que sairá do forno
Com todo o seu sabor
Para a boca do pobre,
Que come com amargura.
Caramba e samba a coisa,
Viva a literatura!

Eu gosto dos estudantes,
Que marcham sobre as ruínas
Com as bandeiras ao alto,
Para todos os estudantes.
São químicos e doutores,
Cirurgiões e dentistas.
Caramba e samba a coisa,
Vivam os especialistas!

Eu gosto dos estudantes,
Que com eloquência bem clara
À bolsa negra sacra
Baixou as indulgências.
Porque até quando nos dura,
Senhores, a penitência?
Caramba e samba a coisa,
Que viva toda a ciência!
Caramba e samba a coisa,
Que viva toda a ciência!"

PARRA, Violeta. Me gustan los estudiantes. Em: SOSA, Mercedes. *Homenaje a Violeta Parra*. Philips Records, 1991. CD. Faixa 5.

QUESTÕES

1. Releia os últimos versos de cada estrofe. A que eles se referem?
2. A oposição dos estudantes a regimes de exceção está presente, de forma mais acentuada e evidente, em que estrofe? Transcreva os versos que justificam sua resposta.
3. Explique o sentido político da terceira estrofe.

ATIVIDADES

ORGANIZE SEUS CONHECIMENTOS

1.

> "Nas últimas décadas, Honduras viveu um acelerado processo de expansão do cultivo da palmeira africana [de onde provém o óleo de palma, utilizado em larga escala pela indústria alimentícia na produção de biscoitos, margarinas e chocolates], que deixou profundos impactos socioambientais na população negra, indígena e camponesa, que tem sido gravemente afetada em seu legítimo direito à terra, à alimentação e a uma vida digna. Honduras conta hoje com cerca de 165 mil hectares semeados de palmeira africana e o objetivo do atual governo [...] é duplicar essa quantidade e fazer o mesmo com a produção de cana-de-açúcar. [...] mais de 70% dos territórios garífunas (população tradicional local) já estão rodeados pelas grandes plantações de palmeira africana. Enquanto em todo o norte de Honduras a produção agroexportadora vai se expandindo, o país continua sofrendo um déficit anual de produção de grãos básicos."
>
> TRUCCHI, Giorgio. Povo garífuna enfrenta corporações e Estado em defesa de suas terras na costa de Honduras. *Opera Mundi*.

O texto apresenta a permanência de uma característica econômica típica da América Central, que é a

a) inexistência de abastecimento autônomo de alimentos e sua dependência de importações.

b) industrialização acelerada pelo setor agrícola, subordinada aos interesses nacionais.

c) dependência do fornecimento de matérias-primas agrícolas aos países desenvolvidos.

d) estrutura fundiária loteada entre pequenos grupos de camponeses e indígenas.

e) estatização do setor agrícola e seu controle coletivizado pelo Estado.

2.

> "As manchetes têm se focado na parte norte do Equador, onde a Chevron está se defendendo de um processo de 9,5 bilhões de dólares por despejar milhões de litros de dejetos industriais e por envenenar milhares de pessoas. Sarayaku fica no norte do Equador, onde o governo está vendendo os direitos de exploração de petróleo em uma vasta área de terras indígenas — com exceção da aldeia de Sarayaku. A comunidade se tornou um foco de esperança para outros grupos indígenas e para ambientalistas por ter conseguido interromper uma nova rodada de exploração petrolífera."
>
> GOODMAN, David. No Equador, comunidade de Sarayaku resiste à investida de petroleira e é exemplo de luta indígena pela Amazônia. *Opera Mundi*.

A notícia aparentemente contradiz algumas das características políticas do chamado "bloco bolivariano", formado por Bolívia, Venezuela e Equador. Entre essas características, estão:

a) nacionalismo econômico, prevalência do Estado e antiamericanismo.

b) antiamericanismo, privatização e nacionalismo político.

c) nacionalismo político e subordinação econômica.

d) defesa dos povos indígenas e liberalização comercial.

e) defesa dos povos originários, antiamericanismo e liberalização comercial.

3. Leia o texto sobre Tijuana, cidade localizada no extremo norte do México, e responda às questões.

> "[...] Mas é, talvez, em Tijuana, posto de fronteira detentor do recorde dos cinco continentes para o número de travessias cotidianas, que a confrontação quase física entre o mundo da miséria e o mundo da prosperidade é mais brutal e direta. Tijuana é algo como o Checkpoint Charlie do novo campo geopolítico no qual a polaridade Norte-Sul substitui a polaridade Oeste-Leste."
>
> CHESNEAUX, Jean. *A Tijuana, une frontière, deux mondes*. Tradução dos autores deste livro especialmente para esta obra. Disponível em: <http://mod.lk/c6Ye9>. Acesso em: mar. 2017.

a) De que problema trata o texto?

b) O Checkpoint Charlie era um local fortemente controlado entre os dois lados da Berlim dividida pelo muro durante a Guerra Fria. Que relação o texto estabelece entre o Checkpoint Charlie e Tijuana?

c) O que justifica a inclusão do México no Nafta?

4. Compare as regiões industriais do Nordeste dos Estados Unidos com as da costa do Pacífico, considerando a estrutura das indústrias e a organização do trabalho.

5. O ex-secretário de Estado John Kerry, responsável pela política externa estadunidense durante o governo de Barack Obama, assim comentou as perspectivas da relação entre Estados Unidos e Cuba: "A normalização das relações com Cuba será longa e complexa. Numerosas são as diferenças a separar nossos governos". Quais seriam essas diferenças?

6. Leia o texto.

> "Nos anos mais recentes, tendo em vista o papel singular exercido pelos Estados Unidos na economia e no cenário político mundiais, os processos de regionalização decorreram de iniciativas diretamente lideradas por esse país ou assumiram uma dimensão reativa às iniciativas americanas.

ATIVIDADES

Os EUA se movem segundo a percepção doméstica de seus interesses nacionais estratégicos. Esta é a lógica das 'liberalizações competitivas' que Washington [...] vem promovendo em mais de uma centena de economias e regiões, sinalizando possibilidades e alianças segundo interesses econômicos e políticos."

MEDEIROS, C. A. de. Dilemas da integração latino-americana. *Cadernos do Desenvolvimento*, v. 3 (5), dez. 2008. Disponível em: <http://mod.lk/Mk8Ts>. Acesso em: mar. 2017.

- Explique dois "processos de regionalização" baseados em iniciativas de liberalização comercial lideradas pelos Estados Unidos.

7. Leia o texto a seguir, em que o sociólogo brasileiro Florestan Fernandes aponta uma característica do desenvolvimento latino-americano.

"[...] a docilidade dos interesses privados latino-americanos em relação ao controle externo não constitui tão somente um estratagema econômico. Trata-se de um componente dinâmico de uma tradição colonial de subserviência, baseada em fins econômicos [...]."

FERNANDES, Florestan. *Capitalismo dependente e as classes sociais na América Latina*. Rio de Janeiro: Zahar, 1975. p. 12.

- Relacione a afirmação do autor às características da economia da América Central.

REPRESENTAÇÕES GRÁFICAS E CARTOGRÁFICAS

8. Analise o gráfico.

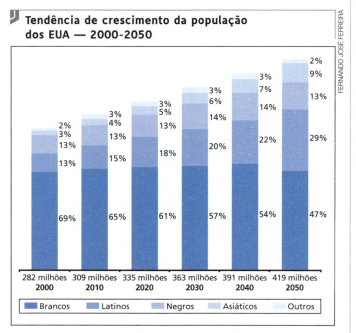

Fonte: BALBINO, Leda. Onda de imigrantes latinos muda demografia dos EUA. *Último Segundo*. Disponível em: <http://mod.lk/muWml>. Acesso em: mar. 2017.

- Converse com seus colegas sobre o que essas mudanças significam na sociedade estadunidense. Registre as principais conclusões em seu caderno.

INTERPRETAÇÃO E PROBLEMATIZAÇÃO

9. Leia o texto.

Da construção civil para a culinária, haitianos encaram oportunidades

"[...] O servente de pedreiro Occen Saint Fleur, de 32 anos, está há quatro anos no país e mora há três em Cuiabá. Ele já conheceu São Paulo, Rio de Janeiro e Paraná. Atualmente desempregado, ele foi até a sede da superintendência para buscar a carteira de trabalho. [...]

Occen mora com a mulher, também haitiana, em uma casa no Bairro Planalto. Eles pagam R$ 400 de aluguel e também mandam dinheiro para a filha, de 9 anos, que ficou no Haiti. A mulher dele faz serviços de limpeza em uma empresa. 'Está difícil para conseguir emprego. Estou deixando currículo [nas empresas], mas ninguém me chamou ainda', afirmou.

Ele diz que veio para o Brasil para conseguir uma oportunidade de emprego melhor, além de fugir da violência e desastres que atingiram o país dele. [...]

Pela experiência de Marilete Mulinari Girardi (auditora fiscal do trabalho há 28 anos e que lida diariamente com haitianos na Casa do Migrante), os haitianos vieram com uma expectativa ilusória do que poderiam ganhar trabalhando em Cuiabá. [...]

'Outra coisa que acho preocupante é a falta de qualificação. [...] Daí eles acabam indo sempre para serviços gerais e outras atividades mais simples da empresa', disse a fiscal. Entretanto, as empresas contratam e até ajudam os trabalhadores a conseguirem uma qualificação melhor. Consequentemente os haitianos conseguem mudar de setores e desenvolverem atividades que exigiriam mais qualificação profissional.

'Eles têm compromisso de mandar o dinheiro que recebem para o Haiti. Porque muitos deles têm família que fez uma 'cotinha' para a vinda deles [para o Brasil]. Outros venderam tudo que tinham lá para vir para cá. Eles têm esse compromisso porque as famílias têm muita dificuldade. Uns que têm que pagar escola para filho, pois existem poucas escolas públicas, a maioria é privada. Então, eles têm que se virar e mandar o dinheiro. [...] Eles são esforçados e têm medo de ser mandados embora, ou que haja a preferência de [contratar] um brasileiro', declarou a fiscal. [...]"

SOARES, Denise. *Da construção civil para a culinária, haitianos encaram oportunidades*. Disponível em: <http://mod.lk/G5jZ4>. Acesso em: abr. 2017.

a) Reflita sobre os relatos da reportagem e explique as dificuldades que imigrantes haitianos enfrentam ao chegar ao Brasil.

b) Aponte possibilidades de inserção social dos imigrantes no Brasil.

ENEM E VESTIBULARES

10. (Espcex-Aman-RJ, 2016) "O poder imenso dos Estados Unidos é, antes de tudo, multidimensional [...]. Isto significa que a influência global norte-americana estende-se por todos os setores da vida das nações, nas suas relações internacionais e internas."

MAGNOLI, D. *Geografia para o Ensino Médio*. São Paulo: Saraiva, 2012. p. 513.

Sobre a economia norte-americana, suas relações e influências no mercado global, podemos afirmar que:

I. o Canadá é, atualmente, um dos maiores parceiros comerciais dos Estados Unidos, que absorvem a maior parte das exportações canadenses.

II. o mercado consumidor norte-americano funciona como um dos principais dínamos da economia global e contribui, decisivamente, para expansão da indústria asiática.

III. atualmente, o Japão figura como o maior investidor no mercado financeiro norte-americano, utilizando os títulos do Tesouro dos Estados Unidos como principal veículo de aplicação de suas vastas reservas monetárias.

IV. a criação do Acordo de Livre Comércio das Américas (Nafta) e os consequentes investimentos feitos pelos Estados Unidos no México revelam que o principal objetivo do bloco é facilitar a circulação de riquezas e de pessoas entre os dois países.

V. as significativas remessas de lucro, por parte das empresas norte-americanas no exterior, para suas sedes, não vêm garantindo o equilíbrio nas contas externas dos Estados Unidos.

Identifique a alternativa que apresenta todas as afirmativas corretas.

a) I, III e IV
b) II, III e V
c) II, IV e V
d) II, III e IV
e) I, II e V

11. (Espcex-Aman-RJ, 2015) Logo após a Segunda Guerra Mundial, a estrutura econômica regional norte-americana sofreu um profundo rearranjo resultante da perda de dinamismo industrial do *Manufacturing Belt*. Os novos investimentos promoveram concentração de indústrias no Oeste e no Sul dos Estados Unidos.

Entre os fatores que contribuíram para o redirecionamento dos investimentos para o Oeste e para o Sul dos Estados Unidos, nesse período, podemos destacar:

I. a limitada disponibilidade de ferro e carvão mineral nas jazidas da região do *Manufacturing Belt*, minerais estes indispensáveis à indústria siderúrgica.

II. o interesse comercial pela bacia do Pacífico, haja vista a reconstrução econômica do Japão nesse período.

III. a produção crescente de petróleo no Golfo do México.

IV. a grande disponibilidade de matéria-prima pesada nessas novas regiões, fundamental para a expansão da indústria de alta tecnologia, fortemente dependente de tais fontes.

V. a possibilidade de redução dos custos com a força de trabalho, uma vez que as novas empresas estariam distantes dos sindicatos operários do *Manufacturing Belt*.

Identifique a alternativa em que todas as afirmativas estão corretas.

a) I e III
b) III e IV
c) I, II e IV
d) I, III e V
e) II, III e V

12. (FGV-SP, 2015) Examine o gráfico.

Fonte: Disponível em: <www1.folha.uol.com.br/mercado/2014/09/1508805-china-avanca-em-mercado-da-america-do-sul-e-deixa-brasil-para-tras.shtml>. Acesso em: maio 2016.

Com base no gráfico e em seus conhecimentos, é correto afirmar:

a) Entre 2007 e 2013, os Estados Unidos perderam posições importantes nas importações para a América do Sul, devido à ascensão chinesa, fato que vem acirrando a guerra comercial entre esses países.

b) Os produtos de exportação da China e do Brasil são oriundos de setores econômicos diferentes, razão pela qual não é possível associar a ascensão chinesa com a retração brasileira.

c) A queda da participação brasileira nas importações para a América Latina é, sobretudo, reflexo da retração da economia da Argentina, principal parceiro comercial do Brasil na região.

d) A retração da participação do Brasil e o aumento da participação da China nas importações para a América Latina são agravados pelo fato de que esses países não mantêm trocas comerciais relevantes entre si.

e) Se a tendência expressa no gráfico se confirmar, a China deverá ocupar, em breve, a posição de maior exportador para a América Latina, ultrapassando os Estados Unidos.

ATIVIDADES

13. (ESPM-SP, 2015) O canal do Panamá, que liga o oceano Atlântico (através do mar do Caribe) ao oceano Pacífico, completa em 2014 cem anos.

Em 1878, o francês Ferdinand de Lesseps, construtor do canal de Suez, obteve da Colômbia, a quem a região pertencia naquela época, permissão para realizar a obra. Os trabalhos foram iniciados em 1880 e foram interrompidos quatro anos depois pela falência da empresa construtora.

O presidente dos EUA, Theodore Roosevelt, demonstrou interesse, em 1903, em terminar o projeto. Como o Senado colombiano se opunha ao projeto, os norte-americanos instigaram o movimento de independência do Panamá contra a Colômbia.

Com a independência do Panamá, o governo panamenho concedeu aos EUA o direito de completar a obra e controlar a zona do canal e os lucros gerados.

O canal do Panamá atualmente funciona sob o controle:

a) dos EUA;

b) do Panamá;

c) da Colômbia;

d) de parceria EUA-Panamá;

e) de parceria EUA-Panamá-Colômbia.

14. (ESPM-SP, 2015) "Washington confirmou terem saído da prisão os últimos dos 53 presos de uma lista confidencial cuja liberdade fora pedida a Raúl Castro. O reatamento, cujos pormenores serão negociados em Havana nos dias 21 e 22 pela secretária para América Latina, Roberta Jacobson, não fora condicionado a esse gesto de boa vontade, o que tira da oposição republicana o argumento de que Obama cede sem receber nada em troca."

Carta Capital, 21 jan. 2015.

A respeito dos anúncios sobre a distensão nas relações EUA-Cuba, feitos simultaneamente pelos presidentes Raúl Castro e Barack Obama, e as medidas que estão sendo adotadas pelos dois governos, é correto afirmar que:

a) revogaram totalmente o embargo econômico norte-americano aplicado contra Cuba desde 1962;

b) fecharam a prisão de Guantánamo, localizada em base da marinha norte-americana, em Cuba;

c) reintegraram Cuba, de fato e de direito, na Organização dos Estados Americanos (OEA), tendo atualmente os cubanos ativa participação nesse organismo;

d) mais produtos dos EUA receberão autorização para serem exportados para Cuba, como materiais de construção civil, implementos agrícolas e equipamentos de telecomunicações;

e) o governo cubano decidiu indenizar empresas norte-americanas expropriadas após a Revolução Cubana de 1959.

15. (UEPB-PB, 2013) Em relação à geopolítica da América Latina, é correto afirmar:

I. Nos anos 60 e 70 do século XX, no contexto da Guerra Fria, foram implantadas ditaduras militares de extrema direita com o intuito de dar sustentação ao mercado capitalista, que na época combatia a expansão do socialismo.

II. Nos anos 70 do século XX, teve início na América do Sul a onda neoliberal, que se antecipou à Inglaterra e aos Estados Unidos, sendo o Chile, da ditadura Pinochet, o único país sul-americano a não aderir a este modelo econômico.

III. Em fins da década de 1990, tem início na América Latina a ascensão dos governos de esquerda, denominada de "onda vermelha", consequência da insatisfação popular diante dos avanços do neoliberalismo, das políticas conservadoras e da intervenção americana na região.

IV. Em contraponto ao bloco de países de governos conservadores aliados dos Estados Unidos, e ao conjunto de países com governos nacionalistas de esquerda, surgem na América Latina os países moderados, denominados de bolivarianos, que prosseguem com as privatizações, acenam com maior abertura dos seus mercados e buscam uma maior aproximação com os norte-americanos.

Estão corretas apenas as proposições:

a) II e IV.

b) I, II e IV.

c) I e III.

d) II, III e IV.

e) I, II e III.

16. (Uepa-PA, 2015) A nova era permitiu "[...] a integração cada vez maior dos Estados e a soberania de um país através de um grupo [...]. Nesse processo, interesses econômicos e políticos se mesclam o tempo todo e provocam a reconfiguração dos territórios devido a mudanças nas relações de poder [...]", a exemplo do que vem ocorrendo no Haiti, país periférico "excluído". É correto afirmar que:

a) grande parte da população haitiana vive abaixo da linha de pobreza, o que vem sendo sanado pelas políticas humanitárias da ONU e pela intervenção militar brasileira após o terremoto que atingiu o país, matando milhares de pessoas e devastando a parca infraestrutura existente.

b) o processo de exploração e expropriação imposto aos haitianos acentuou as condições miseráveis da população, agravada após o recente terremoto ocorrido no país que, com a ajuda dos Estados Unidos e do Brasil, reergueu sua economia em curto prazo.

c) o Haiti continua submetido a duríssimas sanções econômicas, mas o Fundo Monetário Internacional (FMI) intensificou a liberação financeira para os pequenos empresários nacionais, a fim de ajudar no processo de reconstrução do país, arrasado após o terremoto que devastou a economia, intensificou a fome e a situação de miséria da população.

d) a falta de fiscalização internacional e a busca incessante de mão de obra barata transformaram o Haiti num país atrativo para investimentos estrangeiros, daí o interesse dos Estados Unidos e do Brasil intensificarem sua presença por meio da política de ação humanitária e intervenção militar após o terremoto ocorrido no país.

e) a estabilização sociopolítica e econômica do Haiti é fundamental para transformá-lo num país atrativo aos investimentos estrangeiros, o que explica a intensificação da política de ação humanitária e intervenção militar, sem as quais a população haitiana estaria impossibilitada de modificar a condição de fome e miséria a que ficou submetida após o terremoto.

17. (UEPB-PB, 2014) As profundas desigualdades sociais vivenciadas pela América Latina impulsionaram os novos rumos políticos abraçados pela região. Emergiu deste contexto de desigualdades e insatisfações a ascensão dos partidos de esquerda em vários países. A região registra taxas de crescimento econômico, mas diminuir as desigualdades sociais ainda é o maior desafio para governos que, embora eleitos democraticamente, seguem tendências diferentes.

Tais tendências políticas são agrupadas nas seguintes denominações:

I. Bloco conservador, nos quais se alinham o México, a Colômbia e o Chile, aliados dos Estados Unidos e defensores do livre-comércio.

II. Bloco bolivariano, do qual participam a Bolívia e o Equador, liderados pela Venezuela, são nacionalistas, contrários ao neoliberalismo e opositores dos Estados Unidos.

III. Bloco moderado, formado pelo Brasil, Argentina, Uruguai e Peru, desenvolve políticas de combate à pobreza e de inclusão social.

IV. Bloco Comunista, do qual fazem parte Cuba, Nicarágua e Coreia do Sul, países que fizeram revoluções proletárias subsidiadas pela União Soviética.

Estão corretas apenas as proposições:

a) I, II e III
b) II, III e IV
c) I e IV
d) II e IV
e) I e II

18. (FGV-SP, 2014) "A Venezuela tem enfrentado momentos de tensão desde o início de fevereiro, com protestos de estudantes e opositores ao governo. A situação se agravou em 12 de fevereiro, quando uma manifestação contra o presidente Nicolás Maduro terminou com três mortos e mais de 20 feridos."

Disponível em: <http://g1.globo.com/mundo/noticia/2014/02/entenda-os-protestos-na-venezuela.html>. Acesso em: mar. 2014.

Sobre a tensão na Venezuela, é correto afirmar:

a) O presidente Maduro não foi eleito pelo voto popular, tendo assumido interinamente o poder após a morte de Hugo Chávez e se mantido no cargo de forma autoritária.

b) A crise venezuelana, fonte das tensões mencionadas, tem sua origem no esgotamento das reservas de petróleo que sustentaram a economia venezuelana durante décadas.

c) Entre as principais motivações dos manifestantes que participaram dos protestos, figuram a insegurança social, as altas taxas de inflação e a escassez de produtos básicos.

d) Apesar dos protestos, o presidente Maduro recusou a oferta da União de Nações Sul-Americanas (Unasul) no sentido de mediar o diálogo com diferentes setores da sociedade nacional.

e) Desde o início dos protestos, o governo do presidente Maduro proibiu a circulação de todos os jornais impressos controlados pela oposição, numa clara violação à Carta Democrática Interamericana.

19. (UCS-RS, 2014) O México é o segundo país mais populoso da América Latina. Por influência da colonização hispânica, é a maior nação de língua espanhola do mundo. Analise a veracidade ou a falsidade das proposições abaixo sobre o México.

I. Apresenta economia diversificada, amplas reservas minerais e parque industrial moderno.

II. Apresenta fábricas de montagem final, que utilizam peças e equipamentos vindos dos Estados Unidos e exportam o produto pronto.

III. É grande produtor de petróleo, com reservas localizadas no Lago Maracaibo.

Identifique a alternativa que apresenta a sequência correta, de cima para baixo, da veracidade das frases.

a) V — V — V
b) V — V — F
c) F — V — V
d) V — F — V
e) F — F — F

Mais questões: no livro digital, em **Vereda Digital Aprova Enem** e **Vereda Digital Suplemento de revisão e vestibulares**; no *site*, em **AprovaMax**.

CAPÍTULO 25
JAPÃO E TIGRES ASIÁTICOS

ENEM
C2: H7, H8, H9

Neste capítulo, você vai aprender a:

- Identificar as diferentes formas de ocupação territorial do Japão, considerando a distribuição de sua população e as características demográficas.
- Analisar os processos responsáveis pela formação do Japão, sua expansão imperialista e sua participação na Segunda Guerra Mundial para compreender sua fase atual de desenvolvimento e inserção na economia global.
- Estabelecer relações entre o crescimento da economia japonesa e a formação dos Tigres Asiáticos.
- Diferenciar política e economicamente a Coreia do Norte da Coreia do Sul.
- Analisar as transformações políticas e econômicas ocorridas no Vietnã.

"O Oriente e o Ocidente não podem, portanto, ser aqui tomados como 'realidades', que tentaríamos aproximar e opor de maneira histórica, filosófica, cultural, política. [...] O autor jamais, em nenhum sentido, fotografou o Japão. Seria antes o contrário: o Japão o iluminou com múltiplos clarões; ou ainda melhor: o Japão o colocou em situação de escritura."

BARTHES, Roland. *O império dos signos*. São Paulo: WMF Martins Fontes, 2007. p. 8-10.

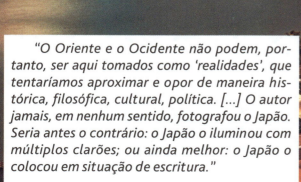

As economias do sudeste e do leste da Ásia estão entre as mais dinâmicas do mundo e representam um dos polos estratégicos mais importantes da atualidade. Analisaremos, neste capítulo, seu desenvolvimento e suas contradições.

Ponto de partida

1. Ao observar a imagem de abertura deste capítulo, o que é possível deduzir sobre a economia do sudeste e do leste asiático?
2. Que produtos fabricados nos Tigres Asiáticos você conhece?

Vista de Cingapura, cidade-Estado situada numa ilha com aproximadamente 700 km² de área. O pequeno país é uma das principais áreas de trânsito de mercadorias do mundo e um importante centro financeiro da Ásia (Cingapura, 2015).

Capítulo 25 • Japão e Tigres Asiáticos

1. Japão: o Extremo Oriente

Por localizar-se no Extremo Oriente e considerando que o Sol nasce a leste, o Japão é conhecido como o País do Sol Nascente, e sua bandeira apresenta um Sol vermelho.

Mais de 3.000 ilhas compõem o arquipélago japonês. Elas se estendem por mais de 3.500 quilômetros no sentido norte-sul, somando uma superfície de quase 400 mil quilômetros quadrados — pouco maior que a área do estado de Mato Grosso do Sul. As quatro principais ilhas do arquipélago — **Hokkaido**, **Honshu**, **Shikoku** e **Kyushu** — perfazem cerca de 95% dessa superfície (veja o mapa a seguir).

Fonte: FERREIRA, Graça M. L. *Atlas geográfico:* espaço mundial. 4. ed. São Paulo: Moderna, 2013. p. 106.

Os desafios naturais

O arquipélago japonês está localizado numa das áreas geológicas mais instáveis da Terra, conhecida como **Círculo de Fogo do Pacífico**, zona de contato entre placas tectônicas, marcada pela ocorrência frequente de terremotos, algumas vezes seguidos por tsunamis, e pela presença de vulcões ativos.

Para navegar

Japan Meteorological Agency
www.jma.go.jp/jma/en/menu.html (em inglês e japonês)
Contém informações sobre terremotos, além de disponibilizar a rede de monitoramento dos abalos sísmicos no Japão.

Em média, mais de mil terremotos ocorrem a cada ano no país. A maioria consiste em abalos sísmicos de baixa intensidade, só registrados por sismógrafos. Alguns, porém, são de maior magnitude e ocasionam grandes destruições e perdas, como o que atingiu Tóquio em 1923, causando mais de 100 mil mortes; o que ocorreu em Kobe em 1995, fazendo 5 mil vítimas; e o de 2011, com intensidade de 9,0 graus na escala Richter, e que gerou um *tsunami* responsável pela destruição do nordeste e de parte do norte da ilha de Honshu, provocando grandes prejuízos e a morte de mais de 15 mil pessoas.

Imagem registra a chegada de *tsunami* na cidade de Miyako, consequência do forte terremoto ocorrido em 11 de março de 2011, na costa nordeste do Japão.

Acidente nuclear de Fukushima

O relevo

Planaltos e montanhas compõem cerca de 80% do território japonês. Existem pelo menos 500 pontos com altitude superior a 2 mil metros. Nesse contexto de predomínio de áreas íngremes, as regiões de baixas altitudes e planas — espaços fragmentados em pequenas unidades emolduradas por montanhas e escarpas — facilitam a ocupação humana e propiciam densidades demográficas elevadas. A porção litorânea do leste apresenta as maiores áreas de planícies, nas quais o processo de urbanização se intensifica.

Com um território que praticamente não apresenta recursos minerais metálicos ou fósseis, o setor industrial japonês é fortemente dependente da importação de matérias-primas e combustíveis. O Japão é o maior importador mundial de carvão e gás natural, bem como um dos grandes importadores de petróleo.

Para ler

Japão
João Osvaldo Nunes e Manira Okimoto Nunes. São Paulo: Ática, 2005.

Quarenta anos após a imigração dos avós para o Brasil, três netos de Kyoshi e Fumie Okimoto refazem a jornada de seus ancestrais em busca de melhores condições de vida. Porém, viajam em sentido inverso: o destino é o Japão, agora uma potência mundial.

O relevo montanhoso do Japão permite que poucas áreas sejam aproveitadas para a agricultura. O país importa grande parte dos alimentos que consome. Na foto, Parque Nacional Daisetsuzan, em Hokkaido (Japão, 2010).

A população

Em seu exíguo território, de acordo com o *Statistical Handbook of Japan 2016*, o país tinha, em 2015, 127,11 milhões de habitantes, o que determina uma densidade demográfica média bastante elevada, de 340,8 habitantes por quilômetro quadrado. Pelo fato de sua morfologia de relevo íngreme dificultar a ocupação humana na maior parte do país, nas planícies se concentram mais de 1.000 habitantes por quilômetro quadrado (veja o mapa ao lado).

Cerca de 80% dos japoneses moram em cidades. Uma extensa região plana da ilha de Honshu voltada para o Pacífico abriga a principal área urbanizada do país, onde se encontra a megalópole de Tokaido, formada pelas áreas urbanas de Tóquio, Yokohama, Osaka, Nagoya, Kobe e Kyoto.

As taxas japonesas de mortalidade infantil estão entre as mais baixas do planeta, e a expectativa média de vida, que em 2014 era de 86,8 para as mulheres e 80,5 para os homens, é a mais elevada entre os países do mundo, o que revela as excelentes condições de saúde da população. No entanto, o envelhecimento da população, atualmente, é um dos grandes problemas do país, exigindo das autoridades grandes investimentos no atendimento aos idosos. A redução da população é outro problema. Observe na página seguinte a tabela com a população e a taxa de crescimento demográfico japonês e as pirâmides etárias de 1990, 2015 e 2050.

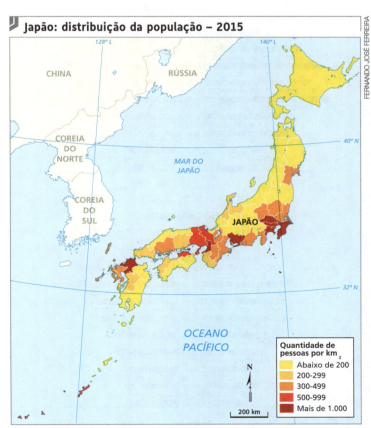

Fonte: JAPAN. *Statistical Handbook of Japan 2016*. Statistics Bureau – Ministry of Internal Affairs and Communications, p. 20. Disponível em: <http://mod.lk/sqPqC>. Acesso em: abr. 2017.

Capítulo 25 • Japão e Tigres Asiáticos

Japão — indicadores demográficos de 1995 a 2025 (est.)

Indicadores	1995	2000	2005	2008	2011	2014	2015	2016	2025*
População**	125,57	126,92	127,76	128,08	127,79	127,08	127,11	126,19	120,65
Crescimento demográfico (%)	0,2	0,2	0,0	0,0	-0,1	-0,1	-0,2	-0,2	-0,4

*Estimativa **Em milhares

Fonte: JAPAN. *Japan Statistical Yearbook 2017*. Statistics Bureau – Ministry of Internal Affairs and Communications, p. 41-42. Disponível em: <http://mod.lk/9bfnO>. Acesso em: abr. 2017.

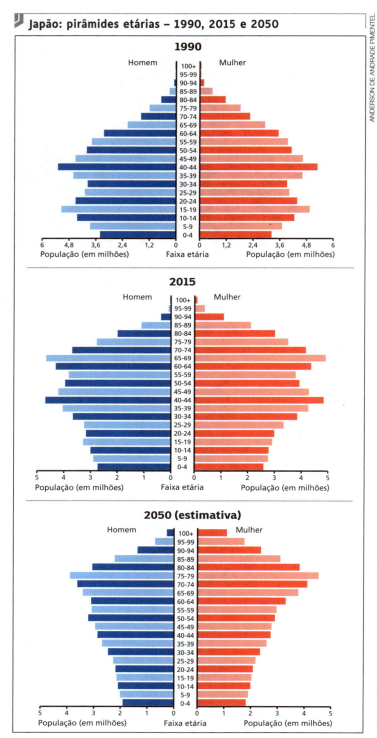

Japão: pirâmides etárias – 1990, 2015 e 2050

Fonte: UNITED STATES Census Bureau. *International data base*. Disponível em: <http://mod.lk/4GbPb>. Acesso em: abr. 2017.

A industrialização do Japão

Até 1854, o Japão era um país fechado ao comércio internacional. Nessa data, esse isolamento foi rompido, desestruturando o sistema feudal até então em vigor, que se baseava no poder de chefes militares regionais, os **xo-guns**. Em 1868, inaugurou-se a **Era Meiji**, caracterizada pela centralização do poder nas mãos do imperador e pelo início da industrialização e modernização do país. Foi o começo de um processo que levou o Japão à condição de maior potência do Extremo Oriente.

Contudo, uma combinação de crescente industrialização e carência de matérias-primas, rápido aumento populacional e avanço do nacionalismo nas forças armadas propiciou ao Japão iniciar, no fim do século XIX, uma trajetória de anexações territoriais que desembocaria no conflito com os Estados Unidos durante a Segunda Guerra Mundial.

Durante a década de 1930, o país anexou a seu território muitas ilhas do Pacífico e a península da Coreia, além de ocupar a Manchúria chinesa, região rica em ferro e carvão, onde instalou uma indústria siderúrgica destinada a apoiar seu esforço militar.

Em 1942, praticamente todo o sudeste e o leste da Ásia estavam sob domínio nipônico. Após a derrota na Segunda Guerra Mundial, porém, o país foi obrigado a desocupar todas as áreas conquistadas e, assim, os problemas de uso do espaço nos limites de seu arquipélago assumiram nova dimensão.

Economia: crescimento, apogeu e crise

A concentração geográfica da população e da produção industrial é um dos maiores problemas para a economia do país, cujas novas necessidades produtivas são supridas à custa da redução das áreas destinadas à agricultura. Um pequeno setor agrícola é altamente subsidiado e protegido. Além disso, ainda que autossuficientes em arroz, base de sua dieta alimentar, os japoneses importam cerca de 60% dos alimentos que consomem.

Na megalópole de Tokaido, a grande concentração levou à elaboração de políticas de descentralização industrial e de desconcentração demográfica por meio da implantação e do desenvolvimento de novos centros nas ilhas de Hokkaido e Kyushu. Foi construído um túnel (o Seikan) com mais de 50 quilômetros que une a ilha de Hokkaido à de Honshu, a fim de valorizar as áreas setentrionais pouco povoadas (veja a foto a seguir). Essa mesma função têm as pontes do "mar interior" em relação à ilha de Shikoku. Centros de pesquisa de alta tecnologia — tecnopolos — foram instalados na ilha de Kyushu e em áreas de Honshu exteriores à megalópole, também com o objetivo de acelerar a criação de novos polos industriais.

Trabalhadores na construção do túnel Seikan, um dos maiores do mundo, com 53,8 quilômetros de extensão. Sua construção durou 24 anos, de 1964 a 1988, e liga as ilhas de Honshu e Hokkaido (Japão, 1983).

Atualmente, o Japão é a terceira maior economia do mundo, após Estados Unidos e China. O PIB japonês (4,12 trilhões de dólares em 2015) corresponde a mais ou menos um quarto do estadunidense (18 trilhões de dólares em 2015), e a indústria responde por cerca de 26% de sua produção total, o que revela sua importância na economia do país.

Por três décadas, o crescimento econômico japonês foi bastante elevado — com médias anuais de 10% na década de 1960, 5% na de 1970 e 4% nos anos 1980. Esse crescimento desacelerou acentuadamente na década de 1990, em que o PIB cresceu apenas 1,7% por ano, sobretudo por causa dos efeitos de um endividamento excessivo das famílias e das empresas, o que produziu um aumento artificial dos preços dos imóveis e outros ativos no fim de 1980. A queda dos preços desses ativos exigiu um severo ajuste das empresas para reduzir seu endividamento e seus custos.

Para assistir

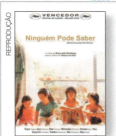

Ninguém pode saber
Japão, 2004. Direção de Hirokazu Koreeda. Duração: 141 min.
Akira, o mais velho de quatro irmãos, é o responsável pelo cuidado da casa enquanto sua mãe passa longos períodos no trabalho. O filme traz a reflexão acerca do cotidiano em cidades com alta densidade populacional e das tendências demográficas recentes.

O modelo japonês

O crescimento econômico japonês também esteve calcado na cultura local, que prioriza a família, a ética no trabalho, a segurança pessoal e a obediência. Esses valores foram fundamentais para que a mão de obra japonesa se mostrasse altamente disciplinada e dedicada ao trabalho.

Após o esforço para a reconstrução do país, devastado durante a Segunda Guerra Mundial, e visando à ampliação dos mercados externos, o governo japonês tratou de aplicar sua estratégia exportadora, calcada na subvalorização da moeda nacional — o iene —, de modo que o país começou a registrar saldos positivos significativos em sua balança comercial já na década de 1960. A manutenção desses superávits constituiu-se como uma das características centrais do modelo econômico japonês, e os Estados Unidos tornaram-se o principal parceiro comercial do arquipélago.

Nos primeiros tempos da reconstrução, a liderança industrial coube aos setores têxtil, siderúrgico e de construção naval, mas posteriormente o de eletrônica e o automobilístico os suplantaram. Na década de 1970, aliando alta tecnologia a métodos de redução de estoques e sistemas de trabalho flexível — modelo de gerenciamento de produção denominado **toyotismo** —, entre outras inovações, a montadora Toyota revolucionou a fabricação de automóveis, superou as empresas similares estadunidenses e passou a ser imitada em todo o mundo.

Ao ingressar na Revolução Técnico-Científica, a economia japonesa entrou numa nova etapa do processo de reconstrução, caracterizada pelo desenvolvimento da robótica, da microeletrônica e da informática. Nas últimas décadas, os investimentos das empresas japonesas foram dirigidos a países do leste e do sudeste da Ásia, contribuindo decisivamente para a industrialização de diversos deles.

Robôs industriais de alta tecnologia são apresentados durante a Exibição Internacional de Robôs, maior feira de robótica do mundo, que acontece a cada dois anos em Tóquio (Japão, 2015).

As exportações japonesas são destinadas, em grande parte, a seus vizinhos asiáticos e aos Estados Unidos. Em 2013, os Estados Unidos foram o principal destino das exportações, seguidos pela China e pela Coreia do Sul, que, juntas, responderam por 43% do total das mercadorias vendidas ao exterior, lembrando que a pauta de exportações japonesa é composta de produtos com alto valor agregado. As máquinas mecânicas, elétricas e os automóveis foram os principais produtos exportados, totalizando quase 55% das vendas em 2013. Destacaram-se também os instrumentos médicos e de precisão (5,6%), ferro e aço (4,9%) e plásticos (3,6%), como podemos observar nos gráficos a seguir.

Japão: exportações e importações – 2013

Exportações
- Automóveis 20,8%
- Máquinas mecânicas 18,9%
- Máquinas elétricas 15,1%
- Instrumentos de precisão 5,6%
- Ferro e aço 4,9%
- Plásticos 3,6%
- Combustíveis 2,4%
- Embarcações flutuantes 2,1%
- Borracha 1,8%
- Ouro e pedras preciosas 1,5%
- Outros 23,3%

Importações
- Combustíveis 33,8%
- Máquinas elétricas 11,6%
- Máquinas mecânicas 7,4%
- Minérios 3,8%
- Instrumentos de precisão 3,0%
- Automóveis 2,5%
- Químicos orgânicos 1,9%
- Vestuário – exceto de malha 1,9%
- Vestuário de malha 1,9%
- Plásticos 1,8%
- Outros 30,4%

Fonte: BRASIL. Ministério das Relações Exteriores. Japão: comércio exterior. *Observatório Internacional Sebrae.* Disponível em: <http://mod.lk/BBtrv>. Acesso em: abr. 2017.

QUESTÕES

1. Caracterize o perfil demográfico japonês e seus problemas.
2. Qual o papel das obras de infraestrutura na descentralização industrial do Japão?
3. Por que o crescimento econômico japonês entrou em declínio a partir dos anos 1990?

2. Os Tigres Asiáticos

A partir dos anos 1970, outros países se juntaram ao Japão na categoria dos que se destacaram pela rapidez dos processos de industrialização. Inicialmente, foram a Coreia do Sul, Taiwan, a cidade-Estado de Cingapura e a ex-colônia britânica de Hong Kong, países que, pelo elevado desenvolvimento econômico, passaram a ser chamados de **Tigres** ou **Dragões Asiáticos**.

Na década de 1980, Malásia, Tailândia e Indonésia começaram a crescer com taxas de 5% ao ano, em um período de recessão mundial, empregando o mesmo modelo exportador adotado pelos demais Tigres. Em virtude disso, foram chamados de **Novos Tigres Asiáticos**. Na década de 1990, Vietnã e Filipinas uniram-se a esse grupo econômico.

O crescimento das economias desses países asiáticos está intimamente ligado às mudanças estruturais da economia japonesa. Os choques do petróleo de 1973 e 1979 fizeram o Japão projetar a mudança de sua base produtiva, com políticas que consistiram em deslocar a ênfase dada às indústrias de alto consumo de energia e de trabalho intensivo (como a siderurgia e a construção naval) para as de alta tecnologia (como a microeletrônica e a informática) e em fazer investimentos de grande escala na automação das linhas de montagem, especialmente da indústria automobilística, com o uso cada vez maior de robôs.

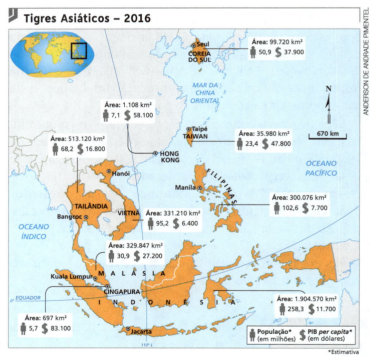

Tigres Asiáticos – 2016

Fonte: IBGE. *Atlas geográfico escolar.* 6. ed. Rio de Janeiro, IBGE, 2012. CIA. *The World Factbook.* Disponível em: <http://mod.lk/TKBHk>. Acesso em: abr. 2017.

Hong Kong. Era uma possessão inglesa encravada na China. Em 1997, voltou a ser chinesa, mas com um alto grau de autonomia e com um sistema político diferente. É uma das regiões administrativas especiais (RAE) da República Popular da China.

Indústrias japonesas tradicionais, principalmente as de bens não duráveis, como calçados e roupas, deslocaram-se para a periferia do arquipélago, o que contribuiu para o rápido crescimento de Hong Kong, Coreia do Sul, Taiwan e Cingapura. Além disso, políticas de planejamento econômico desenvolvidas por esses Estados estimularam os fluxos de capitais externos, oriundos também dos Estados Unidos e de países da Europa Ocidental.

Na primeira foto, Hong Kong (China, 2015). Na segunda foto, centro da cidade de Jacarta (Indonésia, 2016), com *shopping center* à direita.

Modelo de industrialização e crescimento acelerado

O modelo de desenvolvimento industrial dos Tigres Asiáticos baseou-se em uma agressiva política de conquista dos mercados internacionais, diferenciando-se do que haviam feito, algumas décadas antes, os países da América Latina, que se apoiaram em um modelo econômico denominado substituição de importações e voltado à proteção dos mercados internos.

Inicialmente, as principais mercadorias exportadas por Hong Kong, Taiwan, Coreia do Sul e Cingapura eram de baixa sofisticação tecnológica, mas na década de 1980 rapidamente desenvolveram a produção de bens duráveis, com tecnologias mais avançadas, sobretudo nos ramos da eletrônica de consumo.

Para navegar

BBC Ásia
www.bbc.com/news/world/asia (em inglês)
Esse portal divulga as principais notícias da política, da economia e da sociedade asiática. Há especiais com infográficos e animações sobre acontecimentos no Japão, nas Coreias e nos demais países asiáticos.

No caso de Filipinas, Vietnã, Tailândia, Malásia e Indonésia, os Novos Tigres, o crescimento acelerado foi baseado também na mão de obra extremamente barata e disciplinada e em políticas de incentivo ao investimento estrangeiro praticadas por seus governos. Também houve uma aposta em produção agrícola voltada à exportação, como no caso da Indonésia, que devastou grandes áreas de floresta tropical para o cultivo de óleo de palma, coco e café.

O processo de industrialização da região do leste e do sudeste da Ásia teve ainda a contribuição de outros fatores: a abertura econômica da China, a partir de 1978, com a criação das ZEEs (Zonas Econômicas Especiais) ao longo do litoral, que atraíram capitais japoneses e, mais tarde, investimentos de Hong Kong, Taiwan, Coreia do Sul e Cingapura, e o "transbordamento" da atividade industrial dos primeiros Tigres, por meio de investimentos de grupos sul-coreanos e de Taiwan na Malásia, na Tailândia e na Indonésia, além da transferência das linhas de montagem de aparelhos eletrônicos e da fabricação de produtos têxteis para países em desenvolvimento, enquanto os países mais desenvolvidos concentram a pesquisa e o desenvolvimento tecnológico.

Os Tigres Asiáticos moldaram suas economias em um modelo industrial exportador (plataformas de exportação), produzindo mercadorias voltadas para o mercado global.

Com isso, praticamente toda a região asiática banhada pelo Pacífico foi transformada em zona de industrialização globalizada, registrando os maiores índices de crescimento econômico do mundo.

Para muitos, o eixo da economia mundial, que há cerca de cinco séculos está no Atlântico Norte, desloca-se gradativamente para a região do Pacífico.

QUESTÕES

1. Relacione o crescimento das economias dos Tigres Asiáticos às mudanças estruturais da economia japonesa.
2. Agora, relacione a industrialização dos chamados Novos Tigres ao desenvolvimento de outras economias da região.
3. O que os dois processos de industrialização (dos Tigres Asiáticos originais e dos novos) têm em comum quanto à sua origem?

Coreia do Sul: a liderança econômica regional

O território da Coreia do Sul soma 99.720 km² e abrigava, em 2016, um pouco mais de 50 milhões de habitantes, dos quais 82,5% viviam em zonas urbanas.

O país vive seu principal problema geopolítico com o seu "vizinho-irmão", a Coreia do Norte, que adota o sistema comunista e passa por séria crise econômica.

A antiga Coreia foi disputada por chineses, mongóis, japoneses e russos. Alvo do projeto de expansão do Japão da Era Meiji, foi anexada entre 1910 e 1945. Durante a ocupação, os japoneses tentaram destruir a cultura coreana e suprimir sua língua nacional, o que resultou em uma profunda hostilidade da população do país contra os antigos invasores.

Em 1945, quase simultaneamente, uma ofensiva soviética, no norte, e outra estadunidense, no sul, libertaram a Coreia da ocupação japonesa. O país foi dividido em duas zonas provisórias de ocupação, com a perspectiva de reunificação em poucos anos, mas a instauração da Guerra Fria colocou por terra as negociações. Em 1948, as duas zonas foram transformadas em Estados rivais, separados pelo paralelo 38° N: a Coreia do Norte, sob regime comunista, alinhou-se à União Soviética, e a Coreia do Sul foi incorporada à esfera de influência dos Estados Unidos.

A Revolução Chinesa de 1949 aprofundou as tensões na região. Em 1950, a Coreia do Norte invadiu a do Sul, iniciando a Guerra da Coreia, com a intervenção de tropas estadunidenses e aliadas, sob a bandeira das Nações Unidas. Forças armadas chinesas intervieram no conflito, levando, no fim de 1950, à estabilização do *front* perto do paralelo 38° N, que perdurou até 1953. O armistício de Panmunjon produziu um cessar-fogo permanente, mas não houve tratado de paz, o que transformou esse paralelo numa fronteira instável entre os dois Estados.

As diferenças entre as Coreias

Hoje em dia, a Coreia do Sul e a Coreia do Norte apresentam indicadores econômicos muito distintos. Compare os dados da tabela a seguir.

Coreias: dados comparativos

Dados	Coreia do Norte	Coreia do Sul
Área (km²)	120.538	99.720
População (milhões)	25,1	50,9
PIB (US$)	28 bilhões	1,4 trilhão
Exportações (US$)	4,1 bilhões	509 bilhões

Fonte: CIA. *The World Factbook*. Disponível em: <http://mod.lk/Ln1bt>. Acesso em: mar. 2017.

Desde 1960, a Coreia do Sul apresenta altas taxas de crescimento, conseguindo integrar-se à economia global por meio de uma produção industrial de alta tecnologia. Há quatro décadas, seu PIB *per capita* era comparável ao dos países menos desenvolvidos da África e da Ásia. O PIB sul-coreano alcançou quase 2 trilhões de dólares, o que colocou o país entre as 15 maiores economias do mundo.

Observe, no gráfico a seguir, o deslocamento da população sul-coreana pelos setores da economia. As mudanças ocorreram inicialmente pelo apoio estatal às atividades industriais e comerciais, o que restringiu, num primeiro momento, as importações e direcionou créditos e isenções fiscais ao desenvolvimento de indústrias de alto valor agregado, além de promover um grande investimento em pesquisa e desenvolvimento tecnológico e substanciais investimentos em educação.

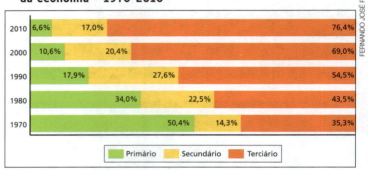

Coreia do Sul: distribuição da população por setores da economia – 1970-2010

Ano	Primário	Secundário	Terciário
2010	6,6%	17,0%	76,4%
2000	10,6%	20,4%	69,0%
1990	17,9%	27,6%	54,5%
1980	34,0%	22,5%	43,5%
1970	50,4%	14,3%	35,3%

Fonte: KTI. *Statistics Korea*. Disponível em: <http://mod.lk/vz4NX>. Acesso em: abr. 2017.

Na atualidade, a Coreia do Sul é considerada um país desenvolvido, com excelentes índices sociais e uma indústria de vanguarda no cenário mundial, sobretudo em setores importantes como o automobilístico, o de produção de semicondutores, o de construção naval, o siderúrgico e o de tecnologias da informação. O país apresenta altas taxas de alfabetização, o que gera força de trabalho qualificada, ampliação do número de cientistas, engenheiros e especialistas em vários campos profissionais. No que se refere ao sistema educacional coreano, em 2010 o país contava com 411 instituições de ensino superior, mais de 3 milhões e meio de alunos matriculados e cerca de 78 mil professores contratados.

A Coreia do Sul investiu pesadamente em educação de 1970 para cá, obtendo excelentes resultados — fator decisivo para seu desenvolvimento social e econômico. Na foto, escola em Seul, capital da Coreia do Sul, em 2015.

> **Para ler**
>
> **Geopolíticas asiáticas: da Ásia Central ao Extremo Oriente**
> Nelson Bacic Olic e Beatriz Canepa. São Paulo: Moderna, 2007.
> Esse livro trata da diversidade étnica, linguística, religiosa e cultural da Ásia. Há uma análise dos conflitos e da evolução geopolítica asiática.

A Coreia do Norte é um dos países mais fechados do mundo ao intercâmbio comercial e enfrenta sérios problemas econômicos. Seus bens de capital — máquinas e equipamentos industriais — apresentam grande defasagem em relação aos demais parques industriais, resultado de anos de pouco investimento e da escassez de reposição. Seus elevados gastos militares absorvem os recursos necessários para o investimento em inovação econômica.

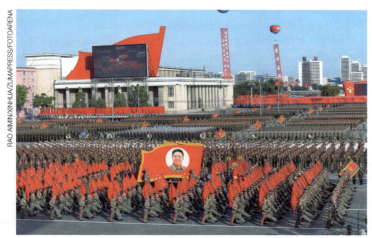

A militarizada Coreia do Norte recebe apoio da China, e a Coreia do Sul, desde o fim da guerra entre as Coreias, conta com o apoio econômico e militar dos Estados Unidos. Na foto, milhares de soldados participam de parada militar em Pyongyang (Coreia do Norte, 2015).

Sua agricultura registra baixa produtividade, o que tem gerado escassez crônica de gêneros alimentícios. A produção agrícola norte-coreana enfrenta problemas sistêmicos, como a falta de terras aráveis e a ausência de insumos agrícolas básicos, como tratores e fertilizantes. Em vários momentos, foi necessário que houvesse fornecimento de ajuda alimentar internacional, a fim de evitar situações de fome generalizada, mas a população ainda sofre continuamente com a falta de alimentos.

Em 2003, durante a ofensiva estadunidense no Iraque, o governo norte-coreano respondeu anunciando seu programa nuclear, pedindo negociações diretas com os Estados Unidos. Passados mais de 50 anos da assinatura do pacto de não agressão entre as duas Coreias, o futuro na península coreana ainda é incerto, em virtude da continuidade dos testes nucleares realizados pela Coreia do Norte em resposta às sanções impostas pela ONU ao país. Observe a seguir o mapa representativo do poder bélico nuclear da Coreia do Norte.

Fonte: NTI/MIIS. North Korea Nuclear Map. Disponível em: <http://mod.lk/1cY1H>. Acesso em: abr. 2017.

Você no mundo — Atividade em grupo — Debate

Simulação de reunião do Conselho de Segurança da ONU

Você estudou a situação das Coreias e viu que a Coreia do Norte desenvolve armas nucleares. Por isso, ela tem sido condenada pela comunidade internacional.

Para discutir esse assunto, você e seus colegas devem se organizar em grupos. Simulem uma reunião do Conselho de Segurança das Nações Unidas, em que os grupos representem alguns países-membros permanentes do Conselho da ONU e os países envolvidos no debate (veja o quadro abaixo) sobre os testes nucleares da Coreia do Norte.

O professor deve assumir o papel de presidente do Conselho, mediando a discussão.

- Antes do debate, cada grupo deve pesquisar a situação da Coreia do Norte e os interesses envolvidos na questão.
- Os países-membros do Conselho e as duas Coreias devem usar a palavra e defender seus pontos de vista.
- Ao final do debate, todos são convidados a votar e a decidir se a Coreia do Norte deve ser condenada e sofrer sanções da ONU ou se deve ser absolvida e liberada para fabricar armas nucleares.

Países-membros permanentes do Conselho:	Estados Unidos, Rússia, França, Grã-Bretanha e China
Países envolvidos na questão:	Coreia do Norte e Coreia do Sul

Vietnã: o novo Tigre Asiático

Localizado na península da Indochina, o Vietnã foi um dos países mais afetados por guerras durante o processo de descolonização e, posteriormente, por ter sido palco de conflitos alimentados pela Guerra Fria.

A colonização iniciou-se em 1877, quando os franceses estabeleceram colônias na península e, aos poucos, constituíram a União da Indochina, incluindo-a em seu império colonial. A dominação colonial francesa perdurou até 1954, quando, após intensos combates, o Vietnã tornou-se o último país independente da região.

Em 1954, os acordos que puseram fim à presença colonial francesa na Indochina, assinados em Genebra, Suíça, consolidaram a divisão do Vietnã em dois países, separados pelo paralelo 17° N: o Vietnã do Norte, que havia adotado o regime comunista, e o Vietnã do Sul, que permaneceu sob influência dos Estados Unidos. A formalização da divisão, forjada no contexto da Guerra Fria, não agradou aos "nortistas" nem a uma parcela considerável da população do Vietnã do Sul, que defendia a unidade étnica no país.

Com a imposição de um governo ditatorial, o Vietnã do Sul viveu um período de grande turbulência entre 1954 e 1960. A partir de 1961 formou-se um movimento de oposição armada, cujos combatentes, os **vietcongues**, pretendiam derrubar o governo e unificar o país. O governo do Vietnã do Sul recebeu o auxílio dos Estados Unidos. Aos poucos, soldados estadunidenses passaram a integrar essa luta e, em 1968, ultrapassaram os 500 mil combatentes ao lado dos soldados sul-vietnamitas.

Durante a guerra, nas décadas de 1960 e 1970, os vietcongues refugiaram-se nas florestas tropicais que dominavam a paisagem do país e, na tentativa de localizá-los, a aviação dos Estados Unidos fez uso intenso de um desfolhante químico conhecido como agente laranja. Quase metade da selva que cobria a parte sul do Vietnã foi destruída desse modo.

> **Vietcongues.** Guerrilheiros sul-vietnamitas que lutavam com o exército do Vietnã do Norte contra o governo do Vietnã do Sul e de seus aliados, os Estados Unidos.

Durante a guerra, os vietcongues utilizaram sistemas de túneis que surpreendiam os exércitos estadunidenses e sul-vietnamitas (Vietnã, 1974).

Tropas norte-vietnamitas ocuparam a sede do governo sul-vietnamita em Saigon (Vietnã, 1975).

Entretanto, árvores e bambus, abundantes na região, serviram como matéria-prima para a confecção de armadilhas rudimentares, porém mortais, usadas pelos guerrilheiros.

As ofensivas das forças vietcongues e norte-vietnamitas acabaram por abalar o governo estadunidense, ao desgastar a imagem dos Estados Unidos diante da opinião pública local e mundial crescentemente contrárias à guerra. A partir de 1973, o conflito passou a envolver apenas as forças vietnamitas, e a ajuda financeira dos Estados Unidos ao Vietnã do Sul foi diminuindo, até que, com a insuficiência financeira e o fracasso militar, a queda do regime sul-vietnamita tornou-se inevitável, ocorrendo em abril de 1975.

O Vietnã hoje

Depois de um longo e árduo período de reconstrução, somente no fim da década de 1990, após o 8º Congresso do Partido Comunista, o país passou a discutir propostas de modernização e industrialização. Seguindo o modelo chinês, o país abriu suas portas ao capital internacional, oferecendo mão de obra barata e incentivo à produção, transformando-se em um país comunista de economia de mercado. Como resultado desse processo de liberalização, o Vietnã aderiu à Organização Mundial do Comércio (OMC) em janeiro de 2007, após mais de uma década de negociações.

Dessa forma, a expansão industrial, os investimentos em educação e as melhorias sociais fizeram com que o Índice de Desenvolvimento Humano (IDH) do país saltasse de 0,498, em 1990, para 0,638, em 2014.

De acordo com os dados oficiais, o PIB do país cresceu 6,5% em 2015, impulsionado pelas exportações, que cresceram de 132 bilhões de dólares, em 2013, para 150 bilhões, em 2014. Além disso, a taxa de desemprego mantém-se em 3,4%, e a de crescimento natural da população, que era de 1% em 2010, deve chegar a 0,8% em 2020.

A qualidade de vida da população melhorou consideravelmente. Em termos percentuais, o número de pessoas que viviam com menos de US$ 1 por dia caiu de 60%, em 1990, para 11,3%, em 2012. Grande parte de sua população ainda vive na zona rural e cerca de 21% de seu PIB vem da exportação de produtos agrícolas — os principais são arroz, café, chá, cana-de-açúcar e borracha.

Geografia e outras linguagens

Arte tailandesa

O artista plástico Jirapat Tatsanasomboon nasceu em 1971 na cidade tailandesa de Samut Prakarn, e completou seu mestrado na Universidade de Silpakorn em 1999. É um dos principais artistas da Tailândia, e suas obras exibem interessantes releituras da cultura de seu país.

A série de pinturas mais recente de Jirapat adquiriu tom mais político ao reinterpretar as narrativas de Nonthok, tradicional personagem do grande épico nacional *Ramakien*. Observe algumas das obras desse artista.

Poder e dever. Acrílica sobre tela, 129 cm × 129 cm, 2015.

Eu sou herói. Acrílica sobre tela, 130 cm × 100 cm, 2015.

Minha namorada nº 5007. Acrílica sobre tela. 120 cm × 150 cm, 2015.

QUESTÕES

- De que forma a produção artística de Jirapat Tatsanasomboon representa o momento atual da Tailândia e dos países que integram os Tigres Asiáticos.

ATIVIDADES

ORGANIZE SEUS CONHECIMENTOS

1. Leia o texto.

   "Um em cada três empregados da indústria de equipamentos eletrônicos na Malásia trabalha em condições análogas à escravidão, com restrição de liberdade e trabalhos forçados. A constatação está presente no relatório realizado pela ONG Verité, com sede nos Estados Unidos, a pedido do governo norte-americano. [...]

   O levantamento aponta que 32% dos trabalhadores da indústria eletrônica, aproximadamente 200 mil imigrantes, realizam trabalho forçado, uma vez que têm o passaporte apreendido, são forçados a pagar altas taxas ilegais de recrutamento, gerando altas dívidas, sofrem ameaças físicas e são coagidos a fazer horas extras."

   OPERA MUNDI. *Malásia*: 1 em cada 3 operários está em situação análoga à escravidão em fábricas de eletrônicos, 17 set. 2014. Disponível em: <http://mod.lk/cq72G>. Acesso em: abr. 2017.

   I. O texto põe em evidência uma característica estrutural do papel dos países do Sudeste Asiático na Divisão Internacional do Trabalho, que é a(o)

   a) presença e expansão do setor de tecnologia de ponta.
   b) concentração de tecnopolos avançados.
   c) desenvolvimento da participação da pesquisa em eletrônicos.
   d) concentração da produção física de equipamentos eletrônicos.
   e) ampliação do setor de serviços.

   II. Como se pode inferir do texto, o deslocamento da produção industrial para os países do Sudeste Asiático tem como razões, entre outras,

   a) o baixo custo da mão de obra e sua regulação precária.
   b) a precarização da mão de obra e os investimentos em tecnologia de ponta.
   c) a alta qualificação da mão de obra local e sua baixa remuneração.
   d) o excedente de mão de obra local e sua consequente precarização.
   e) a presença de imigrantes de alta qualificação educacional.

2. Explique como algumas características naturais influenciam a distribuição da população e a economia do Japão.

3. Observe a imagem de satélite, que retrata a península da Coreia em período noturno.

   Península da Coreia vista do espaço em 2014.

   - De acordo com seus conhecimentos, explique a diferença presente na imagem.

4. Apesar da crise mundial financeira em curso, a região Ásia-Pacífico manteve um crescimento positivo do PIB ao redor de 4%. Ainda que menor em relação a anos anteriores, esse dado demonstra uma resistência da economia dos países da região às flutuações da economia global.

   a) Considerando que o crescimento econômico da Ásia-Pacífico engloba países como o Japão e os Tigres Asiáticos, explique de que forma o modelo econômico industrial adotado por eles contribui para o significativo crescimento do PIB.
   b) Sintetize a estratégia de desenvolvimento industrial dos chamados Tigres Asiáticos.
   c) Indique as mudanças econômicas internacionais que contribuíram para o crescimento dos Tigres Asiáticos.

REPRESENTAÇÕES GRÁFICAS E CARTOGRÁFICAS

5. Observe a pirâmide etária do Japão de 2014. Que problemas sociais podem afetar o Japão com essa estrutura etária?

   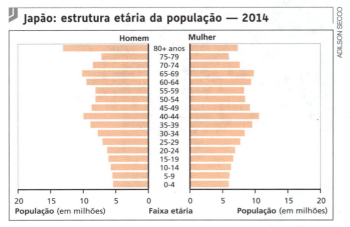

   Fonte: ESCAP/ONU. *Statistical yearbook for Asia and the Pacific 2014*. p. 73. Disponível em: <http://mod.lk/gHQ2e>. Acesso em: abr. 2017.

INTERPRETAÇÃO E PROBLEMATIZAÇÃO

6. Leia atentamente o texto.

Artesãos rurais do Vietnã

"Ao olhar para seus campos verdes de arroz, Nguyen Van Truong pode se orgulhar de ter acertado sua aposta quando entrou no mercado global há mais de uma década e começou a ganhar dinheiro.

Quando o Vietnã iniciou seu engajamento incipiente na economia mundial em meados dos anos 1990, Truong foi uma das primeiras pessoas a ver o lucro de seu artesanato local, o bordado, e juntou-se a outros moradores locais para vender seus produtos dentro e fora do país.

À medida que centenas, e depois milhares, de vilarejos agrários começaram a se organizar para vender seu artesanato tradicional — trabalhos em laca, tecidos, esteiras, macarrão, ventiladores, incenso —, passaram a simbolizar o entusiasmo do Vietnã em abraçar o capitalismo depois de um difícil período pós-guerra de restrições comunistas à iniciativa privada livre.

Alguns vilarejos, como Thuong Tin, nos arredores rurais de Hanói, agora parecem pequenas cidades em meio a plantações de arroz com casas de três e às vezes quatro andares enfileiradas ao longo de pequenas estradas de concreto.

As exportações de artesanato, muitas delas feitas por empresas dos vilarejos, somaram US$ 1 bilhão no ano passado, de acordo com os números oficiais. [...]

Depois de anos de debate interno, o Vietnã se juntou à Organização Mundial do Comércio em janeiro de 2007, um passo que exigiu revisões de sua infraestrutura legal, sistema bancário e regulações que ainda estão causando problemas quando são aplicadas.

O Vietnã ainda está formulando sua identidade pós-guerra, e há uma luta de forças constante entre suas raízes culturais e a excitação em relação a um futuro moderno.

Numa visita a Thuong Tin há 13 anos, quando o capitalismo ainda era jovem no Vietnã, Huong disse: 'Eu explico para eles e explico para eles, deixem as plantações e trabalhem só no bordado. É lá que vocês ficarão ricos'. Mas eles dizem: 'Somos fazendeiros. As plantações vêm primeiro'.

Embora seduzidos pela riqueza potencial, a maioria dos fazendeiros aqui continuaram a trabalhar em suas plantações, mesmo durante os anos de bonança, e o ritmo das agulhas às vezes dava lugar às demandas sazonais do plantio e da colheita.

'A lavoura é a sobrevivência, é como eu alimento minha família', disse Truong. 'Se você trabalha na lavoura, tem comida suficiente para se alimentar.'

O bordado deu a ele uma mobilidade na escala social que se compara à emergência do país que deixou a pobreza da guerra e dos anos do pós-guerra.

Quando ele sobe no pátio sobre o telhado de sua nova casa de quatro andares, ele olha para uma selva urbana em miniatura que inclui três casas grandes construídas por seus filhos, que também são artesãos do bordado.

Logo além delas, os campos de arroz se estendem até o horizonte, viçosos e imóveis enquanto os grãos crescem. Logo estarão prontos, e as pessoas de Thuong Tin irão para os campos para a colheita."

MYDANS, Seth. Artesãos rurais do Vietnã sofrem com a crise global. Disponível em: <http://mod.lk/g7Jp9>. Acesso em: abr. 2017.

a) Com base no texto, identifique as alterações socioeconômicas que marcam a inserção do Vietnã no capitalismo global.

b) Destaque do texto uma situação que exemplifique a afirmação de que no Vietnã "há uma luta de forças constante entre suas raízes culturais e a excitação em relação a um futuro moderno".

ENEM E VESTIBULARES

7. (Unesp-SP, 2014)

Coreia do Norte anuncia "estado de guerra" com a Coreia do Sul

"A Coreia do Norte anunciou nesta sexta-feira [29/3/2013] o 'estado de guerra' com a Coreia do Sul e que negociará qualquer questão entre os dois países sob esta base. 'A partir de agora, as relações intercoreanas estão em estado de guerra e todas as questões entre as duas Coreias serão tratadas sob o protocolo de guerra', declara um comunicado atribuído a todos os órgãos do governo norte-coreano."

Disponível em: <http://noticias.uol.com.br>. (Adaptado.)

A tensão observada entre a Coreia do Norte e a Coreia do Sul está associada a:

a) divergências políticas e comerciais, das quais sua origem se deu após a emergência da Nova Ordem Mundial.

b) divergências comerciais e econômicas, das quais sua origem remete ao período da Guerra Fria.

c) divergências políticas e ideológicas, das quais sua origem se deu após a emergência da Nova Ordem Mundial.

d) divergências políticas e ideológicas, das quais sua origem remete ao período da Guerra Fria.

e) um incidente diplomático ocasional, que não corresponde à grande tradição pacifista existente entre as Coreias.

ATIVIDADES

8. (UFU-MG, 2015)

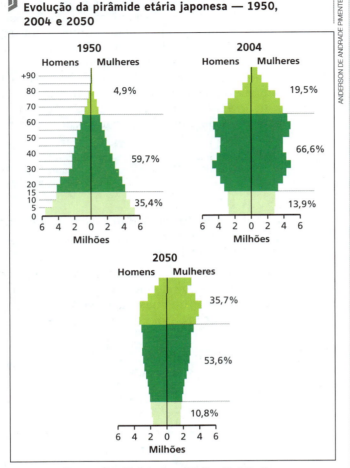

Evolução da pirâmide etária japonesa — 1950, 2004 e 2050

Fonte: MIC. Ministry of Health, Labour and Welfare. Statistics Bureau.

a) Por que motivo a pirâmide etária do Japão vem modificando substancialmente sua forma a partir de 1950?

b) Apresente duas consequências socioeconômicas enfrentadas pelo Japão, levando em consideração as alterações na estrutura de sua pirâmide etária.

9. (Uerj-RJ, 2014)

"Em 25 de junho de 1950, tropas da Coreia do Norte ultrapassaram o Paralelo 38, que delimitava a fronteira com a Coreia do Sul. Com a aprovação do Conselho de Segurança da ONU, quinze países enviaram tropas em defesa da Coreia do Sul, comandadas pelo general norte-americano Douglas MacArthur. Após três anos de combate, foi assinado um armistício em 27 de julho de 1953, mantendo a divisão entre as Coreias."

Adaptado de cpdoc.fgv.br.

O governo norte-coreano anunciou recentemente que não mais reconheceria o armistício assinado em 1953, o que trouxe novamente ao debate o episódio da Guerra da Coreia. O fator que explica a dimensão assumida por essa guerra na década de 1950 está apresentado em:

a) mundialização do acesso a fontes de energia.

b) bipolaridade das relações políticas internacionais.

c) hegemonia soviética em países do Terceiro Mundo.

d) criação de multinacionais japonesas no Extremo Oriente.

10. (UFF-RJ, 2012)

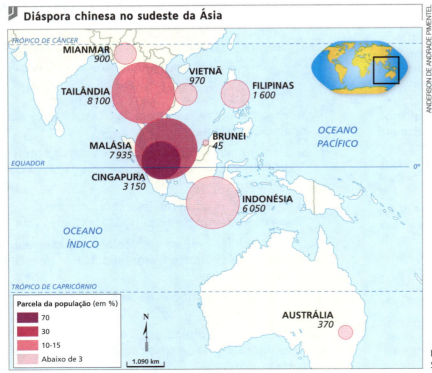

Diáspora chinesa no sudeste da Ásia

Fonte: DURAND, M-F. et al. *Atlas da mundialização*. São Paulo: Saraiva, 2009. p. 53.

Como no exemplo do Sudeste Asiático, a relevância demográfica e o êxito econômico das redes da diáspora chinesa no exterior explicam-se pela:

a) integração de guetos chineses nas cidades de acolhimento.

b) adoção de normas legais próprias do governo socialista chinês.

c) fusão de empresas transnacionais dos países de guarida.

d) formação de comunidades empresariais e étnicas solidárias.

e) emissão de capitais da China para os migrantes da diáspora.

11. **(Fuvest-SP, 2014)** A Coreia do Sul e a Coreia do Norte têm populações com a mesma composição étnica, mas modelos políticos e econômicos contrastantes.

Com base nas informações acima e em seus conhecimentos:

a) descreva o processo de divisão política que levou à formação desses países situados na península da Coreia e caracterize seus regimes políticos;

b) explique qual é a posição de cada um desses países em relação à questão nuclear atual;

c) explique a situação atual de cada um desses dois países, no contexto das exportações mundiais. Justifique com exemplos.

12. **(Fuvest-SP, 2015)** Observe o mapa.

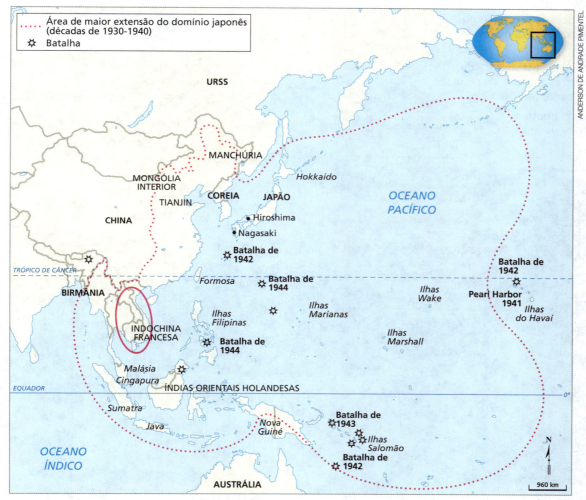

Fonte: VICENTINO, C. *Atlas histórico geral e do Brasil*. São Paulo: Scipione, 2011.

a) Explique uma razão do expansionismo japonês nas décadas de 1930 e 1940.

b) Aponte um país atual da região da antiga Indochina Francesa, destacada no mapa, e caracterize sua posição no contexto industrial mundial do século XXI.

Mais questões: no livro digital, em **Vereda Digital Aprova Enem** e **Vereda Digital Suplemento de revisão e vestibulares**; no *site*, em **AprovaMax**.

Capítulo 25 • Japão e Tigres Asiáticos **499**

CAPÍTULO

26

CHINA, ÍNDIA, RÚSSIA E ÁFRICA DO SUL

ENEM
C2: H6, H7, H8
C3: H14
C4: H18

Neste capítulo, você vai aprender a:

- Reconhecer os principais aspectos socioeconômicos da China, da Índia, da Rússia e da África do Sul.
- Identificar as características das principais regiões econômicas da China.
- Analisar fatos e informações que permitam compreender os aspectos contraditórios do atual estágio de desenvolvimento indiano.
- Analisar fatores históricos que permitam compreender os atuais conflitos étnicos que ocorrem no território indiano.
- Distinguir a importância da Rússia como liderança política e econômica no mundo contemporâneo.
- Reconhecer a importância estratégica da Rússia como fornecedora mundial de recursos energéticos, notadamente petróleo e gás.
- Analisar a importância política e econômica da África do Sul na atualidade.

"O Mediterrâneo é o oceano do passado. O Atlântico é o oceano do presente, e o Pacífico, o oceano do futuro."

JAY, John. Secretário de Estado dos Estados Unidos em 1889. Disponível em: <http://mod.lk/9ZKSf>. Acesso em: abr. 2017.

500 Geografia: contextos e redes

Ponto de partida

A foto representa parte da cidade de Shenzhen, a primeira a receber investimentos e capital estrangeiro durante o processo de abertura econômica ocorrido na China no final do século XX. O que ela pode revelar sobre o atual desenvolvimento das potências asiáticas?

Tornou-se comum entre os especialistas a afirmação de que o século XXI seria "o século da Ásia", marcado pelo deslocamento gradativo do epicentro das decisões políticas e econômicas mundiais para o Oriente. Ainda que processos históricos sejam abertos a diversas interpretações e estejam em andamento, faz-se necessário refletir sobre o papel das potências asiáticas e sobre o desenvolvimento econômico da África do Sul no mundo contemporâneo.

Vista da cidade de Shenzhen (China, 2012).

1. A importância da China, Índia, Rússia e África do Sul

O significativo crescimento econômico de países como Brasil, Rússia, Índia e China no início do século XXI contribuiu para que o economista inglês Jim O'Neill criasse uma sigla para designá-los. Assim surgiu o **Bric**. A sigla é constituída pelas letras iniciais de Brasil, Rússia, Índia e China. Em um relatório elaborado por esse autor em 2003 (intitulado *Sonhando com os Brics*: a trajetória até 2050), o economista argumentava que, dentro de 50 anos, esses países se destacariam entre as principais economias mundiais.

Em 2011, a África do Sul foi adicionada ao grupo, que passou a ser conhecido como **Brics**. A sigla institucionalizou-se, tornando-se um fórum oficial permanente de atuação diplomática conjunta e parceria econômica.

Neste capítulo, analisaremos o desenvolvimento econômico ocorrido na China, na Índia, na Rússia e na África do Sul, parceiros comerciais do Brasil no Brics, e países que tiveram um desenvolvimento econômico bastante acelerado a partir da segunda metade do século XX.

Até meados dos anos 1980, apenas o Japão era uma importante liderança econômica na Ásia. China e Índia eram, até então, dois países com uma população muito numerosa, sérios problemas sociais e de infraestrutura e baixo desenvolvimento industrial. Mudanças ocorridas nesses países nas últimas três décadas alteraram significativamente esse cenário.

Influenciados pelo sucesso das plataformas de exportação japonesas, que se estenderam também pelos países do leste e do sudeste asiático, e necessitando alterar os rumos da revolução comunista, no fim dos anos 1970, a China deu início a um novo modelo de produção industrial com a abertura para o capital internacional, que, posteriormente, foi seguido pela Índia. Essas mudanças foram responsáveis por alterar a geografia da produção industrial no mundo, transformando a Ásia em uma grande "fábrica" mundial.

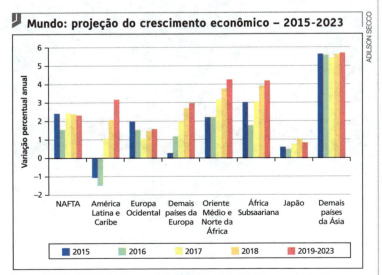

Mundo: projeção do crescimento econômico – 2015-2023

Fonte: IHS Markit World. *Economic Outlook Monthly Briefing*, august, 2016. Disponível em: <http://mod.lk/tcbCz>. Acesso em: abr. 2017.

2. A China

A República Popular da China, localizada na porção continental oriental da Ásia, é o terceiro maior país do mundo em extensão: sua superfície é superior a 9,5 milhões de quilômetros quadrados, com distâncias que ultrapassam 4 mil quilômetros de leste a oeste. O país se limita com mais de dez países e é banhado pelos mares Amarelo, da China Oriental e da China Meridional, que constituem seu extenso litoral.

Nesse imenso território, a China abriga a maior população do planeta e destaca-se pelo extraordinário crescimento econômico das últimas três décadas, sem paralelo no mundo. Essas características colocam o país no centro do cenário político e econômico internacional e, para muitos, o tornam o único capaz de desafiar a hegemonia estadunidense em um futuro próximo.

China: político

Fonte: Nations Online Project. *Administrative Map of People's Republic of China*. Disponível em: <http://mod.lk/dT6j9>. Acesso em: abr. 2017.

Para navegar

Brics — Itamaraty
http://brics.itamaraty.gov.br/pt_br
O *site* apresenta informações sobre histórico, formação, atos internacionais e últimas notícias sobre o agrupamento denominado Brics, que compreende Brasil, Rússia, Índia, China e África do Sul.

A população chinesa

A população chinesa, com mais de 1,3 bilhão de habitantes, representa praticamente um quinto da população mundial. Embora a densidade demográfica do país seja de aproximadamente 120 habitantes por km², portanto bastante alta, a maioria da população está concentrada na porção oriental, especialmente nas áreas costeiras e nas planícies aluviais, o que determina altíssima densidade demográfica nessa região. Quase dois terços do território chinês são constituídos de zonas desérticas e montanhosas, onde a ocupação humana é bastante esparsa.

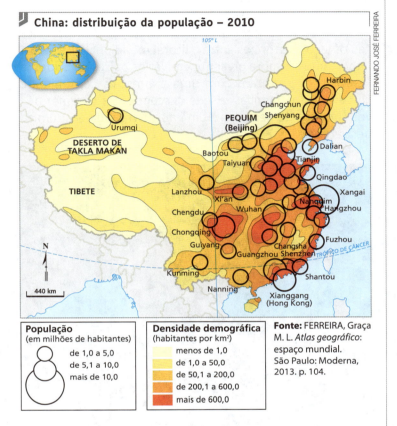

China: distribuição da população – 2010

Fonte: FERREIRA, Graça M. L. Atlas geográfico: espaço mundial. São Paulo: Moderna, 2013. p. 104.

Nos anos 1970, em vista da gravidade do problema demográfico, as autoridades chinesas iniciaram uma campanha de controle da natalidade, combinando incentivos e penalizações. Relativamente bem-sucedida nas áreas urbanas, a campanha encontrou grande resistência junto à população rural, que correspondia a 53% do total em 2010. Para essas populações, a resistência se explica pelo desconhecimento dos diferentes métodos de contracepção, além do vínculo às tradições culturais chinesas, que veem nos filhos, principalmente do sexo masculino, uma forma de contribuir no trabalho agrícola e de garantir às famílias a proteção e o sustento dos pais na velhice.

Os efeitos dessa campanha antinatalista foram significativos: o crescimento anual da população caiu de 2,4%, em 1970, para cerca de 0,5%, atualmente. Porém, trouxeram sérios problemas demográficos, principalmente quanto ao desequilíbrio de gênero, pois houve uma disseminação de abortos e até mesmo de abandono de crianças do sexo feminino, assim como alteraram a distribuição etária da população, fazendo com que o país apresentasse, nos últimos 30 anos, um processo de envelhecimento. Em 2015, o governo chinês alterou as regras e passou a permitir que os casais tenham dois filhos em vez de apenas um. A nova política — adotada oficialmente em 2016 — procura responder ao rápido envelhecimento da população e às necessidades de mão de obra advindas do crescimento econômico.

O panorama étnico da China é singular: mais de 90% da população pertence à etnia *han*, enquanto o restante é constituído por 56 grupos étnicos diferentes — entre os quais os mais importantes, tanto numérica quanto politicamente, são os tibetanos e os uigures — e outras minorias islâmicas que habitam a porção noroeste do país.

Trajetória política e econômica

A China de hoje, um dos polos emergentes da economia mundial, viveu uma trajetória de grandes mudanças desde 1912, quando Sun Yat-sen, líder do Partido Nacionalista Chinês (Kuomintang), proclamou a República. Em 1921, foi fundado o Partido Comunista Chinês (PCC), que logo seria liderado por Mao Tse-tung, o condutor da Revolução de 1949, responsável pela inclusão da China no grupo de países comunistas.

Durante a década de 1950, a China, aliada à União Soviética, desenvolveu uma estratégia de desenvolvimento — o Grande Salto para a Frente — baseada num programa de industrialização acelerada, com destaque para as indústrias de base. A estratégia, porém, não teve êxito. As relações do país com Moscou pioraram gradativamente até 1960, quando foram formalmente rompidas. A alegação oficial para esse rompimento foi de ordem ideológica: o governo chinês acusava os ex-aliados de estarem traindo os princípios do socialismo. Mas, na realidade, as divergências ocorreram por causa da recusa soviética em auxiliar seu programa nuclear. Já antes isolada política e diplomaticamente pelo Ocidente capitalista, a China conheceu, com essa ruptura, um período de total segregação na década de 1960.

O regime voltou-se para o plano interno, priorizando a agricultura, com a criação das **comunas populares**. Entre 1966 e 1976, promoveu a Revolução Cultural, uma ofensiva ideológica que envolveu dezenas de milhões de pessoas, especialmente jovens, e fortaleceu os setores mais radicais do Partido Comunista, com expurgos e perseguições contra as correntes moderadas. Acusadas de conspiração contra o regime, milhões de pessoas foram presas e/ou mortas.

Com a morte de Mao Tse-tung, em 1976, o país inaugurou uma nova fase de relações com o mundo. O governo passou para Deng Xiaoping, líder da corrente moderada do Partido Comunista. Cerca de dois anos depois, iniciou-se a abertura econômica do país, com o **Programa das Quatro Modernizações**, que, entre outras ações, extinguiu comunas populares, criou mercados livres para produtos agrícolas e, ao mesmo tempo, estimulou os investimentos estrangeiros, com a implantação das **Zonas Econômicas Especiais** (**ZEE**) e os intercâmbios com Hong Kong e Taiwan. Desde então, o regime chinês vem procurando combinar abertura econômica com centralização política (socialismo de mercado). Nas últimas décadas, a China vivenciou um crescimento econômico sem paralelo no mundo contemporâneo.

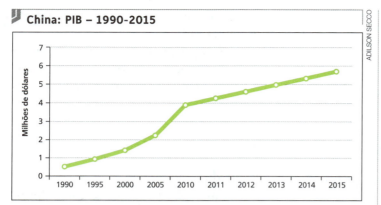

Fonte: UN ESCAP Online Statistical Database. *UNSD National Accounts Main Aggregates database*, 17 February 2017. Disponível em: <http://mod.lk/gymZo>. Acesso em: abr. 2017.

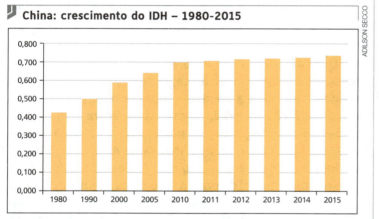

Fontes: PNUD. *Human Development Report 2016*: Human Development for Everyone. Disponível em: <http://mod.lk/F2SbL>; PNUD China. *China National Human Development Report 2016*. Disponível em: <http://mod.lk/QrXVX>. Acesso em: abr. 2017.

Território chinês: regionalização econômica

O território chinês pode ser dividido em três grandes unidades econômicas regionais: a China Marítima, a China Agrícola e a China Periférica.

A China Marítima é a principal região econômica e demográfica do país, com intensa urbanização e grande concentração populacional, também nas áreas rurais. Os *han* originaram-se na porção sul dessa região.

Na porção norte, encontra-se a Manchúria, com significativas reservas minerais de carvão e petróleo e, por isso, com grande parte de sua economia girando em torno da indústria pesada.

A importância da China Marítima começou a ser assegurada a partir do século XIX, quando potências europeias obtiveram concessões coloniais na região e privilegiaram importantes cidades costeiras, como Cantão e Xangai. O poderio econômico e demográfico dessa região foi acentuado com a posterior ocupação japonesa, na década de 1930, e a implantação do regime comunista, em 1949.

Todavia, a instalação das ZEE pelo governo chinês em áreas litorâneas, a partir de 1984, além de aumentar os desequilíbrios entre a China Marítima e as demais regiões do país, colocou em descompasso os ritmos de crescimento intrarregionais: o sul, onde se localizam Cantão e Hong Kong, é a área que mais cresce, deixando para trás Pequim e a estagnada Manchúria. A forte expansão dessa sub-região meridional é determinada pela presença de Hong Kong, hoje a ponte entre a China e os investidores internacionais, e pelo intercâmbio com Taiwan.

A abertura econômica conduzida pelo regime restabeleceu os laços históricos entre o litoral meridional do país e a importante diáspora presente em vários países do Sudeste Asiático, que contam com uma expressiva comunidade chinesa. Essas famílias e seus descendentes geraram novos circuitos de negócios e dinamizaram a vida econômica desses países.

Huabei é uma cidade industrial localizada em uma zona carbonífera na porção leste da China, densamente povoada. Na foto, trabalhadoras de mina de carvão em 2010.

Um pouco a oeste da China Marítima localiza-se a China Agrícola, uma unidade regional economicamente diferente, que continua mantendo sua tradição agrária e comporta-se, cada vez mais, como reservatório de mão de obra não qualificada e barata para os centros urbanos do litoral. Como o desenvolvimento econômico tem sido muito mais acelerado nas províncias costeiras do que nas regiões interiores, desde o início deste século cerca de 200 milhões de trabalhadores rurais e seus dependentes deslocaram-se das áreas rurais para as urbanas em busca de trabalho, resultando num dos principais fluxos migratórios intrarregionais da história mundial.

Para ler

Laowai: histórias de uma repórter brasileira na China
Sônia Bridi. Florianópolis: Letras Brasileiras, 2008.
A autora, por meio de linguagem jornalística, retrata o cenário da cultura chinesa do ponto de vista de uma estrangeira.

A população rural dessa região habita especialmente os vales dos rios Hoang-Ho, ao norte, e do Yang-Tsé, ao sul, onde se encontram os grandes **cinturões agrícolas** superpovoados do país, em que os cultivos mais importantes são, respectivamente, os de milho, trigo e arroz. Como a China possui a maior população do mundo, evidentemente a demanda por alimentos é muito alta. Nesse sentido, o governo atua de modo a aliar a manutenção de técnicas agrícolas tradicionais às novas técnicas de plantio com ampla mecanização em algumas áreas, uso de sementes selecionadas e engenharia genética para aumentar a produção e suprir a pressão da demanda por alimentos. Mesmo assim, o país continua sendo um dos maiores importadores de grãos do mundo, sendo o Brasil um dos seus principais fornecedores.

Colheita de trigo nos arredores da cidade de Huixian, localizada na porção sul do território chinês (China, 2013).

A terceira grande unidade regional do país é a que se pode chamar de China Periférica, situada ainda mais para o oeste, que, embora corresponda a mais de 65% do território, concentra apenas cerca de 10% da população total. Nessa China, três áreas merecem destaque: o Tibete ou Xizang (no sudoeste), o Xinjiang-Uigur, antigo Turquestão Chinês (no nordeste), e a Mongólia Interior ou Nei Menggu (no norte, fazendo fronteira com a Mongólia).

O Tibete foi ocupado pelos chineses nos anos 1950 e desde aquela época conta com movimentos de resistência ao domínio de Pequim. Uma considerável proporção dos habitantes do antigo Turquestão Chinês e da Mongólia Interior, áreas estrategicamente importantes para a China, não é de origem *han*. Na busca de uma ocupação étnica homogênea e dominante do território, o governo chinês tem estimulado migrações de populações *han* para áreas interiores.

A interiorização na China

Diante da grande ocupação e das diferenças entre a China Marítima e a China Periférica, em 2006 as autoridades chinesas decidiram-se pela interiorização do desenvolvimento, ou seja, reduzir significativamente as diferenças entre o litoral urbano, as ZEE e o interior. Para isso, investiram pesadamente na construção de infraestrutura nas províncias centrais e estimularam a implementação de empresas nas cidades dessas áreas.

As indústrias têm sido atraídas pela mão de obra um pouco mais barata, por benefícios fiscais e novos mercados consumidores que se consolidam. Os resultados já se fazem sentir. Transnacionais e empresas chinesas se fixaram nessas cidades, que vêm crescendo aceleradamente nos últimos anos, com índices superiores aos dos centros urbanos litorâneos. Não podemos esquecer que o mercado interno chinês é tão importante quanto o externo.

Shenyang foi uma das cidades chinesas que cresceram com a interiorização do desenvolvimento. Vista da cidade em 2015.

Taiwan

Na história da China, três territórios foram motivo de controvérsia: Macau, Taiwan e Hong Kong.

O arquipélago de Taiwan, com uma grande ilha e 77 ilhotas situadas no mar da China Meridional, depois de ocupado pelos japoneses entre 1895 e 1945, voltou ao controle chinês, então em mãos do Partido Nacionalista (Kuomintang). A partir de 1949, após serem derrotados pelos comunistas no continente, os nacionalistas ali se estabeleceram, ficando durante a Guerra Fria sob a proteção dos Estados Unidos.

Fonte: Nations Online Project. *Administrative Map of People's Republic of China.* Disponível em: <http://mod.lk/dt6j9>. Acesso em: abr. 2017.

Vista da ilha de Lantau, que pertence a Hong Kong e tem recebido do governo grandes projetos de infraestrutura para o desenvolvimento do turismo. (Foto de 2016.)

Com um território de 36 mil quilômetros quadrados — pouco maior que o do estado de Alagoas —, Taiwan é atualmente um arquipélago separado da China por um estreito e possui pouco mais de 23 milhões de habitantes, dos quais mais de 75% moram em cidades. Como as da Coreia do Sul, suas exportações são bem maiores que as brasileiras. Do ponto de vista geopolítico, a China reivindica sua anexação ao seu território, o que é veementemente contestado pelo governo de Taipé.

Entre 1949 e 1971, Taiwan permaneceu oficialmente como representante da China na comunidade internacional. Depois disso, diante da aproximação da China continental com os Estados Unidos, foi obrigada a se retirar da ONU e ficou diplomaticamente isolada de quase todos os países do mundo. Paradoxalmente, tem a proteção de parte do dispositivo militar dos Estados Unidos no Pacífico contra uma possível invasão da China comunista.

Hong Kong

Possessão britânica durante mais de um século e meio, Hong Kong foi reincorporada à China em 1997 e hoje é uma região administrativa especial desse país. Com cerca de 7 milhões de habitantes, apresenta elevadíssima densidade demográfica. A região abriga o quarto maior mercado financeiro do mundo, atrás somente de Nova York, Tóquio e Londres. Além disso, seu porto é um dos mais movimentados da Ásia.

Hong Kong foi reincorporada à China segundo o ideário de "um país, dois sistemas", devendo, pelo menos até 2047, manter seu sistema econômico e sua autonomia administrativa, ficando a política externa e a defesa sob responsabilidade do governo chinês. Situação semelhante à de Hong Kong viveu Macau, localidade ocupada e colonizada por portugueses durante mais de 400 anos. Macau foi reincorporada à China em 1999.

QUESTÕES

1. Explique o processo pelo qual a China passou a partir dos anos 1970 e que acelerou seu desenvolvimento.
2. A densidade demográfica chinesa é muito alta, portanto a ocupação de seu território é homogênea. A afirmação está correta? Justifique sua resposta.
3. Explique o programa das Quatro Modernizações da China.
4. Qual é a relação política e administrativa existente entre a China, Hong Kong e Macau?

3. A Índia

Entre as características marcantes da Índia estão sua diversidade e seus contrastes.

Para compreender as diversidades que caracterizam o país, é preciso aprofundar os estudos sobre sua formação histórico-geográfica e sua identidade cultural e religiosa.

A joia da Coroa

Em 1498, Vasco da Gama desembarcou pela primeira vez na Índia, em Calicute, sendo a primeira presença europeia nesse território. Porém, o subcontinente indiano só chegou a ter intenso contato com os europeus a partir do século XVI.

Para ler

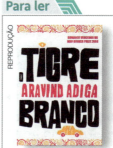

O tigre branco

Aravind Adiga. Rio de Janeiro: Nova Fronteira, 2008.

A obra relata a desigualdade na sociedade indiana, na qual uma parcela da população permanece excluída do processo de crescimento econômico ocorrido no país.

Durante esse século, portugueses, ingleses e holandeses criaram entrepostos no seu território. No entanto, a hegemonia britânica estabeleceu-se após a vitória da Companhia Inglesa das Índias Orientais sobre as outras congêneres.

Em 1857, após debelar uma revolta de tropas indianas que os serviam, os britânicos colocaram a União Indiana sob o controle político de seu Império, estabelecendo total domínio sobre a região, que, em 1887, viria a ser proclamada Império Britânico das Índias.

A intensa exploração dos recursos naturais locais, somada à obtenção de um vasto mercado consumidor, tornou a Índia uma das principais áreas de influência britânica, fazendo com que ela fosse considerada "joia da Coroa".

Mohandas K. "Mahatma" Gandhi (Índia, anos 1940).

Ingleses sendo servidos por indianos em Bangalore (Índia, século XIX).

Anos depois, no início do século XX, algumas esferas da administração foram sendo gradativamente entregues a autoridades locais. Ao mesmo tempo, formou-se na colônia uma elite com forte tendência nacionalista. Esses dois fatores contribuíram para a formação do Partido do Congresso, que, sob o comando do líder pacifista Mahatma Gandhi, deflagrou sucessivas campanhas emancipacionistas.

O colonialismo britânico no subcontinente sofreu um golpe definitivo com a Segunda Guerra Mundial. Em 1947, depois de conquistar a independência, a União Indiana viu-se dividida em dois Estados: a Índia e o Paquistão. Após sua independência, a Índia tornou-se a maior democracia parlamentar do mundo — marcada também pelo fato de o poder ter sido exercido, quase ininterruptamente, pelas famílias Nehru e Gandhi até a década de 1980. O primeiro governante da Índia independente foi o primeiro-ministro Jawarhalal Nehru. Sua filha, Indira Gandhi, e seu neto, Rajiv, enfrentaram a tarefa de governar um país superpovoado, com enormes diferenças sociais, religiosas, étnicas e linguísticas.

Composição multiétnica e cultural

A diversidade étnica, linguística e religiosa marca a sociedade indiana e é responsável por diversos conflitos no país.

A comunidade de maior expressão, do ponto de vista religioso, é a hindu, que compõe 80% da população. A segunda é a muçulmana, com 14,3% de pessoas. Os sikhs, budistas e cristãos formam outras importantes minorias. Apesar da esmagadora maioria hindu, o governo central tem, no caráter laico do Estado, uma importante base de unidade nacional.

O leque de línguas é impressionantemente amplo: cerca de 1.600 línguas e dialetos são falados no país. Há 14 idiomas oficiais, sendo os principais o híndi, falado por 40% da população, e o inglês, cada vez mais utilizado, principalmente pelas pessoas mais jovens, herança da colonização e necessidade em um mundo globalizado.

Economia e diversidade

Do ponto de vista econômico, a Índia destaca-se pelo alto crescimento desde o início do século, o que, para muitos especialistas, sinalizaria uma ameaça à hegemonia chinesa.

O expressivo desenvolvimento científico e tecnológico indiano decorre do investimento no ensino superior. A Índia é o país com o maior número de doutores no mundo, sendo considerada uma "exportadora de cérebros", já que muitos deles atuam em grandes empresas de alta tecnologia, responsáveis por desenvolver projetos sofisticados de nanotecnologia, *softwares* e *hardwares* nos Estados Unidos e no Reino Unido. Também é extremamente expressivo o crescimento de sua produção cinematográfica, sendo que, na atualidade, há, na escala mundial, mais filmes indianos produzidos em Bollywood (palavra criada para designar a indústria cinematográfica indiana) do que em Hollywood, o maior parque cinematográfico dos Estados Unidos.

Na foto A, vista de escritórios e residências próximo a Bangalore, cidade onde está o principal polo tecnológico da Índia. Na foto B, vista parcial de uma das maiores favelas asiáticas, a favela de Dharavi, em Mumbai, a maior cidade da Índia. Fotos, respectivamente, de 2015 e 2014.

Nos últimos anos, parte da mão de obra altamente especializada do país optou por fixar-se na Índia, o que contribui para o significativo desenvolvimento dos setores de informática e telecomunicações do país.

A Índia, entretanto, apresenta enormes contradições sociais, principalmente em decorrência dos resquícios impostos pelo sistema de castas, ainda hoje seguido por parcela significativa da população. Apesar de aproximadamente 70% da população indiana viver no campo, cerca de 90% mantém-se extremamente pobre e parte dela vive em condições subumanas nos centros urbanos.

Sistema de castas

Castas indianas

A Índia apresenta grandes desigualdades sociais, que são expressas no sistema de castas, único no mundo. Calcula-se a existência de cerca de 3 mil castas e 25 mil subcastas no país. Cada uma inclui um grupo de pessoas que tende a permanecer isolado dos outros por privilégios, preconceitos ou costumes.

Durante muito tempo a sociedade indiana viveu sob o sistema de castas, elemento disciplinador do hinduísmo. Os seguidores do hinduísmo creem na imortalidade da alma, no ciclo reencarnatório, que visa a libertação dela, e na fusão final com Deus, por meio da purificação, do culto e da prática religiosa. Segundo o *karma* de cada indivíduo (o caminho rumo à perfeição), o ser humano tem muitas vidas, e seus sofrimentos correspondem aos obstáculos desse caminho. Por isso, esse sistema social não permite nenhuma forma de mobilidade, tendo como característica a divisão da sociedade em castas.

A casta é um sistema hereditário, endógamo (só é possível casar-se com um membro da mesma casta), e as profissões referem-se a cada uma das castas, como também os hábitos alimentares e o vestuário. O sistema de castas costuma ser representado em forma de pirâmide; a pirâmide simbolizaria o corpo do deus Brama — simbolizado por um triângulo.

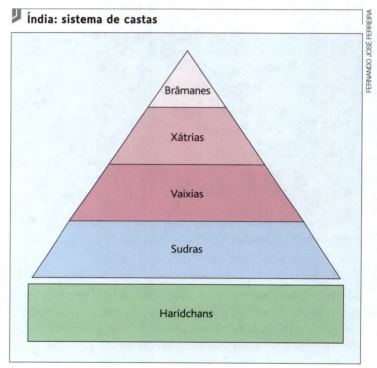

Representação do sistema de castas indiano.

- O topo da pirâmide corresponderia à cabeça de Deus e à casta dos Brâmanes — os sacerdotes e os mestres religiosos.
- A parte que sustenta o topo da pirâmide representaria o tronco e seria composta dos Xátrias — corpo militar de elite.
- Os Vaixias corresponderiam às pernas da divindade e esta casta é formada por comerciantes, artesãos e camponeses.
- Os Sudras estariam na base da pirâmide e representam os pés da divindade. Na sociedade indiana, são as pessoas que servem às demais.

Fora do sistema de castas, há os Párias ou Haridchans, que não possuem direitos e são considerados impuros, não podendo ser tocados ou tocar alimentos ou roupas. Em 1946, o sistema de castas foi abolido e retirado da Constituição. No entanto, em parte da comunidade hinduísta esse sentimento mantém viva essa forma de divisão social que se manifesta na ainda intensa desigualdade social do país.

Mulheres pertencentes à casta dos Sudras em conferência realizada em 2016 na cidade de Jaipur (Índia). Membros dessa casta reúnem-se anualmente para debater sobre seus direitos.

A insegurança geopolítica

Desde a independência, a Índia sofre ameaças permanentes à integridade territorial e à unidade nacional: o Paquistão e a China reivindicam áreas situadas nas montanhas e nos altos platôs do Himalaia; a grande heterogeneidade da população gera tensões étnico-nacionais.

No início dos anos 1960, o país perdeu para a China, depois de derrotado em conflitos militares, dois setores do Himalaia: a área de Aksai Chin, na Caxemira, e a região conhecida pelo nome de Assam, no extremo nordeste. Até hoje reivindica a devolução dessas faixas fronteiriças.

As tensões de caráter étnico-religiosas estão associadas a reivindicações separatistas ou autonomistas regionais, colocando em xeque a legitimidade do Estado indiano.

A independência da Índia, em 1947, implicou sua separação do Paquistão (ambos faziam parte da União Indiana). No mesmo ano, começou a disputa entre os dois países pelo território da Caxemira, localizado no norte da Índia, onde os muçulmanos são mais de três quartos da população. O conflito que opôs os dois países em 1948 terminou no ano seguinte com a interferência da ONU, e a maior parte da Caxemira ficou sob domínio indiano. Em 1965, houve novo enfrentamento, que terminou sem solução. Os dois países desenvolveram armas nucleares.

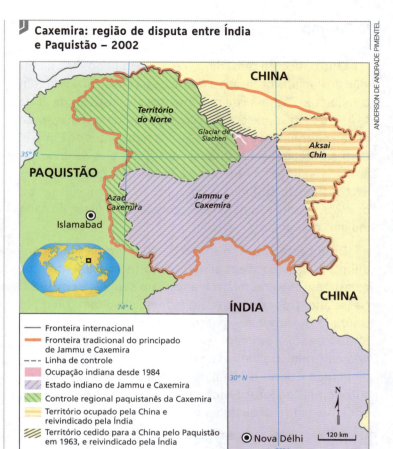

Fonte: University of Texas Libraries. *Perry Castañeda Library Map Collection*. Disponível em: <http://mod.lk/1XgzM>. Acesso em: abr. 2017.

Para assistir

Quem quer ser um milionário?
EUA/Reino Unido, 2008. Direção: Danny Boyle. Duração: 120 min.
O filme oferece uma visão da sociedade indiana e de sua indústria cultural.

Em 2005, com a mediação dos EUA e da União Europeia, ambos assinaram uma declaração conjunta com o intuito de reforçar o processo de aproximação entre os dois países, em particular ao reafirmar a irreversibilidade do processo de paz e ao centrar-se numa solução não militar para o conflito da Caxemira. Porém, após a inauguração, em 2008, da barragem de Baglihar no rio Chenab em Jammu e Caxemira, pelo governo indiano, as tensões aumentaram. A partilha de água do rio Indo e seus afluentes e o controle da vazão e a diminuição do fluxo de água para os territórios paquistaneses podem tornar-se um novo foco de discórdia entre os dois países.

O Punjab

Outro foco de tensão no território indiano está na região do Punjab, localizada a noroeste da Índia, na divisa com o Paquistão. Trata-se de movimentos separatistas da etnia *sikh*. Os *sikhs* representam cerca de 2% da população da Índia, mas reúnem mais de 90% dos habitantes do Punjab. Com a independência do país, em 1947, eles se dividiam em igual número na Índia e no Paquistão, que eram dois Estados da União Indiana; mas, hostis aos muçulmanos, os *sikhs*, então paquistaneses, passaram a viver do lado indiano do Punjab.

Desde essa época, o sonho de criar um país independente, o Calistão, vem alimentando os movimentos separatistas, que cresceram e atingiram seu auge em 1984. Nesse ano, tropas do governo federal invadiram o Templo Dourado de Amritsar, matando cerca de 450 militantes. Meses depois, em represália, os *sikhs* assassinaram a primeira-ministra Indira Gandhi. Embora a violência tenha diminuído a partir do final da década de 1980, o sonho de autonomia não foi abandonado e novas ondas de violência poderão ocorrer a qualquer momento.

Outras contestações menores verificam-se periodicamente no nordeste do país, na região de Assam.

O contexto de convivência de tal pluralidade de etnias e religiões torna instável o equilíbrio do Estado indiano, que, desse modo, conserva precariamente sua legitimidade. Desde o início dos anos 1990, os confrontos entre separatistas e forças governamentais já fizeram milhares de vítimas. Para muitos observadores, porém, a situação explosiva na região é consequência do apoio prestado pelo governo paquistanês aos separatistas. Dessa forma, a unidade da Índia vive sob o risco de uma conjunção de tensões geopolíticas e sociais.

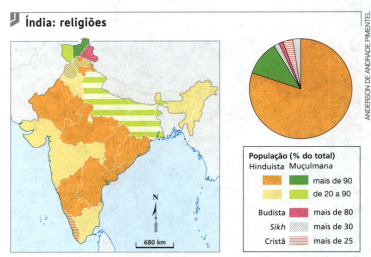

Fonte: FERREIRA, Graça M. L. *Atlas geográfico*: espaço mundial. São Paulo: Moderna, 2013. p. 101.

Você no mundo — Atividade em grupo — Exposição de painéis

Patrimônio cultural

Na China e na Índia estão dois monumentos históricos importantes: a Muralha da China e o Taj Mahal, respectivamente. Por meio desses monumentos preservados podemos desvendar parte da história das sociedades que viveram em diferentes tempos nesses lugares.

A Grande Muralha é formada por várias muralhas (inclusive algumas que não existem mais) e sua construção teve início em 221 a.C. e se estendeu até o século XV. Com uma extensão de 8.851,8 quilômetros e aproximadamente 7 metros de altura, sua função era militar, devendo proteger o território chinês de seus inimigos. Hoje ela é um dos símbolos da China e declarada Patrimônio Cultural da Humanidade pela Unesco.

O Taj Mahal é um mausoléu situado na cidade de Agra que foi construído entre 1632 e 1652. O imperador mongol na Índia perdeu sua esposa ao dar à luz seu 13º filho. Inconsolável, decidiu construir o mais belo mausoléu que já se vira para honrar sua memória. Hoje esse belíssimo monumento, todo feito de mármore, também é Patrimônio Cultural da Humanidade.

Reúnam-se em grupos e busquem na Secretaria de Turismo ou na prefeitura, na internet, quais são os monumentos, edifícios, casas, objetos, quadros e telas, entre outros, que constituem o patrimônio histórico material de sua cidade, estado ou região.

Depois desse levantamento, escolham patrimônios para a pesquisa de seu grupo.

- Pesquisem a origem, data de construção, contexto e importância histórica, destinação de uso, estado de conservação, entre outros.

- Busquem saber como era esse local na época, por meio de fotos.

- Montem um painel com as informações recolhidas. Se possível, ilustrem-no com fotografias. Combinem com o professor a maneira de expô-los.

4. A Rússia

Para compreender o espaço geográfico em que se insere a Federação Russa, é preciso inicialmente fazer a distinção entre quatro "entidades geopolíticas": Império Russo, União das Repúblicas Socialistas Soviéticas (URSS ou simplesmente União Soviética), Federação Russa e Comunidade dos Estados Independentes (CEI).

Entre o século XIV e o ano de 1917, a Rússia empreendeu um processo de expansão territorial que resultou na formação do Império Russo, o país de maior extensão do mundo. Seu fim foi marcado pelo advento da primeira revolução socialista da história, em 1917, que deu origem, a partir de 1922, à União Soviética (herdeira territorial do Império Russo), que existiu até 1991. Em 1945, a União Soviética era formada por quinze repúblicas, que abrangiam uma área superior a 22,5 milhões de quilômetros quadrados.

Para navegar

Embaixada da Federação Russa no Brasil
www.brazil.mid.ru
O *site* apresenta informações sobre a história, a economia e a cultura da Rússia, além de notícias atuais. Traz também informações sobre parcerias estratégicas entre Rússia e Brasil.

A desagregação da União Soviética

Mesmo tendo sido construído sobre as ruínas do Império Russo — que ainda estava envolvido na Primeira Guerra Mundial — e enfrentado depois uma guerra civil, a Segunda Guerra Mundial e boa parte dos anos da Guerra Fria, o sistema socioeconômico soviético conseguiu subsistir com algum sucesso.

Os sinais evidentes de sua estagnação e decadência começaram a aparecer no fim dos anos 1970. A partir de 1985, iniciaram-se as reformas batizadas de *glasnost* (transparência ou abertura política) e *perestroika* (reestruturação econômica), propostas pelo então secretário-geral do Partido Comunista, Mikhail Gorbatchev.

Mikhail Gorbatchev, ao assumir o poder em Moscou (União Soviética, 1985).

O Império Russo, a URSS e a Federação Russa

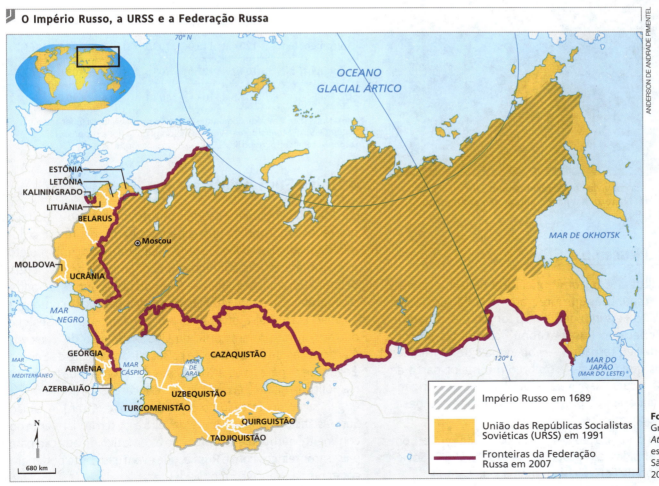

Fonte: FERREIRA, Graça Maria Lemos. *Atlas geográfico*: espaço mundial. São Paulo: Moderna, 2013. p. 98.

Capítulo 26 • China, Índia, Rússia e África do Sul

As mudanças estruturais propostas por Gorbatchev previa uma União Soviética politicamente mais democrática e economicamente mais eficiente e competitiva, o que acabou retirando do Estado os meios de controle sobre a vida política e econômica da sociedade. As reformas econômicas, porém, não se traduziram em melhorias imediatas para a população, carente de produtos para suprir suas necessidades básicas.

Esse fato, combinado com a maior liberdade política, corroeu as bases de sustentação do próprio regime reformista, provocando, em dezembro de 1991, a desintegração da União Soviética e a consequente formação da CEI (Comunidade dos Estados Independentes).

A população soviética convivia com o racionamento de produtos básicos do cotidiano. Na foto, fila para comprar pão em Moscou (União Soviética, 1990).

A Federação Russa e a CEI

Federação Russa é o nome oficial da Rússia, o centro geopolítico das repúblicas que integraram a União Soviética. Com o fim da URSS e a independência formal dessas quinze repúblicas, a Federação Russa acabou ficando não só com cerca de 76% de seu território — pouco mais de 17 milhões de quilômetros quadrados — como com a maior parte da população, dos recursos em geral e também se viu obrigada a lidar com a maioria dos problemas decorrentes da desagregação do bloco.

A CEI é uma organização **supranacional** que reúne, com regras pouco definidas, as repúblicas da extinta União Soviética, com exceção da Estônia, da Lituânia e da Letônia.

Inicialmente formada por Rússia, Ucrânia e Belarus como resultado dos **Acordos de Minsk** em 1991, recebeu em seguida a adesão dos outros nove Estados. Trata-se de uma associação fundamentalmente econômica entre essas repúblicas, mas que na prática busca preservar a influência geopolítica da Rússia sobre os vizinhos. Após aprovação em um referendo popular, a Geórgia optou por sair da CEI em 2009.

> **Supranacional.** Que se refere a um nível político superior ao nacional, ou seja, que envolve um conjunto de países.

PIB da Comunidade dos Estados Independentes (CEI) — 2001-2016 (porcentagem em relação ao ano anterior)

Países-membros	2001	2005	2010	2014	2015	2016
Azerbaijão	109,9	126,4	105,0	102,8	101,1	96,2
Armênia	109,6	113,9	102,2	103,6	103,0	100,2
Belarus	104,7	109,4	107,7	101,7	96,2	97,4
Cazaquistão	113,5	109,7	107,3	104,2	101,2	101,0
Quirguistão	105,3	99,8	99,5	104,0	103,9	103,8
Moldávia	106,1	107,5	107,1	104,8	99,6	103,3
Federação Russa	105,1	106,4	104,5	100,7	97,2	99,8
Tadjiquistão	109,6	106,7	106,5	106,7	106,0	106,9
Turcomenistão	120,4	113,0	109,2	110,3	106,5	106,2
Uzbequistão	104,2	107,0	108,5	108,0	108,0	107,8
Ucrânia	108,8	103,1	104,1	93,4	90,2	–

Fonte: Interstate Statistical Committee Of The Commonwealth Of Independent States (CISSTAT). *Annual data* — Volume indices of gross domestic product. Disponível em: <http://mod.lk/yH5dQ>. Acesso em: abr. 2017.

A União Euro-asiática

Mais recentemente, surgiu um novo organismo político que reúne em torno da Rússia países anteriormente sob o domínio soviético: a União Euro-asiática. Trata-se de um projeto que visa intensificar a integração econômica e política entre Belarus, Cazaquistão, Rússia, Quirguistão e outros Estados, criando assim uma organização supranacional que se contrapõe à União Europeia, a qual absorveu a maioria dos países que outrora orbitavam em torno da URSS no Pacto de Varsóvia. A articulação de uma frente de países aliados a Leste da Europa é estratégica para os objetivos russos de retomada da hegemonia política, militar e econômica no Cáucaso e nas fronteiras da Organização do Tratado do Atlântico Norte (Otan). A União Euro-asiática estabelece um verdadeiro arco territorial diante do continente europeu e cria um polo alternativo de atração para países fronteiriços com a Rússia, que eventualmente poderiam cogitar uma aliança com o Ocidente.

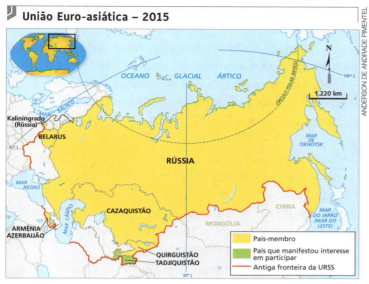

Fonte: EURASIAN ECONOMIC UNION. *EAEU member-states*. Disponível em: <http://mod.lk/8KQ6E>. Acesso em: abr. 2017.

Em 18 de novembro de 2011, os presidentes da Belarus, do Cazaquistão e da Rússia assinaram o tratado inicial da União, estabelecendo seu início em 2015. Inicialmente, o tratado criou uma união aduaneira entre os países-membros, prevendo a progressiva integração econômica e a eventual criação de um comitê político para o bloco.

Federação Russa: modernização ou estagnação?

Em 2012, o líder Vladimir Putin retornou à presidência da Federação Russa. Ex-membro do serviço secreto soviético e primeiro-ministro durante a primeira década deste século, a volta de Putin tem suscitado desconfianças quanto ao modelo de política interna e externa, pois ele, em geral, é comparado às antigas lideranças soviéticas, tendo uma postura de fortalecimento militar e hegemônico do país, mesmo que isso venha acompanhado por instabilidade econômica.

Para alguns especialistas, os principais problemas da Federação Russa, na atualidade, relacionam-se à fuga de cérebros, ou seja, à emigração significativa de cientistas russos para outros países; à contínua dependência das exportações minerais; a uma séria crise demográfica em virtude de contínuas taxas negativas de crescimento populacional e de medidas restritivas à imigração; e a um atraso tecnológico, responsável por fazer com que a economia do país sofra a concorrência direta de novos polos de poder econômico e militar, como a China.

Apesar das dúvidas de caráter político, mudanças significativas ocorreram nos últimos anos. Além da liberdade de circulação de pessoas, proibida durante o regime socialista, a Rússia tem hoje uma economia majoritariamente conduzida por um setor privado dinâmico e com uma classe média emergente que tem se transformado em um mercado consumidor ativo e empreendedor.

Observe, no gráfico a seguir, o crescimento dos setores econômicos russos.

Rússia: setores da economia e crescimento econômico – 1990-2014

Fonte: ESCAP Online Statistical Database based on data from the ILO. *Key Indicators of the Labour Market (KILM)*, Ninth Edition., 14 March 2016. Disponível em: <http://mod.lk/gymzo>. Acesso em: abr. 2017.

Para ler

Uma longa transição: vinte anos de transformação na Rússia
André Augusto de Miranda Pineli Alves (Org.).
Brasília: Ipea, 2011.

O livro aborda a economia política de transição russa, a relação com a CEI, a importância do petróleo e gás para o país e as mudanças na estratégia de desenvolvimento pós-crise.

QUESTÕES

1. Indique os fatores sociais que impulsionam o desenvolvimento econômico indiano.
2. Quais são as raízes históricas da rivalidade entre Índia e Paquistão?
3. O que é a União Euro-asiática? Quais são seus objetivos geopolíticos?

Recursos minerais e parque industrial

O Estado russo sempre esteve entre os grandes produtores mundiais de minérios (ferro, níquel, manganês, ouro e diamantes) e combustíveis (petróleo, carvão e gás natural). O petróleo e o carvão destacam-se pelo volume de produção e por sua importância como matriz energética. Entre as repúblicas que compunham a União Soviética, a Rússia era a que possuía a maior parte dos recursos minerais e a que tinha em seu território a parcela mais significativa do parque industrial. Com o desaparecimento da União Soviética, muitas jazidas minerais importantes passaram ao controle das novas repúblicas independentes, especialmente o Cazaquistão, a Ucrânia e o Azerbaijão. Embora isso possa parecer uma perda significativa para a Rússia, a forte interdependência entre os Estados da CEI amenizou o impacto econômico da nova situação geopolítica.

As principais bacias petrolíferas da Rússia estão na Sibéria Ocidental e na região do Segundo Baku, nas proximidades dos rios Volga e Ural, mas há exploração dessa riqueza também no oriente extremo do país e, mais recentemente, ao norte, nas regiões próximas ao Círculo Polar Ártico.

Em quase todas essas bacias, especialmente nas regiões norte-siberianas, existem importantes reservas de gás natural. As principais áreas de consumo do país e do exterior são interligadas por uma extensa rede de oleodutos e gasodutos, e as repúblicas da extinta União Soviética dependem dessa rede de distribuição física controlada por Moscou.

A Europa depende do gás russo para a manutenção de atividades industriais e para o aquecimento residencial no período do inverno. Quarenta por cento de todo o gás consumido na Europa provém da Rússia e de suas ex-repúblicas. Por essa razão existe uma extensa rede de oleodutos e gasodutos ligando o território russo à Europa Oriental e Central, transportando os combustíveis até importantes centros consumidores, como a Alemanha.

O crescimento da demanda por petróleo e gás no Oriente também determinou a criação de infraestrutura de transporte de combustíveis das bacias produtoras nessa região a países como China e Coreia do Sul.

Refinaria de petróleo próximo à cidade de Níjni-Novgorod, localizada na porção oeste da Rússia, em 2011.

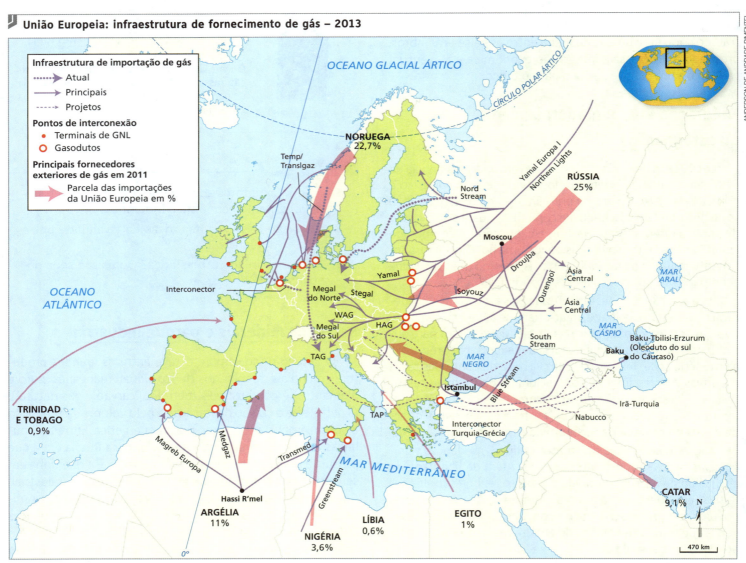

União Europeia: infraestrutura de fornecimento de gás – 2013

Fonte: FNSP. Sciences Po – Atelier de cartographie. *Infrastructures d'approvisionnement en gaz de l'union européenne*, 2013. Disponível em: <http://cartotheque.sciences-po.fr/media/Infrastructures_dapprovisionnement_en_gaz_de_lUnion_europeenne_2013/1338/>. Acesso em: mar. 2017.

Embora bastante sucateado e decadente, o setor industrial da Rússia possui ainda certa expressão no contexto mundial. Essas regiões de industrialização tradicional estão localizadas na parte oeste dos Urais, com destaque para as áreas em torno de Moscou e São Petersburgo, as duas maiores cidades do país.

As demais áreas de concentração industrial são conhecidas como "novas regiões", por terem nascido e se consolidado no período soviético. Elas se localizam no planalto dos Montes Urais, na Sibéria e no extremo oriente, onde constituíram complexos integrados às fontes de energia e de matérias-primas e dominados pela indústria pesada. Quase todas essas "novas regiões" estão no trajeto das principais ferrovias, especialmente a Transiberiana.

Em 2014, o país foi o maior exportador mundial de gás natural, o segundo de petróleo e o quinto na exportação mundial de aço e alumínio. Apesar dessa posição confortável, a Rússia encontra-se profundamente dependente dessas exportações, tornando-se vulnerável às oscilações dos mercados mundiais. Desde 2007, o governo tem empenhado esforços em desenvolver programas de incremento a setores de tecnologia de ponta, com vistas a romper com essa dependência externa, sem, contudo, apresentar resultados expressivos.

O mosaico étnico-nacional

De acordo com um censo realizado em 1989, a extinta União Soviética possuía, ao todo, cerca de 280 milhões de habitantes. Esse número a colocava na terceira posição do mundo em população, depois da China e da Índia. A Rússia concentrava cerca de 55% do total da população das quinze repúblicas da União Soviética.

Nesse conjunto de repúblicas, porém, não era a população absoluta que surpreendia, mas sim as 120 nacionalidades existentes em seu interior. A heterogeneidade dessa população, que configurava um verdadeiro mosaico étnico-nacional, resultou dos séculos de expansionismo territorial do Império Russo.

Para assistir

Leviatã

Rússia, 2015. Direção: Andrey Zvyagintsev. Duração: 141 min.

Para enfrentar o autoritarismo de um político corrupto, um pescador da península do mar de Barents, na região de Murmansky, pede ajuda a um colega de Moscou. O filme mostra um duro panorama da sociedade russa.

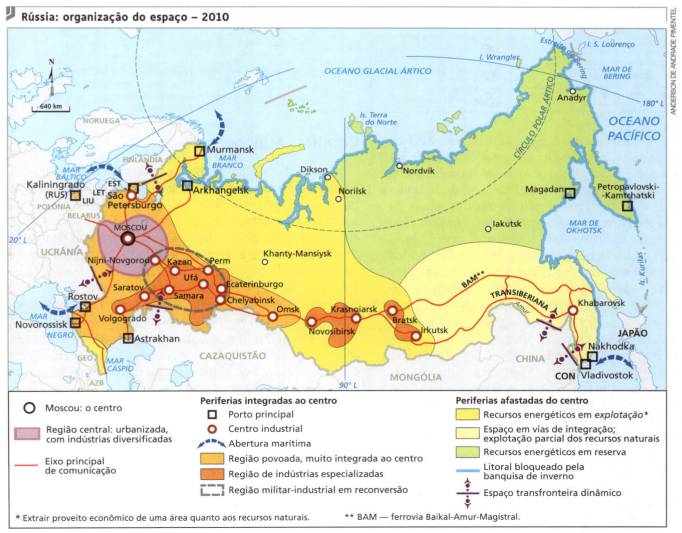

Rússia: organização do espaço – 2010

Fonte: FERREIRA, Graça M. L. *Moderno atlas geográfico*. 6. ed. São Paulo: Moderna, 2016. p. 50.

Federação Russa: composição étnica

Fonte: University of Texas Libraries. *Perry Castañeda Library Map Collection.* Disponível em: <http://mod.lk/xPDdq>. Acesso em: abr. 2017.

Da desagregação das repúblicas soviéticas, a Rússia (em 2016, com cerca de 147 milhões de habitantes) herdou não somente a maior parte da população absoluta, mas também uma enorme variedade de grupos étnicos. Nos tempos da União Soviética, cerca de 70% da população era da etnia eslava, da qual faziam parte os russos (ou grão-russos), os ucranianos (ou pequenos russos) e os bielorrussos (ou russos brancos). Mais de cem grupos étnicos e nacionais legalmente reconhecidos compunham os 30% restantes. Os grandes responsáveis pela longa e contínua expansão territorial que acabou construindo esse mosaico foram os eslavos, mais especificamente os russos.

Na Rússia atual, mais de 80% da população é de origem russa, e os 20% restantes são formados pelos mais de cem grupos étnicos. Esses mais de 80% encontram-se dispersos por todas as repúblicas e regiões autônomas da Federação Russa, perfazendo: aproximadamente um terço do total da população das repúblicas e regiões autônomas do Cáucaso; cerca de 40% das repúblicas da região do Volga; e mais da metade das outras unidades administrativas existentes no interior da Rússia.

Importantes minorias russas marcam presença também em outras repúblicas da CEI e nos Estados bálticos. O fato de haver cerca de 20 milhões de russos vivendo em outras repúblicas da Federação e mais de 40 milhões de não russos vivendo em territórios da Federação que não os de sua origem tem sido fonte crescente de conflitos e tensões geopolíticas.

Conflitos étnicos

Após a dissolução da URSS e o estabelecimento da CEI, muitos problemas relativos ao caldeirão étnico da antiga nação permaneceram sem solução. A região mais tensa é o Cáucaso, conjunto montanhoso localizado no sudoeste da Rússia, entre os mares Cáspio e Negro. Com uma grande conjugação de povos, idiomas e religiões, a região é fonte geradora de intensos movimentos separatistas, que, com a dissolução do Estado Soviético — que reprimia qualquer levante —, vieram à tona. A Chechênia, onde rebeldes lutam há séculos pela independência, é um exemplo dos violentos levantes na região.

No fim de 2000, combates entre rebeldes e forças militares russas destruíram Grozny, a capital chechena. Cerca de 460 toneladas de bombas foram lançadas na cidade em apenas dois dias. O enorme interesse russo pela região tem origem na grande quantidade de petróleo e na presença de oleodutos que vêm do Azerbaijão e cortam a Chechênia. Em março de 2003, a população da região votou em plebiscito — realizado pelo governo russo — pela manutenção da Chechênia unida à Rússia.

No Cáucaso não russo também existem movimentos separatistas. Armênia e Azerbaijão, por exemplo, disputam o enclave de Nagorno-Karabakh, área pertencente ao Azerbaijão, porém com maioria da população armênia.

Cáucaso: conflitos – 2011

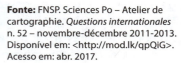

Fonte: FNSP. Sciences Po – Atelier de cartographie. *Questions internationales* n. 52 – novembre-décembre 2011-2013. Disponível em: <http://mod.lk/qpQiG>. Acesso em: abr. 2017.

Desde o século XIX, os chechenos lutam pela independência. Na foto, tropas russas percorrem as ruas de Grozny (Chechênia, 1996), no fim do primeiro conflito armado pela independência (1991-1997).

A crise na Ucrânia

Antiga República Soviética, a Ucrânia tem um longo histórico de disputa, aproximação e absorção com a Rússia. Muitos identificam no território ucraniano o local de surgimento da etnia que seria a base da nacionalidade dos russos.

Após a dissolução da URSS, a Ucrânia oscilou entre uma aliança com a União Europeia e um alinhamento em relação à Rússia. Essa trajetória reflete uma divisão cultural e étnica existente dentro do país: a população dos territórios a oeste é majoritariamente católica e utiliza o idioma ucraniano; já na porção mais a leste (que faz fronteira com a Rússia) predominam a língua russa e a religião ortodoxa. Veja no mapa a seguir essa distribuição territorial dos idiomas.

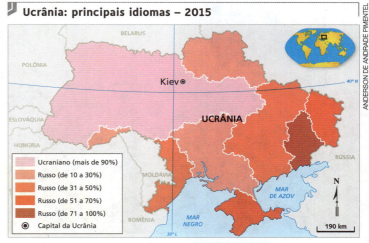

Fonte: Global Security Org. *Ukraine Map Language*. Disponível em: <http://mod.lk/Nn08Y>. Acesso em: abr. 2017.

Além do fator cultural, pesa também a dependência estratégica da Ucrânia em relação ao gás produzido na Rússia. Para os ucranianos, trata-se de uma fonte de energia indispensável para as atividades industriais e para o aquecimento. Além disso, alguns gasodutos que transportam o gás russo exportado para a Europa atravessam o território ucraniano, o que torna esse território uma zona de interesse para a Rússia.

Os mais recentes conflitos internos na Ucrânia desembocaram em uma guerra civil entre 2013 e 2015, e que ainda não se resolveu completamente. Em novembro de 2013, o presidente da Ucrânia, Viktor Yanukovich, desistiu de assinar um acordo comercial com a União Europeia e, quase simul-

Capítulo 26 • China, Índia, Rússia e África do Sul

taneamente, firmou um convênio com a Rússia por um empréstimo de US$ 15 bilhões e pela expressiva diminuição do preço do gás. Milhares de pessoas saíram às ruas em protestos violentos na capital, Kiev, que culminaram na deposição do presidente no início de 2014. A população da região leste do país recusou-se a reconhecer o novo governo. Separatistas ocuparam instalações públicas em centros urbanos importantes como Lugansk e Donetsk, onde moram aproximadamente 7 milhões de pessoas, quase 15% da população, e criaram uma região autônoma alinhada a Moscou.

Em 2014, a Rússia anexou ao seu território — sob protesto do governo de Kiev e das nações ocidentais — a península da Crimeia, que desde 1954 fazia parte do território da Ucrânia em função de uma reorganização administrativa estabelecida pela antiga URSS. Valendo-se dos distúrbios instalados após a deposição do governo, as autoridades da Crimeia, majoritariamente habitada por russos, realizaram um referendo para decidir a permanência na Ucrânia ou o retorno à soberania russa. A maioria da população apoiou a anexação à Rússia, que retomou a península.

Para Moscou, a Crimeia é uma área estratégica ao permitir o acesso ao mar Negro e, consequentemente, ao Mediterrâneo. Um grande contingente da marinha russa está estabelecido no porto de Sebastopol, de onde a frota militar pode partir para o Oriente Médio e para o sul da Europa.

A Cidade do Cabo foi a primeira importante aglomeração urbana da África do Sul. Começou a ser formada por ser utilizada pela Companhia Holandesa das Índias Orientais como uma estação de abastecimento de navios holandeses que navegavam para a África Oriental, a Índia e o Extremo Oriente. Na atualidade, a cidade é um importante polo comercial e industrial. Na foto, área aproveitada para o turismo em Camps Bay (Cidade do Cabo, África do Sul, 2012).

A população sul-africana

Com cerca de 55 milhões de habitantes em 2015, a população sul-africana é formada por uma maioria não branca, composta de negros, mestiços e asiáticos, e de uma minoria branca de origem europeia. Os brancos perfazem, hoje, cerca de 9,6% dessa população, da qual os mais numerosos são os africânderes, descendentes dos antigos colonos holandeses e alemães (bôeres), que inicialmente, em 1652, estabeleceram-se no extremo sul do continente.

Os negros da África do Sul, cuja origem é basicamente banta, formam cerca de 79% da população total do país e são classificados em nove grupos etnolinguísticos, dos quais os dois mais importantes são os zulus e os xhosas, que compõem cerca de metade da população negra.

Os mestiços perfazem aproximadamente 10% da população total, enquanto a participação dos asiáticos, de origem hindu ou malaia, que habitam a África do Sul desde o final do século XIX, é de 2,5%.

Milhares de pessoas protestam na cidade de Kiev, capital da Ucrânia, contra a aproximação entre o governo ucraniano e russo, em detrimento de acordo com a União Europeia, em 2013.

5. A África do Sul

A República da África do Sul se diferencia dos outros países do continente africano pelas características políticas, sociais e culturais que lhe são singulares. Um dos fatores que têm influenciado nessa singularidade é a posição geográfica do país, banhado pelos oceanos Atlântico e Índico e no trajeto da rota do Cabo, importante rota marítima dos superpetroleiros que não transitam pelo Canal de Suez, em razão de seu calado.

Atividades econômicas

A África do Sul exerce liderança política e econômica no continente africano. O país consolidou instituições democráticas após o fim do regime de segregação racial conhecido como *apartheid*, vive um período de estabilidade política e expande investimentos em toda a África. Empresas sul-africanas realizam importantes investimentos, principalmente no setor de serviços, em diversos países da região.

A África do Sul concentra uma parcela expressiva de importantes recursos minerais do continente, que se dividem em duas categorias:

- a dos minerais de grande valor, por sua raridade na superfície do planeta, como o ouro, o diamante e a platina;
- a dos minerais considerados estratégicos, em razão de sua utilidade para a indústria bélica, como o urânio, o cobalto e o tungstênio.

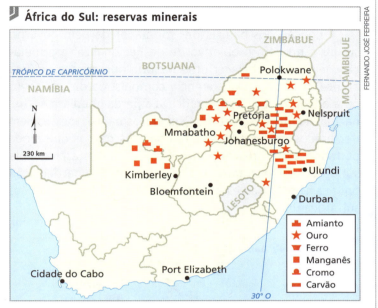

Fonte: CONNEXIONS. *Natural resources: minerals*. Disponível em: <http://mod.lk/aSK7L>. Acesso em: abr. 2017.

A África do Sul detém as maiores reservas de ouro e manganês do planeta, localizadas especialmente na porção nordeste de seu território.

A produção de ferro também é relevante no país, sendo exportada para as principais economias do mundo. Os minerais ferrosos representaram 30,4% da exportação total de produtos primários da África do Sul em 2010.

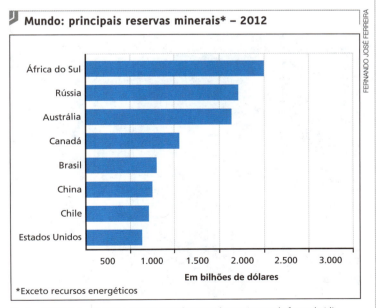

Fonte: MINING. *South Africa mine nationalization 'closest since end of apartheid'*. Disponível em: <http://mod.lk/szZgH>. Acesso em: abr. 2017.

A indústria de mineração é a base econômica da África do Sul. Esse setor e o das indústrias a ele relacionadas são fundamentais para o desenvolvimento socioeconômico do país, que tem reservas minerais estimadas em US$ 2,5 trilhões, as maiores do mundo. O setor de mineração do país contribui diretamente com 8% do PIB e cerca de 18% quando se leva em conta o efeito indireto da mineração sobre a economia.

A África do Sul e o Brics

A entrada da África do Sul para o Bric, constituído então por Brasil, Rússia, Índia e China, representou o reconhecimento do potencial econômico e social do país. Apesar de a economia da África do Sul ser menor do que as de Brasil, Rússia, Índia e China, com PIB de 596 bilhões de dólares em 2013, o país consolidou-se como uma **economia emergente**.

A Cidade do Cabo é a segunda mais populosa da África do Sul. (Foto de 2015.)

Hoje, a África do Sul desempenha importante papel na economia do continente africano, sendo relevante porta de entrada de investimentos estrangeiros nos países da África Subsaariana. Observe no gráfico a seguir os principais parceiros comerciais da África do Sul.

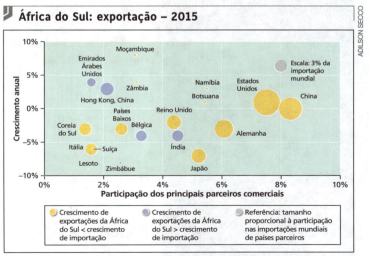

Fonte: ITC/UM Comtrade Statistics. *Prospects for market diversification for a product exported by South Africa in 2015*. Disponível em: <http://mod.lk/VI1P8>. Acesso em: abr. 2017.

O *apartheid*

O desenvolvimento social e econômico ocorrido na África do Sul a partir do fim do século XX foi, durante décadas, turvado por um sistema político e jurídico de domínio de uma minoria branca sobre a imensa maioria da população não branca, composto de um conjunto de leis de segregação racial: o sistema de *apartheid* (desenvolvimento separado).

Embora presente desde o início da chegada dos primeiros europeus à região em 1652, o racismo foi institucionalizado com o sistema do *apartheid*, a partir de 1948, quando o Partido Nacional, agrupamento político representante do nacionalismo africânder, chegou ao poder. Durante o quase meio século em que vigorou, esse sistema foi apoiado por um conjunto de leis voltadas à perpetuação do domínio político e econômico da minoria branca. A implementação do *apartheid* realizou-se em duas etapas:

- a do pequeno *apartheid*, entre 1948 e 1966, por meio de uma legislação que determinava rígido controle sobre a circulação da população negra no interior do país, sobre os locais públicos que essa população poderia frequentar (praias, parques, por exemplo) e sobre os tipos de serviço público a que tinha acesso (ônibus, sanitários, escolas, bibliotecas), proibindo também casamentos e relações sexuais entre brancos e negros;
- a do grande *apartheid*, entre 1966 e 1994, cuja espinha dorsal foi a criação de minúsculos Estados tribais autônomos, denominados bantustões, cujas terras ocupavam, por lei, apenas 13% do território do país e aos quais o governo dos brancos pretendia dar a independência política gradativamente.

Dos dez bantustões criados, quatro tiveram sua "independência" concedida pelo governo, mas os "países" assim constituídos não foram reconhecidos pela comunidade internacional, por serem inviáveis estratégica e economicamente e porque, na prática, sua soberania era controlada pelo Estado sul-africano, funcionando como abrigo de uma reserva de mão de obra barata para os interessados na República da África do Sul.

A criação dos bantustões foi planejada pelo governo sul-africano com o objetivo de desnacionalizar a população negra e estabelecer uma maioria numérica e política branca no país. A transferência compulsória de um negro para o "seu" bantustão significava a perda imediata de sua nacionalidade sul-africana. Quando os bantustões fossem declarados independentes, também os negros que ainda permanecessem residindo no país perderiam a cidadania sul-africana e, portanto, não teriam nenhuma participação política nele. Observe no mapa a localização dos bantustões sul-africanos.

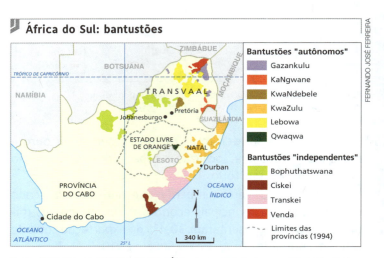

Fonte: OLIC, Nelson; CANEPA, Beatriz. *África*: terra, sociedades e conflitos. São Paulo: Moderna, 2004. p. 212.

Sanitário público na Cidade do Cabo para uso exclusivo de brancos, na vigência do *apartheid* (África do Sul, 1989).

Na primeira eleição multirracial sul-africana, Nelson Mandela foi eleito presidente (África do Sul, 1994).

Ao longo da década de 1980, o governo sul-africano concedeu o direito de voto aos mestiços e asiáticos na tentativa de forjar uma democracia no país. O *apartheid*, no entanto, estava com os dias contados.

O desmoronamento desse sistema deveu-se a uma combinação de fatores:

- pressões internas da população negra por mudanças, o que fez com que importantes segmentos da população branca se mostrassem cada vez mais favoráveis ao fim do regime racista;
- crescentes pressões (diplomáticas e econômicas) da comunidade internacional, que impuseram à África do Sul um importante isolamento diplomático;
- fim da Guerra Fria, que colocou por terra o argumento de que o regime era necessário para defender o país da ameaça do comunismo.

Em abril de 1994, o regime do *apartheid* foi definitivamente eliminado, com a realização das primeiras eleições em que a população negra pôde votar. Nelas saiu vitorioso o líder Nelson Mandela, que se tornou o primeiro presidente negro do país.

Dessas eleições emergiu um país com igualdade jurídica entre os cidadãos. Embora o fim do *apartheid* não tenha estreitado o abismo social e econômico existente entre brancos e negros, a nova realidade política garantiu a igualdade jurídica dos cidadãos.

Desafios a superar

O IDH da África do Sul foi considerado médio, ocupando o 116º lugar no *ranking* do IDH de 2014. Comparado aos demais países do Brics, estava acima da Índia, em 130º.

A África do Sul enfrenta ainda muitos problemas sociais e econômicos. Embora a porcentagem de sua população que vive abaixo da linha de pobreza venha caindo, ela ainda representava, em 2010, 23% da população total.

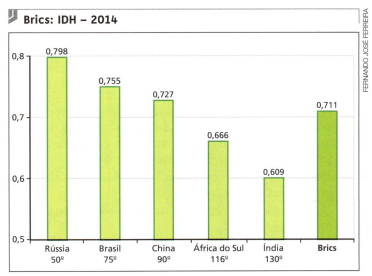

Brics: IDH – 2014

- Rússia 50º: 0,798
- Brasil 75º: 0,755
- China 90º: 0,727
- África do Sul 116º: 0,666
- Índia 130º: 0,609
- Brics: 0,711

Fonte: PNUD. *Relatório do desenvolvimento humano 2015*. Disponível em: <http://mod.lk/ib2fk>. Acesso em: abr. 2017.

A desigualdade econômica é outro grave problema, pois 20% da população concentra 80% da riqueza gerada. Outra questão social importante no país é o combate à aids e ao vírus HIV.

Em 2014, segundo a ONU, havia cerca de 6 milhões de soropositivos no país. Graças ao investimento governamental, o percentual de óbitos ligado à aids tem sofrido importante redução, passando de 50,8% em 2005 para 31% em 2014.

A alta concentração de pobreza e a pandemia de aids no país fazem, porém, com que a esperança de vida seja baixa e as taxas de mortalidade infantil sejam altas no país.

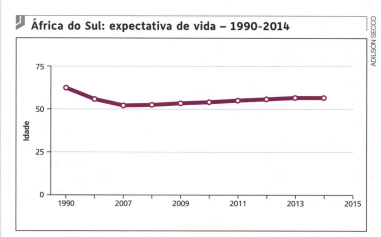

África do Sul: expectativa de vida – 1990-2014

Fonte: World Bank. *World Development Indicators*. Disponível em: <http://mod.lk/qblHy>. Acesso em: abr. 2017.

Observe, na página seguinte, as pirâmides etárias do país em 1990 e 2005 e a previsão para 2020.

Trocando ideias

Em seu cotidiano existe discriminação? De que maneira se manifesta?

A aparência, os traços físicos do indivíduo, a fisionomia, os gestos, o sotaque, mesmo quando não estão associados ao contexto racial ou étnico, geram atitudes preconceituosas?

Há discriminação entre seus colegas em função de um jeito de falar, de ser ou de agir?

- Organize com os colegas e o professor um debate acerca do tema.
- Reflita sobre a realidade de sua escola e o convívio com os colegas, considerando as diferentes formas que o preconceito assume no dia a dia.
- Procure propor maneiras de superar as formas de discriminação.

África do Sul: pirâmides etárias

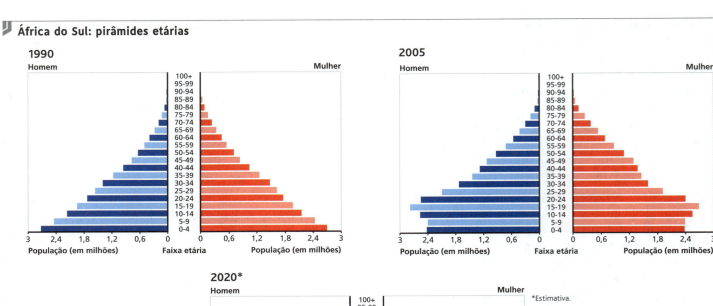

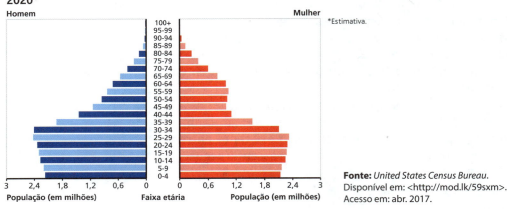

Fonte: *United States Census Bureau*. Disponível em: <http://mod.lk/59sxm>. Acesso em: abr. 2017.

Você no Enem!

H7 IDENTIFICAR OS SIGNIFICADOS HISTÓRICO-GEOGRÁFICOS DAS RELAÇÕES DE PODER ENTRE AS NAÇÕES.
H15 AVALIAR CRITICAMENTE CONFLITOS CULTURAIS, SOCIAIS, POLÍTICOS, ECONÔMICOS OU AMBIENTAIS AO LONGO DA HISTÓRIA.

Relações internacionais

"China e Índia propuseram medidas nesta sexta-feira para resolver disputas sobre fronteira, à medida que Pequim tenta remover os obstáculos em um relacionamento que, segundo o governo chinês, pode mudar a ordem política internacional.

O primeiro-ministro chinês, Li Keqiang, recebeu o premiê indiano, Narendra Modi, em Pequim, na segunda parte de uma viagem de três dias à China, na qual as duas partes têm prometido aumentar a cooperação entre os dois gigantes asiáticos.

'Nós temos capacidade de fazer a ordem política e econômica global se mover em uma direção mais justa e equilibrada', disse Li.

Os dois países concordaram em iniciar visitas anuais entre seus militares, expandir o contato entre os comandantes de fronteiras e começar a usar uma linha de comunicação militar que vinha sendo discutida nos últimos anos para evitar tensões na fronteira, de acordo com um comunicado conjunto.

As tensões entre China e Índia cresceram no ano passado sobre a disputa de fronteira. A China reivindica mais de 90.000 quilômetros quadrados governados por Nova Délhi na parte leste dos Himalaias. A Índia diz que a China ocupa 38.000 quilômetros quadrados de seu território na planície Aksai Chin, no oeste.

A Índia também suspeita que a China apoie o maior rival indiano, o Paquistão."

RAJAGOPALAN, Megha. *China e Índia prometem reduzir disputa de fronteira*. Disponível em: <http://mod.lk/zTUcS>. Acesso em: abr. 2017.

Muitas vezes, nas relações internacionais, a cooperação e o conflito aparecem de modo concomitante e complementar. A partir do texto e dos conhecimentos que adquiriu neste capítulo, responda:

1. Que exemplos de cooperação as relações bilaterais entre China e Índia oferecem?
2. Que tema evidencia os interesses opostos de China e Índia?
3. Considerando que há cooperação e oposição nas relações bilaterais entre China e Índia, qual tendência o texto sugere ser predominante?

Geografia e outras linguagens

Arte crítica

O premiado artista plástico chinês Ali Weiwei tornou-se mundialmente conhecido por ter realizado a concepção arquitetônica do "Ninho de Pássaro", estádio onde ocorreu a abertura da Olimpíada de Pequim em 2008. Sua colaboração com grandes escritórios de arquitetura, no entanto, é apenas uma das facetas de sua obra.

O artista também produz instalações admiradas no mundo inteiro, destacando-se por seu ativismo político, que denuncia a arbitrariedade do governo chinês. Weiwei já foi preso por suas ideias e está impedido de viajar ao exterior.

Observe duas instalações de Weiwei.

Instalação *Para sempre bicicletas*, de Weiwei, exposta em Toronto (Canadá, 2013). Para o artista, a obra simboliza a liberdade de locomoção.

Bang, obra de Weiwei exposta na Bienal de Veneza (Itália) em 2013. A instalação, elaborada com 886 bancos chineses artesanais de madeira, é uma crítica à sociedade industrial, que privilegia o uso de metais e de plástico.

QUESTÕES

- Reflita e, em seguida, redija um texto que relacione as instalações de Ali Weiwei ao contexto histórico e social da China.

ATIVIDADES

ORGANIZE SEUS CONHECIMENTOS

1.

> "No aclamado romance *Irmãos*, do escritor Yu Hua, dois meninos do interior da China sobrevivem unidos aos horrores da Revolução Cultural (1966-1976).
>
> Os laços da infância, porém, se desfazem à medida que avança a abertura econômica: enquanto um fica bilionário a ponto de viajar ao espaço a turismo, o outro definha entre trabalhos temporários insalubres e mal pagos."
>
> MAISONNAVE, Fabiano. China enfrenta explosão de desigualdade. *Folha de S.Paulo*, 5 out. 2012. Disponível em: <http://mod.lk/e55Uf>. Acesso em: abr. 2017.

As mudanças descritas no enredo do romance *Irmãos* são resultado de que processo social vivido pela China?

a) Revolução Cultural.
b) Revolução Comunista.
c) Programa das Quatro Modernizações.
d) Programa de interiorização do Desenvolvimento.
e) Implantação das comunas.

2. É comum afirmarem que a China pratica o "capitalismo vermelho" ou o "socialismo de mercado". Em que bases se apoiam tais qualificações?

3. A Rússia tem uma importância estratégica vital para o continente europeu. Justifique a afirmação.

4. Leia o texto e responda.

A Índia busca um novo lugar

> "[...] se o centro de gravidade político se deslocou definitivamente para o leste, uma das razões para tal é a emergência da Índia como força estratégica e econômica. De 2003 a 2008, o país registrou taxas anuais de crescimento da ordem de 8,75%, bem acima da média global, e suas reservas internacionais se expandiram de modo flagrante. Ainda que a ascensão dos indianos tenha sido menos espetacular que a dos chineses, o efeito acumulado da transformação em curso em ambos os países forneceu à Ásia um papel inédito: pela primeira vez desde o surgimento do capitalismo e da modernidade ocidental, existe a possibilidade real de que poderes estrangeiros não sejam mais capazes de dominar o Oriente."
>
> VARADARAJAN, Siddharth. *A Índia busca um novo lugar*. Disponível em: <http://mod.lk/XDJbG>. Acesso em: abr. 2017.

- Discuta com os colegas a importância estratégica e geopolítica da ascensão da China e da Índia no cenário internacional. Em seguida, elabore um texto com as conclusões a que chegaram.

REPRESENTAÇÕES GRÁFICAS E CARTOGRÁFICAS

5. Analise o mapa a seguir, explicando a dinâmica e a importância dos seguintes itens para a China de hoje:

Fonte: FERREIRA, Graça M. L. *Atlas geográfico*: espaço mundial. São Paulo: Moderna, 2013. p. 105.

- grandes eixos de comunicação;
- periferia marginalizada, pouco povoada, associada à expansão das frentes pioneiras;
- movimento migratório.

INTERPRETAÇÃO E PROBLEMATIZAÇÃO

6. Leia o texto e responda à questão.

O modo de Jack Ma, o homem por trás do gigante chinês Alibaba

"[...] Ma cresceu no leste da China, na cidade de Hangzhou, o segundo de três filhos, cujos pais eram artistas de *pingtan*, uma técnica tradicional de narrativa musical.

Aos 10 anos, Ma Yun, como ele é conhecido em chinês, passou a gostar de inglês e ia de bicicleta até o Hangzhou Hotel para praticar com turistas estrangeiros.

Sua dificuldade com matemática quase o impediu de cursar uma faculdade. Mas, após passar no exame nacional de admissão para o ensino superior, em sua terceira tentativa, entrou na faculdade de pedagogia local, onde se destacou e foi eleito presidente da União dos Estudantes.

Quando se formou, em 1988, arranjou um emprego de US$ 14 por mês ensinando inglês no Instituto de Engenharia Eletrônica de Hangzhou, onde se tornou rapidamente um dos professores mais populares. [...]

Com a economia chinesa começando a decolar, Ma viu uma oportunidade no empreendedorismo. Em seu tempo livre, dizem amigos, foi cofundador de uma empresa de tradução, vendia medicamentos e passou a mexer com ações. [...]

Uma das primeiras empresas de internet da China

Ele visitou os EUA pela primeira vez em 1995. Ma fez amizade com Bill Aho, um americano que ensinou inglês em Hangzhou, e se hospedou com parentes de Aho em Seattle. Lá, ele foi apresentado ao mundo da internet pelo genro de Aho, Stuart Trusty, que dirigia um dos primeiros provedores dos Estados Unidos, o VBN.

Ma voltou para casa e montou uma das primeiras empresas de internet do país, a China Pages, um diretório online de empresas domésticas à procura de clientes no exterior.

Antigos colegas dizem que ele trabalhou incansavelmente, batendo de porta em porta, tirando fotos, coletando informação e traduzindo para o inglês. Quando terminou, enviou as listas para a VBN para postá-las na web.

Até que Ma perdeu o controle de sua empresa. Em 1996, a China Pages foi pressionada a formar um *joint venture* com a Hangzhou Telecom. O acordo colocou o governo no controle. [...]

Alibaba: um jovem disposto a ajudar os outros

Quando Ma iniciou o Alibaba em 21 de fevereiro de 1999, convidou 17 amigos a se reunirem em seu apartamento no segundo andar do condomínio Lakeside Gardens, em Hangzhou. Na sede improvisada, ele fez uma longa palestra sobre suas ambições e o quanto a China precisava de uma grande empresa de Internet.

Ele escolheu o nome, como explicou depois, porque 'todo mundo conhece a história de Alibaba. Ele é um jovem que está disposto a ajudar os outros'.

A empresa foi construída com uma premissa semelhante: ajudar as empresas e encontrarem clientes no exterior. Se um varejista americano estiver à procura de um fornecedor de chinelos de algodão na China, ele pode procurar no Alibaba.com. Se um produtor chinês de botões quiser exportar para a Coreia do Sul, ele pode anunciar no *site*.

O Alibaba, na visão dele, seria uma sala de reunião virtual para empresas de pequeno e médio porte engajadas no comércio global. [...]

Assim que o Alibaba começou a ganhar dinheiro em 2002, Ma propôs montar um *site* voltado ao consumidor para competir com o eBay.

Com financiamento do SoftBank, o Alibaba montou uma força-tarefa secreta para desenvolver esse *site*, que chamaram de Taobao, 'procurando pelo tesouro' em chinês. [...]

Com sua habilidade de lucrar com os clientes do Alibaba, o grupo é avaliado em cerca de US$ 25 bilhões, segundo analistas."

BARBOZA, David. O modo de Jack Ma, o homem por trás do gigante chinês Alibaba. *UOL Economia*. Disponível em: <http://mod.lk/hxksa> Acesso em: abr. 2017.

- De que forma a história de vida de Jack Ma é representativa do modelo econômico chinês?

ENEM E VESTIBULARES

7. (Enem, 2015)

"O principal articulador do atual modelo econômico chinês argumenta que o mercado é só um instrumento econômico, que se emprega de forma indistinta tanto no capitalismo como no socialismo. Porém os próprios chineses já estão sentindo, na sua sociedade, o seu real significado: o mercado não é algo neutro, ou um instrumental técnico que possibilita à sociedade utilizá-lo para a construção e edificação do socialismo. Ele é, ao contrário do que diz o articulador, um instrumento do capitalismo e é inerente à sua estrutura como modo de produção. A sua utilização está levando a uma polarização da sociedade chinesa."

OLIVEIRA, A. A Revolução Chinesa. *Caros Amigos*, 31 jan. 2011 (adaptado).

No texto, as reformas econômicas ocorridas na China são colocadas como antagônicas à construção de um país socialista. Nesse contexto, a característica fundamental do socialismo, à qual o modelo econômico chinês atual se contrapõe é a:

a) desestatização da economia.
b) instauração de um partido único.
c) manutenção da livre concorrência.
d) formação de sindicatos trabalhistas.
e) extinção gradual das classes sociais.

8. (PUC-RJ, 2015)

China foi o país que mais registrou patentes em 2012 — Brasil está na 28ª colocação entre as nações que mais pedem patentes de produtos.

Época Negócios Online. Disponível em: <http://epocanegocios.globo.com/Informacao/Resultados/noticia/2013/12>. Acesso em: 14 maio 2014.

O título da reportagem selecionada mostra que a potência oriental:

a) é a que mais pirateia marcas no mundo.
b) importa a cada ano mais matérias-primas.
c) ultrapassou o Brasil nos investimentos de ponta.
d) investe crescentemente em Ciência e Tecnologia (C&T).
e) acatou a legislação da Organização Mundial do Comércio (OMC).

9. (Uerj-RJ, 2015)

Rússia formaliza anexação da Crimeia

"A Rússia anexou formalmente a Península da Crimeia a seu território, depois de um duro discurso do presidente Vladimir Putin em meio a pesadas críticas aos EUA, à União Europeia e ao governo interino da Ucrânia. Nesse discurso que antecedeu a assinatura da anexação da Crimeia, Putin destacou a questão como vital para os interesses russos. Segundo ele, o Ocidente 'cruzou uma linha vermelha' ao interferir na Ucrânia. 'A Crimeia sempre foi e é parte inseparável da Rússia', declarou o presidente."

Adaptado de estadao.com.br, 18/03/2014.

O evento abordado na reportagem está simultaneamente associado ao presente e ao passado dos povos envolvidos.
Para explicar essa ação russa em relação à Crimeia, são fundamentais os seguintes interesses do atual governo Putin:

a) superar o pan-eslavismo — reduzir a diversidade étnica.
b) estimular a economia — ampliar a produção energética.
c) combater a corrupção — reconstruir a geopolítica global.
d) reforçar o nacionalismo — consolidar a geoestratégia militar.

10. (Mackenzie-SP, 2015) Em relação à distribuição dos recursos naturais da Federação Russa, considere as afirmativas:

I. É considerado um dos países mais ricos em recursos minerais, devido a sua imensa extensão territorial e por possuir uma estrutura geológica diversificada.

II. É o maior exportador de gás natural do mundo. Atualmente atravessa uma crise geopolítica com sua vizinha Ucrânia, antiga república soviética, culminando com a independência da península da Crimeia.

III. Nas extensas bacias sedimentares dos Montes Urais o país dispõe de grandes reservas minerais das quais são exploradas, principalmente, jazidas de ferro, bauxita, cobre, potássio e amianto.

IV. Há importantes usinas hidrelétricas localizadas nos rios da Bacia do Volga e nos rios Ienissei e Angara que cortam os planaltos da Sibéria Ocidental.

Estão corretas, apenas:

a) I e II.
b) II e III.
c) III e IV.
d) I, II e III.
e) I, II e IV.

11. (Udesc-SC, 2015) O ano de 2014 foi marcado por fortes conflitos entre a Rússia e a Ucrânia. Analise as proposições sobre a Ucrânia.

I. Está politicamente dividida, com sua porção ocidental desejosa de estreitar laços com a União Europeia e a porção oriental, com a Rússia.

II. Pelo país passam importantes gasodutos que transportam o gás natural da região do mar Cáspio para a Europa, cujo controle interessa tanto à União Europeia quanto à Rússia.

III. Vem tentando se aproximar da Rússia desde 1991, quando deixou a União Europeia.

IV. Possui grandes extensões de solos muito férteis, sendo grande produtora de cereais.

V. Ainda padece dos efeitos da poluição radioativa, decorrente do acidente nuclear de Chernobyl, em 1986.

Identifique a alternativa **correta**.

a) Somente as afirmativas I, II, III e IV são verdadeiras.
b) Somente as afirmativas I, II, IV e V são verdadeiras.
c) Somente as afirmativas II, III, IV e V são verdadeiras.
d) Somente as afirmativas III e IV são verdadeiras.
e) Somente as afirmativas I e V são verdadeiras.

12. **(Uece-CE, 2015)** A relação entre os processos políticos e sua consequente espacialização determinam muitas vezes as relações internacionais e intranacionais. Os principais conflitos geopolíticos que ocorrem no mundo expressam, quase sempre, as disputas por territórios, como é o caso das minorias etnorreligiosas que vivem no Paquistão e estão em conflitos constantes com a:

    a) China.
    b) Indonésia.
    c) Índia.
    d) Síria.

13. **(Espcex Aman, 2015)** Em 2003 foi criado o termo BRIC, uma sigla indicando o Brasil, a Rússia, a Índia e a China, respectivamente, como países que estariam destinados a ingressar no seleto grupo das principais economias mundiais, devido à força de seus recursos naturais, humanos e estratégicos.

    Sobre os parceiros do Brasil nesse bloco, é correto afirmar que:

    I. embora a Rússia tenha perdido importância econômica no cenário mundial, apresenta-se como uma estratégica fornecedora de petróleo e gás natural para os países europeus.

    II. enquanto na China o setor secundário responde por quase metade do PIB do País; na Índia é o setor terciário que se destaca, respondendo por mais da metade do seu PIB.

    III. a competitividade da economia chinesa está fortemente relacionada à vasta reserva de mão de obra barata, ao seu enorme mercado consumidor potencial e às reformas políticas democráticas promovidas pelo Partido Comunista, sem as quais seria inviável a atuação do grande capital.

    IV. enquanto o "milagre chinês" articulou-se em torno da produção manufatureira intensiva em mão de obra, a Índia se destaca na globalização através dos setores de biotecnologia e de tecnologias da informação, os quais demandam quantidade relativamente pequena de trabalhadores de alta qualificação.

    V. em virtude das rígidas políticas de controle de natalidade, tanto a China como a Índia já apresentam taxas de crescimento natural próximas a zero, o que implicará necessariamente um rápido processo de expansão da população idosa em ambos os países.

    Identifique a alternativa em que todas as afirmativas estão corretas.

    a) II, III e V
    b) II, III e IV
    c) I, IV e V
    d) I, III e IV
    e) I, II e IV

14. **(Enem, 2014)**

    I

    Há mais gente vivendo dentro desse círculo do que fora dele.

    Disponível em: <http://twistedsiffer.com>. Acesso em: 5 nov. 2013 (adaptado).

ATIVIDADES

II

"A Índia deu um passo alto no setor de teleatendimento para países mais desenvolvidos, como os Estados Unidos e as nações europeias. Atualmente mais de 245 mil indianos realizam ligações para todas as partes do mundo a fim de oferecer cartões de créditos ou telefones celulares ou cobrar contas em atraso."

Disponível em: <www.conectacallcenter.com.br>.
Acesso em: 12 nov. 2013 (adaptado).

Ao relacionar I e II, a explicação para o processo de territorialização descrito está no(a):

a) aceitação das diferenças culturais.
b) adequação da posição geográfica.
c) incremento do ensino superior.
d) qualidade da rede logística.
e) custo da mão de obra local.

15. (UPF-RS, 2015) Embora a Índia venha, nos últimos anos, demonstrando um expressivo crescimento econômico, o país ainda é marcado por uma grande diversidade de povos e culturas e pela disparidade socioeconômica entre esses grupos.

Analise as afirmações sobre esse país.

I. Segundo país mais populoso do mundo e o mais poderoso da Ásia Meridional, apresenta grande diversidade religiosa, sendo o hinduísmo a religião majoritária entre a população.

II. As acentuadas industrialização e urbanização recentes fizeram com que o país ingressasse no século XXI com uma população predominantemente urbana.

III. Marcada por grandes contrastes socioeconômicos, a Índia apresentou elevado IDH, conforme Pnud/2013 (acima de 0,800), graças ao seu desenvolvimento tecnológico; entretanto, a expectativa de vida ao nascer não ultrapassa 50 anos.

IV. O país é um dos maiores exportadores de produtos da área de tecnologia da informação, cujas empresas se concentram em torno do tecnopolo de Bangalore.

Está correto apenas o que se afirma em:

a) I e II.
b) I e IV.
c) II e III.
d) II e IV.
e) III e IV.

16. (Enem, 2014)

Disponível em: <http://ipea.gov.br.>. Acesso em: 2 ago. 2013.

Na imagem, é ressaltado, em tom mais escuro, um grupo de países que na atualidade possuem características político-econômicas comuns, no sentido de:

a) adotarem o liberalismo político na dinâmica dos seus setores públicos.
b) constituírem modelos de ações decisórias vinculadas à social-democracia.
c) instituírem fóruns de discussão sobre intercâmbio multilateral de economias emergentes.
d) promoverem a integração representativa dos diversos povos integrantes de seus territórios.
e) apresentarem uma frente de desalinhamento político aos polos dominantes do sistema-mundo.

17. (Mackenzie-SP, 2014) Observe o mapa.

O país representado no mapa é a China. A área em destaque corresponde:

a) ao Tibete que apresenta movimentos separatistas, os quais preocupam as autoridades chinesas.
b) à China de Noroeste que possui uma população majoritariamente islâmica e que não se identifica etnicamente com a população da China, de maioria *Han*.

c) às Planícies orientais, regiões prejudicadas pela política demográfica de controle de natalidade, que se diferenciam pelo menor nível de industrialização do país.

d) à Mongólia Interior, área de climas muito úmidos e quentes, que favorecem o cultivo de gêneros como o trigo e a soja.

e) à Manchúria, região de climas temperados, solos férteis, produção de trigo e importantes jazidas de carvão.

18. **(Unesp-SP, 2013)** Analise a tabela e o mapa.

Ranking dos maiores PIBs do mundo em 2010

Posição	País	PIB (em bilhões)
1º	Estados Unidos	14.624,2
2º	China	5.745,1
3º	Japão	5.390,9
4º	Alemanha	3.305,9
5º	França	2.555,4
6º	Reino Unido	2.258,6
7º	Brasil	2.088,9
8º	Itália	2.036,7
9º	Canadá	1.563,7
10º	Rússia	1.476,9

Disponível em: <http://colunistas.ig.com.br>.

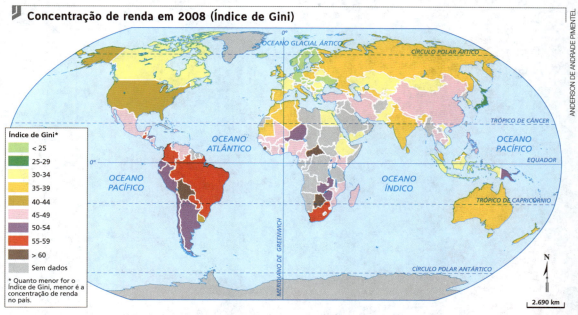

Concentração de renda em 2008 (Índice de Gini)

*Quanto menor for o Índice de Gini, menor é a concentração de renda no país.

Fonte: James Tamdjan e Ivan Mendes. *Geografia*: estudos para compreensão do espaço, 2011. Adaptado.

A partir da análise da tabela e do mapa, é correto afirmar que:

a) China e Brasil são os países que apresentam os maiores índices de concentração de renda entre os dez países com maiores PIBs do mundo.

b) a concentração de renda é um problema que atinge, na mesma proporção, os dez países com maiores PIBs do mundo.

c) a Rússia, apesar de possuir o menor PIB entre os dez países, é o que apresenta o menor índice de concentração de renda.

d) os dez países com os maiores PIBs do mundo são, também, aqueles que possuem os menores índices de concentração de renda no mundo.

e) os EUA possuem o maior PIB e o menor índice de concentração de renda do mundo.

CAPÍTULO 27

TENSÕES E CONFLITOS

Neste capítulo, você vai aprender a:
- Analisar fatos e situações que permitam compreender as principais motivações histórico-geográficas dos conflitos atuais.
- Identificar a situação atual de países envolvidos em diferentes conflitos.
- Analisar mapas e gráficos referentes às redes criminosas internacionais, entendendo a extensão de suas atuações.
- Reconhecer a necessidade de os Estados estabelecerem políticas públicas multilaterais de combate ao tráfico.

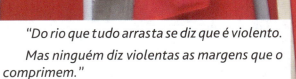

"Do rio que tudo arrasta se diz que é violento.
Mas ninguém diz violentas as margens que o comprimem."

BRECHT, Bertolt. Disponível em: <http://mod.lk/pdnST>. Acesso em: abr. 2017.

Conflitos estão presentes em todas as formações sociais ao longo da história. Na atualidade, eles assumem diferentes feições, agravadas com a falência do exercício da soberania estatal em diversas regiões do mundo. Tal panorama implica o acirramento de disputas étnicas e religiosas e o surgimento de grupos com reivindicações de natureza sectária. Neste capítulo, procuramos apresentar uma síntese desse quadro de tensões.

Ponto de partida

A organização Combatentes pela Paz é um movimento que reuniu ex-combatentes israelenses e palestinos e que defende a não violência, o fim da ocupação de territórios palestinos por israelenses e a aproximação pacífica entre esses povos. Em sua opinião, a escolha do local para a manifestação dos Combatentes pela Paz, ocorrida em março de 2016, está diretamente relacionada aos princípios dessa organização? Justifique sua resposta.

Manifestação promovida pela organização Combatentes pela Paz perto de um posto de controle israelense entre Beit Jala e Jerusalém, em 2016, em prol da não violência e do diálogo entre Israel e Palestina.

1. Principais conflitos no mundo

Ao pensarmos nas transformações ocorridas no fim do século XX e início do século XXI, deparamos com conclusões precipitadas. A princípio, imaginou-se que, com a queda do Muro de Berlim, em 1989, e o fim da bipolaridade, haveria um período de valorização dos preceitos democráticos e o início de uma era de paz, mas isso não ocorreu. Uma das características do final do século XX foi o grande número de conflitos internos em muitos países.

De acordo com o relatório *Barômetro dos conflitos*, publicado anualmente pelo Instituto para Pesquisas de Conflitos Internacionais, da Universidade de Heidelberg, na Alemanha, em 2015 ocorreu no mundo um total de 409 conflitos. A fim de revelar uma tendência de longo prazo, os níveis de intensidade desses conflitos foram categorizados em três grupos: conflitos de alta intensidade, média intensidade e, por último, os de baixa intensidade.

Os conflitos de alta intensidade são compostos de guerras e crises severas em que há o uso da violência em massa. Já a manifestação de violência esporádica caracteriza crises de média intensidade. Os conflitos de baixa intensidade são aqueles em que não há uso da força violenta, sendo classificados em latentes ou manifestos.

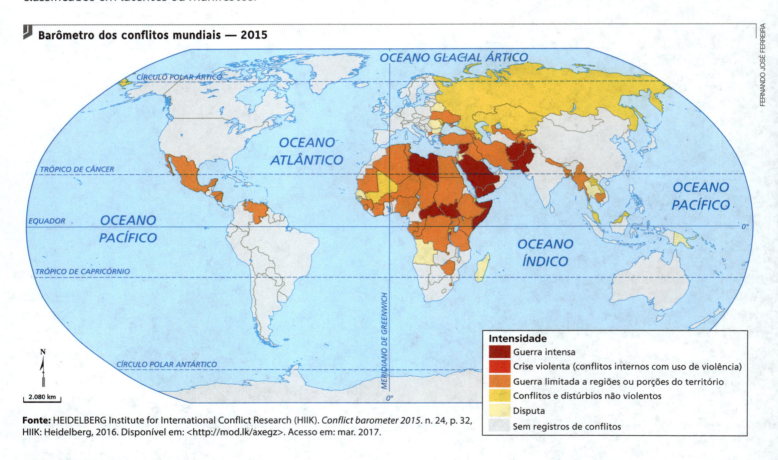

Fonte: HEIDELBERG Institute for International Conflict Research (HIIK). *Conflict barometer 2015*. n. 24, p. 32, HIIK: Heidelberg, 2016. Disponível em: <http://mod.lk/axegz>. Acesso em: mar. 2017.

Conflitos pós-1945

A análise dos conflitos ocorridos após 1945 indica que o total de casos por ano subiu de forma contínua entre 1945 e 2012. Considerando apenas os conflitos de alta intensidade, nota-se que houve forte aumento no início da década de 1990, quando chegaram a ocorrer 51 conflitos logo após a dissolução da União Soviética e da Iugoslávia.

No século XXI, uma nova realidade desenhou-se quanto à dinâmica desses conflitos: os confrontos desencadeados no interior dos Estados suplantaram os ocorridos entre Estados, e as motivações também se alteraram. Como exemplos significativos podemos citar a guerra civil na Síria, que até o fim de 2015 já contava cerca de 400 mil mortos no país, seguida pela violência causada pelo tráfico de drogas no México, responsável por pelo menos 40 mil mortes.

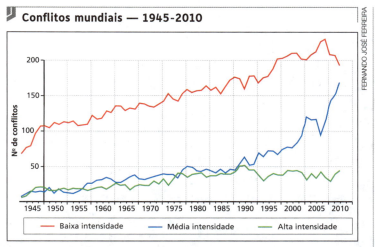

Conflitos mundiais — 1945-2010

Fonte: HEIDELBERG Institute for International Conflict Research (HIIK). *Conflict barometer 2012.* n. 21, p. 2, HIIK: Heidelberg, 2013. Disponível em: <http://mod.lk/ce9rn>. Acesso em: abr. 2017.

Quanto às causas determinantes dessas hostilidades pós-1945, o motivo mais frequente refere-se ao desacordo entre grupos que defendiam sistemas políticos ou ideológicos diferentes, notadamente aqueles motivados pela rivalidade entre capitalismo e comunismo. Os conflitos foram realizados com o intuito de: mudar o sistema político ou econômico de um país; promover a democracia em um Estado autoritário, como os movimentos de luta pela democracia na América Latina e no Sudeste Asiático; impor um estado religioso em um Estado laico; ou opor-se a um Estado secular.

Além desses motivos, a **guerra ao terror** capitaneada pelos Estados Unidos deve ser apontada como um significativo motivador para diversos embates que ocorreram. A manutenção do controle sobre jazidas de petróleo e outros recursos minerais, bem como sobre gasodutos e oleodutos, também influiu nas decisões de conflitos dentro e entre os Estados.

> **Laico.** Que é independente, em sentido mais amplo, de toda confissão religiosa.
> **Guerra ao terror.** Estratégia global de combate ao terrorismo desenvolvida pelos Estados Unidos após os ataques de 11 de setembro de 2001.

Geopolítica e a ação dos Estados nacionais

Parte considerável dos conflitos mundiais contemporâneos tem como motivação diferenças étnicas, religiosas e até a imposição (pela força) do domínio territorial de Estados que têm interesses em determinadas regiões de outros países; e, para compreendê-los, precisamos estudá-los sob a óptica da geopolítica.

O termo **geopolítica** e suas principais correntes de pensamento surgiram na segunda metade do século XIX, apresentando teorias que subsidiavam as estratégias dos Estados nacionais para a conquista de poder — o que significava, em grande medida, promover a expansão territorial desses Estados. As correntes da geopolítica clássica centravam-se nos Estados como os únicos agentes relevantes, além de formular suas proposições em nome do Estado e para o Estado. Seus estudos se constituíam em propostas de ação no sentido de fortalecer o poder estatal. Para desenvolvê-las, foram criadas as escolas nacionais de geopolítica.

A geopolítica clássica nasceu, portanto, marcada pela produção de projetos de políticas de defesa e/ou de ampliação territorial; adotou um ponto de vista pragmático e militarista, atuando para o único agente político considerado legítimo à época: o Estado. A preocupação em desenvolver um conhecimento útil e prático — pronto para ser aplicado à realidade — foi um traço marcante das escolas clássicas.

No mundo contemporâneo, o conceito atual de geopolítica não é mais concebido como uma técnica ou uma ciência a serviço do Estado e de seus interesses, porque passou a ser entendido como uma área interdisciplinar do conhecimento. Inúmeros especialistas dos mais diversos ramos acadêmicos dedicam-se ao estudo geopolítico a fim de reconhecer estratégias de dominação que não visam mais única e simplesmente à conquista territorial, mas levam em consideração ações estratégicas em campos como o da economia, das políticas ambientais e da tecnologia.

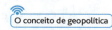

O conceito de geopolítica

2. Conflitos na África

Para entender grande parte das instabilidades contemporâneas na África, é necessário compreender como ocorreu o estabelecimento de seus Estados nacionais, que muitas vezes surgiram dos **recortes fronteiriços** herdados do período de colonização ou domínio europeu nesse continente. A seguir, vamos refletir sobre a herança colonial europeia e seu impacto na África.

A colonização europeia

Entre a segunda metade do século XIX e o início do XX, cerca de um quarto do mundo estava dividido entre alguns poucos países industriais da Europa.

Cada império colonial tinha sua dimensão determinada pelo potencial militar e econômico da metrópole. Dizia-se na época que "no Império Britânico, o Sol nunca se põe", tamanha era sua expansão no planeta.

As grandes metrópoles coloniais eram a Inglaterra, a França e a Bélgica. Itália e Alemanha (que haviam se unificado tardiamente) eram impérios relativamente menos importantes, pois entraram com atraso na "corrida colonial". Portugal e Espanha apenas conservavam antigas possessões — que eles ainda detinham graças aos acordos diplomáticos intraeuropeus.

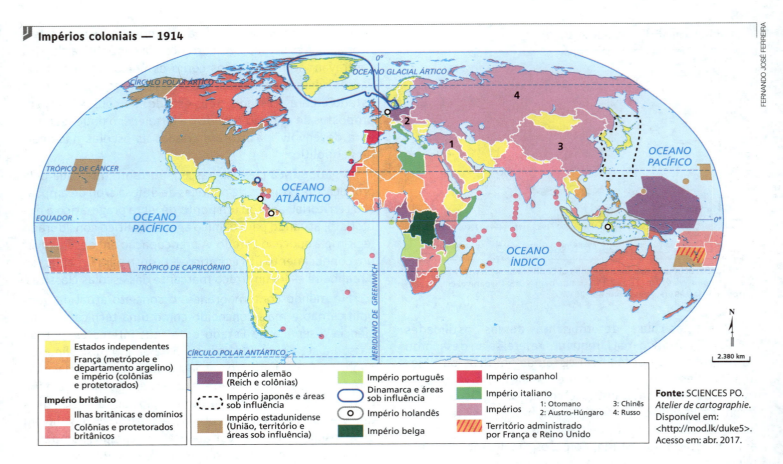

A África — que antes abrigava reinos e espaços étnicos culturais — teve seu território retalhado pelas potências europeias que o disputavam. Em princípio, as possessões europeias estendiam-se bem próximo do litoral, e o interior do continente permanecia praticamente sob o domínio de soberanias tribais nativas.

A partir do Congresso de Berlim (1884-1885), e principalmente após seu término, ocorreu a efetiva partilha da África. A ocupação colonial deu-se, em alguns casos, por intermédio de tratados assinados entre dirigentes tribais e representantes dos impérios coloniais; isso garantia aos nativos proteção contra prováveis invasões de etnias vizinhas. Em outros casos, expedições militares avançaram sobre o território tomando-o por meio de intervenções diretas com o uso da violência contra as etnias que apresentavam resistência.

Nesse processo, a organização espacial preexistente e as realidades sociopolíticas africanas foram ignoradas pelos poderes coloniais. Estes passaram a impor aos povos africanos, além de novos limites territoriais, os usos e costumes europeus, o idioma de suas metrópoles e as formas de organização arquitetônica e administrativa.

O processo de emancipação desses países da África assim criados foi desencadeado no fim dos anos 1950 e se completou em 1975 — quando Angola, Moçambique, Guiné Bissau, Cabo Verde e São Tomé e Príncipe (ex-colônias portuguesas) alcançaram a independência. Após esta data Namíbia (1990), Eritreia (1993) e Sudão do Sul (2011) tornaram-se independentes da África do Sul, Etiópia e Sudão, respectivamente.

Após a independência, os países africanos mantiveram, em quase todos os casos, as fronteiras herdadas da colonização. Embora possa parecer estranha, essa atitude política assumida pelos novos líderes dos Estados africanos baseou-se no temor de que incontroláveis guerras étnicas e tribais se desencadeassem para refazer o conjunto dos traçados fronteiriços. Por isso, os Estados africanos são invariavelmente multiétnicos, e alguns abrigam mais de uma centena de grupos etnolinguísticos. A maior parte das nações africanas subsaarianas não conseguiu instituir bases políticas, jurídicas e econômicas fortes, visto que continuaram muito dependentes de suas antigas metrópoles. As rivalidades étnicas não desapareceram e conflitos entre países e guerras civis ainda são constantes nessa região.

Para assistir

Hotel Ruanda

África do Sul/EUA/Itália, 2004. Direção de Terry George. Duração: 121 min.

O filme conta a história de um gerente de hotel em Kigali (capital de Ruanda), que salvou milhares de pessoas durante a guerra civil entre tútsis e hutus em 1994.

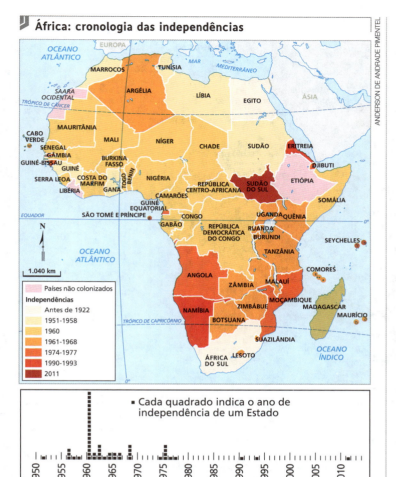

África: cronologia das independências

Fonte: SCIENCES PO. *Atelier de cartographie*. Disponível em: <http://mod.lk/q2s8e>. Acesso em: abr. 2017.

O Sudão do Sul depois de sua independência passou a enfrentar conflitos internos, ligados a disputas étnicas, o que gera instabilidade política, deslocamento de população e problemas econômicos resultantes da diminuição da produção petrolífera.

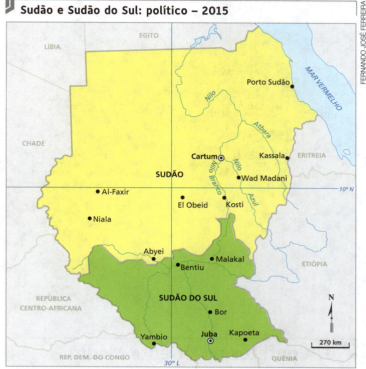

Sudão e Sudão do Sul: político – 2015

Fonte: SCIENCES PO. *Atelier de cartographie*. Disponível em: <http://mod.lk/sdirl>. Acesso em: abr. 2017.

A independência do Sudão do Sul

Desde sua independência (em 1956), inúmeros conflitos internos afetaram a porção sul do Sudão. A guerra civil entre as populações da porção norte (majoritariamente muçulmana e de origem árabe, que controlava o governo) e a porção sul (majoritariamente negra, cristã ou animista) culminou com a catástrofe humanitária ocorrida na região de Darfur, no oeste do país, entre 2002 e 2004.

A disputa por recursos naturais, sobretudo terras e água potável, foi o propulsor do acirramento das hostilidades entre populações do norte e do sul do país: 110 mil habitantes do sul fugiram de perseguições e buscaram abrigo no vizinho Chade, e mais de 10 mil foram mortos na região, em um ano e meio de enfrentamentos.

A pressão internacional (organismos e países) fez com que o governo sudanês cedesse e abrisse diálogo visando à independência da porção sul.

O tratado que deu início ao processo de independência do agora Sudão do Sul foi assinado em 9 de janeiro de 2005 e previa que a decisão sobre a secessão seria tomada em um referendo com os eleitores sulistas. A consulta popular ocorreu no início de 2011, e a independência foi aprovada por mais de 98% dos votos.

Animismo. Crença de que elementos da natureza, como o mar, a floresta e o céu, possuem uma essência espiritual.

A expansão de grupos extremistas

A atividade de grupos radicais tem se intensificado na última década no continente africano.

Rivalidades políticas, sociais e religiosas estão encontrando sua expressão fora da arena política ou da disputa pelo poder estatal, por meio da atuação de grupos armados que utilizam ações criminosas, como sequestros, tráfico de drogas e armas e contrabando de matérias-primas, como principal fonte de financiamento.

Os grupos mais ativos no território africano são Boko Haram, Al-Shabab, Al-Qaeda e o Exército de Resistência do Senhor.

No Sahel e no Chifre da África ocorrem confrontos violentos entre grupos rebeldes e forças governamentais.

Os extremistas aumentaram seu poder bélico e atacam indiscriminadamente a população civil, a quem procuram impor rígidos códigos morais. Sua capacidade de manter o domínio de vastas porções territoriais no Mali e na Somália, por exemplo, põe em xeque a própria existência soberana desses Estados.

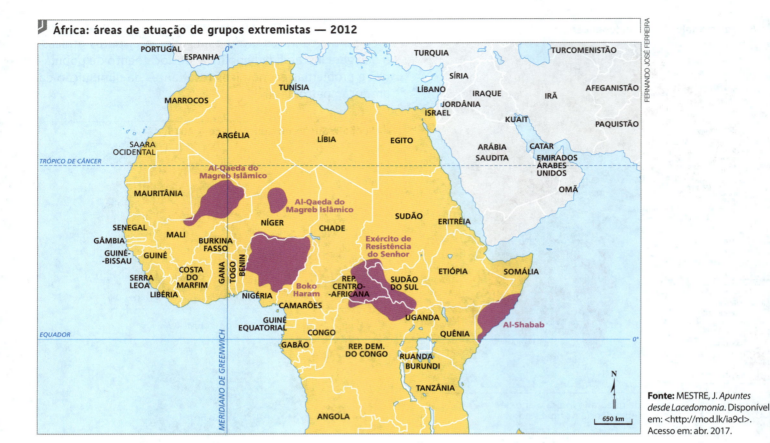

África: áreas de atuação de grupos extremistas — 2012

Fonte: MESTRE, J. *Apuntes desde Lacedomonia*. Disponível em: <http://mod.lk/ia9cl>. Acesso em: abr. 2017.

3. Conflitos no Oriente Médio

Localizado no sudoeste da Ásia, o Oriente Médio constitui uma área de confluência dos continentes europeu, africano e asiático, fazendo ligação entre o Ocidente e o Extremo Oriente, por isso tem uma posição estrategicamente importante desde a Antiguidade.

Atualmente, o Oriente Médio abriga um conjunto de Estados, genericamente limitado pelos mares Negro, Cáspio, Mediterrâneo, Vermelho e Arábico (este no oceano Índico) e pelo Golfo Pérsico.

Do ponto de vista econômico, há grandes disparidades entre os Estados da região. Os países localizados em torno da região do Golfo Pérsico — Arábia Saudita, Catar, Kuait, Barein e Emirados Árabes Unidos, onde se situam as grandes reservas de petróleo — exibem alta renda *per capita*, embora essa renda não elimine as evidentes disparidades sociais. O Irã e o Iraque, apesar de grandes produtores de petróleo, têm renda *per capita* bem menor que a de seus vizinhos no Golfo Pérsico.

Dois países da região, Israel e Turquia, não têm expressão na produção petrolífera; em contrapartida, apresentam uma economia mais diversificada, especialmente o primeiro, que se destaca na produção industrial de alta tecnologia e é o país mais desenvolvido do Oriente Médio. O Afeganistão e o Iêmen estão entre os menos desenvolvidos do mundo.

A região do Golfo Pérsico é estratégica em termos geopolíticos por causa do petróleo. O frágil equilíbrio de forças na região é de interesse dos principais atores do cenário político mundial.

Oriente Médio: população — 2016

Países	População (milhões hab.)	Variação média anual da população (%) 2010-2016
Afeganistão	33,4	2,9
Arábia Saudita	32,2	2,3
Barein	1,4	1,7
Catar	2,3	4,3
Emirados Árabes Unidos	9,3	1,8
Iêmen	27,5	2,5
Irã	80,0	1,3
Iraque	37,5	3,3
Israel	8,2	1,6
Jordânia	7,7	2,9
Kuait	4,0	1,8
Líbano	6,0	5,4
Omã	4,7	7,6
Palestina*	4,8	2,7
Síria	18,6	−1,8
Turquia	79,6	1,6

* Inclui Jerusalém Oriental. Em 29 de novembro de 2012, a Assembleia Geral das Nações Unidas aprovou a Resolução 67/19, que conferiu à Palestina "status de Estado observador não membro das Nações Unidas".

Fonte: UNFPA. *Relatório sobre a situação da população mundial 2016*, p. 100-105. Disponível em: <http://mod.lk/xaqa1>. Acesso em: abr. 2017.

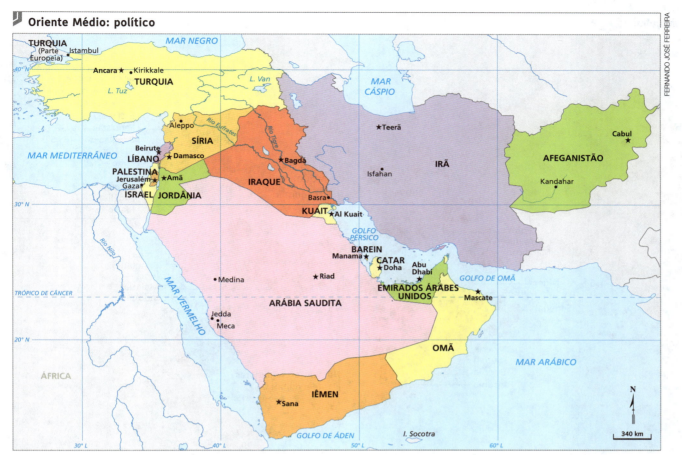

Fonte: IBGE. *Atlas geográfico escolar*. 7. ed. Rio de Janeiro: IBGE, 2016. p. 49.

O mosaico étnico-religioso

O Oriente Médio abriga grande variedade de povos e foi berço de três grandes religiões monoteístas (o islamismo, o judaísmo e o cristianismo), mas são a origem árabe e o islamismo que o caracterizam cultural e historicamente.

O povo árabe tem origens muito remotas na Península Arábica, de onde se espalhou para amplas áreas da Ásia Ocidental e do Norte da África. Atualmente, são somente quatro os países do Oriente Médio que não fazem parte do chamado mundo árabe: Turquia, Irã, Afeganistão e Israel. Isso não significa, porém, superioridade demográfica, pois, em números absolutos, a população árabe reúne pouco menos que a metade da população total da região.

O islamismo (também chamado de religião muçulmana ou maometana) originou-se em **Meca**. Difundida pelos povos árabes, a religião islâmica ganhou, ao longo dos séculos, adeptos em amplas áreas da Ásia Ocidental, Ásia Central e Ásia Meridional, na África do Norte e no Sahel, e até em algumas áreas dos Bálcãs. O mundo muçulmano compreende majoritariamente o mundo árabe, mas supera em grande medida as fronteiras deste último (veja o mapa da página a seguir).

Meca. Cidade santa localizada na atual Arábia Saudita, onde nasceu seu profeta, Maomé, que no início do século VII criou e divulgou sua doutrina.

Os países do Oriente Médio — com exceção de Israel — têm maioria quase absoluta de islâmicos. Os dois principais grupos representativos dessa religião são os **xiitas** e os **sunitas** — estes são resultantes de uma cisão que remonta há muitos séculos, relacionada à questão da legitimidade dos sucessores do profeta Maomé. A transposição dessa cisão ao plano político tem sido fonte de tensões e conflitos, gerando constante instabilidade em países como Iraque, Iêmen, Síria e Líbano.

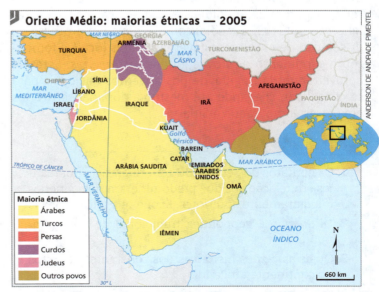

Fonte: SMITH, Dan. *O atlas do Oriente Médio*: o mapeamento completo de todos os conflitos. São Paulo: Publifolha, 2008. p. 115.

Capítulo 27 • Tensões e conflitos 537

O mundo muçulmano — 2012

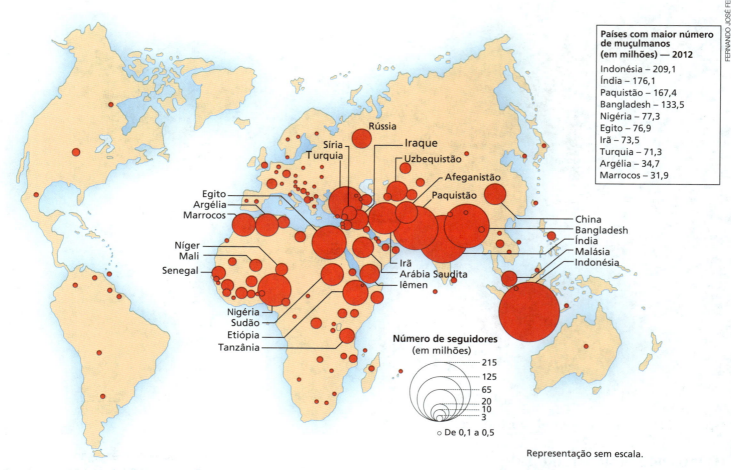

Países com maior número de muçulmanos (em milhões) — 2012

Indonésia – 209,1
Índia – 176,1
Paquistão – 167,4
Bangladesh – 133,5
Nigéria – 77,3
Egito – 76,9
Irã – 73,5
Turquia – 71,3
Argélia – 34,7
Marrocos – 31,9

Representação sem escala.

Fontes: SCIENCES PO. *Atelier de cartographie*. Disponível em: <http://mod.lk/swkod>; *Oriente Médio em foco*. Disponível em: <http://mod.lk/bzoiw>. Acessos em: abr. 2017.

Intervenções dos Estados Unidos

Durante a primeira década do século XXI, o governo dos Estados Unidos realizou invasões e promoveu uma política externa agressiva, fundamentada na ideia de guerra ao terror. As ações estadunidenses, longe de alcançar a estabilização do Oriente Médio, conduziram a um processo de dissolução de estruturas governamentais locais e fomentou o surgimento de novos grupos extremistas. Estes se aproveitaram da fragilidade dos governos nacionais para se consolidar, chegando até mesmo a dominar territórios em países como Iraque e Síria.

QUESTÕES

1. Os conflitos do século XXI têm diferenças marcantes em relação aos que predominaram nos períodos imediatamente anteriores. Explique a afirmação.
2. Diferencie a geopolítica tradicional da nova geopolítica.
3. Quais as razões históricas dos constantes conflitos no continente africano?
4. Faça a distinção entre árabes e muçulmanos.

Depois dos atentados de 11 de setembro de 2001 às Torres Gêmeas, em Nova York, o governo estadunidense arrogou-se o direito de atacar preventivamente qualquer país que representasse, segundo seus critérios, uma ameaça à sua segurança nacional. Por essa estratégia (consubstanciada na **Doutrina Bush**), além do Afeganistão, outros três países poderiam, em um primeiro momento, ser alvo do propalado ataque preventivo: o Iraque, o Irã e a Coreia do Norte, sob a alegação de que os governos desses países possuiriam armas de destruição em massa (cuja tecnologia poderia ser eventualmente repassada para grupos extremistas) ou dariam guarida a grupos terroristas antiestadunidenses.

Doutrina Bush. Política externa de George W. Bush, presidente dos Estados Unidos (2001-2009), que dava ao país o direito de depor regimes e atacar preventivamente Estados considerados ameaça aos interesses estadunidenses.

Já no mês seguinte ao dos atentados, as Forças Armadas estadunidenses, com a ajuda da Inglaterra, desfecharam fortes ofensivas no território afegão para combater o regime fundamentalista talibã e capturar Osama Bin Laden, líder do grupo Al-Qaeda, responsabilizado pelo 11 de setembro e que foi executado por forças militares dos Estados Unidos, no Paquistão, vários anos depois da ofensiva ao Afeganistão, em maio de 2011. Os Estados Unidos retiraram os talibãs do governo, mas, num país multiétnico, com características tribais, muito pobre, o talibã continua combatendo por meio de guerrilhas as forças legais do Afeganistão e dos Estados Unidos.

Em 2003, em uma ação que não teve o respaldo da ONU e foi repudiada por grande parte da comunidade internacional, os Estados Unidos invadiram o Iraque justificando que esse país escondia armas de destruição em massa e tinha ligações com o terrorismo — alegações nunca confirmadas. Na realidade, muitos especialistas afirmam que os Estados Unidos queriam ter mais um país aliado no instável Oriente Médio e controle sobre as imensas reservas iraquianas de petróleo. Os Estados Unidos derrubaram o presidente do Iraque Saddam Hussein. Esse fato enfraqueceu o governo iraquiano, o que acirrou as disputas internas entre sunitas e xiitas. Além disso, o país fragilizado ficou sujeito a ataques terroristas promovidos por grupos radicais, como a Al-Qaeda e, mais recentemente, o autodenominado Estado Islâmico, que controla áreas da Síria e do Iraque.

As revoltas tiveram como origem estrutural o desemprego, sobretudo o dos mais jovens. Ainda que as principais reivindicações das revoltas fossem relativas ao fim dos governos autoritários e à promoção de eleições livres, além delas existiam outras demandas sociais urgentes, como o combate ao desemprego e a desigualdade de renda da população.

A organização dos protestos não estava ligada diretamente a partidos políticos ou a grupos ideológicos que os desencadeassem. Elas formaram-se por meio da multiplicação de contatos em redes sociais digitais, aliados a órgãos tradicionais de oposição, como a Fraternidade Muçulmana, no Egito, ou grupos oposicionistas exilados, como ocorreu na Líbia.

Manifestantes egípcios protestam na praça Tahir, símbolo das revoltas populares no mundo árabe, no centro do Cairo (Egito, 2013).

Tropas afegãs e estrangeiras bloqueando estrada próxima ao local de ataque suicida talibã com carro-bomba, que tinha como alvo as tropas da Otan, em Cabul, e que matou pelo menos 20 pessoas, em 2010.

A Primavera Árabe

A Primavera Árabe é o nome como ficou conhecida a onda de levantes populares que se iniciou em 2011 na Tunísia e se espalhou por vários países do norte da África e do Oriente Médio, como Egito, Líbia, Síria, Iêmen e Barein.

Mudanças políticas aconteceram rapidamente na Tunísia e no Egito, onde os presidentes (respectivamente Ben Ali e Hosni Mubarak), que se perpetuavam havia décadas no poder, renunciaram em virtude das manifestações populares. A Líbia, governada durante 42 anos por Muamar Khadafi, passou por uma sangrenta guerra civil. A dura repressão aos revoltosos gerou uma reação das Nações Unidas, que autorizaram a Otan a bombardear as tropas fiéis ao governo, que estava dizimando a população civil. Como resultado, a ação militar da Otan e o avanço de grupos militares rebeldes derrubaram o governo de Khadafi, mas, até o momento, a Líbia não conseguiu se reunificar sob um único governo, estando dividida entre dois grupos que disputam o poder político.

Jovem rebelde exibe sua granada durante uma batalha contra a poderosa força das tropas do governo de Muammar Khadafi (Líbia, 2011).

Na Síria e no Iêmen, as manifestações populares foram reprimidas com extrema violência. O presidente iemenita Abdullah Saleh afastou-se do cargo no fim de 2011, o que originou uma guerra civil em que sunitas, apoiados pela Arábia Saudita, e xiitas, apoiados pelo Irã, disputam o controle do país. Bashar Al Assad, o governante sírio, enfrenta o isolamento internacional e a fragmentação do território sírio, parcialmente controlado por grupos rebeldes.

A fragilidade dos governos sírio e iraquiano fortaleceram as pretensões à autonomia do povo curdo. Eles constituem um grupo étnico nativo de um território do Oriente Médio denominado Curdistão, hoje dividido entre Síria, Iraque, Irã e Turquia. Os curdos são hoje uma força política relevante no cenário da guerra civil da Síria, controlando importantes cidades e combatendo o autodenominado Estado Islâmico.

O Estado Islâmico

Após as revoltas da Primavera Árabe, um grupo dissidente da Al-Qaeda, denominado Estado Islâmico (EI), emergiu como força militar e política. Seus militantes defendem o ressurgimento do califado. Trata-se da antiga denominação da forma de governo iniciada após a morte do profeta Maomé, no século VII, que representa a unidade de todos os muçulmanos sob um Estado único, governado de acordo com preceitos religiosos. O último califado foi o Império Otomano, dissolvido após a Primeira Guerra Mundial.

A princípio, o Estado Islâmico era um braço da Al-Qaeda na região conhecida como Levante, ou seja, a região do Oriente Médio mais próxima ao Mediterrâneo, atuando em países como Síria e Líbano. Divergências internas levaram ao rompimento com a Al-Qaeda, que discorda da estratégia de ocupação e controle de territórios estabelecida pelo EI.

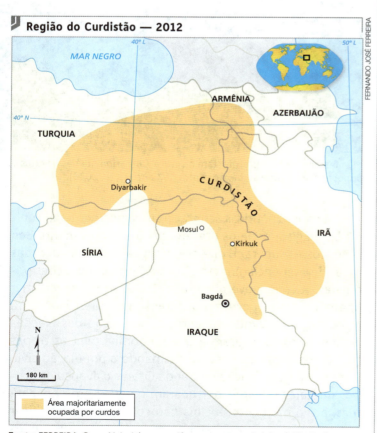

Fonte: FERREIRA, Graça M. L. *Atlas geográfico*: espaço mundial. 4. ed. São Paulo: Moderna, 2013. p. 100.

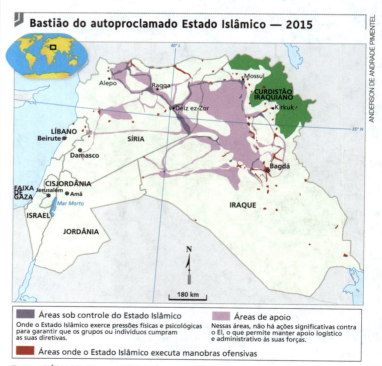

Fonte: PÚBLICO. 29 mar. 2015. Disponível em: <http://mod.lk/3hzhn>. Acesso em: abr. 2017.

Nos territórios sob seu domínio, que chegaram a abranger em 2015 uma população estimada de 8 milhões de pessoas, o EI estabeleceu estruturas administrativas e passou a explorar recursos naturais como o petróleo. Por meio de uma rede de contrabando, estima-se que consiga arrecadar cerca de 1,5 milhão de dólares por dia com a venda de combustível. Seus militantes também cobram taxas da população local e comercializam ilegalmente antiguidades, saqueadas de museus e sítios históricos e arqueológicos sob seu domínio.

O grupo notabilizou-se pela crueldade de seus métodos, pelo radicalismo de seu discurso contrário ao estilo de vida ocidental e pelo uso sistemático das redes de comunicação *on-line* para a divulgação de seus propósitos e arregimentação de seguidores ao redor do mundo. O grupo consegue mobilizar indivíduos na Europa e nos Estados Unidos, incitando a realização de atentados terroristas.

A intensidade dos combates gerou enorme fluxo de refugiados e, consequentemente, uma crise humanitária de grandes proporções. Até 2015, estima-se que mais de 8 milhões de sírios fugiram de suas casas à procura de abrigo em outros países ou em localidades da própria Síria menos afetadas pelos combates. Esse número representa mais de um terço da população total do país.

Países como Líbano, Jordânia e Turquia são os que mais recebem refugiados sírios. A partir da Turquia, muitos deles tentam chegar ao continente europeu, atravessando a fronteira com a Grécia.

O campo de refugiados de Zaatari, na Jordânia, tornou-se em menos de três anos a quarta maior cidade do país, abrigando aproximadamente 160 mil pessoas. (Foto de 2015.)

Bombardeio sobre um templo romano efetuado pelo Estado Islâmico na cidade de Palmira (Síria), em 2015.

Síria: guerra civil e geopolítica

A dinâmica do conflito interno da Síria, iniciado com a Primavera Árabe em 2011 e intensificado pela ação do autoproclamado Estado Islâmico, desencadeou consequências em nível regional e global.

A Síria representa um ponto estratégico para o controle do Oriente Médio: faz fronteira com a Turquia, o Iraque, o Líbano, a Jordânia e Israel — palco dos principais conflitos da região, motivados por diferenças étnico-religiosas, como a questão do povo curdo e o conflito árabe-israelense com suas consequências regionais. A Síria é também o último aliado da Rússia no Oriente Médio desde a Guerra Fria e seu território está na passagem do transporte de gás e petróleo para a região, como de abastecimento de material militar para grupos rebeldes no Líbano e nos territórios palestinos. Ainda no plano regional, a guerra civil síria inscreve-se na crescente rivalidade entre Arábia Saudita e Irã, que disputam cada vez mais a liderança política do mundo árabe.

De acordo com a ONU, uma média de 6 mil sírios abandonam suas casas todos os dias. Apesar de enfrentarem riscos no deslocamento a outras localidades, estes são menores do que o risco que correm permanecendo em zonas de guerra, onde aumentam as situações de fome e desnutrição, além do alastramento de doenças pela falta de medicamentos.

Edifícios destruídos na cidade de Homs, em 2016, outrora um dos maiores centros urbanos da Síria, hoje praticamente em ruínas pelos conflitos que arrasam o país.

Israel e a Questão Palestina

Desde o fim da Segunda Guerra Mundial, o Oriente Médio — região historicamente disputada — tem sido considerado a principal zona de conflito do globo. As rivalidades não são apenas entre Estados; elas existem também no interior de alguns países, expressando-se na forma de conflitos separatistas e guerras civis. Nesse cenário, os conflitos mais persistentes e de maior dimensão política e bélica têm sido os que envolvem países árabes, Israel e palestinos.

A Palestina é uma região histórico-geográfica cuja superfície, de aproximadamente 27 mil quilômetros quadrados, pode ser comparada à do estado de Alagoas. Seus limites são o Líbano, a Síria, a Jordânia e o Egito. Banhada pelo mar Mediterrâneo, comunica-se, ao sul, com o mar Vermelho, através do Golfo de Ácaba. Os históricos conflitos entre árabes e israelenses ocorrem pela posse desse território.

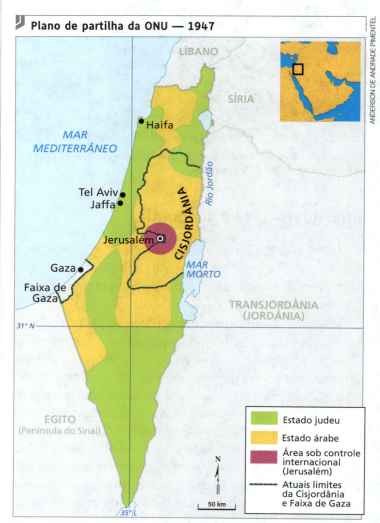

Fonte: IBGE. *Atlas geográfico escolar*. 7. ed. Rio de Janeiro: IBGE, 2016. p. 49.

A ocupação judaica recente dessa região está ligada à formação do movimento sionista. Em 1896, o escritor judeu austro-húngaro Theodor Herzl lançou, em seu livro *O Estado judeu*, as bases de um movimento político-religioso que defendia a criação de um Estado nacional para os judeus.

No 1º Congresso Mundial Sionista, realizado na Basileia, Suíça, em 1897, foi aprovado um programa de compra de terras com essa finalidade, embasado nos processos de unificação da Itália e da Alemanha. O movimento optou pela aquisição de terras na Palestina, região historicamente ligada às tradições judaicas. Inspirados por esse sentimento nacionalista, milhares de judeus iniciaram intensa migração à região. O sionismo cresceu e, com o financiamento de judeus do mundo inteiro, seus integrantes compraram muitas terras na Palestina.

Os palestinos, por sua vez, foram cada vez mais pressionados a deixar suas terras, pois eram agricultores pobres e não tinham como competir com os investimentos maciços do movimento.

Em 1947, a ONU aprovou a criação de um Estado judeu e outro Palestino, e de uma região sob controle internacional, onde estariam as cidades de Belém e Jerusalém.

O Estado de Israel foi fundado em maio de 1948, embora o Estado Palestino nunca tenha sido concretizado. No dia seguinte à proclamação da independência de Israel, cinco Estados árabes vizinhos — Egito, Síria, Iraque, Transjordânia (atual Jordânia) e Líbano — invadiram o novo país. A vitória israelense, nesse conflito, permitiu a Israel aumentar seu território e anexar parte das terras, passando a controlar 78% do território da Palestina. As regiões da Faixa de Gaza e da Cisjordânia (inclusive a metade oriental de Jerusalém) — que representavam os 22% restantes — foram ocupadas, respectivamente, pelo Egito e pela Jordânia.

Fonte: OLIC, N. B.; CANEPA, Beatriz. *Oriente Médio e a Questão Palestina*. São Paulo: Moderna, 2003. p. 73.

Palestina — 1949-1967

Legenda:
- Fronteiras fixadas pelo plano de partilha da ONU
- Fronteiras de Israel após a guerra de 1948/49
- Anexações israelenses
- Incorporado à Jordânia
- Incorporado ao Egito

Fonte: OLIC, N. B.; CANEPA, Beatriz. *Oriente Médio e a Questão Palestina*. São Paulo: Moderna, 2003. p. 75.

A guerra iniciada em 1948 durou até janeiro de 1949, quando Israel ocupou toda a Galileia e o Deserto de Neguev, ampliando sua área original em mais de 40%. De fevereiro a julho de 1949, foram assinados armistícios, sem a concretização de um tratado de paz. Como resultado desses acordos, parte do que seria o Estado Árabe-Palestino foi anexada a Israel; a outra parte, correspondente à Cisjordânia, foi anexada à então Transjordânia, constituindo o Reino Hachemita da Jordânia. A Faixa de Gaza passou para o controle egípcio e Jerusalém foi dividida, ficando a parte oriental sob administração jordaniana e a parte ocidental sob administração israelense.

A luta pela recuperação dos territórios ocupados por Israel e pela criação de um Estado soberano deu início à chamada Questão Palestina.

Nos conflitos posteriores, os israelenses conquistaram territórios de seus vizinhos fora da Palestina. Na Guerra dos Seis Dias (1967), anexaram a Península do Sinai (do Egito), as colinas de Golã (da Síria) e a Cisjordânia (território palestino sob controle da Jordânia), além de incorporar a parte oriental da cidade de Jerusalém.

Das reiteradas resoluções da ONU pela restituição desses territórios, resultou apenas a devolução da Península do Sinai ao Egito, acertada nos Acordos de Camp David, de 1979. Intermináveis negociações entre sírios e israelenses não chegam a um consenso sobre a questão das colinas de Golã. A Faixa de Gaza, a Cisjordânia e Jerusalém Oriental, por sua vez, continuam intensificando o complexo problema geopolítico conhecido como Questão Palestina.

O Estado Palestino

A dificuldade de um possível acordo entre Israel e os palestinos deve-se, principalmente, às dificuldades de controlar os posicionamentos extremistas de ambos os lados. No caso israelense, há duas forças políticas majoritárias e antagônicas: o Partido Trabalhista e o Likud. Os trabalhistas são favoráveis aos acordos de paz que levem segurança para região. O partido Likud, por sua vez, congrega forças da direita e grupos fundamentalistas religiosos e defende o controle de terras por Israel nas regiões de Gaza e Cisjordânia.

Além da indefinição sobre Jerusalém, outro aspecto de difícil solução é o destino de cerca de 3 milhões de refugiados palestinos que foram obrigados a viver em países vizinhos. A Organização para a Libertação da Palestina (OLP) reivindica o retorno deles ao território palestino, mas Israel discorda, pois isso ampliaria a população palestina na região.

Em resposta a essa reivindicação, os últimos governos liderados pelo Likud têm estimulado a ocupação de terras palestinas por colonos judeus, ampliando as fontes de tensão.

A expansão dos assentamentos de colonos judeus em terras palestinas é mais um dos entraves à paz entre palestinos e israelenses (Cisjordânia, território palestino, 2016).

A estratégia de ocupação tem sido criar colônias agrícolas que alojam trabalhadores judeus, os quais, uma vez instalados, não saem das terras de onde retiram seu sustento. Além disso, o Likud aprovou a construção de um muro separando Israel da Cisjordânia. Essa atitude intensificou a segregação espacial na região (veja mapa da página seguinte).

A Palestina está dividida: a Autoridade Palestina (menos refratária ao Ocidente e a acordos de paz com Israel) governa a Cisjordânia, enquanto o Hamas domina a Faixa de Gaza. Esse grupo prega a devolução dos territórios palestinos ocupados por Israel e está no poder desde 2007.

A luta dos palestinos pela base territorial de seu Estado iniciou-se em 1948, mas foi somente em 1964 que se constituiu uma organização representativa de seus interesses e com visibilidade internacional: a Organização para a Libertação da Palestina (OLP) — que foi liderada por Yasser Arafat de 1969 a 2004.

Cisjordânia: situação territorial — 2006

Fonte: FERREIRA, Graça M. L. *Atlas geográfico*: espaço mundial. 4 ed. São Paulo: Moderna, 2013. p. 103.

Observe na tabela a seguir alguns dados socioeconômicos comparativos entre Israel, Cisjordânia e a Faixa de Gaza.

Israel e territórios palestinos: condições socioeconômicas — 2016

		Faixa de Gaza	Cisjordânia	Israel
Força de trabalho (por ocupação)	Agricultura (%)	5,2	11,5	1,1
	Indústria (%)	10,0	34,4	17,3
	Serviços (%)	84,8	54,1	81,6
Taxa de desemprego (%)		26,1	17,7	5,0
Taxa de natalidade (%)		32,3	26,7	18,3
Taxa de mortalidade (%)		3,2	3,5	5,2
População abaixo da linha de pobreza (%)		30,0	18,0	22,0

Fonte: CIA. *The world factbook*. Disponível em: <http://mod.lk/px5o4>. Acesso em: abr. 2017.

Em 2012, a ONU reconheceu o Estado da Palestina como observador "não membro" da organização, o que significa um reconhecimento implícito da existência do Estado Palestino no Oriente Médio, embora ele não exista em termos físicos. Israel, Estados Unidos e mais 39 países votaram contra esse reconhecimento, mas é uma vitória dos palestinos em nível internacional.

A água e a geopolítica da Palestina

Quando se discute o conflito árabe-israelense e a Questão Palestina, o foco é quase sempre político, religioso e econômico, omitindo-se questões de caráter socioambiental relacionadas diretamente à escassez hídrica regional. O Rio Jordão e seus afluentes, por exemplo, são fontes permanentes de tensão entre os países drenados por eles.

Considerando que para Israel a água é um problema de segurança nacional, isso constitui por si só um dos maiores obstáculos para que esse país chegue a um acordo de paz com os palestinos. Além disso, a água tem uma dimensão ideológico-religiosa para os judeus: os primeiros sionistas que chegaram à Palestina, em retorno à terra de seus antepassados, cultuavam a ideia do deserto que floresce com as águas.

Em Israel, a falta de água é uma ameaça em um futuro próximo. São necessários volumes crescentes para a agricultura irrigada no Deserto de Neguev, ao sul do país, assim como para a expansão urbana e a política de assentamentos de colonos (em particular, na Cisjordânia ocupada), principalmente considerando que não existem outros recursos hídricos disponíveis. Há outras formas de obtenção de água potável por meios industriais, como a reciclagem e a dessalinização da água do mar, porém são altamente dispendiosas e não fornecem as quantidades suficientes.

Há muito tempo Israel vem recorrendo a águas subterrâneas, em quantidades cada vez maiores. Essa prática beneficia, principalmente, seu território original e, nas áreas ocupadas, os colonos judeus.

Outro problema crucial na Palestina refere-se aos graves problemas sociais existentes. Enquanto Israel se estabeleceu como Estado forte e rico, os territórios palestinos enfrentam graves problemas de infraestrutura e de abastecimento. A elevada densidade populacional, as limitações territoriais e a dificuldade de acesso marítimo na Cisjordânia ampliam o isolamento palestino — agravado pelo permanente e rígido controle de segurança imposto por Israel a esses territórios. Esses fatores influem decisivamente para agravar ainda mais as precárias condições socioeconômicas da população palestina.

Mulheres palestinas participam de um comício em apoio ao Hamas (Faixa de Gaza, território palestino, 2013).

4. Terrorismo

Terror e terrorismo foram termos cunhados durante a Revolução Francesa, especialmente entre 1793 e 1794 — quando o Comitê de Salvação Pública assumiu o controle da França e foi responsável por um período de perseguições e violência conhecido como a Era do Terror, tendo à frente os revolucionários Maximilien Robespierre e Louis Saint-Just.

No século XIX, o método terrorista foi divulgado por autores anarquistas que justificavam a validade do uso da violência para derrubar governantes despóticos.

As ideias terroristas adentraram então o século XX. Vale lembrar que o assassinato do herdeiro do trono austríaco — em 1914, na cidade de Sarajevo, na Bósnia — foi o pivô da Primeira Guerra Mundial (1914-1918), além de ter sido de fato um atentado terrorista.

No início do século XXI, o terrorismo internacional atingiu, em 11 de setembro de 2001, os Estados Unidos. Posteriormente, outros ataques terroristas ocorreram em várias cidades, como em Madri (Espanha), Bali (Indonésia), Moscou (Rússia), Riad (Arábia Saudita), Karachi (Paquistão), Casablanca (Marrocos), Paris (França), Bruxelas (Bélgica) e Istambul (Turquia), evidenciando o grau de abrangência desses atos.

O autodenominado Estado Islâmico cometeu atentados terroristas em Paris, em janeiro de 2015, e outro de grandes proporções em novembro desse mesmo ano também na capital francesa, matando centenas de pessoas. Em março de 2016, Bruxelas foi palco de outro atentado promovido por esse grupo que se opõe aos valores e ao estilo de vida do Ocidente.

As ações terroristas da atualidade possuem uma abrangência internacional e em geral são praticadas por grupos, que têm como objetivo lutar contra os valores morais, políticos, sociais, econômicos e culturais do mundo ocidental.

Um atentado terrorista que detonou dez bombas em quatro trens lotados matou 191 pessoas em Madri, em março de 2004. Na foto, vítimas dos bombardeios recebem ajuda nas imediações da estação ferroviária de Atocha, em Madri (Espanha, 2004).

5. Redes ilegais

Um aspecto importante da globalização refere-se à forma como as novas tecnologias de circulação e comunicação passaram a influenciar a atuação das redes criminosas nas mais diferentes escalas.

Para o sociólogo Manuel Castells, um dos principais estudiosos da organização em redes no mundo globalizado, as atividades criminosas da atualidade tornaram-se um fenômeno de abrangência global ao integrar diferentes fluxos materiais e imateriais em suas ações.

Articulados mundialmente, os grupos criminosos infiltram-se e exercem influência marcante nos mais diversos setores da vida social.

Essa é também a constatação apresentada no relatório *A globalização do crime: uma avaliação da ameaça do crime organizado além das fronteiras*, editado em 2010 pelo Escritório das Nações Unidas sobre Drogas e Crime (UNODC). De acordo com o documento, a sociedade atual convive com riscos cada vez maiores, pois o crime organizado tornou-se um mercado em escala global, que ignora as fronteiras entre nações. Dessa forma, as redes agem indistintamente em diferentes pontos do globo terrestre, atuando em pequenas comunidades e também se vinculando às gigantescas estruturas transnacionais e aos polos financeiros internacionais.

As redes criminosas da atualidade atuam em inúmeras frentes, como o tráfico de armas, de drogas, de objetos de arte, de seres humanos (imigração ilegal, trabalhos forçados, prostituição e comércio ilegal de órgãos e de crianças); o desvio de dinheiro público; a pirataria e a biopirataria; o cibercrime (roubo de senhas eletrônicas, ataques por meio de vírus, etc.). Esses são alguns dos mais significativos ramos das atividades criminosas articuladas por **enormes redes ilícitas** internacionais. Muitas vezes denominadas máfias, essas organizações do crime encontram-se interconectadas.

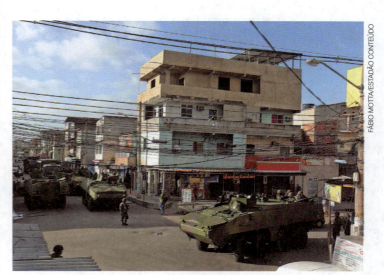

Operação das forças armadas para ocupação e expulsão dos traficantes de drogas e armas do Complexo da Maré, na Zona Norte do Rio de Janeiro (RJ, 2014).

Infográfico — Crime organizado sem fronteiras

Atento às mudanças geopolíticas e demandas não saciadas pelo mercado legal e outras oportunidades de lucro ilícito, o criminoso globalizado atualiza continuamente sua atividade para burlar as autoridades.

O crime organizado se estrutura como as grandes corporações transnacionais, com o objetivo do lucro máximo.
Disfarçadas entre empreendimentos comuns, organizações criminosas transnacionais criam laços com os mercados formais e com as sociedades dos países onde agem, infiltrando-se em instituições sociais importantes e vinculando-se a fiscais, políticos, juízes e outras autoridades para sonegar impostos, fraudar guias de importação e exportação, traficar drogas, armas e pessoas ou praticar outros crimes.

O maior consumo dos produtos traficados se dá nos países desenvolvidos do Hemisfério Norte. Esses países, por sua vez, exportam armas.

O Brasil é hoje mercado de consumo e rota de exportação para a cocaína colombiana.

O tráfico de mulheres do Brasil para a Europa é intenso. Em 2006, 51% das traficadas forçadas a trabalhar na Europa Ocidental eram dos Bálcãs ou da ex-União Soviética. Cerca de 13% eram sul-americanas e boa parte desse total, brasileiras.

Commodities ilícitas

A ONU listou o que considera os mais importantes produtos de exportação da economia criminosa dos últimos anos. Veja no mapa suas principais rotas.

- Heroína
- Cocaína
- Contrabando de imigrantes
- Tráfico de mulheres
- Falsificação de produtos
- Falsificação de remédios
- Armas
- Animais silvestres
- Madeira
- Ouro
- Cassiterita

E a espessura das setas?

Em representações gráficas como essa, a espessura das setas é geralmente proporcional a alguma quantidade, mas, como não existem dados precisos sobre o mundo do crime, a ONU fez setas que dão uma ideia de quais são os maiores fluxos, mas não seus valores exatos.

Lavanderia do crime

Para parecer "limpo", o dinheiro do crime é colocado disfarçadamente no sistema financeiro, ocultado com operações que dificultam a identificação de sua origem e integrado à economia legal em negócios de fachada. Veja como o extinto Cartel de Cali, da Colômbia, fazia isso nos anos 1980 e 1990.

Fonte: COAF. *Cartilha lavagem de dinheiro*: um problema mundial. Disponível em: <http://mod.lk/xllet>. Acesso em: abr. 2017; UNODC. The globalization of crime. Viena: United Nations, 2010.

1 Colocação
Milhões de dólares do tráfico de cocaína colombiana eram levados em dinheiro dos EUA para bancos pouco regulamentados no Panamá.

2 Ocultação
A próxima etapa era a transferência e retransferência desse montante por mais de 100 contas em nove países da Europa.

A extensa e desprotegida fronteira brasileira e a instabilidade política e social na África facilitaram o tráfico para a Europa, que dobrou o consumo de cocaína na primeira década do milênio, enquanto nos EUA ele caiu.

A globalização dos fluxos de capitais pelas bolsas de valores e grandes bancos facilitou a lavagem de dinheiro.

As guerras e os conflitos na África são abastecidos pelo tráfico de armas produzidas nos países desenvolvidos. O dinheiro para adquiri-las vem basicamente do tráfico de pedras preciosas, marfim, peles e outros produtos africanos vendidos ilegalmente para Europa, América e parte da Ásia.

Depois de passar por tantos bancos e países diferentes, o dinheiro era depositado em contas de empresas europeias de fachada.

3 Integração
"Lavado" e legalizado, os recursos iam para a Colômbia como investimentos europeus em imóveis e outros negócios de parentes de chefes do Cartel.

No Brasil, o Conselho de Controle das Atividades Financeiras (Coaf) monitora bancos, loterias, antiquários, imobiliárias e outros setores em busca de operações suspeitas de lavagem de dinheiro. Diversos casos de fraude fiscal, desvio de dinheiro público e corrupção política e administrativa já foram descobertos dessa maneira.

Capítulo 27 • Tensões e conflitos 547

6. Crime organizado na América Latina

Na América Latina, as redes criminosas agem particularmente no tráfico de drogas e na lavagem de dinheiro. No mapa a seguir, é possível observar as principais áreas de produção, rotas do tráfico e localização dos chamados **paraísos fiscais** na América Latina. Como indicam as informações desse mapa, a América do Sul representa um grande mercado produtor de cocaína e maconha.

A cocaína é uma droga produzida a partir da folha de coca, que é plantada principalmente na Colômbia, no Peru e na Bolívia. Os cartéis colombianos são os grandes responsáveis pela produção, refino e distribuição da droga na América do Sul, a qual segue pela Colômbia, Brasil e Peru para ser distribuída até chegar aos seus principais centros de consumo: Estados Unidos e Europa.

Os países latino-americanos passaram também a importar ópio do Sudeste Asiático e a produzir drogas sintéticas. Essas são mais difíceis de ser combatidas que as drogas naturais, em razão da dificuldade de localização dos "laboratórios", que podem funcionar em supostas residências.

A maior parte do transporte e da distribuição dessas drogas fica a cabo dos cartéis mexicanos, atualmente responsáveis por comercializar a droga nos Estados Unidos e no Canadá, grandes mercados consumidores.

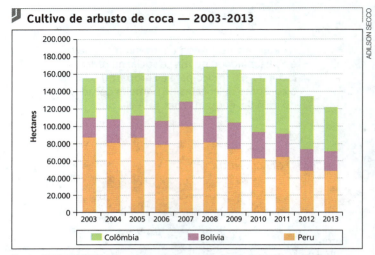

Fonte: UN/UNODOC. *Informe mundial sobre las drogas 2015*. Disponível em: <http://mod.lk/neut8>. Acesso em: abr. 2017.

Outras remessas — administradas por grupos colombianos e brasileiros — são transportadas do Brasil para a Europa e para a África ocidental, sobretudo para organizações nigerianas, que ampliam o esquema de distribuição desses produtos também no continente europeu.

Observe, no mapa da página seguinte, como operam os cartéis mexicanos. Esses grupos muitas vezes estão associados à distribuição de heroína, droga produzida a partir do ópio, extraído da papoula. O maior produtor é o Afeganistão e, segundo a ONU, o cultivo dessa planta cresce significativamente no país.

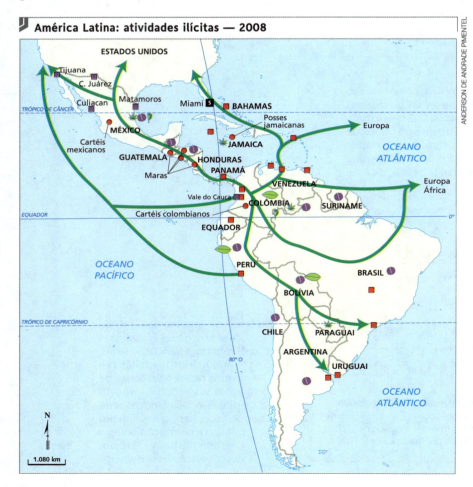

Paraísos fiscais. Países que oferecem vantagens tributárias, sigilo quanto à composição das empresas e à origem do dinheiro depositado em seus bancos, permitindo, assim, a lavagem de dinheiro.

Fonte: *Diplomatie Hors.* Paris: Areion Group, n. 14, dez. 2010-jan. 2011, p. 56.

México: tráfico de drogas — 2010

Rotas do tráfico de drogas
- Cocaína
- Efedra
- Maconha e metanfetamina
- Posterior distribuição (todas as drogas)

Fonte: THE ECONOMIST. *Kicking the hornets' nest*. Disponível em: <http://mod.lk/kb8li>. Acesso em: abr. 2017.

Para ler

O narcotráfico
Mário Magalhães. São Paulo: Publifolha, 2000. (Folha explica)
O livro explica o funcionamento do tráfico: do varejo nas favelas e periferias às organizações multinacionais que comandam o crime organizado.

Guerrilhas e narcotráfico na Colômbia

Desde os anos 1960, atuam na Colômbia as Forças Armadas Revolucionárias da Colômbia (Farc). A organização conta com cerca de 10 mil membros e chegou a controlar mais de um terço do território colombiano. Alguns especialistas acusam as Farc de receber dinheiro dos narcotraficantes, por meio de um "imposto revolucionário" cobrado das pessoas que vivem em sua área de controle.

Foram mortos alguns dos mais importantes líderes das Farc e, com isso, elas perderam cada vez mais seu poder. Mesmo assim, a organização tem buscado se reerguer, mantendo consigo cerca de 700 prisioneiros (que aguardam pagamento de resgate para serem libertados).

Na Colômbia, opera ainda o Exército de Libertação Nacional (ELN), movimento que também propõe a revolução popular. Com 3 mil membros, o ELN atua na fronteira com a Venezuela e se autofinancia por meio do dinheiro de sequestros e da cobrança do "imposto revolucionário".

Em 1981, com a intenção de combater a guerrilha, foram instituídas as Autodefesas Unidas da Colômbia (AUC) — grupo de extrema direita que é formado por membros e ex-membros do Exército e da polícia e que é financiado por latifundiários, grandes empresários e narcotraficantes.

As Farc hoje

O exército colombiano intensificou suas ações nos últimos anos contra a ação das Farc, que se uniram, muitas vezes, ao narcotráfico e passaram a recorrer a sequestros de militares para angariar fundos para o movimento.

No fim de 2010, algumas das principais lideranças das Farc morreram durante um confronto com o exército colombiano. Negociações entre a guerrilha e o governo estavam em andamento e reféns foram libertados, inclusive a ex-candidata à presidência da Colômbia, Ingrid Betancourt, que passou seis anos como refém.

Em 2013, a guerrilha e o governo colombiano voltaram a conversar e havia alguma esperança de que o conflito cessasse. As negociações se desenvolveram sob a mediação de Cuba. Em 2015, governo e guerrilha alcançaram um amplo entendimento que visa a deposição das armas pela organização e sua inserção na vida política do país, com a eventual anistia das partes envolvidas no confronto. Tudo indica que um acordo será assinado, pondo fim ao conflito.

No mapa a seguir, estão representadas as áreas do narcotráfico controladas pelas guerrilhas na Colômbia.

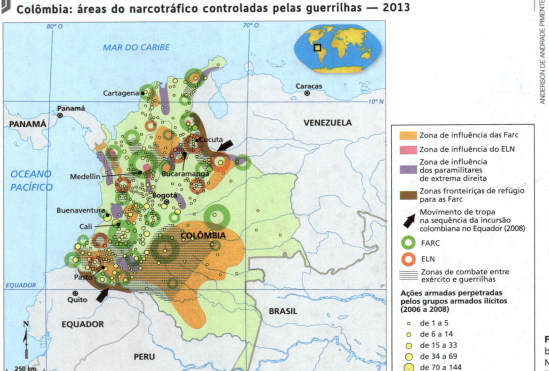

Colômbia: áreas do narcotráfico controladas pelas guerrilhas — 2013

Fonte: EL ECLÉTICO. *Convención Nacional*: la base de los diálogos de paz entre el Gobierno Nacional y el ELN. Disponível em: <http://mod.lk/nhe2w>. Acesso em: abr. 2017.

Você no mundo — Atividade em grupo — Debate

Interiorização da violência

A violência no Brasil é um fenômeno que se distribui desigualmente, de acordo com diversos critérios. Observe o gráfico e leia o texto que o acompanha.

Taxas de homicídio por área — 1980-2008

"Esse diferencial de ritmos, com Regiões Metropolitanas e Capitais estagnando ou caindo enquanto o interior continua crescendo, é o que denominamos [...] interiorização da violência, indicando uma mudança nos polos dinâmicos. Essa interiorização não significa que as taxas do interior sejam maiores que as dos grandes conglomerados urbanos. Significa, simplesmente, que é o Interior que assume a responsabilidade pelo crescimento das taxas de homicídios, e já não mais as Capitais ou as metrópoles."

Fonte (gráfico e texto): WEISELFISZ, J. J. *Mapa da violência* 2011: os jovens do Brasil. Disponível em: <http://mod.lk/5yocx>. Acesso em: abr. 2017.

A série histórica e as afirmações do texto indicam que a violência vem diminuindo ou mantém-se estagnada nas Regiões Metropolitanas e capitais, enquanto o número de mortes tem aumentado significativamente no interior do país, principalmente em municípios considerados pequenos.

Forme grupos e, com a ajuda do professor, organizem um debate em classe para refletir sobre as questões a seguir.

- Por que as taxas de violência no país são mais altas nas capitais e cidades de regiões metropolitanas do que nas cidades do interior? Como você analisa esse problema na cidade onde você mora?
- Quais são as situações de violência ou criminalidade constatadas em sua comunidade?
- Quais são as dificuldades para o combate ao crime e diminuição da violência nas grandes cidades e nas pequenas cidades do interior do país?

Por fim, organizem um texto coletivo com propostas para minimizar o problema da violência no país ou em sua cidade ou região.

Geografia e outras linguagens

Apesar de todos os sofrimentos da ocupação e da guerra, a Palestina continua a produzir arte e poesia. Conheça um de seus principais escritores, o poeta Mahmoud Darwish. Ele nasceu em 1942 na aldeia palestina de Birwa, próxima ao mar Mediterrâneo. Quando tinha seis anos de idade, a aldeia na qual morava foi totalmente destruída por soldados israelenses, numa operação que exilou cerca de 750 mil palestinos. Sua atuação política levou-o por diversas vezes a entrar em conflito com as autoridades de Israel.

Leia, a seguir, um de seus poemas.

A terra nos é estreita

"A terra nos é estreita. Ela nos encurrala no último desfiladeiro
E nós nos despimos dos membros
Para passar.
A terra nos espreme. Fôssemos nós o seu trigo para morrer e ressuscitar.
Fosse ela a nossa mãe para se compadecer de nós.
Fôssemos nós as imagens dos rochedos
que o nosso sonho levará como espelhos.
Vimos o rosto de quem, na derradeira defesa da alma,
o último de nós matará.
Choramos pela festa dos seus filhos e vimos o rosto
Dos que **despenham** nossos filhos pela janela deste último espaço.
Espelhos que a nossa estrela polirá.
Para onde irmos após a última fronteira?
Para onde voarão os pássaros após o último céu?
Onde dormirão as plantas após o último vento?
Escreveremos nossos nomes com vapor
carmim, cortaremos a mão do canto para que nossa carne o complete.
Aqui morreremos. No último desfiladeiro.
Aqui ou aqui... plantará oliveiras
Nosso sangue."

DARWISH, Mahmoud. A terra nos é estreita. Em: *A terra nos é estreita e outros poemas*. Tradução de Paulo Farah. São Paulo: Edições Bibliaspa, 2012.

QUESTÕES

1. Converse com seus colegas sobre as imagens presentes no poema e relacione-as com o contexto social da Palestina.
2. Com o auxílio de seu professor de Língua Portuguesa e Literatura, promova em classe uma leitura expressiva do poema de Mahmoud Darwish, enfatizando a emotividade de seus versos.

Despenhar. Jogar(-se) de grande altura.

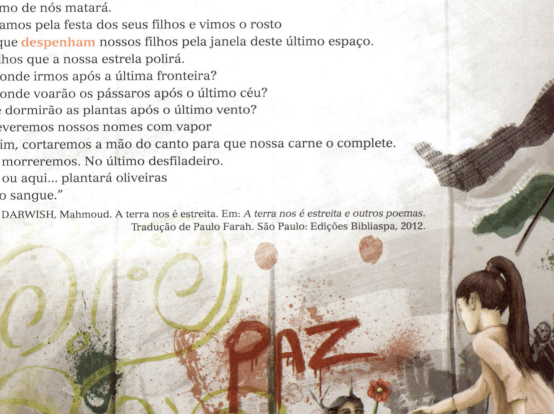

ATIVIDADES

ORGANIZE SEUS CONHECIMENTOS

1. Os recentes conflitos no Sudão do Sul têm como origem:

    a) Diferenças religiosas entre populações de credo muçulmano e cristãos animistas.

    b) Intervenções estrangeiras, notadamente de países europeus.

    c) Disputas entre multinacionais americanas e o governo nacionalista local.

    d) Ação de grupos terroristas radicais predominantemente islâmicos.

    e) Intervenções armadas de países vizinhos, como o Chade e a Somália.

2. A expansão de grupos extremistas no centro do continente africano tem como uma de suas principais razões

    a) a disputa por recursos minerais.

    b) o acesso a recursos hídricos.

    c) os conflitos entre Estados nacionais rivais.

    d) a disputa por reservas de petróleo e gás.

    e) a virtual falência dos Estados nacionais.

3. Leia as afirmativas a seguir.

    I. Em todas as áreas do Oriente Médio existem jazidas de petróleo.

    II. Nem todos os países do Oriente Médio são árabes e de maioria muçulmana.

    - Essas afirmativas são verdadeiras? Justifique sua resposta.

4. Quais foram as consequências, em termos territoriais, da Guerra dos Seis Dias entre Israel e seus vizinhos árabes?

5. Explique as razões para o surgimento de grupos extremistas no continente africano.

6. Quais as consequências geopolíticas das intervenções estadunidenses no Oriente Médio e no Afeganistão?

7. Aponte duas razões para a eclosão da chamada Primavera Árabe.

8. Alguns especialistas afirmam que dois países disputam hoje a hegemonia política no Oriente Médio: Arábia Saudita e Irã. Relacione essa afirmação com a divisão do mundo muçulmano entre sunitas e xiitas e com a guerra civil na Síria.

REPRESENTAÇÕES GRÁFICAS E CARTOGRÁFICAS

9. Observe o mapa a seguir e responda às questões.

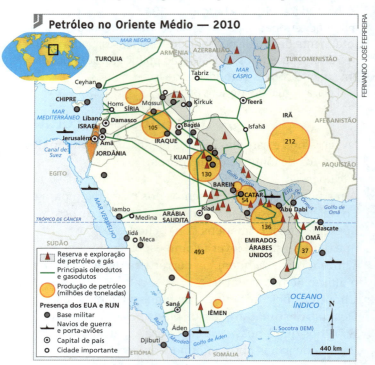

Fonte: FERREIRA, Graça M. L. *Atlas geográfico*: espaço mundial. 4. ed. São Paulo: Moderna, 2012. p. 102.

a) Por que os Estados Unidos e o Reino Unido (em menor quantidade) têm bases militares e frota de guerra no Oriente Médio?

b) Imagine que o Irã amanhã feche o estreito de Ormuz ou imponha restrições à passagem de navios por ele. Qual seria a reação do governo estadunidense?

INTERPRETAÇÃO E PROBLEMATIZAÇÃO

10. Leia o texto.

Região, capitalismo e narcotráfico

"A chegada do narcotráfico [no altiplano colombiano] [...] representou a transição de uma economia de subsistência, de caráter local/regional para uma organização econômica profundamente complexa e inserida no capitalismo em seu âmbito global. As redes do narcotráfico foram responsáveis por inserir a região em um complexo de relações que envolvem desde os pequenos produtores colombianos até seus consumidores principais, Estados Unidos e países europeus. No caminho entre a produção e o consumo o narcotráfico estabelece suas redes de transporte ao longo de diversos países, além da própria Colômbia. Na Colômbia o escoamento da produção se dá preferencialmente através dos rios e estradas da região. Após o processo de refino, a maioria da coca é embarcada em aviões clandestinos de pequeno porte. Por isso, é também um dos pontos-chave para a cadeia do narcotráfico o uso das pistas ilegais a partir das quais a produção é escoada em direção a algum país de trânsito como Brasil, Honduras, Venezuela, Bolívia, México, Jamaica e Bahamas.

Há também um importante grupo de países que contribuem de forma decisiva para no naconegócio dentre os quais se poderia citar Bahamas, Ilhas Cayman, Ilhas Jersey, Suíça e Uruguai. Nesses países ocorre a maior parte das operações de 'lavagem de dinheiro', prática que consiste em tornar legal o dinheiro conseguido ilegalmente, através dos investimentos em empreendimentos privados de fachada. Os narcotraficantes colombianos também depositam grande parte do dinheiro ilegal em empresas nacionais e outras organizações como times de futebol e rádios. [...]

As Guerrilhas das Farc-EP nasceram no ano de 1964 [...]. Desde sua origem é composta, em sua maioria, por pequenos agricultores pauperizados e indígenas expropriados de suas terras. Muitos autores reconhecem que, se num primeiro momento, o motivo de ingresso nas guerrilhas era luta política hoje é preferencialmente a luta econômica. [...]

A relação entre as guerrilhas e a economia da coca é na verdade muito mais complexa do que uma mera associação com os narcotraficantes. É uma relação contraditória onde o narcotráfico é submetido a condutas impostas pelas guerrilhas que contribuem em grande medida o financiamento destas. Por este motivo e pelo caráter de classe das guerrilhas, os narcotraficantes mantêm-se frontalmente hostis às organizações guerrilheiras, inclusive financiando exércitos paramilitares para o combate direto e para além do Estado às guerrilhas. [...]

Embora as guerrilhas pareçam hoje perfeitamente adaptadas à economia da coca, não foi assim desde o início. Num primeiro momento, entre o final da década de 70 e o início da década de 80 (início da expansão dos cultivos de coca) houve um profundo debate interno por parte das Farc-EP com a população e representantes religiosos locais, acerca da proibição ou aceitação dos cultivos. Num segundo momento, os cultivos foram aceitos e passariam a desempenhar papel cada vez mais significativo nas finanças da organização. A coca é hoje a principal fonte de financiamento das guerrilhas [...]."

OLIVEIRA, Daniel S. A atuação das Farc na região cocaleira colombiana. Em: *E-premissas*. Revista de estudos estratégicos. Disponível em <http://mod.lk/rkxzA>. Acesso em: abr. 2017.

a) De acordo com as informações do texto, relacione a expansão da globalização à produção de cocaína na Colômbia.

b) De acordo com o texto e com o que aprendemos no capítulo, qual é o objetivo das Farc e por que elas se associaram ao narcotráfico?

ENEM E VESTIBULARES

11. (Fuvest-SP, 2015)

"O grupo Boko Haram, autor do sequestro, em abril de 2014, de mais de duzentas estudantes, que, posteriormente, segundo os líderes do grupo, seriam vendidas, nasceu de uma seita que atraiu seguidores com um discurso crítico em relação ao regime local. Pregando um islã radical e rigoroso, Mohammed Yusuf, um dos fundadores, acusava os valores ocidentais, instaurados pelos colonizadores britânicos, de serem a fonte de todos os males sofridos pelo país. Boko Haram significa 'a educação ocidental é pecaminosa' em haussa, uma das línguas faladas no país."

Carta Capital. Disponível em: <www.cartacapital.com.br>. Acesso em: maio 2014 (adaptado).

O texto se refere:

a) a uma dissidência da Al-Qaeda no Iraque, que passou a atuar no país após a morte de Sadam Hussein.

b) a um grupo terrorista atuante nos Emirados Árabes, país economicamente mais dinâmico da região.

c) a uma seita religiosa sunita que atua no Sul da Líbia, em franca oposição aos xiitas.

d) a um grupo muçulmano extremista, atuante no Norte da Nigéria, região em que a maior parte da população vive na pobreza.

e) ao principal grupo religioso da Etiópia, ligado ao regime político dos tuaregues, que atua em toda a região do Saara.

12. (FGV-RJ, 2015)

"A Líbia vive a violência mais mortífera desde a guerra de 2011 [...] e, perante a incapacidade do governo em restaurar a ordem, o país mergulha cada vez mais no caos."

Público. Disponível em: <https://www.publico.pt/mundo/noticia/dezenas-de-mortos-em-combates-na-libia-levam-ao-exodo-dos-estrangeiros-1664466>.

Sobre a atual situação de violência mencionada na reportagem, é correto afirmar:

a) Grupos islamitas rebeldes se insurgiram contra o governo de Muamar Khadafi, tomaram o poder no norte do país e ameaçam avançar sobre a capital, Trípoli.

b) Desde 2011, operações militares comandadas pela Otan e envolvendo forças armadas de diversos países se sucedem no combate às milícias que atuam na Líbia, que permanece sob ocupação internacional.

c) A violência cresceu no rastro da derrota na Líbia na guerra travada com o vizinho Egito, em 2011, que resultou no enfraquecimento do exército nacional e no crescimento das milícias armadas.

d) Desde 2011, a Líbia não possui um governo reconhecido internacionalmente, já que as últimas eleições parlamentares foram fraudadas por milícias jihadistas que combatem entre si.

e) A violência resulta do enfrentamento entre as forças do incipiente exército líbio e as milícias islâmicas rivais, que tomaram diversos pontos do país e lutam pelo controle de Trípoli, a capital.

13. (FGV-RJ, 2015)

"As explosões que abalam Gaza e Israel abafaram um ruído que é potencialmente muito mais perigoso. Refiro-me às declarações do primeiro-ministro Binyamin Netanyahu de que Israel tem de se assegurar de que 'não haverá outra Gaza na Judeia e Samaria' (como os judeus se referem ao território que a comunidade internacional trata por Cisjordânia e é habitado majoritariamente pelos palestinos).

Mais especificamente, Netanyahu declarou:

'Acho que o povo de Israel compreende agora o que eu sempre disse: não pode haver uma situação, sob qualquer acordo, na qual nós renunciemos ao controle de segurança no território a oeste do rio Jordão' (de novo, os territórios palestinos)."

ROSSI, Clóvis. Palestina, o sonho acabou?. 17 jul. 2014. *Folha de S.Paulo*. Disponível em: <www1.folha.uol.com.br/colunas/clovisrossi/2014/07/1487168-palestina-o-sonho-acabou.shtml>. Acesso em: mar. 2015.

Identifique a alternativa que apresenta uma interpretação correta das declarações do primeiro-ministro Binyamin Netanyahu.

a) Os palestinos que vivem na Cisjordânia, ao contrário daqueles que vivem na Faixa de Gaza, estão fortemente comprometidos com a "solução dos dois Estados", e não constituem uma ameaça real para Israel.

b) A segurança israelense nos territórios a oeste do Rio Jordão é necessária apenas para proteger a população palestina da violência do grupo fundamentalista islâmico Hamas.

c) O Estado Palestino livre e soberano terá que ser estabelecido apenas a oeste do Rio Jordão e à revelia da população de Gaza, que optou pela guerra e pelo terrorismo.

d) A criação de um Estado Palestino livre e plenamente soberano não pode ser admitida em nenhuma hipótese, pois colocaria em risco a segurança de Israel.

e) A Judeia e a Samaria serão inexoravelmente anexadas ao Estado de Israel, com a concessão de cidadania israelense plena aos habitantes dessas regiões.

14. (UCS-RS, 2015)

"O atentado que teve como alvo a redação do jornal satírico *Charlie Hebdo*, em Paris, em 7 de janeiro de 2015, trouxe novamente para a Europa o horror e a incerteza provocados pelo terrorismo. A motivação dos dois homens para o assassinato de doze pessoas teria sido as charges e artigos publicados no Semanário, que ridicularizavam a figura do profeta Maomé e zombavam de fundamentalistas islâmicos".

Guia do estudante: atualidades. 1º semestre 2015. p. 27 (adaptado).

Além dessa ação terrorista, o mundo tem assistido, estarrecido, às ações brutais do autodenominado Estado Islâmico (EI), grupo que instalou um califado em territórios:

a) do Irã e da Jordânia.

b) da Síria e do Iraque.

c) da Síria e do Afeganistão.

d) do Iraque e do Egito.

e) da Tunísia e do Marrocos.

15. (UFU-MG, 2015)

"Provavelmente, no século XXI, as guerras que acontecerem no Oriente Médio estarão mais relacionadas à água do que ao petróleo. Essa advertência, que soaria descabida na década de 1970, parece cada vez mais concreta."

OLIC, N. B. *Conflitos no mundo*. São Paulo: Moderna, 2000. p. 42.

Sobre a questão tratada no texto, é incorreto afirmar que:

a) O elevado crescimento demográfico na região do Oriente Médio tem gerado demandas crescentes por água.

b) Do ponto de vista natural, a água no Oriente Médio é escassa devido à sua localização em região de climas desérticos.

c) No que diz respeito à utilização dos recursos hídricos comuns, os desacordos entre países constitui um grave problema que pode gerar conflitos.

d) O problema de água na região é consequência da contaminação dos recursos hídricos por produtos químicos utilizados na agricultura.

16. (Unesp-SP, 2015) Entre outros desdobramentos provocados pela chamada Primavera Árabe, iniciada no final de 2010, podemos citar:

a) a deposição de governantes na Líbia e no Egito e o início de violenta guerra civil na Síria.

b) a democratização política na Argélia e a instalação de regimes militares no Barein e na Jordânia.

c) o surgimento de regimes islâmicos no Irã e na Tunísia e a queda do governo pró-Estados Unidos no Líbano.

d) o controle do governo da Arábia Saudita por grupos islâmicos fundamentalistas e o fim do apoio russo ao Iraque.

e) o fim dos conflitos religiosos no Iêmen e no Marrocos e o aumento do preço do petróleo no mercado mundial.

17. (ESPM-SP, 2015)

"O Oriente Médio atravessou o século XX como o mais importante e instável conjunto geopolítico do globo e adentrou o XXI na mesma condição. Ora de forma mais intensa, ora mais branda, a verdade é que a região não sai do noticiário."

Carta Escola, ago. 2014.

Sobre o Oriente Médio e sua conturbada geopolítica no ano de 2014, podemos afirmar corretamente que:

a) Israel reagiu violentamente ao Hamas ocupando e atacando a Cisjordânia no primeiro semestre de 2014.

b) A queda do presidente sírio Bashar al Assad trouxe mais instabilidade ao país e a maioria xiita deve assumir o poder.

c) Os extremistas da facção palestina al Fatah lutam por um Estado teocrático na Palestina e não reconhecem o direito da existência de Israel.

d) O retorno ao poder do presidente Hosni Barak no Egito lança novas dúvidas sobre o sucesso da Primavera Árabe.

e) O Iraque corre o risco de fragmentar-se territorialmente, especialmente após o surgimento e crescimento do grupo Estado Islâmico.

18. (Enem, 2015)

"A Unesco condenou a destruição da antiga capital assíria de Nimrod, no Iraque, pelo Estado Islâmico, com a agência da ONU considerando o ato como um crime de guerra. O grupo iniciou um processo de demolição em vários sítios arqueológicos em uma área reconhecida como um dos berços da civilização."

O GLOBO. *Unesco e especialistas condenam destruição de cidade assíria pelo Estado Islâmico*. Disponível em: <http://oglobo.globo.com/mundo/unesco-especialistas-condenam-destruicao-de-cidade-assiria-pelo-estado-islamico-15518820>. Acesso em: mar. 2015 (adaptado).

O tipo de atentado descrito no texto tem como consequência para as populações de países como o Iraque a desestruturação do(a):

a) homogeneidade cultural.

b) patrimônio histórico.

c) controle ocidental.

d) unidade étnica.

e) religião oficial.

19. (Uepa-PA, 2015) O trecho: "neste começo de século, assistimos a uma reformulação de fronteiras e influências político-econômicas no mundo", nos remete a pensar os conflitos e contradições no Oriente Médio. Sobre o assunto, identifique a alternativa que explica essa situação conflituosa.

a) A criação do Estado de Israel, numa região onde as reservas de petróleo estão praticamente esgotadas, explica o conflito entre árabes e libaneses.

b) Os grandes lucros provenientes do petróleo beneficiam a sociedade como um todo nos países árabes, justificam o conflito entre árabes e israelenses.

c) A disputa de terras favoráveis ao cultivo, como as encontradas na planície da Mesopotâmia, na área desértica da Síria e da Cisjordânia justifica o conflito entre esses países.

d) O emaranhado de culturas, religiões e interesses estrangeiros pelo controle das reservas petrolíferas, explicam os conflitos por disputas territoriais entre árabes e israelenses.

e) A criação do Estado Palestino desencadeou o conflito entre árabes e israelenses, devido à concentração de gás natural nessa região, riqueza essa que era controlada por Israel.

Mais questões: no livro digital, em **Vereda Digital Aprova Enem** e **Vereda Digital Suplemento de revisão e vestibulares**; no *site*, em **AprovaMax**.

REFERÊNCIAS BIBLIOGRÁFICAS

A Terra. 2. ed. São Paulo: Ática, 1994. Série Atlas Visuais.

AB'SÁBER, Aziz Nacib. Os domínios da natureza no Brasil: potencialidades paisagísticas. 7. ed. São Paulo: Ateliê Editorial, 2012.

_____. Os domínios de natureza no Brasil: potencialidades paisagísticas. 4. ed. São Paulo: Ateliê Editorial, 2007.

ACNUR. Refúgio no Brasil: uma análise estatística (jan. 2010-out. 2014). Disponível em: <http://mod.lk/H7F6M>.

AGENCE DE L'EAU ARTOIS-PICARDIE/LE U.S. GEOLOGICAL SURVEY (USGS). Le cycle de l'eau. Disponível em: <http://mod.lk/fJJ67>.

AGÊNCIA INTERNACIONAL DE ENERGIA (AIE). Manual de estatísticas energéticas. Disponível em: <http://mod.lk/bA7WU>.

AGÊNCIA NACIONAL DE ENERGIA ELÉTRICA. Atlas de energia elétrica do Brasil. 3. ed. Disponível em: <http://mod.lk/bl40a>.

AGEVAP. Relatório técnico: Bacia do rio Paraíba do Sul. Subsídios às ações de melhoria da gestão. Resende, dez. 2011. Disponível em: <http://mod.lk/57nxd>.

ALBERGHINA, Lilia; TONINI, Franca. La Terra come sistema: moduli di scienze della Terra. Milano: Arnoldo Mondadori Scuola, 1997.

ALBUQUERQUE, Manoel Maurício de et al. Atlas histórico escolar. 8. ed. Rio de Janeiro: FAE, 1991.

ALVES, C. Pergunte a quem conhece: Thaíde. São Paulo: Labortexto, 2004.

ANAC. Anuário do transporte aéreo 2015. Disponível em: <http://mod.lk/hgmlo>.

ANATEL. Relatório anual 2015. Brasília: Agência Nacional de Telecomunicações, 2016.

ANDRADE, Carlos Drummond de. América. A rosa do povo. Em: Poesia e prosa. 8. ed. Rio de Janeiro: Nova Aguilar, 1992.

_____. A ilusão do migrante. Disponível em:<http://mod.lk/LXf9n>.

_____. Poesia completa. Rio de Janeiro: Nova Aguilar, 2003.

ANEEL. Atlas de energia elétrica do Brasil. Disponível em: <http://mod.lk/7hvxx>.

ANP. Anuário estatístico brasileiro do petróleo, gás natural e biocombustíveis 2014. Disponível em: <http://mod.lk/omf0h>.

_____. Boletim mensal da produção de petróleo e gás natural, outubro 2016. Disponível em: <http://mod.lk/cSznW>.

ANTAQ. Situação atual da hidrovia Tietê-Paraná. Disponível em: <http://mod.lk/lst1a>.

ANTT. Agência Nacional de Transportes Terrestres. Infraestrutura ferroviária. Disponível em: <http://mod.lk/3qjHf>.

APOLO 11. A camada pré-sal e os desafios da extração do petróleo. Disponível em: <http://mod.lk/ttq7f>.

ARAÚJO, Thiago de. Nova lei para imigrantes coloca Brasil na vanguarda no debate sobre fluxos migratórios do mundo, 3 jun. 2015. HuffPost Brasil. Disponível em: <http://mod.lk/714Tp>.

ARBEX JR., J.; OLIC, N. B. A hora do Sul: o Brasil em regiões. São Paulo: Moderna, 1995.

ASSIS, Wellington Lopes. O sistema clima urbano do município de Belo Horizonte na perspectiva têmporo-espacial. Tese (doutorado) apresentada ao Programa de Pós-Graduação em Geografia do Instituto de Geociências da Universidade Federal de Minas Gerais. Belo Horizonte: Instituto de Geociências da UFMG, 2010. Disponível em: <http://mod.lk/rqoul>.

ASSOCIAÇÃO BRASILEIRA DAS EMPRESAS DISTRIBUIDORAS DE GÁS CANALIZADO. Gasodutos. Disponível em: <http://mod.lk/upbzt>.

ATELIER DE CARTOGRAFIA SCIENCE PO. Principaux mouvements migratoires 2013. Disponível em: <http://mod.lk/uOeGJ>.

Atlante elementare De Agostini. Novara: Istituto Geografico De Agostini, 1998.

Atlas histórico escolar. 8. ed. Rio de Janeiro: FAE, 1979.

Atlas National Geographic. São Paulo: Abril Coleções, 2008. v. 3.

AVIAÇÃO COMERCIAL. Mapas de rotas 2015. Disponível em: <http://mod.lk/my1ds>.

BALLINA, Francisco. Globalización y teoría de la administración. Em: CORREA, Eugenia; GIRÓN, Alicia (Org.). Economía financiera contemporánea. México, 2004. Disponível em: <http://mod.lk/gkzua>.

BARROS, Manoel de. Poesia completa. São Paulo: Leya, 2010.

BARTHES, Roland. O império dos signos. São Paulo: WMF Martins Fontes, 2007.

BBC. Trump orders wall to be built on Mexico border. Disponível em: <http://mod.lk/uQCLw>.

BIANCHINI, Valter; MEDAETS, Jean-Pierre Passos. Da revolução verde à agroecologia: plano Brasil agroecológico. Disponível em: <http://mod.lk/p3QGv>.

BONIFACE, Pascal; VÉDRINE, Hubert. Atlas do mundo global. São Paulo: Estação Liberdade, 2009.

BOW-BERTRAND, Ana. Demographic and epidemiological transition in Western Europe. The economy in health. Disponível em: <http://mod.lk/11NBm>.

BP GLOBAL. Statistical review of world energy 2015. Disponível em: <http://mod.lk/h2wcv>.

BRASIL. Banco Central do Brasil. Relatório anual 2013. Brasília: BCB, v. 49, 2013. Disponível em: <http://mod.lk/fh3q3>.

_____. Ministério da Agricultura, Pecuária e Abastecimento (MAPA). Agronegócio brasileiro em números. Disponível em: <http://mod.lk/sBR5D>.

_____. Ministério da Agricultura, Pecuária e Abastecimento (MAPA). Projeções do agronegócio: Brasil 2014/15 a 2024/25. Projeções a longo prazo. Disponível em: <http://mod.lk/leuzc>.

_____. Ministério da Indústria, Comércio Exterior e Serviços (MDIC). Balança comercial: janeiro-dezembro 2016. Exportação por fator agregado: acumulado. Disponível em: <http://mod.lk/ qvflp>.

_____. Ministério das Cidades. ConCidades. Disponível em: <http://mod.lk/fqv2n>.

_____. Ministério das Relações Exteriores. Japão: comércio exterior. Observatório Internacional Sebrae. Disponível em: <http://mod.lk/BBtrv>.

_____. Ministério do Desenvolvimento, Indústria e Comércio Exterior. Panorama do comércio internacional 2014. Disponível em: <http://mod.lk/mzgxs>.

_____. Ministério do Meio Ambiente. Década brasileira da água 2005-2015. Brasília: MMA, 2007.

_____. Ministério do Turismo. Anuário Estatístico de Turismo. Disponível em: <http://mod.lk/uttj8>.

_____. SECEX/MDIC. Balança comercial brasileira: dezembro/2016 — principais setores. Disponível em: <http://mod.lk/mOFLO>.

_____. SEPPIR/PR. Programa Brasil Quilombola. Eixo 1: acesso à terra. Disponível em: <http://mod.lk/6gpko>.

_____. Séries históricas. Blocos e países. Ministério da Indústria, Comércio Exterior e Serviços (MDIC). Disponível em: <http://mod.lk/P8BgQ>.

_____. Séries históricas. Fator agregado e produtos. Ministério da Indústria, Comércio Exterior e Serviços (MDIC). Disponível em: <http://mod.lk/p8bgq>.

BRECHT, Bertolt. *Poemas 1913-1956*. Trad. de Paulo Cesar Souza. São Paulo: Brasiliense, 1990.

BRÉVILLE, Benoit; VIDAL, Dominique. *Atlas de historia crítica y comparada*. Fundación Mondiplo/Uned: Valência, 2015.

CALVINO, Italo. *As cidades invisíveis*. São Paulo: Companhia das Letras, 2013.

CARTOGRAF.FR. *Population des communes franciliennes en 1999*. Disponível em: <http://mod.lk/koqji>.

CASSARDO, Claudio. *Il clima monsonico dell'Asia*. Montagna TV. Disponível em: <http://mod.lk/qlLV3>.

CASTRO, Antônio M. G. de. *Cadeia produtiva e prospecção tecnológica como ferramentas para a gestão da competitividade*. Disponível em: <http://mod.lk/5OET5>.

CHANG, J. *Can't stop won't stop*: a history of the hip-hop culture. Nova York: Picador, 2005.

CHARLIER, Jacques. *Atlas du 21e siècle*. Paris: Nathan, 2010.

CNI. Dinâmica setorial. *A indústria em números*, ano 2, n. 6, nov. 2015. Disponível em: <http://mod.lk/thtl0>.

COAF. *Cartilha lavagem de dinheiro*: um problema mundial. Disponível em: <http://mod.lk/xllet>.

COMISSÃO EUROPEIA. *Compreender as políticas da União Europeia*: alargamento. Luxemburgo: Serviço das Publicações da União Europeia, 2015.

_____. *Europa sem fronteiras*: o Espaço Schengen. Disponível em: <http://mod.lk/BIynR>.

COMPANHIA DE SANEAMENTO BÁSICO DO ESTADO DE SÃO PAULO (Sabesp). *Água no planeta*. Disponível em: <http://mod.lk/BZ6Dp>.

CONNEXIONS. *Natural resources*: minerals. Disponível em: <http://mod.lk/aSK7L>.

CORALINA, Cora. *O cântico da terra*. Disponível em: <http://mod.lk/uhnim>.

COUTO, Mia. As vozes das fotos. Em: *Pensatempos*. Lisboa: Editorial Caminho, 2005.

_____. *O incendiador de caminhos. E se Obama fosse africano?*: e outras interinvenções. São Paulo: Companhia das Letras, 2011.

CRUZ E SOUSA. *Obras completas*. Rio de Janeiro: Nova Aguilar, 1995.

CUNHA, Euclides da. *Os sertões*. Disponível em: <http://mod.lk/8f5ge>.

DARWISH, Mahmoud. A terra nos é estreita. *A terra nos é estreita e outros poemas*. Trad. de Paulo Farah. São Paulo: Edições Bibliaspa, 2012.

DE MASI, Domenico. *O futuro chegou*: modelos de vida para uma sociedade desorientada. Rio de Janeiro: Casa da Palavra, 2014.

DELEUZE, G.; GUATTARI, F. *Mil platôs*: capitalismo e esquizofrenia. v. 1. São Paulo: Editora 34, 1995.

Diplomatie Hors. Paris: Areion Group, n. 14, dez. 2010-jan. 2011.

DOWNING, Thomas E. *O atlas da mudança climática*: o mapeamento completo do maior desafio do planeta. São Paulo: Publifolha, 2007.

DPM/DIPLAM. *Sumário mineral 2014*.

DURAND, Marie-Françoise et al. *Atlas de la mondialisation*. Paris: Presses de Sciences Po, 2009.

EL ECLÉTICO. *Convención Nacional*: la base de los diálogos de paz entre el Gobierno Nacional y el ELN. Disponível em: <http://mod.lk/nhe2w>.

EMBRAPA/GITE. *Caracterização, municípios e cadeias produtivas prioritárias da região do Bico do Papagaio em Tocantins*. Disponível em: <http://mod.lk/w62gH>.

ENTELCO TELECOM. *Conheça a Fibra Óptica Marítima brasileira*. Disponível em: <http://mod.lk/e8l5q>.

ESCAP Online Statistical Database based on data from the ILO. *Key Indicators of the Labour Market (KILM)*, Ninth Edition, 14 March 2016. Disponível em: <http://mod.lk/gymzo>.

ESTADÃO. *EUA fecham maior acordo comercial da história com onze países do Pacífico*. Disponível em: <http://mod.lk/g0cL6>.

Estatísticas do meio rural brasileiro 2010-2011. 4. ed. São Paulo: Dieese/Nead/MDA, 2011.

EURASIAN ECONOMIC UNION. *EAEU member-states*. Disponível em: <http://mod.lk/8KQ6E>.

EUROPEAN COMMISSION. *Draft joint employment report to the communication from the commission: annual growth survey 2015*. Disponível em: <http://mod.lk/bCVMz>.

_____. The 28 member countries of the EU. *Economic and financial affairs*.

EUROSTAT. *Foreign-born residents, by place of birth, EU-28, 2011 (% of foreignborn population)*. Disponível em: <http://mod.lk/yG7W8>.

FAE. *Atlas geográfico*. Rio de Janeiro: FAE, 1986.

FAO. *The FAO Hunger Map 2015*. The State of Food Insecurity in the World 2015. Disponível em: <http://mod.lk/Q2a36>.

FAO Brasil. *O estado da segurança alimentar e nutricional no Brasil*: um retrato multidimensional. Relatório de 2014. Disponível em: <http://mod.lk/W128h>.

FERREIRA, Graça M. L. *Atlas geográfico*: espaço mundial. 4. ed. São Paulo: Moderna, 2013.

_____. *Moderno atlas geográfico*. 6. ed. São Paulo: Moderna, 2016.

FERREIRA, Ignez C. B.; PENNA, Nelba de A. *Violência urbana*: a vulnerabilidade dos jovens da periferia das cidades. Associação Brasileira de Estudos Populacionais. Disponível em: <http://mod.lk/qtosh>.

FLIGHTRADAR 24. *Live Air Traffic*. Disponível em: <http://mod.lk/fakgi>.

FNSP. Sciences Po — Atelier de cartographie. Infrastructures d'approvisionnement en gaz de l'union européenne, 2013. Disponível em: <http://cartotheque.sciences-po.fr/media/Infrastructures_dapprovisionnement_en_gaz_de_lUnion_europeenne_2013/1338/>.

_____. Sciences Po — Atelier de cartographie. Questions internationales n. 52 — novembre-décembre 2011-2013. Disponível em: <http://mod.lk/qpQiG>.

Folha de S.Paulo, São Paulo, 11 mar. 2014. Caderno Cotidiano.

FONSECA, Rubem. A arte de andar nas ruas do Rio de Janeiro. Em: FONSECA, R. *Romance negro e outras histórias*. São Paulo: Companhia das Letras, 1992.

FORSDYKE, A. *Previsão do tempo e clima*. 2. ed. São Paulo: Melhoramentos/Edusp, 1975.

FORTUNE. *Global 500*. Disponível em: <http://mod.lk/lhlas>.

GIARRACA, Norma; TEUBAL, Miguel. As grandes empresas e os produtores rurais. *Jornal Unesp*, ano XX, n. 211, suplemento. Disponível em: <http://mod.lk/DRBuu>.

Global Security Org. *Ukraine Map Language*. Disponível em: <http://mod.lk/Nn08Y>.

GROTZINGER, John; JORDAN, Tom. *Para entender a Terra*. 6. ed. Porto Alegre: Bookman, 2013.

HEIDELBERG INSTITUTE FOR INTERNATIONAL CONFLICT RESEARCH (HIIK). *Conflict barometer 2015*. n. 24, HIIK: Heidelberg, 2016.

REFERÊNCIAS BIBLIOGRÁFICAS

HOBSBAWM, Eric. *A era do capital*: 1848-1875. Trad. de Luciano Costa Neto. São Paulo: Paz e Terra, 2010.

IBGE. *Anuário estatístico do Brasil 2011*. Rio de Janeiro: IBGE, 2011.

_____. *Atlas do censo demográfico 2010*. Fluxos da população no território. Disponível em: <http://mod.lk/9igxh>.

_____. *Atlas geográfico escolar*. 2. ed. Rio de Janeiro: IBGE, 2004.

_____. *Atlas geográfico escolar*. 6. ed. Rio de Janeiro: IBGE, 2012.

_____. *Atlas geográfico escolar*. 7. ed. Rio de Janeiro: IBGE, 2016.

_____. *Atlas nacional do Brasil*. 3. ed. Rio de Janeiro: IBGE, 2000.

_____. *Brasil em números*. Rio de Janeiro: IBGE, 2015. v. 23. Disponível em: <http://mod.lk/mmxlf>.

_____. *Brasil*: 500 anos de povoamento. Rio de Janeiro: IBGE, 2000. Disponível em: <http://mod.lk/GQ3dO>.

_____. *Brasil*: regiões de influência das cidades 2007. Rio de Janeiro: IBGE, 2008. Disponível em: <http://mod.lk/mf9ya>.

_____. *Censo demográfico 2010*: aglomerados subnormais — primeiros resultados. Rio de Janeiro: IBGE, 2011. Disponível em: <http://mod.lk/kwfmi>.

_____. *Censo demográfico 2010*: características da população e dos domicílios — resultados do universo. Rio de Janeiro: IBGE, 2011. Disponível em: <http://mod.lk/qjezy>.

_____. *Censo demográfico 2010*: sinopse do censo e resultados preliminares do universo. Rio de Janeiro: IBGE, 2011.

_____. *Contas regionais do Brasil 2005-2009 e 2012*. Rio de Janeiro: IBGE, 2011; 2014.

_____. *Dados históricos dos censos*. Disponível em: <http://mod.lk/dwMoF>.

_____. *Diretoria de Pesquisas, Coordenação de Trabalho e Rendimento*: pesquisa mensal de emprego. Disponível em: <http://mod.lk/ell7q>.

_____. *Estatísticas do século XX*. Rio de Janeiro: IBGE, 2006.

_____. *Estatísticas históricas do Brasil*: séries econômicas, demográficas e sociais de 1550 a 1988. 2. ed. Rio de Janeiro: IBGE, 1990. v. 3.

_____. *Estimativas de população (1550-1870)*. Disponível em: <http://mod.lk/tL9Tw>.

_____. *Indicadores sociodemográficos e de saúde no Brasil 2009*. Rio de Janeiro: IBGE, 2009.

_____. *População*. Projeção da população do Brasil e das Unidades da Federação. Disponível em: <http://mod.lk/jVqNq>.

_____. *Regiões de influência das cidades 2007*. Rio de Janeiro: IBGE, 2008. Disponível em: <http://mod.lk/7ir9a>.

_____. *Séries históricas e estatísticas*. CD 90. População presente e residente. Disponível em: <http://mod.lk/fQrRp>.

_____. *Síntese de indicadores sociais*: uma análise das condições de vida da população brasileira 2010. Disponível em: <http://mod.lk/Wudax>.

_____. *Síntese de indicadores sociais*: uma análise das condições de vida da população brasileira 2014. Rio de Janeiro: IBGE, 2014. Disponível em: <http://mod.lk/cbNWS>.

_____. *Tendências demográficas*: uma análise da população com base nos resultados dos censos demográficos 1940 e 2000. Rio de Janeiro: IBGE, 2007. Disponível em: <http://mod.lk/sxniu>.

_____/IPEADATA. *Divisão territorial brasileira*. Disponível em: <http://mod.lk/Jua5A>.

IHS Markit World. *Economic Outlook Monthly Briefing*, august, 2016. Disponível em: <http://mod.lk/tcbCz>.

INSTITUT NATIONAL D'ÉTUDES DÉMOGRAPHIQUES. *La population en cartes*: taux d'acroissement naturel. Disponível em: <http://mod.lk/dd0BJ>.

INSTITUTO DE ESTUDOS PARA O DESENVOLVIMENTO INDUSTRIAL (IEDI). *Balança comercial*: a indústria e o superávit 2016. Disponível em: <http://mod.lk/lkIwm>.

_____. *Povos indígenas no Brasil*. Disponível em: <http://mod.lk/ozfof>.

INSTITUTO SOCIOAMBIENTAL. *Localização e extensão das TIs*. Disponível em: <http://mod.lk/j702z>.

INTERNATIONAL COMMISSION ON STRATIGRAPHY. Disponível em: <http://mod.lk/ao2hY>.

INTERNATIONAL ENERGY AGENCY (IEA). CO_2 *emissions from fuel combustion*. IEA Statistics 2015. Disponível em: <http://mod.lk/euzs5>.

_____. *Key world energy statistics 2016*. Disponível em: <http://mod.lk/hppza>.

INTERNET WORLD STATS. *Internet usage statistics*: world internet users and population stats. Disponível em: <http://mod.lk/vqbly>.

INTERSTATE STATISTICAL COMMITTEE OF THE COMMONWEALTH OF INDEPENDENT STATES (CISSTAT). *Annual data* — Volume indices of gross domestic product. Disponível em: <http://mod.lk/yH5dQ>.

IPCC. *Climate change 2014*: synthesis report. Disponível em: <http://mod.lk/BjqeM>.

ITAÚ BBA. *Análises econômicas*. Disponível em: <http://mod.lk/zceyy>.

ITC/UM Comtrade Statistics. *Prospects for market diversification for a product exported by South Africa in 2015*. Disponível em: <http://mod.lk/VI1P8>.

JAPAN. *Japan Statistical Yearbook 2017*. Statistics Bureau – Ministry of Internal Affairs and Communications. Disponível em: <http://mod.lk/9bfnO>.

_____. *Statistical Handbook of Japan 2016*. Statistics Bureau – Ministry of Internal Affairs and Communications. Disponível em: <http://mod.lk/sqPqC>.

JAY, John. *The United States and APEC*. Disponível em: <http://mod.lk/9ZKSf>.

KTI. *Statistics Korea*. Disponível em: <http://mod.lk/vz4NX>.

KUNZE, Reiner. *O bosque alto educa as suas árvores*. Disponível em: <http://mod.lk/redqi>.

LE MONDE Diplomatique. *L' atlas*. Paris: Armand Colin, 2011.

LEFEBVRE, Henri. *A revolução urbana*. Belo Horizonte: UFMG, 2008.

LEINZ, Viktor; AMARAL, Sérgio E. *Geologia geral*. São Paulo: Nacional, 2003.

LÉVY, Pierre. *As tecnologias da inteligência*: o futuro do pensamento na era da informática. Rio de Janeiro: 34, 1993.

MACHADO, Fábio Braz. O ciclo das rochas. *Rochas*. Disponível em: <http://mod.lk/kkyop>.

MARTINELLI, Marcello. *Atlas geográfico*: natureza e espaço da sociedade. São Paulo: Editora do Brasil, 2003.

MELO NETO, João Cabral de. *A educação pela pedra e depois*. Rio de Janeiro: Alfaguara, 2008.

MESTRE, J. *Apuntes desde Lacedomonia*. Disponível em: <http://mod.lk/ia9cl>.

MINING. *South Africa mine nationalization 'closest since end of apartheid'*. Disponível em: <http://mod.lk/szZgH>.

MINISTÉRIO DAS MINAS E ENERGIA. *Balanço energético nacional 2015*. Disponível em: <http://mod.lk/zcmw6>.

MIRANDA, Suárez. *Viajes de varones prudentes*, libro cuarto, cap. XIV, Lérida, 1658.

MOARES, A. J. B.; ASSIS, L. F. A geografia da população na sala de aula: oficina com recursos didáticos diversificados. *Geosaberes*, Fortaleza, n. 11, jan.-jun. 2015. v. 6.

MONTEIRO, John Manuel. *Negros da terra*: índios e bandeirantes nas origens de São Paulo. São Paulo: Companhia das Letras, 1994.

MORAES, Vinicius de. *O operário em construção*. Disponível em: <http://mod.lk/2x5Wm>.

NATIONS ONLINE PROJECT. *Administrative Map of People's Republic of China*. Disponível em: <http://mod.lk/dt6j9>.

NTI/MIIS. *North Korea Nuclear Map*. Disponível em: <http://mod.lk/1cY1H>.

NUNES NETO, Nei de Freitas; LIMA-TAVARES, Maria de; EL-HANI, Charbel Niño. Teoria Gaia: de ideia pseudocientífica a teoria respeitável. *Terra Viva*. 2005. Disponível em: <http://mod.lk/7yXkI>.

OEA. *Aquífero Guarani*: programa estratégico de ação. Brasil: OEA, 2009.

OEC. *México*. Disponível em: <http://mod.lk/eugs3>.

OICA. *2016 Q2 Production Statistics*. Disponível em: <http://mod.lk/PJeV3>.

OLIC, N. B.; CANEPA, Beatriz. *África*: terra, sociedades e conflitos. São Paulo: Moderna, 2004.

_____. *Oriente Médio e a questão Palestina*. São Paulo: Moderna, 2003.

OMT. *Panorama OMT del turismo internacional 2015*. Disponível em: <http://mod.lk/1ds94>.

ONE WORLD – NATIONS ONLINE. *Third world map*. Disponível em: <http://mod.lk/uDCQg>.

ONU. Department of Economic and Social Affairs. *World Population Ageing 2015 Highlights*. Disponível em: <http://mod.lk/7JTU3>.

_____. *Objetivos de desarrollo del milenio*: informe de 2014. Disponível em: <http://mod.lk/dwryx>.

_____. *Objetivos de desarrollo del milenio*: informe de 2015. Disponível em: <http://mod.lk/ToY5c>.

_____. *The least developed countries*: the world's 48 least developed countries. Disponível em: <http://mod.lk/yIlkS>.

_____. *World urbanization prospects*: the 2014 revision. Disponível em: <http://mod.lk/qhiqy>.

ORGANIZACIÓN MUNDIAL DEL COMERCIO. *Mapas comerciales y arancelarios*. Disponível em: <http://mod.lk/cat7i>.

PESSOA, Fernando. *Poesias inéditas (1930-1935)*. Lisboa: Ática, 1955.

PETROBRAS. *Expandindo os limites*: recordes de profundidade na exploração. Disponível em: <http:// mod.lk/7oQX4>.

PHILIP'S. *Atlas of World History*. 2. ed. rev. Londres: Philip's, 2007.

PIVETTA, Marcos. *Ilha de calor na Amazônia*. Disponível em: <http://mod.lk/drpwo>.

PNUD. *China National Human Development Report 2016*. Disponível em: <http://mod.lk/QrXVX>.

_____. *Human Development Report 2015*: Work for Human Development. Nova York: Pnud 2015.

_____. *Human Development Report 2016*: Human Development for Everyone. Disponível em: <http://mod.lk/F2SbL>.

_____. *Relatório do desenvolvimento humano 2015*. Disponível em: <http://mod.lk/ib2fk>.

POCHMANN, Marcio. O desafio do emprego no novo mundo dos serviços. *Rede Brasil Atual*, 15 ago. 2014. Disponível em: <http://mod.lk/ax31q>.

PORTAL TERRA. Educação. Estudo mostra que geração digital não sabe pesquisar. Disponível em: <http://mod.lk/xcfho>.

PRESS, Frank et al. *Para entender [a Terra]*. 4. ed. Porto Alegre: Bookman, 2006.

PÚBLICO CDN. *Bastião do autoproclamado [...]*. Disponível em: <http://mod.lk/3hzhn>.

QUEIRÓS, Eça de. Em: MAGALHÃES, José Calvet (El). Disponível cônsul e escritor. *Camões*, Lisboa, n. 9/10, abr./s[et.]

R7 NOTÍCIAS. Brasil resgatou mais de mil trabalhadores [em condição análoga] de escravidão em 2015. 27 jan. 2016. Disponível em: <http://mod.lk/4KvTz>.

RAJAGOPALAN, Megha. *China e Índia prometem reduzir disputa de fronteira*. Disponível em: <http://mod.lk/zTUcS>.

ROBIN, Maxime. Nos Estados Unidos, a arte de esfolar os pobres. *Le Monde Diplomatique Brasil*. 1º out. 2015. Disponível em: <http://mod.lk/S2CXz>.

RODRIGUES, João Antonio. *Atlas para Estudos Sociais*. Rio de Janeiro: Ao Livro Técnico, 1977.

ROSA, Noel. Três apitos. Intérprete: Araci de Almeida. Em: *Araci de Almeida e Radamés Gnattali e sua Orquestra de Cordas*. Disco Continental, 1951. Letra disponível em: CHEDIAK, Almir (Org.). *Songbook Noel Rosa*. Rio de Janeiro: Lumiar Editora, 1997.

ROSS, Jurandyr L. S. (Org.). *Geografia do Brasil*. São Paulo: Edusp, 1996.

SABOYA, Renato. *O que é plano diretor?* Disponível em: <http://mod.lk/jyw6p>.

SANTO AGOSTINHO. *Confissões*. Em: CERVATO, Cinzia; FRODEMAN, Robert. A importância do tempo geológico: desdobramentos culturais, educacionais e econômicos, *Terrae Didatica*, 10 (1): 68, 2013.

SANTOS, Boaventura de Souza. *A construção multicultural da igualdade e da diferença*. Coimbra: Centro de Estudos Sociais, 1999.

SANTOS, Milton. *A natureza do espaço*: técnica e tempo, razão e emoção. São Paulo: Edusp, 2006.

_____. *Por uma outra globalização*: do pensamento único à consciência universal. Rio de Janeiro: Record, 2000.

_____; SILVEIRA, María Laura. *O Brasil*: território e sociedade no início do século XXI. Rio de Janeiro: Record, 2001.

SCARLATTO, F. C. População e urbanização brasileira. In: ROSS, J. *Geografia do Brasil*. São Paulo: Edusp 2008,

SCHOBBENHAUS, Carlos; NEVES, Benjamim B. B. A geologia do Brasil no contexto da Plataforma Sul-Americana. Em: BIZZI, Luiz A.; SCHOBBENHAUS, Carlos; VIDOTTI, Roberta M.; GONÇALVES, João H. (Ed.). *Geologia, tectônica e recursos minerais do Brasil*. Brasília: CPRM, 2003.

SCIENCES PO. Atelier de cartographie. *Composition des exportations mondiales de marchandises*: 1950-2010. Disponível em: <http://mod.lk/o3xnn>.

_____. *Les 500 premières firmes multinationales 2015*. Disponível em: <http://mod.lk/bhqqj>.

SÉBILLE-LOPEZ, Philipe. *Geopolíticas do petróleo*. Lisboa: Instituto Piaget, 2006.

SÉNAT. *Carte des Balkans*. Disponível em: <http://mod.lk/DeiZM>.

SEPLAN/DEPLAN. *Censo demográfico 2010*. Disponível em: <http://mod.lk/ tedhg>.

SISTEMA FIEB. *Indústria precisará de 7,2 milhões de técnicos até 2015*. Disponível em: <http://mod.lk/4nqwi>.

SKYSCRAPERCITY. *Rotas domésticas Varig*. Disponível em: <http://mod.lk/wxrcy>.

SMITH, Dan. *O atlas do Oriente Médio*: o mapeamento completo de todos os conflitos. São Paulo: Publifolha, 2008.

SOCIEDADE DE INVESTIGADORES FLORESTAIS. Periódico UFPA. *Ocupação humana e transformação das paisagens na Amazônia brasileira*. Disponível em: <http://mod.lk/sbOec>.

SOUBBOTINA, Tatyana P. ...conomic Growth: An Introduction to Sustainable ...enedetti: 2nd. Edition. Washington, D.C.: The World Ba... ...nível em: <http://mod.lk/avmzr>.
...enedetti: escritor uruguaio, resistente latino-...nova democracia, Rio de Janeiro, ano VIII, n. 54, jun. ...ponível em: <http://mod.lk/49opN>.

S..., Marcelo Lopes de. O território: sobre espaço e poder, autonomia e desenvolvimento. Em: CASTRO, Iná Elias et al. (Org.). Geografia: conceitos e temas. Rio de Janeiro: Bertrand Brasil, 1995.

TEIXEIRA, Wilson et al. Decifrando a Terra. São Paulo: Companhia Editora Nacional, 2009.

Tempo & Espaço. 4. ed. Rio de Janeiro: Sociedade Brasileira para o Progresso da Ciência, 2003. (Ciência Hoje na Escola, v. 7).

THE ECONOMIST. Kicking the hornets' nest. Disponível em: <http://mod.lk/kb8li>.

THE WORLD BANK. World Development Indicators. Industry, Value Added (% of GDP). Disponível em: <http://mod.lk/g4pud>.

TIME LIFE. Planeta Terra. Ciência e natureza. São Paulo, Abril Coleções, 1996.

U. S. Department of Energy. Energy source: total petroleum and other liquids production — 2016. Disponível em: <http://mod.lk/gkq2t>.

UN ESCAP Online Statistical Database. UNSD National Accounts Main Aggregates Database, 17 February 2017. Disponível em: <http://mod.lk/gymZo>.

UN HABITAT. State of the world's cities 2012/2013: prosperity of cities. Disponível em: <http://mod.lk/q5aac>.

UN/UNODOC. Informe mundial sobre las drogas 2015. Disponível em: <http://mod.lk/neut8>.

_____. The globalization of crime. Viena: United Nations, 2010.

UNCTAD. The least developed countries: report 2015. Genebra: ONU, 2015. Disponível em: <http://mod.lk/pocYD>.

_____. World investment report 2015: reforming international investment governance. Nova York: UNP, 2015. Disponível em: <http://mod.lk/ax3gd>.

UNFPA. Relatório sobre a situação da população mundial 2011. Disponível em: <http://mod.lk/DpjWF>.

_____. Relatório sobre a situação da população mundial 2016. Disponível em: <http://mod.lk/xaqa1>.

UNITED NATIONS. An overview of urbanization, internal migration, population distribution and development in the world. Disponível em: <http://mod.lk/byc7t>.

_____. Department of Economic and Social Affairs, Population Division (2015). World Population Prospects: the 2015 Revision. Disponível em: <http://mod.lk/V3KGl>.

_____. Department of Economic and Social Affairs, Population Division (2015). World Population Prospects: the 2015 Revision, DVD Edition.

_____. Department of Economic and Social Affairs, Population Division (2014). World Population Prospects: the 2014 Revision. Disponível em: <http://mod.lk/vaedl>.

UNITED NATIONS ENVIRONMENT PROGRAMME. Cities and carbon finance: a feasibility study on an urban CDM. Disponível em: <http://mod.lk/zpyq2>.

UNITED STATES. Sector employment shifts around the world. U.S. Bureau of Labor Statistics. Disponível em: <http://mod.lk/pnzca>.

VIANNA, Sergio Besserman. Em: GIDDENS, Anthony. A política da mudança climática. Rio de Janeiro: Zahar, 2010.

VIEGAS, Anderson. Produtores de MS adotam boas práticas para uso racional da água. G1. Globo.com. 15 fev. 2015. Disponível em: <http:// mod.lk/zS9Sy>.

WEISELFISZ, J. J. Mapa da violência 2011: os jovens do Brasil. Disponível em: <http://mod.lk/5yocx>.

WORLD BANK. Research and development expenditure (% of GDP). Disponível em: <http://mod.lk/1ouac>.

_____. World Development Indicators. Disponível em: <http://mod.lk/qblHy>.

WORLD TRADE ORGANIZATION. Estadísticas del comercio internacional 2015. Disponível em: <http://mod.lk/r5jze>.

_____. International Trade Statistics 2015. Disponível em: <http://mod.lk/9pdop>.

WORLDMAPPER. Wealth year. Disponível em: <http://mod.lk/yDulM>.

ZH NOTÍCIAS. Novos imigrantes mudam o cenário do Rio Grande do Sul. Disponível em: <http://mod.lk/2saN2>.

ZOLA, Émile. Germinal. São Paulo: Abril Cultural, 1981.

Bases eletrônicas:

ANTT. Agência Nacional de Transportes Terrestres. Disponível em: <www.antt.gov.br>.

CIA. The world factbook. Disponível em: <www.cia.gov/library/publications/resources/the-world-factbook>.

CPTEC/INPE. Disponível em: <http://enos.cptec.inpe.br>.

FUNDAÇÃO NACIONAL DO ÍNDIO (FUNAI). Disponível em: <www.funai.gov.br/index.php/indios-no-brasil/quem-sao>.

GEOPARK QUADRILÁTERO FERRÍFERO. Cartografia Socioeconômica. Disponível em: <www.geoparkquadrilatero.org/index.php?pg=sinalizacao&id=332>.

IBAMA. Disponível em: <www.ibama.gov.br>.

IBGE. Cidades. Disponível em: <www.cidades.ibge.gov.br>.

INEA/RJ. Disponível em: <www.inea.rj.gov.br>.

INSTITUTO NACIONAL DE PESQUISAS ESPACIAIS (INPE). Disponível em: <www.inpe.br>.

MUNDOGEO. Disponível em: <http://mundogeo.com>.

SCIENCES PO. Atelier de Cartographie. Disponível em: <http://cartotheque.sciences-po.fr>.

UNITED STATES CENSUS BUREAU. International data base. Disponível em: <https://www.census.gov/population/international/data/idb/informationGateway.php>.

UNIVERSAL ZULU NATION. Disponível em: <www.zulunation.com/world-history>.

UNIVERSITY OF TEXAS LIBRARIES. Perry Castañeda Library Map Collection. Disponível em: <www.lib.utexas.edu/maps/commonwealth.html>.